04 전기기사, 전기산업기사

이론부터 기출문제까지 한 권으로 끝내는

회로이론

알기 쉬운 기본이론 + 상세한 기출문제 해설

오우진 지음

BM (주)도서출판 성안당

■ 도서 A/S 안내

저자 문의 : woojin4001@naver.com(오우진)

본서 기획자 e-mail : coh@cyber.co.kr(최옥현)

홈페이지 : http://www.cyber.co.kr 전화 : 031) 950-6300

더 이상 쉬울 수 없다! **회로이론**

우리나라는 현대사회에 들어오면서 빠르게 산업화가 진행되고 눈부신 발전을 이룩하였는데 그러한 원동력이 되어준 어떠한 힘, 에너지가 있다면 그것이 바로 전기라 생각합니다. 이러한 전기는 우리의 생활을 좀 더 편리하고 윤택하게 만들어주지만 관리를 잘못하면 무서운 재앙으로 변할 수 있기 때문에 전기를 안전하게 사용하기 위해서는 이에 관련된 지식을 습득해야 합니다. 그 지식을 습득할 수 있는 방법이 바로 전기기사 및 전기산업기사 자격시험(이하 자격증)이라고 볼 수 있습니다. 또한, 전기에 관련된 산업체에 입사하기 위해서는 자격증은 필수가 되고 전기설비를 관리하는 업무를 수행하기 위해서는 한국전기기술인협회에 회원등록을 해야 하는데 이때에도 반드시 자격증이 있어야 가능하며 전기사업법 시행규칙 제45조에서도 전기안전관리자 선임자격에 자격증을 소지한 자라고 되어 있습니다. 이처럼 자격증은 전기인들에게는 필수이지만 아직까지 자격증 취득에 애를 먹어 전기인의 길을 포기하시는 분들을 많이 봤습니다.

이에 최단기간 내에 효과적으로 자격증을 취득할 수 있도록 본서를 발간하게 되었고, 이 책이 전기를 입문하는 분들에게 조금이나마 도움이 되었으면 합니다.

이 책의 특징

01 본서를 완독하면 충분히 합격할 수 있도록 이론과 기출문제를 효과적으로 구성하였습니다.

02 이론과 기출문제에 '쌤!코멘트'를 삽입하여 저자의 학습 노하우를 습득할 수 있도록 하였습니다.

03 문제마다 출제이력과 중요도를 표시하여 출제경향 및 각 문제의 출제빈도를 쉽게 파악할 수 있도록 하였습니다.

04 단원별로 유사한 기출문제들끼리 묶어 문제응용력을 높였습니다.

05 기출문제를 가급적 원문대로 기재하여 실전력을 높였습니다.

이 책을 통해 합격의 영광이 함께하길 바라며, 또한 여러분의 앞날을 밝힐 수 있는 밑거름이 되기를 바랍니다. 본서를 만들기 위해 많은 시간을 함께 수고해주신 여러 선생님들과 성안당 이종춘 회장님, 편집부 직원 여러분들의 노고에 감사드립니다.

앞으로도 더 좋은 도서를 만들기 위해 항상 연구하고 노력하겠습니다.

저자 씀

합격시켜 주는 「참!쉬움 회로이론」의 강점

1 10년간 기출문제 분석에 따른 장별 출제분석 및 학습방향 제시

☑ 10년간 기출문제 분석에 따라 각 장별 출제경향분석 및 출제포인트를 실어 학습방향을 제시했다.
또한, 출제항목별로 기사, 산업기사를 구분하여 출제율을 제시함으로써 효율적인 학습이 될 수 있도록 구성했다.

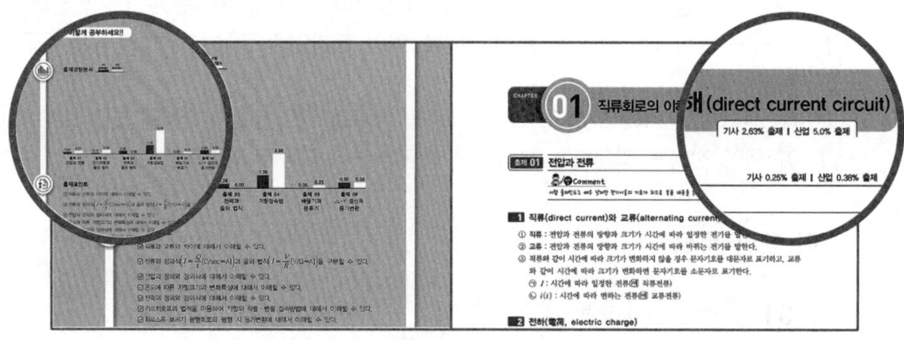

2 자주 출제되는 이론을 그림과 표로 알기 쉽게 정리

☑ 자주 출제되는 이론을 체계적으로 그림과 표로 알기 쉽게 정리해 초보자도 쉽게 공부할 수 있도록 했다.

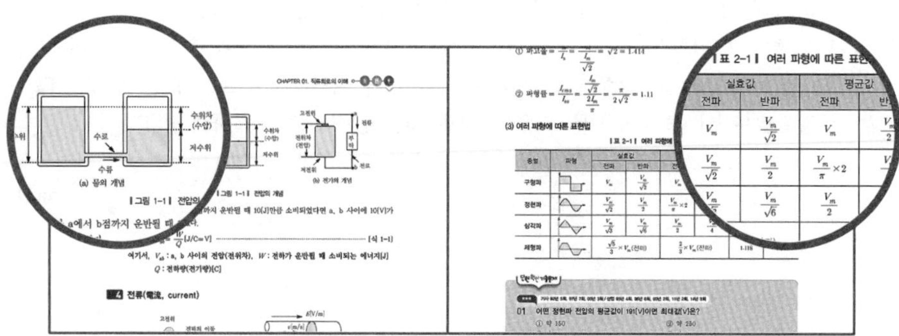

3 이론 중요부분에 '굵은 글씨'로 표시

✅ 이론 중 자주 출제되는 내용이나 중요한 부분은 '굵은 글씨'로 처리하여 확실하게 이해하고 암기할 수 있도록 표시했다.

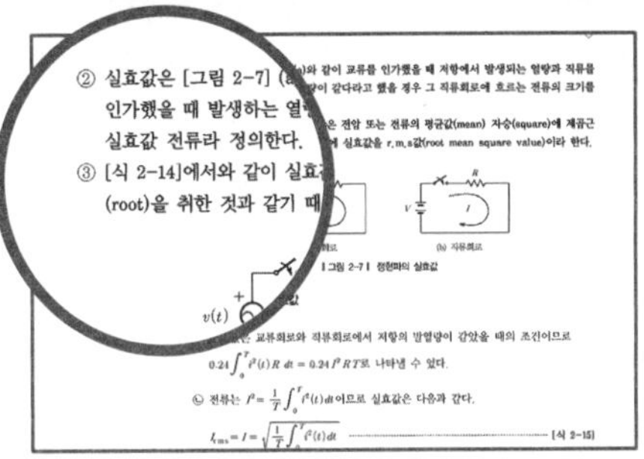

4 단락별로 '단락확인 기출문제' 삽입

✅ 이론 중 단락별로 기출문제를 삽입하여 해당되는 단락이론을 확실하게 이해할 수 있도록 삽입했다.

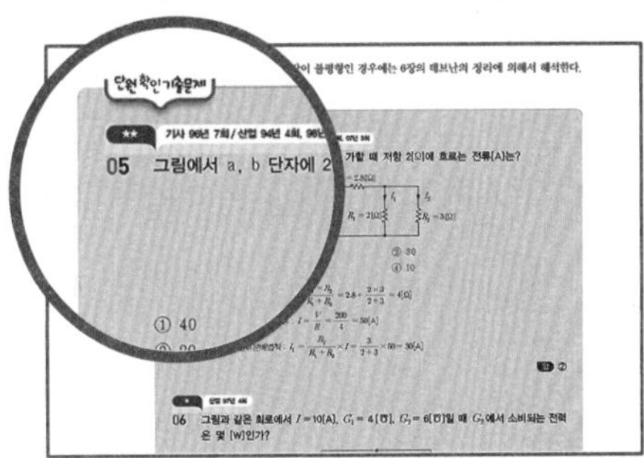

5 좀 더 이해가 필요한 부분에 '참고' 삽입

✅ 이론 내용을 상세하게 이해하는 데 도움을 주고자 부가적인 설명을 참고로 실었다.

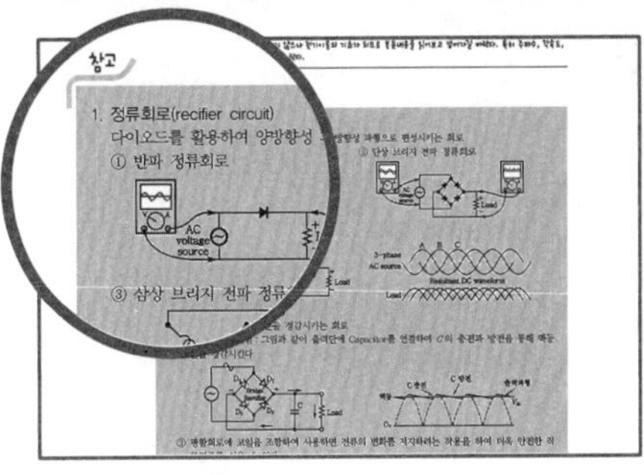

6 장별 '단원 핵심정리 한눈에 보기' 수록

☑ 한 장의 이론이 끝나면 간략하게 정리한 핵심 이론을 실어 꼭 암기해야 할 이론을 다시 한번 숙지할 수 있도록 정리했다.

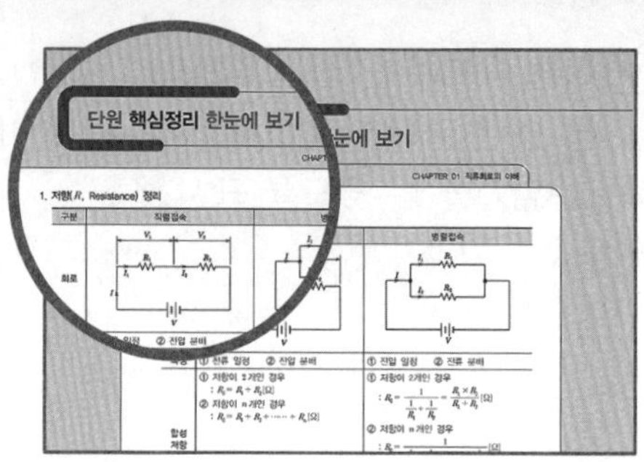

7 문제에 중요도 '별표 및 출제이력' 구성

☑ 문제에 별표(★)를 구성하여 각 문제의 중요도를 알 수 있게 하였으며 출제이력을 표시하여 자주 출제되는 문제임을 알 수 있게 하였다.

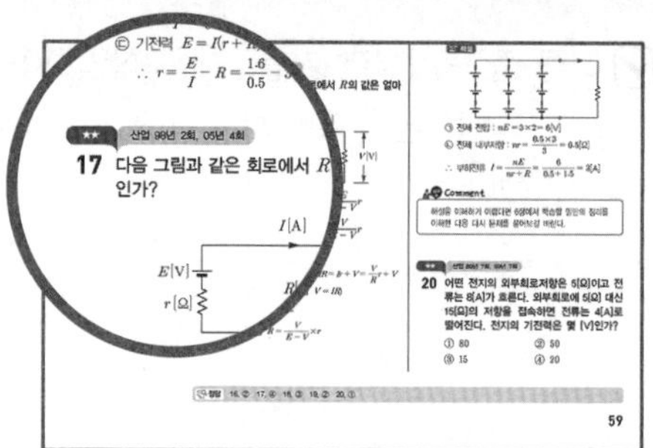

8 '집중공략' 문제 표시

☑ 자주 출제되는 문제에 '집중공략'이라고 표시하여 중요한 문제임을 표시해 집중해서 학습할 수 있도록 했다.

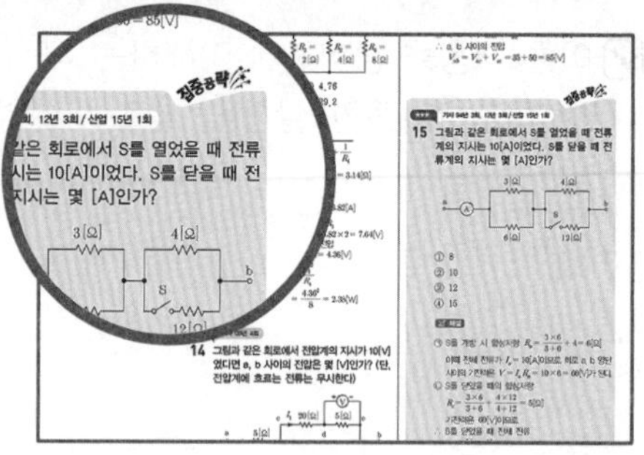

9 '쌤!코멘트' 구성

☑ 이론과 기출문제에 '쌤!코멘트'를 구성하여 문제에 대한 저자분의 노하우를 제시해 문제를 풀 수 있도록 도움을 주었다.

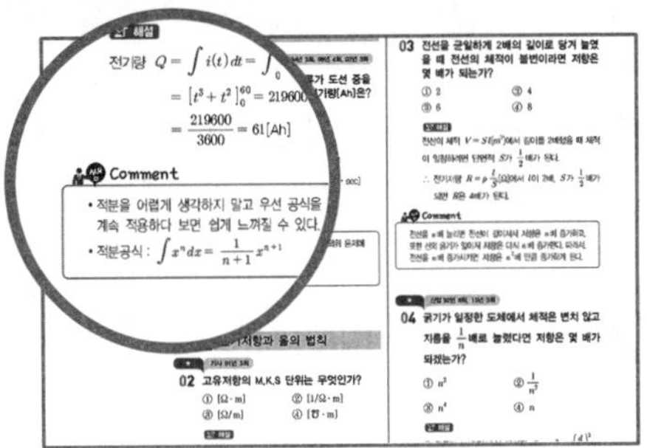

10 상세한 해설 수록

☑ 문제에 상세한 해설로 그 문제를 완전히 이해할 수 있도록 했을 뿐만 아니라 유사문제에도 대비할 수 있도록 했다.

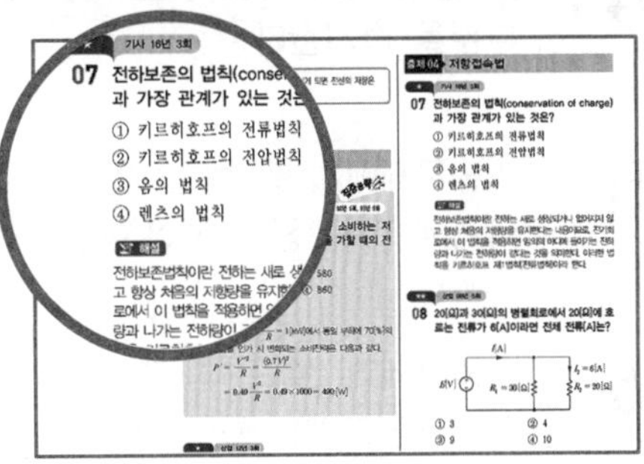

「참!쉬움」 회로이론을 효과적으로 활용하기 위한 **제대로 학습법**

01 매일 3시간 학습시간을 정해 놓고 하루 분량의 학습량을 꼭 지킬 수 있도록 학습계획을 세운다.

02 학습 시작 전 출제항목마다 출제경향분석 및 출제포인트를 파악하고 학습방향을 정한다.

03 한 장의 이론을 읽어가면서 굵은 글씨 부분은 중요한 내용이므로 확실하게 암기한다. 또한, 이론 중간중간에 '단원확인 기출문제'를 풀어보면서 앞의 이론을 확실하게 이해한다.

04 한 장의 이론 학습이 끝나면 '단원 핵심정리 한눈에 보기'를 보며 꼭 암기해야 할 부분을 숙지한다.

05 기출문제에서 헷갈렸던 문제나 틀린 문제는 문제번호에 체크표시(☑)를 해 둔 다음 나중에 다시 챙겨 풀어본다.

06 기출문제에 '별표'나 '출제이력', '집중공략' 표시를 보고 중요한 문제는 확실하게 풀고 '쌤!코멘트'를 이용해 저자의 노하우를 배운다.

07 하루 공부가 끝나면 오답노트를 작성한다.

08 그 다음날 공부 시작 전에 어제 공부한 내용을 복습해본다. 복습은 30분 정도로 오답노트를 가지고 어제 틀렸던 문제나 헷갈렸던 부분 위주로 체크해본다.

09 부록에 있는 과년도 출제문제를 시험 직전에 모의고사를 보듯이 풀어본다.

10 책을 다 끝낸 다음 오답노트를 활용해 나의 취약부분을 한 번 더 체크하고 실전시험에 대비한다.

단원별 **최신 출제비중**을 파악하자!

전기기사

	출제율(%)
제1장 직류회로의 이해	2.64
제2장 단상 교류회로의 이해	10.25
제3장 다상 교류회로의 이해	5.50
제4장 비정현파 교류회로의 이해	3.25
제5장 대칭좌표법	3.00
제6장 회로망 해석	3.00
제7장 4단자망 회로해석	6.00
제8장 분포정수회로	4.38
제9장 과도현상	4.63
제10장 라플라스 변환	6.00
합계	48.65%

전기산업기사

	출제율(%)
제1장 직류회로의 이해	5.00
제2장 단상 교류회로의 이해	23.13
제3장 다상 교류회로의 이해	13.75
제4장 비정현파 교류회로의 이해	8.75
제5장 대칭좌표법	6.38
제6장 회로망 해석	6.50
제7장 4단자망 회로해석	10.75
제8장 분포정수회로	0.63
제9장 과도현상	7.88
제10장 라플라스 변환	10.13
[보충] 전달함수(제어공학 관련)	7.10
합계	100%

전기자격 **시험안내**

01 시행처

한국산업인력공단

02 시험과목

구분	전기기사	전기산업기사	전기공사기사	전기공사산업기사
필기	1. 전기자기학 2. 전력공학 3. 전기기기 4. 회로이론 및 제어공학 5. 전기설비기술기준	1. 전기자기학 2. 전력공학 3. 전기기기 4. 회로이론 5. 전기설비기술기준	1. 전기응용 및 공사재료 2. 전력공학 3. 전기기기 4. 회로이론 및 제어공학 5. 전기설비기술기준	1. 전기응용 2. 전력공학 3. 전기기기 4. 회로이론 5. 전기설비기술기준
실기	전기설비 설계 및 관리	전기설비 설계 및 관리	전기설비 견적 및 시공	전기설비 견적 및 시공

03 검정방법

[기사]

- **필기** : 객관식 4지 택일형, 과목당 20문항(과목당 30분)
- **실기** : 필답형(2시간 30분)

[산업기사]

- **필기** : 객관식 4지 택일형, 과목당 20문항(과목당 30분)
- **실기** : 필답형(2시간)

04 합격기준

- **필기** : 100점을 만점으로 하여 과목당 40점 이상, 전과목 평균 60점 이상
- **실기** : 100점을 만점으로 하여 60점 이상

05 출제기준

■ 전기기사

주요항목	세부항목
1. 전기회로의 기초	(1) 전기회로의 기본 개념 (2) 전압과 전류의 기준방향 (3) 전원 등
2. 직류회로	(1) 전류 및 옴의 법칙 (2) 도체의 고유저항 및 온도에 의한 저항 (3) 저항의 접속 (4) 키르히호프의 법칙 (5) 전지의 접속 및 줄열과 전력 (6) 배율기와 분류기 (7) 회로망 해석
3. 교류회로	(1) 정현파 교류 (2) 교류회로의 페이저 해석 (3) 교류전력 (4) 유도결합회로
4. 비정현파 교류	(1) 비정현파의 푸리에급수에 의한 전개 (2) 푸리에급수의 계수 (3) 비정현파의 대칭 (4) 비정현파의 실효값 (5) 비정현파의 임피던스 등
5. 다상 교류	(1) 대칭 n상 교류 및 평형 3상 회로 (2) 선간전압과 상전압 (3) 평형부하의 경우 성형전류와 환상전류와의 관계 (4) $2\pi/n$씩 위상차를 가진 대칭 n상 기전력의 기호표시법 (5) 3상 Y결선 부하인 경우 (6) 3상 △결선의 각부 전압, 전류 (7) 다상 교류의 전력 (8) 3상 교류의 복소수에 의한 표시 (9) △-Y의 결선 변환 (10) 평형 3상 회로의 전력 등
6. 대칭좌표법	(1) 대칭좌표법 (2) 불평형률 (3) 3상 교류기기의 기본식 (4) 대칭분에 의한 전력표시 등
7. 4단자 및 2단자	(1) 4단자 파라미터 (2) 4단자 회로망의 각종 접속 (3) 대표적인 4단자망의 정수 (4) 반복 파라미터 및 영상 파라미터 (5) 역회로 및 정저항회로 (6) 리액턴스 2단자망 등

주요항목	세부항목
8. 분포정수회로	(1) 기본식과 특성 임피던스 (2) 무한장 선로 (3) 무손실 선로와 무왜형 선로 (4) 일반의 유한장 선로 (5) 반사계수 (6) 무손실 유한장 회로와 공진 등
9. 라플라스 변환	(1) 라플라스 변환의 정의 (2) 간단한 함수의 변환 (3) 기본정리 (4) 라플라스 변환 등
10. 회로의 전달함수	(1) 전달함수의 정의 (2) 기본적 요소의 전달함수 등
11. 과도현상	(1) $R-L$ 직렬의 직류회로 (2) $R-C$ 직렬의 직류회로 (3) $R-L$ 병렬의 직류회로 (4) $R-L-C$ 직렬의 직류회로 (5) $R-L-C$ 직렬의 교류회로 (6) 시정수와 상승시간 (7) 미분적분회로 등

■ 전기산업기사

주요항목	세부항목	세세항목
1. 전기회로의 기초	(1) 전기회로의 기본개념	① 간단한 전기회로 ② 전류의 방향
	(2) 전압과 전류의 기준방향	① 수동소자의 기준방향 ② 능동소자의 기준방향
	(3) 전원	① 독립 전압원 ② 독립 전류원
2. 직류회로	(1) 전류 및 옴의 법칙	① 전류 ② 전압 ③ 저항
	(2) 도체의 고유저항 및 온도에 의한 저항	① 전선의 저항 ② 단면적과 길이에 따른 저항변화
	(3) 저항의 접속	① 직렬 ② 병렬 ③ 직·병렬
	(4) 키르히호프의 법칙	① KCL ② KVL
	(5) 전지의 접속 및 줄열과 전력	① 직렬 ② 병렬 ③ 직·병렬 ④ 내부저항 ⑤ 최대 전력

주요항목	세부항목	세세항목
2. 직류회로	(6) 배율기와 분류기	① 배율기 ② 분류기
	(7) 회로망 해석	① 폐로 해석법 ② 마디 해석법 ③ 중첩의 원리 ④ 테브난의 정리 ⑤ 노튼의 정리 ⑥ 밀만의 정리 ⑦ △-Y 접속의 변환 ⑧ 브리지 회로
3. 교류회로	(1) 정현파 교류	① 정현파형 ② 주기와 주파수 ③ 평균치와 실효치 ④ 파고율과 파형률 ⑤ 위상차 ⑥ 회전벡터와 정지벡터
	(2) 교류회로의 페이저 해석	① 수동소자의 전압-전류 관계 ② 복소 임피던스 ③ 복소 어드미턴스 ④ 수동소자의 페이저 해석 ⑤ 직렬회로의 페이저 해석 ⑥ 병렬회로의 페이저 해석 ⑦ 직 · 병렬회로의 페이저 해석 ⑧ 교류 브리지 회로 ⑨ 공진회로
	(3) 교류전력	① 순시전력과 평균전력 ② 복소전력 ③ 역률 ④ 교류전력의 계산 ⑤ 역률 개선 ⑥ 교류의 최대 전력전달
	(4) 유도결합회로	① 유도결합회로 ② 상호 인덕턴스 ③ 등가 인덕턴스 ④ 결합계수
4. 비정현파 교류	(1) 비정현파의 푸리에급수에 의한 전개	① 푸리에급수 표시 ② 기본파와 고조파의 합
	(2) 푸리에급수의 계수	① a_0, a_n, b_n의 결정
	(3) 비정현파의 대칭	① 우함수, 기함수, 반파대칭
	(4) 비정현파의 실효값	① 전압의 실효값 ② 전류의 실효값 ③ 전고조파 왜율
	(5) 비정현파의 임피던스	① $R-L-C$ 회로 ② 고조파 공진조건

주요항목	세부항목	세세항목
5. 다상 교류	(1) 대칭 n상 교류 및 평형 3상 회로	① n상 전력 ② 3상 전력 ③ 위상
	(2) 성형전압과 환상전압의 관계	① n상 상전압 ② n상 선간전압
	(3) 평형부하의 경우 성형전류와 환상전류와의 관계	① △결선, Y결선에 따른 상전류, 선간전류
	(4) $2\pi/n$씩 위상차를 가진 대칭 n상 기전력의 기호표시법	① n상 전압, n상 전류표시
	(5) 3상 Y결선 부하인 경우	① 전압, 전류, 전력, 임피던스
	(6) 3상 △결선의 각부 전압, 전류	① 전압, 전류, 전력, 임피던스
	(7) 다상 교류의 전력	① 유효전력 ② 무효전력
	(8) 3상 교류의 복소수에 의한 표시	① 전력 ② 임피던스 ③ 전류표시
	(9) △-Y의 결선변환	① 등가변환
	(10) 평형 3상 회로의 전력	① 단상 전력계 ② 2전력계법 ③ 3전류계법 ④ 전압계
6. 대칭좌표법	(1) 대칭좌표법	① 영상 ② 정상 ③ 역상분
	(2) 불평형률	① 전압, 전류, 불평형률
	(3) 3상 교류기기의 기본식	① 1선 지락 ② 2선 지락 ③ 2선 단락
	(4) 대칭분에 의한 전력표시	① 대칭분에 의한 전력표시
7. 4단자 및 2단자	(1) 4단자 파라미터	① 임피던스 ② 어드미턴스 ③ $ABCD$ 파라미터
	(2) 4단자 회로망의 각종 접속	① 직렬 ② 병렬 ③ 직·병렬 접속
	(3) 대표적인 4단자망의 정수	① $ABCD$ 정수 단위와 의미

주요항목	세부항목	세세항목
7. 4단자 및 2단자	(4) 반복 파라미터 및 영상 파라미터	① 반복 임피던스, 반복전달정수
	(5) 역회로 및 정저항회로	① 영상 임피던스, 영상전달정수
	(6) 리액턴스 2단자망	① 극점 ② 영점 ③ 구동점 임피던스
8. 라플라스 변환	(1) 라플라스 변환의 정리	① 라플라스 변환 ② 역라플라스 변환 ③ 복수주파수
	(2) 간단한 함수의 변환	① 단위 충격함수 ② 단위 계단함수
	(3) 기본정리	① 최종값 ② 초기값
	(4) 라플라스 변환표	① 선형성 실미분정리 ② 실적분정리
9. 과도현상	(1) 전달함수의 정의	① 전달함수의 정의
	(2) 기본적 요소의 전달함수	① 비례요소 ② 적분요소 ③ 미분요소
	(3) $R-L$ 직렬의 직류회로	① $R-L$ 직렬회로의 과도현상과 전압전류 특성
	(4) $R-C$ 직렬의 직류회로	① 충전특성 ② 방전특성
	(5) $R-L$ 병렬의 직류회로	① $R-L$ 병렬회로의 과도현상
	(6) $R-L-C$ 직렬의 직류회로	① 단일에너지 회로 ② 복합에너지 회로 ③ $R-L-C$ 직렬회로의 과도현상
	(7) $R-L-C$ 직렬의 교류회로	① $R-L$ 직렬회로의 특성 ② $R-C$ 직렬회로의 특성
	(8) 시정수와 상승시간	① 시정수 ② 상승시간
	(9) 미·적분 회로	① $R-C$ 회로 ② $R-L$ 회로

차 례

CHAPTER 01 직류회로(direct current circuit)의 이해

CHAPTER 02 단상 교류회로(single-phase AC)의 이해

차 례

CHAPTER 03 다상 교류회로(polyphase AC)의 이해

차 례

CHAPTER 04 비정현파 교류회로(non-sinusoidal wave)의 이해

출제 01 비정현파 교류회로의 개요

출제 02 고조파의 분류와 특성

출제 03 고조파의 푸리에 급수해석

출제 04 비정현파의 실효값과 전력

출제 05 비정현파 회로해석

출제 06 고조파 관리기준

CHAPTER 05 대칭좌표법(symmetrical coordinates)

출제 01 대칭좌표법의 개요

출제 02 대칭좌표법에 의한 고장계산

CHAPTER 06 회로망 해석(network analysis)

출제 01 기하학적 회로망

출제 02 회로망 해석

CHAPTER 08 분포정수회로(distributed constant)

출제 01 기초방정식

출제 02 진행파의 반사계수와 투과계수

CHAPTER 09 과도현상(transient phenomena)

출제 01 개요

출제 02 $R-L$ 직렬회로

출제 03 $R-C$ 직렬회로

출제 04 $R-L-C$ 직렬회로

CHAPTER 10 라플라스 변환(laplace transform)

출제 01 라플라스 변환

출제 02 시간추이의 정리

출제 03 라플라스 역변환

보충 전달함수(transfer function)

부록 과년도 출제문제

특별부록 기초이론 및 용어해설

CHAPTER

01

직류회로의 이해

기사 2.64% 출제
산업 5.00% 출제

이렇게 공부하세요!!

출제경향분석

기사 출제비율 % / 산업 출제비율 %

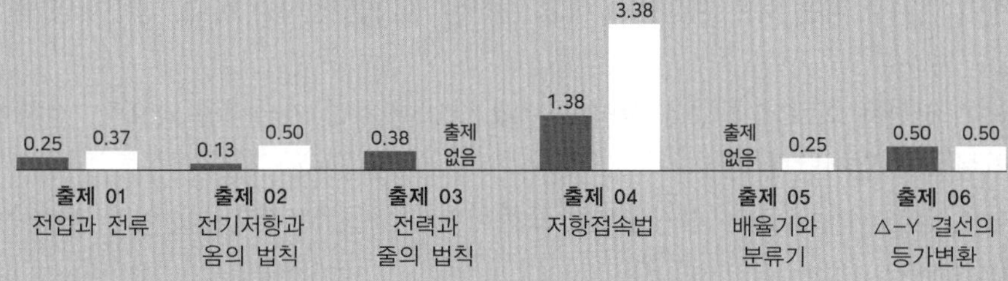

출제포인트

- ☑ 직류와 교류의 차이에 대해서 이해할 수 있다.
- ☑ 전류의 정의식$\left(I=\dfrac{Q}{t}[\text{C/sec=A}]\right)$과 옴의 법칙$\left(I=\dfrac{V}{R}[\text{V/}\Omega\text{=A}]\right)$을 구분할 수 있다.
- ☑ 전압의 정의와 정의식에 대해서 이해할 수 있다.
- ☑ 온도에 따른 저항크기의 변화특성에 대해서 이해할 수 있다.
- ☑ 전력의 정의와 정의식에 대해서 이해할 수 있다.
- ☑ 키르히호프의 법칙을 이용하여 저항의 직·병렬 접속방법에 대해서 이해할 수 있다.
- ☑ 휘트스톤 브리지 평형회로와 평형 시 등가변환에 대해서 이해할 수 있다.
- ☑ 배율기와 분류기에 대해서 이해할 수 있다.
- ☑ Δ-Y 결선의 등가변환에 대해서 이해할 수 있다.

직류회로(direct current circuit)의 이해

기사 2.64% 출제 I 산업 5.00% 출제

기사 0.25% 출제 I 산업 0.37% 출제

출제 01 전압과 전류

시험 출제빈도는 매우 낮지만 전기이론의 기초가 되므로 본문 내용을 읽어보고 넘어가길 바란다.

1 직류(direct current)와 교류(alternating current)

① 직류 : 전압과 전류의 방향과 크기가 시간에 따라 일정한 전기를 말한다.

② 교류 : 전압과 전류의 방향과 크기가 시간에 따라 바뀌는 전기를 말한다.

③ 직류와 같이 시간에 따라 크기가 변화하지 않을 경우 문자기호를 대문자로 표기하고, 교류와 같이 시간에 따라 크기가 변화하면 문자기호를 소문자로 표기한다.

㉠ I : 시간에 따라 일정한 전류(예 직류전류)

㉡ $i(t)$: 시간에 따라 변하는 전류(예 교류전류)

2 전하(電荷, electric charge)

① 물질이 전기를 띠는 것은 대전이라 하고 대전된 전기를 전하라 하며, 양전하와 음전하(부전하)로 나눈다.

② 이러한 전하는 회로의 특성을 설명하는 데 필요한 가장 기본적인 양으로, 전하에 의하여 전기현상이 일어난다.

③ 전하의 양을 전하량 또는 전기량으로 표현하며, 전하량의 기호는 Q이고, 단위는 쿨롬[C]이라 한다.

④ 전자 1개의 전하량 : $e=1.602\times10^{-19}$[C]

⑤ 전하보존의 법칙 : 전하는 새로 생성되거나 없어지지 않고 항상 처음의 전하량을 유지한다.

3 전압(電壓, voltage)

① [그림 1-1] (a)와 같이 두 물통에 수로를 연결하면 두 물통 사이에는 수위차(수압)가 발생하여 높은 수위에서 낮은 수위로 수류가 흐르게 된다. 이때 수류의 크기는 수위차에 비례하며, 등수위가 될 때까지 연속적으로 흐른다. 이는 마치 전기와 같다. 이에 대한 관계를 [그림 1-1] (b)에 나타냈다.

② 전압은 두 전위의 차를 말하며, 단위전하(1[C], unit charge)가 a에서 b점까지 운반될 때 소비되는 에너지 W[J, 줄]로 정의하며, 전압의 기호는 V, 단위는 볼트[V]라 한다.

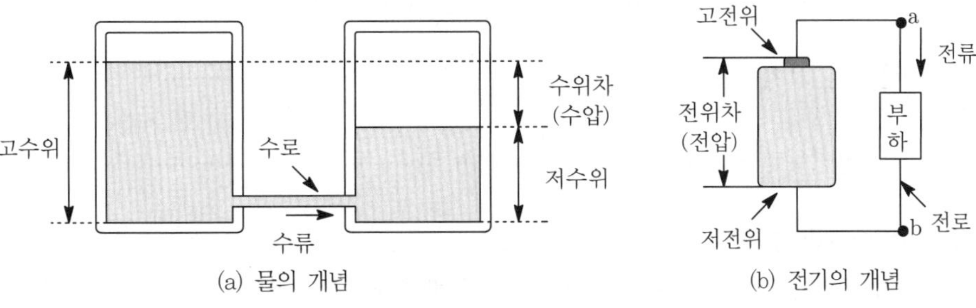

(a) 물의 개념 (b) 전기의 개념

▌그림 1-1▐ 전압의 개념

③ 1[C]의 전하가 a에서 b점까지 운반될 때 10[J]만큼 소비되었다면 a, b 사이에 10[V]가 인가되었고 볼 수 있다.

④ **정의식** : $V_{ab} = \dfrac{W}{Q}$ [J/C=V] ······ [식 1-1]

여기서, V_{ab} : a, b 사이의 전압(전위차), W : 전하가 운반될 때 소비되는 에너지[J]
Q : 전하량(전기량)[C]

4 전류(電流, current)

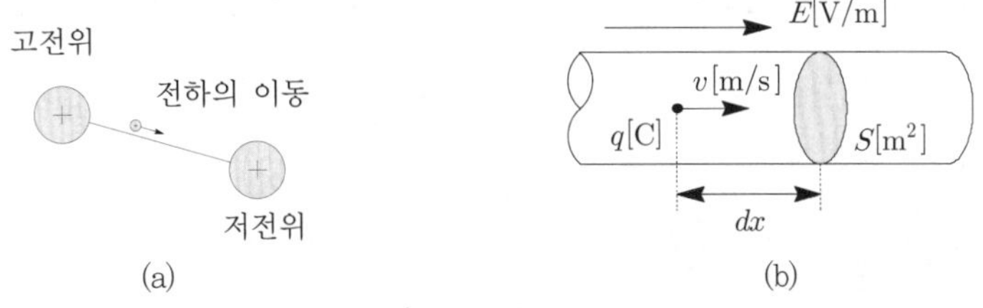

(a) (b)

▌그림 1-2▐ 전류의 정의

① [그림 1-2] (a)와 같이 대전된 두 도체에 가느다란 도체(전선)를 연결하면 두 도체 사이에 전위차가 발생하여 전위가 높은 도체에서 낮은 도체로 전하가 이동하게 되는데, 이 전하의 이동을 전류(current)라 하고, 전류의 기호를 I, 단위를 암페어[A]라 한다.

② 전류의 크기는 [그림 1-2] (b)와 같이 단면적이 S [m^2] 인 도체에 직각인 단면을 단위시간에 통과하는 전하량으로 정의한다.

③ 전류의 크기

㉠ 일정한 비율로 t초 동안에 Q[C]의 전하가 이동한 경우

ⓐ **전류의 크기** : $I = \dfrac{Q}{t} = \dfrac{CV}{t}$ [C/sec= A] ······ [식 1-2]

ⓑ **전하량** : $Q = It = CV$[A·sec=C] ······ [식 1-3]

여기서, C : 정전용량[F, 패럿], Q : 전하량(전기량)[C]
I : 전류[A], t : 시간[sec], V : 전압(전위차)[V]

㉡ 이동하는 전하량이 시간적으로 변화하는 경우

ⓐ **전류의 크기** : $i(t)=\dfrac{dq(t)}{dt}=C\dfrac{dV}{dt}$[A] ·· [식 1-4]

ⓑ **전하량** : $Q(t)=\int dq(t)=\int_{t_1}^{t_2} i(t)dt$ ·· [식 1-5]

④ 정전용량(capacity)

㉠ 정전용량이란 도체에 전위차 V를 주었을 때 도체에 축적되는 전하량의 관계를 표시한 것으로, 전위차와 전하량의 비례상수이다. 또는 콘덴서가 전하를 축적할 수 있는 능력을 말한다.

㉡ 정전용량 : $C=\dfrac{Q}{V}=\dfrac{\text{전기량}}{\text{전위차}}$[F, 패럿]

㉢ 콘덴서(condenser)란 전하를 축적하는 장치를 말하며, 콘덴서가 전하를 저장할 수 있는 능력을 정전용량이라 한다.

단원 확인 기출문제

★★★ 산업 13년 1회

01 두 점 사이에 20[C]의 전하를 옮기는 데 80[J]의 에너지가 필요하다면 두 점 사이의 전압은 얼마인가?

① 2[V] ② 3[V]
③ 4[V] ④ 5[V]

해설 전압 $V=\dfrac{W}{Q}=\dfrac{80}{20}=4$[V]

답 ③

★ 기사 95년 7회 / 산업 89년 6회, 98년 4회, 02년 3회, 11년 1회

02 $i(t)=2t^2+8t$[A]로 표시되는 전류가 도선에 3[sec] 동안 흘렀을 때 통과한 전 전기량은 몇 [C]인가?

① 18 ② 48
③ 54 ④ 61

해설 전기량 $Q=\int i(t)\,dt=\int_0^3 2t^2+8t\,dt$

$=\left[\dfrac{2}{3}t^3+4t^2\right]_0^3=\dfrac{2}{3}\times 3^3+4\times 3^2=54$[C]

답 ③

참고 미분과 적분

① 미분공식 : $\frac{d}{dx}Ax^n = A \cdot \frac{d}{dx}x^n = A \cdot nx^{n-1}$

② 적분공식 : $\int Ax^n dx = A\int x^n dx = \frac{A}{n+1}x^{n+1}$

기사 0.13% 출제 | 산업 0.50% 출제

출제 02 전기저항과 옴의 법칙

저항의 온도계수와 옴의 법칙의 미분형에 관련된 문제는 회로이론보다는 전기자기학에서 출제되고 있다.

참고 금속 내의 전자운동

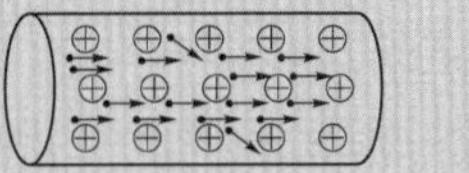

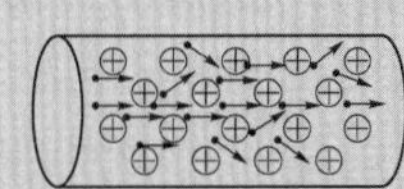

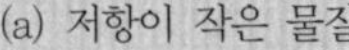

(a) 저항이 작은 물질 (b) 저항이 큰 물질

① 금속의 종류가 다르면 원자들의 배열상태가 달라지므로 전자들의 충돌하는 모습도 달라진다.
② 저항이 큰 물질일수록 전자들이 이동할 때 원자들과의 충돌이 심해진다.
③ 금속에 열을 가하면 입자들은 제자리에서 떠는 운동을 한다. 따라서, 전자의 충돌이 많아져 저항은 증가하게 된다.

1 전기저항(resistance)과 컨덕턴스(conductance)

① 전기저항은 전류의 흐름을 방해하는 성분으로, 도체의 재질·모양·온도에 따라 변한다.
② 저항의 역수를 컨덕턴스라 하고, 기호를 G, 단위를 모[℧, mho] 또는 지멘스[S]로 표현한다. 이러한 컨덕턴스는 병렬회로망 해석 시 유용하게 사용된다.
③ 전기저항과 컨덕턴스

㉠ **전기저항** : $R = \rho\frac{l}{S} = \frac{l}{kS}[\Omega]$ ······ [식 1-6]

㉡ **컨덕턴스** : $G = \frac{1}{R} = k\frac{S}{l} = \frac{S}{\rho l}[1/\Omega]$ ······ [식 1-7]

여기서, ρ **: 저항률 또는 고유저항**[Ω · m]
k **(또는** σ**) : 도전율**$[(\Omega \cdot m)^{-1}]$

S(또는 A) : 도체의 단면적[m^2]

l : 도체의 길이[m]

2 저항의 온도계수

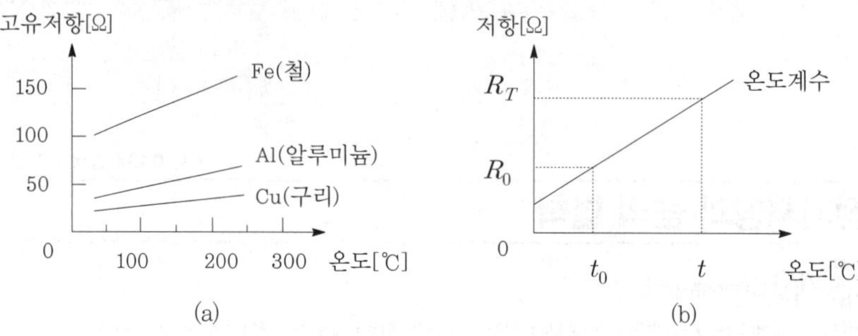

▎그림 1-3 ▎ 저항의 온도계수

① 저항의 온도계수(temperature coefficient of resistance)는 [그림 1-3]과 같이 온도에 따라 변화하는 비율을 나타내는 것이다.

② 금속에서는 일반적으로 정특성 온도계수(온도상승에 따라 저항이 증가), 전해액이나 반도체에서는 일반적으로 부특성 온도계수(온도상승에 따라 저항이 감소)의 특성을 나타낸다.

③ 온도계수란 초기온도 t_0에서 저항 R_0의 크기가 온도 1[℃] 상승할 때 변화되는 저항의 크기와 초기저항 R_0의 비를 말한다.

㉠ 구리의 온도계수 : $\alpha = \dfrac{1}{234.5 + t_0}$ ············ [식 1-8]

㉡ 온도변화에 따른 저항의 크기 : $R_T = R_0\left[1 + \alpha(t - t_0)\right]$ ············ [식 1-9]

여기서, t : 초기온도, R_0 : t_0에서의 저항크기, t : 변화된 온도

3 옴의 법칙

① 1826년 독일학자 옴(Ohm)은 실험을 통해 전위차(전압)와 전류와의 관계를 다음과 같이 설명하였다. 도체에 흐르는 전류는 도체 양단간의 전위차 V에 비례하고 도체의 저항 R[Ω, ohm]에 반비례한다. 이를 옴의 법칙이라 한다.

② 옴의 법칙

㉠ **옴의 법칙 :** $I = \dfrac{V}{R} = \dfrac{lE}{\dfrac{l}{kS}} = kES$[V/Ω = A] ············ [식 1-10]

㉡ **옴의 법칙의 미분형 :** $J = i = \dfrac{dI}{dS} = kE$[A/m^2] ············ [식 1-11]

여기서, E : 전계의 세기[V/m] (전기자기학 2장 참조)

단원 확인 기출문제

★★★ 기사 98년 4회, 09년 1회 / 산업 92년 7회, 12년 2회

03 일정 전압의 직류전원에 저항을 접속하고 전류를 흘릴 때 이 전류값을 20[%] 증가시키기 위해서는 저항값을 몇 배로 하여야 하는가?

① 1.25배 ② 1.2배
③ 0.83배 ④ 0.8배

해설 옴의 법칙 $I=\dfrac{V}{R}$에서 저항 $R=\dfrac{V}{I}$가 된다.

여기서, 전류값을 20[%] 증가(1.2I)시키기 위한 저항값은 다음과 같다.

$R_x=\dfrac{V}{1.2I}=0.83\dfrac{V}{I}=0.83R[\Omega]$

답 ③

기사 0.38% 출제 | 산업 출제 없음

출제 03 전력과 줄의 법칙

전력과 줄의 법칙은 옴의 공식과 더불어 회로의 필수 내용이다. 반드시 기억하도록 한다.

1 전력(電力, power)

① 단위시간에 행한 전기적인 일을 전력(power)이라 한다. 전력의 기호를 P, 그 단위를 와트 [W]라 한다.

② 정의식 : $P=\dfrac{W}{t}=\dfrac{QV}{t}=\dfrac{It\,V}{t}=VI\,[\text{W}]$ ············ [식 1-12]

③ [식 1-12]에 [식 1-10]을 대입하면 [식 1-13]과 같고, 직렬회로에서는 전류가 일정하므로 I^2R을, 병렬회로에서는 전압이 일정하기 때문에 $\dfrac{V^2}{R}$ 공식을 사용하면 전력계산을 쉽게 풀이할 수 있다.

㉠ **전력** : $P=VI=I^2R=\dfrac{V^2}{R}\,[\text{W}]$ ············ [식 1-13]

㉡ **전력량** : $W=Pt=VIt=I^2Rt=\dfrac{V^2}{R}t\,[\text{W}\cdot\text{sec}=\text{J}]$ ············ [식 1-14]

2 줄열(Joule's heat)

① 도선에 전위차(전압)를 가하면 전하가 이동하면서(전류가 흐르면서) 에너지를 소비하게

된다. 이 에너지는 도선 내에서 열로 소비된다.

② 이것을 줄열(Joule's heat)이라 하고 단위를 줄[J, Joule]이라 한다. 또한, 줄열을 열량으로 환산하면 [식 1-15]와 같이 된다.

③ 현장에서 전력량의 단위를 [kWh]를 사용하며, 이를 [kcal]로 환산하면 [식 1-16]과 같다.

㉠ $H = 0.24\,W = 0.24\,VIt = 0.24\,I^2Rt = 0.24\,\dfrac{V^2}{R}t\,[\text{cal}]$ .... [식 1-15]

㉡ $1\,[\text{kWh}] = 3600\,[\text{kWs} = \text{kJ}] = 3600 \times 0.24 \fallingdotseq 860\,[\text{kcal}]$ .... [식 1-16]

단원 확인기출문제

★ 기사 97년 2회 / 산업 90년 7회

04 1[kgf · m/sec] 몇 [W]인가? (단, [kg]은 질량임)

① 9.8　　② 98

③ 0.98　　④ 2

해설 1[kgf · m/sec]=9.8[N · m/sec]=9.8[J/sec]=9.8[W]

답 ①

기사 1.38% 출제 | 산업 3.38% 출제

출제 04 저항접속법

1장에서 가장 중요한 단원으로, 전압분배법칙과 전류분배법칙을 반드시 기억하고 교재에 수록된 모든 문제를 완전히 이해할 때까지 풀어보길 바란다.

1 키르히호프의 법칙(Kirchhoff's law)

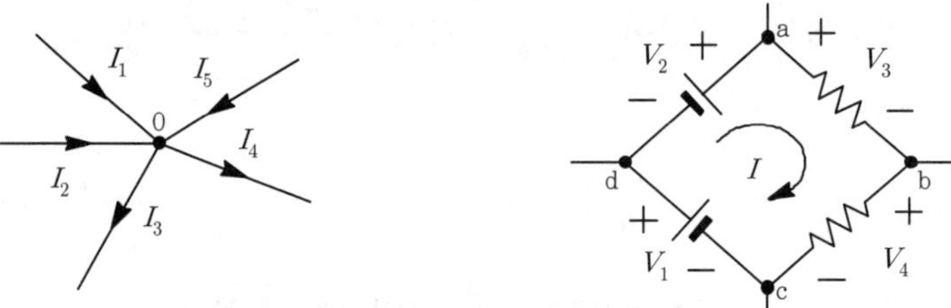

여기서, 0, a, b, c, d점을 마디(node)라 하며 마디와 마디 사이(a ~ b)를 지로(branch)라 한다.

(a) KCL　　(b) KVL

▍그림 1-4▍ 키르히호프의 법칙

(1) 독일의 물리학자 키르히호프는 옴의 법칙을 통하여 두 가지 법칙을 발견했고, 이를 통해 복잡한 전기회로에서 지로(branch)에 흐르는 전류를 구할 때 사용된다.

(2) 수동부호의 규약([그림 1-4] (b) 참고)

① **능동소자** : 전류가 나가는 방향이 (+), 들어가는 방향이 (-)부호가 된다.

② **수동소자** : 전류가 들어가는 방향이 (+), 나가는 방향이 (-)부호가 된다.

③ 능동소자는 전압원 또는 전류원을 말하며, 수동소자는 RLC 소자를 말한다.

(3) 제1법칙(전류법칙, KCL)

① **임의의 마디(node)에 유입되는 전류의 총합은 유출되는 전류의 총합과 같다.**

② [그림 1-4] (a)에 의해 다음과 같이 나타낼 수 있다.

$I_1 + I_2 + I_5 = I_3 + I_4$에서 $I_1 + I_2 + (-I_3) + (-I_4) + I_5 = 0$이므로

∴ 제1법칙(KCL) : $\sum_{i=1}^{n} I_i = 0$ ······ [식 1-17]

(4) 제2법칙(전압법칙, KVL)

① **임의의 폐회로(loop) 내의 기전력의 총합은 저항에 의한 전압강하의 총합과 같다.**

② [그림 1-4] (b)에 의해 다음과 같이 나타낼 수 있다.

③ $V_1 + V_2 = V_3 + V_4$ 에서 $V_1 + V_2 + (-V_3) + (-V_4) = 0$이므로

∴ 제2법칙(KVL) : $\sum_{i=1}^{n} V_i = 0$ ······ [식 1-18]

2 저항의 직렬접속

(1) 키르히호프의 법칙적용

① KCL : $I = I_1 = I_2$ (전류 일정) ······ [식 1-19]

② KVL : $V = V_1 + V_2$ (전압 분배) ······ [식 1-20]

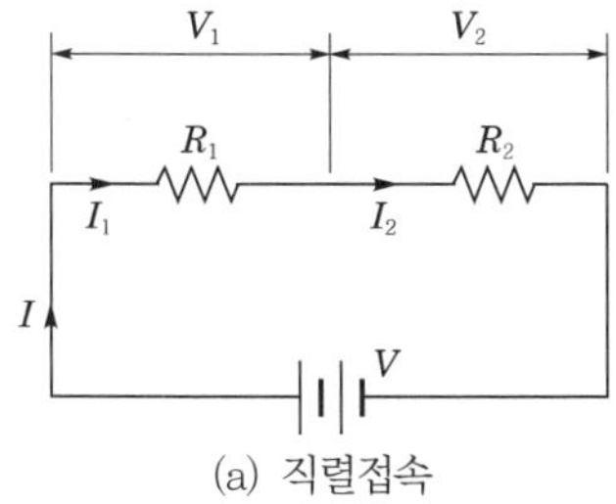

(a) 직렬접속

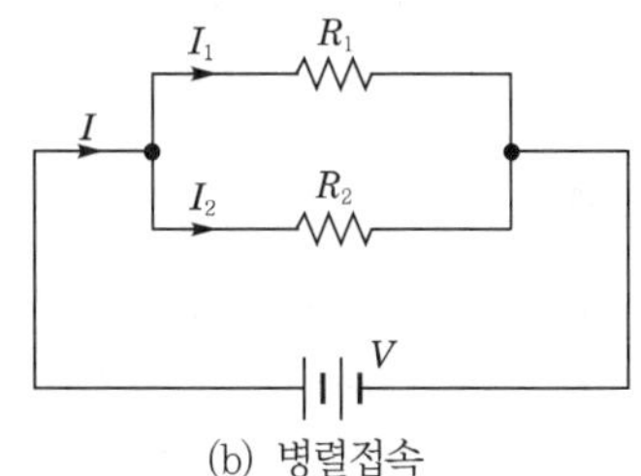

(b) 병렬접속

| 그림 1-5 | 저항접속법

(2) 합성저항

$V = V_1 + V_2 = I_1R_1 + I_2R_2$이고, KCL에 의해 $I = I_1 = I_2$이다.

$V = I(R_1 + R_2)$이 되어 합성저항은 다음과 같다.

$$R = \frac{V}{I} = \frac{I(R_1 + R_2)}{I} = R_1 + R_2[\Omega] \quad \text{[식 1-21]}$$

(3) 전압분배법칙

① $V_1 = I_1R_1 = IR_1 = \frac{V}{R} \times R_1 = \frac{R_1}{R_1 + R_2} \times V$ ······ [식 1-22]

② $V_2 = I_2R_2 = IR_2 = \frac{V}{R} \times R_2 = \frac{R_2}{R_1 + R_2} \times V$ ······ [식 1-23]

3 저항의 병렬접속

(1) 키르히호프의 법칙적용

① KCL : $I = I_1 + I_2$ (전류 분배) ······ [식 1-24]

② KVL : $V = V_1 = V_2$ (전압 일정) ······ [식 1-25]

(2) 합성저항

① $I = I_1 + I_2 = \frac{V_1}{R_1} + \frac{V_2}{R_2}$이고, KVL에 의해 $V = V_1 = V_2$이므로

$I = V\left(\frac{1}{R_1} + \frac{1}{R_2}\right)$이 되어 합성저항은 다음과 같다.

$$R = \frac{V}{I} = \frac{1}{\frac{1}{R_1} + \frac{1}{R_2}} = \frac{R_1 \times R_2}{R_1 + R_2}[\Omega] \quad \text{[식 1-26]}$$

② 합성 컨덕턴스 : $G = \frac{1}{R} = \frac{1}{R_1} + \frac{1}{R_2} = G_1 + G_2[\mho]$ ······ [식 1-27]

③ [식 1-26]과 [식 1-27]에서 보듯이 병렬회로에서는 컨덕턴스를 이용하여 회로를 해석하는 것이 상대적으로 편리하다.

(3) 전류분배법칙

① $I_1 = \frac{V_1}{R_1} = \frac{V}{R_1} = \frac{R}{R_1} \times I = \frac{R_2}{R_1 + R_2} \times I$ ······ [식 1-28]

$$= \frac{\frac{1}{G_2}}{\frac{1}{G_1} + \frac{1}{G_2}} \times I = \frac{\frac{1}{G_2}}{\frac{G_1 + G_2}{G_1 \times G_2}} \times I = \frac{G_1}{G_1 + G_2} \times I \quad \text{[식 1-29]}$$

② $I_2 = \frac{V_2}{R_2} = \frac{V}{R_2} = \frac{R}{R_2} \times I = \frac{R_1}{R_1 + R_2} \times I$ ······ [식 1-30]

$= \frac{\frac{1}{G_1}}{\frac{1}{G_1} + \frac{1}{G_2}} \times I = \frac{\frac{1}{G_1}}{\frac{G_1 + G_2}{G_1 \times G_2}} \times I = \frac{G_2}{G_1 + G_2} \times I$ ······ [식 1-31]

(4) 같은 크기의 저항 n개를 병렬접속할 경우 합성저항

① $R_0 = \frac{1}{\frac{1}{R_1} + \frac{1}{R_2} + \cdots\cdots + \frac{1}{R_n}} = \frac{1}{\frac{n}{R}} = \frac{R}{n}[\Omega]$ ······ [식 1-32]

여기서, $R_1 = R_2 = R_3 = \cdots\cdots = R_n = R$

② 같은 크기의 저항을 병렬로 접속할 경우 합성저항은 1개 저항의 크기를 병렬회로수(저항의 개수)로 나눈 것과 같다.

4 휘트스톤 브리지 평형회로

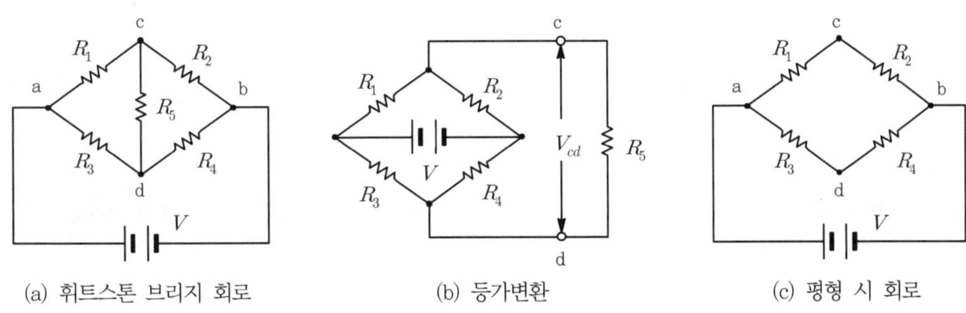

(a) 휘트스톤 브리지 회로 (b) 등가변환 (c) 평형 시 회로

▌그림 1-6▐ 휘트스톤 브리지 회로

(1) [그림 1-6] (b)와 등가변환하여 V_{cd}의 단자전압을 구하면 다음과 같다.

① $V_c = \frac{R_2}{R_1 + R_2} \times V$, $V_d = \frac{R_4}{R_3 + R_4} \times V$ ······ [식 1-33]

② $V_{cd} = V_c - V_d = \frac{R_2 R_3 - R_1 R_4}{(R_1 + R_2)(R_3 + R_4)} \times V$ ······ [식 1-34]

(2) 휘트스톤 브리지 평형조건

① $R_1 R_4 = R_2 R_3$의 조건은 만족하면 $V_{cd} = 0$이 되어 c, d 간의 지로(branch)에는 전류가 흐르지 않는다.
이를 휘트스톤 브리지 평형회로라 하며, 이 조건을 만족하면 [그림 1-6] (c)와 같이 c, d 사이를 개방(open)한 회로로 해석할 수 있다.

② $R_1R_4 \neq R_2R_3$와 같이 불평형인 경우에는 6장의 테브난의 정리에 의해서 해석한다.

단원 확인 기출문제

★★ 기사 96년 7회 / 산업 94년 4회, 98년 3회, 04년 2회, 07년 3회

05 그림에서 a, b 단자에 200[V]를 가할 때 저항 2[Ω]에 흐르는 전류[A]는?

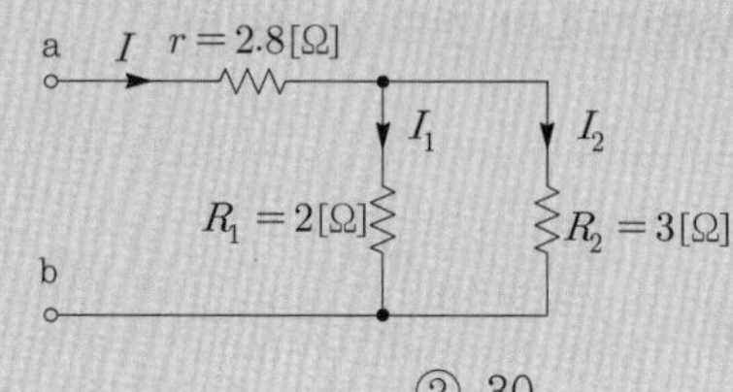

① 40　② 30
③ 20　④ 10

해설 ㉠ 합성저항 : $R = r + \dfrac{R_1 \times R_2}{R_1 + R_2} = 2.8 + \dfrac{2 \times 3}{2+3} = 4[\Omega]$

㉡ 회로 전체 전류 : $I = \dfrac{V}{R} = \dfrac{200}{4} = 50[\text{A}]$

∴ 전류분배법칙 : $I_1 = \dfrac{R_2}{R_1 + R_2} \times I = \dfrac{3}{2+3} \times 50 = 30[\text{A}]$

답 ②

★ 산업 97년 4회

06 그림과 같은 회로에서 $I = 10$[A], $G_1 = 4$[℧], $G_2 = 6$[℧]일 때 G_2에서 소비되는 전력은 몇 [W]인가?

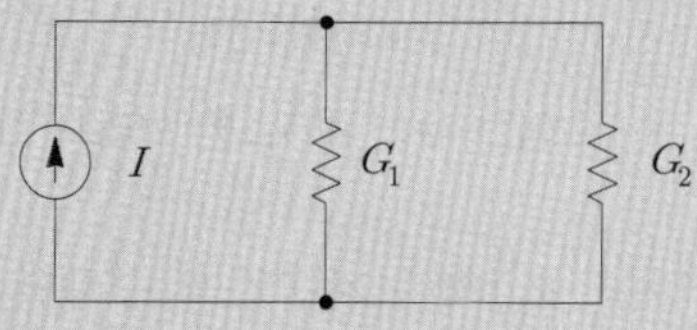

① 100　② 10
③ 4　④ 6

해설 컨덕턴스 G_2에 흐르는 전류 : $I_2 = \dfrac{G_2}{G_1 + G_2} \times I = \dfrac{6}{4+6} \times 10 = 6[\text{A}]$

∴ 소비전력 $P_2 = I_2^2 R_2 = \dfrac{I_2^2}{G_2} = \dfrac{6^2}{6} = 6[\text{W}]$

답 ④

기사 출제 없음 | 산업 0.25% 출제

출제 05 배율기와 분류기

이번 단원은 기사 및 산업기사에서 시험 출제빈도가 매우 낮다. 따라서 시간이 부족한 수험생이라면 그냥 넘어가도 된다. 단, 전기기능사, 전기기능장, 각종 공기업 시험에서는 종종 출제되고 있으니 참고하길 바란다.

1 배율기(multiplier)

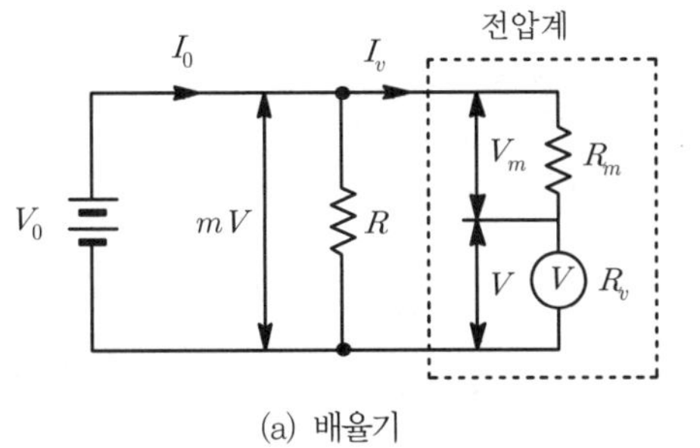

(a) 배율기

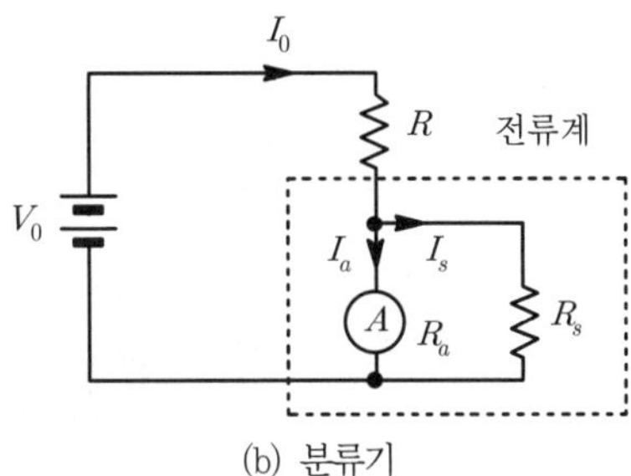

(b) 분류기

| 그림 1-7 | 배율기와 분류기

① 전압계의 측정범위를 m배 만큼 확대하기 위하여 전압계와 직렬로 접속한 저항기 R_m을 말하며, 전압분배법칙을 이용하여 배율을 구할 수 있다.

② 배율의 크기와 배율저항

㉠ 배율 : $m = \dfrac{V_0}{V} = \dfrac{I_v(R_m + R_v)}{I_v R_v} = 1 + \dfrac{R_m}{R_v}$ ······ [식 1-35]

여기서, V_0 : 측정전압, V : 전압계 인가전압, V_m : 분배전압, I_v : R_v 통과전류
R_m : 배율저항, R_v : 전압계 내부저항

㉡ **배율저항 : $R_m = R_v(m-1)[\Omega]$** ······ [식 1-36]

2 분류기(shunt)

① 전류계의 측정범위를 m배 만큼 확대하기 위하여 전류계와 병렬로 접속한 저항기 R_s를 말하여, 전류분배법칙을 이용하여 배율을 구할 수 있다.

② 배율의 크기와 분류저항

㉠ 배율 : $m = \dfrac{I_0}{I_a} = \dfrac{I_a + I_s}{I_a} = 1 + \dfrac{I_s}{I_a} = 1 + \dfrac{R_a}{R_s}$ ······ [식 1-37]

여기서, I_0 : 측정전류, I_a : 전류계 통과전류$\left(I_a = \dfrac{R_s}{R_a + R_s} \times I\right)$

I_s : 분류전류$\left(I_s = \dfrac{R_a}{R_a + R_s} \times I\right)$, R_s : 분류저항, R_a : 전류계 내부저항

㉡ 분류저항 : $R_s = \dfrac{R_a}{m-1}$ [Ω] ········· [식 1-38]

단원 확인기출문제

★ 기사 89년 6회

07 어떤 전압계의 측정범위를 20배로 하려면 배율기의 저항 R_m을 전압계의 저항 R_V의 몇 배로 하여야 하는가?

① 30　　② 10
③ 19　　④ 29

해설 배율기 배율 $m = \dfrac{E}{E_V} = \dfrac{R_m + R_V}{R_V} = 1 + \dfrac{R_m}{R_V} = 20$

$\therefore \dfrac{R_m}{R_V} = m - 1 = 20 - 1 = 19$

답 ③

기사 0.50% 출제 | 산업 0.50% 출제

출제 06 Δ-Y 결선의 등가변환

이번 단원은 1장보다는 3장에서 주로 활용된다. 따라서, 3장 학습에 들어가기 전 등가변환 결과공식을 정리하길 바란다.

1 Δ-Y 결선의 등가변환 결과식

Δ와 Y 결선된 회로에 동일한 단자전압을 인가했을 때 선에 흐르는 전류가 동일하면 두 회로는 등가회로라 할 수 있다. 등가변환공식은 다음과 같다.

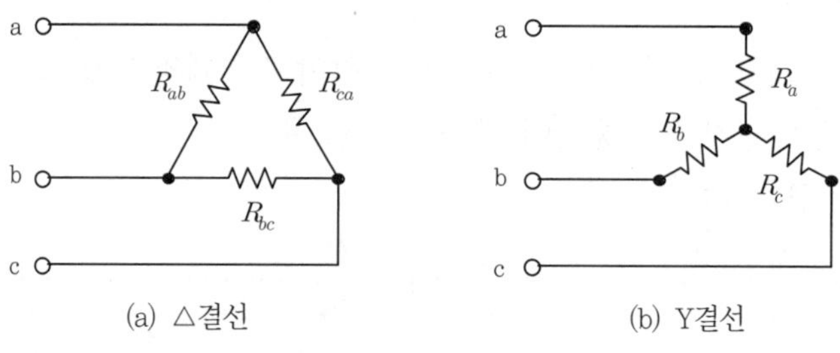

┃그림 1-8┃ Δ-Y 결선 등가변환

(1) △결선에서 Y결선으로 등가변환

① $R_a = \dfrac{R_{ab} \cdot R_{ca}}{R_{ab} + R_{bc} + R_{ca}} [\Omega]$ ······ [식 1-39]

② $R_b = \dfrac{R_{ab} \cdot R_{bc}}{R_{ab} + R_{bc} + R_{ca}} [\Omega]$ ······ [식 1-40]

③ $R_c = \dfrac{R_{bc} \cdot R_{ca}}{R_{ab} + R_{bc} + R_{ca}} [\Omega]$ ······ [식 1-41]

(2) Y결선에서 △결선으로 등가변환

① $R_{ab} = \dfrac{R_a \cdot R_b + R_b \cdot R_c + R_c \cdot R_a}{R_c} [\Omega]$ ······ [식 1-42]

② $R_{bc} = \dfrac{R_a \cdot R_b + R_b \cdot R_c + R_c \cdot R_a}{R_a} [\Omega]$ ······ [식 1-43]

③ $R_{ca} = \dfrac{R_a \cdot R_b + R_b \cdot R_c + R_c \cdot R_a}{R_b} [\Omega]$ ······ [식 1-44]

2 △에서 Y결선으로 등가변환 증명

(1) a, b 단자에서 바라본 합성저항 R_{ab}' 구하기

① △회로는 R_{ab}와 $(R_{bc} + R_{ca})$가 병렬로, Y회로는 R_a와 R_b가 직렬로 접속된 회로와 같다.

② $R_{ab}' = \dfrac{R_{ab}(R_{bc} + R_{ca})}{R_{ab} + (R_{bc} + R_{ca})} = \dfrac{R_{ab}R_{bc} + R_{ca}R_{ab}}{R_{ab} + R_{bc} + R_{ca}} = R_a + R_b$ ······ [식 1-45]

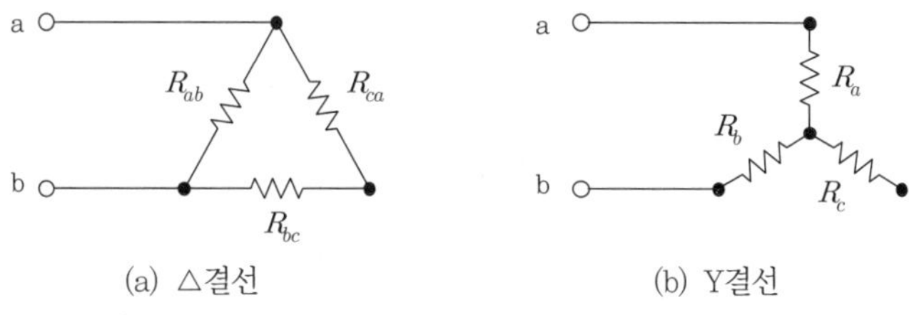

▌그림 1-9▐ a, b 단자에서 바라본 합성저항

(2) b, c 단자에서 바라본 합성저항 R_{bc}' 구하기

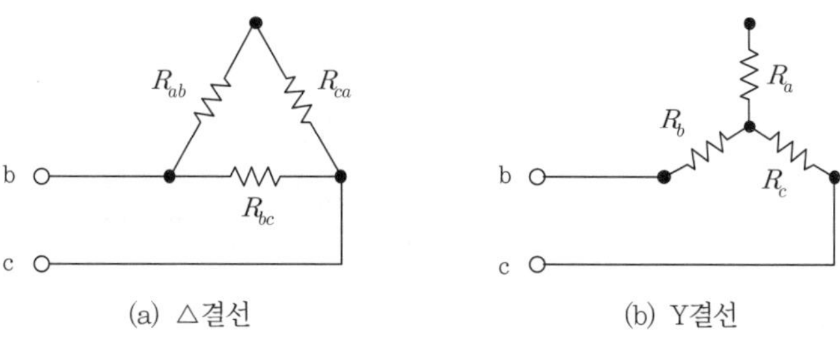

▌그림 1-10▐ b, c 단자에서 바라본 합성저항

① △회로는 R_{bc}와 $(R_{ab}+R_{ca})$가 병렬로, Y회로는 R_b와 R_c가 직렬로 접속된 회로와 같다.

② $R_{bc}'=\dfrac{R_{bc}(R_{ab}+R_{ca})}{R_{bc}+(R_{ab}+R_{ca})}=\dfrac{R_{ab}R_{bc}+R_{bc}R_{ca}}{R_{ab}+R_{bc}+R_{ca}}=R_b+R_c$ ·································· [식 1-46]

(3) c, a 단자에서 바라본 합성저항 R_{ca}' 구하기

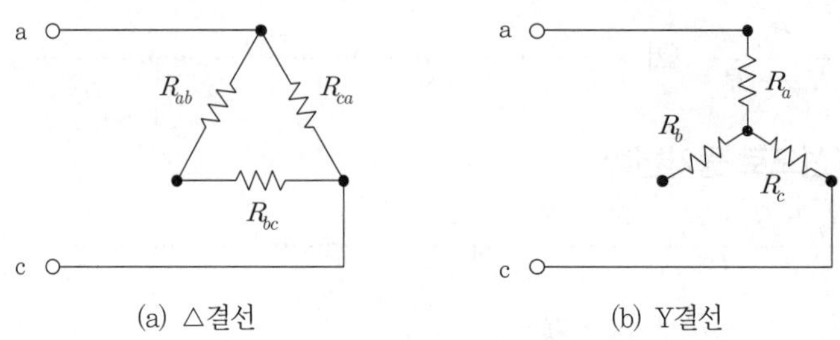

(a) △결선 (b) Y결선

❙그림 1-11❙ c, a 단자에서 바라본 합성저항

① △회로는 R_{ca}와 $(R_{ab}+R_{bc})$가 병렬로, Y회로는 R_a와 R_c가 직렬로 접속된 회로와 같다.

② $R_{ca}'=\dfrac{R_{ca}(R_{ab}+R_{bc})}{R_{ca}+(R_{ab}+R_{bc})}=\dfrac{R_{ca}R_{ab}+R_{bc}R_{ca}}{R_{ab}+R_{bc}+R_{ca}}=R_a+R_c$ ·································· [식 1-47]

(4) R_a, R_b, R_c의 산출

① [식 1-45], [식 1-46], [식 1-47]을 모두 더해 정리하면 다음과 같다.

$\dfrac{R_{ab}R_{bc}+R_{bc}R_{ca}+R_{ca}R_{ab}}{R_{ab}+R_{bc}+R_{ca}}=R_a+R_b+R_c$ ·································· [식 1-48]

② [식 1-48] − [식 1-46] : $R_a=\dfrac{R_{ab}\cdot R_{ca}}{R_{ab}+R_{bc}+R_{ca}}[\Omega]$ ·································· [식 1-49]

③ [식 1-48] − [식 1-47] : $R_b=\dfrac{R_{ab}\cdot R_{bc}}{R_{ab}+R_{bc}+R_{ca}}[\Omega]$ ·································· [식 1-50]

④ [식 1-48] − [식 1-45] : $R_c=\dfrac{R_{bc}\cdot R_{ca}}{R_{ab}+R_{bc}+R_{ca}}[\Omega]$ ·································· [식 1-51]

3 Y에서 △결선으로 등가변환 증명

(1) [식 1-49], [식 1-50], [식 1-51]을 이용한 정리

① [식 1-49]×[식 1-50] : $R_aR_b=\dfrac{R_{ab}(R_{ab}R_{bc}R_{ca})}{(R_{ab}+R_{bc}+R_{ca})^2}[\Omega]$ ·································· [식 1-52]

② [식 1-50]×[식 1-51] : $R_bR_c=\dfrac{R_{bc}(R_{ab}R_{bc}R_{ca})}{(R_{ab}+R_{bc}+R_{ca})^2}[\Omega]$ ·································· [식 1-53]

③ [식 1-51]×[식 1-49] : $R_cR_a = \dfrac{R_{ca}(R_{ab}R_{bc}R_{ca})}{(R_{ab}+R_{bc}+R_{ca})^2}$ [Ω] ································ [식 1-54]

④ [식 1-52], [식 1-53], [식 1-54]를 모두 더해 정리하면 다음과 같다.

$$R_aR_b + R_bR_c + R_cR_a = \frac{(R_{ab}+R_{bc}+R_{ca})(R_{ab}R_{bc}R_{ca})}{(R_{ab}+R_{bc}+R_{ca})^2}$$

$$R_aR_b + R_bR_c + R_cR_a = \frac{R_{ab}R_{bc}R_{ca}}{R_{ab}+R_{bc}+R_{ca}}[\Omega]$$ ································ [식 1-55]

(2) R_{ab}, R_{bc}, R_{ca}의 산출

① [식 1-55]÷[식 1-51] : $R_{ab} = \dfrac{R_aR_b + R_bR_c + R_cR_a}{R_c}$ [Ω] ································ [식 1-56]

② [식 1-55]÷[식 1-49] : $R_{bc} = \dfrac{R_aR_b + R_bR_c + R_cR_a}{R_a}$ [Ω] ································ [식 1-57]

③ [식 1-55]÷[식 1-50] : $R_{ca} = \dfrac{R_aR_b + R_bR_c + R_cR_a}{R_b}$ [Ω] ································ [식 1-58]

단원 확인 기출문제

★★ 산업 97년 7회, 99년 7회, 13년 1회, 13년 2회

08 그림과 같은 Y결선회로와 등가인 △결선회로의 A, B, C 값은?

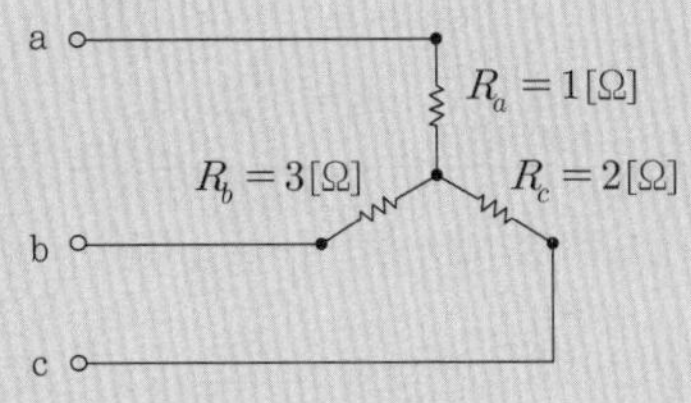

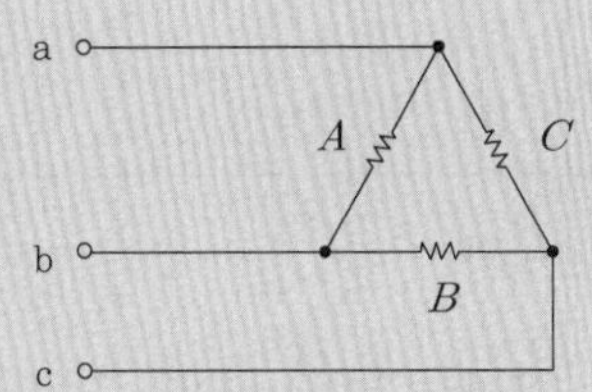

① $A = \dfrac{11}{2}$, $B = 11$, $C = \dfrac{11}{3}$

② $A = \dfrac{7}{3}$, $B = 7$, $C = \dfrac{7}{2}$

③ $A = 11$, $B = \dfrac{11}{2}$, $C = \dfrac{11}{3}$

④ $A = 7$, $B = \dfrac{7}{2}$, $C = \dfrac{11}{3}$

해설 Y결선에서 △결선으로 등가변환하면 다음과 같다.

㉠ $A = \dfrac{R_aR_b + R_bR_c + R_cR_a}{R_c} = \dfrac{1\times3+3\times2+2\times1}{2} = \dfrac{11}{2}[\Omega]$

㉡ $B = \dfrac{R_aR_b + R_bR_c + R_cR_a}{R_a} = \dfrac{1\times3+3\times2+2\times1}{1} = 11[\Omega]$

㉢ $C = \dfrac{R_aR_b + R_bR_c + R_cR_a}{R_b} = \dfrac{1\times3+3\times2+2\times1}{3} = \dfrac{11}{3}[\Omega]$

답 ①

단원 핵심정리 한눈에 보기

1. 저항(R, Resistance) 정리

구분	직렬접속	병렬접속
회로	(V_1, V_2, R_1, R_2, I_1, I_2, I, V 직렬회로)	(I_1, R_1, I, I_2, R_2, V 병렬회로)
특징	① 전류 일정 ② 전압 분배	① 전압 일정 ② 전류 분배
합성 저항	① 저항이 2개인 경우 : $R_0 = R_1 + R_2 [\Omega]$ ② 저항이 n개인 경우 : $R_0 = R_1 + R_2 + \cdots\cdots + R_n [\Omega]$	① 저항이 2개인 경우 : $R_0 = \dfrac{1}{\dfrac{1}{R_1}+\dfrac{1}{R_2}} = \dfrac{R_1 \times R_2}{R_1 + R_2} [\Omega]$ ② 저항이 n개인 경우 : $R_0 = \dfrac{1}{\dfrac{1}{R_1}+\dfrac{1}{R_2}+\cdots\cdots+\dfrac{1}{R_n}} [\Omega]$ ③ 동일 크기의 저항 n개가 병렬인 경우 : $R_0 = \dfrac{R}{n} [\Omega]$
분배 법칙	① $V_1 = \dfrac{R_1}{R_1 + R_2} \times V$ ② $V_2 = \dfrac{R_2}{R_1 + R_2} \times V$	① $I_1 = \dfrac{R_2}{R_1 + R_2} \times I$ ② $I_2 = \dfrac{R_1}{R_1 + R_2} \times I$

2. 컨덕턴스(G, Conductance) 정리

구분	직렬접속	병렬접속
합성 컨덕턴스	$G_0 = \dfrac{1}{\dfrac{1}{G_1}+\dfrac{1}{G_2}} = \dfrac{G_1 \times G_2}{G_1 + G_2} [\mho]$	$G_0 = G_1 + G_2 [\mho]$
분배 법칙	① $V_1 = \dfrac{G_2}{G_1 + G_2} \times V$ ② $V_2 = \dfrac{G_1}{G_1 + G_2} \times V$	① $I_1 = \dfrac{G_1}{G_1 + G_2} \times I$ ② $I_2 = \dfrac{G_2}{G_1 + G_2} \times I$

단원 자주 출제되는 기출문제

출제 01 전압과 전류

★ 기사 16년 3회 / 산업 89년 6회, 94년 3회, 98년 4회, 02년 3회

01 $i(t) = 3t^2 + 2t$[A]의 전류가 도선 중을 1분간 흘렀을 때 통과한 전기량[Ah]은?

① 55 ② 61
③ 65 ④ 71

해설

전기량 $Q = \int i(t)\,dt = \int_0^{60} 3t^2 + 2t\,dt$

$= [t^3 + t^2]_0^{60} = 219600\,[\text{C=A}\cdot\text{sec}]$

$= \dfrac{219600}{3600} = 61[\text{Ah}]$

Comment

- 적분을 어렵게 생각하지 말고 우선 공식을 외워 문제에 계속 적용하다 보면 쉽게 느껴질 수 있다.
- 적분공식 : $\int x^n\,dx = \dfrac{1}{n+1}x^{n+1}$

출제 02 전기저항과 옴의 법칙

★ 기사 91년 5회

02 고유저항의 M.K.S 단위는 무엇인가?

① $[\Omega\cdot\text{m}]$ ② $[1/\Omega\cdot\text{m}]$
③ $[\Omega/\text{m}]$ ④ $[℧\cdot\text{m}]$

해설

전기저항 $R = \rho\dfrac{l}{S}[\Omega]$

$\therefore$ 고유저항 $\rho = \dfrac{RS}{l}[\Omega\cdot\text{m}^2/\text{m}=\Omega\cdot\text{m}]$

$= \dfrac{RS}{l}\times 10^6[\Omega\cdot\text{mm}^2/\text{m}]$

Comment

$1[\text{mm}]=10^{-3}[\text{m}]$, $1[\text{mm}^2]=(10^{-3})^2[\text{m}^2]=10^{-6}[\text{m}^2]$

$1[\text{m}^2]=\dfrac{1}{10^{-6}}[\text{mm}^2]=10^6[\text{mm}^2]$

★ 기사 16년 1회(자기학 출제)

03 전선을 균일하게 2배의 길이로 당겨 늘였을 때 전선의 체적이 불변이라면 저항은 몇 배가 되는가?

① 2 ② 4
③ 6 ④ 8

해설

전선의 체적 $V = Sl[\text{m}^3]$에서 길이를 2배했을 때 체적이 일정하려면 단면적 S가 $\dfrac{1}{2}$배가 된다.

$\therefore$ 전기저항 $R = \rho\dfrac{l}{S}[\Omega]$에서 l이 2배, S가 $\dfrac{1}{2}$배가 되면 R은 4배가 된다.

Comment

전선을 n배 늘리면 전선이 길이져서 저항은 n배 증가하고, 또한 선의 굵기가 얇아져 저항은 다시 n배 증가한다. 따라서, 전선을 n배 증가시키면 저항은 n^2배 만큼 증가하게 된다.

★ 산업 92년 6회, 15년 3회

04 굵기가 일정한 도체에서 체적은 변치 않고 지름을 $\dfrac{1}{n}$배로 늘렸다면 저항은 몇 배가 되겠는가?

① n^2 ② $\dfrac{1}{n^2}$
③ n^4 ④ n

해설

㉠ 원통형 도체(전선)의 단면적 $S = \pi r^2 = \pi\left(\dfrac{d}{2}\right)^2 = \dfrac{\pi d^2}{4}[\text{m}^2]$이므로 직경을 $\dfrac{1}{n}$배하면 단면적은 $\dfrac{1}{n^2}$배가 된다.

㉡ 도체체적 $V = Sl[\text{m}^3]$이므로 체적이 변하지 않으려면 도체길이가 n^2배가 된다.

㉢ 전기저항 $R = \rho\dfrac{l}{S} = \dfrac{l}{kS}[\Omega]$에서 도체의 직경을 $\dfrac{1}{n}$배했을 때의 저항 R'는 다음과 같다.

$R' = \rho\dfrac{l'}{S'} = \rho\dfrac{n^2 l}{\dfrac{S}{n^2}} = n^4\rho\dfrac{l}{S} = n^4 R[\Omega]$

정답 01. ② 02. ① 03. ② 04. ③

Comment

전선의 지름 및 반지름은 n배 줄이게 되면 전선의 저항은 n^4배만큼 증가한다.

출제 03 전력과 줄의 법칙

★★★ 기사 94년 6회, 99년 7회, 10년 1회, 16년 1회 / 산업 92년 5회, 93년 5회

05 정격전압에서 1[kW] 전력을 소비하는 저항에 정격의 70[%]의 전압을 가할 때의 전력[W]은 얼마인가?

① 490　② 580
③ 640　④ 860

해설

소비전력 $P=\dfrac{V^2}{R}=1[\text{kW}]$에서 동일 부하에 70[%]의 전압을 인가 시 변화되는 소비전력은 다음과 같다.

$$P'=\frac{V'^2}{R}=\frac{(0.7V)^2}{R}$$

$$=0.49\frac{V^2}{R}=0.49\times1000=490[\text{W}]$$

★ 산업 12년 3회

06 $\dfrac{9}{4}$[kW] 직류전동기 2대를 매일 5시간씩 30일 동안 운전할 때 사용한 전력량은 약 몇 [kWh]인가? (단, 전동기는 전부하로 운전되는 것으로 하고 효율은 80[%]이다)

① 650　② 745
③ 844　④ 980

해설

전력량(출력) $W_o=Pt=\dfrac{9}{4}\times2\times5\times30=675[\text{kWh}]$

에서 효율 $\eta=\dfrac{\text{출력}}{\text{입력}}=\dfrac{W_o}{W_i}$ 이므로

∴ 전동기가 사용한 전력량(입력)

$$W_i=\frac{W_o}{\eta}=\frac{675}{0.8}=843.75[\text{kWh}]$$

출제 04 저항접속법

★ 기사 16년 3회

07 전하보존의 법칙(conservation of charge)과 가장 관계가 있는 것은?

① 키르히호프의 전류법칙
② 키르히호프의 전압법칙
③ 옴의 법칙
④ 렌츠의 법칙

해설

전하보존법칙이란 전하는 새로 생성되거나 없어지지 않고 항상 처음의 저항량을 유지한다는 내용이므로, 전기회로에서 이 법칙을 적용하면 임의의 마디에 들어가는 전하량과 나가는 전하량이 같다는 것을 의미한다. 이러한 법칙을 키르히호프 제1법칙(전류법칙)이라 한다.

★★ 산업 96년 5회

08 20[Ω]과 30[Ω]의 병렬회로에서 20[Ω]에 흐르는 전류가 6[A]이라면 전체 전류[A]는?

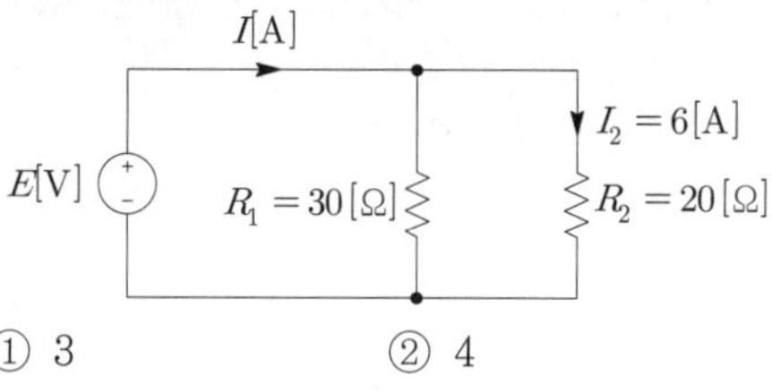

① 3　② 4
③ 9　④ 10

해설

전류분배법칙 $I_2=\dfrac{R_1}{R_1+R_2}\times I$

$$I=\frac{R_1+R_2}{R_1}\times I_2=\frac{20+30}{30}\times6=10[\text{A}]$$

★ 산업 93년 3회

09 24[Ω]인 저항에 미지저항 R_x를 직렬로 접속했을 때 R의 전압강하 E_R은 72[V]이고 미지저항 R_x의 전압강하 E_x는 45[V]라면 R_x의 값은 몇 [Ω]인가?

① 20　② 15
③ 10　④ 8

정답 05. ① 06. ③ 07. ① 08. ④ 09. ②

해설

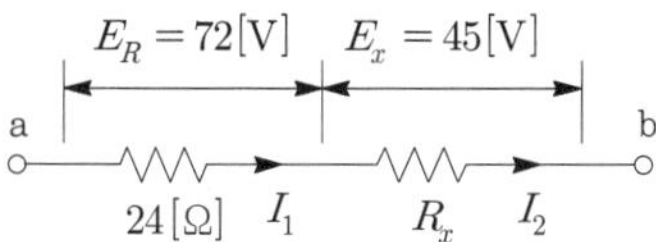

㉠ 전류 : $I_1 = \frac{E_R}{R} = \frac{72}{24} = 3[A]$

㉡ 직렬회로에서 전류는 일정하므로 R_x를 통과하는 전류 I_2도 3[A]가 된다.

$\therefore R_x = \frac{E_x}{I_2} = \frac{45}{3} = 15[\Omega]$

집중공략

★★★★ 산업 91년 2회, 92년 7회, 00년 1회, 12년 2회

10 다음과 같은 회로에서 a, b의 단자전압 V_{ab}[V]를 구하면?

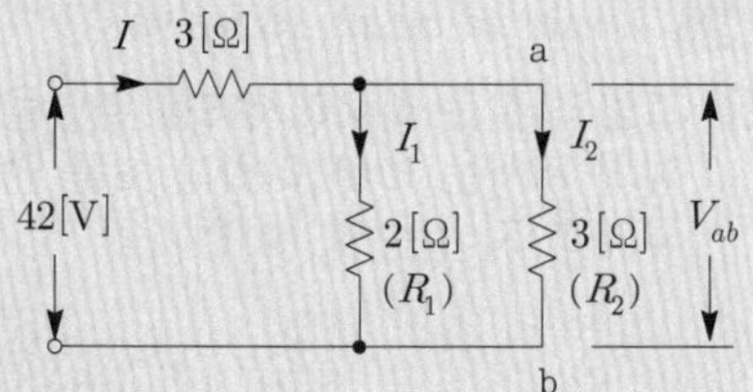

① 3
② 9
③ 12
④ 24

해설

㉠ 합성저항 : $R = 3 + \frac{2\times3}{2+3} = 4.2[\Omega]$

㉡ 회로 전체 전류 : $I = \frac{V}{R} = \frac{42}{4.2} = 10[A]$

㉢ 전류분배법칙

$I_2 = \frac{R_1}{R_1+R_2}\times I = \frac{2}{2+3}\times 10 = 4[A]$

$\therefore$ a, b의 단자전압 $V_{ab} = 3I_2 = 3\times4 = 12[V]$

Comment

초기 3[Ω]에서 발생된 전압강하 $e = 3I = 3\times10 = 30[V]$이므로 V_{ab} 전압은 $42-30 = 12[V]$가 된다.

집중공략

★★★★ 기사 12년 1회 / 산업 93년 5회, 12년 3회

11 그림과 같은 회로에서 r_1, r_2에 흐르는 전류의 크기가 1 : 2의 비율이라면 r_1, r_2의 저항은 각각 몇 [Ω]인가?

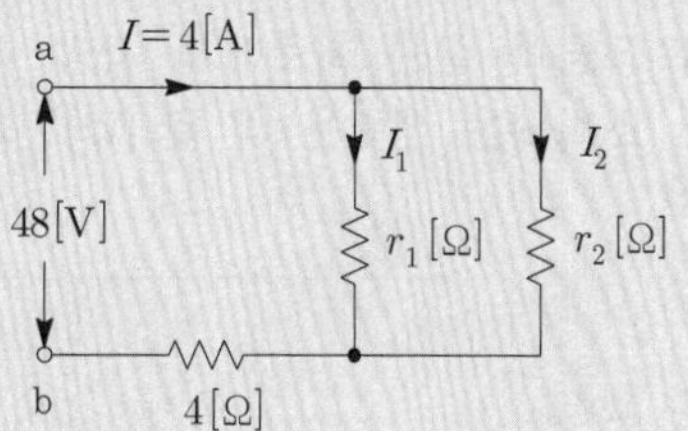

① $r_1 = 16$, $r_2 = 8$ ② $r_1 = 24$, $r_2 = 12$
③ $r_1 = 6$, $r_2 = 3$ ④ $r_1 = 8$, $r_2 = 4$

해설

㉠ $I_1 : I_2 = I_1 : 2I_1 = \frac{E}{r_1} : \frac{E}{r_2}$에서 $\frac{2EI_1}{r_1} = \frac{EI_1}{r_2}$ 이므로 $r_1 = 2r_2$가 된다.

㉡ 합성저항 $R = \frac{V}{I} = \frac{48}{4} = 12[\Omega]$이고, 또는

$R = 4 + \frac{r_1 \times r_2}{r_1 + r_2} = 4 + \frac{2r_2^2}{3r_2} = 4 + \frac{2}{3}r_2$

㉢ $R = 12 = 4 + \frac{2}{3}r_2$

$\therefore r_2 = \frac{3}{2}\times 8 = 12[\Omega]$, $r_1 = 2r_2 = 24[\Omega]$

Comment

전류는 $I = \frac{V}{R}$로 저항에 반비례하므로 전류는 저항이 작은 곳으로 더 많이 흐른다. 따라서, r_2측의 전류가 2배 흘렀다는 말은 r_2가 r_1보다 2배 작다는 말과 같다. 즉, $r_1 = 2r_2$가 된다.

★★ 기사 93년 6회

12 DC 12[V]의 전압을 측정하려고 10[V]용 전압계 2개를 직렬로 연결했을 때 전압계 V_1의 지시는 몇 [V]인가? (단, 전압계 V_1, V_2의 내부저항은 각각 8[kΩ], 4[kΩ]이다)

① 10 ② 8
③ 6 ④ 4

정답 10. ③ 11. ② 12. ②

해설 전압분배법칙

$$V_1 = \frac{R_1}{R_1+R_2} \times V = \frac{8}{8+4} \times 12 = 8[\text{V}]$$

여기서, R_1 : 전압계 V_1의 내부저항

R_2 : 전압계 V_2의 내부저항

★ 산업 94년 6회, 11년 1회

13 **그림과 같은 회로에서 저항 $R_4 = 8[\Omega]$에 소비되는 전력은 약 몇 [W]인가?**

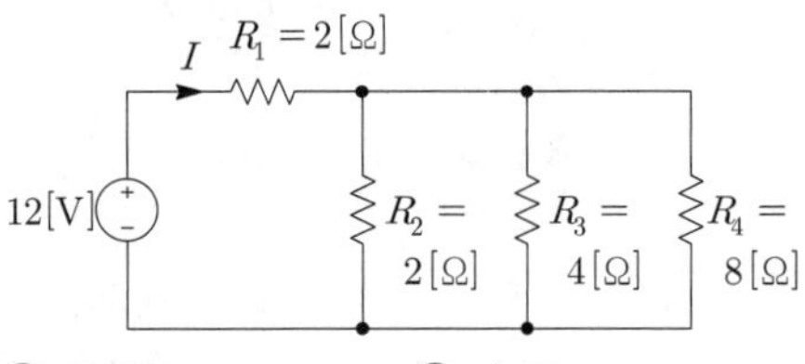

① 2.38 ② 4.76
③ 9.53 ④ 29.2

해설

㉠ 합성저항 : $R = R_1 + \dfrac{1}{\dfrac{1}{R_2}+\dfrac{1}{R_3}+\dfrac{1}{R_4}}$

$= 2 + \dfrac{1}{\dfrac{1}{2}+\dfrac{1}{4}+\dfrac{1}{8}} = 3.14[\Omega]$

㉡ 전체 전류 : $I = \dfrac{V}{R} = \dfrac{12}{3.14} = 3.82[\text{A}]$

㉢ R_1에 의한 전압강하 : $V_1 = IR_1$

$= 3.82 \times 2 = 7.64[\text{V}]$

㉣ 각 병렬회로 양단에 인가된 전압

$V_2 = V_3 = V_4 = 12 - 7.64 = 4.36[\text{V}]$

∴ R_4의 소비전력 : $P = \dfrac{V_4^2}{R_4}$

$= \dfrac{4.36^2}{8} = 2.38[\text{W}]$

★ 기사 03년 4회

14 **그림과 같은 회로에서 전압계의 지시가 10[V]였다면 a, b 사이의 전압은 몇 [V]인가? (단, 전압계에 흐르는 전류는 무시한다)**

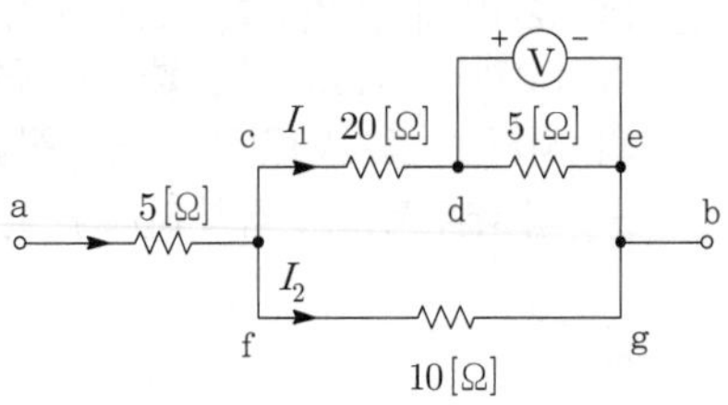

① 35 ② 50
③ 60 ④ 85

해설

㉠ c, d의 지로전류는 d, e의 지로전류와 같으므로 5[Ω] 양단의 단자전압을 이용하여 구할 수 있다.

$I_1 = \dfrac{10}{5} = 2[\text{A}]$

㉡ c, d 사이의 전압 : $V_{cd} = 2 \times 20 = 40[\text{V}]$

㉢ f, g 사이 전압 : $V_{fg} = V_{ce} = 40 + 10 = 50[\text{V}]$

㉣ f, g의 지로전류 : $I_2 = \dfrac{50}{10} = 5[\text{A}]$

㉤ 전체 전류 : $I = I_1 + I_2 = 2 + 5 = 7[\text{A}]$

㉥ a, c 사이 전압 : $V_{ac} = 7 \times 5 = 35[\text{V}]$

∴ a, b 사이의 전압

$V_{ab} = V_{ac} + V_{ce} = 35 + 50 = 85[\text{V}]$

★★★ 기사 94년 3회, 12년 3회 / 산업 15년 1회

15 **그림과 같은 회로에서 S를 열었을 때 전류계의 지시는 10[A]이었다. S를 닫을 때 전류계의 지시는 몇 [A]인가?**

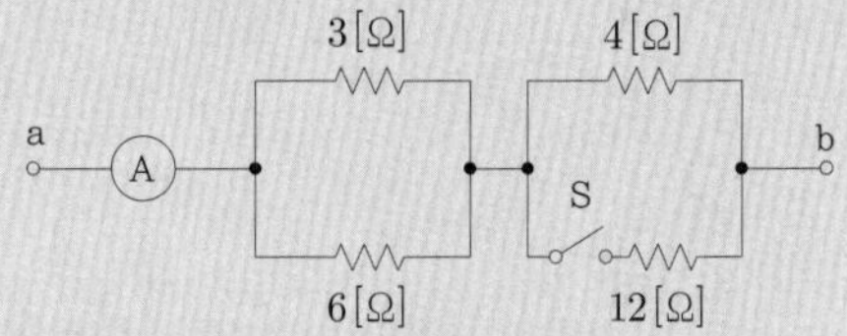

① 8
② 10
③ 12
④ 15

해설

㉠ S를 개방 시 합성저항 $R_o = \dfrac{3 \times 6}{3+6} + 4 = 6[\Omega]$

이때 전체 전류가 $I_o = 10[\text{A}]$이므로 회로 a, b 양단 사이의 기전력은 $V = I_o R_o = 10 \times 6 = 60[\text{V}]$가 된다.

㉡ S를 닫았을 때의 합성저항

$R_c = \dfrac{3 \times 6}{3+6} + \dfrac{4 \times 12}{4+12} = 5[\Omega]$

기전력은 60[V]이므로

∴ S를 닫았을 때 전체 전류

$I_c = \dfrac{V}{R_c} = \dfrac{60}{5} = 12[\text{A}]$

정답 13. ① 14. ④ 15. ③

★★★ 기사 93년 3회

16 기전력 1.6[V]의 전지에 부하저항을 접속하였더니 0.5[A]의 전류가 흐르고 부하의 단자전압이 1.5[V]이었다. 전지의 내부저항[Ω]은?

① 0.4　② 0.2
③ 52　④ 41

해설

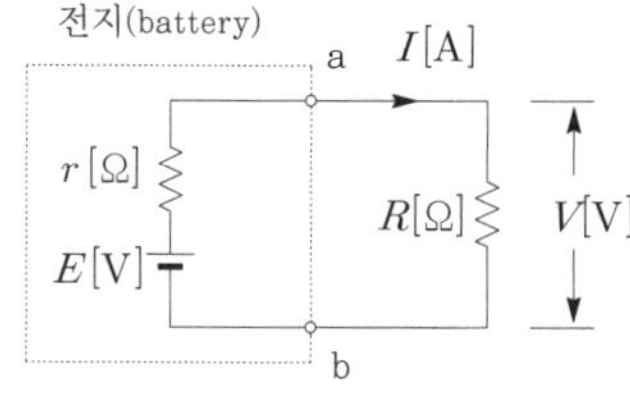

㉠ 전지는 그림과 같이 내부저항 r을 가지고 있다.
㉡ 회로에 흐르는 전류가 0.5[A]이므로 부하저항은
$R=\frac{V}{I}=\frac{1.5}{0.5}=3$[Ω]이 된다.
㉢ 기전력 $E=I(r+R)$의 관계에서 내부저항
$\therefore r=\frac{E}{I}-R=\frac{1.6}{0.5}-3=0.2$[Ω]

★★ 산업 98년 2회, 05년 4회

17 다음 그림과 같은 회로에서 R의 값은 얼마인가?

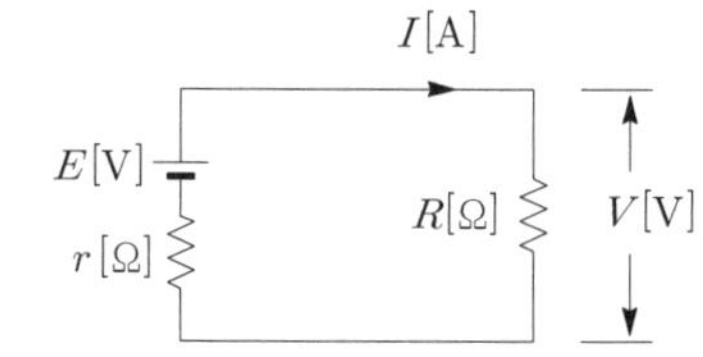

① $\frac{E-V}{E}r$　② $\frac{E}{E-V}r$
③ $\frac{E-V}{V}r$　④ $\frac{V}{E-V}r$

해설

기전력 $E=I(r+R)=Ir+IR=Ir+V=\frac{V}{R}r+V$
에서(여기서, 부하단자전압 $V=IR$)
$E-V=\frac{V}{R}r$이므로
$\therefore$ 부하저항 $R=\frac{V}{E-V}\times r$

★★★ 기사 03년 2회

18 기전력 3[V], 내부저항 0.2[Ω]인 전지 6개를 직렬로 접속하여 단락시켰을 때의 전류[A]는?

① 30　② 25
③ 15　④ 10

해설

㉠ 전체 전압 : $nE=6\times3=18$[V]
㉡ 전체 내부저항 : $nr=6\times0.2=1.2$[Ω]
$\therefore$ 단락전류 $I_s=\frac{nE}{nr}=\frac{18}{1.2}=15$[A]

★★★ 기사 93년 4회, 03년 1회 / 산업 14년 4회

19 기전력 2[V], 내부저항 0.5[Ω]인 전지 9개가 있다. 이것을 3개씩 직렬로 하여 3조 병렬접속한 것에 부하저항 1.5[Ω]을 접속하면 부하전류[A]는?

① 1.5　② 3
③ 4.5　④ 5

해설

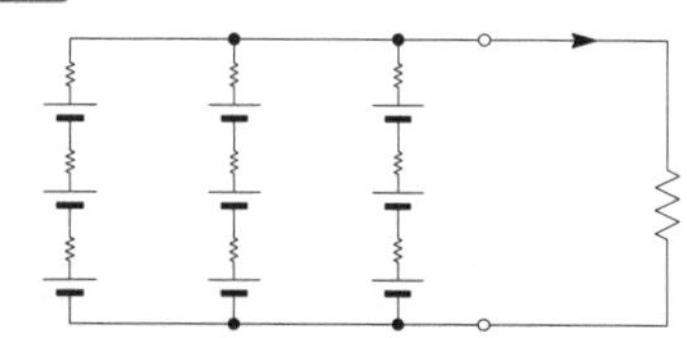

㉠ 전체 전압 : $nE=3\times2=6$[V]
㉡ 전체 내부저항 : $nr=\frac{0.5\times3}{3}=0.5$[Ω]
$\therefore$ 부하전류 $I=\frac{nE}{nr+R}=\frac{6}{0.5+1.5}=3$[A]

Comment

해설을 이해하기 어렵다면 6장에서 학습할 밀만의 정리를 이해한 다음 다시 문제를 풀어보길 바란다.

★★ 산업 89년 7회, 99년 7회

20 어떤 전지의 외부회로저항은 5[Ω]이고 전류는 8[A]가 흐른다. 외부회로에 5[Ω] 대신 15[Ω]의 저항을 접속하면 전류는 4[A]로 떨어진다. 전지의 기전력은 몇 [V]인가?

① 80　② 50
③ 15　④ 20

정답 16. ② 17. ④ 18. ③ 19. ② 20. ①

해설

㉠ 기전력 $E = I(r+R)$

㉡ $R=5$인 경우 : $E=8(r+5)$

㉢ $R=15$인 경우 : $E=4(r+15)$

㉣ ㉡식과 ㉢식의 기전력은 동일하므로 $8(r+5)=4(r+15)$에서 $2(r+5)=r+15$이므로 $r=5[\Omega]$이 된다.

∴ 기전력은 ㉡식에서 다음과 같이 구한다.

$E=8(r+5)=8(5+5)=80[\text{V}]$

★ 산업 12년 1회

21 **자동차 축전지의 무부하전압을 측정하니 13.5[V]를 지시하였다. 이때 정격이 12[V], 55[W]인 자동차 전구를 연결하여 축전지의 단자전압을 측정하니 12[V]를 지시하였다. 축전지의 내부저항은 약 몇 [Ω]인가?**

① 0.33　② 0.45

③ 2.62　④ 3.31

해설

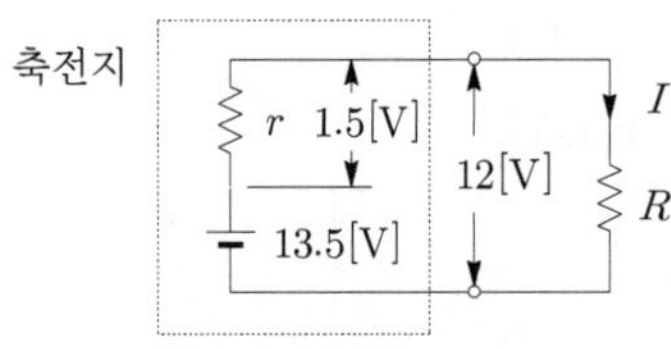

㉠ 자동차 전구저항 : $R=\dfrac{V^2}{P}=\dfrac{12^2}{55}=2.62[\Omega]$

㉡ 축전지 내부 전압강하 : $e=13.5-12=1.5[\text{V}]$

㉢ 회로에 흐르는 전류 : $I=\dfrac{12}{2.62}=\dfrac{1.5}{r}$

∴ 축전지의 내부저항 : $r=1.5\times\dfrac{2.62}{12}\fallingdotseq 0.33[\Omega]$

★★ 산업 05년 1회

22 **그림에서 직류전압계를 그림과 같은 극성으로 연결할 때 전압계의 지시값[V]은 얼마인가?**

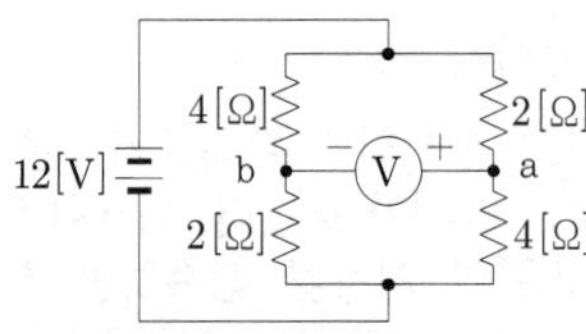

① 4　② −4

③ 8　④ −8

해설

㉠ 합성저항 : $R=\dfrac{V}{I}=\dfrac{6}{2}=3[\Omega]$

㉡ 회로 전체 전류 : $I=\dfrac{V}{R}=\dfrac{12}{3}=4[\text{A}]$

㉢ 각 지로의 전류 : $I_1=I_2=\dfrac{4}{2}=2[\text{A}]$

㉣ 각 마디 전압 : $V_a=4I_1=8[\text{V}]$, $V_b=2I_2=4[\text{V}]$

∴ a, b 양단 사이의 전위차(전압)는 $V_{ab}=4[\text{V}]$가 된다.

(전압계 측정 시 높은 전위측에 +, 낮은 전위측에 − 단자를 접촉시켜 측정한다. 만약, 반대로 측정하면 −전압이 발생된다)

Comment

마디(node) 또는 절점은 회로접속점을 말하고, 지로 또는 가지(branch)는 마디 사이의 선을 말한다.

★★ 산업 11년 1회

23 **그림에서 절점 B의 전위[V]는?**

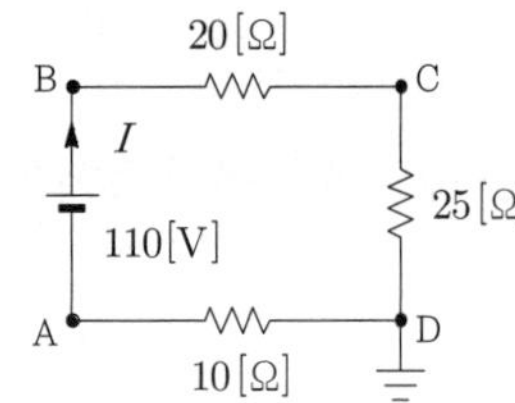

① 130

② 110

③ 100

④ 90

해설

회로에 흐르는 전류 $I=\dfrac{V}{R_{BC}+R_{CD}+R_{DA}}$

$=\dfrac{110}{20+25+10}=2[\text{A}]$

∴ B점의 전위 : $V_B=I(R_{BC}+R_{CD})$

$=2\times(20+25)=90[\text{V}]$

Comment

절점의 전위는 대지에서부터 절점까지의 전위를 말한다. 즉, B, D 사이의 전압강하 합을 말한다.

정답 21. ① 22. ① 23. ④

★★★ 기사 91년 2회, 91년 5회 / 산업 94년 2회, 14년 3회

24 그림과 같은 회로에서 a, b 단자 사이의 합성저항은 몇 [Ω]인가?

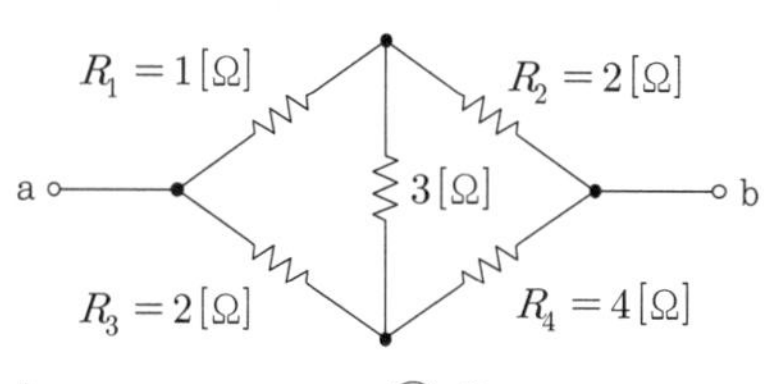

① 1 ② 2
③ 3 ④ 4

해설

휘트스톤 브리지 평형($R_1R_4=R_2R_3$)일 경우 3[Ω] 양단자를 개방시킨 것과 같다.

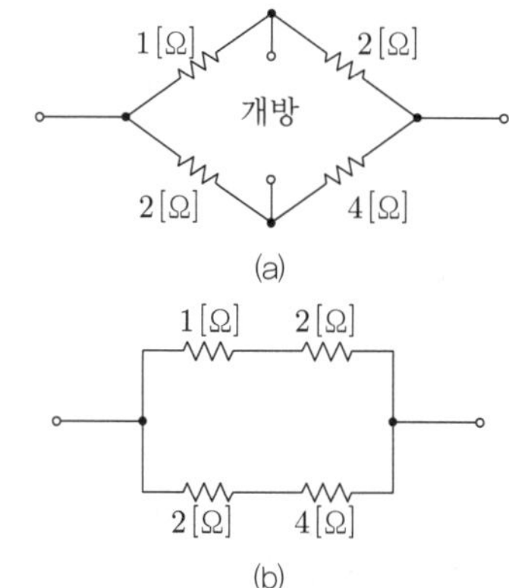

$\therefore$ 합성저항 $R_{ab}=\dfrac{(1+2)\times(2+4)}{(1+2)+(2+4)}=2[\Omega]$

★★★ 산업 99년 7회, 03년 2회

25 그림과 같은 회로에서 a, b 단자 사이의 합성저항은 몇 [Ω]인가?

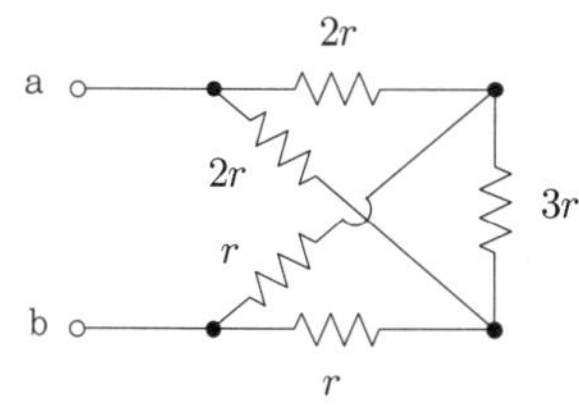

① r ② $1.5r$
③ $0.5r$ ④ $3r$

해설

b단자를 우측으로 돌리면 아래 (a)와 같은 휘트스톤 브리지 회로가 된다. 평형조건을 만족하므로 (b)와 같이 등가변환시킬 수 있다.

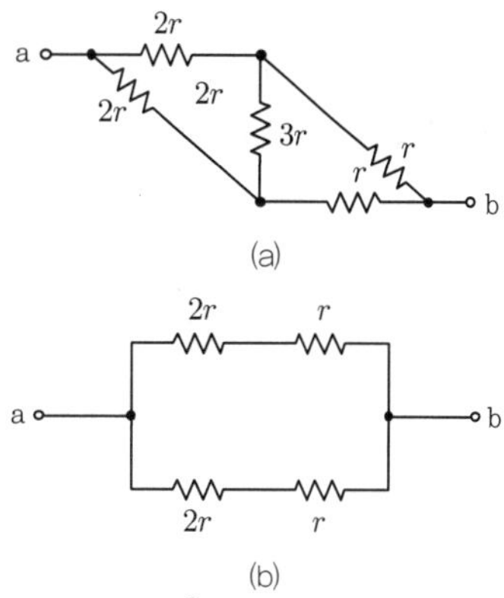

$\therefore$ 합성저항 $R_{ab}=\dfrac{3r}{2}=1.5r$

★ 기사 09년 3회

26 다음 회로에서 전류 I는 몇 [A]인가?

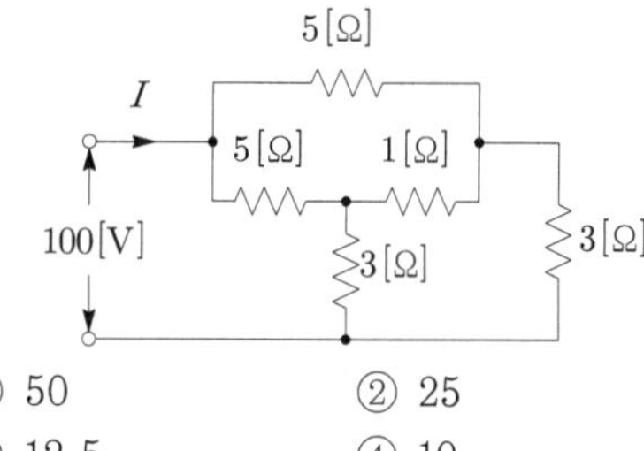

① 50 ② 25
③ 12.5 ④ 10

해설

㉠ 문제의 그림을 등가변환하면 (a)와 같이 되며, 이는 휘트스톤 브리지 평형회로가 되므로 (b)와 같이 다시 변환시킬 수 있다.

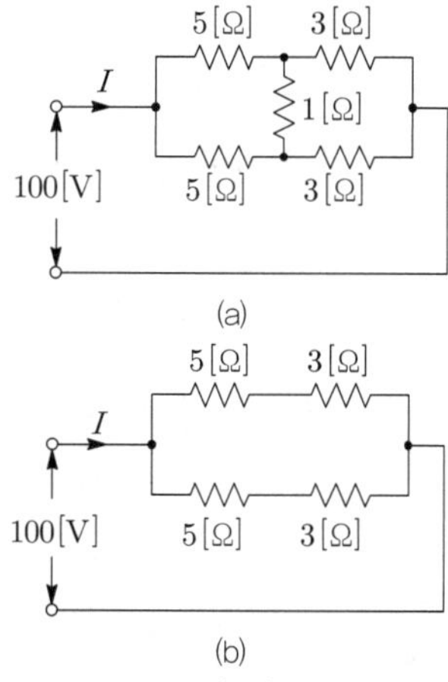

㉡ (b)의 합성저항 $R_0=\dfrac{8\times 8}{8+8}=4[\Omega]$

$\therefore I=\dfrac{V}{R_0}=\dfrac{100}{4}=25[A]$

정답 24. ② 25. ② 26. ②

★★ 산업 92년 6회, 15년 3회

27 그림과 같은 회로에서 a, b 단자 사이의 합성저항은 몇 [Ω]인가?

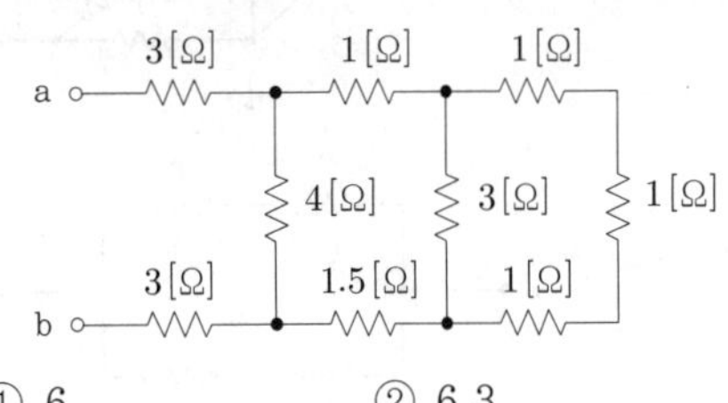

① 6 ② 6.3
③ 8.3 ④ 8

해설

본 회로를 다음과 같이 등가변환시킬 수 있다.

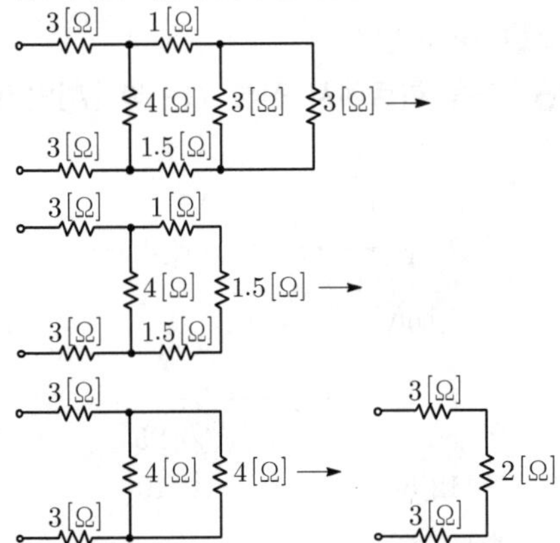

∴ 합성저항 $R_{ab} = 3 + 2 + 3 = 8[\Omega]$

★ 기사 16년 3회 / 산업 04년 4회

28 그림의 사다리꼴 회로에서 출력전압 V_L[V]은?

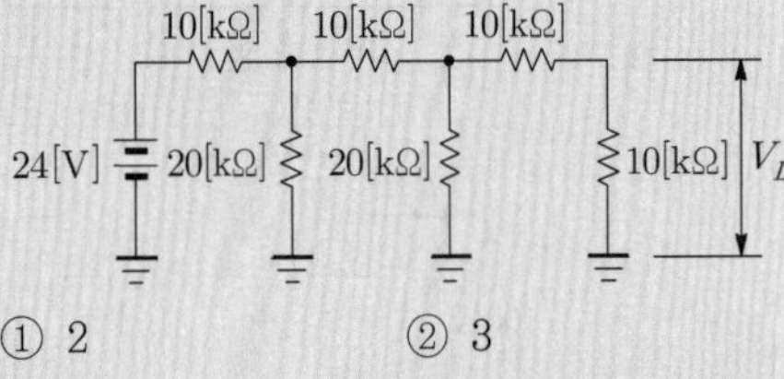

① 2 ② 3
③ 4 ④ 6

해설

㉠ 아래와 같이 등가변환하면 각 마디를 통과할 때마다 전류가 $\frac{1}{2}$씩 분배되는 것을 알 수 있다.

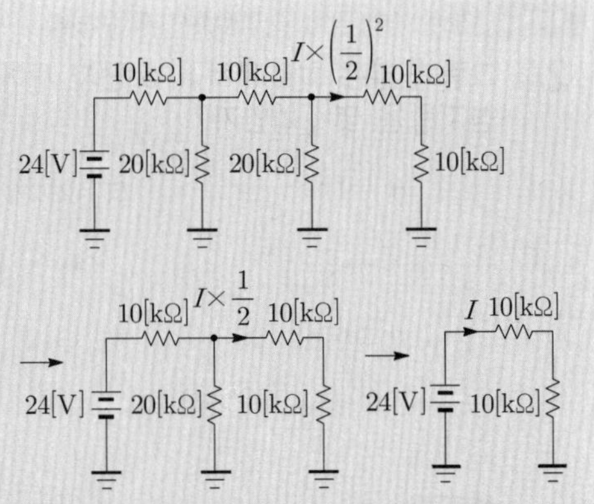

㉡ 합성저항이 $R_0 = 20[\text{k}\Omega]$이므로 전체 전류는 다음과 같다.

$$I = \frac{V}{R_0} = \frac{24}{20\times10^{-3}} = 1.2[\text{mA}]$$

㉢ 회로 말단에 흐르는 전류

$$2.4[\text{mA}]\times\left(\frac{1}{2}\right)^2 = 0.3[\text{mA}]$$

∴ 말단 부하의 단자전압

$$V_L = I\times R = 0.3\times10^{-3}\times10\times10^3 = 3[\text{V}]$$

★ 산업 92년 6회

29 다음 회로에서 I[A]는 얼마인가? (단, 저항값 단위는 [Ω]이다)

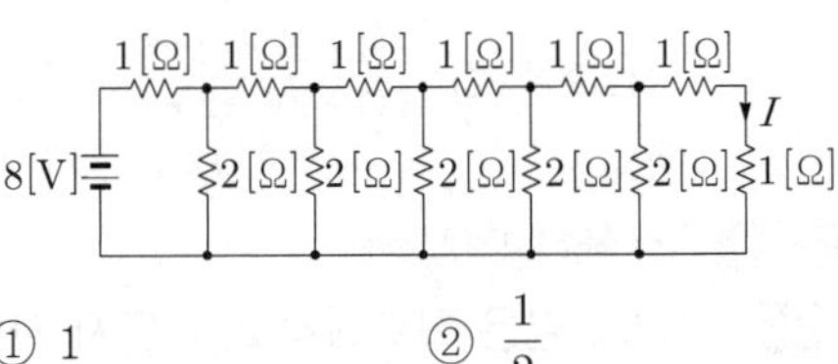

① 1 ② $\frac{1}{2}$
③ $\frac{1}{4}$ ④ $\frac{1}{8}$

해설

㉠ 각 마디(node)를 통과할 때마다 지로에 흐르는 전류는 반으로 줄어드는 것을 알 수 있다.

㉡ 문제 22번과 같이 계속해서 회로를 줄여나가면 합성저항은 2[Ω]이 된다.

㉢ 전체 전류 $I_0 = \frac{V}{R} = \frac{8}{2} = 4[\text{A}]$가 되고, 회로 말단까지 5개의 마디를 통과한다.

∴ 말단 1[Ω]에 흐르는 전류

$$4\times\left(\frac{1}{2}\right)^5 = 4\times\frac{1}{32} = \frac{1}{8}[\text{A}]$$

정답 27. ④ 28. ② 29. ④

Comment

본 문제와 같이 내부에 접속된 저항(2[Ω])이 외부에 접속된 저항(1[Ω])보다 2배 크면 전체 합성저항은 전압원 우측에 있는 2[Ω]이 되고, 각 마디를 거칠 때마다 전류가 반으로 줄어든다고 생각하면 문제를 쉽게 해결할 수 있다.

★ 기사 90년 6회, 95년 7회, 13년 3회, 14년 1회, 16년 2회 / 산업 96년 6회

30 **그림과 같이 $r=1$[Ω]인 저항을 무한히 연결할 때 a, b의 합성저항은?**

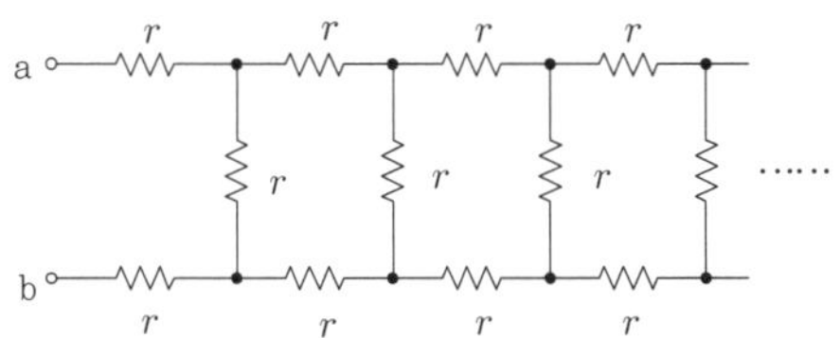

① 1　　② $1+\sqrt{3}$

③ $1-\sqrt{3}$　　④ ∞

해설

㉠ 저항이 무한히 접속된 회로이므로 a, b 단자에서의 합성저항 R_{ab}와 c, d 단자에서의 합성저항 R_{cd}는 거의 같으므로 그림 (b)와 같이 등가시킬 수 있다.

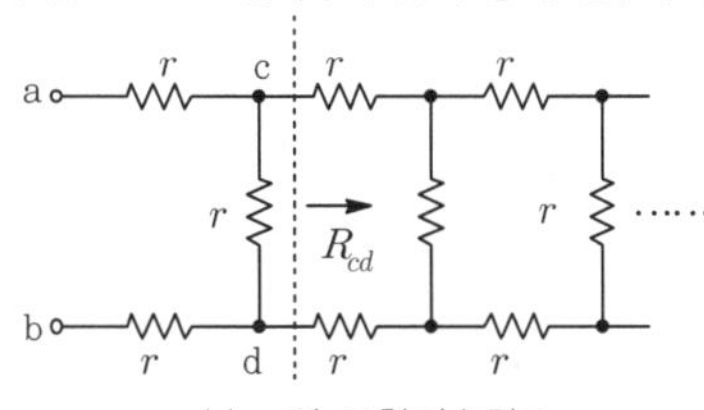

(a) r의 무한접속회로

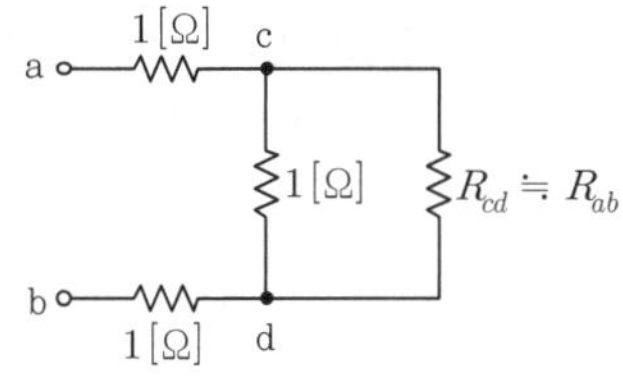

(b) 등가변환회로

㉡ $R_{ab}=2+\dfrac{1\times R_{ab}}{1+R_{ab}}$에서 $R_{ab}-2=\dfrac{R_{ab}}{1+R_{ab}}$

$(R_{ab}-2)(R_{ab}+1)=R_{ab}$

$R_{ab}^2-R_{ab}-2=R_{ab}$

이를 정리하면 $R_{ab}^2-2R_{ab}-2=0$이 된다.

㉢ $R_{ab}=\dfrac{-b\pm\sqrt{b^2-4ac}}{2a}$

$=\dfrac{2\pm\sqrt{(-2)^2-4\times(-2)}}{2}$

$=\dfrac{2\pm\sqrt{12}}{2}=\dfrac{2\pm2\sqrt{3}}{2}=1\pm\sqrt{3}$

∴ 저항은 -성분이 없으므로 $R_{ab}=1+\sqrt{3}$[Ω]이 된다.

★ 기사 92년 3회

31 **백열전구 P, Q를 전압 E[V] 전원에 접속할 때 각각 W_1[W], W_2[W]의 전력을 소비한다. 이를 직렬로 V[V]의 전원에 연결할 때 어느 전구가 더 밝은가? (단, $W_1 > W_2$이고 밝기는 소비전력의 크기에 비례한다고 가정한다)**

① P가 더 밝다.

② 똑같다.

③ Q가 더 밝다.

④ 수시로 변한다.

해설

㉠ P, Q 백열전구에 E[V]의 기전력을 각각 인가할 때의 소비전력은 $W_1=\dfrac{E^2}{R_P}$, $W_2=\dfrac{E^2}{R_Q}$에서 문제 조건과 같이 $W_1 > W_2$이면 $R_P < R_Q$가 된다.

㉡ 백열전구를 직렬로 접속하여 양단에 E[V]를 인가하면 각각의 소비전력은 $P_P=I^2R_P$, $P_Q=I^2R_Q$가 된다.

∴ 백열전구의 저항값이 $R_P < R_Q$이므로 $P_P < P_Q$이 된다. 즉, Q가 더 밝다.

Comment

백열전구를 직렬접속하면 용량(W[W])이 작은 것이 밝고, 병렬접속할 경우는 반대로 용량이 큰 것이 더 밝다.

★ 기사 92년 2회

32 **120[V]의 전원에 20[Ω]의 저항을 가진 2개의 전열기 A, B를 직렬로 연결하여 사용하였다. 이때, A와 B에서 사용되는 전기적 에너지의 양은 A만을 단독으로 사용할 때와 비교하면 어떻게 되는가?**

① A만을 사용할 때의 소비전력과 같다.

② A만을 사용할 때의 소비전력의 2배이다.

③ A만을 사용할 때의 소비전력 $\dfrac{1}{2}$배이다.

④ A만을 사용할 때 소비전력의 4배이다.

정답 30. ② 31. ③ 32. ③

해설

㉠ A, B를 사용한 경우

$$P_1 = I^2R = \left(\frac{120}{40}\right)^2 \times 40 = 360[\text{W}]$$

㉡ A만을 사용한 경우

$$P_2 = \frac{V^2}{R} = \frac{120^2}{20} = 720[\text{W}]$$

∴ A만을 사용할 때 소비전력의 $\frac{1}{2}$배가 된다.

★ 산업 13년 3회

33 내부저항이 15[kΩ]이고 최대 눈금이 150[V]인 전압계와 내부저항이 10[kΩ]이고 최대 눈금이 150[V]인 전압계가 있다. 두 전압계를 직렬접속하여 측정하면 최대 몇 [V]까지 측정할 수 있는가?

① 200　② 250
③ 300　④ 375

해설

직렬접속 시 저항이 큰 곳으로 전압계가 많이 걸리므로 내부저항이 15[kΩ]인 전압계에 측정된 전압이 150[V]일 때 최대 측정전압이 된다.

$150[\text{V}] = \frac{15}{15+10} \times V_0$를 정리하여 구할 수 있다.

$$\therefore\ V_0 = 150 \times \frac{15+10}{15} = 250[\text{V}]$$

출제 05 배율기와 분류기

★ 산업 97년 7회, 01년 3회, 02년 3회, 03년 1회

34 최대 눈금이 50[V]의 직류전압계가 있다. 이 전압계를 써서 150[V]의 전압을 측정하려면 몇 [Ω]의 저항을 배율기로 사용하여야 되는가? (단, 전압계의 내부저항은 5000[Ω]이다)

① 1000　② 2500
③ 5000　④ 10000

해설

배율 $m = \frac{E}{E_v} = \frac{150}{50} = 3$이므로

$m = 1 + \frac{R_m}{R_v}$에서

$R_m = (m-1)R_v = (3-1) \times 5000 = 10000[\Omega]$

★ 산업 92년 3회, 12년 2회

35 분류기를 사용하여 전류를 측정하는 경우 전류계의 내부저항 0.12[Ω], 분류기의 저항이 0.04[Ω]이면 그 배율은?

① 3　② 4
③ 5　④ 5

해설

분류기 배율 $m = \frac{I}{I_a}$

$$= \frac{R_a + R_s}{R_s} = 1 + \frac{R_a}{R_s}$$

$$= 1 + \frac{0.12}{0.04} = 4$$

★ 기사 99년 6회

36 최대 눈금 $I = n$[mA]의 전류계 A(내부저항 무시)에 직렬로 R[kΩ]의 저항을 접속하여 전압계로 했을 때 몇 [V]까지 측정할 수 있는가?

① $\frac{R}{n-1}$　② $\frac{R}{n}$
③ nR　④ $(n-1)R$

해설

측정하고자 하는 전압 $E_0 = n \times 10^{-3} \times R \times 10^3$
$= nR[\text{V}]$

★★ 산업 16년 2회

37 저항 R인 검류계 G에 그림과 같이 r_1인 저항을 병렬로, 또 r_2인 저항을 직렬로 접속하였을 때 a, b 단자 사이의 저항을 R과 같게 하고, 또한 G에 흐르는 전류를 전전류의 $\frac{1}{n}$로 하기 위한 r_1[Ω]의 값은?

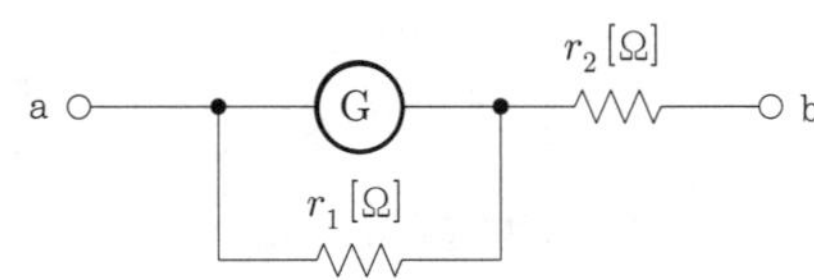

① $\frac{n-1}{R}$　② $R\left(1-\frac{1}{n}\right)$
③ $\frac{R}{n-1}$　④ $R\left(1+\frac{1}{n}\right)$

정답 33. ② 34. ④ 35. ② 36. ③ 37. ③

해설

㉠ 검류계에 흐르는 전류

$$I_G = \frac{r_1}{R+r_1} \times I = \frac{1}{n} \times I$$

여기서, I : 전전류, R : 검류계 저항

㉡ $n = \frac{R+r_1}{r_1} = \frac{R}{r_1} + 1$이므로 $\frac{R}{r_1} = n-1$이 된다.

$$\therefore\ r_1 = \frac{R}{n-1}[\Omega]$$

출제 06 △-Y 결선의 등가변환

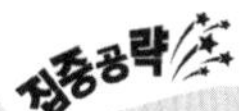

★★ 기사 14년 1회 / 산업 91년 6회, 95년 7회, 14년 4회

38 10[Ω]의 저항 3개를 Y로 결선한 것을 등가 △결선으로 환산한 저항의 크기[Ω]는?

① 20　　② 30
③ 40　　④ 50

해설

Y결선된 저항을 △결선으로 등가변환하면 다음과 같다.

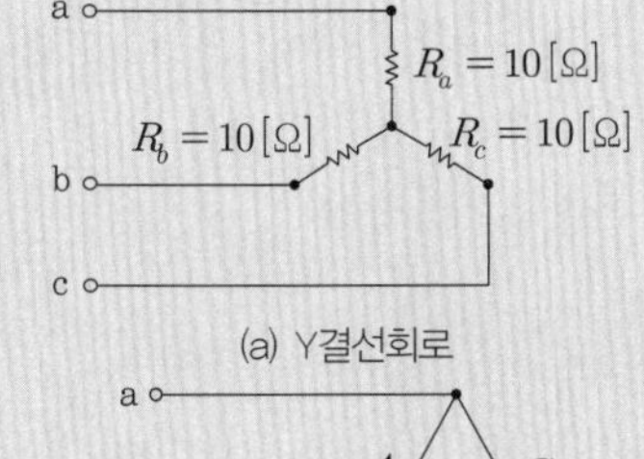

(a) Y결선회로

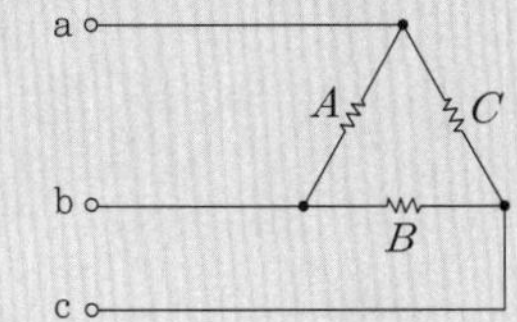

(b) △결선으로 등가변환

㉠ $A = \frac{R_aR_b + R_bR_c + R_cR_a}{R_c}$
$= \frac{10^2 + 10^2 + 10^2}{10} = \frac{300}{10} = 30[\Omega]$

㉡ $B = \frac{R_aR_b + R_bR_c + R_cR_a}{R_a}$
$= \frac{10^2 + 10^2 + 10^2}{10} = \frac{300}{10} = 30[\Omega]$

㉢ $C = \frac{R_aR_b + R_bR_c + R_cR_a}{R_b}$
$= \frac{10^2 + 10^2 + 10^2}{10} = \frac{300}{10} = 30[\Omega]$

∴ 저항의 크기가 동일할 경우 $R_\Delta = 3R_Y$가 된다.

Comment

각 변의 저항크기가 동일한 경우 Y결선에서 △결선으로 등가변환하면 저항은 3배가 되고, 반대로 △결선에서 Y결선으로 등가변환하면 저항은 $\frac{1}{3}$ 배가 된다.

★ 기사 09년 1회 / 산업 04년 2회, 07년 1회

39 6[Ω]의 저항 3개를 그림과 같이 연결하였을 때 a, b 사이의 합성저항은 몇 [Ω]인가?

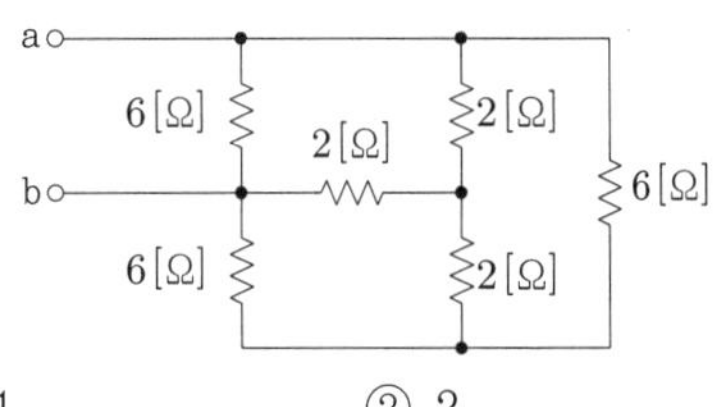

① 1　　② 2
③ 3　　④ 4

해설

회로를 등가변환하면 아래와 같이 그릴 수 있다. 이때, 저항의 크기가 같았을 경우 △로 접속된 부하를 Y로 등가변환하면 그 크기는 $\frac{1}{3}$배가 된다.

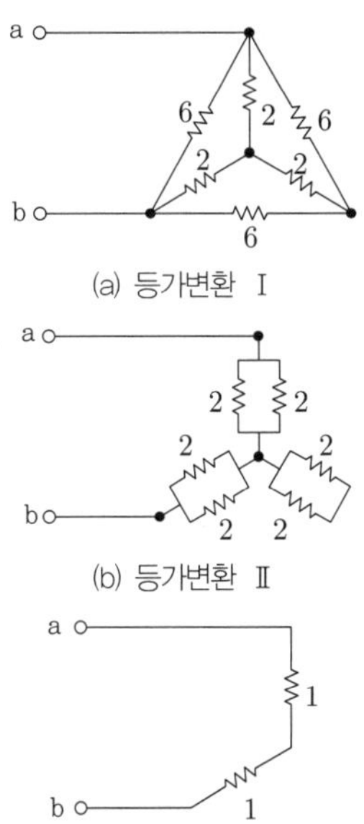

∴ a, b 사이의 합성저항 : $R_{ab} = 2[\Omega]$

정답 38. ② 39. ②

★ 기사 89년 3회, 04년 2회, 16년 4회

40 3개의 같은 저항 R[Ω]을 그림과 같이 △결선하고 기전력 V[V], 내부저항 r[Ω]인 전지를 n개 직렬접속했다. 이때, 전지 내를 흐르는 전류가 I[A]라면 R은 몇 [Ω]인가?

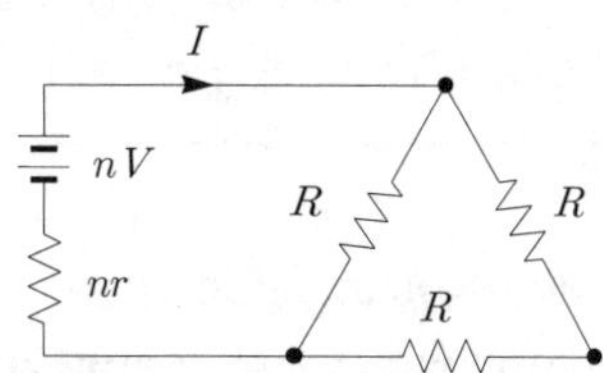

① $\frac{3n}{2}\left(\frac{V}{I}+r\right)$ ② $\frac{2n}{3}\left(\frac{V}{I}+r\right)$

③ $\frac{3n}{2}\left(\frac{V}{I}-r\right)$ ④ $\frac{2n}{3}\left(\frac{V}{I}-r\right)$

해설

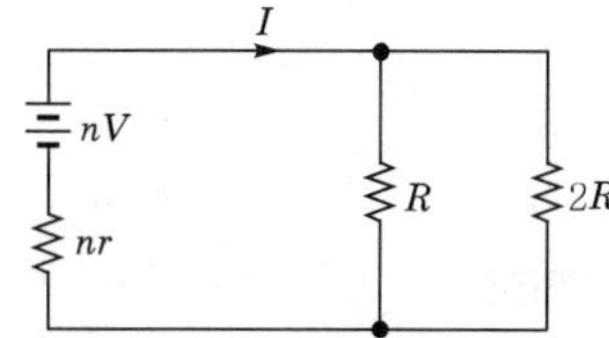

㉠ 합성저항 : $R_0 = nr + \frac{R \times 2R}{R+2R} = nr + \frac{2R}{3}$

㉡ 기전력 : $nV = IR_0 = I\left(nr + \frac{2}{3}R\right)$

㉢ 기전력식을 정리하면

$\frac{nV}{I} = nr + \frac{2}{3}R$ 에서 $\frac{2}{3}R = n\left(\frac{V}{I} - r\right)$

$\therefore R = \frac{3n}{2}\left(\frac{V}{I} - r\right)$[Ω]

★★ 산업 14년 2회

41 단자 a-b에 30[V]의 전압을 가했을 때 전류 I는 3[A]가 흘렀다고 한다. 저항 r[Ω]은 얼마인가?

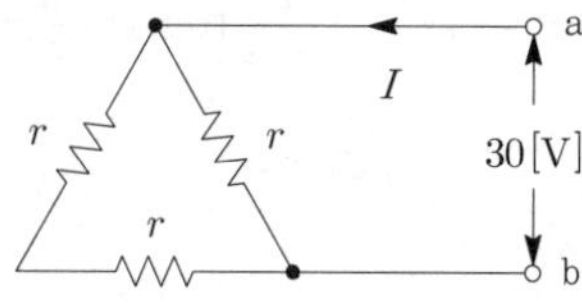

① 5 ② 10

③ 15 ④ 20

해설

합성저항 $R_0 = \frac{V}{I}$

$= \frac{30}{3} = 10$[Ω]

또는 $R_0 = \frac{r \times 2r}{r+2r} = \frac{2}{3}r$ 이 되므로

$\frac{2}{3}r = 10$ 이 된다.

$\therefore$ 저항 $r = 10 \times \frac{3}{2} = 15$[Ω]

정답 40. ③ 41. ③

CHAPTER

02

단상 교류회로의 이해

기사 10.25% 출제

산업 23.13% 출제

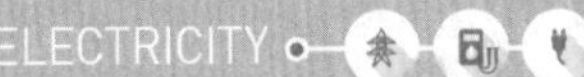

이렇게 공부하세요!!

출제경향분석

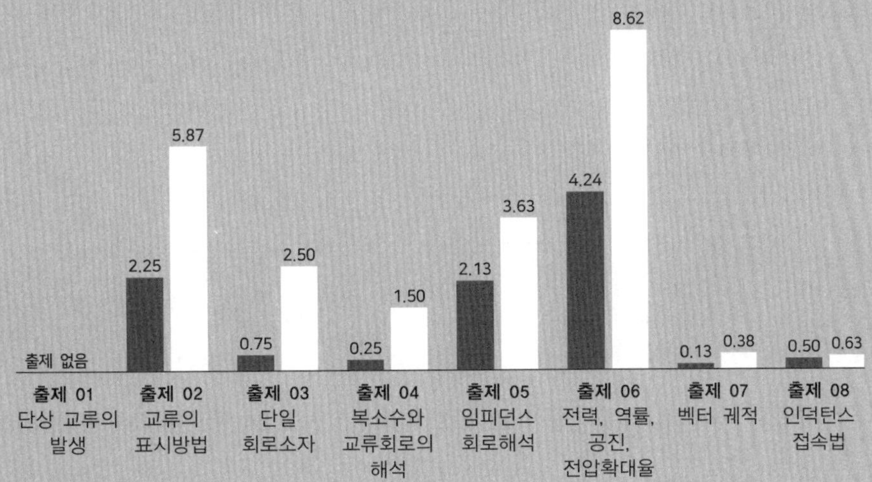

출제포인트

- ☑ 파형의 종류에 대해서 이해할 수 있다.
- ☑ 플레밍 오른손법칙을 이용하여 교류의 발생원리를 이해할 수 있다.
- ☑ 순시값, 평균값, 실효값 등 교류의 표시방법에 대해서 이해할 수 있다.
- ☑ R, L, C 만의 회로에서 전류의 크기와 위상차에 대해서 이해할 수 있다.
- ☑ 페이저 표현방법과 두 정현파의 합성에 대해서 이해할 수 있다.
- ☑ R, L, C 직·병렬 회로에서 전류의 크기와 위상차에 대해서 이해할 수 있다.
- ☑ 유효전력, 무효전력, 피상전력, 복소전력에 대해서 이해할 수 있다.
- ☑ 직렬·병렬 공진의 특징과 전압확대율에 대해서 이해할 수 있다.
- ☑ 최대 전력전달조건과 부하의 최대 출력에 대해서 이해할 수 있다.
- ☑ 3전압계법과 3전류계법을 이용하여 단상 교류전력측정에 대해서 이해할 수 있다.
- ☑ 인덕턴스의 직·병렬 접속방법과 상호 인덕턴스에 대해서 이해할 수 있다.

단상 교류회로(single-phase AC)의 이해

기사 10.25% 출제 | 산업 23.13% 출제

기사 출제 없음 | 산업 출제 없음

출제 01 단상 교류의 발생

이번 단원은 시험에 출제되지 않으나 전기이론의 기초가 되므로 본문내용을 읽어보고 넘어가길 바란다. 특히 주파수, 각속도, 각주파수는 반드시 기억하길 바란다.

참고

1. 정류회로(recifier circuit)
   다이오드를 활용하여 양방향성 파형을 단방향성 파형으로 변성시키는 회로
   ① 반파 정류회로 ② 단상 브리지 전파 정류회로

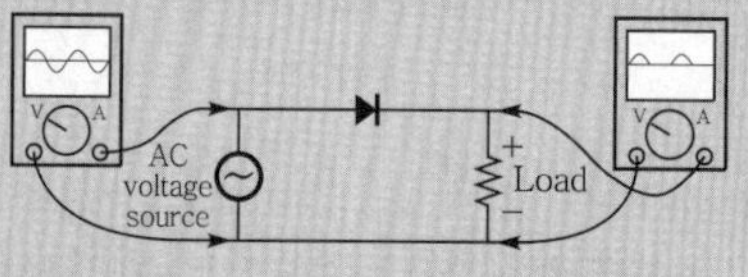

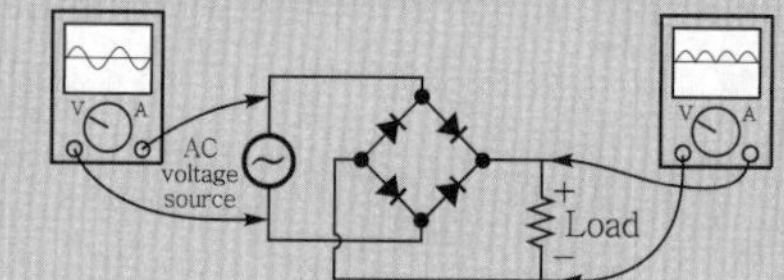

   ③ 삼상 브리지 전파 정류회로

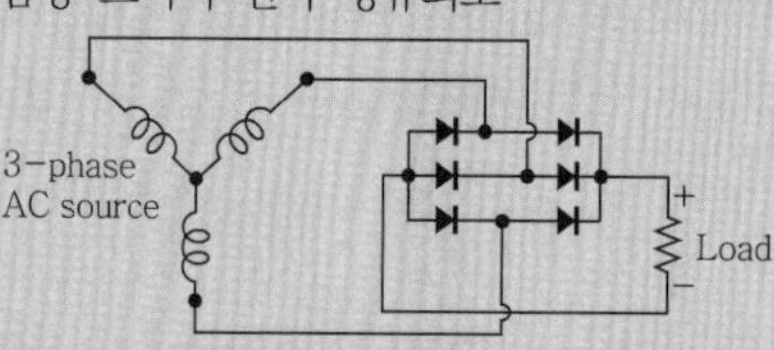

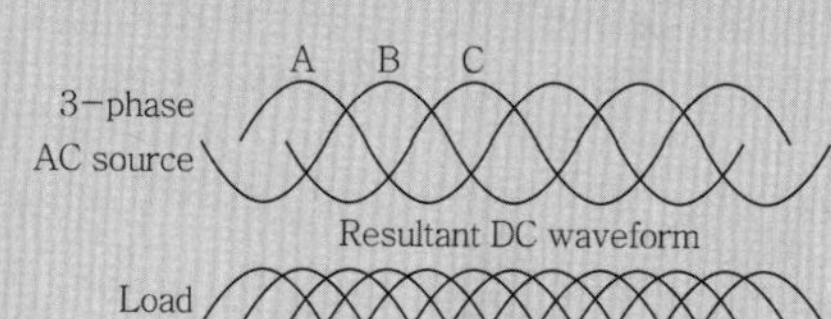

2. 평활회로(smoothing circuit)
   정류된 전류 중의 맥동분을 경감시키는 회로
   ① 평활회로의 개념 : 그림과 같이 출력단에 Capacitor를 연결하여 C의 충전과 방전을 통해 맥동분을 경감시킨다.

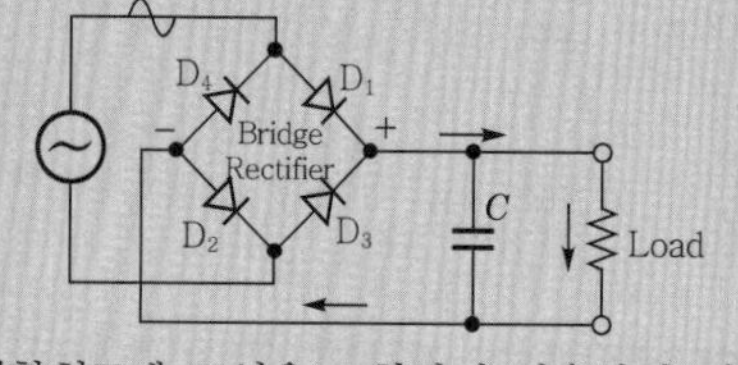

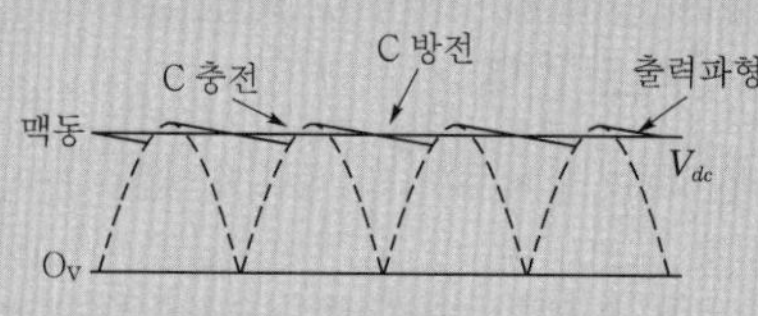

   ② 평활회로에 코일을 조합하여 사용하면 전류의 변화를 저지하려는 작용을 하여 더욱 안전한 직류전류를 얻을 수 있다.

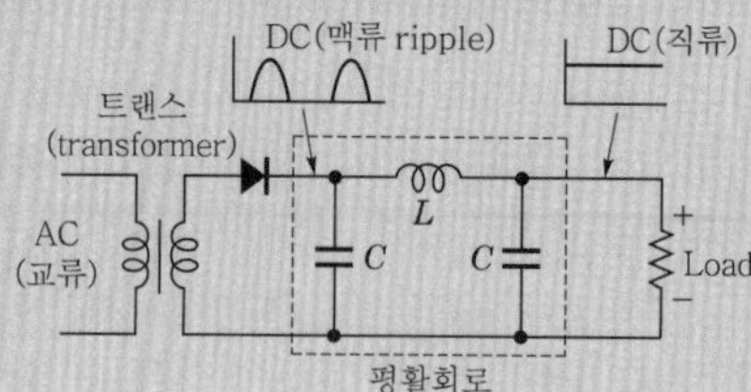

1 파형의 종류

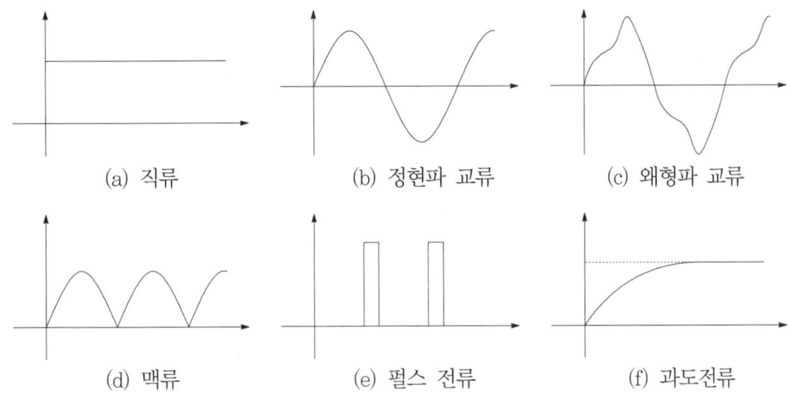

Ⅰ그림 2-1Ⅰ 전류의 여러 파형

(1) 직류(Direct Current ; DC)

① 시간의 변화에 따라 전압과 전류가 일정한 값을 유지하고, 전류의 이동방향이 일정한 전류를 말한다.

② 직류의 기원은 이탈리아의 볼타가 1800년에 발명한 볼타 전지에서 비롯되었다.

(2) 교류(Alternating Current ; AC)

① 시간의 변화에 따라 전압과 전류 파형의 크기와 방향이 주기적으로 변하는 파형을 말한다.

② [그림 2-1] (b)와 같이 사인(sine)곡선을 그리는 전류를 정현파(sine-wave 또는 sinusoidal-wave)라 한다.

(3) 왜형파 교류(distorted wave)

① 크기와 방향이 주기적으로 변화하면 교류라 하며 [그림 2-1] (c)와 같이 정현파가 일그러진 모양의 파형을 왜형파 또는 비정현파 교류라 한다.

② 왜형파 교류는 정현파 교류에 고조파(harmonics)가 함유되어 파형이 일그러지며, 일반적으로 교류라 하면 정현파를 의미한다.

(4) 맥류(pulsating current 또는 ripple current)

① 시간의 변화에 따라 전류의 흐르는 방향은 일정하지만 크기의 변화가 계속 되풀이되는 전류를 말한다.

② 정류기(rectifier)에 의해 교류를 정류한 직류는 거의 맥류이며 그 맥동성분을 감소시키기 위해 각종 평활회로를 사용한다.

(5) 펄스 전류(pulse current)

① 매우 짧은 시간 동안에 큰 진폭을 내는 전압이나 전류의 파형을 말한다.

② 1회의 경우를 임펄스(impulse, 충격파), 일정한 주기를 두고 흐르다 말다를 되풀이하는 경우를 펄스(pulse)로 구분한다.

(6) 과도전류(transient current)

① 전기회로에서 전원의 개폐나 임피던스의 변화가 생겼을 때 정상전류로 되기 전까지 변화하는 전류를 말한다.

② 정상전류란 시간에 따라 크기와 주기가 일정한 전류를 말한다.

2 교류의 발생원리

(1) 개요

① 교류의 발생원리는 패러데이 전자유도법칙에 의한 플레밍의 오른손 법칙을 이용하는 것으로, [그림 2-3]과 같이 2극 발전기를 이용하여 만들 수 있다.

② **플레밍의 오른손 법칙** : '자계 내에 있는 도체를 v[m/sec]의 속도로 운동하게 되면 도체에는 기전력이 유도된다.'는 것이며 유도기전력의 방향과 크기는 다음과 같다.

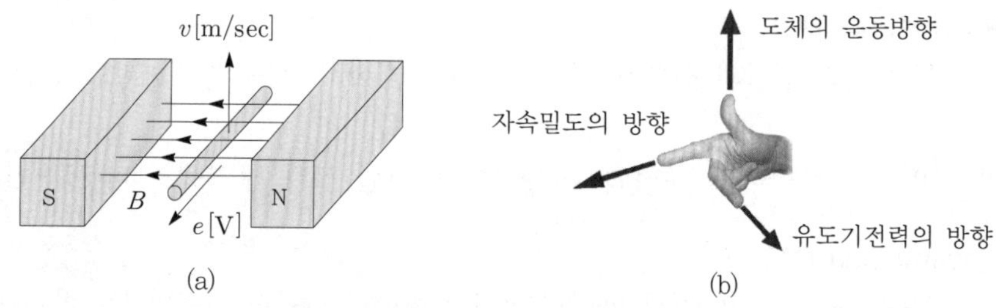

▌그림 2-2▐ 플레밍의 오른손 법칙

㉠ 오른손의 엄지, 검지, 중지를 직각으로 펼쳐서 엄지와 검지를 v, B의 방향으로 하면 유도기전력 e는 중지의 방향이 된다.

㉡ **유도기전력의 크기**

$e = vBl\sin\theta$[V] ········· [식 2-1]

여기서, θ : 도체의 운동방향 v와 자속밀도 B가 이루는 각도

㉢ **운동방향 v와 자속밀도 B가 90°를 이룰 때 유도기전력은 최대가 된다.**

(2) 교류의 발생

① 정현파 교류의 기전력을 발생하는 가장 간단한 장치는 아래와 같은 2극 발전기이며 평등자계 내의 도체가 외부 기계적인 힘을 받아 운동(회전)하게 되면 도체에는 기전력이 발생하게 된다.

㉠ 도체 1에 유도되는 기전력 : $e = vBl\sin\theta$[V] ········· [식 2-2]

㉡ 브러시 양단에 유도되는 기전력 : $2e = 2vBl\sin\theta$[V] ········· [식 2-3]

㉢ 브러시 양단에 유도되는 기전력은 도체 1과 도체 2가 직렬로 접속되어 있으므로 두 도체에서 발생된 기전력을 합하여 구할 수 있다.

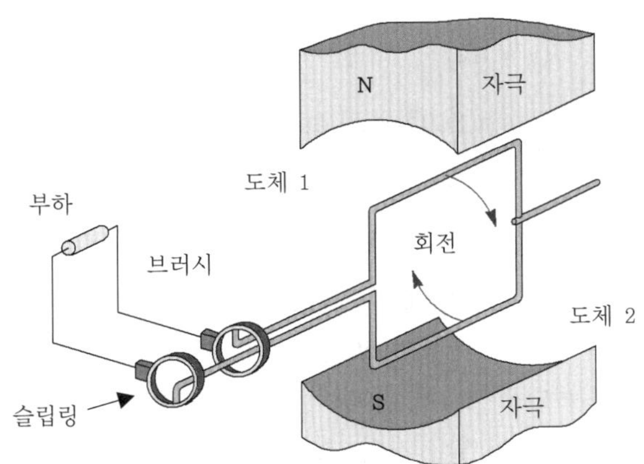

▌그림 2-3▐ 2극 발전기의 구조

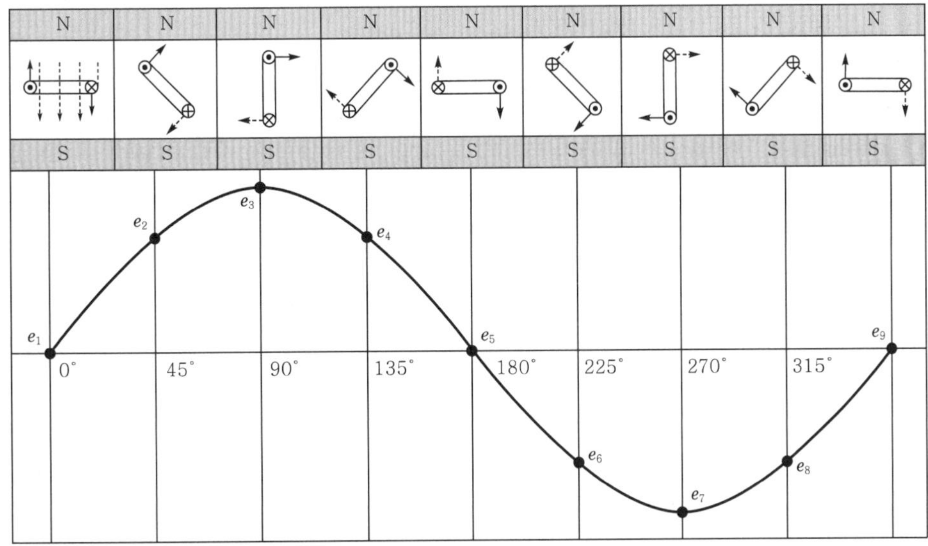

* 실선 화살표는 속도(V), 점선 화살표는 자속밀도(B)가 된다.

▌그림 2-4▐ 교류의 발생원리

② 도체회전에 따른 유도기전력의 크기

㉠ $e_1 = 2e = 2vBl\sin\theta = E_m \sin\theta = E_m \sin 0 = 0[\text{V}]$

㉡ $e_2 = 2vBl\sin\theta = E_m \sin 45° = \dfrac{\sqrt{2}}{2} E_m [\text{V}]$

㉢ $e_3 = 2vBl\sin\theta = E_m \sin 90° = E_m [\text{V}]$

㉣ $e_4 = 2vBl\sin\theta = E_m \sin 135° = \dfrac{\sqrt{2}}{2} E_m [\text{V}]$

㉤ $e_5 = 2vBl\sin\theta = E_m \sin 180° = 0[\text{V}]$

㉥ $e_6 = 2vBl\sin\theta = E_m \sin 225° = -\dfrac{\sqrt{2}}{2} E_m [\text{V}]$

㉦ $e_7 = 2vBl\sin\theta = E_m \sin 270° = -E_m [\text{V}]$

ⓞ $e_8 = 2vBl\sin\theta = E_m \sin 315° = -\frac{\sqrt{2}}{2} E_m$[V]

ⓙ $e_9 = 2vBl\sin\theta = E_m \sin 360° = E_m \sin 0° = 0$[V]

(3) 주파수와 각주파수

① 주파수(frequency)

㉠ **정의 : 단위시간(1초 기준) 내에 주기적인 파형이 몇 번 발생하는 것을 나타내는 수를 말하며, 1초에 주기적인 파형이 60번 반복하면 60[Hz, 헤르츠]라 한다.**

㉡ 60[Hz]의 주파수를 발생시키기 위해서는 [그림 2-3]의 발전기가 1초에 60바퀴를 회전하여야 하므로 주파수와 발전기의 초당 회전수 n[rps]은 같은 것으로 본다.

㉢ **f=60[Hz] 파형에서 주기(T)시간은 $\frac{1}{60}$[sec]가 되므로 이는 $\frac{1}{f}$과 같다. 따라서, 주기와 주파수는 역수$\left(T = \frac{1}{f}\right)$의 관계를 갖는다.**

② 호도법

㉠ 정의 : 원의 반지름 r과 호의 길이 l이 같았을 때 중심각의 크기를 1호도 또는 1[rad]이라 하고, 1[rad]을 육십분법으로 나타내면 약 57.3°가 된다.

㉡ π[rad, 라디안]는 육십분법으로 나타내면 180°가 되고, 2π[rad]는 360°가 된다.

③ 각속도와 각주파수

㉠ 각속도

ⓐ 정의 : 회전운동을 하는 물체의 속도를 알기 위해 단위시간당 회전하는 각도를 나타내는 값을 말한다.

ⓑ 각속도 : $\omega = \frac{\theta}{t}$[rad/sec] ······ [식 2-4]

㉡ **각주파수**

ⓐ **각속도공식에서 시간을 주기로 대입하여 전개하면 다음과 같다.**

$\omega = \frac{\theta}{t} = \frac{2\pi}{T} = 2\pi f$[rad/sec] ······ **[식 2-5]**

ⓑ **위와 같이 주기 T대신 주파수를 대입하면 각주파수라 하고 60[Hz]와 50[Hz]일 때의 각주파수는 다음과 같다.**

- $\omega_{60} = 2\pi \times 60 = 120\pi = 377$**[rad/sec]** ······ **[식 2-6]**
- $\omega_{50} = 2\pi \times 50 = 100\pi = 314$**[rad/sec]** ······ **[식 2-7]**

④ 원주의 회전속도(주변속도)

㉠ 각속도 : $\omega = \frac{\theta}{t} = \frac{l}{t \times r} = \frac{v}{r}$[rad/sec] ······ [식 2-8]

여기서, θ : 회전각, l : 호의 길이($l = r \cdot \theta$), r : 원의 반지름, v : 주변속도

㉡ 주변속도 : $v = \omega r = 2\pi f r = D\pi f = D\pi n$[m/sec] ······ [식 2-9]

여기서, D : 원의 직경[m], n : 초당 회전수[rps], f : 주파수[Hz]

기사 2.25% 출제 | 산업 5.87% 출제

출제 02 교류의 표시방법

기사보다는 산업기사의 출제빈도가 높은 편이고, [표 2-1]만 암기하면 대부분의 문제를 해결할 수 있다.

1 순시값(instantaneous value)

(1) 순시값

[그림 2-5]와 같이 유도기전력 e는 시간적 변화에 따라 순간순간 나타나는 정현파의 값을 의미하고, 일반적으로 기호는 소문자로 표시한다.

(2) 순시값과 위상

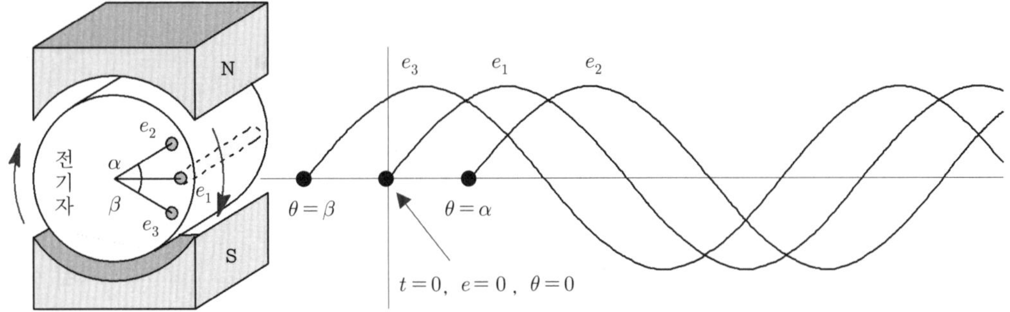

| 그림 2-5 | 정현파의 위상관계

① 위 그림과 같이 전기자(armature)를 회전운동하면 전기자 내에 있는 3개의 도체에는 모두 기전력이 유도된다.

② **도체 1(e_1을 발생시키는 도체)에 위치한 지점에서의 유도기전력은 0이므로 이를 기준점 ($t=0$, $\theta=0$)이라 하며, 이때의 상(相, phase)을 초기위상(initial phase), 초기각(initial angle) 또는 간단히 위상이라 한다.**

③ **e_2는 e_1보다 위상이 $\theta=\alpha$만큼 뒤지므로 이를 지상(遲相, lagging phase)이라 하며, e_3는 e_1보다 위상이 $\theta=\beta$만큼 앞서므로 이를 진상(進相, leading phase)이라고 한다.**

④ 위 기전력의 순시값은 다음과 같이 표현한다.

㉠ 도체 1의 순시값 : $e_1=E_m\sin\omega t$[V] ………… [식 2-10]

㉡ 도체 2의 순시값 : $e_2=E_m\sin(\omega t-\alpha)$[V] ………… [식 2-11]

㉢ 도체 3의 순시값 : $e_3=E_m\sin(\omega t+\beta)$[V] ………… [식 2-12]

2 평균값(average value 또는 mean value)

(1) 개요

① [그림 2-6]과 같이 정현파 전류가 흘렀을 때 전류의 평균값이란 $t=0$부터 주기(T)만큼의 교류전류의 크기(적분해서 구한 면적값)를 주기로 나누어 구해진 산술적인 평균값을 의미한다.

② 정현파 교류의 경우 정(+)의 값과 부(−)의 값이 대칭적인 구조를 갖으면 한 주기($T=2\pi$)의 적분은 0이 되므로 반주기($T=\pi$)를 주기로 하여 평균값을 구한다.

(2) 정현파 전류에 대한 평균값

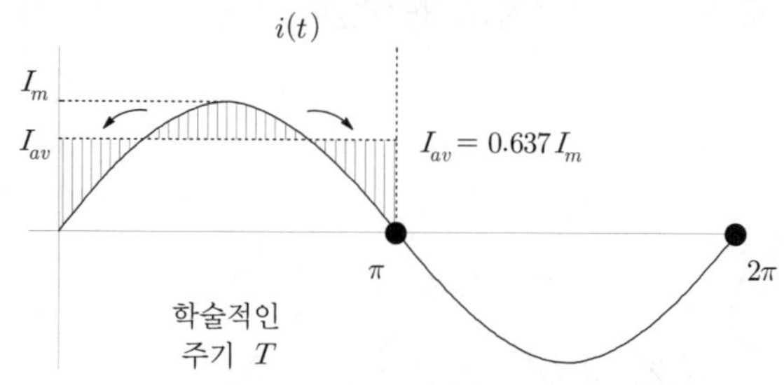

▌그림 2-6▐ 정현파의 평균값

① **평균값** : $I_{av}=\dfrac{1}{T}\displaystyle\int_0^T i(t)\,dt$ **또는** $I_{av}=\dfrac{1}{\pi}\displaystyle\int_0^{\pi} i(\omega t)\,d\omega t$ ······························ [식 2-13]

② 정현파 전류 $i(t)=I_m\sin\omega t\,[\mathrm{A}]$의 경우 평균값은 다음과 같다.

$$
\begin{aligned}
I_{av} &= \frac{1}{\pi}\int_0^{\pi} i(\omega t)\,d\omega t \\
&= \frac{1}{\pi}\int_0^{\pi} I_m \sin\omega t\,d\omega t \\
&= \frac{I_m}{\pi}\int_0^{\pi}\sin\omega t\,d\omega t = -\frac{I_m}{\pi}\Big[\cos\omega t\Big]_0^{\pi} = -\frac{I_m}{\pi}(\cos\pi-\cos 0^\circ) \\
&= \frac{I_m}{\pi}\times 2 \simeq 0.637\,I_m\,[\mathrm{A}] = 0.9I\,[\mathrm{A}]
\end{aligned}
$$
·· [식 2-14]

여기서, I_m : 전류의 최대값, I : 전류의 실효값($I_m=\sqrt{2}\,I$)

3 실효값(effective value 또는 root mean square value)

(1) 개요

① 교류의 크기는 시간에 따라 변화하기 때문에 실효값이라는 개념을 잡아 교류의 크기를 표현하고 있다.

② **실효값은 [그림 2-7] (a)와 같이 교류를 인가했을 때 저항에서 발생되는 열량과 직류를 인가했을 때 발생하는 열량이 같다라고 했을 경우 그 직류회로에 흐르는 전류의 크기를 실효값 전류라 정의한다.**

③ **[식 2-14]에서와 같이 실효값은 전압 또는 전류의 평균값(mean) 자승(square)에 제곱근(root)을 취한 것과 같기 때문에 실효값을 r.m.s값(root mean square value)이라 한다.**

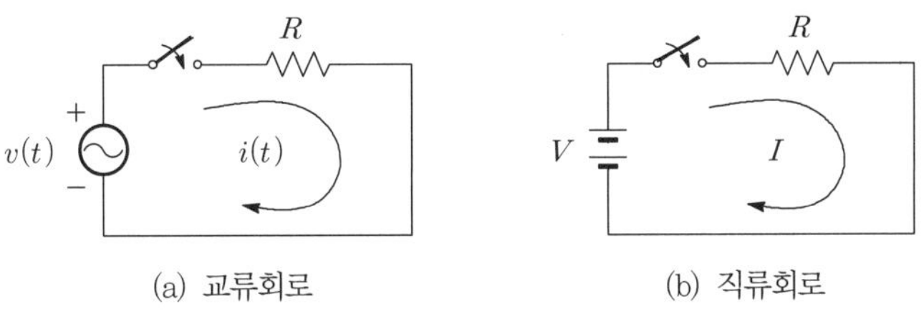

▌그림 2-7▐ 정현파의 실효값

(2) 정현파 전류에 대한 실효값

① 실효값 전류

㉠ 실효값은 교류회로와 직류회로에서 저항의 발열량이 같았을 때의 조건이므로 $0.24\int_0^T i^2(t)R\ dt = 0.24I^2RT$로 나타낼 수 있다.

㉡ 전류는 $I^2 = \frac{1}{T}\int_0^T i^2(t)\,dt$이므로 실효값은 다음과 같다.

$$I_{rms} = I = \sqrt{\frac{1}{T}\int_0^T i^2(t)\,dt} \quad \cdots\cdots [식\ 2\text{-}15]$$

② 정현파 전류 $i(t) = I_m \sin\omega t$[A]의 경우 실효값은 다음과 같다.

$$I = \sqrt{\frac{1}{2\pi}\int_0^{2\pi} i^2(\omega t)\,d\omega t} = \sqrt{\frac{1}{2\pi}\int_0^{2\pi} I_m^2 \sin^2\omega t\,d\omega t}$$

$$= \sqrt{\frac{I_m^2}{2\pi}\int_0^{\pi}\frac{1-\cos 2\omega t}{2}\,d\omega t} = \sqrt{\frac{I_m^2}{4\pi}\int_0^{\pi} 1-\cos 2\omega t\,d\omega t}$$

$$= \sqrt{\frac{I_m^2}{4\pi}\left[\omega t - \frac{1}{2}\sin 2\omega t\right]_0^{2\pi}} = \sqrt{\frac{I_m^2}{2}} = \frac{I_m}{\sqrt{2}} \quad \cdots\cdots [식\ 2\text{-}16]$$

4 파형률과 파고율

교류의 크기는 보통 실효값로 나타내는데 실효값만으로는 파형의 형태를 알 수 없어서 파형의 개략적인 상태를 알기 위한 방법으로 파고율과 파형률이라는 계수를 사용하고 있으며, 다음과 같이 정의된다.

(1) 파고율(crest factor)과 파형률(form factor)

① **파고율** $= \dfrac{\text{최대값}}{\text{실효값}}$ ································ [식 2-17]

② **파형률** $= \dfrac{\text{실효값}}{\text{평균값}}$ ································ [식 2-18]

(2) 정현파 교류의 파고율과 파형률

① 파고율 $= \dfrac{I_m}{I_s} = \dfrac{I_m}{\dfrac{I_m}{\sqrt{2}}} = \sqrt{2} = 1.414$

② 파형률 $= \dfrac{I_{\rm rms}}{I_{\rm av}} = \dfrac{\dfrac{I_m}{\sqrt{2}}}{\dfrac{2I_m}{\pi}} = \dfrac{\pi}{2\sqrt{2}} = 1.11$

(3) 여러 파형에 따른 표현법

▌표 2-1▐ 여러 파형에 따른 표현법

종별	파형	실효값		평균값		파형률	파고율
		전파	반파	전파	반파	전파	전파
구형파		V_m	$\dfrac{V_m}{\sqrt{2}}$	V_m	$\dfrac{V_m}{2}$	1	1
정현파		$\dfrac{V_m}{\sqrt{2}}$	$\dfrac{V_m}{2}$	$\dfrac{V_m}{\pi}\times 2$	$\dfrac{V_m}{\pi}$	1.11	$\sqrt{2}$
삼각파		$\dfrac{V_m}{\sqrt{3}}$	$\dfrac{V_m}{\sqrt{6}}$	$\dfrac{V_m}{2}$	$\dfrac{V_m}{4}$	1.155	$\sqrt{3}$
제형파		$\dfrac{\sqrt{5}}{3}\times V_m$(전파)		$\dfrac{2}{3}\times V_m$(전파)		1.118	1.34

단원 확인기출문제

★★★ 기사 92년 5회, 97년 7회, 03년 3회 / 산업 93년 4회, 96년 6회, 00년 2회, 11년 2회, 14년 3회

01 어떤 정현파 전압의 평균값이 191[V]이면 최대값[V]은?

① 약 150　　② 약 250
③ 약 300　　④ 약 400

해설 평균값 $V_a = \dfrac{2V_m}{\pi} = 0.637\,V_m$

최대값 $V_m = \dfrac{V_a}{0.637} = \dfrac{191}{0.637} = 299[\text{V}]$

답 ③

★★★ 기사 03년 4회

02 **다음 중 반파 정류파 실효값의 2배의 실효값을 갖는 파는?**

① 맥동파 ② 삼각파

③ 제형파 ④ 구형파

해설 반파 정류파(정현파)의 실효값은 $V=\frac{V_m}{2}$이 되므로 구형파가 된다.

답 ④

기사 0.75% 출제 | 산업 2.50% 출제

출제 03 단일 회로소자

전기소자(R, L, C)에 교류전압을 인가 시 교류전류의 실효값(크기)과 위상을 알아보기 위한 단원으로, 리액턴스의 개념을 이해해야 한다. 회로이론의 가장 기본이 되는 내용이니 어렵더라도 본문내용을 꼼꼼히 읽어보길 바란다.

참고

1. 저항의 특성

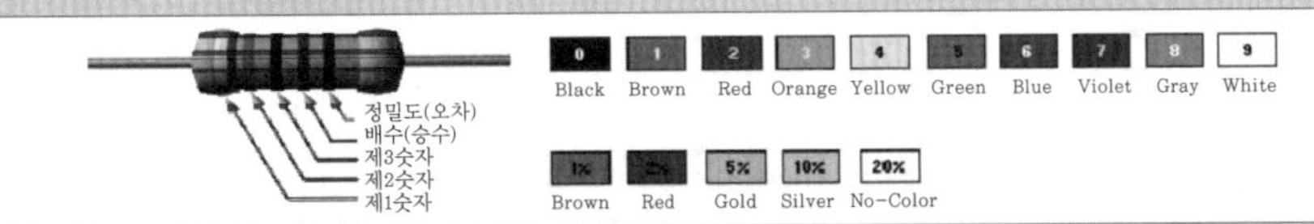

① 수동소자 전자부품의 하나이다.

② 저항은 전압강하를 일으키는 소자로, 전류의 크기를 제한한다.

③ 저항에 전류가 흐르면 I^2R[W]만큼 에너지를 소비하며, $0.24I^2Rt$[cal]만큼 발열이 발생한다.

④ 저항의 크기

 $R=12\times10^3$[Ω] (오차 : ±5%)

 $R=46\times10^8$[Ω] (오차 : ±10%)

2. 유도기(誘導器, inductor)의 특성

① 수동소자 전자부품의 하나이다.

② 시간에 따라 변화하는 전류가 유도기(인덕터)를 통과하면 전류변화를 방해하는 방향으로 기전력을 발생시켜 전류의 흐름을 방해한다.

③ 유도기전력 : $e=-N\frac{d\phi}{dt}=-L\frac{di}{dt}$

④ 인덕턴스는 $L=\dfrac{\mu SN^2}{l}$[H]에서 코일 권선수 제곱에 비례하므로 코일을 많이 감을수록 유도기성질은 커지게 된다.

⑤ 유도기에 전류가 흐르면 코일 속에 자기장의 형태로 에너지$\left(\dfrac{1}{2}LI^2\right)$가 일시적으로 저장된다.

3. 콘덴서(condenser = capacitor)의 특성

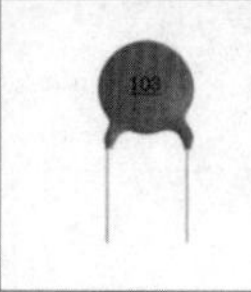

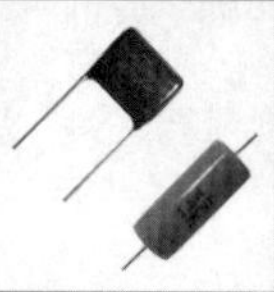

① 수동소자 전자부품의 하나이다.

② 커패시터는 전류가 0일 때 에너지를 저장하는 소자이며, 직류전류는 차단시키는 역할을 한다.

③ 콘덴서에 103으로 표기된 경우 앞의 두자리가 제1숫자/제2숫자가 되며, 제3숫자는 승수가 된다. 즉, 103은 $10\times10^3=10^4$[pF]=0.01[μF], 222=22×10^2[pF]=0.0022[μF]이 된다.

1 저항만의 회로

(1) 전류의 순시값

① 저항 R[Ω]만을 가지는 회로에 정현파 전압 $v(t)=V_m\sin\omega t$[V]을 인가했을 때 회로에 흐르는 전류는 옴의 법칙을 통해 구할 수 있다.

$$i_R=\frac{v}{R}=\frac{V_m}{R}\sin\omega t=I_m\sin\omega t\text{[A]} \quad \text{[식 2-19]}$$

② i_R의 특징

㉠ **전류의 크기는 저항 R의 비에 의해 결정된다.**

㉡ **전류의 위상은 전압과 동상이며, 주파수도 변화하지 않는다.**

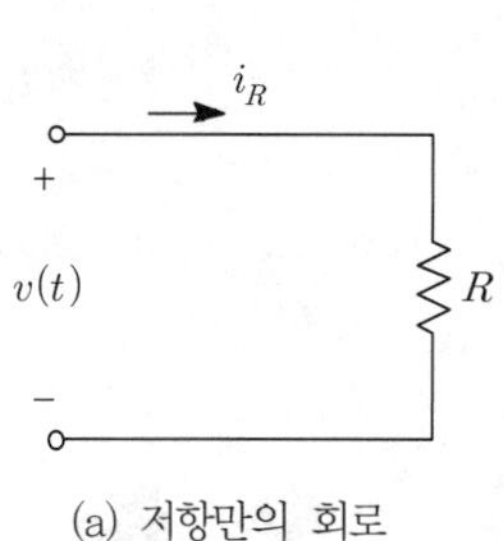

(a) 저항만의 회로

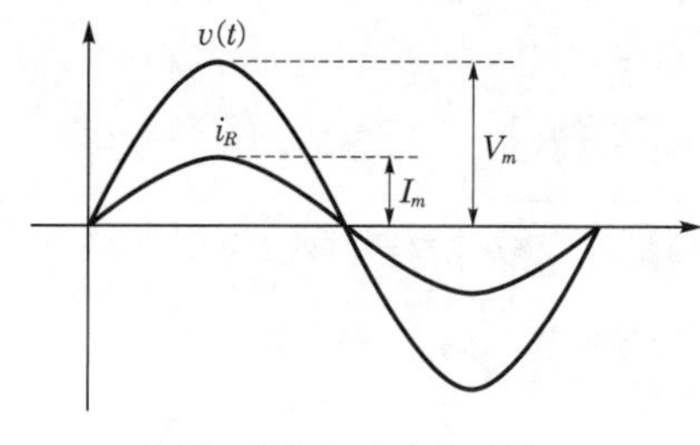

(b) 전압과 전류의 관계

▮그림 2-8▮ 저항회로의 전압과 전류의 관계

(2) 전력(electric power)과 에너지(electric energy)

① 전압 $v(t)=\sqrt{2}\,V\sin\omega t$[V], 전류 $i(t)=\sqrt{2}\,I\sin\omega t$[A]일 때 순시전력과 평균전력을 구하면 다음과 같다.

㉠ 순시전력(instantaneous power)

$p(t)= v(t)i(t)= 2\,VI\sin^2\omega t= VI(1-\cos 2\omega t)[\mathrm{W}]$ ······························ [식 2-20]

㉡ 평균전력(average power)

$$P=\frac{1}{T}\int_0^T p(t)dt=\frac{1}{2\pi}\int_0^{2\pi} VI(1-\cos 2\omega t)\,d\omega t$$

$$=\frac{VI}{2\pi}\int_0^{2\pi} 1-\cos 2\omega t\, d\omega t$$

$$=\frac{VI}{2\pi}\left[\omega t-\frac{1}{2}\sin 2\omega t\right]_0^{2\pi}$$

$$=\frac{VI}{2\pi}\times 2\pi= VI\,[\mathrm{W}]$$ ·· [식 2-21]

② 에너지

㉠ $w_R=\int_0^t p(t)\,dt= VI\int_0^t 1-\cos 2\omega t\, dt$

$$=P\left(t-\frac{1}{2\omega}\sin 2\omega t\right)\fallingdotseq Pt = VIt[\mathrm{J}]$$ ·· [식 2-22]

㉡ 일반적으로 $\frac{1}{2\omega}\sin 2\omega t \ll t$가 되므로 $\frac{1}{2\omega}\sin 2\omega t$를 무시할 수 있다.

2 인덕턴스만의 회로

(1) 전류의 순시값

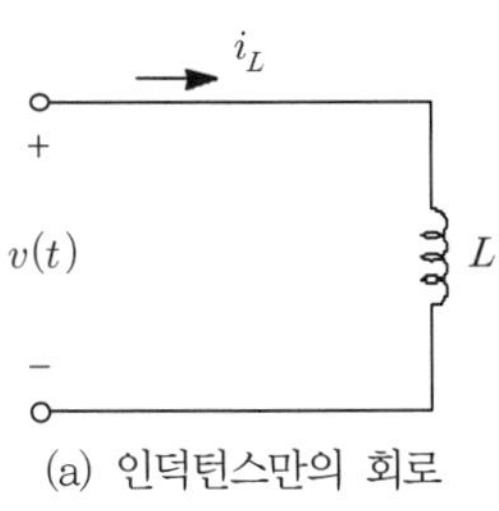

(a) 인덕턴스만의 회로

(b) 전압과 전류의 관계

▌그림 2-9▌ 인덕턴스 회로의 전압과 전류의 관계

① 인덕턴스 L[H]인 코일로 된 회로에 정현파 전압 $v(t)= V_m \sin\omega t$[V]를 인가했을 때 회로에 흐르는 전류는 인덕턴스에 의하여 발생하는 전압강하를 이용하여 구할 수 있다.

② 전류의 순시값

㉠ 전압강하 $V_L= L\frac{di_L}{dt}$에서 $di_L=\frac{1}{L}V_L\,dt=\frac{1}{L}v(t)\,dt$가 된다.

㉡ 인덕턴스만의 회로에서의 전류 $i_L = \int di_L = \frac{1}{L}\int v(t)\,dt$ 이 된다.

$$i_L = \frac{1}{L}\int v(t)\,dt = \frac{1}{L}\int V_m \sin\omega t\,dt = \frac{V_m}{L}\int \sin\omega t\,dt$$

$$= -\frac{V_m}{\omega L}\cos\omega t = -\frac{V_m}{\omega L}\sin\left(\omega t + \frac{\pi}{2}\right)$$

$$= \frac{V_m}{\omega L}\sin\left(\omega t - \frac{\pi}{2}\right)[\text{A}] \quad \cdots\cdots \text{[식 2-23]}$$

③ i_L의 특징

㉠ **전류의 크기는 ωL의 비에 의해 결정된다.**

㉡ **전류의 위상은 전압보다 90° 늦다(지상전류, lag).**

㉢ **전류와 전압은 동일 주파수의 정현파이다.**

④ 유도성 리액턴스(inductive reactance)

㉠ 시간에 따라 변화하는 교류전류가 흐르면 회로에는 이에 반응하여 전류의 반대반향으로 유도기전력$\left(e = -L\frac{di}{dt}\right)$을 발생시키는데 이는 저항으로서 작용한다.

㉡ 이러한 저항은 직류에서 발생하지 않기 때문에 교류저항이라 하고, 이를 유도성 리액턴스 X_L이라 한다(직류에서는 $X_L = 0$).

㉢ **유도성 리액턴스 :** $X_L = \omega L = 2\pi f L[\Omega]$ ⋯⋯ **[식 2-24]**

(2) 전력(electric power)과 에너지(electric energy)

① 전압 $v(t) = \sqrt{2}\,V\sin\omega t[\text{V}]$, 전류 $i(t) = \sqrt{2}\,I\sin\left(\omega t - \frac{\pi}{2}\right) = -\sqrt{2}\,I\cos\omega t[\text{A}]$일 때 순시전력과 평균전력을 구하면 다음과 같다.

㉠ 순시전력(instantaneous power)

$$p(t) = v(t)i(t) = -2\,VI\sin\omega t\cos\omega t = -VI\sin 2\omega t[\text{W}] \quad \cdots\cdots \text{[식 2-25]}$$

㉡ 평균전력(average power)

$$P = \frac{1}{T}\int_0^T p(t)\,dt = -\frac{VI}{2\pi}\int_0^{2\pi}\sin 2\omega t\,d\omega t = \frac{VI}{4\pi}\left[\cos 2\omega t\right]_0^{2\pi} = 0 \quad \cdots\cdots \text{[식 2-26]}$$

② 에너지

㉠ 인덕터에 순간적으로 축적되는 에너지

$$w_L = \int_0^t p\,dt = \int_0^t vi\,dt = \int_0^t L\frac{di}{dt}i\,dt = \int_0^i Li\,di$$

$$= \frac{1}{2}Li^2 = \frac{1}{2}L(\sqrt{2}\,I\sin\omega t)^2 = LI^2\sin^2\omega t$$

$$= \frac{1}{2}LI^2(1 - \cos 2\omega t)[\text{J}] \quad \cdots\cdots \text{[식 2-27]}$$

㉡ 한 주기 동안 인덕터에 축적되는 평균 에너지

$$W_L = \frac{1}{T}\int_0^T w_L dt = \frac{1}{T}\int_0^T \frac{1}{2}LI^2(1-\cos 2\omega t)\,dt$$

$$= \frac{1}{2\pi}\int_0^{2\pi}\frac{1}{2}LI^2(1-\cos 2\omega t)\,d\omega t = \frac{LI^2}{4\pi}\left[\omega t - \frac{1}{2}\sin 2\omega t\right]_0^{2\pi}$$

$$= \frac{1}{2}LI^2[\text{J}] \quad \text{[식 2-28]}$$

㉢ **[식 2-26]과 [식 2-28]에서 보듯이 인덕터는 에너지를 저장할 뿐이지 자체적으로 소비는 하지 않는다는 것을 알 수 있다.**

3 커패시턴스만의 회로

(1) 전류의 순시

① 전류의 순시값

㉠ 전류의 정의식 $i_c = \dfrac{dQ}{dt}$[A]에서 콘덴서에 축적된 전하량은 $Q = CV$이므로

$i_c = \dfrac{dQ}{dt} = C\dfrac{dV}{dt} = C\dfrac{dv(t)}{dt}$[A]가 된다.

㉡ 커패시턴스 C에 $v(t) = V_m \sin\omega t$[V]를 인가했을 흐르는 전류는 다음과 같다.

$$i_c = C\frac{d}{dt}V_m\sin\omega t = CV_m\frac{d}{dt}\sin\omega t = \omega CV_m\cos\omega t$$

$$= \omega CV_m\sin\left(\omega t + \frac{\pi}{2}\right) = \frac{V_m}{\dfrac{1}{\omega C}}\sin\left(\omega t + \frac{\pi}{2}\right)[\text{A}] \quad \text{[식 2-29]}$$

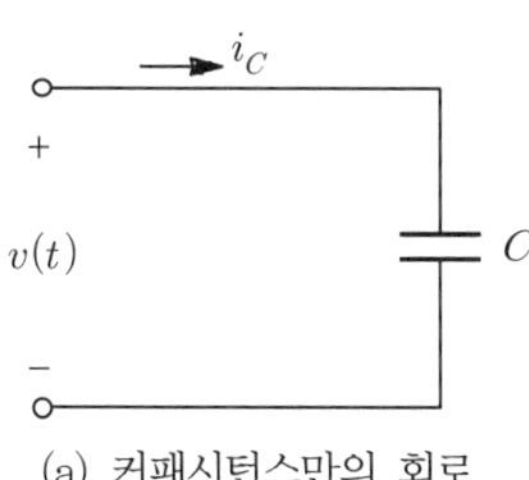

(a) 커패시턴스만의 회로

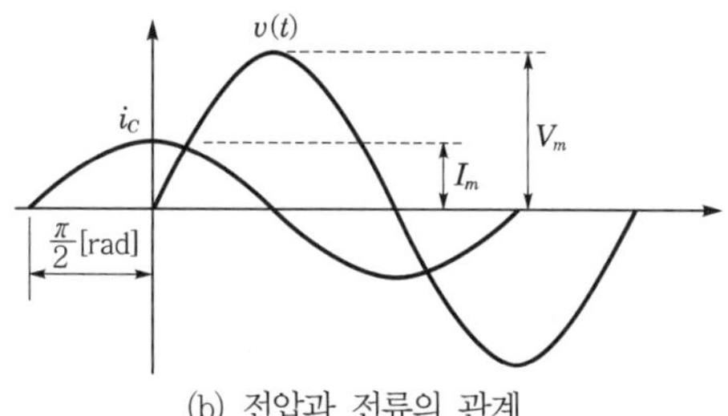

(b) 전압과 전류의 관계

|그림 2-10| 커패시턴스 회로의 전압과 전류의 관계

② i_C의 특징

㉠ **전류의 크기는 $\dfrac{1}{\omega C}$의 비에 의해 결정된다.**

㉡ **전류의 위상은 전압보다 90° 빠르다(진상전류, lead).**

㉢ **전류와 전압은 동일 주파수의 정현파이다.**

③ 용량성 리액턴스(inductive reactance)

㉠ 콘덴서의 충전전류는 유전체 내부에 속박되어 있던 구속전자의 전기적 변위에 의해 흐르는 변위전류라고 볼 수 있으며, 전기자기학에서 자세히 다루고 있다.

㉡ 용량성 리액턴스란 콘덴서 사이에 있는 유전체의 저항비라고 볼 수 있으며 직류에서는 변위전류가 흐르지 않기 때문에 개방된 상태로 해석할 수 있다(직류에는 $X_C = \infty$).

㉢ **용량성 리액턴스 :** $X_C = \dfrac{1}{\omega L} = \dfrac{1}{2\pi f C}[\Omega]$ ········ [식 2-30]

(2) 전력(electric power)과 에너지(electric energy)

① 전류 $i(t) = \sqrt{2}\,V\sin\omega t$[A], 전압 $v(t) = \sqrt{2}\,I\cos\omega t$[V]일 때 순시전력과 평균전력을 구하면 다음과 같다.

㉠ 순시전력(instantaneous power)

$p(t) = v(t)i(t) = 2\,VI\sin\omega t\cos\omega t = VI\sin 2\omega t$[W] ········ [식 2-31]

㉡ 평균전력(average power)

$P = \dfrac{1}{T}\displaystyle\int_0^T p(t)\,dt = 0$ ········ [식 2-32]

② 에너지

㉠ $w_C = \displaystyle\int_0^t p\,dt = \int_0^t v\,i\,dt = \int_0^t v\,C\frac{dv}{dt}\,dt = \int_0^v Cv\,dv$

$= \dfrac{1}{2}Cv^2 = \dfrac{1}{2}C(\sqrt{2}\,V\sin\omega t)^2 = CV^2\sin^2\omega t$

$= \dfrac{1}{2}CV^2(1-\cos 2\omega t)$[J] ········ [식 2-33]

㉡ 한 주기 동안 커패시터에 축적되는 평균 에너지

$W_C = \dfrac{1}{T}\displaystyle\int_0^T w_C dt = \frac{1}{T}\int_0^T \frac{1}{2}LI^2(1-\cos 2\omega t)\,dt$

$= \dfrac{1}{2\pi}\displaystyle\int_0^{2\pi}\frac{1}{2}CV^2(1-\cos 2\omega t)d\omega t$

$= \dfrac{CV^2}{4\pi}\left[\omega t - \dfrac{1}{2}\sin 2\omega t\right]_0^{2\pi}$

$= \dfrac{1}{2}CV^2$[J] ········ [식 2-34]

㉢ [식 2-32]와 [식 2-34]에서 보듯이 커패시터는 에너지를 저장할 뿐이지 자체적으로 소비하지 않는다는 것을 알 수 있다.

4 R, L, C 회로의 전력 및 에너지 파형분석

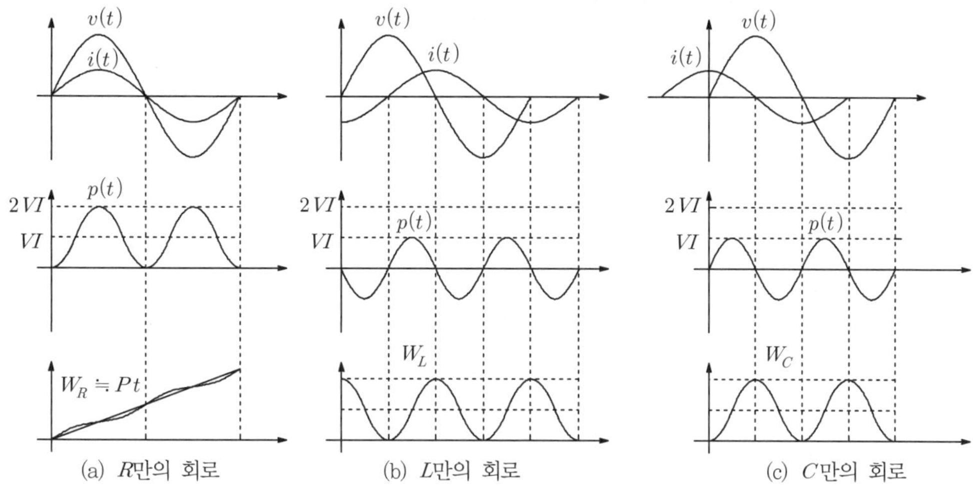

▎그림 2-11 ▎ 전력 및 에너지 파형분석

① R만의 회로에서 순시전력 $p(t)$를 보면 100[%] 소비만 한다.

② L, C만의 회로에서 순시전력 $p(t)$를 보면 $p>0$일 때는 전원으로부터 소자에 전력이 공급되고, $p<0$일 때에는 반대로 소자에서 전원측으로 전력을 반환하고 있다. 이것만 보더라고 L, C 소자는 충전과 방전만을 반복할 뿐 전력소모가 없다는 것을 알 수 있다.

단원 확인 기출문제

★★★ 기사 91년 5·6회, 97년 2회, 05년 4회 / 산업 94년 2회, 01년 1회, 15년 2회

03 60[Hz]에서 리액턴스값이 10[Ω]인 경우 인덕턴스값[mH]과 정전용량[μF]은?

① 26.53, 295.37 ② 18.37, 265.26

③ 18.37, 295.37 ④ 26.53, 265.26

해설 ㉠ 유도 리액턴스 $X_L = \omega L = 2\pi f L$에서 $L = \dfrac{X_L}{2\pi f} = \dfrac{10}{2\pi \times 60} = 0.02653[\text{H}] = 26.53[\text{mH}]$

㉡ 용량 리액턴스 $X_C = \dfrac{1}{\omega C} = \dfrac{1}{2\pi f C}$에서

$C = \dfrac{1}{2\pi f X_C} = \dfrac{1}{2\pi \times 60 \times 10} = 0.00026526[\text{F}] = 265.26[\mu\text{F}]$

답 ④

기사 0.25% 출제 | 산업 1.50% 출제

출제 04 복소수와 교류회로의 해석

내용이 어렵다면 (식 2-46)의 공식을 암기하고, '4 페이저를 이용한 단일 소자 회로전류'의 내용만이라도 반드시 읽어보길 바란다.

1 개요

① 교류회로의 크기는 시간에 따라 그 크기가 변하므로 여러 정현파의 가감연산을 하려면 상당히 복잡한 부분이 많이 있다. 교류회로를 정지 벡터도로 표현하는 페이저(phasor)에 의한 방법으로 교류회로를 비교적 쉽게 해석할 수 있다.

② **페이저란 Phase(위상)으로부터 유래된 말이며 정현파 교류를 크기와 위상으로 표현하여 여러 정현파의 가감연산을 하는 방법을 말한다.**

2 복소수(complex number)의 연산

(1) 복소수의 가감승제

① 복소수의 가감

㉠ 가감법은 실수는 실수끼리, 허수는 허수끼리의 합 또는 차를 구하면 된다.

㉡ $\dot{A}+\dot{B}=(a+jb)+(c+jd)=(a+c)+j(b+d)$ .... [식 2-35]

㉢ $\dot{A}-\dot{B}=(a+jb)-(c+jd)=(a-c)+j(b-d)$ .... [식 2-36]

② 복소수의 곱하기(乘法)

㉠ 승법계산에서 허수의 단위크기 j는 $\sqrt{-1}$ 이므로 $j^2=-1$을 기본으로 승법을 구하면 된다.

㉡ $\dot{A}\times\dot{B}=(a+jb)\times(c+jd)=ac+j(ad+bc)+j^2bd$

$=(ac-bd)+j(ad+bc)$ .... [식 2-37]

③ 복소수의 나누기(除法)

㉠ 공액복소수(conjugate complex number)

ⓐ 복소평면(complex plane)에서 실수축에 대해 대칭관계에 있는 두 복소수, 즉 $a+jb$와 $a-jb$상의 관계를 공액이라 하며, $\dot{A}$의 공액 복소수는 $\dot{A}^*$로 표시한다.

ⓑ $\dot{A}+\dot{A}^*=(a+jb)+(a-jb)=2a$

ⓒ $\dot{A}-\dot{A}^*=(a+jb)-(a-jb)=j2b$

ⓓ $\dot{A}\times\dot{A}^*=(a+jb)\times(a-jb)=a^2+b^2$

㉡ $\dfrac{\dot{A}}{\dot{B}}=\dfrac{a+jb}{c+jd}=\dfrac{(a+jb)\times(c-jd)}{(c+jd)\times(c-jd)}=\dfrac{ac+j(bc-ad)-j^2bd}{c^2+d^2}$

$$= \frac{ac+bd}{c^2+d^2} + j\frac{bc-ad}{c^2+d^2} \quad \text{[식 2-38]}$$

(2) 오일러의 급수

① 지수함수(exponential function) : 지수함수 e를 사용하면 삼각함수연산을 보다 손쉽게 구할 수 있다.

$$\text{지수함수 } e = \lim_{x\to\infty}\left(1+\frac{1}{x}\right)^2 \simeq 2.71828 \quad \text{[식 2-39]}$$

② 매클로린 급수(Maclaurin series)

㉠ $$e^x = 1 + x + \frac{x^2}{2!} + \frac{x^3}{3!} + \cdots\cdots + \frac{x^n}{n!} \quad \text{[식 2-40]}$$

㉡ $$\sin x = x - \frac{x^3}{3!} + \frac{x^5}{5!} - \frac{x^7}{7!} + \cdots\cdots \quad \text{[식 2-41]}$$

㉢ $$\cos x = 1 - \frac{x^2}{2!} + \frac{x^4}{4!} - \frac{x^6}{6!} + \cdots\cdots \quad \text{[식 2-42]}$$

③ 오일러의 정리

㉠ $$e^{j\theta} = 1 + j\theta + \frac{(j\theta)^2}{2!} + \frac{(j\theta)^3}{3!} + \cdots\cdots + \frac{(j\theta)^n}{n!}$$
$$= \left(1 - \frac{\theta^2}{2!} + \frac{\theta^4}{4!} - \cdots\cdots\right) + j\left(\theta - \frac{\theta^3}{3!} + \frac{\theta^5}{5!} - \cdots\cdots\right)$$
$$= \cos\theta + j\sin\theta \quad \text{[식 2-43]}$$

㉡ $$A\angle\theta_1 \times B\angle\theta_2 = A(\cos\theta_1 + j\sin\theta) \times B(\cos\theta + j\sin\theta)$$
$$= A e^{j\theta_1} \times B e^{j\theta_2} = AB\, e^{j(\theta_1+\theta_2)} = AB\angle\theta_1+\theta_2 \quad \textbf{[식 2-44]}$$

㉢ $$\frac{A\angle\theta_1}{B\angle\theta_2} = \frac{A\, e^{j\theta_1}}{B\, e^{j\theta_2}} = \frac{A}{B}\, e^{j\theta_1-\theta_2} = \frac{A}{B}\angle\theta_1-\theta_2 \quad \textbf{[식 2-45]}$$

3 페이저의 표시

(1) 정현파의 페이저 표시

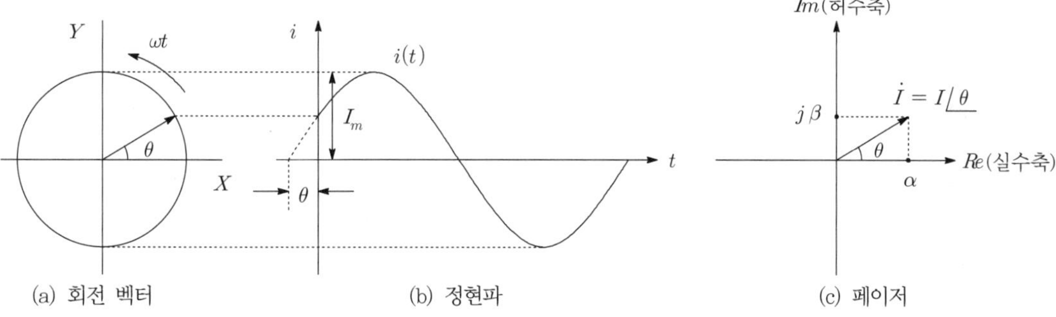

▌그림 2-12▐ 정현파의 페이저 표시

① 순시값 표현 : $i(t) = I_m \sin(\omega t + \theta) = I\sqrt{2}\sin(\omega t + \theta)$[A]

여기서, I_m : 전류의 최대값, I : 전류의 실효값, θ : 위상각

② 페이저 표현 : $\dot{I} = I\angle\theta$[A] $= \sqrt{\alpha^2 + \beta^2}\angle\tan^{-1}\dfrac{\beta}{\alpha}$ [A]

③ 복소수 표현 : $\dot{I} = \alpha + j\beta = I(\cos\theta + j\sin\theta)$[A]

④ 지수형식 표현 : $\dot{I} = Ie^{j\theta}$[A]

㉠ 오일러 공식 : $e^{j\theta} = \cos\theta + j\sin\theta$

㉡ $e^{j\theta}$의 절대값(크기) : $|e^{j\theta}| = \sqrt{\cos^2\theta + \sin^2\theta} = 1$

㉢ **크기가 I이고 위상각이 θ인 지수형식의 표현은 다음과 같다.**

$\dot{I} = I\angle\theta = I(\cos\theta + j\sin\theta) = Ie^{j\theta}$[A] ······ [식 2-46]

(2) 두 정현파 전류의 합성

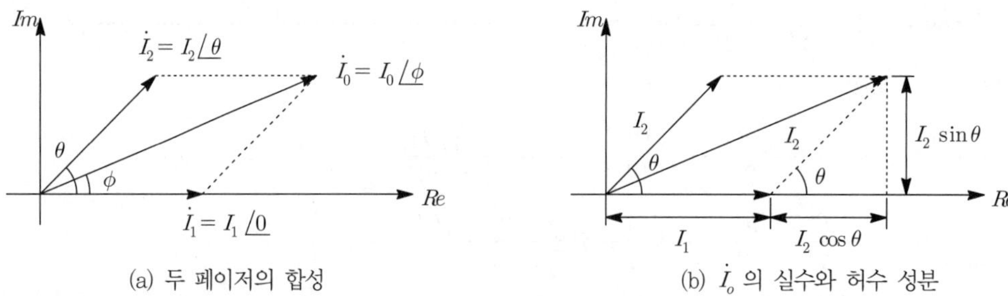

(a) 두 페이저의 합성　　(b) $\dot{I}_o$ 의 실수와 허수 성분

▌그림 2-13▐ 두 정현파 전류의 합성

① 합성전류의 크기(실효값)

$$|\dot{I}_0| = I_0 = \sqrt{실수^2 + 허수^2}$$
$$= \sqrt{(I_1 + I_2\cos\theta)^2 + (I_2\sin\theta)^2}$$
$$= \sqrt{I_1^2 + 2I_1I_2\cos\theta + I_2^2\cos^2\theta + I_2^2\sin^2\theta}$$
$$= \sqrt{I_1^2 + I_2^2(\cos^2\theta + \sin^2\theta) + 2I_1I_2\cos\theta} \quad (\text{여기서, } \cos^2\theta + \sin^2\theta = 1)$$
$$= \sqrt{I_1^2 + I_2^2 + 2I_1I_2\cos\theta}$$

$\therefore |\dot{I}_0| = I_0 = \sqrt{I_1^2 + I_2^2 + 2I_1I_2\cos\theta}$ ······ [식 2-47]

② 위상각 : $\phi = \tan^{-1}\dfrac{허수}{실수} = \tan^{-1}\dfrac{I_2\sin\theta}{I_1 + I_2\cos\theta}$ ······ [식 2-48]

③ 합성전류의 순시값 : $\dot{I}_0 = I_0\angle\phi = I_0\sqrt{2}\sin(\omega t + \phi)$[A] ······ [식 2-49]

4 페이저를 이용한 단일 소자 회로전류

앞에서도 설명한 것과 같이 R만의 회로에서의 전류는 전압과 동위상이고, L만의 회로에서는 전압보다 90° 늦은 지상전류가, C만의 회로에서는 전압보다 90° 빠른 진상전류가 흐르게 된다. 이를 정리하면 [그림 2-14]와 같다.

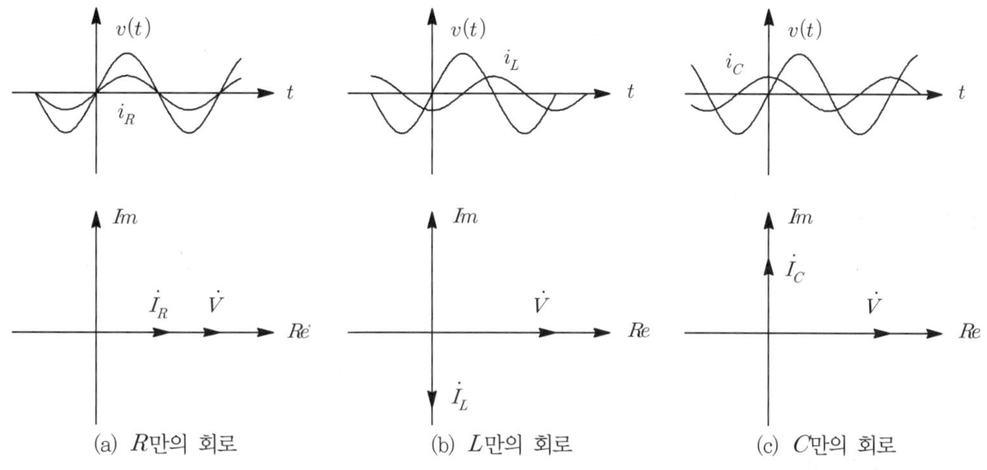

▮그림 2-14▮ 순시값과 페이저 표시

(1) 저항비(복소 임피던스) 계산

① R 만의 회로 : $\dfrac{\dot{V}}{\dot{I}_R} = \dfrac{V}{I_R} = R[\Omega]$ ······ [식 2-50]

② L 만의 회로 : $\dfrac{\dot{V}}{\dot{I}_L} = \dfrac{V}{I_L\angle -90°} = \dfrac{V}{I_L}\angle 90° = jX_L[\Omega]$ ······ [식 2-51]

③ C 만의 회로 : $\dfrac{\dot{V}}{\dot{I}_C} = \dfrac{V}{I_C\angle 90°} = \dfrac{V}{I_C}\angle -90° = -jX_C[\Omega]$ ······ [식 2-52]

(2) 복소 임피던스의 의미

① 복소 임피던스는 복소수 저항으로, 순저항(resistance)과 허수저항 또는 교류저항(reactance)으로 구성된다.

② 복소 임피던스(complex impedance)는 편의상 임피던스라고 부르며, 이는 크기와 위상을 가지고 있는 저항의 차원을 말한다.

③ **리액턴스에는 용량성(X_C)과 유도성(X_L)이 있으며 부호가 서로 반대가 된다.**

④ **허수 j는 위상이 90° 빠르고, $-j$는 90° 느리다는 것을 의미한다.**

(3) 페이저를 이용한 전류계산

① $I_R = \dfrac{V}{R} = \dfrac{V_m}{R}\sin\omega t[\mathrm{A}]$ ························ [식 2-53]

② $I_L = \dfrac{V}{jX_L} = -j\dfrac{V}{X_L} = \dfrac{V}{X_L}\angle -90° = \dfrac{V_m}{\omega L}\sin(\omega t - 90°)$ ························ [식 2-54]

③ $I_C = \dfrac{V}{-jX_C} = j\dfrac{V}{X_C} = \dfrac{V}{X_C}\angle 90° = \omega C V_m \sin(\omega t + 90°)$ ························ [식 2-55]

단원 확인 기출문제

★★★ 기사 16년 2회

04 $v(t) = 100\sqrt{2}\sin\left(377t + \dfrac{\pi}{3}\right)$[V]를 복소수로 나타내면?

① $25 + j25\sqrt{3}$
② $50 + j25\sqrt{3}$
③ $25 + j50\sqrt{3}$
④ $50 + j50\sqrt{3}$

해설 교류의 순시값은 페이저 표현법에 의해 다음과 같이 정리할 수 있다.

$$v(t) = 100\sqrt{2}\sin\left(377t + \frac{\pi}{3}\right) = 100\angle 60°$$
$$= 100(\cos 60° + j\sin 60°) = 50 + j50\sqrt{3}$$

답 ④

★★★ 산업 91년 7회

05 두 전류의 실효값이 $I_1 = 5$[A], $I_2 = 10$[A]이고 I_2가 I_1보다 30° 앞서 있을 때 합성전류 I[A]는?

① 14.5　　② 13.5
③ 12.5　　④ 11.5

해설 실효값 전류 $I = \sqrt{{I_1}^2 + {I_2}^2 + 2I_1 I_2 \cos\theta}$

$$= \sqrt{5^2 + 10^2 + 2\times 5\times 10\times\cos 30°} = 14.5[\mathrm{A}]$$

답 ①

기사 2.13% 출제 | 산업 3.63% 출제

출제 05 임피던스 회로해석

쌤 Comment

기존 기출문제를 보면 전류의 위상을 무시하고 크기(실효값)만을 물어보는 문제가 많았다. 따라서, 임피던스를 구할 때에도 상차각(위상각, 부하각)을 무시하고 임피던스의 크기만을 구해 전류를 구했으나 최근에는 전류의 위상을 같이 물어보는 문제가 출제되고 있어 임피던스를 구할 때 상차각도 고려하여 [식 2-59]와 같이 전류의 순치값을 구하는 연습을 하도록 한다.

1 $R-L$ 직렬회로

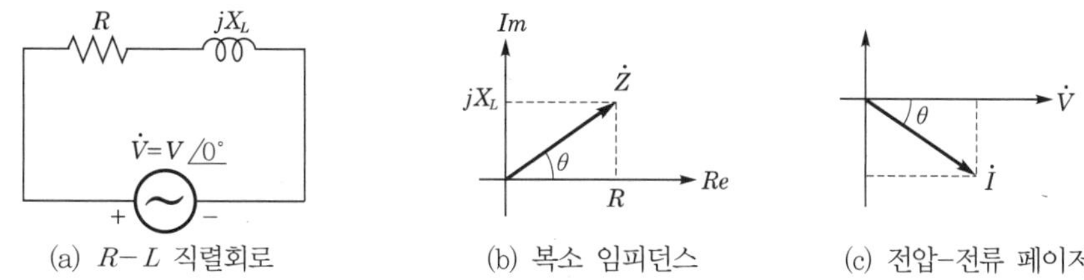

(a) $R-L$ 직렬회로 (b) 복소 임피던스 (c) 전압-전류 페이저

| 그림 2-15 | $R-L$ 직렬회로의 페이저 표시

(1) 복소 임피던스

$$\dot{Z} = R + jX_L = \sqrt{R^2 + X_L^2} \angle \tan^{-1}\frac{X_L}{R}$$

① 임피던스 : $Z = \sqrt{R^2 + X_L^2} = \sqrt{R^2 + (\omega L)^2}\,[\Omega]$ ······ [식 2-56]

② 상차각 : $\theta = \tan^{-1}\dfrac{X_L}{R}$ ······ [식 2-57]

(2) 전류

① 페이저 : $\dot{I} = \dfrac{\dot{V}}{\dot{Z}} = \dfrac{V\angle 0}{Z\angle\theta} = \dfrac{V}{\sqrt{R^2+X_L^2}} \angle -\tan^{-1}\dfrac{X_L}{R}$ ······ [식 2-58]

② 순시값 : $i(t) = \dfrac{V\sqrt{2}}{\sqrt{R^2+X_L^2}} \sin\left(\omega t - \tan^{-1}\dfrac{X_L}{R}\right)[\text{A}]$ ······ [식 2-59]

2 $R-C$ 직렬회로

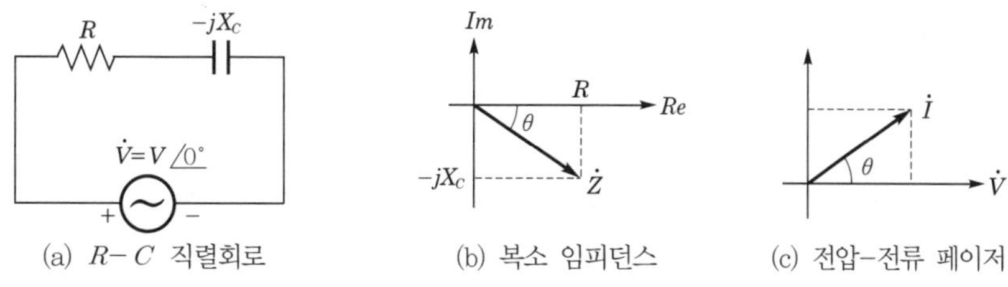

(a) $R-C$ 직렬회로 (b) 복소 임피던스 (c) 전압-전류 페이저

| 그림 2-16 | $R-C$ 직렬회로의 페이저 표시

(1) 복소 임피던스

$$\dot{Z} = R - jX_C = \sqrt{R^2 + X_C^2} \angle -\tan^{-1}\frac{X_C}{R}$$

① 임피던스 : $Z = \sqrt{R^2 + X_C^2} = \sqrt{R^2 + \left(\frac{1}{\omega C}\right)^2}$ [Ω] ………… [식 2-60]

② 상차각 : $\theta = -\tan^{-1}\frac{X_C}{R} = -\tan^{-1}\frac{1}{\omega CR}$ ………… [식 2-61]

(2) 전류

① 페이저 : $\dot{I} = \frac{\dot{V}}{\dot{Z}} = \frac{V\angle 0}{Z\angle\theta} = \frac{V}{\sqrt{R^2 + X_C^2}} \angle \tan^{-1}\frac{X_C}{R}$ ………… [식 2-62]

② 순시값 : $i(t) = \frac{V\sqrt{2}}{\sqrt{R^2 + X_C^2}} \sin\left(\omega t + \tan^{-1}\frac{X_C}{R}\right)$[A] ………… [식 2-63]

3 $R-L-C$ 직렬회로(단, $X_L > X_C$)

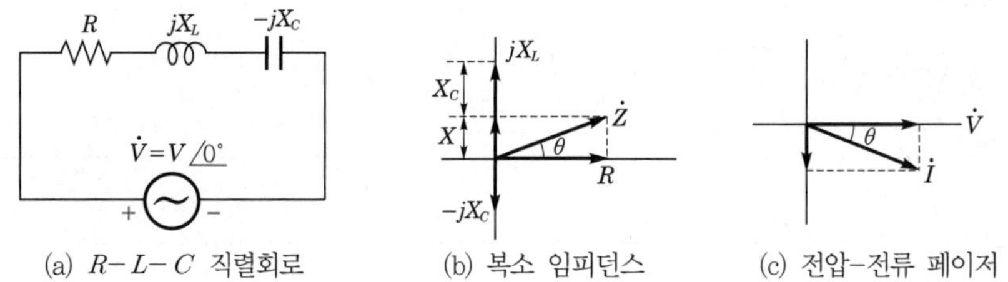

Ⅰ그림 2-17Ⅰ $R-L-C$ 직렬회로의 페이저 표시

(1) 복소 임피던스

$$\dot{Z} = R + j(X_L - X_C) = R + jX = \sqrt{R^2 + X^2} \angle \tan^{-1}\frac{X}{R}$$

① 임피던스 : $Z = \sqrt{R^2 + X^2} = \sqrt{R^2 + \left(\omega L - \frac{1}{\omega C}\right)^2}$ [Ω] ………… [식 2-64]

② 상차각 : $\theta = \tan^{-1}\frac{X}{R} = \tan^{-1}\frac{\omega L - \frac{1}{\omega C}}{R}$ ………… [식 2-65]

(2) 전류

① 페이저 : $\dot{I} = \frac{\dot{V}}{\dot{Z}} = \frac{V\angle 0}{Z\angle\theta} = \frac{V}{\sqrt{R^2 + X^2}} \angle -\tan^{-1}\frac{X}{R}$ ………… [식 2-66]

② 순시값 : $i(t) = \frac{V\sqrt{2}}{\sqrt{R^2 + X^2}} \sin\left(\omega t - \tan^{-1}\frac{X}{R}\right)$[A] ………… [식 2-67]

(3) 리액턴스 크기에 따른 특성

① $X_L > X_C$의 경우 : 유도성 회로가 되어 뒤진 전류(지상전류)가 흐른다.

② $X_L < X_C$의 경우 : 용량성 회로가 되어 앞선 전류(진상전류)가 흐른다.

③ $X_L = X_C$의 경우 : 무유도성 회로가 되어 직렬공진상태가 된다.

Comment

여기서, $X_L = X_C$의 상태를 공진이라 하며 자세한 건 「출제 06」 항목에서 설명한다.

4 $R-L$ 병렬회로

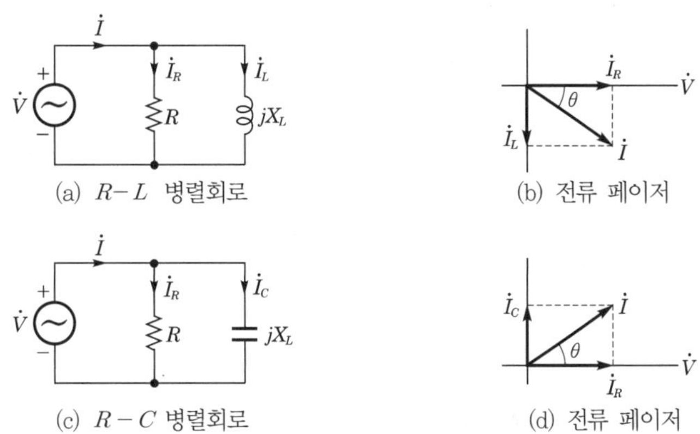

▌그림 2-18▐ $R-L$, $R-C$ 병렬회로의 페이저 표시

(1) 복소 임피던스

$$\dot{Z} = \frac{1}{\frac{1}{R} + \frac{1}{jX_L}} = \frac{jRX_L}{R + jX_L} = \frac{RX_L\angle 90°}{\sqrt{R^2 + X_L^2}\angle \tan^{-1}\frac{X_L}{R}}$$

$$= \frac{RX_L}{\sqrt{R^2 + X_L^2}}\angle 90° - \tan^{-1}\frac{X_L}{R}$$

① 임피던스 : $Z = \dfrac{RX_L}{\sqrt{R^2 + X_L^2}} = \dfrac{\omega RL}{\sqrt{R^2 + (\omega L)^2}}$[Ω] ······ [식 2-68]

② 상차각 : $\theta = 90° - \tan^{-1}\dfrac{X_L}{R} = \tan^{-1}\dfrac{R}{X_L}$ ······ [식 2-69]

(2) 전류

① 유효전류 : $\dot{I}_R = \dfrac{\dot{V}}{R} = \dfrac{V}{R}$[A] ······ [식 2-70]

② 무효전류 : $\dot{I}_L = \dfrac{\dot{V}}{jX_L} = -j\dfrac{V}{X_L} = -j\dfrac{V}{\omega L}$[A] ······ [식 2-71]

③ 페이저 : $\dot{I} = \dot{I}_R + \dot{I}_L = \dfrac{V}{R} - j\dfrac{V}{X_L}$[A] ······ [식 2-72]

5 $R-C$ 병렬회로

(1) 복소 임피던스

$$\dot{Z} = \frac{1}{\dfrac{1}{R} + \dfrac{1}{-jX_C}} = \frac{-jRX_C}{R-jX_C} = \frac{RX_C\angle -90°}{\sqrt{R^2+X_C^2}\angle -\tan^{-1}\dfrac{X_C}{R}}$$

$$= \frac{RX_C}{\sqrt{R^2+X_C^2}}\angle -90° + \tan^{-1}\frac{X_C}{R}$$

① 임피던스 : $Z = \dfrac{RX_C}{\sqrt{R^2+X_C^2}} = \dfrac{R}{\sqrt{1+(\omega CR)^2}}$[Ω] ······ **[식 2-73]**

② 상차각 : $\theta = -90° + \tan^{-1}\dfrac{X_C}{R} = -\tan^{-1}\dfrac{R}{X_C}$ ······ [식 2-74]

(2) 전류

① 유효전류 : $\dot{I}_R = \dfrac{\dot{V}}{R} = \dfrac{V}{R}$[A] ······ [식 2-75]

② 무효전류 : $\dot{I}_C = \dfrac{\dot{V}}{-jX_C} = j\dfrac{V}{X_C} = j\omega CV$[A] ······ [식 2-76]

③ 페이저 : $\dot{I} = \dot{I}_R + \dot{I}_C = \dfrac{V}{R} - j\dfrac{V}{X_C}$[A] ······ [식 2-77]

6 $R-L-C$ 병렬회로

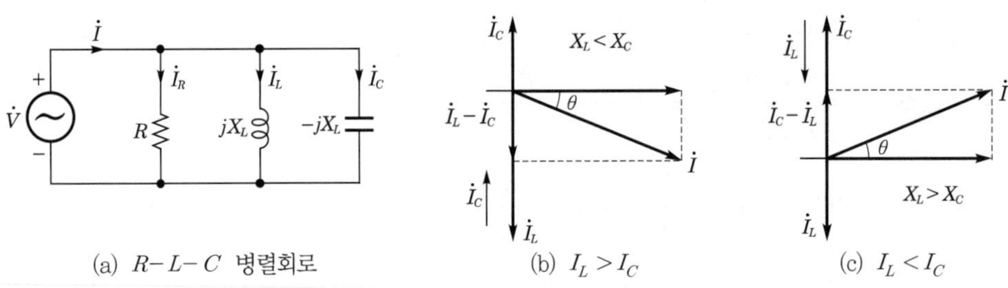

▌그림 2-19▐ $R-L-C$ 병렬회로의 페이저 표시

① $I_L > I_C (X_L < X_C)$: **유도성 회로가 되어 뒤진 전류(지상전류)가 흐른다.**

② $I_L < I_C (X_L > X_C)$: **용량성 회로가 되어 앞선 전류(진상전류)가 흐른다.**

③ $I_L = I_C (X_L = X_C)$: **무유도성 회로가 되어 병렬 공진상태가 된다.**

여기서, $X_L = X_C$의 상태를 공진이라 하며 자세한 건 「출제 06」 항목에서 설명한다.

단원 확인 기출문제

★ 산업 98년 2회, 07년 2회

06 **R = 10[Ω], L=0.045[H]의 직렬회로에 실효값 140[V], 25[Hz]의 정현파 교류전압을 가했을 때 임피던스[Ω]의 크기는?**

① 17.25 ② 15.31
③ 12.25 ④ 10.41

해설 ㉠ 유도 리액턴스 $X_L = \omega L = 2\pi f L = 2\pi \times 25 \times 0.045 = 7[\Omega]$

㉡ 직렬 임피던스 $Z = R + jX_L = \sqrt{R^2 + X_L^2} \angle \tan^{-1}\frac{X_L}{R}$

$= \sqrt{10^7 + 7^2} \angle \tan^{-1}\frac{7}{10} = 12.2 \angle 35°[\Omega]$

∴ 임피던스 $Z = \sqrt{R^2 + X^2} = 12.25[\Omega]$

부하각 $\theta = \tan^{-1}\frac{X}{R} = 35°$

답 ③

★ 산업 90년 7회, 16년 1회

07 **그림과 같은 회로에서 전원에 흘러 들어오는 전류[A]는?**

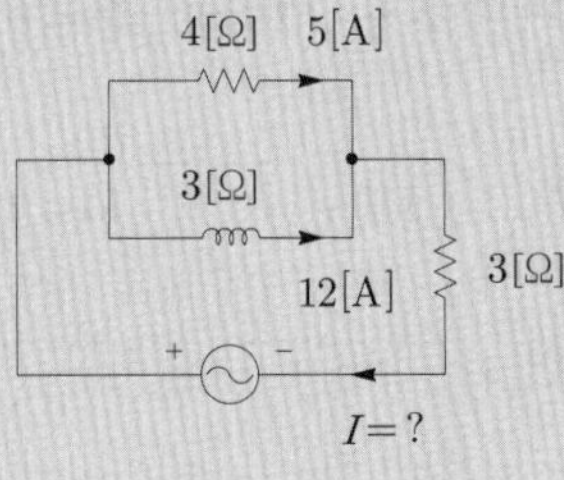

① 7 ② 10
③ 13 ④ 17

해설 저항에 흐르는 전류는 전압과 동위상이고, 코일에 흐르는 전류는 전압보다 위상이 90° 느리다.

∴ 전체 실효값 전류 : $I = \sqrt{I_R^2 + I_L^2} = \sqrt{5^2 + 12^2} = 13[A]$

답 ③

기사 4.24% 출제 | 산업 8.62% 출제

출제 06 전력, 역률, 공진, 전압확대율

쌤 Comment

이번 단원은 전압확대율과 단상 교류 전력측정에 관한 내용을 제외하고는 전기이론에서 가장 중요한 부분이면서, 시험출제빈도도 매우 높다. 유효전력과 무효전력과 개념과 역률, 공진의 의미를 반드시 잡고 넘어가자.

1 피상전력, 유효전력, 무효전력

(1) 유효전력(active power)

① R에서 발생되는 전력으로, [그림 2-20] (a)와 같이 실제 소비하고 있는 전력을 말한다.

② 유효전력은 평균전력에 기여하는 유효전류인 $I\cos\theta$와 전압 V의 곱으로 나타내고, 단위는 와트[W]를 사용한다.

유효전력 $P = VI\cos\theta = I^2R = \dfrac{V^2}{R}$ [W] ······ [식 2-78]

(2) 무효전력(reactive power)

① L 또는 C에서 발생되는 전력으로, [그림 2-20] (b)와 같이 에너지 저장만 할 뿐 소비하지 않는 전력을 말한다.

② 무효전력은 평균전력에 전혀 기여하지 않는 무효전류인 $I\sin\theta$와 전압 V의 곱으로 나타내고, 단위는 바[voltampere reactive, Var]를 사용한다.

무효전력 $P_r = Q = VI\sin\theta = I^2X = \dfrac{V^2}{X}$ [Var] ······ [식 2-79]

(3) 피상전력(apparent power)

① [그림 2-20] (c)와 같이 유효전력 P와 무효전력 P_r의 합으로 회로단자에 인가된 단자전압과 전류실효값의 곱으로 나타내며, 단위는 볼트암페어[VA]를 사용한다.

② 피상전력

$$P_a = P + jP_r = \sqrt{P^2 + P_r^2} = VI\sqrt{\cos^2\theta + \sin^2\theta}$$

$$= VI = I^2Z = \frac{V^2}{Z}\text{[VA]}$$ ······ [식 2-80]

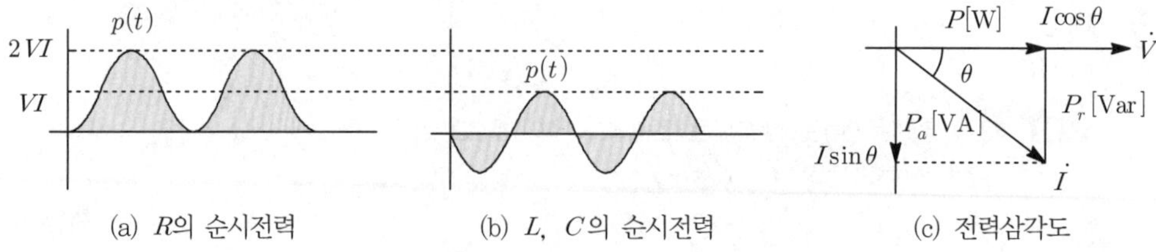

(a) R의 순시전력　(b) L, C의 순시전력　(c) 전력삼각도

| 그림 2-20 | 유효전력과 무효전력

2 복소전력(complex power)

(1) 전압과 전류가 복소수로 표현되어 있을 때 복소전력을 이용하면 유효전력, 무효전력, 피상전력, 역률 등을 편리하게 구할 수 있다.

(2) 유도과정

① 전류가 $\dot{I} = a + jb$[A]인 경우 전류의 실효값(크기)은 $I = |\dot{I}| = \sqrt{a^2 + b^2}$ [A]이 되므로 $I^2 = a^2 + b^2$이 된다.

② 공액복소수공식을 이용하면 $\dot{I} \cdot \dot{I}^* = (a + jb) \times (a - jb) = a^2 + b^2 = I^2$의 관계를 얻는다. 여기서, $\dot{I}^*$는 $\dot{I}$의 공액복소수를 의미하며 컨쥬게이트(conjugate)라고 읽으면 된다. 따라서, 피상전력은 다음과 같다.

$P_a = S = I^2 Z = \dot{I} \cdot \dot{I}^* Z = \dot{V} \dot{I}^*$ ………… [식 2-81]

(3) 복소전력

① $P_a = \dot{V} \dot{I}^* = P \pm jP_r$의 경우 : $P_r > 0$(**유도성**), $P_r < 0$(**용량성**)

② $P_a = \dot{V}^* \dot{I} = P \pm jP_r$의 경우 : $P_r > 0$(**용량성**), $P_r < 0$(**유도성**)

Comment

위 ②식과 같이 전류가 아닌 전압을 공액복소수하여 계산하면 전류를 공액복소수로 취하여 계산한 결과의 허수부호가 반대가 되므로 ①과 ②식 중 하나만 알아둔다. 시험에서는 ②식의 형태가 자주 출제된다.

3 역률(力率, power factor)

(1) 정의

① 역률은 계통에서 공급되는 전압과 전류의 실효값의 곱(피상전력)에 대해서 실제 소비되고 있는 전력(유효전력)의 비율을 말한다.

② 역률 $p.f = \cos\theta = \dfrac{P}{P_a} = \dfrac{\text{유효전력}}{\text{피상전력}}$ ………… [식 2-82]

(2) 역률의 특징

① 계통에는 전동기나 변압기와 같은 유도성 부하가 많기 때문에 일반적으로 지상전류(lag)가 흐른다. 그리고 이러한 유도성 부하가 많을수록 전류의 위상은 전압보다 더욱 느려지게 되는데 이것을 가지고 역률이 나쁘다라는 표현을 하게 된다.

② 역률이 나쁘다는 것은 실제 부하가 필요로 하는 전류보다 더 많은 전류를 공급해야 하므로 계통의 손실과 전압강하가 증가하여 전압변동률이 커지게 된다.

③ **전력회사에서는 역률을 90[%]로 기준하여 이보다 작을 경우 전기요금에 할증을 부가하고, 기준보다 높을 경우 할인해준다. 이는 한국전력 전기공급약관 제43조에 기재되어 있다.**

④ 역률을 개선하면(높이면) 변압기 및 배전선의 손실저감, 설비용량 이용률의 향상, 전압강하 감소, 전기요금 저감 등의 이점이 있다.

⑤ 역률을 무작정 높여 진상이 되면(전압보다 전류의 위상이 빠를 경우) 페란티 현상을 초래하여 수용가의 단자전압을 상승시키게 된다. 따라서, 전력회사측에서는 이 또한 전기요금에 할증을 부여한다.

Comment

페란티 현상이란 수전단전압이 송전단전압보다 높아지는 현상으로, 전력공학에서 내용을 다루고 있다.

(3) 직렬회로에서의 역률

직렬회로에서는 전류가 일정하므로 전력은 [식 2-83]과 같이 전류에 관한 식으로 정리하며, [식 2-56]을 이용하여 직렬회로에서의 역률을 다음과 같이 정리할 수 있다.

$$\cos\theta = \frac{I^2R}{I^2Z} = \frac{IR}{IZ} = \frac{V_R}{V} = \frac{R}{Z} = \frac{R}{\sqrt{R^2+X^2}} \quad \cdots\cdots \text{[식 2-83]}$$

(4) 병렬회로에서의 역률

병렬회로에서는 전압이 일정하므로 전력식은 [식 2-84]와 같이 전압에 관한 식으로 정리하며, [식 2-68]을 이용하여 병렬회로에서의 역률을 다음과 같이 정리할 수 있다.

$$\cos\theta = \frac{\frac{V^2}{R}}{\frac{V^2}{Z}} = \frac{\frac{V}{R}}{\frac{V}{Z}} = \frac{I_R}{I} = \frac{Z}{R} = \frac{X}{\sqrt{R^2+X^2}} \quad \cdots\cdots \text{[식 2-84]}$$

4 공진(共振, resonance)

(1) 개요

① 공진이란 전기회로에 인가되는 전원의 주파수가 회로 자체의 고유주파수와 일치하면 회로에 전기적 큰 진동이 발생하는 현상을 말한다.

② 공진에는 직렬공진, 병렬공진이 있으며 공진을 이용하여 필터(filter)를 설계할 수 있다.

③ 직렬공진 시에는 전류파형의 진동이 최대로 진동하고, 병렬공진 시에는 전압파형의 진동이 최대가 된다.

(2) 직렬공진

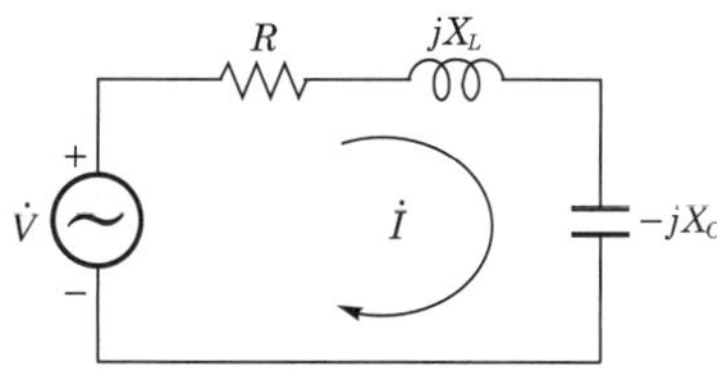

(a) RLC 직렬회로

(b) 주파수변환에 따른 X

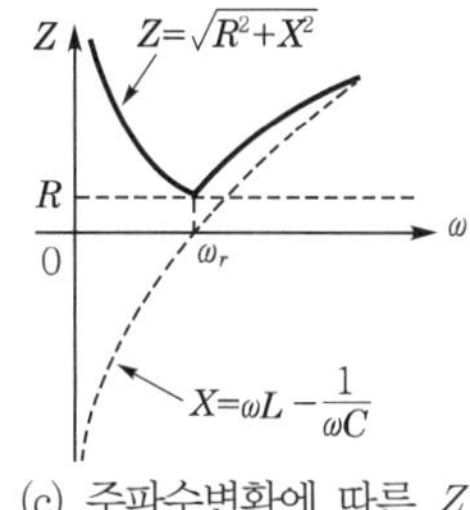

(c) 주파수변환에 따른 Z

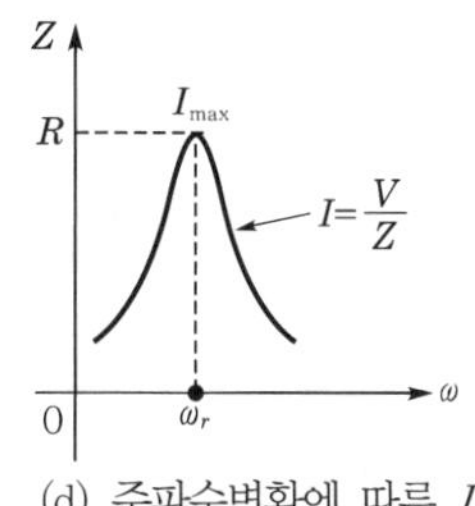

(d) 주파수변환에 따른 I

▌그림 2-21▌ 직렬공진의 특징

① 직렬공진의 의미는 주파수 ω를 변화시켰을 때 회로의 리액턴스 성분이 0이 된다. 따라서, 임피던스 Z가 최소가 되어 전류가 최대로 진동되는 현상을 말하며, 공진이 발생하면 전압과 전류의 위상이 같아지게 된다.

② **직렬 임피던스** $Z=R+j(X_L-X_C)=R+j\left(\omega L-\dfrac{1}{\omega C}\right)$**에서** $X_L=X_C$**가 되는 것을 공진조건이라 한다.**

③ **공진주파수**(resonance frequency) : $\omega L=\dfrac{1}{\omega C}$를 정리하면 $\omega_r^2=\dfrac{1}{LC}$이 되고, 양변에 제곱근을 취한다.

$\omega_r=\dfrac{1}{\sqrt{LC}}$이고, $\omega_r=2\pi f_r$이므로 공진주파수는 다음과 같다.

∴ **공진주파수** $f_r=\dfrac{1}{2\pi\sqrt{LC}}$ [Hz] ········· [식 2-85]

(3) 병렬공진

① 병렬공진의 의미는 주파수 ω를 변화시켰을 때 회로의 서셉턴스$\left(B=\dfrac{1}{X}\right)$ 성분이 0이 되어 어드미턴스$\left(Y=\dfrac{1}{Z}\right)$가 최소가 되어 전압이 최대로 진동되는 현상을 말하며, 공진이 발생하면 전압과 전류의 위상이 같아지게 된다.

② 병렬공진이 발생하면 임피던스가 최대가 되어 전류는 최소가 된다.

③ 병렬 임피던스 $Z = \dfrac{1}{\dfrac{1}{R} + \dfrac{1}{jX_L} + \dfrac{1}{-jX_C}} = \dfrac{1}{G - jB_L + jB_C}$ 에서 병렬 어드미턴스는

$Y = \dfrac{1}{Z} = G + j(B_C - B_L)$[℧]가 되어 $B_L = B_C$가 되는 것을 공진조건이라 한다.

여기서, G : 컨덕턴스

④ 공진주파수(resonance frequency) : $\dfrac{1}{\omega L} = \omega C$를 정리하면 $\omega_r^2 = \dfrac{1}{LC}$이 되고, 양변에 제곱근을 취한다.

$\omega_r = \dfrac{1}{\sqrt{LC}}$이고, $\omega_r = 2\pi f_r$이므로 공진주파수는 다음과 같다.

∴ **공진주파수** $f_r = \dfrac{1}{2\pi\sqrt{LC}}$ [Hz] ······ [식 2-86]

5 양호도(良好度, quality factor)

(1) 개요

① 양호도 : $Q = \dfrac{P_r}{P} = \dfrac{\text{무효전력}}{\text{유효전력}}$ ······ [식 2-87]

② 직렬공진이 발생하면 회로에 흐르는 전류가 증가하여 L 및 C의 단자전압이 일반적으로 인가전압 V의 수십배 또는 그 이상으로 확대되는데 그 크기는 Q에 의해 결정되므로 Q를 전압확대율이라고 부른다.

③ 전압확대율 Q는 첨예도(sharpness) S와 동일한 값을 가지며, 첨예도는 선택도(selectivity)라고도 한다.

(2) 전압확대율 Q

① 공진 시 L 또는 C의 단자전압은 $V_L = \omega_r L I_r$, $V_C = \dfrac{1}{\omega_r C} I_r$이 된다.

② L의 전압확대율 : $Q_L = \dfrac{V_L}{V} = \dfrac{\omega_r L I_r}{R I_r} = \dfrac{\omega_r L}{R}$ ······ [식 2-88]

③ C의 전압확대율 : $Q_C = \dfrac{V_C}{V} = \dfrac{\dfrac{1}{\omega_r C} I_r}{R I_r} = \dfrac{1}{\omega_r RC}$ ······ [식 2-89]

④ 공진 시 $\omega_r L = \dfrac{1}{\omega_r C}$이므로 $Q_L = Q_C = Q$의 관계가 된다.

∴ $V_L = V_C = Q_L V = Q_C V = QV$ ······ [식 2-90]

(3) 양호도의 의미

① [식 2-89]와 같이 L과 C의 단자전압은 인가전압의 Q배가 된다.

② 공진 시 인덕터 양단에 걸리는 최대 단자전압은 $Q=\omega_r L$에 비례하므로 Q가 인덕터의 양호도를 의미하는 것을 알 수 있다. 여기서, R은 인덕터의 내부저항으로 바라본다.

(4) 직렬회로에서의 전압확대율

① $Q=\dfrac{P_r}{P}=\dfrac{I_r^2 X_L}{I_r^2 R}=\dfrac{V_L}{V}=\dfrac{X_L}{R}=\dfrac{\omega_r L}{R}=\dfrac{2\pi f_r L}{R}$에서 공진주파수 $f_r=\dfrac{1}{2\pi\sqrt{LC}}$이다.

② 공진 시 전압확대율 : $Q=\dfrac{1}{R}\sqrt{\dfrac{L}{C}}$ ········ [식 2-91]

6 최대 전력 전달조건

(1) 개요

① 전원과 부하계통 사이에 적당한 회로망을 삽입하여 전원측 내부 임피던스와 부하측 임피던스를 정합(impedance matching)을 취하면 부하에 최대 전력을 전달할 수 있다.

② 전자·통신 회로에서 널리 사용되고 있다.

(2) 전원측 내부 임피던스가 R_g일 때 최대 전력이 전달되기 위한 R_L의 크기

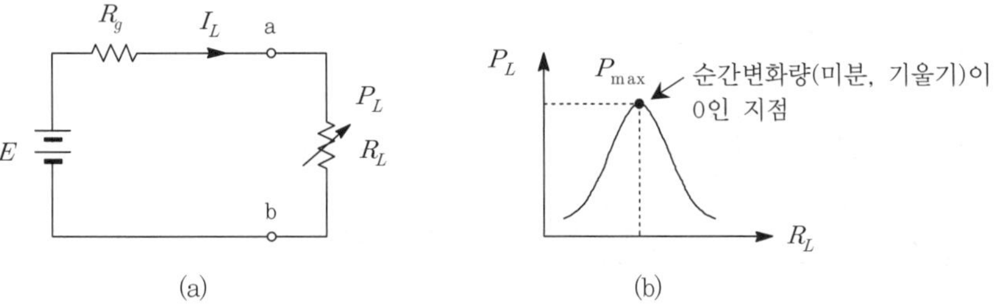

▌그림 2-22▐ 최대 전력 전달조건 I

① 부하전류 : $I_L=\dfrac{E}{R_g+R_L}$[A] ········ [식 2-92]

② 소비전력 : $P_L=I_L^2 R_L=\dfrac{E^2}{(R_g+R_L)^2}\times R_L$[W] ········ [식 2-93]

③ 최대 전력 전달조건 : $\dfrac{dP_L}{dR_L}=0$ ········ [식 2-94]

$$\frac{dP_L}{dR_L}=\frac{E^2(R_g+R_L)^2-2(R_g+R_L)E^2R_L}{(R_g+R_L)^4}=0$$

$E^2(R_g+R_L)^2=2(R_g+R_L)E^2R_L$에서

$$R_g + R_L = 2R_L$$

$$\therefore\ R_L = R_g \quad \cdots\cdots \quad [식\ 2\text{-}95]$$

④ **부하의 최대 출력**

$$P_{max} = \frac{E^2}{(R_g+R_L)^2} \times R_L = \frac{E^2}{(2R_L)^2} \times R_L = \frac{E^2}{4R_L} [\mathrm{W}] \quad \cdots\cdots \quad [식\ 2\text{-}96]$$

(3) [그림 2-23] (a)와 같이 전원측 내부 임피던스가 $Z_g = R_g + jX_g$ 일 때 최대 전력이 전달되기 위한 부하 임피던스 R_L의 크기

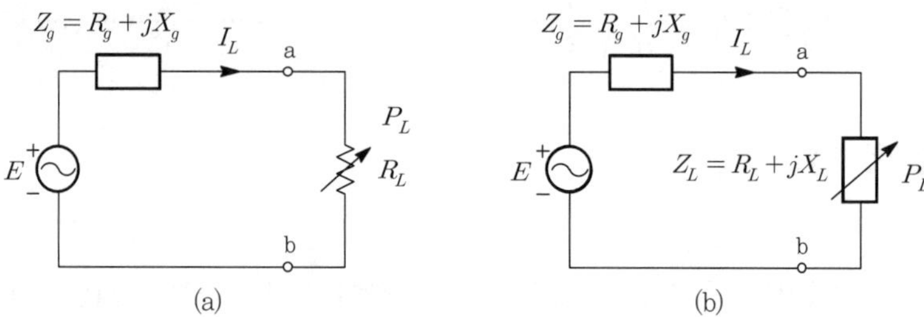

▌그림 2-23▐ 최대 전력 전달조건 Ⅱ

① 부하전류 : $I = \dfrac{E}{Z} = \dfrac{E}{\sqrt{(R_g+R_L)^2 + X_g^2}} [\mathrm{A}]$ ⋯⋯ [식 2-97]

② 소비전력 : $P = I^2 R_L = \dfrac{E^2 R_L}{(R_g+R_L)^2 + X_g^2} [\mathrm{W}]$ ⋯⋯ [식 2-98]

③ 최대 전력 전달조건 : $\dfrac{dP_L}{dR_L} = 0$ ⋯⋯ [식 2-99]

$$\frac{dP}{dR_L} = \frac{E^2\left[(R_g+R_L)^2 + X_g^2\right] - E^2 R_L \times 2(R_g+R_L)}{\left[(R_g+R_L)^2 + X_g^2\right]^2} = 0$$

$$E^2\left[(R_g+R_L)^2 + X_g^2\right] = 2E^2 R_L (R_g + R_L)$$

$$(R_g+R_L)^2 + X_g^2 = 2R_g R_L + 2R_L^2$$

$R_g^2 + 2R_g R_L + R_L^2 + X_g^2 = 2R_g R_L + 2R_L^2$에서 $R_L^2 = R_g^2 + X_g^2$

$$\therefore\ R_L = \sqrt{R_g^2 + X_g^2}\ [\Omega] \quad \cdots\cdots \quad [식\ 2\text{-}100]$$

(4) [그림 2-23] (b)와 같이 전원측 내부 임피던스가 $Z_g = R_g + jX_g$ 일 때 최대 전력이 전달되기 위한 부하 임피던스 $Z_L = R_L + jX_L$의 크기

① 부하전류 : $I = \dfrac{E}{Z} = \dfrac{E}{\sqrt{(R_L+R_g)^2 + (X_L+X_g)^2}} [\mathrm{A}]$ ⋯⋯ [식 2-101]

② 소비전력 : $P = I^2 R_L = \dfrac{E^2 R_L}{(R+R_L)^2+(X_L+X_g)^2}$ [W] ································ [식 2-102]

③ 최대 전력 전달조건 : $\dfrac{dP_L}{dR_L} = 0$ ································ [식 2-103]

㉠ R_L이 일정하고 X_L을 변화했을 경우

$$\frac{dP}{dX_L} = \frac{-2(X_L+X_g)E^2R_L}{\left[(R_L+R_g)^2+(X_L+X_g)^2\right]^2} = 0$$

$-2X_LE^2R_L - 2X_gE^2R_L = 0$에서 $2X_LE^2R_L = -2X_gE^2R_L$

$\therefore X_L = -X_g$ ································ [식 2-104]

㉡ X_L 이 일정하고 R_L 을 변화했을 경우

$$\frac{dP}{dR_L} = \frac{E^2(R_L+R_g)^2 - 2(R_L+R_g)E^2R_L}{\left[(R_L+R_g)^2+(X_L+X_g)^2\right]^2} = 0$$

$E^2(R_L+R_g)^2 = 2(R_L+R_g)E^2R_L$에서 $R_L+R_g = 2R_L$

$\therefore R_L = R_g$ ································ [식 2-105]

㉢ **최대 전력 전달조건 : $Z_L = Z_g^* = R_g - jX_g$** ································ **[식 2-106]**

④ **[식 2-104], [식 2-105]와 같이 전원측과 부하측의 임피던스가 공액복소수의 관계에 있을 때 최대 전력이 전달된다.**

7 단상 교류전력의 측정

(1) 3전압계법

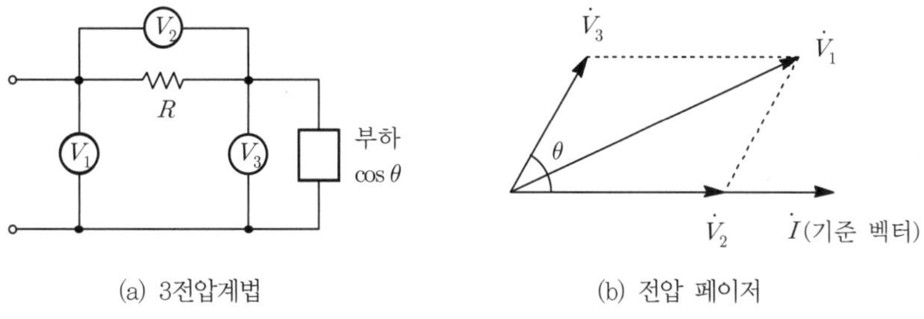

(a) 3전압계법 (b) 전압 페이저

▌그림 2-24▐ 3전압계법

① 3전압계법은 전압계 3개와 저항 R 1개를 이용하여 부하의 역률과 유효전력을 측정하는 방법이다.

② 부하전류 $\dot{I}$ 를 기준 벡터로 하여 전압 페이저를 그리면 [그림 2-24] (b)와 같이 그려진다.

㉠ V_2는 R 양단에 걸린 전압으로, 전류 $\dot{I}$ 와 동위상을 갖는다.

㉡ 일반적인 부하는 $R+jX_L$의 형태이므로 부하 단자전압 $V_3 = I(R+jX_L)$이 되어 전류 $\dot{I}$ 보다 위상이 빠르다.

㉢ V_1은 $\dot{V}_1 = \dot{V}_2 + \dot{V}_3$에 의해서 구할 수 있다.

③ $\dot{V}_1$은 [식 2-47]에 의해서 $V_1^2 = V_2^2 + V_3^2 + 2V_2V_3\cos\theta$가 되어 이 식을 정리하면 역률 $\cos\theta$를 구할 수 있다.

∴ **역률** $\cos\theta = \dfrac{V_1^2 - V_2^2 - V_3^2}{2V_2V_3}$ ··············· [식 2-107]

④ 유효전력

$$P = VI\cos\theta = V_3 \times \frac{V_2}{R} \times \frac{V_1^2 - V_2^2 - V_3^2}{2V_2V_3} = \frac{1}{2R}(V_1^2 - V_2^2 - V_3^2)[\text{W}] \quad \cdots\cdots \text{[식 2-108]}$$

(2) 3전류계법

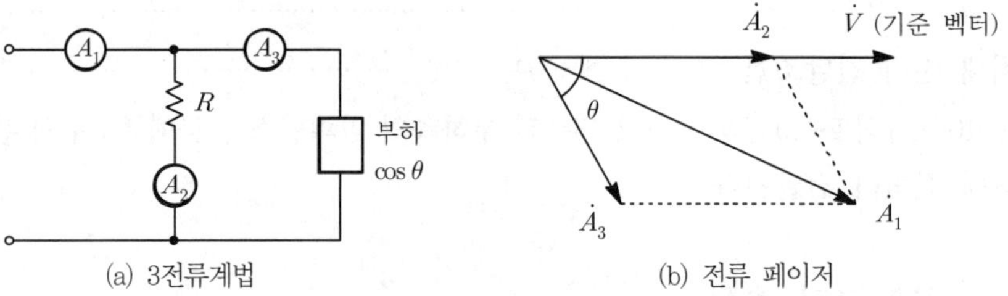

(a) 3전류계법 (b) 전류 페이저

▌그림 2-25▌ 3전류계법

① 3전류계법은 전류계 3개와 저항 R 1개를 이용하여 부하의 역률과 유효전력을 측정하는 방법이다.

② 부하 단자전압 $\dot{V}$를 기준 벡터로 하여 전류 페이저를 그리면 [그림 2-25] (b)와 같이 그려진다.

㉠ A_2는 R에 흐르는 전류로, 전압 $\dot{V}$와 동위상을 갖는다.

㉡ 부하 $(R+jX_L)$를 통과하는 전류는 지상전류이므로 $\dot{A}_3$는 $\dot{V}$보다 위상이 느리다.

㉢ A_1은 $\dot{A}_1 = \dot{A}_2 + \dot{A}_3$에 의해서 구할 수 있다.

③ $\dot{A}_1$은 [식 2-47]에 의해서 $A_1^2 = A_2^2 + A_3^2 + 2A_2A_3\cos\theta$가 되어 이 식을 정리하면 역률 $\cos\theta$를 구할 수 있다.

∴ **역률** $\cos\theta = \dfrac{A_1^2 - A_2^2 - A_3^2}{2A_2A_3}$ ··············· [식 2-109]

④ 유효전력

$$P = VI\cos\theta$$

$$= RA_2 \times A_3 \times \frac{A_1^2 - A_2^2 - A_3^2}{2A_2A_3}$$

$$= \frac{R}{2}(A_1^2 - A_2^2 - A_3^2)[\text{W}] \quad \text{[식 2-110]}$$

단원 확인 기출문제

★★★ 기사 99년 4회, 02년 1회 / 산업 95년 6회

08 100[V], 800[W], 역률 80[%]인 회로의 리액턴스[Ω]는?

① 12 ② 10
③ 8 ④ 6

해설 ㉠ 유효전력 $P = IV\cos\theta$[W]에서

전류 $I = \frac{P}{V\cos\theta} = \frac{800}{100 \times 0.8} = 10$[A]

㉡ 무효전력 $Q = P_r = I^2X = VI\sin\theta = VI\sqrt{1-\cos^2\theta}$

$= 100 \times 10\sqrt{1-0.8^2} = 600$[Var]

∴ 리액턴스 $X = \frac{Q}{I^2} = \frac{600}{10^2} = 6$[Ω]

답 ④

★★★ 기사 91년 7회, 92년 7회

09 저항 R=12[Ω], 인덕턴스 L=13.3[mH]인 $R-L$ 직렬회로에 실효값 E=130[V], f=60[Hz]인 전압을 가했을 때 이 회로의 무효전력[kVar]은?

① 500 ② 0.5
③ 5 ④ 50

해설 무효전력 $Q = I^2X_L = \left(\frac{V}{\sqrt{R^2+X_L^2}}\right)^2 X_L = \frac{V^2X_L}{R^2+X_L^2}$

$= \frac{130^2 \times 2\pi \times 60 \times 13.3 \times 10^{-3}}{12^2 + (2\pi \times 60 \times 13.3 \times 10^{-3})^2}$

$= 500$[Var] $= 0.5$[kVar]

답 ②

기사 0.13% 출제 | 산업 0.38% 출제

출제 07 벡터 궤적(vector locus)

Comment

이번 단원은 시험출제빈도가 낮고 타 필기과목 및 2차 실기시험과 연계되는 부분도 없으며, 현장에서도 사용하지 않는 내용이다. 따라서, 그냥 넘어가는 것이 좋다.

1 직렬회로

회로의 종류	임피던스 궤적	어드미턴스 궤적	전류궤적
I, E, R, L	X, $R=0$, $R=\infty$, Z, 0, R	0, G, $R=\infty$, $-j\frac{1}{X_L}$, Y, $R=0$, B	0, G, $R=\infty$, $-j\frac{E}{\omega L}$, I, $R=0$, B
I, E, R, L	X, $X_L=\infty$, $X_L=0$, Z, 0, R_0, R	$\frac{I}{R_0}$, G, 0, Y, $X_L=0$, B, $X_L=\infty$	$\frac{E}{R_0}$, G, 0, I, $X_L=0$, B, $X_L=\infty$
I, E, R, C	0, R, Z, $-jX_C$, $R=0$, $R=\infty$, X	B, $R=0$, $j\frac{1}{X_L}$, Y, $R=\infty$, 0, G	B, $R=0$, $j\omega CE$, I, $R=\infty$, 0, G
I, E, R, C	0, R_0, R, Z, $X_C=0$, $X_C=\infty$, X	B, $X_C=\infty$, Y, $X_C=0$, 0, $\frac{1}{R_0}$, G	B, $X_C=\infty$, I, $X_C=0$, 0, $\frac{E}{R_0}$, G

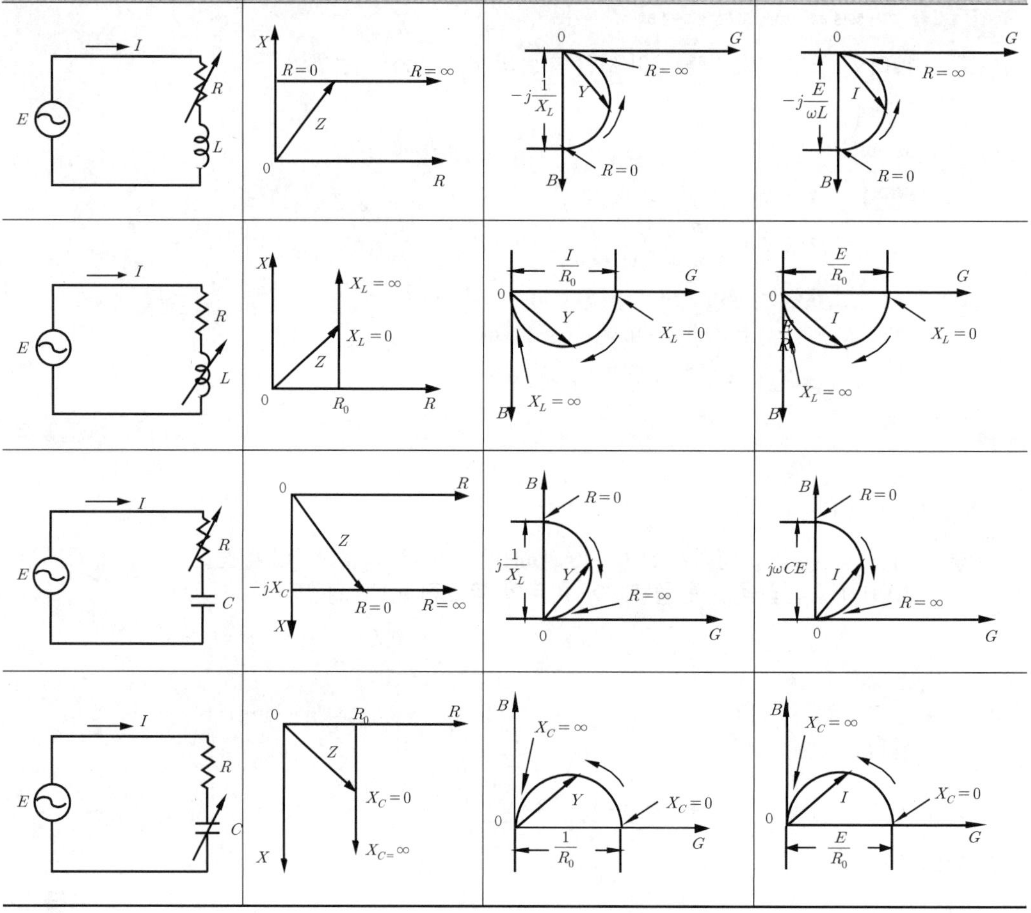

2 병렬회로

회로의 종류	임피던스 궤적	어드미턴스 궤적	전류궤적
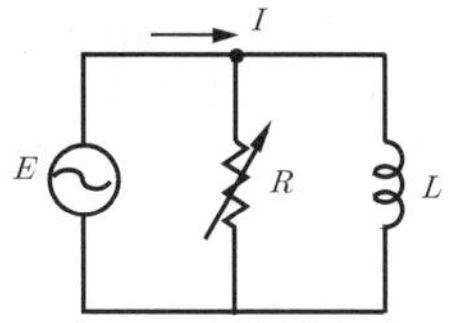 I, E, R, L	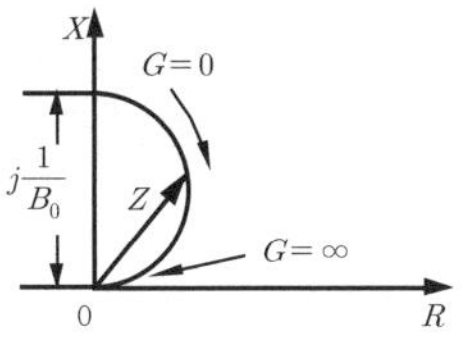 X, $G=0$, $j\frac{1}{B_0}$, Z, $G=\infty$, 0, R	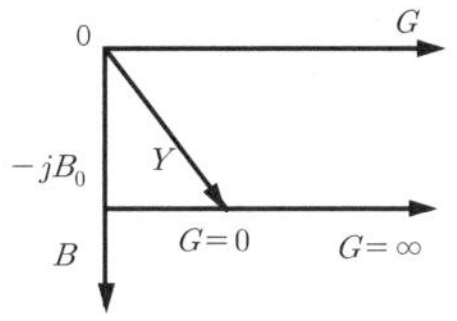 0, G, $-jB_0$, Y, B, $G=0$, $G=\infty$	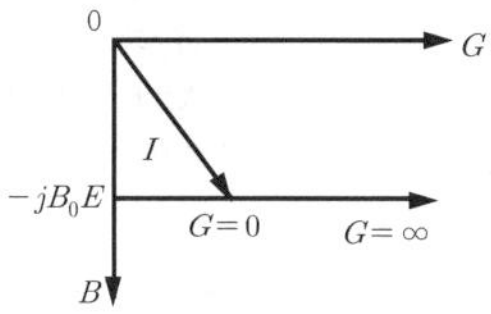 0, G, $-jB_0E$, I, $G=0$, $G=\infty$, B
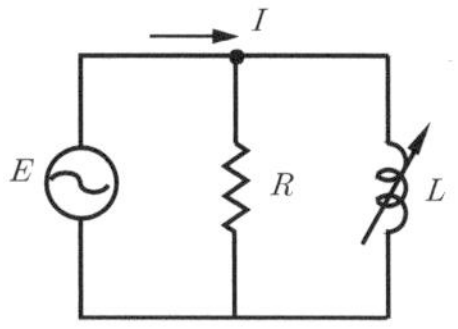 I, E, R, L	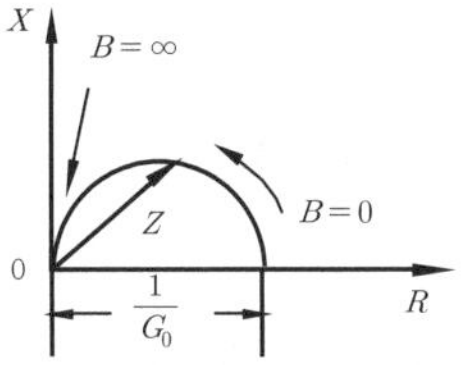 X, $B=\infty$, Z, $B=0$, 0, $\frac{1}{G_0}$, R	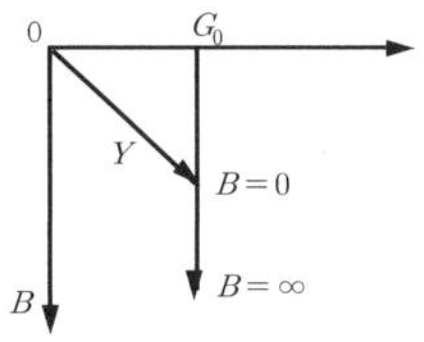 0, G_0, Y, $B=0$, B, $B=\infty$	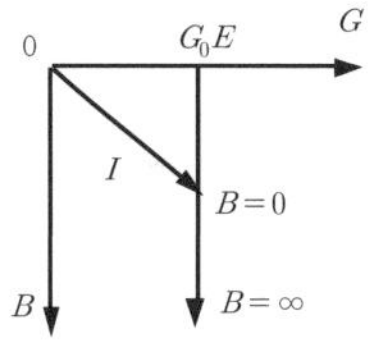 0, G_0E, G, I, $B=0$, B, $B=\infty$
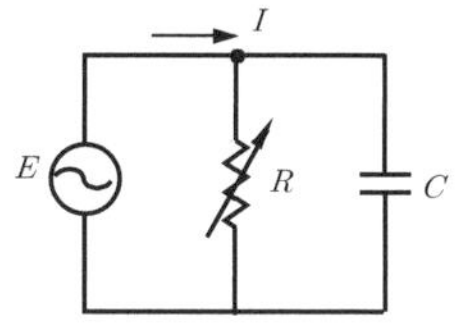 I, E, R, C	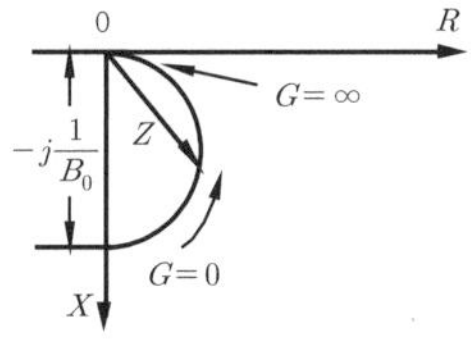 0, R, $G=\infty$, $-j\frac{1}{B_0}$, Z, $G=0$, X	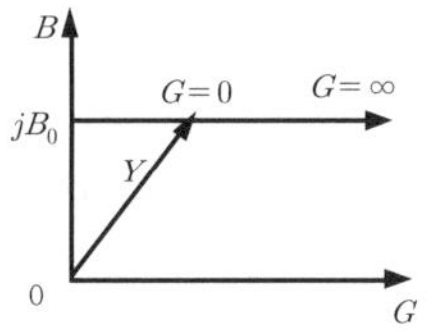 B, jB_0, $G=0$, $G=\infty$, Y, 0, G	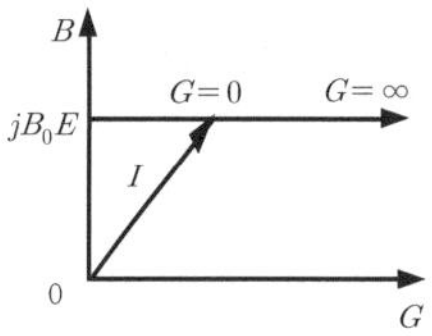 B, jB_0E, $G=0$, $G=\infty$, I, 0, G
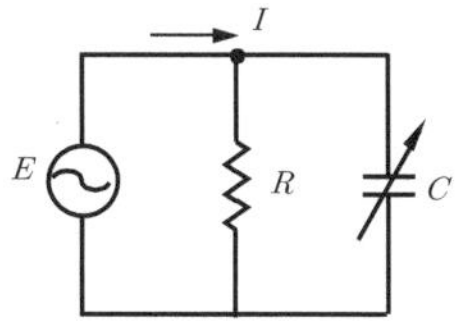 I, E, R, C	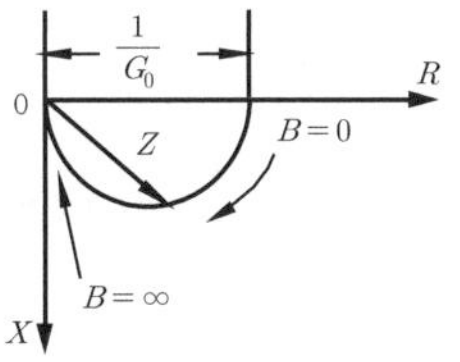 $\frac{1}{G_0}$, 0, R, Z, $B=0$, $B=\infty$, X	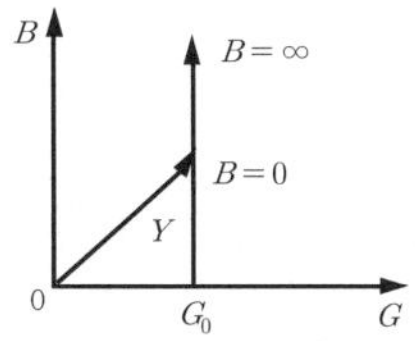 B, $B=\infty$, $B=0$, Y, 0, G_0, G	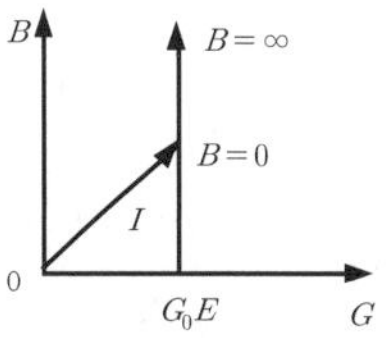 B, $B=\infty$, $B=0$, I, 0, G_0E, G

기사 0.50% 출제 | 산업 1.63% 출제

출제 08 인덕턴스 접속법

쌤 Comment

인덕턴스의 자세한 내용은 전기자기학 11장에서 다루어지고, 회로과목에서는 인덕턴스의 직·병렬 접속에 대해서 설명하고 있다. 증명과정이 다소 복잡하니 [식 2-113]~[식 2-118]만 암기하여 문제에 바로 적용하는 것이 효과적이다.

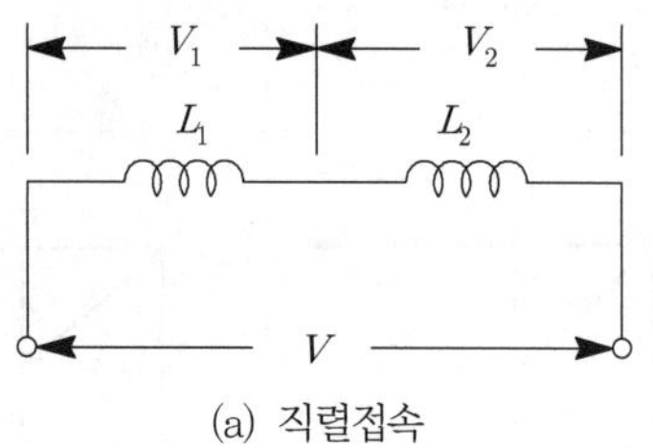

(a) 직렬접속

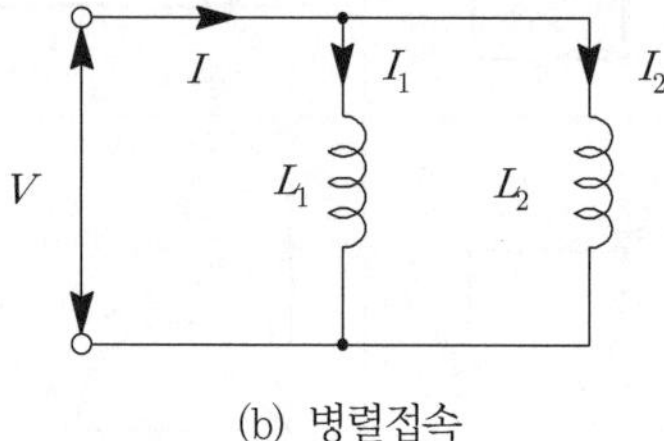

(b) 병렬접속

| 그림 2-26 | 인덕턴스 접속법

1 직렬접속

① 상호 인덕턴스가 없는 L_1과 L_2를 [그림 2-26] (a)와 같이 직렬로 연결하면 전류는 일정하고 전압이 분배되므로 다음과 같이 정리된다.

㉠ $V = V_1 + V_2 = L_1 \dfrac{di}{dt} + L_2 \dfrac{di}{dt} = L \dfrac{di}{dt}$[V] ······ [식 2-111]

㉡ 합성 인덕턴스 $L = L_1 + L_2$[H] ······ [식 2-112]

② 두 코일 사이에 상호 인덕턴스가 존재할 경우 각 인덕턴스에 인가된 전압은 $V_1 = L_1 \dfrac{di}{dt} \pm M \dfrac{di}{dt}$, $V_2 = L_2 \dfrac{di}{dt} \pm M \dfrac{di}{dt}$가 된다. 여기서, 상호 인덕턴스가 $+M$인 경우에는 가동결합(가극성), $-M$은 차동결합(감극성)이라 한다.

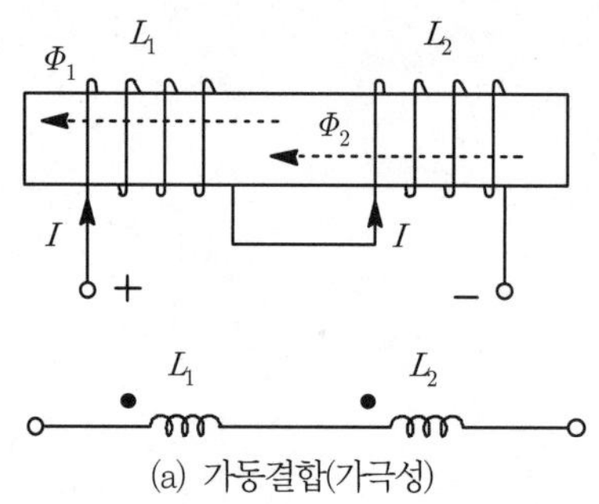

(a) 가동결합(가극성)

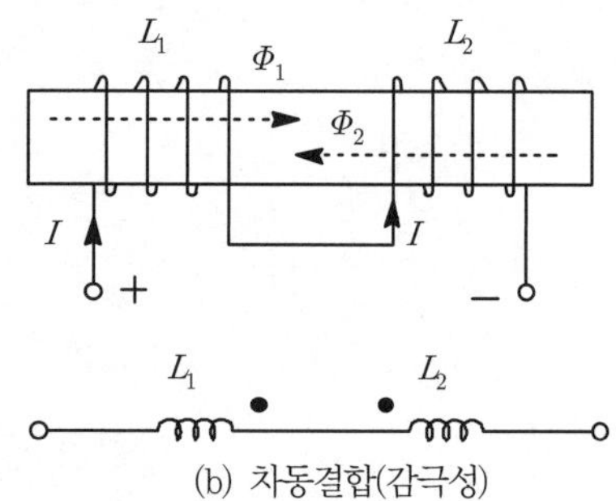

(b) 차동결합(감극성)

| 그림 2-27 | L의 직렬접속

㉠ **가동결합** $L_+ = L_1 + L_2 + 2M$[H] ······ [식 2-113]

㉡ **차동결합** $L_- = L_1 + L_2 - 2M$[H] ······ [식 2-114]

③ 상호 인덕턴스

㉠ [식 2-113]에서 [식 2-114]를 빼면 $L_+ - L_- = 4M$이 된다.

㉡ **상호 인덕턴스** $M = \dfrac{L_+ - L_-}{4}$[H] ························ [식 2-115]

2 병렬접속

① 상호 인덕턴스가 없는 L_1과 L_2를 [그림 2-26] (b)와 같이 병렬로 연결하면 전압은 일정하고 전류가 분배되므로 다음과 같이 정리된다.

㉠ $V = V_1 = V_2$이므로 $L\dfrac{di}{dt} = L_1\dfrac{di_1}{dt} = L_2\dfrac{di_2}{dt}$가 된다.

㉡ 위 식에서 $\dfrac{di_1}{dt} = \dfrac{V}{L_1}$이 되고, $\dfrac{di_2}{dt} = \dfrac{V}{L_2}$가 된다.

㉢ $V = L\dfrac{di}{dt} = L\left(\dfrac{di_1}{dt} + \dfrac{di_2}{dt}\right) = L\left(\dfrac{V}{L_1} + \dfrac{V}{L_2}\right)$이므로 $\dfrac{1}{L} = \dfrac{1}{L_1} + \dfrac{1}{L_2}$이 된다.

∴ 합성 인덕턴스 $L = \dfrac{1}{\dfrac{1}{L_1} + \dfrac{1}{L_2}} = \dfrac{L_1 L_2}{L_1 + L_2}$[H] ························ [식 2-116]

② 두 코일 사이에 상호 인덕턴스가 존재하면 다음과 같이 된다.

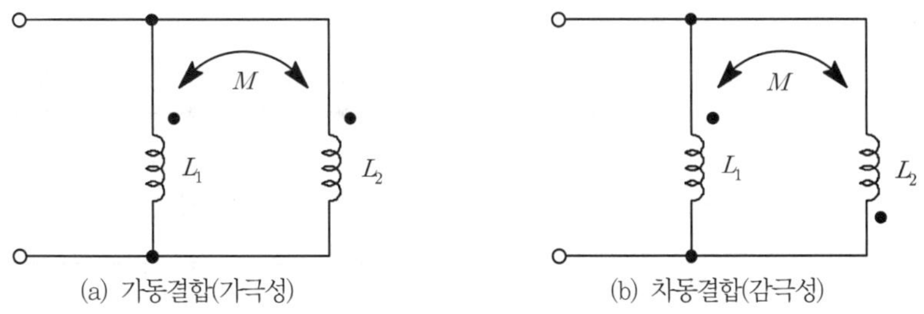

[그림 2-28] L의 병렬접속

㉠ **가동결합** $L_+ = \dfrac{L_1 L_2 - M^2}{L_1 + L_2 - 2M}$[H] ························ [식 2-117]

㉡ **차동결합** $L_- = \dfrac{L_1 L_2 - M^2}{L_1 + L_2 + 2M}$[H] ························ [식 2-118]

3 병렬접속 접속증명

(1) 가동결합 등가변환

① **[그림 2-29] (a)와 같이 인덕턴스에 표시된 점측으로 전류가 들어가면 가동결합이라 한다. 또는 두 인덕턴스 모두 점측 반대로 전류가 들어가도 가동결합으로 본다.**

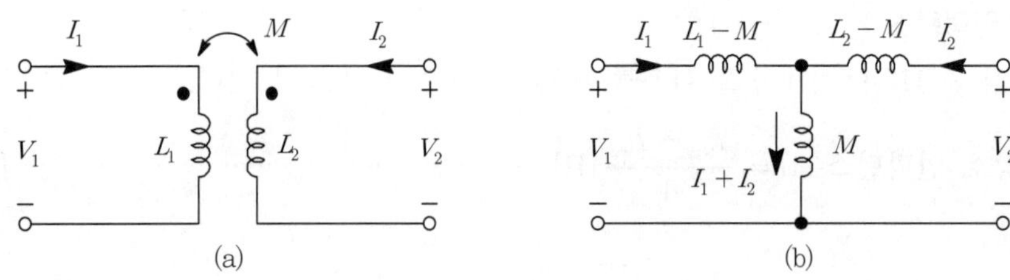

▌그림 2-29▌ 가동결합 등가변환

② 가동결합 시에는 변압기 각 단자전압은 다음과 같다.

㉠ $V_1 = L_1 \dfrac{dI_1}{dt} + M \dfrac{dI_2}{dt} = j\omega L_1 I_1 + j\omega M I_2$ ································ [식 2-119]

㉡ $V_2 = L_2 \dfrac{dI_2}{dt} + M \dfrac{dI_1}{dt} = j\omega L_2 I_2 + j\omega M I_1$ ································ [식 2-120]

③ 위 식은 아래와 같이 변형시킬 수 있다.

㉠ $V_1 = j\omega L_1 I_1 + j\omega M I_2 + j\omega M I_1 - j\omega M I_1$

$\quad = j\omega(L_1 - M) I_1 + j\omega M(I_1 + I_2)$ ································ [식 2-121]

㉡ $V_2 = j\omega L_2 I_2 + j\omega M I_1 + j\omega M I_2 - j\omega M I_2$

$\quad = j\omega(L_1 - M) I_2 + j\omega M(I_1 + I_2)$ ································ [식 2-122]

④ [식 2-121]과 [식 2-122]를 통해 [그림 2-29] (b)와 같이 등가변환시킬 수 있다.

(2) 차동결합 등가변환

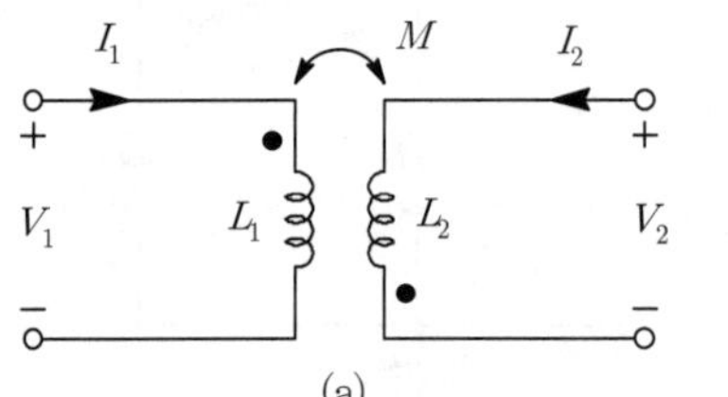

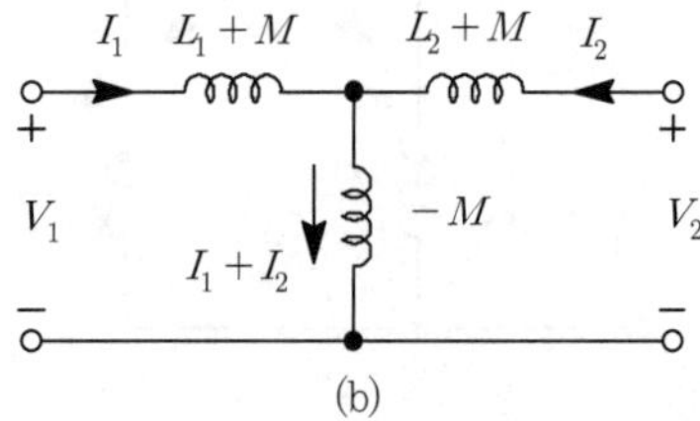

▌그림 2-30▌ 차동결합 등가변환

① **[그림 2-30] (a)와 같이 한쪽의 인덕턴스는 점측으로 전류가 들어가고, 반대쪽 인덕턴스 점측 반대로 전류가 들어가면 차동결합이라 한다.**

② 차동결합 시에는 변압기 각 단자전압은 다음과 같다.

㉠ $V_1 = L_1 \dfrac{dI_1}{dt} - M \dfrac{dI_2}{dt} = j\omega L_1 I_1 - j\omega M I_2$ ································ [식 2-123]

㉡ $V_2 = L_2 \dfrac{dI_2}{dt} - M \dfrac{dI_1}{dt} = j\omega L_2 I_2 - j\omega M I_1$ ································ [식 2-124]

③ 위 식은 아래와 같이 변형시킬 수 있다.

㉠ $V_1 = j\omega L_1 I_1 - j\omega M I_2 + j\omega M I_1 - j\omega M I_1$

$\quad = j\omega(L_1 + M) I_1 - j\omega M(I_1 + I_2)$ ································ [식 2-125]

㉡ $V_2 = j\omega L_2 I_2 - j\omega M I_1 + j\omega M I_2 - j\omega M I_2$

$= j\omega(L_1 + M) I_2 - j\omega M(I_1 + I_2)$ ········· [식 2-126]

④ [식 2-121]과 [식 2-122]를 통해 [그림 2-29] (b)와 같이 등가변환시킬 수 있다.

(3) 가동결합 풀이

① [그림 2-31] (a)는 (b)와 같이 등가변환할 수 있으면 최종적으로 (c)와 같이 변환이 가능하다.

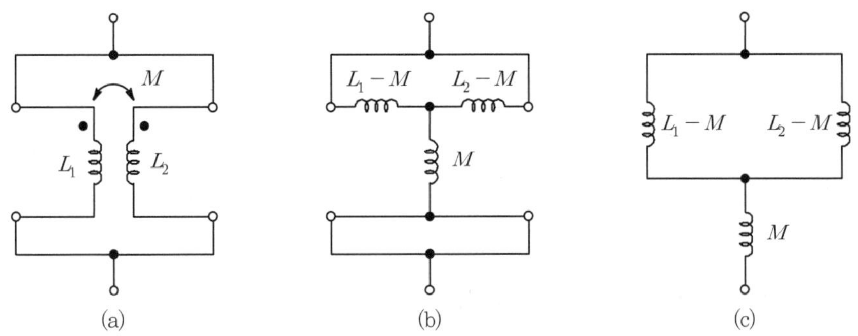

▌그림 2-31▐ 가동결합 등가변환

② $$L_+ = \frac{(L_1 - M)\times(L_2 - M)}{(L_1 - M) + (L_2 - M)} + M$$

$$= \frac{L_1 L_2 - M(L_1 + L_2) + M^2}{L_1 + L_2 - 2M} + M$$

$$= \frac{L_1 L_2 - M(L_1 + L_2) + M^2}{L_1 + L_2 - 2M} + \frac{M(L_1 + L_2 - 2M)}{L_1 + L_2 - 2M}$$

∴ 가동결합 $L_+ = \dfrac{L_1 L_2 - M^2}{L_1 + L_2 - 2M}$[H] ········· [식 2-127]

(4) 차동결합 풀이

① [그림 2-32] (a)는 (b)와 같이 등가변환할 수 있으면 최종적으로 (c)와 같이 변환이 가능하다.

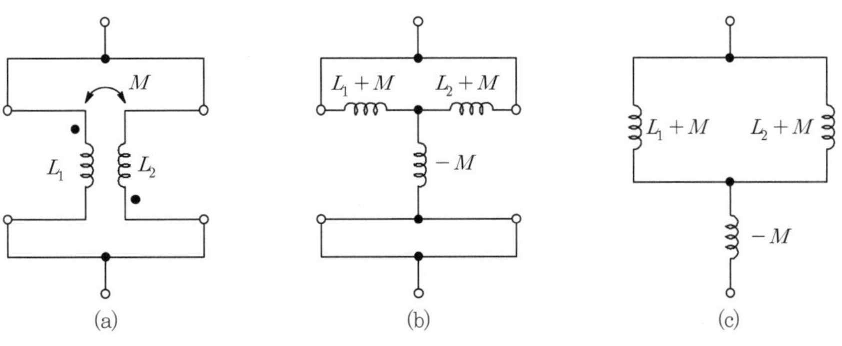

▌그림 2-32▐ 차동결합 등가변환

② $L_- = \dfrac{(L_1+M)\times(L_2+M)}{(L_1+M)+(L_2+M)} - M$

$= \dfrac{L_1L_2+M(L_1+L_2)+M^2}{L_1+L_2+2M} - M$

$= \dfrac{L_1L_2+M(L_1+L_2)+M^2}{L_1+L_2+2M} - \dfrac{M(L_1+L_2+2M)}{L_1+L_2+2M}$

∴ 차동결합 $L_- = \dfrac{L_1L_2-M^2}{L_1+L_2+2M}$[H] ································· [식 2-128]

단원 확인 기출문제

★ 기사 90년 2회

10 그림에서 합성 인덕턴스 L을 구하시오. (단, $L_1=5$[H], $M=3$[H], $L_2=2$[H])

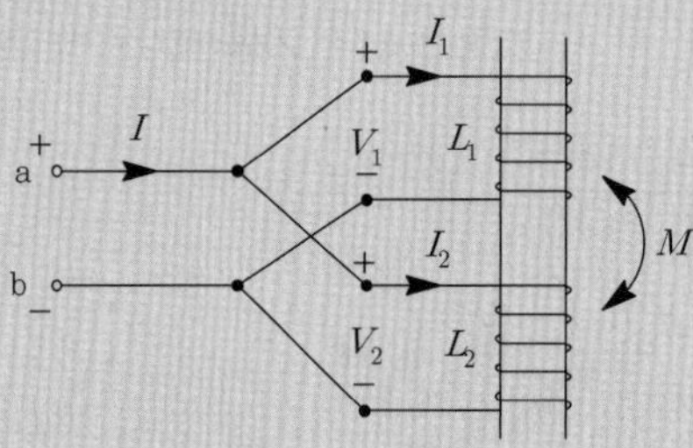

① $L=13$[H] ② $L=15$[H]

③ $L=12$[H] ④ $L=1$[H]

해설 그림은 가동결합이므로

$L=L_1+L_2+2M$

$=5+2+2\times3=13$[H]

답 ①

단원 핵심정리 한눈에 보기

1. 교류의 표시법

① 정현파의 평균값

㉠ 한 주기를 평균내면 수학적으로 0이 되므로 반주기로 평균값을 구한다.

㉡ 평균값 : $I_{av} = \frac{1}{T}\int_0^T i(t)\,dt = \frac{I_m}{\pi} \times 2 = 0.637\,I_m = 0.9\,I$

② 정현파의 실효값

㉠ 부하에서 소비되는 열량을 기준으로 교류를 직류로 환산한 값이다.

㉡ $I = \sqrt{\frac{1}{T}\int_0^T i^2(t)\,dt} = \frac{I_m}{\sqrt{2}}$

③ 각종 파형에 따른 실효값과 평균값

종별	파형	실효값		평균값		파형률	파고율
		전파	반파	전파	반파	전파	전파
구형파		V_m	$\frac{V_m}{\sqrt{2}}$	V_m	$\frac{V_m}{2}$	1	1
정현파		$\frac{V_m}{\sqrt{2}}$	$\frac{V_m}{2}$	$\frac{V_m}{\pi} \times 2$	$\frac{V_m}{\pi}$	1.11	$\sqrt{2}$
삼각파		$\frac{V_m}{\sqrt{3}}$	$\frac{V_m}{\sqrt{6}}$	$\frac{V_m}{2}$	$\frac{V_m}{4}$	1.155	$\sqrt{3}$

2. R, L, C 회로특성

구분	R만의 회로	L만의 회로	C만의 회로
페이저도	V_m, I_m	V_m, I_m	V_m, I_m
정지 벡터도	$\dot{V}$, $\dot{I}_R$	$\dot{V}$, $\dot{I}_L$	$\dot{I}_C$, $\dot{V}$
특징	㉠ $I_R = \frac{V}{R}$[A] ㉡ 전류는 전압과 동위상이다.	㉠ $I_L = \frac{V}{X_L} = \frac{V}{\omega L}$[A] ㉡ 전류는 전압보다 위상이 90° 늦다.	㉠ $I_C = \frac{V}{X_C} = \omega CV$[A] ㉡ 전류는 전압보다 위상이 90° 빠르다.

3. $R-X$ 직렬회로

구분	회로가 유도성의 경우	회로가 용량성의 경우
합성 임피던스	$Z=R+jX_L=\sqrt{R^2+X_L^2}$ $=\sqrt{R^2+(\omega L)^2}$ [Ω]	$Z=R-jX_C=\sqrt{R^2+X_C^2}$ $=\sqrt{R^2+\left(\frac{1}{\omega C}\right)^2}$ [Ω]
상차각 (부하각)	$\theta=\tan^{-1}\frac{X_L}{R}=\tan^{-1}\frac{\omega L}{R}$	$\theta=-\tan^{-1}\frac{X_C}{R}=-\tan^{-1}\frac{1}{\omega CR}$

4. $R-X$ 병렬회로

구분	회로가 유도성의 경우	회로가 용량성의 경우
합성 임피던스	$Z=\frac{1}{\frac{1}{R}+\frac{1}{jX_L}}=\frac{jRX_L}{R+jX_L}$ $=\frac{RX_L}{\sqrt{R^2+X_L^2}}=\frac{\omega RL}{\sqrt{R^2+(\omega L)^2}}$ [Ω]	$Z=\frac{1}{\frac{1}{R}+\frac{1}{-jX_C}}=\frac{-jRX_C}{R-jX_C}$ $=\frac{RX_C}{\sqrt{R^2+X_C^2}}$ [Ω]

5. 역률$\left(\cos\theta=\frac{P}{P_a}=\frac{\text{유효전력}}{\text{피상전력}}\right)$과 공진

구분	직렬회로	병렬회로
역률의 크기	$\cos\theta=\frac{R}{\sqrt{R^2+X^2}}=\frac{V_R}{V_0}$	$\cos\theta=\frac{X}{\sqrt{R^2+X^2}}=\frac{I_R}{I_0}$
공진의 특징	㉠ 공진조건 : $X_L=X_C$ ㉡ 공진주파수 : $f_r=\frac{1}{2\pi\sqrt{LC}}$ ㉢ 임피던스 최소 ㉣ 전류 최대	㉠ 공진조건 : $B_L=B_C$ ㉡ 공진주파수 : $f_r=\frac{1}{2\pi\sqrt{LC}}$ ㉢ 어드미턴스 최소 ㉣ 전류 최소

6. 전력공식

① 피상전력 : $P_a=S=VI=I^2Z=\frac{V^2}{Z}$[VA]

② 유효전력(소비전력) : $P=VI\cos\theta=I^2R=\frac{V^2}{R}$[W]

③ 무효전력 : $P=VI\sin\theta=I^2X=\frac{V^2}{X}$[Var]

④ 복소전력 : $P_a=S=\overline{V}I=P\pm jP_r$[VA]
여기서, $+jP_r$: 용량성, $-jP_r$: 유도성
$V=a+jb$ 일 때 $\overline{V}=a-jb$

단원 자주 출제되는 기출문제

출제 01 단상 교류의 발생

★ 기사 89년 6회

01 900[rpm]의 원동기에 직결된 발전기의 극수가 8이다. 발생하는 교류의 주파수는 몇 [Hz]인가?

① 50 ② 60
③ 100 ④ 120

해설

동기속도 $N_s = \dfrac{120f}{P}$[rpm]에서

주파수 $f = \dfrac{P}{120} \times N_s = \dfrac{8}{120} \times 900 = 60$[Hz]

Comment

본 문제는 전기기기에서 자세히 다루고 있다.

출제 02 교류의 표시방법

★ 산업 96년 4·7회, 02년 4회, 05년 1회, 09년 1·4회, 13년 3회

02 $v = 141\sin\left(377t - \dfrac{\pi}{6}\right)$[V]의 파형의 주파수는 몇 [Hz]인가?

① 50 ② 60
③ 100 ④ 377

해설

각주파수 $\omega = 2\pi f = 2\pi \times 60 = 377$[rad/sec]

$\therefore$ 주파수 $f = \dfrac{377}{2\pi} = 60$[Hz]

★★ 산업 99년 6회, 12년 4회

03 $i_1 = I_m \sin\omega t$와 $i_2 = I_m \cos\omega t$의 두 교류전류의 위상차는 몇 도인가?

① 0° ② 60°
③ 30° ④ 90°

해설

$i_2 = I_m \cos\omega t = I_m \sin(\omega t + 90°)$이므로 i_2 전류가 i_1보다 90°만큼 앞선다.

★★★ 기사 12년 3회

04 그림과 같은 파형의 순시값은?

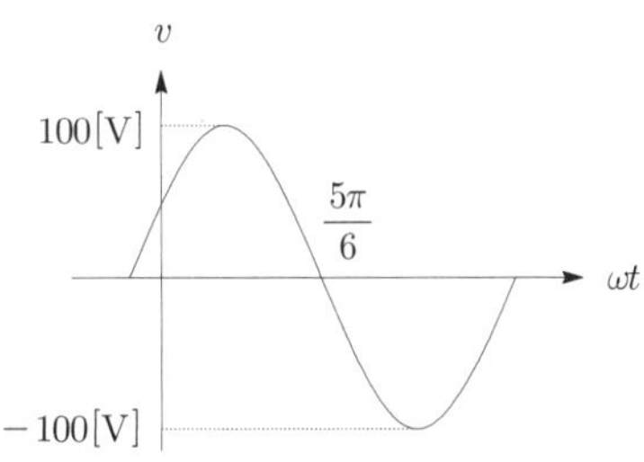

① $v = 100\sqrt{2}\sin\omega t$
② $v = 100\sqrt{2}\cos\omega t$
③ $v = 100\sin\left(\omega t + \dfrac{\pi}{6}\right)$
④ $v = 100\sin\left(\omega t - \dfrac{\pi}{6}\right)$

해설

순시값 = 최대값sin(ωt ± 위상차)
= $\sqrt{2}$ 실효값sin(ωt ± 위상차)
= 실효값 /± 위상차

$\therefore v = 100\sin\left(\omega t + \dfrac{\pi}{6}\right)$[V]

★ 기사 14년 3회 / 산업 92년 7회, 16년 1회

05 2개 교류전압 $e_1 = 141\sin(120\pi t - 30°)$와 $e_2 = 150\cos(120\pi t - 30°)$의 위상차를 시간으로 표시하면 몇 초인가?

① $\dfrac{1}{60}$ ② $\dfrac{1}{120}$
③ $\dfrac{1}{240}$ ④ $\dfrac{1}{360}$

정답 01. ② 02. ② 03. ④ 04. ③ 05. ③

해설

$\sin \omega t$과 $\cos \omega t$의 위상차는 $\theta = 90° = \frac{\pi}{2}$[rad]이고, 각주파수 $\omega = \frac{\theta}{t} = 2\pi f$[rad/sec]이므로

$$\therefore \text{시간 } t = \frac{\theta}{2\pi f} = \frac{\frac{\pi}{2}}{120\pi} = \frac{1}{240}\text{[sec]}$$

★ 산업 93년 1회, 97년 7회, 12년 3회, 15년 3회

06 $i = 10\sin\left(\omega t - \frac{\pi}{3}\right)$[A]로 표시되는 전류 파형보다 위상이 30°만큼 앞서고 최대값이 100[V]되는 전압파형 v를 식으로 나타내면 어떤 것인가?

① $v = 100\sin\left(\omega t - \frac{\pi}{3}\right)$

② $v = 100\sqrt{2}\sin\left(\omega t - \frac{\pi}{6}\right)$

③ $v = 100\sin\left(\omega t - \frac{\pi}{6}\right)$

④ $v = 100\sqrt{2}\cos\left(\omega t - \frac{\pi}{6}\right)$

해설

전압의 최대값은 100[V]이고, 위상은 전류보다 30° 빠르므로

$$v = 100\sin(\omega t - 60 + 30) = 100\sin(\omega t - 30) = 100\sin\left(\omega t - \frac{\pi}{6}\right)\text{[V]}$$

★ 산업 96년 2회

07 최대값 100[V], 주파수 60[Hz]인 정현파 전압이 있다. t=0에서 순시값이 50[V]이고 이 순간에 전압이 감소하고 있을 경우의 정현파의 순시값은?

① $v = 100\sin(120\pi t + 45°)$

② $v = 100\sin(120\pi t + 135°)$

③ $v = 100\sin(120\pi t + 150°)$

④ $v = 100\sin(120\pi t + 30°)$

해설

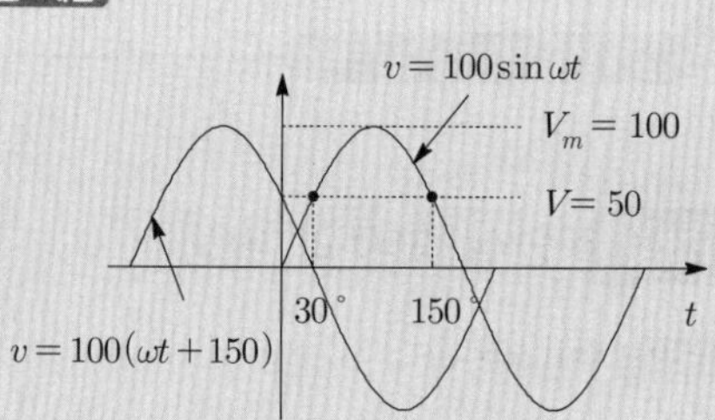

순시값 $v = V_m\sin(\omega t \pm \theta)$[V]식에서 t=0일 때 $v = 100\sin\theta = 50$[V]를 만족시키는 위상은 $\theta = \sin^{-1}\left(\frac{50}{100}\right) = 30°$가 되고 t=0에서 순시값이 감소하려면 그림과 같이 150° 진상이 되어야 한다.

$\therefore v = 100\sin(120\pi t + 150°)$[V]

★ 산업 95년 4회

08 실효값 100[V], 주파수 60[Hz]인 정현파 전압이 있다. t=0에서 순시값이 $-50\sqrt{2}$[V]인 정현파 전압을 나타내는 식은 다음 중 어느 것인가?

① $v = 100\sqrt{2}\sin\left(120\pi t - \frac{\pi}{6}\right)$

② $v = 100\sin\left(120\pi t - \frac{\pi}{6}\right)$

③ $v = 100\sqrt{2}\sin\left(120\pi t + \frac{\pi}{6}\right)$

④ $v = 100\sqrt{2}\cos\left(120\pi t + \frac{\pi}{6}\right)$

해설

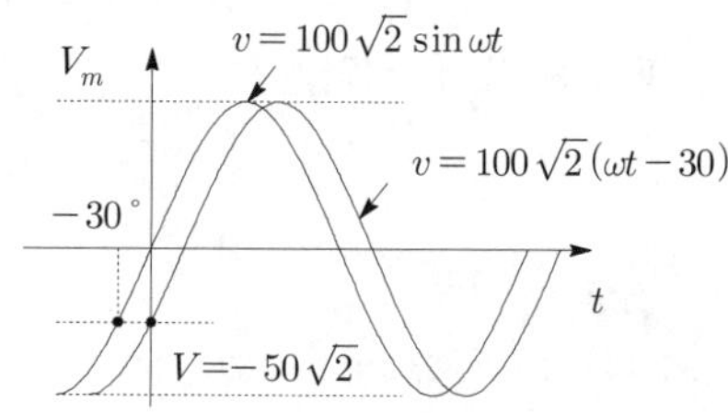

순시값 $v = V_m\sin(\omega t \pm \theta)$[V]식에서 t=0일 때 $v = 100\sqrt{2}\sin\theta = -50\sqrt{2}$[V]를 만족시키는 위상은 $\theta = \sin^{-1}\left(\frac{-50\sqrt{2}}{100\sqrt{2}}\right) = -30° = -\frac{\pi}{6}$가 되므로

$\therefore v = 100\sqrt{2}\sin\left(120\pi t - \frac{\pi}{6}\right)$[V]

정답 06. ③ 07. ③ 08. ①

★ 산업 12년 1회

09 $t=3$[msec]에서 최대값 5[V]에 도달하는 60[Hz]의 정현파 전압 $e(t)$[V]를 시간함수로 표시하면?

① $5\sin(376.8t+25.2°)$
② $5\sin(376.8t+35.2°)$
③ $5\sqrt{2}\sin(376.8t+25.2°)$
④ $5\sqrt{2}\sin(376.8t+35.2°)$

해설

3[msec]를 위상각으로 변화하면

$\theta=\omega t=2\pi ft=120\pi t$

$=120\times180°\times3\times10^{-3}=64.8°$

따라서, 3[msec] 때 최대값이 되기 위해서는

$\theta=90°-64.8°=25.2°$만큼 파형이 앞이어야 하므로

$\therefore\ e(t)=5\sin(\omega t+25.2°)$[V]

(여기서, $\omega t=2\pi ft=120\pi t=376.8t$)

★ 산업 92년 5회, 12년 4회

10 교류전류는 크기 및 방향이 주기적으로 변한다. 한 주기의 평균값은?

① 0 ② $\dfrac{2}{\pi}$
③ $\dfrac{2I_m}{\pi}$ ④ $\dfrac{I_m}{2}$

해설

대칭 정현파의 경우 한 주기를 반주기로 보고, 비대칭파의 경우에는 한 주기를 그대로 본다.

$\therefore\ I_a=\dfrac{1}{T}\int_0^T I_m\sin\omega t\,dt=\dfrac{1}{\pi}\int_0^\pi I_m\sin\omega t\,d\omega t$

$=\dfrac{2I_m}{\pi}=0.637I_m$[A]

Comment

수학적으로 정현파 한 주기의 평균값은 0이 된다.

집중공략

★★★ 산업 92년 7회, 94년 4회, 95년 7회, 00년 5회, 01년 2회

11 어떤 교류전압의 실효값이 314[V]일 때 평균값[V]은?

① 약 142 ② 약 283
③ 약 365 ④ 약 382

해설

평균값 $V_a=\dfrac{2V_m}{\pi}=0.637V_m$

$=0.637\times\sqrt{2}V$

$=0.9V=0.9\times314=282.6$[V]

Comment

정류기란 교류를 직류로 변환시켜 주는 기기로, 정류기의 출력전압인 직류성분은 교류전압의 평균값이 된다.

★★★ 산업 05년 4회

12 $i=3\sqrt{2}\sin(377t-30°)$[A]의 평균값[A]은?

① 5.7 ② 4.3
③ 3.9 ④ 2.7

해설

평균값 $I_a=\dfrac{2I_m}{\pi}=0.637I_m$

$=0.637\times\sqrt{2}I=0.9I$

$=0.9\times3=2.7$[A]

★★ 산업 95년 2회

13 정현파 교류회로 실효값을 계산하는 식은?

① $I=\dfrac{1}{T^2}\int_0^T i^2dt$ ② $I^2=\dfrac{2}{T}\int_0^T i\,dt$
③ $I^2=\dfrac{1}{T}\int_0^T i^2dt$ ④ $I=\sqrt{\dfrac{2}{T}\int_0^T i^2dt}$

해설

실효값 $I=\sqrt{\dfrac{1}{T}\int_0^T i^2dt}=\dfrac{I_m}{\sqrt{2}}=0.707I_m$

★★★ 기사 15년 2회 / 산업 97년 2회, 98년 4회

14 정현파 교류의 실효값은 평균값의 몇 배가 되는가?

① $\dfrac{\pi}{2\sqrt{2}}$ ② $\dfrac{2}{\sqrt{3}}$
③ $\dfrac{\sqrt{3}}{2}$ ④ $\dfrac{2\sqrt{2}}{\pi}$

정답 09. ① 10. ③ 11. ② 12. ④ 13. ③ 14. ①

해설

평균값 $I_a = \frac{2I_m}{\pi}$ 에서

최대값 $I_m = \frac{\pi}{2} I_a$ 이므로

$\therefore$ 실효값 $I = \frac{I_m}{\sqrt{2}}$

$= \frac{\pi}{2\sqrt{2}} \times I_a$

★★★ 기사 96년 7회 / 산업 07년 4회

15 그림과 같은 파형을 가진 맥류전류의 평균값이 10[A]이라면 전류의 실효값[A]은 얼마인가?

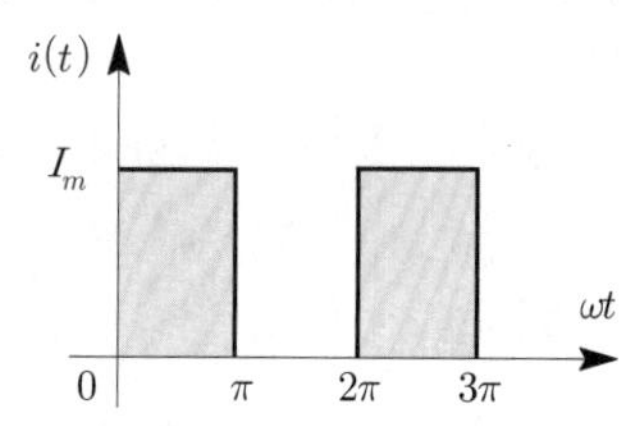

① 10 ② 14
③ 20 ④ 28

해설

반파 구형파(맥류파)의 평균값 $I_a = \frac{I_m}{2}$ 에서

최대값 $I_m = 2I$

$= 2 \times 10 = 20$[A]

$\therefore$ 실효값 $I = \frac{I_m}{\sqrt{2}}$

$= \frac{20}{\sqrt{2}} = 14.14$[A]

Comment

평균값은 실효값보다 약간 작다. 이러한 사항만으로도 정답이 ②인 것을 쉽게 알 수 있다.

★★★ 산업 99년 3회

16 처음 10초간은 50[A]의 전류를 흘리고 다음 20초간은 40[A]의 전류를 흘리면 전류의 실효값[A]은 약 얼마인가? (단, 주기는 30초라 한다)

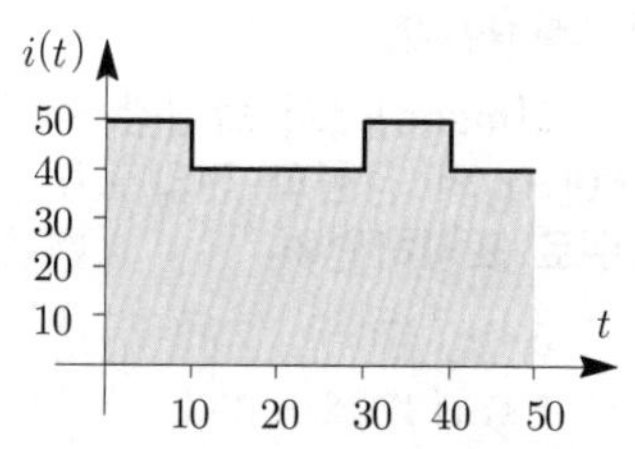

① 38.7 ② 43.6
③ 46.8 ④ 51.5

해설

실효값 $I = \sqrt{\frac{1}{T}\int_0^T i^2 \, dt}$

$= \sqrt{\frac{50^2 \times 10 + 40^2 \times 20}{30}} = 43.6$[A]

Comment

구형파의 실효값 또는 평균값은 최대값과 같다. 즉, 10초까지의 실효값은 50이 되고, 10부터 30초까지는 실효값이 40이 된다. 따라서, 50이 15초까지 지속되었다면 실효값은 45가 될 것이다. 하지만 본 문제에서는 그 보다 작은 값이므로 40보다 크고 45보다 작은 ②번이 정답이 된다.

집중공략

★★★ 산업 94년 2회, 95년 2회, 99년 4회, 04년 3회, 16년 2회

17 그림과 같은 $e = E_m \sin \omega t$[V]인 정현파 교류의 반파 정류파형 실효값은?

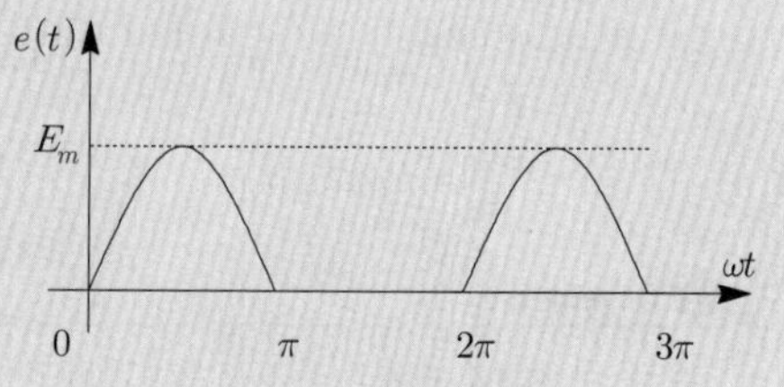

① E_m ② $\frac{E_m}{\sqrt{2}}$
③ $\frac{E_m}{2}$ ④ $\frac{E_m}{\sqrt{3}}$

해설

㉠ 정현반파의 평균값 : $E_a = \frac{E_m}{\pi}$

㉡ 정현반파의 실효값 : $E = \frac{E_m}{2}$

정답 15. ② 16. ② 17. ③

★★★ 기사 93년 4회, 04년 4회, 12년 1회, 15년 4회 / 산업 91년 3회, 93년 3회, 00년 1회

18 그림과 같이 횡축에 대칭인 삼각파 교류전압의 평균값[V]은?

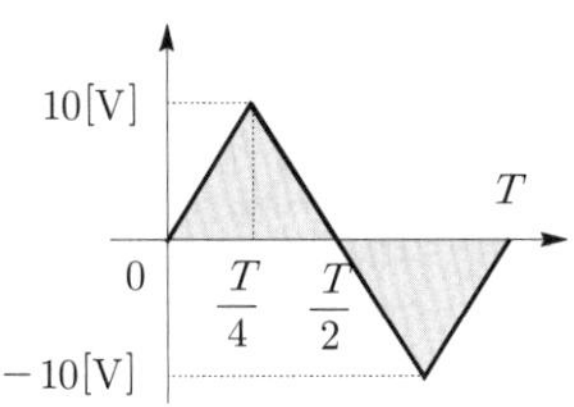

① 8 ② 5
③ 10 ④ 6

해설

㉠ 삼각파(톱니파)의 평균값 : $E_a = \dfrac{E_m}{2}$

㉡ 삼각파(톱니파)의 실효값 : $E = \dfrac{E_m}{\sqrt{3}}$

∴ 삼각파(톱니파)의 평균값 : $E_a = \dfrac{E_m}{2} = \dfrac{10}{2} = 5[\text{V}]$

★★★ 산업 90년 2회, 97년 6회, 00년 4회, 01년 1회, 02년 1회, 13년 2회

19 아래 그림과 같은 파형의 실효값[A]은 얼마인가?

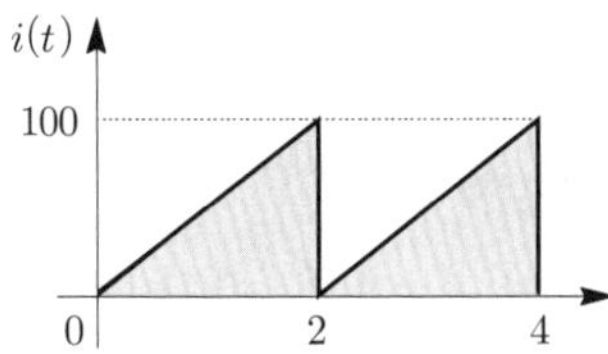

① 47.7
② 57.7
③ 67.7
④ 77.5

해설

삼각파(톱니파)의 실효값 $I = \dfrac{I_m}{\sqrt{3}} = \dfrac{100}{\sqrt{3}} = 57.7[\text{A}]$

Comment

삼각파와 톱니파는 면적이 같으므로 평균값, 실효값, 파고율, 파형률이 모두 같다.

★ 기사 91년 5회 / 산업 94년 2회

20 그림과 같은 전압파형의 실효값[V]은?

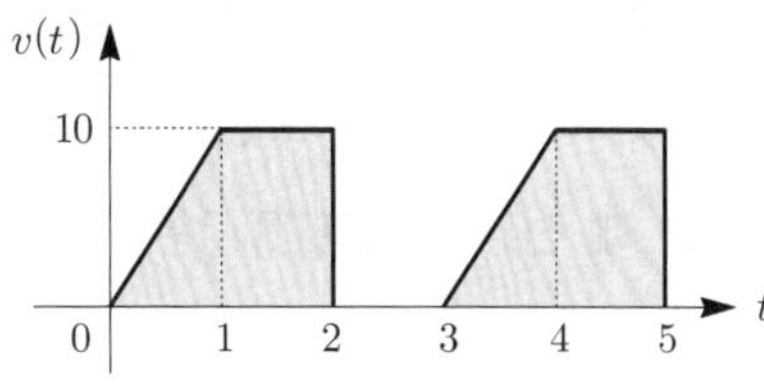

① 5.67
② 6.67
③ 7.57
④ 8.57

해설

$$\text{실효값 } E = \sqrt{\frac{1}{3}\left(\int_0^1 (10t)^2 dt + \int_1^2 10^2 dt\right)} = \sqrt{\frac{1}{3}\left[\frac{100}{3}t^3\right]_0^1 + \frac{1}{3}\left[100t\right]_1^2} = 6.67[\text{V}]$$

★ 산업 92년 2회

21 아래 그림과 같은 제형파의 평균값은 얼마인가?

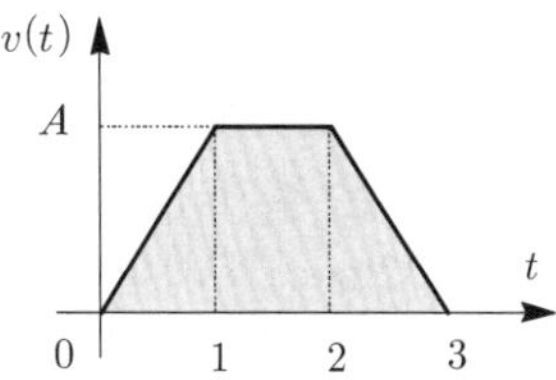

① $\dfrac{1}{2}A$

② $\dfrac{3}{2}A$

③ $\dfrac{1}{3}A$

④ $\dfrac{2}{3}A$

해설

㉠ 제형파의 평균값 : $E_a = \dfrac{2}{3}E_m$

㉡ 제형파의 실효값 : $E = \dfrac{\sqrt{5}}{3}E_m$

정답 18. ② 19. ② 20. ② 21. ④

★★ 산업 93년 4회, 98년 4회, 07년 3회

22 전류 파형에 있어서 0으로부터 π까지의 사이는 $i = I_m \sin\omega t$[A]로 π에서부터 2π까지는 $-\frac{I_m}{2}$으로 주어진다. $I_m = 5$[A]라 할 때 전류의 평균값[A]은?

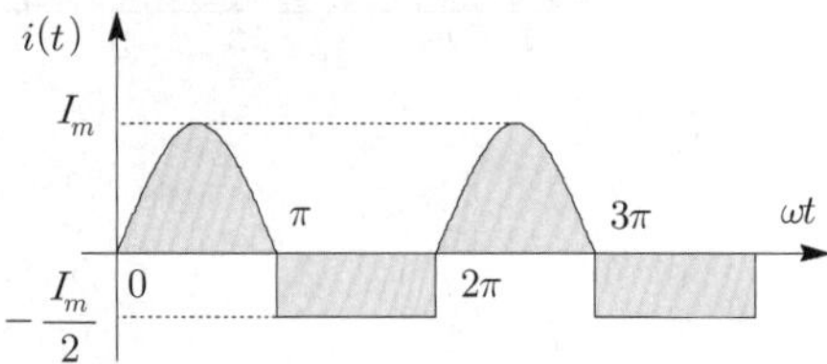

① 0.234 ② 0.342
③ 0.432 ④ 0.5

해설

㉠ 반파 정현파(정류파)의 평균값

$$I_{a_1} = \frac{I_m}{\pi} = \frac{5}{\pi} = 1.592[\text{A}]$$

㉡ 반파 구형파(맥류파)의 평균값

$$I_{a_2} = \frac{I_m}{2} = \frac{1}{2} \times -\frac{5}{2} = -1.25[\text{A}]$$

∴ 전류의 평균값 $I_a = I_{a_1} + I_{a_2}$

$$= 1.592 - 1.25 = 0.342[\text{A}]$$

★ 산업 90년 7회, 95년 6회, 14년 4회

23 그림과 같은 주기 전압파에 있어서 0으로부터 0.02[sec]의 사이에서는 $e = 5\times10^4(t-0.02)^2$[V]로 표시되고 0.02[sec]에서부터 0.04[sec]까지는 $e = 0$이다. 전압의 평균값[V]은 약 얼마인가?

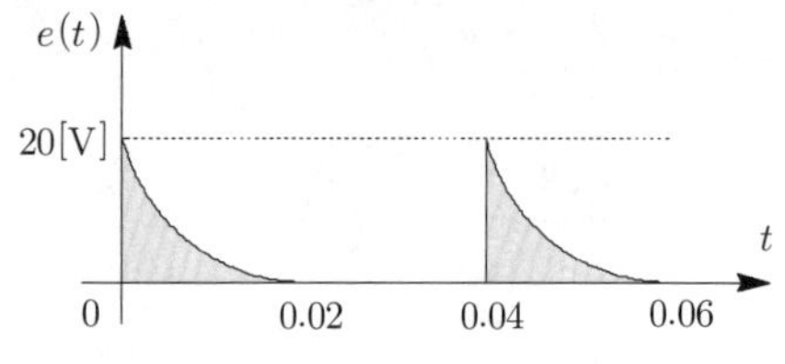

① 2.2 ② 3.3
③ 4 ④ 5.5

해설

평균값 $E_a = \frac{1}{T}\int_0^T i(t)\,dt$

$$= \frac{1}{0.04}\int_0^{0.02} 5\times10^4(t-0.02)^2\,dt$$

$$= \frac{5\times10^4}{0.04}\int_0^{0.02}(t-0.02)^2\,dt$$

$$= 125\times10^4\int_0^{0.02}(t^2-0.04t+0.02^2)\,dt$$

$$= 3.3[\text{V}]$$

Comment

23번과 같은 문제는 출제빈도도 낮고 중요한 내용도 아니므로 수학적 전개가 힘든 경우 정답만 기억하는 것이 좋을 것 같다.

★★★ 기사 93년 2회, 98년 6회, 00년 4회, 01년 2회 / 산업 94년 4회, 01년 1회

24 그림과 같이 $e = 100\sin\omega t$[V]의 정현파 교류전압의 반파 정류파에 있어서 사선부분의 평균값은 약 몇 [V]인가?

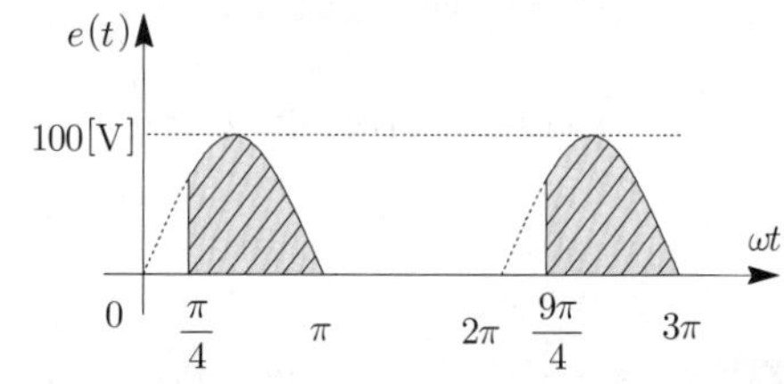

① 27.17
② $\frac{200}{\pi}$
③ 70.7
④ 4.7

해설

평균값 $E_a = \frac{1}{T}\int_0^T i(t)\,dt$

$$= \frac{1}{2\pi}\int_{\pi/4}^{\pi} 100\sin\omega t\,d\omega t$$

$$= \frac{100}{2\pi}\int_{\pi/4}^{\pi}\sin\omega t\,d\omega t$$

$$= \frac{100}{2\pi}\Big[-\cos\omega t\Big]_{\pi/4}^{\pi}$$

$$= \frac{100}{2\pi}\left(\cos\frac{\pi}{4} - \cos\pi\right) = 27.17[\text{V}]$$

Comment

정현반파의 평균값은 $V_a = 0.318\,V_m = 31.8$[V]가 되고 사선부분이 $\frac{\pi}{2}\sim\pi$구간이었다면 정현반파 평균값에 다시 반이 되어 $V_a = 15.9$[V]가 된다. 따라서, $\frac{\pi}{4}\sim\pi$구간의 평균값은 15.9~31.8[V] 사이인 ①번이 된다.

정답 22. ② 23. ② 24. ①

★ 기사 15년 1회

25 다음과 같은 왜형파의 실효값은?

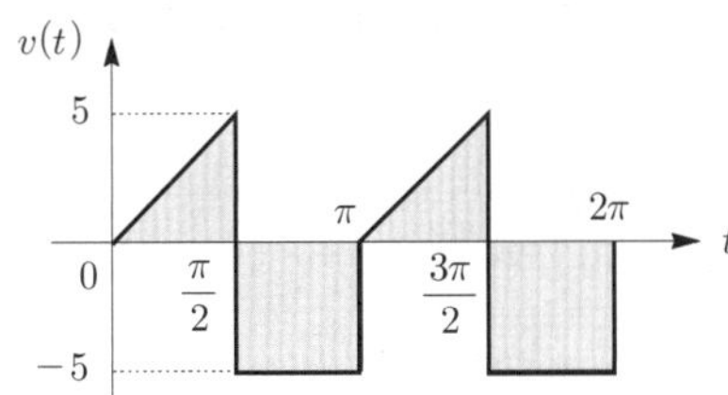

① $5\sqrt{2}$ ② $\frac{10}{\sqrt{6}}$

③ 15 ④ 35

해설

실효값

$$V=\sqrt{\frac{1}{T}\int_0^T v^2(t)\,dt}$$
$$=\sqrt{\frac{1}{\pi}\left\{\int_0^{\pi/2}\left(\frac{10}{\pi}t\right)^2 d\omega t+\int_{\pi/2}^{\pi}(-5)^2\,d\omega t\right\}}$$
$$=\sqrt{\frac{1}{\pi}\left\{\left[\frac{100}{\pi^2}\times\frac{t^3}{3}\right]_0^{\pi/2}+\left[25t\right]_{\pi/2}^{\pi}\right\}}$$
$$=\sqrt{\frac{1}{\pi}\left\{\frac{100\pi}{24}+\frac{25\pi}{2}\right\}}$$
$$=\sqrt{\frac{25}{6}+\frac{75}{6}}$$
$$=\sqrt{\frac{100}{6}}=\frac{10}{\sqrt{6}}$$

Comment

삼각파 반파의 실효값은 $\frac{5}{\sqrt{6}}$ 이고, 구형 반파의 실효값은 $\frac{5}{\sqrt{2}}$가 된다.

$$\therefore \text{실효값 } V=\sqrt{\left(\frac{5}{\sqrt{6}}\right)^2+\left(\frac{5}{\sqrt{2}}\right)^2}$$
$$=\sqrt{\frac{25}{6}+\frac{25}{2}}$$
$$=\sqrt{\frac{100}{6}}=\frac{10}{\sqrt{6}}$$

★★ 산업 89년 6회, 91년 2회, 00년 5회

26 무유도 저항부하에 그림 (a)와 같이 정현파 교류를 정류한 맥류전류가 흐를 때 그림 (b)와 같이 접속된 가동 코일형 전압계 및 전류계의 지시값 V_a, I_a에 의하여 부하의 전력[W]을 구하면?

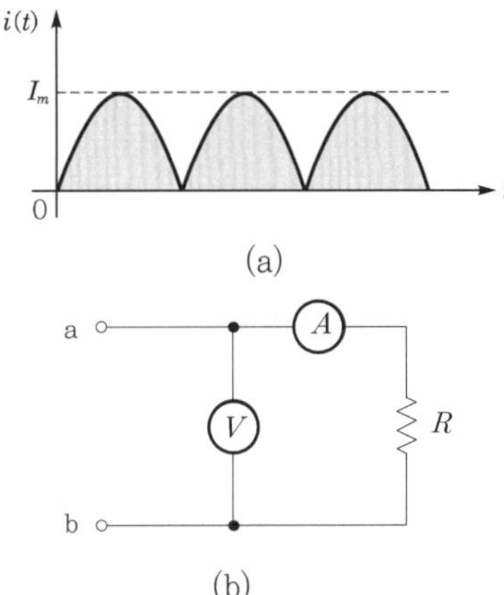

① $\frac{\pi^2}{8}V_aI_a$ ② $\frac{\pi^2}{4}V_aI_a$

③ $\frac{1}{2}V_aI_a$ ④ V_aI_a

해설

전파 정류파(정현파)의 평균값 $V_a=\frac{2V_m}{\pi}$에서

최대값 $V_m=\frac{\pi}{2}\times V_a$이므로

전파 정류파(정현파)의 실효값 $V=\frac{V_m}{\sqrt{2}}=\frac{\pi}{2\sqrt{2}}\times V_a$가 된다.

∴ 부하전력 $P=VI$

$$=\frac{\pi}{2\sqrt{2}}V_a\times\frac{\pi}{2\sqrt{2}}I_a$$
$$=\frac{\pi^2}{8}V_aI_a\text{[W]}$$

★★ 산업 89년 2회, 94년 7회, 98년 4회, 01년 1회, 16년 4회

27 그림과 같은 파형의 맥동전류를 열선형 계기로 측정한 결과 10[A]이었다. 이를 가동 코일형 계기로 측정할 때 전류의 값은 몇 [A]인가?

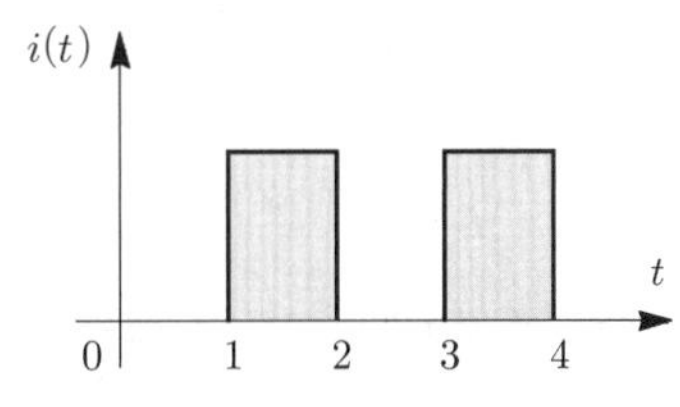

① 7.07 ② 10

③ 14.14 ④ 17.32

정답 25. ② 26. ① 27. ①

해설

㉠ 열선형 계기로 측정하면 실효값을, 가동 코일형 계기로 측정하면 평균값을 지시한다.

㉡ 반파 구형파의 실효값 $I = \dfrac{I_m}{\sqrt{2}}$

최대값 $I_m = \sqrt{2}\,I$[A]

$\therefore$ 평균값 $I_a = \dfrac{I_m}{2}$

$= \dfrac{\sqrt{2}}{2} \times I$

$= \dfrac{\sqrt{2}}{2} \times 10 = 7.07$[A]

Comment

평균값은 실효값보다 약간 작다. 본 문제에서 평균값이 10[A]이므로 이를 만족하는 것은 ①번밖에 없다.

★★★ 산업 04년 1회, 07년 2회

28 정현파 교류의 실효값을 구하는 식이 잘못된 것은?

① 실효값$= \sqrt{\dfrac{1}{T}\displaystyle\int_0^T i^2 dt}$

② 실효값=파고율×평균값

③ 실효값$= \dfrac{최대값}{\sqrt{2}}$

④ 실효값$= \dfrac{\pi}{2\sqrt{2}} \times$평균값

해설

파고율$= \dfrac{최대값}{실효값}$이므로 실효값$= \dfrac{최대값}{파고율}$이 된다.

★★★★★ 기사 96년 7회, 05년 2회 / 산업 01년 3회, 05년 1·4회, 07년 1회, 11년 2회, 15년 1회

29 다음 중 파형률, 파고율이 다같이 1인 파형은 무엇인가?

① 고조파 ② 삼각파
③ 구형파 ④ 사인파

해설 각 파형의 교류 크기표시법

$\left(파고율 = \dfrac{최대값}{실효값},\ 파형률 = \dfrac{실효값}{평균값}\right)$

구분		구형파	정현파	삼각파
파형				
실효값	전파	V_m	$\dfrac{V_m}{\sqrt{2}}$	$\dfrac{V_m}{\sqrt{3}}$
	반파	$\dfrac{V_m}{\sqrt{2}}$	$\dfrac{V_m}{2}$	$\dfrac{V_m}{\sqrt{6}}$
평균값	전파	V_m	$\dfrac{V_m}{\pi} \times 2$	$\dfrac{V_m}{2}$
	반파	$\dfrac{V_m}{2}$	$\dfrac{V_m}{\pi}$	$\dfrac{V_m}{4}$
파고율	전파	1	$\sqrt{2}$	$\sqrt{3}$
	반파	$\sqrt{2}$	2	$\sqrt{6}$
파형률	전파	1	1.11	1.155
	반파	1.414	1.57	1.633

Comment

해설의 표에 관련된 문제의 출제빈도가 높으니 반드시 외우도록 한다.

★★★ 기사 92년 2·6회, 00년 2회 / 산업 97년 5회, 99년 6회, 03년 4회, 11년 1회

30 파고율값이 1.414인 것은 어떤 파인가?

① 반파 정류파 ② 직사각형파
③ 정현파 ④ 톱니파

해설

29번 해설 참조

★★★ 기사 94년 6회, 12년 1회 / 산업 92년 2회, 98년 3회, 05년 1회, 13년 2회

31 파고율이 2가 되는 파는?

① 정현파
② 톱니파
③ 반파 정류파
④ 전파 정류파

해설

29번 해설 참조

Comment

파고율$= \dfrac{최대값}{실효값}$이고, 대부분 실효값 분모의 크기가 파고율이 된다.

정답 28. ② 29. ③ 30. ③ 31. ③

★★★ 기사 13년 4회, 16년 3회 / 산업 11년 1회

32 그림과 같은 파형의 파고율은?

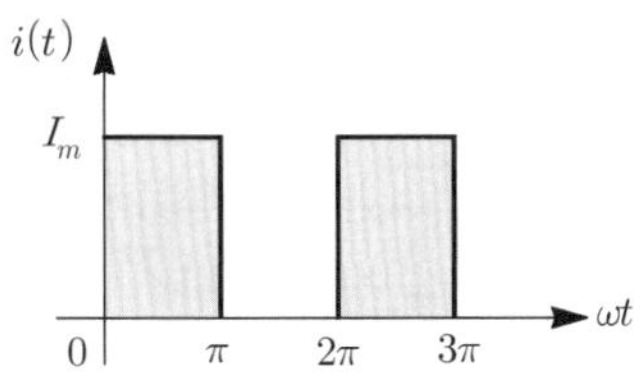

① 0.707
② 1.414
③ 1.732
④ 2.000

해설

구형 반파의 실효값 $I = \dfrac{I_m}{\sqrt{2}}$

$\therefore$ 파고율 $= \dfrac{\text{최대값}}{\text{실효값}}$

$= \dfrac{I_m}{\dfrac{I_m}{\sqrt{2}}} = \sqrt{2}$

★★★★★ 기사 11년 3회, 13년 1회 / 산업 90년 2회, 94년 7회

33 삼각파의 파고율은 얼마인가?

① $\dfrac{1}{\sqrt{3}}$　② $\dfrac{2}{\sqrt{3}}$
③ $\sqrt{3}$　④ $\sqrt{6}$

★★★ 산업 91년 6회, 95년 7회, 05년 3회

34 다음 중 파형의 파형률값이 잘못된 것은 무엇인가?

① 정현파의 파형률은 1.414이다.
② 톱니파의 파형률은 1.155이다.
③ 전파 정류파의 파형률은 1.11이다.
④ 반파 정류파의 파형률은 1.571이다.

해설

정현파의 파형률은 1.11이다.

★★★ 산업 97년 2회

35 그림 중 파형률이 1.11이 되는 파형은 어느 것인가?

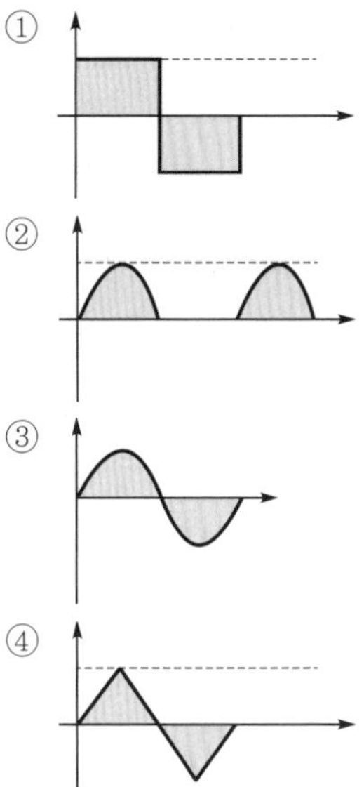

해설

㉠ 구형파의 파형률 : 1
㉡ 반파 정류파의 파형률 : 1.571
㉢ 정현파의 파형률 : 1.11
㉣ 삼각파의 파형률 : 1.155

★★ 산업 90년 2회, 96년 6회

36 그림과 같은 회로에서 부하 R에 흐르는 직류전류는 몇 [A]인가? (단, $R=5[\Omega]$, $e=314\sin\omega t$[V])

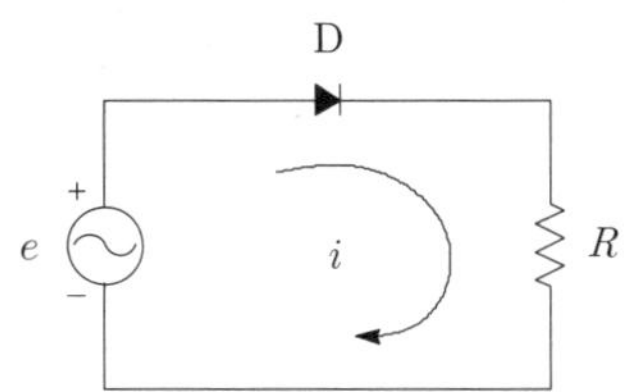

① 31.4　② 5
③ 10　④ 20

해설

다이오드(D)를 거치면 반파 정류파(정현반파)가 되고, 직류값은 평균값을 의미하므로

$\therefore$ 직류전류 $I_a = \dfrac{V_a}{R}$

$= \dfrac{\dfrac{314}{\pi}}{5} = \dfrac{100}{5} = 20[\text{A}]$

정답 32. ② 33. ③ 34. ① 35. ③ 36. ④

출제 03 ▸ 단일 회로소자

★ 산업 90년 7회

37 어떤 회로소자에 $e = 125\sin 377t$[V]를 가했을 때 전류 $i = 25\sin 377t$[A]가 흐른다. 이 소자는 어떤 것인가?

① 다이오드
② 순저항
③ 유도 리액턴스
④ 용량 리액턴스

해설

전류의 위상이 전압과 동위상이므로 순저항만의 회로이다.

★ 기사 95년 2회

38 어떤 회로소자에 $e = 125\cos 377t$[V] 가했을 때 전류 $i = 50\sin 377t$[A]가 흐른다. 이 소자는 어떤 것인가?

① 저항성분 ② 용량성
③ 무유도성 ④ 유도성

해설

전류의 위상이 전압보다 90° 지상이므로 유도 리액턴스만의 회로이다.

★ 산업 07년 4회

39 어떤 회로소자에 $e = 125\sin 377t$[V] 가했을 때 전류 $i = 50\cos 377t$[A]가 흐른다. 이 소자는 어떤 것인가?

① 순저항
② 다이오드
③ 용량 리액턴스
④ 유도 리액턴스

해설

전류의 위상이 전압보다 90° 진상이므로 용량 리액턴스만의 회로이다.

★ 산업 91년 7회, 97년 6회

40 $L = 2$[H]인 인덕턴스에 $i(t) = 20e^{-2t}$[A] 전류가 흐를 때 L의 단자전압 V_L[V]은?

① $40e^{-2t}$ ② $-40e^{-2t}$
③ $80e^{-2t}$ ④ $-80e^{-2t}$

해설

L 양단의 단자전압

$$V_L = L\frac{di}{dt} = 2\frac{d}{dt}20e^{-2t} = 40\frac{d}{dt}e^{-2t}$$
$$= -80e^{-2t}[\text{V}]$$

Comment

㉠ $\frac{d}{dt}k \cdot e^{at} = k \cdot \frac{d}{dt}e^{at} = kae^{at}$

㉡ $\int ke^{at}dt = k\int e^{at}dt = \frac{k}{a}e^{at}$

여기서, k : 상수

★ 기사 99년 6회

41 다음 그래프에서 기울기는 무엇을 나타내는가?

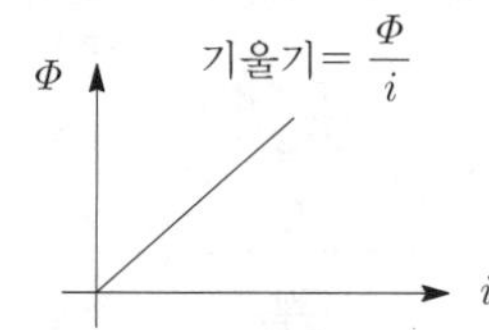

① 저항 : R ② 인덕턴스 : L
③ 커패시턴스 : C ④ 컨덕턴스 : G

해설

쇄교자속 $\Phi = N\phi = LI$

$\therefore$ 자기 인덕턴스 $L = \frac{\Phi}{I}$[Wb/A]

★★★ 기사 93년 1회 / 산업 90년 6회, 92년 7회, 95년 6회, 96년 6회, 05년 4회, 15년 2회

42 어떤 코일에 흐르는 전류가 0.01[sec] 사이에 일정하게 50[A]에서 10[A]로 변할 때 20[V]의 기전력이 발생한다고 하면 자기 인덕턴스[mH]는?

① 20 ② 33
③ 40 ④ 5

해설

$$V_L = L\frac{di}{dt}$$

$\therefore$ 자기 인덕턴스 $L = \dfrac{V_L}{\frac{di}{dt}} = \dfrac{20}{\frac{50-10}{0.01}}$

$= 5\times10^{-3}[\text{H}] = 5[\text{mH}]$

정답 37. ② 38. ④ 39. ③ 40. ④ 41. ② 42. ④

★★★ 기사 98년 7회, 99년 6회, 00년 6회, 02년 4회 / 산업 02년 4회, 05년 2회

43 두 코일이 있다. 한 코일의 전류가 매초 20[A]의 비율로 변화할 때 다른 코일에는 10[V]의 기전력이 발생하였다면 두 코일의 상호 인덕턴스[H]는 얼마인가?

① 0.25 ② 0.5
③ 0.75 ④ 1.25

해설

2차 코일의 유도기전력 $e_2 = -M\dfrac{di_1}{dt}$에서

2차 단자전압은 $V_2 = M\dfrac{di_1}{dt}$이 된다.

∴ 상호 인덕턴스 $M = \dfrac{V_2}{\dfrac{di_1}{dt}} = \dfrac{10}{20} = 0.5$[H]

★★★★ 산업 90년 6회, 95년 4·6회

44 다음 인덕터의 특성으로 잘못된 것은?

① 인덕터는 직류에 대해서 단락회로로 작용한다.
② 일정한 전류가 흐를 때 전압은 무한대이지만 일정량의 에너지가 축적된다.
③ 인덕터의 전류가 불연속적으로 급격히 변화하면 전압이 무한대가 되어야 하므로 인덕터 전류가 불연속적으로 급격히 변할 수 없다.
④ 인덕터는 에너지를 축적하지만 소모하지는 않는다.

해설

㉠ 인덕터의 리액턴스는 $X_L = 2\pi fL$[Ω]에서 직류는 $f = 0$이므로 $X_L = 0$(단락회로)이 된다.
㉡ 일정전류(직류)가 흐르면 $V = IX_L = 0$이 되고, 에너지 $W_L = \dfrac{1}{2}LI^2$[J]을 축적한다.
㉢ 인덕터 단자전압 $V_L = L\dfrac{di}{dt}$이므로 전류가 급격히 변하면 전압이 무한대가 되므로, 전류는 급변할 수 없다.

★★★ 기사 04년 1회 / 산업 95년 2회, 04년 1회, 05년 4회

45 그림과 같은 회로에서 $i_1 = I_m \sin\omega t$[A]일 때 개방된 2차 단자에 나타나는 유기기전력 e_2는 몇 [V]인가?

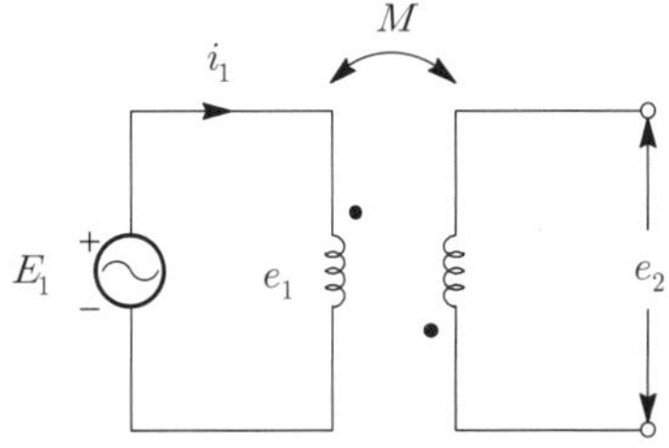

① $e_2 = \omega MI_m \sin(\omega t - 90°)$
② $e_2 = \omega MI_m \cos(\omega t + 90°)$
③ $e_2 = \omega MI_m \cos\omega t$
④ $e_2 = -\omega MI_m \sin\omega t$

해설

유도기전력 $e_2 = -M\dfrac{di_1}{dt}$

$$= -M\frac{d}{dt}I_m \sin\omega t$$
$$= -MI_m\frac{d}{dt}\sin\omega t$$
$$= -\omega MI_m \cos\omega t$$
$$= -\omega MI_m \sin(\omega t + 90°)$$
$$= \omega MI_m \sin(\omega t - 90°)[\text{V}]$$

★★★★ 기사 99년 5회, 15년 1회 / 산업 98년 6회, 00년 1회, 03년 2회, 16년 1회

46 자기 인덕턴스 0.1[H]인 코일에 실효값 100[V], 60[Hz] 위상각 0°인 교류전압을 가하였을 때 흐르는 전류의 실효값[A]은?

① 37.7 ② 47.7
③ 2.65 ④ 5.46

해설

L만의 회로에 흐르는 전류의 실효값

$$I_L = \frac{V}{X_L} = \frac{V}{\omega L} = \frac{V}{2\pi fL}$$
$$= \frac{100}{2\pi \times 60 \times 0.1 \times 10^{-3}} = 2.65[\text{A}]$$

정답 43. ② 44. ② 45. ① 46. ③

★ 산업 89년 6회, 97년 4회

47 0.1[H]인 코일의 리액턴스가 377[Ω]일 때 주파수는 몇 [Hz]인가?

① 600 ② 360
③ 120 ④ 60

해설

유도 리액턴스 $X_L = \omega L = 2\pi f L[\Omega]$

주파수 $f = \frac{X_L}{2\pi L} = \frac{377}{2\pi \times 0.1} = 600[\text{Hz}]$

★★★ 기사 14년 4회, 16년 3회 / 산업 96년 4회, 00년 2회, 05년 3회

48 인덕턴스 $L=20$[mH]인 코일에 실효값 $V=50$[V], $f=60$[Hz]인 정현파 전압을 인가했을 때 코일에 축적되는 평균 자기 에너지 W_L[J]은?

① 0.44 ② 4.4
③ 0.63 ④ 63

해설

L만의 회로에 흐르는 전류

$$I_L = \frac{V}{X_L} = \frac{V}{\omega L} = \frac{V}{2\pi f L}$$
$$= \frac{50}{2\pi \times 60 \times 20 \times 10^{-3}} = 6.63[\text{A}]$$

∴ 자기 에너지 $W_L = \frac{1}{2} L I^2$

$$= \frac{1}{2} \times 20 \times 10^{-3} \times 6.63^2$$
$$= 0.44[\text{J}]$$

★★★ 산업 92년 3·6회, 93년 2회, 07년 4회

49 인덕턴스 L인 코일에 전류 $i = I_m \sin\omega t$[A]가 흐르고 있다. L에 축적된 에너지의 첨두(peak)값[J]은?

① $\frac{1}{\sqrt{2}} L I^2$ ② $\frac{1}{\sqrt{3}} L I^2$
③ $\frac{1}{2} L I^2$ ④ $\frac{1}{\sqrt{2}} L^2 I^2$

해설

자기 에너지 $W_L = \frac{1}{2} L i^2 = \frac{1}{2} L (I_m \sin\omega t)^2$

$$= \frac{1}{2} L I_m^2 \times \frac{1 - \cos 2\omega t}{2}$$
$$= \frac{1}{4} L I_m^2 (1 - \cos 2\omega t)[\text{J}]$$

첨두값은 $\cos 2\omega t = 0$일 때이므로

$$\therefore W_L = \frac{1}{4} L I_m^2 = \frac{1}{4} L (I\sqrt{2})^2 = \frac{1}{2} L I^2[\text{J}]$$

쌤 Comment

본 문제와 같이 에너지의 첨두에 관련된 문제는 거의 없으니, L에 축적된 자기 에너지$\left(W_L = \frac{1}{2} L I^2[\text{J}]\right)$만 기억하자.

★ 산업 94년 3회

50 정전용량 C[F]의 회로에 기전력 $v = V_m \sin\omega t$[V]를 가할 때 흐르는 전류 i[A]는?

① $i = \frac{V_m}{\omega C} \sin(\omega t + 90°)$

② $i = \frac{V_m}{\omega C} \sin(\omega t - 90°)$

③ $i = \omega C V_m \sin(\omega t + 90°)$

④ $i = \omega C V_m \cos(\omega t + 90°)$

해설

콘덴서에 흐르는 전류

$$i_C = C\frac{dV}{dt} = C\frac{d}{dt} V_m \sin\omega t = C V_m \frac{d}{dt} \sin\omega t$$
$$= \omega C V_m \cos\omega t = \omega C V_m \sin(\omega t + 90°)$$
$$= j\omega C V_m \sin\omega t = j\omega C V = \frac{V}{-jX_C} = \frac{V}{Z}[\text{A}]$$

쌤 Comment

콘덴서에 흐르는 전류는 90° 위상이 빠르며, 전류의 크기는 $I_C = \frac{V}{X_C} = \frac{V}{\frac{1}{\omega C}} = \omega C V$[A]가 된다.

★ 산업 91년 2회, 96년 4회, 12년 4회

51 다음 100[μF]인 콘덴서의 양단에 전압을 30[V/msec]의 비율로 변화시킬 때 콘덴서에 흐르는 전류의 크기[A]는?

① 0.03 ② 0.3
③ 3 ④ 30

해설

C만의 회로에 흐르는 전류

$$i = C\frac{dV}{dt}$$
$$= 100 \times 10^{-6} \times \frac{30}{10^{-3}} = 3[\text{A}]$$

정답 47. ① 48. ① 49. ③ 50. ③ 51. ③

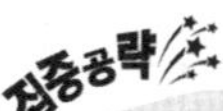

★ 기사 99년 6회

52 다음 0.1[μF]의 정전용량을 갖는 콘덴서에 실효값 1414[V], 1[kHz], 위상각 0°인 전압을 가했을 때 순시값 전류[A]는 약 얼마인가?

① $0.89\sin(\omega t+90°)$
② $0.89\sin(\omega t-90°)$
③ $1.26\sin(\omega t+90°)$
④ $1.26\sin(\omega t-90°)$

해설

전압의 순시값 $v=1414\sqrt{2}\sin\omega t$[V]

∴ 콘덴서 전류

$$i=C\frac{dV}{dt}$$
$$=\omega CV_m\sin(\omega t+90°)$$
$$=2\pi\times0.1\times10^{-6}\times10^3\times1414\sqrt{2}\sin(\omega t+90°)$$
$$=1.26\sin(\omega t+90°)[A]$$

미분공식으로 풀이하기 보다는 $I_C=\frac{V}{X_C}=\omega CV$[A]로 실효값을 구하고, 위상관계는 C에 의한 전류는 전압보다 $\frac{\pi}{2}$[rad] 앞선다라는 특징을 이용하면 손쉽게 풀이할 수 있다.

★★★ 기사 89년 7회, 99년 5회, 16년 2회

53 C[F]의 콘덴서에 V[V]의 전압을 가하니 Q[C]의 전기량이 충전되었다. 저장 에너지 W[J] 공식이 잘못된 것은?

① $\frac{1}{2}QV$ ② $\frac{1}{2}CV^2$
③ $\frac{1}{2}QV^2$ ④ $\frac{Q^2}{2C}$

해설

콘덴서에 축적되는 전기 에너지

$$W_C=\frac{1}{2}CV^2=\frac{1}{2}QV=\frac{Q^2}{2C}[J]$$

★★ 기사 11년 2회, 15년 4회

54 어떤 콘덴서를 300[V]로 충전하는 데 9[J]의 에너지가 필요했다. 이 콘덴서의 정전용량은 몇 [μF]인가?

① 100
② 200
③ 300
④ 400

해설

$$W_C=\frac{1}{2}CV^2$$
$$C=\frac{2W_C}{V^2}$$
$$=\frac{2\times9}{300^2}=2\times10^{-4}[F]=200[\mu F]$$

★★★ 산업 94년 6회, 98년 5회, 99년 3회, 01년 3회, 13년 4회, 15년 1회

55 1000[Hz]인 정현파 교류에서 5[mH]인 유도 리액턴스와 같은 용량 리액턴스를 갖는 C의 크기는 몇 [μF]인가?

① 5.07
② 4.07
③ 3.07
④ 2.07

해설

$$\omega L=\frac{1}{\omega C}$$

정전용량 $C=\frac{1}{\omega^2L}=\frac{1}{(2\pi\times1000)^2\times5\times10^{-3}}$

$$=5.07\times10^{-6}[F]=5.07[\mu F]$$

★★★ 산업 00년 1회, 02년 3회, 03년 1회, 11년 2회, 12년 2회, 16년 1회

56 정전용량 C만의 회로에 100[V], 60[Hz]의 교류를 가하니 60[mA]의 전류가 흐른다. C[μF]는 얼마인가?

① 5.26
② 4.32
③ 3.59
④ 1.59

정답 52. ③ 53. ③ 54. ② 55. ① 56. ④

해설

C만의 회로에 흐르는 전류

$$i_C = \frac{V}{X_C} = \omega CV = 2\pi f CV[\text{A}]$$

정전용량 $C = \frac{i_C}{2\pi f V}$

$$= \frac{60 \times 10^{-3}}{2\pi \times 60 \times 100}$$

$$= 0.159 \times 10^{-5}[\text{F}] = 1.59[\mu\text{F}]$$

★★★ 기사 93년 4회, 94년 2회 / 산업 04년 1회

57 다음 중 정전용량계 C에 관한 설명으로 틀린 것은?

① C의 단위에는 [F], [μF], [pF] 등이 사용된다.
② 정전용량의 역(逆)을 엘라스턴스(elastance)라고 한다.
③ 엘라스턴스(elastance)의 단위에는 다래프(daraf)가 사용된다.
④ 정전용량계 C의 단자전압은 순간적으로 변화시킬 수 있다.

해설

콘덴서 전류 $i_L = C\frac{dV}{dt}$이므로 전압이 급변하면 전류가 무한대가 된다. 따라서, 콘덴서 회로에서 전압이 급변할 수 없다.

★★★ 산업 07년 4회

58 5[μF]과 3[μF]의 콘덴서 2개를 직렬로 연결하였을 때와 병렬로 연결하였을 때의 합성용량을 각각 C_S 및 C_P라 하면 $\frac{C_P}{C_S}$는 얼마인가?

① 약 8 ② 약 1.9
③ 약 4.3 ④ 약 15

해설

㉠ 직렬접속 : $C_S = \frac{C_1 \times C_2}{C_1 + C_2} = \frac{5 \times 3}{5+3} = \frac{15}{8}$

㉡ 병렬접속 : $C_P = C_1 + C_2 = 5 + 3 = 8$

$$\therefore \frac{C_P}{C_S} = \frac{8}{\frac{15}{8}} = \frac{64}{15} = 4.26[\text{F}]$$

Comment

회로에서는 C의 직·병렬 접속에 관련된 문제가 거의 없어서 회로교재에는 정리하질 않았다. 증명과정을 확인하려면 전기자기학 3장 정전용량을 참고하길 바란다.

★★★ 산업 91년 2회, 97년 5회, 99년 4회, 11년 4회, 14년 3회

59 정전용량이 같은 콘덴서 2개를 병렬로 연결했을 때 합성용량은 이들을 2개 직렬로 연결했을 때의 몇 배인가?

① 2
② 4
③ 6
④ 8

해설

동일 크기의 용량 콘덴서 n개를 직렬 시 합성용량 $C_S = \frac{C}{n}$가 되고, 병렬로 접속하면 $C_P = nC$가 된다.

따라서, $\frac{C_P}{C_S} = n^2$이 되므로 $n=2$의 경우 4배가 된다.

★★★ 산업 96년 5회, 98년 7회

60 다음 중 인덕턴스에서 급격히 변할 수 없는 것은?

① 전압
② 전류
③ 전압과 전류
④ 정답이 없다.

해설

인덕턴스 단자전압은 $V_L = L\frac{di}{dt}$이므로 전류가 급변하면 전압이 무한대가 된다. 따라서, 인덕턴스 회로에서 전류가 급변할 수 없다.

정답 57. ④ 58. ③ 59. ② 60. ②

출제 04 복소수와 교류회로의 해석

★ 기사 89년 2회

61 정현파 전압 및 전류를 복소수로 표시하는 페이저 기호방법 중 옳지 않은 것은?

① 정현파 전압 또는 전류를 복소수 평면에 있어서의 페이저로서 표시한다.
② 정현파 전압 또는 전류는 순시값을 구할 때에는 복소수의 허수부를 취급하지 않는다.
③ 그 회전 페이저를 정지 페이저로서 취급한다.
④ 최대값 대신 실효값을 쓰기도 한다.

해설
정현파 전압 또는 전류는 순시값을 구할 때 크기와 위상을 계산하여야 하므로 복소수의 실수부와 허수부를 모두 구하여야 한다.

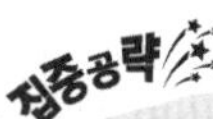

★★★ 산업 96년 4회, 12년 3회

62 $e^{j\frac{2\pi}{3}}$ 와 같은 것은?

① $-\frac{1}{2}-j\frac{\sqrt{3}}{2}$
② $\frac{1}{2}-j\frac{\sqrt{3}}{2}$
③ $-\frac{1}{2}+j\frac{\sqrt{3}}{2}$
④ $\frac{1}{2}+j\frac{\sqrt{3}}{2}$

해설
오일러 공식을 이용해서 구한다.
$e^{j\frac{2\pi}{3}}=e^{j120}=\cos120°+\sin120°=-\frac{1}{2}+j\frac{\sqrt{3}}{2}$

Comment

$e^{j120}=1\angle 120°=-\frac{1}{2}+j\frac{\sqrt{3}}{2}$
$e^{j240}=1\angle 240°=-\frac{1}{2}-j\frac{\sqrt{3}}{2}$ 은 회로에서 자주 사용하니 반드시 기억하길 바란다.

★★★ 산업 97년 2회, 14년 4회

63 복소전압 $E=-20\,e^{j\frac{3\pi}{2}}$ 를 정현파의 순시값으로 나타내면 어떻게 되는가?

① $e=-20\sin\left(\omega t+\frac{\pi}{2}\right)$[V]
② $e=20\sin\left(\omega t+\frac{2\pi}{3}\right)$[V]
③ $e=-20\sqrt{2}\sin\left(\omega t-\frac{\pi}{2}\right)$[V]
④ $e=20\sqrt{2}\sin\left(\omega t+\frac{\pi}{2}\right)$[V]

해설
교류의 순시값을 페이저 표현법으로 정리할 수 있다.
$e=E\sqrt{2}\sin(\omega t+\theta)$
$=E\angle\theta=Ee^{j\theta}$
$=E(\cos\theta+j\sin\theta)$
여기서, E : 전압의 실효값
$\therefore\ E=-20\,e^{j\frac{3\pi}{2}}$
$=-20\angle\frac{3\pi}{2}=20\angle\frac{\pi}{2}$
$=20\sqrt{2}\sin\left(\omega t+\frac{\pi}{2}\right)$[V]

Comment

좌표에서 $\frac{3\pi}{2}=270°$의 반대방향(-)은 $\frac{\pi}{2}=90°$가 된다.

★★★ 산업 04년 3회, 13년 2회

64 $\dot{A}_1=20\left(\cos\frac{\pi}{3}+j\sin\frac{\pi}{3}\right)$, $\dot{A}_2=5\left(\cos\frac{\pi}{6}+j\sin\frac{\pi}{6}\right)$로 표시되는 두 벡터가 있다. $\dot{A}_3=\frac{\dot{A}_1}{\dot{A}_2}$의 값은 얼마인가?

① $\dot{A}_3=10\left(\cos\frac{\pi}{3}+j\sin\frac{\pi}{3}\right)$
② $\dot{A}_3=10\left(\cos\frac{\pi}{6}+j\sin\frac{\pi}{6}\right)$
③ $\dot{A}_3=4\left(\cos\frac{\pi}{3}+j\sin\frac{\pi}{3}\right)$
④ $\dot{A}_3=4\left(\cos\frac{\pi}{6}+j\sin\frac{\pi}{6}\right)$

정답 61. ② 62. ③ 63. ④ 64. ④

해설

$\dot{A}_1 = 20\left(\cos\frac{\pi}{3} + j\sin\frac{\pi}{3}\right)$
$= 20\,e^{j60} = 20\,\underline{/60°}$

$\dot{A}_2 = 5\left(\cos\frac{\pi}{6} + j\sin\frac{\pi}{6}\right)$
$= 5\,e^{j30} = 5\,\underline{/30°}$

$\therefore\ \dot{A}_3 = \frac{\dot{A}_1}{\dot{A}_2}$
$= \frac{20\,\underline{/60°}}{5\,\underline{/30°}} = 4\underline{/30°} = 4\underline{/\frac{\pi}{6}}$
$= 4\left(\cos\frac{\pi}{6} + j\sin\frac{\pi}{6}\right)$

★ 기사 97년 7회 / 산업 95년 2회, 97년 4회

65 어느 기준 벡터에 대하여 30° 앞선 200[V]의 전압 V_1과 90° 뒤진 200[V]의 전압 V_2가 있을 때 이 두 전압의 차는 얼마인가?

① $100(\sqrt{3} + j)$　② $100(\sqrt{3} - j)$
③ $100(\sqrt{3} + j3)$　④ $100(\sqrt{3} - j3)$

해설

㉠ $\dot{V}_1 = 200\underline{/30°}$
$= 200(\cos 30° + j\sin 30°)$
$= 100\sqrt{3} + j100$[V]

㉡ $\dot{V}_2 = 200\underline{/-90°}$
$= 200(\cos 90° - j\sin 90°)$
$= -j200$[V]

$\therefore\ \dot{V} = \dot{V}_1 - \dot{V}_2$
$= (100\sqrt{3} + j100) - (-j200)$
$= 100\sqrt{3} + j300 = 100(\sqrt{3} + j3)$[V]

Comment

계산기를 이용해 $200\underline{/30°} - 200\underline{/90°}$을 누르면 $200\sqrt{3}\underline{/60°}$이 나오고 이를 복소수로 변환시키면 $100\sqrt{3} + j300$이 나온다.

★★★ 기사 94년 6회

66 다음 $e_1 = 10\sqrt{2}\sin\left(\omega t + \frac{\pi}{3}\right)$[V]와 $e_2 = 20\sqrt{2}\sin\left(\omega t + \frac{\pi}{6}\right)$[V]의 합성전압의 순시값 e[V]는?

① 약 $29.1\sqrt{2}\sin(\omega t + 40°)$
② 약 $20.6\sqrt{2}\sin(\omega t + 40°)$
③ 약 $29.1\sqrt{2}\sin(\omega t + 50°)$
④ 약 $20.6\sqrt{2}\sin(\omega t + 50°)$

해설

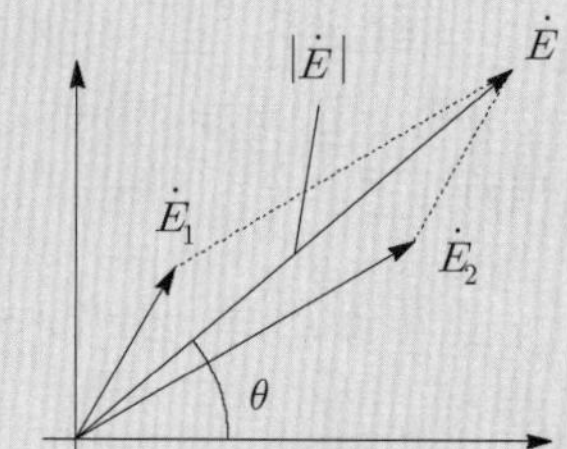

㉠ 페이저 표현법 : $\dot{E}_1 = 10\underline{/60°}$, $\dot{E}_2 = 20\underline{/30°}$

㉡ 실효값 전압
$|E| = \sqrt{E_1^2 + E_2^2 + 2E_1E_2\cos\theta}$
$= \sqrt{10^2 + 20^2 + 2\times 10\times 20\times\cos 30°}$
$= 29.1$[V]

㉢ 위상각 $\theta = \tan^{-1}\frac{10\sin 60° + 20\sin 30°}{10\cos 60° + 20\cos 30°} = 40°$

$\therefore$ 합성전압의 순시값 $e = 29.1\sqrt{2}\sin(\omega t + 40°)$[V]

Comment

손으로 직접 계산하지 말고 계산기로 $10\underline{/60°} + 20\underline{/30°}$를 누르면 $29.1\underline{/40°}$이 바로 나온다.

★ 산업 93년 4회

67 $i_1 = I_{m_1}\sin\omega t$[A]와 $i_2 = I_{m_2}\sin(\omega t + \alpha)$[A]의 두 전류를 합성할 때 다음 중 잘못된 것은?

① 최대값 : $I_m = \sqrt{I_{m_1}^{\ 2} + I_{m_2}^{\ 2}}$

② 초기위상 : $\theta = \tan^{-1}\frac{I_{m_2}\sin\alpha}{I_{m_1} + I_{m_2}\cos\alpha}$

③ 주파수 : $f = \frac{\omega}{2\pi}$[Hz]

④ 파형은 정현파이다.

해설

최대값 $I_m = \sqrt{I_{m_1}^{\ 2} + I_{m_2}^{\ 2} + 2I_{m_1}I_{m_2}\cos\alpha}$[A]가 된다.

정답 65. ③ 66. ① 67. ①

★★★ 산업 98년 2회, 00년 4회, 04년 4회

68 전류의 크기가 $i_1 = 30\sqrt{2}\sin\omega t$[A], $i_2 = 40\sqrt{2}\sin\left(\omega t + \frac{\pi}{2}\right)$[A]일 때 $i_1 + i_2$의 실효값은 몇 [A]인가?

① 50
② $50\sqrt{2}$
③ 70
④ $70\sqrt{2}$

해설

페이저 표현법 : $I_1 = 30\angle 0°$, $I_2 = 40\angle 90°$

∴ 실효값 전류

$$I = \sqrt{{I_1}^2 + {I_2}^2 + 2I_1I_2\cos\theta}$$
$$= \sqrt{30^2 + 40^2 + 2\times 30\times 40\times\cos 90°}$$
$$= 50[\text{A}]$$

Comment

$\cos 90° = 0$이므로 $I_1 \perp I_2$인 경우에는 피타고라스 정리 ($I = \sqrt{I_1^2 + I_2^2} = \sqrt{30^2+40^2} = 50$)를 이용할 수 있다.

★ 산업 00년 6회, 11년 1회, 14년 1회

69 $e_1 = 30\sqrt{2}\sin\omega t$[A], $e_2 = 40\sqrt{2}\cos\left(\omega t - \frac{\pi}{6}\right)$[V]일 때 $e_1 + e_2$의 실효값은 몇 [V]인가?

① 50
② 70
③ $10\sqrt{2}$
④ $10\sqrt{37}$

해설

㉠ $e_1 = 30\sqrt{2}\sin\omega t[\text{V}] = 30\angle 0°$

㉡ $e_2 = 40\sqrt{2}\cos\left(\omega t - \frac{\pi}{6}\right)$
$$= 40\sqrt{2}\sin\left(\omega t - \frac{\pi}{6} + \frac{\pi}{2}\right)$$
$$= 40\sqrt{2}\sin(\omega t + 60) = 40\angle 60°$$

∴ 실효값 전압

$$E = \sqrt{{E_1}^2 + {E_2}^2 + 2E_1E_2\cos\theta}$$
$$= \sqrt{30^2 + 40^2 + 2\times 30\times 40\times\cos 60°}$$
$$= 10\sqrt{37}[\text{V}]$$

집중공략

★★★ 산업 95년 6회, 00년 3회, 13년 4회

70 $i_1 = \sqrt{72}\sin(\omega t - \phi)$[A]와 $i_2 = \sqrt{32}\sin(\omega t - \phi - 180°)$[A]와의 차에 상당하는 전류[A]는?

① 2
② 6
③ 10
④ 12

해설

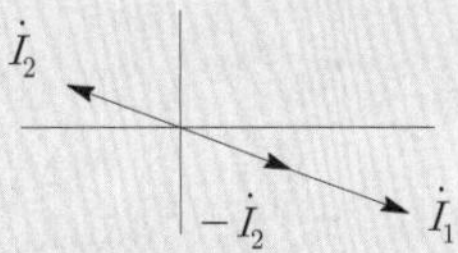

㉠ $\dot{I}_1 = \sqrt{36}\angle -\phi = 6\angle -\phi[\text{A}]$

㉡ $\dot{I}_2 = \sqrt{16}\angle -\phi - 180° = 4\angle -\phi - 180°[\text{A}]$

∴ $I = \dot{I}_1 - \dot{I}_2$
$$= \dot{I}_1 + (-\dot{I}_2)$$
$$= 10\angle -\phi$$

Comment

두 벡터의 차는 한쪽 벡터의 방향을 반대로 돌린 다음 두 벡터를 더하여 계산한다.

★★★ 기사 95년 7회

71 $i_1 = 50\sin\left(\omega t + \frac{\pi}{6}\right)$[A]와 $i_2 = 50\sqrt{3}\sin\left(\omega t - \frac{\pi}{3}\right)$[A]일 때 $i_1 + i_2$의 순시값 i[A]는?

① $i = 100\sin\left(\omega t + \frac{\pi}{6}\right)$
② $i = 141\sin\left(\omega t - \frac{\pi}{6}\right)$
③ $i = 100\sin\left(\omega t - \frac{\pi}{6}\right)$
④ $i = 141\sin\left(\omega t + \frac{\pi}{6}\right)$

정답 68. ① 69. ④ 70. ③ 71. ③

해설

㉠ 페이저 표현법

$I_{m_1} = 50\angle\frac{\pi}{6} = 50\angle 30°$

$I_{m_2} = 50\sqrt{3}\angle -\frac{\pi}{3} = 50\sqrt{3}\angle -60°$

$I_{m_1} \perp I_{m_2}$

㉡ 전류의 최대값

$I_m = \sqrt{I_{m_1} + I_{m_2}} = \sqrt{50^2 + (50\sqrt{3})^2} = 100[\text{A}]$

㉢ 초기 위상

$$\theta = \tan^{-1}\left(\frac{50\sin\frac{\pi}{6} + 50\sqrt{3}\sin\left(-\frac{\pi}{3}\right)}{50\cos\frac{\pi}{6} + 50\sqrt{3}\cos\left(-\frac{\pi}{3}\right)}\right)$$

$= -30° = -\frac{\pi}{6}[\text{rad}]$

∴ 순시값 $i = 100\sin\left(\omega t - \frac{\pi}{6}\right)[\text{A}]$

★★ 산업 15년 1회

72 복소수 $\dot{I_1} = 10\angle\tan^{-1}\frac{4}{3}$, $\dot{I_2} = 10\angle\tan^{-1}\frac{3}{4}$ 일 때 $\dot{I} = \dot{I_1} + \dot{I_2}$[A]는 얼마인가?

① $-2+j2$　② $14+j14$
③ $14+j4$　④ $14+j3$

해설

㉠ $\dot{I_1} = 10\angle\tan^{-1}\frac{4}{3} = 10\angle 53.13°$

$= 10(\cos 53.13° + j\sin 53.13°)$

$= 8 + j6[\text{A}]$

㉡ $\dot{I_2} = 10\angle\tan^{-1}\frac{3}{4} = 10\angle 36.87°$

$= 10(\cos 36.87° + j\sin 36.87°)$

$= 6 + j8[\text{A}]$

∴ 합성전류

$\dot{I} = \dot{I_1} + \dot{I_2} = (8+j6) + (6+j8) = 14 + j14[\text{A}]$

출제 05 임피던스 회로해석

★ 산업 96년 2회

73 어드미턴스 $Y = G + B$[℧]에서 B는?

① 저항　② 컨덕턴스
③ 서셉턴스　④ 리액턴스

해설

임피던스(Z)의 역수는 어드미턴스(Y)이며, 저항(R)의 역수는 컨덕턴스(G), 리액턴스(X)의 역수는 서셉턴스(B)라 한다.

★ 산업 97년 5회

74 R=25[Ω], X_L=5[Ω], X_C=10[Ω]을 병렬로 접속한 회로의 어드미턴스 Y[℧]는 얼마인가?

① $0.4-j0.1$　② $0.4+j0.1$
③ $0.04+j0.1$　④ $0.04-j0.1$

해설

어드미턴스 $Y = \frac{1}{R} + \frac{1}{jX_L} + \frac{1}{-jX_C}$

$= \frac{1}{R} - j\frac{1}{X_L} + j\frac{1}{X_C}$

$= \frac{1}{25} - j\frac{1}{5} + j\frac{1}{10} = 0.04 - j0.1[℧]$

Comment

$j = \sqrt{-1}$ 이므로 $j^2 = -1$

$\frac{1}{j} = \frac{1}{j}\times\frac{j}{j} = -j$ 또는 $\frac{1}{-j} = j$가 된다.

★ 산업 92년 2회, 14년 2회

75 R과 L의 병렬회로의 합성 임피던스[Ω]는?

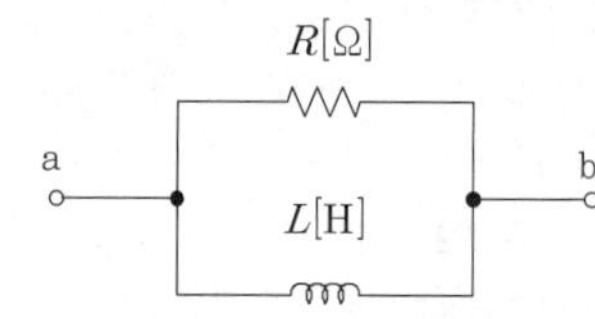

① $R\left(1+j\frac{\omega L}{R}\right)$　② $R\left(1-j\frac{1}{\omega L}\right)$

③ $\frac{R}{1-j\frac{R}{\omega L}}$　④ $\frac{R}{1+j\frac{R}{\omega L}}$

해설

임피던스 $Z = \frac{1}{\frac{1}{R} + \frac{1}{j\omega L}} = \frac{1}{\frac{1}{R} - j\frac{1}{\omega L}}$

$= \frac{1}{\frac{1}{R}\left(1 - j\frac{R}{\omega L}\right)} = \frac{R}{1 - j\frac{R}{\omega L}}[\Omega]$

정답 72. ② 73. ③ 74. ④ 75. ③

★ 기사 04년 3회 / 산업 89년 3회, 99년 7회, 03년 4회

76 이 회로의 총 어드미턴스값은 몇 [℧]인가?

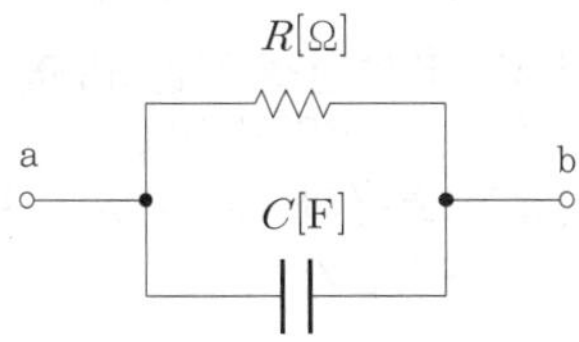

① $\frac{1}{R}(1+j\omega CR)$

② $j\frac{R}{\omega CR-j}$

③ $R-j\frac{1}{\omega C}$

④ $\frac{1}{R}-j\frac{1}{\omega C}$

해설

어드미턴스 $Y=\frac{1}{R}+\frac{1}{\frac{1}{j\omega C}}=\frac{1}{R}+j\omega C$

$=\frac{1}{R}(1+j\omega CR)$[℧]

★ 산업 89년 3회, 99년 7회, 03년 4회

77 아래 그림과 같은 회로의 합성 임피던스 Z_{ab} [Ω]는?

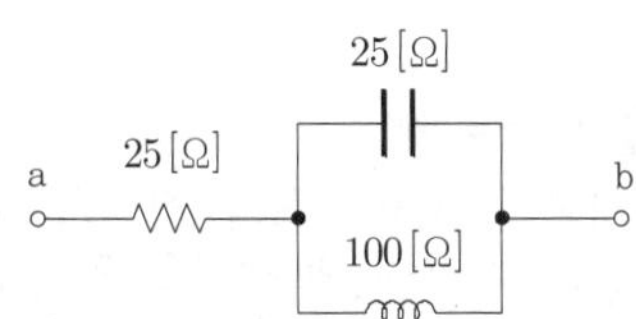

① $25+j\frac{100}{5}$

② $25-j\frac{100}{5}$

③ $25+j\frac{100}{3}$

④ $25-j\frac{100}{3}$

해설

임피던스 $Z_{ab}=25+\frac{-j25\times j100}{-j25+j100}=25+\frac{2500}{j75}$

$=25-j\frac{100}{3}$[Ω]

★ 산업 94년 4회

78 그림 (a)의 병렬회로를 그림 (b)와 같이 등가 직렬회로로 고친 등가 임피던스 Z[Ω]는?

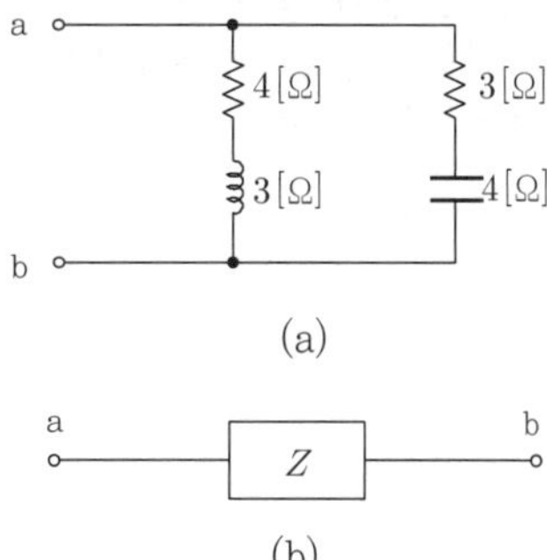

① $0.12+j10.16$ ② $0.28+j0.04$

③ $3.5-j0.5$ ④ $4-j3$

해설

합성 임피던스 $Z=\frac{Z_1\times Z_2}{Z_1+Z_2}$

$=\frac{(4+j3)\times(3-j4)}{(4+j3)+(3-j4)}=\frac{24-j7}{7-j}$

$=\frac{24-j7}{7-j}\times\frac{7+j}{7+j}=\frac{175-j25}{7^2+1^2}$

$=3.5-j0.5$[Ω]

★ 산업 93년 2회

79 그림에서 $R=10$[Ω], $X_L=20$[Ω]일 때 B_C[℧]가 얼마이면 입력 어드미턴스가 순 컨덕턴스로 되는가?

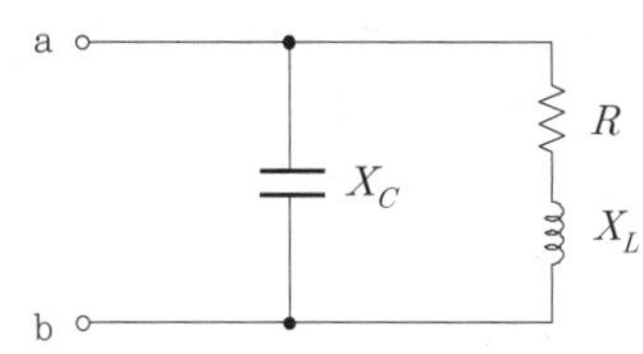

① 0.04 ② 0.02

③ 0.4 ④ 0.2

해설

합성 어드미턴스 $Y=\frac{1}{-jX_C}+\frac{1}{R+jX_L}$

$=jB_C+\frac{1}{10+j20}$

$=jB_C+(0.02-j0.04)$[℧]

∴ 합성 어드미턴스 $Y=G\pm jB$에서 순컨덕턴스가 되려면 $B_C=0.04$가 되어야 한다.

정답 76. ① 77. ④ 78. ③ 79. ①

★★ 산업 14년 1회

80 어떤 회로의 단자 전압 및 전류의 순시값이 다음과 같을 때 복소 임피던스는 약 몇 [Ω]인가?

$$v(t) = 220\sqrt{2}\sin\left(377t + \frac{\pi}{4}\right)[\text{V}]$$

$$i(t) = 5\sqrt{2}\sin\left(377t + \frac{\pi}{3}\right)[\text{A}]$$

① $42.5 - j11.4$
② $42.5 - j9$
③ $50 + j11.4$
④ $50 - j11.4$

해설

페이저 표현법

$\dot{V} = 220\angle\frac{\pi}{4} = 220\angle 45°$

$\dot{I} = 5\angle\frac{\pi}{3} = 5\angle 60°$

∴ 복소 임피던스 $\dot{Z} = \frac{\dot{V}}{\dot{I}} = \frac{220\angle 45°}{5\angle 60°} = 44\angle -15°$

$= 44(\cos 15° - j\sin 15°)$

$\fallingdotseq 42.5 - j11.4[\Omega]$

★ 산업 94년 5회

81 8[Ω]의 저항과 6[Ω]의 용량 리액턴스 직렬회로에 $E = 28 - j4$[V]인 전압을 가했을 때 흐르는 전류[A]는?

① $3.5 - j0.5$
② $2.48 + j1.36$
③ $2.8 - j0.4$
④ $5.3 + j2.21$

해설

전류 $I = \frac{E}{Z} = \frac{E}{R - jX_C}$

$= \frac{28 - j4}{8 - j6}$

$= \frac{28 - j4}{8 - j6} \times \frac{8 + j6}{8 + j6}$

$= 2.48 + j1.36[\text{A}]$

★★★ 기사 12년 1회 / 산업 02년 3회, 03년 1회, 06년 1회, 16년 4회

82 저항과 리액턴스 직렬회로에 $E = 14 + j38$[V]인 교류전압을 가하니 $i = 6 + j2$[A]의 전류가 흐른다. 이 회로의 저항과 리액턴스는 얼마인가?

① $R = 4[\Omega]$, $X_L = 5[\Omega]$
② $R = 5[\Omega]$, $X_L = 4[\Omega]$
③ $R = 6[\Omega]$, $X_L = 3[\Omega]$
④ $R = 7[\Omega]$, $X_L = 2[\Omega]$

해설

임피던스 $Z = \frac{E}{I}$

$= \frac{14 + j38}{6 + j2} = \frac{14 + j38}{6 + j2} \times \frac{6 - j2}{6 - j2}$

$= \frac{160 + j200}{6^2 + 2^2} = 4 + j5 = R + jX_L[\Omega]$

Comment

- $+jX$는 유도성 리액턴스, $-jX$는 용량성 리액턴스가 된다.
- $+jB$는 용량성 서셉턴스, $-jB$는 유도성 서셉턴스가 된다.

★★★ 기사 94년 5회

83 저항과 리액턴스의 직렬회로에 $e = 100\sin 120\pi t$[V]의 전압을 인가 시 $i = 2\sin(120\pi t + 45°)$[A]의 전류가 흐르도록 하려면 저항 R은?

① 25
② 35.4
③ 50
④ 70.7

해설

임피던스 $Z = \frac{E}{I} = \frac{100\angle 0°}{2\angle 45°}$

$= 50\angle -45°$

$= 50(\cos 45° - j\sin 45°)$

$= 25\sqrt{2} - j25\sqrt{2}$

$= R - jX_C$

정답 80. ① 81. ② 82. ① 83. ②

★ 산업 02년 2·4회, 16년 3회

84 15[Ω]의 저항과 4[Ω]의 유도 리액턴스 직렬회로에 $i=10(2+j)$[A]를 흘리는 데 필요한 전압 V[V]는 얼마인가?

① $10(26+j23)$
② $10(34+j23)$
③ $10(30+j4)$
④ $10(15+j8)$

해설

전압 $V=IZ=I(R+jX_L)$
$=(20+j10)\times(15+j4)$
$=260+j230=10(26+j23)$[V]

★★★ 기사 02년 4회

85 4[H] 인덕터에 $E=8\angle-50°$[V]의 전압을 가하였을 때 흐르는 전류의 순시값[A]은? (단, $\omega=100$[rad/sec], $E=8$[V]는 최대값이다)

① $i=\sin(100t-140°)$[A]
② $i=0.02\sin(100t-140°)$[A]
③ $i=\cos(100t-140°)$[A]
④ $i=0.02\cos(100t+140°)$[A]

해설

임피던스 $Z=jX_L=j\omega L$
$=j100\times4=j400=400\angle90°$[Ω]

∴ 순시값 전류 $i=\dfrac{E}{Z}$
$=\dfrac{8\angle-50°}{400\angle90°}=0.02\angle-140°$
$=0.02\sin(\omega t-140)$[A]

★★★ 기사 02년 4회, 12년 1회

86 저항 20[Ω], 인덕턴스 56[mH]의 직렬회로에 141.4[V], 60[Hz]의 전압을 가할 때 이 회로전류의 순시값[A]은?

① 약 $i=4.86\sin(377t+46°)$
② 약 $i=4.86\sin(377t-54°)$
③ 약 $i=6.9\sin(377t-46°)$
④ 약 $i=6.9\sin(377t-54°)$

해설

㉠ 유도 리액턴스 $X_L=\omega L=2\pi fL$
$=2\pi\times60\times56\times10^{-3}$
$=21.1$[Ω]

㉡ 임피던스 $Z=R+jX_L$
$=20+j21.1$
$=\sqrt{20^2+21.2^2}\angle\dfrac{21.1}{20}=29\angle46.53$[Ω]

∴ 순시값 전류 $i=\dfrac{V}{Z}$
$=\dfrac{141.4}{29\angle46.53}=4.875\angle-46.53$
$=4.875\sqrt{2}\sin(\omega t-46.53)$[A]

★★★ 기사 92년 5회, 98년 5회, 01년 3회 / 산업 90년 6회, 95년 6회

87 $R=100$[Ω], $C=30$[μF]의 직렬회로에 $V=100$[V], $f=60$[Hz]의 교류전압을 가할 때 전류[A]는?

① 약 88.4 ② 약 133.5
③ 약 75 ④ 약 0.75

해설

㉠ 용량 리액턴스 $X_C=\dfrac{1}{\omega C}=\dfrac{1}{2\pi fC}$
$=\dfrac{1}{2\pi\times60\times30\times10^{-6}}$
$=88.42$[Ω]

㉡ 임피던스 $Z=R-jX_C$
$=100-j88.42$
$=\sqrt{100^2+88.42^2}\angle\dfrac{88.42}{100}$
$=133.48\angle-41.48$

∴ 전류 $I=\dfrac{V}{Z}$
$=\dfrac{100}{133.48\angle-41.48}=0.75\angle41.48$[A]

★★★ 산업 98년 6회

88 저항 8[Ω]과 용량 리액턴스 X_C[Ω]이 직렬로 접속된 회로에 100[V], 60[Hz]의 교류를 가하니 10[A]의 전류가 흐른다. 이때 X_C[Ω]의 값은?

① 10 ② 8
③ 6 ④ 4

정답 84. ① 85. ② 86. ③ 87. ④ 88. ③

해설

㉠ 임피던스 $Z = \frac{V}{I}$

$= \frac{100}{10} = 10 = \sqrt{R^2 + X_C^2}\,[\Omega]$

$Z^2 = R^2 + X_C^2$

㉡ 용량 리액턴스 $X_C = \sqrt{Z^2 - R^2}$

$= \sqrt{10^2 - 8^2} = 6[\Omega]$

★★★ 기사 90년 2회, 14년 4회

89 코일에 $e = 211\sin\omega t$[V]인 교류전압이 가해졌을 때 오실로스코프에 의하여 전류의 최대값이 10[A]임을 알 수 있었다. 만일 코일의 내부저항이 10[Ω]임이 알려져 있었다면 코일의 인덕턴스는 약 몇 [mH]인가? (단, 주파수=60[Hz])

① 39 ② 49
③ 59 ④ 69

해설

㉠ 임피던스 $Z = \frac{V_m}{I_m}$

$= \frac{211}{10} = 21.1 = \sqrt{R^2 + X_L^2}\,[\Omega]$

$Z^2 = R^2 + X_L^2$

㉡ 유도 리액턴스 $X_L = \sqrt{Z^2 - R^2}$

$= \sqrt{21.1^2 - 10^2} = 18.58[\Omega]$

$X_L = \omega L = 2\pi f L[\Omega]$

∴ 인덕턴스 $L = \frac{X_L}{2\pi f}$

$= \frac{18.58}{2\pi \times 60} = 0.049[\text{H}] = 49[\text{mH}]$

Comment

오실로스코프(osciloscope)는 전기진동이나 펄스처럼 시간적 변화가 빠른 신호를 관측하는 장치를 말한다.

★★★ 산업 89년 2회, 90년 2회, 93년 5회, 03년 1회, 04년 1회, 12년 1회

90 저항 30[Ω], 용량성 리액턴스 40[Ω]의 병렬회로에 120[V]의 정현파 교번전압을 가할 때 전 전류[A]는?

① 3 ② 4
③ 5 ④ 7

해설

문제의 회로와 전류 벡터도는 다음과 같다.

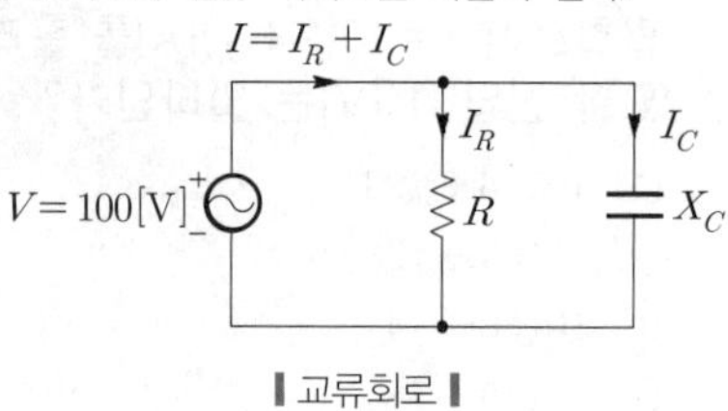

▌교류회로▌

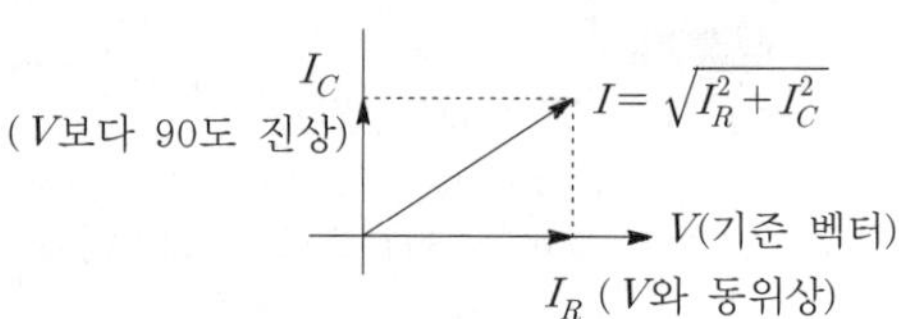

▌전류 벡터도▌

㉠ 저항에 흐르는 전류

$I_R = \frac{V}{R} = \frac{120}{30} = 4[\text{A}]$ (전압과 동위상 전류)

㉡ 콘덴서에 흐르는 전류

$I_C = \frac{V}{-jX_C} = j\frac{120}{40} = j3[\text{A}]$

(전압보다 90° 진상 전류)

∴ 전체 실효값 전류

$I = I_R + I_C = \sqrt{I_R^2 + I_C^2}$

$= \sqrt{4^2 + 3^2} = 5[\text{A}]$

★ 산업 92년 6회, 14년 3회

91 그림과 같은 회로에서 전류 i의 순시값을 표시하는 식은? (단, $Z_1 = 3 + j10[\Omega]$, $Z_2 = 3 - j2[\Omega]$, $v = 100\sqrt{2}\sin 120\pi t$[V])

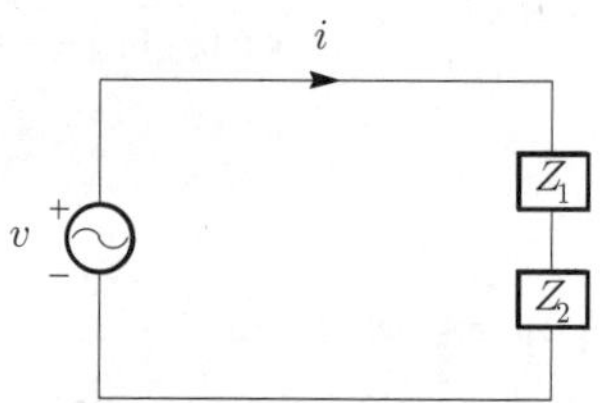

① $i = 10\sqrt{2}\sin\left(377t + \tan^{-1}\frac{4}{3}\right)$[A]

② $i = 14.1\sin\left(377t + \tan^{-1}\frac{3}{4}\right)$[A]

③ $i = 141\sin\left(120\pi t - \tan^{-1}\frac{3}{4}\right)$[A]

④ $i = 10\sqrt{2}\sin\left(120\pi t - \tan^{-1}\frac{4}{3}\right)$[A]

정답 89. ② 90. ③ 91. ④

해설

합성 임피던스 $Z = Z_1 + Z_2$

$= (3+j10)+(3-j2) = 6+j8$

$= \sqrt{6^2+8^2}\angle\tan^{-1}\frac{8}{6}$

$= 10\angle\tan^{-1}\frac{4}{3}[\Omega]$

∴ 순시값 전류 $i = \frac{V}{Z}$

$= \frac{100}{10\angle\tan^{-1}\frac{4}{3}} = 10\angle-\tan^{-1}\frac{4}{3}$

$= 10\sqrt{2}\sin\left(\omega t - \tan^{-1}\frac{4}{3}\right)$[A]

★ 기사 94년 4회, 14년 3회

92 정현파 교류전원 $e = E_m\sin(\omega t+\theta)$[V]가 인가된 $R-L-C$ 직렬회로에서 $\omega L > \frac{1}{\omega C}$일 경우 이 회로에 흐르는 전류 i[A]는 인가전압 e보다 위상이 어떻게 되는가?

① $\tan^{-1}\frac{\omega L - \frac{1}{\omega C}}{R}$ 앞선다.

② $\tan^{-1}\frac{\omega L - \frac{1}{\omega C}}{R}$ 뒤진다.

③ $\tan^{-1}R\left(\frac{1}{\omega L}-\omega C\right)$ 앞선다.

④ $\tan^{-1}R\left(\frac{1}{\omega L}-\omega C\right)$ 뒤진다.

해설

㉠ 임피던스

$Z = R + j(X_L - X_C)$

$= R + j\left(\omega L - \frac{1}{\omega C}\right)$

$= \sqrt{R^2+\left(\omega L-\frac{1}{\omega C}\right)^2}\angle\tan^{-1}\frac{\omega L-\frac{1}{\omega C}}{R}$

㉡ 전류

$i = \frac{E}{Z}$

$= \frac{E\angle\theta}{\sqrt{R^2+\left(\omega L-\frac{1}{\omega C}\right)^2}\angle\tan^{-1}\frac{\omega L-\frac{1}{\omega C}}{R}}$

$= \frac{E}{\sqrt{R^2+\left(\omega L-\frac{1}{\omega C}\right)^2}}\angle\theta-\tan^{-1}\frac{\omega L-\frac{1}{\omega C}}{R}$ [A]

집중공략

★ 산업 13년 2회, 15년 2회

93 $R-L$ 직렬회로의 $V_R = 100$[V], $V_L = 173$[V]이다. 전원전압이 $v = \sqrt{2}\,V\sin\omega t$[V]일 때 리액턴스 양단 전압의 순시값 v_L[V]은?

① $173\sqrt{2}\sin(\omega t+60°)$

② $173\sqrt{2}\sin(\omega t+30°)$

③ $173\sqrt{2}\sin(\omega t-60°)$

④ $173\sqrt{2}\sin(\omega t-30°)$

해설

㉠ 전류의 위상차

$\theta = \tan^{-1}\frac{X_L}{R} = \tan^{-1}\frac{V_L}{V_R}$

$= \tan^{-1}\frac{173}{100} = 60°$ (지상 전류)

㉡ 리액턴스 양단에 걸린 전압의 위상은 전류보다 90° 앞서므로 $\theta = -60° + 90° = 30°$가 된다.

∴ 리액턴스 양단 전압의 순시값

$v_L(t) = 173\sqrt{2}\sin(\omega t+30°)$[V]

★ 산업 01년 3회

94 $Z_1 = 3+j10[\Omega]$, $Z_2 = 3-j2[\Omega]$ 두 임피던스를 직렬로 하고 양단에 100[V]의 전압을 가했을 때 각 임피던스 양단의 전압[V]은?

① $V_1 = 98+j36$, $V_2 = 2+j36$

② $V_1 = 98-j36$, $V_2 = 2+j36$

③ $V_1 = 98+j36$, $V_2 = 2-j36$

④ $V_1 = 98-j36$, $V_2 = 2-j36$

해설

㉠ 합성 임피던스 $Z = Z_1 + Z_2$

$= (3+j10)+(3-j2)$

$= 6+j8[\Omega]$

㉡ 전류 $I = \frac{V}{Z}$

$= \frac{100}{6+j8} = \frac{100}{6+j8}\times\frac{6-j8}{6-j8}$

$= \frac{100(6-j8)}{6^2+8^2} = 6-j8$[A]

㉢ Z_1의 단자전압 $V_1 = IZ_1$

$= (6-j8)\times(3+j10)$

$= 98+j36$[V]

정답 92. ② 93. ② 94. ③

ⓡ Z_2의 단자전압 $V_2 = IZ_2$

$$= (6-j8)\times(3-j2)$$
$$= 2-j36[\text{V}]$$

★ 기사 90년 2회, 12년 4회

95 $R=200[\Omega]$, $L=1.59[\text{H}]$, $C=3.315[\mu\text{F}]$를 직렬로 연결한 회로에 $e=141.4\sin 377t[\text{V}]$를 인가할 때 C의 단자전압[V]은?

① 71 ② 212
③ 283 ④ 401

해설

㉠ 유도 리액턴스 $X_L = \omega L$
$$= 377\times1.59 = 600[\Omega]$$

㉡ 용량 리액턴스 $X_C = \dfrac{1}{\omega C}$
$$= \frac{1}{377\times3.315\times10^{-6}}$$
$$= 800[\Omega]$$

㉢ 임피던스 $Z = R+j(X_L-X_C)$
$$= 200+j(600-800)$$
$$= 200-j200 = 282.84\angle-45°[\Omega]$$

㉣ 전류 $I = \dfrac{V}{Z}$
$$= \frac{100}{282.84\angle-45°} = 0.354\angle45°[\text{A}]$$

∴ 콘덴서 단자전압 $V_C = I\times(-jX_C)$
$$= 0.354\angle45°\times800\angle-90°$$
$$= 283\angle-45°[\text{V}]$$

★ 기사 98년 5회, 00년 5회, 01년 1회

96 다음 회로 중 저항 1[MΩ]에서 $t=0.5[\text{sec}]$ 동안 소비되는 에너지[J]는?

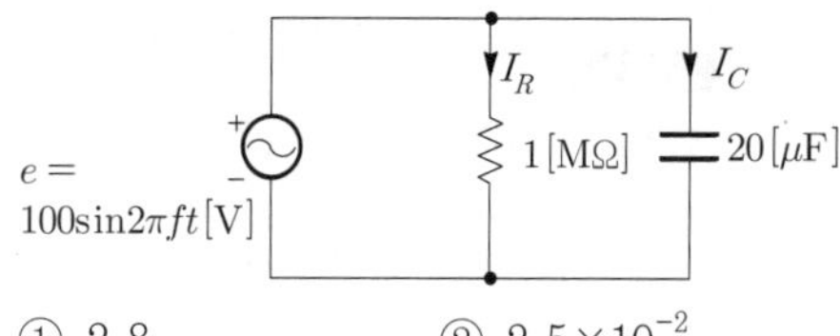

① 2.8 ② 2.5×10^{-2}
③ 2.5×10^{-3} ④ 2.5×10^{-4}

해설

저항에 흐르는 전류 $I_R = \dfrac{E}{R}$
$$= \frac{\frac{100}{\sqrt{2}}}{10^6} = \frac{10^{-4}}{\sqrt{2}}[\text{A}]$$

∴ 소비 에너지 $W_L = I_R^2 Rt$
$$= \left(\frac{10^{-4}}{\sqrt{2}}\right)^2\times10^6\times0.5$$
$$= 0.25\times10^{-2}[\text{J}]$$

★ 기사 92년 7회

97 $R=20[\Omega]$, $L=0.1[\text{H}]$ 직렬회로에 115[V], 60[Hz]의 교류전압이 인가되었다. 인덕턴스에 축적되는 자기 에너지의 평균값[J]은?

① 0.363 ② 3.64
③ 0.752 ④ 4.52

해설

㉠ 유도 리액턴스 $X_L = \omega L = 2\pi fL$
$$= 2\pi\times60\times0.1 = 37.68[\Omega]$$

㉡ 실효값 전류 $I = \dfrac{V}{Z} = \dfrac{V}{\sqrt{R^2+X_L^2}}$
$$= \frac{115}{\sqrt{20^2+37.68^2}}$$
$$= 2.695[\text{A}]$$

∴ 자기 에너지 $W_L = \dfrac{1}{2}LI^2$
$$= \frac{1}{2}\times0.1\times2.695^2 = 0.363[\text{J}]$$

출제 06 전력, 역률, 공진, 전압확대율

★★★ 산업 91년 5회

98 역률 0.8, 800[kW]를 2시간 사용할 때 소비전력량[kWh]은?

① 1000 ② 1200
③ 1400 ④ 1600

해설

소비전력량 $W = Pt = 800\times2 = 1600[\text{kWh}]$

★★★ 기사 96년 2회, 99년 4회, 02년 1회, 12년 1회 / 산업 96년 7회, 97년 5회, 05년 3회

99 어떤 회로에서 유효전력 80[W], 무효전력 60[Var]일 때 역률은 몇 [%]인가?

① 100 ② 95
③ 90 ④ 80

정답 95. ③ 96. ③ 97. ① 98. ④ 99. ④

해설

역률 $\cos\theta = \frac{P}{S} = \frac{P}{\sqrt{P^2+Q^2}}$

$= \frac{80}{\sqrt{80^2+60^2}}$

$= \frac{80}{100} = 0.8$

★★★ 산업 90년 2회, 98년 5회, 02년 2회, 15년 3회

100 100[V] 전원에 1[kW]의 선풍기를 접속하니 12[A]의 전류가 흘렀다. 선풍기의 무효율[%]은?

① 50
② 55
③ 83
④ 91

해설

역률 $\cos\theta = \frac{P}{S} = \frac{P}{VI}$

$= \frac{1000}{100\times12} = 0.833$

$\sin^2\theta + \cos^2\theta = 1$에서 $\sin\theta = \sqrt{1-\cos^2\theta}$ 이므로

∴ 무효율 $\sin\theta = \sqrt{1-\cos^2\theta}$

$= \sqrt{1-0.833^2} = 0.55 = 55[\%]$

★★★ 산업 92년 2회, 97년 7회

101 역률 60[%] 부하의 유효전력이 120[kW]이면 무효전력은 몇 [kVar]인가?

① 40 ② 80
③ 120 ④ 160

해설

㉠ 역률 $\cos\theta = \frac{P}{S}$

피상전력 $S = \frac{P}{\cos\theta} = \frac{120}{0.6} = 200[\text{kVA}]$

∴ 무효전력 $Q = P_r = VI\sin\theta$

$= VI\sqrt{1-\cos^2\theta}$

$= 200\sqrt{1-0.6^2} = 160[\text{kVar}]$

㉡ $\tan = \frac{Q}{P} = \frac{\sin\theta}{\cos\theta}$

$Q = P\times\frac{\sin\theta}{\cos\theta}$

$= 120\times\frac{\sqrt{1-0.6^2}}{0.6} = 160[\text{kVar}]$

★ 산업 93년 5회, 94년 2회, 99년 5회, 03년 1회, 05년 4회

102 22[kVA]의 부하가 역률 0.8이라면 무효전력[kVar]은?

① 16.6
② 17.6
③ 15.2
④ 13.2

해설

무효전력 $Q = P_r = VI\sin\theta$

$= VI\sqrt{1-\cos^2\theta}$

$= 22\sqrt{1-0.8^2} = 13.2[\text{kVar}]$

★ 기사 95년 7회, 14년 1회 / 산업 95년 5회, 99년 5회, 00년 6회

103 어떤 소자에 걸리는 전압 v와 소자에 흐르는 전류 i가 다음과 같을 때 소비되는 전력[W]은? $\left(단,\ v = 100\sqrt{2}\cos\left(314t+\frac{\pi}{6}\right)[\text{V}],\ i = 3\sqrt{2}\cos\left(314t-\frac{\pi}{6}\right)[\text{A}]\right)$

① 100
② 150
③ 250
④ 600

해설

전압과 전류의 위상차(상차각)는 $\theta = 30-(-30) = 60°$ 이므로

∴ 유효전력(소비전력=평균전력)

$P = VI\cos\theta$

$= 100\times3\times\cos60° = 150[\text{W}]$

★ 산업 92년 3회, 12년 4회, 15년 4회

104 어떤 회로에 $E = 100\angle 45°$[V]의 전압을 가할 때 전류 $I = 5\angle -15°$[A]가 흘렀다. 이 회로의 소비전력[W]은?

① 250 ② 500
③ 950 ④ 1200

해설

전압과 전류의 위상차 $\theta = 45°-(-15°) = 60°$이므로

∴ 소비전력(유효전력)

$P = VI\cos\theta$

$= 100\times5\times\cos60° = 250[\text{W}]$

정답 100. ② 101. ④ 102. ④ 103. ② 104. ①

★ 기사 90년 6회, 01년 5회, 11년 3회 / 산업 02년 1회, 14년 1회, 15년 3회, 16년 4회

105 어느 회로에 있어서 전압과 전류가 각각 $e=50\sin(\omega t+\theta)$[V], $i=4\sin(\omega t+\theta-30°)$[A]일 때 무효전력[Var]은 얼마인가?

① 100 ② 866
③ 70.7 ④ 50

해설

무효전력 $Q=P_r=VI\sin\theta$

$$=\frac{V_m}{\sqrt{2}}\times\frac{I_m}{\sqrt{2}}\sin\theta$$

$$=\frac{1}{2}V_mI_m\sin\theta$$

$$=\frac{1}{2}\times50\times4\times\sin30°=50[\text{Var}]$$

★ 산업 14년 2회

106 어떤 코일의 임피던스를 측정하고자 직류전압 100[V]를 가했더니 50[W]가 소비되고, 교류전압 150[V]를 가했더니 720[W]가 소비되었다. 코일의 저항[Ω]과 리액턴스[Ω]는 각각 얼마인가?

① $R=20$, $X=15$
② $R=15$, $X=20$
③ $R=25$, $X=20$
④ $R=30$, $X=25$

해설

㉠ 직류전압을 가하면 $f=0$이 되어 유도 리액턴스 $X=2\pi fL=0$[Ω]이 된다. 따라서, 코일은 저항성분만 남기 때문에 다음과 같다.

$$\therefore R=\frac{V^2}{P}=\frac{100^2}{500}=20[\Omega]$$

㉡ 교류전압을 인가하면 코일은 저항과 유도 리액턴스가 직렬로 연결된 것과 같으므로 코일에 흐르는 전류는 $I=\frac{V}{\sqrt{R^2+X_L^2}}$[A]가 된다.

㉢ 교류전압 인가 시

소비전력 $P=I^2R=\frac{V^2}{R^2+X_L^2}\times R$이므로

$$\therefore X_L=\sqrt{\frac{V^2R}{P}-R^2}=\sqrt{\frac{150^2\times20}{720}-20^2}$$

$$=15[\Omega]$$

★★★ 산업 92년 3회, 00년 2회, 01년 2회, 04년 3회

107 저항 R, 리액턴스 X의 직렬회로에 단상 교류전압 V를 가했을 때 소비되는 전력[W]은 얼마인가?

① $\frac{V^2R}{\sqrt{R^2+X^2}}$ ② $\frac{V}{\sqrt{R^2+X^2}}$
③ $\frac{V^2R}{R^2+X^2}$ ④ $\frac{X}{R^2+X^2}$

해설

㉠ 직렬 임피던스 $Z=\sqrt{R^2+X^2}$[Ω]

㉡ 전류 $I=\frac{V}{Z}=\frac{V}{\sqrt{R^2+X^2}}$[A]

∴ 소비전력(유효전력) $P=VI\cos\theta=I^2R$

$$=\left(\frac{V}{\sqrt{R^2+X^2}}\right)^2R$$

$$=\frac{V^2R}{R^2+X^2}[\text{W}]$$

★ 기사 93년 5회 / 산업 93년 3회, 03년 3회

108 그림과 같은 회로에서 각 계기들의 지시값은 다음과 같다. Ⓥ는 240[V], Ⓐ는 5[A], Ⓦ는 720[W]이다. 이때 인덕턴스 L[H]은 얼마인가? (단, $f=60$[Hz])

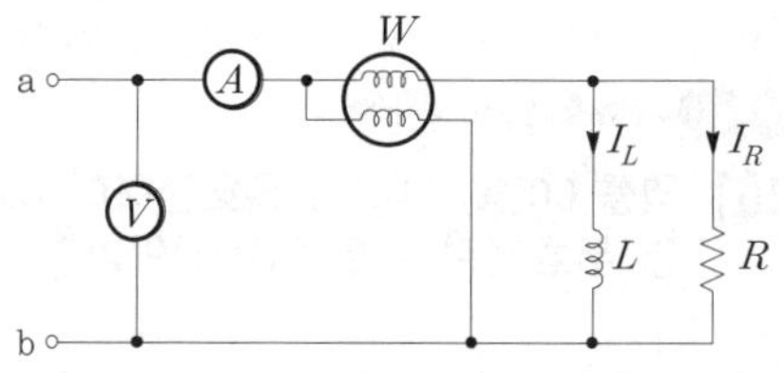

① $\frac{1}{2\pi}$ ② 2π
③ $\frac{1}{3\pi}$ ④ 3π

해설

㉠ 피상전력 $P_a=VI=240\times5=1200$[VA]

㉡ 무효전력 $P_r=\sqrt{P_a^2-P^2}$

$$=\sqrt{1200-720^2}=960[\text{Var}]$$

㉢ 유도 리액턴스 $X_L=2\pi fL=\frac{V^2}{P_r}$

$$=\frac{240^2}{960}=60[\Omega]$$

∴ 리액턴스 $L=\frac{X_L}{2\pi f}=\frac{60}{2\pi\times60}=\frac{1}{2\pi}$[H]

정답 105. ④ 106. ① 107. ③ 108. ①

★★★ 기사 96년 5회 / 산업 95년 7회, 98년 6회, 99년 6회, 00년 2회, 04년 4회, 05년 2회

109 저항 $R=3[\Omega]$, 유도 리액턴스 $X_L=4[\Omega]$이 직렬로 연결된 회로에서 $e=100\sqrt{2}\sin\omega t$[V]인 전압을 가하였다. 이 회로에서 소비되는 전력[kW]은 얼마인가?

① 1.2 ② 2.2
③ 3.5 ④ 4.2

해설

유효전력 $P=I^2R=\left(\dfrac{V}{\sqrt{R^2+X^2}}\right)^2R$

$=\left(\dfrac{100}{\sqrt{3^2+4^2}}\right)^2\times 3$

$=1200[\text{W}]=1.2[\text{kW}]$

★★ 산업 99년 3회

110 저항 40[Ω]의 임피던스 50[Ω] 직렬유도부하에 소비되는 무효전력[Var]은 얼마인가? (단, 인가전압=100[V])

① 120 ② 180
③ 200 ④ 250

해설

리액턴스 $X=\sqrt{Z^2-R^2}$

$=\sqrt{50^2-40^2}=30[\Omega]$

부하전류 $I=\dfrac{V}{R}$

$=\dfrac{100}{50}=2[\text{A}]$

∴ 무효전력 $Q=P_r=I^2X$

$=2^2\times 30=120[\text{Var}]$

★★★ 기사 91년 6회

111 $R-C$ 병렬회로에 60[Hz], 100[V]를 가했더니 유효전력 800[W], 무효전력 600[Var]가 유입했다. 저항 R[Ω], 정전용량 C[μF]의 값은 각각 얼마인가?

① $R=12.5$, $C=159$
② $R=15.5$, $C=180$
③ $R=18.5$, $C=189$
④ $R=20.5$, $C=219$

해설

㉠ 유효전력 $P=\dfrac{V^2}{R}[\text{W}]$

∴ 저항 $R=\dfrac{V^2}{P}=\dfrac{100^2}{800}=12.5[\Omega]$

㉡ 무효전력 $Q=\dfrac{V^2}{X_C}=\dfrac{V^2}{\dfrac{1}{\omega C}}$

$=\omega CV^2=2\pi fCV^2[\text{Var}]$

∴ 정전용량 $C=\dfrac{Q}{2\pi fV^2}$

$=\dfrac{600}{2\pi\times 60\times 100^2}$

$=159\times 10^{-6}[\text{F}]=159[\mu\text{F}]$

★ 산업 98년 3회, 00년 6회

112 $R-L$ 병렬회로의 양단에 $e=E_m\sin(\omega t+\theta)$[V]의 전압이 가해졌을 때 소비되는 유효전력[W]은?

① $\dfrac{{E_m}^2}{2R}$ ② $\dfrac{E^2}{2R}$
③ $\dfrac{{E_m}^2}{\sqrt{2}R}$ ④ $\dfrac{E^2}{\sqrt{2}R}$

해설

유효전력 $P=\dfrac{E^2}{R}=\dfrac{1}{R}\left(\dfrac{E_m}{\sqrt{2}}\right)^2=\dfrac{{E_m}^2}{2R}[\text{W}]$

★ 산업 93년 6회, 13년 3회

113 어떤 회로의 전압 E, 전류 I일 때 $P_a=\overline{E}I=P+jP_r$에서 $P_r>0$이다. 이 회로는 어떤 부하인가? (단, $\overline{E}$는 E의 공액복소수이다)

① 유도성 ② 무유도성
③ 용량성 ④ 정저항

해설

㉠ 복소전력 $P_a=\overline{E}I=P\pm jP_r$의 경우
$P_r>0$(용량성), $P_r<0$(유도성)

㉡ 복소전력 $P_a=E\overline{I}=P\pm jP_r$의 경우
$P_r>0$(유도성), $P_r<0$(용량성)

쌤 Comment

대학 서적에 보면 복소전력을 ㉡식으로 많이 표현하지만, 자격증 시험에서는 ㉠식을 사용한다. 따라서, 무효전력이 $P_r>0$일 때 용량성, $P_r<0$일 때 유도성이 된다.

정답 109. ① 110. ① 111. ① 112. ① 113. ③

★ 산업 11년 1회, 14년 1회

114 교류회로에서 역률이란 무엇인가?

① 전압과 전류의 위상차의 정현
② 전압과 전류의 위상차의 여현
③ 임피던스와 리액턴스의 위상차의 여현
④ 임피던스와 저항의 위상차의 정현

해설

역률이란 전압과 전류의 위상차로 피상전력와 유효전력의 비를 말한다. 또한, 역률은 전력삼각형에서 여현($\cos\theta$)으로 표현할 수 있다.

★★ 기사 94년 5회, 96년 7회, 03년 3회, 13년 3회, 14년 3회

115 어떤 부하에 $V=80+j60$[V]의 전압을 가하여 $I=4+j2$[A]의 전류가 흘렀을 경우 이 부하의 역률과 무효율은?

① 0.8, 0.6
② 0.894, 0.448
③ 0.916, 0.41
④ 0.984, 0.179

해설

㉠ 복소전력 $S=\overline{V}I$

$=(80-j60)(4+j2)=440-j80$

$=\sqrt{440^2+80^2}\angle\tan^{-1}\dfrac{-80}{440}$

$=447.2\angle-10.3$[VA]

㉡ 유효전력 $P=440$[W], 무효전력 $Q=80$[Var]

피상전력 $S=447.2$[VA], 부하각 $\theta=-10.3$

∴ 역률 $\cos\theta=\dfrac{P}{S}=\dfrac{440}{447.2}=0.984$

무효율 $\sin\theta=\dfrac{Q}{S}=\dfrac{80}{447.2}=0.179$

★★ 산업 94년 2회, 96년 6회, 12년 2회

116 부하에 전압 $V=(7\sqrt{3}+j7)$[V]를 가했을 때 전류 $I=(7\sqrt{3}-j7)$[A]가 흘렀다. 이때 부하의 역률[%]은?

① 100 ② 86.7
③ 67.7 ④ 50

해설

㉠ 복소전력 $S=\overline{V}I$

$=(7\sqrt{3}-j7)(7\sqrt{3}-j7)$

$=98-j169.74$[VA]

㉡ 유효전력 $P=98$[W]

무효전력 $Q=169.74$[Var]

피상전력 $S=\sqrt{P^2+Q^2}$

$=\sqrt{98^2+169.74^2}$

$=196$[VA]

∴ 역률 $\cos\theta=\dfrac{P}{S}\times 100$

$=\dfrac{98}{196}\times 100=50$[%]

★★ 산업 94년 3회, 00년 5회, 14년 2회

117 어떤 회로에 $E=100\angle\dfrac{\pi}{3}$[V]의 전압을 가하니 $I=10\sqrt{3}+j10$[A]의 전류가 흘렀다. 이 회로의 무효전력[kVar]은?

① 0 ② 1000
③ 1732 ④ 2000

해설

㉠ 전압 $E=100\angle\dfrac{\pi}{3}=100\angle 60°$

$=100(\cos 60°+j\sin 60°)$

$=50+j50\sqrt{3}$[V]

㉡ 복소전력 $S=\overline{E}I$

$=(50-j50\sqrt{3})(10\sqrt{3}+j10)$

$=1732-j1000$[VA]

∴ 유효전력 $P=1732$[W]

무효전력 $Q=1000$[Var]

피상전력 $S=\sqrt{1732^2+1000^2}=1014.7$[VA]

★★ 산업 00년 2회, 11년 4회

118 $R=4$[Ω]과 $X_C=3$[Ω]이 직렬로 접속된 회로에 $I=10$[A]의 전류를 통할 때의 교류전력은?

① $400+j300$ ② $460+j320$
③ $400-j300$ ④ $360+j420$

해설

전압 $V=IZ$

$=10\times(4-j3)=40-j30$[V]

∴ 복소전력 $S=\overline{V}I$

$=(40+j30)\times 10=400+j300$[VA]

정답 114. ② 115. ④ 116. ④ 117. ② 118. ①

★★★★★ 기사 94년 2회

119 다음의 전류와 전압의 짝(pair)을 통해서 유효전력(평균전력) P가 가장 작은 것은?

① $v = 100\sin\omega t$[V]
$i = 5\sin(\omega t + 30°)$[A]
② $v = 200\cos(120\pi t + 60°)$[V]
$i = 0.5\cos\left(120\pi t + \dfrac{\pi}{6}\right)$[A]
③ $v = 200\sin(377 + 45°)$[V]
$i = 4\sin(250t - 15°)$[A]
④ $v = 50\sqrt{3} + j50°$[V]
$i = 10 + j100$[A]

해설

① $P_1 = VI\cos\theta = \dfrac{V_m}{\sqrt{2}} \times \dfrac{I_m}{\sqrt{2}}\cos\theta$
$= \dfrac{1}{2}V_m I_m \cos\theta$
$= \dfrac{1}{2} \times 100 \times 5 \times \cos 30° = 216.5$[W]

② $P_2 = \dfrac{1}{2}V_m I_m \cos\theta$
$= \dfrac{1}{2} \times 200 \times 0.5 \times 30° = 43.3$[W]

③ 서로 다른 주파수에서는 소비전력(유효전력)이 나타나지 않는다. 즉, $P_3 = 0$

④ 복소전력 $S = \overline{V}I$
$= (50\sqrt{3} - j50)(10 + j100)$
$= 5866 + j8160$
소비전력 $P_4 = 5866$[W]

★★ 기사 93년 2회, 98년 3회

120 다음의 회로에서 $I_1 = 2e^{-j\frac{\pi}{3}}$, $I_2 = 5e^{j\frac{\pi}{3}}$, $I_3 = 1$이다. 이 단상회로에서의 평균전력[W] 및 무효전력[Var]은?

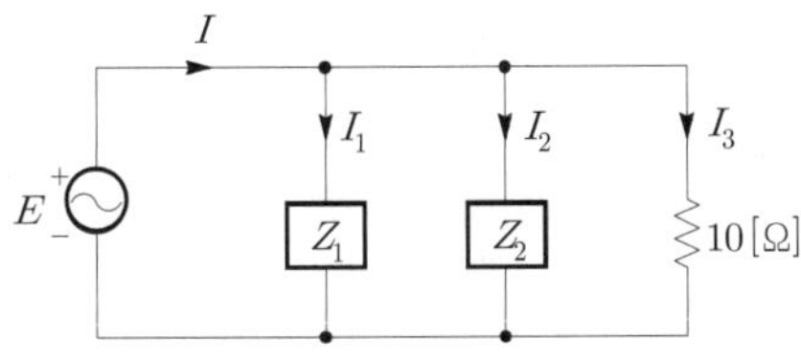

① P=10, Q=−9.75
② P=20, Q=19.5
③ P=45, Q=26
④ P=10, Q=9.75

해설

㉠ Z_1에 흐르는 전류
$$I_1 = 2e^{-j\frac{\pi}{3}} = 2\left(\cos\frac{\pi}{3} - j\sin\frac{\pi}{3}\right) = 1 - j\sqrt{3}\,[\text{A}]$$
㉡ Z_2에 흐르는 전류
$$I_2 = 5e^{j\frac{\pi}{3}} = 2\left(\cos\frac{\pi}{3} + j\sin\frac{\pi}{3}\right) = 2.5 + j4.33\,[\text{A}]$$
㉢ 부하전류(전체 전류)
$I = I_1 + I_2 + I_3 = 4.5 + j2.6$[A]
㉣ 복소전력
$S = \overline{V}I = 10I_3 \times (4.5 + j2.6) = 10(4.5 + j2.6)$
$= 45 + j26$[VA]
∴ 유효전력 $P = 45$[W]
무효전력 $Q = 26$[Var]
피상전력 $S = 51.9$[VA]

★★★ 기사 99년 3회, 03년 3회, 11년 3회 / 산업 92년 5회, 01년 1회, 03년 3회

121 R=50[Ω], L=200[mH]의 직렬회로에 주파수 50[Hz]의 교류전원에 대한 역률[%]은 얼마인가?

① 62.3　② 7.23
③ 82.3　④ 92.3

해설

유도 리액턴스 $X_L = \omega L = 2\pi fL$
$= 2\pi \times 50 \times 200 \times 10^{-3} = 62.8$[Ω]
∴ 직렬회로 시 역률 $\cos\theta = \dfrac{R}{Z} = \dfrac{R}{\sqrt{R^2 + X_L^2}}$
$= \dfrac{50}{\sqrt{50^2 + 62.8^2}}$
$= 0.623 = 62.3$[%]

★★ 산업 97년 6회, 05년 2회

122 저항 R, 리액턴스 X와의 직렬회로에 있어서 $\dfrac{X}{R} = \dfrac{1}{\sqrt{2}}$일 때 회로의 역률은?

① 12　② $\dfrac{1}{\sqrt{3}}$
③ $\dfrac{\sqrt{2}}{\sqrt{3}}$　④ $\dfrac{\sqrt{3}}{2}$

정답 119. ③ 120. ③ 121. ① 122. ③

해설

직렬회로 시 역률 $\cos\theta = \dfrac{R}{Z} = \dfrac{R}{\sqrt{R^2+X_L^2}}$

$$= \frac{\sqrt{2}}{\sqrt{(\sqrt{2})^2+1^2}} = \frac{\sqrt{2}}{\sqrt{3}}$$

집중공략

★★★ 산업 07년 4회

123 $R=15[\Omega]$, $X_L=12[\Omega]$, $X_C=30[\Omega]$가 병렬로 접속된 회로에 120[V]의 교류전압을 가하면 전원에 흐르는 전류와 역률은 각각 얼마인가?

① 22[A], 85[%] ② 22[A], 80[%]
③ 22[A], 60[%] ④ 10[A], 80[%]

해설

R, L, C 병렬회로와 전류 벡터도는 다음과 같다.

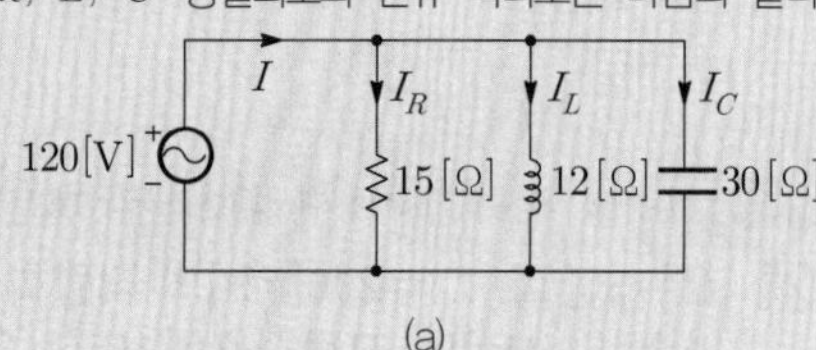

(a)

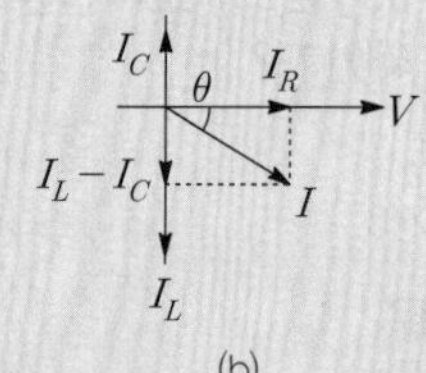

(b)

㉠ 저항에 흐르는 전류

$I_R = \dfrac{V}{R} = \dfrac{120}{15} = 8[\text{A}]$ (전압과 동위상)

㉡ 코일에 흐르는 전류

$I_L = \dfrac{V}{jX_L} = -j\dfrac{V}{X_L} = -j\dfrac{120}{12} = -j10[\text{A}]$

(전압보다 90° 느리다)

㉢ 콘덴서에 흐르는 전류

$I_C = \dfrac{V}{-jX_C} = j\dfrac{V}{X_C} = j\dfrac{120}{30} = j4[\text{A}]$

(전압보다 90° 빠르다)

㉣ 부하전류

$I = I_R - j(I_L - I_C) = 8 - j6$

$= \sqrt{8^2+6^2} = 10[\text{A}]$

∴ 병렬회로 시 역률 $\cos\theta = \dfrac{I_R}{I} = \dfrac{8}{10} = 0.8 = 80[\%]$

★★★ 기사 96년 7회, 01년 3회, 02년 3회, 13년 1회 / 산업 94년 3회

124 저항 30[Ω]과 유도 리액턴스 40[Ω]을 병렬로 접속하고 120[V]의 교류전압을 가했을 때 회로의 역률값은?

① 0.6 ② 0.7
③ 0.8 ④ 0.9

해설

병렬회로 시 역률

$$\cos\theta = \frac{I_R}{I} = \frac{X}{\sqrt{R^2+X^2}} = \frac{40}{\sqrt{30^2+40^2}} = 0.8 = 80[\%]$$

★★★ 기사 93년 5회

125 다음과 같은 회로의 역률은 얼마인가?

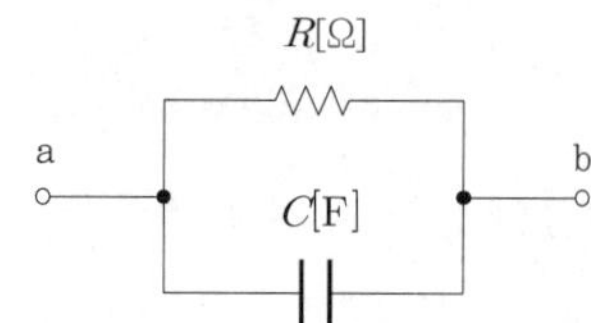

① $1+(\omega RC)^2$
② $\sqrt{1+(\omega RC)^2}$
③ $\dfrac{1}{\sqrt{1+(\omega RC)^2}}$
④ $\dfrac{1}{1+(\omega RC)^2}$

해설

병렬회로 시 역률

$$\cos\theta = \frac{X}{\sqrt{R^2+X^2}} = \frac{\frac{1}{\omega C}}{\sqrt{R^2+\left(\frac{1}{\omega C}\right)^2}} = \frac{1}{\omega C\sqrt{R^2+\left(\frac{1}{\omega C}\right)^2}} = \frac{1}{\sqrt{(\omega CR)^2+1}}$$

정답 123. ④ 124. ③ 125. ③

★ 산업 91년 2회

126 다음 그림에서 각 분로의 전류가 $I_L = 3 - j6$[A], $I_C = 5 + j2$[A]일 때 전원에서의 역률은?

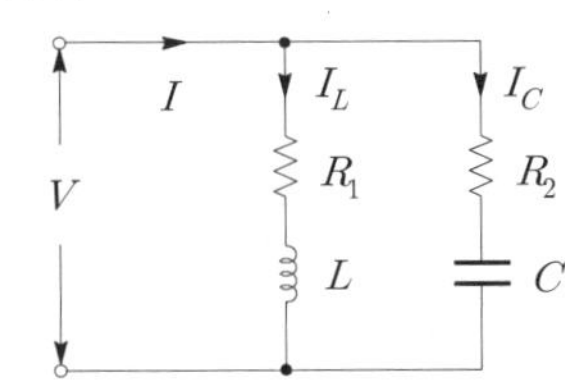

① $\frac{1}{\sqrt{17}}$　② $\frac{4}{\sqrt{17}}$
③ $\frac{1}{\sqrt{5}}$　④ $\frac{2}{\sqrt{5}}$

해설

㉠ 전류 $I = I_L + I_C$
$= (3 - j6) + (5 + j2) = 8 - j4$[A]

㉡ 유효전력 $I_R = 8$[A]
무효전력 $I_X = 4$[A]
부하전류 $I = \sqrt{I_R^2 + I_X^2} = \sqrt{8^2 + 4^2}$[A]

∴ 병렬회로 시 역률

$$\cos\theta = \frac{I_R}{I} = \frac{8}{\sqrt{8^2+4^2}} = \frac{8}{\sqrt{80}} = \frac{8}{4\sqrt{5}} = \frac{2}{\sqrt{5}}$$

집중공략

★★★ 산업 91년 6회, 94년 5회, 95년 7회, 11년 2회, 13년 1회, 14년 4회

127 코일에 단상 100[V]의 전압을 가하면 30[A]의 전류가 흐르고 1.8[kW]의 전력을 소비한다고 한다. 이 코일과 병렬로 콘덴서를 접속하여 회로의 합성역률을 100[%]로 하기 위한 용량 리액턴스[Ω]는 대략 얼마인가?

① 4　② 5
③ 6　④ 10

해설

㉠ 유효전력 $P = I^2R$[W]
저항 $R = \frac{P}{I^2} = \frac{1800}{30^2} = 2$[Ω]

㉡ 회로 임피던스 $Z = \frac{V}{I} = \frac{100}{30} = 3.33$[Ω]

㉢ 유도 리액턴스
$X_L = \sqrt{Z^2 - R^2} = \sqrt{3.33^2 - 2^2} = 2.67$[Ω]

㉣ 역률을 100[%]로 하기 위한 무효전력
$Q = I^2X_L = 30^2 \times 2.67 = 2400$[Var]

∴ 용량 리액턴스 $X_C = \frac{V^2}{Q} = \frac{100^2}{2400} = 4.17$[Ω]

★ 산업 92년 6회

128 600[kVA] 역률 0.6(지상) 부하와 800[kVA] 역률 0.8(진상)의 부하가 접속되어 있을 때 종합 피상전력[kVA]은?

① 1400　② 1000
③ 960　④ 0

해설

㉠ 부하 1
$S_1 = 600 \times 0.6 - j600 \times 0.8 = 360 - j480$[kVA]

㉡ 부하 2
$S_2 = 800 \times 0.8 + j800 \times 0.6 = 640 + j480$[kVA]

∴ 합성부하
$S = S_1 + S_2$
$= (360 + 640) + j(-480 + 480)$
$= 1000$[kVA]

★ 산업 13년 2회

129 100[V] 전압에 대하여 늦은 역률 0.8로서 10[A]의 전류가 흐르는 부하와 앞선 역률 0.8로서 20[A]의 전류가 흐르는 부하가 병렬로 연결되어 있다. 전전류에 대한 역률은 약 얼마인가?

① 0.66　② 0.76
③ 0.87　④ 0.97

해설

㉠ $\dot{I}_1 = 10(\cos\theta - j\sin\theta) = 10(0.8 - j0.6)$
$= 8 - j6$[A]

㉡ $\dot{I}_2 = 20(\cos\theta + j\sin\theta) = 20(0.8 + j0.6)$
$= 16 + j12$[A]

㉢ 전전류
$\dot{I}_0 = \dot{I}_1 + \dot{I}_2 = (8 - j6) + (16 + j12) = 24 + j6$[A]

∴ 역률 $\cos\theta = \frac{I_R}{I} = \frac{24}{\sqrt{24^2 + 6^2}} = 0.97$

정답 126. ④　127. ①　128. ②　129. ④

★★★ 기사 11년 1회 / 산업 92년 3회, 04년 3회

130 $R=5[\Omega]$, $L=10[\text{mH}]$, $C=1[\mu\text{F}]$의 직렬회로에서 공진주파수 $f_0[\text{Hz}]$는 얼마인가?

① 3181 ② 1820
③ 1591 ④ 1432

해설

공진조건은 $X_L = X_C$이므로 이를 정리하면

$\omega L = \frac{1}{\omega C}$에서 $\omega^2 = \frac{1}{LC}$, $\omega = \frac{1}{\sqrt{LC}}$이 되고

$\omega = 2\pi f$이므로

$\therefore$ 공진주파수 $f_0 = \frac{1}{2\pi\sqrt{LC}}$

$$= \frac{1}{2\pi \times \sqrt{10\times 10^{-3} \times 1 \times 10^{-6}}}$$

$= 1591[\text{Hz}]$

★★★ 기사 96년 7회

131 직렬공진회로에서 최대가 되는 것은?

① 전류
② 저항
③ 리액턴스
④ 임피던스

해설

직렬회로의 임피던스 $Z = R + j(X_L - X_C)[\Omega]$에서 공진조건은 $X_L = X_C$이므로 임피던스가 최소가 되어 최대 전류가 흐르게 된다.

★★★ 산업 09년 3회, 14년 4회

132 $R-L-C$ 직렬회로에서 공진 시 전류는 공급전압에 대해 어떤 위상차를 갖는가?

① 0°
② 90°
③ 180°
④ 270°

해설

$Z = R + j(X_L - X_C)[\Omega]$에서 공진 시 $Z = R$이 되어 전압과 전류가 동위상된다.

★★★ 기사 91년 7회, 96년 2회 / 산업 98년 4회, 04년 2회

133 어떤 $R-L-C$ 병렬회로가 병렬공진되었을 때 합성전류는?

① 최대가 된다.
② 최소가 된다.
③ 전류는 흐르지 않는다.
④ 전류는 무한대가 된다.

해설

병렬회로의 어드미턴스 $Y = G + j(B_C - B_L)[℧]$에서 공진조건은 $B_C = B_L$이므로 어드미턴스가 최소가 되어 최소 전류가 흐르게 된다.

★ 산업 92년 2회, 05년 4회, 07년 4회

134 그림과 같이 주파수 $f[\text{Hz}]$인 교류회로에 있어서 전류 I와 I_R이 같은 값으로 되는 조건은?

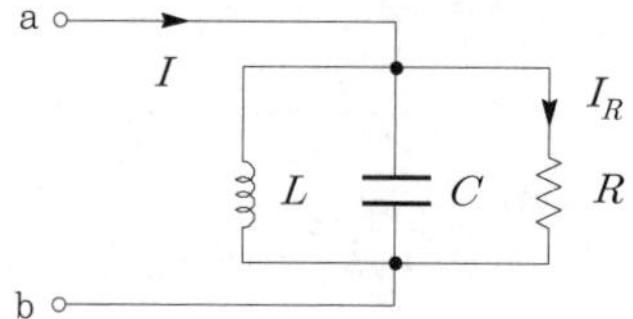

① $f = \frac{1}{\sqrt{LC}}$ ② $f = \frac{2\pi}{\sqrt{LC}}$
③ $f = \frac{1}{2\pi\sqrt{LC}}$ ④ $f = 2\pi(\sqrt{LC})^2$

★ 기사 90년 6회, 05년 1회 / 산업 11년 3회, 13년 3·4회, 14년 2회

135 그림 회로에서 공진 시 어드미턴스는?

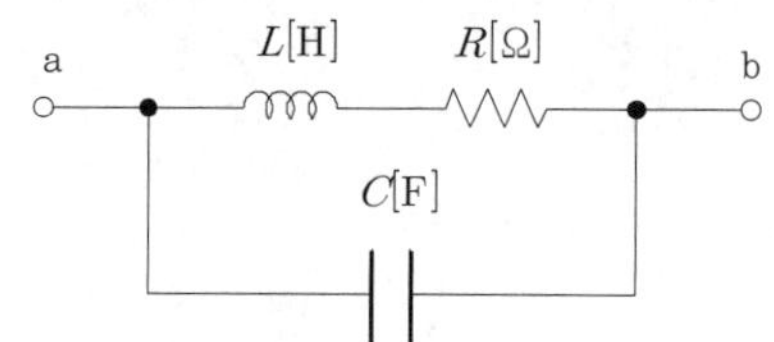

① $\frac{1}{CR}$ ② $\frac{R}{CL}$
③ $\frac{LR}{C}$ ④ $\frac{CR}{L}$

정답 130. ③ 131. ① 132. ① 133. ② 134. ③ 135. ④

해설

㉠ 합성 어드미턴스

$$Y=\frac{1}{R+j\omega L}+j\omega C$$

$$=\frac{R}{R^2+(\omega L)^2}+j\left(\omega C-\frac{\omega L}{R^2+(\omega L)^2}\right)[℧]$$

㉡ 공진 시에는 허수부가 0이므로

$\omega C=\dfrac{\omega L}{R^2+(\omega L)^2}$에서 $\dfrac{1}{R^2+(\omega L)^2}=\dfrac{C}{L}$가 된다.

∴ 공진 시 어드미턴스 $Y=\dfrac{R}{R^2+(\omega L)^2}=\dfrac{RC}{L}$

★ 기사 93년 5회, 96년 7회

136 그림과 같은 회로에서 전류 I의 최대값은 몇 [A]인가? $\left(단, e=110\sqrt{2}\sin(\omega t+10)[V], R=\sqrt{2}[\Omega], \omega L=10[\Omega], \dfrac{1}{\omega C}=10[\Omega]\right)$

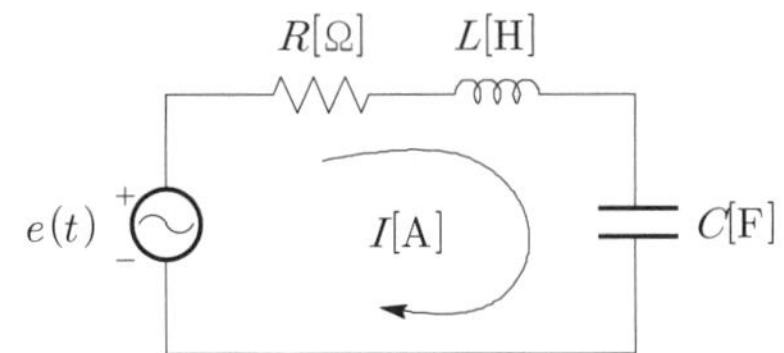

① 55 ② $110\sqrt{2}$
③ 220 ④ 110

해설

직렬공진일 때 전류가 최대가 되므로

$$I_m=\frac{E_m}{Z}=\frac{E_m}{R}=\frac{110\sqrt{2}}{\sqrt{2}}=110[A]$$

★ 기사 02년 4회

137 다음 회로에서 일정한 전류 I_1, I_2가 똑같은 전류를 흘릴 때 전원 V의 주파수[Hz]는 얼마인가?

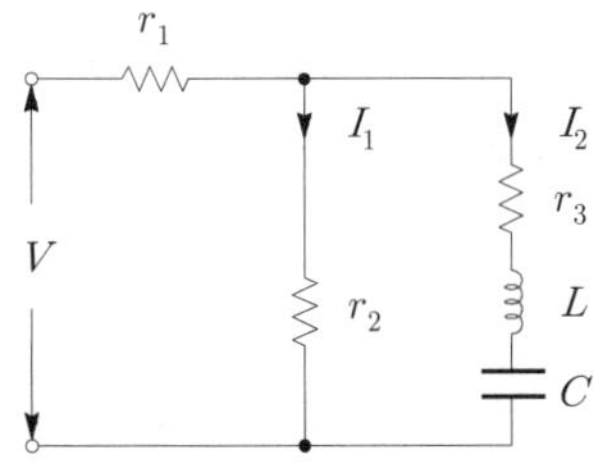

① $2\pi\sqrt{LC}$

② $\dfrac{1}{2\pi\sqrt{LC}}$

③ $\dfrac{r_1}{2\pi\sqrt{LC}}$

④ $\dfrac{\frac{r_1 r_2}{r_1+r_2}}{2\pi\sqrt{LC}}$

해설

I_1, I_2가 같아지려면 L, C 공진이 일어나고 $r_2=r_3$가 같아야 한다.

∴ 공진주파수 $f=\dfrac{1}{2\pi\sqrt{LC}}[Hz]$

★ 기사 93년 3회, 94년 7회 / 산업 91년 7회, 95년 5회, 99년 4회

138 직렬공진회로의 Q가 갖는 물리적 의미와 관계없는 것은?

① 공진회로의 저항에 대한 리액턴스비
② 공진 시 전압상승비
③ 공진속도의 첨예도
④ 공진회로에서 에너지의 소비능률

해설

직렬회로의 선택도

$$Q=\frac{P_r}{P}=\frac{I^2X}{I^2R}=\frac{E_X}{E}=\frac{X}{R}=\frac{\omega L}{R}=\frac{1}{\omega CR}$$

★ 기사 90년 7회, 11년 1회

139 자체 인덕턴스 $L=0.02$[mH]와 선택도 $Q=60$일 때 코일의 주파수 $f=2$[MHz]였다. 이 코일의 저항은 몇 [Ω]인가?

① 2.2 ② 3.2
③ 4.2 ④ 5.2

해설

직렬회로의 선택도 $Q=\dfrac{X}{R}=\dfrac{2\pi fL}{R}$

$$\therefore R=\frac{2\pi fL}{Q}$$

$$=\frac{2\pi\times2\times10^6\times0.02\times10^{-3}}{60}$$

$$=4.18[\Omega]$$

정답 136. ④ 137. ② 138. ④ 139. ③

★★★★ 기사 03년 2회, 05년 3회, 06년 1회 / 산업 99년 5회, 06년 1회, 12년 2회

140 $R=10[\Omega]$, $L=10[\text{mH}]$, $C=1[\mu\text{F}]$인 직렬회로에 100[V] 전압을 가했을 때 공진의 첨예도(선택도) Q는 얼마인가?

① 1 ② 10
③ 100 ④ 1000

해설

직렬공진 시 선택도는 아래와 같다.

$$Q=\frac{\omega L}{R}=\frac{2\pi fL}{R}=\frac{2\pi L}{R}\times\frac{1}{2\pi\sqrt{LC}}=\frac{1}{R}\sqrt{\frac{L}{C}}$$

$$\therefore\ Q=\frac{1}{R}\sqrt{\frac{L}{C}}=\frac{1}{10}\times\sqrt{\frac{10\times10^{-3}}{1\times10^{-6}}}=10$$

★ 기사 96년 4회, 00년 3회, 05년 1회

141 $R=5[\Omega]$, $L=20[\text{mH}]$ 및 가변용량 C로 구성된 R, L, C 직렬회로에 주파수 1000[Hz]인 교류를 가한 다음 C를 가변하여 직렬공진시켰다. C의 값과 선택도 Q는 얼마인가?

① $C=2.277[\mu\text{F}]$, $Q=2.512$
② $C=1.268[\mu\text{F}]$, $Q=2.512$
③ $C=2.277[\mu\text{F}]$, $Q=25.12$
④ $C=1.268[\mu\text{F}]$, $Q=25.12$

해설

㉠ 직렬공진조건 $\omega L=\dfrac{1}{\omega C}$

$$\therefore\ \text{정전용량}\ C=\frac{1}{\omega^2 L}=\frac{1}{(2\pi\times1000)^2\times10\times10^{-3}}=1.268\times10^{-6}[\text{F}]=1.268[\mu\text{F}]$$

㉡ 선택도 $$Q=\frac{1}{R}\sqrt{\frac{L}{C}}=\frac{1}{5}\times\sqrt{\frac{20\times10^{-3}}{1.268\times10^{-6}}}=25.12$$

★ 기사 91년 2회 / 산업 93년 6회

142 아래 그림의 회로에서 공진 시의 임피던스는? $\left(\text{단, } Q=\dfrac{\omega L}{R}\right)$

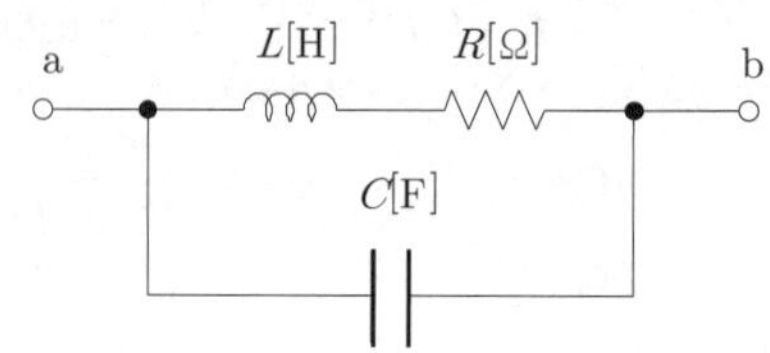

① $R(1+Q^2)$ ② Q^2
③ $R+Q^2$ ④ ∞

해설

㉠ 합성 어드미턴스 $$Y=\frac{1}{R+j\omega L}+j\omega C=\frac{R}{R^2+(\omega L)^2}+j\left(\omega C-\frac{\omega L}{R^2+(\omega L)^2}\right)[\mho]$$

㉡ 공진 시에는 허수부가 0이므로

$\omega C=\dfrac{\omega L}{R^2+(\omega L)^2}$에서 $\dfrac{1}{R^2+(\omega L)^2}=\dfrac{C}{L}$이 된다.

∴ 공진 시 임피던스 $$Z=\frac{1}{Y}=\frac{R^2+(\omega L)^2}{R}=R+\frac{(\omega L)^2}{R}=R+RQ^2=R(1+Q^2)[\Omega]$$

★ 산업 91년 5회, 98년 2회, 00년 1회, 05년 2회, 07년 4회

143 R, L, C 병렬공진회로에 관한 설명 중 옳지 않은 것은?

① 공진 시 입력 어드미턴스는 매우 작아진다.
② 공진주파수 이하에서의 입력전류는 전압보다 위상 뒤진다.
③ R이 작을수록 Q가 높다.
④ 공진 시 L 또는 C를 흐르는 전류는 입력전류 크기의 Q배가 된다.

해설

병렬회로의 선택도 $Q=\dfrac{P_r}{P}=\dfrac{\frac{V^2}{X}}{\frac{V^2}{R}}=\dfrac{I_X}{I_R}=\dfrac{R}{X}$

$=\dfrac{R}{\omega L}=\omega CR$이므로 R이 작을수록 선택도 Q는 감소한다.

정답 140. ② 141. ④ 142. ① 143. ③

★★★ 기사 98년 6회, 00년 6회, 11년 1회, 16년 1회

144 그림과 같이 전압 V와 저항 R로 되는 회로단자 a, b 간에 적당한 저항 R_L을 접속하여 R_L에서 소비되는 전력을 최대로 하게 했다. 이때 R_L에서 소비되는 전력 P[W]는 얼마인가?

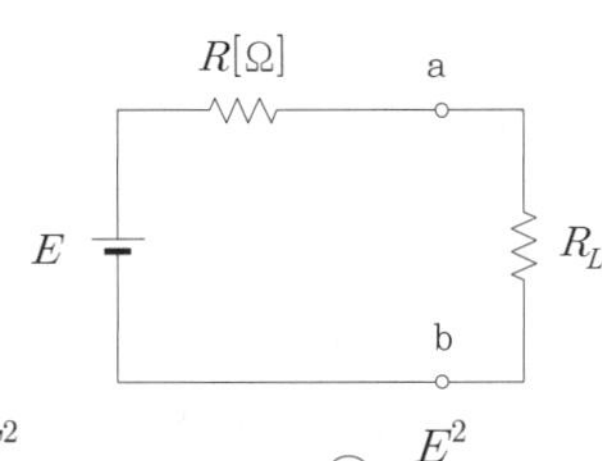

① $\dfrac{E^2}{4R}$　② $\dfrac{E^2}{2R}$

③ R　④ $2R$

해설

소비전력 $P=I^2R_L=\left(\dfrac{E}{R+R_L}\right)^2R_L=\dfrac{E^2R_L}{(R+R_L)^2}$ [W]에서 최대 전력전달조건은 $R_L=R$이므로

$\therefore\ P_m=\dfrac{E^2R}{(2R)^2}=\dfrac{E^2}{4R}=\dfrac{E^2}{4R_L}=\dfrac{{E_m}^2}{4R_L}$[W]

(직류전압은 구형파이므로 실효값과 최대값이 같다)

★★ 기사 93년 4회, 05년 3회

145 최대값 E_m, 내부 임피던스 $Z=R+jX$ $(R>0)$[Ω]인 전원에서 공급할 수 있는 최대 전력은?

① $\dfrac{{E_m}^2}{8R}$　② $\dfrac{{E_m}^2}{4R}$

③ $\dfrac{{E_m}^2}{2R}$　④ $\dfrac{{E_m}^2}{\sqrt{2}R+0}$

해설

소비전력 $P=I^2R=\left(\dfrac{E}{Z+Z_L}\right)R=\dfrac{E^2R}{(Z+Z_L)^2}$[W]

에서 최대 전력전달조건은 $Z_L=\overline{Z}=R-jX$이므로

$$\therefore\ P_m=\frac{E^2R}{[(R+jX)+(R-jX)]^2}=\frac{E^2R}{(2R)^2}=\frac{E^2}{4R}=\frac{\left(\frac{E_m}{\sqrt{2}}\right)^2}{4R}=\frac{{E_m}^2}{8R}\text{[W]}$$

집중공략

★ 기사 94년 7회, 01년 2회, 12년 3회, 15년 4회

146 $Z_g=0.3+j2$[Ω]인 발전기 임피던스에 $Z_l=1.7+j3$[Ω]인 선로를 연결하여 부하에 전력을 공급한다. 부하 임피던스 Z_L이 어떤 값을 취할 때 부하에 최대 전력이 전송되겠는가?

① $2-j5$　② $2+j5$

③ 2　④ $\sqrt{2^2+5}$

해설

전원측 임피던스 $Z_s=Z_g+Z_l=2+j5$[Ω]이므로 최대 전력전달조건은 다음과 같다.

$\therefore\ Z_L=\overline{Z_s}=2-j5$[Ω]

★ 산업 91년 2회, 99년 3회, 03년 4회, 13년 2회

147 부하저항 R_L이 전원의 내부저항 r의 3배가 되면 부하저항 R_L에서 소비되는 전력 P_L은 최대 전송전력 P_m의 몇 배인가?

① 0.89배

② 0.75배

③ 0.5배

④ 0.3배

해설

㉠ $R_L=3r$인 경우 R_L에서 소비되는 전력은 다음과 같다.

$$P=I^2R_L=\left(\frac{E}{r+R_L}\right)^2R_L=\left(\frac{E}{r+3r}\right)^2 3r=\frac{E^2}{16r^2}\times 3r=\frac{3E^2}{16r}\text{[W]}$$

㉡ 최대 전력전달조건 $R_L=r$이고, 이때 R_L에서 소비되는 전력은 다음과 같다.

$$P_m=I^2R_L=\left(\frac{E}{r+R_L}\right)^2R_L=\left(\frac{E}{r+r}\right)^2 r=\frac{E^2}{4r^2}\times r=\frac{E^2}{4r}\text{[W]}$$

$$\therefore\ \frac{P}{P_m}=\frac{3}{4}=0.75$$

정답 144. ① 145. ① 146. ① 147. ②

집중공략

★ 산업 89년 6회, 91년 2회, 99년 3회, 03년 4회

148 그림과 같은 회로에서 부하 임피던스 Z_L을 얼마로 할 때 최대 전력[W]이 공급되는가?

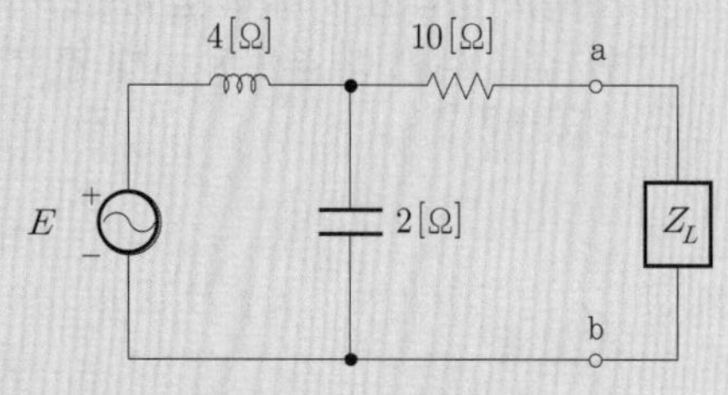

① $10+j1.3$　② $10-j1.3$
③ $10+j4$　④ $10-j4$

해설

전원측 합성 임피던스

$$Z_{ab}=10+\frac{j4\times(-j2)}{j4+(-j2)}$$
$$=10+\frac{8}{j2}=10-j4[\Omega]$$

∴ 최대 전력전달조건 : $Z_L=\overline{Z_{ab}}=10+j4[\Omega]$

★ 기사 03년 3회, 13년 2회 / 산업 92년 5회, 99년 6회

149 전원의 내부 임피던스가 순저항 R과 리액턴스 X로 구성되고 외부에 부하저항 R_L을 연결하여 최대 전력을 소모시키려면 이 때의 $R_L[\Omega]$의 값은?

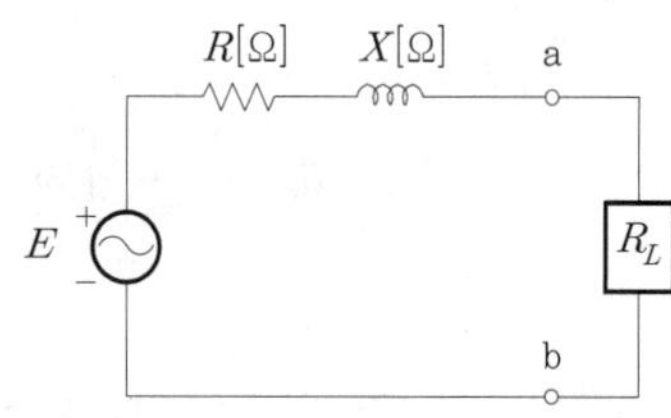

① $R_L=R$　② $R_L=R+X$
③ $R_L=\sqrt{R^2-X^2}$　④ $R_L=\sqrt{R^2+X^2}$

해설

㉠ 전류 $I=\frac{E}{Z}=\frac{E}{\sqrt{(R+R_L)^2+X^2}}$[A]

㉡ 소비전력 $P=I^2R_L=\frac{E^2R_L^2}{(R+R_L)^2+X^2}$[W]

㉢ 최대 전력전달조건은 $\frac{dP}{dR_L}=0$이므로

$$\frac{dP}{dR_L}=\frac{d}{dR_L}\frac{E^2R_L}{(R+R_L)^2+X^2}$$
$$=\frac{E^2\left[(R+R_L)^2+X^2\right]-E^2R_L\times2(R+R_L)}{\left[(R+R_L)^2+X^2\right]^2}$$
$$=0$$

$E^2\left[(R+R_L)^2+X^2\right]=2E^2R_L(R+R_L)$에서

$(R+R_L)^2+X^2=2RR_L+2R_L^2$

$R^2+2RR_L+R_L^2+X^2=2RR_L+2R_L^2$에서

$R_L^2=R^2+X^2$

∴ $R_L=\sqrt{R^2+X^2}[\Omega]$

★ 산업 95년 4회, 03년 2회

150 $R-L-C$ 직렬회로에서 일정 각주파수의 전압을 가하여 R만을 변화시켰을 때 R의 어떤 값에서 소비전력[Ω]이 최대가 되는가?

① $\frac{E^2R}{R^2+X^2}$　② $\frac{E^2X}{R^2+X^2}$
③ $\omega L+\frac{1}{\omega C}$　④ $\omega L-\frac{1}{\omega C}$

해설

㉠ 전류 $I=\frac{E}{Z}=\frac{E}{\sqrt{R^2+\left(\omega L-\frac{1}{\omega C}\right)^2}}$[A]

㉡ 소비전력 $P=I^2R=\frac{E^2R}{R^2+\left(\omega L-\frac{1}{\omega C}\right)^2}$[W]

㉢ 최대 전력전달조건은 $\frac{dP}{dR}=0$이므로

$$\frac{dP}{dR}=\frac{d}{dR}\frac{E^2R}{R^2+\left(\omega L-\frac{1}{\omega C}\right)^2}$$
$$=\frac{E^2\left[R^2+\left(\omega L-\frac{1}{\omega C}\right)^2\right]-E^2R\times2R}{\left[R^2+\left(\omega L-\frac{1}{\omega C}\right)^2\right]^2}=0$$

$E^2\left[R^2+\left(\omega L-\frac{1}{\omega C}\right)^2\right]=E^2R\times2R$에서

$R^2+\left(\omega L-\frac{1}{\omega C}\right)^2=2R^2$

$R^2=\left(\omega L-\frac{1}{\omega C}\right)^2$

∴ $R=\omega L-\frac{1}{\omega C}[\Omega]$

정답　148. ③　149. ④　150. ④

★ 산업 12년 4회

151 $R-C$ 직렬회로에 V[V]의 교류기전력을 가하는 경우 저항 R[Ω]에서 소비되는 최대 전력[W]은?

① $\frac{1}{4}\omega CV^2$ ② $2\omega^2 CV$

③ $C\omega^2 V^2$ ④ $\frac{1}{2}\omega CV^2$

해설

전류 $I = \frac{V}{\sqrt{R^2+X_C^2}}$[A]에서 최대 전력전달조건은

$R = X_C$이므로

$\therefore$ 최대 전력 $P_{\max} = I^2 R$

$$= \left(\frac{V}{\sqrt{2X_C^2}}\right)^2 \times X_C$$

$$= \frac{V^2}{2X_C^2} \times X_C = \frac{1}{2}\omega CV^2[\text{W}]$$

★ 산업 96년 2회, 15년 4회

152 다음 그림과 같은 회로에서 전압계 3개로 단상전력을 측정하고자 할 때 유효전력[W]은?

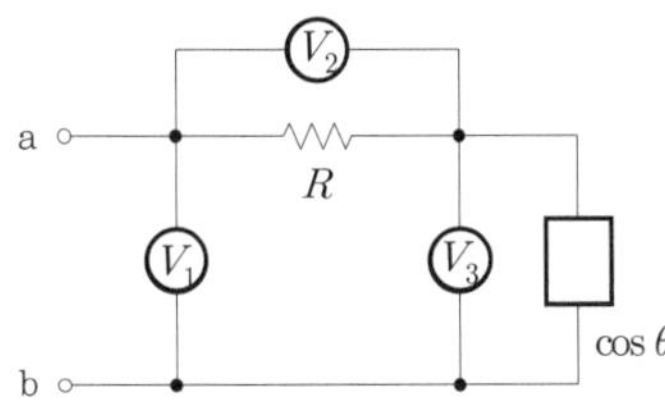

① $\frac{1}{2R}(V_1^2 - V_2^2 - V_3^2)$

② $\frac{1}{2R}(V_1^2 - V_3^2)$

③ $\frac{R}{2}(V_1^2 - V_2^2 - V_3^2)$

④ $\frac{R}{2}(V_2^2 - V_1^2 - V_3^2)$

해설

㉠ 역률 $\cos\theta = \frac{V_1^2 - V_2^2 - V_3^2}{2V_2V_3}$

㉡ 소비전력 $P = VI\cos\theta$

$$= V_3 \times \frac{V_2}{R} \times \frac{V_1^2 - V_2^2 - V_3^2}{2V_2V_3}$$

$$= \frac{1}{2R}(V_1^2 - V_2^2 - V_3^2)[\text{W}]$$

Comment

3전압계법, 3전류계법, 2전력계법은 2차 실기시험에도 자주 출제되는 문제이니 반드시 기억하자. 특히 실기시험에서 3전압계법과 3전류계법의 공식을 유도하는 방법이 출제되었다.

★ 산업 94년 7회

153 그림과 같이 전류계 A_1, A_2, A_3, 25[Ω]의 저항 R을 접속하였다. 전류계의 지시는 $A_1 = 10$[A], $A_2 = 4$[A], $A_3 = 7$[A]이다. 부하의 전력[W]과 역률은 얼마인가?

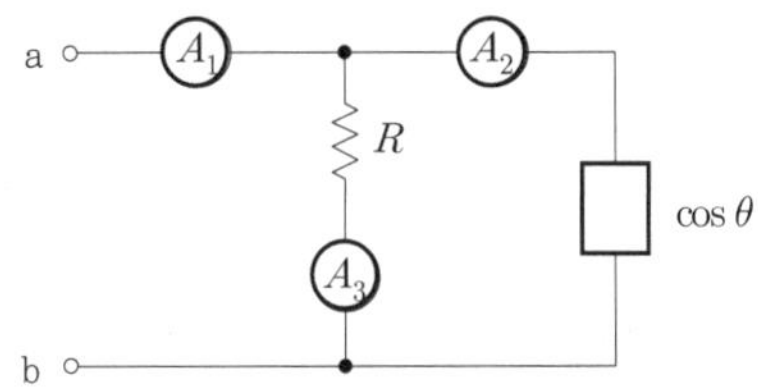

① $P = 437.5$[W], $\cos\theta = 0.625$

② $P = 437.5$[W], $\cos\theta = 0.545$

③ $P = 507.5$[W], $\cos\theta = 0.647$

④ $P = 507.5$[W], $\cos\theta = 0.747$

해설

㉠ 역률 $\cos\theta = \frac{A_1^2 - A_2^2 - A_3^2}{2A_2A_3}$

$$= \frac{10^2 - 4^2 - 7^2}{2\times4\times7} = 0.625$$

㉡ 소비전력 $P = VI\cos\theta = \frac{R}{2}(A_1^2 - A_2^2 - A_3^2)$

$$= \frac{25}{2}(10^2 - 4^2 - 7^2) = 437.5[\text{W}]$$

출제 07 벡터 궤적(vector locus)

★ 산업 92년 6회

154 저항 R, 인덕턴스 L의 직렬회로에서 전원주파수 f가 변할 때의 임피던스 벡터 궤적은?

① 4사분면 내의 직선이다.

② 2사분면 내의 직선이다.

③ 1사분면 내의 반원이다.

④ 1사분면 내의 직선이다.

해설

임피던스 $Z = R + j\omega L$이므로 f를 변화시키면 임피던스 궤적은 1사분면 내의 직선이 된다.

정답 151. ④ 152. ① 153. ① 154. ④

★ 산업 92년 6회, 02년 2회, 14년 1회

155 임피던스 궤적이 직선일 때 이의 역인 어드미턴스 궤적은?

① 원점을 통하는 직선
② 원점을 통하지 않는 직선
③ 원점을 통하는 원
④ 원점을 통하지 않는 원

해설

㉠ 임피던스 $Z = R + j\omega L[\Omega]$에서 R, ω, L이 변할 때 임피던스 궤적은 1사분면 내에 있는 직선이다.

㉡ 임피던스의 역수인 어드미턴스 $Y = \frac{1}{Z} = \frac{1}{R + j\omega L}$ [℧]이므로 R, ω, L이 변하면 원점을 통과하는 원의 궤적을 갖는다.

★ 기사 02년 3회

156 저항 R, 인덕턴스 L의 직렬회로에서 전원 주파수 f가 변할 때의 전류궤적은?

① 1상한과 4상한을 지나는 직선
② 1상한 내의 직선
③ 원점을 지나는 반원
④ 원점을 지나는 원

해설

전류 $I = \frac{V}{Z} = \frac{V}{R + jX_L} = \frac{V}{R + j2\pi fL}$ 이므로 f를 변화시키면 원점을 지나는 반원이 된다.

★ 기사 90년 2회 / 산업 93년 5회, 03년 2회

157 저항 R, 인덕턴스 C의 직렬회로에서 전원 주파수 f가 변할 때의 임피던스 궤적은 어떻게 되는가?

① 제3상한 내의 반직선이 된다.
② 제1상한 내의 반원이 된다.
③ 제4상한 내의 반원이 된다.
④ 제4상한 내의 반직선이 된다.

해설

$$Z = \frac{R \times \frac{1}{j\omega C}}{R + \frac{1}{j\omega C}} = \frac{R}{1 + j\omega CR} = \frac{R}{1 + j2\pi fCR}$$

f를 변화시키면 원점을 지나는 반원이 된다.

출제 08 인덕턴스 접속법

★ 산업 94년 7회, 15년 4회

158 그림과 같은 결합회로의 합성 인덕턴스는?

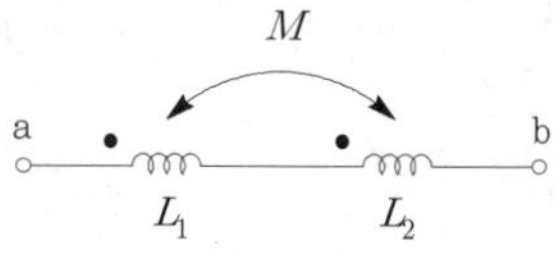

① $L_1 + L_2 + 2M$　② $L_1 + L_2 - 2M$
③ $L_1 + L_2 + M$　④ $L_1 + L_2 - M$

해설

그림에서 L_1과 L_2의 결합상태가 차동결합이므로

$\therefore L_{ab} = L_1 + L_2 + 2M$

만약, 차동결합의 경우 $L_{ab} = L_1 + L_2 - 2M$

★ 기사 04년 4회 / 산업 99년 3회, 13년 1회, 14년 1회, 15년 3회

159 그림과 같은 결합회로의 합성 인덕턴스는?

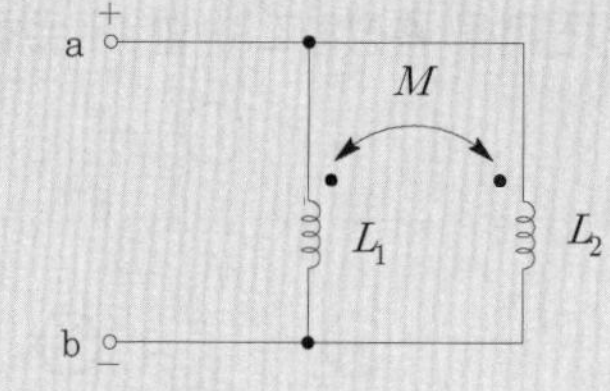

① $\frac{L_1L_2 - M^2}{L_1 + L_2 - 2M}$

② $\frac{L_1L_2 + M^2}{L_1 + L_2 - 2M}$

③ $\frac{L_1L_2 - M^2}{L_1 + L_2 + 2M}$

④ $\frac{L_1L_2 + M^2}{L_1 + L_2 + 2M}$

해설

그림에서 L_1과 L_2의 결합상태가 가동결합이므로

$\therefore L_{ab} = \frac{L_1L_2 - M^2}{L_1 + L_2 - 2M}$

만약, 차동결합의 경우 $L_{ab} = \frac{L_1L_2 - M^2}{L_1 + L_2 + 2M}$이 된다.

정답 155. ③　156. ③　157. ③　158. ①　159. ①

★ 기사 14년 2회 / 산업 89년 7회, 97년 2회, 11년 1회, 13년 3회

160 그림과 같은 회로의 단자 a, b에서 본 합성 인덕턴스는 얼마인가?

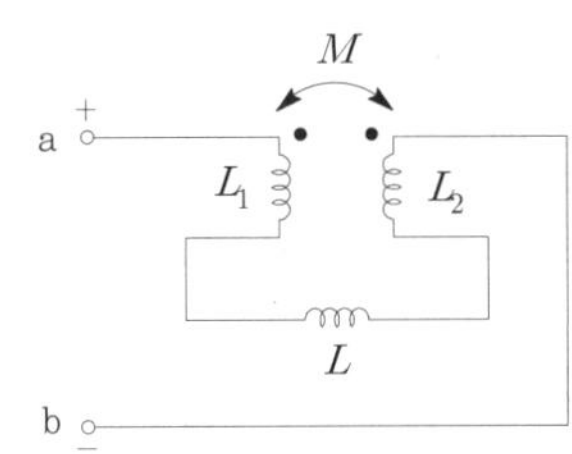

① $L_{ab}=L_1+L_2+2M$
② $L_{ab}=L_1+L_2-2M$
③ $L_{ab}=L+L_1+L_2+2M$
④ $L_{ab}=L+L_1+L_2-2M$

해설

그림에서 L_1과 L_2의 결합상태가 차동결합이므로

$\therefore\ L_{ab}=L+L_1+L_2-2M$

★ 기사 16년 4회

161 다음 회로의 a-b 간의 합성 임피던스 Z_{ab}는 얼마인가?

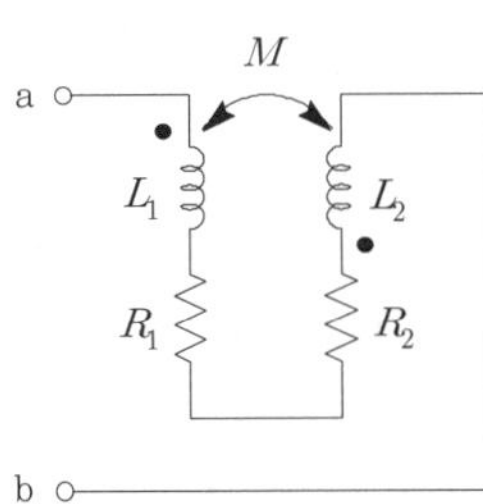

① $R_1+R_2+j\omega M$
② $R_1+R_2-j\omega M$
③ $R_1+R_2+j\omega(L_1+L_2+2M)$
④ $R_1+R_2+j\omega(L_1+L_2-2M)$

해설

그림에서 L_1과 L_2의 결합상태가 가동결합이므로

$\therefore\ Z_{ab}=R_1+R_2+j\omega(L_1+L_2+2M)$

★★★ 기사 95년 5회 / 산업 97년 4회, 07년 4회

162 그림과 같이 고주파 브리지를 가지고 상호 인덕턴스를 측정하고자 한다. 그림 (a)와 같이 접속하면 합성 자기 인덕턴스는 30[mH]이고, (b)와 같이 접속하면 14[mH]이다. 상호 인덕턴스[mH]는?

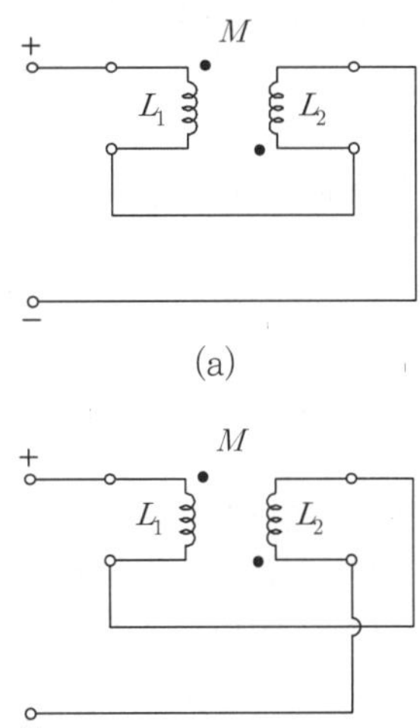

① 2　　② 4
③ 7　　④ 16

해설

㉠ (a)의 결합상태는 가동결합이므로
$L_a=L_1+L_2+2M=30$[mH]
㉡ (b)의 결합상태는 차동결합이므로
$L_b=L_1+L_2-2M=14$[mH]
㉢ $L_a-L_b=4M$
∴ 상호 인덕턴스 $M=\dfrac{L_a-L_b}{4}$
$=\dfrac{30-14}{4}=4$[mH]

★ 산업 07년 1회

163 2개의 코일 a, b가 있다. 2개를 직렬로 접속 하였더니 합성 인덕턴스가 119[mH], 극성을 반대로 접속하였더니 합성 인덕턴스가 11[mH]이다. 코일 a의 자기 인덕턴스가 20[mH]라면 결합계수 k는 얼마인가?

① 0.6　　② 0.7
③ 0.8　　④ 0.9

정답 160. ④ 161. ③ 162. ② 163. ④

해설

㉠ 가동결합 : $L_+ = L_a + L_b + 2M = 119[\text{mH}]$

㉡ 차동결합 : $L_- = L_a + L_b - 2M = 11[\text{mH}]$

㉢ $L_+ - L_- = 4M$이므로 상호 인덕턴스

$$M = \frac{L_+ - L_-}{4} = \frac{119 - 11}{4} = 27[\text{mH}]$$

㉣ $L_+ = L_a + L_b + 2M = 119$

$L_b = 119 - 2M - L_+$

$= 119 - 2\times 27 - 20 = 45[\text{mH}]$

$\therefore$ 결합계수 $k = \dfrac{M}{\sqrt{L_a L_b}} = \dfrac{27}{\sqrt{20\times 45}} = 0.9$

★ 기사 97년 7회, 00년 3회, 02년 2회 / 산업 03년 4회

164 5[mH]의 두 자기 인덕턴스가 있다. 결합계수를 0.2로부터 0.8까지 변화시킬 수 있다면 이것을 접속시켜 얻을 수 있는 합성 인덕턴스의 최대값, 최소값은?

① 18[mH], 2[mH] ② 18[mH], 8[mH]
③ 20[mH], 2[mH] ④ 20[mH], 8[mH]

해설

㉠ 결합계수 $k = \dfrac{M}{\sqrt{L_1 L_2}} = \dfrac{M}{5} = 0.2 \sim 0.8$에서

상호 인덕턴스 $M = 1 \sim 4[\text{mH}]$의 범위를 가지므로 상호 인덕턴스 $M = 4[\text{mH}]$을 대입했을 때 최대값, 최소값을 구할 수 있다.

㉡ 최대값(가동결합) $L_a = L_1 + L_2 + 2M$

$= 5 + 5 + 2\times 4 = 18[\text{mH}]$

㉢ 최소값(차동결합) $L_b = L_1 + L_2 - 2M$

$= 5 + 5 - 2\times 4 = 2[\text{mH}]$

★ 산업 93년 1회, 97년 5회, 05년 3회, 11년 3회, 12년 1회

165 그림의 회로에서 전원주파수가 일정할 경우 평형조건은?

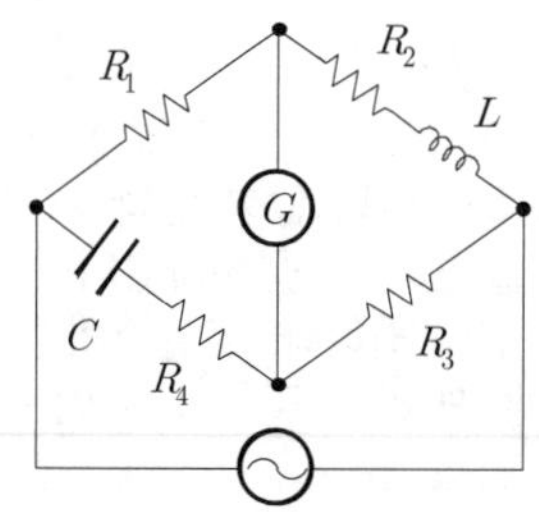

① $R_1R_3 - R_2R_4 = \dfrac{L}{C}$, $\dfrac{R_4}{R_2} = \dfrac{1}{\omega^2 LC}$

② $\dfrac{R_4}{R_2} = \dfrac{1}{\omega^2 LC}$

③ $R_1R_2 - R_2R_4 = \dfrac{L}{C}$, $R_1R_2 - R_2R_4 = \dfrac{L}{C}$

④ $R_1R_3 + R_2R_4 = \dfrac{1}{\omega^2 LC}$, $\dfrac{R_4}{R_2} = \dfrac{L}{C}$

해설

휘트스톤 브리지 원리에 의해

$R_1R_3 = (R_2 + j\omega L)\left(R_4 + \dfrac{1}{j\omega C}\right)$이므로 이를 정리하면

$R_1R_3 = R_2R_4 + \dfrac{L}{C} + j\left(\omega LR_4 - \dfrac{R_2}{\omega C}\right)$이고, 평형인 조건은 허수가 0이고 실수가 같아야 한다.

$\therefore$ 허수부 : $\dfrac{R_4}{R_2} = \dfrac{1}{\omega^2 LC}$

실수부 : $R_1R_3 - R_2R_4 = \dfrac{L}{C}$

★ 산업 91년 7회, 98년 3회

166 그림과 같은 브리지 회로에서 상호 인덕턴스 M을 조정하여 수화기 T에 흐르는 전류를 0으로 할 때 주파수는?

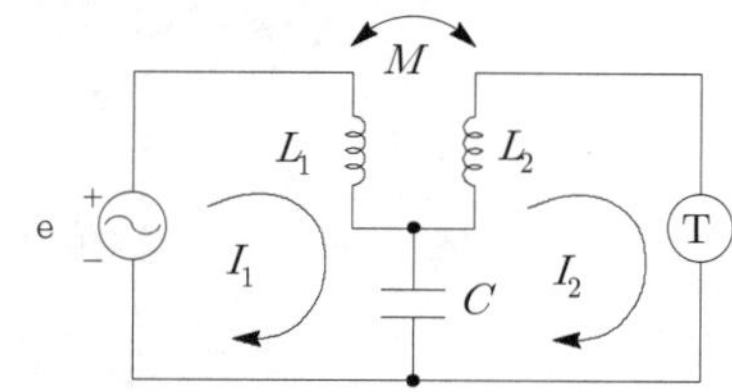

① $\dfrac{1}{2\pi}\sqrt{\dfrac{L_1}{MC}}$ ② $2\pi MC$

③ $\dfrac{1}{2\pi MC}$ ④ $\dfrac{1}{2\pi}\sqrt{\dfrac{1}{MC}}$

해설

$j\omega L_2 I_2 + (I_2 - I_1)\dfrac{1}{j\omega C} - j\omega M I_1 = 0$에서 수화기 T에 흐르는 전류가 0이면 $I_2 = 0$이 되므로

$j\dfrac{1}{\omega C}I_1 = j\omega M I_1$에서

$\omega^2 = \dfrac{1}{MC}$, $\omega = \dfrac{1}{\sqrt{MC}}$이므로

$\therefore f = \dfrac{1}{2\pi\sqrt{MC}}$

정답 164. ① 165. ① 166. ④

CHAPTER

03

다상 교류회로의 이해

기사 5.50% 출제
산업 13.75% 출제

이렇게 공부하세요!!

출제경향분석

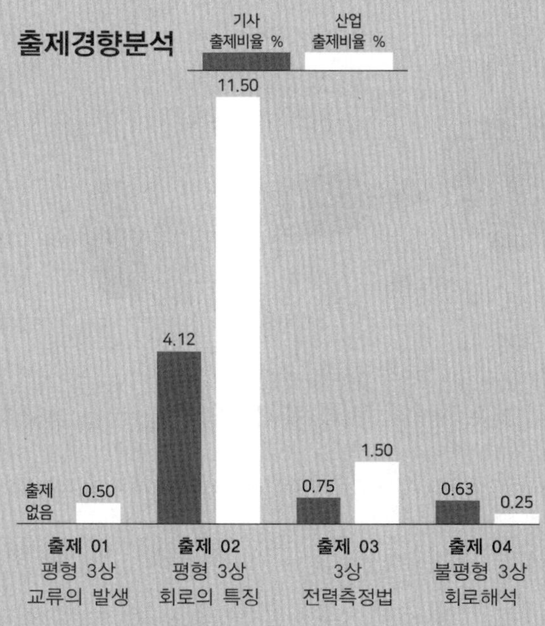

출제포인트

- ☑ 3상 교류의 사용하는 목적에 대해서 이해할 수 있다.
- ☑ 3상 벡터 오퍼레이터와 대칭 3상 교류에 대해서 이해할 수 있다.
- ☑ Y결선, △결선, V결선의 특징에 대해서 이해할 수 있다.
- ☑ 동일부하를 이용하여 Y와 △결선 시 선전류와 유효전력의 비교를 할 수 있다.
- ☑ 다상 교류에서 상전압과 선간전압, 상전류와 선전류의 차이에 대해서 이해할 수 있다.
- ☑ 3전력계법과 2전력계법을 이용하여 3상 교류전력측정에 대해서 이해할 수 있다.

CHAPTER

03 다상 교류회로(polyphase AC)의 이해

기사 5.50% 출제 | 산업 13.75% 출제

기사 출제 없음 | 산업 0.50% 출제

출제 01 평형 3상 교류의 발생

이번 단원에서 출제빈도는 매우 낮지만 벡터 오퍼레이터 a는 3상 회로해석에서 가장 중요한 상수라고 할 수 있다. 반드시 정리하고 넘어가도록 한다.

참고

1. 유도전동기(induction motor)

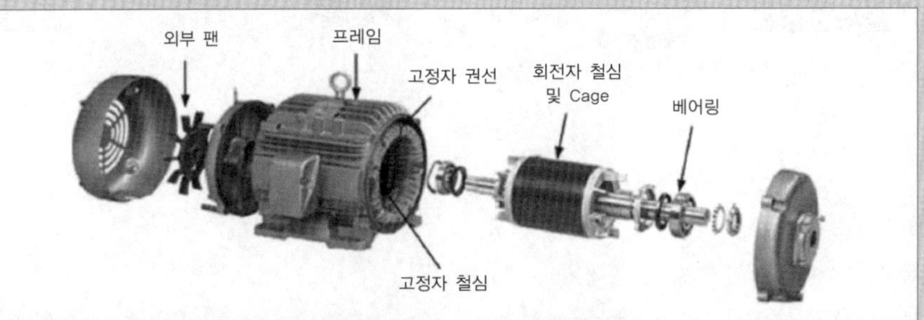

① 유도전동기는 1883년 테슬라가 제작하였으며, 구조가 단순하고 내구성이 강하여 공작기계, 컨베이어 벨트 등 다양한 기기들을 움직이는 데 폭넓게 사용된다.

② 유도전동기는 정밀한 속도제어나 낮은 속도의 기동이 필요한 기기(컴퓨터 디스크 드라이브, 레이저 프린터 등)에는 적합하지 않고, 이러한 기기에는 직류전동기를 사용한다.

③ 유도전동기는 아르고 원판의 원리를 이용한 것으로, 고정자 권선에서 발생된 회전자계에 의해 회전자 철심에 와전류가 유도된다.
이때, 유도된 와전류와 고정자 권선의 회전자계에 의해 플레밍 왼손법칙이 적용되어 전동기가 회전하는 원리를 갖는다.

2. 교번자계(alternation magnetic field)

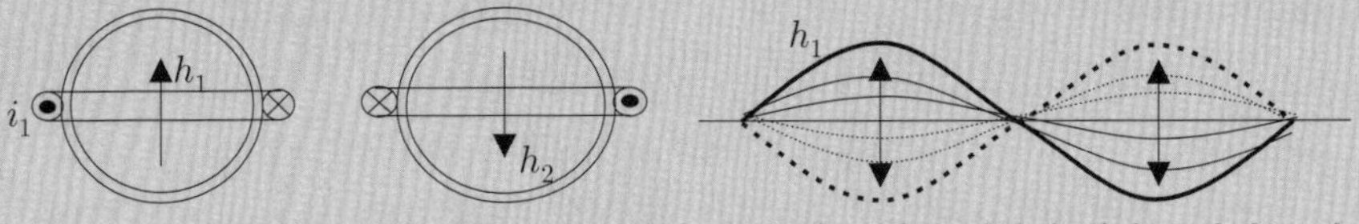

① 권수 N, 반경 a 인 코일에 전류 I인 전류가 흐를 때 코일 중심부에 생기는 자계는 비오-사바르 법칙에 의해 $H = \dfrac{NI}{2a}$ [AT/m]가 발생된다.

② 단상 교류전류에 의해 발생하는 자계는 그림과 같이 세기와 방향이 주기적으로 바뀐다.

③ 순수 단상 유도전동기는 교번자계만으로는 회전력이 발생하지 않는다.

3. 회전자계(rotating magnetic field)

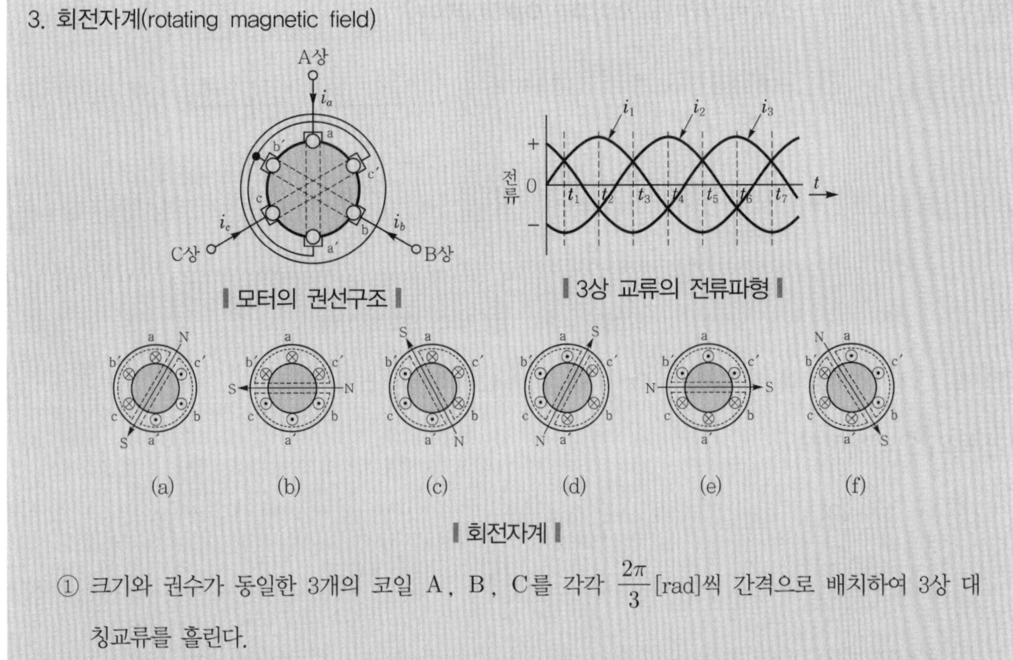

▌모터의 권선구조▐

▌3상 교류의 전류파형▐

▌회전자계▐

① 크기와 권수가 동일한 3개의 코일 A, B, C를 각각 $\frac{2\pi}{3}$[rad]씩 간격으로 배치하여 3상 대칭교류를 흘린다.

② 위 그림과 같이 시간이 $t_1 \rightarrow t_2 \rightarrow t_3 \rightarrow \cdots\cdots$로 변화함에 따라 자계가 60° 씩 상순으로 회전하는 것을 알 수 있다.

③ 이 회전자계는 회전자의 자극(N, S극)에 작용하여 회전자에 회전하는 힘을 가한다.

1 개요

(1) 단상 교류와 다상 교류

① 단상 교류 : 전압 또는 전류가 1개인 교류파형이다.

② 다상 교류 : 주파수는 같지만 위상이 서로 다른 여러 개의 전압 또는 전류의 교류파형으로, 대칭 다상의 경우 각각의 파형 크기와 위상차가 동일한 교류를 말한다.

(2) 3상 교류의 사용목적

① **단상은 교번자계이나 3상은 회전자계를 발생시킨다.**

② 회전자계를 이용하면 전동기의 구조를 간단하게 할 수 있으며, 이를 이용한 전동기를 3상 유도전동기이라 한다.

③ 대칭 3상 교류는 순시전력의 총합은 항상 일정하고, 안정적인 회전자계를 얻을 수 있으므로 3상 유도전동기 운전 시 소음과 진동이 매우 작다.

④ 3상을 사용하는 목적에는 송전선의 비용절약에도 있다. 단상의 경우 2가닥의 케이블을 통해 공급해야 하고, 3상은 6가닥의 케이블을 통해 보내야 하나 3상 결선법(Y결선 또는 △결선)을 통해 3가닥만으로도 3상을 보낼 수 있는 이점과 3상을 이용하면 전력손실을 줄일 수 있어 발·송전, 배전 등 거의 모든 계통에서 3상을 사용하고 있다.

2 3상 벡터 오퍼레이터(vector operator)

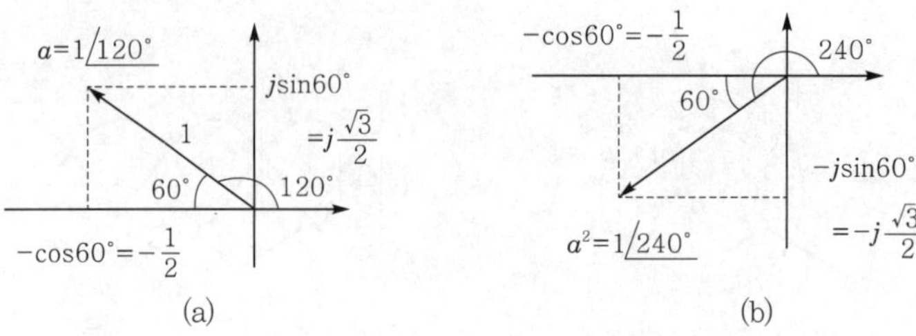

▌그림 3-1▌ 3상 벡터 오퍼레이터

(1) 벡터 오퍼레이터를 사용하면 3상 교류의 계산이 다소 편리해진다.

(2) 벡터 오퍼레이터 a

① $a = 1\angle 120° = 1\angle -240° = -\frac{1}{2} + j\frac{\sqrt{3}}{2}$ ······ [식 3-1]

② $a^2 = 1\angle 240° = 1\angle -120° = -\frac{1}{2} - j\frac{\sqrt{3}}{2}$ ······ [식 3-2]

③ $a^3 = 1\angle 360° = 1\angle 0° = 1 = a^0$ ······ [식 3-3]

④ $a^4 = 1\angle 480° = 1\angle 120° = a^1$ ······ [식 3-4]

⑤ $a^5 = 1\angle 600° = 1\angle 240° = a^2$ ······ [식 3-5]

⑥ $a + a^2 = \left(-\frac{1}{2} + j\frac{\sqrt{3}}{2}\right) + \left(-\frac{1}{2} - j\frac{\sqrt{3}}{2}\right) = -1$

$\therefore\ 1 + a + a^2 = 0$ ······ [식 3-6]

3 대칭 3상 교류(symmetrical thee-phase AC)

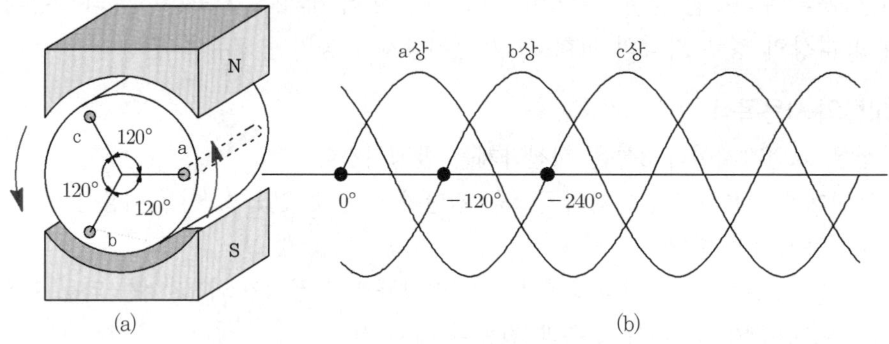

▌그림 3-2▌ 3상 교류발전기와 상

(1) 개요

① 전기자(amature)에 도체 3개를 [그림 3-2] (a)와 같이 120°마다 위치한 다음 전기자를 발전(회전)하면 [그림 3-2] (b)와 같은 3개의 상(phase)을 얻을 수 있다.

② 크기는 같고 각 상의 위상차가 120°인 3상을 대칭 3상 교류라 하며, 처음 발전되는 상을 기준으로 a, b, c 또는 L_1, L_2, L_3 순으로 부른다.

(2) 대칭 3상 교류의 순시값

① $v_a(t) = V_m \sin\omega t = V\sqrt{2}\sin\omega t$[V] ………… [식 3-7]

② $v_b(t) = V_m \sin(\omega t - 120°) = V\sqrt{2}\sin\left(\omega t - \frac{2\pi}{3}\right)$[V] ………… [식 3-8]

③ $v_c(t) = V_m \sin(\omega t - 240°) = V\sqrt{2}\sin\left(\omega t - \frac{4\pi}{3}\right)$[V] ………… [식 3-9]

(3) 대칭 3상 교류의 페이저 표현

① $\dot{V}_a = V\angle 0° = V$[V] ………… [식 3-10]

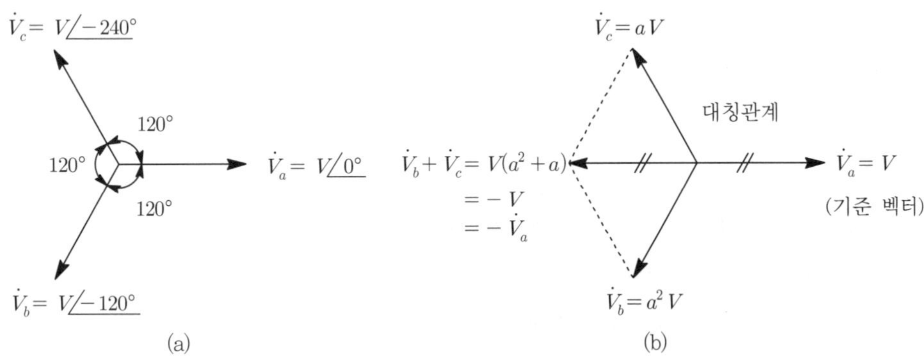

▎그림 3-3▎ 3상 교류의 정지 벡터도

② $\dot{V}_b = V\angle -120° = V\angle 240° = a^2 V$[V] ………… [식 3-11]

③ $\dot{V}_c = V\angle -240° = V\angle 120° = aV$[V] ………… [식 3-12]

④ $\dot{V}_b + \dot{V}_c = V(a^2 + a) = -V = -\dot{V}_a$**이 되어 [그림 3-3] (b)와 같이 3상 대칭관계가 되므로 이를 대칭 3상 또는 평형 3상 교류라 한다.**

기사 4.12% 출제 | 산업 11.50% 출제

출제 02 평형 3상 회로의 특징

쌤 Comment

회로에서 가장 중요한 단원으로, 출제빈도 또한 가장 높다. △결선과 Y결선의 특징에 관련된 내용은 하나도 빠짐없이 이해하고 암기하길 바란다.
또한, 2차 실기시험에서 [그림 3-6]과 같이 Y결선과 △결선을 그리는 문제도 출제되고 있으니 충분히 연습해야 한다.

1 성상결선(성형결선, 스타결선)

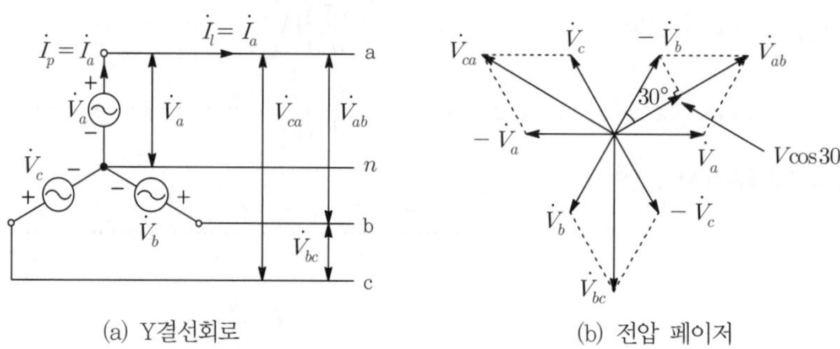

| 그림 3-4 | 성형결선(Y결선)

(1) 개요

① 다상 교류결선방식 중 [그림 3-4] (a)와 같이 각 상의 (−)단자를 모두 연결하는 방식을 성형결선(스타결선)이라 하고, 그 중 3상 결선모양이 Y와 같아 Y결선이라 부르며 우리나라 설비 중 대부분의 일반부하(조명설비, 전열설비)는 Y결선을 많이 취하고 있다.

② Y결선의 특징은 상전류(phase current, $\dot{I}_P$)와 선전류(line current, $\dot{I}_l$)는 크기와 위상이 모두 같고, 선간전압(line to line voltage, $\dot{V}_{ab}$, $\dot{V}_{bc}$, $\dot{V}_{ca}$)은 상전압(phase voltage, V_a, V_b, V_c)보다 크기는 $\sqrt{3}$ 배 커지고, 위상은 30° 앞서게 된다. 즉, 아래와 같이 정리할 수 있다.

㉠ $I_l = I_P\underline{/0°}$ ······ [식 3-13]

㉡ $V_l = \sqrt{3}\, V_P\underline{/30°}$ ······ [식 3-14]

③ Y결선을 취하면 상전압이 $\sqrt{3}$ 배 작아지기 때문에 변압기와 같은 기기의 절연비용을 줄일 수 있고, 또한 220[V]와 $220\sqrt{3} = 380$[V]를 동시에 사용할 수 있는 이점이 있다.

(2) [그림 3-4] (b)에서 상전압과 선간전압의 관계

① $\dot{V}_{ab} = \dot{V}_a - \dot{V}_b = \dot{V}_a + (-\dot{V}_b) = V_a \cos 30° \times 2$

$= V_a \times \dfrac{\sqrt{3}}{2} \times 2 = V_a\sqrt{3}\underline{/30°} = V_{ab}\underline{/30°}$ ······ [식 3-15]

② $\dot{V}_{bc} = \dot{V}_b - \dot{V}_c = \dot{V}_b + (-\dot{V}_c) = V_b\sqrt{3}\underline{/30°} = V_{bc}\underline{/-90°}$ ······ [식 3-16]

③ $\dot{V}_{ca} = \dot{V}_c - \dot{V}_a = \dot{V}_c + (-\dot{V}_a) = V_c\sqrt{3}\angle 30° = V_{ca}\angle -210°$ ………… [식 3-17]

(3) Y결선 시 전력공식

① 단상과 3상의 전력차는 3배가 된다. 이때, 일반적으로 정격은 선간전압과 선전류로 표기하므로 공식을 변환하면 아래와 같이 정리된다.

$$P_3 = 3P_1 = 3V_P I_P = 3 \times \frac{V_l}{\sqrt{3}} \times I_l = \frac{3}{\sqrt{3}} \times \frac{\sqrt{3}}{\sqrt{3}} V_l I_l$$

$$= \sqrt{3}\ V_l I_l = \sqrt{3}\ VI \quad \text{[식 3-18]}$$

② 피상전력 : $P_a = \sqrt{3}\ VI = 3I_Z^2 Z = 3\frac{V_Z^2}{Z}$ [VA] ………… [식 3-19]

③ 유효전력 : $P = \sqrt{3}\ VI\cos\theta = 3I_R^2 R = 3\frac{V_R^2}{R}$ [W] ………… [식 3-20]

④ 무효전력 : $P = \sqrt{3}\ VI\sin\theta = 3I_X^2 X = 3\frac{V_X^2}{X}$ [Var] ………… [식 3-21]

⑤ 아래첨자 없이 그냥 V, I하면 선간전압에 선전류를 의미하고, I_Z, I_R, I_X라고 표기하면 Z, R, X를 통과하는 전류(상전류)를, V_Z, V_R, V_X라고 표기하면 Z, R, X 양단에 인가된 단자전압(상전압)을 의미한다. 따라서, $I_R^2 R$은 단상 전력이 되므로 3상 전력은 $3I_R^2 R$이 된다.

2 환상결선(환형결선)

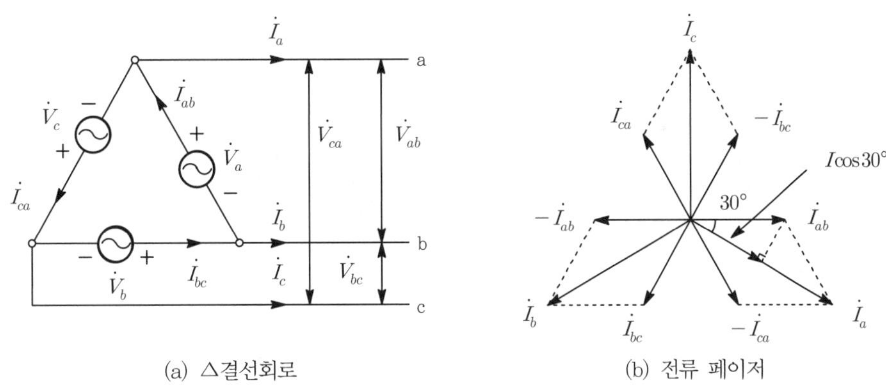

(a) △결선회로　　(b) 전류 페이저

▎그림 3-5 ▎ 환상결선(△결선)

(1) 개요

① 다상 교류결선방식 중 [그림 3-5] (a)와 같이 전원을 고리형태로 만드는 결선을 환상결선이라 하고, 그 중 3상 결선모양이 △과 같아 △결선이라 부르며 우리나라 설비 중 동력부하에 △결선을 많이 사용하고 있다.

② △결선의 특징은 상전압과 선간전압의 크기와 위상이 모두 같고, 선전류는 상전류보다 크기는 $\sqrt{3}$배 커지고, 위상은 30° 뒤지게 된다. 즉, 아래와 같이 정리할 수 있다.

㉠ $V_l = V_P \angle 0°$ ······ [식 3-22]

㉡ $I_l = \sqrt{3}\, I_P \angle -30°$ ······ [식 3-23]

③ △결선을 취하면 선전류가 $\sqrt{3}$ 배 커지기 때문에 대전류부하(전동기 등)에 용이하며, 또한 △결선은 제3고조파 전류의 순환통로로 작용하므로 부하측에서 유입된 제3고조파 전류를 계통측으로 흐르지 못하도록 차단하여 계통의 파형이 왜곡되는 것을 방지시키는 역할을 한다.

(2) [그림 3-5] (b)에서 선전류와 상전류의 관계

① $\dot{I_a} = \dot{I_{ab}} - \dot{I_{ca}} = \dot{I_{ab}} + (-\dot{I_{ca}}) = I_{ab}\cos 30° \times 2$

$= I_{ab} \times \dfrac{\sqrt{3}}{2} \times 2 = I_{ab}\sqrt{3} \angle -30° = I_a \angle -30°$ ······ [식 3-24]

② $\dot{I_b} = \dot{I_{bc}} - \dot{I_{ab}} = \dot{I_{bc}} + (-\dot{I_{ab}}) = I_{bc}\sqrt{3} \angle -30° = I_b \angle -150°$ ······ [식 3-25]

③ $\dot{I_c} = \dot{I_{ca}} - \dot{I_{bc}} = \dot{I_{ac}} + (-\dot{I_{bc}}) = I_{ca}\sqrt{3} \angle -30° = I_c \angle -270°$ ······ [식 3-26]

(3) △결선 시 전력공식

① **△결선도 Y결선과 동일하게 상기준의 전력식을 정격(선간전압, 선전류)으로 변환하면 $P_3 = 3P_1 = 3V_P I_P = 3 \times V_l \times \dfrac{I_l}{\sqrt{3}} = \sqrt{3}\, VI$ 와 같이 되어 Y결선과 동일한 결과를 얻을 수 있다.**

② [식 3-19], [식 3-20], [식 3-21]을 동일하게 적용할 수 있다.

(4) Y결선과 △결선 정리

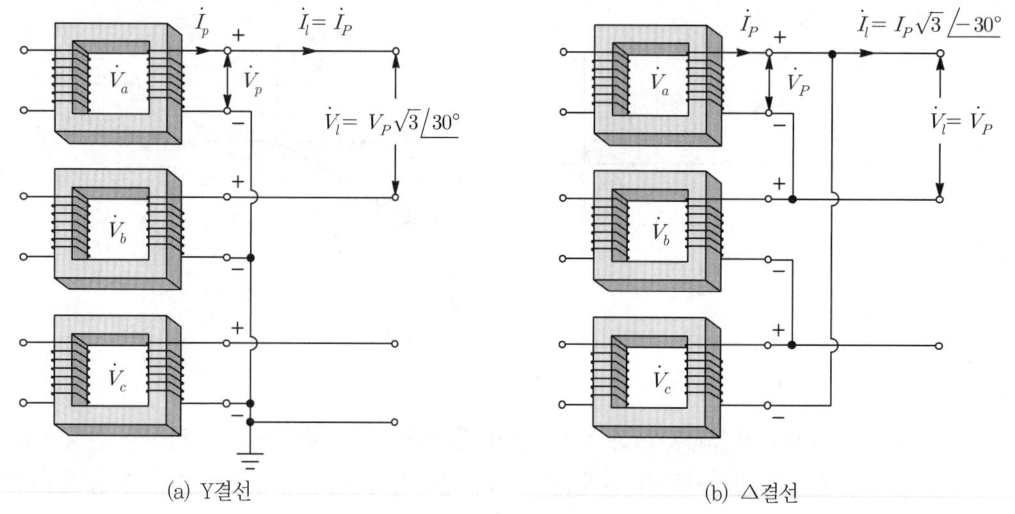

▌그림 3-6▌ 변압기에서 Y, △ 결선

3 Y결선과 △결선의 선전류와 유효전력의 비교

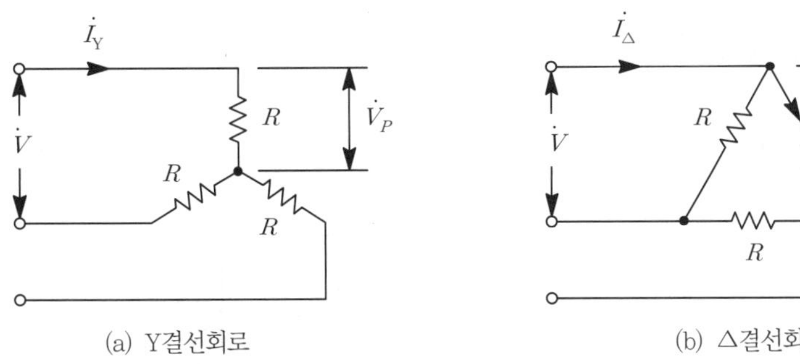

❙그림 3-7❙ Y, △ 결선의 비교

(1) 선전류의 비교

① [그림 3-7]과 같이 동일 크기의 부하 R을 Y와 △결선으로 각각 결선했을 때 선에 흐르는 전류는 다음과 같다.

Y결선 $I_Y = \dfrac{V_P}{R} = \dfrac{V}{R\sqrt{3}}$ [A] ………… [식 3-27]

△결선 $I_\triangle = \sqrt{3}\, I_P = \sqrt{3}\,\dfrac{V_P}{R} = \dfrac{\sqrt{3}\,V}{R}$ [A] ………… [식 3-28]

$\therefore\ \dfrac{I_Y}{I_\triangle} = \dfrac{1}{3}$ **또는** $I_Y = \dfrac{1}{3} I_\triangle$ ………… **[식 3-29]**

② [식 3-29]와 같이 Y결선하면 △결선 때보다 3배 낮은 전류를 흘릴 수 있다. 이를 이용하여 전동기의 기동전류를 낮출 수 있는 효과를 볼 수 있다. 즉, 전동기는 기동 시에 전류가 크게 흐르므로 기동 시 전동기결선을 Y로, 기동완료 후에는 △로 운전하여 기동전류를 제한하고 있으며 현장에서 가장 많이 사용되고 있는 기동방식이다.

(2) 소비전력(유효전력)의 비교

① [그림 3-7]과 같이 동일 크기의 부하 R을 Y와 △로 결선했을 때의 소비전력은 다음과 같다.

Y결선 $P_Y = 3\dfrac{V_R^2}{R} = \dfrac{3V_P^2}{R} = \dfrac{3\left(\dfrac{V}{\sqrt{3}}\right)^2}{R} = \dfrac{V}{R}$ [W] ………… [식 3-30]

△결선 $P_\triangle = 3\dfrac{V_R^2}{R} = \dfrac{3V_P^2}{R} = \dfrac{3V}{R}$ [W] ………… [식 3-31]

$\therefore\ \dfrac{P_Y}{P_\triangle} = \dfrac{1}{3}$ **또는** $P_Y = \dfrac{1}{3} P_\triangle$ ………… **[식 3-32]**

② [식 3-29], [식 3-32]와 같이 Y결선하면 △결선 때보다 선전류와 소비전력을 모두 3배로 낮출 수 있는 이점이 있으나 토크(전동기 회전하는 힘)가 3배 낮은 단점을 가지고 있어 운전은 △결선을 많이 이용한다.

4 V결선의 특징

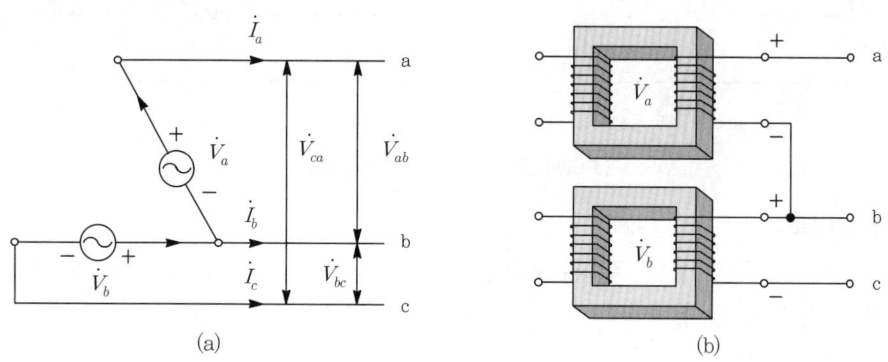

▌그림 3-8▌ V결선

(1) 개요

① [그림 3-6] (b)와 같이 3대의 변압기를 △결선으로 운전하던 중 변압기 1대가 고장 또는 보수로 인하여 [그림 3-8]과 같이 변압기 2대로 3상을 공급하는 방식을 말한다.

② V결선의 벡터 해석은 다소 복잡할 수 있으므로 증명과정을 생략하고 필요한 내용만 정리하도록 한다.

(2) V결선의 특징

① **V결선의 출력은 단상 변압기 1대 용량의 $\sqrt{3}$ 배가 된다.**

$\therefore\ P_{\rm V} = \sqrt{3}\,P_1$[kVA] ………………………… [식 3-33]

여기서, P_1 : 변압기 1대 용량(출력)[kVA]

② **이용률이란 변압기 2대의 출력량과 V결선 시 출력량을 비교하는 것이다.**

$\therefore$ **이용률** $\varepsilon_1 = \dfrac{P_{\rm V}}{P_2} = \dfrac{\sqrt{3}\,P_1}{2P_1} = 0.866 = 86.6[\%]$ ………………………… [식 3-34]

③ **출력비란 △결선 시와 V결선 시의 출력량을 비교하는 것이다.**

$\therefore$ **출력비** $\varepsilon_2 = \dfrac{P_{\rm V}}{P_\triangle} = \dfrac{\sqrt{3}\,P_1}{3P_1} = 0.577 = 57.7[\%]$ ………………………… [식 3-35]

5 다상 교류결선의 특징

(1) 성형결선(스타결선)

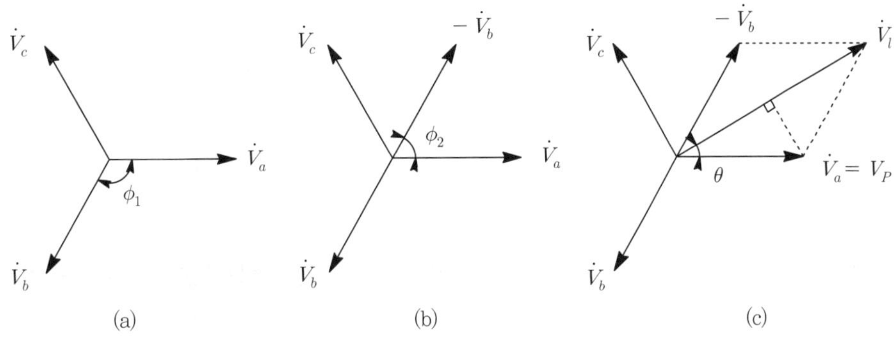

▌그림 3-9▐ 다상 교류의 성형결선 전압 페이저

① 성형결선은 상전류와 선전류가 같다.

$\therefore\ \dot{I}_l = I_P\angle 0°$ ……………… [식 3-36]

② 선간전압과 상전압의 관계를 알아보기 위해 [그림 3-9]와 같이 3상 전압 페이저를 이용한다. 여기서, n은 상수를 말한다.

㉠ $\phi_1 = 120° = \frac{2\pi}{n}$[rad] ……………… [식 3-37]

㉡ $\phi_2 = 180° - \phi_1 = \pi - \phi_1$[rad] ……………… [식 3-38]

㉢ $\theta = \frac{1}{2}\phi_2 = \frac{\pi}{2} - \frac{\pi}{n} = \frac{\pi}{2}\left(1 - \frac{2}{n}\right)$[rad] ……………… [식 3-39]

㉣ $V_l = V_P \cos\left(\frac{\pi}{2} - \frac{\pi}{n}\right) \times 2 = 2\sin\frac{\pi}{n}\ V_P$[V] ……………… [식 3-40]

$\therefore\ \dot{V}_l = 2\sin\frac{\pi}{n}\ V_P\angle\left(\frac{\pi}{2} - \frac{\pi}{n}\right)$[V] ……………… [식 3-41]

③ 성형결선 시 상전압과 선간전압의 관계

㉠ $n = 3$ **상** : $\dot{V}_l = \sqrt{3}\ V_P\angle 30°$ ……………… **[식 3-42]**

㉡ $n = 4$ **상** : $\dot{V}_l = \sqrt{2}\ V_P\angle 45°$ ……………… **[식 3-43]**

㉢ $n = 5$ **상** : $\dot{V}_l = 1.17\ V_P\angle 54°$ ……………… **[식 3-44]**

㉣ $n = 6$ **상** : $\dot{V}_l = V_P\angle 60°$ ……………… **[식 3-45]**

(2) 환상결선

① 환형결선은 상전압과 선간전압이 같다.

$\therefore\ V_l = V_P\angle 0°$ ……………… [식 3-46]

② 선전류와 상전류의 관계는 다음과 같다.

$\therefore\ \dot{I}_l = 2\sin\frac{\pi}{n}\ I_P\angle -\left(\frac{\pi}{2} - \frac{\pi}{n}\right)$[A] ……………… [식 3-47]

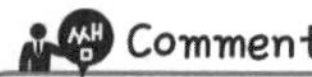

Comment

시험에서 선전류와 상전류의 위상차는 $\frac{\pi}{2}-\frac{\pi}{n}=\frac{\pi}{2}\left(1-\frac{2}{n}\right)$로 선전류의 위상이 늦어진다는 개념인 −를 사용하지 않으니 주의하도록 한다.

단원 확인기출문제

★★ 산업 13년 3회

01 변압기 $\frac{n_1}{n_2}=30$인 단상 변압기 3개를 1차 △결선, 2차 Y결선하고 1차 선간에 3000[V]를 가했을 때 무부하 2차 선간전압[V]은?

① $\frac{100}{\sqrt{3}}$　② $\frac{190}{\sqrt{3}}$

③ 100　④ $100\sqrt{3}$

해설

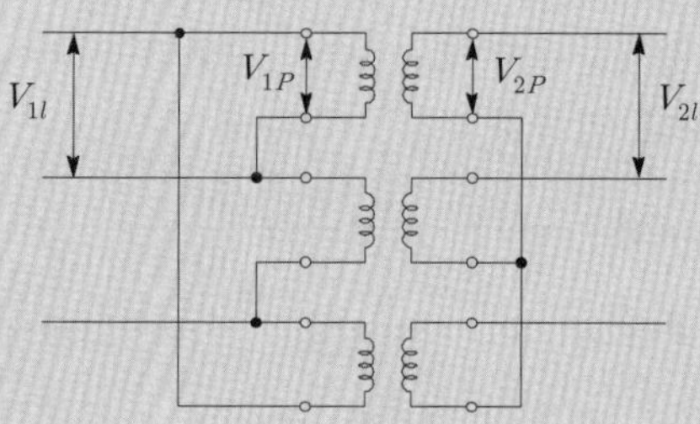

㉠ 변압기 1차측(△결선) 상전압
$V_{1P}=V_{1l}=3000$[V]

㉡ 권선수비 $a=\frac{n_1}{n_2}=\frac{V_{1P}}{V_{2P}}$이므로 변압기 2차측 상전압

$V_{2P}=\frac{V_{1P}}{a}=\frac{3000}{30}=100$[V]

∴ 2차측(Y결선) 선간전압 : $V_{2l}=\sqrt{3}\,V_{2P}=100\sqrt{3}$[V]

답 ④

★ 기사 14년 3회

02 평형 3상 △결선부하의 각 상의 임피던스가 $Z=8+j6$[Ω]인 회로에 대칭 3상 전원전압 100[V]를 가할 때 무효율과 무효전력[Var]은?

① 무효율 : 0.6, 무효전력 : 1800　② 무효율 : 0.6, 무효전력 : 2400

③ 무효율 : 0.8, 무효전력 : 1800　④ 무효율 : 0.8, 무효전력 : 2400

해설 ㉠ 무효율 : $\sin\theta=\frac{X}{Z}=\frac{6}{\sqrt{8^2+6^2}}=0.6$

㉡ 무효전력 : $P_r=3I^2X=3\times\left(\frac{100}{\sqrt{8^2+6^2}}\right)^2\times 6=1800$[Var]

답 ①

★★ 산업 89년 2회, 91년 2회, 97년 5회, 00년 1·3·6회, 02년 4회, 12년 3회

03 대칭 6상 성형(star) 결선에서 선간전압과 상전압의 위상차는?

① 120° ② 60°
③ 30° ④ 15°

해설 위상차 $\theta = \frac{\pi}{2}\left(1-\frac{2}{n}\right) = \frac{180}{2}\left(1-\frac{2}{6}\right) = 60°$

답 ②

기사 0.75% 출제 | 산업 1.50% 출제

출제 03 3상 전력측정법

이번 단원에서 학습할 2전력계법은 1차 필기에서는 출제빈도가 낮지만, 2차 실기시험에서는 출제빈도가 다소 높은 편이다. (식 3-55)부터 (식 3-60)까지 암기하고 있으면 1·2차 필기와 실기문제를 모두 해결할 수 있다.

1 3전력계법

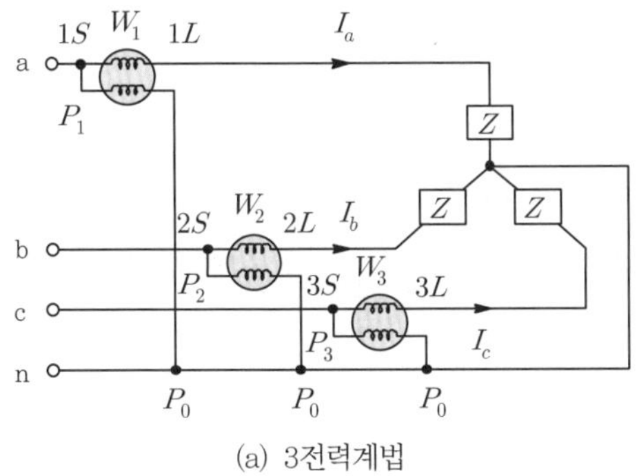

(a) 3전력계법

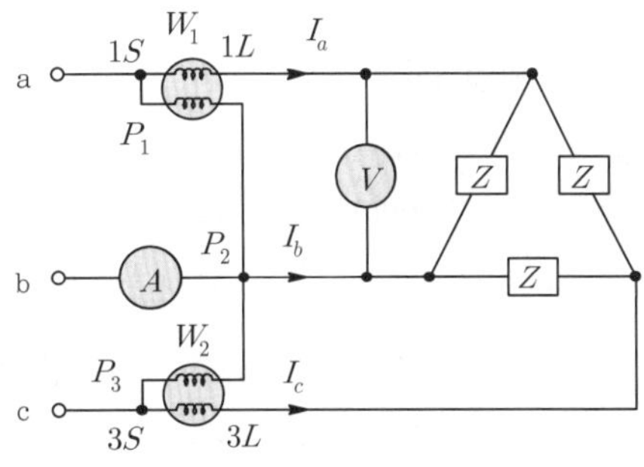

(b) 2전력계법

|그림 3-10| 3상 전력측정

(1) 개요

① 3전력계법이란 말 그대로 단상 전력계 3개를 이용해 3상 전력을 측정하는 방법으로, Y계통에서 주로 활용한다.

② 단상 전력계를 접속할 때에는 [그림 3-10] (a)와 같이 상전압과 상전류를 각각 접속하여야 한다. Y결선 특징은 상전류와 선전류가 같으므로 상전류 대신 선전류를 연결해도 관계없다.

③ Y계통에서 2전력계법으로 측정하면 영상분이 측정이 안 돼 오차가 발생할 수 있다.

(2) 3상 유효전력

$P = W_1 + W_2 + W_3$[W] ························ [식 3-48]

2 2전력계법

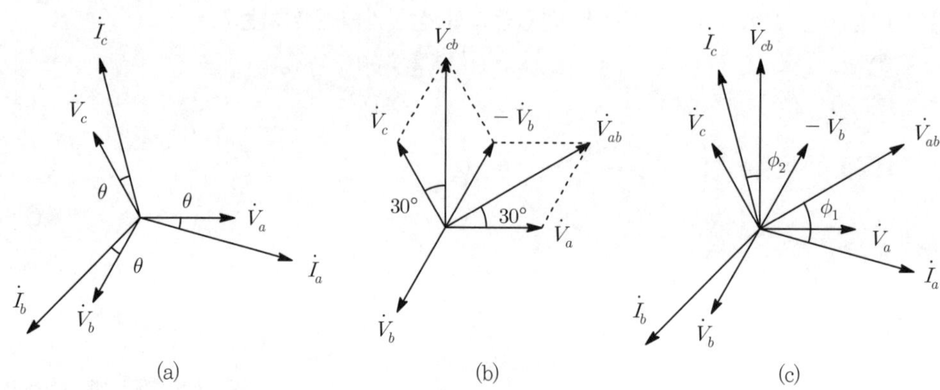

▌그림 3-11▐ 2전력계법 전압-전류 페이저

(1) 개요

① 2전력계법이란 단상 전력계 2개를 이용하여 3상 전력을 측정하는 방법으로, 영상분이 존재하지 않는 △결선에서 활용한다.

② 단상 전력계를 접속할 때에는 [그림 3-10] (b)와 같이 선간전압과 선전류를 각각 접속하여야 한다.

③ 순저항(R)만의 회로라면 Y결선에서도 2전력계법을 활용할 수 있다.

(2) 2전력계법 벡터 해석

① [그림 3-11] (a)와 같이 대칭 3상 전압을 인가하면 θ만큼 늦은 지상전류가 흐르게 된다.

② 단상 전력계에서 측정된 선간전압은 [그림 3-11] (b)와 같다.

㉠ $\dot{V}_{ab} = \dot{V}_a - \dot{V}_b = \dot{V}_a + \left(-\dot{V}_b\right) = V\underline{/30°}$ ······ [식 3-49]

㉡ $\dot{V}_{cb} = \dot{V}_c - \dot{V}_b = \dot{V}_c + \left(-\dot{V}_b\right) = V\underline{/90°}$ ······ [식 3-50]

㉢ 대칭 3상 교류이므로 $V_{ab} = V_{cb} = V$가 된다.

③ 단상 전력계에서 측정된 유효전력

㉠ $W_1 = \dot{V}_{ab}\dot{I}_a \cos\phi_1 = VI\cos(30° + \theta)$

$= VI[\cos 30° \cos\theta - \sin 30° \sin\theta]$ [W] ······ [식 3-51]

㉡ $W_2 = \dot{V}_{cb}\dot{I}_c \cos\phi_2 = VI\cos(30° - \theta)$

$= VI[\cos 30° \cos\theta + \sin 30° \sin\theta]$ [W] ······ [식 3-52]

(3) 유효전력

유효전력은 [식 3-51]과 [식 3-52]를 더해서 구할 수 있다.

$$W_1 + W_2 = VI(2\cos 30°\cos\theta) = VI\left(2\times\frac{\sqrt{3}}{2}\times\cos\theta\right) = \sqrt{3}\ VI\cos\theta$$

$$\therefore\ P = W_1 + W_2 = \sqrt{3}\ VI\cos\theta\,[\text{W}]$$ ………… [식 3-53]

(4) 무효전력

[식 3-52]와 [식 3-51]을 빼면

$W_2 - W_1 = VI(2\sin 30°\cos\theta) = VI\left(2\times\frac{1}{2}\times\sin\theta\right) = VI\cos\theta$가 되므로 양변에 $\sqrt{3}$을 곱해서 3상 무효전력을 구할 수 있다.

$$\therefore\ P_r = \sqrt{3}\,(W_2 - W_1) = \sqrt{3}\ VI\sin\theta\,[\text{Var}]$$ ………… [식 3-54]

(5) 피상전력

피상전력은 $P_a = P \pm jP_r = \sqrt{P^2 + P_r^2}$에 의해서 구할 수 있다.

$$\begin{aligned}P_a &= \sqrt{(W_1 + W_2)^2 + \left[\sqrt{3}\,(W_2 - W_1)\right]^2}\\ &= \sqrt{W_1^2 + 2W_1W_2 + W_2^2 + 3(W_2 - W_1)^2}\\ &= \sqrt{W_1^2 + 2W_1W_2 + W_2^2 + 3W_2 - 3W_1W_2 + 3W_2^2}\\ &= \sqrt{4W_1^2 + 4W_2^2 - 4W_1W_2} = 2\sqrt{W_1^2 + W_2^2 - W_1W_2}\end{aligned}$$

$$\therefore\ P_a = 2\sqrt{W_1^2 + W_2^2 - W_1W_2} = \sqrt{3}\ VI\,[\text{VA}]$$ ………… [식 3-55]

(6) 역률

$$\cos\theta = \frac{W_1 + W_2}{2\sqrt{W_1^2 + W_2^2 - W_1W_2}} = \frac{W_1 + W_2}{\sqrt{3}\ VI}$$ ………… [식 3-56]

① W_1, W_2 둘 중 하나의 측정량이 0일 경우($W_2 = 0$의 경우)

$$\cos\theta = \frac{W_1}{2\times W_1} = \frac{1}{2} = 0.5$$ ………… [식 3-57]

② W_1, W_2 둘의 측정량이 같은 경우($W_1 = 1$, $W_2 = 1$의 경우)

$$\cos\theta = \frac{2}{2\sqrt{1+1^2-1}} = \frac{2}{2\sqrt{1}} = 1$$ ………… [식 3-58]

③ W_1, W_2 둘 중 하나가 측정량이 2배일 경우($W_1 = 1$, $W_2 = 2$의 경우)

$$\cos\theta = \frac{3}{2\sqrt{1+2^2-2}} = \frac{3}{2\sqrt{3}} = 0.866$$ ………… [식 3-59]

④ W_1, W_2 둘 중 하나가 측정량이 3배일 경우($W_1 = 1$, $W_2 = 3$의 경우)

$$\cos\theta = \frac{4}{2\sqrt{1+3^2-3}} = \frac{4}{2\sqrt{7}} = 0.756$$ ………… [식 3-60]

단원 확인기출문제

★★ 기사 98년 5회

04 그림과 같이 3상 평형 무유도부하에 전력계를 연결해 W를 지시하였다. 부하의 전체 전력은?

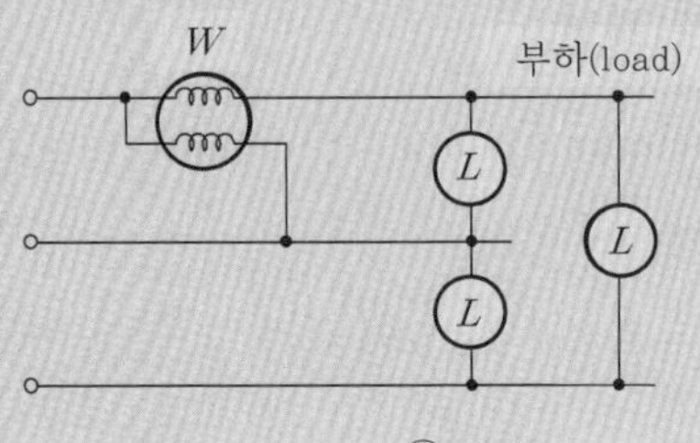

① $1W$　② $2W$
③ $3W$　④ $2.5W$

해설 전압 코일을 선간에 걸면 2전력계법으로 전력을 측정한 것이고, 무유도부하인 경우 $W_1 = W_2 = W$가 되므로

∴ 소비전력 : $P = W_1 + W_2 = 2W$

답 ②

기사 0.63% 출제 | 산업 0.25% 출제

출제 04 불평형 3상 회로해석

이번 단원 또한 출제빈도가 매우 낮다. 따라서, 정상적으로 해석하기 보다는 6장에서 밀만의 정리를 이해하고 난 다음 밀만의 정리를 이용하여 불평형 회로를 해석하는 것이 수월하다.

1 개요

3상을 해석할 때에는 대부분 전원과 부하측 모두 평형 3상을 가정하여 계산한다.

평형 3상인 상태가 가장 이상적이나 실제로 계통사고, 부하 불평형 또는 고조파 및 서지 등에 의해 평형 3상이 되기란 정말 어려운 일이다.

이러한 불평형 회로를 해석하기 위한 기법은 5장 대칭좌표법에서 상세히 다루고 이번 장에서는 불평형에 의해 중성점간의 전압과 중성선에 흐르는 전류에 대해서 알아본다.

2 불평형 회로해석

(1) 3상 4선식 회로

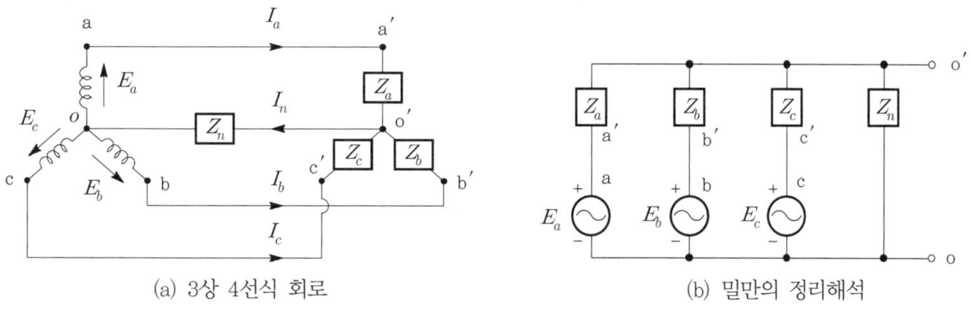

▎그림 3-12▎ 3상 4선식 불평형 회로

① a상 선전류 : $I_a = \dfrac{E_a - V_n}{Z_a} = Y_a(E_a - V_n)$[A] ········· [식 3-61]

② b상 선전류 : $I_b = \dfrac{E_b - V_n}{Z_b} = Y_b(E_b - V_n)$[A] ········· [식 3-62]

③ c상 선전류 : $I_c = \dfrac{E_c - V_n}{Z_c} = Y_c(E_c - V_n)$[A] ········· [식 3-63]

④ 중성선전류 : $I_n = I_a + I_b + I_c = \dfrac{V_n}{Z_n} = Y_n V_n$[A] ········· [식 3-64]

⑤ 위 식들을 정리하면 다음과 같다.

$I_n = Y_a(E_a - V_n) + Y_b(E_b - V_n) + Y_c(E_c - V_n) = Y_n V_n$

$I_n = Y_a E_a - Y_a V_n + Y_b E_b - Y_b V_n + Y_c E_c - Y_c V_n - Y_n V_n = 0$

$Y_a E_a + Y_b E_b + Y_c E_b = V_n(Y_a + Y_b + Y_c + Y_n)$

∴ 중성점 간의 전압

$$V_n = \frac{E_a Y_a + E_b Y_b + E_c Y_c}{Y_a + Y_b + Y_c + Y_n} = \frac{\dfrac{E_a}{Z_a} + \dfrac{E_b}{Z_b} + \dfrac{E_c}{Z_c}}{\dfrac{1}{Z_a} + \dfrac{1}{Z_b} + \dfrac{1}{Z_c} + \dfrac{1}{Z_n}} \text{[V]}$$ ········· [식 3-65]

(2) 밀만의 정리에 의한 해석

제6장 회로망 해석에서 사용되는 밀만의 정리를 이용하면 이와 같이 불평형 회로의 개방전압(V_n)을 손쉽게 구할 수 있다.

∴ 중성점 간의 전압

$$V_n = \frac{\sum_{i=1}^{n} E_i Y_i}{\sum_{i=1}^{n} Y_i} = \frac{E_a Y_a + E_b Y_b + E_c Y_c}{Y_a + Y_b + Y_c + Y_n} = \frac{\dfrac{E_a}{Z_a} + \dfrac{E_b}{Z_b} + \dfrac{E_c}{Z_c}}{\dfrac{1}{Z_a} + \dfrac{1}{Z_b} + \dfrac{1}{Z_c} + \dfrac{1}{Z_n}} \text{[V]}$$ ···· [식 3-66]

단원 핵심정리 한눈에 보기

1. 대칭 3상 교류

① $\dot{v}_a = \sqrt{2}\,V\sin\omega t = V\angle 0° = V$

② $\dot{v}_b = \sqrt{2}\,V\sin(\omega t - 120°) = V\angle -120° = V\angle 240° = a^2 V$

③ $\dot{v}_c = \sqrt{2}\,V\sin(\omega t - 240°) = V\angle -240° = V\angle 120° = aV$

$\therefore\ \dot{v}_a + \dot{v}_b + \dot{v}_c = V + a^2 V + aV = V(1 + a^2 + a) = 0$

2. 3상 교류의 결선법

구분	Y결선	△결선	V결선
특징	① $I_l = I_P\angle 0°$ ② $V_l = \sqrt{3}\,V_P\angle 30°$ ③ $V_l = 2\sin\frac{\pi}{n}V_P\angle\left(\frac{\pi}{2} - \frac{\pi}{n}\right)$	① $V_l = V_P\angle 0°$ ② $I_l = \sqrt{3}\,I_P\angle -30°$ ③ $I_l = 2\sin\frac{\pi}{n}I_P\angle -\left(\frac{\pi}{2} - \frac{\pi}{n}\right)$	① 출력 : $P_V = \sqrt{3}\,P$ ② 이용률 : 86.6[%] ③ 출력비 : 57.7[%]

여기서, V_l : 선간전압, V_P : 상전압, I_l : 선전류, I_P : 상전류, n : 교류의 상수

3. 3상 교류전력

① 피상전력 : $P_a = S = \sqrt{3}\,V_l I_l = 3I_Z^2 Z = 3\dfrac{V_Z^2}{Z}$ [VA]

② 유효전력 : $P = \sqrt{3}\,V_l I_l\cos\theta = 3I_R^2 R = 3\dfrac{V_R^2}{R}$ [W]

③ 무효전력 : $P_r = Q = \sqrt{3}\,V_l I_l\sin\theta = 3I_X^2 X = 3\dfrac{V_X^2}{X}$ [Var]

4. 2전력계법

① 피상전력 : $P_a = \sqrt{P^2 + P_r^2} = 2\sqrt{W_1^2 + W_2^2 - W_1 W_2} = \sqrt{3}\,VI$ [VA]

② 유효전력 : $P = W_1 + W_2 = \sqrt{3}\,VI\cos\theta$

③ 무효전력 : $P_r = \sqrt{3}\,(W_2 - W_1) = \sqrt{3}\,VI\sin\theta$[Var]

④ 역률 : $\cos\theta = \dfrac{W_1 + W_2}{2\sqrt{W_1^2 + W_2^2 - W_1 W_2}} = \dfrac{W_1 + W_2}{\sqrt{3}\,VI}$

㉠ W_1 또는 W_2 둘 중 하나의 측정량이 0인 경우 : $\cos\theta = 0.5$

㉡ 무유도부하인 경우($W_1 = W_2 = W$) : $\cos\theta = 1$

㉢ W_1과 W_2의 측정량이 2배인 경우 : $\cos\theta = 0.866$

㉣ W_1과 W_2의 측정량이 3배인 경우 : $\cos\theta = 0.759$

단원 자주 출제되는 기출문제

출제 01 평형 3상 교류의 발생

집중공략

★★★ 산업 87년 7회, 91년 7회, 93년 2회, 14년 4회

01 $a+a^2$의 값은? (단, $a=e^{j120}$)

① 0　② −1
③ 1　④ a^3

해설 벡터 오퍼레이터(vector operator)

㉠ $a=1\angle 120°=\cos 120°+j\sin 120°=-\frac{1}{2}+j\frac{\sqrt{3}}{2}$

㉡ $a^2=1\angle 240°=\cos 240°+j\sin 240°$
$=-\frac{1}{2}-j\frac{\sqrt{3}}{2}$

$\therefore a+a^2=\left(-\frac{1}{2}+j\frac{\sqrt{3}}{2}\right)+\left(-\frac{1}{2}-j\frac{\sqrt{3}}{2}\right)=-1$

★★★ 산업 03년 2회, 06년 1회, 07년 3회

02 대칭 3상 교류에서 순시값의 벡터 합은?

① 0　② 40
③ 0.577　④ 86.6

해설

㉠ $v_a=V_m\sin\omega t=V\angle 0°=V$

㉡ $v_b=V_m\sin(\omega t-120°)=V_m\sin(\omega t+240°)$
$=V\angle 240°=a^2V$

㉢ $v_c=V_m\sin(\omega t-240°)=V_m\sin(\omega t+120°)$
$=V\angle 120°=aV$

$\therefore v_a+v_b+v_c=V(1+a^2+a)=0$

출제 02 평형 3상 회로의 특징

★★★ 기사 03년 4회, 04년 4회, 10년 2회 / 산업 03년 2회, 12년 3회, 13년 2회, 15년 2회

03 대칭 3상 Y결선부하에서 각 상의 임피던스가 $Z=16+j12$[Ω]이고, 부하전류가 10[A]일 때 이 부하의 선간전압[V]은?

① 152.6　② 229.1
③ 346.4　④ 445.1

해설

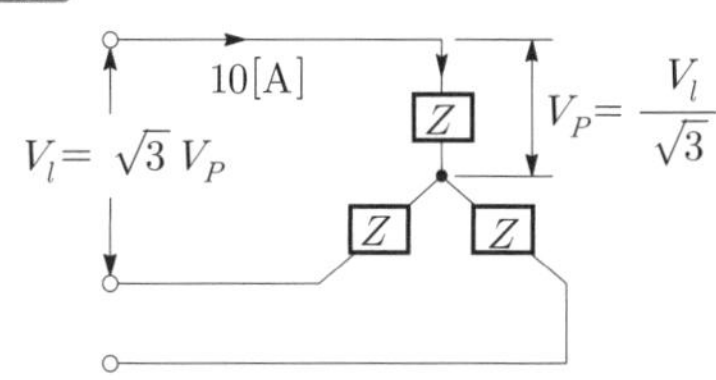

㉠ 각 상의 임피던스 크기
$Z=\sqrt{16^2+12^2}=20$[Ω]

㉡ Y결선 시 선전류(부하전류)와 상전류의 크기가 같다.

㉢ 상전압 $V_P=I_P\times Z$
$=10\times 20=200$[V]

∴ 선간전압 $V_l=\sqrt{3}V_P$
$=\sqrt{3}\times 200=346.4$[V]

Comment

임피던스 $Z=R+jX$에서 크기는 $|Z|=\sqrt{R^2+X^2}$이고, 부하각 $\theta=\tan^{-1}\frac{X}{R}$가 된다.

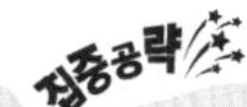

★★★ 기사 13년 1회 / 산업 93년 4회, 98년 4·5회, 00년 4회, 14년 3회

04 아래 그림과 같이 $100\sqrt{3}$[V]의 3상 3선식 회로에 $R=8$[Ω], $X_L=6$[Ω]의 부하를 성형 접속했을 때 부하전류[A]는 얼마인가?

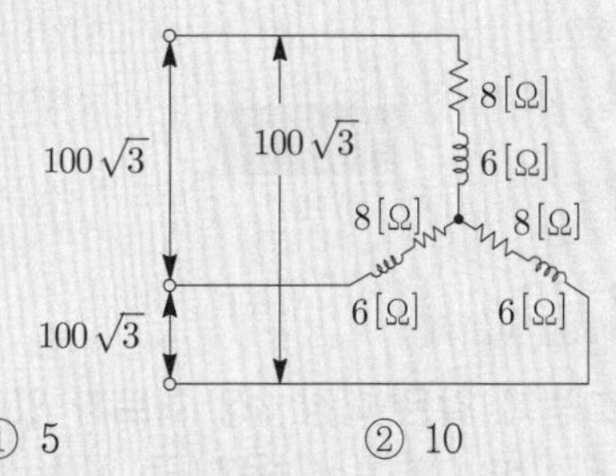

① 5　② 10
③ 15　④ 20

정답 01. ② 02. ① 03. ③ 04. ②

해설

각 상의 임피던스의 크기 $Z=\sqrt{8^2+6^2}=10[\Omega]$이고,

상전압 $V_P=\dfrac{V_l}{\sqrt{3}}=100[V]$이므로

$\therefore$ 선전류 $I_l=I_P=\dfrac{V_P}{Z}=\dfrac{100}{10}=10[A]$

★★ 기사 04년 1회 / 산업 97년 4회, 99년 6회, 04년 3회, 07년 1회, 12년 2회, 15년 1회

05 대칭 3상 Y결선(성형결선) 부하에서 선간전압이 $100\sqrt{3}$[V]이고, 각 상의 임피던스 Z=30+j40[Ω]의 평형부하일 때 선전류[A]는?

① 2　　② $2\sqrt{3}$
③ 5　　④ $5\sqrt{3}$

해설

㉠ 각 상의 임피던스 크기 $Z=\sqrt{30^2+40^2}=50[\Omega]$

㉡ 상전압 $V_P=\dfrac{V_l}{\sqrt{3}}=100[V]$

$\therefore$ 선전류 $I_l=I_P=\dfrac{V_P}{Z}=\dfrac{100}{50}=2[A]$

★ 기사 95년 2회 / 산업 98년 5회, 00년 4회

06 평형 3상 3선식 회로가 있다. 부하는 Y결선이고 $V_{AB}=100\sqrt{3}\angle 0°$[V]일 때 I_A = $20\angle -120°$[A]이었다. Y결선된 부하 한 상의 임피던스는?

① $5\angle 60°$　　② $5\sqrt{3}\angle 60°$
③ $5\angle 90°$　　④ $5\sqrt{3}\angle 90°$

해설

Y결선 시 $V_l=\sqrt{3}\,V_P\angle 30°$이므로

상전압 $V_P=\dfrac{V_l}{\sqrt{3}}\angle -30°=100\angle -30°$가 된다.

$\therefore$ 각 상의 임피던스

$$Z=\frac{V_P}{I_P}=\frac{100\angle -30°}{20\angle 120°}=5\angle 90°=j5=jX_L[\Omega]$$

★ 산업 95년 4회

07 그림과 같은 대칭 3상 회로가 있다. I_a의 크기 및 I_c의 위상각은? (단, E_a=$120\angle 0°$, Z_l=4+j6, Z=20+j12)

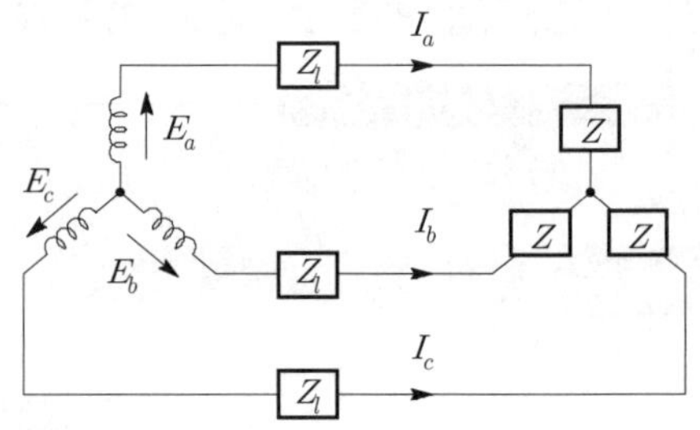

① 4, $\tan^{-1}\dfrac{3}{4}$

② 4, $\tan^{-1}\dfrac{3}{4}+120°$

③ 8, $-\tan^{-1}\dfrac{3}{4}$

④ 8, $\tan^{-1}\dfrac{3}{4}-120°$

해설

㉠ 한 상의 임피던스

$Z_a=Z_l+Z=24+j18$

$=\sqrt{24^2+18^2}\angle\tan^{-1}\dfrac{18}{24}=30\angle\tan^{-1}\dfrac{3}{4}$

㉡ a상의 선전류

$I_a=\dfrac{E_a}{Z_a}=\dfrac{120\angle 0°}{30\angle\tan^{-1}\dfrac{3}{4}}=4\angle -\tan^{-1}\dfrac{3}{4}$ [A]

㉢ c상의 선전류 I_c 는 I_a 와 크기는 같고, 위상은 240°느리다(또는 120° 빠르다).

$\therefore$ $I_c=4\angle -\tan^{-1}\dfrac{3}{4}-240°$

$=4\angle -\tan^{-1}\dfrac{3}{4}+120°$ [A]

★ 산업 95년 3회, 13년 4회

08 그림과 같은 회로에 대칭 3상 전압 220[V]를 가할 때 aa′선이 단선되었다고 하면 선전류[A]는?

a　6[Ω]　5[Ω]　a′　5[Ω]　5[Ω]
b　6[Ω]　5[Ω]　b′　5[Ω]　5[Ω]　5[Ω]　5[Ω]　c′
c　6[Ω]　5[Ω]

① 5　　② 10
③ 15　　④ 20

정답　05. ①　06. ③　07. ②　08. ②

해설

3상에서 1선이 단선되면 b, c상에 의해 단상 전원이 공급되므로 다음과 같다.

$$\therefore\ I=\frac{V_{bc}}{Z_{bc}}=\frac{220}{6+j3+5-j3-j3+5+j3+6}=\frac{220}{22}=10[\text{A}]$$

집중공략

★★★ 기사 03년 2회, 12년 1회 / 산업 05년 1회, 07년 2회, 13년 4회, 14년 1회, 15년 3·4회

09 전원과 부하가 다같이 △결선(환상결선)된 3상 평형회로가 있다. 전원전압이 200[V], 부하 임피던스가 $Z=6+j8$[Ω]인 경우 부하전류[A]는?

① 20 ② $20/\sqrt{3}$
③ $20\sqrt{3}$ ④ $10\sqrt{3}$

해설

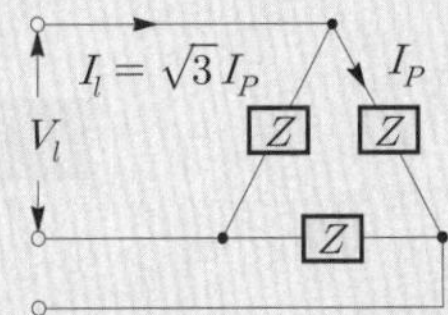

㉠ 각 상의 임피던스 크기 : $Z=\sqrt{6^2+8^2}=10[\Omega]$
㉡ 전원전압은 선간전압을 의미하고, △결선 시 $V_l=V_P$이 된다.
㉢ 상전류(환상전류) $I_P=\frac{V_P}{Z}=\frac{200}{10}=20[\text{A}]$
∴ 선전류(부하전류) $I_l=\sqrt{3}I_P=20\sqrt{3}[\text{A}]$

★★ 산업 91년 2회, 99년 4회, 12년 2회, 15년 2회

10 전원과 부하가 △-△결선인 평형 3상 회로의 전원전압이 200[V], 선전류가 30[A]이었다면 부하 1상의 임피던스[Ω]는?

① 9.7 ② 10.7
③ 11.7 ④ 12.7

해설

한 상의 임피던스 $Z=\frac{V_P}{I_P}=\frac{V_l}{\frac{I_l}{\sqrt{3}}}=\frac{220}{\frac{30}{\sqrt{3}}}=\frac{220\sqrt{3}}{30}=12.7[\Omega]$

★★★ 산업 98년 7회

11 그림과 같은 평형 3상 회로에 선간전압 100[V]를 가했을 때 흐르는 선전류는 얼마인가?

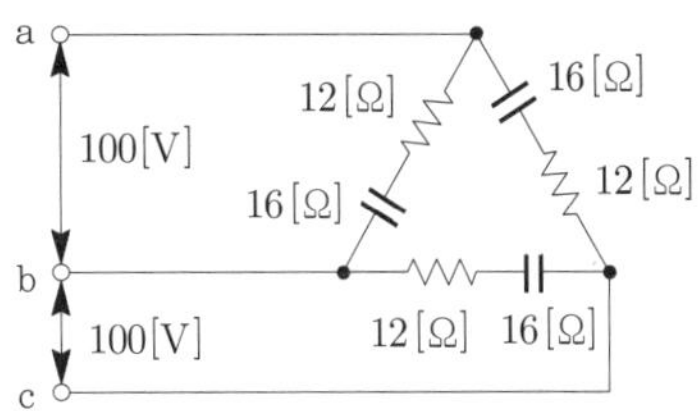

① 3.6[A] ② $3.6\sqrt{3}$[A]
③ 5[A] ④ $5\sqrt{3}$[A]

해설

상전류 $I_P=\frac{V_P}{Z}=\frac{V_P}{\sqrt{R^2+X^2}}=\frac{100}{\sqrt{12^2+16^2}}=\frac{100}{20}=5[\text{A}]$

∴ 선전류(부하전류) $I_l=\sqrt{3}I_P=5\sqrt{3}[\text{A}]$

★ 기사 90년 2회, 99년 7회 / 산업 98년 2회

12 3상 3선식에서 선간전압이 100[V]인 송전선에 $5\angle 45°$[Ω]의 부하를 △접속할 때의 선전류[A]는?

① $20\angle -75°$ ② $20\angle -15°$
③ $34.6\angle -75°$ ④ $34.6\angle -15°$

해설

상전류 $I_P=\frac{V_P}{Z}=\frac{100\angle 0°}{5\angle 5°}=20\angle -45°$[A]이므로

∴ 선전류(부하전류) $I_l=\sqrt{3}I_P\angle -30°=20\sqrt{3}\angle -75°=34.6\angle -75°[\text{A}]$

★ 기사 90년 2회, 99년 7회, 02년 2회

13 △결선된 3상 회로에서 상전류 $I_{ab}=4\angle -36°$[A], $I_{bc}=4\angle -156°$[A], $I_{ca}=4\angle 84°$[A]일 때 선전류 I_a, I_b, I_c 중에서 그 크기가 가장 큰 것은 몇 [A]인가?

① 2.31 ② 4.0
③ 6.93 ④ 8.0

정답 09. ③ 10. ④ 11. ④ 12. ③ 13. ③

해설

㉠ a상의 선전류

$I_a = I_{ab} - I_{ca}$

$= 4\angle -36° - 4\angle 84° = 6.93\angle -66°$

㉡ b상의 선전류

$I_b = I_{bc} - I_{ab}$

$= 4\angle -156° - 4\angle -36° = 6.93\angle 174°$

㉢ c상의 선전류

$I_c = I_{ca} - I_{bc}$

$= 4\angle 84° - 4\angle -156° = 6.93\angle 54°$

Comment

△결선의 선전류는 상전류의 $\sqrt{3}$ 배이므로 $I_l = 4\sqrt{3} = 6.93$[A]가 된다.

★★★ 기사 01년 2회, 04년 3회, 08년 2회 / 산업 00년 5회, 07년 4회, 15년 2회

14 다음 그림과 같은 회로의 단자 a, b, c에 대칭 3상 전압을 가하여 각 선전류를 같게 하려면 R의 값은?

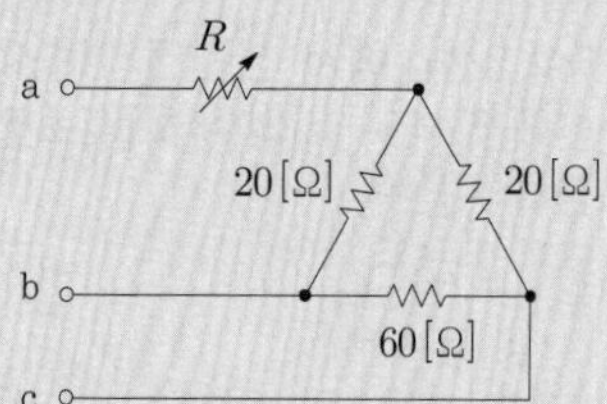

① 2[Ω] ② 8[Ω]
③ 16[Ω] ④ 24[Ω]

해설

△결선을 Y결선으로 등가변환하면 다음과 같다.

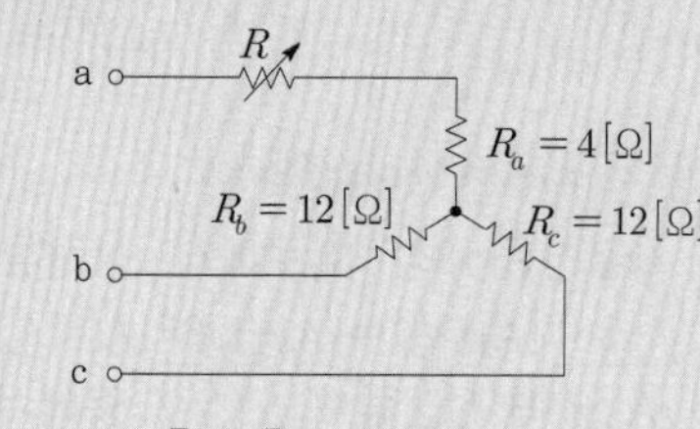

㉠ $R_a = \dfrac{R_{ab} \times R_{ca}}{R_{ab} + R_{bc} + R_{ca}}$

$= \dfrac{20 \times 20}{20 + 60 + 20} = 4[\Omega]$

㉡ $R_b = \dfrac{R_{ab} \times R_{bc}}{R_{ab} + R_{bc} + R_{ca}}$

$= \dfrac{20 \times 60}{20 + 60 + 20} = 12[\Omega]$

㉢ $R_c = \dfrac{R_{bc} \times R_{ca}}{R_{ab} + R_{bc} + R_{ca}}$

$= \dfrac{60 \times 20}{20 + 60 + 20} = 12[\Omega]$

∴ 각 선전류가 같으려면 각 상의 임피던스가 평형이 되어야 하므로 $R = 8[\Omega]$이 되어야 한다.

★★★★ 기사 98년 3회, 03년 4회 / 산업 02년 1회, 05년 3회, 14년 4회, 16년 3회

15 같은 저항 $r[\Omega]$을 그림과 같이 결선하고 대칭 3상 전압 E[V]를 가했을 때 전류 I_1, I_2[A]는 얼마인가?

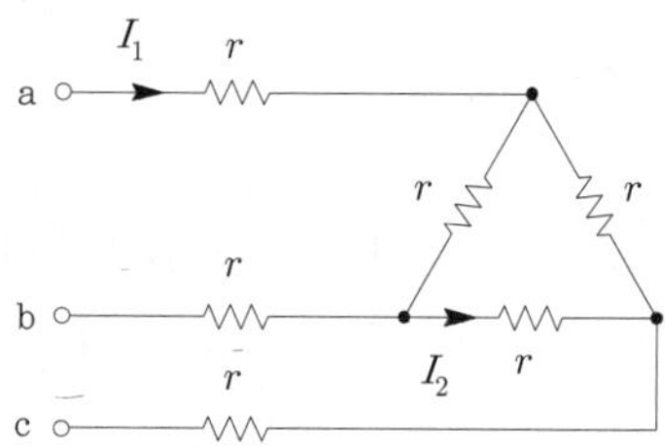

① $I_1 = \dfrac{\sqrt{3}}{4E}$, $I_2 = \dfrac{rE}{4}$

② $I_1 = \dfrac{4E}{\sqrt{3}}$, $I_2 = \dfrac{4r}{E}$

③ $I_1 = \dfrac{\sqrt{3}E}{4}$, $I_2 = \dfrac{E}{4r}$

④ $I_1 = \dfrac{\sqrt{3}E}{4r}$, $I_2 = \dfrac{E}{4r}$

해설

㉠ △결선을 Y결선으로 등가변환했을 때 각 상의 임피던스

$Z = r + \dfrac{r}{3} = \dfrac{4r}{3}[\Omega]$

㉡ 선전류(부하전류)

$I_1 = \dfrac{V_P}{Z} = \dfrac{\dfrac{E}{\sqrt{3}}}{\dfrac{4r}{3}} = \dfrac{3E}{4r\sqrt{3}} = \dfrac{\sqrt{3}E}{4r}$[A]

㉢ 상전류

$I_2 = \dfrac{I_1}{\sqrt{3}} = \dfrac{E}{4r}$[A]

정답 14. ② 15. ④

★★★★ 산업 90년 2회, 96년 2회, 98년 2회, 01년 1회

16 그림과 같이 △로 접속된 부하에서 각 선로에서 저항은 $r=1[\Omega]$이고 부하의 임피던스는 $Z=6+j12[\Omega]$이다. 단자 a, b, c 간에 200[V]의 평형 3상 전압을 가할 때 부하의 상전류[A]는?

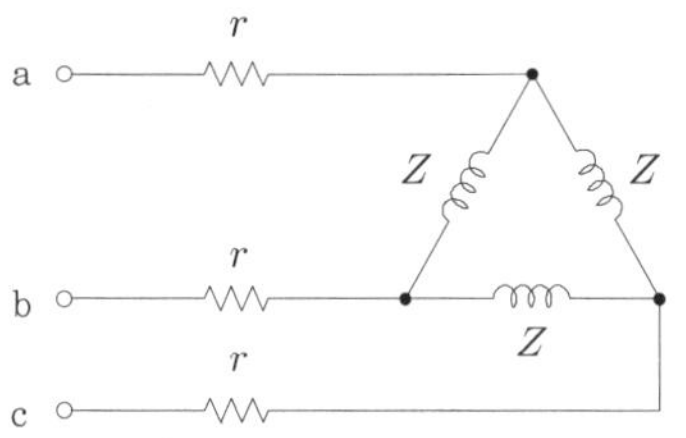

① 23.09　② 40.26
③ 13.33　④ 69.28

해설

㉠ △결선을 Y결선으로 등가변환했을 때 각 상의 임피던스

$$Z=r+\frac{Z}{3}=1+\frac{6+j12}{3}=3+j4[\Omega]$$

㉡ 선전류(부하전류)

$$I_l=\frac{V_P}{Z}=\frac{\frac{V_l}{\sqrt{3}}}{\sqrt{R^2+X^2}}=\frac{\frac{200}{\sqrt{3}}}{\sqrt{3^3+4^2}}=\frac{40}{\sqrt{3}}[A]$$

㉢ 상전류

$$I_P=\frac{I_l}{\sqrt{3}}=\frac{40}{3}=13.33[A]$$

★★★ 기사 01년 2회, 04년 3회, 08년 2회 / 산업 94년 6회, 00년 5회, 07년 4회

17 그림과 같은 △회로를 등가인 Y회로로 환산하면 a의 임피던스는?

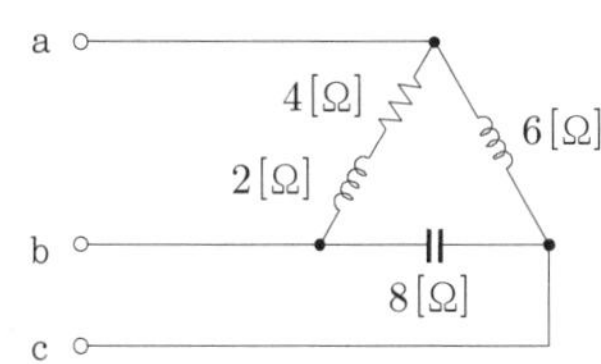

① $3+j6[\Omega]$　② $-3+j6[\Omega]$
③ $6+j6[\Omega]$　④ $-6+j6[\Omega]$

해설

△결선을 Y결선 등가변환하여 a상의 임피던스 크기를 구하면 다음과 같다.

$$Z_a=\frac{Z_{ab}\cdot Z_{ca}}{Z_{ab}+Z_{bc}+Z_{ca}}=\frac{(4+j2)\times j6}{(4+j2)+(-j8)+j6}$$

$$=\frac{-12+j24}{4}=-3+j6[\Omega]$$

★ 산업 89년 3회

18 전압 200[V]의 3상 회로에 그림과 같은 평형부하를 접속했을 때 선전류 I[A]는? $\left(\text{단, } R=9[\Omega],\ X_C=\frac{1}{\omega C}=4[\Omega]\right)$

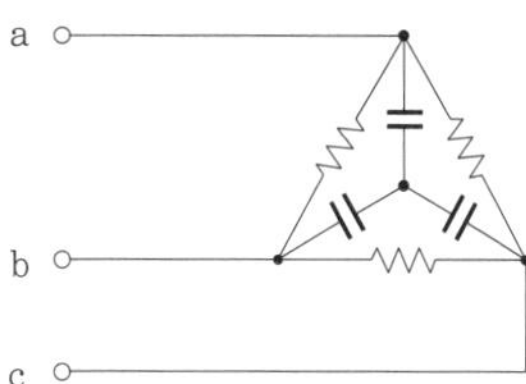

① 48.1　② 38.5
③ 28.9　④ 115.5

해설

그림과 같이 평형으로 접속된 △부하를 Y부하로 등가변환하면 R이 $\frac{1}{3}$배로 줄어든다.

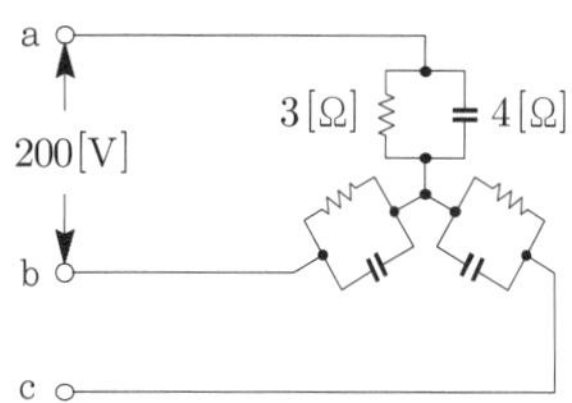

㉠ 한 상의 임피던스

$$Z=\frac{RX}{\sqrt{R^2+X^2}}=\frac{3\times 4}{\sqrt{3^2+4^2}}=\frac{12}{5}[\Omega]$$

㉡ 선전류

$$I_l=I_P=\frac{V_P}{Z}=\frac{V_l}{Z\sqrt{3}}=\frac{200\times 5}{12\sqrt{3}}=48.1[A]$$

★★ 기사 03년 1회, 05년 2회, 13년 2회, 15년 2회 / 산업 03년 2회, 14년 1회

19 저항 $R[\Omega]$ 3개를 Y로 접속한 회로에 전압 200[V]의 3상 교류전원을 인가 시 선전류가 10[A]라면 이 3개의 저항을 △로 접속하고 동일전원을 인가 시 선전류는 몇 [A]인가?

① 10　② $10\sqrt{3}$
③ 30　④ $30\sqrt{3}$

해설

Y결선 시 보다 △결선에서의 선전류가 3배 크기 때문에 30[A]가 된다.

정답 16. ③ 17. ② 18. ① 19. ③

★ 기사 91년 5회 / 산업 94년 5회, 02년 3회, 03년 1회

20 R[Ω]인 2개의 저항을 같은 전원에 △결선에 접속시킬 때와 Y결선으로 접속시킬 때 선전류의 크기 비$\left(\dfrac{I_{\triangle}}{I_Y}\right)$는?

① $\frac{1}{3}$　② $\sqrt{6}$
③ $\sqrt{3}$　④ 3

해설

△결선의 선전류가 Y결선의 선전류에 비해 3배 크다.

★★ 기사 04년 2회 / 산업 99년 7회, 02년 3회, 03년 1회, 05년 1회, 06년 1회, 15년 3회, 16년 1회

21 △결선된 부하를 Y결선으로 바꾸면 소비전력은 어떻게 되는가? (단, 선간전압은 일정하다)

① $\frac{1}{3}$배　② 6배
③ $\frac{1}{\sqrt{3}}$배　④ $\frac{1}{\sqrt{6}}$배

해설

㉠ 부하 Y결선 시

$$P_Y = 3\times\frac{E^2}{Z} = 3\times\frac{\left(\frac{V}{\sqrt{3}}\right)^2}{Z} = \frac{V^2}{Z}$$

여기서, E : 상전압, V : 선간전압

㉡ 부하 △결선 시

$$P_{\triangle} = 3\times\frac{E^2}{Z} = 3\times\frac{V^2}{Z} = 3\frac{V^2}{Z}$$

$$\therefore \frac{P_Y}{P_{\triangle}} = \frac{1}{3}$$

★★ 기사 05년 4회, 09년 2회

22 a, c 양단에 100[A] 전압인가 시 전류 I가 1[A] 흘렀다면 R의 저항은 몇 [Ω]인가?

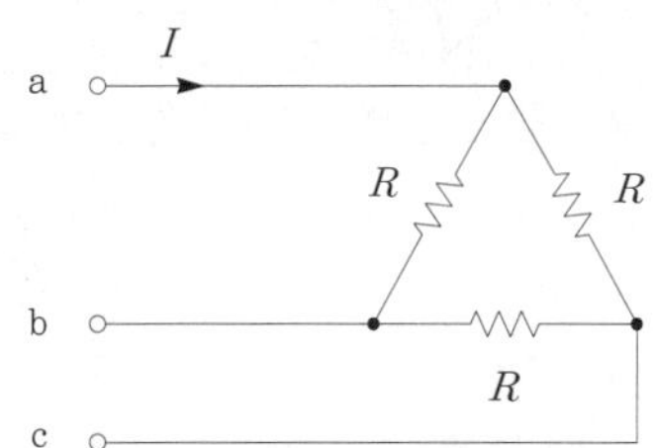

① 100　② 150
③ 220　④ 330

해설

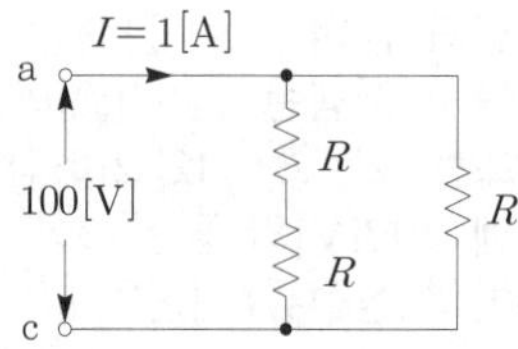

합성저항 $R_0 = \frac{R\times 2R}{R+2R} = \frac{2}{3}R$[Ω]에서

옴의 공식 $R_0 = \frac{V}{I}$에서

$\frac{2}{3}R = \frac{100}{1}$이므로

$\therefore$ 저항 $R = 100\times\frac{3}{2} = 150$[Ω]

★ 기사 90년 6회, 91년 2회 / 산업 91년 2회

23 그림에서 저항 R이 접속되고 여기에 3상 평형전압 V[A]가 가해져 있다. 지금 ×표의 곳에서 1선이 단선되었다고 하면 소비전력은 처음의 몇 배로 되는가?

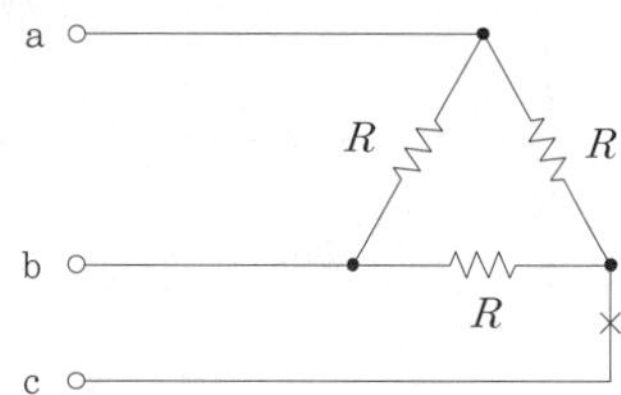

① 1　② 0.5
③ 0.25　④ 0.7

해설

㉠ 단선되기 전 소비전력 : $P_{\triangle} = \frac{3V^2}{R}$[W]

㉡ c선이 단선되면 아래 그림과 같은 단상 회로가 되기 때문에 단자 a, b에서 본 합성저항

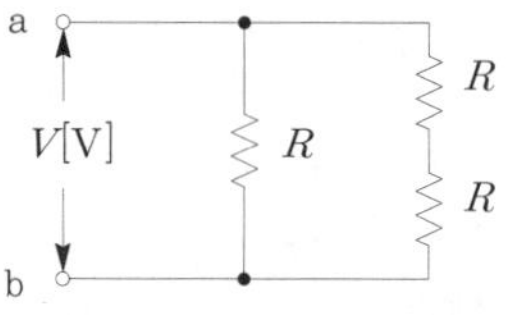

$R_{ab} = \frac{R\times 2R}{R+2R} = \frac{2}{3}R$[Ω]

소비전력 $P_x = \frac{V^2}{R_0} = \frac{3V^2}{2R}$[W]

$\therefore \frac{P_x}{P_{\triangle}} = \frac{1}{2} = 0.5$배

정답 20. ④ 21. ① 22. ② 23. ②

★ 기사 90년 6회

24 3개의 저항 R을 △결선하여 3상 평형전원에 연결하였더니 전전류가 그림에서처럼 100[A] 흘렀다. a, c 단자 간의 저항선 한 상이 단선되었다면 가선전류 I_a, I_b, I_c[A]는?

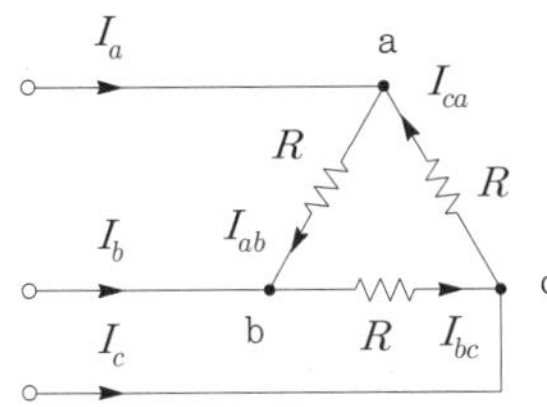

① $I_a = 100,\ I_b = 100,\ I_c = 57.7$
② $I_a = 57.7,\ I_b = 57.7,\ I_c = 100$
③ $I_a = 57.7,\ I_b = 100,\ I_c = 57.7$
④ $I_a = 100,\ I_b = 57.7,\ I_c = 57.7$

해설

㉠ 단선되기 전 각 상의 전류는 다음과 같다.

- $I_{ab} = \dfrac{V_{ab}}{R} = \dfrac{100}{\sqrt{3}} = 57.7\angle 0°$ [A]
- $I_{bc} = \dfrac{V_{bc}}{R} = 57.7\angle -120°$[A]
- $I_{ca} = \dfrac{V_{ca}}{R} = 57.7\angle -240°$[A]

㉡ 한 상이 단선되었을 때 각 선전류는 다음과 같다.

- $I_a = I_{ab} = \dfrac{V_{ab}}{R} = 57.7\angle 0°$ [A]
- $I_b = I_{bc} - I_{ab} = (57.7\angle -120°) - (57.7\angle 0°)$
  $= 100\angle -150°$[A]
- $I_c = I_{bc} = 57.7\angle -120°$[A]

★ 기사 96년 6회 / 산업 96년 6회

25 그림과 같은 성형 평형부하가 선간전압 220[V]의 대칭 3상 전원에 접속되어 있다. 이 접속단자 중 한 선이 ×에서 단선되었다고 하면, 이 단선점 ×의 양단 사이에 나타나는 전압[V]은? (단, 전원전압은 변하지 않는 것으로 한다)

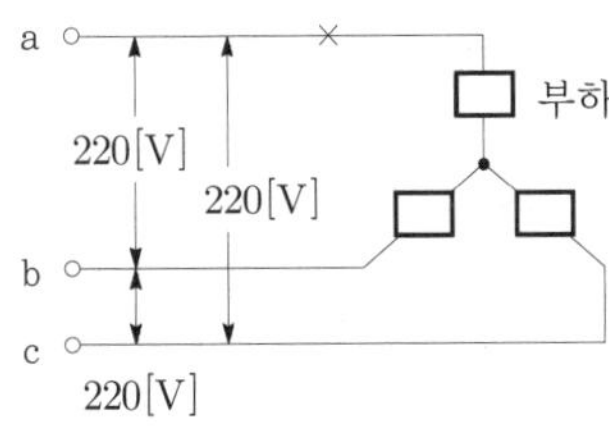

① 220　　② $\dfrac{440}{3}$
③ $100\sqrt{3}$　　④ $110\sqrt{3}$

해설

$V_{ax} = V_{ab}\sin 60° = V_{ac}\sin 60° = 110\sqrt{3}$[V]

Comment

24, 25번과 같은 유형의 문제는 출제빈도가 매우 낮으니 그냥 넘어가도록 한다.

★★★ 기사 98년 6회 / 산업 95년 5회, 97년 4회, 04년 4회, 12년 3회, 14년 2회

26 3상 유도전동기의 출력이 3마력, 전압이 200[V], 효율 80[%], 역률 90[%]일 때 전동기에 유입하는 선전류의 값은 약 몇 [A]인가?

① 7.18　　② 9.18
③ 6.85　　④ 8.97

해설

유효전력 $P = \sqrt{3}\ VI\cos\theta\eta$[W]

여기서, 효율 $\eta = \dfrac{출력}{입력}$, 1[HP] = 746[W]

$\therefore$ 선전류 $I = \dfrac{P}{\sqrt{3}\ V\cos\theta\eta}$

$= \dfrac{3\times 746}{\sqrt{3}\times 200\times 0.9\times 0.8} = 8.97$[A]

Comment

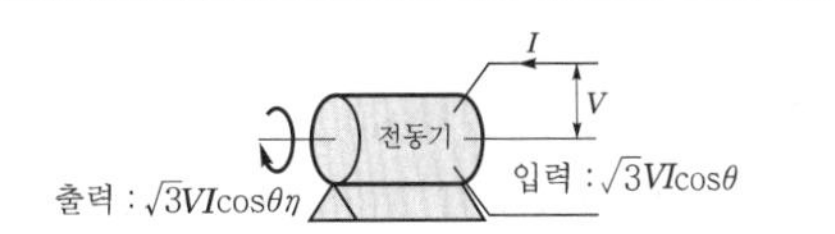

★★ 기사 00년 2회, 01년 3회, 04년 1회 / 산업 97년 5회, 00년 6회, 15년 1회, 16년 1회

27 선간전압 100[V], 역률 60[%]인 평형 3상 부하에서 소비전력 P=10[kW]일 때 선전류[A]는?

① 99.4　　② 96.2
③ 86.2　　④ 76.4

해설

선전류 $I = \dfrac{P}{\sqrt{3}\ V\cos\theta}$

$= \dfrac{10\times 10^3}{\sqrt{3}\times 100\times 0.6} = 96.2$ [A]

정답 24. ③ 25. ④ 26. ④ 27. ②

★★★★ 기사 96년 5회, 01년 1회, 02년 3회 / 산업 94년 4회, 98년 5회, 00년 4회

28 부하 단자전압이 220[V]인 15[kW]의 3상 대칭부하에 3상 전력을 공급하는 선로 임피던스가 $3+j2$[Ω]일 때 부하가 뒤진 역률 60[%]이면 선전류[A]는?

① 약 $26.2-j19.7$ ② 약 $39.36-j52.48$
③ 약 $39.39-j29.54$ ④ 약 $19.7-j26.4$

해설

선전류 $I=\dfrac{P}{\sqrt{3}\,V\cos\theta}$

$=\dfrac{15\times10^3}{\sqrt{3}\times220\times0.6}=65.61$[A]

뒤진 역률 60[%]이면

∴ 선전류 $\dot{I}=I(\cos\theta-j\sin\theta)$

$=65.61(0.6-j0.8)$

$=39.36-j52.48$[A]

Comment

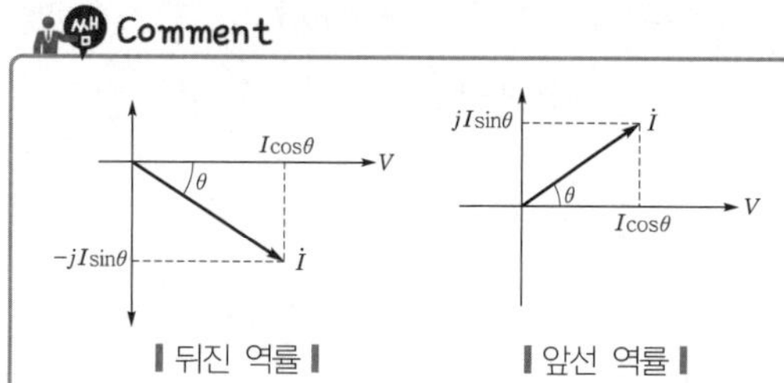

▌뒤진 역률▐ ▌앞선 역률▐

★★★ 기사 93년 1회, 05년 2회

29 3상 평형부하에 선간전압 200[V]의 평형 3상 정현파 전압을 인가했을 때 선전류는 8.6[A]가 흐르고, 무효전력이 1788[Var]이었다. 역률은?

① 0.6 ② 0.7
③ 0.8 ④ 0.9

해설

무효전력 $P_r=Q=\sqrt{3}\,VI\sin\theta$에서

$\sin\theta=\dfrac{Q}{\sqrt{3}\,VI}=\dfrac{1788}{\sqrt{3}\times200\times8.6}=0.6$

∴ 역률 $\cos\theta=\sqrt{1-\sin^2\theta}=\sqrt{1-0.6^2}=0.8$

Comment

$\cos^2\theta+\sin^2\theta=1$이므로 $\cos\theta=\sqrt{1-\sin^2\theta}$

★★★ 산업 16년 1회

30 한 상의 임피던스 $Z=6+j8$[Ω]인 평형 Y부하에 평형 3상 전압 200[V]를 인가할 때 무효전력은 약 몇 [Var]인가?

① 1330 ② 1848
③ 2381 ④ 3200

해설

한 상에 흐르는 전류

$I_l=I_p=\dfrac{V_P}{Z}=\dfrac{\frac{V_l}{\sqrt{3}}}{\sqrt{R^2+X^2}}$

$=\dfrac{\frac{200}{\sqrt{3}}}{\sqrt{6^2+8^2}}=\dfrac{200}{10\sqrt{3}}=\dfrac{20}{\sqrt{3}}$[A]

∴ 무효전력 $P_r=Q=3I_x^2X=3I^2X$

$=3\times\left(\dfrac{20}{\sqrt{3}}\right)^2\times8=3200$[Var]

Comment

I_R, I_X는 R과 X를 통과하는 전류를 의미한다.

★★★ 기사 94년 6회 / 산업 99년 5회, 05년 1회, 07년 3회

31 대칭 3상 Y부하에서 각 상의 임피던스가 $Z=3+j4$[Ω]이고, 부하전류가 20[A]일 때 이 부하의 무효전력[Var]은?

① 1600 ② 2400
③ 3600 ④ 4800

해설

Y결선은 선전류(부하전류)와 상전류의 크기가 같으므로

∴ 무효전력 $P_r=Q=3I_x^2X=3I^2X$

$=3\times20^2\times4=4800$[Var]

★★★ 산업 91년 6회, 98년 5회, 00년 4회, 02년 2·4회

32 대칭 3상 Y부하에서 각 상의 임피던스가 $Z=3+j4$[Ω]이고 부하전류가 20[A]일 때 이 부하에서 소비되는 전력[W]은?

① 1200 ② 1400
③ 1600 ④ 3600

해설

소비전력 $P=3I_R^2R$

$=3\times20^2\times3=3600$[W]

정답 28. ② 29. ③ 30. ④ 31. ④ 32. ④

★★★ 산업 93년 6회, 96년 6회, 97년 2회, 98년 3회, 99년 6회, 01년 2·3회, 04년 3회

33 한 상의 임피던스가 $Z=20+j10[\Omega]$인 Y 결선부하에 대칭 3상 선간전압 200[V]를 가할 때 전 소비전력은 얼마인가?

① 800[W] ② 1200[W]
③ 1600[W] ④ 2400[W]

해설

한 상에 흐르는 전류 $I_P=\dfrac{V_P}{Z}$

$$=\frac{\frac{200}{\sqrt{3}}}{\sqrt{20^2+10^2}}=5.164[\text{A}]$$

∴ 소비전력 $P=3I_R^2R$

$$=3\times5.164^2\times20=1600[\text{W}]$$

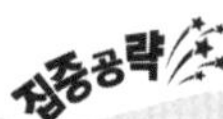

★★★ 산업 90년 7회, 94년 6회, 95년 4회, 01년 1회, 15년 4회, 16년 4회

34 임피던스 3개를 그림과 같이 평형으로 성형접속하여, a, b, c 단자 200[V]의 대칭 3상 전압을 가했을 때 흐르는 전류와 전력은 얼마인가?

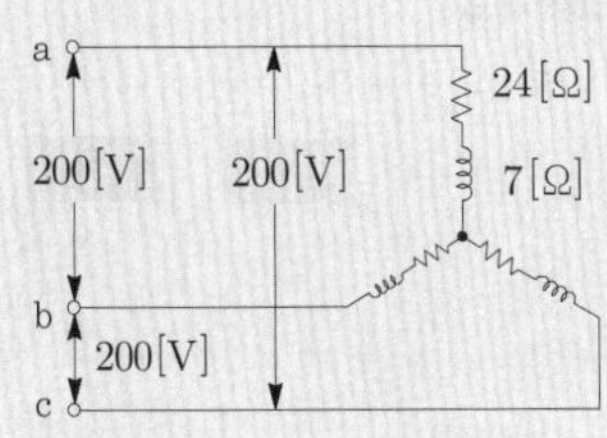

① $I=4.6[\text{A}]$, $P=1536[\text{W}]$
② $I=6.4[\text{A}]$, $P=1636[\text{W}]$
③ $I=5.0[\text{A}]$, $P=1500[\text{W}]$
④ $I=6.4[\text{A}]$, $P=1346[\text{W}]$

해설

한 상에 흐르는 전류 $I_P=\dfrac{V_P}{Z}$

$$=\frac{\frac{200}{\sqrt{3}}}{\sqrt{24^2+7^2}}=4.6[\text{A}]$$

∴ 소비전력 $P=3I_R^2R$

$$=3\times4.6^2\times24=1536[\text{W}]$$

★★★ 기사 96년 2회 / 산업 94년 6·7회, 12년 1회, 14년 4회, 16년 4회

35 3상 평형부하가 있다. 이것의 선간전압은 200[V], 선전류는 10[A]이고, 부하의 소비전력은 4[kW]이다. 이 부하의 등가 Y회로의 각 상의 저항[Ω]은 얼마인가?

① 8 ② 13.3
③ 15.6 ④ 18.3

해설

소비전력 $P=3I^2R[\text{W}]$

∴ 각 상의 저항 $R=\dfrac{P}{3I^2}$

$$=\frac{4000}{3\times10^2}=13.3[\Omega]$$

★★★ 기사 89년 6회, 97년 4회, 03년 2회, 09년 2회, 12년 1회

36 각 상의 임피던스가 각각 $Z=6+j8[\Omega]$인 평행 △부하에 선간전압이 220[V]인 대칭 3상 전압을 인가할 때의 부하전류는 약 몇 [A]인가?

① 27.2 ② 38.1
③ 22 ④ 12.7

해설

부하의 상전류 $I_P=\dfrac{V_P}{Z}=\dfrac{V_P}{\sqrt{R^2+X^2}}$

$$=\frac{220}{\sqrt{6^2+8^2}}=22[\text{A}]$$

∴ 선전류(부하전류) $I_l=\sqrt{3}\,I_P=22\sqrt{3}=38.1[\text{A}]$

★★★ 기사 95년 6회, 08년 1회, 16년 2회 / 산업 95년 2회, 97년 2·7회

37 한 상의 임피던스가 $6+j8[\Omega]$인 △부하에 대칭 선간전압 200[V]를 인가 시 3상 전력은 몇 [W]인가?

① 2400 ② 4157
③ 7200 ④ 12470

해설

상전류 $I_P=\dfrac{V_P}{Z}=\dfrac{V_l}{\sqrt{R^2+X^2}}$

$$=\frac{200}{\sqrt{6^2+8^2}}=20[\text{A}]$$

∴ 유효전력 $P=3I_R^2R=3\times20^2\times6=7200[\text{W}]$

정답 33. ③ 34. ① 35. ② 36. ② 37. ③

★★★ 산업 93년 1회, 95년 5회

38 대칭 3상 △부하에서 각 상의 임피던스가 $Z=3+j4$[Ω]이고 부하전류가 20[A]일 때 피상전력[VA]은?

① 1800 ② 2000
③ 2400 ④ 2800

해설

피상전력 $P_a = S = 3I_Z Z$

$$= 3\times\left(\frac{20}{\sqrt{3}}\right)^2 \times \sqrt{3^2+4^2}$$

$$= 2000[\text{VA}]$$

★★★ 기사 91년 5회, 13년 3회

39 △결선된 대칭 3상 부하가 있다. 역률이 0.8(지상)이고 소비전력이 1800[W]이다. 선로의 저항 0.5[Ω]에서 발생하는 선로의 손실이 50[W]이면 부하 단자전압[V]은?

① 627 ② 525
③ 326 ④ 225

해설

선로손실 $P_l = 3I^2R$에서

$$I = \sqrt{\frac{P_l}{3R}} = \sqrt{\frac{50}{3\times0.5}} = \frac{10}{\sqrt{3}}[\text{A}]$$

∴ 부하 단자전압 $V = \dfrac{P}{\sqrt{3}\,I\cos\theta}$

$$= \frac{1800}{\sqrt{3}\times\frac{10}{\sqrt{3}}\times0.8}$$

$$= 225[\text{V}]$$

★★★ 기사 91년 7회, 05년 1·3회, 09년 3회

40 성형(Y)결선의 부하가 있다. 선간전압 300[V]의 3상 교류를 인가했을 때 선전류가 40[A]이고 역률이 0.8이라면 리액턴스는 약 몇 [Ω]인가?

① 2.6 ② 4.3
③ 16.6 ④ 35.6

해설

㉠ 1상의 임피던스 $Z = \dfrac{V_P}{I_P} = \dfrac{\frac{V_l}{\sqrt{3}}}{I_l}$

$$= \frac{\frac{300}{\sqrt{3}}}{40} = 4.33[\Omega]$$

㉡ 무효율 $\sin\theta = \sqrt{1-\cos^2\theta}$

$$= \sqrt{1-0.8^2} = 0.6$$

∴ 리액턴스 $X = Z\sin\theta$

$$= 4.33\times0.6 = 2.598 \fallingdotseq 2.6[\Omega]$$

★★ 기사 95년 7회, 08년 3회 / 산업 90년 7회, 95년 6회, 13년 1·4회

41 그림과 같은 선간전압 200[V]의 3상 전원에 대칭부하를 접속할 때 부하역률은? $\left(\text{단, } R=9[\Omega],\ \dfrac{1}{\omega C}=4[\Omega]\right)$

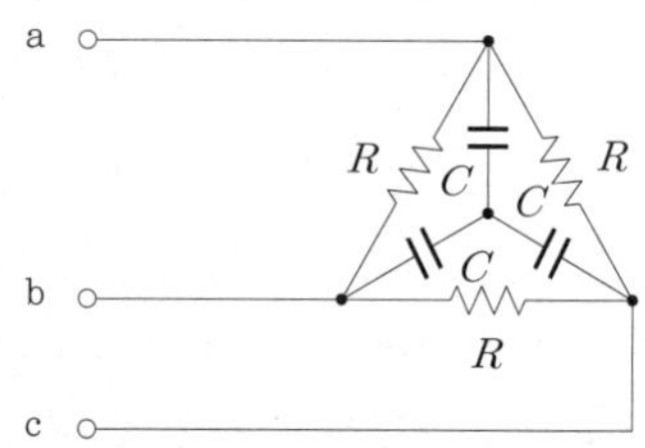

① 0.6 ② 0.7
③ 0.8 ④ 0.9

해설

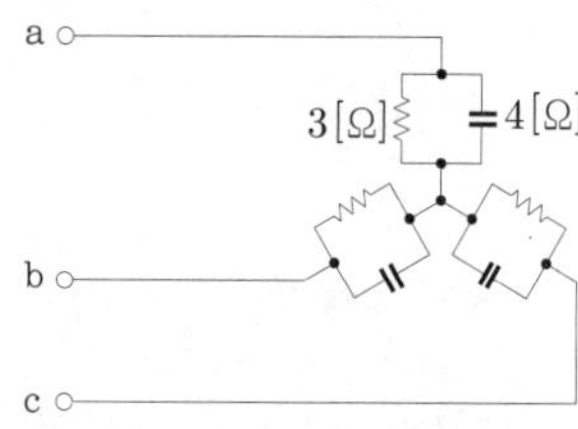

△결선 저항을 Y결선으로 바꾸면 저항은 $\dfrac{1}{3}$이 되어 3[Ω]으로 환산되며 결국 그림과 같이 3[Ω] 저항과 4[Ω] 리액턴스는 병렬회로가 된다.

따라서, $R-C$ 병렬회로이므로

∴ 역률 $\cos\theta = \dfrac{X}{\sqrt{R^2+X^2}}$

$$= \frac{4}{\sqrt{3^2+4^2}} = 0.8$$

Comment

- 직렬회로 시 역률 $\cos\theta = \dfrac{R}{\sqrt{R^2+X^2}}$
- 병렬회로 시 역률 $\cos\theta = \dfrac{X}{\sqrt{R^2+X^2}}$

정답 38. ② 39. ④ 40. ① 41. ③

집중공략

★★★ 기사 90년 6회, 98년 4회 / 산업 90년 2회, 96년 7회, 07년 3회, 14년 2회

42 3대의 변압기를 △결선으로 운전하던 중 변압기 대가 고장으로 제거하여 V결선으로 한 경우 공급할 수 있는 전력과 고장전 전력과의 비율[%]은 얼마인가?

① 86.8 ② 75.0
③ 66.7 ④ 57.7

해설 V결선의 특징

㉠ 3상 출력 : $P_V = \sqrt{3}P$[kVA]

㉡ 이용률 : $\dfrac{\text{V결선의 출력}}{\text{변압기 2개 용량}} = \dfrac{\sqrt{3}P}{2P} = \dfrac{\sqrt{3}}{2} = 0.866 = 86.6[\%]$

㉢ 출력비 $\dfrac{P_V}{P_\triangle} = \dfrac{\sqrt{3}P}{3P} = \dfrac{\sqrt{3}}{3} = 0.577 = 57.7[\%]$

★★★ 기사 98년 4회 / 산업 99년 4회, 00년 4회, 02년 1회, 05년 3회, 13년 4회, 16년 1회

43 단상 변압기 3대(100[kVA]×3)로 △결선하여 운전 중 1대 고장으로 V결선한 경우의 출력[kVA]은?

① 100 ② $100\sqrt{3}$
③ 245 ④ 300

해설

V결선 출력 $P_V = \sqrt{3}P = \sqrt{3}\times 100 = 100\sqrt{3} = 173.2$[kVA]

★ 산업 94년 3회, 01년 3회, 03년 2회

44 용량 30[kW]의 단상 변압기 2대를 V결선하여 역률 0.8, 전력 20[kW]의 평형 3상 부하에 전력을 공급할 때 변압기 1대가 분담하는 피상전력은 얼마인가?

① 14.4[kVA]
② 15[kVA]
③ 20[kVA]
④ 30[kVA]

해설

3상 출력 $P = \sqrt{3}\,VI\cos\theta$에서 변압기 1대 분담용량은 VI이므로

$\therefore VI = \dfrac{P}{\sqrt{3}\cos\theta} = \dfrac{20}{\sqrt{3}\times 0.8} = 14.14$[kVA]

★★ 산업 91년 7회, 98년 5회, 01년 2회, 03년 3회

45 대칭 n상 성상결선에서 선간전압의 크기는 성상전압의 몇 배인가?

① $\sin\dfrac{\pi}{n}$ ② $\cos\dfrac{\pi}{n}$
③ $2\sin\dfrac{\pi}{n}$ ④ $2\cos\dfrac{\pi}{n}$

해설 대칭 n상의 성형결선에서 선간전압과 위상차

㉠ 선간전압 $V_l = 2\sin\dfrac{\pi}{n}V_P$

㉡ 위상차 $\theta = \dfrac{\pi}{2} - \dfrac{\pi}{n} = \dfrac{\pi}{2}\left(1-\dfrac{2}{n}\right)$

여기서, V_P : 성상전압

★★ 기사 93년 5회, 08년 3회, 15년 1회 / 산업 92년 6회, 98년 4회, 03년 2회, 12년 2회

46 대칭 n상에서 선전류와 환상전류 사이의 위상차는 어떻게 되는가?

① $\dfrac{n}{2}\left(1-\dfrac{\pi}{2}\right)$
② $\dfrac{\pi}{2}\left(1-\dfrac{n}{2}\right)$
③ $2\left(1-\dfrac{2}{n}\right)$
④ $\dfrac{\pi}{2}\left(1-\dfrac{2}{n}\right)$

★★ 기사 95년 7회, 06년 1회, 09년 3회, 13년 4회 / 산업 93년 5회, 94년 2회, 14년 3회

47 대칭 5상 교류에서 선간전압과 상전압 간의 위상차는 몇 도인가?

① 27° ② 36°
③ 54° ④ 72°

해설

위상차 $\theta = \dfrac{\pi}{2} - \dfrac{\pi}{n} = \dfrac{\pi}{2}\left(1-\dfrac{2}{n}\right) = \dfrac{180}{2}\left(1-\dfrac{2}{5}\right) = 54°$

정답 42. ④ 43. ② 44. ① 45. ③ 46. ④ 47. ③

★★ 기사 95년 4회, 96년 6회

48 대칭 6상 성형(star) 결선에서 선간전압과 상전압과 관계가 바르게 나타낸 것은? (단, E_L : 선간전압, E_P : 상전압)

① $E_L = \sqrt{3}\, E_P$　② $E_L = \dfrac{1}{\sqrt{3}} E_P$

③ $E_L = \dfrac{2}{\sqrt{3}} E_P$　④ $E_L = E_P$

해설

성형결선 시 선간전압

$E_L = 2\sin\dfrac{\pi}{n} E_P = 2\sin\dfrac{\pi}{6} E_P = E_P$

∴ 6상에서 성형결선에서는 상전압과 선간전압이 같고, 환상결선에서는 상전류와 선전류가 같다.

★★ 기사 12년 4회 / 산업 98년 6회, 00년 2·5회, 04년 4회, 13년 3회

49 대칭 6상 성형(star) 결선에서 상전압이 200[V]일 때 선간전압은?

① 200[V]　② 150[V]

③ 100[V]　④ 50[V]

★ 산업 91년 3회, 96년 5회

50 대칭 10상 식의 환상전압이 100[V]일 때 성형전압[V]은? (단, sin18°=0.309)

① 161.8　② 172

③ 183.1　④ 193

해설

선간전압 $V_l = 2\sin\dfrac{\pi}{n} V_P$

∴ 상전압 $V_P = \dfrac{V_l}{2\sin\dfrac{\pi}{10}}$

$= \dfrac{100}{2\sin 18^\circ} = \dfrac{100}{2\times 0.309}$

$= 161.8[\text{V}]$

★ 기사 16년 4회

51 대칭 12상 교류성형(Y) 결선에서 상전압이 50[V]일 때 선간전압은?

① 86.6[V]　② 43.3[V]

③ 28.8[V]　④ 25.9[V]

해설

선간전압 $V_l = 2\sin\dfrac{\pi}{n} V_P$

$= 2\sin\dfrac{\pi}{12}\times 50 = 25.88[\text{V}]$

★★ 기사 92년 2·5회, 99년 5회, 00년 3·5회

52 대칭 12상 성형결선 상전압이 100[V]일 때 단자전압[V]은?

① 75.88　② 51.76

③ 100　④ 25.88

해설

성형결선 시 선간전압 $V_L = 2\sin\dfrac{\pi}{n} V_P$

$= 2\sin\dfrac{\pi}{12}\times 100$

$= 51.76[\text{V}]$

출제 03 3상 전력측정법

★★★★ 기사 93년 6회, 03년 1회

53 2개의 전력계를 사용하여 평형부하의 3상 회로에 역률을 측정하고자 한다. 전력계의 지시값이 각각 W_1, W_2일 때 이 회로의 역률은?

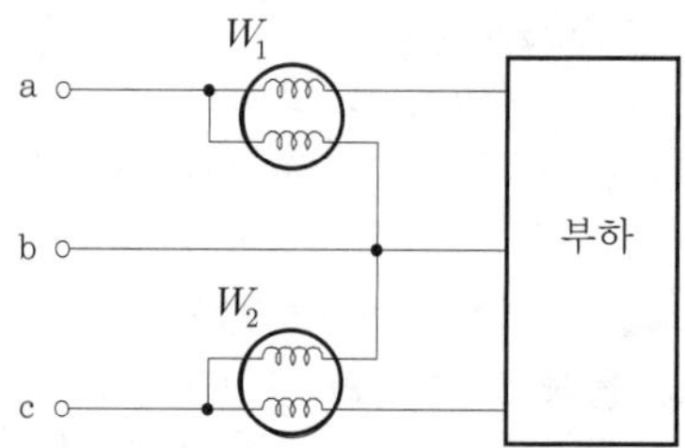

① $W_1 + W_2$

② $\sqrt{3}(W_1 - W_2)$

③ $\dfrac{2\sqrt{W_1^2 + W_2^2 - W_1 W_2}}{W_1 + W_2}$

④ $\dfrac{W_1 + W_2}{2\sqrt{W_1^2 + W_2^2 - W_1 W_2}}$

정답 48. ③ 49. ① 50. ① 51. ④ 52. ② 53. ④

해설

2전력계법에 의한 유효전력, 무효전력, 피상전력은 다음과 같다.

㉠ 유효전력 $P = W_1 + W_2 = \sqrt{3}\ VI\cos\theta$[W]

㉡ 무효전력 $P_r = Q = \sqrt{3}\,(W_2 - W_1) = \sqrt{3}\ VI\sin\theta$[Var]

㉢ 피상전력 $P_a = S = 2\sqrt{W_1^2 + W_2^2 - W_1 W_2} = \sqrt{3}\ VI$[VA]

∴ 역률 $\cos\theta = \dfrac{P}{P_a} = \dfrac{W_1 + W_2}{2\sqrt{W_1^2 + W_2^2 - W_1 W_2}} = \dfrac{W_1 + W_2}{\sqrt{3}\ VI}$

★★ 산업 92년 7회, 94년 5회, 98년 6회, 15년 1회

54 2전력계법을 써서 대칭평형 3상 전력을 측정하였더니 각 전력계가 500[W], 300[W]를 지시하였다. 전전력은 얼마인가? (단, 부하의 위상각은 60°보다 크며 90°보다 작다고 한다)

① 200[W]
② 300[W]
③ 500[W]
④ 800[W]

해설

유효전력(소비전력) $P = W_1 + W_2 = 500 + 300 = 800$[W]

★★★★★ 기사 93년 6회, 03년 1회 / 산업 97년 6회, 13년 1회, 16년 3회

55 대칭 3상 전압을 공급한 3상 유도전동기에서 각 계기의 지시는 다음과 같다. 유도전동기의 역률은? (단, W_1 =2.36[kW], W_2 = 5.97[kW], V=200[V], I=30[A])

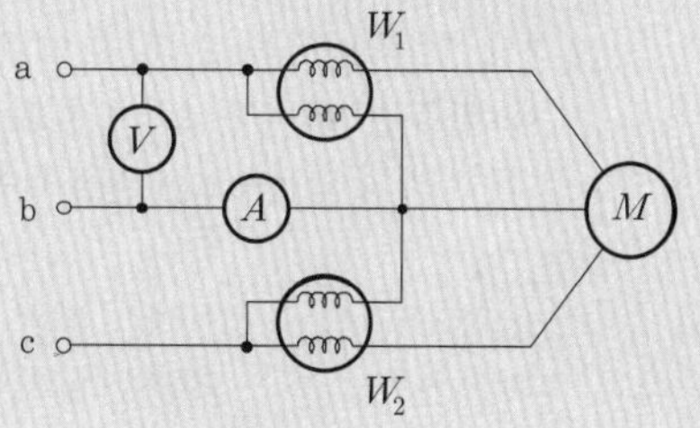

① 0.60　　② 0.80
③ 0.65　　④ 0.86

해설

역률 $\cos\theta = \dfrac{P}{P_a} = \dfrac{W_1 + W_2}{2\sqrt{W_1^2 + W_2^2 - W_1 W_2}} = \dfrac{W_1 + W_2}{\sqrt{3}\ VI} = \dfrac{2360 + 5970}{\sqrt{3} \times 200 \times 30} = 0.8$

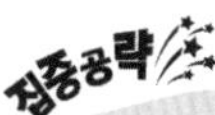

★★★★ 기사 92년 7회 / 산업 91년 5회, 92년 6회, 03년 4회, 07년 3회, 14년 3회

56 단상 전력계 2개로 3상 전력을 측정하고자 한다. 전력계의 지시가 200[W], 100[W]를 가리켰다고 한다. 부하의 역률은 몇 [%]인가?

① 94.8　　② 86.6
③ 50.0　　④ 31.6

해설

역률 $\cos\theta = \dfrac{P}{P_a} = \dfrac{W_1 + W_2}{2\sqrt{W_1^2 + W_2^2 - W_1 W_2}} = \dfrac{200 + 100}{2\sqrt{200^2 + 100^2 - 200 \times 100}} = 0.866 ≒ 86.6$[%]

Comment

2전력계법 시험패턴

- 측정전력이 동일($W_1 = W_2$)한 경우 $\cos\theta = 1$(R만의 부하의 경우 $W_1 = W_2$이 된다)
- 측정전력이 2배($W_1 = 2W_2$) 차이나는 경우 $\cos\theta = 0.866$
- 측정전력이 3배($W_1 = 3W_2$) 차이나는 경우 $\cos\theta = 0.76$
- 측정전력이 4배($W_1 = 4W_2$) 차이나는 경우 $\cos\theta = 0.69$
- 측정전력이 둘 중 하나가 0인 경우 $\cos\theta = 0.5$

정답 54. ④ 55. ② 56. ②

★★ 기사 92년 3회, 15년 1회 / 산업 12년 1회

57 2개의 전력계로 평형 3상 부하의 전력을 측정하였더니 한쪽 지시가 다른 쪽 전력계 지시의 3배였다면 부하역률 $\cos\theta$는?

① 0.76
② 1
③ 3
④ 0.4

★★ 산업 90년 7회, 92년 5회, 96년 7회, 04년 2회

58 3상 전력을 측정하는 데 두 전력계 중에서 하나가 0이었다. 이때의 역률은 얼마인가?

① 0.5 ② 0.8
③ 0.6 ④ 0.4

★★★ 기사 94년 2회, 02년 3회, 12년 2회, 15년 4회

59 대칭 3상 4선식 전력계통이 있다. 단상 전력계 2개로 전력을 측정하였더니 각 전력계의 값이 각각 −301[W]및 1327[W]이다. 이때 역률은 약 얼마인가?

① 0.94 ② 0.75
③ 0.62 ④ 0.34

해설

$$\text{역률 } \cos\theta = \frac{W_1 + W_2}{2\sqrt{W_1^2 + W_2^2 - W_1 W_2}}$$
$$= \frac{-301 + 1327}{2\sqrt{(-301)^2 + 1327^2 - (-301)\times 1327}}$$
$$= 0.34$$

★★★ 기사 98년 5회 / 산업 97년 7회, 00년 4회, 12년 1·4회

60 선간전압 E[V]의 평형전원에 대칭부하 R[Ω]의 그림과 같이 접속되어 있을 때 a, b 두 상간에 접속된 전력계의 지시 c상의 전류[A]는?

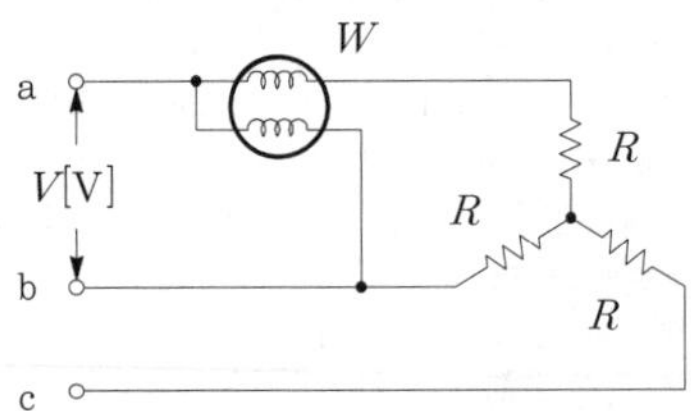

① $\frac{W}{3V}$ ② $\frac{2W}{3V}$
③ $\frac{2W}{\sqrt{3}V}$ ④ $\frac{\sqrt{3}W}{V}$

해설

㉠ 2전력계법에 의한 유효전력
$P = W_1 + W_2 = \sqrt{3}\,VI\cos\theta$[W]

㉡ 평형 3상의 R만의 부하의 경우 W_1과 W_2가 같고 $\cos\theta = 1$이 되므로

$$\therefore \text{ 선전류 } I = \frac{W_1 + W_2}{\sqrt{3}\,V\cos\theta} = \frac{2W}{\sqrt{3}\,V}\text{[A]}$$

Comment

3전력계법은 단상 전력계 3개를 이용하여 각각의 상전압과 상전류를 측정하여 3상 전력을 구하는 것이고, 2전력계법은 단상 전력계 2개를 이용하여 2개 상의 선간전압과 선전류를 측정하여 3상 전력을 구하는 것이다. 본 문제에서 단상 전력계가 선간전압과 선전류를 측정했으므로 2전력계법에 해당되며 R만의 부하에서는 Y결선에서도 2전력계법이 가능하다.

출제 04 불평형 3상 회로해석

★★★ 기사 90년 2회, 14년 3회 / 산업 91년 5회, 99년 5회, 16년 2회

61 다음의 대칭 다상 교류에 의한 회전자계 중 잘못된 것은?

① 대칭 3상 교류에 의한 회전자계는 원형 회전자계이다.
② 대칭 2상 교류에 의한 회전자계는 타원형 회전자계이다.
③ 3상 교류에서 어느 두 코일의 전류상순을 바꾸면 회전자계의 방향도 바뀐다.
④ 회전자계의 회전속도는 일정 각속도 ω이다.

해설

㉠ 대칭 n상이 만드는 회전자계 : 원형 회전자계
㉡ 비대칭 n상이 만드는 회전자계 : 타원형 회전자계

정답 57. ① 58. ① 59. ④ 60. ③ 61. ②

★ 산업 98년 7회

62 다음 다상 교류회로 설명 중 잘못된 것은? (단, n : 상수)

① 평형 3상 교류에서 △결선의 상전류는 선전류의 $\frac{1}{\sqrt{3}}$과 같다.

② n상 전력 $P=\frac{1}{2\sin\frac{\pi}{n}}V_lI_l\cos\theta$이다.

③ 성형결선에서 선간전압과 상전압과의 위상차는 $\frac{\pi}{2}\left(1-\frac{2}{n}\right)$[rad]이다.

④ 비대칭 다상 교류가 만드는 회전자계는 타원 회전자계이다.

해설

㉠ 성형결선에서 선전류와 상전류의 크기와 위상은 모두 같다($I_l=I_P$).

㉡ 성형결선에서 선간전압

$V_l=2\sin\frac{\pi}{n}V_P\angle\frac{\pi}{2}-\frac{\pi}{n}$

㉢ n상 전력 : n상 전력

$P=nV_PI_P\cos\theta$

$=n\times\frac{V_l}{2\sin\frac{\pi}{n}}\times I_l\cos\theta$

$=\frac{n}{2\sin\frac{\pi}{n}}V_lI_l\cos\theta$[W]

★ 기사 14년 4회 / 산업 96년 2·4회, 04년 1회, 13년 2회

63 그림의 성형 불평형 회로에 각 상전압이 E_a, E_b, E_c[V]이고, 부하는 Z_a, Z_b, Z_c[Ω]이라면 중성선 임피던스가 Z_n일 때 중성점간의 전위는 어떻게 되는가?

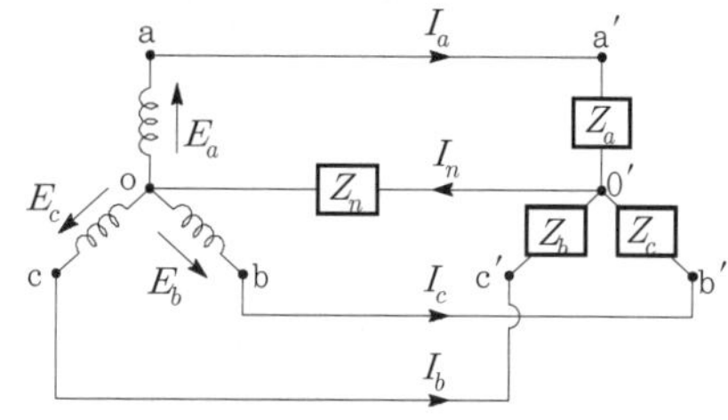

① $V_n=\frac{E_a+E_b+E_c}{Z_a+Z_b+Z_c}$

② $V_n=\frac{E_a+E_b+E_c}{Z_a+Z_b+Z_c+Z_n}$

③ $V_n=\frac{\frac{E_a}{Z_a}+\frac{E_b}{Z_b}+\frac{E_c}{Z_c}}{\frac{1}{Z_a}+\frac{1}{Z_b}+\frac{1}{Z_c}+\frac{1}{Z_n}}$

④ $V_n=\frac{\frac{E_a}{Z_a}+\frac{E_b}{Z_b}+\frac{E_c}{Z_c}}{\frac{1}{Z_a}+\frac{1}{Z_b}+\frac{1}{Z_c}}$

해설

중성점의 전위 $V_n=\frac{E_aY_a+E_bY_b+E_cY_c}{Y_a+Y_b+Y_c+Y_n}$

$=\frac{\frac{E_a}{Z_a}+\frac{E_b}{Z_b}+\frac{E_c}{Z_c}}{\frac{1}{Z_a}+\frac{1}{Z_b}+\frac{1}{Z_c}+\frac{1}{Z_n}}$[V]

쌤 Comment

밀만의 정리를 이용하면 간단히 풀이할 수 있다.

정답 62. ② 63. ③

CHAPTER

04

비정현파 교류회로의 이해

기사 3.25% 출제

산업 8.75% 출제

이렇게 공부하세요!!

출제경향분석

기사 출제비율 %　산업 출제비율 %

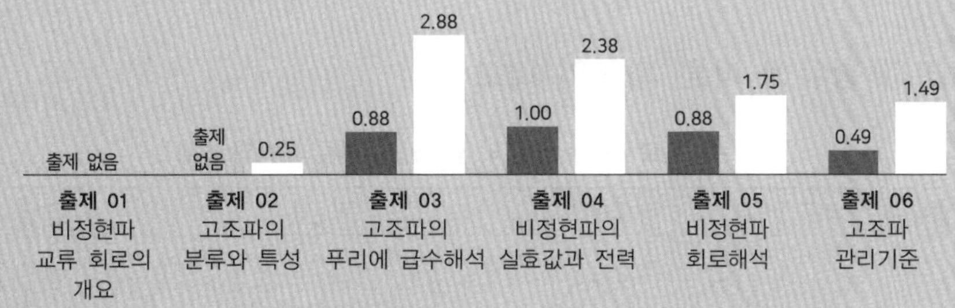

출제포인트

- ☑ 고조파의 정의, 발생원리, 발생원에 대해서 이해할 수 있다.
- ☑ 고조파 차수에 따른 특성에 대해서 이해할 수 있다.
- ☑ 기본파, 영상분, 정상분, 역상분의 특성에 대해서 이해할 수 있다.
- ☑ 고조파가 전기기기에 미치는 영향에 대해서 이해할 수 있다.
- ☑ 비정현파의 실효값, 전력, 역률에 대해서 이해할 수 있다.
- ☑ 고조파 유입에 따른 임피던스 변화, 전류와 공진주파수의 변화 등에 대해서 이해할 수 있다.
- ☑ 고조파 관리기준인 왜형률(THD)에 대해서 이해할 수 있다.

CHAPTER 04

비정현파 교류회로(non-sinusoidal wave)의 이해

기사 3.25% 출제 | 산업 8.75% 출제

기사 출제 없음 | 산업 출제 없음

출제 01 비정현파 교류회로의 개요

이번 단원이 시험에 출제된 적은 없다. 따라서, '5. 고조파의 크기와 위상관계'만 기억하고 넘어가길 바란다. 만약 현장에서 전기관련 업무를 하고 있다면 고조파의 발생원 정도는 읽어보길 바란다.

1 개요

① 지금까지는 교류회로라고 하면 60[Hz]의 주파수를 가진 전압과 전류라고 하여 회로를 해석했지만 정확히 분석해 보면 완벽한 정현파는 존재할 수 없다.

② 교류발전기의 경우 정현파가 만들어지도록 설계하지만 부하전류에 의해 발생되는 전기자 반작용, 누설자속 등에 의한 영향으로 정현파를 만들 수 없다.

③ 공급전원이 정현파일지라도 부하단에서 고조파 발생장치(전력용 반도체 소자, 단상 OA 기기 등)를 사용함으로써 정현파에 고조파가 섞여 파형은 왜곡된다.

④ 최근 정보통신기기, 정밀제어기기, 사무자동화기기(OA) 등에 마이크로프로세서 및 전력용 반도체소자의 사용량이 많아지면서 고조파에 대한 영향이 점차 심각해지고 있다.

2 고조파 함유에 따른 파형의 비교

| 표 4-1 | 고조파 함유율에 따른 파형의 비교

(출처 : 한국전기기술인협회)

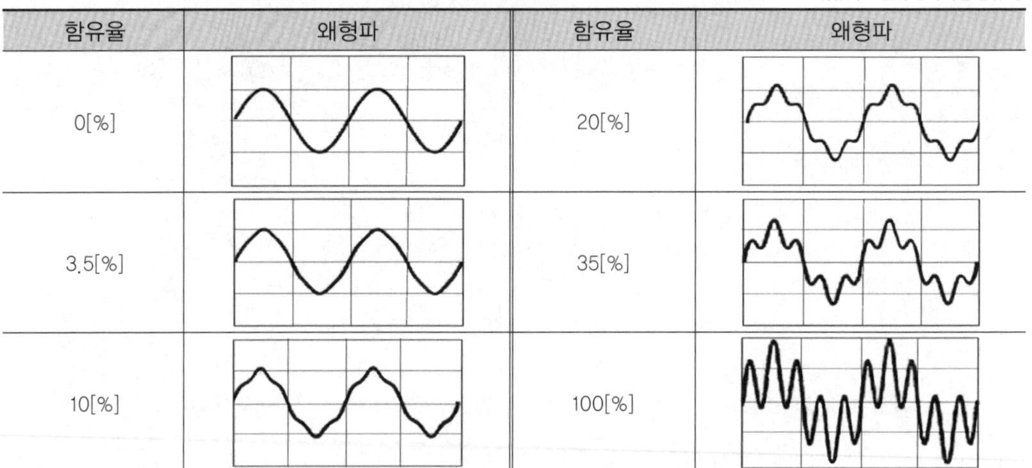

함유율	왜형파	함유율	왜형파
0[%]		20[%]	
3.5[%]		35[%]	
10[%]		100[%]	

3 고조파(harmonics)의 개요

① 고조파는 60[Hz] 기본파의 정수배 주파수를 가진 성분을 말하며, 기본파에 이러한 고조파가 함유되면 파형은 왜형파(distorted wave)가 된다.

② JIS 8106에서는 고조파를 주기적 복합파의 각 합성 중 기본파 이외의 것을 말하며, 제2고조파는 기본파의 2배의 주파수를 가지는 것이라고 규정하고 있다.

③ 고조파는 50차수(3[kHz])까지를 말하고 그 이상은 고주파수(high frequency)라 한다.

4 고조파 발생원리(mechanism)

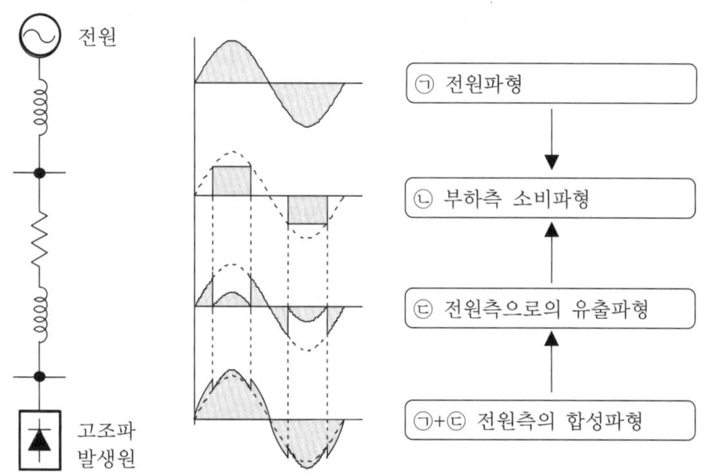

▌그림 4-1▐ 고조파 발생원리

① [그림 4-1]과 같이 상용주파수를 공급하는 전원계통에서 부하의 사이리스터(SCR)가 방형파 전류를 필요로 하는 경우 사인파와 방형파 차이에 해당하는 전류가 전원측 정현파와 합성되어 고조파 전류의 형태를 지니게 된다.

② 고조파 전류 발생원은 대부분 전력전자소자(power electronic : Diode, SCR 등)를 사용하는 기기, 전기로 등 비선형 부하기기 및 변압기 등 철심의 자기포화 특성기기에서 발생된다.

③ 고조파의 발생원

㉠ 사이리스터를 사용한 전력변환장치(인버터, 컨버터, UPS, VVVF 등)

㉡ 전기로, 아크로, 용접기 등 비선형 부하의 기기

㉢ 변압기, 회전기 등 철심의 자기포화 특성기기

㉣ 형광등, 전자기기 등 콘덴서의 병렬공진

㉤ 이상전압 등의 과도현상에 의한 것

5 고조파의 크기와 위상관계

① **제n고조파는 [그림 4-2]와 같이 기본파 한 주기(T) 동안 파형이 n번 발생되며 그 크기는 $\frac{1}{n}$배, 주파수와 위상은 n배가 된다.**

② 기본파 전류와 고조파 전류의 크기

㉠ 기본파 : $i = I_m \sin(\omega t \pm \theta)$[A] ······································ [식 4-1]

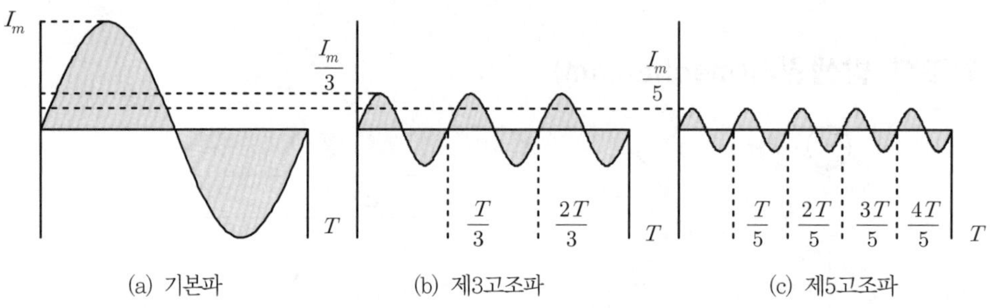

(a) 기본파 (b) 제3고조파 (c) 제5고조파

▍그림 4-2▍ 고조파의 크기와 위상 관계

㉡ 제3고조파 : $i_3 = \frac{I_m}{3} \sin 3(\omega t \pm \theta)$[A] ······································ [식 4-2]

㉢ 제5고조파 : $i_5 = \frac{I_m}{5} \sin 5(\omega t \pm \theta)$[A] ······································ [식 4-3]

㉣ 제7고조파 : $i_7 = \frac{I_m}{7} \sin 7(\omega t \pm \theta)$[A] ······································ [식 4-4]

㉤ **제n고조파** : $i_n = \frac{I_m}{n} \sin n(\omega t \pm \theta)$[A] ······································ [식 4-5]

기사 출제 없음 ▍ 산업 0.25% 출제

출제 02 고조파의 분류와 특성

제4장에서는 대부분 「단원확인 기출문제」에 관련된 문제만이 출제되고 있어 아래 내용과 더불어 공부하면 된다.
- 영상, 정상, 역상 중 중성선에 흐르는 전류는 오직 영상분뿐이다.
- 영상분은 각 상의 크기와 위상이 같으므로 선간전압을 측정하면 영상분은 측정되지 않는다.

1 고조파 차수에 따른 분류

(1) 고조파 차수

$h = 2,\ 3,\ 4,\ 5,\ 6,\ 7,\ 8,\ 9,\ 10,\ 11,\ 12$ ······

(2) 분류(여기서, n=1, 2, 3, 4, 5 ……)

① 영상분 : $3n=3,\ 6,\ 9,\ 12\ \cdots\cdots$

② 정상분 : $3n+1=4,\ 7,\ 10,\ 13\ \cdots\cdots$

③ 역상분 : $3n-1=2,\ 5,\ 8,\ 11\ \cdots\cdots$

2 고조파 각 성분에 따른 특성

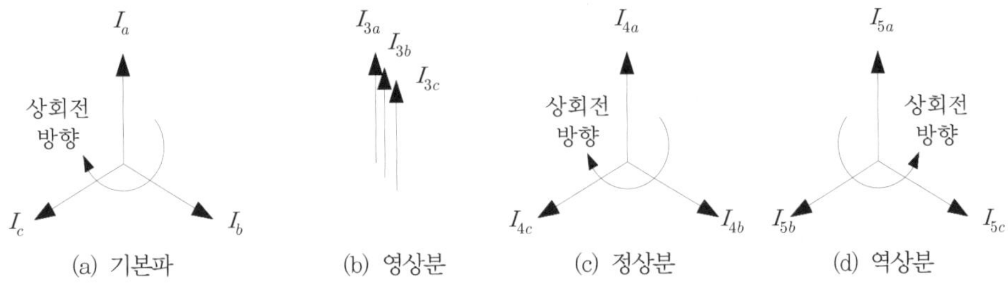

❙그림 4-3❙ 각 고조파에 따른 전류 페이저

(1) 기본파 전류

① a상 전류 : $I_a = I_m \sin\omega t = I\underline{/0^\circ} = I$

② b상 전류 : $I_b = I_m \sin(\omega t - 120^\circ) = I\underline{/-120^\circ} = I\underline{/240^\circ} = a^2 I$

③ c상 전류 : $I_c = I_m \sin(\omega t - 240^\circ) = I\underline{/-240^\circ} = I\underline{/120^\circ} = a\,I$

④ $I_a + I_b + I_c = I(1 + a^2 + a) = 0$ ………………………… [식 4-6]

(2) 제3고조파 전류 : 영상분 전류 I_0

① a상 전류 : $I_{3a} = \dfrac{I_m}{3}\sin 3\omega t = I_0\underline{/0^\circ} = I_0$

② b상 전류 : $I_{3b} = \dfrac{I_m}{3}\sin(3\omega t - 360^\circ) = I_0\underline{/0^\circ} = I_0$

③ c상 전류 : $I_{3c} = \dfrac{I_m}{3}\sin(3\omega t - 720^\circ) = I_0\underline{/0^\circ} = I_0$

④ $I_{3a} + I_{3b} + I_{3c} = I_0 + I_0 + I_0 = 3I_0$ ………………………… [식 4-7]

⑤ [그림 4-3] (b)와 같이 각 상에 위상차가 0이므로 영상분이라 한다.

(3) 제5고조파 전류 : 역상분 전류 I_2

① a상 전류 : $I_{5a} = \dfrac{I_m}{5}\sin 5\omega t = I_2\underline{/0^\circ} = I_2$

② b상 전류 : $I_{5b} = \dfrac{I_m}{5}\sin(5\omega t - 600^\circ) = I_2\underline{/-240^\circ} = I_2\underline{/120^\circ} = a\,I_2$

③ c상 전류 : $I_{5c} = \frac{I_m}{5}\sin(5\omega t - 1200°) = I_2 A\underline{/-120°} = I_2\underline{/240°} = a^2 I_2$

여기서, 600°=360°+240°, 1200°=360°×3+120°

④ $I_{5a} + I_{5b} + I_{5c} = I_2(1 + a + a^2) = 0$ ………………………………………… [식 4-8]

⑤ [그림 4-3] (c)와 같이 상회전방향이 기본파와 반대이므로 역상분이라 한다.

(4) 제7고조파 전류 : 정상분 전류 I_1

① a상 전류 : $I_{7a} = \frac{I_m}{7}\sin 7\omega t = I_1\underline{/0°} = I_1$

② b상 전류 : $I_{7b} = \frac{I_m}{7}\sin(7\omega t - 840°) = I_1\underline{/-120°} = I_1\underline{/240°} = a^2 I_1$

③ c상 전류 : $I_{7c} = \frac{I_m}{7}\sin(7\omega t - 1680°) = I_1\underline{/-240°} = I_1\underline{/120°} = a I_1$

여기서, 840°=360°×2+120°, 1680°=360°×4+240°

④ $I_{7a} + I_{7b} + I_{7c} = I_1(1 + a^2 + a) = 0$ ………………………………………… [식 4-9]

⑤ [그림 4-3] (d)와 같이 상회전방향이 기본파와 동일하므로 정상분이라 한다.

(5) 영상분 고조파의 특성

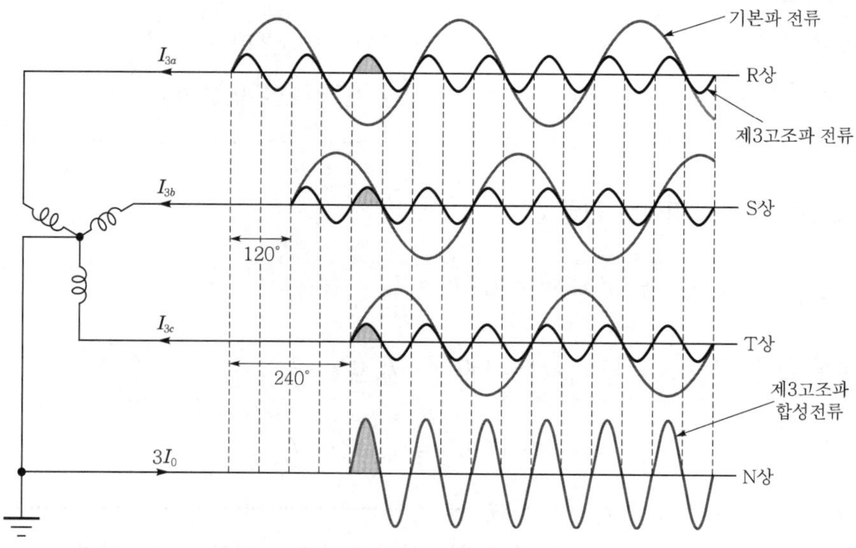

▌그림 4-4▐ 중성선에 흐르는 고조파 전류

① [식 4-6], [식 4-8], [식 4-9]와 같이 기본파, 정상분, 역상분은 각 상의 총합은 0이 되므로 중성선에 흐르지 않는다.

② [식 4-7]과 같이 영상분은 크기와 위상이 모두 동일하므로 [그림 4-4]와 같이 $3I_0$로 합성되어 흐르게 된다.

③ 최근 고조파의 급증으로 인하여 상에 흐르는 선전류보다 중성선에 흐르는 전류가 더욱 커지는 사례가 나타나고 있다.

(6) 고조파가 전기기기에 미치는 영향

| 표 4-2 | 고조파가 전기기기에 미치는 영향 (출처 : 한국전기기술인협회)

대상기기	기기에 미치는 영향
커패시터 및 직렬 리액터	고조파 전류에 대한 회로의 임피던스가 공진현상 등에 의해 감소하여 과대전류가 유입하고 과열·소손 또는 진동·소음의 발생
케이블	3상 4선식 회로의 중성선에 고조파 전류유입에 의한 중성선 과열
변압기	• 고조파 전류에 의한 철심의 자화현상으로 소음발생 • 고조파 전류 · 전압에 의한 철손 · 동손의 증가로 용량감소
형광등	고조파 전류에 대한 임피던스 감소로 과전류가 역률개선용 커패시터나 초크코일에 유입됨으로 인한 과열 · 소손
통신선	전자유도에 의한 잡음전압의 발생
유도전동기	• 고조파 전류 때문에 정상 진동 토크가 발생하여 회전수가 주기적으로 변동 • 철손 · 동손 등 손실증가
계기용 변성기	계기용 변성기에 초기 위상오차있는 경우 $\pm\delta\tan\phi$(ϕ는 사이리스터 위상제어 등 제어전류의 위상각)의 영향으로 측정정밀도 저하
적산전력계	• 유효자속이 비선형 특성으로 자속변화가 완전히 적응하지 못하므로 측정오차 발생 • 고조파 전류의 과대한 유입에 의한 전류 코일 소손
음향기기 (TV, Radio)	• 고조파 전류 · 전압에 의한 다이오드, 트랜지스터, 커패시터 등 부품의 고장, 수명 저하, 성능의 열화 • 잡음, 영상의 흔들림
보호계전기	• 고조파 전류 혹은 전압에 의한 설정 레벨의 초과 • 위상변화에 의한 오동작 · 오부동작
Power fuse	과대한 고조파 전류에 의한 용단
MCCB	과대한 고조파 전류에 의한 오동작
전자계산기	계산기 동작 악영향
정류기 각종 제어장치	제어신호의 위상 어긋남에 의한 오제어 등
비상용 발전기	회전자 제동권선의 과열 · 소손 · 계자권선의 과열
지시계기	평균값 정류형 교류전압, 전류계는 제3고조파의 영향을 받음
부하집중 제어장치	제어신호의 교란에 의한 수신기의 오 · 부동작

단원 확인 기출문제

★★★ 기사 91년 7회 / 산업 91년 6회, 97년 5회

01 3상 교류 대칭전압 중에 포함되는 고조파에서 상순이 기본파와 같은 것은?

① 제3고조파 ② 제5고조파

③ 제7고조파 ④ 제9고조파

해설 ㉠ 영상분 : $3n$ 고조파 : a, b, c 성분이 크기와 위상이 같음(3, 6, 9, 12 ……)
㉡ 정상분 : $3n+1$ 고조파 : 기본파와 상회전방향이 동일(4, 7, 10, 13 ……)
㉢ 역상분 : $3n-1$ 고조파 : 기본파와 상회전방향이 반대(2, 5, 8, 11 ……)

답 ③

기사 0.88% 출제 | 산업 2.88% 출제

출제 03 고조파의 푸리에 급수해석

Comment

이번 단원은 왜형파를 푸리에 급수를 통해 여러 개의 정현파의 합으로 변형시키는 내용으로, 수학적 연산이 다소 복잡하다. 따라서, 시험 출제빈도가 높은 「단원 자주 출제되는 기출문제」 문제 1·4번을 정확히 기억하고 나머지 문제 12번까지는 참고만 한다.

1 개요

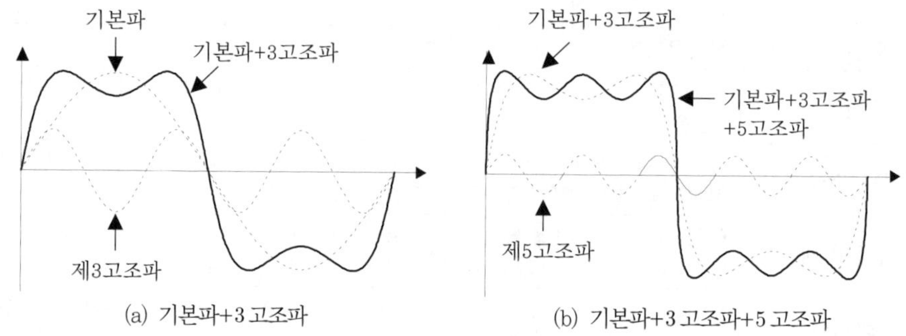

┃그림 4-5┃ 각 고조파에 따른 전류 페이저

① 주기를 갖는 왜형파는 [그림 4-5]와 같이 여러 개의 정현파(sin)와 여현파(cos)의 합성으로 나타낼 수 있고 주파수가 60[Hz]인 파형을 기본파, 이에 정수배의 주파수를 갖는 파를 고조파(harmonics)라 한다.

② **왜형파를 주기적인 여러 정현파로 분해하여 해석하는 것을 푸리에 급수라 한다.**

③ 왜형파 중 주기가 없는 파형을 노이즈(noise)라 한다.

2 푸리에 급수(fourier series)

(1) 푸리에 급수 일반식

① $f(t)=a_0+a_1\cos\omega t+a_2\cos 2\omega t+a_3\cos 3\omega t+\cdots\cdots+a_n\cos n\omega t$

$\quad +b_1\sin\omega t+b_2\sin 2\omega t+b_3\sin 3\omega t+\cdots\cdots+b_n\sin n\omega t$

$\therefore\ f(t)=a_o+\sum_{n=1}^{\infty}a_n\cos n\omega t+\sum_{n=1}^{\infty}b_n\sin n\omega t$ ·········· [식 4-10]

여기서, 홀수 고조파를 기수 고조파라 하고, 짝수 고조파를 우수 고조파라 한다.

② 직류항 상수 : $a_0=\frac{1}{2\pi}\int_0^{2\pi}f(\omega t)\,d\omega t$ ·········· [식 4-11]

③ 여현항(cos) 상수 : $a_n=\frac{1}{\pi}\int_0^{2\pi}f(\omega t)\cos n\omega t\,d\omega t$ ·········· [식 4-12]

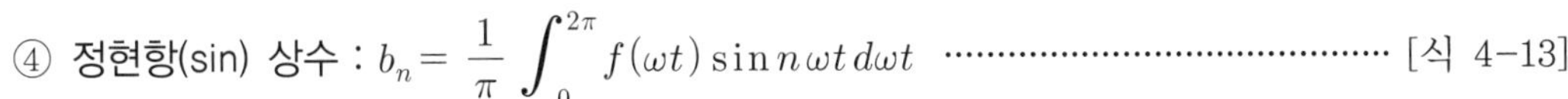

④ 정현항(sin) 상수 : $b_n = \dfrac{1}{\pi}\displaystyle\int_0^{2\pi} f(\omega t)\sin n\omega t\, d\omega t$ ·· [식 4-13]

(2) 구형파(방형파)의 푸리에 급수해석

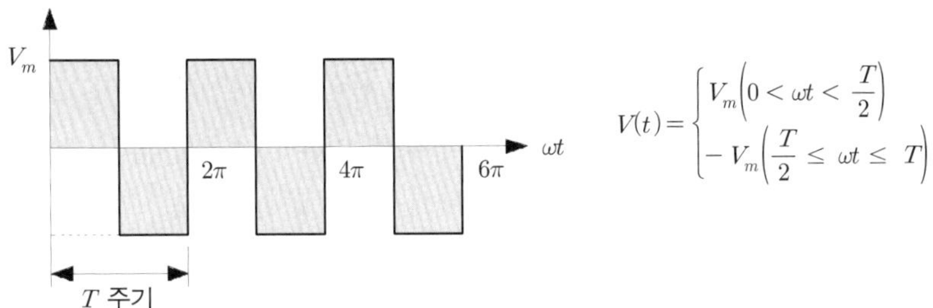

$$V(t) = \begin{cases} V_m\left(0 < \omega t < \dfrac{T}{2}\right) \\ -V_m\left(\dfrac{T}{2} \le \omega t \le T\right) \end{cases}$$

┃그림 4-6┃ 구형파의 푸리에 급수해석

① 직류분 : $a_0 = 0$(대칭파의 한 주기 평균값은 0이 된다)

② 여현항 상수

$$a_n = \frac{1}{\pi}\int_0^{2\pi} V(t)\cos n\omega t\, d\omega t$$

$$= \frac{1}{\pi}\left[\int_0^{2\pi} V_m \cos n\omega t\, d\omega t + \int_\pi^{2\pi} -V_m \cos n\omega t\, d\omega t\right] = 0$$

③ 정현항 상수

$$b_n = \frac{2}{T}\int_0^T f(t)\ \sin n\omega t dt$$

$$= \frac{1}{\pi}\left[\int_0^{\pi} V_m \sin n\omega t\, d\omega t + \int_\pi^{2\pi} -V_m \sin n\omega t\, d\omega t\right]$$

$$= \frac{V_m}{\pi}\left[\left(\frac{-1}{n}\cos n\omega t\right)_0^{\pi} + \left(\frac{1}{n}\cos n\omega t\right)_\pi^{2\pi}\right]$$

$$= \frac{V}{n\pi}\left[\left(\cos n\omega t\right)_\pi^{0} + \left(\cos n\omega t\right)_\pi^{2\pi}\right]$$

$$= \frac{V_m}{n\pi}\left[-(\cos n\pi - \cos 0) + (\cos 2n\pi - \cos n\pi)\right]$$

$$= \frac{V_m}{n\pi}\left[1 - 2\cos n\pi + \cos 2n\pi\right]$$

㉠ n=짝수(우수)일 때 : $b_n = \dfrac{V_m}{n\pi}(1-2+1) = 0$

㉡ n=홀수(기수)일 때 : $b_n = \dfrac{V_m}{n\pi}(1+2+1) = \dfrac{4V_m}{n\pi}$

$$\therefore\ f(t) = a_0 + \sum_{n=1}^{\infty} a_n \cos n\omega t + \sum_{n=1}^{\infty} b_n \sin n\omega t$$
$$= \frac{4V_m}{n\pi}\sum_{n=1}^{\infty} \sin n\omega t$$
$$= \frac{4V_m}{\pi}\left(\sin\omega t + \frac{1}{3}\sin 3\omega t + \frac{1}{5}\sin 5\omega t + \frac{1}{7}\sin 7\omega t + \cdots\cdots\right)$$

즉, 구형파를 푸리에 급수로 전개하면 무수히 많은 주파수성분을 갖는다.

단원확인기출문제

★★ 산업 92년 3회, 02년 2·4회

02 비정현파를 여러 개의 정현파의 합으로 표시하는 방법은?

① Kirchhoff의 법칙　　② Norton의 정리
③ Fourier 분석　　④ Taylor의 분석

답 ③

기사 1.00% 출제 I 산업 2.38% 출제

출제 04 비정현파의 실효값과 전력

제4장에 대부분의 문제는 전압과 전류의 실효값과 전력 그리고 왜형률(THD)을 구하는 문제이다. 따라서, 이번 단원은 반드시 기억하길 바란다.

1 개요

① 회로에 아래와 같이 비정현파 기전력 $e(t)$를 가할 때 전류 $i(t)$가 흘렀다.

㉠ 비정현파 기전력 : $e(t) = E_0 + \sum_{n=1}^{\infty} E_{mn} \sin n\omega t$[V] ································ [식 4-14]

㉡ 비정현파 전류 : $i(t) = I_0 + \sum_{n=1}^{\infty} I_{mn} \sin(n\omega t + \theta_n)$[A] ···························· [식 4-15]

② [식 4-14], [식 4-15]의 실효값, 전력, 역률, 왜형률은 다음과 같다.

2 실효값(rms)

① 비정현파의 실효값은 각 파의 실효값 제곱의 합의 제곱근을 취한 값이다.

② 전압과 전류의 실효값

㉠ 실효값 전압

$$|E| = \sqrt{\frac{1}{T}\int_0^T e^2(t)\ dt} = \sqrt{E_0^2 + |E_1|^2 + |E_2|^2 + \cdots\cdots + |E_n|^2} \quad \cdots\cdots\cdots\cdots\cdots \text{[식 4-16]}$$

㉡ 실효값 전류

$$|I| = \sqrt{\frac{1}{T}\int_0^T i^2(t)\ dt} = \sqrt{I_0^2 + |I_1|^2 + |I_2|^2 + \cdots\cdots + |I_n|^2} \quad \cdots\cdots\cdots\cdots\cdots \text{[식 4-17]}$$

3 전력(power)과 역률(power factor)

① 피상전력 : $P_a = |E||I|$[VA] ⋯⋯⋯⋯⋯⋯⋯⋯⋯⋯⋯⋯ [식 4-18]

② 유효전력 : $P = E_0 I_0 + \sum_{n=1}^{m} V_n I_n \cos\theta_n$[W] ⋯⋯⋯⋯⋯⋯⋯⋯⋯ [식 4-19]

③ 무효전력 : $P_r = \sum_{n=1}^{m} V_n I_n \sin\theta_n$[Var] ⋯⋯⋯⋯⋯⋯⋯⋯⋯ [식 4-20]

④ 역률 : $\cos\theta = \dfrac{P}{P_a} = \dfrac{E_0 I_0 + \sum_{n=1}^{m} V_n I_n \cos\theta_n}{|E||I|}$ ⋯⋯⋯⋯⋯⋯⋯⋯⋯ [식 4-21]

참고

- 직류는 유효전력만 존재하므로 무효전력공식에서 직류분(E_0, I_0)은 포함하지 않는다.
- [식 4-19], [식 4-20]과 같이 주파수가 동일한 성분끼리 전력을 각각 구하여 모두 더해 유효전력과 무효전력을 구할 수 있다.
- 전압과 전류의 주파수가 서로 다르면 전력은 0이 된다.

단원 확인 기출문제

★★★★★ 기사 92년 2회, 98년 4회, 01년 2회, 05년 1·2·3회, 15년 3회, 16년 2회 / 산업 90년 2회, 99년 3회, 00년 3회

03 어떤 회로에 가한 전압이 아래와 같은 경우 실효값[V]은?

$$e(t) = 3 + 10\sqrt{2}\sin\left(\omega t + \frac{\pi}{6}\right) - 5\sqrt{2}\sin\left(3\omega t + \frac{\pi}{3}\right)\text{[A]}$$

① 11.5 ② 10.5

③ 9.5 ④ 8.5

해설 전류의 실효값 $|E| = \sqrt{E_0^2 + |E_1|^2 + |E_3|^3} = \sqrt{3^2 + 10^2 + 5^2} = 11.57$[V]

답 ①

★★★ 기사 99년 7회, 02년 2회 / 산업 96년 4회, 98년 3회

04 어떤 회로의 단자전압과 전류가 다음과 같을 때 회로에 공급되는 평균전력[W]은?

$$v(t) = 100\sin\omega t + 70\sin 3\omega t + 50\sin(5\omega t - 30°)\,[\text{V}]$$
$$i(t) = 20\sin(\omega t - 60°) + 10\sin(5\omega t + 45°)\,[\text{A}]$$

① 565　　② 525
③ 495　　④ 465

해설 평균전력 $P = \frac{1}{2}V_{m_1}I_{m_1}\cos\theta_1 + \frac{1}{2}V_{m_3}I_{m_3}\cos\theta_3 + \frac{1}{2}V_{m_5}I_{m_5}\cos\theta_5$

$= \frac{1}{2}\times 100\times 20\times\cos 60° + \frac{1}{2}\times 70\times 0 + \frac{1}{2}\times 50\times 10\times\cos 75° = 564.7 \fallingdotseq 565[\text{W}]$

답 ①

기사 0.88% 출제 | 산업 1.75% 출제

출제 05 비정현파 회로해석

이번 단원은 고조파가 임피던스에 미치는 영향에 대해 정리했으며 아래 내용만 기억하면 된다.

- n 고조파 성분에 따른 리액턴스 변화 : X_L은 n배 증가, X_C는 n배 감소
- 즉, n 고조파에 따른 직렬 임피던스 : $Z_n = R + j\left(nX_L - \frac{X_C}{n}\right) = R + j\left(n\omega L - \frac{1}{n\omega C}\right)$

1 고조파 유입에 따른 임피던스의 변환

(1) 개요

① $R-L-C$ 직렬회로에서 임피던스는 $Z = R + j\left(\omega L - \frac{1}{\omega C}\right)[\Omega]$이 된다.

② 위 임피던스 공식과 같이 리액턴스 성분은 주파수에 영향을 받는 함수이므로 계통에 고조파가 유입되면 리액턴스의 크기가 변화해 계통 전체의 임피던스값에 영향을 주게 된다.

(2) 리액턴스의 크기변화

① 유도성 리액턴스는 $X_L = \omega L = 2\pi f L$이므로 X_L은 주파수에 비례한다. 따라서, 고조파가 많은 계통에 X_L를 삽입하면 고조파 전류가 감소하는 효과를 볼 수 있다.

② 용량성 리액턴스 $X_C = \frac{1}{\omega C} = \frac{1}{2\pi f C}$이므로 X_C는 주파수에 반비례한다. 따라서, 고조파가 많은 계통에 콘덴서가 설치되어 있으면 고조파 전류가 확대되는 현상이 발생된다.

2 고조파가 포함된 회로의 계산

(1) 고조파를 포함한 전류계산

① $R-L$ 직렬회로

$$i(t)=\sum_{n=1}^{m}\frac{E_n\sqrt{2}}{\sqrt{R^2+(n\omega L)^2}}\sin\left(n\omega t+\theta_n-\tan^{-1}\frac{n\omega L}{R}\right)[\text{A}] \quad \cdots\cdots \text{[식 4-22]}$$

② $R-C$ 직렬회로

$$i(t)=\sum_{n=1}^{m}\frac{E_n\sqrt{2}}{\sqrt{R^2+\left(\frac{1}{n\omega C}\right)^2}}\sin\left(n\omega t+\theta_n+\tan^{-1}\frac{1}{n\omega CR}\right)[\text{A}] \quad \cdots\cdots \text{[식 4-23]}$$

(2) 고조파 공진주파수

① 직렬공진을 일으키면 임피던스가 최소가 되는 특성을 이용하여 특정 주파수(차수)의 고조파 전류를 흡수할 수 있는 수동 필터를 설계할 수 있다.

② **공진조건은 $X_{nL}=X_{nC}$이므로 $n\omega L=\frac{1}{n\omega C}$의 관계가 되어 이를 정리하면 다음과 같다.**

고조파 공진주파수 : $f_n=\frac{1}{2\pi n\sqrt{LC}}[\text{Hz}]$ ······ [식 4-24]

단원 확인 기출문제

★★★ 기사 94년 3회

05 $R=3[\Omega]$, $\omega L=4[\Omega]$**의 직렬회로에** $e=200\sin(\omega t+10°)+50\sin(3\omega t+30°)+30\sin(5\omega t+50°)$[V]**를 인가하면 소비전력은 몇 [W]인가?**

① 2427.8 ② 2327.8
③ 2227.8 ④ 2127.8

해설 각 고조파 차수에 따른 전류의 실효값을 구하면 다음과 같다.

㉠ 기본파 전류 : $I_1=\frac{V_1}{Z_1}=\frac{\frac{200}{\sqrt{2}}}{5}=28.28[\text{A}]$

㉡ 제3고조파 전류 : $I_3=\frac{V_3}{Z_3}=\frac{\frac{50}{\sqrt{2}}}{\sqrt{3^2+12^2}}=2.86[\text{A}]$

㉢ 제5고조파 전류 : $I_5=\frac{V_5}{Z_5}=\frac{\frac{30}{\sqrt{2}}}{\sqrt{3^2+20^2}}=1.05[\text{A}]$

㉣ 전류의 실효값 : $I=\sqrt{28.28^2+2.86^2+1.05^2}=28.44[\text{A}]$

∴ 소비전력(유효전력) : $P=I^2R=28.44^2\times 3=2427.8[\text{W}]$

쌤 Comment

제4장 비정현파 교류회로의 이해는 단상 해석이다. 따라서, 유효전력공식은 $P=VI\cos\theta=I^2R=\frac{V^2}{R}$[W]이다.

답 ①

기사 0.49% 출제 I 산업 1.49% 출제

출제 06 고조파 관리기준

이번 단원에서는 왜형률(THD)을 제외하고는 출제된 적이 없다. 시험을 대비하기 위해서 왜형률 공식만 외우고, 고조파 관리기준은 현장업무할 때 참고하길 바란다.

1 개요

최근 전력전자소자를 사용하는 전력변환기기(정류기, 인버터 등)의 증가로 인하여 계통으로 고조파 유입이 증대되고 있는 실정이다. 따라서, IEC(국제전기표준위원회), IEEE(전기・전자기술자 협회), KS C 등에서 고조파 전압, 전류의 제한값을 설정하여 전력품질개선에 노력하고 있다.

2 고조파 관리를 위한 계수

(1) 종합고조파 왜형률(THD ; Total Harmonics Distortion)

① **기본파의 실효값과 고조파의 실효값의 비율값**

② 왜형률 : $THD = \dfrac{\text{고조파만의 실효값}}{\text{기본파의 실효값}}$ ················ [식 4-25]

(2) 전류 고조파 기준값(TDD ; Total Demand Distortion)

① 최대 부하전류 대비 고조파 전류의 함유율로써 고조파 전류규제값의 판단기준으로 사용된다.

② $I_{TDD} = \dfrac{\sqrt{I_2^2 + I_3^2 + I_4^2 + \cdots\cdots + I_n^2}}{I_L} \times 100[\%]$ ················ [식 4-26]

여기서, $I_L = I_{1\text{peak}}$(기본파의 최대 부하전류) : 12개월 월 평균 최대 부하전류

(3) 등가방해전류(EDC ; Equivalent Disturbing Current)

① 전력계통의 고조파 전류에 의한 인접통신선의 유도장해를 규제하기 위하여 등가방해전류를 규정하고 있으며 다음과 같이 정의한다.

② 등가방해전류 : $EDC = \sqrt{\sum_{n=1}^{\infty}(S_{fn}^2 \cdot I_n^2)}$ ················ [식 4-27]

여기서, S_{fn} : 통신선 유도계수

I_n : 영상분 고조파 전류

3 고조파 관리기준

(1) 국내 기준

① 한국전력 전기공급 약관

항목 / 전압	지중선로가 있는 S/S에서 공급하는 고객		가공선로가 있는 S/S에서 공급하는 고객	
	전압왜형률	등가방해전류	전압왜형률	등가방해전류
66[kV] 이하	3[%]	–	3[%]	–
154[kV] 이상	1.5[%]	3.8[A]	1.5[%]	–

② 고조파 전류 허용한도(국내 기준)

구분	KSC 4310 무정전 전원장치(UPS)		KSC 8100 형광램프용 전자식 안전기	
	입력(1차)	출력(1차)	저고조파 함유량	고고조파 함유량
전류 THD	15[%] 이하	5[%] 이하	20[%] 이하	30[%] 이하

(2) IEEE 519 관리기준

① 전압 고조파 기준값(THD)

계통전압	각 차수별 최대값[%]	THD[%]
1[kV] 이하	5.0	8.0
1 ~ 69[kV] 이하	3.0	5.0
69 ~ 161[kV] 이하	1.5	2.5
161[kV] 넘는 것	1.0	1.5

② 전류 고조파 기준값(TDD)

$SCR=\frac{I_{SC}}{I_L}$	$h<11$차	$11<h<17$	$17<h<23$	$23<h<35$	$35<h$	TDD
20 이하	4.0[%]	2.0[%]	1.5[%]	0.6[%]	0.3[%]	5.0[%]
20 ~ 50	7.0[%]	3.5[%]	2.5[%]	1.0[%]	0.5[%]	8.0[%]
50 ~ 100	10.0[%]	4.5[%]	4.0[%]	1.5[%]	0.7[%]	12.0[%]
100 ~ 1000	12.0[%]	5.5[%]	5.0[%]	2.0[%]	1.0[%]	15.0[%]
1000 이상	15.0[%]	7.0[%]	6.0[%]	2.5[%]	1.4[%]	20.0[%]

㉠ 우수(짝수) 고조파의 제한값은 기수(홀수) 고조파의 25[%]이다.

㉡ SCR : Short Circuit Ratio(단락비)

㉢ I_L : 공동접속점에서의 기본파 최대 부하전류(demand current)

㉣ h : 고조파 차수

단원 확인기출문제

★★★ 기사 10년 2회

06 기본파의 전압이 100[V], 제3고조파 전압이 40[V], 제5고조파 전압이 30[V]일 때 이 전압파의 왜형률은?

① 10[%]
② 20[%]
③ 30[%]
④ 50[%]

해설 왜형률 $V_{THD}=\dfrac{\text{전고조파 실효값}}{\text{기본파 실효값}}=\dfrac{\sqrt{40^2+30^2}}{100}=0.5=50[\%]$

답 ④

단원 핵심정리 한눈에 보기

1. 푸리에 급수

① 비정현파의 성분 : 직류분+기본파+고조파

② 일반식 : $f(t)=a_0+\sum_{n=1}^{\infty}a_n\cos n\omega t+\sum_{n=1}^{\infty}b_n\sin n\omega t$

구분	대칭조건	푸리에 계수
우함수(여현대칭)	$f(t)=f(-t)$	$b_n=0$ 이고, a_0, a_n 존재
기함수(정현대칭)	$f(t)=-f(-t)$	$a_0=a_n=0$이고, b_n 존재
반파대칭	$f(t)=f(-t)$	홀수(기수)차 고조파만 남는다.

여기서, a_0 : 직류항 상수, a_n : 여현항(cos) 상수, b_n : 정현항(sin) 상수

2. 비정현파의 실효값

① 각 파의 실효값 제곱의 합에 다시 제곱근을 취한 값이다.

② 전압의 실효값 : $|E|=\sqrt{|E_0|^2+|E_1|^2+|E_2|^2+\cdots\cdots+|E_n|^2}$

직류성분은 그 자체가 실효값이 된다.

예 $v(t)=50+100\sin\omega t+50\sin 3\omega t+20\sin(5\omega t-30)$의 경우

$$|V|=\sqrt{50^2+\left(\frac{100}{\sqrt{2}}\right)^2+\left(\frac{50}{\sqrt{2}}\right)^2+\left(\frac{20}{\sqrt{2}}\right)^2}=\sqrt{50^2+\frac{1}{2}(100^2+50^2+20^2)}$$

3. 비정현파의 전력

① 피상전력 : $P_a=S=|V||I|$[VA] (여기서, $|V|$, $|I|$: 전압과 전류의 실효값)

② 유효전력 : $P=V_0I_0+\sum_{i=1}^{n}V_iI_i\cos\theta_i$[W] (여기서, V_0, I_0 : 직류성분)

③ 무효전력 : $P_r=Q=\sum_{i=1}^{n}V_iI_i\sin\theta_i$[Var]

4. 비정현파의 회로해석

① n고조파 임피던스 : $Z_n=R+j\left(n\omega L-\frac{1}{n\omega C}\right)=R+j\left(nX_L-\frac{X_C}{n}\right)$[Ω]

㉠ n고조파의 주파수는 기본파 주파수의 n배가 된다.

㉡ X_L의 크기는 n배가 되고, X_c의 크기는 $\frac{1}{n}$배가 된다.

② 고조파 공진

㉠ 공진조건 : $n\omega L=\frac{1}{n\omega C}$

㉡ 공진주파수 : $f_n=\frac{1}{2\pi n\sqrt{LC}}$

단원 자주 출제되는 기출문제

출제 01 비정현파 교류회로의 개요

이 단원은 시험에 출제된 적이 없으나 본문내용만 읽고 넘어가도록 한다.

출제 02 고조파의 분류와 특성

★★★ 기사 90년 7회 / 산업 95년 6·7회, 00년 2회, 02년 1회, 04년 4회, 06년 1회

01 일반적으로 대칭 3상 회로의 전압·전류에 포함되는 전압·전류의 고조파를 임의의 정수로 하여 3n+1일 때의 상회전은 어떻게 되는가?

① 상회전은 기본파와 반대
② 정지상태
③ 상회전은 기본파와 동일
④ 각 상 동위상

해설

㉠ 영상분 : $3n$고조파 : a, b, c 성분의 크기와 위상이 같음 (3, 6, 9, 12 ……)
㉡ 정상분 : $3n+1$ 고조파 : 기본파와 상회전 방향이 동일 (4, 7, 10, 13 ……)
㉢ 역상분 : $3n-1$ 고조파 : 기본파와 상회전 방향이 반대 (2, 5, 8, 11 ……)

★★ 산업 04년 2회

02 대칭 3상 회로가 있다. Y결선된 전원 한 상의 전압의 순시값이 $v(t)=220\sqrt{2}\sin\omega t+50\sqrt{2}\sin(3\omega t+30°)$[V]일 때 상전압 및 선간전압의 실효값[V]은?

① 225.61, 390.77
② 225.61, 381.05
③ 270, 467.65
④ 270, 390.77

해설

제3고조파는 각 상의 전압의 크기와 위상이 동일하므로 선간전압은 나타나지 않는다.

㉠ 상전압의 실효값

$E_P=\sqrt{220^2+50^2}$
$=225.61$[V]

㉡ 선간전압의 실효값

$E_L=\sqrt{3}\times 220$
$=381.05$[V]

★★ 산업 92년 3회, 97년 5회, 98년 6회, 04년 3회, 15년 3회

03 대칭 3상 전압이 있을 때 한 상의 Y전압의 순시값이 $v=1000\sqrt{2}\sin\omega t+500\sqrt{2}\sin(3\omega t+20°)+100\sqrt{2}\sin(5\omega t+30°)$[V]이면 선간전압에 대한 상전압의 실효값 비율[%]은?

① 약 65
② 약 85
③ 약 95
④ 약 55

해설

㉠ 상전압의 실효값

$E_P=\sqrt{1000^2+500^2+100^2}$
$=1122.5$[V]

㉡ 선간전압의 실효값

$E_L=\sqrt{3}\times\sqrt{1000^2+100^2}$
$=1740.69$[V]

$\therefore$ 비율$=\dfrac{E_P}{E_L}$

$=\dfrac{1122.5}{1740.69}\times 100=64.5$[%]

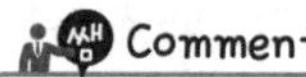

제3고조파 성분은 a, b, c 각 상의 크기와 위상이 모두 동일하기 때문에 선간전압을 측정하면 0이 된다.

정답 01. ③ 02. ② 03. ①

★★ 산업 95년 5회, 03년 3회

04 그림과 같은 Y결선에서 기본파와 제3고조파 전압만이 존재한다고 할 때 전압계의 눈금이 $V_1=150$[V], $V_2=220$[V]로 나타낼 때 제3고조파 전압[V]은 얼마인가?

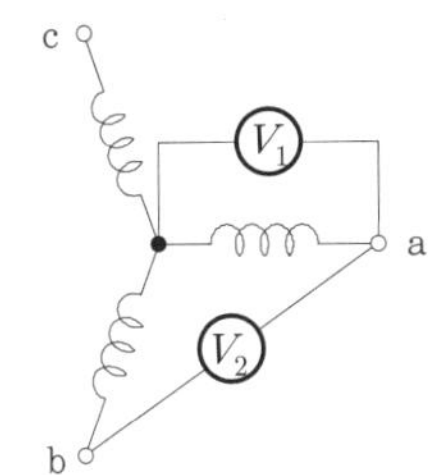

① 약 145.4
② 약 150.4
③ 약 127.2
④ 약 79.9

해설

Y결선에서 선간전압은 제3고조파가 포함되지 않으므로

$$\therefore\ V_3=\sqrt{150^2-\left(\frac{220}{\sqrt{3}}\right)^2}=79.9[\text{V}]$$

출제 03 고조파의 푸리에 급수해석

★★★★ 기사 12년 3회 / 산업 02년 3회, 14년 3회

05 어떤 함수 $f(t)$를 비정현파의 푸리에 급수에 의한 전개로 옳게 나타낸 것은?

① $\sum_{n=1}^{\infty}a_n\sin n\omega t+\sum_{n=1}^{\infty}b_n\sin n\omega t$

② $\sum_{n=1}^{\infty}a_n\sin n\omega t+\sum_{n=1}^{\infty}b_n\cos n\omega t$

③ $a_0+\sum_{n=1}^{\infty}a_n\cos n\omega t+\sum_{n=1}^{\infty}b_n\cos n\omega t$

④ $a_o+\sum_{n=1}^{\infty}a_n\sin n\omega t+\sum_{n=1}^{\infty}b_n\cos n\omega t$

해설

㉠ 직류분

$$a_0=\frac{1}{T}\int_0^T f(t)\,d\omega t=\frac{1}{2\pi}\int_0^{2\pi}f(t)\,d\omega t$$

㉡ 정현파 상수

$$a_n=\frac{2}{T}\int_0^T f(t)\sin n\omega t\,d\omega t=\frac{1}{\pi}\int_0^{2\pi}f(t)\sin n\omega t\,d\omega t$$

㉢ 여현파 상수

$$b_n=\frac{2}{T}\int_0^T f(t)\cos n\omega t\,d\omega t=\frac{1}{\pi}\int_0^{2\pi}f(t)\cos n\omega t\,d\omega t$$

★★★★ 기사 92년 7회, 03년 2회, 06년 1회, 12년 4회 / 산업 96년 6회, 12년 2회

06 다음은 비정현파의 성분을 표시한 것이다. 가장 옳은 것은?

① 교류분 + 고조파 + 기본파
② 직류분 + 기본파 + 고조파
③ 기본파 + 고조파 − 직류분
④ 직류분 + 고조파 − 기본파

★★★★ 기사 90년 2회 / 산업 97년 6회, 02년 1회, 03년 1·2회, 04년 3·4회, 07년 1·2·4회

07 주기적 구형파의 신호는 그 성분이 무엇인가?

① 교류합성을 갖지 않는다.
② 직류분만으로 합성된다.
③ 무수히 많은 주파수의 합성이다.
④ 성분분석이 불가능하다.

해설

주기적인 구형파 신호를 푸리에 급수로 전개하면 다음과 같이 무수히 많은 주파수성분의 합성으로 표현할 수 있다.

$$\therefore\ i(t)=\frac{4I_m}{\pi}\left[\sin\omega t+\frac{1}{3}\sin 3\omega t+\frac{1}{5}\sin 5\omega t+\cdots\cdots+\frac{1}{2n-1}\sin(2n-1)\omega t\right]$$

$(n=1,\ 2,\ 3\ \cdots\cdots)$

정답 04. ④ 05. ④ 06. ② 07. ③

★★★★ 산업 96년 5회, 05년 4회

08 $i = 2 + 5\sin(100t + 30°) + 10\sin(200t - 10°) - 5\cos(400t + 10°)$[A]와 파형이 동일하나 기본파의 위상이 20° 늦은 비정현 전류파의 순시값을 나타내는 식은?

① $i = 2 + 5\sin(100t + 10°) + 10\sin(200t - 30°) - 5\cos(400t - 10°)$[A]
② $i = 2 + 5\sin(100t + 10°) + 10\sin(200t - 50°) - 5\cos(400t - 10°)$[A]
③ $i = 2 + 5\sin(100t + 10°) + 10\sin(200t - 30°) - 5\cos(400t - 70°)$[A]
④ $i = 2 + 5\sin(100t + 10°) + 10\sin(200t - 50°) - 5\cos(400t - 70°)$[A]

해설

㉠ 고조파 전류 $i_n(t) = \dfrac{I_m}{n}\sin n(\omega t \pm \theta)$[A]이므로 제 n고조파에 대해서 전류크기는 n배만큼 작아지고 주파수와 위상이 각각 n배가 된다.

㉡ 기본파의 위상이 20° 늦어지면 제2고조파의 위상은 20°×2=40°, 제4고조파는 20°×4=80°만큼 늦어지게 된다.

$\therefore\ i = 2 + 5\sin(100t + 10°) + 10\sin(200t - 50°) - 5\cos(400t - 70°)$[A]

★★ 기사 04년 2회

09 그림과 같은 정현파 교류를 푸리에 급수로 전개할 때 직류분은?

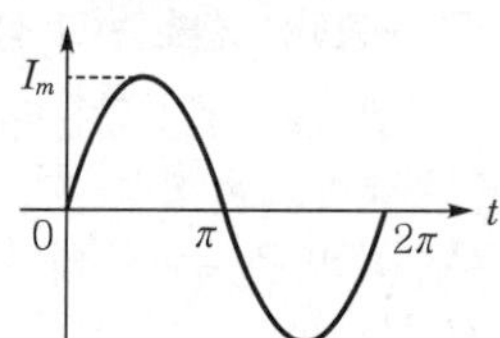

① I_m　② $\dfrac{I_m}{2}$
③ $\dfrac{I_m}{\sqrt{2}}$　④ $\dfrac{2I_m}{\pi}$

해설

직류분 $a_0 = \dfrac{1}{T}\displaystyle\int_0^T f(t)\,dt$

$= \dfrac{1}{\pi}\displaystyle\int_0^\pi I_m \sin\omega t = \dfrac{2I_m}{\pi}$

Comment

직류분은 평균값을 의미한다.
따라서, 정현파의 평균값 $I_{av} = \dfrac{2I_m}{\pi}$[A]가 된다.

★★ 기사 96년 5회, 98년 5회 / 산업 94년 7회, 98년 7회, 13년 4회

10 ωt가 0에서 π까지 $i = 10$[A], π에서 2π까지는 $i = 0$[A]인 파형을 푸리에 급수로 전개하면 a_0는?

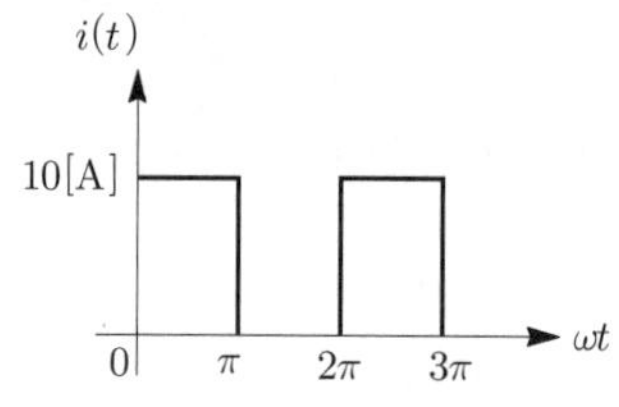

① 14.4　② 10
③ 7.07　④ 5

해설

직류분 $a_0 = \dfrac{1}{T}\displaystyle\int_0^T f(t)\,dt$

$= \dfrac{1}{2\pi}\displaystyle\int_0^\pi 10\,d\omega t$

$= \left[\dfrac{10}{2\pi}\omega t\right]_0^\pi = \dfrac{10}{2} = 5$[A]

Comment

직류분은 평균값을 의미한다. 따라서, 구형반파의 평균값은 $I_{av} = \dfrac{I_m}{2} = 5$[A]가 된다.

★★★ 산업 94년 3회, 95년 2·4회, 99년 6회, 13년 1회, 16년 2회

11 비정현파에 있어서 정현대칭의 조건은 어느 것인가?

① $f(t) = f(-t)$
② $f(t) = -f(t)$
③ $f(t) = -f(-t)$
④ $f(t) = -f\left(t + \dfrac{T}{2}\right)$

정답 08. ④ 09. ④ 10. ④ 11. ③

해설 대칭파 정리

단, $f(t)=a_0+\sum_{n=1}^{\infty} b_n \sin n\omega t+\sum_{n=1}^{\infty} a_n \cos n\omega t$

구분	대칭조건	푸리에 계수
우함수 (여현대칭)	$f(t)=f(-t)$	$b_m=0$이고 a_0, a_n 존재
기함수 (정현대칭)	$f(t)=-f(-t)$	$a_0=a_n=0$, b_n 존재
반파 · 정현대칭	$f(t)=-f(-t)$	홀수(기수)의 sin항만 존재
반파 · 여현대칭	$f(t)=f(-t)$	홀수의 cos항만 존재

★ 산업 15년 2회

12 반파대칭 및 정현대칭인 왜형파의 푸리에 급수의 전개에서 옳게 표현된 것은? $\left(\text{단, } f(t)=a_0+\sum_{n=1}^{\infty} a_n \cos n\omega t+\sum_{n=1}^{\infty} b_n \sin n\omega t\right)$

① a_n 의 우수항만 존재한다.
② a_n 의 기수항만 존재한다.
③ b_n 의 우수항만 존재한다.
④ b_n 의 기수항만 존재한다.

해설

반파대칭 및 정현대칭의 경우 기함수(홀수항만 존재)이며, sin항만 나타난다.

★ 산업 13년 2회

13 푸리에 급수에서 직류항은?

① 우함수이다.
② 기함수이다.
③ 우함수+ 기함수이다.
④ 우함수× 기함수이다.

해설

푸리에 급수에서 직류항이 존재하면 우함수가 된다.

★ 산업 92년 6회, 96년 6회, 97년 4회, 16년 1회

14 $i(t)=\frac{4I_m}{\pi}\left(\sin\omega t+\frac{1}{3}\sin 3\omega t+\frac{1}{5}\sin 5\omega t+\cdots\cdots\right)$를 표시하는 파형은?

①
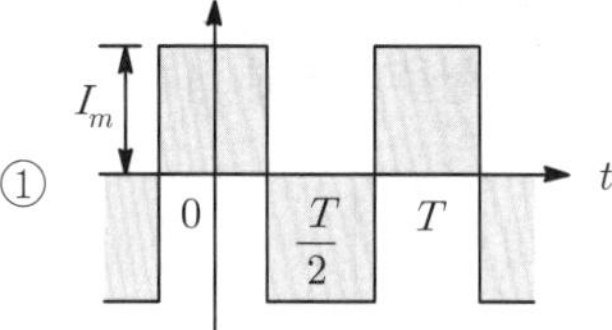

②
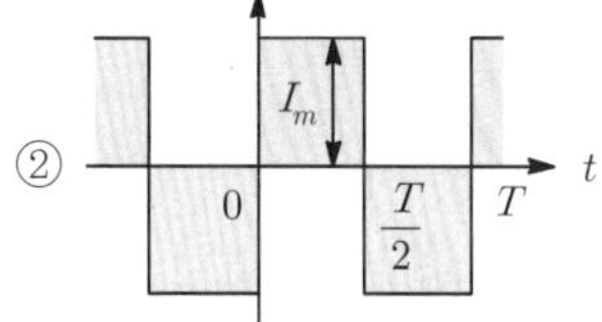

③
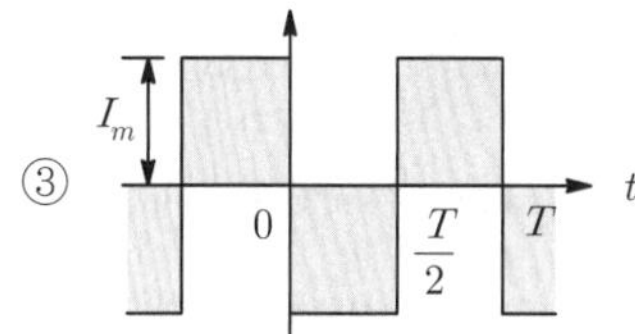

④
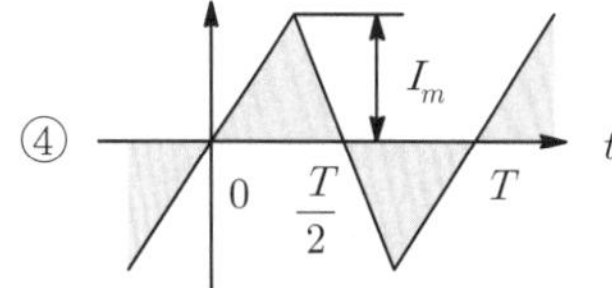

해설

각 파형을 푸리에 급수로 전개하면 다음과 같다.

① 파형

$$i(t)=\frac{4I_m}{\pi}\left[\cos\omega t-\frac{1}{3}\cos 3\omega t+\frac{1}{5}\cos 5\omega t+\frac{1}{7}\cos 7\omega t+\cdots\cdots\right]$$

② 파형

$$i(t)=\frac{4I_m}{\pi}\left[\sin\omega t+\frac{1}{3}\sin 3\omega t+\frac{1}{5}\sin 5\omega t+\frac{1}{7}\sin 7\omega t+\cdots\cdots\right]$$

③ 파형

$$i(t)=-\frac{4I_m}{\pi}\left[\sin\omega t+\frac{1}{3}\sin\omega t+\frac{1}{5}\sin 5\omega t+\frac{1}{7}\sin 7\omega t+\cdots\cdots\right]$$

④ 파형

$$i(t)=\frac{8I_m}{\pi^2}\left[\sin\omega t-\frac{1}{3^2}\sin 3\omega t+\frac{1}{5^2}\sin 5\omega t-\frac{1}{7^2}\sin 7\omega t+\cdots\cdots\right]$$

정답 12. ④ 13. ① 14. ②

Comment

구형파와 삼각파를 푸리에 급수로 전개했을 때의 결과값을 기억하길 바란다.

★ 산업 99년 7회, 12년 2회

15 다음 같은 파형을 푸리에 급수로 전개하면?

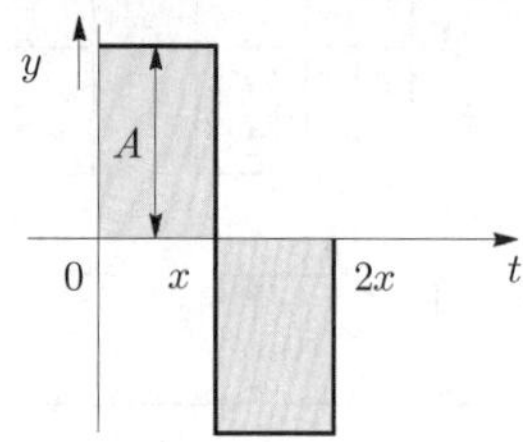

① $y=\frac{A}{\pi}\left(\frac{1}{2}\sin 2x+\frac{1}{4}\sin 4x+\frac{1}{6}\sin 6x+\cdots\cdots\right)$

② $y=\frac{4A}{\pi}\left(\sin\alpha\sin x+\frac{1}{9}\sin 3\alpha\sin 3x+\cdots\cdots\right)$

③ $y=\frac{4A}{\pi}\left(\sin x+\frac{1}{3}\sin 3x+\frac{1}{5}\sin 5x+\cdots\cdots\right)$

④ $y=\frac{4A}{\pi}\left(\frac{\cos 2x}{1\cdot 3}+\frac{\cos 4x}{3\cdot 5}+\frac{\cos 6x}{5\cdot 7}+\cdots\cdots\right)$

해설

반파 및 정현대칭 $\left(f(t)=-f(-t)\right.$ 및 $\left.f\left(t+\frac{T}{2}\right)=-f(t)\right)$이므로 기수항의 sin항만이 존재한다.

㉠ $a_n=\frac{2}{T}\int_0^T f(t)\cos n\omega t\,d\omega t$

$=\frac{1}{\pi}\left[\int_0^{\pi}A\sin n\omega t\,d\omega t+\int_{\pi}^{2\pi}-A\sin n\omega t\,d\omega t\right]$

$=\frac{A}{\pi}\left[\left(\frac{-1}{n}\cos n\omega t\right)_0^{\pi}+\left(\frac{1}{n}\cos n\omega t\right)_{\pi}^{2\pi}\right]$

$=\frac{A}{n\pi}\left[\left(\cos n\omega t\right)_{\pi}^{0}+\left(\cos n\omega t\right)_{\pi}^{2\pi}\right]$

$=\frac{A}{n\pi}\left[-(\cos n\pi-\cos 0)+(\cos 2n\pi-\cos n\pi)\right]$

$=\frac{A}{n\pi}\left[1-2\cos n\pi+\cos 2n\pi\right]$

㉡ n=짝수(우수)일 때 : $a_n=\frac{A}{n\pi}(1-2+1)$

$=0$

㉢ n=홀수(기수)일 때 : $a_n=\frac{A}{n\pi}(1+2+1)$

$=\frac{4A}{n\pi}$

$\therefore f(t)=\frac{4A}{n\pi}\sum_{n=1}^{\infty}\sin n\omega t$

$=\frac{4A}{\pi}\left(\sin\omega t+\frac{1}{3}\sin 3\omega t+\frac{1}{5}\sin 5\omega t+\frac{1}{7}\sin 7\omega t+\cdots\cdots\right)$

★ 기사 96년 2회

16 그림의 왜형파를 푸리에 급수로 전개할 때 옳은 것은?

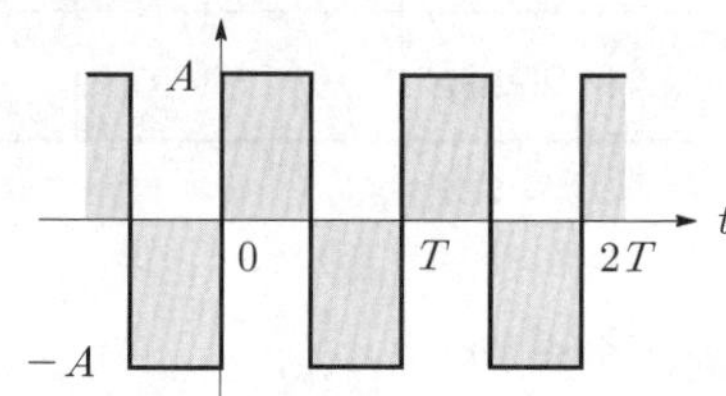

① 우수파만 포함한다.
② 기수파만 포함한다.
③ 우수파, 기수파 모두 포함한다.
④ 푸리에 급수로 전개할 수 없다.

출제 04 비정현파의 실효값과 전력

★★★ 산업 92년 5회, 99년 7회, 00년 2회, 03년 3회, 07년 2회

17 비사인파의 실효값은?

① 최대파의 실효값
② 각 고조파의 실효값의 합
③ 각 고조파의 실효값 합의 제곱근
④ 각 파의 실효값 제곱의 합의 제곱근

해설

비정현파 교류 $e(t)=E_0+\sum_{n=1}^{\infty}E_m\sin n(\omega t+\theta_n)$ [V]에서 실효값은 다음과 같다.

$\therefore |E|=\sqrt{\frac{1}{T}\int_0^T e^2(t)\,dt}$

$=\sqrt{E_0^2+|E_1|^2+|E_2|^2+\cdots\cdots+|E_n|^2}$ [V]

정답 15. ③ 16. ② 17. ④

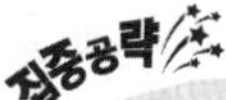

★★★★★ 기사 97년 4회, 05년 4회 / 산업 94년 5회, 99년 4회, 01년 3회, 13년 1회

18 어떤 회로에 흐르는 전류가 아래와 같은 경우 실효값[A]은?

$$i(t) = 5 + 10\sqrt{2}\sin\omega t + 5\sqrt{2}\sin\left(3\omega t + \frac{\pi}{3}\right)[\text{A}]$$

① 12.2
② 13.6
③ 14.6
④ 16.6

해설

전류의 실효값

$$|I| = \sqrt{I_0^2 + |I_1|^2 + |I_3|^2} = \sqrt{5^2 + 10^2 + 5^2} = 12.24[\text{A}]$$

★★★ 기사 91년 5회, 94년 7회 / 산업 92년 6회, 01년 1회, 07년 1회, 14년 2회

19 전류 $i(t) = 30\sin\omega t + 40\sin(3\omega t + 45°)$[A]의 실효값은 몇 [A]인가?

① 25　② $25\sqrt{2}$
③ $35\sqrt{2}$　④ 50

해설

$$|I| = \sqrt{I_0^2 + |I_1|^2 + |I_3|^2} = \sqrt{\left(\frac{30}{\sqrt{2}}\right)^2 + \left(\frac{40}{\sqrt{2}}\right)^2} = \sqrt{\frac{1}{2}(30^2 + 40^2)} = \frac{50}{\sqrt{2}} = \frac{50}{\sqrt{2}} \times \frac{\sqrt{2}}{\sqrt{2}} = 25\sqrt{2}[\text{A}]$$

★★ 산업 97년 7회

20 전압 $v(t) = 100\sin\left(\omega t + \frac{\pi}{18}\right) + 50\sin\left(3\omega t + \frac{\pi}{3}\right) + 25\sin\left(5\omega t + \frac{7\pi}{18}\right)$[V]의 실효값은 몇 [V]인가?

① 70　② 81
③ 91　④ 101

해설

$$|V| = \sqrt{\frac{1}{2}(100^2 + 50^2 + 25^2)} = 81[\text{V}]$$

★★★ 산업 14년 3회

21 다음 그림과 같은 비정현파의 실효값[V]은 얼마인가?

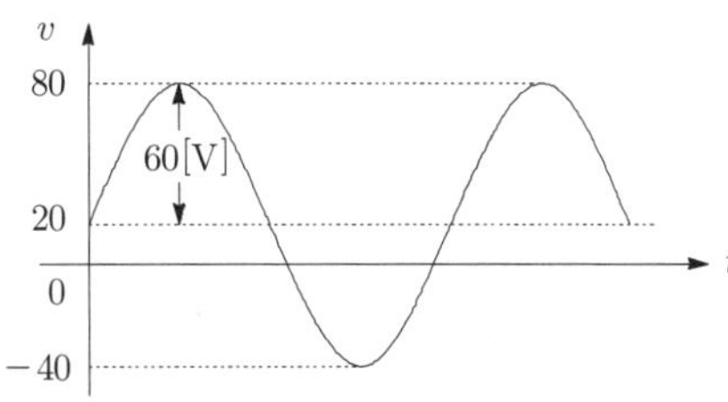

① 46.9
② 51.6
③ 56.6
④ 63.3

해설

그림에서의 전압은 $v = 20 + 60\sin\omega t$[V]이므로

$$\therefore |V| = \sqrt{20^2 + \frac{60^2}{2}} = 46.9[\text{V}]$$

★ 기사 90년 2회

22 비정현파의 전력식에서 잘못된 것은?

① $P = V_0 I_0 + \sum_{n=1}^{\infty} V_n I_n \cos\theta_n$[W]
② $P_a = VI$[VA]
③ $\cos\theta = \frac{P}{VI}$
④ $P_r = \sum_{n=1}^{\infty} V_n I_n \cos\theta_n$[Var]

해설

무효전력 $P_r = \sum_{n=1}^{\infty} V_n I_n \sin\theta_n$[Var]

정답 18. ① 19. ② 20. ② 21. ① 22. ④

★ 산업 96년 2회

23 전압 $e = 100\sqrt{2}\sin\left(\omega_1 t + \frac{\pi}{3}\right)$[V]이고, 전류 $i = 100\sqrt{2}\sin(\omega_2 t + \theta)$[A]일 때 평균전력은 몇 [W]인가? (단, $\omega_1 \neq \omega_2$)

① 0
② 10000
③ 5000
④ $5000\sqrt{3}$

해설

전압과 전류의 주파수(ω_1, ω_2)가 다르므로 평균전력은 0이 된다.

Comment

R, L, C 소자에 전압을 인가하면 전압과 동일한 주파수를 가진 전류가 흐르게 된다. 따라서, 전압과 전류의 주파수가 서로 다르다는 것은 회로적으로 아무런 관련이 없다는 것을 의미한다.

★ 산업 12년 2회

24 어느 저항에 $v_1 = 220\sqrt{2}\sin(2\pi \cdot 60t - 30°)$[V]와 $v_2 = 100\sqrt{2}\sin(3 \cdot 2\pi \cdot 60t - 30°)$[V]의 전압이 각각 걸릴 때 올바른 것은?

① v_1이 v_2보다 위상이 15° 앞선다.
② v_1이 v_2보다 위상이 15° 뒤진다.
③ v_1이 v_2보다 위상이 75° 앞선다.
④ v_1이 v_2의 위상관계는 의미가 없다.

해설

v_1, v_2는 주파수는 다르나 위상차는 없다.

★ 기사 98년 7회, 00년 4회, 02년 4회 / 산업 98년 3회

25 전압 $v(t) = V(\sin\omega t - \sin 3\omega t)$[V], 전류 $i(t) = I\sin\omega t$[A] 교류의 평균전력은 몇 [W]인가?

① $\int_0^{2\pi} VIdt$　② $\frac{1}{2}VI$
③ $\frac{1}{2}VI\sin\omega t$　④ $\frac{2}{\sqrt{3}}VI$

해설

평균전력(유효전력)은 $P = V_0 I_0 + \sum_{i=1}^{n} V_i I_i \cos\theta_i$[W]이다. 이때, 제3고조파 전류성분이 없으므로 기본파 전압, 전류에 의해서만 전력이 발생된다.

$$\therefore\ P = \frac{V}{\sqrt{2}} \times \frac{I}{\sqrt{2}} \times \cos 0°$$
$$= \frac{1}{2}VI[\text{W}]$$

★★★ 산업 89년 3회, 91년 3회, 95년 4회, 07년 3회

26 다음과 같은 비정현파 기전력 및 전류에 의한 전력[W]은?

$$e(t) = 100\sqrt{2}\sin(\omega t + 30°) + 50\sqrt{2}\sin(5\omega t + 60°)[\text{V}]$$
$$i(t) = 15\sqrt{2}\sin(3\omega t + 30°) + 10\sqrt{2}\sin(5\omega t + 30°)[\text{A}]$$

① $250\sqrt{3}$　② 1000
③ $1000\sqrt{3}$　④ 2000

해설

평균전력 $P = V_0 I_0 + \sum_{i=1}^{n} V_i I_i \cos\theta_i$
$= V_5 I_5 \cos\theta_5$
$= 50 \times 10 \times \cos 30° = 250\sqrt{3}$[W]

Comment

기본파와 제3고조파 유효전력은 0이 된다.

★★ 기사 89년 6회

27 어떤 회로에 전압 $e = 100 + 50\sin 377t$[V]를 가했을 때 전류 $i = 10 + 3.54\sin(377t - 45°)$[A]가 흘렀다면 소비되는 전력[W]은?

① 562.6　② 1062.5
③ 1250.5　④ 1385.5

해설

평균전력 $P = V_0 I_0 + \sum_{i=1}^{n} V_i I_i \cos\theta_i$
$= 100 \times 10 + \frac{1}{2} \times 50 \times 3.54 \times \cos 45°$
$= 1062.58$[W]

정답 23. ① 24. ④ 25. ② 26. ① 27. ②

★★★★ 기사 99년 6회, 00년 5회, 14년 3회 / 산업 97년 2회, 02년 2·4회, 03년 2회, 05년 3회

28 다음과 같은 왜형파 전압 및 전류에 의한 전력[W]은?

$$v(t)=80\sin(\omega t+30°)-50\sin(3\omega t+60°)+25\sin 5\omega t\text{[V]}$$
$$i(t)=16\sin(\omega t-30°)+15\sin(3\omega t+30°)+10\cos(5\omega t-60°)\text{[A]}$$

① 67　② 103.5
③ 536.5　④ 753

해설

전류 $i(t)=16\sin(\omega t-30°)+15\sin(3\omega t+30°)+10\sin(5\omega t-60°+90°)$[A]

∴ 평균전력

$$P=\frac{1}{2}\times 80\times 16\times\cos 60°+\frac{1}{2}\times(-50)\times 15\times\cos 30°+\frac{1}{2}\times 25\times 10\times\cos 30°=103.5\text{[W]}$$

★★ 산업 92년 7회, 04년 3회

29 어떤 회로의 단자전압이 $e=20\sin\omega t+10\sin 3\omega t$[V]이고 전압강하의 방향으로 흐르는 전류가 $i=10\sin\omega t+20\sin 3\omega t$[A]일 때 회로의 역률은 몇 [%]인가?

① 60　② 80
③ 96　④ 98

해설

㉠ 전압·전류의 최대값

$$V_m=I_m=\sqrt{20^2+10^2}=\sqrt{500}$$

㉡ 유효전력

$$P=\frac{1}{2}\times 20\times 10\times\cos 0°+\frac{1}{2}\times 10\times 20\times\cos 0°=200\text{[W]}$$

㉢ 피상전력 $P_a=S=VI=\frac{1}{2}V_mI_m=250$[VA]

∴ 역률 $\cos\theta=\frac{P}{P_a}=\frac{200}{250}=0.8=80$[%]

★★ 기사 04년 2회 / 산업 91년 2회, 98년 5회, 05년 1회

30 그림과 같은 파형의 교류전압 V와 전류 I 간의 등가역률은? $\left(\text{단, } v=V_m\sin\omega t\text{[V]},\ i=I_m\left(\sin\omega t-\frac{1}{\sqrt{3}}\sin 3\omega t\right)\text{[A]}\right)$

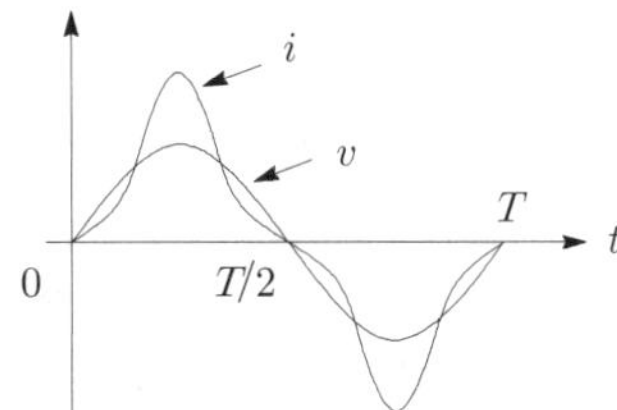

① $\frac{\sqrt{3}}{2}$　② $\frac{\sqrt{4}}{2}$
③ 0.8　④ 0.9

해설

㉠ 전압의 최대값 $|V_m|=V_m$

㉡ 전류의 최대값

$$|I_m|=\sqrt{I_m^2+\left(\frac{I_m}{\sqrt{3}}\right)^2}=\sqrt{I_m^2+\frac{I_m^2}{3}}=\sqrt{\frac{4I_m^2}{3}}=\frac{2}{\sqrt{3}}I_m$$

㉢ 유효전력 $P=VI\cos\theta$

$$=\frac{1}{2}|V_m||I_m|\cos 0°=\frac{1}{2}|V_m||I_m|\text{[W]}$$

㉣ 피상전력

$$P_a=S=VI=\frac{1}{2}|V_m||I_m|=\frac{1}{\sqrt{3}}V_mI_m\text{[VA]}$$

∴ 역률 $\cos\theta=\frac{P}{P_a}=\frac{\sqrt{3}}{2}$

Comment

유효전력을 구할 때 전압에 제3고조파 성분이 없으므로 기본파 유효전력만 존재한다.

출제 05 비정현파 회로해석

★★ 기사 89년 2회, 93년 4회 / 산업 93년 1회, 07년 3회

31 100[Ω]의 저항에 흐르는 전류가 $i=5+14.14\sin t+7.07\sin 2t$[A]일 때 저항에서 소비하는 평균전력[W]은?

① 20000　② 15000
③ 10000　④ 7500

정답 28. ② 29. ② 30. ① 31. ②

해설

전류의 실효값 $I=\sqrt{I_0^2+I_1^2+I_2^2}$

$=\sqrt{5^2+\left(\frac{14.14}{\sqrt{2}}\right)^2+\left(\frac{7.07}{\sqrt{2}}\right)^2}$

$=12.24$[A]

∴ 평균전력 $P=I^2R$

$=12.24^2\times100=15000$[W]

★★★★ 기사 12년 2회, 13년 3회, 16년 4회 / 산업 12년 2회, 16년 1회

32 $E=100\sqrt{2}\sin\omega t+75\sqrt{2}\sin3\omega t+20\sqrt{2}\sin5\omega t$[V]인 전압을 $R-L$ 직렬회로에 가할 때 제3고조파 전류의 실효값[A]은? (단, $R=4$[Ω], $\omega L=1$[Ω])

① $\frac{75}{\sqrt{17}}$
② 15
③ 17
④ 20

해설

제3고조파 임피던스

$Z_{h_3}=\sqrt{R^2+(3\omega L)^2}=\sqrt{4^2\times3^2}=5$[Ω]

∴ 제3고조파 전류의 실효값

$I_{h_3}=\frac{E_{h_3}}{Z_{h_3}}=\frac{75}{5}=15$[A]

★★ 산업 13년 3회

33 그림과 같은 $R-L$ 직렬회로에 비정현파 전압 $v=20+220\sqrt{2}\sin120\pi t+40\sqrt{2}\sin360\pi t$[V]를 가할 때 제3고조파 전류 i_3[A]는 약 얼마인가?

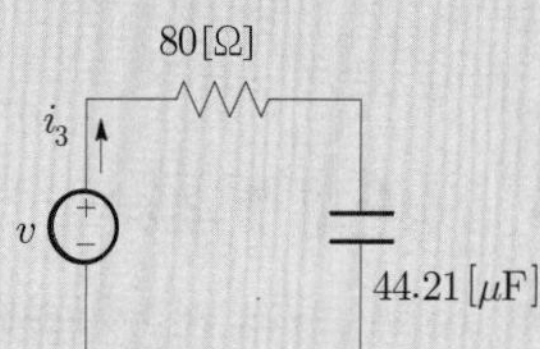

① $0.49\sin(360\pi t-14.04°)$
② $0.49\sqrt{2}\sin(360\pi t-14.04°)$
③ $0.49\sin(360\pi t+14.04°)$
④ $0.49\sqrt{2}\sin(360\pi t+14.04°)$

해설

제3 고조파 임피던스

$Z_{h_3}=R-j\frac{1}{3\omega C}=80-j\frac{1}{360\pi\times44.21\times10^{-6}}$

$=80-j20 \fallingdotseq 80\angle-14.04°$

∴ 제3 고조파 전류

$I_{h_3}=\frac{V_{h3}}{Z_{h3}} \fallingdotseq \frac{40\sqrt{2}\angle0°}{80\angle-14.04°}=0.5\sqrt{2}\angle14.04°$

$=0.5\sqrt{2}\sin(360\pi t+14.04°)$[A]

★★ 기사 94년 3회

34 $R=3$[Ω], $\omega L=4$[Ω]의 직렬회로에 $e=50+100\sqrt{2}\sin\left(\omega t-\frac{\pi}{6}\right)$[V]를 가할 때 전류의 실효값은 대략 얼마인가?

① 24.2[A] ② 26.03[A]
③ 28.3[A] ④ 30.2[A]

해설

$I_d=\frac{E_d}{R}=\frac{50}{3}$[A]

$I_1=\frac{E_1}{Z}=\frac{100}{\sqrt{3^2+4^2}}=20$[A]

∴ $I=\sqrt{\left(\frac{50}{3}\right)^2+20^2}=26.03$[A]

★★★★ 기사 90년 2회, 94년 3회, 95년 2·4·6회 / 산업 95년 4회, 14년 3회

35 $R=4$[Ω], $\omega L=3$[Ω]의 직렬회로에 $e=100\sqrt{2}\sin\omega t+50\sqrt{2}\sin3\omega t$[V]를 가할 때 이 회로의 소비전력[W]은?

① 1414
② 1500
③ 1703
④ 2000

해설

㉠ 기본파 전류의 실효값

$I_1=\frac{E_1}{Z_1}=\frac{E_1}{\sqrt{R^2+(\omega L)^2}}$

$=\frac{100}{\sqrt{4^2+3^2}}=20$[A]

정답 32. ② 33. ④ 34. ② 35. ③

㉡ 제3고조파 전류의 실효값

$$I_1 = \frac{E_3}{Z_3} = \frac{E_3}{\sqrt{R^2+(3\omega L)^2}}$$
$$= \frac{100}{\sqrt{4^2+9^2}} = 5.08[A]$$

㉢ 전류의 실효값

$$I = \sqrt{I_1^2 + I_3^2}$$
$$= \sqrt{20^2 + 5.08^2}$$
$$= 20.64[A]$$

∴ 소비전력(유효전력)

$$P = I^2 R$$
$$= 20.64^2 \times 4$$
$$= 1703[W]$$

★★ 산업 93년 5회, 00년 1회, 02년 2·4회, 07년 1회

36 전류가 1[H]의 인덕터를 흐르고 있을 때 인덕터에 축적되는 에너지[J]는? (단, $i = 5 + 10\sqrt{2}\sin 100t + 5\sqrt{2}\sin 200t$[A])

① 150 ② 100
③ 75 ④ 50

해설

전류의 실효값 $I = \sqrt{5^2+10^2+5^2} = 12.25$[A]이므로

∴ 인덕터에 축적되는 에너지

$$W_L = \frac{1}{2}LI^2$$
$$= \frac{1}{2}\times 1 \times 12.25^2 = 75[J]$$

★ 산업 03년 3회, 12년 3회

37 $R-L$ 직렬회로에 $i(t) = I_1\sin\omega t + I_3\sin 3\omega t$[A]인 전류를 흘리는 데 필요한 단자전압 e[V]는?

① $e(t) = (R\sin\omega t + \omega L\cos\omega t)I_1 + (R\sin 3\omega t + 3\omega L\cos 3\omega t)I_3$

② $e(t) = (R\sin\omega t + \omega L\cos 3\omega t)I_1 + (R\sin 3\omega t + 3\omega L\cos\omega t)I_3$

③ $e(t) = (R\sin 3\omega t + \omega L\cos 3\omega t)I_1 + (R\sin\omega t + 3\omega L\cos 3\omega t)I_3$

④ $e(t) = (R\sin 3\omega t + \omega L\cos 3\omega t)I_1 + (R\sin\omega t + 3\omega L\cos\omega t)I_3$

해설

㉠ 기본파 전류에 의한 단자전압

$$e_1 = I_1 Z_1 = I_1(R + j\omega L) = RI_1 + j\omega L I_1$$
$$= RI_1 \sin\omega t + \omega L I_1(\sin\omega t + 90°)$$
$$= (R\sin\omega t + \omega L\cos\omega t)I_1$$

㉡ 제3고조파 전류에 의한 단자전압

$$e_3 = I_3 Z_3 = I_3(R + j3\omega L) = RI_3 + j3\omega L I_3$$
$$= (R\sin 3\omega t + 3\omega L\cos 3\omega t)I_3$$

∴ 단자전압

$$e = e_1 + e_3$$
$$= (R\sin\omega t + \omega L\cos\omega t)I_1 + (R\sin 3\omega t + 3\omega L\cos 3\omega t)I_3$$

★ 산업 93년 4회, 96년 7회, 01년 3회

38 C[F]인 용량을 $e(t) = E_1\sin(\omega t + \theta_1) + E_3\sin(3\omega t + \theta_3)$[V]인 전압으로 충전할 때 몇 [A]의 전류(실효값)가 필요한가?

① $\frac{1}{\sqrt{2}}\sqrt{E_1^2 + 9E_3^2}$

② $\frac{1}{\sqrt{2}}\sqrt{E_1^2 + E_3^2}$

③ $\frac{\omega C}{\sqrt{2}}\sqrt{E_1^2 + 9E_3^2}$

④ $\frac{\omega C}{\sqrt{2}}\sqrt{E_1^2 + E_3^2}$

해설

전류의 순시값은 $i_C(t) = \omega CE_1\sin(\omega t + \theta_1 + 90°) + 3\omega CE_3\sin(3\omega t + \theta_3 + 90°)$[A]이므로

∴ 전류의 실효값

$$|I_C| = \sqrt{\left(\frac{\omega CE_1}{\sqrt{2}}\right)^2 + \left(\frac{3\omega CE_3}{\sqrt{2}}\right)^2}$$
$$= \frac{\omega C}{\sqrt{2}}\sqrt{E_1^2 + 9E_3^2}\,[A]$$

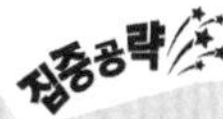

★★ 기사 05년 1회 / 산업 95년 6회, 00년 5회, 16년 1회

39 $R-L-C$ 직렬공진회로에서 제n고조파의 공진주파수 f[Hz]는?

① $\frac{1}{2\pi\sqrt{LC}}$ ② $\frac{1}{2\pi\sqrt{nLC}}$

③ $\frac{1}{2\pi n\sqrt{LC}}$ ④ $\frac{1}{2\pi n^2\sqrt{LC}}$

정답 36. ③ 37. ① 38. ③ 39. ③

해설

임피던스 $Z_n = R + j\left(n\omega L - \dfrac{1}{n\omega C}\right)$[Ω]에서

공진조건 $n\omega L = \dfrac{1}{n\omega C}$이므로 이를 정리하면

∴ 공진주파수 $f_n = \dfrac{1}{2\pi n\sqrt{LC}}$[Hz]

★ 기사 01년 3회, 14년 1회

40 $R-L-C$ 직렬공진회로에서 제3고조파의 공진주파수 f[Hz]는?

① $\dfrac{1}{2\pi\sqrt{LC}}$ ② $\dfrac{1}{3\pi\sqrt{LC}}$

③ $\dfrac{1}{6\pi\sqrt{LC}}$ ④ $\dfrac{1}{9\pi\sqrt{LC}}$

해설

n고조파의 공진주파수

$$f_n = \left.\frac{1}{2\pi n\sqrt{LC}}\right|_{n=3} = \frac{1}{6\pi\sqrt{LC}}[\text{Hz}]$$

출제 06 고조파 관리기준

★★★★★ 기사 00년 3·5회, 02년 2회 / 산업 03년 4회, 05년 1·2회, 07년 3회, 12년 3회, 16년 3회

41 기본파의 40[%]인 제3고조파와 30[%]인 제5고조파를 포함한 전압파 왜형률(歪形律)[%]은 얼마인가?

① 30 ② 50

③ 70 ④ 90

해설

고조파 왜형률(total harmonics distortion)은 다음과 같다.

$$\therefore V_{THD} = \frac{\text{전 고조파 실효값}}{\text{기본파 실효값}} = \frac{\sqrt{(0.4E)^2 + (0.3E)^2}}{E} = \sqrt{0.4^2 + 0.3^2} = 0.5 = 50[\%]$$

★★★★★ 산업 92년 6회, 96년 6회, 04년 2회

42 가정용 전원의 기본파가 100[V]이고 제7고조파가 기본파의 4[%], 제11고조파가 기본파의 3[%]이었다면 이 전원의 일그러짐률은 몇 [%]인가?

① 11 ② 10

③ 7 ④ 5

해설

$$V_{THD} = \frac{\text{전고조파 실효값}}{\text{기본파 실효값}} = \frac{\sqrt{(0.04E)^2 + (0.03E)^2}}{E} = \sqrt{0.04^2 + 0.03^2} = 0.05 = 5[\%]$$

★★ 기사 97년 2회, 01년 1회, 04년 3회, 14년 2회 / 산업 89년 5회, 00년 6회

43 $e(t) = 50 + 100\sqrt{2}\sin\omega t + 50\sqrt{2}\sin 2\omega t + 30\sqrt{2}\sin 3\omega t$[V]의 왜형률은?

① 1.0 ② 0.58

③ 0.8 ④ 0.3

해설

$$V_{THD} = \frac{\text{전 고조파 실효값}}{\text{기본파 실효값}} = \frac{\sqrt{50^2 + 30^2}}{100} = 0.5831 = 58.31[\%]$$

★ 산업 99년 5회, 00년 6회

44 비정현 주기파 중 고조파의 감소율이 가장 작은 것은? (단, 정류파는 정현파의 정류파를 뜻함)

① 반파정류파

② 삼각파

③ 전파정류파

④ 구형파

정답 40. ③ 41. ② 42. ④ 43. ② 44. ④

CHAPTER

05

대칭좌표법

기사 3.00% 출제
산업 6.38% 출제

이렇게 공부하세요!!

출제경향분석

기사 출제비율 % / 산업 출제비율 %

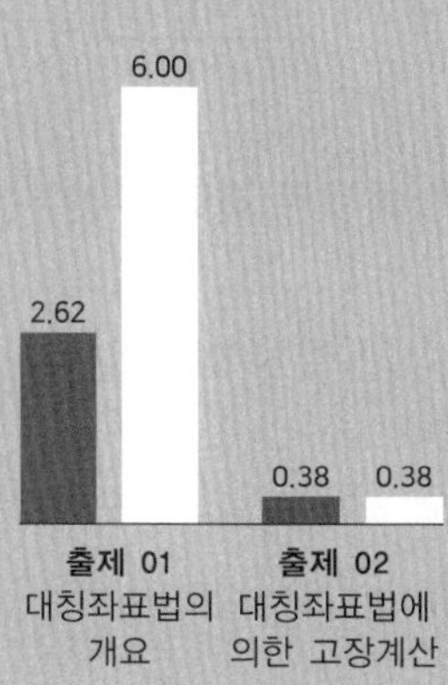

출제포인트

☑ 대칭좌표법의 사용목적에 대해서 이해할 수 있다.
☑ 불평형 전류의 대칭분해에 대해서 이해할 수 있다.
☑ 대칭 3상의 경우 대칭분해에 대해서 이해할 수 있다.
☑ 불평형 시 부하불평형률과 중성선에 흐르는 전류에 대해서 이해할 수 있다.
☑ 발전기 기본식에 대해서 이해할 수 있다.
☑ 대칭좌표법에 의한 고장계산에 대해서 이해할 수 있다.

대칭좌표법(symmetrical coordinates)

기사 3.00% 출제 | 산업 6.38% 출제

기사 2.62% 출제 | 산업 6.00% 출제

출제 01 대칭좌표법의 개요

이번 단원은 이해하기 어려운 내용이다. 저자도 대칭좌표법을 이해하는 데 상당수 시간이 걸렸다. 따라서, 대칭좌표법을 깊이 생각하기 보다는 우선 공식을 외워 문제를 푸는 데 집중하고 합격하고 난 다음 필요하다면 그때 천천히 이해해보길 바란다.

1 개요

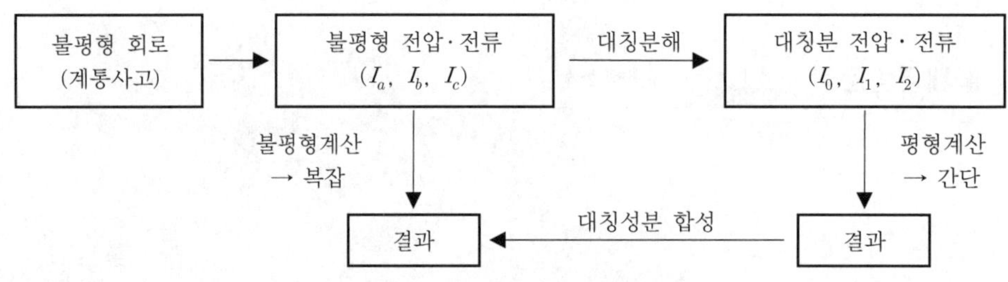

▎그림 5-1▎ 대칭좌표법의 사용목적

계통에 1선 지락, 선간 단락, 3상 단락 등의 고장이 발생하면 계통의 전압과 전류는 불평형 상태가 되고 이를 계산하기란 쉬운 것이 아니다.

불평형 3상을 대칭성분(영상, 정상, 역상)으로 분해하여 해석하면 계산이 편리해지는 장점을 얻을 수 있다.

2 불평형 3상의 대칭분해

(1) 정상분, 영상분, 역상분

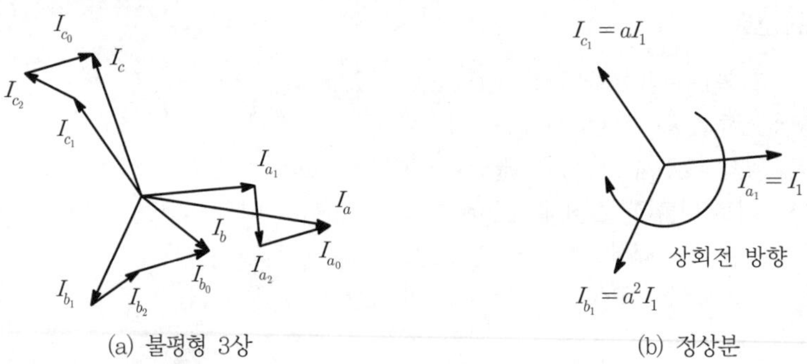

(a) 불평형 3상 (b) 정상분

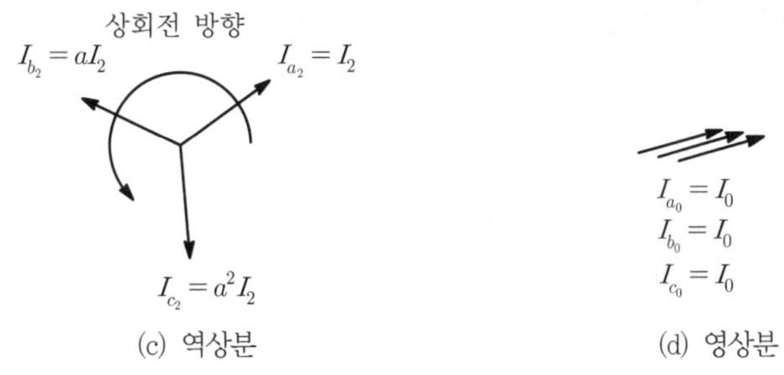

▌그림 5-2▐ 대칭분해성분

① **계통에 사고가 발생하면 [그림 5-2] (a)와 같이 불평형 3상이 되며, 이를 정상분, 역상분, 영상분의 합성으로 해석할 수 있다.**

② 고조파 차수에 따른 분류는 다음과 같다.

㉠ 영상분 : $3n=3$, 6, 9, 12……

㉡ 정상분 : $3n+1=4$, 7, 10, 13……

㉢ 역상분 : $3n-1=2$, 5, 8, 11……

(2) 불평형전류의 대칭분해

① a상 전류 : $I_a = I_{a_0}+I_{a_1}+I_{a_2} = I_0+I_1+I_2$ ………… [식 5-1]

② b상 전류 : $I_b = I_{b_0}+I_{b_1}+I_{b_2} = I_0+a^2I_1+aI_2$ ………… [식 5-2]

③ c상 전류 : $I_c = I_{c_0}+I_{c_1}+I_{c_2} = I_0+aI_1+a^2I_2$ ………… [식 5-3]

(3) 영상분 전류

① [식 5-1]+[식 5-2]+[식 5-3]을 통해서 구할 수 있다.

$$I_a+I_b+I_c = 3I_0+I_1(1+a^2+a)+I_2(1+a+a^2) = 3I_0$$

∴ **영상분** : $I_0 = \frac{1}{3}(I_a+I_b+I_c)$ ………… [식 5-4]

여기서, $1+a+a^2=0$

② **영상분은 a, b, c에 공통으로 들어간 성분으로, 계통에 지락사고 발생 시 영상분이 발생한다.**

(4) 정상분 전류

① [식 5-1]+a[식 5-2]+a^2[식 5-3]을 통해서 구할 수 있다.

$$I_a+aI_b+a^2I_c = (I_0+I_1+I_2)+(aI_0+a^3I_1+a^2I_2)+(a^2I_0+a^3I_1+a^4I_2)$$
$$= I_0(1+a+a^2)+I_1(1+a^3+a^3)+I_2(a^2+a^3+a) = 3I_1$$

∴ **정상분** : $I_1 = \frac{1}{3}(I_a+aI_b+a^2I_c)$ ………… [식 5-5]

여기서, $a^3 = 1\angle 360° = 1 = a^0$, $a^4 = 1\angle 480° = 1\angle 120° = a$

② 정상분은 상회전 방향이 기본파와 동일하므로 전동기의 회전력과 토크를 상승시키는 역할을 한다.

(5) 역상분 전류

① [식 5-1]+a^2[식 5-2]+a[식 5-3]을 통해서 구할 수 있다.

$$I_a + a^2 I_b + a I_c = (I_0 + I_1 + I_2) + (a^2 I_0 + a^4 I_1 + a^3 I_2) + (a I_0 + a^2 I_1 + a^3 I_2)$$

$$= I_0(1 + a^2 + a) + I_1(a^2 + a^4 + a^3) + I_2(a + a^2 + a^3) = 3I_2$$

$\therefore$ 역상분 : $I_2 = \dfrac{1}{3}(I_a + a^2 I_b + a I_c)$ ………… [식 5-6]

② 역상분은 상회전 방향이 기본파와 반대이므로 전동기의 회전력과 토크를 감소시키는 역할을 한다. 또한, 역상전류가 심할 경우 전동기 및 발전기의 기동실패가 발생할 수 있다.

3 대칭 3상의 경우 대칭분해성분

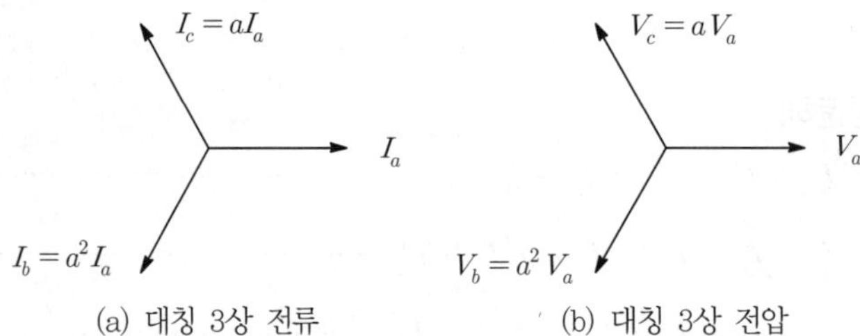

▌그림 5-3▐ 대칭 3상 전압·전류

① [그림 5-3]과 같이 대칭 3상 I_a, $I_b = a^2 I_a$, $I_c = a I_a$ 또는 V_a, $V_b = a^2 V_a$, $V_c = a V_a$일 때 a상을 기준으로 한 각 대칭분은 다음과 같다.

㉠ 영상분

$I_0 = \dfrac{1}{3}(I_a + I_b + I_c) = \dfrac{1}{3}(I_a + a^2 I_a + a I_a) = \dfrac{1}{3} I_a (1 + a^2 + a) = 0$ ………… [식 5-7]

㉡ 정상분

$I_1 = \dfrac{1}{3}(I_a + a I_b + a^2 I_c) = \dfrac{1}{3}(I_a + a^3 I_a + a^3 I_a) = \dfrac{1}{3}(I_a + I_a + I_a) = I_a$ ………… [식 5-8]

㉢ 역상분

$I_2 = \dfrac{1}{3}(I_a + a^2 I_b + a I_c) = \dfrac{1}{3}(I_a + a^4 I_a + a^2 I_a) = \dfrac{1}{3}(I_a + a I_a + a^2 I_a)$

$= \dfrac{1}{3} I_a (1 + a + a^2) = 0$ ………… [식 5-9]

② 위와 같이 평형 3상(정상상태)에는 영상분과 역상분은 존재하지 않고, 정상분만($I_1 = I_a$, $V_1 = V_a$) 존재한다.

4 불평형률과 중성선에 흐르는 전류

① 계통에 불평형이 발생하면 이를 정상분, 영상분, 역상분으로 대칭분해할 수 있으며, 그 중 정상분과 역상분의 비율을 불평형률(unbalanced factor)이라 한다.

$\therefore$ 불평형률$= \dfrac{\text{역상분}}{\text{정상분}} = \dfrac{I_2}{I_1} = \dfrac{V_2}{V_1}$ ………… [식 5-10]

② 중성선에 흐르는 전류

㉠ 평형상태 : $I_a + I_b + I_c = I_1(1 + a^2 + a) = 0$ ………… [식 5-11]

㉡ 불평형상태 : $I_a + I_b + I_c = 3I_0$ ………… [식 5-12]

㉢ 3상 평형의 경우 중성선에는 전류가 흐르지 않으나 불평형이 발생하면 중선선에 전류가 흐르게 되고, 이 성분이 영상분이라는 것을 알 수 있다.

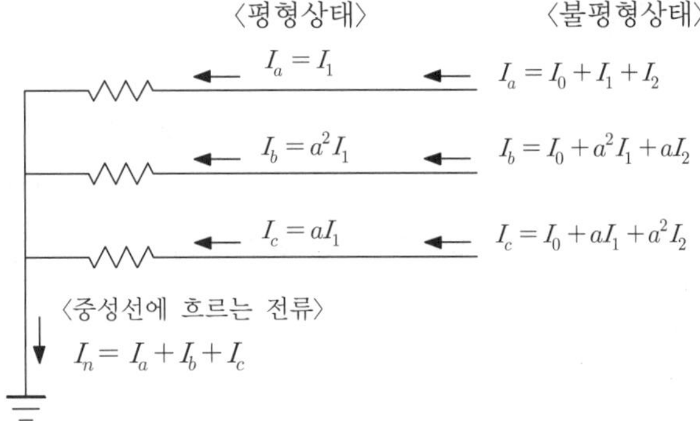

▌그림 5-4▐ 중성선에 흐르는 전류

단원확인기출문제

★★★ 기사 01년 3회, 16년 1회

01 대칭 3상 전압이 a상 V_a[V], b상 $V_b = a^2 V_a$[V], c상 $V_c = a V_a$[V]일 때 a상 기준으로 한 대칭분 전압 중 정상분 V_1[V]은 어떻게 표시되는가?

① 0 ② V_a
③ $a V_a$ ④ $a^2 V_a$

해설 $V_1 = \frac{1}{3}(V_a + aV_b + a^2 V_c) = \frac{1}{3}(V_a + a^3 V_a + a^3 V_a) = \frac{1}{3}(V_a + V_a + V_a) = V_a$

답 ②

★★★ 산업 89년 3회, 94년 5회, 97년 2회, 02년 4회, 05년 1회, 07년 1회, 14년 3회

02 V_a=3[V], V_b=2−j3[V], V_c=4+j3[V]를 3상 불평형 전압이라고 할 때 영상전압은?

① 3[V] ② 9[V]
③ 27[V] ④ 0[V]

해설 영상분 $V_0 = \frac{1}{3}(V_a + V_b + V_c) = \frac{1}{3}(3 + 2 - j3 + 4 + j3) = 3$[V]

답 ①

기사 0.38% 출제 | 산업 0.38% 출제

출제 02 대칭좌표법에 의한 고장계산

쌤 Comment

이번 단원은 '발전기 기본식' 찾기와 '1선 지락사고 시 지락전류'를 구하는 문제가 주를 이룬다. 그리고 1선 지락사고 시 지락전류를 구하는 문제는 전력공학에서도 동일하게 적용되니, 결과식을 반드시 암기하길 바란다.

1 발전기 기본식

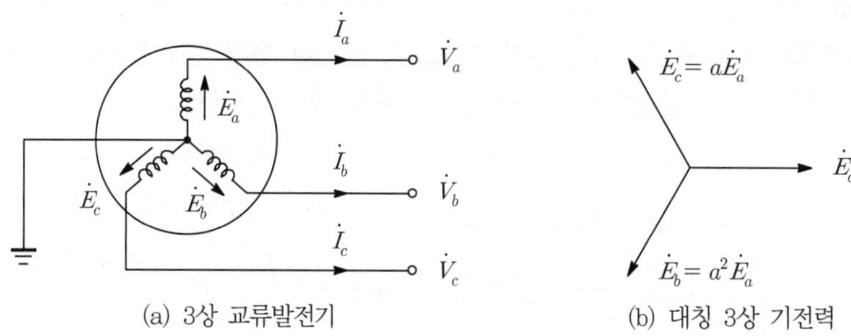

(a) 3상 교류발전기 (b) 대칭 3상 기전력

▌그림 5-5▐ 대칭 3상 교류발전기

(1) 발전기 단자전압 $\dot{V}_a$, $\dot{V}_b$, $\dot{V}_c$

① $\dot{V}_a = \dot{E}_a - \dot{v}_a$ ······ [식 5-13]

② $\dot{V}_b = \dot{E}_b - \dot{v}_b = a^2\dot{E}_a - \dot{v}_b$ ······ [식 5-14]

③ $\dot{V}_c = \dot{E}_c - \dot{v}_c = a\dot{E}_a - \dot{v}_c$ ······ [식 5-15]

여기서, $\dot{E}_a$, $\dot{E}_b$, $\dot{E}_c$: 발전기 기전력, $\dot{v}_a$, $\dot{v}_b$, $\dot{v}_c$: 각 상의 전압강하

(2) 단자전압의 대칭분 성분

① 영상분

$$\dot{V}_0 = \frac{1}{3}(\dot{V}_a + \dot{V}_b + \dot{V}_c)$$

$$= \frac{1}{3}(\dot{E}_a + a^2\dot{E}_a + a\dot{E}_a - \dot{v}_a - \dot{v}_b - \dot{v}_c)$$

$$= -\frac{1}{3}(\dot{v}_a + \dot{v}_b + \dot{v}_c) \quad \text{······ [식 5-16]}$$

② 정상분

$$\dot{V}_1 = \frac{1}{3}(\dot{V}_a + a\dot{V}_b + a^2\dot{V}_c)$$

$$= \frac{1}{3}(\dot{E}_a + a^3\dot{E}_a + a^3\dot{E}_a - \dot{v}_a - a\dot{v}_b - a^2\dot{v}_c)$$

$$= \dot{E}_a - \frac{1}{3}(\dot{v}_a + a\dot{v}_b + a^2\dot{v}_c) \quad \text{······ [식 5-17]}$$

③ 역상분

$$\dot{V}_2 = \frac{1}{3}\left(\dot{V}_a + a^2\dot{V}_b + a\dot{V}_c\right)$$

$$= \frac{1}{3}\left(\dot{E}_a + a^4\dot{E}_a + a^2\dot{E}_a - \dot{v}_a - a^2\dot{v}_b - a\dot{v}_c\right)$$

$$= -\frac{1}{3}\left(\dot{v}_a + a^2\dot{v}_b + a\dot{v}_c\right) \quad \cdots\cdots \text{[식 5-18]}$$

(3) 전압강하를 대칭분 전류와 임피던스로 표현하면 다음과 같다.

① $\dot{v}_a = \dot{I}_0\dot{Z}_0 + \dot{I}_1\dot{Z}_1 + \dot{I}_2\dot{Z}_2$ ⋯⋯ [식 5-19]

② $\dot{v}_b = \dot{I}_0\dot{Z}_0 + a^2\dot{I}_1\dot{Z}_1 + a\dot{I}_2\dot{Z}_2$ ⋯⋯ [식 5-20]

③ $\dot{v}_c = \dot{I}_0 Z_0 + a^2\dot{I}_1 Z_1 + a\dot{I}_2 Z_2$ ⋯⋯ [식 5-21]

④ $\dot{v}_a + \dot{v}_b + \dot{v}_c = 3\dot{I}_0\dot{Z}_0$ ⋯⋯ [식 5-22]

⑤ $\dot{v}_a + a\dot{v}_b + a^2\dot{v}_c = 3\dot{I}_1\dot{Z}_1$ ⋯⋯ [식 5-23]

⑥ $\dot{v}_a + a^2\dot{v}_b + a\dot{v}_c = 3\dot{I}_2\dot{Z}_2$ ⋯⋯ [식 5-24]

(4) [식 5-16], [식 5-17], [식 5-18]에 [식 5-22], [식 5-23], [식 5-24]를 대입하여 단자전압의 대칭분, 즉 발전기 기본식을 정리할 수 있다.

① $\dot{V}_0 = -\frac{1}{3}\left(\dot{v}_a + \dot{v}_b + \dot{v}_c\right) = -\dot{Z}_0\dot{I}_0$ ⋯⋯ **[식 5-25]**

② $\dot{V}_1 = \dot{E}_a - \frac{1}{3}\left(\dot{v}_a + a\dot{v}_b + a^2\dot{v}_c\right) = \dot{E}_a - \dot{Z}_1\dot{I}_1$ ⋯⋯ **[식 5-26]**

③ $\dot{V}_2 = -\frac{1}{3}\left(\dot{v}_a + a^2\dot{v}_b + a\dot{v}_a\right) = -\dot{Z}_2\dot{I}_2$ ⋯⋯ **[식 5-27]**

2 무부하 발전기의 a상 지락 시 지락전류계산

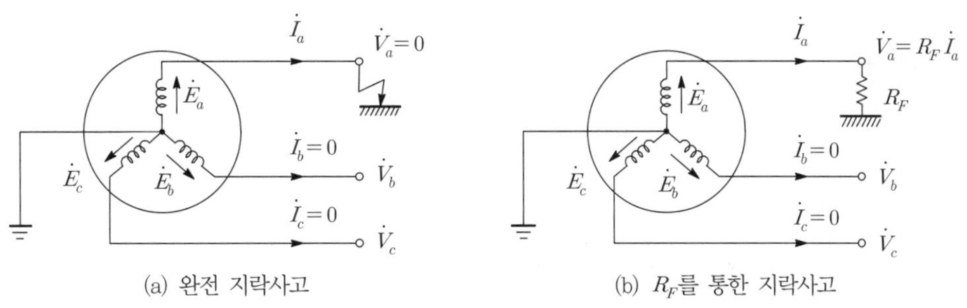

▎그림 5-6▎ a상 지락사고계산

(1) [그림 5-6] (a)와 같이 1선 완전지락이 발생한 경우

① 고장조건

㉠ $I_b = I_c = 0$

㉡ a상이 완전지락이므로 $V_a = 0$이 된다.

② 대칭분해

㉠ 영상분 : $I_0 = \frac{1}{3}(I_a + I_b + I_c) = \frac{1}{3} I_a$ ········· [식 5-28]

㉡ 정상분 : $I_1 = \frac{1}{3}(I_a + a I_b + a^2 I_c) = \frac{1}{3} I_a$ ········· [식 5-29]

㉢ 역상분 : $I_2 = \frac{1}{3}(I_a + a^2 I_b + a I_c) = \frac{1}{3} I_a$ ········· [식 5-30]

$\therefore\ I_0 = I_1 = I_2 = \frac{1}{3} I_a,\ I_g = I_a = 3 I_0$ ········· [식 5-31]

③ 영상전류와 지락전류의 계산

㉠ 발전기 기본식 $V_0 = -Z_0 I_0\ V_1 = E_a - Z_1 I_1,\ V_2 = -Z_2 I_2$를 이용하여 영상전류를 구할 수 있다.

$V_a = V_0 + V_1 + V_2 = -Z_0 I_0 + E_a - Z_1 I_1 - Z_2 I_2 = E_a - I_0(Z_0 + Z_1 + Z_2) = 0$에서

$E_a = I_0(Z_0 + Z_1 + Z_2)$

㉡ 영상전류 : $I_0 = \dfrac{E_a}{Z_0 + Z_1 + Z_2}$[A] ········· [식 5-32]

㉢ **1선 지락전류 :** $I_g = 3 I_0 = \dfrac{3E_a}{Z_0 + Z_1 + Z_2}$[A] ········· **[식 5-33]**

(2) [그림 5-6] (b)와 같이 R_F 를 통하여 지락이 발생한 경우

① 고장조건

㉠ $I_b = I_c = 0$이므로 대칭분해성분의 결과는 [식 5-31]과 동일하게 된다.

㉡ a상이 완전지락이 아니므로 $V_a = I_a R_F = I_g R_F$가 된다.

② 영상전류와 지락전류의 계산

㉠ 발전기 기본식을 이용하여 a상의 전위를 구하면 다음과 같다.

$V_a = V_0 + V_1 + V_2 = -Z_0 I_0 + E_a - Z_1 I_1 - Z_2 I_2$

$\quad = E_a - I_0(Z_0 + Z_1 + Z_2) = I_a R_F = 3 I_0 R_F$

$E_a = I_0(Z_0 + Z_1 + Z_2 + 3 R_F)$

㉡ 영상전류 : $I_0 = \dfrac{E_a}{Z_0 + Z_1 + Z_2 + 3R_F}$[A] ········· [식 5-34]

㉢ **1선 지락전류 :** $I_g = 3 I_0 = \dfrac{3E_a}{Z_0 + Z_1 + Z_2 + 3R_F}$[A] ········· **[식 5-35]**

3 발전기계통의 단락사고 시 단락전류

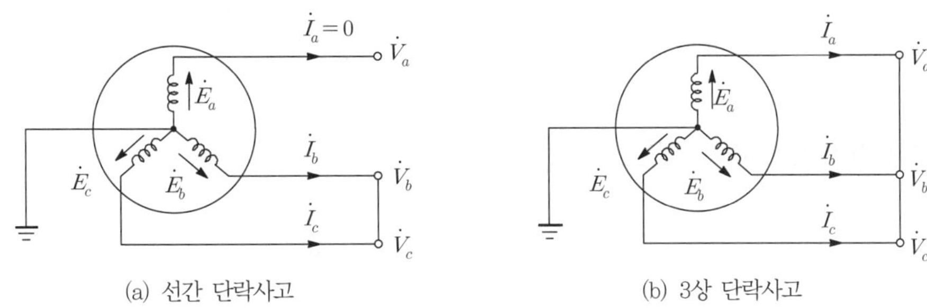

▌그림 5-7▐ 단락사고의 계산

(1) [그림 5-7] (a)와 같이 선간 단락사고가 발생한 경우

① 고장조건

㉠ $V_b = V_c$

㉡ $I_a = 0$ 및 $I_b = -I_c$

② 대칭분해

㉠ $I_0 = \dfrac{1}{3}(I_a + I_b + I_c) = 0$ ········· [식 5-36]

㉡ $I_1 = \dfrac{1}{3}(I_a + a I_b + a^2 I_c) = \dfrac{1}{3} I_b (a - a^2)$ ········· [식 5-37]

㉢ $I_2 = \dfrac{1}{3}(I_a + a^2 I_b + a I_c) = \dfrac{1}{3} I_b (a^2 - a) = -I_1$ ········· [식 5-38]

㉣ $V_1 = \dfrac{1}{3}(V_a + a V_b + a^2 V_c) = \dfrac{1}{3}\left[V_a + (a + a^2) V_b\right]$ ········· [식 5-39]

㉤ $V_2 = \dfrac{1}{3}(V_a + a^2 V_b + a V_c) = \dfrac{1}{3}\left[V_a + (a^2 + a) V_b\right] = V_1$ ········· [식 5-40]

$\therefore I_0 = 0,\ I_1 = -I_2,\ V_0 = -Z_0 I_0 = 0,\ V_1 = V_2$ ········· [식 5-41]

③ 선간 단락사고 시 단락전류의 계산

㉠ [식 5-41]에 $V_1 = V_2$와 $I_1 = -I_2$에 의해 다음과 같이 정리할 수 있다.

$E_a - Z_1 I_1 = -Z_2 I_2 = Z_2 I_1$에서 $E_a = I_1(Z_1 + Z_2)$

㉡ 정상전류 : $I_1 = \dfrac{E_a}{Z_1 + Z_2}$[A] ········· [식 5-42]

㉢ 선간 단락전류 : $I_b = I_0 + a^2 I_1 + a I_2 = I_1(a^2 - a)$

$= \dfrac{(a^2 - a) E_a}{Z_1 + Z_2} = -I_c$[A] ········· [식 5-43]

(2) [그림 5-7] (b)와 같이 3상 단락사고가 발생한 경우

① 고장조건

㉠ $V_a = V_b = V_c = 0$

㉡ $V_0 = V_1 = V_2 = 0$

② 발전기 기본식을 이용한 대칭분 계산

㉠ $V_0 = -Z_0 I_0 = 0$

$\therefore I_0 = 0$ ······ [식 5-44]

㉡ $V_1 = E_a - Z_1 I_1 = 0$

$\therefore I_1 = \dfrac{E_a}{Z_1}$ ······ [식 5-45]

㉢ $V_2 = -Z_2 I_2 = 0$

$\therefore I_2 = 0$ ······ [식 5-46]

∴ 3상 단락사고 시 영상분과 역상분은 0이고, 정상분만 발생한다.

③ 3상 단락사고 시 단락전류의 계산

㉠ $I_a = I_0 + I_1 + I_2 = \dfrac{E_a}{Z_1}$[A] ······ [식 5-47]

㉡ $I_b = I_0 + a^2 I_1 + aI_2 = a^2 \dfrac{E_a}{Z_1}$[A] ······ [식 5-48]

㉢ $I_c = I_0 + a I_1 + a^2 I_2 = a \dfrac{E_a}{Z_1}$[A] ······ [식 5-49]

∴ 각 상에 흐르는 단락전류의 크기는 같고, 위상차만 120°씩 발생한다.

(3) 3상 단락전류와 선간 단락전류의 비교

① 단락전류의 크기는 다음과 같다.

$a^2 - a = \left(-\dfrac{1}{2} + j\dfrac{\sqrt{3}}{2}\right) - \left(-\dfrac{1}{2} - j\dfrac{\sqrt{3}}{2}\right) = j\sqrt{3}$ 이고, 선간 단락사고 시 $Z_1 \fallingdotseq Z_2 \fallingdotseq Z_s$ (Z_s : 동기 임피던스)이므로 선간 단락전류는 다음과 같다.

$\therefore I_{2s} = \left|\dfrac{(a^2 - a)E_a}{Z_1 + Z_2}\right| = \left|\dfrac{j\sqrt{3}\,E_a}{2Z_s}\right| = \dfrac{\sqrt{3}\,E_a}{2Z_s}$[A] ······ [식 5-50]

3상 단락전류 : $I_{3s} = \dfrac{E_a}{Z_1} = \dfrac{E_a}{Z_s}$[A] ······ [식 5-51]

② $\dfrac{I_{2s}}{I_{3s}} = \dfrac{\sqrt{3}}{2} = 0.866$ 이므로 선간 단락전류는 3상 단락전류의 86.6[%]에 해당된다.

단원 확인 기출문제

★★ 기사 05년 3회, 13년 2회 / 산업 07년 4회

03 전류의 대칭분을 I_0, I_1, I_2 유기기전력 및 단자전압의 대칭분을 E_a, E_b, E_c 및 V_0, V_1, V_2라 할 때 교류발전기의 기본식 중 역상분 V_2값은?

① $-Z_0 I_0$
② $-Z_2 I_2$
③ $E_a - Z_1 I_1$
④ $E_b - Z_2 I_2$

해설 3상 교류발전기의 기본식
㉠ 영상분 $V_0 = -Z_0 I_0$
㉡ 정상분 $V_1 = E_a - Z_1 I_1$
㉢ 역상분 $V_2 = -Z_2 I_2$

답 ②

단원 핵심정리 한눈에 보기

1. 고조파 차수의 특성

구분	고조파 차수	특징
영상분 I_0	$3n$: 3, 6, 9……	① a, b, c상의 크기와 위상이 모두 같다. ② 비접지계통에서는 존재하지 않는다. ③ 중성선에 $3I_0$ 로 흐르게 된다.
정상분 I_1	$3n+1$: 4, 7, 10……	① 기본파와 상회전 방향이 같다. ② 회전기의 속도와 토크를 상승시킨다.
역상분 I_2	$3n-1$: 2, 5, 8……	① 기본파와 상회전 방향과 반대이다. ② 회전기의 속도와 토크를 감소시킨다.

2. 3상 대칭분해

선전류	대칭분전류
① a상 선전류 : $I_a = I_0 + I_1 + I_2$ ② b상 선전류 : $I_b = I_0 + a^2 I_1 + a I_2$ ③ c상 선전류 : $I_c = I_0 + a I_1 + a^2 I_2$ ∴ 각 상의 공통성분 : 영상분	① 영상분 : $I_0 = \frac{1}{3}(I_a + I_b + I_c)$ ② 정상분 : $I_1 = \frac{1}{3}(I_a + a I_b + a^2 I_c)$ ③ 역상분 : $I_2 = \frac{1}{3}(I_a + a^2 I_b + a I_c)$

3. 대칭(평형) 3상인 경우의 대칭성분

① 대칭조건 : $I_a = I,\ I_b = a^2 I,\ I_c = a I$이므로 $I_a + I_b + I_c = 0$이 성립하는 경우

② 대칭성분

㉠ 영상분 : $I_0 = 0$　　㉡ 정상분 : $I_1 = I_a$　　㉢ $I_2 = 0$

4. 불평형률

① 불평형률 $= \frac{\text{역상분}}{\text{정상분}} \times 100[\%]$

② 불평형 대책 : 중성점 접지

③ 중성선 제거조건 : 불평형이 발생하지 않을 경우, 즉 $I_a + I_b + I_c = 0$일 때

5. 발전기 기본식

① 영상분 : $V_0 = -I_0 Z_0$　　② 정상분 : $V_1 = E_a - I_1 Z_1$　　③ 역상분 : $V_2 = -I_2 Z_2$

6. 1선 완전 지락사고

① 영상전류 : $I_0 = \frac{E_a}{Z_0 + Z_1 + Z_2}$[A]　　② 지락전류 : $I_g = 3I_0 = \frac{3E_a}{Z_0 + Z_1 + Z_2}$[A]

단원 자주 출제되는 기출문제

출제 01 대칭좌표법의 개요

집중공략

★★★ 산업 97년 4회, 99년 7회, 01년 1회, 02년 1회, 04년 3회, 14년 2회, 15년 4회

01 3상 대칭분을 I_0, I_1, I_2라 하고 선전류 I_a, I_b, I_c라 할 때 I_b는?

① $I_0 + a^2 I_1 + a I_2$ ② $\frac{1}{3}(I_0 + I_1 + I_2)$

③ $I_0 + I_1 + I_2$ ④ $I_0 + a I_1 + a^2 I_2$

해설 불평형 전류의 대칭분해

㉠ a상 전류 : $I_a = I_{a_0} + I_{a_1} + I_{a_2} = I_0 + I_1 + I_2$

㉡ b상 전류 : $I_b = I_{b_0} + I_{b_1} + I_{b_2} = I_0 + a^2 I_1 + a I_2$

㉢ c상 전류 : $I_c = I_{c_0} + I_{c_1} + I_{c_2} = I_0 + a I_1 + a^2 I_2$

Comment

대칭좌표법에서는 계산문제보다 공식찾는 문제의 출제빈도가 더 높다.

★★★ 기사 90년 7회, 99년 4회, 02년 1회 / 산업 12년 1회

02 대칭좌표법을 이용하여 3상 회로의 각 상전압을 $V_a = V_0 + V_1 + V_2$, $V_b = V_0 + a^2 V_1 + a V_2$, $V_c = V_0 + a V_1 + a^2 V_2$ 와 같이 표시될 때 정상분 전압 V_1을 올바르게 나타낸 것은? (단, 상순은 a, b, c이다)

① $\frac{1}{3}(V_a + V_b + V_c)$

② $\frac{1}{3}(V_a + V_b \angle 120° + V_c \angle -120°)$

③ $\frac{1}{3}(V_a + V_b \angle -120° + V_c \angle 120°)$

④ $\frac{1}{3}(V_a \angle 120° + V_b + V_c \angle -120°)$

해설 대칭분전압

$a = 1\angle 120° = 1\angle -240°$, $a^2 = 1\angle 240° = 1\angle -120°$

㉠ 영상분 : $V_0 = \frac{1}{3}(V_a + V_b + V_c)$

㉡ 정상분 : $V_1 = \frac{1}{3}(V_a + a V_b + a^2 V_c)$

㉢ 역상분 : $V_2 = \frac{1}{3}(V_a + a^2 V_b + a V_c)$

★★★ 산업 92년 3회, 05년 2회, 07년 1회

03 상순이 a, b, c인 불평형 3상 전류 I_a, I_b, I_c의 대칭분을 I_0, I_1, I_2라 하면 이때 대칭분과의 관계식 중 옳지 않은 것은?

① $\frac{1}{3}(I_a + I_b + I_c)$

② $\frac{1}{3}(I_a + I_b \angle 120° + I_c \angle -120°)$

③ $\frac{1}{3}(I_a + I_b \angle -120° + I_c \angle 120°)$

④ $\frac{1}{3}(-I_a - I_b - I_c)$

해설 대칭분전류

$a = 1\angle 120° = 1\angle -240°$, $a^2 = 1\angle 240° = 1\angle -120°$

㉠ 영상분 : $I_0 = \frac{1}{3}(I_a + I_b + I_c)$

㉡ 정상분 : $I_1 = \frac{1}{3}(I_a + a I_b + a^2 I_c)$

㉢ 역상분 : $I_2 = \frac{1}{3}(I_a + a^2 I_b + a I_c)$

★★★ 기사 90년 2회, 03년 4회, 05년 1회, 14년 2회

04 대칭좌표법에 대칭분을 각 상전압으로 표시한 것 중 틀린 것은?

① $V_0 = \frac{1}{3}(V_a + V_b + V_c)$

② $V_1 = \frac{1}{3}(V_a + a V_b + a^2 V_c)$

③ $V_1 = \frac{1}{3}(V_a + a^2 V_b + a^2 V_c)$

④ $V_2 = \frac{1}{3}(V_a + a^2 V_b + a V_c)$

정답 01. ① 02. ② 03. ④ 04. ③

★★★ 기사 88년 7회, 98년 3회 / 산업 94년 2회, 97년 6회, 05년 4회, 16년 3회

05 V_a, V_b, V_c를 3상 불평형전압이라 하면 정상전압은?

① $\frac{1}{3}(V_a + V_b + V_c)$

② $\frac{1}{3}(V_a + aV_b + a^2V_c)$

③ $\frac{1}{3}(V_a + a^2V_b + aV_c)$

④ $\frac{1}{3}(V_a + V_b + V_c)$

★★★ 기사 94년 6회, 99년 5회, 04년 1회, 15년 3회 / 산업 92년 2회, 04년 1회

06 3상 불평형전압을 V_a, V_b, V_c라고 할 때 역상전압 V_2는 얼마인가?

① $V_2 = \frac{1}{3}(V_a + V_b + V_c)$

② $V_2 = \frac{1}{3}(V_a + a^2V_b + aV_c)$

③ $V_2 = \frac{1}{3}(V_a + aV_b + a^2V_c)$

④ $V_2 = \frac{1}{3}(V_a + a^2V_b + a^2V_c)$

집중공략

★★★ 기사 04년 3회, 08년 2회, 13년 4회, 14년 4회 / 산업 01년 3회, 12년 4회, 16년 1회

07 대칭 3상 전압 V_a, $V_b = a^2V_a$, $V_c = aV_a$일 때 a상 기준으로 한 각 대칭분 V_0, V_1, V_2는? $\left(단,\ a = -\frac{1}{2} + j\frac{\sqrt{3}}{2}\right)$

① 0, V_a, 0

② a^2V_a, V_a, 0

③ $-V_a$, V_a, 0

④ 0, a^2V_a, aV_a

해설

㉠ 영상분

$$V_0 = \frac{1}{3}(V_a + V_b + V_c) = \frac{1}{3}(V_a + a^2V_a + aV_a) = 0$$

㉡ 정상분

$$V_1 = \frac{1}{3}(V_a + aV_b + a^2V_c) = \frac{1}{3}(V_a + a^3V_a + a^3V_a) = V_a$$

㉢ 역상분

$$V_2 = \frac{1}{3}(V_a + a^2V_b + aV_c) = \frac{1}{3}(V_a + a^4V_a + a^2V_a) = 0$$

∴ 대칭 3상의 경우(사고가 안 난 계통) 영상분과 역상분은 0이고 정상분만 존재한다.

★★★ 산업 93년 3회, 98년 7회, 99년 7회, 05년 1·3회

08 대칭좌표법에서 사용되는 용어 중 공통인 성분을 표시하는 것은?

① 영상분

② 정상분

③ 역상분

④ 공통분

해설

대칭좌표법에서 각 상에 공통으로 포함되어 있는 성분은 영상분이다.

★★★ 산업 95년 5회, 99년 4회, 15년 2회

09 3상 4선식에서 중성선이 필요하지 않아서 중성선을 제거하여 3상 3선식을 만들기 위한 중성선에서의 조건식은 어떻게 되는가? (단, I_a, I_b, I_c : 각 상의 전류)

① 불평형 3상 $I_a + I_b + I_c = 1$

② 불평형 3상 $I_a + I_b + I_c = \sqrt{3}$

③ 불평형 3상 $I_a + I_b + I_c = 3$

④ 평형 3상 $I_a + I_b + I_c = 0$

해설

3상 회로에서 불평형발생 시 불평형전류가 다른 상에 영향을 주는 것을 방지하기 위해 중성선접지를 실시한다. 따라서, 불평형을 발생시키지 않는 평형 3상일 때 중성선을 제거할 수 있다.

∴ 평형 3상 조건 : $I_a + I_b + I_c = 0$

정답 05. ② 06. ② 07. ① 08. ① 09. ④

★★★ 기사 90년 7회, 95년 4회, 00년 3회

10 **다음 ( ) 안에 들어갈 말로 옳은 것은 무엇인가?**

> 3상 3선식에서는 회로의 평형·불평형 또는 부하의 △, Y에 불구하고, 세 선전류의 합은 0이므로 선전류의 ( )은 0이다.

① 영상분
② 정상분
③ 역상분
④ 상전압

해설

영상분 $I_0 = \frac{1}{3}(I_a + I_b + I_c)$이므로

$I_a + I_b + I_c = 0$이면 $I_0 = 0$이 된다.

★★★ 기사 04년 2회, 13년 3회 / 산업 00년 3회, 02년 2·4회, 04년 4회

11 **다음 중 대칭 3상 △부하(비접지)에서 각 선전류를 I_a, I_b, I_c라 하면 전류의 영상분은 얼마인가?**

① ∞
② −1
③ 1
④ 0

해설

중성선이 없는 3상 3선식 회로에서는 $I_a + I_b + I_c = 0$이므로 영상분 $I_0 = 0$이 된다.

★★★ 산업 90년 2회, 92년 5회, 94년 7회, 98년 6회, 00년 5회

12 **불평형 회로에서 영상분이 존재하는 3상 회로 구성은?**

① △−△결선의 3상 3선식
② △−Y결선의 3상 3선식
③ Y−Y결선의 3상 3선식
④ Y−Y결선의 3상 4선식

해설

영상분이 존재하려면 3상 4선식의 중성점 접지방식일 경우이다.

집중공략

★★★ 기사 04년 4회 / 산업 89년 3회, 92년 5회, 93년 4회, 97년 4회, 00년 1회

13 **대칭좌표법에 관한 설명 중 잘못된 것은?**

① 불평형 3상 회로의 접지식 회로에서는 영상분이 존재한다.
② 대칭 3상 전압은 정상분만 존재한다.
③ 불평형 3상 회로의 비접지식 회로에서는 영상분이 존재한다.
④ 대칭 3상 전압에서 영상분은 0이 된다.

★★★ 산업 90년 2회, 98년 4회, 00년 1·6회, 04년 3회, 13년 4회

14 **대칭좌표법에 관한 설명 중 잘못된 것은?**

① 대칭좌표법은 일반적인 비대칭 n상 교류회로의 계산에도 이용된다.
② 대칭 3상 전압의 영상분과 역상분은 0이고, 정상분만 남는다.
③ 비대칭 n상 교류회로는 영상분, 역상분 및 정상분의 3성분으로 해석한다.
④ 비대칭 3상 회로의 접지식 회로에는 영상분이 존재하지 않는다.

★★ 기사 12년 3회 / 산업 93년 3회, 04년 2회

15 **대칭좌표법에 의하여 3상 회로에 대한 해석 중 잘못된 것은?**

① △결선이든 Y결선이든 세 선전류의 합이 영이면 영상분도 영이다.
② 선간전압의 합이 영이면 그 영상분은 항상 영이다.
③ 선간전압이 평형이고 상순이 a-b-c이면 Y결선에서 상전압의 역상분은 영이 아니다.
④ Y결선 중성점 접지 시 중성선 정상분의 선전류에 대하여서 ∞의 임피던스를 나타낸다.

해설

대칭 3상 회로에서는 영상분과 역상분은 영이고, 정상분만 존재한다.

정답 10. ① 11. ④ 12. ④ 13. ③ 14. ④ 15. ③

★★★ 산업 99년 3회, 02년 2회, 03년 2회, 04년 2회, 05년 4회, 14년 4회

16 3상 회로에 있어서 대칭분전압이 $\dot{V}_0=-8+j3$[V], $\dot{V}_1=6-j8$[V], $\dot{V}_2=8+j12$[V]일 때 a상의 전압[V]은?

① $6+j7$ ② $-32.3+j2.73$
③ $2.3+j0.73$ ④ $2.3+j2.73$

해설

a상 전압 $V_a=\dot{V}_0+\dot{V}_1+\dot{V}_2$
$=(-8+j3)+(6-j8)+(8+j12)$
$=6+j7$[V]

★★★ 기사 93년 1회, 99년 3회, 16년 4회 / 산업 98년 2회, 02년 2회, 05년 2회

17 각 상의 전류가 $i_a=30\sin\omega t$[A], $i_b=30\sin(\omega t-90°)$[A], $i_c=30\sin(\omega t+90°)$[A]일 때 영상대칭분의 전류[A]는?

① $10\sin\omega t$
② $30\sin\omega t$
③ $\frac{30}{\sqrt{3}}\sin\omega t$
④ $\frac{10}{3}\sin\omega t$

해설

영상분 $I_0=\frac{1}{3}(I_a+I_b+I_c)$
$=\frac{1}{3}(30+30\angle-90°+30\angle 90°)$
$=10\angle 0°$
$=10\sin\omega t$[A]

★★★ 기사 91년 2회, 09년 3회 / 산업 98년 7회

18 각 상전압이 $V_a=40\sin\omega t$[V], $V_b=40\sin(\omega t+90°)$[V], $V_c=40\sin(\omega t-90°)$[V]이라 하면 영상대칭분의 전압[V]은?

① $40\sin\omega t$
② $\frac{40}{3}\sin\omega t$
③ $\frac{40}{3}\sin(\omega t-90°)$
④ $\frac{40}{3}\sin(\omega t+90°)$

해설

영상분 $V_0=\frac{1}{3}(V_a+V_b+V_c)$
$=\frac{1}{3}(40+40\angle+90°+40\angle-90°)$
$=\frac{40}{3}A\angle 0°=\frac{40}{3}\sin\omega t$[V]

집중공략

★★★ 기사 00년 4회, 01년 1회, 12년 1회 / 산업 07년 2회, 13년 3회, 15년 4회

19 불평형 3상 전류가 $I_a=16+j2$[A], $I_b=-20-j9$[A], $I_c=-2+j10$[A]일 때 영상분 전류[A]는?

① $-2+j$
② $-6+j3$
③ $-9+j6$
④ $-18+j9$

해설

영상분 $I_0=\frac{1}{3}(I_a+I_b+I_c)$
$=\frac{1}{3}(16+j2-20-j9-2+j10)$
$=\frac{1}{3}(-6+j3)=-2+j$[A]

★★★ 산업 92년 7회, 98년 3회, 99년 5회, 03년 4회, 04년 4회

20 3상 부하가 Y결선으로 되어 있다. 각 상의 임피던스는 $Z_a=3$[Ω], $Z_b=3$[Ω], $Z_c=3$[Ω]이다. 이 부하의 영상 임피던스는 얼마인가?

① $6+j3$[Ω]
② $2+j$[Ω]
③ $3+j3$[Ω]
④ $3+j6$[Ω]

해설

영상분 $Z_0=\frac{1}{3}(Z_a+Z_b+Z_c)$
$=\frac{1}{3}(3+3+j3)=2+j$[Ω]

정답 16. ① 17. ① 18. ② 19. ① 20. ②

★★ 산업 89년 7회, 92년 5회, 97년 2회, 00년 5·6회

21 3상 부하가 △결선으로 되어 있다. 컨덕턴스가 a상에 0.3[℧], b상에 0.3[℧]이고, 유도 서셉턴스가 c상에 0.3[℧]가 연결되어 있을 때 이 부하의 영상 어드미턴스는?

① $0.2-j0.1$
② $0.2+j0.1$
③ $0.6-j0.3$
④ $0.6+j0.3$

해설

영상분 $Y_0=\frac{1}{3}(Y_a+Y_b+Y_c)$

$=\frac{1}{3}(0.3+0.3-j0.3)$

$=0.2-j0.1$[℧]

Comment

- 유도 리액턴스가 jX_L이면
  유도 서셉턴스 $\frac{1}{jX_L}=-j\frac{1}{X_L}=-jB_L$이 된다.
- 용량 리액턴스가 $-jX_C$이면
  용량 서셉턴스 $\frac{1}{-jX_C}=j\frac{1}{X_C}=jB_C$가 된다.

★ 기사 94년 5회

22 불평형 전류 $I_a=400-j650$[A], $I_b=-230-j700$[A], $I_c=-150+j600$[A]일 때 정상분 I_1[A]은 약 얼마인가?

① $6.66-j250$
② $-17.9-j177$
③ $572-j223$
④ $223-j572$

해설

정상분 $I_1=\frac{1}{3}(I_a+aI_b+a^2I_c)$

$=\frac{1}{3}\left[(400-j650)+\left(-\frac{1}{2}+j\frac{\sqrt{3}}{2}\right)\times(-230-j700)+\left(-\frac{1}{2}-j\frac{\sqrt{3}}{2}\right)\times(-150+j600)\right]$

$=572-j223$[A]

★ 기사 91년 7회 / 산업 15년 3회

23 불평형 3상 교류회로에서 각 상의 전류가 각각 $i_a=7+j2$[A], $i_b=-8-j10$[A], $i_c=-4+j6$[A]일 때 전류의 대칭분 중 정상분 전류[A]는?

① 약 8.95
② 약 7.75
③ 약 3.76
④ 약 2.53

해설

정상분 $I_1=\frac{1}{3}(I_a+aI_b+a^2I_c)$

$=\frac{1}{3}\left[7+j2+\left(-\frac{1}{2}+j\frac{\sqrt{3}}{2}\right)(-8-j10)+\left(-\frac{1}{2}-j\frac{\sqrt{3}}{2}\right)(-4+j6)\right]$

$=8.95+j0.18$[A]

∴ 정상분 전류의 실효값

$|I_1|=\sqrt{8.95^2+0.18^2}=8.95$[A]

★ 기사 89년 3회, 97년 5회 / 산업 03년 4회

24 불평형 3상 전류가 $I_a=15+j2$[A], $I_b=-20-j14$[A], $I_c=-3+j10$[A]일 때 역상분 전류 I_2[A]는 얼마인가?

① $1.91+j6.24$
② $15.74-j3.57$
③ $-2.67-j0.67$
④ $2.67-j0.67$

해설

역상분

$I_2=\frac{1}{3}(I_a+a^2I_b+aI_c)$

$=\frac{1}{3}\left[(15+j2)+\left(-\frac{1}{2}-j\frac{\sqrt{3}}{2}\right)(-20-j14)+\left(-\frac{1}{2}+j\frac{\sqrt{3}}{2}\right)(-3+j10)\right]$

$=1.91+j6.24$[A]

정답 21. ① 22. ③ 23. ① 24. ①

★ 기사 97년 2회, 08년 1회 / 산업 94년 6회, 03년 3회

25 전압대칭분을 각각 V_0, V_1, V_2, 전류의 대칭분을 각각 I_0, I_1, I_2라 할 때 대칭분으로 표시되는 전전력은 얼마인가?

① $V_0I_1 + V_1I_2 + V_2I_0$
② $V_0I_0 + V_1I_1 + V_2I_2$
③ $3V_0I_1 + 3V_1I_2 + 3V_2I_0$
④ $3V_0I_0 + 3V_1I_1 + 3V_2I_2$

해설 대칭좌표법에 의한 전력표시

$$\begin{aligned} P_a &= P + jP_r \\ &= \overline{V_a}I_a + \overline{V_b}I_b + \overline{V_c}I_c \\ &= \left(\overline{V_0} + \overline{V_1} + \overline{V_2}\right)I_a + \left(\overline{V_0} + \overline{a^2}\,\overline{V_1} + \overline{a}\,\overline{V_2}\right)I_b \\ &\quad + \left(\overline{V_0} + \overline{a}\,\overline{V_1} + \overline{a^2}\,\overline{V_2}\right)I_c \\ &= \left(\overline{V_0} + \overline{V_1} + \overline{V_2}\right)I_a + \left(\overline{V_0} + a\overline{V_1} + a^2\overline{V_2}\right)I_b \\ &\quad + \left(\overline{V_0} + a^2\overline{V_1} + a\overline{V_2}\right)I_c \\ &= \overline{V_0}\left(I_a + I_b + I_c\right) + \overline{V_1}\left(I_a + aI_b + a^2I_c\right) \\ &\quad + \overline{V_2}\left(I_a + a^2I_b + aI_c\right) \\ &= 3\overline{V_0}I_0 + 3\overline{V_1}I_1 + 3\overline{V_2}I_2 \end{aligned}$$

★★★★ 기사 03년 3회 / 산업 02년 1회, 03년 1회, 12년 2회, 13년 4회, 16년 3회

26 다음 중 3상 불평형 전압에서 불평형률[%]이란?

① $\dfrac{\text{영상분}}{\text{정상분}} \times 100$
② $\dfrac{\text{정상분}}{\text{역상분}} \times 100$
③ $\dfrac{\text{정상분}}{\text{영상분}} \times 100$
④ $\dfrac{\text{역상분}}{\text{정상분}} \times 100$

해설

불평형률은 NEMA 또는 IEEE에서

$$\text{불평형률} = \frac{\text{3상 중 최대값-3상의 최소값}}{\text{3상의 평균값}} \times 100[\%]$$

이나 실제로는 다음과 같은 근사식을 이용하고 있다.

$$\therefore \text{ 불평형률} = \frac{\text{역상분}}{\text{정상분}} \times 100[\%]$$

★★★★★ 기사 12년 4회, 14년 4회, 16년 2회 / 산업 06년 1회, 13년 1회, 14년 2회

27 3상 불평형 전압에서 역상전압이 25[V]이고, 정상전압이 100[V], 영상전압이 10[V]라 할 때 전압의 불평형률은?

① 0.25　② 0.4
③ 4　④ 10

해설

$$\text{불평형률} = \frac{\text{역상분}}{\text{정상분}} = \frac{25}{100} = 0.25$$

★ 산업 91년 3회, 98년 2회

28 3상 불평형 전압이 $V_a = 80$[V], $V_b = -40 - j30$[V], $V_c = -40 + j30$[V]라고 할 때 대칭분전압 중 역상전압 V_2[V]는?

① 0　② 22.7
③ 57.3　④ 68.1

해설

$$\begin{aligned} \text{역상분 } V_2 &= \frac{1}{3}\left(V_a + a^2V_b + aV_c\right) \\ &= \frac{1}{3}\left[80 + \left(-\frac{1}{2} - j\frac{\sqrt{3}}{2}\right)(-40 - j30) \right. \\ &\qquad \left. + \left(-\frac{1}{2} + j\frac{\sqrt{3}}{2}\right)(-40 + j30)\right] \\ &= 22.7[\text{V}] \end{aligned}$$

★ 기사 96년 4회 / 산업 90년 2회, 96년 2 · 7회, 07년 4회, 16년 2회

29 다음 중 3상 회로의 선간전압이 각각 80, 50, 50[V]일 때 전압의 불평형률[%]은 대략 얼마인가?

① 22.7
② 39.6
③ 45.3
④ 57.3

해설

3상 회로의 각 상의 전압은 아래와 같다.

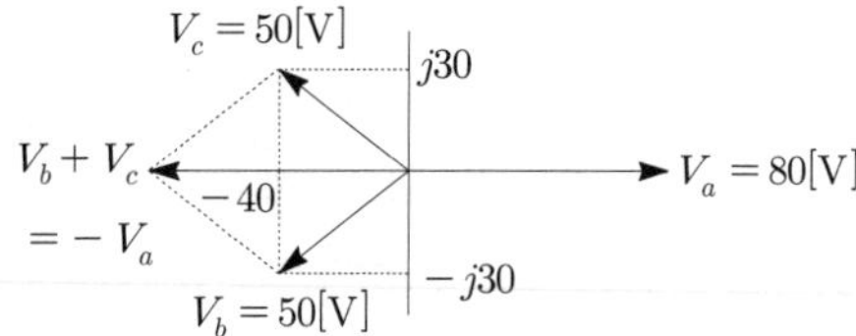

정답 25. ④ 26. ④ 27. ① 28. ② 29. ②

$V_a = 80[V]$
$V_b = -40 - j30[V]$
$V_c = -40 + j30[V]$

㉠ 정상분

$$V_1 = \frac{1}{3}(V_a + aV_b + a^2 V_c)$$
$$= \frac{1}{3}\left[80 + \left(-\frac{1}{2} + j\frac{\sqrt{3}}{2}\right)(-40 - j30) + \left(-\frac{1}{2} - j\frac{\sqrt{3}}{2}\right)(-40 + j30)\right]$$
$$= 57.3[V]$$

㉡ 역상분

$$V_2 = \frac{1}{3}(V_a + a^2 V_b + aV_c)$$
$$= \frac{1}{3}\left[80 + \left(-\frac{1}{2} - j\frac{\sqrt{3}}{2}\right)(-40 - j30) + \left(-\frac{1}{2} + j\frac{\sqrt{3}}{2}\right)(-40 + j30)\right]$$
$$= 22.7[V]$$

$\therefore$ 불평형률$= \dfrac{\text{역상분}}{\text{정상분}} \times 100 = \dfrac{22.7}{57.3} \times 100 = 39.6[\%]$

Comment

문제 28, 29, 30, 31번과 같은 유형의 문제, 즉 선간전압이 120, 100, 100 또는 80, 50, 50이 주어졌을 때 보기에 13, 22, 39가 있으면 정답이 된다. 만약, 13, 22, 39가 보기에 같이 나오면 큰 숫자가 정답이다.

★ 산업 92년 3회, 96년 5회, 99년 7회

30 3상 회로의 선간전압이 각각 120[V], 100[V], 100[V]이었다. 이때의 역상전압 V_2의 값은 약 몇 [V]인가?

① 9.8 ② 13.8
③ 96.2 ④ 106.2

해설

3상 회로의 각 상의 전압은 아래와 같다.

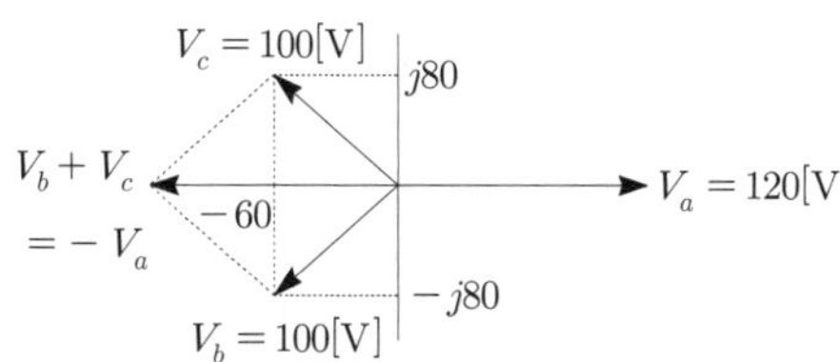

$V_a = 120[V]$
$V_b = -60 - j80[V]$
$V_c = -60 + j80[V]$

$\therefore$ 역상분

$$V_2 = \frac{1}{3}(V_a + a^2 V_b + aV_c)$$
$$= \frac{1}{3}\left[120 + \left(-\frac{1}{2} - j\frac{\sqrt{3}}{2}\right)(-60 - j80) + \left(-\frac{1}{2} + j\frac{\sqrt{3}}{2}\right)(-60 + j80)\right]$$
$$= 13.8[V]$$

★ 산업 94년 7회, 99년 5회, 05년 3회, 07년 2회

31 3상 회로의 선간전압이 각각 120[V], 100[V], 100[V]이었다. 불평형률[%]은?

① 약 13 ② 약 15
③ 약 17 ④ 약 19

해설

㉠ 정상분

$$V_1 = \frac{1}{3}(V_a + aV_b + a^2 V_c)$$
$$= \frac{1}{3}\left[120 + \left(-\frac{1}{2} + j\frac{\sqrt{3}}{2}\right)(-60 - j80) + \left(-\frac{1}{2} - j\frac{\sqrt{3}}{2}\right)(-60 + j80)\right]$$
$$= 106.2[V]$$

㉡ 역상분

$$V_2 = \frac{1}{3}(V_a + a^2 V_b + aV_c)$$
$$= \frac{1}{3}\left[120 + \left(-\frac{1}{2} - j\frac{\sqrt{3}}{2}\right)(-60 - j80) + \left(-\frac{1}{2} + j\frac{\sqrt{3}}{2}\right)(-60 + j80)\right]$$
$$= 13.8[V]$$

$\therefore$ 불평형률$= \dfrac{\text{역상분}}{\text{정상분}} \times 100$
$= \dfrac{13.8}{106.2} \times 100 = 13[\%]$

★ 산업 03년 1회

32 3상 불평형 회로가 있다. 각 상전압이 $V_a = 220[V]$, $V_b = 220\angle{-140°}[V]$, $V_c = 220\angle{100°}[V]$일 때 정상분 전압 $V_1[V]$은?

① 약 $197.31\angle{13.06°}$
② 약 $197.31\angle{-13.36°}$
③ 약 $217.03\angle{13.06°}$
④ 약 $217.03\angle{-13.36°}$

정답 30. ② 31. ① 32. ④

해설

$$V_1 = \frac{1}{3}(V_a + a V_b + a^2 V_c)$$
$$= \frac{1}{3}\left[220 + \left(-\frac{1}{2} + j\frac{\sqrt{3}}{2}\right)(220\angle -140°) + \left(-\frac{1}{2} - j\frac{\sqrt{3}}{2}\right)(220\angle 100°)\right]$$
$$= 211.15 - j50.16[\text{V}]$$

㉠ 정상분 전압 크기

$|V_1| = \sqrt{211.14^2 + 50.16^2} = 217[\text{V}]$

㉡ 위상차 : $\theta = \tan^{-1}\frac{-50.16}{211.14} = -13.36°$

출제 02 대칭좌표법에 의한 고장계산

★★ 산업 00년 2회, 16년 4회

33 대칭 3상 교류발전기의 기본식 중 알맞게 표현된 것은? (단, V_0 : 영상분 전압, V_1 : 정상분 전압, V_2 : 역상분 전압)

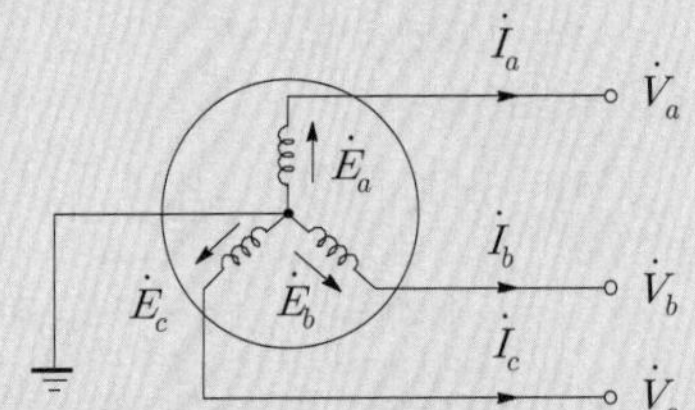

① $V_0 = E_0 - Z_0 I_0$　② $V_1 = Z_1 I_1$
③ $V_2 = Z_2 I_2$　④ $V_1 = E_a - Z_1 I_1$

해설 3상 교류발전기의 기본식

㉠ 영상분 $V_0 = -Z_0 I_0$
㉡ 정상분 $V_1 = E_a - Z_1 I_1$
㉢ 역상분 $V_2 = -Z_2 I_2$

★ 산업 95년 6회, 16년 4회

34 그림과 같이 대칭 3상 교류발전기의 a상이 임피던스 Z를 통하여 지락되었을 때 흐르는 지락전류 I_g는 얼마인가?

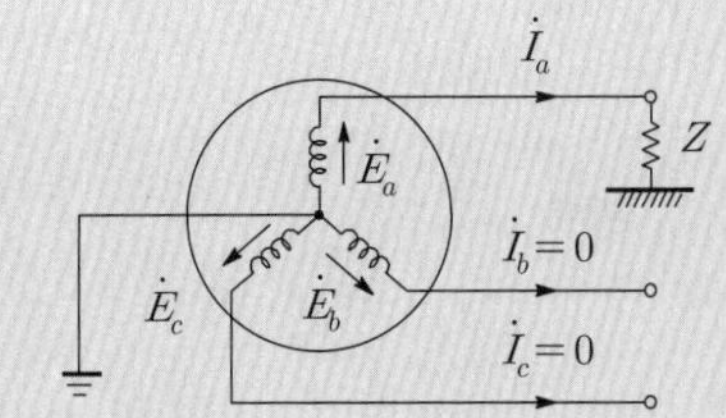

① $\frac{3E_a}{Z_0 + Z_1 + Z_2 + Z}$　② $\frac{E_a}{Z_0 + Z_1 + Z_2 + Z}$
③ $\frac{3E_a}{Z_0 + Z_1 + Z_2 + 3Z}$　④ $\frac{E_a}{Z_0 + Z_1 + Z_2 + 3Z}$

해설

Z에 의한 지락사고 시 영상전류는

$I_0 = \frac{E_a}{Z_0 + Z_1 + Z_2 + 3Z}$이므로

∴ 지락전류 $I_g = 3I_0$

$$= \frac{3E_a}{Z_0 + Z_1 + Z_2 + 3Z}$$

★ 산업 93년 5회

35 그림과 같이 평형 3상 교류발전기의 b, c상이 직접 단락되었을 때의 단락전류 I_b[A]의 값은? (단, Z_0 : 영상 임피던스, Z_1 : 정상 임피던스, Z_2 : 역상 임피던스)

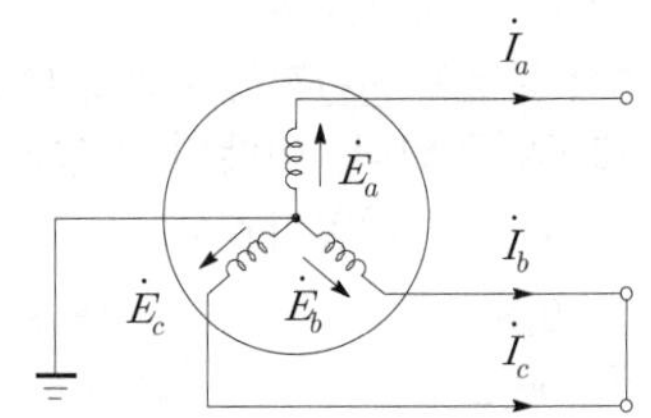

① $\frac{(a^2 - a)E_a}{Z_1 + Z_2}$　② $\frac{3E_a}{Z_0 + Z_1 + Z_2}$
③ $\frac{3E_a}{Z_1 + Z_2}$　④ $\frac{3E_a}{Z_0 + Z_1 + Z_2 + 3Z}$

해설

선간 단락사고 시 $I_b = -I_c$, $I_a = 0$, $I_0 = 0$, $V_b = V_c = 0$, $V_1 = V_2$의 조건을 가진다.

∴ 선간 단락전류 $I_{2s} = \frac{(a^2 - a)E_a}{Z_1 + Z_2}$[A]

정답 33. ④ 34. ③ 35. ①

★★★ 기사 94년 7회 / 산업 93년 3회, 94년 4회, 97년 7회, 00년 3회, 02년 4회, 14년 1회

36 단자전압의 각 대칭분 $\dot{V}_0$, $\dot{V}_1$, $\dot{V}_2$가 0이 아니고 같게 되는 고장의 종류는?

① 1선 지락　　② 선간 단락
③ 2선 지락　　④ 3선 단락

해설 2선(b상, c상) 지락고장(조건 : V_b, $V_c = 0$, $I_a = 0$) 시 대칭분해성분

㉠ 영상전압 : $V_0 = \frac{1}{3}(V_a + V_b + V_c) = \frac{1}{3} V_a$

㉡ 정상전압 : $V_1 = \frac{1}{3}(V_a + aV_b + a^2 V_c) = \frac{1}{3} V_a$

㉢ 역상전압 : $V_2 = \frac{1}{3}(V_a + a^2 V_b + aV_c) = \frac{1}{3} V_a$

∴ 2선 지락사고가 발생하면 각 대칭분 $\dot{V}_0$, $\dot{V}_1$, $\dot{V}_2$ 가 0이 아니고 같게 된다.

정답 36. ③

CHAPTER

06

회로망 해석

기사 3.00% 출제
산업 6.50% 출제

이렇게 공부하세요!!

출제경향분석

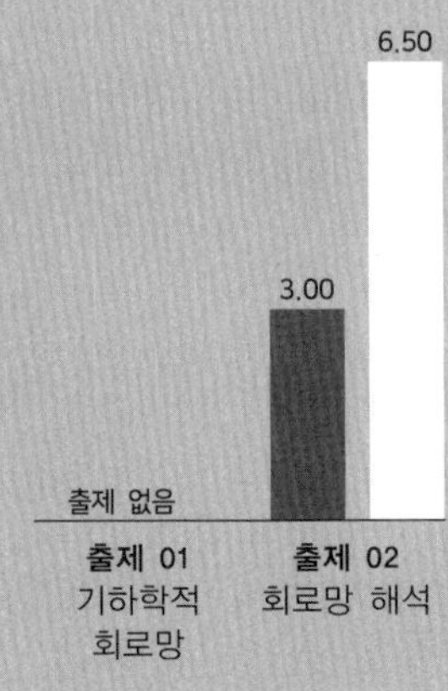

출제포인트

- ☑ 회로망에서 사용되는 용어에 대해서 이해할 수 있다.
- ☑ 전압원과 전류원의 등가변환에 대해서 이해할 수 있다.
- ☑ 다수의 전원이 포함된 회로망에서 중첩의 정리를 이용하여 해석할 수 있다.
- ☑ 복잡한 회로망을 테브난과 노튼의 정리를 이용하여 지로전류를 구할 수 있다.
- ☑ 밀만의 정리를 이용하여 두 점 간의 전위차(개방전압)를 구할 수 있다.

CHAPTER 06 회로망 해석(network analysis)

기사 3.00% 출제 | 산업 6.50% 출제

기사 출제 없음 | 산업 출제 없음

출제 01 기하학적 회로망

이번 단원은 시험에 출제되지 않으니 회로에서 자주 사용되는 '마디'와 '가지' 등 용어만 정리하고 넘어가도록 한다.

1 개요

① 회로망 해석의 목표는 통상 회로망을 구성하고 있는 각 소자에서의 전류 또는 전압 분포를 구하는 것이라 할 수 있다.

② [그림 6-1]의 회로망 내의 모든 지로를 하나의 선분으로 대치한 후 이들을 절점을 통해 연결하여 [그림 6-2]와 같은 회로망 그래프를 만들 수 있다.

③ 회로망의 연결관계를 기하학적으로 변경시켜 회로방정식을 이용하면 회로망 해석이 편리해지는 장점이 있다.

여기서는 회로용어 정리만 하고 기하학적인 회로망 해석에 대해서는 생략하도록 한다.

2 회로용어

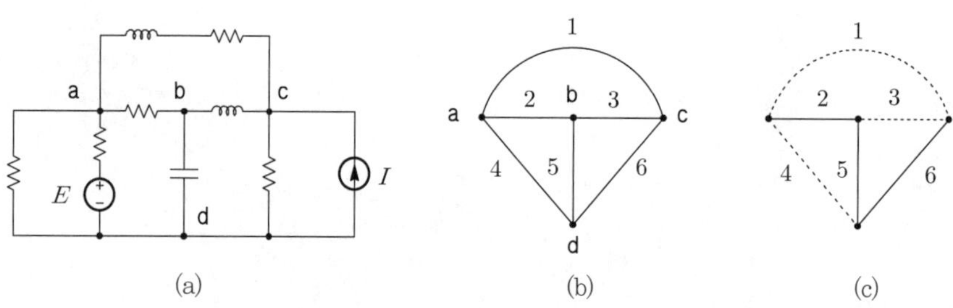

▎그림 6-1 ▎ 기하학적 회로망

① 마디(node) : a, b, c, d와 같이 회로가 접속되는 점으로, 절점(節點) 또는 접속점이라고도 한다.

② 가지(branch) : 1, 2, 3, 4, 5, 6과 같이 두 마디를 연결하는 선을 말하며, 지로(支路)라고도 한다.

③ 나무(tree)

㉠ 모든 마디를 연결하고 폐로를 만들지 않는 가지의 집합을 말한다.

㉡ [그림 6-1] (c)의 경우 나무는 (2, 5, 6)이 된다.

④ 보목(link 또는 cotree)

㉠ 나무 이외의 가지를 말한다.

㉡ [그림 6-1] (c)의 경우 보목은 (1, 3, 4)가 된다.

⑤ 폐로(loop) : 마디에서 가지가 출발하여 처음 마디로 돌아오는 폐회로를 말한다. 단, 보목이 하나만 포함된 폐회로여야 한다.

⑥ 컷-세트(cut-set) : 나무를 구성하는 가지 1개를 절단하며 루프를 나누는 가지의 최소 집합을 컷-세트라 한다.

기사 3.00% 출제 | 산업 6.50% 출제

출제 02 회로망 해석

시험에 자주 출제되는 단원으로, '중첩의 정리', '테브난의 정리', '밀만의 정리'에 관련된 문제가 매 회차마다 돌아가면서 출제되고 있다.

1 전압원과 전류원의 등가변환

(1) 개요

① [그림 6-2]와 같이 직렬로 접속된 전압원과 저항은 병렬로 접속된 전류원과 저항으로 등가변환이 가능하다.

② 이 관계는 [식 6-1]에서 정의하고 있고 이러한 등가변환을 통하여 지로에 흐르는 전류와 단자전압을 간단하게 구할 수 있다.

(2) 전압원과 전류원

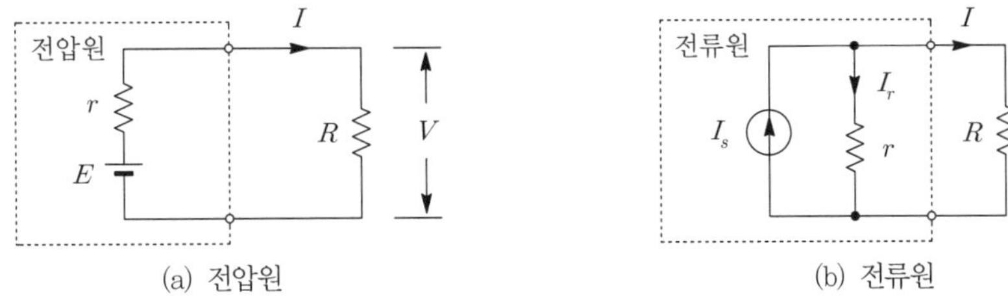

| 그림 6-2 | 전압원과 전류원

① 전압원은 [그림 6-2] (a)와 같이 내부저항 r이 직렬로 접속된 회로로 표현할 수 있으며, 이때 **이상적인 전압원은 내부저항 $r=0$이 되어 전류변화와 상관없이 항상 일정한 단자전압을 나타내는 전압원을 말한다.**

② 전류원은 [그림 6-2] (b)와 같이 내부저항 r이 병렬로 접속된 회로로 표현할 수 있으며, 이때 **이상적인 전류원은 내부저항 $r=\infty$가 되어 단자전압의 크기는 변할지라도, 전류는 항상 일정한 전류원을 말한다.**

③ 회로적인 측면에서 $r=0$은 단락(short), $r=\infty$는 개방(open)된 것과 같이 해석할 수 있다.

(3) 전압원과 전류원의 등가변환

① 전압원은 아래와 같은 수식에 의해서 전류원으로 등가변환할 수 있다.

$E = I(r+R) = Ir + IR = Ir + V$에서 $E - V = Ir$이므로 $\frac{E}{r} - \frac{V}{r} = I$가 된다.

$\therefore\ \frac{E}{r} = \frac{V}{r} + I \rightarrow I_s = I_r + I$ ······ [식 6-1]

② **[그림 6-2]와 같이 직렬로 접속된 전압원과 저항은 병렬로 접속된 전류원과 저항으로 변환이 가능하다. 이때 [식 6-1]과 같이 저항의 크기는 동일한 것을 알 수 있고, 등가전류의 크기는 $I_s = \frac{E}{r}$가 된다.**

2 중첩의 정리(superposition's theorem)

(1) 개요

① 중첩의 정리란 다수의 전원을 포함하는 회로망에서 회로 내 임의의 두 점 사이의 전류 또는 전위차는 각각의 전원이 단독으로 있을 때 전류 또는 전압의 합과 같다.

② **중첩의 정리는 선형회로망에서만 적용된다.**

(2) 중첩의 정리 개념

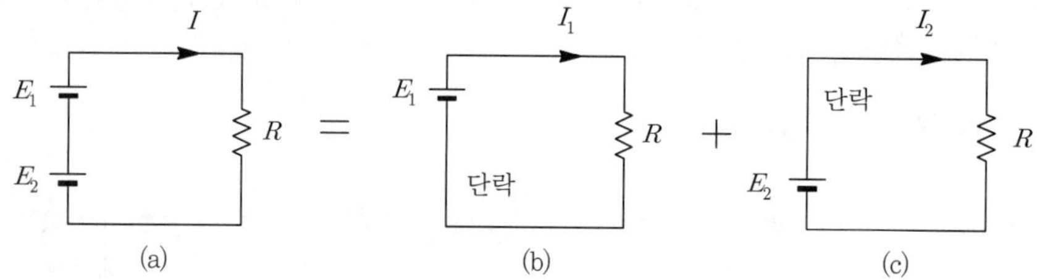

▌그림 6-3▐ 중첩의 정리

① [그림 6-3] (a)에서 회로에 흐르는 전류는 아래와 같다.

$I = \frac{E_1 + E_2}{R} = \frac{E_1}{R} + \frac{E_2}{R} = I_1 + I_2[\mathrm{A}]$ ······ [식 6-2]

② [식 6-2]에 의해 [그림 6-3] (a)의 회로를 (b), (c)와 같이 E_1, E_2만의 독립된 회로로 분해하여 해석할 수 있다.

③ [그림 6-3] (b)와 같이 E_1만의 회로로 해석할 때에는 다른 전압원 E_2는 단락($r=0$)시킨 후 해석한 것을 알 수 있다. 이는 전압원 E_2를 하나의 독립된 저항으로 바라본 것으로 이상적인 관계에서 $r=0$이 된 것이다.

④ 다른 전원이 전류원이었다면 개방($r=\infty$)시켜 해석한다.

⑤ [그림 6-3]과 같이 R이 선형소자가 아닌 비선형소자였다면 전압의 크기에 따라 전류의 크기가 변하기 때문에 중첩의 정리를 적용할 수 없다.

3 테브난과 노튼의 정리

(1) 개요

① 회로의 임의의 두 점 사이의 전류 또는 전위차를 구하는 방법으로는 테브난과 노튼의 정리가 있다.

② **테브난의 정리는 [그림 6-4] (b)와 같이 두 점 a, b에서 전원측의 능동회로망(network)을 하나의 전압원으로 대치한다.**

③ **노튼의 정리는 [그림 6-4] (c)와 같이 능동회로망(network)을 하나의 전류원에 대치하여 해석하는 것이다.**

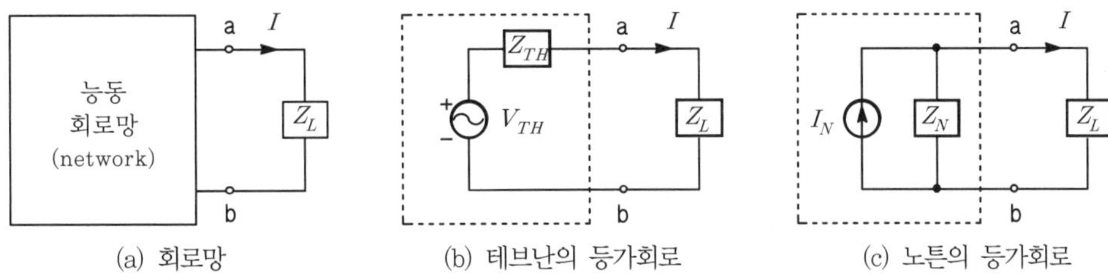

▌그림 6-4▐ 테브난과 노튼의 정리

(2) 일반적인 회로망에서 부하전류의 계산

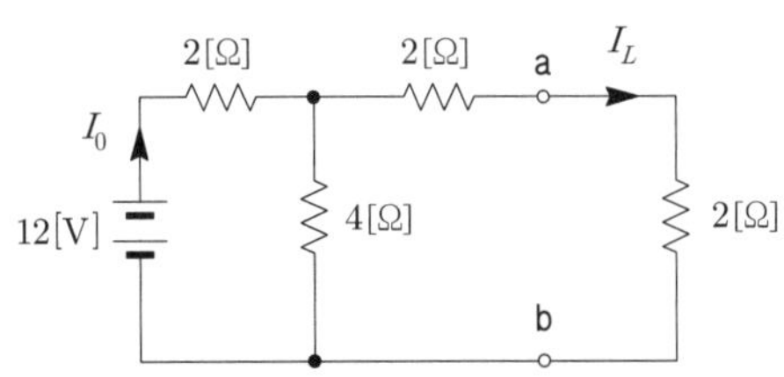

▌그림 6-5▐ 회로망해석

① 합성저항 : $R_0 = 2 + \dfrac{4 \times 4}{4+4} = 4[\Omega]$

② 전체 전류 : $I_0 = \dfrac{V}{R_0} = \dfrac{12}{4} = 3[\text{A}]$

③ 부하전류 : $I_L = \dfrac{I_0}{2} = 1.5[\text{A}]$

(3) 테브난의 정리(Thevenin's theorem)

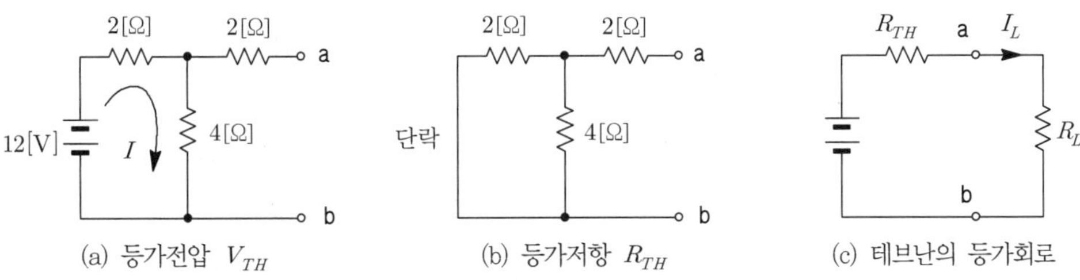

▌그림 6-6▐ 테브난의 정리

① 등가전압은 [그림 6-6] (a)와 같이 부하 R_L을 개방시킨 상태에서 두 단자 a, b에 걸리는 전압을 말한다.

$$\therefore\ V_{TH} = 4I = 4 \times \frac{12}{2+4} = 8[\mathrm{V}]$$

② 등가저항은 [그림 6-6] (b)와 같이 부하 R_L을 개방시킨 상태에서 두 단자 a, b에서 바라본 합성저항을 말하며, 이때 전압원과 전류원이 있으면 전압원은 단락, 전류원은 개방하여 해석한다.

$$\therefore\ R_{TH} = 2 + \frac{2 \times 4}{2+4} = 2 + \frac{4}{3} = \frac{10}{3}[\Omega]$$

③ 부하전류는 [그림 6-6] (c)와 같이 등가변환하여 구할 수 있다.

$$\therefore\ I_L = \frac{V_{TH}}{R_{TH} + R_L} = \frac{8}{2 + \frac{10}{3}} = \frac{8 \times 3}{6+10} = 1.5[\mathrm{A}]$$

(4) 노튼의 정리(Northon's theorem)

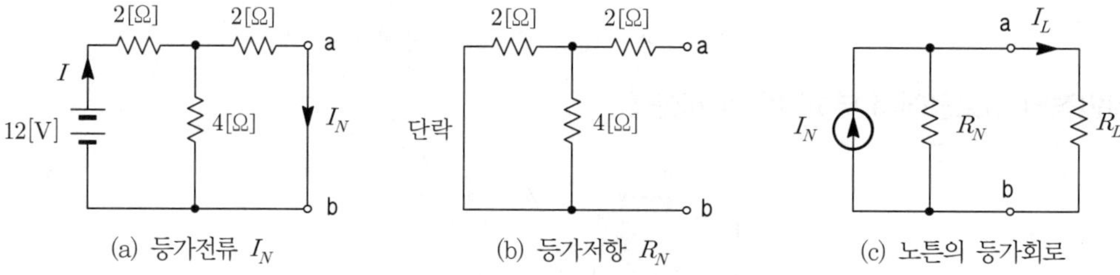

▌그림 6-7▐ 노튼의 정리

① 등가전류는 [그림 6-7] (a)와 같이 두 단자 a, b를 단락시켰을 때 흐르는 전류를 말한다.

$$\therefore\ I_N = \frac{4}{4+2} \times I = \frac{4}{6} \times \frac{12}{2 + \frac{2 \times 4}{2+4}} = 2.4[\mathrm{A}]$$

② 등가저항은 테브난의 등가저항을 구하는 방법과 동일하다.

$$\therefore\ R_N = 2 + \frac{2 \times 4}{2+4} = 2 + \frac{4}{3} = \frac{10}{3}[\Omega]$$

③ 부하전류는 [그림 6-7] (c)와 같이 등가변환하여 구할 수 있다.

$$\therefore\ I_L = \frac{R_N}{R_N + R_L} \times I_N = \frac{\frac{10}{3}}{\frac{10}{3} + 2} \times 2.4 = \frac{10}{10+6} \times 2.4 = 1.5[\mathrm{A}]$$

4 밀만의 정리(Millman's theorem)

(1) 개요

① **회로 내의 동일 주파수 전압원이 여러 개 병렬로 접속되어 있는 경우 하나의 등가전원으로 대치하거나 임의의 두 점 간의 전위차(개방전압)를 구할 때 사용된다.**

② 두 점 간의 전위차를 구하는 방법에는 중첩의 정리, 테브난의 정리, 노튼의 정리 등이 있지만 밀만의 정리를 이용하는 것이 가장 편리하다.

(2) 밀만의 정리 이해

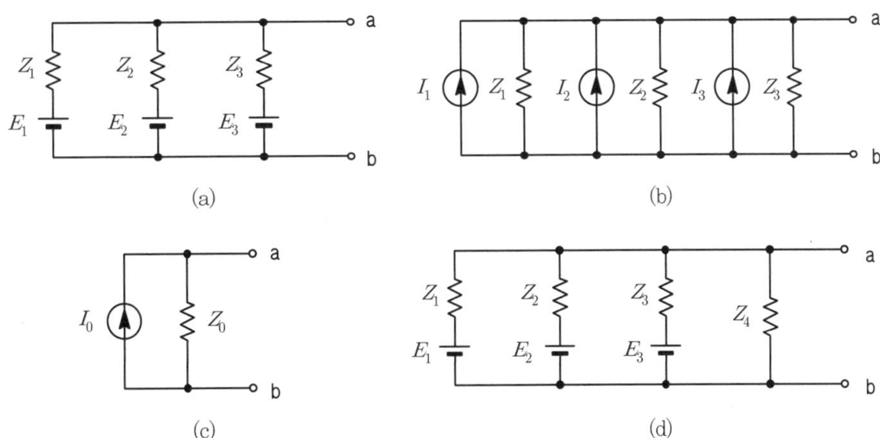

▌그림 6-8▌ 밀만의 정리

① [그림 6-8] (a)를 전류원으로 등가변환하면 [그림 6-6] (b)와 같이 변환된다.

㉠ $I_1 = \dfrac{E_1}{Z_1} = Y_1 E_1$, $I_2 = \dfrac{E_2}{Z_2} = Y_2 E_2$, $I_3 = \dfrac{E_3}{Z_3} = Y_3 E_3$

㉡ $I_0 = I_1 + I_2 + I_3$, $Z_0 = \dfrac{1}{\dfrac{1}{Z_1} + \dfrac{1}{Z_2} + \dfrac{1}{Z_3}}$

② [그림 6-8] (b)는 [그림 6-6] (c)와 같이 등가변환하여 a, b 단자 사이의 개방전압을 구할 수 있다.

$$V_{ab} = I_0 Z_0 = \frac{\dfrac{E_1}{Z_1} + \dfrac{E_2}{Z_2} + \dfrac{E_3}{Z_3}}{\dfrac{1}{Z_1} + \dfrac{1}{Z_2} + \dfrac{1}{Z_3}} = \frac{Y_1 E_1 + Y_2 E_2 + Y_3 E_3}{Y_1 + Y_2 + Y_3}$$

$$= \frac{\sum_{i=1}^{n} Y_i E_i}{\sum_{i=1}^{n} Y_i} \quad \cdots\cdots [식\ 6\text{-}3]$$

③ [그림 6-8] (d)의 a, b 단자 사이의 개방전압은 다음과 같다.

$$V_{ab} = I_0 Z_0 = \frac{\frac{E_1}{Z_1} + \frac{E_2}{Z_2} + \frac{E_3}{Z_3}}{\frac{1}{Z_1} + \frac{1}{Z_2} + \frac{1}{Z_3} + \frac{1}{Z_4}} = \frac{Y_1 E_1 + Y_2 E_2 + Y_3 E_3}{Y_1 + Y_2 + Y_3 + Y_4}$$

단원 확인 기출문제

★★★★ 산업 92년 7회, 05년 4회

01 그림의 회로에서 단자 a, b에 걸리는 전압 V_{ab}는 몇 [V]인가?

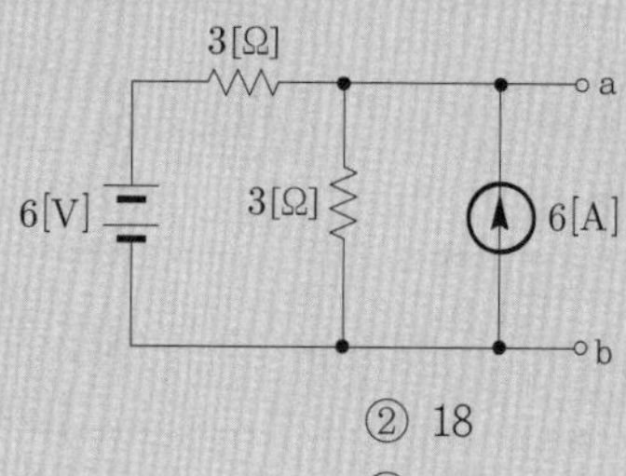

① 12 ② 18
③ 24 ④ 36

해설 중첩의 정리에 의해 풀이할 수 있다.

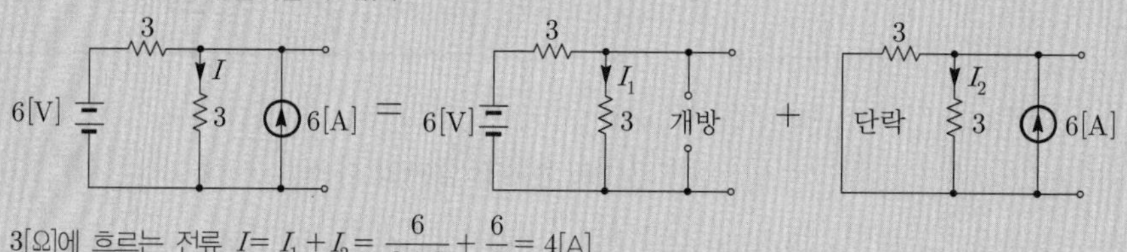

3[Ω]에 흐르는 전류 $I = I_1 + I_2 = \frac{6}{3+3} + \frac{6}{2} = 4$[A]

∴ a, b 양단에 걸리는 전압 : $V_{ab} = 3I = 3 \times 4 = 12$[V]

답 ①

★★★ 기사 08년 1회, 10년 1회

02 아래 회로를 테브난(Thevenin)의 등가회로로 변환하려고 한다. 이때 테브난의 등가저항 R_T[Ω]와 등가전압 V_T[V]는?

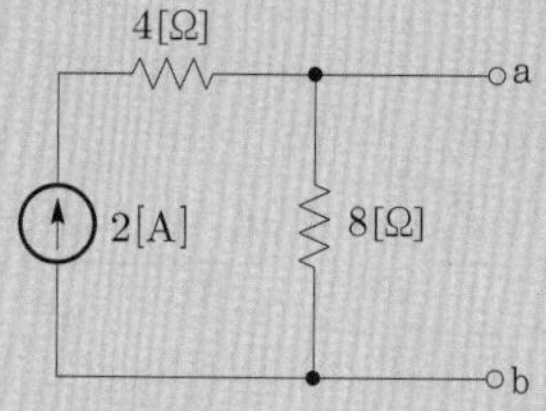

① $R_T = \frac{8}{3}$, $V_T = 8$ ② $R_T = 6$, $V_T = 12$
③ $R_T = 8$, $V_T = 16$ ④ $R_T = \frac{8}{3}$, $V_T = 16$

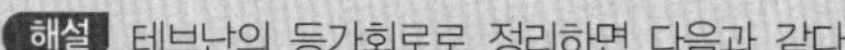

해설 테브난의 등가회로로 정리하면 다음과 같다.

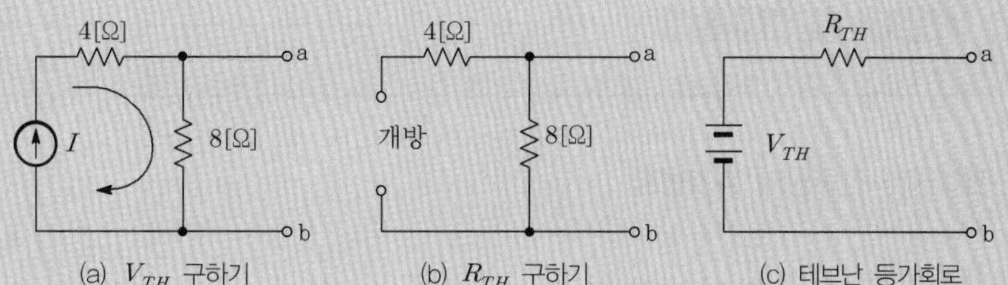

(a) V_{TH} 구하기 (b) R_{TH} 구하기 (c) 테브난 등가회로

㉠ a, b 양단 사이에 걸린 개방전압

$V_{TH}=8I=8\times 2=16[\mathrm{V}]$

㉡ 전압원은 단락, 전류원은 개방한 상태에서 a, b 양단에서 본 합성저항

$\therefore\ R_{TH}=8[\Omega]$

답 ③

★★ 기사 90년 6회

03 그림과 같은 회로에서 5[Ω]에 흐르는 전류는 몇 [A]인가?

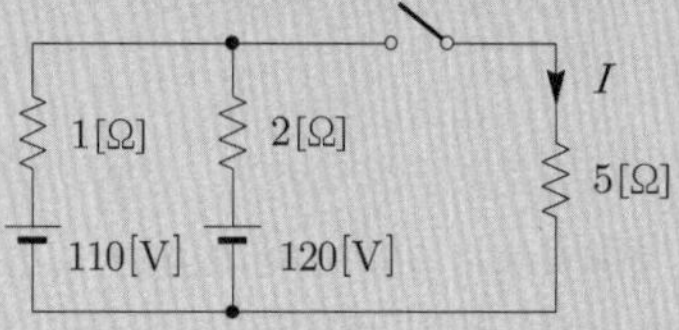

① 30 ② 40

③ 20 ④ 33.3

해설 밀만의 정리에 의해서 개방전압 $V_{ab}=\dfrac{\sum I}{\sum Y}=\dfrac{\dfrac{110}{1}+\dfrac{120}{2}}{\dfrac{1}{1}+\dfrac{1}{2}+\dfrac{1}{5}}=100[\mathrm{V}]$

$\therefore$ 5[Ω]에 흐르는 전류 $I=\dfrac{100}{5}=20[\mathrm{A}]$

답 ③

단원 핵심정리 한눈에 보기

1. 전압원과 전류원의 등가변환

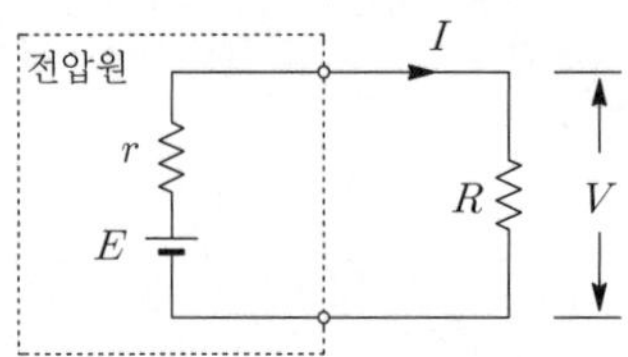

┃그림 1┃전압원 $E = I_s r$[V]

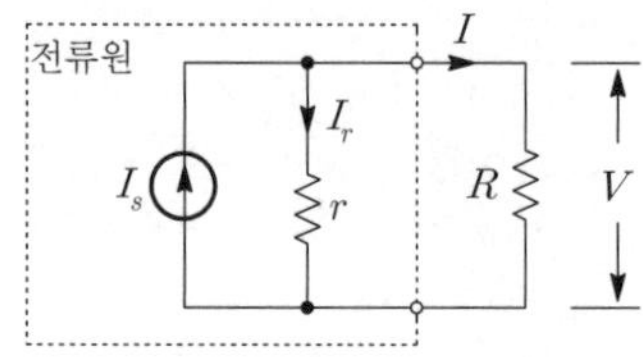

┃그림 2┃전류원 $I_s = \frac{E}{r}$[A]

① 이상적인 전압원 : $Z_1 = 0$(회로적 의미 : 단락상태)

② 이상적인 전류원 : $Z_2 = \infty$(회로적 의미 : 개방상태)

2. 중첩의 정리

① 다수의 전원을 포함하는 회로망에서 회로 내의 임의의 두 점 사이의 전류 또는 전위차는 각각의 전원이 단독으로 있을 때 전류 또는 전압의 합과 같다.

② 중첩의 정리는 반드시 선형소자에서만 적용이 가능하다.

③ 중첩의 정리를 적용할 때에는 기준이 되는 소스를 제외하고는 전압원은 단락, 전류원을 개방시킨 상태에서 해석해야 한다.

3. 테브난의 정리

① 테브난과 노튼의 정리는 쌍대의 관계를 갖는다.

② 테브난의 등가변환방법

㉠ 전압원과 임피던스가 직렬로 접속된 회로로 등가변환시킬 수 있다.

㉡ 전압원 산출 : 두 단자에서의 개방전압으로 한다.

㉢ 임피던스 산출 : 두 단자에서 회로를 바라봤을 때의 합성 임피던스로 한다.
단, 전압원은 단락, 전류원은 개방시켜 구해야 한다.

4. 밀만의 정리

① 서로 다른 크기의 전압원이 병렬로 접속되어 있을 때 회로의 두 단자전압을 구할 때 사용된다.

② 단자전압을 구하는 방법 중 가장 유용한 방법이다.

단원 자주 출제되는 기출문제

출제 01 기하학적 회로망

★ 기사 98년 3회

01 다음 회로망 그래프에서 기본 루프(loop)가 아닌 것은 무엇인가? (단, 실선은 나무(tree), 점선은 보목가지(link 또는 cotree)를 나타낸다)

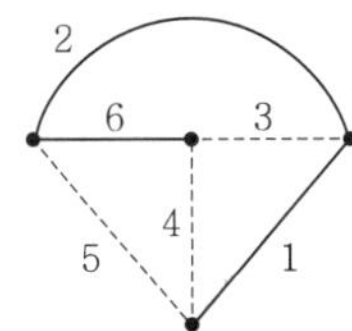

① [2, 6, 3]
② [1, 3, 4]
③ [1, 2, 6, 4]
④ [1, 2, 5]

해설

기본 루프는 보목가지(점선)를 하나만 포함하는 폐회로를 의미한다.

★ 기사 89년 7회

02 어떤 그래프의 가지(branch, 지로)수는 14개이고 마디(node)의 수는 7개이다. 보목의 수는 몇 개인가?

① 10
② 8
③ 7
④ 12

해설

보목의 수 $N = b-(n-1)$
$= 14-(7-1)$
$= 8$개

Comment

마디는 회로접속점(절점)이며, 가지 또는 지로는 두 마디를 연결하는 선을 의미한다.

출제 02 회로망 해석

★ 산업 15년 2회

03 다음 용어에 대한 설명으로 옳은 것은?

① 능동소자는 나머지 회로에 에너지를 공급하는 소자이며, 그 값은 양과 음의 값을 갖는다.
② 종속전원은 회로 내의 다른 변수에 종속되어 전압 또는 전류를 공급하는 전원이다.
③ 선형소자는 중첩의 원리와 비례의 법칙을 만족할 수 있는 다이오드 등을 말한다.
④ 개방회로는 두 단자 사이에 흐르는 전류가 양단자의 전압과 관계없이 무한대값을 갖는다.

해설

① 능동소자 : 회로를 만드는 부품 중에서 트랜지스터와 같이 외부에서 에너지의 공급을 받아 증폭이나 발진 등의 작용을 할 수 있는 소자를 말하며, 일반적으로 전원은 회로의 구성요소로 보지 않는다.
③ 선형소자는 중첩의 원리와 옴의 법칙을 만족할 수 있는 R, L, C 소자 등을 말한다. 다이오드와 철심에 감겨진 코일 등은 비선형소자이다.
④ 개방회로의 임피던스는 무한대이므로 전압과 관계없이 전류가 흐르지 않는다.

★ 기사 95년 5회, 96년 4회, 01년 3회 / 산업 93년 6회, 98년 6회, 03년 2회

04 이상적 전압·전류원에 관하여 옳은 것은?

① 전압원의 내부저항은 ∞이고 전류원의 내부저항은 0이다.
② 전압원의 내부저항은 0이고 전류원의 내부저항은 ∞이다.
③ 전압원·전류원의 내부저항은 흐르는 전류에 따라 변한다.
④ 전압원의 내부저항은 일정하고 전류원의 내부저항은 일정하지 않다.

정답 01. ② 02. ② 03. ② 04. ②

★★ 기사 94년 7회, 96년 5회 / 산업 93년 4회

05 그림의 회로 (a), (b)가 등가되기 위한 I_g, R의 값은?

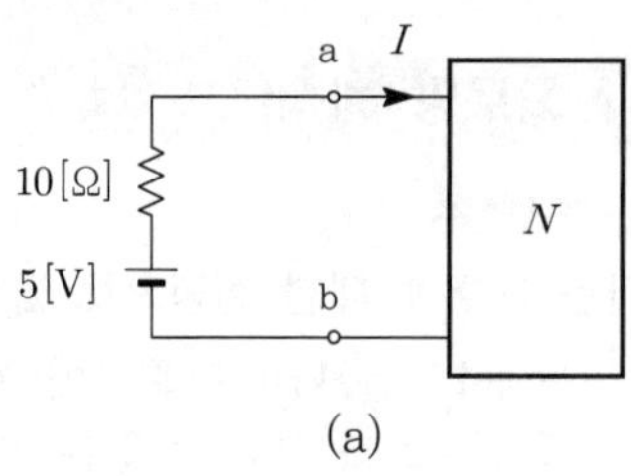

(a)

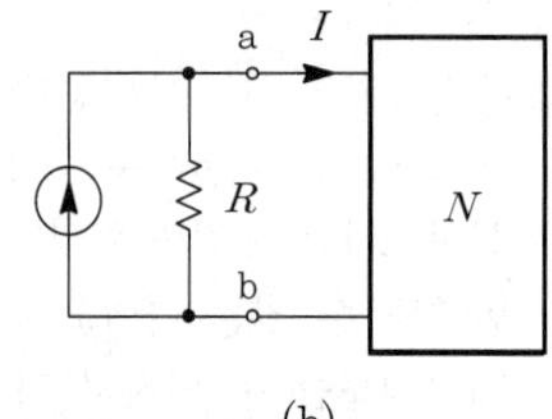

(b)

① 0.5[A], 10[Ω]　② 0.5[A], $\frac{1}{10}$[Ω]

③ 5[A], 10[Ω]　④ 10[A], 10[Ω]

해설

㉠ 전압원과 전류원의 저항의 크기는 같다.

㉡ 등가전류 $I_g = \frac{V}{R} = \frac{5}{10} = 0.5$[A]

★★ 산업 95년 2회, 00년 2회

06 그림의 회로에서 단자 a, b에 3[Ω]의 저항을 연결할 때 이 저항에서의 소비전력은 몇 [W]인가?

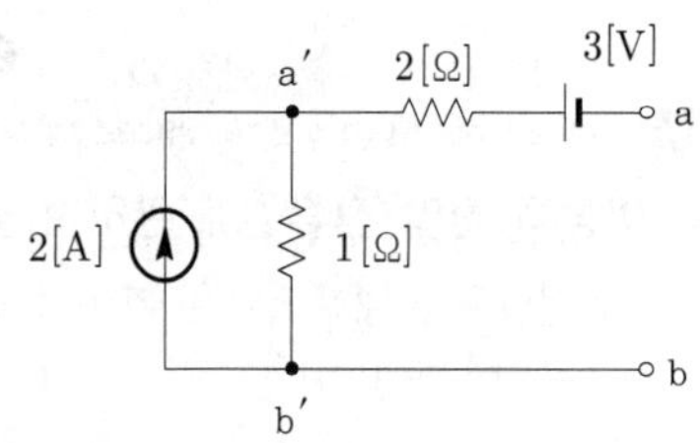

① $\frac{1}{12}$　② $\frac{1}{3}$

③ 1　④ 12

해설

전류원을 전압원으로 등가변환시켜 회로에 흐르는 전류와 소비전력을 구할 수 있다.

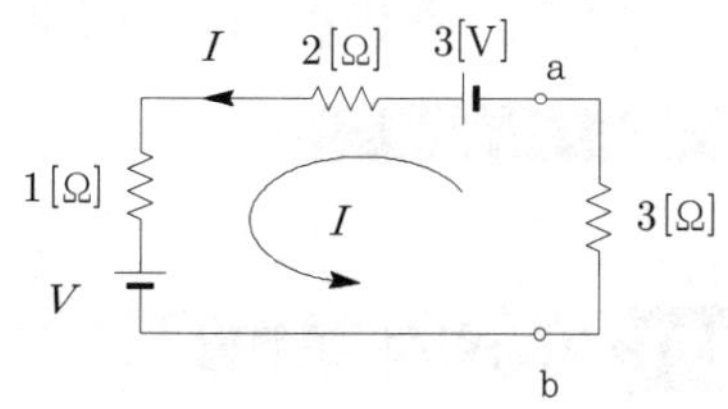

㉠ 등가전압 $V = IR = 1\times2 = 2$[V]

㉡ 전류 $I = \frac{V}{R} = \frac{3-2}{1+2+3} = \frac{1}{6}$[A]

∴ 소비전력 $P = I^2R = \left(\frac{1}{6}\right)^2 \times 3 = \frac{1}{12}$[W]

★★★ 기사 91년 2회, 93년 4회, 95년 5회 / 산업 97년 6회, 99년 5회, 16년 2회

07 회로에서 중첩의 원리를 이용하여 I를 구하면 몇 [A]인가?

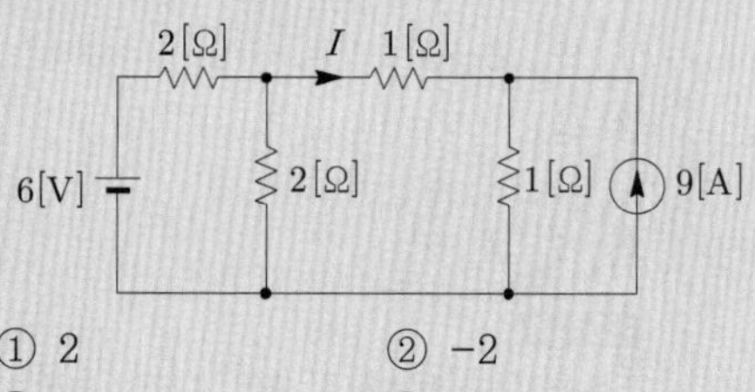

① 2　② −2

③ −1　④ 4

해설

전류원과 전압원의 등가변환을 이용하여 소자가 직렬로 접속된 회로로 변환할 수 있다.

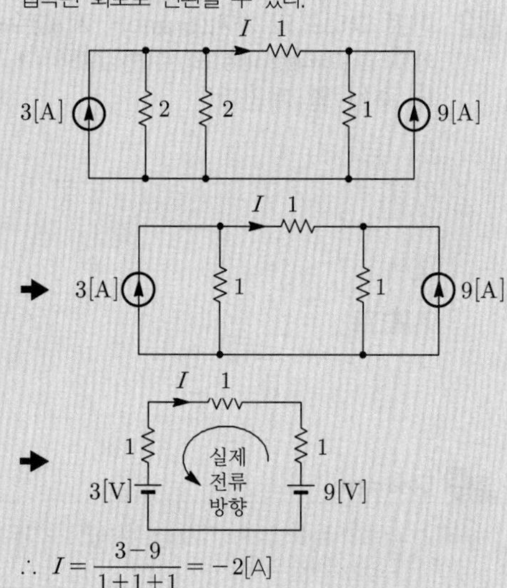

∴ $I = \frac{3-9}{1+1+1} = -2$[A]

(−는 문제에 제시된 전류의 방향과 실제 흐르는 전류의 방향이 반대가 됨을 의미한다)

정답 05. ① 06. ① 07. ②

★★ 산업 00년 3회

08 회로에서 저항 0.5[Ω]에 걸리는 전압[V]은?

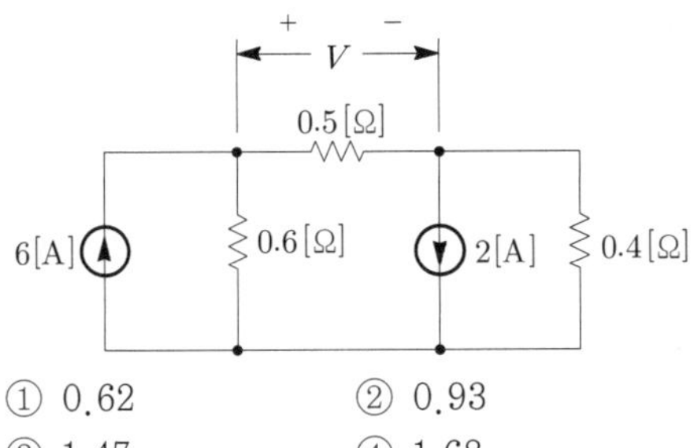

① 0.62 ② 0.93
③ 1.47 ④ 1.68

해설

전류원과 전압원의 등가변환을 이용하여 풀 수 있다.

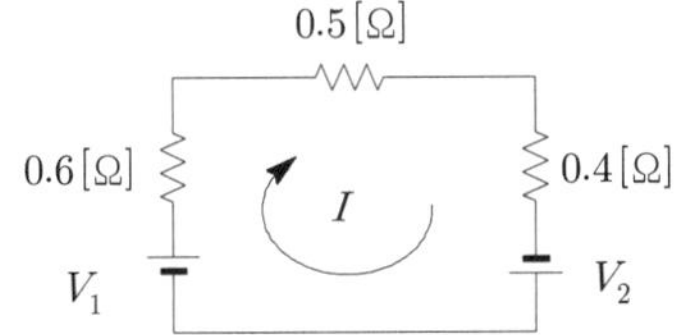

㉠ $V_1 = IR = 6\times 0.6 = 3.6[\text{V}]$

㉡ $V_2 = IR = 2\times 0.4 = 0.8[\text{V}]$

㉢ $I = \dfrac{V_1 + V_2}{R} = \dfrac{3.6+0.8}{0.6+0.5+0.4} = 2.933[\text{A}]$

$\therefore\ V = 0.5I = 0.5\times 2.933 = 1.466[\text{V}]$

★ 기사 94년 3회

09 그림과 같은 회로에서 미지의 저항 R의 값을 구하면 몇 [Ω]인가?

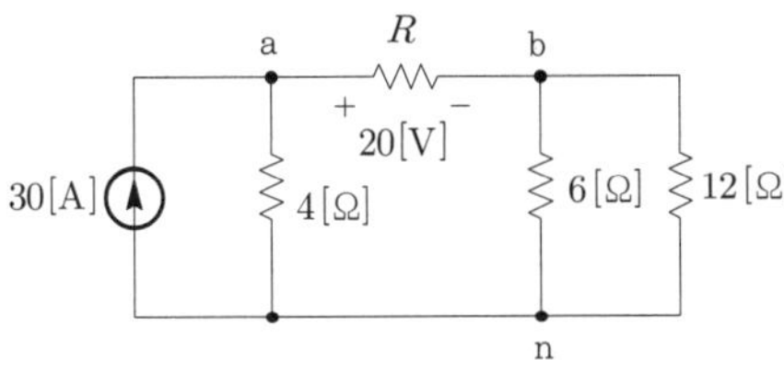

① 2.5 ② 2
③ 1.6 ④ 1

해설

전류원과 전압원의 등가변환을 이용하여 풀 수 있다.

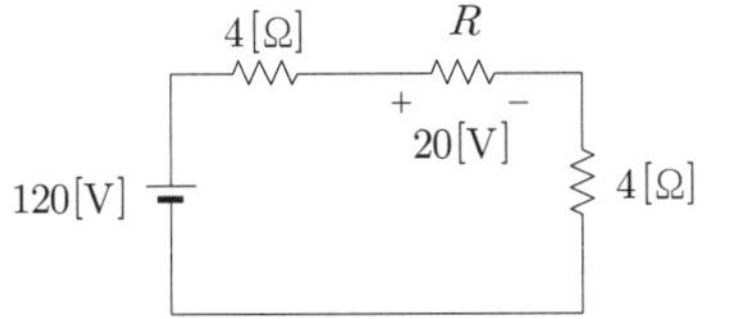

$V_R = IR = \dfrac{120}{4+4+R}\times R = 20[\text{V}]$

$120R = 20(8+R) = 160 + 20R$

$100R = 160$

$\therefore\ R = \dfrac{160}{100} = 1.6[\Omega]$

★ 산업 96년 5회, 00년 3·6회, 12년 4회, 15년 3회

10 그림과 같은 회로에서 단자 a, b 간의 전압 V_{ab}[V]는?

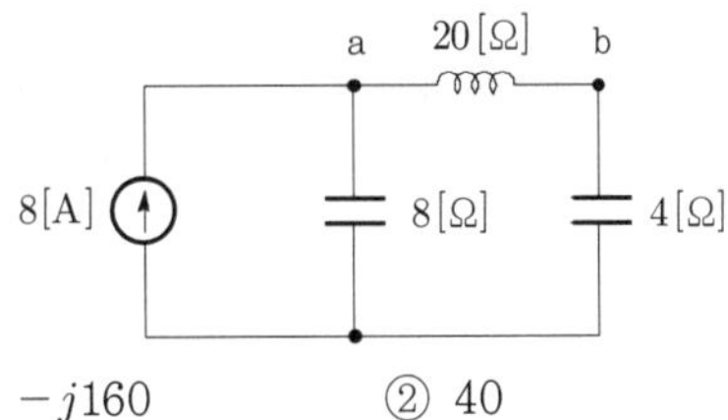

① $-j160$ ② 40
③ $j160$ ④ -40

해설

a, b 사이에 흐르는 전류

$I = \dfrac{-j8}{-j8+(j20-j4)}\times 8 = -8[\text{A}]$

$\therefore\ V_{ab} = j20I = j20\times(-8) = -j160[\text{V}]$

★ 산업 01년 3회, 14년 3회

11 그림과 같은 회로에서 $V-I$ 관계식은?

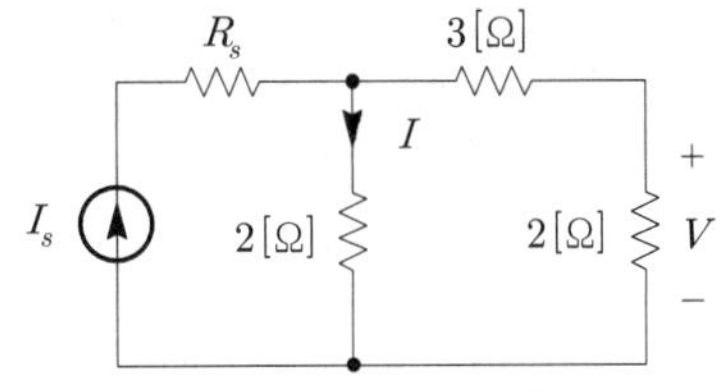

① $V = 0.8I$ ② $V = I_sR_s - 2I$
③ $V = 3 + 0.2I$ ④ $V = 2I$

해설

V측으로 흐르는 전류를 I_x라 하면 $I : I_x = 5 : 2$의 관계에 의해 $I_x = \dfrac{2}{5}I$가 된다.

$\therefore\ V = 2I_x = \dfrac{4}{5}I = 0.8I$

Comment

전류분배법칙에서 분배되는 전류는 상대방 저항에 비례하므로 분배되는 전류비는 $I : I_x = 5 : 2$가 된다.

정답 08. ③ 09. ③ 10. ① 11. ①

★★ 산업 94년 7회

12 다음 중 선형회로에 가장 관계있는 것은 무엇인가?

① 키르히호프의 법칙
② 옴의 법칙
③ 패러데이의 전자유도법칙
④ 중첩의 원리

해설

중첩의 원리는 선형회로에서만 적용할 수 있다.

★★ 산업 94년 7회, 16년 3회

13 회로의 V_{30}과 V_{15}는 얼마인가?

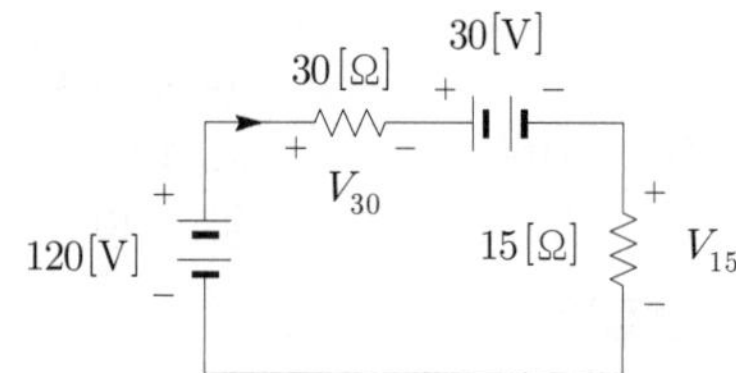

① 60[V], 30[V]
② 70[V], 40[V]
③ 80[V], 50[V]
④ 50[V], 40[V]

해설

회로에 흐르는 전류 $I=\dfrac{V}{R}=\dfrac{120-30}{30+15}=2[A]$

$\therefore\ V_{30}=30I=30\times2=60[V]$

$V_{15}=15I=15\times2=30[V]$

★ 기사 94년 7회

14 두 전원 E_1과 E_2를 그림과 같이 접속했을 때 흐르는 전류 I[A]는?

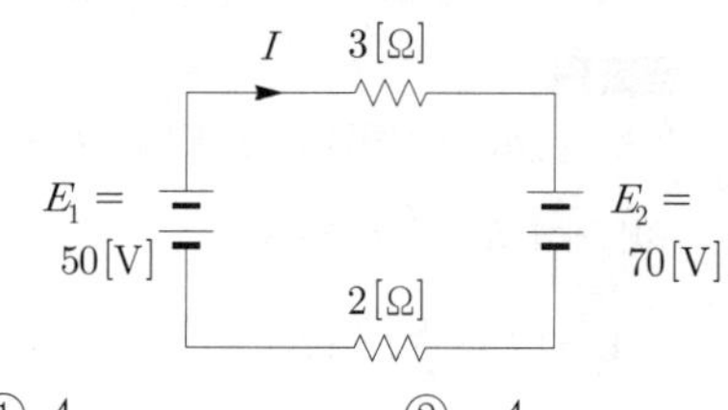

① 4 ② -4
③ 24 ④ -24

해설

전류 $I=\dfrac{V}{R}$

$=\dfrac{50-70}{3+2}=-4[A]$

Comment

전류는 높은 전위에서 낮은 전위로 흐르므로 E_2에서 E_1으로 흐른다. 따라서, 전류는 문제에 제시된 방향과 반대인 (−)로 흐른다.

★ 기사 98년 7회

15 다음 회로에서 120[V], 30[V] 전압원의 전력[W]은?

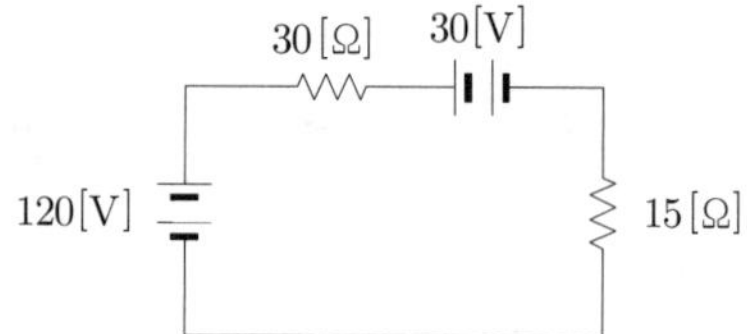

① 240, 60 ② 240, -60
③ -240, 60 ④ -240, -60

해설

전류 $I=\dfrac{V}{R}=\dfrac{120-30}{30+15}=2[A]$이므로 120[V]의 전력을 P_1, 30[V]의 전력을 P_2라 하면

$\therefore\ P_1=V_1I$

$=120\times2=240[W]$

$P_2=-V_2I$

$=-30\times2=-60[W]$

★ 기사 04년 4회

16 회로에서 7[Ω]의 저항 양단의 전압은 몇 [V]인가?

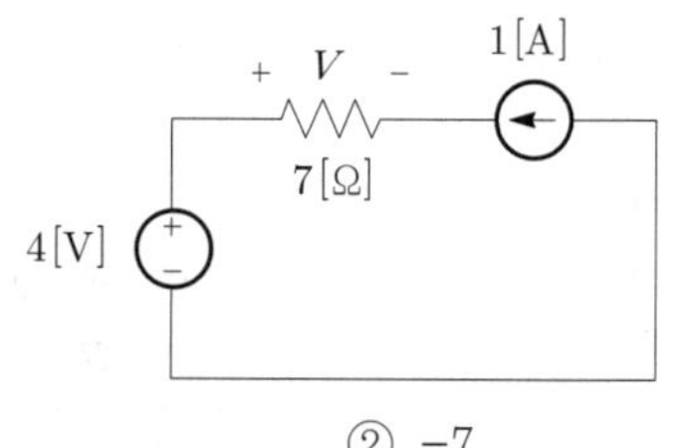

① 7 ② -7
③ 4 ④ -4

정답 12. ④ 13. ① 14. ② 15. ② 16. ②

해설

중첩의 정리에 의해서 구할 수 있다.

㉠ 4[V]만의 회로해석 : $I_1 = 0$[A]

(전류원은 개방되므로 전류는 흐르지 않는다)

㉡ 1[A]만의 회로해석 : $I_2 = 1$[A]

(전압원은 단락되므로 회로에는 1[A]가 흐른다)

㉢ 전류 $I = I_1 + I_2 = 1$[A]이고, 수동소자는 +극으로 전류가 들어가 -로 나가므로(수동부호규약)

∴ $V = 7I$

$= 7 \times (-1) = -7$[V]

★★★ 기사 90년 7회, 12년 3회

17 그림과 같은 회로의 a, b 단자 간의 전압 [V]은?

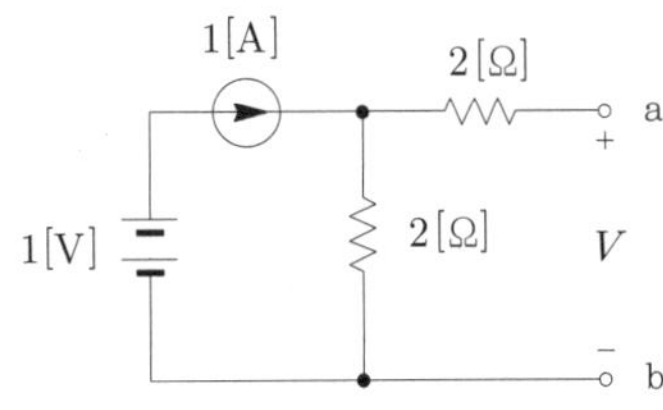

① 2 ② −2

③ −4 ④ 4

해설

중첩의 정리에 의해 풀이할 수 있다.

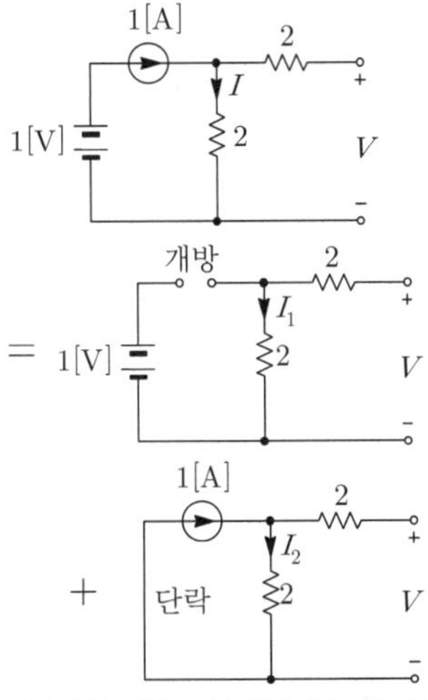

전류원은 개방, 전압원은 단락이므로 $I_1 = 0$, $I_2 = 1$[A]가 된다.

따라서, $I = I_1 + I_2 = 1$[A]가 된다.

∴ 개방전압 $V = 2I$

$= 2 \times 1 = 2$[V]

★★★ 기사 97년 4회, 99년 7회, 03년 3회 / 산업 06년 1회, 07년 1회, 15년 4회

18 그림과 같은 회로에서 2[Ω]의 단자전압[V]은 얼마인가?

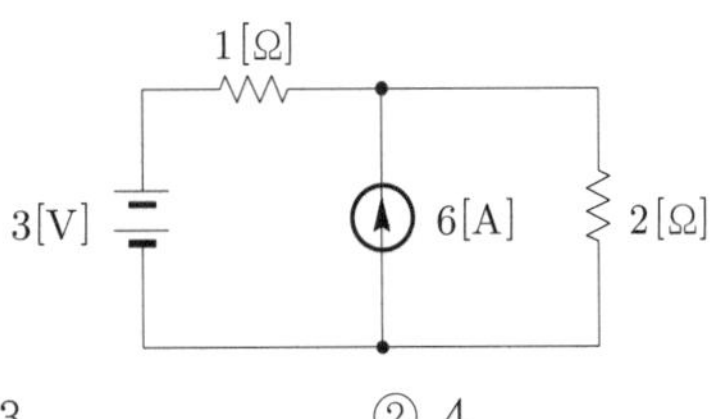

① 3 ② 4

③ 6 ④ 8

해설

중첩의 정리에 의해 풀이할 수 있다.

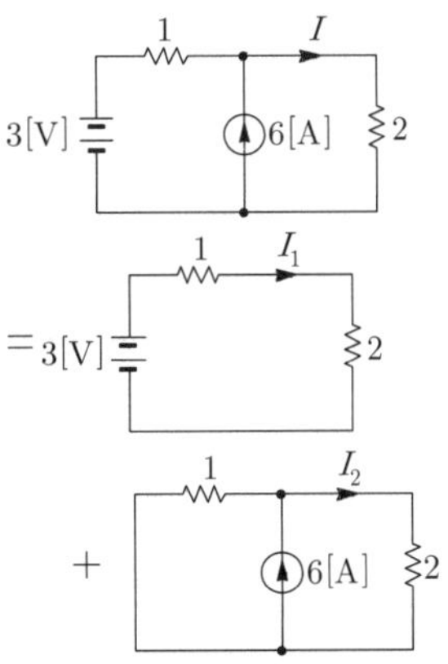

㉠ $I_1 = \frac{3}{1+2} = 1$[A]

$I_2 = \frac{1}{1+2} \times 6 = 2$[A]

㉡ 2[Ω]에 흐르는 전류 $I = I_1 + I_2 = 3$[A]

∴ 2[Ω]의 단자전압 $V = 2I$

$= 2 \times 3 = 6$[V]

★ 산업 96년 7회, 16년 1회

19 그림과 같은 회로에서 5[Ω]에 흐르는 전류는 몇 [A]인가?

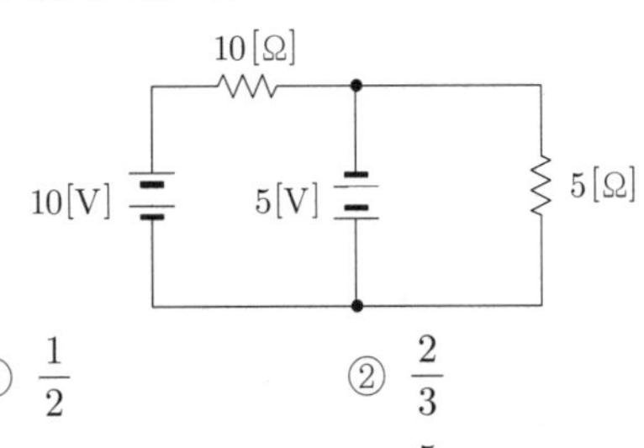

① $\frac{1}{2}$ ② $\frac{2}{3}$

③ 1 ④ $\frac{5}{3}$

정답 17. ① 18. ③ 19. ③

해설

중첩의 정리에 의해 풀이할 수 있다.

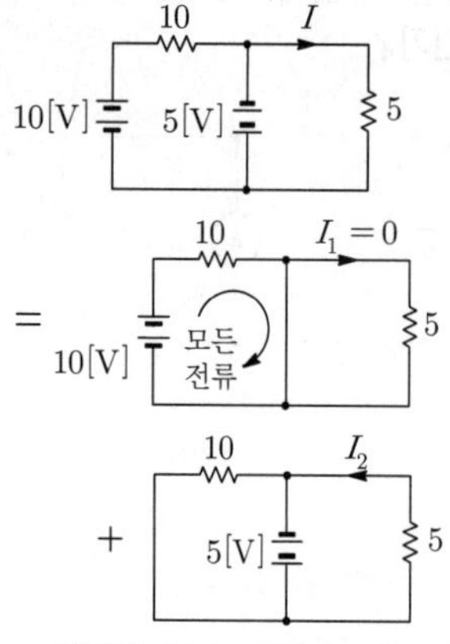

$\therefore$ 5[Ω]에 흐르는 전류 $I = I_1 + I_2$

$= 0 - \dfrac{5}{5} = -1[A]$

★ 기사 95년 2회

20 다음 그림에서 a, b 간의 선간전압 V_{ab}[V]는 얼마인가?

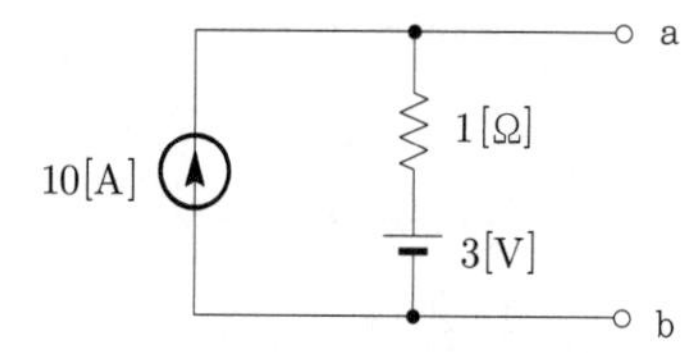

① 10 ② 3
③ 7 ④ 13

해설

중첩의 정리에 의해 풀이할 수 있다.

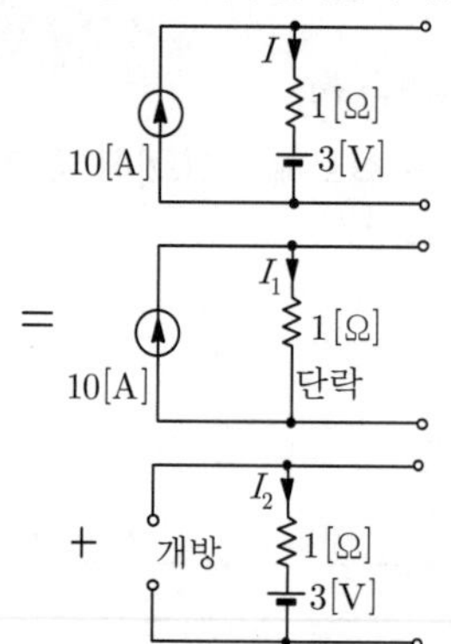

㉠ $I_1 = 10$[A], $I_2 = 0$[A]이므로 $I = I_1 + I_2 = 10$[A]가 된다.

㉡ 1[Ω] 양단에 걸리는 전압 $V_R = 1\times10 = 10$[V]가 된다.

$\therefore$ a, b 양단에 걸리는 전압 : $V = V_R + 3 = 13$[V]

★ 기사 16년 1회

21 그림과 같은 회로에서 i_x는 몇 [A]인가?

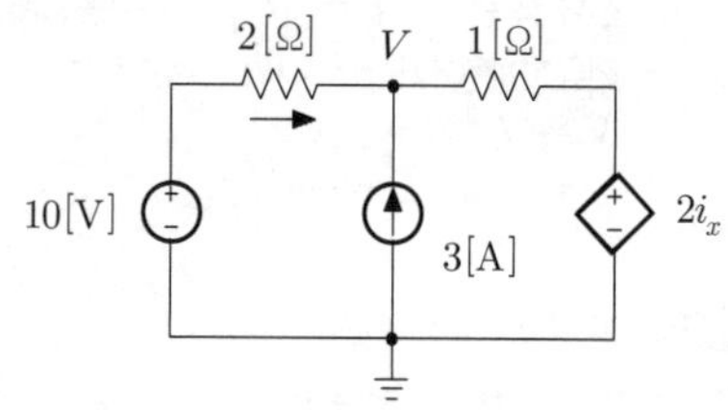

① 3.2
② 2.6
③ 2.0
④ 1.4

해설

중첩의 정리를 이용하면 다음과 같이 나타낼 수 있다.

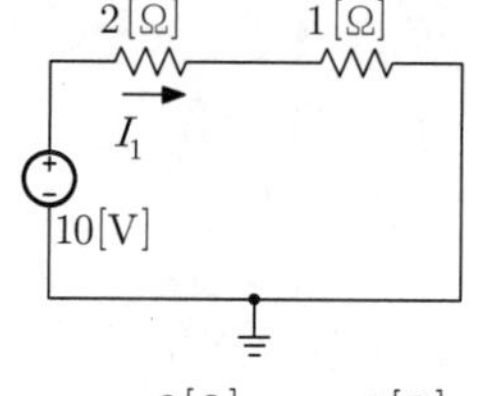

+

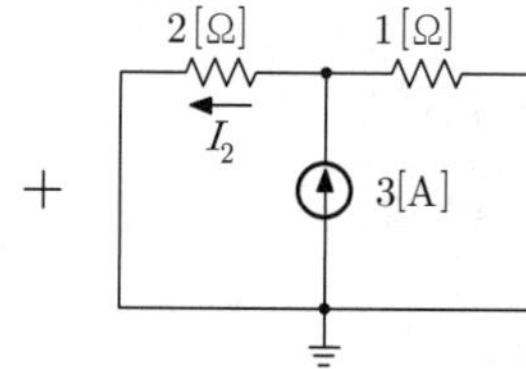

+

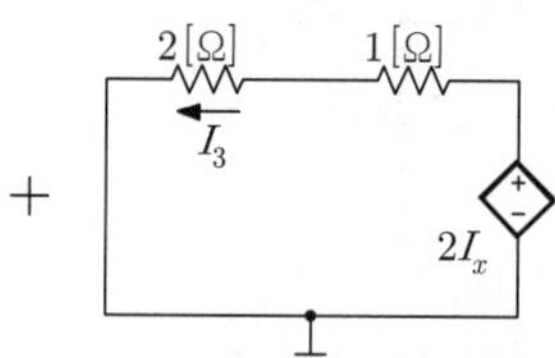

$I_x = I_1 + I_2 + I_3$

$= \dfrac{10}{3} - \dfrac{1}{2+1}\times 3 - \dfrac{2I_x}{3}$ 에서

$I_x + \dfrac{2I_x}{3} = \dfrac{5I_x}{3} = \dfrac{7}{3}$ 이므로

$5I_x = 7$이 된다.

$\therefore\ I_x = \dfrac{7}{5} = 1.4$[A]

정답 20. ④ 21. ④

기사 02년 2회, 05년 2회 / 산업 02년 1회, 13년 3회, 14년 4회, 16년 3회

22 그림에서 10[Ω]의 저항에 흐르는 전류는 몇 [A]인가?

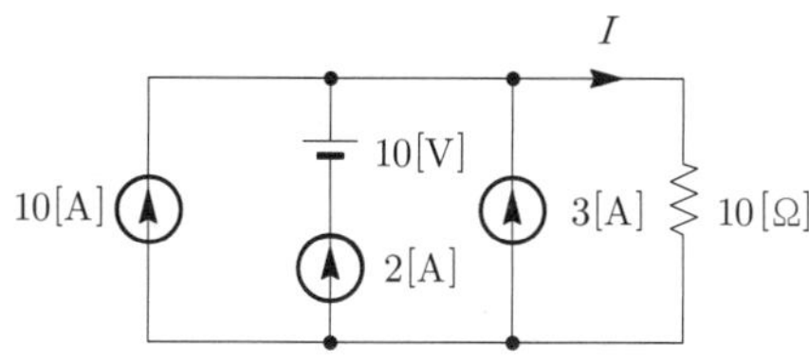

① 16
② 15
③ 14
④ 13

해설

중첩의 정리에 의해 풀이할 수 있다.

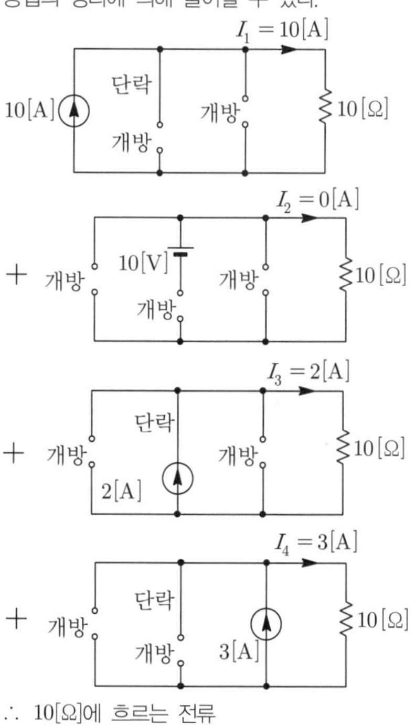

∴ 10[Ω]에 흐르는 전류

$I = I_1 + I_2 + I_3 + I_4$

$= 10 + 0 + 2 + 3$

$= 15[A]$

산업 91년 3회, 93년 6회, 99년 6회, 03년 4회, 12년 4회, 15년 2회

23 그림에서 10[Ω]의 저항에 흐르는 전류는 몇 [A]인가?

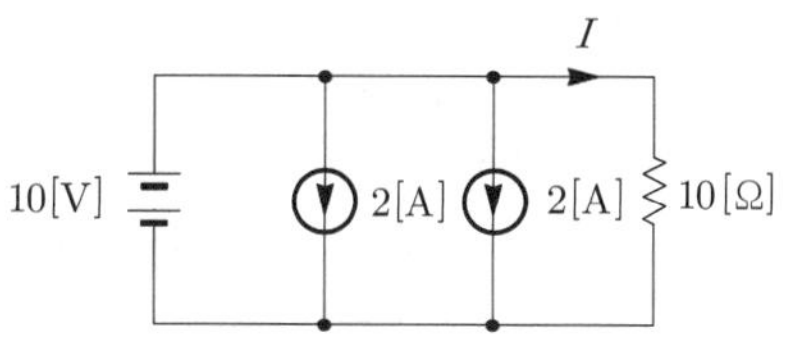

① 5
② 4
③ 2
④ 1

해설

전압원을 단락시키면 $Z=0$으로만, 전류원은 모두 단락된 곳으로만 흐르므로 10[Ω]에 흐르는 전류는 오직 전압원에 의해서만 결정된다.

$\therefore\ I = \dfrac{V}{R} = \dfrac{10}{10} = 1[A]$

기사 96년 2회 / 산업 90년 2회, 93년 1회, 99년 3회, 13년 2회

24 그림과 같은 회로의 컨덕턴스 G_2에 흐르는 전류[A]는?

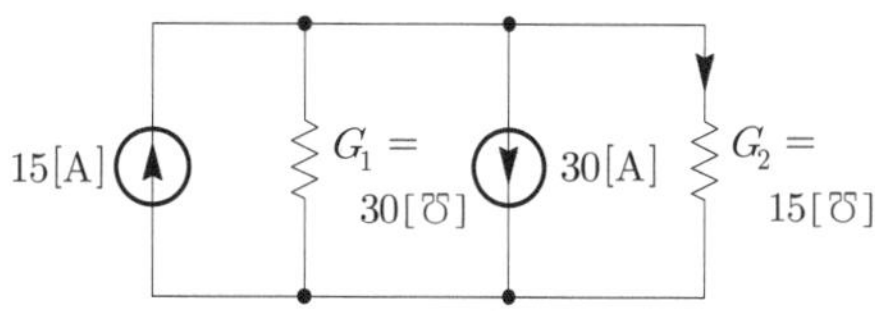

① 5
② 10
③ −3
④ −5

해설

중첩의 정리를 이용하면

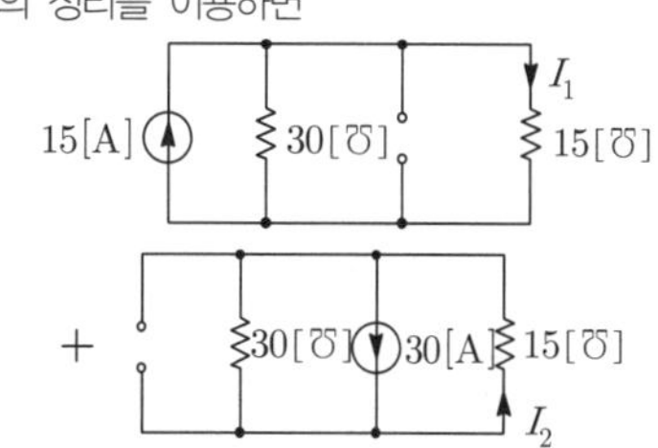

$\therefore\ I = I_1 - I_2$

$= \dfrac{15}{30+15} \times 15 - \dfrac{15}{30+15} \times 30$

$= -5[A]$

정답 22. ② 23. ④ 24. ④

★ 산업 12년 2회

25 전류가 전압에 비례한다는 것을 가장 잘 나타낸 것은?

① 테브난의 정리 ② 상반의 정리
③ 밀만의 정리 ④ 중첩의 정리

★★★ 기사 91년 6회 / 산업 90년 2회, 07년 2회

26 다음 중 테브난의 정리와 쌍대의 관계가 있는 것은?

① 밀만의 정리 ② 중첩의 원리
③ 노튼의 정리 ④ 보상의 정리

해설

테브난 정리는 등가전압원의 정리이다. 쌍대관계에 있는 것은 등가전류원의 정리로서, 노튼의 정리를 말한다.

★★★ 산업 93년 3회, 99년 3·7회, 00년 6회

27 그림에서 a, b 단자의 전압이 50[V], a, b 단자에서 본 능동회로망의 임피던스가 $Z=6+j8$[Ω]일 때 a, b 단자에 임피던스 $Z_L=2-j2$[Ω]을 접속하면 이 임피던스에 흐르는 전류[A]는 얼마인가?

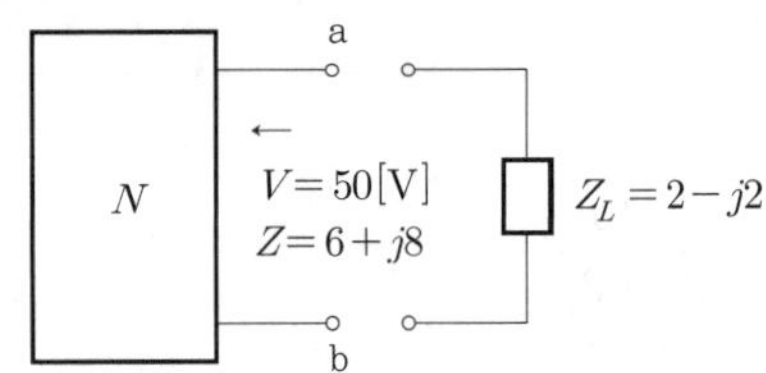

① $4-j3$ ② $4+j3$
③ $3-j4$ ④ $3+j4$

해설

테브난 정리에 의해 구한다.

$$I=\frac{V}{Z+Z_L}=\frac{50}{(6+j8)+(2-j2)}$$

$$=\frac{50}{8+j6}=\frac{50(8-j6)}{8^2+6^2}=4-j3[\text{A}]$$

★★★★★ 기사 90년 7회, 12년 1회 / 산업 03년 4회, 05년 2회, 06년 1회, 15년 1회

28 그림과 같은 (a)의 회로를 그림 (b)와 같은 등가회로로 구성하고자 한다. 이때, V 및 R의 값은?

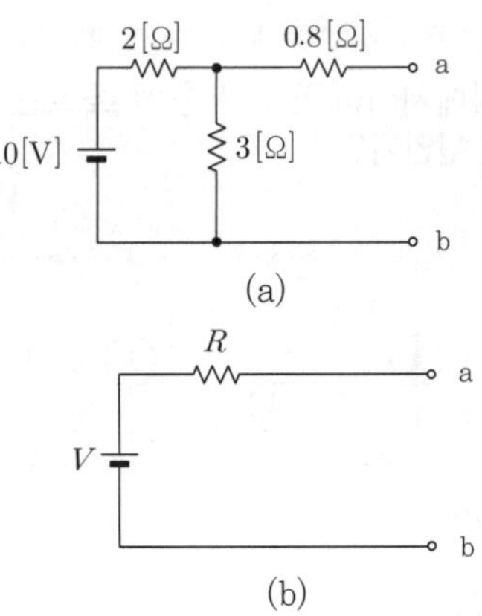

① 2[V], 3[Ω] ② 3[V], 2[Ω]
③ 6[V], 2[Ω] ④ 2[V], 6[Ω]

해설

테브난의 등가회로로 정리하면 다음과 같다.

㉠ 합성저항 : $R=0.8+\frac{2\times3}{2+3}=2[\Omega]$

(전압원을 단락시킨 상태에서 a, b에서 바라본 합성저항)

㉡ 개방전압 : $V=3I=3\times\frac{10}{2+3}=6[\text{V}]$

(a, b 양단의 단자전압)

집중공략

★★★★★ 기사 95년 6회 / 산업 13년 1회, 16년 4회

29 회로 A를 회로 B로 하여 테브난의 정리를 이용하면 임피던스 Z_{Th}의 값과 전압 V_{Th}의 값은 얼마인가?

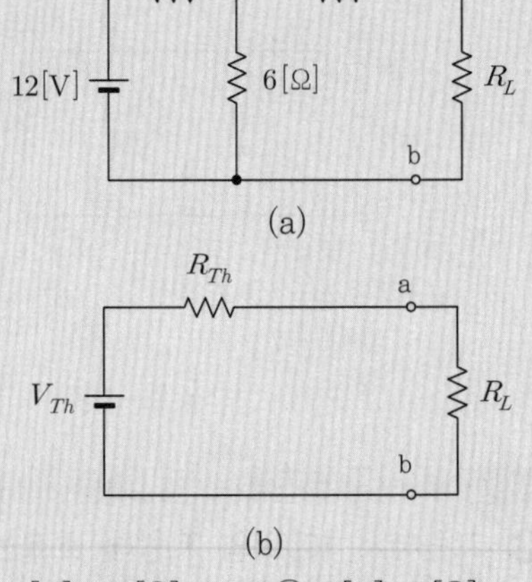

① 4[V], 13[Ω] ② 8[V], 2[Ω]
③ 8[V], 9[Ω] ④ 4[V], 9[Ω]

정답 25. ① 26. ③ 27. ① 28. ③ 29. ③

해설

테브난의 등가회로로 정리하면(R_L을 개방시킨 상태에서 등가변환시킨다) 다음과 같다.

㉠ 합성저항 $R_{Th} = 7 + \dfrac{3\times 6}{3+6} = 9[\Omega]$

(전압원을 단락시킨 상태에서 a, b에서 바라본 합성저항)

㉡ 개방전압 $V_{Th} = 6I = 6\times\dfrac{12}{3+6} = 8[\text{V}]$

(a, b 양단의 단자전압)

★★★ 기사 15년 3회

30 그림과 같은 직류회로에서 저항 $R[\Omega]$의 값은?

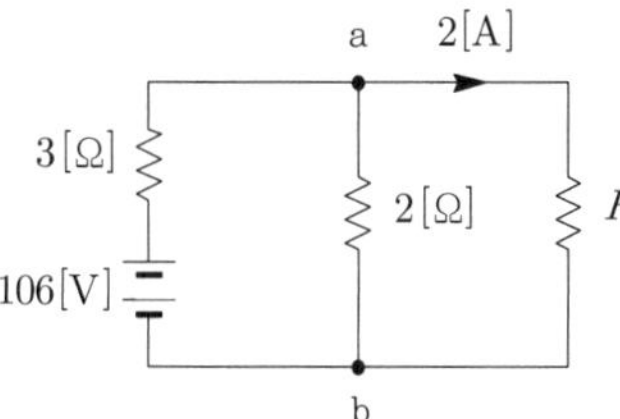

① 10 ② 20
③ 30 ④ 40

해설

테브난의 등가회로로 정리하면(R_L을 개방시킨 상태에서 등가변환시킨다) 다음과 같다.

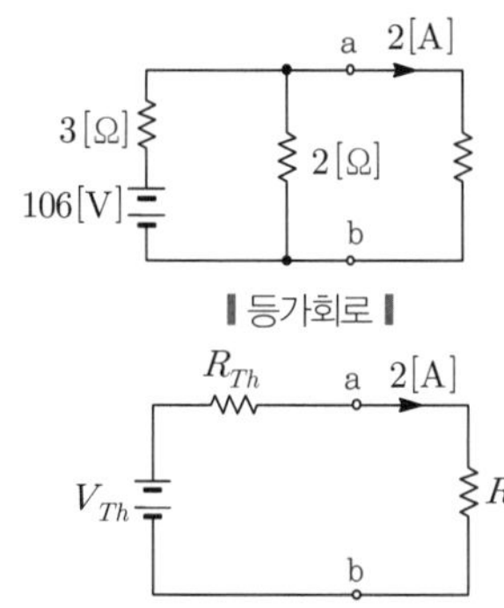

∥등가회로∥

∥테브난의 등가회로∥

㉠ 합성저항 $R_{Th} = \dfrac{3\times 2}{3+2} = 1.2[\Omega]$

(전압원을 단락시킨 상태에서 a, b에서 바라본 합성저항)

㉡ 개방전압 $V_{Th} = 2I$

$$= 2\times\frac{106}{3+2} = 42.4[\text{V}]$$

(a, b양단의 단자전압)

㉢ 부하전류 $I = \dfrac{V_{Th}}{R_{Th}+R}$

$\therefore$ 저항 $R = \dfrac{V_{Th}}{I} - R_{Th}$

$$= \frac{42.4}{2} - 1.2 = 20[\Omega]$$

★★ 기사 15년 2회

31 다음 중 그림 (a)와 (b)의 회로가 등가회로가 되기 위한 전류원 I[A]와 임피던스 Z[Ω]의 값은?

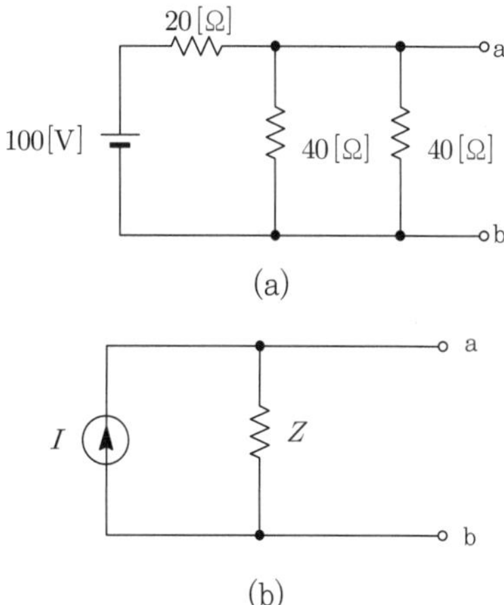

① 5[A], 10[Ω] ② 2.5[A], 10[Ω]
③ 5[A], 20[Ω] ④ 2.5[A], 20[Ω]

해설

㉠ 병렬로 접속된 40[Ω]을 합성하면 $\dfrac{40}{2} = 20[\Omega]$이 되어 아래와 같이 다시 그릴 수 있다.

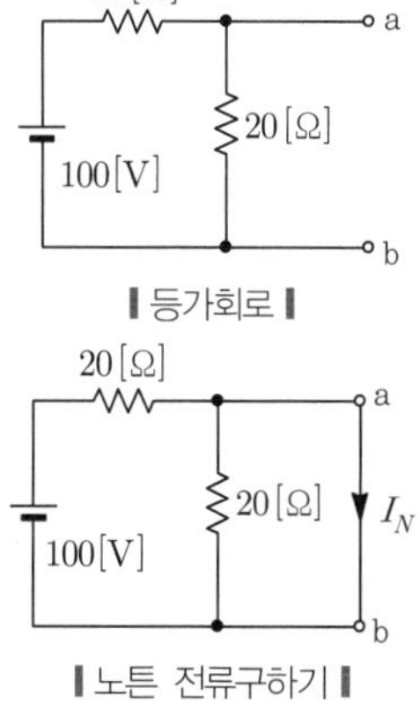

∥등가회로∥

∥노튼 전류구하기∥

정답 30. ② 31. ①

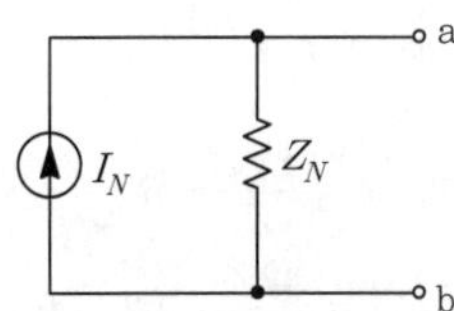

▌노튼의 등가회로▐

ⓛ 위 등가회로그림을 노튼의 등가회로로 정리하면 다음과 같다.

- 노튼의 저항 : $R_N = \frac{20}{2} = 10[\Omega]$
  (전압원을 단락시키고 a, b에서 바라본 합성저항)
- 노튼의 전류 : $I_N = \frac{100}{20} = 5[A]$
  (a, b 단자를 단락시켜 이곳을 통과하는 전류)

Comment

동일 크기 저항이 병렬로 접속되어 있을 때 합성저항의 크기 : $R_0 = \frac{\text{1개 저항의 크기}}{\text{병렬저항수}}[\Omega]$

★★ 기사 13년 1회

32 회로망 출력단자 a, b에서 바라본 등가 임피던스는? (단, $V_1 = 6[V]$, $V_2 = 3[V]$, $I_1 = 10[A]$, $R_1 = 15[\Omega]$, $R_2 = 10[\Omega]$, $L = 2[H]$, $j\omega = s$)

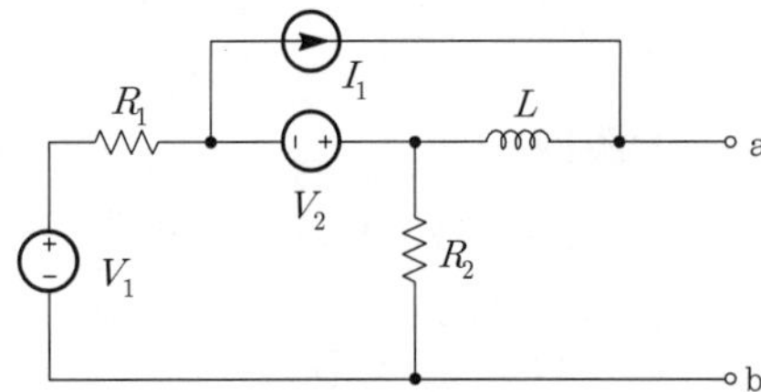

① $\frac{1}{s+3}$

② $s+15$

③ $\frac{3}{s+2}$

④ $2s+6$

해설

등가 임피던스를 구할 때 전압은 단락($Z=0$), 전류원은 개방($Z=\infty$)하여 구한다.

$$\therefore\ Z_{ab} = Ls + \frac{R_1 R_2}{R_1 + R_2}$$

$$= 2s + \frac{15\times10}{15+10} = 2s+6$$

★ 기사 00년 3회

33 그림과 같은 회로망을 테브난의 등가회로로 변환할 때 a, b 단자에서 본 등가전압원의 값[V]은 약 얼마인가?

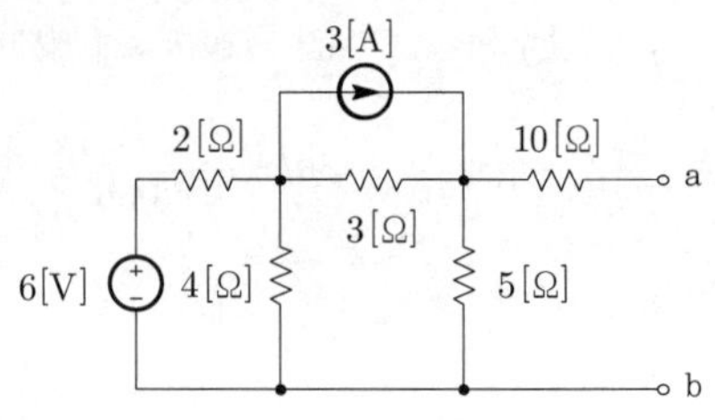

① 6.96 ② 7.25

③ 12.32 ④ 13.92

해설

전압원(6[V], 2[Ω])을 전류원(I, R)으로 변환한 후 2[Ω]과 4[Ω]을 등가저항으로 계산하고 다시 전압원으로 등가변환한 후 전류원을 다시 전압원으로 등가변환하여 풀이할 수 있다.

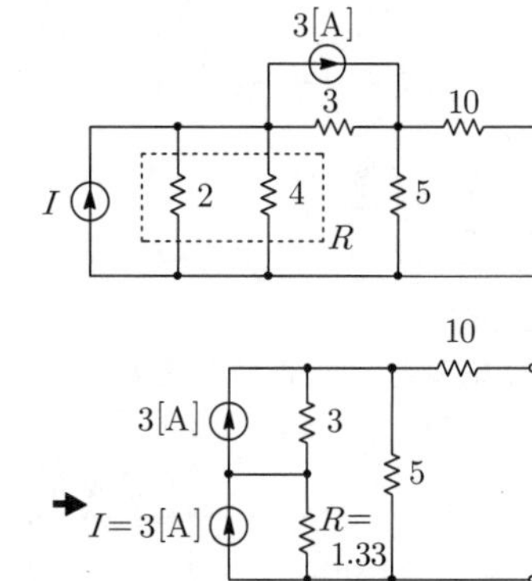

$$I = \frac{6}{2} = 3[A]$$

$$R = \frac{2\times4}{2+4} = \frac{4}{3} = 1.33[\Omega]$$

$$\therefore\ R_{Th} = 10 + \frac{5\times4.33}{5+4.33} = 12.32[\Omega]$$

$$V_{Th} = \frac{9+4}{4.33+5}\times5 = 6.96[V]$$

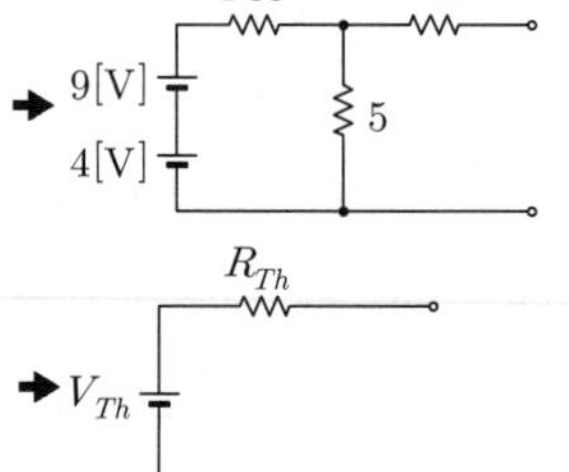

정답 32. ④ 33. ①

Comment

본 문제와 같이 복잡한 문제는 합격기준의 문제가 아니므로 그냥 넘어가도 좋다.

★★★★ 기사 90년 2회, 94년 4회, 10년 2회, 12년 2회, 13년 4회

34 그림과 같은 회로에서 a, b에 나타나는 전압은 몇 [V]인가?

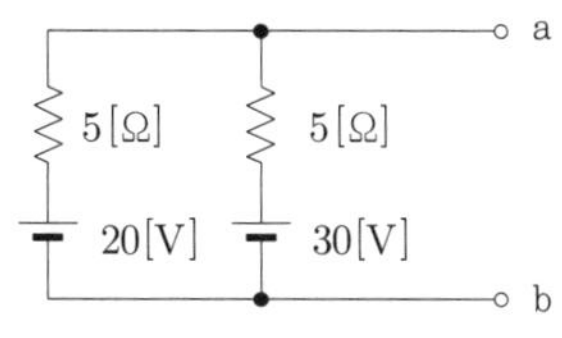

① 20 ② 23
③ 25 ④ 26

해설

밀만의 정리에 의해서 구한다.

개방전압 $V_{ab} = \dfrac{\sum I}{\sum Y} = \dfrac{\frac{20}{5}+\frac{30}{5}}{\frac{1}{5}+\frac{1}{5}} = \dfrac{50}{2} = 25[\text{V}]$

★★★★ 산업 90년 6회, 92년 2회, 96년 4회, 05년 1회, 12년 3회

35 그림과 같은 회로에서 a, b에 나타나는 전압은 몇 [V]인가?

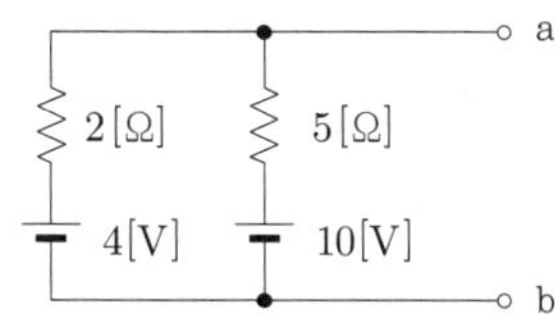

① 5.7 ② 6.5
③ 4.3 ④ 3.4

해설

밀만의 정리에 의해서 구한다.

개방전압 $V_{ab} = \dfrac{\sum I}{\sum Y} = \dfrac{\frac{4}{2}+\frac{10}{5}}{\frac{1}{2}+\frac{1}{5}} = 5.7[\text{V}]$

★★★★ 기사 98년 7회, 02년 4회, 13년 1회

36 그림과 같은 회로에서 a, b에 나타나는 전압은 몇 [V]인가?

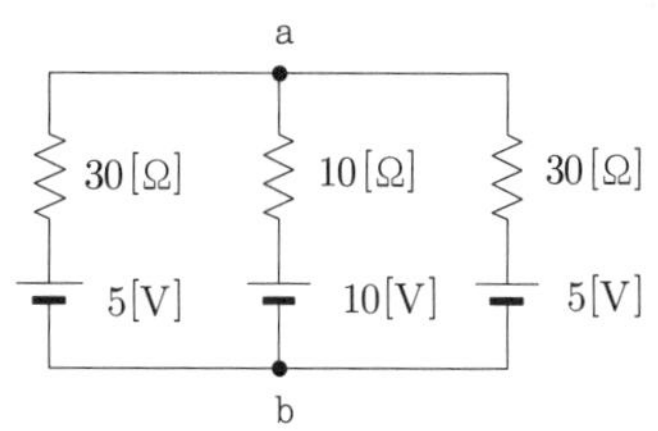

① 2 ② 4
③ 6 ④ 8

해설

밀만의 정리에 의해서 구한다.

개방전압 $V_{ab} = \dfrac{\sum I}{\sum Y} = \dfrac{\frac{5}{30}+\frac{10}{10}+\frac{5}{30}}{\frac{1}{30}+\frac{1}{10}+\frac{1}{30}} = 8[\text{V}]$

★★★★ 기사 98년 7회, 02년 4회

37 그림과 같은 회로에서 a, b에 나타나는 전압은 몇 [V]인가?

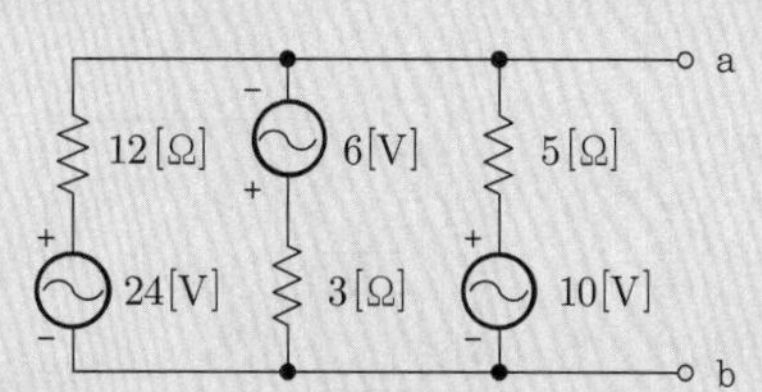

① $\dfrac{360}{37}$ ② $\dfrac{120}{37}$
③ 28 ④ 40

해설

밀만의 정리에 의해서 구한다.

개방전압 $V_{ab} = \dfrac{\sum I}{\sum Y}$

$= \dfrac{\frac{24}{12}-\frac{6}{3}+\frac{10}{5}}{\frac{1}{12}+\frac{1}{3}+\frac{1}{5}}$

$= \dfrac{\frac{240-240+240}{12}}{\frac{10+40+24}{120}}$

$= \dfrac{120}{37}[\text{V}]$

정답 34. ③ 35. ① 36. ④ 37. ②

★★ 기사 14년 1회 / 산업 96년 2회, 99년 3회, 02년 4회, 04년 1회, 16년 2회

38 그림과 같은 회로에서 0.2[Ω]의 저항에 흐르는 전류는 몇 [A]인가?

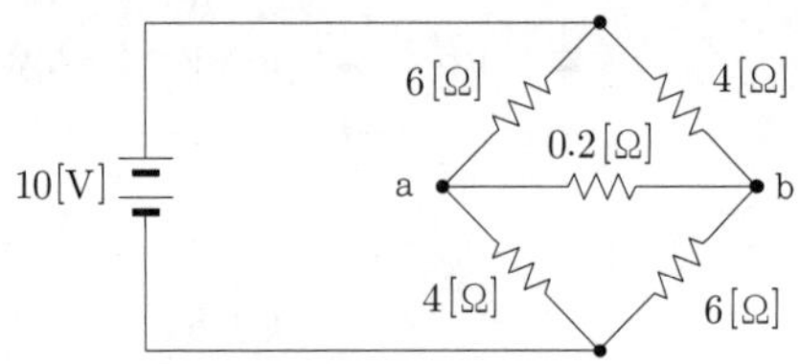

① 0.1 ② 0.2
③ 0.3 ④ 0.4

해설

테브난의 등가변환으로 풀이할 수 있다.

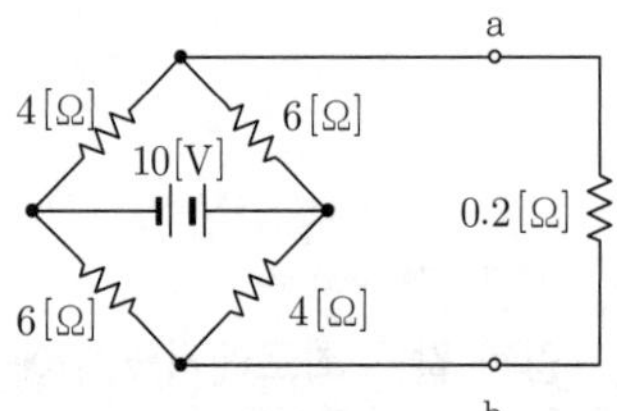

▌V_{TH} 산출▐

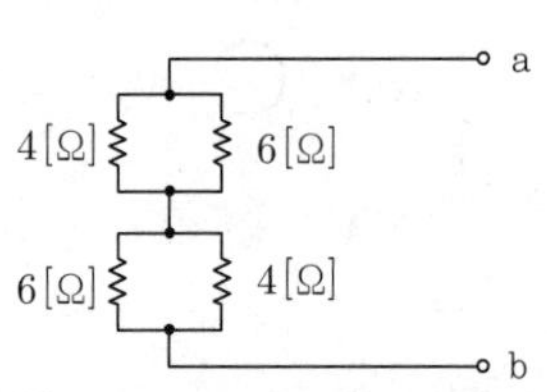

▌R_{TH} 산출▐

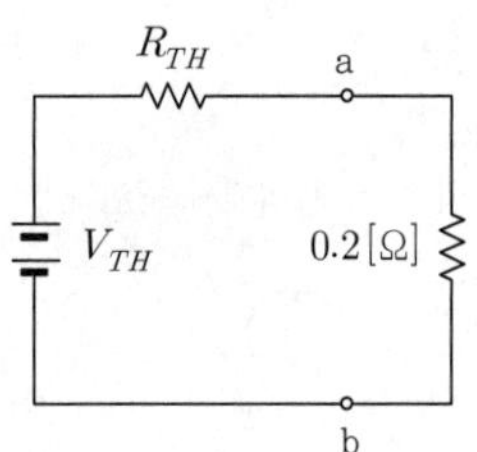

▌테브난 등가변환▐

㉠ 개방전압 $V_{TH} = V_a - V_b$

$$= \left(\frac{6}{6+4}\times 10\right) - \left(\frac{4}{6+4}\times 10\right) = 2[\text{V}]$$

㉡ 합성저항 $R_{TH} = \frac{6\times 4}{6+4} + \frac{6\times 4}{6+4} = 4.8[\Omega]$

∴ 0.2[Ω]에 흐르는 전류

$$I = \frac{V_{TH}}{R_{TH}+0.2} = \frac{2}{4.8+0.2} = 0.4[\text{A}]$$

★ 산업 97년 2회

39 그림과 같은 회로에 흐르는 전류는 몇 [A]인가?

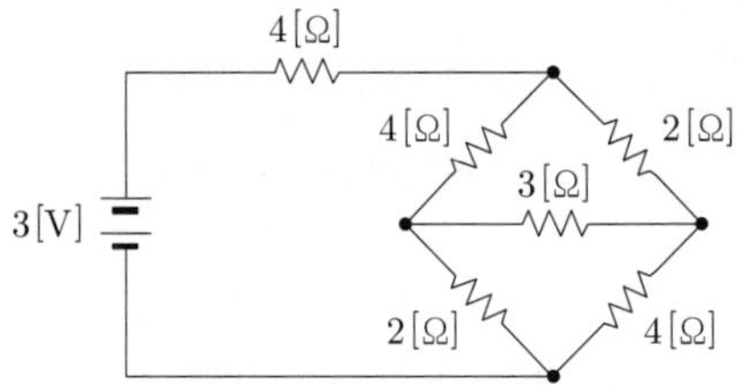

① 0.44
② 0.53
③ 0.62
④ 0.89

해설

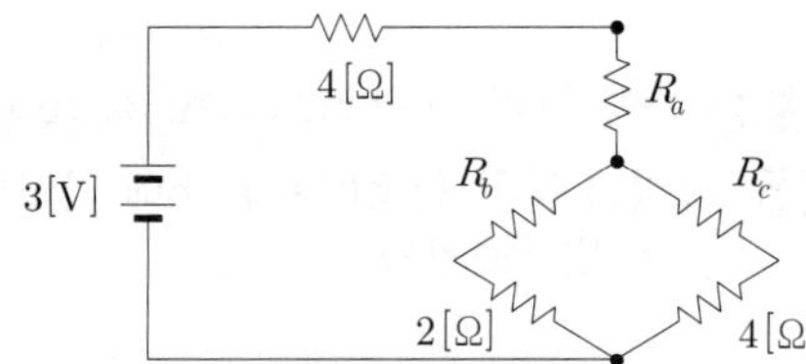

△회로를 Y회로로 변환하여 전류를 구할 수 있다.

㉠ $R_a = \frac{4\times 2}{4+3+2} = \frac{8}{9} = 0.89[\Omega]$

㉡ $R_b = \frac{4\times 3}{4+3+2} = \frac{12}{9} = 1.33[\Omega]$

㉢ $R_c = \frac{2\times 3}{4+3+2} = \frac{6}{9} = 0.67[\Omega]$

㉣ 합성저항 $R_0 = 4 + R_a + \frac{(R_b+2)\times(R_c+4)}{(R_b+2)+(R_c+4)}$

$$= 4.89 + \frac{3.33\times 4.67}{3.33+4.67} = 6.83[\Omega]$$

∴ 전류 $I = \frac{V}{R_0} = \frac{3}{6.83} = 0.44[\text{A}]$

정답 38. ④ 39. ①

★★ 산업 91년 6회, 94년 5회, 96년 2회, 99년 3회, 02년 4회, 04년 1회

40 **그림과 같은 회로에서 I_a를 구하기 위해서 폐로 전류를 그림과 같이 설정하고 방정식을 세우면 $a_{11}I_1 + a_{12}I_2 + a_{13}I_3 = 10$, $-2I_1 + 5I_2 + a_{23}I_3 = 0$, $-2I_1 - I_2 = 0$ 가 된다. 이때, a_{11}, a_{12} a_{13}, a_{23}, a_{33}을 차례로 나열하면?**

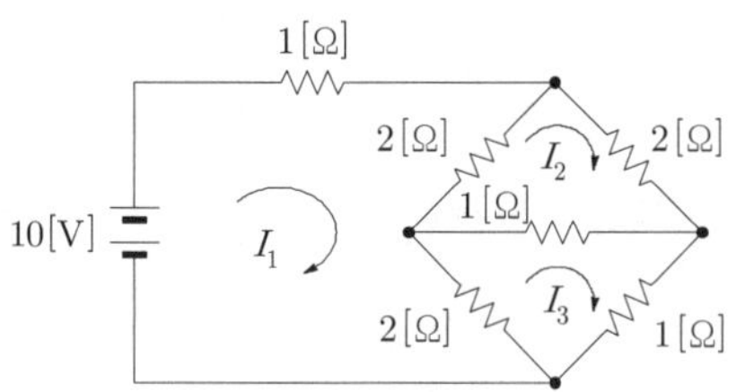

① 3, −2, −2, 1, −4
② 5, 2, 2, 1, 4
③ 5, −2, −2, −1, 4
④ 3, −2, −2, −1, 4

해설

각 루프에 흐르는 전류를 이용하여 회로방정식을 세울 수 있다.

㉠ $I_1 + 2(I_1 - I_2) + 2(I_1 - I_3)$
$= 5I_1 - 2I_2 - 2I_3 = 10[\text{V}]$

㉡ $2(I_2 - I_1) + 2I_2 + (I_2 - I_3)$
$= -2I_1 + 5I_2 - I_3 = 0[\text{V}]$

㉢ $2(I_3 - I_1) + (I_3 - I_2) + I_3$
$= -2I_1 - I_2 + 4I_3 = 0[\text{V}]$

㉣ 위 ㉠~㉢의 연립방정식을 행렬로 나타내면 다음과 같다.

$$\therefore \begin{bmatrix} a_{11} & a_{12} & a_{13} \\ a_{21} & a_{22} & a_{23} \\ a_{31} & a_{32} & a_{33} \end{bmatrix} \begin{bmatrix} I_1 \\ I_2 \\ I_3 \end{bmatrix} = \begin{bmatrix} V_1 \\ V_2 \\ V_3 \end{bmatrix}$$

$$\rightarrow \begin{bmatrix} 5 & -2 & -2 \\ -2 & 5 & -1 \\ -2 & -1 & 4 \end{bmatrix} \begin{bmatrix} I_1 \\ I_2 \\ I_3 \end{bmatrix} = \begin{bmatrix} 10 \\ 0 \\ 0 \end{bmatrix}$$

쌤 Comment

각 루프에 흐르는 전류를 구하면 다음과 같다.

- $\Delta = \begin{bmatrix} 5 & -2 & -2 \\ -2 & 5 & -1 \\ -2 & -1 & 4 \end{bmatrix} = 51$
- $\Delta_1 = \begin{bmatrix} 10 & -2 & -2 \\ 0 & 5 & -1 \\ 0 & -1 & 4 \end{bmatrix} = 190$
- $\Delta_2 = \begin{bmatrix} 5 & 10 & -2 \\ -2 & 0 & -1 \\ -2 & 0 & 4 \end{bmatrix} = 100$
- $\Delta_3 = \begin{bmatrix} 5 & -2 & 10 \\ -2 & 5 & 0 \\ -2 & -1 & 0 \end{bmatrix} = 120$

$= 5 \times 2 - (-4) \times 1 = 14$

$\therefore\ I_1 = \dfrac{\Delta_1}{\Delta} = \dfrac{190}{51} = 3.73$

$I_2 = \dfrac{\Delta_2}{\Delta} = \dfrac{100}{51} = 1.96$

$I_3 = \dfrac{\Delta_3}{\Delta} = \dfrac{120}{51} = 2.35$

정답 40. ③

CHAPTER 07

4단자망 회로해석

기사 6.00% 출제
산업 10.75% 출제

출제 01 2단자망 회로
출제 02 4단자망 회로
출제 03 영상 파라미터

이렇게 공부하세요!!

출제경향분석

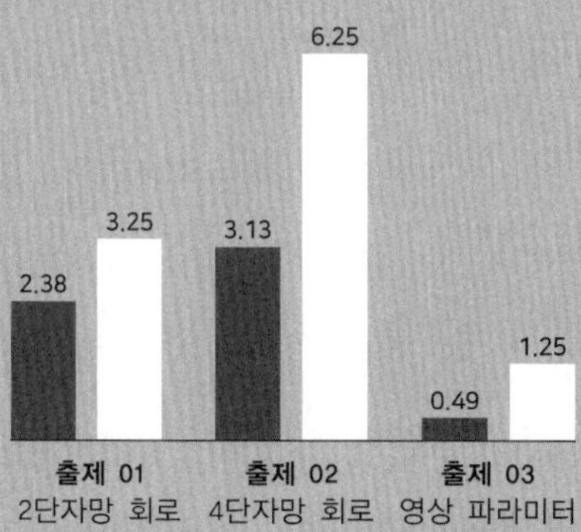

출제포인트

- ☑ 구동점 임피던스를 통해 2단자망 회로를 그릴 수 있다.
- ☑ 영점과 극점의 특성에 대해서 이해할 수 있다.
- ☑ 정저항회로의 정의와 조건에 대해서 이해할 수 있다.
- ☑ 임피던스와 어드미턴스 파라미터에 대해서 이해할 수 있다.
- ☑ Z만의 회로, Y만의 회로, T형 등가회로, π형 등가회로, 변압기, 발전기의 $ABCD$ 파라미터(4단자 정수)에 대해서 이해할 수 있다.
- ☑ 영상 임피던스와 영상 전달정수에 대해서 이해할 수 있다.

4단자망 회로(4terminal network) 해석

기사 6.00% 출제 | 산업 10.75% 출제

기사 2.38% 출제 | 산업 3.25% 출제

출제 01 2단자망 회로

Comment

이번 단원에서 가장 출제빈도가 높은 문제가 '정저항회로'이고, 대부분 [그림 7-2]와 같이 문제가 주어진다. 이러한 조건에서만 $R=\sqrt{\frac{L}{C}}$의 결과를 얻을 수 있다. 만약, 회로가 다른 형태로 주어지면 결과는 달라질 수 있으므로 주의하도록 한다.

1 구동점 임피던스

(1) 개요

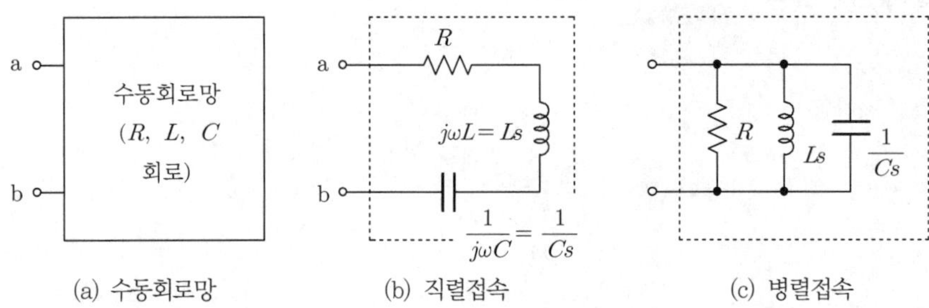

(a) 수동회로망　(b) 직렬접속　(c) 병렬접속

| 그림 7-1 | 구동점 임피던스

① 구동점 임피던스는 두 단자 a, b에서 수동회로망을 보았을 때의 합성 임피던스를 의미하며, 계산의 편의를 위해 $j\omega$ 대신 s로 대치한다.

② 수동회로망은 전원(전압원 또는 전류원)이 포함되지 않는 R, L, C 소자만의 회로를 의미하며, 능동회로망은 전원을 포함한 회로를 말한다.

(2) 구동점 임피던스 $Z(s)=Z(j\omega)$

① [그림 7-1] (b)와 같이 직렬회로에서의 구동점 임피던스

$$Z(s)=R+Ls+\frac{1}{Cs}\,[\Omega] \quad \cdots\cdots \text{[식 7-1]}$$

② [그림 7-1] (c)와 같이 병렬회로에서의 구동점 임피던스

$$Z(s)=\frac{1}{\frac{1}{R}+\frac{1}{Ls}+Cs}\,[\Omega] \quad \cdots\cdots \text{[식 7-2]}$$

2 영점과 극점

(1) 영점(zero point)

① 영점이란 복소함수를 0으로 만드는 점들로, $Z(s)$가 0이 되기 위한 s의 해를 말하며, s평면에 ○으로 표기한다.

② **$Z(s)$가 0이 되려면 $Z(s)$의 분자가 0이 되어야 한다.**

③ **회로적인 측면에서는 영점은 단락회로와 같은 의미를 갖는다.**

(2) 극점(pole point)

① 극점이란 복소함수를 ∞로 만드는 점들로, $Z(s)$가 ∞가 되기 위한 s의 해를 말하며, s평면에 ×으로 표기한다.

② **$Z(s)$가 ∞가 되려면 $Z(s)$의 분모가 0이 되어야 한다.**

③ **회로적인 측면에서는 극점은 개방회로와 같은 의미를 갖는다.**

④ 복소함수 분모를 0으로 한 방정식을 특성방정식이라고 하며, 이때의 해를 특성근이라 한다. 따라서, 특성근을 극점이라 한다.

3 정저항 회로

(1) 정의

① **2단자 임피던스가 주파수에 관계없이 항상 일정하게 되는 회로를 정저항 회로라 하며, $R^2 = Z_1 Z_2$일 때 합성 임피던스는 R이 된다.**

② 정저항회로에는 위상각이 존재하지 않으며 전압과 전류의 위상차도 없다. 또한, 회로는 $j\omega=0$이 되므로 주파수에 항상 무관한 회로로 작용한다.

(2) 정저항회로조건

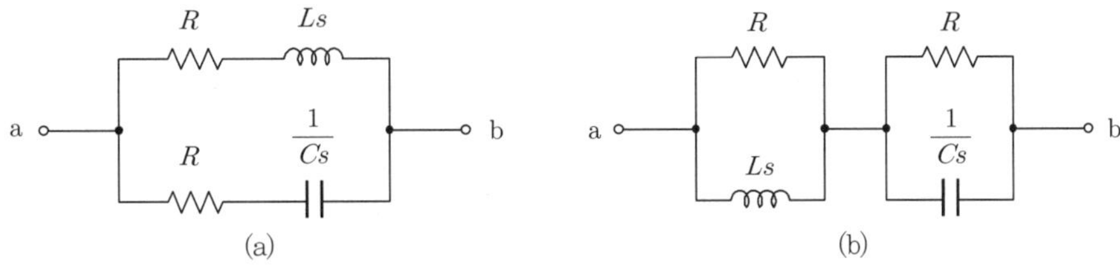

❙그림 7-2❙ 정저항회로

① 계산을 간단히 하기 위해 $Ls = Z_1$으로, $\dfrac{1}{Cs} = Z_2$로 대치하여 연산한다.

② [그림 7-2] (a)회로의 정저항조건

$$Z(s) = (R+Z_1) \| (R+Z_2) = \frac{(R+Z_1)\times(R+Z_2)}{(R+Z_1)+(R+Z_2)} = R$$

$$Z(s) = \frac{R^2 + Z_1R + Z_2R + Z_1Z_2}{2R + Z_1 + Z_2} = R$$에서 양변을 R로 나누어 정리하면

$$Z(s) = R + Z_1 + Z_2 + \frac{Z_1Z_2}{R} = 2R + Z_1 + Z_2$$가 되고 다시 이를 정리하면 다음과 같다.

$$R^2 = Z_1Z_2 = \frac{L}{C} \quad \text{[식 7-3]}$$

③ [그림 7-2] (b)회로의 정저항조건

$$Z(s) = \frac{RZ_1}{R + Z_1} + \frac{RZ_2}{R + Z_2} = R$$에서 $Z(s) = \frac{Z_1}{R + Z_1} + \frac{Z_2}{R + Z_2} = 1$

$$Z(s) = \frac{Z_1(R + Z_2) + Z_2(R + Z_1)}{(R + Z_1)(R + Z_2)} = 1$$에서 이를 정리하면

$$Z(s) = Z_1R + Z_1Z_2 + Z_2R + Z_1Z_2 = R^2 + Z_1R + Z_2R + Z_1Z_2$$가 되므로

$$\therefore R^2 = Z_1Z_2 = \frac{L}{C} \quad \text{[식 7-4]}$$

단원 확인 기출문제

★★★ 기사 97년 6회, 00년 5회

01 리액턴스 함수가 $Z(s) = \frac{4s}{s^2 + 9}$로 표시되는 리액턴스 2단자망은 어느 것인가?

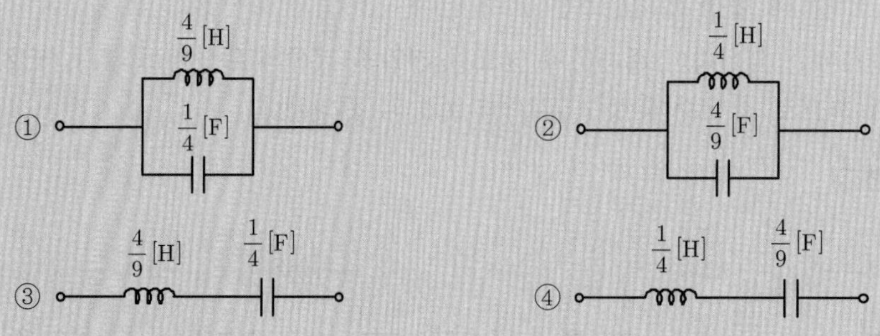

해설 ㉠ RLC 병렬회로의 합성 임피던스는 $Z(s) = \frac{1}{\frac{1}{R} + \frac{1}{Ls} + Cs}$의 형태이다.

㉡ 문제의 임피던스를 정리하면 $Z(s) = \frac{4s}{s^2 + 9} = \frac{1}{\frac{s}{4} + \frac{9}{4s}} = \frac{1}{\frac{1}{4}s + \frac{1}{\frac{4}{9}s}}$이 되므로

$\therefore C = \frac{1}{4}$[F], $L = \frac{4}{9}$[H]가 병렬로 접속된 회로로 나타낼 수 있다.

답 ①

★★★ 기사 89년 7회 / 산업 95년 5회, 12년 3회, 16년 2회

02 그림과 같은 회로가 정저항회로로 되려면 R은 몇 [Ω]이어야 하는가? (단, $L=4$[mH], $C=0.1$[μF])

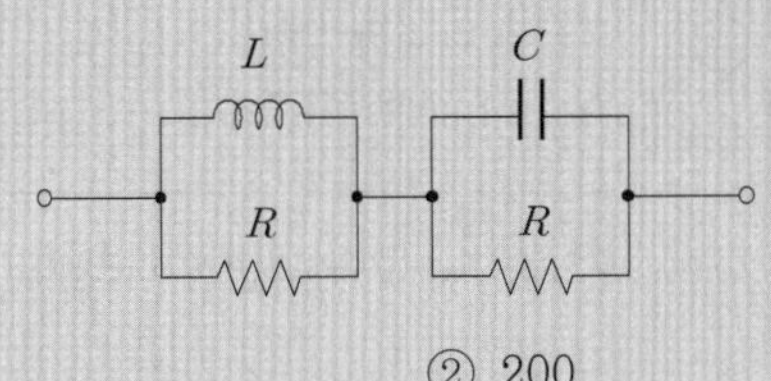

① 100
② 200
③ 2×10^{-5}
④ 2×10^{-2}

해설 정저항조건 $R=\sqrt{\frac{L}{C}}$

$$=\sqrt{\frac{4\times10^{-3}}{0.1\times10^{-6}}}=\sqrt{4\times10^{4}}=200[\Omega]$$

답 ②

기사 3.13% 출제 I 산업 6.25% 출제

출제 02 4단자망 회로

이번 단원을 일일이 증명해서 결과식을 확인하고 내용을 이해한다는 것은 많은 시간이 걸리기 때문에 자격시험 합격을 위해서는 불필요한 시간투자라 할 수 있다. 그 이유는 시험문제유형이 변하지 않고 항상 똑같은 패턴으로만 나오기 때문이다. 따라서, 내용의 개요만 파악하고 「단원 핵심정리 한눈에 보기」를 외워 문제에 적용하는 방법을 익히는 것이 가장 효율적인 학습이라 할 수 있다.

1 개요

① 지금까지 회로해석은 2개의 단자(1-port)를 갖는 회로망을 해석했지만, 전기회로는 4개의 단자(2-port)를 갖는 회로를 많이 사용하고 있다.

② 4단자 회로망에는 전송선로, 변압기, 증폭기, 필터 등이 대표적이다.

2 임피던스 파라미터

(1) 개요

① 임피던스 파라미터는 4단자망 회로 1·2차 단자전압을 구하기 위한 계수로, 키르히호프의 법칙을 이용하여 구할 수 있다.

② 전송선로는 T형 또는 π형 회로로 해석할 수 있으며 여기서는 T형 회로망을 중심으로 설명하도록 한다.

(2) 키르히호프의 법칙을 이용한 임피던스 파라미터 산출

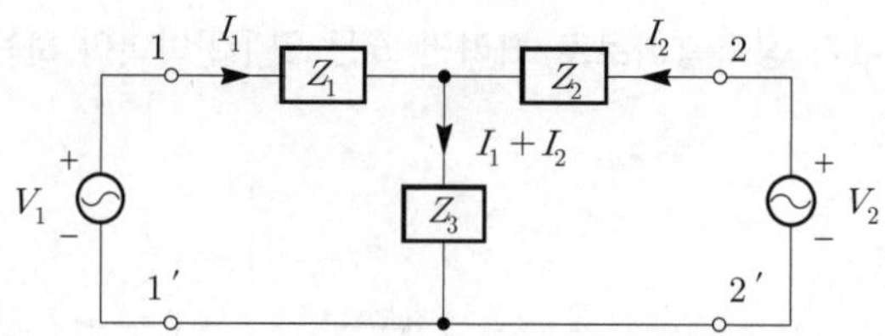

▌그림 7-3▐ 임피던스 파라미터

① $V_1 = Z_1 I_1 + Z_3(I_1 + I_2) = Z_1 I_1 + Z_3 I_1 + Z_3 I_2$
$\quad = (Z_1 + Z_3) I_1 + Z_3 I_2 = Z_{11} I_1 + Z_{12} I_2$ ………… [식 7-5]

② $V_1 = Z_2 I_2 + Z_3(I_1 + I_2) = Z_3 I_1 + Z_2 I_2 + Z_3 I_2$
$\quad = Z_3 I_1 + (Z_2 + Z_3) I_2 = Z_{21} I_1 + Z_{22} I_2$ ………… [식 7-6]

③ $Z_{11} = Z_1 + Z_3$, $Z_{12} = Z_{21} = Z_3$, $Z_{22} = Z_2 + Z_3$ ………… [식 7-7]

(3) 4단자 기본식을 이용한 임피던스 파라미터 산출

① [식 7-5]와 [식 7-6]의 결과식을 4단자 기본식으로 두어 [그림 7-4]와 같이 T형 회로 1·2차측을 개방시켜 임피던스 파라미터 Z_{11}, Z_{12}, Z_{21}, Z_{22}를 손쉽게 구할 수 있다.

② 4단자 기본식(전압방정식)

㉠ $V_1 = Z_{11} I_1 + Z_{12} I_2$ ………… [식 7-8]

㉡ $V_2 = Z_{21} I_1 + Z_{22} I_2$ ………… [식 7-9]

㉢ $\begin{bmatrix} V_1 \\ V_2 \end{bmatrix} = \begin{bmatrix} Z_{11} & Z_{12} \\ Z_{12} & Z_{22} \end{bmatrix} \begin{bmatrix} I_1 \\ I_2 \end{bmatrix}$ ………… [식 7-10]

③ 임피던스 파라미터(구동점 임피던스)

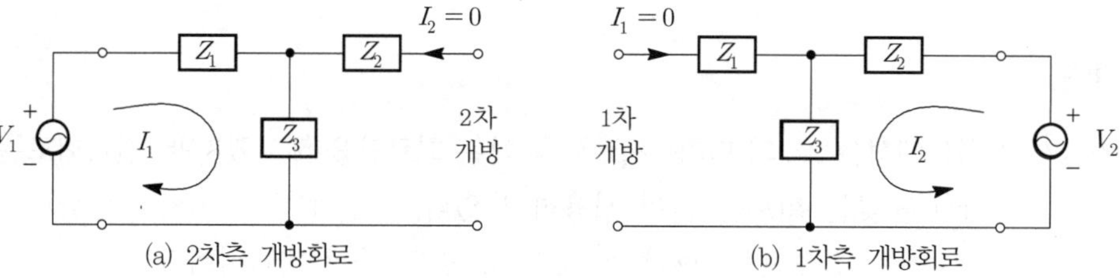

(a) 2차측 개방회로 (b) 1차측 개방회로

▌그림 7-4▐ 1·2차 개방회로

㉠ $Z_{11} = \left.\dfrac{V_1}{I_1}\right|_{I_2=0}$ (2차측 개방) ………… [식 7-11]

㉡ $Z_{21} = \left.\dfrac{V_2}{I_1}\right|_{I_2=0}$ (2차측 개방) ………… [식 7-12]

㉢ $Z_{12} = \left.\dfrac{V_1}{I_2}\right|_{I_1=0}$ (1차측 개방) ………… [식 7-13]

㉣ $Z_{22} = \left.\dfrac{V_2}{I_2}\right|_{I_1=0}$ (1차측 개방) ········· [식 7-14]

④ 2차측 개방 시 임피던스 파라미터

㉠ $Z_{11} = \dfrac{V_1}{I_1} = \dfrac{I_1(Z_1 + Z_3)}{I_1} = Z_1 + Z_3$ ········· [식 7-15]

㉡ $Z_{21} = \dfrac{V_2}{I_1} = \dfrac{I_1 Z_3}{I_1} = Z_3$ ········· [식 7-16]

⑤ 1차측 개방 시 임피던스 파라미터

㉠ $Z_{12} = \dfrac{V_1}{I_2} = \dfrac{I_2 Z_3}{I_2} = Z_3$ ········· [식 7-17]

㉡ $Z_{22} = \dfrac{V_2}{I_2} = \dfrac{I_2(Z_2 + Z_3)}{I_2} = Z_2 + Z_3$ ········· [식 7-18]

3 어드미턴스 파라미터

(1) 개요

① 어드미턴스 파라미터는 4단자망 회로 1·2차에 흐르는 전류를 구하기 위한 계수로, 중첩의 정리를 이용하여 구할 수 있다.

② [그림 7-3]의 T형 회로를 동일하게 적용하여 어드미턴스 파라미터를 산출한다.

(2) 중첩의 정리를 이용한 어드미턴스 파라미터의 산출

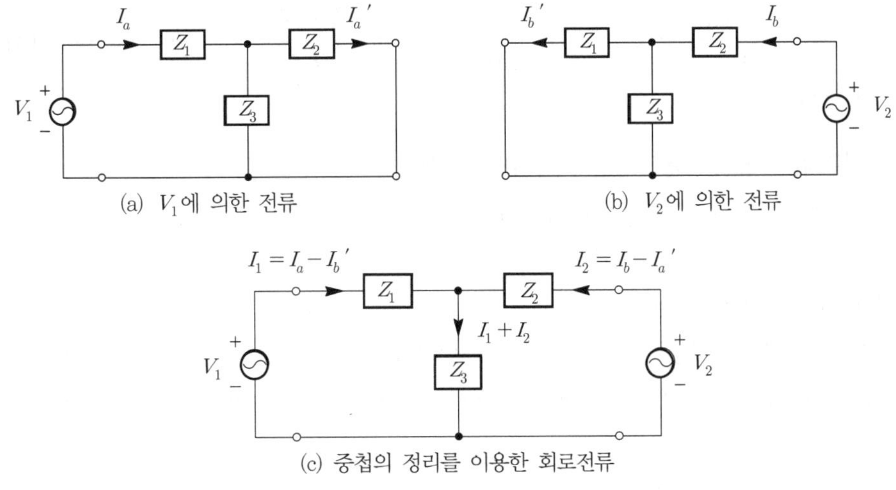

[그림 7-5] 어드미턴스 파라미터

① V_1에 의한 전류(V_2는 단락)

㉠ 합성 임피던스 : $Z_0 = Z_1 + \dfrac{Z_2 \times Z_3}{Z_2 + Z_3} = \dfrac{Z_1 Z_2 + Z_2 Z_3 + Z_3 Z_1}{Z_2 + Z_3}$ ········· [식 7-19]

㉡ $I_a = \dfrac{V_1}{Z_0} = \dfrac{Z_2 + Z_3}{Z_1 Z_2 + Z_2 Z_3 + Z_3 Z_1} \times V_1$ ································ [식 7-20]

㉢ $I_a{}' = \dfrac{Z_3}{Z_2 + Z_3} \times I_a = \dfrac{Z_3}{Z_1 Z_2 + Z_2 Z_3 + Z_3 Z_1} \times V_1$ ································ [식 7-21]

② V_2에 의한 전류(V_1은 단락)

㉠ 합성 임피던스 : $Z_0 = Z_2 + \dfrac{Z_1 \times Z_3}{Z_1 + Z_3} = \dfrac{Z_1 Z_2 + Z_2 Z_3 + Z_3 Z_1}{Z_1 + Z_3}$ ·················· [식 7-22]

㉡ $I_b = \dfrac{V_2}{Z_0} = \dfrac{Z_1 + Z_3}{Z_1 Z_2 + Z_2 Z_3 + Z_3 Z_1} \times V_2$ ································ [식 7-23]

㉢ $I_b{}' = \dfrac{Z_3}{Z_1 + Z_3} \times I_b = \dfrac{Z_3}{Z_1 Z_2 + Z_2 Z_3 + Z_3 Z_1} \times V_2$ ································ [식 7-24]

③ 전류산출

㉠ $I_1 = I_a - I_b{}' = \dfrac{Z_2 + Z_3}{Z_1 Z_2 + Z_2 Z_3 + Z_3 Z_1} \times V_1 - \dfrac{Z_3}{Z_1 Z_2 + Z_2 Z_3 + Z_3 Z_1} \times V_2$

$= Y_{11} V_1 + Y_{12} V_2$ ································ [식 7-25]

㉡ $I_2 = I_b - I_a{}' = \dfrac{Z_1 + Z_3}{Z_1 Z_2 + Z_2 Z_3 + Z_3 Z_1} \times V_2 - \dfrac{Z_3}{Z_1 Z_2 + Z_2 Z_3 + Z_3 Z_1} \times V_1$

$= -\dfrac{Z_3}{Z_1 Z_2 + Z_2 Z_3 + Z_3 Z_1} \times V_1 + \dfrac{Z_1 + Z_3}{Z_1 Z_2 + Z_2 Z_3 + Z_3 Z_1} \times V_2$

$= Y_{21} V_1 + Y_{22} V_2$ ································ [식 7-26]

㉢ $Y_{11} = \dfrac{Z_2 + Z_3}{K}$, $Y_{12} = Y_{21} = \dfrac{-Z_3}{K}$, $Y_{22} = \dfrac{Z_1 + Z_3}{K}$ ································ **[식 7-27]**

여기서, $K = Z_1 Z_2 + Z_2 Z_3 + Z_3 Z_1$

(3) 4단자 기본식을 이용한 어드미턴스 파라미터 산출

① [식 7-25]와 [식 7-26]의 결과식을 4단자 기본식으로 두어 [그림 7-6]과 같이 T형 회로 1·2차측을 단락시켜 어드미턴스 파라미터 Y_{11}, Y_{12}, Y_{21}, Y_{22}를 손쉽게 구할 수 있다.

② 4단자 기본식(전류방정식)

㉠ $I_1 = Y_{11} V_1 + Y_{12} V_2$ ································ **[식 7-28]**

㉡ $I_2 = Y_{21} V_1 + Y_{22} V_2$ ································ **[식 7-29]**

㉢ $\begin{bmatrix} I_1 \\ I_2 \end{bmatrix} = \begin{bmatrix} Y_{11} & Y_{12} \\ Y_{12} & Y_{22} \end{bmatrix} \begin{bmatrix} V_1 \\ V_2 \end{bmatrix}$ ································ **[식 7-30]**

③ 어드미턴스 파라미터

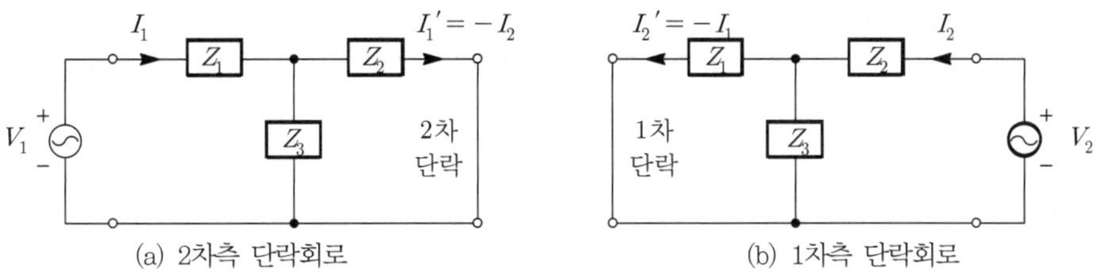

(a) 2차측 단락회로 (b) 1차측 단락회로

┃그림 7-6┃ 1·2차 단락회로

㉠ $Y_{11} = \left.\dfrac{I_1}{V_1}\right|_{V_2=0}$ (2차측 단락) ······ [식 7-31]

㉡ $Y_{21} = \left.\dfrac{I_2}{V_1}\right|_{V_2=0}$ (2차측 단락) ······ [식 7-32]

㉢ $Y_{12} = \left.\dfrac{I_1}{V_2}\right|_{V_1=0}$ (1차측 단락) ······ [식 7-33]

㉣ $Y_{22} = \left.\dfrac{I_2}{V_2}\right|_{V_1=0}$ (1차측 단락) ······ [식 7-34]

④ 2차측 단락 시 어드미턴스 파라미터

㉠ $$Y_{11} = \frac{I_1}{V_1} = \frac{I_1}{I_1 \times Z_0} = \frac{1}{Z_0} = \frac{1}{Z_1 + \dfrac{Z_2 \times Z_3}{Z_2 + Z_3}}$$

$$= \frac{Z_2 + Z_3}{Z_1 Z_2 + Z_2 Z_3 + Z_3 Z_1} = \frac{Z_2 + Z_3}{K}$$ ······ [식 7-35]

㉡ $$Y_{21} = \frac{I_2}{V_1} = \frac{-I_1'}{V_1} = -\frac{I_1}{V_1} \times \frac{Z_3}{Z_2 + Z_3} = -\frac{I_1}{I_1 Z_0} \times \frac{Z_3}{Z_2 + Z_3}$$

$$= -\frac{I_1}{I_1\left(Z_1 + \dfrac{Z_2 \times Z_3}{Z_2 + Z_3}\right)} \times \frac{Z_3}{Z_2 + Z_3} = -\frac{Z_2 + Z_3}{Z_1 Z_2 + Z_2 Z_3 + Z_3 Z_1} \times \frac{Z_3}{Z_2 + Z_3}$$

$$= -\frac{Z_3}{Z_1 Z_2 + Z_2 Z_3 + Z_3 Z_1} = \frac{-Z_3}{K}$$ ······ [식 7-36]

여기서, [그림 7-3]에서 I_2와 [그림 7-6]에서 I_1'를 보면 전류의 방향이 서로 반대가 되므로 $I_2 = -I_1'$의 관계가 된다.

⑤ 1차측 단락 시 어드미턴스 파라미터

㉠ $$Y_{12} = \frac{I_1}{V_2} = \frac{-I_2'}{V_2} = -\frac{I_2}{V_2} \times \frac{Z_3}{Z_1 + Z_3} = -\frac{I_2}{I_2 Z_0} \times \frac{Z_3}{Z_1 + Z_3}$$

$$= -\frac{I_2}{I_2\left(Z_2 + \dfrac{Z_1 \times Z_3}{Z_1 + Z_3}\right)} \times \frac{Z_3}{Z_1 + Z_3} = -\frac{Z_1 + Z_3}{Z_1 Z_2 + Z_2 Z_3 + Z_3 Z_1} \times \frac{Z_3}{Z_1 + Z_3}$$

$$= -\frac{Z_3}{Z_1Z_2+Z_2Z_3+Z_3Z_1} = \frac{-Z_3}{K} \quad \text{[식 7-37]}$$

여기서, [그림 7-3]에서 I_1과 [그림 7-6]에서 I_2'를 보면 전류의 방향이 서로 반대가 되므로 $I_1 = -I_2'$의 관계가 된다.

㉡ $$Y_{22} = \frac{I_2}{V_2} = \frac{I_2}{I_2 \times Z_0} = \frac{1}{Z_0} = \frac{1}{Z_2 + \dfrac{Z_1 \times Z_3}{Z_1+Z_3}}$$

$$= \frac{Z_1+Z_3}{Z_1Z_2+Z_2Z_3+Z_3Z_1} = \frac{Z_1+Z_3}{K} \quad \text{[식 7-38]}$$

4 $ABCD$ 파라미터

(1) 개요

① 신호전송 문제를 다룰 때에는 한쪽 단자의 전압·전류를 다른 쪽 단자에서의 전압·전류로 표시해야 할 경우가 있다.

② 2차측 전압·전류를 이용하여 1차측 전압·전류를 구하기 위한 계수로 $ABCD$ 파라미터(4단자 정수)를 이용한다.

③ 전력공학에서는 $ABCD$ 파라미터(4단자 정수)를 키르히호프의 법칙을 이용하여 구하지만, 여기서는 어드미턴스 파라미터를 활용해서 얻어진 4단자 방정식을 이용하여 구하도록 한다.

(2) 어드미턴스 파라미터에 의한 해석

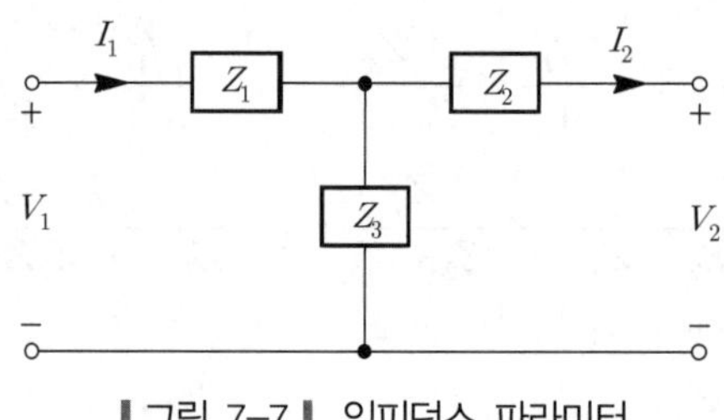

▌그림 7-7▐ 임피던스 파라미터

① [식 7-29]를 이용하여 V_1을 구할 수 있으며 [그림 7-3]과 [그림 7-7]의 I_2의 방향이 반대이므로 [식 7-29]에서 I_2에 −부호를 붙인다.

$-I_2 = Y_{21}V_1 + Y_{22}V_2$에서 $Y_{21}V_1 = -Y_{22}V_2 - I_2$

$$V_1 = -\frac{Y_{22}}{Y_{21}}V_2 - \frac{1}{Y_{21}}I_2 = -\frac{\dfrac{Z_1+Z_3}{K}}{-\dfrac{Z_3}{K}}V_2 - \frac{1}{-\dfrac{Z_3}{K}}I_2 = \frac{Z_1+Z_3}{Z_3}V_2 + \frac{K}{Z_3}I_2$$

$$\therefore\ V_1 = AV_2 + BI_2 \quad \text{[식 7-39]}$$

② [식 7-28]을 이용하여 I_1을 구한다.

$$I_1 = Y_{11}V_1 + Y_{12}V_2 = Y_{11}\left(-\frac{Y_{22}}{Y_{21}}V_2 - \frac{1}{Y_{21}}I_2\right) + Y_{12}V_2$$

$$= -\frac{Y_{11}Y_{22}}{Y_{21}}V_2 - \frac{Y_{11}}{Y_{21}}I_2 + \frac{Y_{12}Y_{21}}{Y_{21}}V_2 = \left(\frac{Y_{12}Y_{21}}{Y_{21}} - \frac{Y_{11}Y_{22}}{Y_{21}}\right)V_2 - \frac{Y_{11}}{Y_{21}}I_2$$

$$= \left(Y_{12} - \frac{\dfrac{(Z_1+Z_3)(Z_2+Z_3)}{K^2}}{-\dfrac{Z_3}{K}}\right)V_2 - \frac{Z_2+Z_3}{-Z_3}I_2$$

$$= \left(-\frac{Z_3}{K} + \frac{K+Z_3^2}{Z_3K}\right)V_2 + \frac{Z_2+Z_3}{Z_3}I_2 = \frac{1}{Z_3}V_2 + \frac{Z_2+Z_3}{Z_3}I_2$$

$\therefore\ I_1 = CV_2 + DI_2$ ···················· [식 7-40]

③ $A = \dfrac{Z_1+Z_3}{Z_3}$, $B = \dfrac{K}{Z_3}$, $C = \dfrac{1}{Z_3}$, $D = \dfrac{Z_2+Z_3}{Z_3}$ ···················· **[식 7-41]**

여기서, $K = Z_1Z_2 + Z_2Z_3 + Z_3Z_1$

(3) 4단자 기본식을 이용한 $ABCD$ 파라미터 산출

① 4단자 기본식(4단자 방정식) : [식 7-39]와 [식 7-40]의 결과식을 4단자 기본식으로 두어 [그림 7-8]과 같이 2차측 개방 · 단락 시험을 통해 $ABCD$ 파라미터를 손쉽게 구할 수 있다.

㉠ $V_1 = AV_2 + BI_2$ ···················· **[식 7-42]**

㉡ $I_1 = CV_2 + DI_2$ ···················· **[식 7-43]**

㉢ $\begin{bmatrix} V_1 \\ I_1 \end{bmatrix} = \begin{bmatrix} A & B \\ C & D \end{bmatrix}\begin{bmatrix} V_2 \\ I_2 \end{bmatrix}$ ···················· **[식 7-44]**

② $ABCD$ 파라미터

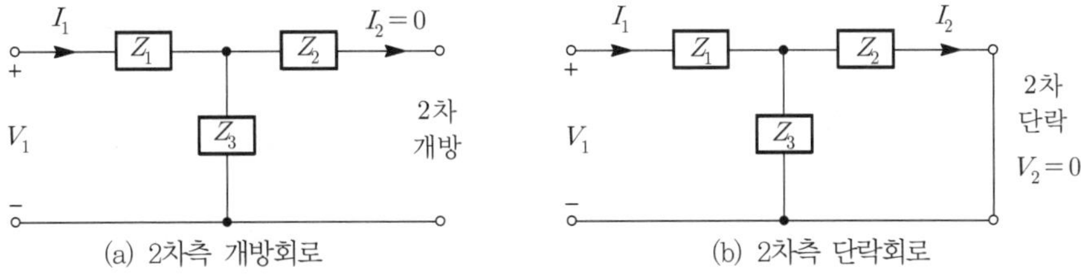

▌그림 7-8▐ 2차 개방 · 단락 회로

㉠ $A = \left.\dfrac{V_1}{V_2}\right|_{I_2=0}$ (2차측 개방, 역방향 전압이득) ···················· [식 7-45]

㉡ $B = \left.\dfrac{V_1}{I_2}\right|_{V_2=0}$ (2차측 단락, 역방향 전달 임피던스) ···················· [식 7-46]

㉢ $C = \left. \dfrac{I_1}{V_2} \right|_{I_2 = 0}$ (2차측 개방, 역방향 전달 어드미턴스) ………………………… [식 7-47]

㉣ $D = \left. \dfrac{I_1}{I_2} \right|_{V_2 = 0}$ (2차측 단락, 역방향 전류이득) ……………………………… [식 7-48]

③ 2차측 개방 시($I_2 = 0$) 4단자 정수

㉠ $A = \dfrac{V_1}{V_2} = \dfrac{I_1(Z_1 + Z_3)}{I_1 Z_3} = \dfrac{Z_1 + Z_3}{Z_3} = 1 + \dfrac{Z_1}{Z_3}$ ……………………………… [식 7-49]

㉡ $C = \dfrac{I_1}{V_2} = \dfrac{I_1}{I_1 Z_3} = \dfrac{1}{Z_3}$ ……………………………………………………… [식 7-50]

④ 2차측 단락 시($V_2 = 0$) 4단자 정수

㉠ $I_1 = \dfrac{V_1}{Z_0} = \dfrac{V_1}{Z_1 + \dfrac{Z_2 \times Z_3}{Z_2 + Z_3}} = \dfrac{Z_2 + Z_3}{Z_1 Z_2 + Z_2 Z_3 + Z_3 Z_1} V_1$ ………………………… [식 7-51]

㉡ $I_2 = \dfrac{Z_3}{Z_2 + Z_3} \times I_1 = \dfrac{Z_3}{Z_1 Z_2 + Z_2 Z_3 + Z_3 Z_1} V_1$ ………………………………… [식 7-52]

㉢ $B = \dfrac{V_1}{I_2} = \dfrac{Z_1 Z_2 + Z_2 Z_3 + Z_3 Z_1}{Z_3} = \dfrac{K}{Z_3}$ ……………………………………… [식 7-53]

㉣ $D = \dfrac{I_1}{I_2} = \dfrac{Z_2 + Z_3}{Z_3} = 1 + \dfrac{Z_2}{Z_3}$ ……………………………………………………… [식 7-54]

⑤ **[식 7-41]과 같이 4단자 정수는 $AD - BC = 1$의 관계가 성립되며, 회로망이 대칭($Z_1 = Z_2$)이면 $A = D$가 된다.**

5 변압기와 발전기의 4단자 정수

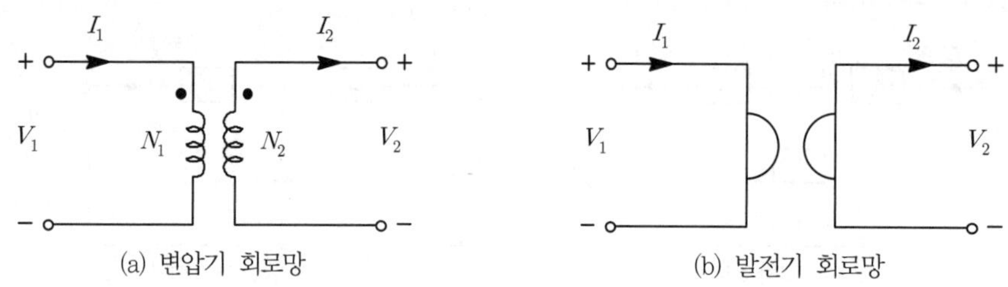

▌그림 7-9▐ 변압기·발전기의 회로망

(1) 이상적 변압기의 4단자 정수

① 개요

㉠ 이상적인 변압기는 내부 임피던스 및 어드미턴스가 0인 변압기로, 입력측 전력과 출력측 전력이 같다. 즉, $V_1 I_1 = V_2 I_2$이 관계를 갖는다.

㉡ 변압기 권선수비를 이용하여 4 단자 정수를 구할 수 있다. 권선수비 a는 아래와 같다.

$$a=\frac{N_1}{N_2}=\frac{V_1}{V_2}=\frac{I_2}{I_1}=\sqrt{\frac{L_1}{L_2}}=\sqrt{\frac{Z_1}{Z_2}} \quad \text{[식 7-55]}$$

여기서, 유도기전력 $e=-V=N\frac{d\phi}{dt} \rightarrow V\propto N$

인덕턴스 $L=\frac{\mu SN^2}{l} \rightarrow L\propto N^2$

② 변압기 4단자 정수

㉠ 권선수비를 4단자 방정식의 형태로 정리하면 다음과 같다.

$$\begin{aligned} V_1 &= a\,V_2+0\,I_2 \\ I_1 &= 0\,V_2+\frac{1}{a}I_2 \end{aligned} \rightarrow \begin{bmatrix} V_1 \\ I_1 \end{bmatrix}=\begin{bmatrix} a & 0 \\ 0 & \frac{1}{a} \end{bmatrix}\begin{bmatrix} V_2 \\ I_2 \end{bmatrix} \quad \text{[식 7-56]}$$

㉡ $A=a,\ B=0,\ C=0,\ D=\frac{1}{a}$ ······ **[식 7-57]**

③ 임피던스 환산

㉠ $Z_1=\frac{V_1}{I_1}=\frac{a\,V_2}{\frac{1}{a}I_2}=a^2Z_2$ ······ **[식 7-58]**

㉡ 변압기 1·2차 임피던스는 [식 7-58]과 같이 a^2의 관계를 갖는다. 즉, 변압기 2차에 연결된 임피던스를 1차로 환산할 경우 a^2을 곱해주면 된다.

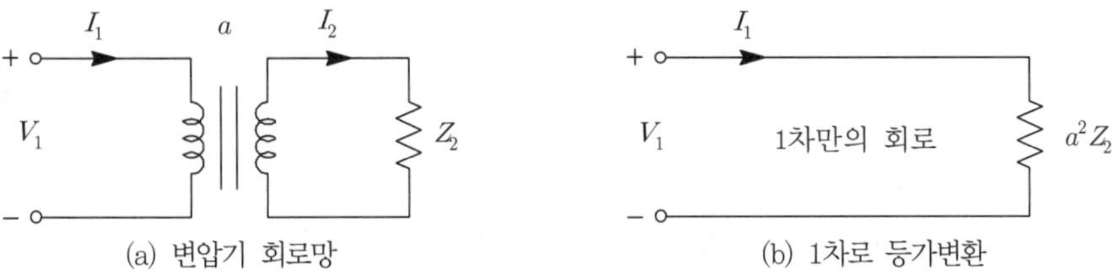

▌그림 7-10▐ 임피던스 환산

(2) 발전기의 4단자 정수

① 개요

㉠ 발전기회로에서는 자레이터 a를 이용하여 4단자 정수를 구한다.

㉡ 자레이터는 다음과 같다.

$$a=\frac{V_1}{I_2}=\frac{V_2}{I_1} \quad \text{[식 7-59]}$$

② 발전기 4단자 정수

㉠ 자레이터를 4단자 방정식의 형태로 정리하면 다음과 같다.

$$\begin{aligned} V_1 &= 0\,V_2+a\,I_2 \\ I_1 &= \frac{1}{a}V_2+0\,I_2 \end{aligned} \rightarrow \begin{bmatrix} V_1 \\ I_1 \end{bmatrix}=\begin{bmatrix} 0 & a \\ \frac{1}{a} & 0 \end{bmatrix}\begin{bmatrix} V_2 \\ I_2 \end{bmatrix} \quad \text{[식 7-60]}$$

ⓛ $A=0,\ B=a,\ C=\frac{1}{a},\ D=0$ ······ [식 7-61]

단원 확인기출문제

★★★★ 기사 14년 1회 / 산업 90년 6회, 99년 3회, 07년 4회

03 그림과 같은 T형 4단자 회로의 4단자 정수 중 D의 값은?

① $1+\frac{Z_2}{Z_3}$

② $1+\frac{Z_3}{Z_2}$

③ $1+\frac{Z_1}{Z_2}$

④ $1+\frac{Z_2}{Z_1}$

해설

Z만의 회로	Y만의 회로	T형 등가회로	π형 등가회로
$\begin{bmatrix} A & B \\ C & D \end{bmatrix}=\begin{bmatrix} 1 & Z \\ 0 & 1 \end{bmatrix}$	$\begin{bmatrix} A & B \\ C & D \end{bmatrix}=\begin{bmatrix} 1 & 0 \\ Y & 1 \end{bmatrix}$	$\begin{bmatrix} 1+\frac{Z_1}{Z_3} & \frac{Z_1Z_2+Z_2Z_3+Z_3Z_1}{Z_3} \\ \frac{1}{Z_3} & 1+\frac{Z_2}{Z_3} \end{bmatrix}$	$\begin{bmatrix} 1+\frac{Z_2}{Z_3} & Z_2 \\ \frac{Z_1+Z_2+Z_3}{Z_1Z_3} & 1+\frac{Z_2}{Z_1} \end{bmatrix}$

답 ①

★★★★ 산업 91년 5회, 98년 3회

04 다음 회로에 4단자 상수 중 잘못 구해진 것은 어느 것인가?

① $A=2$

② $B=12$

③ $C=\frac{1}{2}$

④ $D=2$

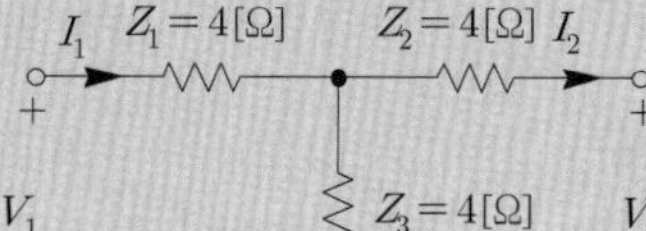

해설 ① $A=1+\frac{Z_1}{Z_3}=1+\frac{4}{4}=2$

② $B=\frac{Z_1Z_2+Z_2Z_3+Z_3Z_1}{Z_3}=\frac{16\times3}{4}=12$

③ $C=\frac{1}{Z_3}=\frac{1}{4}$

④ $D=1+\frac{Z_2}{Z_3}=1+1=2$

답 ③

기사 0.49% 출제 | 산업 1.25% 출제

출제 03 영상 파라미터

이번 단원은 시험출제빈도가 매우 낮은 편이고, 대부분 [식 7-66, 67, 68, 73]을 물어보는 문제가 많으므로 개요만 정리하고, 해당 기출문제를 풀면서 시험유형만 익히도록 한다.

1 개요

① 지금까지 $ABCD$ 파라미터는 전원측과 부하측 임피던스를 고려하지 않고 오직 전송선로에 대해서만 해석했다.

② 실제 회로망에서는 전송선로 외부에 임피던스를 접속해서 해석해야 하고 이러한 부분을 고려하여 사용하는 계수가 영상 파라미터이다.

③ 영상 파라미터를 이용하면 임피던스 정합(impedance matching)과 필터 설계 등에 활용할 수 있다.

2 영상 임피던스(image impedance)

(1) 정의

① [그림 7-11]과 같이 4단자 회로에 입력단자 $1-1'$에 임피던스 Z_{01}을 접속하고 출력단자 $2-2'$에 임피던스 Z_{02}를 연결한 경우 $1-1'$ 단자에서 우측으로 본 임피던스나 좌측으로 본 임피던스가 같다고 하면 이들의 관계 Z_{01}, Z_{02}를 영상 임피던스라 한다.

② [그림 7-11] (b)와 같이 영상 임피던스가 입·출력에 접속된 회로망을 가지고 영상 정합(image matching)되어 있다고 한다.

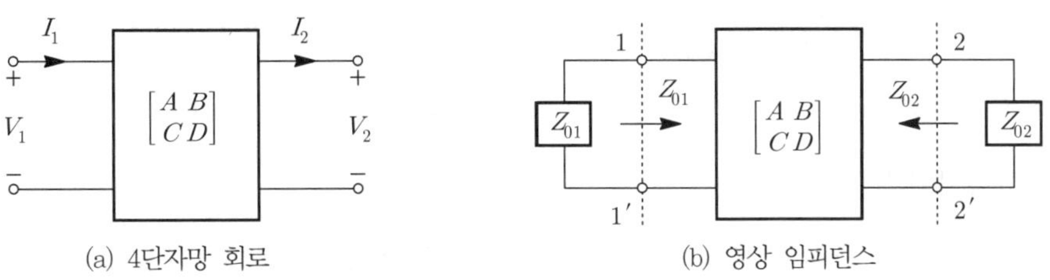

(a) 4단자망 회로 (b) 영상 임피던스

| 그림 7-11 | 영상 임피던스

(2) 4단자 방정식

① $\begin{aligned} V_1 &= AV_2 + BI_2 \\ I_1 &= CV_2 + DI_2 \end{aligned} \rightarrow \begin{bmatrix} V_1 \\ I_1 \end{bmatrix} = \begin{bmatrix} A & B \\ C & D \end{bmatrix} \begin{bmatrix} V_2 \\ I_2 \end{bmatrix}$ ……………… [식 7-62]

② $\begin{bmatrix} V_2 \\ I_2' \end{bmatrix} = \begin{bmatrix} A & B \\ C & D \end{bmatrix}^{-1} \begin{bmatrix} V_1 \\ I_1' \end{bmatrix} \rightarrow \begin{bmatrix} V_2 \\ -I_2 \end{bmatrix} = \begin{bmatrix} D & -B \\ -C & A \end{bmatrix} \begin{bmatrix} V_1 \\ -I_1 \end{bmatrix}$

여기서, $I_1' = -I_1$, $I_2' = -I_2$, $AD-BC=1$

$$\begin{bmatrix} A & B \\ C & D \end{bmatrix}^{-1} = \frac{1}{AD-BC}\begin{bmatrix} D & -B \\ -C & A \end{bmatrix} = \begin{bmatrix} D & -B \\ -C & A \end{bmatrix}$$

$I_2' = -I_2 = -CV_1 + AI_1' = -CV_1 - AI_1$

$\therefore\ V_1 = AV_2 + BI_2,\ V_2 = DV_1 + BI_1$ ······ [식 7-63]

$I_1 = CV_2 + DI_2,\ I_2 = CV_1 + AI_1$

(3) 영상 임피던스(image impedance)

① $Z_{01} = \dfrac{V_1}{I_1} = \dfrac{AV_2 + BI_2}{CV_2 + DI_2} = \dfrac{AZ_{02} + B}{CZ_{02} + D}$

$\therefore\ CZ_{01}Z_{02} + DZ_{01} = AZ_{02} + B$ ······ [식 7-64]

② $Z_{02} = \dfrac{V_2}{I_2} = \dfrac{DV_1 + BI_1}{CV_1 + AI_1} = \dfrac{DZ_{01} + B}{CZ_{01} + A}$

$CZ_{01}Z_{02} + AZ_{02} = DZ_{01} + B$

$\therefore\ CZ_{01}Z_{02} - DZ_{01} = -AZ_{02} + B$ ······ [식 7-65]

③ [식 7-64]에서 [식 7-65]를 더해서 정리하면 다음과 같다.

$2CZ_{01}Z_{02} = 2B$

$\therefore\ Z_{01}Z_{02} = \dfrac{B}{C}$ ······ [식 7-66]

④ [식 7-64]에서 [식 7-65]를 빼주어 정리하면 다음과 같다.

$2DZ_{01} = 2AZ_{02}$

$\therefore\ \dfrac{Z_{01}}{Z_{02}} = \dfrac{A}{D}$ ······ [식 7-67]

⑤ [식 7-66]과 [식 7-67]을 곱해서 영상 임피던스 Z_{01}을 구할 수 있다.

영상 임피던스 : $Z_{01} = \sqrt{\dfrac{AB}{CD}}$ ······ **[식 7-68]**

⑥ [식 7-66]과 [식 7-67]을 나누어 영상 임피던스 Z_{02}를 구할 수 있다.

영상 임피던스 : $Z_{02} = \sqrt{\dfrac{BD}{AC}}$ ······ **[식 7-69]**

⑦ **영상 임피던스 조건은 대칭관계이므로** $A = D$**되어** $Z_{01} = Z_{02}$**가 된다.**

영상 임피던스 : $Z_{01} = Z_{02} = \sqrt{\dfrac{B}{C}}$ ······ **[식 7-70]**

3 영상 전달정수(image transfer constant)

(1) 이득비

① $\frac{V_1}{V_2} = A + B\frac{I_2}{V_2} = A + \frac{B}{Z_{02}} = A + B\sqrt{\frac{AC}{BD}} = A + \sqrt{\frac{ABC}{D}}$

$= \sqrt{\frac{A}{D}}(\sqrt{AD} + \sqrt{BC})$ ………… [식 7-71]

② $\frac{I_1}{I_2} = C\frac{V_2}{I_2} + D = CZ_{02} + D = C\sqrt{\frac{BD}{AC}} + D = \sqrt{\frac{BCD}{A}} + D$

$= \sqrt{\frac{D}{A}}(\sqrt{AD} + \sqrt{BC})$ ………… [식 7-72]

(2) 영상 전달정수 θ

① 영상정합이 되었을 때 $e^{\theta} = \sqrt{\frac{V_1 I_1}{V_2 I_2}}$ 에 의해 정의되는 θ를 영상 전달정수라 한다.

② $e^{\theta} = \sqrt{\frac{V_1 I_1}{V_2 I_2}} = \sqrt{AD} + \sqrt{BC}$ ………… [식 7-73]

③ $e^{-\theta} = \frac{1}{e^{\theta}} = \sqrt{AD} - \sqrt{BC}$ ………… [식 7-74]

④ 영상 전달정수는 [식 7-73] 양변에 자연로그를 취해서 구할 수 있다.

$\log_e e^{\theta} = \theta = \log_e(\sqrt{AD} + \sqrt{BC})$

∴ **영상 전달정수** : $\theta = \log_e(\sqrt{AD} + \sqrt{BC})$ ………… **[식 7-75]**

(3) 영상 파라미터와 4단자 정수의 관계

① $e^{\theta} + e^{-\theta} = 2\sqrt{AD}$

∴ $\sqrt{AD} = \frac{1}{2}(e^{\theta} + e^{-\theta}) = \cosh\theta$ ………… [식 7-76]

② $e^{\theta} - e^{-\theta} = 2\sqrt{BC}$

∴ $\sqrt{BC} = \frac{1}{2}(e^{\theta} - e^{-\theta}) = \sinh\theta$ ………… [식 7-77]

③ $\frac{Z_{01}}{Z_{02}} = \frac{A}{D}$, $Z_{01}Z_{02} = \frac{B}{C}$, $\cosh\theta = \sqrt{AD}$, $\sinh\theta = \sqrt{BC}$ 의 관계에서 4단자 정수를 표현할 수 있다.

㉠ $A = \sqrt{\frac{A}{D}} \cdot \sqrt{AD} = \sqrt{\frac{Z_{01}}{Z_{02}}}\cosh\theta$ ………… **[식 7-78]**

㉡ $B = \sqrt{\frac{B}{C}} \cdot \sqrt{BC} = \sqrt{Z_{01}Z_{02}}\sinh\theta$ ………… **[식 7-79]**

㉢ $C=\sqrt{\frac{C}{B}}\cdot\sqrt{BC}=\frac{1}{\sqrt{Z_{01}Z_{02}}}\sinh\theta$ ………………………… [식 7-80]

㉣ $D=\sqrt{\frac{D}{A}}\cdot\sqrt{AD}=\sqrt{\frac{Z_{02}}{Z_{01}}}\cosh\theta$ ………………………… [식 7-81]

단원 확인 기출문제

★★ 기사 90년 2회, 92년 3회, 02년 2회, 05년 4회 / 산업 90년 7회, 92년 6회, 99년 5회, 03년 2회, 07년 4회

05 다음과 같은 회로의 영상 임피던스 Z_{01}, Z_{02}는 어떻게 되는가?

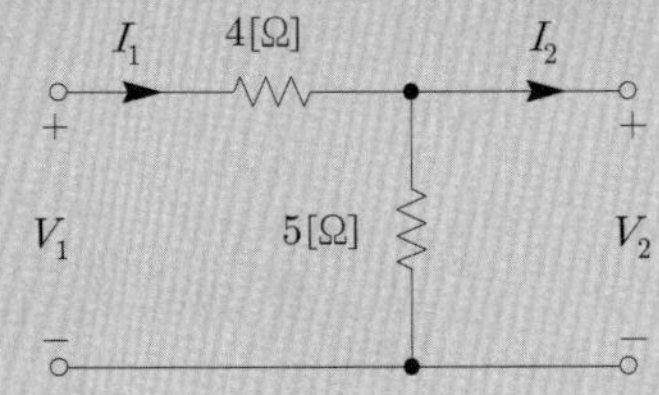

① $Z_{01}=9[\Omega]$, $Z_{02}=5[\Omega]$　　② $Z_{01}=4[\Omega]$, $Z_{02}=5[\Omega]$

③ $Z_{01}=6[\Omega]$, $Z_{02}=\frac{10}{3}[\Omega]$　　④ $Z_{01}=5[\Omega]$, $Z_{02}=\frac{11}{3}[\Omega]$

해설 4단자 정수 $A=1+\frac{4}{5}=\frac{9}{5}$, $B=\frac{4\times5}{5}=4$, $C=\frac{1}{5}$, $D=1$이므로 영상 임피던스는 다음과 같다.

$$\therefore Z_{01}=\sqrt{\frac{AB}{CD}}=\sqrt{\frac{\frac{9}{5}\times4}{\frac{1}{5}\times1}}=6[\Omega],\ Z_{02}=\sqrt{\frac{BD}{AC}}=\sqrt{\frac{1\times4}{\frac{9}{5}\times\frac{1}{5}}}=\frac{10}{3}[\Omega]$$

답 ③

단원 핵심정리 한눈에 보기

1. 영점과 극점

영점(zero)	극점(pole)
① 구동점 임피던스 $Z(s)=0$이 되기 위한 s의 해 ② 회로적 의미 : 단락(short) 상태	① 구동점 임피던스 $Z(s)=\infty$가 되기 위한 s의 해 ② 회로적 의미 : 개방(open) 상태

2. 정저항회로

① 주파수에 관계없이 항상 일정한 회로로 리액턴스 성분을 0으로 만들면 된다.

② 조건 : $R^2 = Z_1 Z_2 \Rightarrow R = \sqrt{Z_1 Z_2} = \sqrt{\dfrac{L}{C}}$ $\left(\text{여기서, } Z_1 = LS,\ Z_2 = \dfrac{1}{CS}\right)$

3. 4단자 기본식

구분	4단자 기본식	행렬식 표현
임피던스 파라미터	$V_1 = Z_{11} I_1 + Z_{12} I_2$ $V_2 = Z_{21} I_1 + Z_{22} I_2$	$\begin{bmatrix} V_1 \\ V_2 \end{bmatrix} = \begin{bmatrix} Z_{11} & Z_{12} \\ Z_{21} & Z_{22} \end{bmatrix} \begin{bmatrix} I_1 \\ I_2 \end{bmatrix}$
어드미턴스 파라미터	$I_1 = Y_{11} V_1 + Y_{12} V_2$ $I_2 = Y_{21} V_1 + Y_{22} V_2$	$\begin{bmatrix} I_1 \\ I_2 \end{bmatrix} = \begin{bmatrix} Y_{11} & Y_{12} \\ Y_{21} & Y_{22} \end{bmatrix} \begin{bmatrix} V_1 \\ V_2 \end{bmatrix}$
4단자 파라미터	$V_1 = A V_2 + B I_2$ $I_1 = C V_2 + D I_2$	$\begin{bmatrix} V_1 \\ I_1 \end{bmatrix} = \begin{bmatrix} A & B \\ C & D \end{bmatrix} \begin{bmatrix} V_2 \\ I_2 \end{bmatrix}$

4. 임피던스 파라미터

회로	임피던스 파라미터
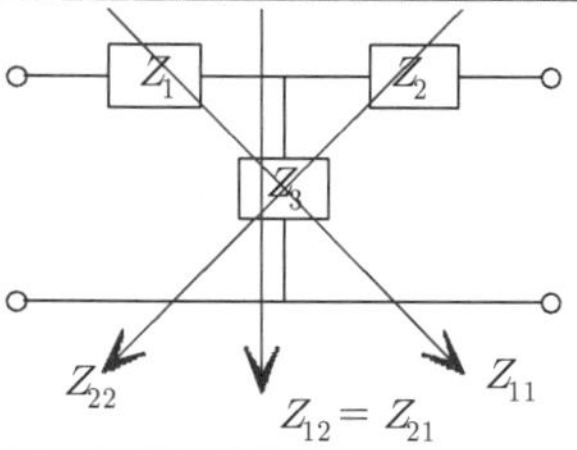 Z_1, Z_2, Z_3, Z_{22}, $Z_{12}=Z_{21}$, Z_{11}	① $Z_{11} = Z_1 + Z_3$ ② $Z_{12} = Z_{21} = Z_3$ ③ $Z_{22} = Z_2 + Z_3$
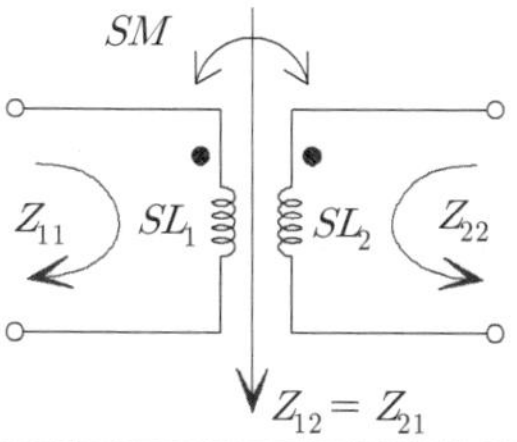 SM, Z_{11}, SL_1, SL_2, Z_{22}, $Z_{12}=Z_{21}$	① $Z_{11} = SL_1$ ② $Z_{12} = Z_{21} = SM$ ③ $Z_{22} = SL_2$ ※ 앞의 본문 그림 2-29, 2-30 참조

5. 어드미턴스 파라미터

회로	어드미턴스 파라미터
V_1 V_2 Z_1 Z_2 Z_3 − Y_{11} $Y_{12}=Y_{21}$ Y_{22}	① $Y_{11}=\dfrac{Z_2+Z_3}{k}$ ② $Y_{12}=Y_{21}=-\dfrac{Z_3}{k}$ ③ $Y_{22}=\dfrac{Z_1+Z_3}{k}$ ※ $k=Z_1Z_2+Z_2Z_3+Z_3Z_1$
Y_2 Y_1 Y_3 − Y_{11} $Y_{12}=Y_{21}$ Y_{22}	① $Y_{11}=Y_1+Y_2$ ② $Y_{12}=Y_{21}=-Y_2$ ③ $Y_{22}=Y_2+Y_3$

6. $ABCD$ 파라미터(4단자 정수)

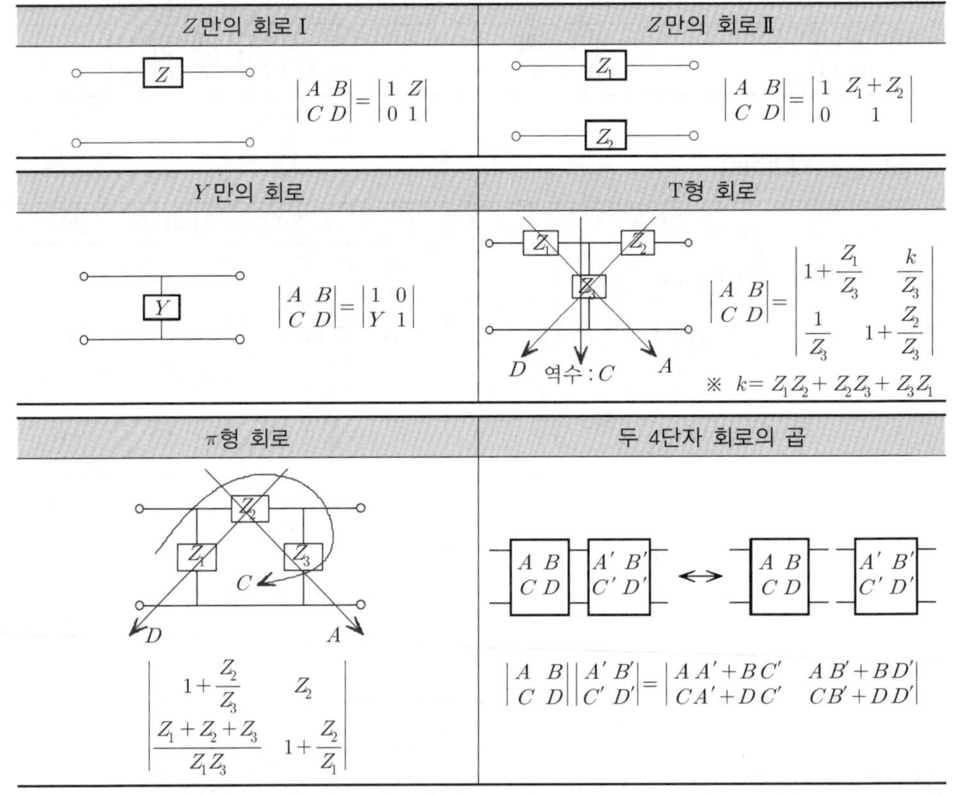

변압기회로	발전기회로
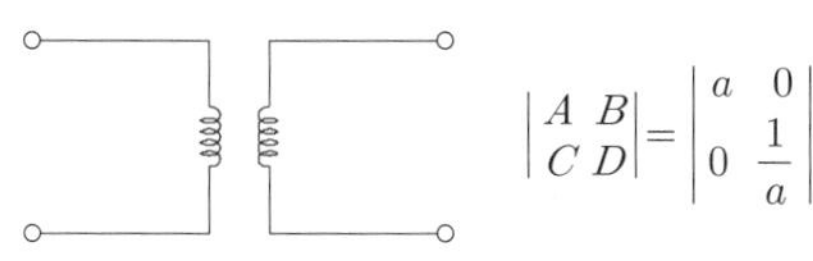 $\begin{vmatrix} A & B \\ C & D \end{vmatrix} = \begin{vmatrix} a & 0 \\ 0 & \dfrac{1}{a} \end{vmatrix}$ ① 이상적 변압기조건 : $P_1 = P_2\,(V_1 I_1 = V_2 I_2)$ ② 권선수비 : $a(n) = \dfrac{N_1}{N_2} = \dfrac{V_1}{V_2} = \dfrac{I_2}{I_1} = \sqrt{\dfrac{L_1}{L_2}}$ $\left(L = \dfrac{\mu S N^2}{l} \propto N^2\right)$ ③ 2차 저항을 1차 저항으로 환산 : $R_1 = a^2 R_2$	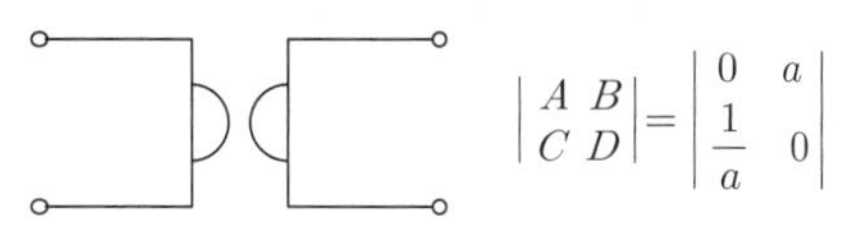 $\begin{vmatrix} A & B \\ C & D \end{vmatrix} = \begin{vmatrix} 0 & a \\ \dfrac{1}{a} & 0 \end{vmatrix}$ ① 자레이터 $a = \dfrac{V_1}{I_2} = \dfrac{V_2}{I_1}$ ② 1차 저항과 2차 저항의 관계 $R_1 = \dfrac{V_1}{I_1} = \dfrac{aI_2}{\dfrac{V_2}{a}} = a^2 \dfrac{I_2}{V_2} = a^2 \dfrac{1}{R_2}$ $\therefore\ R_1 R_2 = a^2$

7. 영상 파라미터

① 영상 임피던스

㉠ $Z_{01} = \sqrt{\dfrac{AB}{CD}}$

㉡ $Z_{02} = \sqrt{\dfrac{BD}{AC}}$

㉢ $Z_{01} Z_{02} = \dfrac{B}{C}$

㉣ $\dfrac{Z_{01}}{Z_{02}} = \dfrac{A}{D}$

㉤ $A = D$의 경우 : $Z_{01} = Z_{02} = \sqrt{\dfrac{B}{C}}$

② 영상 전달정수

㉠ 영상 전달정수 : $\theta = \log_e\left(\sqrt{AD} + \sqrt{BC}\right) = \ln\left(\sqrt{AD} + \sqrt{BC}\right)$

㉡ $\sqrt{AD} = \cosh\theta$에서 영상 전달정수 : $\theta = \cosh^{-1}\sqrt{AD}$

㉢ $\sqrt{BC} = \sinh\theta$에서 영상 전달정수 : $\theta = \sinh^{-1}\sqrt{BC}$

③ 영상 파라미터에 의한 4단자 정수

㉠ $A = \sqrt{\dfrac{Z_{01}}{Z_{02}}}\cosh\theta$

㉡ $B = \sqrt{Z_{01} Z_{02}}\,\sinh\theta$

㉢ $C = \dfrac{1}{\sqrt{Z_{01} Z_{02}}}\sinh\theta$

㉣ $D = \sqrt{\dfrac{Z_{02}}{Z_{01}}}\cosh\theta$

단원 자주 출제되는 기출문제

출제 01 2단자망 회로

★★ 기사 97년 2회 / 산업 89년 7회, 94년 5회, 00년 2회, 04년 4회

01 그림과 같은 2단자망에서 구동점 임피던스를 구하면?

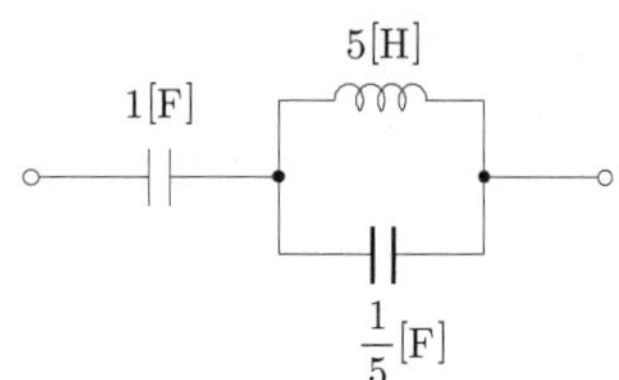

① $\dfrac{6s^2+1}{s(s^2+1)}$　② $\dfrac{6s+1}{6s^2+1}$

③ $\dfrac{6s^2+1}{(s+1)(s+2)}$　④ $\dfrac{s+2}{6s(s+1)}$

해설

구동점 임피던스

$$Z(s) = \frac{1}{C_1 s} + \frac{Ls \times \frac{1}{C_2 s}}{Ls + \frac{1}{C_2 s}}$$

$$= \frac{1}{C_1 s} + \frac{Ls}{LCs^2+1}$$

$$= \frac{1}{s} + \frac{5s}{s^2+1} = \frac{6s^2+1}{s(s^2+1)}$$

여기서, $C_1 = 1$[F], $L = 5$[H], $C_2 = \frac{1}{5}$[F]

★★ 산업 91년 3회, 95년 7회, 00년 5회, 16년 1회

02 그림과 같은 회로의 구동점 임피던스[Ω]는?

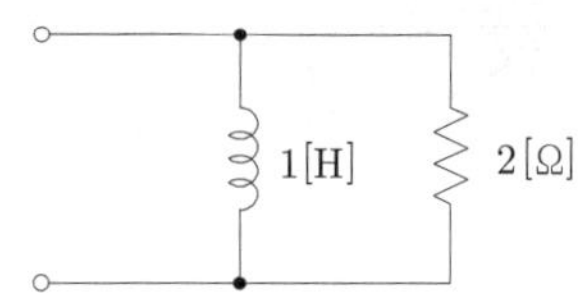

① $2+j\omega$　② $\dfrac{2\omega^2+j4\omega}{3}$

③ $\dfrac{\omega^2+j8\omega}{4+\omega^2}$　④ $\dfrac{2\omega^2+j4\omega}{4+\omega^2}$

해설

구동점 임피던스

$$Z(j\omega) = \frac{2\times j\omega}{2+j\omega} = \frac{j2\omega}{2+j\omega} \times \frac{2-j\omega}{2-j\omega} = \frac{2\omega^2+j4\omega}{4+\omega^2}$$

★★ 기사 91년 7회, 99년 5회

03 그림과 같은 회로의 구동점 임피던스[Ω]는?

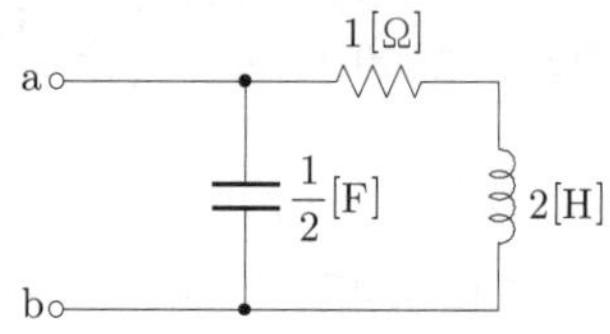

① $\dfrac{2(2s+1)}{2s^2+s+2}$　② $\dfrac{2s+1}{2s+s+2}$

③ $\dfrac{2(2s-1)}{2s^2+s+2}$　④ $\dfrac{2s^2+s+2)}{2(2s+1)}$

해설

구동점 임피던스

$$Z(s) = \frac{\frac{1}{Cs}\times(Ls+R)}{\frac{1}{Cs}+(Ls+R)} = \frac{Ls+R}{LCs^2+RCs+1}$$

$$= \frac{2s+1}{s^2+\frac{1}{2}s+1} = \frac{4s+2}{2s^2+s+2}$$

$$= \frac{2(2s+1)}{2s^2+s+2}\,[\Omega]$$

★ 기사 94년 3회, 95년 5회 / 산업 91년 6회, 04년 3회

04 그림과 같은 회로의 2단자 임피던스 $Z(s)$는? (단, $s=j\omega$)

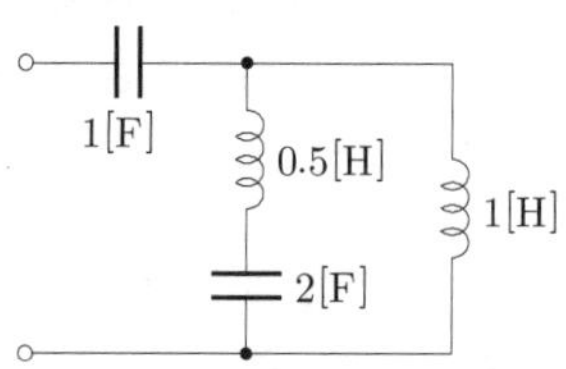

① $\dfrac{s^3+1}{3s^2(s+1)}$　② $\dfrac{3s^2(s+1)}{s^3+1}$

③ $\dfrac{s(3s^2+1)}{s^4+2s^2+1}$　④ $\dfrac{s^4+4s^2+1}{s(3s^2+1)}$

정답 01. ① 02. ④ 03. ① 04. ④

해설

구동점 임피던스

$$Z(s)=\frac{1}{C_1 s}+\frac{\left(L_1 s+\frac{1}{C_2 s}\right)\times L_2 s}{\left(L_1 s+\frac{1}{C_2 s}\right)+L_2 s}$$

$$=\frac{1}{C_1 s}+\frac{L_1 L_2 s^2+\frac{L_2}{C_2}}{(L_1+L_2)s+\frac{1}{C_2 s}}$$

$$=\frac{1}{C_1 s}+\frac{L_1 L_2 C_2 s^3+L_2 s}{(L_1+L_2)C_s s^2+1}$$

$$=\frac{1}{s}+\frac{s^3+s}{3s^2+1}=\frac{s^4+4s^2+1}{s(3s^2+1)}$$

여기서, $C_1=1$[F], $C_2=2$[F]

$L_1=0.5$[H], $L_2=1$[H]

★ 기사 92년 6회

05 그림과 같은 회로의 임피던스 함수 $Z(s)$는?

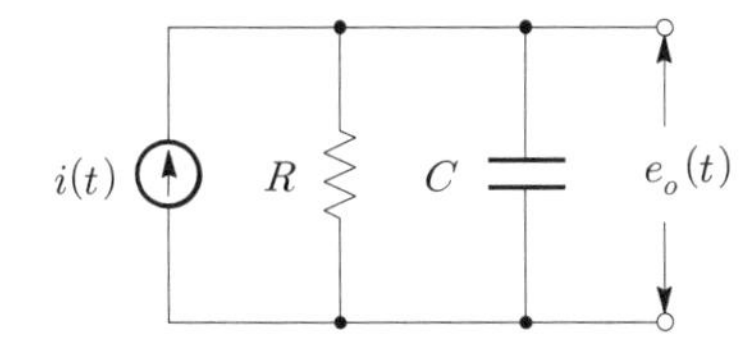

① $\dfrac{1}{\frac{1}{R}+Cs}$　② $\dfrac{1}{R+Cs}$

③ $\dfrac{1}{R+\frac{1}{Cs}}$　④ $R+\dfrac{1}{Cs}$

해설

구동점 임피던스

$$Z(s)=\frac{1}{\frac{1}{R}+\frac{1}{\frac{1}{Cs}}}=\frac{1}{\frac{1}{R}+Cs}$$

★★ 산업 92년 2회, 01년 3회, 04년 2회, 13년 2회

06 임피던스 $Z(s)=\dfrac{s+20}{s^2+2RLs+1}$으로 주어지는 2단자 회로에 직류전원 15[A]를 가할 때 이 회로의 단자전압[V]은?

① 200　② 300

③ 400　④ 600

해설

직류를 가하면 $s=0$이므로

임피던스 $Z(s)=\left[\dfrac{s+20}{s^2+2RLs+1}\right]_{s=0}$

$=\dfrac{20}{1}=20[\Omega]$

∴ 단자전압 $V=I\times Z(s)=20\times 15=300$[V]

Comment

직류주파수 $f=0$이므로 $s=j\omega=j2\pi f=0$이 된다.

★★★ 산업 91년 7회, 93년 2·4회, 97년 5회, 12년 1회, 15년 3회

07 리액턴스 함수가 $Z(s)=\dfrac{3s}{s^2+15}$로 표시되는 리액턴스 2단자망은 어느 것인가?

①

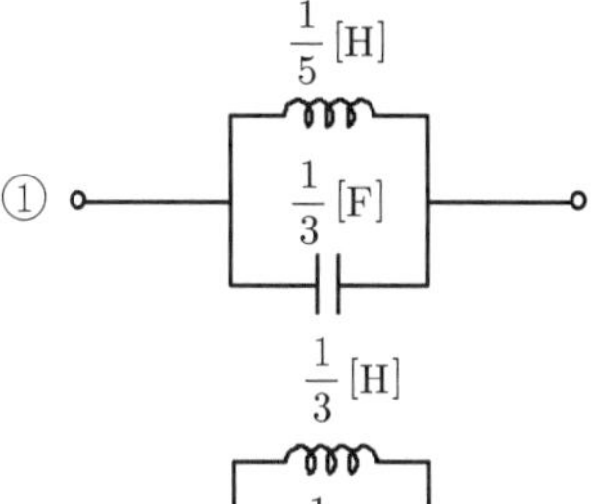

②

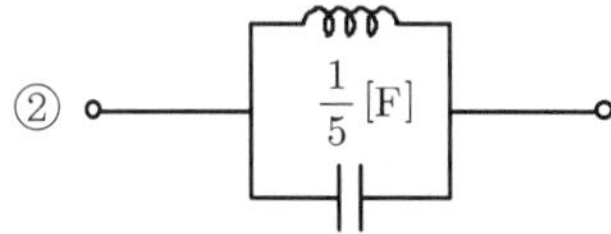

③ $\frac{1}{3}$[H] $\frac{1}{5}$[F]

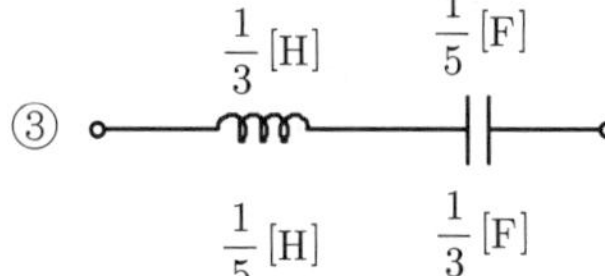

④ $\frac{1}{5}$[H] $\frac{1}{3}$[F]

해설

㉠ RLC 병렬회로의 합성 임피던스는

$Z(s)=\dfrac{1}{\frac{1}{R}+\frac{1}{Ls}+Cs}$의 형태이다.

㉡ 문제의 임피던스를 정리하면 다음과 같다.

$$Z(s)=\frac{3s}{s^2+15}=\frac{1}{\frac{s}{3}+\frac{5}{s}}=\frac{1}{\frac{1}{3}s+\frac{1}{\frac{1}{5}s}}$$

정답 05. ① 06. ② 07. ①

$\therefore\ C=\frac{1}{3}$[F], $L=\frac{1}{5}$[H]가 병렬로 접속된 회로로 나타낼 수 있다.

Comment

문제를 잘 풀고나서 $\frac{1}{3}$을 L소자로, $\frac{1}{5}$을 C소자로 실수할 수 있으니 주의한다.

★★★ 산업 94년 4회, 95년 6회, 96년 7회, 02년 1회, 05년 2회, 12년 3회, 14년 4회

08 임피던스 함수 $Z(s)=\frac{4s+2}{s}$로 표시되는 2단자 회로망은 다음 중 어느 것인가?

① 4[Ω] 저항과 $\frac{1}{2}$[H] 인덕터의 직렬회로

② 4[Ω] 저항과 $\frac{1}{2}$[F] 커패시터의 직렬회로

③ 4[Ω] 저항과 2[H] 인덕터의 직렬회로

④ 4[Ω] 저항과 2[F] 커패시터의 직렬회로

해설

㉠ RLC 직렬회로의 합성 임피던스는

$Z(s)=R+Ls+\frac{1}{Cs}$의 형태이다.

㉡ 문제의 임피던스를 정리하면 다음과 같다.

$$Z(s)=\frac{4s+2}{s}=4+\frac{2}{s}=4+\frac{1}{\frac{s}{2}}=4+\frac{1}{\frac{1}{2}s}$$

$\therefore\ R=4$[Ω], $C=\frac{1}{2}$[F]이 직렬로 접속된 회로로 나타낼 수 있다.

Comment

$\frac{\frac{a}{b}}{\frac{c}{d}}=\frac{ad}{bc}$가 되므로

$\frac{a}{b}=\frac{1}{\frac{b}{a}}=\frac{1}{\frac{1}{a}\times b}$로 표현이 가능하다.

★ 기사 03년 1회

09 그림과 같은 2단자 회로에서 반공진각 주파수 ω_r을 구하면 얼마인가?

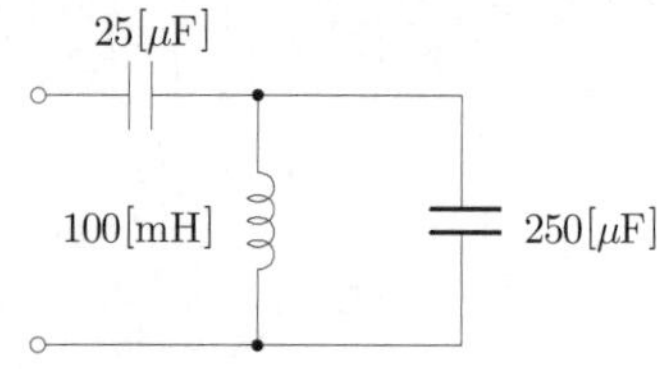

① 100[rad/sec] ② 200[rad/sec]
③ 400[rad/sec] ④ 800[rad/sec]

해설

$$\omega_r=\frac{1}{\sqrt{LC_2}}=\frac{1}{\sqrt{100\times10^{-3}\times250\times10^{-6}}}=\frac{1}{\sqrt{25\times10^{-6}}}=\frac{1}{5\times10^{-3}}=200\text{[rad/sec]}$$

★ 기사 92년 6회, 03년 1회, 12년 3회

10 2단자 임피던스 함수 $Z(s)=\frac{s+3}{(s+4)(s+5)}$일 때 영점은?

① 4, 5 ② −4, −5
③ 3 ④ −3

해설

영점은 구동점 임피던스의 분자항이 0인 점을 의미한다 ($Z(s)=0$이 되기 위한 s의 해).

$\therefore$ 영점 $s=-3$

Comment

극점은 $Z(s)=\infty$가 되기 위한 S의 해가 되므로 −4, −5가 된다.

★ 기사 04년 2회 / 산업 97년 2회

11 구동점 임피던스 함수 $Z(s)$에서 영점(zero)은 어떤 상태인가?

① 회로가 개방된 상태이다.
② 회로의 상태와 관계없다.
③ 회로가 파괴된 상태이다.
④ 단락회로상태이다.

정답 08. ② 09. ② 10. ④ 11. ④

해설

$Z(s)$에서 영점은 $Z(s)=0$인 점을 의미하므로, 회로 단자가 단락된 상태를 나타낸다.

★ 기사 92년 6회, 97년 5회, 14년 3회, 16년 3회

12 구동점 임피던스(driving point impedance) 함수에 있어서 극점(pole)은?

① 단락회로상태를 의미한다.
② 개방회로상태를 의미한다.
③ 아무런 상태도 아니다.
④ 전류가 많이 흐르는 상태를 의미한다.

해설

극점은 구동점 임피던스의 분모항이 0인 점을 의미하므로, 임피던스 $Z(s)$는 ∞가 된다.
그러므로 전류 $I(s)$는 0이 되어 개방회로(open) 상태를 의미한다.

★ 산업 12년 3회

13 다음 2단자 임피던스 함수가 $Z(s)=\dfrac{s(s+1)}{(s+2)(s+3)}$일 때 회로의 단락상태를 나타내는 점은?

① −1, 0 ② 0, 1
③ −2, −3 ④ 2, 3

해설

회로의 단락상태는 2단자 회로의 영점을 의미하므로, $Z_1=0$, $Z_2=-1$이 된다.

★ 산업 93년 1회

14 어떤 회로망 함수가 $Z(s)$로 표시될 때 0점은 무엇을 결정하는가?

① 크기
② 주파수
③ 파형
④ 파형의 크기

★ 기사 98년 6회, 00년 4회

15 그림과 같이 유한영역에서 극, 영점분포를 가진 2단자 회로망의 구동점 임피던스는? (단, 환산계수는 H라 한다)

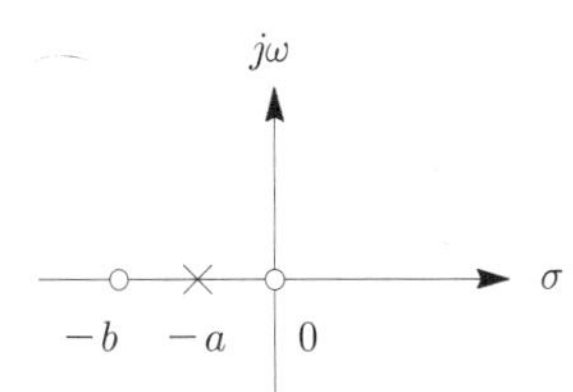

① $\dfrac{Hs(s+b)}{s+a}$ ② $\dfrac{H(s+a)}{s(s+b)}$
③ $\dfrac{s(s+b)}{H(s+a)}$ ④ $\dfrac{s+a}{Hs(s+b)}$

해설

영점은 $Z_1=0$, $Z_2=-b$이고, 극점은 $P_1=-a$이므로

$$\therefore\ Z(s)=H\frac{(s-Z_1)(s-Z_2)\cdots\cdots(s-Z_n)}{(s-P_1)(s-P_2)\cdots\cdots(s-P_n)}=\frac{Hs(s+b)}{s+a}$$

Comment

보기에서 영점 0, $-b$, 극점 $-a$인 함수를 찾는 것이 더욱 쉽다.

★ 기사 98년 3회

16 아래 그림 (a)와 같은 회로의 구동점 임피던스의 극, 영점이 그림 (b)와 같다. $Z(0)=1$일 때 R, L, C값은?

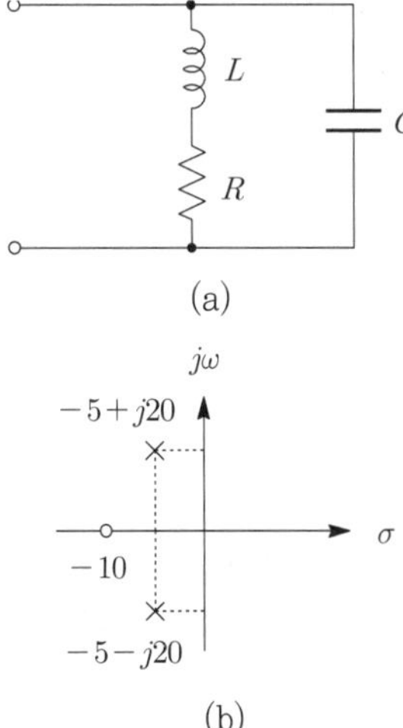

(a)

(b)

① $R=1[\Omega]$, $L=0.1[\text{H}]$, $C=0.0235[\text{F}]$
② $R=1[\Omega]$, $L=2[\text{H}]$, $C=1[\text{F}]$
③ $R=2[\Omega]$, $L=0.1[\text{H}]$, $C=0.0235[\text{F}]$
④ $R=2[\Omega]$, $L=0.2[\text{H}]$, $C=1[\text{F}]$

정답 12. ② 13. ① 14. ④ 15. ① 16. ①

해설

㉠ 그림 (a)에서 구동점 임피던스는 $Z(s)_a$와 같고, 이때 $Z(0)_a = R = 1$이 된다.

$$Z(s)_a = \frac{(Ls+R)\times\frac{1}{Cs}}{(Ls+R)+\frac{1}{Cs}} = \frac{Ls+R}{LCs^2+RCs+1} = \frac{\frac{1}{C}s+\frac{R}{LC}}{s^2+\frac{R}{L}s+\frac{1}{LC}}$$

㉡ 그림 (b)에서 극점은 $-5+j20$, $-5-j20$이 되고, 영점은 -10이 된다. 따라서, 구동점 임피던스는 $Z(s)_b$가 된다.

$$Z(s)_b = \frac{s+10}{(s+5-j20)(s+5+j20)} = \frac{s+10}{(s+5)^2+20^2} = \frac{s+10}{s^2+10s+425}$$

㉢ $Z(s)_a$와 $Z(s)_b$의 특성방정식이 등가관계가 성립되어야 하므로

$s^2+\frac{1}{L}s+\frac{1}{LC} = s^2+10s+425$이므로

$L = \frac{1}{10}$이 되고, $C = \frac{10}{425} = 0.0235$가 된다.

$\therefore$ $R = 1[\Omega]$

$L = 0.1[\text{H}]$

$C = 0.0235[\text{F}]$

Comment

출제빈도가 매우 낮으므로 어렵다면 과감히 넘어가도록 한다.

★ 기사 94년 6회

17 2단자 임피던스의 허수부가 어떤 주파수에 관해서도 언제나 0이 되고 실수부도 주파수에 무관하게 항상 일정하게 되는 회로는 무엇인가?

① 정인덕턴스 회로
② 정임피던스 회로
③ 정리액턴스 회로
④ 정저항회로

해설

정저항회로에는 위상각이 존재하지 않으며 전압과 전류의 전위차도 없다. 이러한 회로는 $j\omega=0$이 되므로 주파수에 항상 무관한 회로로 작용한다.

★★★ 산업 97년 6회, 00년 1회, 03년 3회

18 L 및 C를 직렬로 접속한 임피던스가 있다. 지금 그림과 같이 L 및 C의 각각에 동일한 무유도저항 R을 병렬로 접속하여 이 합성회로가 주파수에 무관계하게 되는 R의 값은?

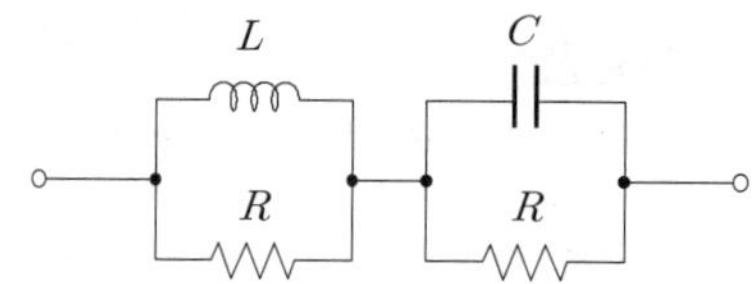

① $R^2 = \frac{L}{C}$ ② $R^2 = \frac{C}{L}$

③ $R^2 = CL$ ④ $R^2 = \frac{1}{LC}$

해설

정저항조건 $R^2 = Z_1 Z_2 = \frac{L}{C}$

★★★ 기사 90년 6회, 93년 2회, 98년 5회, 00년 4·6회, 15년 4회

19 다음 회로의 임피던스가 R이 되기 위한 조건은?

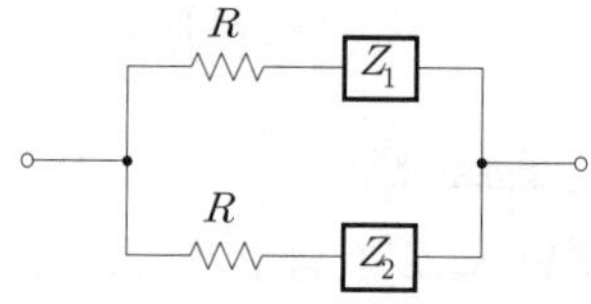

① $Z_1 Z_2 = R$

② $\frac{Z_1}{Z_2} = R^2$

③ $Z_1 Z_2 = R^2$

④ $\frac{Z_2}{Z_1} = R^2$

해설

정저항조건 $R^2 = Z_1 Z_2 = \frac{L}{C}$

정답 17. ④ 18. ① 19. ③

★★★ 기사 89년 7회, 94년 6회, 14년 4회 / 산업 99년 5회, 04년 4회

20 그림과 같은 회로가 정저항회로가 되기 위한 R의 값은 얼마인가?

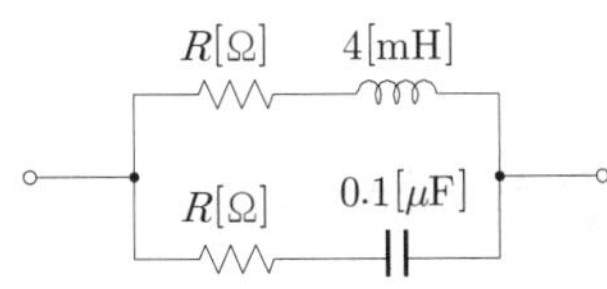

① 200[Ω]
② 2[Ω]
③ 2×10^{-2}[Ω]
④ 2×10^{-4}[Ω]

해설

정저항조건 $R=\sqrt{\dfrac{L}{C}}$

$=\sqrt{\dfrac{4\times10^{-3}}{0.1\times10^{-6}}}=200[\Omega]$

★★★ 산업 92년 2회, 93년 3회, 97년 6회, 98년 5회, 00년 1·4회, 16년 3회

21 그림이 정저항회로로 되려면 C[μF]는 얼마인가?

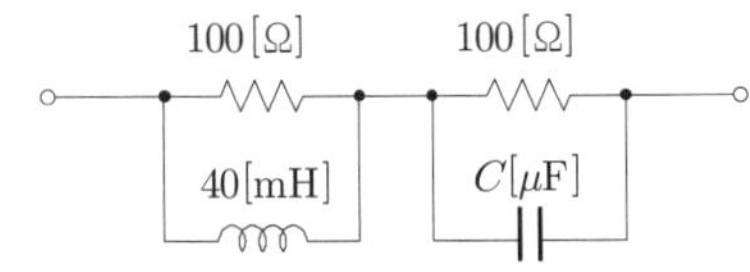

① 4 ② 6
③ 8 ④ 10

해설

정저항조건이 $R^2=Z_1Z_2=\dfrac{L}{C}$이므로

$\therefore\ C=\dfrac{L}{R^2}=\dfrac{40\times10^{-3}}{100^2}=4\times10^{-6}[\mathrm{F}]=4[\mu\mathrm{F}]$

★ 산업 92년 2회

22 그림과 같은 회로가 정저항회로가 되기 위하여는 ωL의 값은 대략 얼마인가?

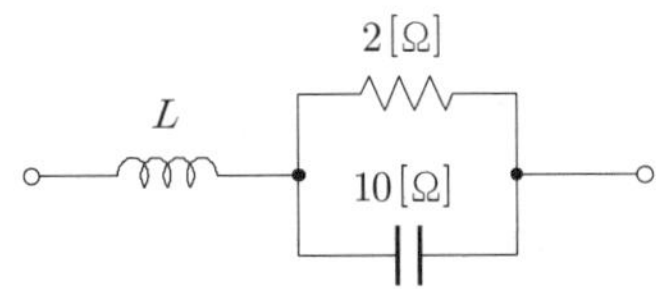

① 약 1.6[Ω]
② 약 1.2[Ω]
③ 약 0.8[Ω]
④ 약 0.3[Ω]

해설

㉠ 합성 임피던스

$$Z=j\omega L+\frac{2\times(-j10)}{2-j10}$$
$$=j\omega L+\frac{-j20(2+j10)}{(2-j10)(2+j10)}$$
$$=j\omega L+\frac{200-j40}{4+100}$$
$$=1.92+j(\omega L-0.38)$$

㉡ 정저항이 되기 위한 조건은 허수부가 0이 되어야 하므로

$\omega L-0.38=0$

$\therefore\ \omega L=0.38[\Omega]$

★ 산업 13년 3회

23 다음 회로에서 정저항회로가 되기 위해서는 $\dfrac{1}{\omega C}$의 값은 몇 [Ω]이면 되는가?

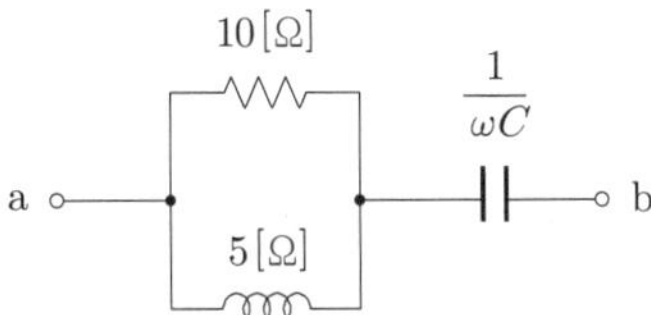

① 2
② 4
③ 6
④ 8

해설

합성 임피던스 $Z_{ab}=\dfrac{10\times j5}{10+j5}-j\dfrac{1}{\omega C}$

$$=2+j4-j\frac{1}{\omega C}$$
$$=2+j\left(4-\frac{1}{\omega C}\right)$$

정저항이 되기 위한 조건은 허수부가 0이 되어야 하므로

$\therefore\ \dfrac{1}{\omega C}=4[\Omega]$

정답 20. ① 21. ① 22. ④ 23. ②

★ 기사 12년 2회

24 다음 회로의 역회로는? (단, $K^2=2\times10^3$)

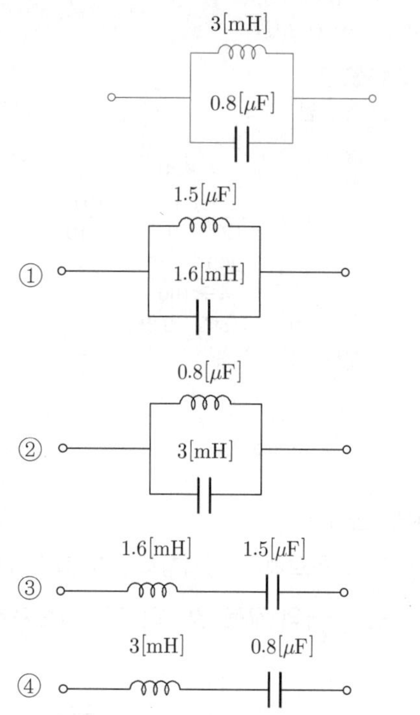

해설

구동점 임피던스가 각각 Z_1, Z_2인 2개의 2단자 회로망에서 $Z_1Z_2=K^2$ 또는 $\frac{L}{C}=K^2$의 관계를 만족할 경우 두 회로를 K에 관해 서로 역회로의 관계가 있다고 한다.

▮쌍대성(역회로)소자▮

전압	전류	개방	단락
직렬	병렬	마디	폐로(루프)
저항	컨덕턴스	마디전압	폐로전류
리액턴스	서셉턴스	컷셋	루프
임피던스	어드미턴스	나무	보목
인덕턴스	커패시턴스	기준마디	기준폐로

∴ $\frac{L_1}{C_1}=\frac{L_2}{C_2}=K^2$의 관계가 있고 직렬로 접속된 회로는 병렬이 된다.

㉠ $L_2=K^2C_1$
$=2\times10^3\times0.8\times10^{-6}$
$=1.6\times10^{-3}=1.6[\text{mH}]$

㉡ $C_2=\frac{L_1}{K^2}$
$=\frac{3\times10^{-3}}{2\times10^3}=1.5[\mu\text{F}]$

Comment

출제빈도가 매우 낮으므로 어렵다면 과감히 넘어가도록 한다.

출제 02 4단자망 회로

★★★ 기사 91년 5회, 12년 1회 / 산업 16년 1회

25 다음과 같은 T형 회로의 임피던스 파라미터 Z_{22}의 값은?

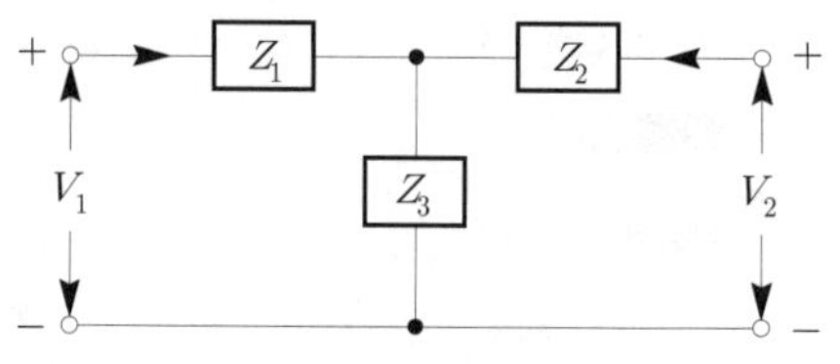

① Z_1+Z_2 ② Z_2+Z_3
③ Z_1+Z_3 ④ $-Z_2$

해설

전압방정식 $V_1=Z_{11}I_1+Z_{12}I_2$, $V_2=Z_{21}I_1+Z_{22}I_2$에서 임피던스 파라미터는 다음과 같다.

㉠ 2차측 개방 시 $I_2=0$이므로

- $Z_{11}=\frac{V_1}{I_1}=\frac{I_1(Z_1+Z_3)}{I_1}=Z_1+Z_3$
- $Z_{21}=\frac{V_2}{I_1}=\frac{I_1Z_3}{I_1}=Z_3$

㉡ 1차측 개방 시 $I_1=0$이므로

- $Z_{12}=\frac{V_1}{I_2}=\frac{I_2Z_3}{I_2}=Z_3$
- $Z_{22}=\frac{V_1}{I_2}=\frac{I_2(Z_2+Z_3)}{I_2}=Z_2+Z_3$

★★★ 기사 99년 7회 / 산업 94년 7회, 96년 4회

26 다음과 같은 T형, 4단자망의 임피던스 파라미터로 틀린 것은?

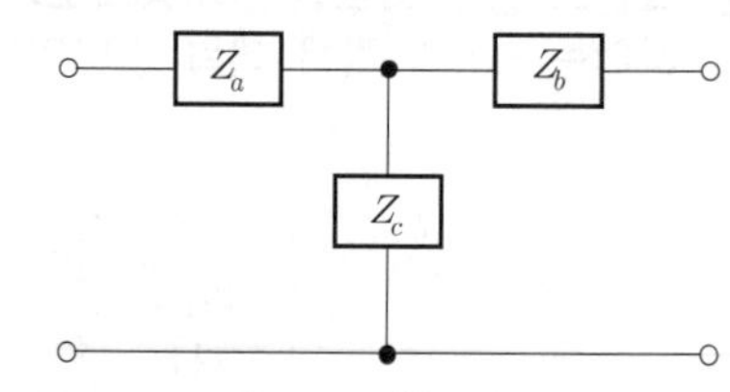

① $Z_{11}=Z_a+Z_c$ ② $Z_{12}=Z_c$
③ $Z_{21}=-Z_c$ ④ $Z_{22}=Z_b+Z_c$

정답 24. ③ 25. ② 26. ③

★★★ 기사 90년 6회 / 산업 92년 6회, 93년 4회, 03년 3회

27 다음과 같은 L형 회로의 임피던스 파라미터 Z_{22}의 값은?

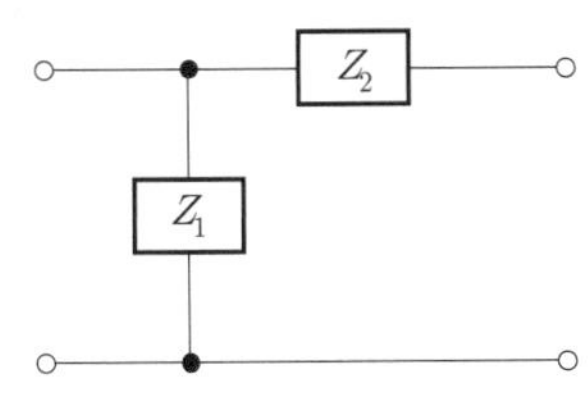

① Z_1 ② Z_2

③ Z_1+Z_2 ④ $\dfrac{Z_1Z_2}{Z_1+Z_2}$

해설 임피던스 파라미터

㉠ $Z_{11}=Z_1$

㉡ $Z_{12}=Z_{21}=Z_1$

㉢ $Z_{22}=Z_1+Z_2$

Comment

문제 27번과 같이 입력측 임피던스(문제 26의 Z_a)가 없으면 $Z_a=0$으로 두고 공식에 대입한다.

★★★ 기사 90년 2회 / 산업 93년 1회, 01년 2회, 05년 2회, 07년 2회, 15년 3회

28 다음과 같은 4단자 회로에서 임피던스 파라미터 Z_{11}의 값은?

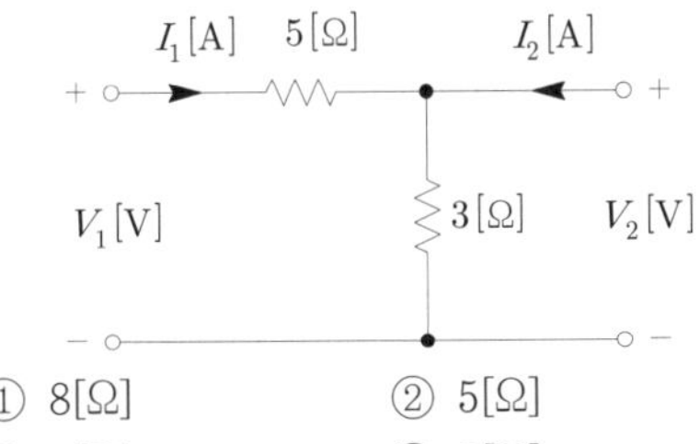

① 8[Ω] ② 5[Ω]

③ 3[Ω] ④ 2[Ω]

해설 임피던스 파라미터

㉠ $Z_{11}=5+3=8[\Omega]$

㉡ $Z_{12}=Z_{21}=3[\Omega]$

㉢ $Z_{22}=0+3=3[\Omega]$

★ 기사 14년 4회

29 어떤 2단자쌍 회로망의 Y파라미터가 그림과 같다. a-a′ 단자 간에 $V_1=36$[V], b-b′ 단자 간에 $V_2=24$[V]의 정전압원을 연결하였을 때 I_1, I_2 값은? (단, Y파라미터의 단위는 [℧]이다)

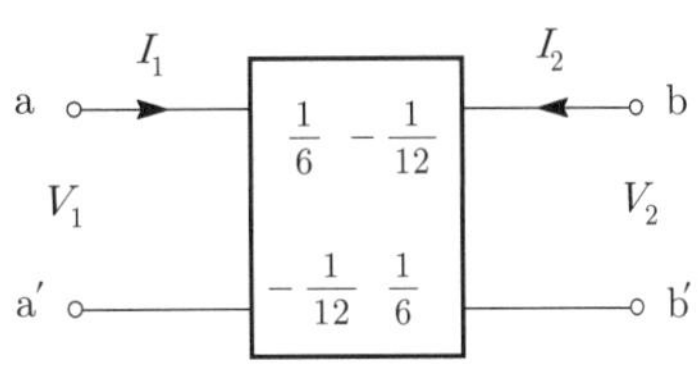

① $I_1=4[A]$, $I_2=5[A]$

② $I_1=5[A]$, $I_2=4[A]$

③ $I_1=1[A]$, $I_2=4[A]$

④ $I_1=4[A]$, $I_2=1[A]$

해설

㉠ $I_1=Y_{11}V_1+Y_{12}V_2$
$=\dfrac{1}{6}\times 36+\left(-\dfrac{1}{12}\right)\times 24=4[A]$

㉡ $I_2=Y_{21}V_1+Y_{22}V_2$
$=\left(-\dfrac{1}{12}\right)\times 36+\dfrac{1}{6}\times 24=1[A]$

★★★ 산업 95년 2회, 13년 3회

30 그림에서 4단자망(two port)의 개방 순방향 전달 임피던스 Z_{21}과 단락 순방향 전달 어드미턴스 Y_{21}은?

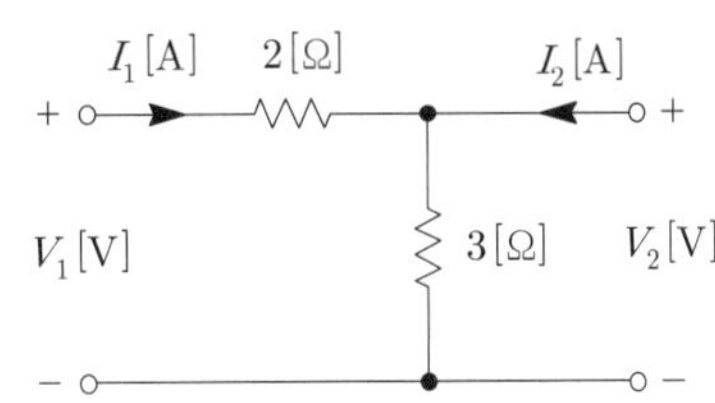

① $Z_{21}=3[\Omega]$, $Y_{21}=-\dfrac{1}{2}$ [℧]

② $Z_{21}=3[\Omega]$, $Y_{21}=\dfrac{1}{3}$ [℧]

③ $Z_{21}=3[\Omega]$, $Y_{21}=\dfrac{1}{2}$ [℧]

④ $Z_{21}=2[\Omega]$, $Y_{21}=-\dfrac{5}{6}$ [℧]

해설

㉠ $Z_{21}=3[\Omega]$

정답 27. ③ 28. ① 29. ④ 30. ①

㉡ $Y_{21} = \dfrac{-Z_3}{Z_1Z_2+Z_2Z_3+Z_3Z_1}$

$= \dfrac{-3}{0+0+6}$

$= -\dfrac{1}{2}$[℧]

Comment

문제 30~32번 해설에서 Z_1, Z_2, Z_3는 문제 25번 그림 참조

★★★ 산업 02년 2·4회

31 그림의 4단자 회로에서 단자 a, b에서 본 구동점 임피던스 Z_{11}[Ω]과 구동점 어드미턴스 Y_{11}[℧]는?

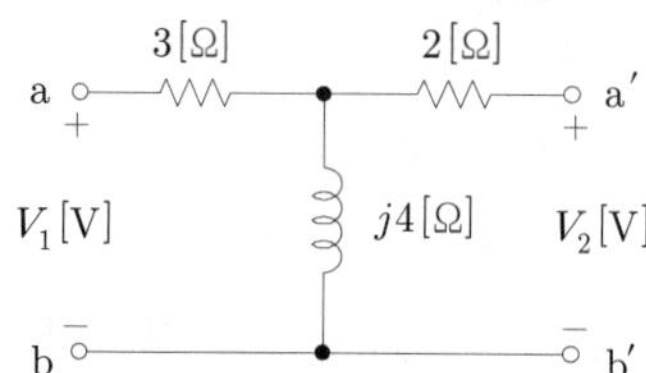

① $Z_{11} = 3+j4$, $Y_{11} = \dfrac{1}{4.6+j0.8}$

② $Z_{11} = 3+j4$, $Y_{11} = 0.2114-j0.037$

③ $Z_{11} = 2$, $Y_{11} = \dfrac{1}{4.6+j0.8}$

④ $Z_{11} = 2+j4$, $Y_{11} = 0.2114+j0.037$

해설

㉠ $Z_{11} = 3+j4$[Ω]

㉡ $Y_{11} = \dfrac{Z_2+Z_3}{Z_1Z_2+Z_2Z_3+Z_3Z_1}$

$= \dfrac{2+j4}{6+j20}$

$= 0.2114-j0.037$[℧]

★★ 산업 14년 3회

32 그림과 같은 4단자 회로의 어드미턴스 파라미터 중 Y_{11}[℧]는?

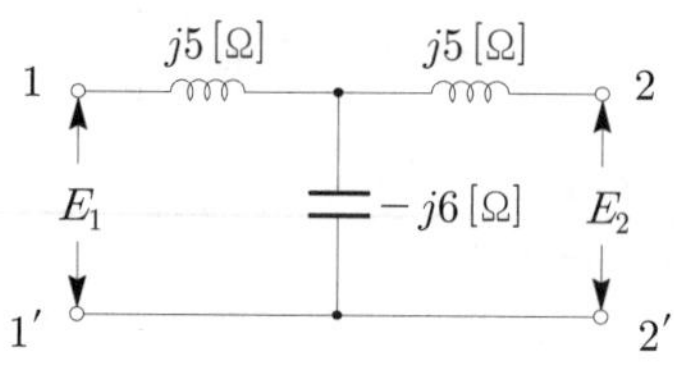

① $-j\dfrac{1}{35}$ ② $j\dfrac{2}{35}$

③ $-j\dfrac{1}{33}$ ④ $j\dfrac{2}{33}$

해설

$Y_{11} = \dfrac{Z_2+Z_3}{Z_1Z_2+Z_2Z_3+Z_3Z_1}$

$= \dfrac{j5+(-j6)}{(j5\times j5)+(j5\times -j6)+(-j6\times j5)}$

$= \dfrac{-j}{-25+30+30} = -j\dfrac{1}{35}$[℧]

★★ 기사 90년 7회, 13년 2회 / 산업 94년 6회

33 다음과 같은 π형 4단자 회로망의 어드미턴스 파라미터 Y_{11}의 값은?

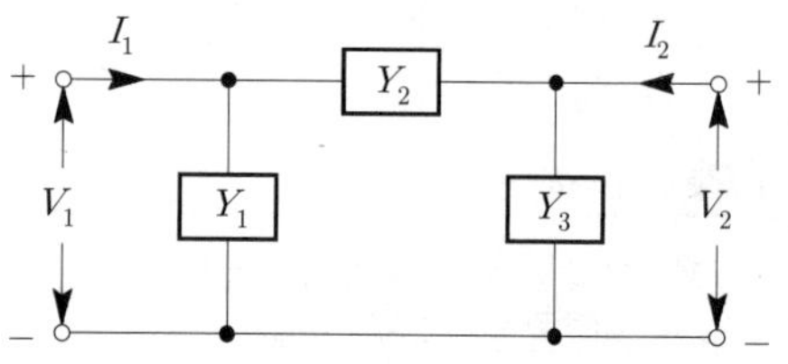

① Y_1+Y_2 ② Y_2

③ Y_3 ④ Y_2+Y_3

해설

전류방정식 $I_1 = Y_{11}V_1+Y_{12}V_2$, $I_2 = Y_{21}I_1+Y_{22}I_2$에서 어드미턴스 파라미터는 다음과 같다.

㉠ 2차측 단락 시 $V_2=0$이므로

- $Y_{11} = \dfrac{I_1}{V_1} = \dfrac{(Y_1+Y_2)V_1}{V_1} = Y_1+Y_2$
- $Y_{21} = \dfrac{I_2}{I_1} = \dfrac{-Y_2V_1}{V_1} = -Y_2$

㉡ 1차측 단락 시 $V_1=0$이므로

- $Y_{12} = \dfrac{I_1}{V_2} = \dfrac{-Y_2V_2}{V_2} = -Y_2$
- $Y_{22} = \dfrac{I_2}{V_2} = \dfrac{(Y_2+Y_3)V_2}{V_2} = Y_2+Y_3$

정답 31. ② 32. ① 33. ①

★★ 기사 14년 2회 / 산업 91년 5회, 97년 5회, 04년 3회

34 다음과 같은 π형 4단자 회로망의 어드미턴스 파라미터 Y_{22}의 값은?

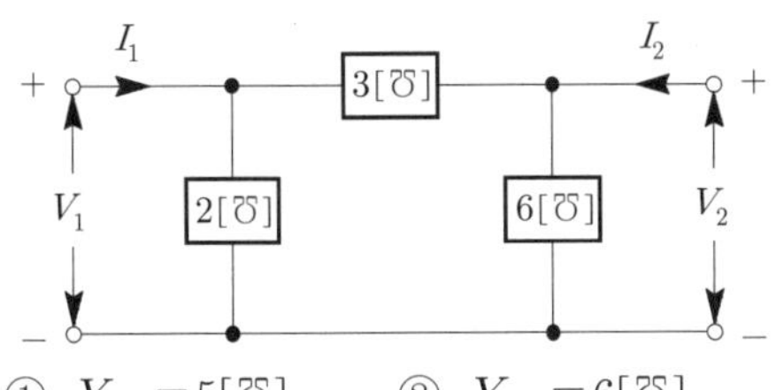

① $Y_{22}=5[℧]$ ② $Y_{22}=6[℧]$
③ $Y_{22}=9[℧]$ ④ $Y_{22}=11[℧]$

해설
어드미턴스 파라미터 $Y_{22}=Y_2+Y_3$
$=3+6=9[℧]$

★ 산업 95년 4회, 14년 2회

35 그림과 같은 회로의 임피던스 Z행렬에서 임피던스 파라미터 Z_{11}은 어떻게 되는가?

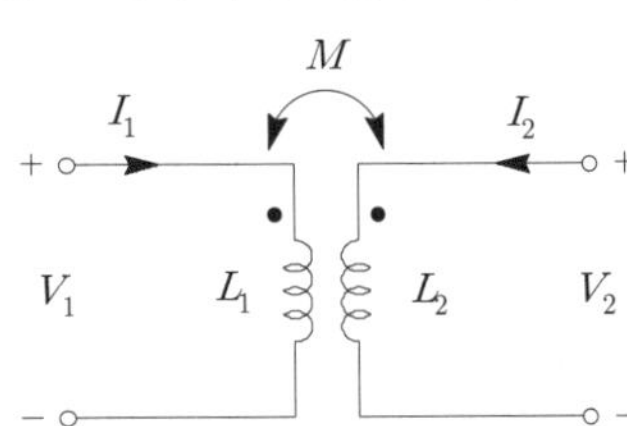

① $Z_{11}=sL_1[\Omega]$ ② $Z_{11}=sM[\Omega]$
③ $Z_{11}=sL_1L_2[\Omega]$ ④ $Z_{11}=sL_2[\Omega]$

해설

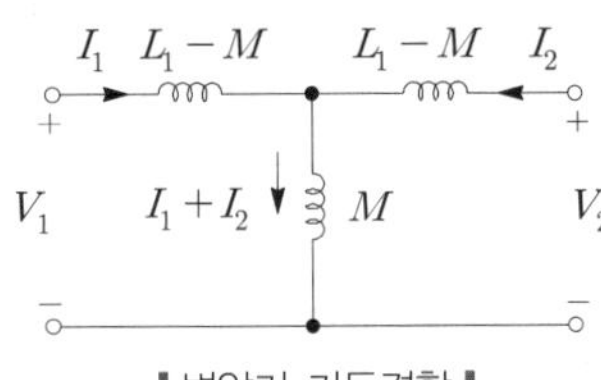

▌변압기 가동결합▐

변압기 가동결합은 다음과 같이 등가변환할 수 있다.
㉠ $Z_{11}=j\omega(L_1-M+M)=j\omega L_1=sL_1$
㉡ $Z_{12}=Z_{21}=j\omega M=sM$
㉢ $Z_{22}=j\omega(L_2-M+M)=j\omega L_2=sL_2$
단, I_2의 방향이 반대가 되면 변압기는 차동결합이므로, 이때 Z_{11}, Z_{22}는 동일하나 $Z_{12}=Z_{21}=-sM$이 된다.

Comment

제2장 「출제 08」의 변압기 차동결합 등가변환 확인!

★ 기사 90년 7회 / 산업 92년 5회, 12년 4회

36 하이브리드 파라미터(hybrid parameter)에서 개방출력 어드미턴스와 같은 것은?

① H_{11} ② H_{12}
③ H_{21} ④ H_{22}

해설
방정식 $V_1=H_{11}I_1+H_{12}V_2$, $I_2=H_{21}I_1+H_{22}V_2$에서 물리적인 의미는 다음과 같다.

① $H_{11}=\left.\dfrac{V_1}{I_1}\right|_{V_2=0}$: 단락입력 임피던스

② $H_{12}=\left.\dfrac{V_1}{V_2}\right|_{I_1=0}$: 개방 역방향 전압이득

③ $H_{21}=\left.\dfrac{I_2}{I_1}\right|_{V_2=0}$: 단락 순방향 전류이득

④ $H_{22}=\left.\dfrac{I_2}{V_2}\right|_{I_1=0}$: 개방출력 어드미턴스

Comment

하이브리드 파라미터는 출제빈도가 적어서 본 교재에서 내용정리를 하지 않았다. 지금까지 기출문제를 보면 하이브리드 파라미터의 모든 정답은 H_{22}였다.

★★★ 기사 89년 6·7회, 96년 6·7회, 97년 3회, 09년 3회 / 산업 94년 3회

37 4단자 정수 A, B, C, D 중에서 임피던스의 차원을 가진 정수는?

① A ② B
③ C ④ D

해설
4단자 방정식 $V_1=AV_2+BI_2$, $I_1=CV_2+DI_2$
㉠ 2차측을 개방했을 경우($I_2=0$)
• $A=\dfrac{V_1}{V_2}$: 전압이득 차원
• $C=\dfrac{I_1}{V_2}$: 어드미턴스 차원
㉡ 2차측을 단락했을 경우($V_2=0$)
• $B=\dfrac{V_1}{I_2}$: 임피던스 차원
• $D=\dfrac{I_1}{I_2}$: 전류이득 차원

정답 34. ③ 35. ① 36. ④ 37. ②

★★★ 기사 97년 4회, 98년 7회, 16년 2회 / 산업 02년 1회, 06년 1회, 07년 1회, 10년 1회

38 4단자 정수 A, B, C, D 중에서 어드미턴스의 차원을 가진 정수는?

① A　　② B
③ C　　④ D

★ 기사 93년 3회, 00년 6회

39 4단자망의 파라미터 정수에 관한 다음의 서술 중 잘못된 것은?

① $ABCD$ 파라미터 중 A 및 D는 차원(dimension)이 없다.
② H파라미터 중 H_{12} 및 H_{21}은 차원이 없다.
③ $ABCD$ 파라미터 중 B는 어드미턴스, C는 임피던스의 차원을 갖는다.
④ B파라미터 중 B_{12}은 임피던스 B_{22}는 어드미턴스의 차원을 갖는다.

★★ 산업 95년 5회, 99년 6회, 12년 3회

40 4단자 정수를 구하는 식에서 틀린 것은 어느 것인가?

① $A = \left.\frac{V_1}{V_2}\right|_{I_2=0}$　　② $B = \left.\frac{V_2}{I_2}\right|_{V_2=0}$

③ $C = \left.\frac{I_1}{V_2}\right|_{I_2=0}$　　④ $D = \left.\frac{I_1}{I_2}\right|_{V_2=0}$

★ 기사 14년 2회

41 4단자 정수 A, B, C, D로 출력측을 개방시켰을 때 입력측에서 본 구동점 임피던스 $Z_{11} = \left.\frac{V_1}{I_1}\right|_{I_2=0}$ 를 표시한 것 중 옳은 것은?

① $Z_{11} = \frac{A}{C}$　　② $Z_{11} = \frac{B}{D}$

③ $Z_{11} = \frac{A}{B}$　　④ $Z_{11} = \frac{B}{C}$

해설

$$Z_{11} = \frac{V_1}{I_1} = \left.\frac{AV_2 + BI_2}{CV_2 + DI_2}\right|_{I_2=0} = \frac{AV_2}{CV_2} = \frac{A}{C}$$

★ 산업 04년 1회

42 그림과 같은 4단자망에서 4단자 정수의 행렬은?

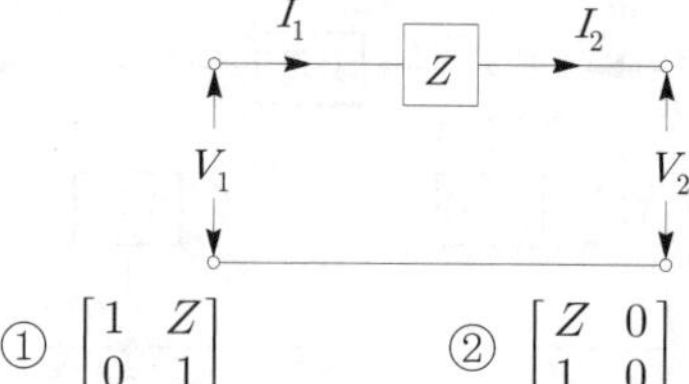

① $\begin{bmatrix} 1 & Z \\ 0 & 1 \end{bmatrix}$　　② $\begin{bmatrix} Z & 0 \\ 1 & 0 \end{bmatrix}$

③ $\begin{bmatrix} 0 & 1 \\ Z & 1 \end{bmatrix}$　　④ $\begin{bmatrix} 1 & 0 \\ 1 & Z \end{bmatrix}$

해설 4단자 회로의 4단자 정수

㉠ Z만의 회로

Z

$$\begin{bmatrix} A & B \\ C & D \end{bmatrix} = \begin{bmatrix} 1 & Z \\ 0 & 1 \end{bmatrix}$$

㉡ Y만의 회로

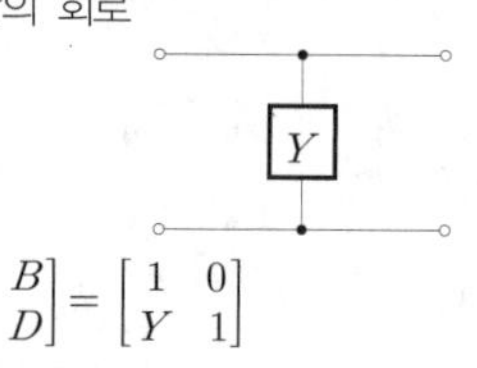

$$\begin{bmatrix} A & B \\ C & D \end{bmatrix} = \begin{bmatrix} 1 & 0 \\ Y & 1 \end{bmatrix}$$

㉢ T형 등가회로

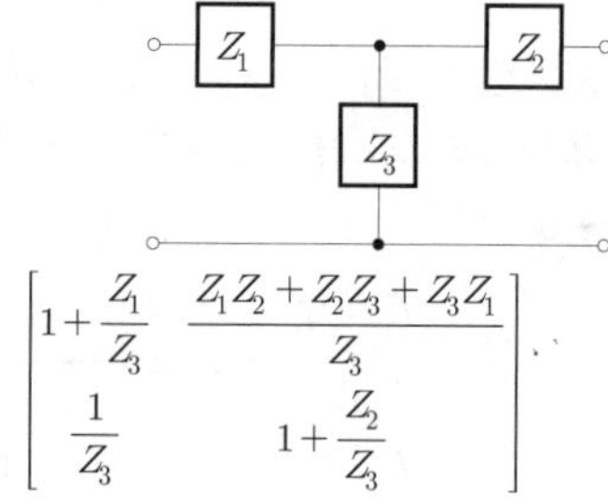

$$\begin{bmatrix} 1+\frac{Z_1}{Z_3} & \frac{Z_1Z_2+Z_2Z_3+Z_3Z_1}{Z_3} \\ \frac{1}{Z_3} & 1+\frac{Z_2}{Z_3} \end{bmatrix}$$

㉣ π형 등가회로

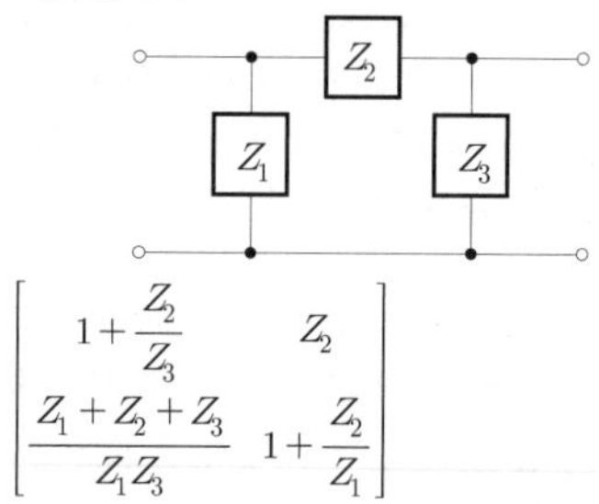

$$\begin{bmatrix} 1+\frac{Z_2}{Z_3} & Z_2 \\ \frac{Z_1+Z_2+Z_3}{Z_1Z_3} & 1+\frac{Z_2}{Z_1} \end{bmatrix}$$

정답 38. ③ 39. ③ 40. ② 41. ① 42. ①

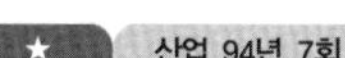

43 그림과 같은 4단자망의 4단자 정수 B는?

I_1 10[Ω] I_2

V_1 20[Ω] V_2

① $\dfrac{20}{3}$　② $\dfrac{2}{3}$

③ 1　④ 30

해설

$\begin{bmatrix} A & B \\ C & D \end{bmatrix} = \begin{bmatrix} 1 & 10+20 \\ 0 & 1 \end{bmatrix} = \begin{bmatrix} 1 & 30 \\ 0 & 1 \end{bmatrix}$이므로

$\therefore\ A=1,\ B=30,\ C=0,\ D=1$

★ 기사 12년 2회 / 산업 98년 6회

44 그림과 같은 4단자망에서 정수행렬은?

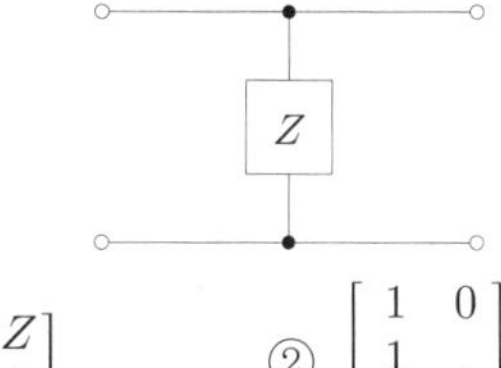

① $\begin{bmatrix} 1 & Z \\ 0 & 1 \end{bmatrix}$　② $\begin{bmatrix} 1 & 0 \\ \dfrac{1}{Z} & 1 \end{bmatrix}$

③ $\begin{bmatrix} 1 & Z \\ \dfrac{1}{Z} & 0 \end{bmatrix}$　④ $\begin{bmatrix} Z & 1 \\ 1 & 0 \end{bmatrix}$

★★★★ 기사 92년 7회 / 산업 97년 6회, 03년 4회, 05년 3회, 14년 4회, 16년 2회

45 그림과 같은 T형 4단자 회로의 4단자 정수 중 B의 값은?

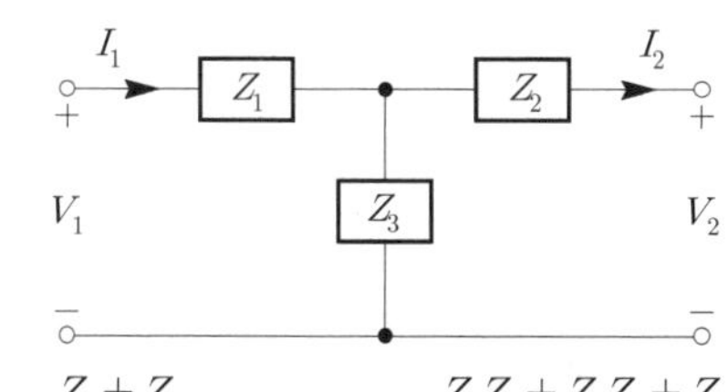

① $\dfrac{Z_1+Z_2}{Z_3}$　② $\dfrac{Z_1Z_2+Z_2Z_3+Z_3Z_1}{Z_3}$

③ $\dfrac{1}{Z_3}$　④ $\dfrac{Z_2+Z_3}{Z_3}$

해설

4단자 회로를 Z만의 회로와 Y만의 회로로 나누어 풀이할 수 있다.

$$\begin{bmatrix} 1 & Z_1 \\ 0 & 1 \end{bmatrix}\begin{bmatrix} 1 & 0 \\ \dfrac{1}{Z_3} & 1 \end{bmatrix}\begin{bmatrix} 1 & Z_2 \\ 0 & 1 \end{bmatrix} = \begin{bmatrix} 1+\dfrac{Z_1}{Z_3} & Z_1 \\ \dfrac{1}{Z_3} & 1 \end{bmatrix}\begin{bmatrix} 1 & Z_2 \\ 0 & 1 \end{bmatrix}$$

$$= \begin{bmatrix} 1+\dfrac{Z_1}{Z_3} & Z_1+Z_2+\dfrac{Z_1Z_2}{Z_3} \\ \dfrac{1}{Z_3} & 1+\dfrac{Z_2}{Z_3} \end{bmatrix}$$

★★★★ 기사 03년 2회, 12년 4회, 13년 1회 / 산업 03년 1회, 06년 1회, 15년 2회

46 그림과 같은 4단자 정수 A, B, C, D의 값은?

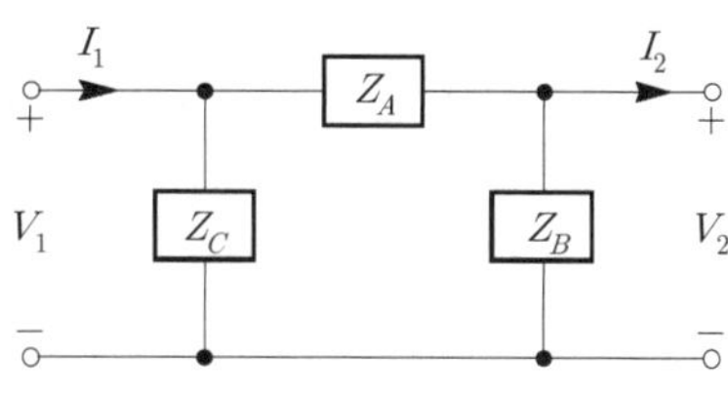

① $A=1+\dfrac{Z_A}{Z_B}$, $B=Z_A$

$C=\dfrac{Z_A+Z_B+Z_C}{Z_B \cdot Z_C}$, $D=\dfrac{1}{Z_B \cdot Z_C}$

② $A=1+\dfrac{Z_A}{Z_B}$, $B=Z_A$

$C=\dfrac{1}{Z_B}$, $D=1+\dfrac{Z_A}{Z_B}$

③ $A=1+\dfrac{Z_A}{Z_B}$, $B=Z_A$

$C=\dfrac{Z_A+Z_B+Z_C}{Z_B \cdot Z_C}$, $D=1+\dfrac{Z_A}{Z_C}$

④ $A=1+\dfrac{Z_A}{Z_B}$, $B=Z_A$

$C=\dfrac{1}{Z_A}$, $D=1+\dfrac{Z_A}{Z_B}$

해설

4단자 회로를 Z만의 회로와 Y만의 회로로 나누어 풀이할 수 있다.

$$\begin{bmatrix} 1 & 0 \\ \dfrac{1}{Z_C} & 1 \end{bmatrix}\begin{bmatrix} 1 & Z_A \\ 0 & 1 \end{bmatrix}\begin{bmatrix} 1 & 0 \\ \dfrac{1}{Z_B} & 1 \end{bmatrix}$$

정답 43. ④ 44. ② 45. ② 46. ③

$$= \begin{bmatrix} 1 & Z_A \\ \frac{1}{Z_C} & 1+\frac{Z_A}{Z_C} \end{bmatrix} \begin{bmatrix} 1 & 0 \\ \frac{1}{Z_B} & 1 \end{bmatrix}$$

$$= \begin{bmatrix} 1+\frac{Z_A}{Z_B} & Z_A \\ \frac{1}{Z_C}+\frac{1}{Z_B}+\frac{Z_A}{Z_B Z_C} & 1+\frac{Z_A}{Z_C} \end{bmatrix}$$

$$\therefore \begin{bmatrix} A & B \\ C & D \end{bmatrix} = \begin{bmatrix} 1+\frac{Z_A}{Z_B} & Z_A \\ \frac{Z_A+Z_B+Z_C}{Z_B Z_C} & 1+\frac{Z_A}{Z_C} \end{bmatrix}$$

★★★★ 기사 92년 7회, 99년 6회 / 산업 98년 5회, 00년 4회, 05년 1회, 12년 2회

47 그림과 같은 L형 회로의 4단자 정수는 어떻게 되는가?

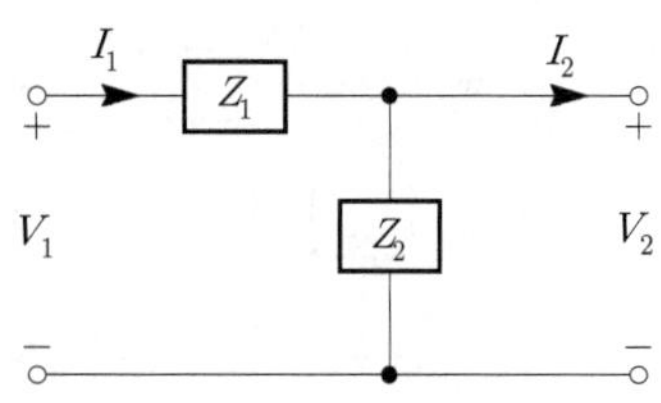

① $A=Z_1,\ B=1+\frac{Z_1}{Z_2},\ C=\frac{1}{Z_2},\ D=1$

② $A=1,\ B=\frac{1}{Z_2},\ C=1+\frac{1}{Z_2},\ D=Z_1$

③ $A=1+\frac{Z_1}{Z_2},\ B=Z_1,\ C=\frac{1}{Z_2},\ D=1$

④ $A=\frac{1}{Z_2},\ B=1,\ C=Z_1,\ D=1+\frac{Z_1}{Z_2}$

해설

4단자 회로를 Z만의 회로와 Y만의 회로로 나누어 풀이할 수 있다.

$$\begin{bmatrix} 1 & Z_1 \\ 0 & 1 \end{bmatrix} \begin{bmatrix} 1 & 0 \\ \frac{1}{Z_2} & 1 \end{bmatrix} = \begin{bmatrix} 1+\frac{Z_1}{Z_2} & Z_1 \\ \frac{1}{Z_2} & 1 \end{bmatrix}$$

Comment

본 문제는 문제 45번 그림에서 $Z_2=0$으로 하여 4단자 정수를 풀이하면 된다.

$A=1+\frac{Z_1}{Z_3},\ B=\frac{Z_1 Z_3}{Z_3}=Z_1$

$C=\frac{1}{Z_3},\ D=1+\frac{0}{Z_3}=1$

★★ 기사 89년 7회, 90년 7회, 00년 2회

48 그림과 같은 H형 회로의 4단자 정수 중 A의 값은?

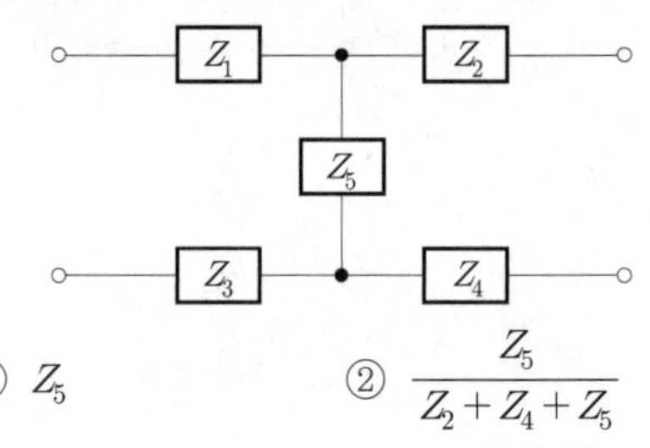

① Z_5　② $\frac{Z_5}{Z_2+Z_4+Z_5}$

③ $\frac{1}{Z_5}$　④ $\frac{Z_1+Z_3+Z_5}{Z_5}$

해설

$$A=\left.\frac{V_1}{V_2}\right|_{I_2=0}$$

$$=\frac{(Z_1+Z_5+Z_3)I_1}{Z_5 I_1}=\frac{Z_1+Z_3+Z_5}{Z_5}$$

Comment

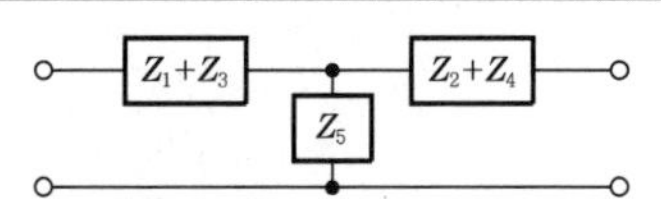

위와 같이 등가변환해서 $ABCD$ 파라미터를 구하면 손쉽게 해결된다.

$\therefore\ A=1+\frac{Z_1+Z_3}{Z_5}=\frac{Z_1+Z_3+Z_5}{Z_5}$

★ 기사 93년 7회

49 그림과 같은 종속접속으로 된 4단자 회로망의 합성 4단자 정수의 표시 중 틀린 것은 어느 것인가?

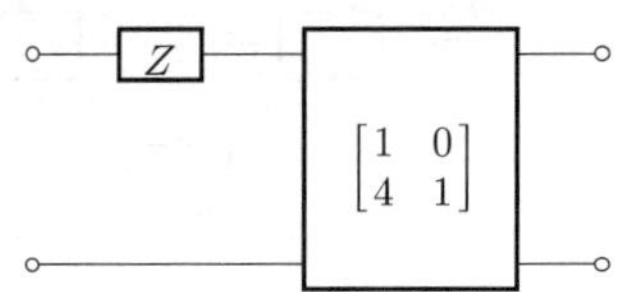

① $A=1+4Z$　② $B=Z$

③ $C=4$　④ $D=1+Z$

해설

$$\begin{bmatrix} A & B \\ C & D \end{bmatrix} = \begin{bmatrix} 1 & Z \\ 0 & 1 \end{bmatrix} \begin{bmatrix} 1 & 0 \\ 4 & 1 \end{bmatrix}$$

$$= \begin{bmatrix} 1+4Z & Z \\ 4 & 1 \end{bmatrix}$$

정답 47. ③ 48. ④ 49. ④

★★ 기사 05년 2회, 08년 2·3회 / 산업 93년 5회, 00년 2회, 16년 3회

50 그림과 같은 4단자 회로의 4단자 정수 A, B, C, D에서 C의 값은?

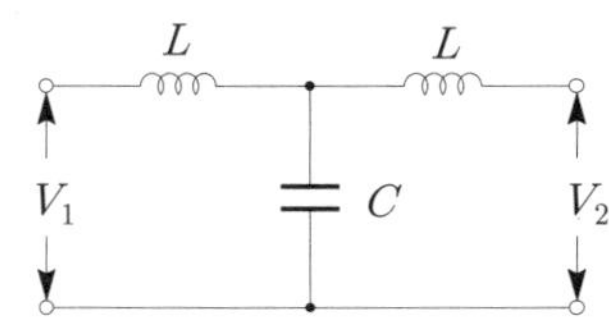

① $1-j\omega C$
② $1-\omega^2 L$
③ $j\omega L(2-\omega^2 LC)$
④ $j\omega C$

해설

$$\begin{bmatrix} A & B \\ C & D \end{bmatrix} = \begin{bmatrix} 1 & j\omega L \\ 0 & 1 \end{bmatrix}\begin{bmatrix} 1 & 0 \\ j\omega C & 1 \end{bmatrix}\begin{bmatrix} 1 & j\omega L \\ 0 & 1 \end{bmatrix}$$
$$= \begin{bmatrix} 1-\omega^2 LC & j\omega L \\ j\omega C & 1 \end{bmatrix}\begin{bmatrix} 1 & j\omega L \\ 0 & 1 \end{bmatrix}$$
$$= \begin{bmatrix} 1-\omega^2 LC & j\omega L(2-\omega^2 LC) \\ j\omega C & 1-\omega^2 LC \end{bmatrix}$$

★★ 기사 94년 7회, 06년 1회, 16년 2회 / 산업 98년 3회, 03년 2회, 16년 3회

51 그림과 같은 4단자 회로의 4단자 정수 A, B, C, D값은?

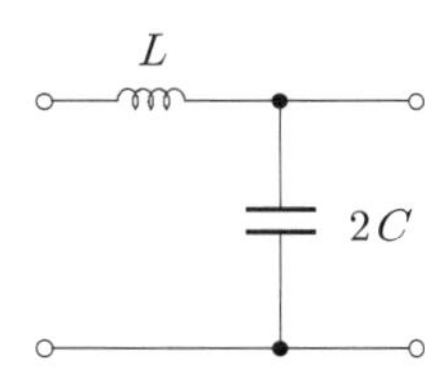

① $A=1-2\omega^2 LC$, $B=j\omega L$
$C=j2\omega C$, $D=1$
② $A=2\omega^2 LC$, $B=j\omega C$
$C=j2\omega C$, $D=1$
③ $A=1-2\omega^2 LC$, $B=j\omega L$
$C=j\omega C$, $D=0$
④ $A=2\omega^2 LC$, $B=j\omega L$
$C=j2\omega C$, $D=0$

해설

$$\begin{bmatrix} A & B \\ C & D \end{bmatrix} = \begin{bmatrix} 1 & j\omega L \\ 0 & 1 \end{bmatrix}\begin{bmatrix} 1 & 0 \\ j2\omega C & 1 \end{bmatrix}$$
$$= \begin{bmatrix} 1-2\omega^2 LC & j\omega L \\ j2\omega C & 1 \end{bmatrix}$$

★★ 기사 93년 3회, 00년 4회, 05년 3회 / 산업 12년 1회, 16년 2회

52 그림과 같은 4단자 회로망의 정수 중 C는 어떻게 나타내는가?

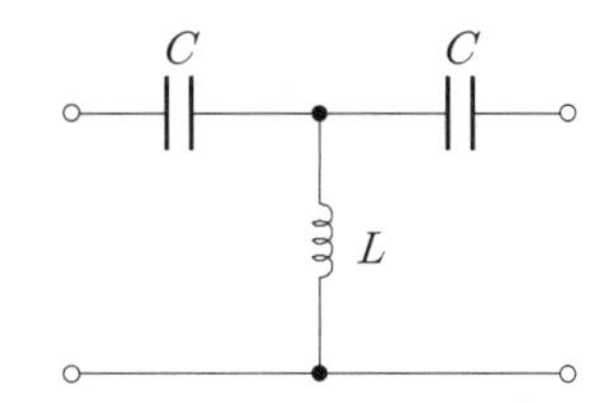

① $1-\dfrac{1}{\omega^2 LC}$
② $\dfrac{1}{j\omega C}\left(2-\dfrac{1}{\omega^2 LC}\right)$
③ $\dfrac{1}{j\omega L}$
④ $1-\dfrac{1}{j\omega C}$

해설

$$\begin{bmatrix} A & B \\ C & D \end{bmatrix} = \begin{bmatrix} 1 & \dfrac{1}{j\omega C} \\ 0 & 1 \end{bmatrix}\begin{bmatrix} 1 & 0 \\ \dfrac{1}{j\omega L} & 1 \end{bmatrix}\begin{bmatrix} 1 & \dfrac{1}{j\omega C} \\ 0 & 1 \end{bmatrix}$$
$$= \begin{bmatrix} 1-\dfrac{1}{\omega^2 LC} & \dfrac{1}{(j\omega C)^2} \\ \dfrac{1}{j\omega L} & 1-\dfrac{1}{\omega^2 LC} \end{bmatrix}$$

★ 산업 98년 3회

53 그림에서 $\dfrac{V_2}{V_1}$는 얼마인가?

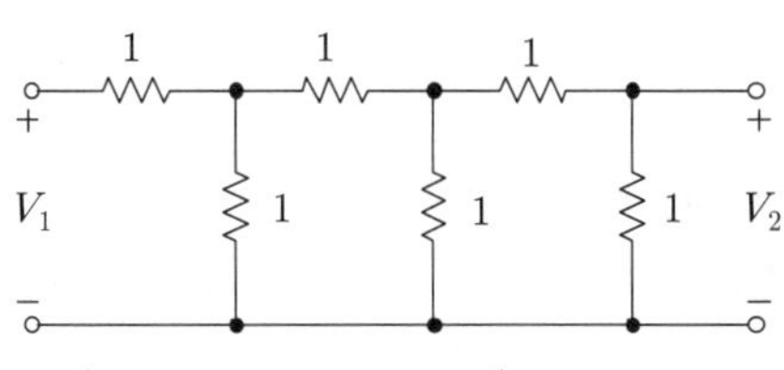

① $\dfrac{1}{13}$
② $\dfrac{1}{10}$
③ $\dfrac{1}{7}$
④ $\dfrac{1}{4}$

해설

$$\begin{bmatrix} A & B \\ C & D \end{bmatrix}$$
$$= \begin{bmatrix} 1 & 1 \\ 0 & 1 \end{bmatrix}\begin{bmatrix} 1 & 0 \\ 1 & 1 \end{bmatrix}\begin{bmatrix} 1 & 1 \\ 0 & 1 \end{bmatrix}\begin{bmatrix} 1 & 0 \\ 1 & 1 \end{bmatrix}\begin{bmatrix} 1 & 1 \\ 0 & 1 \end{bmatrix}\begin{bmatrix} 1 & 0 \\ 1 & 1 \end{bmatrix}$$
$$= \begin{bmatrix} 13 & 8 \\ 8 & 5 \end{bmatrix}$$
$$A = \frac{V_1}{V_2} = 13$$
$$\therefore \frac{V_2}{V_1} = \frac{1}{13}$$

정답 50. ④ 51. ① 52. ③ 53. ①

★ 산업 95년 2회, 06년 1회, 14년 2회

54 그림과 같은 회로망에서 Z_1을 4단자 정수에 의해 표시하면?

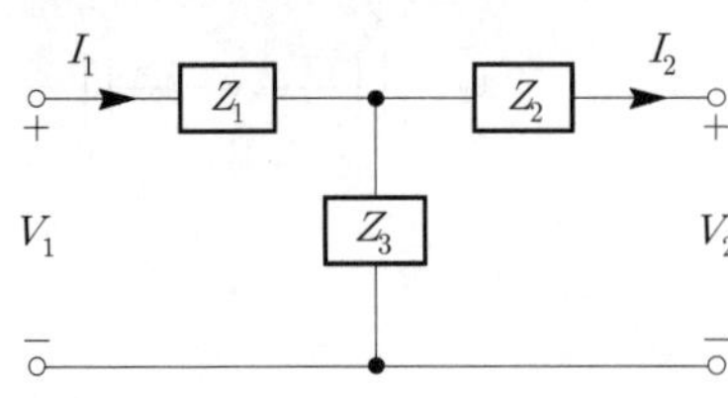

① $\dfrac{1}{C}$

② $\dfrac{D-1}{C}$

③ $\dfrac{B-1}{C}$

④ $\dfrac{A-1}{C}$

해설

㉠ T형 4단자 회로의 4단자 정수

$$\begin{bmatrix} A & B \\ C & D \end{bmatrix} = \begin{bmatrix} 1+\dfrac{Z_1}{Z_3} & Z_1+Z_2+\dfrac{Z_1 Z_2}{Z_3} \\ \dfrac{1}{Z_3} & 1+\dfrac{Z_2}{Z_3} \end{bmatrix}$$

㉡ $A=1+\dfrac{Z_1}{Z_3}$에서 $A-1=\dfrac{Z_1}{Z_3}=Z_1 C$이므로

$\therefore\ Z_1=\dfrac{A-1}{C}$

★ 산업 98년 7회

55 그림과 같이 π형 회로에서 Z_3를 4단자 정수로 표시한 것은?

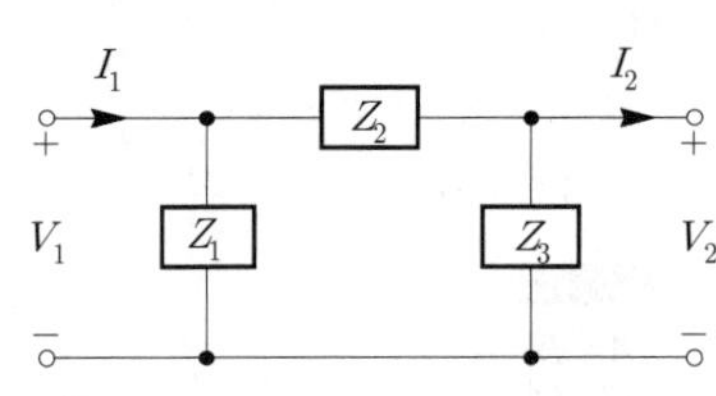

① $\dfrac{B}{1-A}$

② $\dfrac{A}{1-B}$

③ $\dfrac{B}{A-1}$

④ $\dfrac{A}{B-1}$

해설

㉠ π형 4단자 회로의 4단자 정수

$$\begin{bmatrix} A & B \\ C & D \end{bmatrix} = \begin{bmatrix} 1+\dfrac{Z_2}{Z_3} & Z_2 \\ \dfrac{Z_1+Z_2+Z_3}{Z_1 Z_3} & 1+\dfrac{Z_2}{Z_1} \end{bmatrix}$$

㉡ $A=1+\dfrac{Z_2}{Z_3}$에서 $A-1=\dfrac{Z_2}{Z_3}=\dfrac{B}{Z_3}$이므로

$\therefore\ Z_3=\dfrac{B}{A-1}$

★ 산업 93년 2회, 99년 4회

56 회로망의 4단자 정수 A는 얼마인가? (단, $\omega=10^4$[rad/sec])

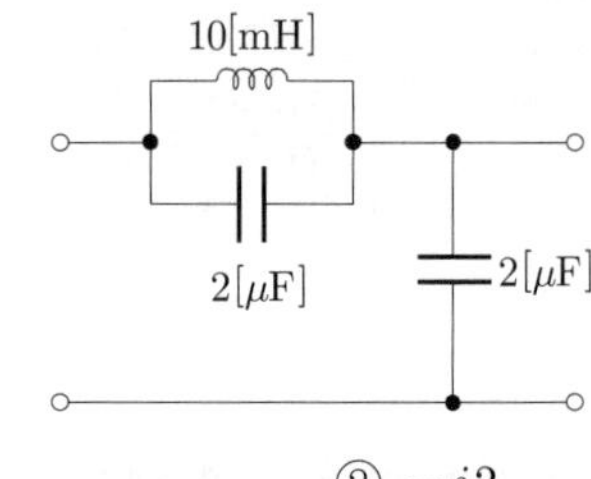

① 1　　② $-j2$

③ 3　　④ $-j4$

해설

10[mH]와 2[μF]가 병렬이므로 합성 임피던스 Z는 아래와 같다. 따라서, 4단자 정수 A는 다음과 같다.

$$Z=\frac{j\omega L\times\dfrac{1}{j\omega C}}{j\omega L+\dfrac{1}{j\omega C}}=\frac{j\omega L}{1-\omega^2 LC}$$

$$=\frac{j10^4\times10\times10^{-3}}{1-(10^4)^2\times10\times10^{-3}\times2\times10^{-6}}=-j100$$

$$\therefore\ A=\left.\frac{V_1}{V_2}\right|_{I_2=0}$$

$$=\frac{I(Z+X_C)}{IX_C}=1+\frac{Z}{X_C}$$

$$=1+\frac{-j100}{\dfrac{1}{j\omega C}}=1-j100\times\left(j10^4\times2\times10^{-6}\right)$$

$$=3$$

쌤 Comment

합격기준문제가 아니다. 그냥 넘어가도 좋다.

정답　54. ④　55. ③　56. ③

★★★ 산업 98년 3회, 02년 4회, 13년 1회

57 4단자 회로망에서 출력측을 개방하니 $V_1=12$, $V_2=4$, $I_1=2$이고, 출력측을 단락하니 $V_1=16$, $I_1=4$, $I_2=2$이었다. 4단자 정수 A, B, C, D는 얼마인가?

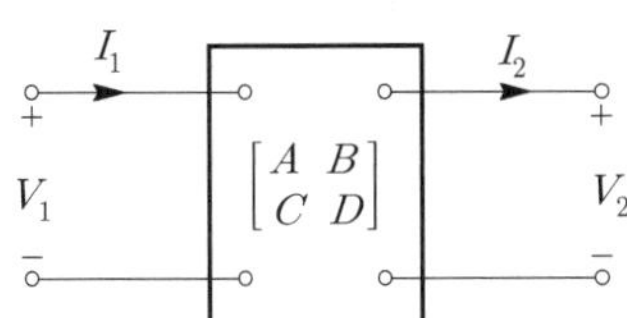

① 3, 8, 0.5, 2 ② 8, 0.5, 2, 3
③ 0.5, 2, 3, 8 ④ 2, 3, 8, 0.5

해설

4단자 방정식 $V_1=AV_2+BI_2$, $I_1=CV_2+DI_2$에서 출력측을 개방하면 $I_2=0$, 단락하면 $V_2=0$이 된다.

㉠ $A=\left.\frac{V_1}{V_2}\right|_{I_2=0}=\frac{12}{4}=3$

㉡ $B=\left.\frac{V_1}{I_2}\right|_{V_2=0}=\frac{16}{2}=8$

㉢ $C=\left.\frac{I_1}{V_2}\right|_{I_2=0}=\frac{2}{4}=0.5$

㉣ $D=\left.\frac{I_1}{I_2}\right|_{V_2=0}=\frac{4}{2}=2$

★ 산업 97년 4회, 16년 4회

58 A, B, C, D 4단자 정수를 올바르게 쓴 것은?

① $AD+BD=1$ ② $AB-CD=1$
③ $AB+CD=1$ ④ $AD-BC=1$

해설

4단자 정수는 $AD-BC=1$의 관계가 성립되며, 회로망이 대칭이면 $A=D$가 된다.

★★ 기사 96년 2회, 16년 4회 / 산업 03년 4회

59 어떤 회로망의 4단자 정수 $A=8$, $B=j2$, $D=3+j2$이면 이 회로망의 C[℧]는?

① $24+j14$
② $3-j4$
③ $8-j11.5$
④ $4+j6$

해설

$AD-BC=1$에서

$$C=\frac{AD-1}{B}=\frac{8(3+j2)-1}{j2}=8-j11.5[℧]$$

★★★ 기사 89년 2회, 02년 4회, 16년 1회

60 다음 T형 4단자형 회로그림에서 $ABCD$ 파라미터 간의 성질 중 성립되는 대칭조건은 무엇인가?

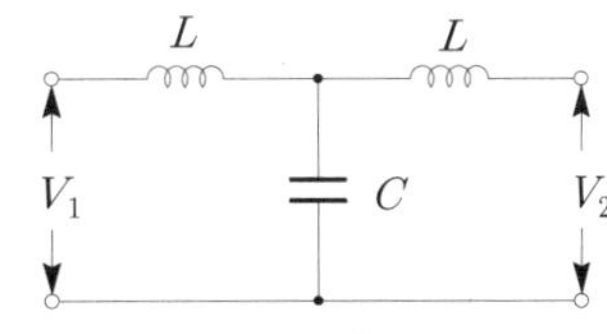

① $A=D$ ② $A=C$
③ $B=C$ ④ $B=A$

해설

4단자 정수는 아래와 같으므로 회로가 대칭이 되면 $A=D$가 같아진다.

$$\begin{bmatrix} A & B \\ C & D \end{bmatrix}=\begin{bmatrix} 1 & j\omega L \\ 0 & 1 \end{bmatrix}\begin{bmatrix} 1 & 0 \\ j\omega C & 1 \end{bmatrix}\begin{bmatrix} 1 & j\omega L \\ 0 & 1 \end{bmatrix}=\begin{bmatrix} 1-\omega^2 LC & j\omega L(2-\omega^2 LC) \\ j\omega C & 1-\omega^2 LC \end{bmatrix}$$

★ 기사 90년 2회

61 그림에서 전압 전달비 $\frac{V_2}{V_1}$는 얼마인가?

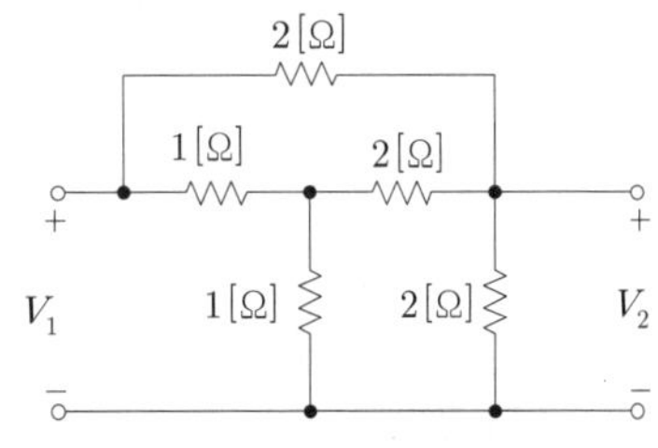

① 0.125 ② 0.25
③ 0.33 ④ 0.5

해설

2[Ω], 1[Ω], 2[Ω]의 △결선된 회로를 Y로 등가변환하여 4단자 정수를 구하면 다음과 같다.

정답 57. ① 58. ④ 59. ③ 60. ① 61. ④

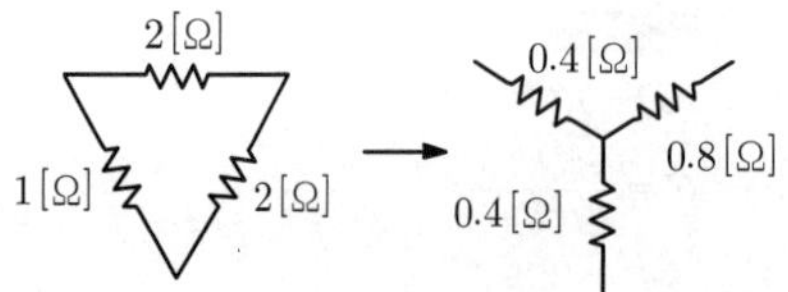

▌Y-△ 등가변환▌

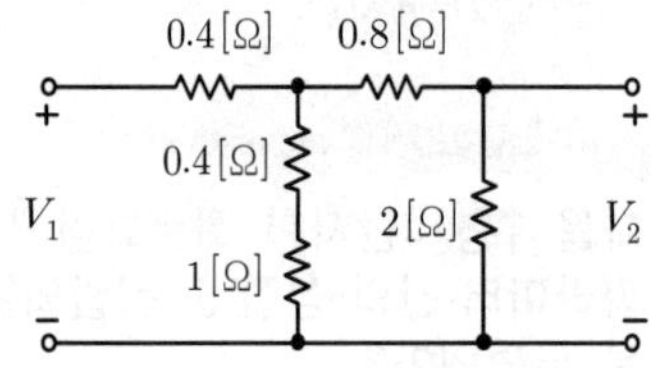

▌회로 등가변환▌

$$\begin{bmatrix} A & B \\ C & D \end{bmatrix} = \begin{bmatrix} 1 & 0.4 \\ 0 & 1 \end{bmatrix} \begin{bmatrix} 1 & 0 \\ \frac{1}{1.4} & 1 \end{bmatrix} \begin{bmatrix} 1 & 0.8 \\ 0 & 1 \end{bmatrix} \begin{bmatrix} 1 & 0 \\ \frac{1}{2} & 1 \end{bmatrix}$$

$$= \begin{bmatrix} 2 & 1.43 \\ 1.5 & 1.57 \end{bmatrix}$$

$\therefore\ A = \dfrac{V_1}{V_2} = 2$이므로

$$\frac{V_2}{V_1} = \frac{1}{A} = \frac{1}{2} = 0.5$$

Comment

합격기준문제가 아니다. 그냥 넘어가도 좋다.

★ 산업 13년 4회

62 이상변압기에 대한 설명 중 옳은 것은?

① 단자전압의 비 $\dfrac{V_1}{V_2}$은 코일의 권수비와 같다.

② 1차측의 복소전력은 2차측 복소전력과 같다.

③ 단자전류의 비 $\dfrac{I_1}{I_2}$은 권수비와 같다.

④ 1차 단자에서 본 전체 임피던스는 부하 임피던스에 권수비 자승의 역수를 곱한 것과 같다.

해설

변압기 권선수비 $a = \dfrac{N_1}{N_2} = \dfrac{V_1}{V_2} = \dfrac{I_2}{I_1}$

$= \sqrt{\dfrac{L_1}{L_2}} = \sqrt{\dfrac{Z_1}{Z_2}}$

여기서, $L \propto N^2$, $Z_1 = a^2 Z_2$

★★★ 산업 90년 2회, 94년 7회, 04년 2회, 07년 4회

63 그림과 같은 이상변압기에 대하여 성립하지 않는 관계식은? (단, n_1, n_2 : 1차 및 2차 코일의 권수)

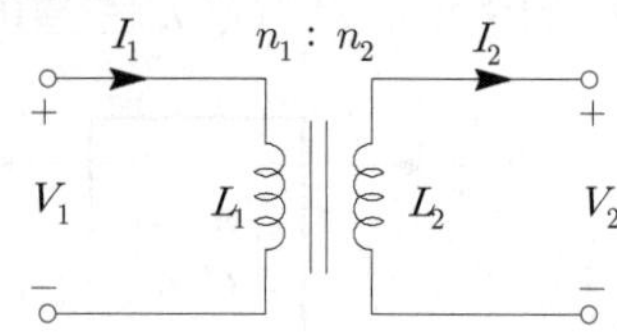

① $V_1 I_1 = V_2 I_2$

② $\dfrac{I_2}{I_1} = \dfrac{n_1}{n_2} = n$

③ $\dfrac{V_2}{V_1} = \dfrac{n_2}{n_1} = \dfrac{1}{n}$

④ $n = \sqrt{\dfrac{L_2}{L_1}}$

★★★ 기사 95년 2회

64 그림과 같은 이상변압기에 대한 4단자 정수는 얼마인가?

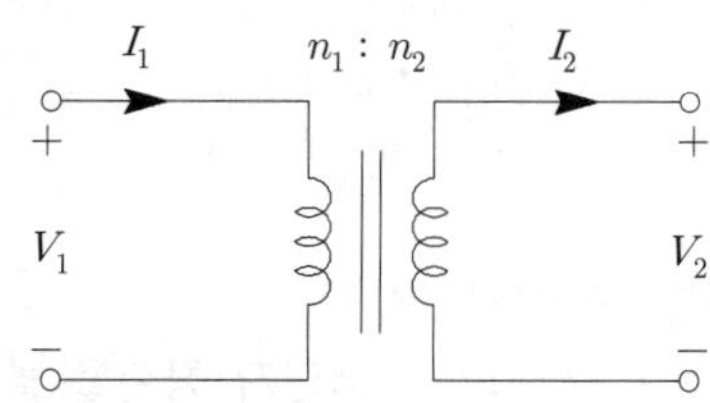

① $A = 1,\ B = \dfrac{n_1}{n_2},\ C = \dfrac{n_2}{n_1},\ D = 1$

② $A = \dfrac{n_2}{n_1},\ B = 0,\ C = 0,\ D = \dfrac{n_1}{n_2}$

③ $A = \dfrac{n_1}{n_2},\ B = 0,\ C = 0,\ D = \dfrac{n_2}{n_1}$

④ $A = n_1,\ B = n_2,\ C = \dfrac{n_2}{n_1},\ D = 1$

해설

이상변압기이므로 $B = C = 0$이 되고,

$A = \dfrac{V_1}{V_2} = \dfrac{n_1}{n_2} = a$, $D = \dfrac{I_1}{I_2} = \dfrac{n_2}{n_1} = \dfrac{1}{a}$의 관계를 갖는다.

정답 62. ① 63. ④ 64. ③

★★★ 기사 92년 5회, 99년 3·4회, 01년 2회, 02년 1회 / 산업 12년 2회, 13년 4회

65 그림과 같은 이상변압기의 4단자 정수 $ABCD$는 어떻게 표시되는가?

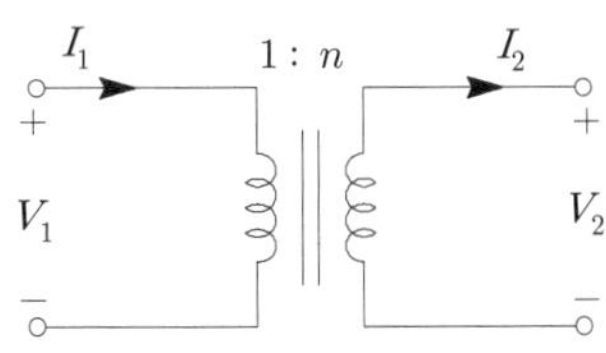

① n, 0, 0, $\frac{1}{n}$

② $\frac{1}{n}$, 0, 0, $-n$

③ $\frac{1}{n}$, 0, 0, n

④ n, 0, 1, $\frac{1}{n}$

해설

변압기 권선수비 $a = \frac{N_1}{N_2} = \frac{1}{n}$이므로

$A = a = \frac{1}{n}$, $D = \frac{1}{a} = n$이 되고, $B = C = 0$이 된다.

★★★ 기사 13년 3회 / 산업 98년 2회, 00년 1회, 03년 1회, 07년 2회, 15년 1회

66 그림과 같은 이상적인 변압기(ideal transformer)로 구성된 4단자 회로에서 정수 $ABCD$ 중 A는?

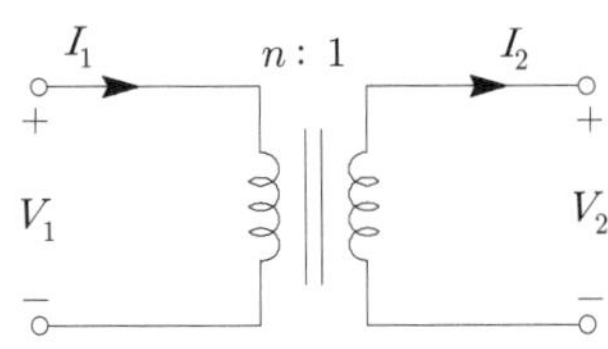

① 1
② 0
③ n
④ $\frac{1}{n}$

해설

변압기 권선수비 $a = \frac{N_1}{N_2} = n$이 되므로 4단자 정수

$A = \frac{V_1}{V_2} = \frac{N_1}{N_2} = a = n$이 된다.

★★★ 기사 92년 2회, 95년 6회 / 산업 96년 5회

67 그림과 같이 10[Ω]의 저항에 감은 비가 10 : 1의 결합회로를 연결했을 때 4단자 정수 $ABCD$는?

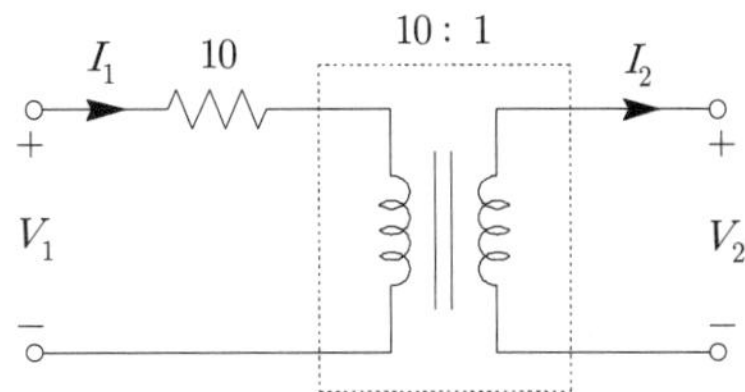

① 10, 1, 0, $\frac{1}{10}$　　② 1, 10, 0 10

③ 10, 1, 0, 10　　④ 10, 0, 1, $\frac{1}{10}$

해설

$$\begin{bmatrix} A & B \\ C & D \end{bmatrix} = \begin{bmatrix} 1 & Z \\ 0 & 1 \end{bmatrix}\begin{bmatrix} a & 0 \\ 0 & \frac{1}{a} \end{bmatrix} = \begin{bmatrix} 1 & 10 \\ 0 & 1 \end{bmatrix}\begin{bmatrix} 10 & 0 \\ 0 & \frac{1}{10} \end{bmatrix} = \begin{bmatrix} 10 & 1 \\ 0 & \frac{1}{10} \end{bmatrix}$$

여기서, 권선수비 $a = \frac{N_1}{N_2} = 10$

★ 산업 98년 7회

68 그림과 같은 이상변압기의 권선비가 $n_1 : n_2 = 1 : 3$일 때 a, b 단자에서 본 임피던스는?

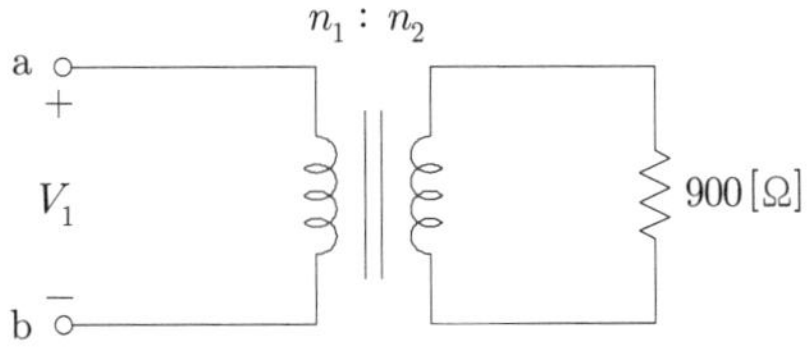

① 50[Ω]　　② 100[Ω]

③ 200[Ω]　　④ 400[Ω]

해설

1차로 환산한 임피던스의 크기

$Z_1 = a^2 Z_2 = \left(\frac{n_1}{n_2}\right)^2 Z_2 = \left(\frac{1}{3}\right)^2 \times 900 = 100[\Omega]$

정답 65. ③ 66. ③ 67. ① 68. ②

★ 기사 15년 2회 / 산업 98년 3회

69 그림과 같은 전원측 저항 100[Ω], 부하저항 1[Ω]일 때 이것에 변압비 n : 1의 이상변압기를 써서 정합을 취하려고 한다. 이때 n의 값은 얼마인가?

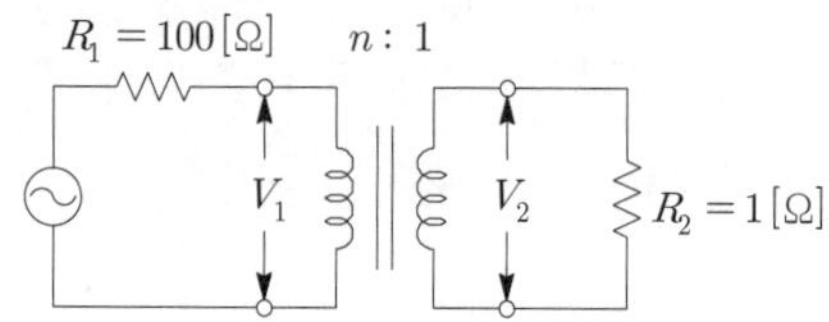

① 100　② 10
③ $\frac{1}{10}$　④ $\frac{1}{100}$

해설

$Z_1 = a^2 Z_2$의 관계에서

$\therefore\ a = \sqrt{\frac{Z_1}{Z_2}} = \sqrt{\frac{R_1}{R_2}} = \sqrt{\frac{100}{1}} = 10$

여기서, 권선수비 $a = \frac{N_1}{N_2} = n$

★ 산업 94년 5회, 05년 2회

70 내부 임피던스가 순저항 6[Ω]인 전원과 120[Ω]의 순저항 부하 사이에 임피던스 정합(matching)을 위한 이상변압기의 권선비는?

① $\frac{1}{\sqrt{20}}$　② $\frac{1}{\sqrt{2}}$
③ $\frac{1}{20}$　④ $\frac{1}{2}$

해설

$Z_1 = a^2 Z_2$의 관계에서

$\therefore\ a = \sqrt{\frac{Z_1}{Z_2}} = \sqrt{\frac{R_1}{R_2}} = \sqrt{\frac{6}{120}} = \sqrt{\frac{1}{20}}$

출제 03 영상 파라미터

★★ 산업 93년 3회, 01년 3회

71 4단자 회로에서 4단자 정수를 $ABCD$라 하면 영상 임피던스 Z_{01}, Z_{02}는?

① $Z_{01} = \sqrt{\frac{AB}{CD}}$, $Z_{02} = \sqrt{\frac{BD}{AC}}$
② $Z_{01} = \sqrt{AB}$, $Z_{02} = \sqrt{CD}$
③ $Z_{01} = \sqrt{\frac{CD}{AB}}$, $Z_{02} = \sqrt{\frac{BD}{AC}}$
④ $Z_{01} = \sqrt{\frac{BD}{AC}}$, $Z_{02} = \sqrt{ABCD}$

해설

그림과 같은 4단자 회로에 입력단자 $1-1'$에 임피던스 Z_{01}을 접속하고 출력단자 $2-2'$에 임피던스 Z_{02}를 연결한 경우 $1-1'$ 단자에서 우측으로 본 임피던스나 좌측으로 본 임피던스가 같다고 하면 이들의 관계 Z_{01}, Z_{02}를 영상 임피던스라 하며 4단자 정수와의 관계는 다음과 같다.

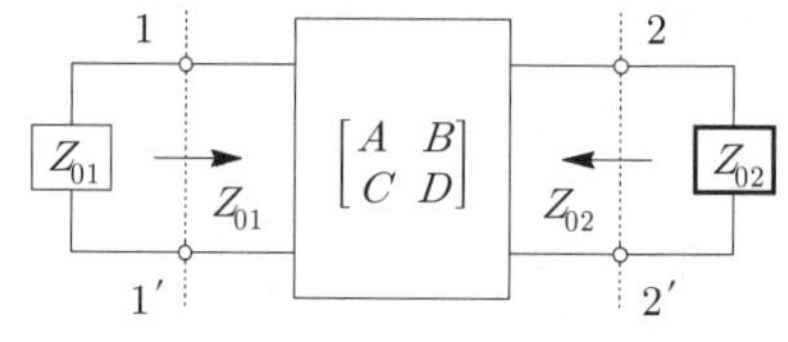

$\therefore\ Z_{01} = \frac{V_1}{I_1} = \sqrt{\frac{AB}{CD}}$, $Z_{02} = \frac{V_2}{I_2} = \sqrt{\frac{BD}{AC}}$

★ 기사 02년 3회

72 회로에서 영상 임피던스 $Z_{01} = 6[\Omega]$이다. 저항 R의 값은 몇 [Ω]인가?

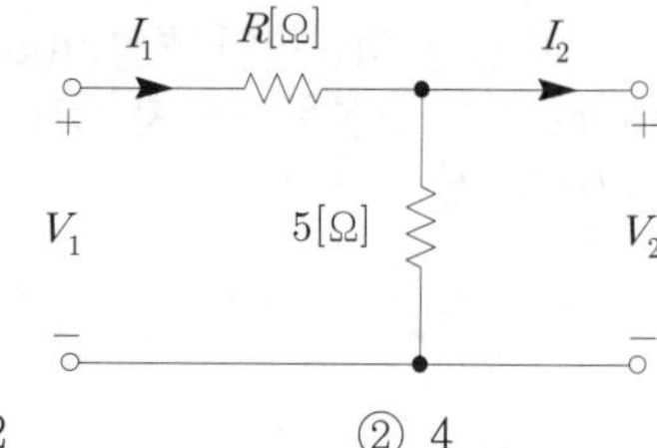

① 2　② 4
③ 6　④ 9

해설

㉠ 4단자 정수

$A = 1 + \frac{R}{5}$, $B = \frac{R \times 5}{5} = R$, $C = \frac{1}{5}$, $D = 1$

㉡ 영상 임피던스

$Z_{01} = \sqrt{\frac{AB}{CD}} = \sqrt{\frac{\left(1+\frac{R}{5}\right) \times R}{\frac{1}{5} \times 1}} = 6[\Omega]$에서

이를 양변에 제곱을 취해 정리하면

$\left(1+\frac{R}{5}\right) \times R = \frac{36}{5}$에서 다시 정리하면

$R^2 + 5R - 36 = 0$이 된다.

정답 69. ② 70. ① 71. ① 72. ②

$$\therefore\ R = \frac{-b \pm \sqrt{b^2 - 4ac}}{2a} = \frac{-5 \pm \sqrt{5^2 - 4\times1\times(-36)}}{2\times1} = \frac{-5\pm13}{2} = 4[\Omega]$$

Comment

합격기준문제가 아니다. 그냥 넘어가도 좋다.

★★★ 산업 92년 7회

73 L형 4단자 회로망에서 4단자 정수가 $B=\frac{5}{3}$, $C=1$이고, 영상 임피던스 $Z_{01}=\frac{20}{3}$[Ω]일 때 영상 임피던스 Z_{02}[Ω]의 값은?

① $\frac{1}{4}$　② $\frac{100}{9}$
③ 9　④ $\frac{9}{100}$

해설

$$Z_{01}\times Z_{02} = \sqrt{\frac{AB}{CD}}\times\sqrt{\frac{BD}{AC}} = \frac{B}{C}$$

$$\therefore\ Z_{02} = \frac{B}{C}\times\frac{1}{Z_{01}} = \frac{5}{3}\times\frac{3}{20} = \frac{5}{20} = \frac{1}{4}[\Omega]$$

★★★ 기사 08년 1회, 12년 3회 / 산업 94년 2회, 95년 7회, 14년 3회

74 L형 4단자 회로망에서 4단자 상수가 $A=\frac{15}{4}$, $D=1$, 영상 임피던스 $Z_{02}=\frac{12}{5}$[Ω]일 때 영상 임피던스 Z_{01}은 몇 [Ω]인가?

① 8　② 9
③ 10　④ 11

해설

$$\frac{Z_{01}}{Z_{02}} = \frac{\sqrt{\frac{AB}{CD}}}{\sqrt{\frac{BD}{AC}}} = \frac{A}{D}$$

$$\therefore\ Z_{01} = \frac{A}{D}\times Z_{02} = \frac{15}{4}\times\frac{12}{5} = 9[\Omega]$$

★★★ 기사 90년 7회, 03년 3회, 05년 1회, 15년 4회

75 어떤 4단자망의 입력단자 $1-1'$ 사이의 영상 임피던스 Z_{01}과 출력단자 $2-2'$ 사이의 영상 임피던스 Z_{02}가 같게 되려면 4단자정수 사이에 어떠한 관계가 있어야 하는가?

① $BC=AC$　② $AB=CD$
③ $B=C$　④ $A=D$

해설

영상 임피던스 $Z_{01}=\sqrt{\frac{AB}{CD}}$, $Z_{02}=\sqrt{\frac{BC}{AD}}$

이 두 식이 같게 되려면 $A=D$이다.

★★★ 기사 90년 2회

76 대칭 4단자 회로에서 영상 임피던스는?

① $\sqrt{\frac{AB}{CD}}$　② $\sqrt{\frac{DB}{CA}}$
③ $\sqrt{\frac{B}{C}}$　④ $\sqrt{\frac{A}{D}}$

해설

대칭 4단자의 경우 $A=D$이므로

$$\therefore\ Z_{01}=Z_{02}=\sqrt{\frac{B}{C}}$$

★★★ 산업 91년 7회, 99년 4회, 16년 3회

77 다음과 같은 4단자망에서 영상 임피던스는 몇 [Ω]인가?

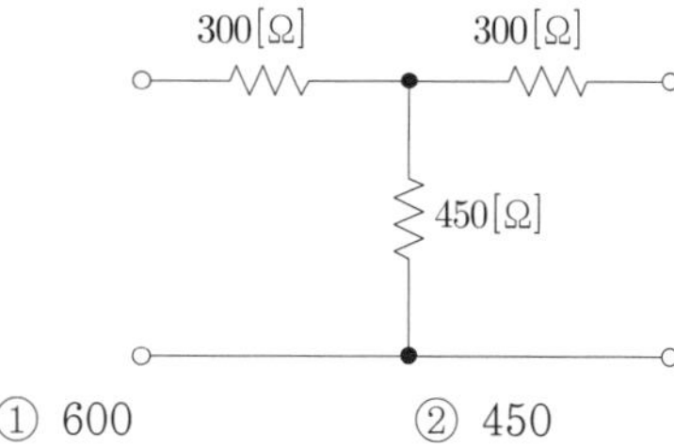

① 600　② 450
③ 300　④ 200

해설

4단자 정수 $B=\frac{Z_1Z_2+Z_2Z_3+Z_3Z_1}{Z_3}$, $C=\frac{1}{Z_3}$이므로

대칭 영상 임피던스

$$Z_{01}=Z_{02}=\sqrt{\frac{B}{C}} = \sqrt{Z_1Z_2+Z_2Z_3+Z_3Z_1} = \sqrt{300\times300+300\times450+300\times450} = 600[\Omega]$$

정답 73. ① 74. ② 75. ④ 76. ③ 77. ①

★★★ 산업 94년 5회

78 다음 그림과 같이 L형 회로의 영상 임피던스 Z_{02}를 구하면 다음 어느 것이 되겠는가?

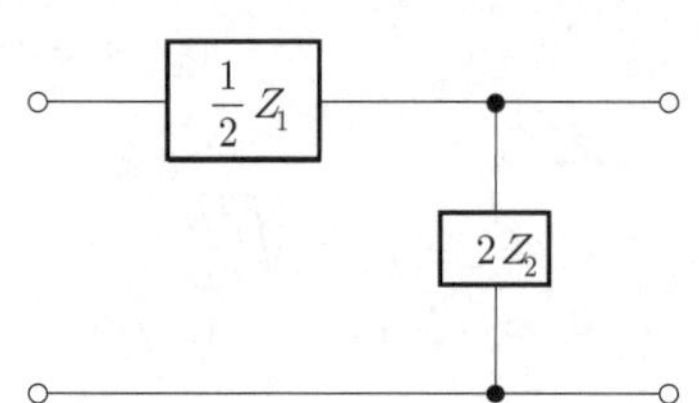

① $\sqrt{\dfrac{Z_1 Z_2}{1+\dfrac{Z_1}{4Z_2}}}$

② $\sqrt{Z_1 Z_2\left(1+\dfrac{Z_1}{4Z_2}\right)}$

③ $\sqrt{\dfrac{Z_1}{4Z_2}}$

④ $\sqrt{1+\dfrac{Z_1}{4Z_2}}$

해설

4단자 정수는 $A=1+\dfrac{\dfrac{Z_1}{2}}{2Z_2}=1+\dfrac{Z_1}{4Z_2}$, $B=\dfrac{Z_1}{2}$,

$C=\dfrac{1}{2Z_2}$, $D=1$이므로

∴ 영상 임피던스

$$Z_{02}=\sqrt{\frac{BD}{AC}}$$

$$=\sqrt{\frac{\dfrac{Z_1}{2}}{\dfrac{1}{2Z_2}\times\left(1+\dfrac{Z_1}{4Z_2}\right)}}=\sqrt{\frac{Z_1Z_2}{1+\dfrac{Z_1}{4Z_2}}}$$

★★★ 산업 91년 6회, 00년 3회, 15년 2회

79 4단자 회로에서 4단자 정수 중 $ABCD$할 때 영상전달정수 θ는 어떻게 되는가?

① $\log_e\left(\sqrt{AB}+\sqrt{BC}\right)$

② $\log_e\left(\sqrt{AB}-\sqrt{CD}\right)$

③ $\log_e\left(\sqrt{AD}+\sqrt{BC}\right)$

④ $\log_e\left(\sqrt{AD}-\sqrt{BC}\right)$

해설

$e^{\theta}=\sqrt{\dfrac{V_1 I_1}{V_2 I_2}}=\sqrt{AD}+\sqrt{BC}$이므로

$\therefore\ \theta=\log_e\left(\sqrt{AD}+\sqrt{BC}\right)$

여기서, $V_1=AV_2+BI_2$, $I_1=CV_2+DI_2$

$V_2=DV_1+BI_1$, $I_2=CV_1+AI_1$

$AD-BC=1$

$V_1=Z_{01}I_1=\sqrt{\dfrac{AB}{CD}}\,I_1$

$V_2=Z_{02}I_2=\sqrt{\dfrac{BD}{AC}}\,I_2$

Comment

영상 파라미터(영상 임피던스, 영상전달전수)는 결과공식만 암기해서 문제에 대입하는 것이 가장 효과적이다.

★ 산업 94년 3회, 99년 6회, 05년 4회

80 전달정수 θ가 4단자 정수 $ABCD$로 표시할 때 올바른 것은?

① $\cosh\theta=\sqrt{BD}$ ② $\sinh\theta=\sqrt{BC}$

③ $\cosh\theta=\sqrt{\dfrac{AD}{BC}}$ ④ $\sinh\theta=\sqrt{AD}$

해설

$e^{\theta}=\sqrt{AD}+\sqrt{BD}$이고,

$e^{-\theta}=\sqrt{AD}-\sqrt{BC}$이므로

$e^{\theta}+e^{-\theta}=2\sqrt{AD}$

$e^{\theta}-e^{-\theta}=2\sqrt{BC}$

$\therefore\ \sqrt{AD}=\dfrac{1}{2}\left(e^{\theta}+e^{-\theta}\right)=\cosh\theta$

$\sqrt{BC}=\dfrac{1}{2}\left(e^{\theta}-e^{-\theta}\right)=\sinh\theta$

★ 기사 90년 2회 / 산업 99년 3회

81 영상 임피던스 및 전달정수 Z_{01}, Z_{02}, θ와 4단자 회로망의 정수 $ABCD$와의 관계식 중 옳지 않은 것은?

① $A=\sqrt{\dfrac{Z_{01}}{Z_{02}}}\cosh\theta$

② $B=\sqrt{Z_{01}Z_{02}}\sinh\theta$

③ $C=\dfrac{1}{\sqrt{Z_{01}Z_{02}}}\cosh\theta$

④ $D=\sqrt{\dfrac{Z_{02}}{Z_{01}}}\cosh\theta$

정답 78. ① 79. ③ 80. ② 81. ③

해설

$$\frac{Z_{01}}{Z_{02}} = \frac{A}{D} \rightarrow \sqrt{\frac{Z_{01}}{Z_{02}}} = \sqrt{\frac{A}{D}}$$

$$Z_{01}Z_{02} = \frac{B}{C} \rightarrow \sqrt{Z_{01}Z_{02}} = \sqrt{\frac{B}{C}}$$

$\cosh\theta = \sqrt{AD}$, $\sinh\theta = \sqrt{BC}$이므로 4단자 정수는 다음과 같다.

① $A = \sqrt{\frac{A}{D}} \cdot \sqrt{AD} = \sqrt{\frac{Z_{01}}{Z_{02}}}\cosh\theta$

② $B = \sqrt{\frac{B}{C}} \cdot \sqrt{BC} = \sqrt{Z_{01}Z_{02}}\sinh\theta$

③ $C = \sqrt{\frac{C}{B}} \cdot \sqrt{BC} = \frac{1}{\sqrt{Z_{01}Z_{02}}}\sinh\theta$

④ $D = \sqrt{\frac{D}{A}} \cdot \sqrt{AD} = \sqrt{\frac{Z_{02}}{Z_{01}}}\cosh\theta$

★★★ 기사 96년 4회, 04년 1회, 09년 1회

82 4단자 정수가 각각 $A = \frac{5}{3}$, $B = 800[\Omega]$, $C = \frac{1}{450}[\mho]$, $D = \frac{5}{3}$일 때 전달정수 θ는 얼마인가?

① log2 ② log3
③ log4 ④ log5

해설

영상전달정수 $\theta = \log_e(\sqrt{AD} + \sqrt{BC})$

$$= \log_e\left(\sqrt{\frac{5}{3}\times\frac{5}{3}} + \sqrt{800\times\frac{1}{450}}\right)$$

$$= \log_e 3$$

★★★ 기사 04년 3회 / 산업 96년 2회, 15년 1회

83 아래 그림과 같은 4단자망의 영상전달정수 θ는?

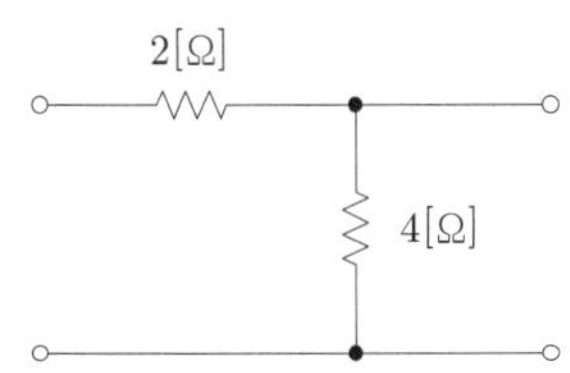

① 0.33
② 0.66
③ 0.99
④ 1.22

해설

4단자 정수

$A = 1 + \frac{2}{4} = 1.5$, $B = 2$, $C = \frac{1}{4} = 0.25$, $D = 1$

∴ 영상전달정수

$\theta = \log_e(\sqrt{AD} + \sqrt{BC})$

$= \ln(\sqrt{1.5\times1} + \sqrt{2\times0.25}) = 0.66$

★ 기사 91년 7회 / 산업 96년 6회, 05년 1회, 07년 1회

84 T형 4단자 회로망에 영상 임피던스 $Z_{01} = 75[\Omega]$, $Z_{02} = 3[\Omega]$이고 전달정수가 0일 때 이 회로의 4단자 정수 A의 값은?

① 2
② 3
③ 4
④ 5

해설

영상 임피던스 $\frac{Z_{01}}{Z_{02}} = \frac{A}{D} = \frac{75}{3}$

영상전달정수 $\theta = \cosh^{-1}\sqrt{AD} = 0$이므로

$3A = 75D$, $AD = 1$에서

∴ $A = 5$, $D = \frac{1}{5}$

★ 산업 95년 4회, 98년 6회

85 다음 그림과 같은 T형 회로에 대한 서술에서 잘못된 것은?

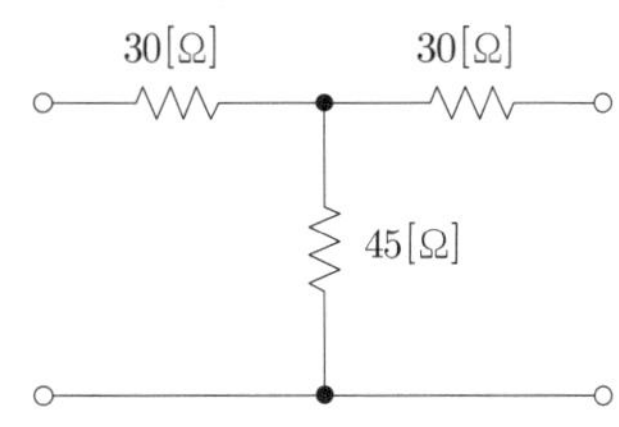

① 영상 임피던스 $Z_{01} = 60[\Omega]$이다.
② 개방 구동점 임피던스 $Z_{11} = 45[\Omega]$이다.
③ 단락전달 어드미턴스 $Y_{12} = -\frac{1}{80}[\mho]$이다.
④ 전달정수 $\theta = \cosh^{-1}\frac{5}{3}$이다.

해설

4단자 정수는 다음과 같다.

$A = 1 + \frac{30}{45} = \frac{5}{3}$

정답 82. ② 83. ② 84. ④ 85. ②

$$B = \frac{30 \times 30 + 30 \times 45 + 30 \times 45}{45} = 80$$

$$C = \frac{1}{45}$$

$$D = \frac{5}{3}$$

① 영상 임피던스

$$Z_{01} = Z_{02} = \sqrt{\frac{B}{C}}$$
$$= \sqrt{80 \times 45} = 60[\Omega]$$

② 개방 구동점 임피던스

$$Z_{11} = \left.\frac{V_1}{I_1}\right|_{I_2 = 0}$$
$$= 30 + 45 = 75[\Omega]$$

③ 단락전달 어드미턴스

$$Y_{12} = Y_{21} = \left.\frac{I_1}{V_2}\right|_{I_2 = 0}$$
$$= \frac{45}{30 \times 30 + 30 \times 45 + 30 \times 45}$$
$$= -\frac{1}{80}[\mho]$$

④ 영상전달정수

$$\theta = \cosh^{-1}\sqrt{AD}$$
$$= \cosh^{-1}\sqrt{\frac{5}{3} \times \frac{5}{3}}$$
$$= \cosh^{-1}\frac{5}{3}[\mho]$$

★ 산업 04년 1회

86 그림같은 회로의 영상전달정수 θ를 $\cosh^{-1}$로 표시하면?

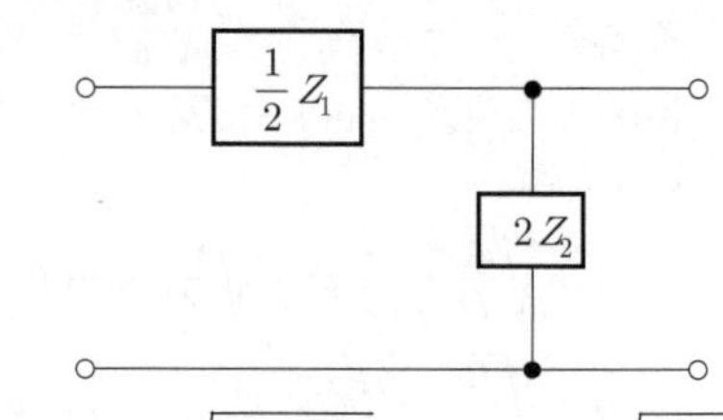

① $\cosh^{-1}\sqrt{1 - \frac{Z_1}{4Z_2}}$ ② $\cosh^{-1}\sqrt{1 + \frac{Z_1}{4Z_2}}$

③ $\cosh^{-1}\sqrt{\frac{Z_1}{4Z_2} - 1}$ ④ $\cosh^{-1}\sqrt{\frac{Z_1}{Z_2} + 1}$

해설

4단자 정수는 $A = 1 + \frac{\frac{Z_1}{2}}{2Z_2} = 1 + \frac{Z_1}{4Z_2}$, $B = \frac{Z_1}{2}$,

$C = \frac{1}{2Z_2}$, $D = 1$이므로

∴ 영상전달정수

$$\theta = \cosh^{-1}\sqrt{AD}$$
$$= \cosh^{-1}\sqrt{\left(1 + \frac{Z_1}{4Z_2}\right) \times 1} = \cosh^{-1}\sqrt{1 + \frac{Z_1}{4Z_2}}$$

정답 86. ②

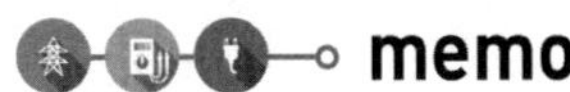
memo

CHAPTER

08

분포정수회로

기사 4.38% 출제
산업 0.63% 출제

이렇게 공부하세요!!

출제경향분석

기사 출제비율 % 산업 출제비율 %

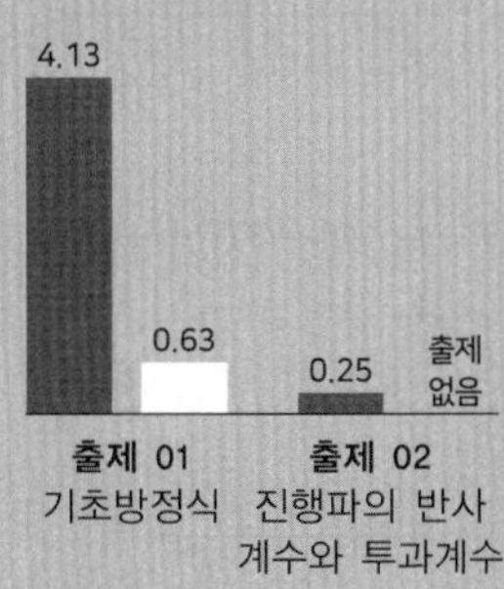

출제포인트

- ☑ 집중정수회로와 분포정수회로의 차이점에 대해서 이해할 수 있다.
- ☑ 특성 임피던스에 대해서 이해할 수 있다.
- ☑ 무왜형 선로와 무손실 선로에서 특성 임피던스를 구할 수 있다.
- ☑ 전파정수, 감쇠정수, 위상정수에 대해서 이해할 수 있다.
- ☑ 진행파의 반사계수와 투과계수에 대해서 이해할 수 있다.

CHAPTER 08

분포정수회로(distributed constant)

기사 4.38% 출제 | 산업 0.63% 출제

기사 4.13% 출제 | 산업 0.63% 출제

출제 01 기초방정식

이번 단원은 수학적 개념이 잡혀있지 않고서 해석하기 곤란한 부분이 많기 때문에 상당히 어려운 단원이라고 볼 수 있다. 하지만 정작 시험에 출제되고 있는 문제를 분석해보면 '특성 임피던스', '무왜형 선로조건', '전파정수' 공식에 관련된 문제만 출제되고 있기 때문에 [식 8-13], [식 8-14], [식 8-16]만 암기해서 문제에 적용하는 방법만 익히는 것도 좋은 방법이라 할 수 있다.

1 개요

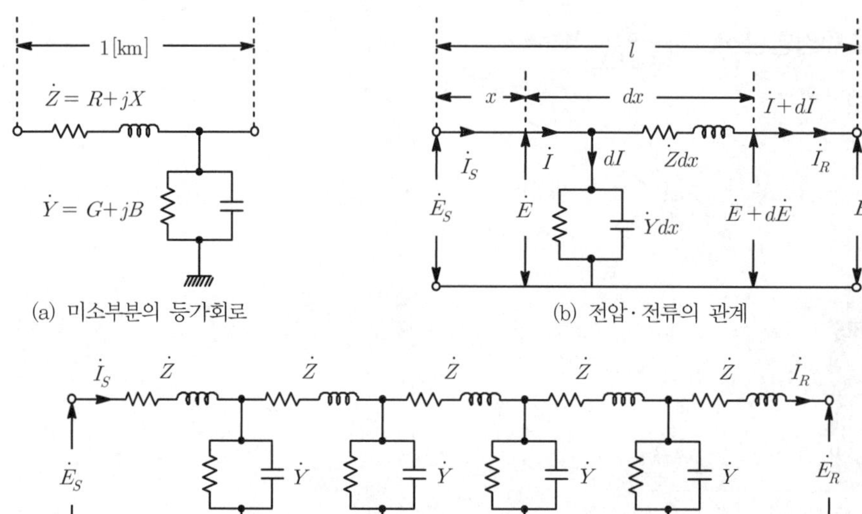

┃그림 8-1┃ 장거리 송전선로

(1) 집중정수회로(lumped constant circuit)

① 선로에 놓여 있는 R, L, C, G의 크기가 매우 작아 어느 정도 거리 이내에서는 한곳 또는 두세 군데에 집중되어 있는 것처럼 회로를 등가변환하여 해석하는 회로를 말한다.

② 집중정수회로는 송전선로의 단거리(수십[km]의 선로)와 중거리(100[km] 정도까지의 선로) 송전선로에 해당되며, 단거리는 $R-L$ 집중정수회로로, 중거리는 $R-L-C$ 집중정수회로로 해석한다.

(2) 분포정수회로(distributed constant circuit)

① **송전선로의 길이가 100[km] 정도 이상되면 더 이상 집중정수회로의 개념을 적용할 수 없다.**

② **단위길이마다 R, L, C, G가 놓여 있는 연속적인 회로망으로 해석해야 정확한 수전단 전압과 전류를 해석할 수 있다.**

2 기초방정식

(1) [그림 8-1] (b)와 같이 송전선로의 미소길이 dx 입력측 전압과 전류를 $\dot{E}$, $\dot{I}$라 하면 출력전압은 직렬 임피던스 $\dot{Z}\,dx$에 의해서 전압이 저하되고, 병렬 어드미턴스 $\dot{Y}dx$에 의해서 전류는 감소된다. 이 관계를 나타내면 다음과 같다.

① **전압강하량** : $d\dot{E} = -\dot{I}\,\dot{Z}\,dx$ ······ [식 8-1]

② **전류감소량** : $d\dot{I} = -\dot{E}\,\dot{Y}\,dx$ ······ [식 8-2]

여기서, $Z = R + j\omega L[\Omega/\text{km}]$: 직렬 임피던스

$Y = G + j\omega C[\mho/\text{km}]$: 병렬 어드미턴스

(2) [식 8-1], [식 8-2]에서 양변을 $-dx$로 나누어 정리하면 다음과 같다.

① $-\dfrac{d\dot{E}}{dx} = \dot{I}\,\dot{Z}$ ······ [식 8-3]

② $-\dfrac{d\dot{I}}{dx} = \dot{E}\,\dot{Y}$ ······ [식 8-4]

(3) [식 8-3], [식 8-4]를 다시 x에 대하여 미분하여 정리하면 다음과 같다.

① $\dfrac{d^2\dot{E}}{dx^2} = -\dot{Z}\dfrac{d\dot{I}}{dx} = \dot{Z}\,\dot{Y}\,\dot{E} = \gamma^2\dot{E}$ ······ [식 8-5]

② $\dfrac{d^2\dot{I}}{dx^2} = -\dot{Y}\dfrac{d\dot{E}}{dx} = \dot{Z}\,\dot{Y}\,\dot{I} = \gamma^2\dot{I}$ ······ [식 8-6]

여기서, $\gamma = \sqrt{Z\,Y}$: 전파정수

(4) [식 8-6]을 2계 미분방정식으로 일반해를 구하면 다음과 같다.

① **입력측 전류** : $\dot{I} = \dot{A}_1 e^{-\gamma x} - \dot{A}_2 e^{\gamma x}$ ······ [식 8-7]

② [식 8-7]을 x에 대하여 미분하고 [식 8-4]에 대입하면 다음과 같다.

$\dfrac{d\dot{I}}{dx} = -\gamma A_1 e^{-\gamma x} - \gamma A_2 e^{\gamma x} = -\dot{E}\,\dot{Y}$ ······ [식 8-8]

여기서, A, A_2 : 적분상수

③ **입력측 전압** : $\dot{E} = \dfrac{\gamma}{Y}\left(A_1 e^{-\gamma x} + A_2 e^{\gamma x}\right) = \sqrt{\dfrac{Z}{Y}}\left(A_1 e^{-\gamma x} + A_2 e^{\gamma x}\right)$

$= Z_0\left(A_1 e^{-\gamma x} + A_2 e^{\gamma x}\right)$ ······ [식 8-9]

(5) 특성 임피던스(characteristic impedance)

① 특성 임피던스는 선로를 이동하는 진행파에 대한 전압과 전류의 비로서, 그 선로의 고유한 값을 말한다.

② 특성 임피던스는 [식 8-10]에서 정의할 수 있다.

$$\therefore\ Z_0 = \sqrt{\frac{Z}{Y}} = \sqrt{\frac{R+j\omega L}{G+j\omega C}}\ [\Omega] \qquad \text{[식 8-10]}$$

③ 무손실선로에서는 $R = G = 0$이 되므로 특성 임피던스는 다음과 같다.

$$\therefore\ Z_0 = \sqrt{\frac{Z}{Y}} = \sqrt{\frac{R+j\omega L}{G+j\omega C}} = \sqrt{\frac{L}{C}}\ [\Omega] \qquad \text{[식 8-11]}$$

(6) 무왜형 선로

① 송전선로의 선로정수 R, L, C, G에서 [식 8-12]와 같이 무왜조건이 성립되면 주파수에 관계없이 신호의 파형이 일그러짐 없이 전파된다.

② 무왜조건 : $\frac{R}{L} = \frac{G}{C}$ ········· [식 8-12]

③ 무왜형 선로에서의 특성 임피던스

$$Z_0 = \sqrt{\frac{Z}{Y}} = \sqrt{\frac{R+j\omega L}{G+j\omega C}} = \sqrt{\frac{R+j\omega L}{\frac{RC}{L}+j\omega C}}$$

$$= \sqrt{\frac{R+j\omega L}{\frac{C}{L}(R+j\omega L)}} = \sqrt{\frac{L}{C}}\ [\Omega] \qquad \text{[식 8-13]}$$

④ 무왜형 선로에서의 전파속도

$$v = \lambda f = \frac{2\pi}{\beta} f = \frac{\omega}{\beta} = \frac{1}{\sqrt{LC}}\ [\text{m/sec}] \qquad \text{[식 8-14]}$$

(7) 전파정수(propagation constant)

① 전파정수란 전압·전류가 선로의 끝 송전단에서부터 멀어져감에 따라 그 진폭이라든가 위상이 변해가는 특성과 관계된 상수를 말한다.

② 전파정수는 [식 8-7]에서 정의할 수 있다.

$$\gamma = \sqrt{ZY} = \sqrt{(R+j\omega L)(G+j\omega C)} \qquad \text{[식 8-15]}$$

③ 무왜형 선로에서의 전파정수

$$\gamma = \sqrt{ZY} = \sqrt{(R+j\omega L)(G+j\omega C)} = \sqrt{(R+j\omega L)\left(\frac{C}{L}\cdot R + j\omega L\cdot\frac{C}{L}\right)}$$

$$= \sqrt{(R+j\omega L)\cdot\frac{C}{L}(R+j\omega L)} = (R+j\omega L)\sqrt{\frac{C}{L}}$$

$$= R\sqrt{\frac{C}{L}} + j\omega L\sqrt{\frac{C}{L}} = R\sqrt{\frac{\frac{LG}{R}}{L}} + j\omega\sqrt{LC}$$

$$= \sqrt{RG} + j\omega\sqrt{LC} = \alpha + j\beta \qquad \text{[식 8-16]}$$

여기서, $\alpha = \sqrt{RG}$: 감쇠정수(attenuation constant)

$\beta = \omega\sqrt{LC}$: 위상정수(phase constant)

단원 확인 기출문제

★★★ 기사 92년 6회, 94년 4회

01 유한장의 송전선로가 있다. 수전단을 단락하고 송전단에서 측정한 임피던스는 $j250[\Omega]$, 또 수전단을 개방시키고 송전단에서 측정한 어드미턴스는 $j1.5\times10^{-3}[℧]$이다. 이 송전선로의 특성 임피던스는 약 얼마인가?

① $2.45\times10^{-3}[\Omega]$ ② $408.25[\Omega]$
③ $j0.612[\Omega]$ ④ $6\times10^{-6}[\Omega]$

해설 특성 임피던스 $Z_0 = \sqrt{\frac{L}{C}} = \sqrt{\frac{j250}{j1.5\times10^{-3}}} = 408.25[\Omega]$

답 ②

★★★ 기사 05년 4회, 12년 2회, 16년 4회

02 선로의 임피던스 $Z = R + j\omega L[\Omega]$, 병렬 어드미턴스 $Y = G + j\omega C[℧]$일 때 선로의 저항 R과 컨덕턴스 G가 동시에 0이 되었을 때 전파정수는?

① $j\omega\sqrt{LC}$ ② $j\omega\sqrt{\frac{C}{L}}$
③ $j\omega\sqrt{L^2C}$ ④ $j\omega\sqrt{\frac{L}{C^2}}$

답 ①

기사 0.25% 출제 | 산업 출제 없음

출제 02 진행파의 반사계수와 투과계수

이번 단원의 시험출제빈도는 높은 편은 아니지만 전력공학에서도 활용되는 내용이므로 결과공식만이라도 암기하고 넘어가도록 한다.

1 변위점(transition point)

① 변위점이란 [그림 8-2] (a)와 같이 특성 임피던스(파동 임피던스)가 다른 회로의 연결되는 점을 말한다.

② 변위점으로 입사되는 전압·전류 파형은 [그림 8-2] (b)와 같이 일부는 반사되고 나머지는 투과된다.

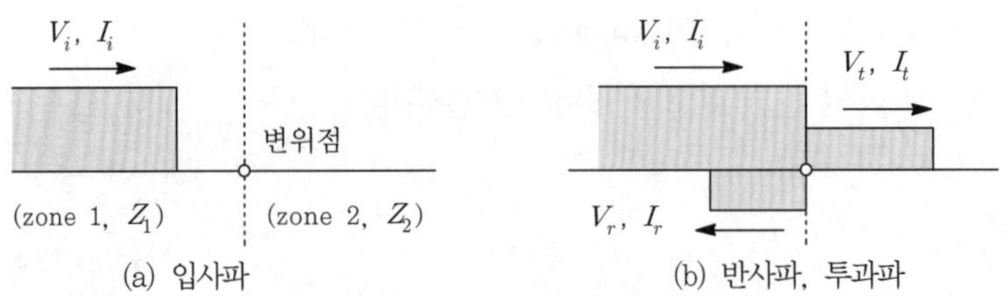

(a) 입사파 (b) 반사파, 투과파

▎그림 8-2▎ 반사파와 투과파

2 반사파와 투과파

(1) [그림 8-2]에서 키르히호프의 법칙과 옴의 법칙을 적용하면 다음과 같다.

① $V_i + V_r = V_t$ ········· [식 8-17]

② $I_i - I_r = I_t$ ········· [식 8-18]

③ $I_i = \dfrac{V_i}{Z_1}$, $I_r = \dfrac{V_r}{Z_1}$, $I_t = \dfrac{V_t}{Z_2}$ ········· [식 8-19]

(2) 투과파 전압유도

① [식 8-18]에 Z_1을 곱하여 정리하면 다음과 같다.

$I_i \times Z_1 + I_r \times Z_1 = I_t \times Z_1$ ········· [식 8-20]

② [식 8-20]에 [식 8-17], [식 8-19]를 대입하여 정리하면 다음과 같다.

$V_i - V_r = \dfrac{V_t}{Z_2} \times Z_1$에서 $V_i - (V_t - V_i) = \dfrac{Z_1}{Z_2} \times V_t$

$2\,V_i - V_t = \dfrac{Z_1}{Z_2} \times V_t$에서 $2\,V_i = \left(\dfrac{Z_1}{Z_2} + 1\right) V_t = \dfrac{Z_1 + Z_2}{Z_2}\, V_t$

∴ **투과파 전압 :** $V_t = \dfrac{2Z_2}{Z_1 + Z_2} \times V_i = \lambda\, V_i$ ········· **[식 8-21]**

(3) 투과파 전류유도

① [식 8-21]에서 Z_2를 나누어 정리하면 다음과 같다.

$I_t = \dfrac{V_t}{Z_2} = \dfrac{2}{Z_1 + Z_2} \times V_i$ ········· [식 8-22]

② [식 8-22]에서 분모, 분자에 Z_1을 곱하여 투과파 전류를 유도할 수 있다.

$I_t = \dfrac{2Z_1}{Z_1 + Z_2} \times I_i$ ········· **[식 8-23]**

(4) 반사파 전압유도

① [식 8-21]에서 [식 8-17]을 대입하여 정리하면 다음과 같다.

$$V_t = V_i + V_r = \frac{2Z_2}{Z_1 + Z_2} \times V_i$$

$$V_r = \left(\frac{2Z_2}{Z_1 + Z_2} - 1 \right) V_i = \left(\frac{2Z_2}{Z_1 + Z_2} - \frac{Z_1 + Z_2}{Z_1 + Z_2} \right) V_i \quad \cdots\cdots \text{[식 8-24]}$$

② [식 8-24]를 정리하여 반사파 전압을 유도할 수 있다.

$$V_r = \frac{Z_2 - Z_1}{Z_1 + Z_2} \times V_i = \Gamma V_i \quad \cdots\cdots \text{[식 8-25]}$$

(5) 반사파 전류유도

① [식 8-25]에서 Z_1을 나누어 정리하면 다음과 같다.

$$I_r = \frac{V_r}{Z_1} = \frac{Z_2 - Z_1}{Z_1 + Z_2} \times \frac{V_i}{Z_1} = \frac{Z_2 - Z_1}{Z_1 + Z_2} \times I_i$$

② 반사파 전류는 다음과 같다.

$$I_r = \frac{Z_2 - Z_1}{Z_1 + Z_2} \times I_i \quad \cdots\cdots \text{[식 8-26]}$$

(6) 반사계수와 투과계수

① 반사계수(coefficient of reflection)

$$\Gamma = \frac{Z_2 - Z_1}{Z_1 + Z_2}, \ -1 \leqq \Gamma \leqq 1 \quad \cdots\cdots \text{[식 8-27]}$$

② 투과계수(coefficient of transmission)

$$\lambda = \frac{2Z_2}{Z_1 + Z_2} = 1 + \Gamma, \ -1 \leqq \Gamma \leqq 1 \quad \cdots\cdots \text{[식 8-28]}$$

단원 핵심정리 한눈에 보기

1. 특성 임피던스(파동 임피던스=고유 임피던스)

① 정의 : 선로를 이동하는 진행파에 대한 전압과 전류의 비로서, 그 선로의 고유한 값을 말한다.

② 특성 임피던스 : $Z_0 = \sqrt{\dfrac{Z}{Y}} = \sqrt{\dfrac{R + j\omega L}{G + j\omega C}}$ [Ω]

2. 전파정수

① 정의 : 전압·전류가 선로의 끝 송전단에서부터 멀어져감에 따라 그 진폭이라든가 위상이 변해가는 특성과 관계된 상수를 말한다.

② 전파정수 : $\gamma = \sqrt{ZY} = \sqrt{RG} + j\omega\sqrt{LC} = \alpha + j\beta$

여기서, α : 감쇠정수, β : 위상정수

3. 무손실선로

① 조건 : $R = G = 0$

② 특성 임피던스 : $Z_0 = \sqrt{\dfrac{L}{C}}$

③ 전파정수 : $\gamma = j\omega\sqrt{LC}$

4. 무왜형 선로

① 정의 : 송전단에서 보낸 정현파 입력이 수전단에 전혀 일그러짐 없이 도달되는 회로를 말한다.

② 조건 : $LG = RC$

③ 특성 임피던스 : $Z_0 = \sqrt{\dfrac{L}{C}}$

5. 전파속도

① 전파속도 : $v = \dfrac{1}{\sqrt{LC}} = \dfrac{\omega}{\beta}$[m/sec]

② 파장의 길이 : $\lambda = \dfrac{v}{f} = \dfrac{\omega}{f\beta} = \dfrac{2\pi}{\beta}$[m]

단원 자주 출제되는 기출문제

출제 01 기초방정식

★★★ 기사 93년 5회, 97년 4회, 14년 2회

01 분포정수회로에서 직렬 임피던스를 Z, 병렬 어드미턴스를 Y라 할 때 선로의 특성 임피던스 $Z_0[\Omega]$는?

① ZY ② $\sqrt{ZY}$
③ $\sqrt{\dfrac{Y}{Z}}$ ④ $\sqrt{\dfrac{Z}{Y}}$

해설

특성 임피던스란 선로를 이동하는 진행파에 대한 전압과 전류의 비로서, 그 선로의 고유한 값을 말한다.

∴ 특성 임피던스 크기 $Z_0=\sqrt{\dfrac{Z}{Y}}$

$=\sqrt{\dfrac{R+j\omega L}{G+j\omega C}}[\Omega]$

★★★ 기사 90년 2회, 99년 4회, 02년 1회, 13년 2회

02 선로의 단위길이당 분포 인덕턴스, 저항, 정전용량, 누설 컨덕턴스를 각각 L, R, G, C라 하면 전파정수는 어떻게 되는가?

① $\dfrac{\sqrt{R+j\omega L}}{G+j\omega C}$
② $\sqrt{(R+j\omega L)(G+j\omega C)}$
③ $\dfrac{R+j\omega L}{G+j\omega C}$
④ $\sqrt{\dfrac{G+j\omega C}{R+j\omega L}}$

해설

전파정수란 전압·전류가 선로의 끝 송전단에서부터 멀어져감에 따라 그 진폭이라든가 위상이 변해가는 특성과 관계된 상수를 말한다.

∴ 전파정수 $\gamma=\sqrt{ZY}$

$=\sqrt{(R+j\omega L)(G+j\omega C)}$

$=\sqrt{(R+j\omega L)\left(\dfrac{C}{L}\cdot R+j\omega L\cdot\dfrac{C}{L}\right)}$

$=\sqrt{(R+j\omega L)\cdot\dfrac{C}{L}(R+j\omega L)}$

$=(R+j\omega L)\sqrt{\dfrac{C}{L}}$

$=R\sqrt{\dfrac{C}{L}}+j\omega L\sqrt{\dfrac{C}{L}}$

$=R\sqrt{\dfrac{LG/R}{L}}+j\omega\sqrt{LC}$

$=\sqrt{RG}+j\omega\sqrt{LC}$

$=\alpha+j\beta$

여기서, α : 감쇠정수
β : 위상정수

★★★★★ 기사 93년 3회, 96년 7회, 98년 6회, 99년 5회, 01년 2회, 04년 2회

03 무손실선로가 되기 위한 조건 중 틀린 것은?

① $\dfrac{R}{L}=\dfrac{G}{C}$인 선로를 무왜형(無歪形) 회로라 한다.
② $R=G=0$인 선로를 무손실회로라 한다.
③ 무손실선로, 무왜선로에서의 감쇠정수는 $\sqrt{RG}$이다.
④ 무손실선로, 무왜회로에서의 위상속도는 $\dfrac{1}{\sqrt{CL}}$이다.

해설

① 무왜형 회로 : 송전단에서 보낸 정현파 입력이 수전단에 전혀 일그러짐이 없이 도달되는 회로로, 선로정수가 R, L, C, G 사이에 $\dfrac{R}{L}=\dfrac{G}{C}$의 관계가 무왜조건이라 한다.
② 무손실선로 : 손실이 없는 선로($R=G=0$)로, 송전전압 및 전류의 크기가 항상 일정하다.
③ 전파정수 $\gamma=\sqrt{ZY}=\sqrt{RG}+j\omega\sqrt{LC}=\alpha+j\beta$에서 무손실선로의 경우 $R=G=0$이므로 감쇠정수 $\alpha=0$이 된다.
④ 위상속도(전파속도)

$v=\dfrac{1}{\sqrt{\varepsilon\mu}}$

$=\dfrac{1}{\sqrt{LC}}$

$=\dfrac{\omega}{\beta}$[m/sec]

정답 01. ④ 02. ② 03. ③

★★★ 기사 98년 7회, 02년 4회

04 다음 중 무손실선로가 되기 위한 조건으로 틀린 것은?

① 전파정수 γ는 $j\omega\sqrt{LC}$이다.

② 감쇠정수 $\alpha=0$, 위상정수 $\beta=\omega\sqrt{CL}$이다.

③ 위상속도 $v=\dfrac{1}{\sqrt{LC}}$이다.

④ 특성 임피던스 $Z_0=\dfrac{\sqrt{C}}{L}$이다.

★★★ 기사 93년 4회, 97년 7회, 98년 3회, 15년 3회

05 전송회로의 무손실선로에서의 특성 임피던스 Z_0를 나타내는 식은?

① $\sqrt{\dfrac{C}{L}}$　② $\dfrac{1}{\sqrt{LC}}$

③ $\sqrt{LC}$　④ $\sqrt{\dfrac{L}{C}}$

해설

특성 임피던스 $Z_0=\sqrt{\dfrac{Z}{Y}}=\sqrt{\dfrac{R+j\omega L}{G+j\omega C}}\Bigg|_{R=G=0}$

$=\sqrt{\dfrac{j\omega L}{j\omega C}}=\sqrt{\dfrac{L}{C}}$

★★★★★ 기사 96년 2회, 98년 5회, 00년 6회, 04년 3회, 06년 1회, 08년 1회, 12년 1회

06 전송선로에서 무손실일 때 $L=96$[mH], $C=0.6$[μF]이면 특성 임피던스는 몇 [Ω]인가?

① 100　② 200

③ 300　④ 400

해설

특성 임피던스 $Z_0=\sqrt{\dfrac{L}{C}}$

$=\sqrt{\dfrac{96\times10^{-3}}{0.6\times10^{6}}}=400[\Omega]$

★★ 기사 96년 4회

07 분포정수회로에서 선로정수가 R, L, C, G이고 무왜조건이 $RC=GL$과 같은 관계가 성립될 때 선로의 특성 임피던스 Z_0는?

① $Z_0=\sqrt{CL}$　② $Z_0=\dfrac{1}{\sqrt{CL}}$

③ $Z_0=\sqrt{RG}$　④ $Z_0=\sqrt{\dfrac{L}{C}}$

★ 기사 01년 3회, 03년 3회

08 무한장 무한손실 전송선로상의 어떤 점에서 전압이 100[V]였다. 이 선로의 인덕턴스가 7.5[μH/km]이고 커패시턴스가 0.003[μF/km]일 때 이 점에서 전류[A]는?

① 2　② 4

③ 6　④ 7

해설

특성 임피던스 $Z_0=\sqrt{\dfrac{L}{C}}=\sqrt{\dfrac{7.5\times10^{-6}}{0.003\times10^{-6}}}=50[\Omega]$

∴ 전류 $I=\dfrac{V}{Z_0}=\dfrac{100}{50}=2[\text{A}]$

★★★ 기사 02년 3회, 16년 1회 / 산업 12년 4회

09 분포정수회로에서 선로의 특성 임피던스를 $Z_0[\Omega]$, 전파정수를 γ라 할 때 무한장 선로에 있어서 송전단에서 본 임피던스는 얼마인가?

① γZ_0　② $\sqrt{\gamma Z_0}$

③ $\dfrac{\gamma}{Z_0}$　④ $\dfrac{Z_0}{\gamma}$

해설

특성 임피던스 $Z_0=\sqrt{\dfrac{Z}{Y}}$

전파정수 $\gamma=\sqrt{ZY}$

∴ 송전단에서 본 임피던스 $Z=\gamma Z_0=\sqrt{ZY}\times\sqrt{\dfrac{Z}{Y}}$

★ 기사 12년 4회

10 분포정수회로에서 선로의 특성 임피던스를 Z_0, 전파정수를 γ라 할 때 선로의 병렬 어드미턴스[℧]는?

① $\dfrac{Z_0}{\gamma}$　② $\dfrac{\gamma}{Z_0}$

③ $\sqrt{\gamma Z_0}$　④ γZ_0

정답　04. ④　05. ④　06. ④　07. ④　08. ①　09. ①　10. ②

해설

특성 임피던스 $Z_0=\sqrt{\frac{Z}{Y}}$, 전파정수 $\gamma=\sqrt{ZY}$

∴ 송전단에서 본 어드미턴스

$$Y=\frac{1}{Z}=\frac{\gamma}{Z_0}=\sqrt{ZY}\times\sqrt{\frac{Y}{Z}}$$

★★★ 기사 89년 3회, 96년 7회, 98년 6회, 01년 2회

11 무손실선로가 되기 위한 조건 중 틀린 것은?

① $Z_0=\sqrt{\frac{L}{C}}$　② $\gamma=\sqrt{ZY}$

③ $\alpha=\omega\sqrt{LC}$　④ $v=\frac{1}{\sqrt{LC}}$

해설

무손실선로의 경우 감쇄정수 $\alpha=\sqrt{RG}=0$이 된다.

★★★ 기사 89년 7회, 90년 2회, 91년 7회, 04년 1회

12 무손실선로에 있어서 감쇠정수 α, 위상정수를 β라 하면 α와 β의 값은? (단, R, G, L, C는 선로단위길이당의 저항, 컨덕턴스, 인덕턴스, 커패시턴스이다)

① $\alpha=\sqrt{RG}$, $\beta=\omega\sqrt{LC}$

② $\alpha=\sqrt{RG}$, $\beta=0$

③ $\alpha=0$, $\beta=\omega\sqrt{LC}$

④ $\alpha=0$, $\beta=\frac{1}{\sqrt{LC}}$

해설

전파정수 $\gamma=\sqrt{ZY}=\sqrt{RG}+j\omega\sqrt{LC}=\alpha+j\beta$에서 무손실선로의 경우 $R=G=0$이므로 감쇠정수 $\alpha=0$이 된다.

★★★ 기사 93년 1회, 97년 5회, 00년 2회, 08년 3회

13 분포정수선로에서 무왜형 조건이 성립하려면 어떻게 되는가?

① 감쇠량은 주파수에 비례한다.

② 전파속도가 최대로 된다.

③ 감쇠량이 최소로 된다.

④ 위상정수가 주파수에 관계없이 일정하다.

해설

감쇠정수 $\alpha=\sqrt{RG}$로 무왜형 조건인 $LG=RC$일 때 최소가 된다.

★★★ 기사 02년 2회, 12년 3회, 13년 4회

14 무왜형(無歪形) 선로의 설명으로 옳은 것은?

① 특성 임피던스가 주파수의 함수이다.

② 감쇠정수는 0이다.

③ $LG=CG$의 관계가 있다.

④ 위상속도 v는 주파수에 관계가 없다.

해설

① 특성 임피던스 $Z_0=\sqrt{\frac{L}{C}}$: 주파수 함수 아님

③ 무왜형 선로조건 $LG=RC$

④ 위상속도 $v=\frac{1}{\sqrt{LC}}$

★★ 기사 09년 1회, 10년 2회, 14년 4회

15 분포정수회로에서 저항 0.5[Ω/km], 인덕턴스 1[μH/km], 정전용량 6[μF/km], 길이 250[km]의 송전선로가 있다. 무왜형 선로가 되기 위해서는 컨덕턴스[℧/km]는 얼마가 되어야 하는가?

① 1　② 2

③ 3　④ 4

해설

무왜형 조건 $\frac{R}{L}=\frac{G}{C}$

∴ 누설 컨덕턴스 $G=\frac{RC}{L}$

$$=\frac{0.5\times6\times10^{-6}}{10^{-6}}=3[℧/km]$$

★ 기사 89년 2회, 94년 3회, 13년 3회

16 1[km]당의 인덕턴스 25[mH], 정전용량 0.005[μF]의 선로가 있을 때 무손실선로라고 가정한 경우 위상속도[km/sec]는?

① 약 5.24×10^4　② 약 8.95×10^4

③ 약 5.24×10^8　④ 약 8.95×10^3

정답　11. ③　12. ③　13. ③　14. ④　15. ③　16. ②

해설

위상속도 $v = \frac{1}{\sqrt{LC}}$

$= \frac{1}{\sqrt{25\times10^{-3}\times0.005\times10^{-6}}}$

$= 8.95\times10^4$[km/sec]

★ 기사 90년 7회, 92년 7회, 15년 1회

17 위상정수 $\beta=2.5$[rad/km], 각주파수 $\omega=20$[rad/sec]일 때의 위상속도는 몇 [m/sec]인가?

① 8 ② 80
③ 800 ④ 8000

해설

위상속도 $v = \frac{1}{\sqrt{LC}} = \frac{\omega}{\beta}$

$= \frac{20}{2.5\times10^{-3}} = 8000$[m/sec]

여기서, 위상정수 : $\beta = \omega\sqrt{LC}$

★ 기사 89년 3회, 95년 4·7회, 99년 3·7회, 03년 2회, 14년 1회

18 위상정수 $\beta=6.28$[rad/km]일 때 파장[km]은 얼마인가?

① 1 ② 2
③ 3 ④ 4

해설

파장의 길이 $\lambda = \frac{v}{f} = \frac{\omega}{f\beta} = \frac{2\pi}{\beta}$

$= \frac{2\pi}{6.28} = 1$[km]

여기서, 각속도 $\omega = 2\pi f$

위상정수 : $\beta = \omega\sqrt{LC}$

★ 기사 96년 5회, 97년 6회, 00년 5회, 14년 3회, 15년 4회

19 무한장이라고 생각할 수 있는 평행 2회선 선로에 주파수 200[MHz]의 전압을 가하면 전압의 위상[rad/m]은 1[m]에 대해서 얼마나 되는가? (단, 위상속도$=3\times10^8$[m/sec])

① $\frac{4}{3}\pi$ ② $\frac{2}{3}\pi$
③ $\frac{\pi}{3}$ ④ π

해설

위상정수 $\beta = \frac{\omega}{v} = \frac{2\pi f}{v}$

$= \frac{2\pi\times200\times10^6}{3\times10^8}$

$= \frac{4\pi}{3}$[rad/m]

출제 02 진행파의 반사계수와 투과계수

★★★ 기사 90년 7회, 91년 6회, 04년 4회

20 분포전송선로의 특성 임피던스가 100[Ω]이고 부하저항 300[Ω]이면 전압반사계수는 얼마인가?

① 2 ② 1.5
③ 1.0 ④ 0.5

해설

반사계수 $\Gamma = \frac{Z_2 - Z_1}{Z_1 + Z_2}$

$= \frac{300-100}{100+300} = 0.5$

★★ 기사 93년 2회

21 전송회로에서 특성 임피던스 Z_0와 부하저항 Z_r이 같으면 부하에서의 반사계수는 얼마인가?

① 0.5 ② 1
③ 0 ④ 0.3

해설

$Z_r = Z_0$의 경우 반사계수 $\Gamma = \frac{Z_r - Z_0}{Z_0 + Z_r} = 0$

★★ 기사 05년 1회, 09년 2회, 16년 3회

22 전송선로의 특성 임피던스가 100[Ω]이고 부하저항이 400[Ω]일 때 전압 정재파비 S는 얼마인가?

① 0.25
② 0.6
③ 1.67
④ 4

정답 17. ④ 18. ① 19. ① 20. ④ 21. ③ 22. ④

해설

반사계수 $\Gamma = \frac{Z_L - Z_0}{Z_0 + Z_L} = \frac{400-100}{100+400} = \frac{3}{5}$

$\therefore$ 정재파비 $S = \frac{1+|\Gamma|}{1-|\Gamma|} = \frac{1+\frac{3}{5}}{1-\frac{3}{5}} = \frac{\frac{8}{5}}{\frac{2}{5}} = 4$

★ 기사 90년 6회

23 특성 임피던스 400[Ω]의 회로 말단에 1200[Ω]의 부하가 연결되어 있다. 전원측에 10[kV]의 전압을 인가 시 반사파 전압의 크기는? (단, 선로에서의 전압감쇠는 없는 것으로 간주한다)

① 3.3[kV] ② 5[kV]
③ 10[kV] ④ 33[kV]

해설

반사계수 $\Gamma = \frac{Z_L - Z_0}{Z_0 + Z_L}$

$= \frac{1200-400}{400+1200} = 0.5$

$\therefore$ 반사파 전압 $e = \Gamma V$

$= 0.5 \times 10 = 5$[kV]

정답 23. ②

CHAPTER

09

과도현상

기사 4.63% 출제

산업 7.88% 출제

이렇게 공부하세요!!

출제경향분석

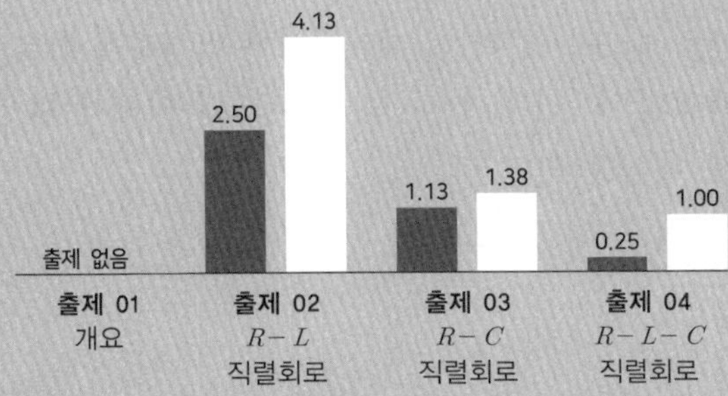

출제포인트

- ☑ 정상상태와 과도상태의 차이점에 대해서 이해할 수 있다.
- ☑ $R-L$ 직렬회로에서 직류전원 투입 시 회로에 흐르는 과도전류와 정상전류를 구할 수 있다.
- ☑ $R-L$ 직렬회로에서 직류전원 개방 시 회로에 흐르는 과도전류와 정상전류를 구할 수 있다.
- ☑ $R-C$ 직렬회로에서 직류전원 투입 시 회로에 흐르는 과도전류와 정상전류를 구할 수 있다.
- ☑ $R-C$ 직렬회로에서 직류전원 개방 시 회로에 흐르는 과도전류와 정상전류를 구할 수 있다.
- ☑ 시정수의 정의와 $R-L$, $R-C$ 회로의 시정수크기를 구할 수 있다.
- ☑ $R-L-C$ 직렬회로에서 직류전원 투입 시 회로에 흐르는 과도전류를 구할 수 있다.

CHAPTER

09 과도현상(transient phenomena)

기사 4.63% 출제 | 산업 7.88% 출제

기사 출제 없음 | 산업 출제 없음

출제 01 개요

이번 단원에서는 9장에 필요한 미분방정식을 정리해 놓았다. 2계 미분방정식은 다소 복잡하므로 1계 선형 미분방정식을 풀이하는 방법이라도 익혀두길 바란다. 만약 이 부분도 어렵다면 8장과 동일하게 개요부분과 결과공식만 암기하더라도 자격시험 합격에는 전혀 지장없다.

1 정상상태와 과도상태

(1) 정상상태(steady state)

8장까지의 내용을 보면 회로가 전압·전류가 시간에 대하여 항상 일정한 직류이거나 또는 크기와 위상이 변하지 않는 교류인 것을 정상상태라 한다.

(2) 과도상태(transient phenomena)

① **과도상태란 한 정상상태에서 다른 정상상태로 전이하는 것 또는 그 동안 경과하는 상태를 말한다.**

② **과도현상은 스위치를 열거나 닫았을 때 또는 단락 및 지락사고가 발생하여 회로의 상태가 변화할 때 일어나며 에너지를 축적할 수 있는 소자 L 또는 C에 의해서 발생된다.**

③ 과도현상은 미분방정식을 통해서 해석할 수 있다.

2 미분방정식

(1) 미분방정식의 종류

① 상수계수 1계 선형 미분방정식 : $a\dfrac{dy}{dt}+by=f(t)$ ······ [식 9-1]

② 상수계수 2계 선형 미분방정식 : $a\dfrac{d^2y}{dt^2}+b\dfrac{dy}{dt}+cy=f(t)$ ······ [식 9-2]

③ 위 식에서와 같이 a, b, c가 상수이므로 상수계수라 하고 [식 9-1]과 같이 1차 미분$\left(\dfrac{dy}{dt}\right)$의 형태이면 1계, [식 9-2]와 같이 2차 미분$\left(\dfrac{dy^2}{dt^2}\right)$의 형태이면 2계라 한다.

④ $y\dfrac{dy}{dt}$, $\sin y$, $\cos y$ 등과 같은 항이 없이 $\dfrac{d^2y}{dt^2}$, $\dfrac{dy}{dt}$, y로 이루어지면 선형 미분방정식이라 하고, $f(t)=0$이면 제차형(동차형)이라 한다.

(2) 상수계수 1계 제차 선형 미분방정식

① **$a\dfrac{dy}{dt}+by=0$의 방정식의 해는 $y=Ke^{pt}$ 형태가 되고, 특성근 p를 구하기 위해서는 미분방정식에 Ke^{pt}를 대입하여 구할 수 있다.**

② $a\dfrac{d}{dt}(Ke^{pt})+bKe^{pt}=apKe^{pt}+bKe^{pt}=0$이 되어 이를 정리하면 [식 9-3]과 같고, 이를 특성방정식이라 한다.

특성방정식 : $ap+b=0$ ······ [식 9-3]

③ **[식 9-3]으로부터 특성근 p를 구할 수 있다.**

특성근 : $p=-\dfrac{b}{a}$ ······ [식 9-4]

④ **미분방정식의 일반해는 다음과 같다.**

일반해 : $y=Ke^{-\frac{b}{a}t}$ ······ [식 9-5]

(3) 상수계수 2계 제차 선형 미분방정식

① $a\dfrac{d^2y}{dt^2}+b\dfrac{dy}{dt}+cy=0$에 $y=Ke^{pt}$를 대입해 특성방정식을 얻을 수 있다.

㉠ 특성방정식 $ap^2+bp+c=0$ ······ [식 9-6]

㉡ 특성근 $p=\dfrac{-b\pm\sqrt{b^2-4ac}}{2a}$ ······ [식 9-7]

② 미분방정식의 일반해는 다음과 같다.

㉠ $b^2-4ac>0$의 경우 : 특성근이 서로 다른 2개의 실수해(p_1, p_2)

일반해 : $y=Ae^{p_1t}+Be^{p_2t}$ ······ [식 9-8]

㉡ $b^2-4ac=0$의 경우 : 특성근이 중근(α)

일반해 : $y=(A+Bt)e^{-\alpha t}$ ······ [식 9-9]

㉢ $b^2-4ac<0$의 경우 : 특성근이 공역복소해($\alpha+j\beta$, $\alpha-j\beta$)

일반해 : $y=Ae^{(\alpha+j\beta)t}+Be^{(\alpha-j\beta)t}$ ······ [식 9-10]

기사 2.50% 출제 | 산업 4.13% 출제

출제 02 $R-L$ 직렬회로

쌤 Comment

이번 단원은 R-L 직렬회로에서 스위치를 닫았을 때 또는 개방시킬 때의 과도전류에 대해 학습한다. 대부분 과도전류와 시정수에 관련된 문제가 주를 이루고 있으니 내용까지 기억하기 어렵다면 공식만이라도 기억하길 바란다.

1 개요

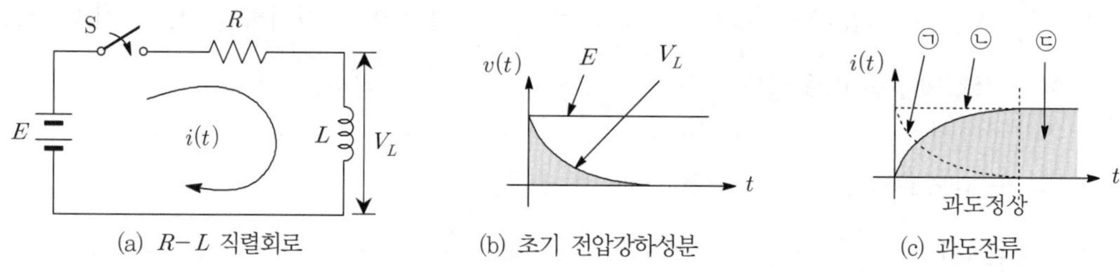

(a) $R-L$ 직렬회로 (b) 초기 전압강하성분 (c) 과도전류

‖그림 9-1‖ $R-L$ 직렬회로의 과도현상

① 직류는 주파수가 $f=0$이므로 유도 리액턴스 $X_L=2\pi fL=0$이 되어 단락된 상태와 동일하여 회로에 흐르는 전류는 $I=\dfrac{E}{R}$[A]가 되는데 이를 정상전류라 한다.

② 하지만 $t=0$에서 스위치 S를 닫는 순간 전류변화에 의해 L에서는 기전력이 유도$\left(e=-L\dfrac{di}{dt}\right)$되고 이 성분은 전류의 역방향으로 작용하여 [그림 9-1] (b)와 같이 초기 전압강하의 역할을 하게 된다.

③ 초기 전압강하성분에 의해 전류는 [그림 9-1] (c)와 같이 흐르게 된다.

㉠ 초기 전압강하에 의한 전류 : $i_t=\dfrac{V_L}{R}$[A] ······ [식 9-11]

㉡ 정상전류 : $i_s=\dfrac{E}{R}$[A] ······ [식 9-12]

㉢ 과도전류 : $i(t)=i_s+i_t=\dfrac{E}{R}-\dfrac{V_L}{R}$[A] ······ [식 9-13]

2 $t=0$에서 스위치 투입 시 과도전류

(1) 회로방정식

$$L\frac{di(t)}{dt}+Ri(t)=E \quad \text{······ [식 9-14]}$$

(2) 정상해 i_s 의 산출

정상해는 회로방정식에서 $t=\infty$를 대입해서 구할 수 있다.

$\left.\frac{di}{dt}\right|_{t=\infty}=0$이 된다. 따라서, $Ri_s=E$가 되어 정상전류를 구할 수 있다.

∴ 정상해(정상전류) $i_s=\frac{E}{R}$[A] ······ [식 9-15]

(3) 과도해 i_t의 산출

과도해는 $t=0$에서 스위치를 닫는 순간이므로 $E=0$이 된다. 이를 회로방정식에 대입하면 상수계수 1계 제차 선형 미분방정식이 된다.

1계 제차 선형 미분방정식 : $L\frac{di_t}{dt}+Ri_t=0$ ······ [식 9-16]

특성방정식 : $Lp+R=0$ ······ [식 9-17]

특성근 : $p=-\frac{R}{L}$ ······ [식 9-18]

∴ 과도해 $i_t=Ke^{pt}=Ke^{-\frac{R}{L}t}$[A] ······ [식 9-19]

(4) 과도전류

① 과도전류 : $i(t)=i_s+i_t=\frac{E}{R}+Ke^{-\frac{R}{L}t}$[A] ······ [식 9-20]

② $t=0$에 스위치를 닫는 순간에는 $E=0$이 되고 $i(t)=0$이 되어 적분상수 K를 구할 수 있다.

$i(0)=\frac{E}{R}+Ke^0=0$이므로 $K=-\frac{E}{R}$가 된다.

∴ $i(t)=\frac{E}{R}-\frac{E}{R}e^{-\frac{R}{L}t}=\frac{E}{R}\left(1-e^{-\frac{R}{L}t}\right)$[A] ······ [식 9-21]

(5) L 에 의한 전압강하

① $V_L=L\frac{di(t)}{dt}=L\frac{d}{dt}\left(\frac{E}{R}-\frac{E}{R}e^{-\frac{R}{L}t}\right)$

$=L\times\left(-\frac{E}{R}\right)\times\left(-\frac{R}{L}\right)\times e^{-\frac{R}{L}t}=Ee^{-\frac{R}{L}t}$

∴ $V_L=Ee^{-\frac{R}{L}t}$[V] ······ [식 9-22]

② $t=0$에서 $V_L=E$가 되어 기전력과 등전위가 되어 회로에는 전류가 흐르지 않는다. 즉, $t=0$인 순간 L은 개방회로로 작용하는 것을 알 수 있다.

③ $t=\infty$에서 $V_L=0$이 되어 L은 아무런 작용을 하지 않는다. 즉, $t=\infty$에서 L은 단락회로로 작용하는 것을 알 수 있다.

3 $t=0$에서 스위치 투입 시 시정수

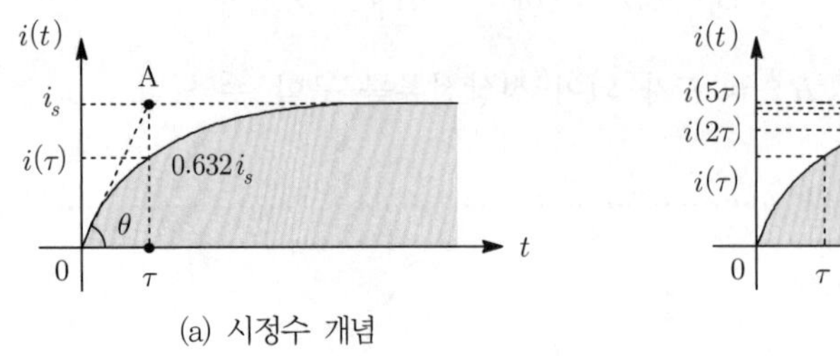

(a) 시정수 개념 (b) 시정수의 크기

▌그림 9-2▌ 시정수

(1) 시정수 개념

① [그림 9-2] (a)와 같이 $i-t$곡선에서 $t=0$(원점)에서 접선을 그어 $\frac{E}{R}$와 만나는 점(A)까지의 시간을 시정수라 한다.

$$\tan\theta = \left.\frac{d\,i(t)}{dt}\right|_{t=0} = \frac{d}{dt}\left(\frac{E}{R}-\frac{E}{R}e^{-\frac{R}{L}t}\right) = \frac{E}{L}$$

② $\tan\theta = \dfrac{\frac{E}{R}}{\tau} = \dfrac{E}{L}$ 이므로 시정수는 다음과 같다.

$$\text{시정수 } \tau = \frac{\frac{E}{R}}{\frac{E}{L}} = \frac{L}{R}\,[\text{sec}] \quad \cdots\cdots [\text{식 } 9\text{-}23]$$

Comment

$V_L = L\dfrac{di}{dt}$에서 $L=\dfrac{Vdt}{di}\left[\dfrac{\text{V}\cdot\text{sec}}{\text{A}}=\Omega\cdot\text{sec}\right]$이 된다. 즉, L의 단위차원이 [Ω · sec]이므로 $\dfrac{L}{R}$을 하면 단위차원이 [sec]가 되므로 $\dfrac{L}{R}$이 시간의 정수가 된다.

(2) 시정수 시간에서의 전류

① 1τ 에서의 전류$\left(t=\tau=\dfrac{L}{R}\right)$

$$i(\tau) = \frac{E}{R}\left(1-e^{-1}\right) = 0.632\frac{E}{R}\,[\text{A}] \quad \cdots\cdots [\text{식 } 9\text{-}24]$$

② 2τ에서의 전류$\left(t=2\tau=\dfrac{2L}{R}\right)$

$$i(2\tau) = \frac{E}{R}\left(1-e^{-2}\right) = 0.865\frac{E}{R}\,[\text{A}] \quad \cdots\cdots [\text{식 } 9\text{-}25]$$

③ 3τ에서의 전류$\left(t=3\tau=\dfrac{3L}{R}\right)$

$$i(3\tau)=\frac{E}{R}(1-e^{-3})=0.951\frac{E}{R}[\text{A}] \quad \cdots\cdots \quad [\text{식 } 9\text{-}26]$$

④ 4τ에서의 전류$\left(t=4\tau=\dfrac{4L}{R}\right)$

$$i(4\tau)=\frac{E}{R}(1-e^{-4})=0.981\frac{E}{R}[\text{A}] \quad \cdots\cdots \quad [\text{식 } 9\text{-}27]$$

⑤ 5τ에서의 전류$\left(t=5\tau=\dfrac{5L}{R}\right)$

$$i(5\tau)=\frac{E}{R}(1-e^{-5})=0.993\frac{E}{R}[\text{A}] \quad \cdots\cdots \quad [\text{식 } 9\text{-}28]$$

(3) 시정수의 특징

① [식 9-24]에서 보듯이 시정수 τ는 과도전류가 정상전류의 63.2[%]에 도달하는 시간을 의미한다.

② 시정수가 커지면 그만큼 과도시간도 길어진다. 또는 과도현상이 천천히 소멸한다고 볼 수 있다.

③ 시정수는 [식 9-18] 특성근의 절댓값의 역수와 같다.

4 $t=0$에서 스위치 개방(S_1) 시 과도전류와 시정수

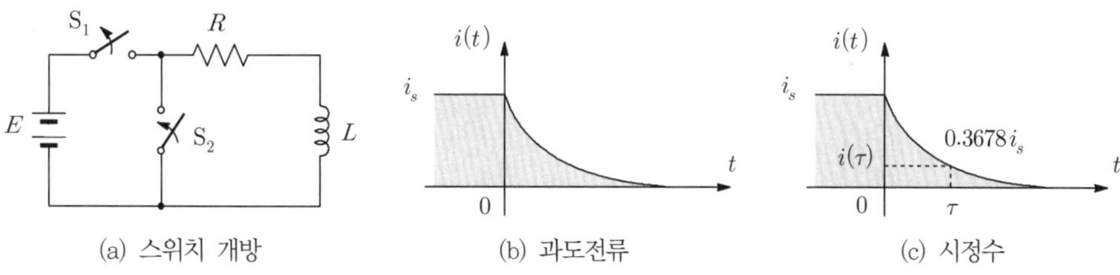

Ⅰ그림 9-3Ⅰ 회로개방 시 과도전류와 시정수

(1) 개요

① 정상전류 $i_s=\dfrac{E}{R}$가 흐르던 중 S_1을 개방과 동시에 S_2를 닫으면 정상전류가 $i_s=0$으로 변하면서 L에 기전력이 유도되어 [그림 9-3] (b)와 같이 전류가 어느 정도 흐르다 0이 되는 과도전류가 흐르게 된다.

② 과도전류는 전류가 변화하는 순간에 발생되며, 스위치 조작 이외에 사고전류가 발생했을 때에도 순간적인 과도전류는 발생한다.

(2) 회로방정식

$$L\frac{di(t)}{dt}+Ri(t)=0 \quad \cdots\cdots [식\ 9\text{-}29]$$

(3) 정상해 i_s의 산출

회로방정식에서 $t=\infty$를 대입해서 구할 수 있다.

$\left.\frac{di}{dt}\right|_{t=\infty}=0$이 된다. 따라서, $Ri_s=0$이 되어 정상전류를 구할 수 있다.

∴ 정상해(정상전류) $i_s=0$[A] ········ [식 9-30]

(4) 과도해 i_t의 산출

과도해는 [식 9-29]에서 구할 수 있다.

1계 제차 선형 미분방정식 : $L\frac{di_t}{dt}+Ri_t=0$ ········ [식 9-31]

특성방정식 : $Lp+R=0$ ········ [식 9-32]

특성근 : $p=-\frac{R}{L}$ ········ [식 9-33]

∴ 과도해 $i_t=Ke^{pt}=Ke^{-\frac{R}{L}t}$[A] ········ [식 9-34]

(5) 과도전류

① 과도전류 : $i(t)=i_s+i_t=Ke^{-\frac{R}{L}t}$[A] ········ [식 9-35]

② $t=0$에서 $i(0)=\frac{E}{R}$이므로 $t=0$을 대입하여 K를 구할 수 있다.

$i(0)=Ke^0=\frac{E}{R}$이므로 $K=\frac{E}{R}$가 된다.

∴ $i(t)=\frac{E}{R}e^{-\frac{R}{L}t}$[A] ········ **[식 9-36]**

(6) 시정수시간에서의 전류

① $i(\tau)=\frac{E}{R}e^{-1}=0.3678\frac{E}{R}$[A] ········ **[식 9-37]**

② **스위치 개방 시 시정수의 의미는 과도전류가 36.7[%]까지 감소할 때까지 걸리는 시간이라 고 볼 수 있다.**

단원 확인기출문제

★★★★★ 산업 94년 2회, 98년 6회, 00년 5회, 04년 3회, 14년 1회, 15년 1회

01 그림과 같은 회로에 대한 서술에서 잘못된 것은 어느 것인가?

① 이 회로의 시정수는 0.1[sec]이다.
② 이 회로의 특성근은 -10이다.
③ 이 회로의 특성근는 +10이다.
④ 정상전류값은 4.5[A]이다.

해설 ㉠ 시정수 : $\tau = \frac{L}{R} = \frac{2}{10+10} = 0.1[\text{sec}]$

㉡ 특성근 : $P = -\frac{R}{L} = -\frac{1}{\tau} = -\frac{1}{0.1} = -10$

㉢ 정상전류 : $i_s = \frac{E}{R} = \frac{90}{20} = 4.5[\text{A}]$ $\left(\text{과도전류} : i(t) = \frac{E}{R_1 + R_2}\left(1 - e^{-\frac{R_1+R_2}{L}t}\right)\right)$

답 ③

기사 1.13% 출제 | 산업 1.38% 출제

출제 03 $R-C$ 직렬회로

이번 단원은 「출제 02」보다는 출제빈도가 낮은 편이고, 출제유형은 「출제 02」와 동일하다.

1 개요

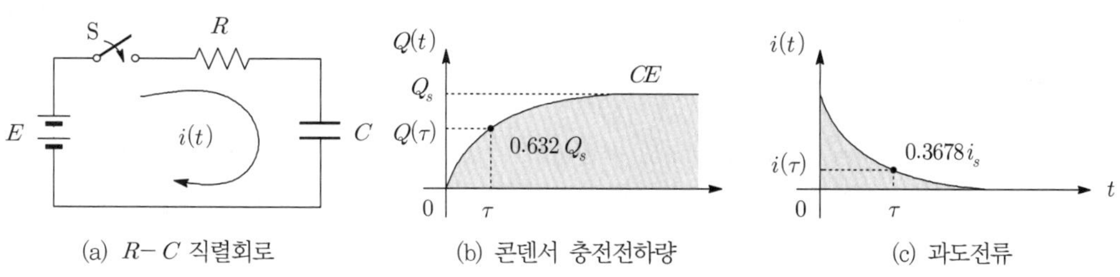

┃그림 9-4┃ $R-C$ 직렬회로의 과도현상

직류는 주파수가 $f=0$이므로 용량 리액턴스 $X_C = \frac{1}{2\pi f C} = \infty$가 되어 개방된 상태와 동일하여 회로에는 전류가 흐르지 않는다.

하지만 콘덴서에서 충전전하가 없었다면 $t=0$에서 스위치 S를 닫는 순간 콘덴서에 충전전류가 흘러 [그림 9-4] (b)와 같이 전하가 충전될 것이다.

충전이 완료되면 더 이상의 전하의 이동은 없으므로 [그림 9-4] (c)와 같이 전류는 흐르지 않을 것이다. 이와 같이 스위치를 닫는 순간의 흐르는 충전전류를 과도전류라 한다.

2 $t=0$에서 스위치 투입 시 과도전류

(1) 회로방정식

① $Ri(t)+\frac{1}{C}\int i(t)\,dt=E$ ··· [식 9-38]

② [식 9-38]에 $i(t)=\frac{dQ(t)}{dt}$를 대입하여 정리하면 다음과 같다.

$$R\frac{dQ(t)}{dt}+\frac{1}{C}Q(t)=E \quad \text{[식 9-39]}$$

(2) 정상해 Q_s의 산출

① 회로방정식에서 $t=\infty$를 대입해서 구할 수 있다.

② $\left.\frac{dQ}{dt}\right|_{t=\infty}=0$이 된다. 따라서, $\frac{1}{C}Q_s=E$가 되어 정상해를 구할 수 있다.

정상해 $Q_s=CE$[C] ··· [식 9-40]

(3) 과도해 Q_t의 산출

과도해는 $t=0$에서 스위치를 닫는 순간이므로 $E=0$이 된다. 이를 회로방정식에 대입하면 상수계수 1계 제차 선형 미분방정식이 된다.

1계 제차 선형 미분방정식 : $R\frac{dQ_t}{dt}+\frac{1}{C}Q_t=0$ ··· [식 9-41]

특성방정식 : $Rp+\frac{1}{C}=0$ ··· [식 9-42]

특성근 : $p=-\frac{1}{RC}$ ··· [식 9-43]

∴ 과도해 $Q_t=Ke^{pt}=Ke^{-\frac{1}{RC}t}$[C] ··· [식 9-44]

(4) 과도전하량

① 과도전하량 : $Q(t)=Q_s+Q_t=CE+Ke^{-\frac{1}{RC}t}$[C] ··· [식 9-45]

② $t=0$에 스위치는 닫는 순간에는 $E=0$이 되어 $Q(0)=0$이 되어 적분상수 K를 구할 수 있다.

$Q(0)=CE+Ke^0=0$이므로 $K=-CE$가 된다.

∴ $Q(t)=CE-CEe^{-\frac{1}{RC}t}=CE\left(1-e^{-\frac{1}{RC}}\right)$[C] ··· [식 9-46]

(5) 과도전류와 시정수

① 과도전류 $i(t)$

$$i(t)=\frac{dQ(t)}{dt}=\frac{d}{dt}\left(CE-CEe^{-\frac{1}{RC}t}\right)=\frac{E}{R}e^{-\frac{1}{RC}t}$$

∴ $i(t)=\frac{E}{R}e^{-\frac{1}{RC}t}$[A] ··· **[식 9-47]**

② 시정수 τ

$$\tan\theta = -\left.\frac{di(t)}{dt}\right|_{t=0} = -\frac{d}{dt}\left(\frac{E}{R}e^{-\frac{1}{RC}t}\right) = \frac{E}{R^2C}$$

$$\tan\theta = \frac{\frac{E}{R}}{\tau} = \frac{E}{R^2C}$$ 이므로 시정수는 다음과 같다.

시정수 $\tau = RC\,[\mathrm{sec}]$ ·· [식 9-48]

Comment

$I = \frac{Q}{t} = \frac{CV}{t}$에서 $t = \frac{CV}{I} = RC[\mathrm{sec}]$가 되므로 RC가 시간의 정수가 된다.

③ 시정수시간에서의 전류 : $i(\tau) = \frac{E}{R}e^{-1} = 0.3678\frac{E}{R}[\mathrm{A}]$ ································ [식 9-49]

(6) 콘덴서 단자전압

① $$V_C = \frac{1}{C}\int_0^t i(t)\,dt = \frac{1}{C}\int_0^t \frac{E}{R}e^{-\frac{1}{RC}t}dt = \frac{E}{CR}\int_0^t e^{-\frac{1}{RC}t}dt$$

$$= \frac{E}{CR}\times(-RC)\times \left. e^{-\frac{1}{RC}t}\right|_0^t$$

$$= -E\left(e^{-\frac{1}{RC}t} - e^0\right)$$

$$= E\left(1 - e^{-\frac{1}{RC}t}\right)$$

$$\therefore\ V_C = E\left(1 - e^{-\frac{1}{RC}t}\right)[\mathrm{V}]$$ ·· [식 9-50]

② [식 9-46]을 이용하여 아래와 같이 풀이할 수 있다.

$$V_C = \frac{Q(t)}{C} = E\left(1 - e^{-\frac{1}{RC}t}\right)[\mathrm{V}]$$ ·· [식 9-51]

3 $t = 0$에서 스위치 개방(S_1) 시 과도전류와 시정수

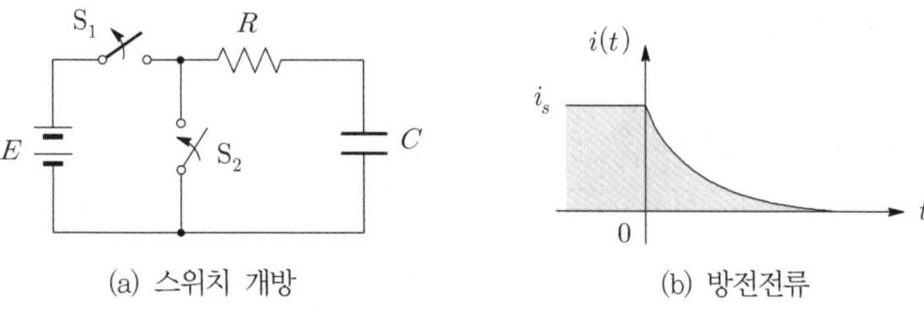

(a) 스위치 개방 (b) 방전전류

▌그림 9-5▐ 회로개방 시 과도전류

(1) 개요

① S_1을 개방과 동시에 S_2를 닫으면 콘덴서에 충전되었던 전하가 방전되면서 전류가 충전전류의 역방향으로 흐르게 된다.

② 방전전류는 [그림 9-5] (b)와 같이 완전방전될 때까지 흐르게 된다.

(2) 방전전류

① $i(t) = -\dfrac{E}{R}e^{-\frac{R}{L}t}$[A] ………………………………………………………… [식 9-52]

② **[식 9-51]에서 (-)부호의 의미는 충전전류를 기준으로 방향이 반대임을 나타낸다.**

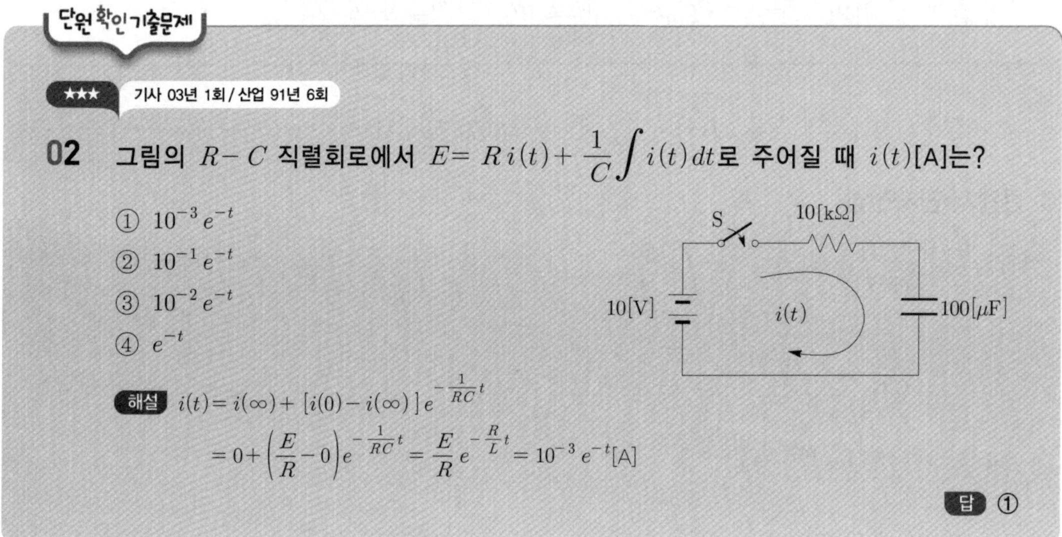

단원확인기출문제

★★★ 기사 03년 1회 / 산업 91년 6회

02 그림의 $R-C$ 직렬회로에서 $E = Ri(t) + \dfrac{1}{C}\displaystyle\int i(t)dt$로 주어질 때 $i(t)$[A]는?

① $10^{-3}e^{-t}$
② $10^{-1}e^{-t}$
③ $10^{-2}e^{-t}$
④ e^{-t}

해설 $i(t) = i(\infty) + [i(0) - i(\infty)]e^{-\frac{1}{RC}t}$

$= 0 + \left(\dfrac{E}{R} - 0\right)e^{-\frac{1}{RC}t} = \dfrac{E}{R}e^{-\frac{R}{L}t} = 10^{-3}e^{-t}$[A]

답 ①

기사 0.25% 출제 | 산업 1.00% 출제

출제 04 $R-L-C$ 직렬회로

쌤 Comment

이번 단원을 증명하는 것은 불필요한 에너지를 소모하는 것이다. 따라서, 아래 조건에 따라 과도전류의 형태만 기억하고 넘어가길 바란다.

- 과제동(비진동적) 조건 : $R^2 > \dfrac{4L}{C}$
- 임계제동(임계적) 조건 : $R^2 = \dfrac{4L}{C}$
- 부족제동(진동적) 조건 : $R^2 < \dfrac{4L}{C}$

1 개요

$R-L-C$ 직렬회로는 2계 선형 미분방정식을 적용시켜야 하므로 [식 9-7] 특성근범위에

따라 3가지 형태의 과도전류가 발생한다.

특성근이 서로 다른 2개의 실수해를 가질 경우와 중근일 경우 그리고 공역 복소해를 가질 경우로 구분하여 과도전류를 구한다.

2 $t=0$에서 스위치 투입 시 과도전류

(1) 회로방정식

① $Ri(t)+L\dfrac{di(t)}{dt}+\dfrac{1}{C}\int i(t)\,dt=E$ ······ [식 9-53]

② [식 9-53]에 $i(t)=\dfrac{dQ(t)}{dt}$를 대입하여 정리하면 다음과 같다.

$L\dfrac{d^2Q(t)}{dt^2}+R\dfrac{dQ(t)}{dt}+\dfrac{1}{C}Q(t)=E$ ······ [식 9-54]

(2) 정상해 Q_s의 산출

회로방정식에서 $t=\infty$를 대입해서 구할 수 있다.

$\left.\dfrac{dQ}{dt}\right|_{t=\infty}=0$이 된다. 따라서, $\dfrac{1}{C}Q_s=E$가 되어 정상해를 구할 수 있다.

정상해 $Q_s=CE$[C] ······ [식 9-55]

(3) 특성방정식과 특성근

① 과도해를 구하기 위해 [식 9-53]의 우항을 0으로 한 재차형을 대입하면 다음과 같다.

$L\dfrac{d^2Q(t)}{dt^2}+R\dfrac{dQ(t)}{dt}+\dfrac{1}{C}Q(t)=0$ ······ [식 9-56]

② 특성방정식 : $Lp^2+Rp+\dfrac{1}{C}=0$ ······ [식 9-57]

③ 특성근 : $p=\dfrac{-R\pm\sqrt{R^2-\dfrac{4L}{C}}}{2L}=-\dfrac{R}{2L}\pm\sqrt{\left(\dfrac{R}{2L}\right)^2-\dfrac{1}{LC}}$

$=-\dfrac{R}{2L}\pm\dfrac{1}{2L}\sqrt{R^2-\dfrac{4L}{C}}=-\alpha\pm\beta$ ······ [식 9-58]

(4) 과도전하량과 전류

① [식 9-56]의 일반해 : $q_t=A\,e^{p_1t}+B\,e^{-p_2t}$ ······ [식 9-59]

② 전하량 : $Q(t)=Q_s+Q_t=CE+A\,e^{p_1t}+B\,e^{p_2t}$ ······ [식 9-60]

③ 전류 : $i(t)=\dfrac{dQ(t)}{dt}=Ap_1\,e^{p_1t}+Bp_2\,e^{p_2t}$ ······ [식 9-61]

④ $t=0$을 대입하여 상수 A, B를 구할 수 있다. $t=0$의 조건에서는 전하량과 전류가 모두 0이 된다.

㉠ $Q(0) = CE + A + B = 0$

㉡ $i(0) = Ap_1 + Bp_2 = 0$

$$\therefore A = \frac{p_2}{p_1 - p_2} CE,\ B = \frac{p_1}{p_1 - p_2} CE \quad \cdots\cdots [\text{식 } 9\text{-}62]$$

⑤ 과도전하량

$$Q(t) = Q_s + Q_t = CE + \frac{CE}{p_1 - p_2}\left(p_2 e^{p_1 t} + p_1 e^{p_2 t}\right)[\text{C}] \quad \cdots\cdots [\text{식 } 9\text{-}63]$$

⑥ 과도전류

$$i(t) = \frac{dQ(t)}{dt} = CE\frac{p_1 p_2}{p_1 - p_2}\left(e^{p_1 t} + e^{p_2 t}\right)[\text{A}] \quad \cdots\cdots [\text{식 } 9\text{-}64]$$

3 특성근에 따른 과도전류

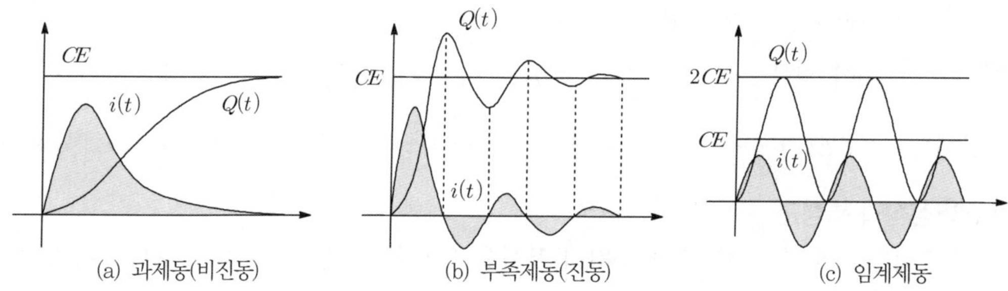

▎그림 9-6▎ 특성근의 범위에 따른 전류의 과도곡선

(1) $R^2 > \dfrac{4L}{C}$ 인 경우 : [그림 9-6] (a)의 과제동(비진동) 형태의 과도전류

① [식 9-58]에 의해 특성근은 서로 다른 2개의 실수해를 갖는다.

② 특성근은 $p_1 = -\alpha + \beta$, $p_2 = -\alpha - \beta$가 되고 특성근은 $\alpha > \beta$의 관계를 갖기 때문에 $p_1 > p_2$가 된다.

③ $$Q(t) = CE\left[1 + \frac{(-\alpha-\beta)e^{(-\alpha-\beta)t} + (-\alpha+\beta)e^{(-\alpha-\beta)t}}{(-\alpha+\beta)(-\alpha-\beta)}\right]$$

$$= CE\left[1 - \frac{1}{\beta}e^{-\alpha t}(\alpha \sinh\beta t + \beta\cosh\beta t)\right]$$

$$= CE\left[1 - \frac{\sqrt{\alpha^2 - \beta^2}}{\beta}e^{-\alpha t}\sinh(\beta t + \phi)\right][\text{C}] \quad \cdots\cdots [\text{식 } 9\text{-}65]$$

여기서, $e^{\pm\beta t} = \cosh\beta t \pm \sinh\beta t$, $\phi = \tanh^{-1}\dfrac{\beta}{\alpha}$

④ $$i(t) = \frac{dQ(t)}{dt} = \frac{E}{\beta L}e^{-at}\sinh\beta t[\text{A}] \quad \cdots\cdots [\text{식 } 9\text{-}66]$$

(2) $R^2 < \frac{4L}{C}$ 경우 : [그림 9-6] (b)의 부족제동(진동) 형태의 과도전류

① [식 9-58]에 의해 특성근은 음의 실수를 갖는 2개의 공역복소수를 갖는다.

② 특성근 : $p_1 = -\alpha + j\beta$, $p_2 = -\alpha - j\beta$

③ $Q(t) = CE\left[1 - e^{-\alpha t}\left(\frac{\alpha}{\beta}\sin\beta t + \cos\beta t\right)\right]$

$= CE\left[1 - \frac{e^{-\alpha t}}{\sin\theta}\sin(\beta t + \theta)\right]$

$= CE\left[1 - \frac{\sqrt{\alpha^2 + \beta^2}}{\beta}e^{-\alpha t}(\beta t + \theta)\right][C]$ ········ [식 9-67]

여기서, $\tan\theta = \frac{\beta}{\alpha}$

④ $i(t) = \frac{dQ(t)}{dt} = \frac{E}{\beta L}e^{-at}\sin\beta t[A]$ ········ [식 9-68]

(3) $R^2 = \frac{4L}{C}$ 인 경우 : [그림 9-6] (c)의 임계제동형태의 과도전류

① [식 9-58]에 의해 특성근은 음의 실수의 중근을 갖는다.

② 특성근 : $p_1 = p_2 = p = -\alpha = -\frac{R}{2L}$

③ $Q(t) = CE - (CE + \alpha CEt)e^{-\alpha t}$

$= CE[1 - (1 + \alpha t)e^{-\alpha t}]$

$= CE[1 - e^{-\alpha t} - \alpha t e^{-\alpha t}][C]$ ········ [식 9-69]

④ $i(t) = \frac{dQ(t)}{dt} = \frac{E}{L}te^{-at}[A]$ ········ [식 9-70]

단원 확인 기출문제

★★★ 산업 91년 3회, 93년 3·6회, 94년 6회, 98년 5회, 00년 2회, 03년 3회, 04년 3회, 07년 2회, 16년 4회

03 $R-L-C$ **직렬회로에서** L=5[mH], R=100[Ω], C=2[μF]**일 때 이 회로는 무엇인가?**

① 진동이다.
② 비진동이다.
③ 임계진동이다.
④ 사인파로 진동한다.

해설 $R^2 = 10^4$

$4\frac{L}{C} = 4 \times \frac{5\times10^{-3}}{2\times10^{-6}} = 10\times10^3 = 10^4$

∴ 임계진동$\left(R^2 = 4\frac{L}{C}\right)$ 상태가 된다.

답 ③

단원 핵심정리 한눈에 보기

1. $R-L$, $R-C$ 직렬회로 암기법

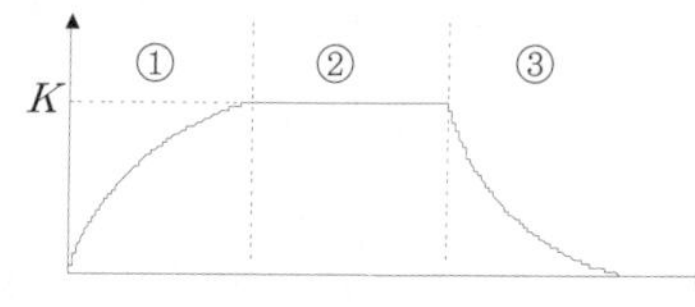

▌그림 1▐ 함수형태

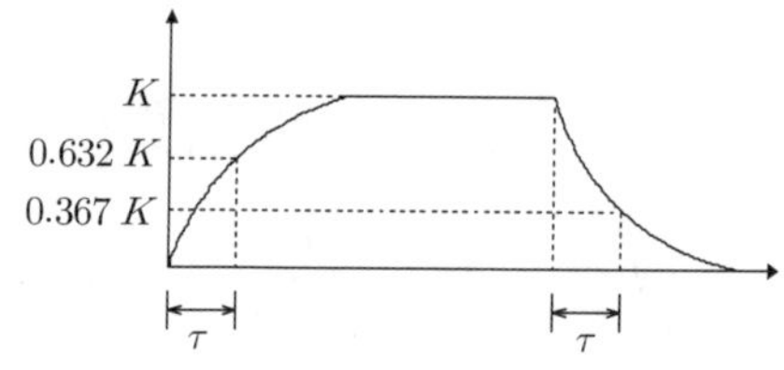

▌그림 2▐ 시정수의 의미

① 파형에 따른 함수형태

파형에 따른 함수형태(그림 1)	문제조건에 따른 상수값
① 과도상승 : $f(t)=K(1-e^{pt})$ ② 정상상태 : $f(t)=K$ ③ 과도감쇠 : $f(t)=Ke^{pt}$	• 전류를 구할 때 : $K=\dfrac{E}{R}$ • 전압을 구할 때 : $K=E$ • 전하량을 구할 때 : $K=CE$

② 특성근과 시정수

구분	특성근	시정수
$R-L$ 회로	$p=-\dfrac{R}{L}$	$\tau=\dfrac{L}{R}$[sec]
$R-C$ 회로	$p=-\dfrac{1}{RC}$	$\tau=RC$[sec]

㉠ 시정수는 특성근의 절댓값의 역수관계가 된다. 즉, $\tau=\left|\dfrac{1}{p}\right|$

㉡ $f(t)=K(1-e^{pt})$에서 시정수 시간은 K에 63.2[%]에 도달하는 시간을 말한다.

㉢ $f(t)=Ke^{pt}$에서 시정수 시간은 K의 37[%]까지 감소하는 시간을 말한다.

㉣ $e^{-1}=0.3678$, $1-e^{-1}=0.632$

2. $R-L$ 직렬회로

$t=0$에서 스위치를 닫을 때	$t=0$에서 스위치를 개방할 때
① 과도전류 : $i(t)=\dfrac{E}{R}\left(1-e^{-\frac{R}{L}t}\right)$ ② $t=0$에서의 전류 : $i(0)=0$ ③ $i(\tau)=\dfrac{E}{R}(1-e^{-1})=0.632\dfrac{E}{R}$ ④ L의 전압강하 : $V_L=Ee^{-\frac{R}{L}t}$	① 과도전류 : $i(t)=\dfrac{E}{R}e^{-\frac{R}{L}t}$ ② $t=0$에서의 전류 : $i(0)=\dfrac{E}{R}$ ③ $i(\tau)=\dfrac{E}{R}e^{-1}=0.367\dfrac{E}{R}$

3. $R-C$ 직렬회로

$t=0$에서 스위치를 닫을 때	$t=0$에서 스위치를 개방할 때
① 충전전하량 : $Q(t)=CE\left(1-e^{-\frac{1}{RC}t}\right)$ ② 과도전류 : $i(t)=\frac{E}{R}e^{-\frac{1}{RC}t}$ ③ $i(\tau)=\frac{E}{R}e^{-1}=0.367\frac{E}{R}$	① 방전전류 : $i(t)=-\frac{E}{R}e^{-\frac{1}{RC}t}$ ② $i(\tau)=\frac{E}{R}e^{-1}=0.367\frac{E}{R}$

4. $R-L-C$ 직렬회로

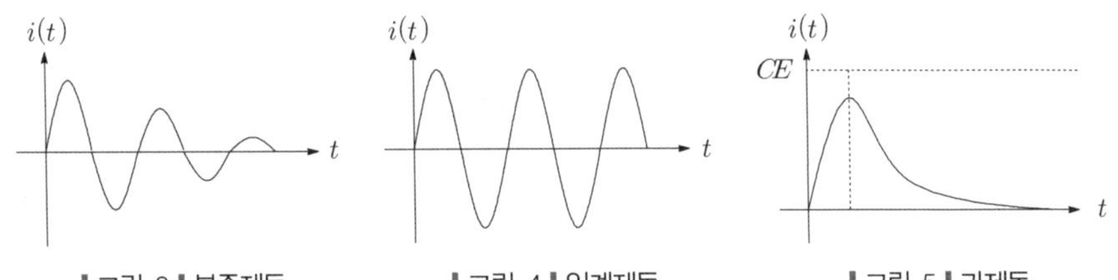

▌그림 3▐ 부족제동　　▌그림 4▐ 임계제동　　▌그림 5▐ 과제동

① $\left(\frac{R}{2L}\right)^2-\frac{1}{LC}<0$ 또는 $R^2<4\frac{L}{C}$일 경우 : 부족제동(진동적)

② $\left(\frac{R}{2L}\right)^2-\frac{1}{LC}=0$ 또는 $R^2=4\frac{L}{C}$일 경우 : 임계제동(임계적)

③ $\left(\frac{R}{2L}\right)^2-\frac{1}{LC}>0$ 또는 $R^2>4\frac{L}{C}$일 경우 : 과제동(비진동적)

단원 자주 출제되는 기출문제

출제 01 개요

출제빈도가 낮으므로 이론만 숙지하길 바란다.

출제 02 $R-L$ 직렬회로

★★ 산업 96년 5회, 97년 6회, 00년 4회

01 $Ri(t)+L\dfrac{di(t)}{dt}=E$의 계통방정식에서 정상전류[A]는?

① 0　② $\dfrac{E}{R}\left(1-e^{-\frac{R}{L}t}\right)$

③ $\dfrac{E}{R}$　④ $\dfrac{E}{R}e^{-\frac{R}{L}t}$

해설

전류 $i(t)=\dfrac{E}{R}\left(1-e^{-\frac{R}{L}t}\right)$에서 정상전류란 $t=\infty$일 때의 전류값을 말한다.

$\therefore\ i_s=\dfrac{E}{R}$[A]

★★ 산업 93년 1회, 99년 7회, 03년 4회

02 회로의 정상전류값 i_s[A]는? (단, $t=0$에서 스위치 K를 닫았다)

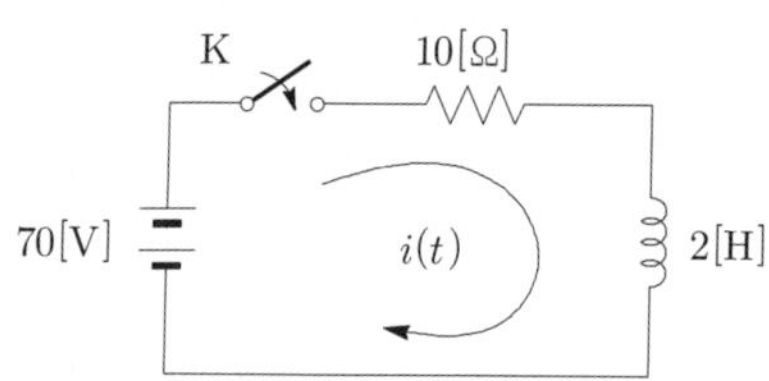

① 0　② 7
③ 35　④ −35

해설

정상전류 $i_s=\dfrac{E}{R}=\dfrac{70}{10}=7$[A]

★★ 기사 08년 3회

03 어떤 회로의 전류가 $i(t)=20-20e^{-200t}$[A]로 주어졌다. 정상값은 몇 [A]인가?

① 5　② 12.6
③ 15.6　④ 20

해설

$R-L$ 직렬회로에서 전류는 다음과 같다.

$i(t)=i_s+i_t=\dfrac{E}{R}-\dfrac{E}{R}e^{-\frac{R}{L}t}=\dfrac{E}{R}\left(1-e^{-\frac{R}{L}t}\right)$[A]

$\therefore$ 정상전류 $i_s=20$[A]

여기서, i_s : 정상항, i_t : 과도항

★★★ 기사 93년 5회, 95년 6회, 03년 4회, 08년 2회 / 산업 16년 3회

04 $R=5$[Ω], $L=1$[H]의 직렬회로에 직류 10[V]를 가할 때 순간의 전류식은?

① $5(1-e^{-5t})$　② $2e^{-5t}$
③ $5e^{-5t}$　④ $2(1-e^{-5t})$

해설

과도전류 $i(t)=\dfrac{E}{R}\left(1-e^{-\frac{R}{L}t}\right)=\dfrac{10}{5}\left(1-e^{-\frac{5}{1}t}\right)$

$=2(1-e^{-5t})$[A]

★★★★ 기사 00년 2회, 15년 3회 / 산업 04년 2회, 05년 4회, 06년 1회, 14년 3회

05 다음 회로에서 회로의 시정수[sec] 및 회로의 정상전류는 몇 [A]인가? (단, $E=40$[V])

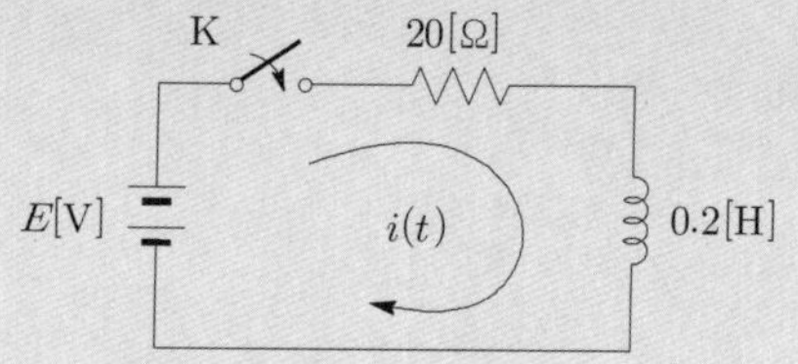

① $\tau=0.01$[sec], $i_s=2$[A]
② $\tau=0.01$[sec], $i_s=1$[A]
③ $\tau=0.02$[sec], $i_s=1$[A]
④ $\tau=1$[sec], $i_s=3$[A]

정답 01. ③ 02. ② 03. ④ 04. ④ 05. ①

해설

시정수 $\tau = \dfrac{L}{R} = \dfrac{0.2}{20} = 0.01$[sec]

정상전류 $i_s = \dfrac{E}{R} = \dfrac{40}{20} = 2$[A]

★★★ 기사 16년 2회

06 인덕턴스 0.5[H], 저항 2[Ω]의 직렬회로에 30[V]의 직류전압을 급히 가했을 때 스위치를 닫은 후 0.1초 후의 전류의 순시값 i[A]와 회로의 시정수 τ[sec]는?

① $i=4.95$, $\tau=0.25$
② $i=12.75$, $\tau=0.35$
③ $i=5.95$, $\tau=0.45$
④ $i=13.95$, $\tau=0.25$

해설

㉠ 전류의 순시값

$$i(t) = \frac{E}{R}\left(1-e^{-\frac{R}{L}t}\right) = \frac{30}{2}\left(1-e^{-\frac{2}{0.5}\times 0.1}\right) = 4.95[\text{A}]$$

㉡ 시정수 $\tau = \dfrac{L}{R} = \dfrac{0.5}{2} = 0.25$[sec]

집중공략

★★★ 기사 02년 2회, 05년 4회, 06년 1회 / 산업 95년 5회, 97년 6회, 16년 3회

07 코일의 권회수(權回數) $N=1000$, 저항 $R=20$[Ω]으로 전류 $I=10$[A]를 흘릴 때 자속 $\phi=3\times10^{-2}$[Wb]이다. 이 회로의 시정수[sec]는?

① $\tau=0.15$ ② $\tau=3$
③ $\tau=0.4$ ④ $\tau=4$

해설

인덕턴스 $L = \dfrac{\Phi}{I} = \dfrac{N\phi}{I} = \dfrac{1000\times3\times10^{-2}}{10} = 3$[H]

∴ 시정수 $\tau = \dfrac{L}{R} = \dfrac{3}{20} = 0.15$[sec]

Comment

문제에서 자속이 아닌 쇄교자속이 주어졌다면 인덕턴스는 $L = \dfrac{\Phi}{I}$와 같이 권선수를 고려할 필요가 없으니 주의하길 바란다.

★★★★ 기사 14년 3회 / 산업 98년 6회, 00년 5회, 01년 3회, 02년 3회, 07년 1·4회

08 저항 R_1, R_2 및 인덕턴스 L의 직렬회로가 있다. 이 회로의 시정수[sec]는?

① $-\dfrac{R_1+R_2}{L}$ ② $\dfrac{R_1+R_2}{L}$
③ $-\dfrac{L}{R_1+R_2}$ ④ $\dfrac{L}{R_1+R_2}$

해설

시정수 $\tau = \dfrac{L}{R} = \dfrac{L}{R_1+R_2}$[sec]

★★★ 기사 95년 5회 / 산업 98년 3회, 00년 6회, 02년 1회, 05년 1회

09 $R-L$ 직렬회로에서 스위치 S를 닫아 직류전압 E[V]를 회로 양단에 급히 가한 후 $\dfrac{L}{R}$[sec] 후의 전류값[A]은?

① $\dfrac{E}{R}$ ② $0.368\dfrac{E}{R}$
③ $0.5\dfrac{E}{R}$ ④ $0.632\dfrac{E}{R}$

해설

스위치를 닫는 순간의 과도전류 $i(t) = \dfrac{E}{R}\left(1-e^{-\frac{R}{L}t}\right)$

에서 시정수 $\tau = \dfrac{L}{R}$[sec] 후의 전류는 다음과 같다.

$$\therefore\ i(\tau) = \frac{E}{R}(1-e^{-1}) = 0.632\frac{E}{R}[\text{A}]$$

Comment

$e^{-1}=0.3678$, $1-e^{-1}=0.632$

정답 06. ① 07. ① 08. ④ 09. ④

★★★ 기사 09년 2회, 10년 1회 / 산업 93년 3회

10 $R=100[\Omega]$, $L=1[H]$의 직렬회로에 직류 전압 $E=100[V]$를 가했을 때 $t=0.01[sec]$ 후의 전류 $i_t[A]$는 약 얼마인가?

① 0.362 ② 0.632
③ 3.62 ④ 6.32

해설

과도전류 $i(t)=\frac{E}{R}\left(1-e^{-\frac{R}{L}t}\right)$

$=\frac{100}{100}\left(1-e^{-\frac{100}{1}\times 0.01}\right)$

$=1(1-e^{-1})$

$=0.632[A]$

★★★ 기사 98년 3회, 99년 4회, 02년 1회

11 그림과 같은 회로에서 시각 $t=0$에서 스위치를 갑자기 닫은 후 전류가 0에서 정상전류의 63.2[%]에 도달하는 시간[sec]을 구하면?

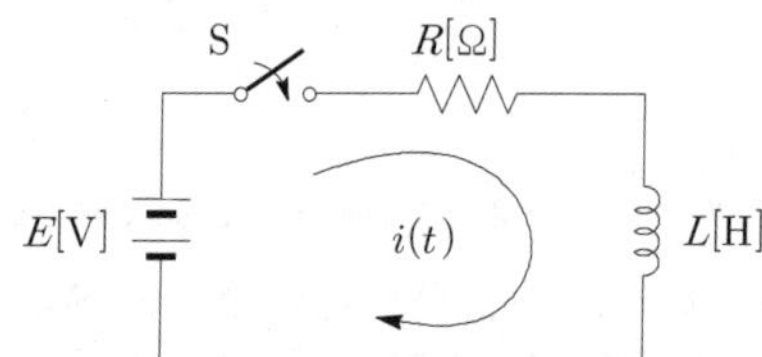

① LR ② $\frac{1}{LR}$
③ $\frac{L}{R}$ ④ $\frac{R}{L}$

해설

정상전류의 63.2[%]에 도달하는 데 걸리는 시간을 시정수라 한다.

∴ 시정수 $\tau=\frac{L}{R}[sec]$

★★ 기사 94년 4회, 98년 7회, 00년 5회, 13년 1회, 15년 2회 / 산업 92년 2회

12 유도 코일의 시상수가 0.04[sec], 저항이 15.8[Ω]일 때 코일의 인덕턴스[mH]는?

① 395
② 2.53
③ 12.6
④ 632

해설

시정수 $\tau=\frac{L}{R}[sec]$

∴ 인덕턴스 $L=\tau R$

$=0.04\times 15.8=0.632[H]=632[mH]$

★★★★ 기사 91년 2회 / 산업 90년 6회, 92년 6회, 97년 4회, 01년 3회, 04년 1회

13 전기회로에서 일어나는 과도현상은 그 회로의 시정수와 관계가 있다. 이 사이의 관계를 옳게 표현한 것은?

① 회로의 시정수가 클수록 과도현상은 오랫동안 지속된다.
② 시정수는 과도현상의 지속시간에는 상관되지 않는다.
③ 시정수의 역이 클수록 과도현상은 천천히 사라진다.
④ 시정수가 클수록 과도현상은 빨리 사라진다.

해설

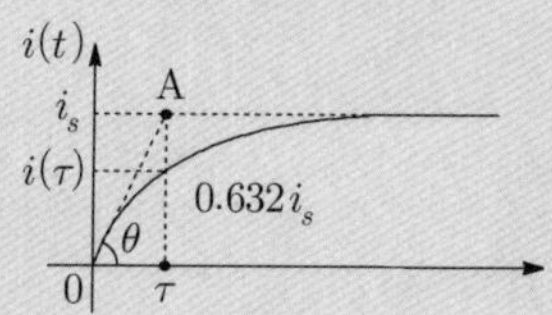

$i(t)=\frac{E}{R}(1-e^{-\frac{R}{L}t})$에서 시정수란 $i(t)$가 정상전류 $i_s=\frac{E}{R}$의 63.2[%]에 도달하는 시간을 의미하므로 시정수가 커지면 i_s의 63.2[%]까지 도달하는 데 시간이 오래 걸린다는 의미이므로 과도현상이 오랫동안 지속했다고 볼 수 있다.

★★★ 산업 92년 3회, 93년 5회, 01년 3회, 07년 1회, 12년 2회, 13년 2회

14 $R-L$ 직렬회로에서 시정수값이 클수록 과도현상이 소멸되는 시간은 어떻게 되는가?

① 짧아진다.
② 과도기가 없어진다.
③ 길어진다.
④ 관계없다.

정답 10. ② 11. ③ 12. ④ 13. ① 14. ③

★★★ 산업 89년 2회, 98년 6회, 00년 5회, 12년 1회

15 $R-L$ 직렬회로에 E인 직류전압원을 갑자기 연결하였을 때 $t=0$인 순간 이 회로에 흐르는 회로전류에 대하여 바르게 표현된 것은?

① 이 회로에는 전류가 흐르지 않는다.

② 이 회로에는 $\frac{V}{R}$ 크기의 전류가 흐른다.

③ 이 회로에는 무한대의 전류가 흐른다.

④ 이 회로에는 $\frac{E}{R+j\omega L}$의 전류가 흐른다.

해설

$$i(0)=\frac{E}{R}\left(1-e^{-\frac{R}{L}t}\right)=\frac{E}{R}(1-e^0)$$
$$=\frac{E}{R}(1-1)=0$$

∴ 스위치를 닫는 순간($t=0$)에는 전류가 흐르지 않는다.

★★ 기사 97년 4회

16 $R-L$ 직렬회로에 각주파수 ω_0인 교류전압을 가했을 때 전류는 다음 중 어떤 것이 클수록 빨리 정상상태에 도달하는가?

① L ② ω_0

③ $\frac{R}{L}$ ④ $\frac{L}{R}$

해설

시정수가 작을수록 과도시간은 짧아지므로(정상상태에 빨리 도달하므로) 시정수의 역수가 커야 된다.

∴ 시정수의 역수 : $\frac{1}{\tau}=\frac{R}{L}$

★ 기사 91년 6회, 13년 1회

17 $R-L$ 직렬회로가 있어서 직류전압 5[V]를 $t=0$에서 인가하였더니 $i(t)=50\left(1-e^{-\frac{t}{20\times10^{-3}}}\right)$[mA]이었다. 이 회로의 저항을 처음 값의 2배로 하면 시상수는 얼마가 되겠는가?

① 10[msec] ② 40[msec]

③ 5[sec] ④ 25[sec]

해설

시정수 $\tau=\left|\frac{1}{P}\right|=20\times10^{-3}=\frac{L}{R}$[sec]에서 R을 2배로 증가하면 시정수는 2배 감소한다.

∴ $\tau=10\times10^{-3}$[sec]$=10$[msec]

★ 기사 92년 6회 / 산업 96년 4회, 15년 2회

18 시정수 τ인 $L-R$ 직렬회로에 직류전압을 인가할 때 $t=2\tau$일 때의 시각에 회로의 전류는 최종값의 약 몇 [%]인가?

① 37 ② 63

③ 86 ④ 92

해설

$$i(2\tau)=\frac{E}{R}\left(1-e^{-\frac{R}{L}t}\right)$$
$$=\frac{E}{R}\left(1-e^{-\frac{R}{L}\times\frac{2L}{R}}\right)$$
$$=1(1-e^{-2})=0.86\frac{E}{R}\text{[A]}$$

★★★ 기사 90년 7회 / 산업 96년 4회, 00년 3·6회, 02년 4회, 03년 4회, 13년 3회

19 그림과 같은 회로에서 스위치 S를 $t=0$에서 닫았을 때 $(V_L)_{t=0}=100$[V], $\left(\frac{di}{dt}\right)_{t=0}=400$[A/sec]이다. L의 값은 몇 [H]인가?

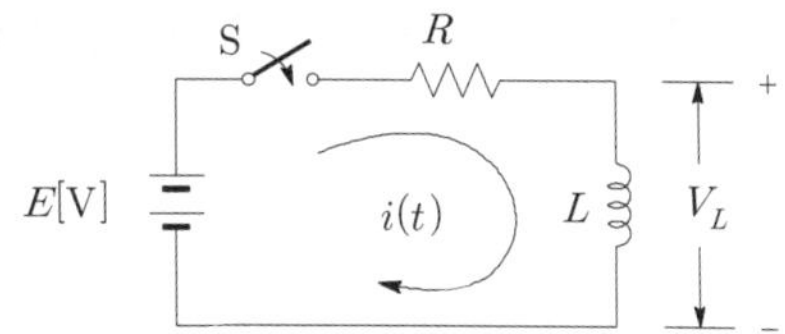

① 0.1

② 0.5

③ 0.25

④ 7.5

해설

인덕턴스 단자전압 $V_L=L\frac{di}{dt}$에서

$$V_L(0)=L\left(\frac{di}{dt}\right)_{t=0}=400L=100\text{[V]}$$

∴ 인덕턴스 $L=\frac{100}{400}=0.25$[H]

정답 15. ① 16. ③ 17. ① 18. ③ 19. ③

★ 기사 96년 2회, 05년 2회, 09년 3회 / 산업 97년 2회, 15년 4회

20 그림과 같은 회로에서 스위치 S를 닫았을 때 L 양단에 걸리는 전압 V_L[V]은?

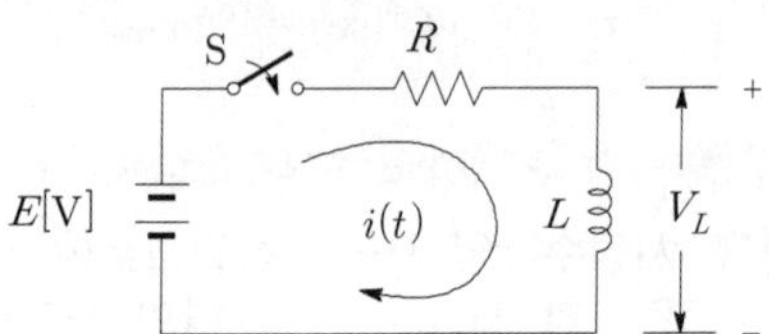

① $V_L = \frac{E}{R}e^{-\frac{R}{L}t}$　　② $V_L = \frac{E}{R}e^{\frac{L}{R}t}$

③ $V_L = Ee^{-\frac{R}{L}t}$　　④ $V_L = Ee^{\frac{L}{R}t}$

해설

스위치 S를 닫는 순간의 과도전류는 다음과 같다.

$i(t) = \frac{E}{R}\left(1-e^{-\frac{R}{L}t}\right)$ 이므로

$$\therefore\ V_L = L\frac{di}{dt} = L\frac{d}{dt}\left[\frac{E}{R}\left(1-e^{-\frac{R}{L}t}\right)\right]$$

$$= L\times\left(-\frac{E}{R}\right)\times\left(-\frac{R}{L}\right)e^{-\frac{R}{L}t}$$

$$= Ee^{-\frac{R}{L}t}\text{[V]}$$

★ 산업 99년 5회, 13년 2회

21 회로에서 $t=0$인 순간에 전압 E를 인가한 경우 인덕턴스 L에 걸리는 전압[V]은?

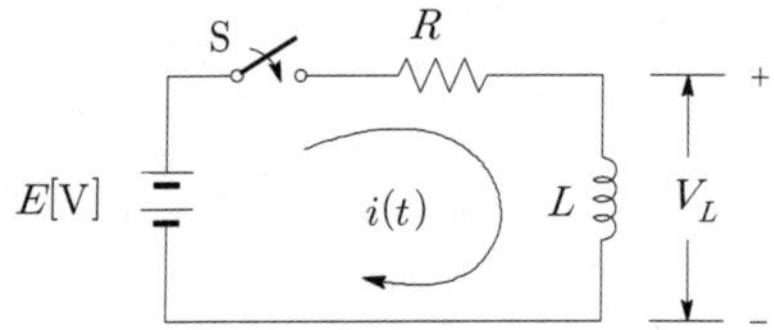

① 0　　② E

③ $\frac{LE}{R}$　　④ $\frac{E}{R}$

해설

인덕턴스 단자전압 $V_L = Ee^{-\frac{R}{L}t}$에서 $t=0$의 경우 $V_L(0) = Ee^0 = E$[V]가 걸리므로 기전력과 등전위가 되어 전류는 흐르지 않는다. 즉, $t=0$에서 L은 개방회로로 작용한다.

★★ 기사 99년 3회 / 산업 90년 2회, 97년 7회, 02년 3회

22 그림과 같은 회로에 있어서 스위치 S를 닫는 순간 a, b 단자에 발생하는 전압[V]은?

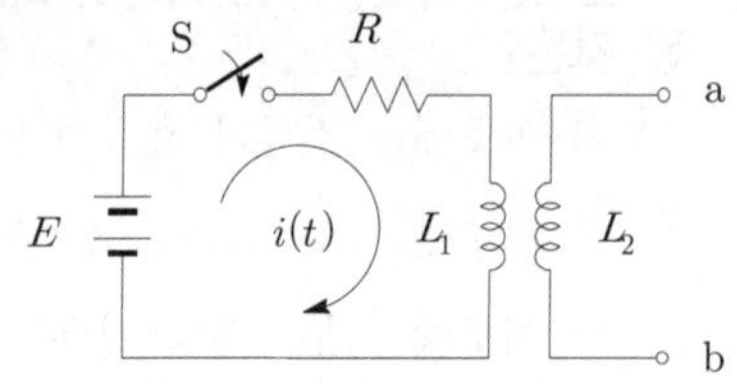

① $\frac{EM}{L_2}e^{-\frac{R}{L_1}t}$　　② $\frac{EM}{L_2}\left(1-e^{-\frac{R}{L_1}t}\right)$

③ $\frac{EM}{L_1}e^{-\frac{R}{L_1}t}$　　④ $\frac{EM}{L_1}\left(1-e^{-\frac{R}{L_1}t}\right)$

해설

스위치를 닫는 순간 과도전류는 $i(t) = \frac{E}{R}\left(1-e^{-\frac{R}{L_1}t}\right)$[A]

이므로 변압기 2차측 단자전압은 다음과 같다.

$$\therefore\ e_2 = M\frac{di(t)}{dt}$$

$$= M\frac{d}{dt}\left[\frac{E}{R}\left(1-e^{-\frac{R}{L_1}t}\right)\right]$$

$$= \frac{ME}{L_1}e^{-\frac{R}{L_1}t}\text{[V]}$$

집중공략

★★★ 산업 94년 4·6회

23 그림과 같은 $R-L$ 회로에서 스위치 S를 열 때 흐르는 전류 $i(t)$[A]는?

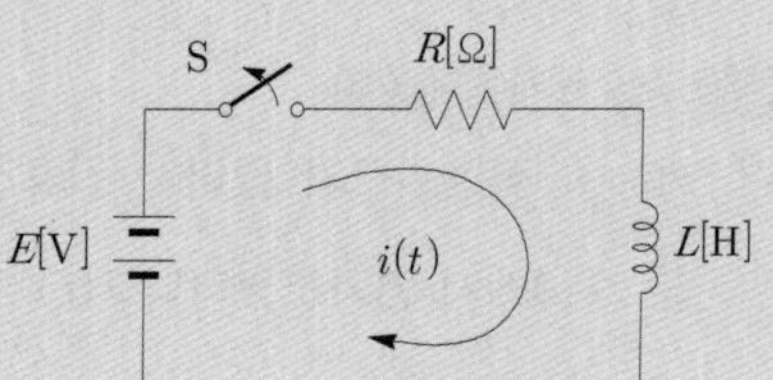

① $\frac{E}{R}e^{\frac{R}{L}t}$　　② $\frac{E}{R}\left(1-e^{\frac{R}{L}t}\right)$

③ $\frac{E}{R}e^{-\frac{R}{L}t}$　　④ $\frac{E}{R}\left(1-e^{-\frac{R}{L}t}\right)$

정답 20. ③ 21. ② 22. ③ 23. ③

해설

초기전류($t=0$)는 $i(0)=\frac{E}{R}$이고, 정상전류($t=\infty$)는 $i(\infty)=0$이 되므로

$$\therefore \text{ 과도전류 } i(t)=i(\infty)+[i(0)-i(\infty)]e^{-\frac{R}{L}t}$$
$$=0+\left(\frac{E}{R}-0\right)e^{-\frac{R}{L}t}$$
$$=\frac{E}{R}e^{-\frac{R}{L}t}\text{[A]}$$

Comment

해설의 과도전류공식을 이용하면 복잡한 회로의 과도전류도 구할 수 있다.

★★★ 산업 93년 4회

24 $R-L$ 직렬회로에서 그 양단에 직류전압 E[V]를 연결한 후 스위치 S를 개방하면 $\frac{L}{R}$[sec] 후의 전류값은 몇 [A]인가?

① $\frac{E}{R}$ ② $0.368\frac{E}{R}$
③ $0.5\frac{E}{R}$ ④ $0.632\frac{E}{R}$

해설

$R-L$ 직렬회로에서 스위치 개방 시 과도전류는 $i(t)=\frac{E}{R}e^{-\frac{R}{L}t}$이다.

∴ 시정수 시간에서의 전류

$$i(\tau)=\frac{E}{R}e^{-\frac{R}{L}t}=\frac{E}{R}e^{-\frac{R}{L}\times\frac{L}{R}}=\frac{E}{R}e^{-1}$$
$$=0.368\frac{E}{R}\text{[A]}$$

★ 산업 92년 7회

25 $f(t)=Ae^{-\frac{t}{T}}$에서 시정수는 A의 몇 [%]가 되기까지의 시간인가?

① 37 ② 63
③ 85 ④ 95

해설

시정수는 e^{-1}이 되기 위한 시간이라고 말할 수 있다.

∴ 함수 $f(t)=Ae^{-\frac{1}{T}t}=Ae^{-1}=0.368A$
여기서, 시정수 시간 $\tau=T$가 된다.

★ 산업 91년 3회

26 R=4000[Ω], L=5[H]의 직렬회로에 직류전압 200[V]를 가할 때 급히 단자 사이의 스위치를 개방시킬 경우 이로부터 $\frac{1}{800}$[sec] 후 $R-L$ 중의 전류는 몇 [mA]인가?

① 18.4 ② 1.84
③ 28.4 ④ 2.84

해설

$$\text{과도전류 } i(\tau)=\frac{E}{R}e^{-\frac{R}{L}t}$$
$$=\frac{200}{4000}e^{-\frac{4000}{5}\times\frac{1}{800}}=0.05e^{-1}$$
$$=0.05\times0.368=0.0184\text{[A]}$$
$$=18.4\text{[mA]}$$

Comment

과도현상 문제에서 시간이 주어지면 대부분 시정수 시간일 경우가 많다. 즉, 시정수 시간에서는 $e^{-\frac{R}{L}t}$=0.368, $1-e^{-\frac{R}{L}t}$=0.632가 된다.

★★★★★ 산업 03년 2회

27 그림과 같은 회로에 대한 설명으로 잘못된 것은?

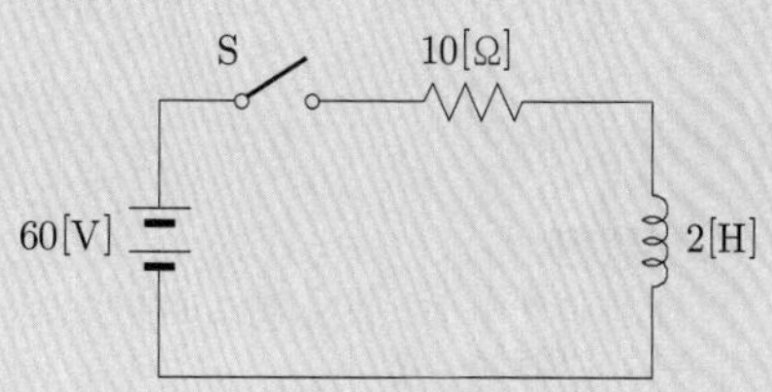

① 이 회로의 시정수는 0.2[sec]이다.
② 이 회로의 정상전류는 6[A]이다.
③ 이 회로의 특성근은 −5이다.
④ t=0에서 직류전압 60[V]를 제거할 때 t=0.4[sec] 시각의 회로전류는 5.26[A]이다.

정답 24. ② 25. ① 26. ① 27. ④

해설

① 시정수 : $\tau = \frac{L}{R} = \frac{2}{10} = 0.2$[sec]

② 정상전류 : $i_s = \frac{E}{R} = \frac{60}{10} = 6$[A]

③ 특성근 : $P = -\frac{R}{L} = -\frac{1}{\tau} = -5$

④ 스위치 개방 시 과도전류

$$i(t) = \frac{E}{R} e^{-\frac{R}{L}t}$$
$$= \frac{60}{10} e^{-\frac{10}{2} \times 0.4} = 6e^{-2}$$
$$= 6 \times 0.135 = 0.812[\text{A}]$$

★ 기사 04년 2회

28 $R-L$ 직렬회로의 정상상태에서 저항에서 소비되는 전력[W]은? (단, $E=100$[V], $R=50$[Ω], $L=50$[H])

① 50　　② 100
③ 150　　④ 200

해설

정상전류 $i_s = \frac{E}{R} = \frac{100}{50} = 2$[A]

$\therefore\ W = i_s^2 R = 2^2 \times 50 = 200$[W]

★ 기사 91년 2·7회, 94년 5회, 95년 4회, 01년 3회, 12년 4회

29 6.28[Ω]의 저항과 1[mH]의 인덕턴스를 직렬로 접속한 회로에 1[kHz]의 전류가 흐를 때 과도전류가 생기지 않으려면 그 전압을 어느 위상에 가하면 되는가?

① $\frac{\pi}{3}$[rad]　　② $\frac{\pi}{4}$[rad]
③ $\frac{\pi}{6}$[rad]　　④ $\frac{\pi}{12}$[rad]

해설

과도전류가 생기지 않으려면 임피던스의 위상과 전압의 위상이 일치해야 한다.

$$\therefore\ \theta = \tan^{-1}\frac{\omega L}{R}$$
$$= \tan^{-1}\left(\frac{2\pi \times 10^3 \times 10^{-3}}{6.28}\right) = \frac{\pi}{4}[\text{rad}]$$

★ 기사 13년 2회

30 그림의 $R-L$ 직렬회로에서 스위치를 닫은 후 몇 초 후에 회로의 전류가 10[mA]가 되는가?

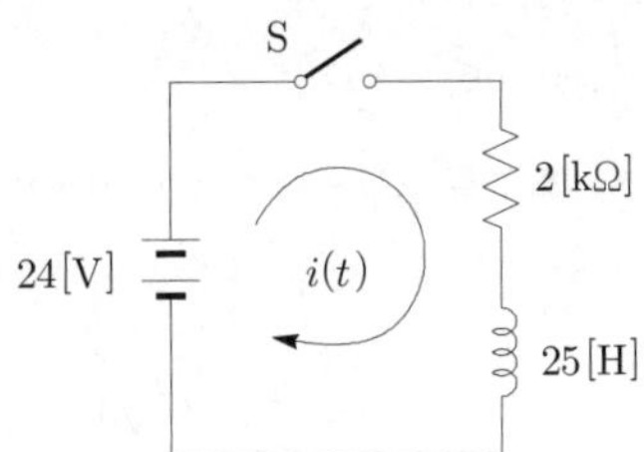

① 0.011[sec]　　② 0.016[sec]
③ 0.022[sec]　　④ 0.031[sec]

해설

전류 $i(t) = \frac{V}{R}\left(1 - e^{-\frac{R}{L}t}\right)$

$$= \frac{24}{2 \times 10^3}\left(1 - e^{-\frac{2 \times 10^3}{25}t}\right)$$
$$= 12 \times 10^{-3}(1 - e^{-80t})$$
$$e^{-80t} = 1 - \frac{i(t)}{12 \times 10^{-3}}$$
$$= 1 - \frac{10 \times 10^{-3}}{12 \times 10^{-3}} = 0.167$$

$\therefore$ 시간 $t = -\frac{1}{80}\ln 0.167 = 0.022$[sec]

Comment

문제 30번과 31번은 시험출제빈도가 낮아서 신경을 안 써도 되는 부분이나 만약 이러한 문제가 출제되면 전류 $i(t) = 12 \times 10^{-3}(1^{-e^{-80t}})$에서 시간 t에 보기 ①～④를 대입하여 $i(t) = 10$[mA]가 나오는 것을 찾으면 된다.

예 $12 \times 10^{-3}(1^{-e^{-80 \times 0.022}}) = 0.0099$[A]

★ 기사 00년 2회

31 그림과 같은 회로에서 $t=0$일 때 스위치 K를 닫은 후 몇 초 후에 릴레이가 동작하겠는가? (단, 릴레이의 동작전류는 10[mA], $\log_{10}2 = 0.301$, $\log_{10}e = 0.430$이다)

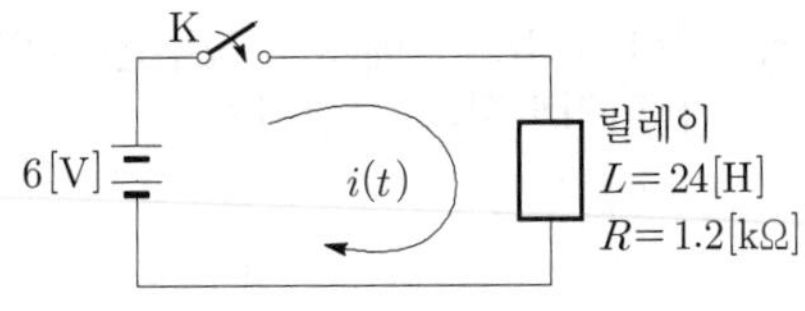

① 0.014　　② 0.02
③ 0.041　　④ 0.05

정답 28. ④ 29. ② 30. ③ 31. ①

해설

$i(t)=\frac{E}{R}\left(1-e^{-\frac{R}{L}t}\right)$

$=\frac{6}{1200}(1-e^{-50t})=10\times10^{-3}$

$1-e^{-50t}=10\times10^{-3}\times\frac{1200}{6}=2$

양변에 로그를 취해 정리하면

$\log_{10}1-\log_{10}e^{-50t}=\log_{10}0.5=\log_{10}2$

$-\log_{10}e^{-50t}=\log_{10}2$가 되고, $50t\log_{10}e=\log_{10}2$가 되므로 $50t\times0.43=0.301$

$\therefore$ 동작시간 $t=\frac{0.301}{50\times0.43}=0.014$[sec]

출제 03 $R-C$ 직렬회로

★★★ 기사 12년 3회 / 산업 93년 2회, 00년 2회

32 그림의 회로에서 스위치 S를 닫을 때의 충전전류 $i(t)$[A]는 얼마인가? (단, 콘덴서에 초기 충전전하는 없다)

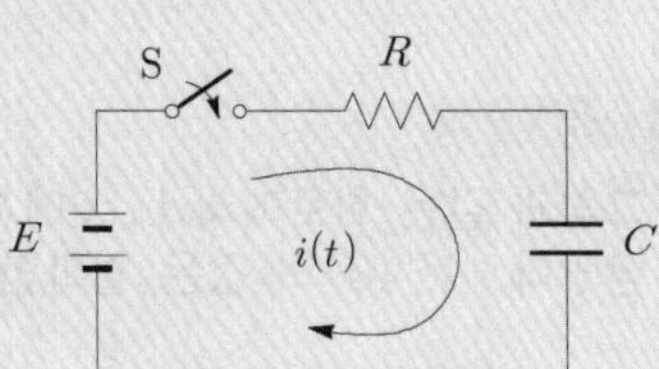

① $\frac{E}{R}e^{-\frac{1}{CR}t}$ ② $\frac{E}{R}e^{\frac{R}{C}t}$

③ $\frac{E}{R}e^{-\frac{C}{R}t}$ ④ $\frac{E}{R}e^{\frac{1}{CR}t}$

해설

㉠ C에 충전된 전하량

$Q(t)=CE\left(1-e^{-\frac{1}{RC}t}\right)$[C]

㉡ 스위치 투입 시 충전전류

$i(t)=\frac{dQ(t)}{dt}=\frac{E}{R}e^{-\frac{1}{RC}t}$[A]

㉢ 스위치 개방 시 방전전류

$i(t)=-\frac{E}{R}e^{-\frac{1}{RC}t}$[A]

Comment

충·방전 전류의 크기는 같고 방향만 반대가 된다.

★★★ 기사 94년 6회 / 산업 93년 2·5회, 98년 4회, 07년 2회

33 직류 $R-C$ 직렬회로에서 회로의 시정수 값[sec]은?

① $\frac{R}{C}$ ② $\frac{E}{R}$

③ $\frac{1}{RC}$ ④ RC

해설

㉠ $R-L$ 회로의 시정수 : $\tau=\frac{L}{R}$[sec]

㉡ $R-C$ 회로의 시정수 : $\tau=\frac{1}{RC}$[sec]

★★★★ 기사 90년 2회, 99년 4회, 02년 1회, 03년 3회

34 $R=1$[MΩ], $C=1$[μF]의 직렬회로에 직류 100[V]를 가했다. 시정수[sec] 및 초기값 전류는 몇 [A]인가?

① $\tau=5$[sec], $i(0)=10^{-4}$[A]
② $\tau=4$[sec], $i(0)=10^{-3}$[A]
③ $\tau=1$[sec], $i(0)=10^{-4}$[A]
④ $\tau=2$[sec], $i(0)=10^{-3}$[A]

해설

㉠ 시정수 : $\tau=RC$

$=10^6\times10^{-6}=1$[sec]

㉡ 초기값 전류 : $i(0)=\frac{E}{R}$

$=\frac{100}{10^{-6}}=10^{-4}$[A]

★★★★ 기사 96년 5회

35 $R-C$ 직렬회로에 직류전압을 가했을 때 전류값이 초기값의 e^{-1}으로 저하되는 시간은 몇 [sec]인가?

① $\frac{1}{RC}$ ② $\frac{L}{R}$

③ RC ④ $\frac{C}{R}$

정답 32. ① 33. ④ 34. ③ 35. ③

해설

충전전류 $i(t)=\dfrac{E}{R}e^{-\frac{1}{RC}t}$[A]에서 초기값 전류가

$i(0)=\dfrac{E}{R}$[A]이므로

∴ 충전전류가 초기값 전류의 e^{-1}이 되기 위해서는 $t=RC$[sec](시정수)가 되어야 한다.

★ 기사 90년 2회

36 R=10[Ω], C=50[μF]의 직렬회로에 200[V]의 직류를 가할 때 충전전기량의 정상값[C]은?

① 10 ② 0.1
③ 0.01 ④ 0.001

해설

㉠ 충전전기량의 초기값 : $Q(0)=0$
㉡ 충전전기량의 정상값 : $Q(\infty)=CE$

$$=50\times10^{-6}\times200$$
$$=0.01[\text{C}]$$

★★★ 산업 98년 3회

37 그림과 같은 $R-C$ 직렬회로에 $t=0$에서 스위치 S를 닫아 직류전압 100[V]를 회로의 양단에 급격히 인가하면 그때의 충전전하[C]는? (단, R=10[Ω], C=0.1[F])

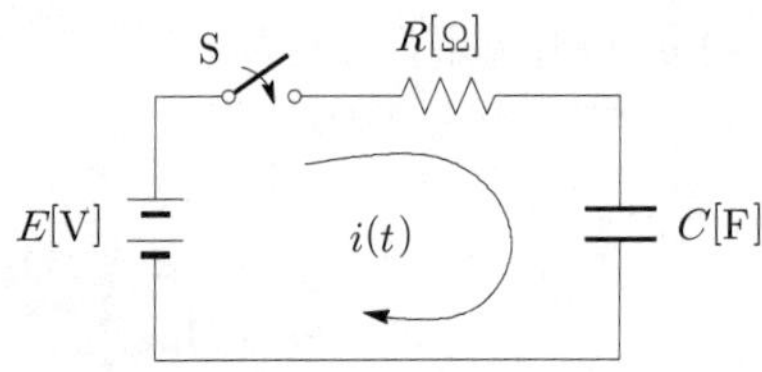

① $10(1-e^{-t})$
② $-10(1-e^{t})$
③ $10e^{-t}$
④ $-10e^{t}$

해설

충전전하

$$Q(t)=Q(\infty)+[Q(0)-Q(\infty)]e^{-\frac{1}{RC}t}$$
$$=CE+(0-CE)e^{-\frac{1}{RC}t}$$
$$=CE\left(1-e^{-\frac{1}{RC}t}\right)$$
$$=0.1\times100\left(1-e^{-\frac{1}{10\times0.1}t}\right)$$
$$=10(1-e^{-t})[\text{C}]$$

Comment

- $Q(\infty)$: $t=\infty$일 때 Q값, 즉 정상상태에서의 Q값
- $Q(0)$: $t=0$일 때 Q값, 즉 초기상태에서의 Q값

★★★ 산업 96년 5회, 16년 2회

38 저항 R=5000[Ω], 정전용량 C=20[μF]가 직렬로 접속된 회로에 일정전압 E=100[V]를 가하고 $t=0$에서 스위치를 넣을 때 콘덴서 단자전압[V]을 구하면? (단, 처음에 콘덴서에는 충전되지 않았다)

① $100(1-e^{10t})$
② $100e^{-10t}$
③ $100e^{10t}$
④ $100(1-e^{-10t})$

해설

콘덴서 단자전압 $V_c=\dfrac{Q(t)}{C}$

$$=E\left(1-e^{-\frac{1}{RC}t}\right)$$
$$=100\left(1-e^{-\frac{1}{5000\times20\times10^{-6}}t}\right)$$
$$=100(1-^{-10t})[\text{V}]$$

★★★ 산업 93년 2회

39 그림과 같은 회로에서 $t=0$에서 스위치를 닫았다. $V_C(0)$의 값은 얼마인가?

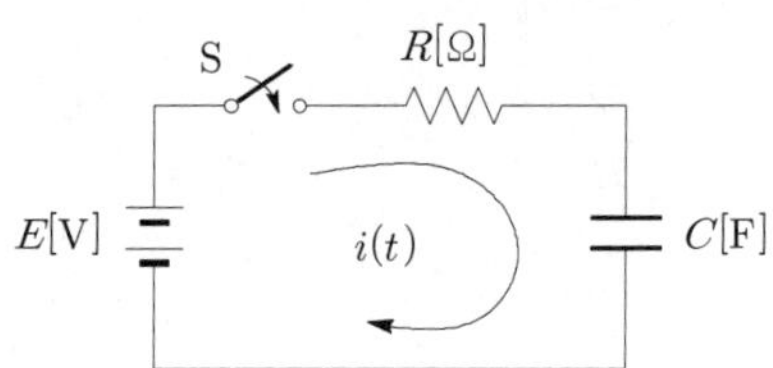

① 0
② E
③ $\dfrac{E}{CR}e^{-\frac{1}{CR}t}$
④ $\dfrac{E}{R}e^{-\frac{1}{CR}t}$

정답 36. ③ 37. ① 38. ④ 39. ①

★★★ 산업 94년 5회, 00년 3회, 04년 2회

40 다음 중 $R-C$ 직렬회로의 설명으로 잘못된 것은?

① 회로의 시정수는 $\tau = RC$[sec]이다.
② $t=0$에서 직류전압 E를 가했을 때 t초 후의 전류 $i = \frac{E}{R}e^{-\frac{1}{RC}t}$[A]이다.
③ $t=0$에서 직류전압 E를 가했을 때 t초 후의 전류 $i = \frac{E}{R}\left(1-e^{-\frac{1}{RC}t}\right)$[A]이다.
④ $R-C$ 직렬회로에 직류전압 E[V]를 충전하는 경우 회로의 전압방정식은 $Ri(t) + \frac{1}{C}\int i(t)\ dt = E$이다.

★★ 산업 89년 6회, 95년 4회, 12년 4회, 15년 3회

41 $R-C$ 직렬회로의 과도현상에 대하여 옳게 설명된 것은 어느 것인가?

① RC값이 클수록 과도전류값은 천천히 사라진다.
② RC값이 클수록 과도전류값은 빨리 사라진다.
③ 과도전류는 RC값에 관계가 있다.
④ $\frac{1}{RC}$의 값이 클수록 과도전류값은 천천히 사라진다.

해설
시정수가 클수록 과도시간은 길어지므로 충전전류는 천천히 사라진다.

★ 산업 91년 2회, 02년 2회

42 시간[sec]의 차원을 갖지 않은 것은 어느 것인가? (단, R : 저항, L : 인덕턴스, C : 커패시턴스)

① RL
② RC
③ $\frac{L}{R}$
④ $\sqrt{LC}$

★ 기사 91년 5회

43 $R-L$ 및 $R-C$ 회로의 과도상태의 설명이다. 잘못된 것은?

① $t=0$일 때 C는 단락상태가 된다.
② 시정수가 크면 정상값에 빨리 도달한다.
③ $t=0$에서 L은 개방상태이다.
④ 변화하지 않는 저항만의 회로에서는 과도현상은 없다.

해설
시정수가 클수록 과도시간은 길어지므로 정상값에 천천이 도달한다.

★ 기사 14년 4회

44 그림과 같은 회로에서 $C=100[\mu F]$의 콘덴서에 $Q_0=3\times10^{-2}$[C]의 전하량이 축적되어 있다. $t=0$인 순간에 스위치 K를 닫은 후 저항 $R=5[\Omega]$에서 소비되는 총전력량[J]은?

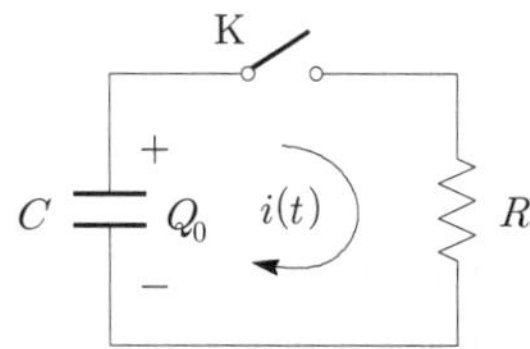

① 4.5×10^{2}
② 1.8×10^{4}
③ 1.8
④ 4.5

해설
스위치를 닫으면 콘덴서에 축적된 에너지가 저항에서 모두 소비되므로
∴ 콘덴서에 축적된 전기 에너지

$$W_C = \frac{Q_0^2}{2C} = \frac{(3\times10^{-2})^2}{2\times100\times10^{-6}} = 4.5[\text{J}]$$

정답 40. ③ 41. ① 42. ① 43. ② 44. ④

출제 04 $R-L-C$ 직렬회로

★★★ 기사 90년 2회 / 산업 97년 4회, 04년 4회

45 그림과 같은 $R-L-C$ 직렬회로에서 시정수의 값이 작을수록 과도현상이 소멸되는 시간은 어떻게 되는가?

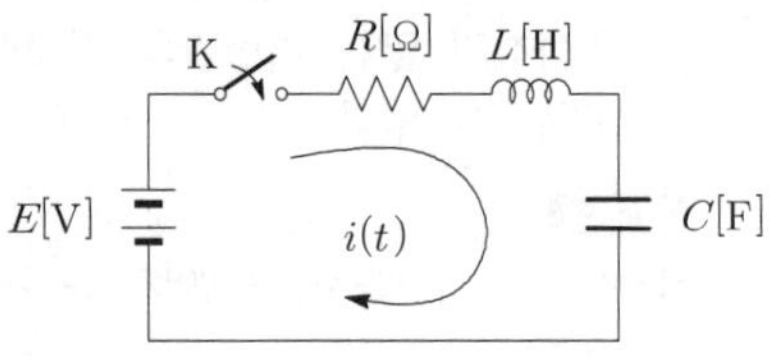

① 짧아진다.
② 관계없다.
③ 길어진다.
④ 과도상태가 없다.

★★★ 기사 04년 1회, 12년 2회 / 산업 94년 3회, 95년 2회, 02년 2회

46 $R-L-C$ 직렬회로에서 직류전압인가 시 $R^2=\dfrac{4L}{C}$ 일 때의 상태는?

① 진동상태
② 비진동상태
③ 임계상태
④ 정상상태

해설 $R-L-C$ 직렬회로의 과도응답곡선

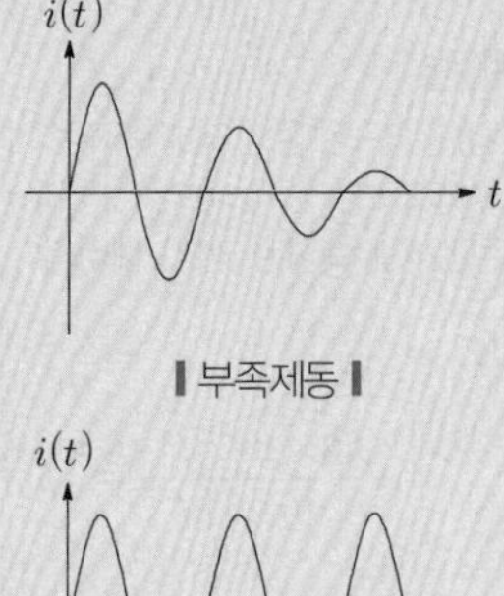

▌부족제동▌

▌임계제동▌

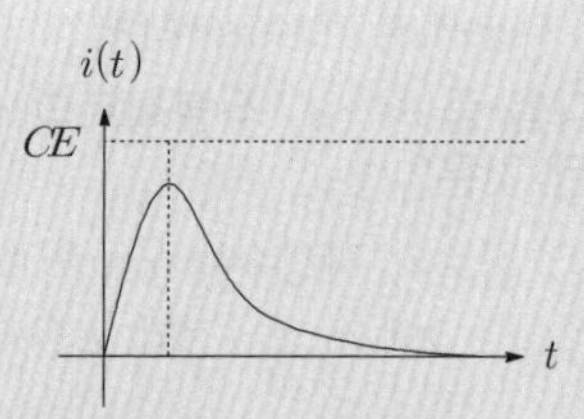

▌과제동▌

㉠ $\left(\dfrac{R}{2L}\right)^2-\dfrac{1}{LC}<0$ 또는 $R^2<4\dfrac{L}{C}$ 일 경우 : 부족제동(진동적)

㉡ $\left(\dfrac{R}{2L}\right)^2-\dfrac{1}{LC}=0$ 또는 $R^2=4\dfrac{L}{C}$ 일 경우 : 임계제동(임계적)

㉢ $\left(\dfrac{R}{2L}\right)^2-\dfrac{1}{LC}>0$ 또는 $R^2>4\dfrac{L}{C}$ 일 경우 : 과제동(비진동적)

★★★ 산업 97년 2회, 15년 4회

47 $R-L-C$ 직렬회로에서 회로저항값이 다음의 어느 조건일 때 이 회로가 부족제동이 되었다고 하는가?

① $R=0$
② $R>2\sqrt{\dfrac{L}{C}}$
③ $R=2\sqrt{\dfrac{L}{C}}$
④ $R<2\sqrt{\dfrac{L}{C}}$

★★★ 산업 04년 4회

48 $R-L-C$ 직렬회로에서 $L=8\times10^{-3}$[H], $C=2\times10^{-7}$[F]이다. 임계진동이 되기 위한 R[Ω]값은?

① 0.01 ② 100
③ 200 ④ 400

해설

임계진동조건은 $R^2=4\dfrac{L}{C}$이므로

$$\therefore R=\sqrt{\frac{4L}{C}}=\sqrt{\frac{4\times8\times10^{-3}}{2\times10^{-7}}}=400[\Omega]$$

정답 45. ① 46. ③ 47. ④ 48. ④

★★★ 기사 12년 2회 / 산업 89년 6회, 94년 3회, 95년 2회, 02년 2회, 13년 1·3회

49 $R-L-C$ 직렬회로에서 과도현상이 진동이 되지 않을 조건?

① $\left(\frac{R}{2L}\right)^2 - \frac{1}{LC} < 0$

② $\left(\frac{R}{2L}\right)^2 - \frac{1}{LC} > 0$

③ $\left(\frac{R}{2L}\right)^2 = \frac{1}{LC}$

④ $\frac{R}{2L} = \frac{1}{LC}$

★ 산업 15년 3회

50 저항 6[kΩ], 인덕턴스 90[mH], 커패시턴스 0.01[μF]인 직렬회로에 $t=0$에서의 직류전압 100[V]를 가하였다. 흐르는 전류의 최대값(I_m)은 약 몇 [mA]인가?

① 11.8 ② 12.3
③ 14.7 ④ 15.6

해설

㉠ $R^2 = (6\times10^3)^2 = 36\times10^6$

$4\frac{L}{C} = 4\times\frac{90\times10^{-3}}{0.01\times10^{-6}} = 36\times10^6$

㉡ $R^2 = 4\frac{L}{C}$는 임계제동조건이므로 전류는

$i(t) = \frac{E}{L}\, t\, e^{-\frac{R}{2L}t}$[A]이 된다.

㉢ 여기서, 전류가 최대가 되려면 $t = \frac{2L}{R}$일 때이다.

$\therefore I_m = \frac{2E}{R}e^{-1} = \frac{2\times100}{6\times10^3}\times0.3678$

$= 0.0123$[A]$= 12.3$[mA]

★ 기사 14년 4회

51 $R-L-C$ 직렬회로에서 부족제동인 경우 감쇠진동의 고유주파수 f는?

① 공진주파수보다 크다.
② 공진주파수 보다 작다.
③ 공진주파수에 관계없이 일정하다.
④ 공진주파수와 같다.

쌤 Comment

51번 문제까지 가져갈 필요는 없는 것 같다. 넘어가도록 한다.

★ 산업 12년 3회

52 다음은 과도현상에 관한 내용이다. 틀린 것은?

① $R-L$ 직렬회로의 시정수는 $\frac{L}{R}$[sec]이다.
② $R-C$ 직렬회로에서 V_0로 충전된 콘덴서를 방전시킬 경우 $t=RC$에서 콘덴서 단자전압은 $0.632\,V_0$이다.
③ 정현파 교류회로에서는 전원을 넣을 때의 위상을 조절함으로써 과도현상의 영향을 제거할 수 있다.
④ 전원이 직류기전력인 때에도 회로의 전류가 정현파가 되는 경우가 있다.

해설

$R-C$ 직렬회로의 콘덴서 방전전원은

$V_C = V_0\, e^{-\frac{1}{RC}t}$[V]이므로

$\therefore V_C = V_0 e^{-\frac{1}{RC}t}\Big|_{t=RC}$

$= V_0 e^{-1} = 0.3678\,V_0$[V]

★★★ 기사 90년 6회, 98년 5회, 00년 4·6회, 04년 4회

53 그림의 정전용량 C[F]를 충전한 후 스위치 S를 닫아 이것을 방전하는 경우의 과도전류는? (단, 회로에는 저항이 없다고 가정한다)

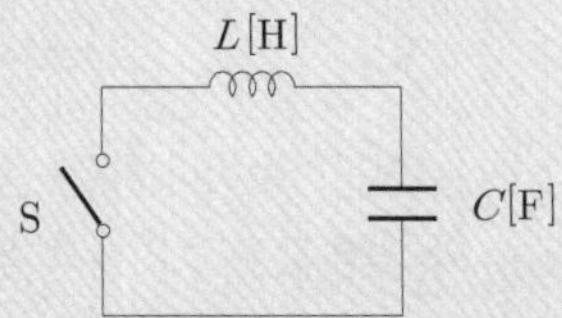

① 불변의 진동전류
② 감쇠하는 전류
③ 감쇠하는 진동전류
④ 일정값까지 증가하여 그 후 감쇠하는 전류

해설

회로방정식 $L\frac{di(t)}{dt} + \frac{1}{C}\int i(t)\,dt = E$ 에서

라플라스 변환하면 $Ls\,I(s) + \frac{1}{Cs}I(s) = \frac{E}{s}$이 되고,

전류식으로 정리하면 다음과 같다.

정답 49. ② 50. ② 51. ② 52. ② 53. ①

$$I(s) = \frac{E}{s\left(Ls + \frac{1}{Cs}\right)} = \frac{E}{Ls^2 + \frac{1}{C}}$$

$$= \frac{\frac{E}{L}}{s^2 + \frac{1}{LC}}$$

$$= E\sqrt{\frac{C}{L}} \frac{\frac{1}{\sqrt{LC}}}{s^2 + \left(\frac{1}{\sqrt{LC}}\right)^2}$$

∴ 이를 라플라스 역변환하면

$i(t) = E\sqrt{\frac{C}{L}} \sin\frac{1}{\sqrt{LC}}t$[A]가 되어 무한진동전류가 된다.

Comment

「출제 05」에서 문제 53, 54번만 기억하고 나머지는 넘어가도 좋다. 만약, 53, 54번의 해설이 어렵다면 정답이라도 외워두길 바란다(라플라스 변환은 제10장에서 학습한다).

집중공략

★ 기사 99년 5회, 13년 3회 / 산업 12년 4회, 14년 2회

54 그림과 같은 직류 LC 직렬회로에 대한 설명 중 옳은 것은?

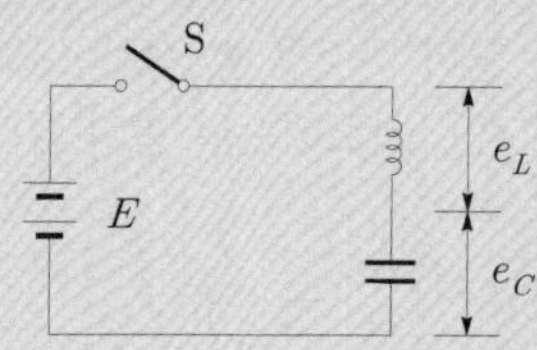

① e_L는 진동함수이나 e_c는 진동하지 않는다.
② e_L의 최대값은 $2E$까지 될 수 있다.
③ e_c의 최대값은 $2E$까지 될 수 있다.
④ C의 충전전하 q는 시간 t에 무관계이다.

해설

$i(t) = E\sqrt{\frac{C}{L}} \sin\frac{1}{\sqrt{LC}}t$[A]

㉠ $e_L = L\frac{di(t)}{dt} = E\cos\frac{1}{\sqrt{LC}}t = E\cos\omega_0 t$이므로 최소값은 $-E$, 최대값은 E가 된다.

㉡ $e_c = \frac{1}{C}\int i(t)\,dt = E\left(1 - \cos\frac{1}{\sqrt{LC}}t\right)$
$= E(1 - \cos\omega_0 t)$
최소값은 0, 최대값은 $2E$가 된다.

★ 기사 93년 2회

55 그림의 회로에서 스위치 S를 갑자기 닫은 후 회로에 흐르는 전류 $i(t)$의 시정수는 얼마인가? (단, C의 초기전하가 없었다)

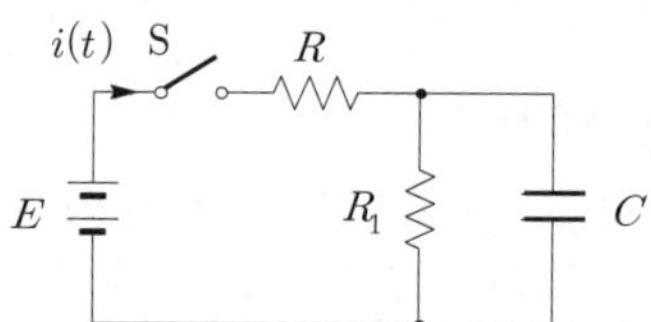

① $\frac{RR_1C}{R+R_1}$
② $\frac{R+R_1}{RR_1C}$
③ $\frac{RR_1+R_1}{C}$
④ $\frac{C}{RR_1+R_1}$

해설

시정수 $\tau = R_0 C = \frac{RR_1C}{R+R_1}$[sec]

★★ 기사 89년 2회, 98년 7회, 99년 6회, 00년 4회, 02년 4회

56 그림과 같은 회로에서 스위치 S를 닫았을 때 과도분을 포함하지 않기 위한 R의 값[Ω]은?

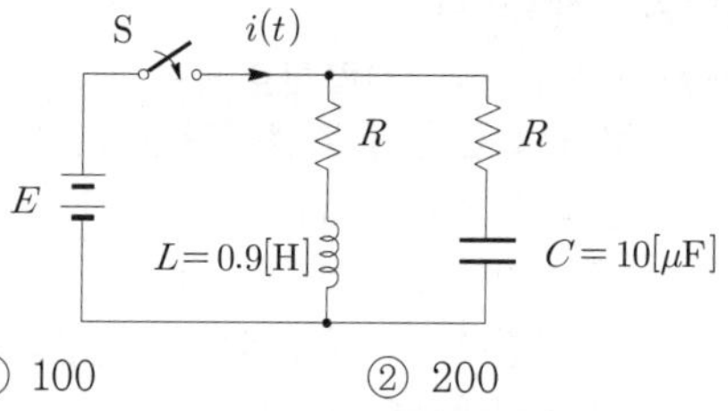

① 100 ② 200
③ 300 ④ 400

정답 54. ③ 55. ① 56. ③

해설

과도분을 포함하지 않기 위한 회로조건은 정저항회로가 되어야 하므로

$\therefore R = \sqrt{\frac{L}{C}}$

$= \sqrt{\frac{0.9}{10 \times 10^{-6}}} = 300[\Omega]$

★ 기사 92년 2회

57 그림과 같은 회로에서 커패시터에 0.5[C]의 전하가 이미 충전되어 있을 때 스위치 S를 $t=0$일 때 닫는다면 이때 흐르는 전류의 크기는 얼마인가?

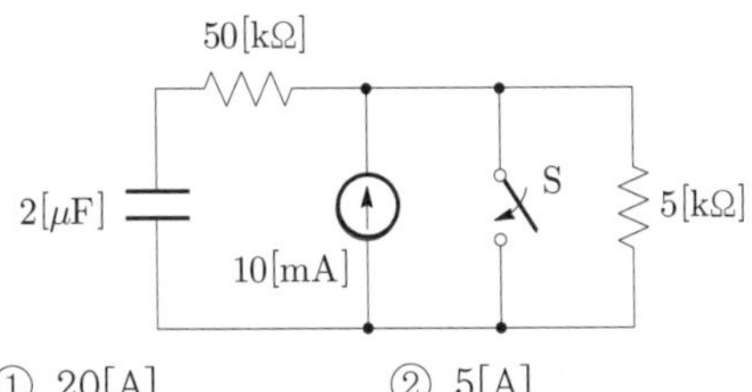

① 20[A] ② 5[A]
③ 50[A] ④ 10[A]

해설

콘덴서에 걸리는 전압 $V_C = \frac{Q}{C}$

$= \frac{0.5}{2 \times 10^{-6}}$

$= 0.25 \times 10^6[\text{V}]$

$\therefore$ 전류 $i(t) = \frac{V_C}{R}$

$= \frac{0.25 \times 10^6}{50 \times 10^3} = 5[\text{A}]$

★ 기사 94년 3회, 03년 2회, 14년 1회, 15년 2회

58 다음과 같은 회로에서 $t=0$에서 스위치 S를 닫았다. $i_1(0^+)$, $i_2(0^+)$는 얼마인가?

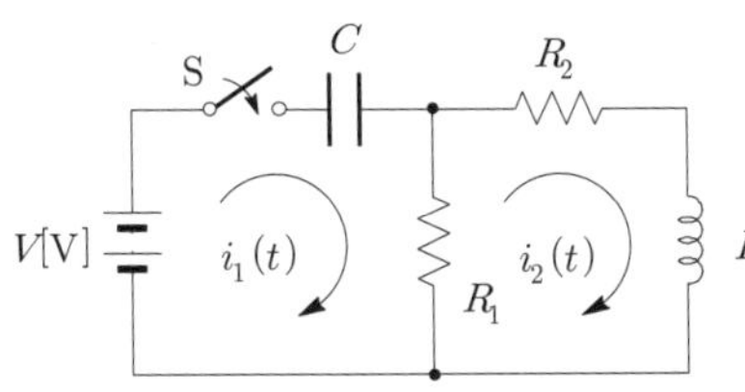

① $i_1(0^+) = 0,\ i_2(0^+) = \frac{V}{R_2}$

② $i_1(0^+) = 0,\ i_2(0^+) = \frac{V}{R_1}$

③ $i_1(0^+) = \frac{V}{R_1},\ i_2(0^+) = 0$

④ $i_1(0^+) = \frac{V}{R_1},\ i_2(0^+) = \frac{V}{R_2}$

해설

스위치를 닫는 순간 $t=0$일 때 콘덴서는 단락상태, 인덕터는 개방상태로 해석된다.

$\therefore i_1(0^+) = \frac{V}{R_1}[\text{A}],\ i_2(0^+) = 0$

★ 기사 94년 7회

59 그림과 같은 회로에서 처음에 스위치 S가 닫힌 상태에서 회로에 정상전류가 흐르고 있었다. 지금 $t=0$에서 스위치를 열 때 회로의 전류[A]는?

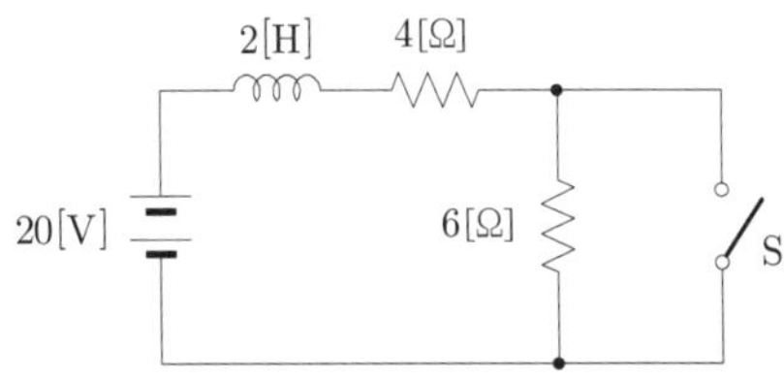

① $2 + 3e^{-5t}$
② $2 + 3e^{-2t}$
③ $4 + 2e^{-2t}$
④ $4 + 2e^{-5t}$

해설

$i(0) = i(0^-) = \frac{V}{R} = \frac{20}{4} = 5[\text{A}]$

$i(\infty) = \frac{V}{R_0} = \frac{20}{4+6} = 2[\text{A}]$

$\tau = \frac{L}{R_0} = \frac{2}{4+6} = \frac{1}{5}[\text{sec}]$

$\therefore i(t) = i(\infty) + [i(0) - i(\infty)]e^{-\frac{1}{\tau}t}$

$= 2 + (5-2)e^{-5t}$

$= 2 + 3e^{-5t}[\text{A}]$

정답 57. ② 58. ③ 59. ①

★ 산업 13년 1회

60 그림과 같은 회로에서 $t=0$일 때 스위치 K를 닫을 때 과도전류 $i(t)$는 어떻게 표시되는가?

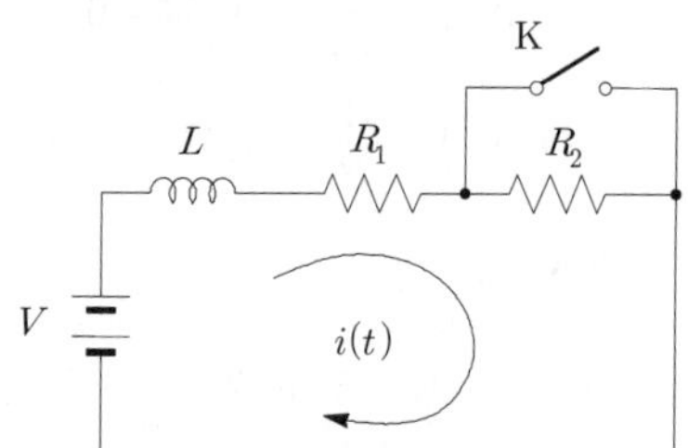

① $i(t)=\dfrac{V}{R_1}\left(1-\dfrac{R_2}{R_1+R_2}\right)e^{-\frac{R_1}{L}t}$

② $i(t)=\dfrac{V}{R_1+R_2}\left(1+\dfrac{R_2}{R_1}\right)e^{-\frac{R_1+R_2}{L}t}$

③ $i(t)=\dfrac{V}{R_1}\left(1+\dfrac{R_2}{R_1}\right)e^{-\frac{R_2}{L}t}$

④ $i(t)=\dfrac{R_1V}{R_2+R_1}\left(1+\dfrac{R_1}{R_2+R_1}\right)e^{-\frac{R_2+R_1}{L}t}$

해설

$$i(0)=i(0^-)=\frac{V}{R_1+R_2}$$

$$i(\infty)=\frac{V}{R_1}$$

$$\tau=\frac{L}{R_1}$$

$$\begin{aligned}\therefore\ i(t)&=i(\infty)+[i(0)-i(\infty)]\,e^{-\frac{1}{\tau}t}\\&=\frac{V}{R_1}+\left(\frac{V}{R_1+R_2}-\frac{V}{R_1}\right)e^{-\frac{R_1}{L}t}\\&=\frac{V}{R_1}+\left[\frac{R_1V-(R_1+R_2)V}{R_1(R_1+R_2)}\right]e^{\frac{-R_1}{L}t}\\&=\frac{V}{R_1}\left(1-\frac{R_2}{R_1+R_2}\right)e^{-\frac{R_1}{L}t}\end{aligned}$$

★ 기사 13년 4회

61 다음 회로에서 $t=0$일 때 스위치 K를 열면서 정전류원을 연결하였다. $\dfrac{dV(0^+)}{dt}$의 값은? (단, C의 초기 전압은 0으로 가정한다)

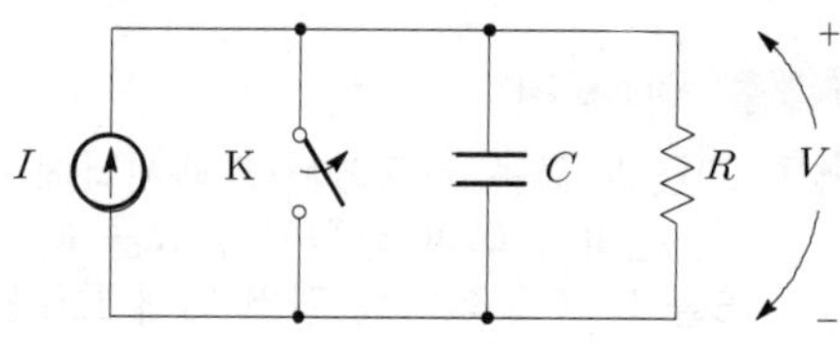

① 0 ② $\dfrac{I}{C}$

③ $\dfrac{It}{C}$ ④ $\dfrac{C}{I}$

해설

콘덴서 C에 흐르는 전류는 $i_c(t)=C\dfrac{dV}{dt}$이므로

$$\therefore\ \frac{dV(0^+)}{dt}=\frac{i_c(t)}{C}\bigg|_{t=0}=\frac{I}{C}$$

정답 60. ① 61. ②

CHAPTER

10

라플라스 변환

기사 6.00% 출제
산업 10.13% 출제

출제 01 라플라스 변환

출제 02 시간추이의 정리

출제 03 라플라스 역변환

이렇게 공부하세요!!

출제경향분석

기사 출제비율 % / 산업 출제비율 %

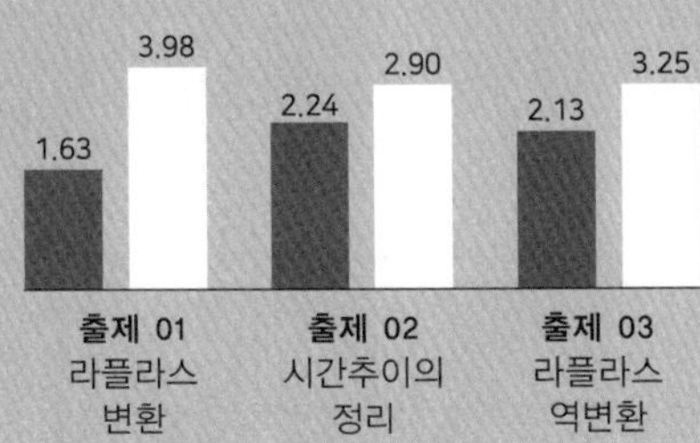

출제포인트

- ☑ 라플라스 변환의 사용목적과 라플라스 정의식에 대해서 이해할 수 있다.
- ☑ 라플라스 변환표를 이해할 수 있다.
- ☑ 시간추이정리를 이해하고 시간추이함수의 라플라스 변환을 구할 수 있다.
- ☑ 단위 임펄스 함수를 이해하고 임펄스 함수의 라플라스 변환을 구할 수 있다.
- ☑ 부분분수 전개방식을 이용하여 라플라스 역변환을 구할 수 있다.
- ☑ $R-L$, $R-C$ 회로망에 흐르는 과도전류를 라플라스 변환을 이용하여 구할 수 있다.

CHAPTER

10 라플라스 변환(laplace transform)

기사 6.00% 출제 | 산업 10.13% 출제

기사 1.63% 출제 | 산업 3.98% 출제

출제 01 라플라스 변환

산업기사에서는 라플라스 변환이, 기사에서는 라플라스 역변환에 관련된 문제가 출제된다. 또한, 자격증 시험에서는 패턴에 의한 라플라스 변환문제만 출제되니 어렵게 증명까지 공부하지 말고 [표 10-1]만 암기하여 문제에 적용하면 된다. [표 10-1]에서 순번 16, 17, 18은 출제빈도가 매우 낮으므로 참고만 하도록 한다.

1 개요

① $s=\sigma+j\omega$를 파라미터(정수)로 하여 $F(s)=\int_0^\infty f(t)\,e^{-st}dt$로 주어지는 함수 $F(s)$를 $f(t)$의 라플라스 변환이라 한다.

② 라플라스 변환에 의하여 선형 미분방정식은 s에 관한 대수방정식으로 변환되어, 풀기 쉬운 형식을 부여한다. 즉, 선형 미분방정식을 손쉽게 풀이하기 위한 해법이 라플라스 변환이라고 보면 된다.

㉠ **라플라스 변환 :** $F(s)=\int_0^\infty f(t)\,e^{-st}dt$ ······ [식 10-1]

㉡ 라플라스 역변환 : $f(t)=\dfrac{1}{2\pi j}\int_c F(s)\,e^{st}ds$ ······ [식 10-2]

Comment

[식 10-2]는 출제된 적이 없다.

2 기초 라플라스 변환(laplace transformation)

(1) 계단함수(step function)

함수 $f(t)=A$에서 이를 라플라스 변환하면 다음과 같다. (여기서, A : 상수)

$$F(s)=\int_0^\infty A\,e^{-st}dt=A\left[-\frac{1}{s}e^{-st}\right]_0^\infty=-\frac{A}{s}(e^{-\infty}-e^0)=-\frac{A}{s}(0-1)=\frac{A}{s}$$

$\therefore A \xrightarrow{\mathcal{L}} \dfrac{A}{s}$ ······ [식 10-3]

(2) 지수감쇠함수(복소추이정리)

함수 $f(t)=A\,e^{-at}$에서 이를 라플라스 변환하면 다음과 같다.

$$F(s)=\int_0^\infty A\,e^{-at}\,e^{-st}\,dt=\int_0^\infty A\,e^{-(s+a)t}\,dt$$

$$=A\left[-\frac{1}{s+a}\,e^{-(s+a)t}\right]_0^\infty=-\frac{A}{s+a}\left(e^{-\infty}-e^0\right)=\frac{A}{s+a}$$

$$\therefore\ A\,e^{-at}\xrightarrow{\mathcal{L}}\left.\frac{A}{s}\right|_{s=s+a}=\frac{A}{s+a}$$ ································· [식 10-4]

(3) 지수함수(복소추이 정리)

함수 $f(t)=A\,e^{at}$에서 이를 라플라스 변환하면 다음과 같다.

$$F(s)=\int_0^\infty A\,e^{at}\,e^{-st}\,dt=\int_0^\infty A\,e^{-(s-a)t}\,dt$$

$$=A\left[-\frac{1}{s-a}\,e^{-(s-a)t}\right]_0^\infty=-\frac{A}{s+a}\left(e^{-\infty}-e^0\right)=\frac{A}{s-a}$$

$$\therefore\ A\,e^{at}\xrightarrow{\mathcal{L}}\left.\frac{A}{s}\right|_{s=s-a}=\frac{A}{s-a}$$ ································· [식 10-5]

(4) 경사함수(ramp function)

① 경사함수를 계산하려면 부분적분을 해야 한다.

㉠ $\displaystyle\int_0^\infty f(t)\,g'(t)\,dt=f(t)\,g(t)\Big|_0^\infty-\int_0^\infty f'(t)\,g(t)\,dt$

㉡ $f(t)=t,\ g'(t)=e^{-st}$의 경우 $f'(t)=1,\ g(t)=-\dfrac{1}{s}\,e^{-st}$가 된다.

② 함수 $f(t)=t$에서 이를 라플라스 변환하면 다음과 같다.

$$F(s)=\int_0^\infty t\,e^{-st}\,dt=-\frac{t}{s}\,e^{-st}\Big|_0^\infty-\int_0^\infty-\frac{1}{s}\,e^{-st}\,dt$$

$$=0+\frac{1}{s}\int_0^\infty e^{-st}\,dt=-\frac{1}{s^2}\,e^{-st}\Big|_0^\infty=-\frac{1}{s^2}\left(e^{-\infty}-e^0\right)=\frac{1}{s^2}$$

$$\therefore\ t\xrightarrow{\mathcal{L}}\frac{1}{s^2},\quad t^n\xrightarrow{\mathcal{L}}\frac{n!}{s^{n+1}}$$ ································· [식 10-6]

(5) 정현파함수

① 정현파함수를 계산하려면 아래 삼각함수공식을 알아야 한다.

㉠ $e^{j\omega t}=\cos\omega t+j\sin\omega t$

㉡ $e^{-j\omega t}=\cos\omega t-j\sin\omega t$

㉢ $e^{j\omega t}-e^{-j\omega t}=2j\sin\omega t$에서 $\sin\omega t=\dfrac{1}{j2}\left(e^{j\omega t}-e^{-j\omega t}\right)$

㉣ $e^{j\omega t}+e^{-j\omega t}=2\cos\omega t$에서 $\cos\omega t=\dfrac{1}{2}\left(e^{j\omega t}+e^{-j\omega t}\right)$

② 함수 $f(t) = \sin\omega t$에서 이를 라플라스 변환하면 다음과 같다.

$$F(s) = \int_0^\infty \sin\omega t\, e^{-st} dt = \int_0^\infty \frac{1}{j2}\left(e^{j\omega t} - e^{j\omega t}\right) e^{-st} dt$$

$$= \frac{1}{j2}\int_0^\infty e^{-(s-j\omega)t} - e^{-(s+j\omega)t} dt = \frac{1}{j2}\left[\frac{-e^{-(s-j\omega)t}}{s-j\omega} - \frac{-e^{-(s+j\omega)t}}{s+j\omega}\right]_0^\infty$$

$$= \frac{1}{j2}\left[\frac{1}{s-j\omega} - \frac{1}{s+j\omega}\right] = \frac{1}{j2}\left[\frac{(s+j\omega)-(s-j\omega)}{(s-j\omega)(s+j\omega)}\right]$$

$$= \frac{1}{j2} \times \frac{j2\omega}{s^2+\omega^2} = \frac{\omega}{s^2+\omega^2}$$

$$\therefore \sin\omega t \xrightarrow{\mathcal{L}} \frac{\omega}{s^2+\omega^2} \quad \text{[식 10-7]}$$

(6) 여현파함수

함수 $f(t) = \cos\omega t$에서 이를 라플라스 변환하면 다음과 같다.

$$F(s) = \int_0^\infty \cos\omega t\, e^{-st} dt = \int_0^\infty \frac{1}{2}\left(e^{j\omega t} + e^{j\omega t}\right) e^{-st} dt$$

$$= \frac{1}{2}\int_0^\infty e^{-(s-j\omega)t} + e^{-(s+j\omega)t} dt = \frac{1}{2}\left[\frac{-e^{-(s-j\omega)t}}{s-j\omega} + \frac{-e^{-(s+j\omega)t}}{s+j\omega}\right]_0^\infty$$

$$= \frac{1}{2}\left[\frac{1}{s-j\omega} + \frac{1}{s+j\omega}\right] = \frac{1}{2}\left[\frac{(s+j\omega)+(s-j\omega)}{(s-j\omega)(s+j\omega)}\right]$$

$$= \frac{1}{2} \times \frac{2s}{s^2+\omega^2} = \frac{s}{s^2+\omega^2}$$

$$\therefore \cos\omega t \xrightarrow{\mathcal{L}} \frac{s}{s^2+\omega^2} \quad \text{[식 10-8]}$$

(7) 지수감쇠 정현파함수

함수 $f(t) = e^{-at}\sin\omega t$에서 이를 라플라스 변환하면 다음과 같다.

$$F(s) = \int_0^\infty e^{-at}\sin\omega t\, e^{-st} dt = \int_0^\infty \frac{1}{j2}\left(e^{j\omega t} - e^{j\omega t}\right) e^{-at} e^{-st} dt$$

$$= \frac{1}{2j}\int_0^\infty \left[e^{-(s+a-j\omega)t} - e^{-(s+a+j\omega)t}\right] dt$$

$$= \frac{1}{j2}\left[\frac{-e^{-(s+a-j\omega)t}}{s+a-j\omega} - \frac{-e^{-(s+a+j\omega)t}}{s+a+j\omega}\right]_0^\infty$$

$$= \frac{1}{j2}\left[\frac{1}{s+a-j\omega} - \frac{1}{s+a+j\omega}\right] = \frac{1}{j2}\left[\frac{(s+a+j\omega)-(s+a-j\omega)}{(s+a-j\omega)(s+a+j\omega)}\right]$$

$$= \frac{1}{j2} \times \frac{j2\omega}{(s+a)^2+\omega^2} = \frac{\omega}{(s+a)^2+\omega^2}$$

$$\therefore e^{-at}\sin\omega t \xrightarrow{\mathcal{L}} \left.\frac{\omega}{s^2+\omega^2}\right|_{s=s+a} = \frac{\omega}{(s+a)^2+\omega^2} \quad \text{[식 10-9]}$$

(8) 지수감쇠 여현파함수

함수 $f(t) = e^{-at}\cos\omega t$에서 이를 라플라스 변환하면 다음과 같다.

$$F(s) = \int_0^\infty e^{-at}\cos\omega t\, e^{-st}dt = \int_0^\infty \frac{1}{2}\left(e^{j\omega t} + e^{j\omega t}\right)e^{-at}e^{-st}dt$$

$$= \frac{1}{2}\int_0^\infty \left[e^{-(s+a-j\omega)t} + e^{-(s+a+j\omega)t}\right]dt$$

$$= \frac{1}{2}\left[\frac{-e^{-(s+a-j\omega)t}}{s+a-j\omega} + \frac{-e^{-(s+a+j\omega)t}}{s+a+j\omega}\right]_0^\infty$$

$$= \frac{1}{2}\left[\frac{1}{s+a-j\omega} + \frac{1}{s+a+j\omega}\right]$$

$$= \frac{1}{2}\left[\frac{(s+a+j\omega)+(s+a-j\omega)}{(s+a-j\omega)(s+a+j\omega)}\right]$$

$$= \frac{1}{2}\times\frac{2(s+a)}{(s+a)^2+\omega^2} = \frac{s+a}{(s+a)^2+\omega^2}$$

$$\therefore\ e^{-at}\cos\omega t \xrightarrow{\mathcal{L}} \left.\frac{s}{s^2+\omega^2}\right|_{s=s+a} = \frac{s+a}{(s+a)^2+\omega^2} \quad \cdots\cdots [식\ 10\text{-}10]$$

(9) 쌍곡선 함수

① $f(t) = \sinh\omega t = \frac{1}{2}\left(e^{\omega t} - e^{-\omega t}\right) \xrightarrow{\mathcal{L}} \frac{\omega}{s^2-\omega^2}$ ······ [식 10-11]

② $f(t) = \cosh\omega t = \frac{1}{2}\left(e^{\omega t} + e^{-\omega t}\right) \xrightarrow{\mathcal{L}} \frac{s}{s^2-\omega^2}$ ······ [식 10-12]

(10) 라플라스 변환표

| 표 10-1 | 라플라스 변환표

순번	$f(t)$	$F(s)$	순번	$f(t)$	$F(s)$
1	$\delta(t)$	1	10	$\sinh\omega t$	$\frac{\omega}{s^2-\omega^2}$
2	$u(t)$ 또는 1	$\frac{1}{s}$	11	$\cosh\omega t$	$\frac{s}{s^2-\omega^2}$
3	t	$\frac{1}{s^2}$	12	$t\sin\omega t$	$\frac{2\omega s}{(s^2+\omega^2)^2}$
4	t^n	$\frac{n!}{s^{n+1}}$	13	$t\cos\omega t$	$\frac{s^2-\omega^2}{(s^2+\omega^2)^2}$
5	e^{-at}	$\frac{1}{s+a}$	14	$e^{-at}\sin\omega t$	$\frac{\omega}{(s+a^2)+\omega^2}$
6	$t\,e^{-at}$	$\frac{1}{(s+a)^2}$	15	$e^{-at}\cos\omega t$	$\frac{s+a}{(s+a)^2+\omega^2}$
7	$t^n\,e^{-at}$	$\frac{n!}{(s+a)^{n+1}}$	16	$t\,e^{-at}\sin\omega t$	$\frac{2\omega(s+a)}{(s+a)^2+\omega^2}$
8	$\sin\omega t$	$\frac{\omega}{s^2+\omega^2}$	17	$t\,e^{-at}\cos\omega t$	$\frac{2\omega(s+a)}{(s+a)^2+\omega^2}$
9	$\cos\omega t$	$\frac{s}{s^2+\omega^2}$	18	$\frac{\sin\omega t}{t}$	$\tan^{-1}\frac{\omega}{s}$

단원 확인 기출문제

★★ 기사 10년 2회

01 함수 $f(t)=1-\cos\omega t$의 라플라스 변환 $F(s)$는?

① $\dfrac{\omega}{s(s^2+\omega^2)}$ ② $\dfrac{s}{s(s^2+\omega^2)}$

③ $\dfrac{s^2}{s(s^2+\omega^2)}$ ④ $\dfrac{\omega^2}{s(s^2+\omega^2)}$

해설 $\mathcal{L}[1-\cos\omega t]=\dfrac{1}{s}-\dfrac{s}{s^2+\omega^2}=\dfrac{s^2+\omega^2-s^2}{s(s^2+\omega^2)}=\dfrac{\omega^2}{s(s^2+\omega^2)}$

답 ④

★★★ 기사 09년 1회 / 산업 90년 2회, 95년 6회, 14년 3회

02 $f(t)=t\,e^{-3t}$일 때 라플라스 변환은?

① $\dfrac{1}{(s+3)^2}$ ② $\dfrac{1}{(s-3)^2}$

③ $\dfrac{1}{s-3}$ ④ $\dfrac{1}{s+3}$

해설 복소추이정리 : $\mathcal{L}[t\,e^{-3t}]=\dfrac{1}{s^2}\Big|_{s=s+3}=\dfrac{1}{(s+3)^2}$

답 ①

기사 2.24% 출제 | 산업 2.90% 출제

출제 02 시간추이의 정리

1. $f(t)=K\,u(t-L)\xrightarrow{\mathcal{L}}F(s)=\dfrac{K}{s}e^{-Ls}$
   - 라플라스 변환 시 분모가 s의 1차가 되면 계단함수를 의미한다.
   - K는 계단함수의 크기를, e^{-Ls}는 L 초만큼 파형이 지연되는 것을 의미한다.
2. $f(t)=K\,t\,u(t-L)\xrightarrow{\mathcal{L}}F(s)=\dfrac{K}{s^2}e^{-Ls}$
   - 라플라스 변환 시 분모가 s의 2차가 되면 경사함수를 의미한다.
   - K는 경사함수의 기울기를, e^{-Ls}는 L초만큼 파형이 지연되는 것을 의미한다.

1 단위계단함수(unit step function)

(1) 단위계단함수 $u(t)$의 의미

① 단위계단함수는 물리적으로 $t=0$에서 스위치를 투입한 것과 같다.

② [그림 10-1] (a)와 같이 0초 이전(스위치를 투입 전)에는 함수 $f(t)$가 0이고, 0초 이후(스위치를 투입 후)부터 함수 $f(t)$는 1의 크기를 갖는 함수를 말하며, 크기가 1이 아닌 함수는 계단함수라 한다.

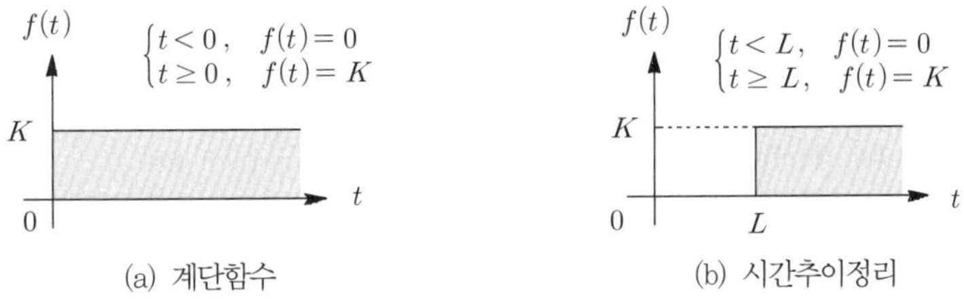

▌그림 10-1▐ 계단함수의 시간추이정리

(2) $f(t) = Ku(t)$의 라플라스 변환

① $F(s) = \int_0^\infty Ku(t)\, e^{-st} dt = \int_0^\infty K e^{-st} dt = \left[-\frac{K}{s} e^{-st}\right]_0^\infty = \frac{1}{s}$

$\therefore\ Ku(t) \xrightarrow{\mathcal{L}} \frac{K}{s}$ ························ [식 10-13]

② [식 10-13]과 같이 계단함수를 라플라스 변환하면 분모는 s의 1차가 되고 이때의 분자 K는 계단함수의 크기를 의미하게 된다.

2 $u(t)$의 시간추이정리

(1) 시간추이정리(time shifting theorem)의 의미

① 시간추이정리는 단어 그대로 시간의 축을 이동시킨다는 의미이다.

② [그림 10-1] (b)와 같이 $u(t-L)$인 파형은 L초만큼 +축으로 평행이동시키고, $u(t+L)$인 파형은 L초만큼 −축으로 평행이동시킨 것과 같다.

(2) $f(t) = Ku(t-L)$의 라플라스 변환

① $F(s) = \int_0^L 0\, e^{-st} dt + \int_L^\infty K e^{-st} dt$

$= \left[-\frac{K}{s} e^{-st}\right]_L^\infty = \frac{K}{s} e^{-Ls}$

$\therefore\ Ku(t-L) \xrightarrow{\mathcal{L}} \frac{K}{s} e^{-Ls}$ ························ [식 10-14]

② [식 10-14]와 같이 라플라스 변환된 함수 $F(s)$에서 e^{-Ls}라고 표현하면 L초만큼 파형이 지연(부동작 시간요소)되고 있다고 보면 된다.

3 경사함수(ramp function)

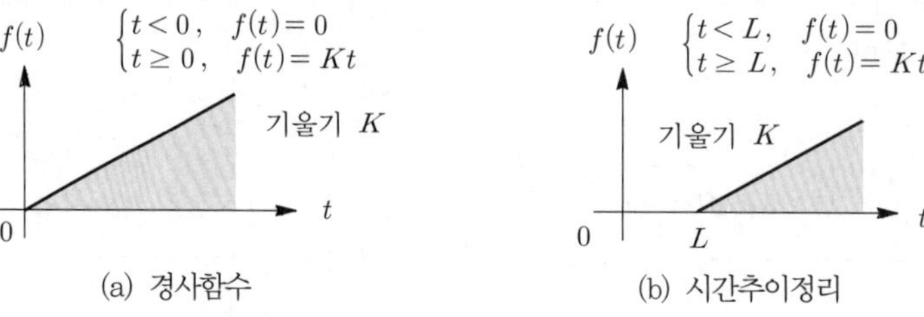

(a) 경사함수 (b) 시간추이정리

❙그림 10-2❙ 경사함수의 시간추이정리

(1) 램프함수 t의 의미

① 경사함수는 일정 기울기를 가지고 있는 함수로, 속도함수라고도 한다.

② 램프함수는 '기울기(K)×변수(t)'의 형태로 함수를 표현한다.

③ [그림 10-2] (a)와 같이 $t<0$에서 함수가 0이면 $f(t)=Kt\,u(t)$가 된다.

(2) $f(t)=Kt\,u(t)$의 라플라스 변환

① $$F(s)=\int_0^\infty Kt\,e^{-st}dt=-\frac{K}{s}\,t\,e^{-st}\Big|_0^\infty-\int_0^\infty-\frac{K}{s}\,e^{-st\,dt}$$

$$=0+\frac{K}{s}\int_0^\infty e^{-st\;dt}=-\frac{K}{s^2}\,e^{-st}\Big|_0^\infty=-\frac{K}{s^2}\left(e^{-\infty}-e^0\right)=\frac{K}{s^2}$$

$\therefore\ Kt\,u(t)\xrightarrow{\mathcal{L}}\dfrac{K}{s^2}$ ······ [식 10-15]

② [식 10-15]와 같이 계단함수를 라플라스 변환하면 분모는 s의 2차가 되고 이때의 분자 K는 경사함수의 기울기를 의미한다.

(3) $f(t)=Kt\,u(t)$의 시간추이정리

① [그림 10-2] (b)와 같이 $t\rightarrow t-L$로 시간추이하면 다음과 같이 된다.

$\therefore\ f(t)=K(t-L)\,u(t-L)$ ······ [식 10-16]

② $f(t)=K(t-L)\,u(t-L)$의 라플라스 변환

$$F(s)=\int_L^\infty K(t-L)\,e^{-st}dt=-\frac{K}{s}(t-L)\,e^{-st}\Big|_L^\infty-\int_L^\infty-\frac{K}{s}\,e^{-st\,dt}$$

$$=0+\frac{K}{s}\int_L^\infty e^{-st\,dt}=-\frac{K}{s^2}\,e^{-st}\Big|_L^\infty=\frac{K}{s^2}\,e^{-Ls}$$

$\therefore\ K(t-L)\,u(t-L)\xrightarrow{\mathcal{L}}\dfrac{K}{s^2}\,e^{-Ls}$ ······ [식 10-17]

4 톱니파와 삼각파의 라플라스 변환

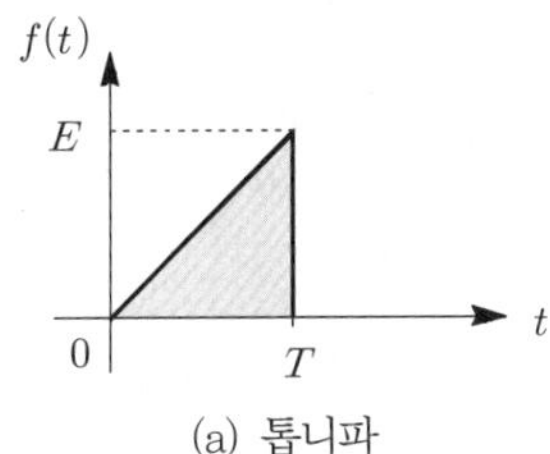

(a) 톱니파

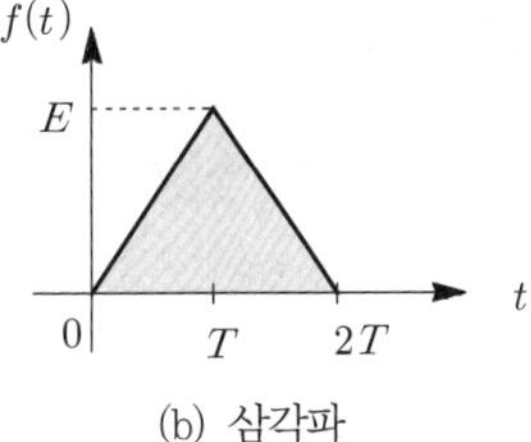

(b) 삼각파

▌그림 10-3▐ 톱니파와 삼각파

(1) 톱니파의 라플라스 변환

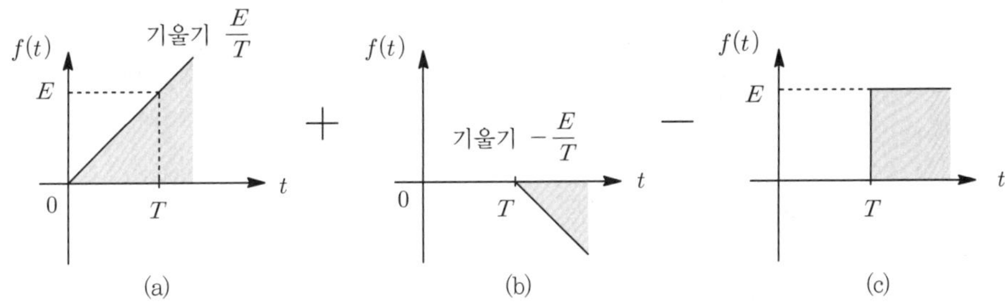

▌그림 10-4▐ 톱니파 만들기

① $f(t) = \frac{E}{T} t u(t) - \frac{E}{T}(t-T)u(t-T) - Eu(t-T)$ ·········· [식 10-18]

② $F(s) = \frac{E}{Ts^2} - \frac{E}{Ts^2} e^{-Ts} - \frac{E}{s} e^{-Ts}$

$= \frac{E}{Ts^2}\left(1 - e^{-Ts} - Tse^{-Ts}\right)$ ·········· [식 10-19]

(2) 삼각파의 라플라스 변환

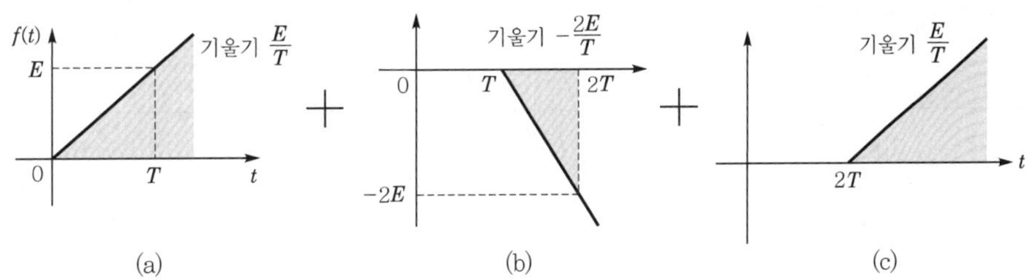

▌그림 10-5▐ 삼각파 만들기

① $f(t) = \frac{E}{T} t u(t) - \frac{2E}{T}(t-T)u(t-T) + \frac{E}{T}(t-2T)u(t-2T)$ ·········· [식 10-20]

② $F(s) = \frac{E}{Ts^2} - \frac{2E}{Ts^2} e^{-Ts} + \frac{E}{Ts^2} e^{-2Ts}$

$= \frac{E}{Ts^2}\left(1 - 2e^{-Ts} + e^{-2Ts}\right)$ ·········· [식 10-21]

5 단위 임펄스 함수(unit impulse function)

(1) 단위 임펄스 함수의 의미

① [그림 10-6]과 같이 폭 a, 높이 $\frac{1}{a}$, 면적이 1인 파형에 대해서 $a \to 0$으로 한 극한 파형을 단위 임펄스 함수라 하고, $\delta(t)$로 표시한다.

② 수학적으로 $t \neq 0$에서 $f(t)=0$이고, $t=0$에서 $f(t)=\infty$인 함수이다.

③ **임펄스 함수는 충격함수 또는 중량함수라 한다.**

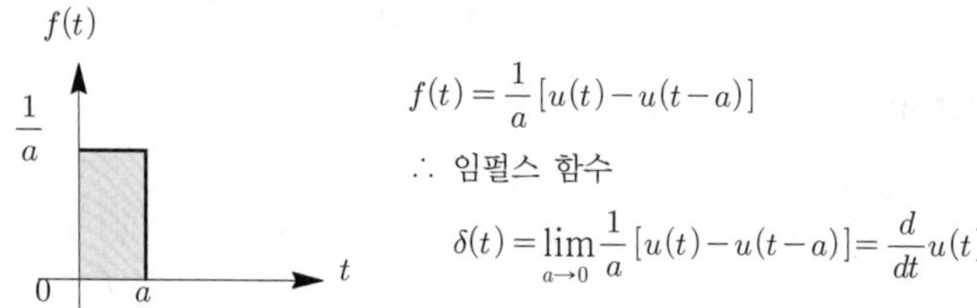

$$f(t)=\frac{1}{a}[u(t)-u(t-a)]$$

∴ 임펄스 함수

$$\delta(t)=\lim_{a\to 0}\frac{1}{a}[u(t)-u(t-a)]=\frac{d}{dt}u(t)$$

▌그림 10-6▐ 임펄스 함수

(2) 단위 임펄스 함수의 라플라스 변환

① $F(s)=\mathcal{L}[\delta(t)]=\mathcal{L}\left[\frac{d}{dt}u(t)\right]=s\times\frac{1}{s}=1$

$$\therefore\ \delta(t)=\frac{d}{dt}u(t)\xrightarrow{\mathcal{L}}1 \quad \text{[식 10-22]}$$

② [식 10-22]와 같이 단위 임펄스 함수를 라플라스 변환하면 1이 된다.

6 라플라스 변환의 정리

▌표 10-2▐ 라플라스 변환정리

순번	구분	$f(t)$	$F(s)$
1	상수 승산	$Kf(t)$	$KF(s)$
2	가감산	$f_1(t)\pm f_2(t)$	$F_1(s)\pm F_2(s)$
3	미분정리	$\frac{d}{dt}f(t)$	$sF(s)-f(0)$
4	적분정리	$\int f(t)\,dt$	$\frac{1}{s}F(s)$
5	상사정리	$t\left(\frac{t}{a}\right)$	$aF(as)$
6	시간추이정리	$f(t-a)$	$F(s)e^{-as}$
7	복소추이정리	$f(t)e^{\pm at}$	$F(s\pm a)$
8	복소미분정리	$t^n f(t)$	$(-1)^n\frac{d^n}{dt^n}F(s)$

순번	구분	$f(t)$	$F(s)$
9	복소적분정리	$\frac{f(t)}{t}$	$\int_s^{\infty} F(s)\,ds$
10	초기값 정리	$\lim_{t\to 0} f(t)$	$\lim_{s\to\infty} sF(s)$
11	최종값 정리	$\lim_{t\to 0} f(t)$	$\lim_{s\to\infty} sF(s)$

단원 확인 기출문제

★★★ 기사 03년 3회, 04년 4회 / 산업 90년 7회, 98년 5회, 00년 4·6회

03 다음 파형을 단위계단함수(unit step function) $u(t)$로 표시하면?

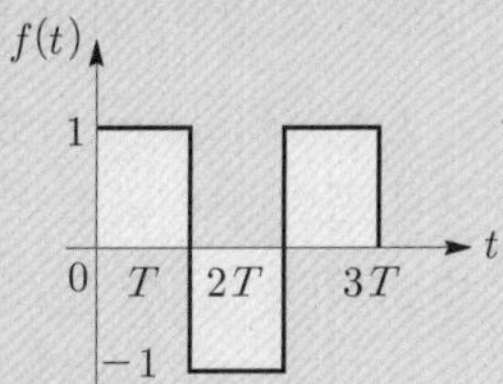

① $f(t)=u(t)-u(t-T)+u(t-2T)-u(t-3T)$
② $f(t)=u(t)-2u(t-T)+2u(t-2T)-u(t-3T)$
③ $f(t)=u(t-T)-u(t-2T)+u(t-3T)$
④ $f(t)=u(t-T)-2u(t-2T)+2u(t-3T)$

해설 함수 $f(t)=u(t)-2u(t-T)+2u(t-2T)-u(t-3T)$를 라플라스 변환하면 다음과 같다.

$$\therefore\ F(s)=\frac{1}{s}-\frac{2}{s}e^{-Ts}+\frac{2}{s}e^{-2Ts}-\frac{1}{s}e^{-3Ts}=\frac{1}{s}\left(1-2e^{-Ts}+2e^{-2Ts}-e^{-3Ts}\right)$$

답 ②

★★★ 기사 91년 5회, 09년 3회 / 산업 98년 6회, 06년 1회

04 다음 파형의 라플라스 변환은?

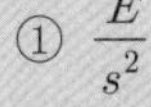
① $\frac{E}{s^2}$
② $\frac{E}{Ts^2}$
③ $\frac{E}{s}$
④ $\frac{E}{Ts}$

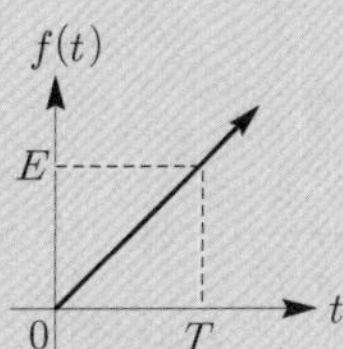

해설 함수 $f(t)=\frac{E}{T}t\,u(t)$

$$\therefore\ F(s)=\frac{E}{T}\times\frac{1}{s^2}=\frac{E}{Ts^2}$$

답 ②

기사 2.13% 출제 | 산업 3.25% 출제

출제 03 라플라스 역변환

라플라스 변환 및 역변환은 자동제어가 끝날 때까지 계속 사용해야 되므로 반드시 암기하고 넘어가길 바란다. 하지만 라플라스 변환은 현장에서 거의 사용되지 않으므로 깊게 공부하기 보다는 변환공식을 암기해서 기출문제에 적용하는 연습만 하도록 한다.

1 개요

① 라플라스 변환은 시간영역의 함수 $f(t)$를 복소수영역의 함수 $F(s)$로 변환하는 것으로, 이를 이용하면 복잡한 미분방정식을 손쉽게 연산할 수 있다.

② 라플라스 역변환은 연산이 완료된 복소수영역의 함수 $F(s)$를 다시 시간영역의 함수 $f(t)$로 변환하는 것으로, 기호는 $\mathcal{L}^{-1}[F(s)]$를 사용한다.

③ 라플라스 역변환공식을 이용하여 풀이하면 다소 복잡할 수 있으므로 라플라스 변환의 형태를 참고하여 역변환하면 간단히 해결할 수 있다.

2 라플라스 역변환

(1) 기초 라플라스 변환

① $A \xrightarrow{\mathcal{L}} \dfrac{A}{s}$

② $A\,e^{\pm at} \xrightarrow{\mathcal{L}} \dfrac{A}{s \mp a}$

③ $t^n \xrightarrow{\mathcal{L}} \dfrac{n!}{s^{n+1}}$

④ $A\,t\,e^{\pm at} \xrightarrow{\mathcal{L}} \dfrac{A}{(s \mp a)^2}$

⑤ $A\cos\omega t \xrightarrow{\mathcal{L}} A \cdot \dfrac{s}{s^2+\omega^2}$

⑥ $A\,e^{\pm at}\cos\omega t \xrightarrow{\mathcal{L}} A \cdot \dfrac{s \mp a}{(s \mp a)^2+\omega^2}$

(2) 기초 라플라스 역변환

① $\dfrac{A}{s} \xrightarrow{\mathcal{L}^{-1}} A$

② $\dfrac{A}{s \mp a} \xrightarrow{\mathcal{L}^{-1}} A\,e^{\pm at}$

③ $\dfrac{8}{s^3} \xrightarrow{\mathcal{L}^{-1}} 4t^2$

④ $\dfrac{A}{(s \mp a)^2} \xrightarrow{\mathcal{L}^{-1}} A\,t\,e^{\pm at}$

⑤ $\dfrac{A(s \mp a)}{(s \mp a)^2 + \omega^2} = \left[A \cdot \dfrac{s}{s^2 + \omega^2}\right]_{s = s \mp a} \xrightarrow{\mathcal{L}^{-1}} A\,e^{\pm at}\cos\omega t$

⑥ $\dfrac{s}{s+a} = 1 - \dfrac{a}{s+a} \xrightarrow{\mathcal{L}^{-1}} \delta(t) - a\,e^{-at}$

⑦ $\dfrac{1}{s^2 + 6s + 10} = \dfrac{1}{(s+3)^2 + 1} = \left[\dfrac{1}{s^2 + 1^2}\right]_{s = s+3} \xrightarrow{\mathcal{L}^{-1}} e^{-3t}\sin t$

⑧ $\dfrac{1}{s^2 + \omega^2} = \dfrac{1}{\omega} \cdot \dfrac{\omega}{s^2 + \omega^2} \xrightarrow{\mathcal{L}^{-1}} \dfrac{1}{\omega}\sin\omega t$

⑨ $\dfrac{s}{(s+1)^2 + 1} = \dfrac{s+1}{(s+1)^2 + 1^2} - \dfrac{1}{(s+1)^2 + 1^2} \xrightarrow{\mathcal{L}^{-1}} e^{-t}\cos t - e^{-t}\sin t$

3 부분분수 전개방식

① 라플라스 변환함수가 $F(s) = \dfrac{1}{(s+1)(s+3)}$ 과 같이 주어졌을 경우 부분분수 전개방식으로 이를 해결할 수 있다.

② 라플라스 역변환

㉠ $F(s) = \dfrac{1}{(s+1)(s+3)} = \dfrac{A}{s+1} + \dfrac{B}{s+3} \xrightarrow{\mathcal{L}^{-1}} A\,e^{-t} + B\,e^{-3t}$

㉡ $A = \lim\limits_{s \to -1}(s+1)F(s) = \lim\limits_{s \to -1}\dfrac{1}{s+3} = \dfrac{1}{2}$

㉢ $B = \lim\limits_{s \to -3}(s+3)F(s) = \lim\limits_{s \to -3}\dfrac{1}{s+1} = -\dfrac{1}{2}$

$\therefore\ f(t) = \dfrac{1}{2}e^{-t} - \dfrac{1}{2}e^{-3t} = \dfrac{1}{2}(e^{-t} - e^{-3}t)$

단원확인기출문제

★★ 기사 03년 3회

05 라플라스 변환함수 $F(s) = \dfrac{s+2}{s^2 + 4s + 13}$ 에 대한 역변환함수 $f(t)$는?

① $e^{-2t}\cos 3t$
② $e^{-3t}\sin 2t$
③ $e^{3t}\cos 2t$
④ $e^{2t}\sin 3t$

해설 $\mathcal{L}^{-1}\left[\frac{s+2}{s^2+4s+13}\right]=\mathcal{L}^{-1}\left[\frac{s+2}{(s+2)^2+3^2}\right]=\mathcal{L}^{-1}\left[\frac{s}{s^2+3^2}\bigg|_{s=s+2}\right]=e^{-2t}\cos 3t$

답 ①

★★★ 기사 95년 2회, 99년 5회 / 산업 89년 3회, 94년 5회

06 $F(s)=\dfrac{s+1}{s^2+2s}$ 을 역변환하면?

① $\frac{1}{2}(1-e^{-t})$

② $\frac{1}{2}(1-e^{-2t})$

③ $\frac{1}{2}(1+e^{-2t})$

④ $e^{-t}+2e^{-2t}$

해설 ㉠ $F(s)=\frac{s+1}{s(s+2)}=\frac{A}{s}+\frac{B}{s+2}\xrightarrow{\mathcal{L}^{-1}}A+Be^{-2t}$

㉡ $A=\lim_{s\to 0}sF(s)=\lim_{s\to 0}\frac{s+1}{s+2}=\frac{1}{2}$

㉢ $B=\lim_{s\to -2}(s+2)F(s)=\lim_{s\to -2}\frac{s+1}{s}=\frac{1}{2}$

$\therefore$ 함수 $f(t)=A+Be^{-2t}=\frac{1}{2}(1+e^{-2t})$

답 ③

단원 핵심정리 한눈에 보기

1. 기초 라플라스 변환과 역변환

구분	라플라스 변환 $f(t) \xrightarrow{\mathcal{L}} F(s)$	라플라스 역변환 $F(s) \xrightarrow{\mathcal{L}} f(t)$
상수	$A \xrightarrow{\mathcal{L}} \dfrac{A}{s}$	$\dfrac{A}{s} \xrightarrow{\mathcal{L}^{-1}} A$
복소추이 정리	$A\,e^{\pm at} \xrightarrow{\mathcal{L}} \dfrac{A}{s}\Big\vert_{s=s\mp a} = \dfrac{A}{s\mp a}$	$\dfrac{A}{s\mp a} \xrightarrow{\mathcal{L}^{-1}} A\,e^{\pm at}$
시간함수	$t^n \xrightarrow{\mathcal{L}} \dfrac{n\,!}{s^{n+1}}$, $t^2 \xrightarrow{\mathcal{L}} \dfrac{2\times1}{s^3}$	$\dfrac{n\,!}{s^{n+1}} \xrightarrow{\mathcal{L}^{-1}} t^n$, $\dfrac{8}{s^3} \xrightarrow{\mathcal{L}^{-1}} 4t^2$
삼각함수	$\sin\omega t \xrightarrow{\mathcal{L}} \dfrac{\omega}{s^2+\omega^2}$ $\cos\omega t \xrightarrow{\mathcal{L}} \dfrac{s}{s^2+\omega^2}$ $e^{-at}\cos\omega t \xrightarrow{\mathcal{L}} \dfrac{s+a}{(s+a)^2+\omega^2}$	$\dfrac{\omega}{s^2+\omega^2} \xrightarrow{\mathcal{L}^{-1}} \sin\omega t$ $\dfrac{s}{s^2+\omega^2} \xrightarrow{\mathcal{L}^{-1}} \cos\omega t$ $\dfrac{s+a}{(s+a)^2+\omega^2} \xrightarrow{\mathcal{L}} e^{-at}\cos\omega t$
쌍곡선함수	$\sinh\omega t \xrightarrow{\mathcal{L}} \dfrac{\omega}{s^2-\omega^2}$ $\cosh\omega t \xrightarrow{\mathcal{L}} \dfrac{s}{s^2-\omega^2}$	$\dfrac{\omega}{s^2-\omega^2} \xrightarrow{\mathcal{L}^{-1}} \sinh\omega t$ $\dfrac{s}{s^2-\omega^2} \xrightarrow{\mathcal{L}^{-1}} \cosh\omega t$

2. 시간추이의 정리

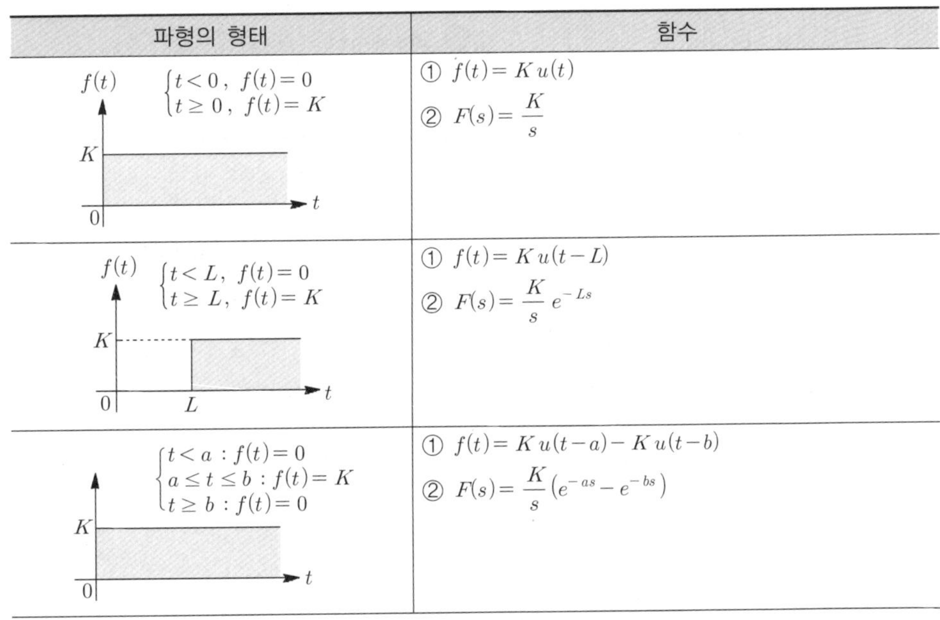

파형의 형태	함수
$f(t)$ $\begin{cases} t<0,\ f(t)=0 \\ t\ge 0,\ f(t)=K \end{cases}$	① $f(t)=K\,u(t)$ ② $F(s)=\dfrac{K}{s}$
$f(t)$ $\begin{cases} t<L,\ f(t)=0 \\ t\ge L,\ f(t)=K \end{cases}$	① $f(t)=K\,u(t-L)$ ② $F(s)=\dfrac{K}{s}\,e^{-Ls}$
$\begin{cases} t<a : f(t)=0 \\ a\le t\le b : f(t)=K \\ t\ge b : f(t)=0 \end{cases}$	① $f(t)=K\,u(t-a)-K\,u(t-b)$ ② $F(s)=\dfrac{K}{s}\left(e^{-as}-e^{-bs}\right)$

파형의 형태	함수
$f(t)$ $\begin{cases} t<0,\ f(t)=0 \\ t\ge 0,\ f(t)=Kt \end{cases}$ 기울기 K, 0, t	① $f(t)=Kt\,u(t)$ ② $F(s)=\dfrac{K}{s^2}$
$f(t)$ $\begin{cases} t<L,\ f(t)=0 \\ t\ge L,\ f(t)=Kt \end{cases}$ 기울기 K, 0, L, t	① $f(t)=K(t-L)\,u(t-L)$ ② $F(s)=\dfrac{K}{s^2}\,e^{-Ls}$
$f(t)$ 기울기 K, t	Comment: 기출문제 답 형태 : $\dfrac{K}{s^2}$(○−○−○)
$f(t)$ 기울기 K, t	Comment: 기출문제 답 형태 : $\dfrac{K}{s^2}$(○−○+○)
$f(t)$, t	계단과 같이 무한히 증가하는 파형 Comment: 기출문제 정답이 모두 ②이었음

3. 초기값과 최종값의 정리

① 초기값 : $f(0)=\lim\limits_{s\to\infty} s\,F(s)$

② 최종값 : $f(\infty)=\lim\limits_{s\to 0} s\,F(s)$

4. 라플라스 역변환 – 부분분수 전개법

① $\dfrac{1}{(s+1)(s+3)}=\dfrac{A}{s+1}+\dfrac{B}{s+3}\xrightarrow{\mathcal{L}^{-1}} A\,e^{-t}+B\,e^{-3t}$

② $A=\lim\limits_{s\to -1}(s+1)F(s)=\lim\limits_{s\to -1}\dfrac{1}{s+3}=\dfrac{1}{2}$

③ $B=\lim\limits_{s\to -3}(s+3)F(s)=\lim\limits_{s\to -3}\dfrac{1}{s+1}=-\dfrac{1}{2}$

$\therefore\ f(t)=\dfrac{1}{2}\,e^{-t}-\dfrac{1}{2}\,e^{-3t}=\dfrac{1}{2}(e^{-t}-e^{-3}t)$

단원 자주 출제되는 기출문제

출제 01 라플라스 변환

★★ 기사 89년 7회, 99년 7회, 02년 2회

01 함수 $f(t)$의 라플라스 변환은 어떤 식으로 정의되는가?

① $\int_{-\infty}^{\infty} f(t)e^{-st}dt$

② $\int_{0}^{\infty} f(-t)e^{st}dt$

③ $\int_{0}^{\infty} f(t)e^{-st}dt$

④ $\int_{0}^{\infty} f(t)e^{st}dt$

해설 라플라스 변환

㉠ 라플라스 변환공식

$$\mathcal{L}[f(t)] = F(s) = \int_{0}^{\infty} f(t)e^{-st}dt$$

㉡ 라플라스 역변환공식

$$\mathcal{L}^{-1}[F(s)] = f(t) = \frac{1}{2\pi j}\int_{C} F(s)e^{st}ds$$

Comment

역변환공식은 출제된 적이 없다.

★ 기사 99년 3회, 16년 4회

02 $\int_{0}^{t} f(t)dt$를 라플라스 변환하면?

① $s^2F(s)$

② $sF(s)$

③ $\frac{1}{s}F(s)$

④ $\frac{1}{s^2}F(s)$

해설

$$\int dt \xrightarrow{\mathcal{L}} \frac{1}{s},\ \frac{d^n}{dt^n} \xrightarrow{\mathcal{L}} s^n,\ f(t) \xrightarrow{\mathcal{L}} F(s)$$

★★ 산업 94년 4회, 12년 1회

03 a가 상수, $t>0$일 때 $f(t) = A\,e^{at}$의 라플라스 변환 $F(s)$는?

① $\frac{A}{s-a}$ ② $\frac{A}{s+a}$

③ $\frac{A}{s^2-a^2}$ ④ $\frac{A}{s^2+a^2}$

해설 복소추이의 정리

$$\mathcal{L}[A\,e^{at}] = \left.\frac{A}{s}\right|_{s=s-a} = \frac{A}{s-a}$$

★★ 산업 91년 5회, 95년 7회, 13년 2회

04 $e^{j\omega t}$의 라플라스 변환은?

① $\frac{1}{s-j\omega}$ ② $\frac{1}{s+j\omega}$

③ $\frac{1}{s^2+\omega^2}$ ④ $\frac{\omega}{s^2+\omega^2}$

해설 복소추이의 정리

$$\mathcal{L}[e^{j\omega t}] = \left.\frac{1}{s}\right|_{s=s-j\omega} = \frac{1}{s-j\omega}$$

★★ 기사 96년 6회, 01년 1회, 08년 2·3회

05 어느 함수가 $f(t) = 1-e^{-at}$인 것을 라플라스 변환하면?

① $\frac{1}{s^2(s+a)}$ ② $\frac{a}{s(s-a)}$

③ $\frac{1}{s(s+a)}$ ④ $\frac{a}{s(s+a)}$

해설

$$\mathcal{L}[1-e^{-at}] = \frac{1}{s} - \left.\frac{1}{s}\right|_{s=s+a} = \frac{1}{s} - \frac{1}{s+a} = \frac{s+a-s}{s(s+a)} = \frac{a}{s(s+a)}$$

정답 01. ③ 02. ③ 03. ① 04. ① 05. ④

★★ 기사 14년 1·2회 / 산업 91년 7회

06 $f(t) = 10\,t^3$의 라플라스 변환은?

① $\dfrac{60}{s^4}$　② $\dfrac{30}{s^4}$

③ $\dfrac{10}{s^4}$　④ $\dfrac{80}{s^4}$

해설

$\mathcal{L}[t^n] = \dfrac{n!}{s^{n+1}}$

$\mathcal{L}[10t^3] = 10\times\dfrac{3!}{s^{3+1}} = 10\times\dfrac{3\times2\times1}{s^4} = \dfrac{60}{s^4}$

★★★ 기사 05년 2회 / 산업 93년 2회, 02년 2회

07 다음 중 함수 $f(t) = t^2 e^{-3t}$의 라플라스 변환 $F(s)$은?

① $\dfrac{2}{(s-3)^2}$　② $\dfrac{2}{(s+3)^3}$

③ $\dfrac{1}{(s+3)^3}$　④ $\dfrac{1}{(s-3)^3}$

해설 복소추이정리

$\mathcal{L}[t^2 e^{-3t}] = \left.\dfrac{2}{s^3}\right|_{s=s+3} = \dfrac{2}{(s+3)^3}$

★★ 기사 09년 2회 / 산업 93년 2회, 02년 2회, 15년 3회

08 다음 중 함수 $f(t) = \sin\omega t$의 라플라스 변환 $F(s)$은?

① $\dfrac{s}{s^2+\omega^2}$　② $\dfrac{\omega}{s^2+\omega^2}$

③ $\dfrac{s}{s^2-\omega^2}$　④ $\dfrac{\omega}{s^2-\omega^2}$

해설

㉠ 정현파, 여현파의 라플라스 변환

$\mathcal{L}[\sin\omega t] = \dfrac{\omega}{s^2+\omega^2}$, $\mathcal{L}[\cos\omega t] = \dfrac{s}{s^2+\omega^2}$

㉡ 쌍곡선 함수의 라플라스 변환

$\mathcal{L}[\sinh\omega t] = \dfrac{\omega}{s^2-\omega^2}$, $\mathcal{L}[\cosh\omega t] = \dfrac{s}{s^2-\omega^2}$

★★★ 기사 03년 4회 / 산업 95년 5회, 02년 1회, 04년 2회, 15년 3회

09 다음 중 함수 $f(t) = \cos\omega t$의 라플라스 변환 $F(s)$은?

① $\dfrac{s^2}{s^2+\omega^2}$　② $\dfrac{s}{s^2+\omega^2}$

③ $\dfrac{\omega^2}{s^2+\omega^2}$　④ $\dfrac{\omega}{s^2+\omega^2}$

★★ 산업 05년 1회, 07년 4회

10 다음 중 함수 $f(t) = 5\sin 2t$의 라플라스 변환 $F(s)$은?

① $\dfrac{10}{s^2+4}$　② $\dfrac{10}{s^2-4}$

③ $\dfrac{5}{s^2+4}$　④ $\dfrac{5}{s^2-4}$

해설

$\mathcal{L}[5\sin 2t] = 5\times\dfrac{2}{s^2+2^2} = \dfrac{10}{s^2+4}$

★★ 기사 96년 4회, 12년 2회

11 다음 중 함수 $f(t) = \sinh at$의 라플라스 변환 $F(s)$은?

① $\dfrac{s}{s^2-a}$　② $\dfrac{s}{s^2+a}$

③ $\dfrac{a}{s^2+a^2}$　④ $\dfrac{a}{s^2-a^2}$

★★ 기사 96년 4회

12 다음 중 함수 $f(t) = \cosh\omega t$의 라플라스 변환 $F(s)$은?

① $\dfrac{\omega}{s^2-\omega^2}$　② $\dfrac{s}{s^2-\omega^2}$

③ $\dfrac{s}{s^2+\omega^2}$　④ $\dfrac{\omega}{s^2+\omega^2}$

★★★ 기사 90년 2회, 91년 5·7회 / 산업 90년 7회, 98년 5회, 00년 4회, 02년 2회

13 함수 $f(t) = \sin t + 2\cos t$의 라플라스 변환 $F(s)$은?

① $\dfrac{2s}{(s+1)^2}$　② $\dfrac{2s+1}{s^2+1}$

③ $\dfrac{2s+1}{(s+1)^2}$　④ $\dfrac{2s}{(s^2+1)^2}$

정답 06. ① 07. ② 08. ② 09. ② 10. ① 11. ④ 12. ② 13. ②

해설

$$\mathcal{L}[\sin t + 2\cos t] = \frac{1}{s^2+1} + \frac{2s}{s^2+1} = \frac{2s+1}{s^2+1}$$

★★ 기사 02년 3회 / 산업 12년 4회

14 함수 $f(t) = \sin(\omega t + \theta)$의 라플라스 변환 $F(s)$은?

① $\dfrac{\cos\theta + \sin\theta}{s^2+\omega^2}$ ② $\dfrac{\omega\sin\theta}{s^2+\omega^2}$

③ $\dfrac{\omega\cos\theta}{s^2+\omega^2}$ ④ $\dfrac{\omega\cos\theta + s\sin\theta}{s^2+\omega^2}$

해설

가법정리에 의해서 구하면 다음과 같다.

$f(t) = \sin(\omega t + \theta) = \sin\omega t\cos\theta + \cos\omega t\sin\theta$

$\therefore\ \mathcal{L}[\sin\omega t\cos\theta + \cos\omega t\sin\theta]$

$$= \frac{\omega\cos\theta}{s^2+\omega^2} + \frac{s\sin\theta}{s^2+\omega^2} = \frac{\omega\cos\theta + s\sin\theta}{s^2+\omega^2}$$

★★ 기사 15년 1회 / 산업 89년 3회, 95년 6회, 96년 7회, 12년 3회, 14년 2회

15 함수 $f(t) = \sin t\cos t$의 라플라스 변환 $F(s)$은?

① $\dfrac{1}{s^2+4}$ ② $\dfrac{1}{s^2+2}$

③ $\dfrac{1}{(s+2)^2}$ ④ $\dfrac{1}{(s+4)^2}$

해설

$\sin(t+t) = \sin t\cos t + \cos t\sin t$

$\sin(t-t) = \sin t\cos t - \cos t\sin t$

두 식을 더하면

$\sin 2t = 2\sin t\cos t$

$$\therefore\ \mathcal{L}\left[\frac{1}{2}\sin 2t\right] = \frac{1}{2}\times\frac{2}{s^2+2^2} = \frac{1}{s^2+4}$$

★★★ 기사 05년 1회 / 산업 03년 2회

16 함수 $f(t) = e^{-at}\sin\omega t$의 라플라스 변환 $F(s)$은?

① $\dfrac{s+a}{(s+a)^2+\omega^2}$ ② $\dfrac{s-a}{(s+a)^2+\omega^2}$

③ $\dfrac{\omega}{(s+a)^2+\omega^2}$ ④ $\dfrac{2\omega(s-a)}{(s+a)^2+\omega^2}$

해설

$$\mathcal{L}[e^{-at}\sin\omega t] = \frac{\omega}{s^2+\omega^2}\bigg|_{s=s+a} = \frac{\omega}{(s+a)^2+\omega^2}$$

★★★ 기사 00년 6회, 01년 2회, 04년 1·2회, 05년 3회 / 산업 92년 5회, 04년 3회

17 함수 $f(t) = e^{-2t}\cos 3t$의 라플라스 변환 $F(s)$은?

① $\dfrac{s+2}{(s+2)^2+3^2}$ ② $\dfrac{s-2}{(s-2)^2+3^2}$

③ $\dfrac{s}{(s+2)^2+3^2}$ ④ $\dfrac{s}{(s-2)^2+3^2}$

해설

$$\mathcal{L}[e^{-2t}\cos 3t] = \frac{s}{s^2+3^2}\bigg|_{s=s+2} = \frac{s+2}{(s+2)^2+3^2}$$

★ 산업 92년 7회, 15년 4회

18 함수 $f(t) = e^{-at}\sin t\cos t$의 라플라스 변환 $F(s)$은?

① $\dfrac{1}{(s-a)^2+4}$ ② $\dfrac{1}{(s+a)^2+4}$

③ $\dfrac{2}{s^2+4}$ ④ $\dfrac{2}{(s-a)^2+4}$

해설

$$\mathcal{L}[e^{-at}\sin t\cos t] = \mathcal{L}\left[\frac{1}{2}e^{-at}\sin 2t\right] = \frac{1}{2}\times\frac{2}{s^2+2^2}\bigg|_{s=s+a} = \frac{1}{(s+a)^2+4}$$

★ 산업 03년 3회

19 함수 $f(t) = \dfrac{d}{dt}\sin\omega t$의 라플라스 변환 $F(s)$은?

① $\dfrac{s^2}{s^2+\omega^2}$ ② $\dfrac{-s^2}{s^2+\omega^2}$

③ $\dfrac{\omega s}{s^2+\omega^2}$ ④ $\dfrac{\omega}{s^2+\omega^2}$

정답 14. ④ 15. ① 16. ③ 17. ① 18. ② 19. ③

해설

실미분정리의 일반식이 다음과 같다.

$\mathcal{L}\left[\frac{d^n}{dt^n}f(t)\right] = s^nF(s) - s^{n-1}f(0_+) - s^{n-2}f'(0_+) - \cdots$

$\therefore\ \mathcal{L}\left[\frac{d}{dt}\sin\omega t\right] = s\times\frac{\omega}{s^2+\omega^2} = \frac{\omega s}{s^2+\omega^2}$

★ 산업 90년 6회, 96년 7회, 05년 4회, 16년 3회

20 함수 $f(t) = \frac{d}{dt}\cos\omega t$의 라플라스 변환 $F(s)$은?

① $\frac{\omega^2}{s^2+\omega^2}$ ② $\frac{-s^2}{s^2+\omega^2}$

③ $\frac{s}{s^2+\omega^2}$ ④ $\frac{-\omega^2}{s^2+\omega^2}$

해설

실미분정리 $\mathcal{L}\left[\frac{d}{dt}\cos\omega t\right] = s\times\frac{s}{s^2+\omega^2} - \cos 0$

$= \frac{s^2}{s^2+\omega^2} - 1 = \frac{-\omega^2}{s^2+\omega^2}$

★ 산업 91년 6회, 96년 4회, 99년 4회, 00년 3·6회, 07년 1회, 13년 1회

21 다음 중 함수 $f(t) = t\sin\omega t$의 라플라스 변환 $F(s)$은?

① $\frac{\omega}{(s^2+\omega^2)^2}$ ② $\frac{\omega s}{(s^2+\omega^2)^2}$

③ $\frac{\omega^2}{(s^2+\omega^2)^2}$ ④ $\frac{2\omega s}{(s^2+\omega^2)^2}$

해설

복소미분정리의 일반식은

$\mathcal{L}[t^n f(t)] = (-1)^n\frac{d^n}{ds^n}F(s)$이므로

㉠ $\mathcal{L}[t\sin\omega t] = -\frac{d}{ds}\frac{\omega}{s^2+\omega^2}$

$= -\frac{0\times(s^2+\omega^2) - 2s\times\omega}{(s^2+\omega^2)^2}$

$= \frac{2\omega s}{(s^2+\omega^2)^2}$

㉡ $\mathcal{L}[t\cos\omega t] = -\frac{d}{ds}\frac{s}{s^2+\omega^2}$

$= -\frac{1\times(s^2+\omega^2) - 2s\times s}{(s^2+\omega^2)^2}$

$= \frac{s^2-\omega^2}{(s^2+\omega^2)^2}$

★ 기사 93년 1회

22 $t\cos bt$의 Laplace 변환이 $\frac{s^2-b^2}{(s^2+b^2)^2}$일 때 $e^{bt}t\cos bt$의 Laplace 변환은?

① $\frac{s(s-2b)}{(s^2-2bs+2b^2)^2}$ ② $\frac{s^2-2bs+2b^2}{s(s+2b)}$

③ $\frac{s(s-3b)}{(s^2-3bs+3b^2)^2}$ ④ $\frac{(s^2-3bs+3b^2)^2}{s(s+3b)}$

해설

$\mathcal{L}[t\cos bt] = \frac{s^2-b^2}{(s^2+b^2)^2}$

$\therefore\ \mathcal{L}[e^{bt}t\cos bt] = \left.\frac{s^2-b^2}{(s^2+b^2)^2}\right|_{s=s-b}$

$= \frac{(s-b)^2-b^2}{[(s-b)^2+b^2]^2}$

$= \frac{s(s-2b)}{(s^2-2bs+2b^2)^2}$

★★★ 기사 96년 2회, 97년 6회, 98년 4회, 08년 3회

23 자동제어계에서 중량함수(weight function)라고 불려지는 것은?

① 인디셜 ② 임펄스

③ 전달함수 ④ 램프 함수

해설

임펄스(impulse) 함수=충격함수=중량함수=하중(weight) 함수

★★★ 기사 93년 2회, 98년 3회, 03년 2회

24 시간구간 a, 진폭 $\frac{1}{a}$인 단위 펄스에서 $a \to 0$에 접근할 때 단위충격함수에 대한 Laplace 변환은?

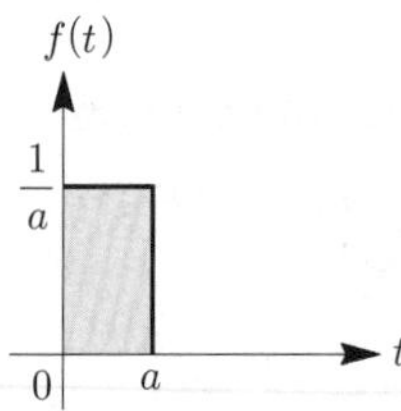

① a ② 1

③ 0 ④ $\frac{1}{a}$

정답 20. ④ 21. ④ 22. ① 23. ② 24. ②

해설

문제와 같이 폭 a, 높이 $\frac{1}{a}$, 면적이 1인 파형에 대해서 $a \to 0$으로 한 극한 파형을 단위 임펄스 함수라 하고, $\delta(t)$로 표시한다.

$\therefore \ \mathcal{L}[\delta(t)] = 1$

★★★ 산업 96년 4회, 00년 1회

25 $f(t) = \delta(t) - b\,e^{-bt}$**의 라플라스 변환은? (단, $\delta(t)$: 임펄스 함수)**

① $\dfrac{b}{s+b}$　　② $\dfrac{s(1-b)+5}{s(s+b)}$

③ $\dfrac{1}{s(s+b)}$　　④ $\dfrac{s}{s+b}$

해설

$$\mathcal{L}[\delta(t) - b\,e^{-bt}] = 1 - \frac{b}{s}\Big|_{s=s+b}$$

$$= 1 - \frac{b}{s+b} = \frac{s+b}{s+b} - \frac{b}{s+b}$$

$$= \frac{s}{s+b}$$

★ 기사 13년 4회, 14년 1회

26 **단자회로망에 그림과 같은 단위 임펄스 전압을 인가했을 때 흐르는 전류가 $i(t) = 2e^{-t} + 3e^{-2t}$[A]이었다. 이때 2단자 회로망의 구성은 어떻게 되겠는가?**

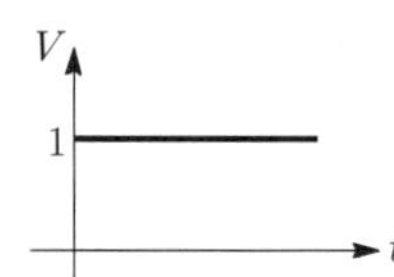

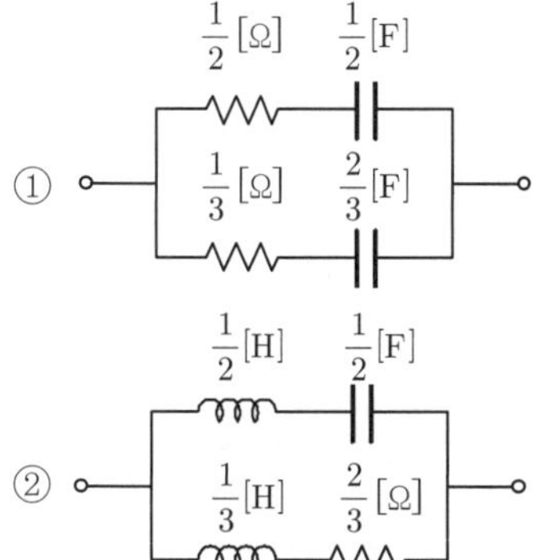

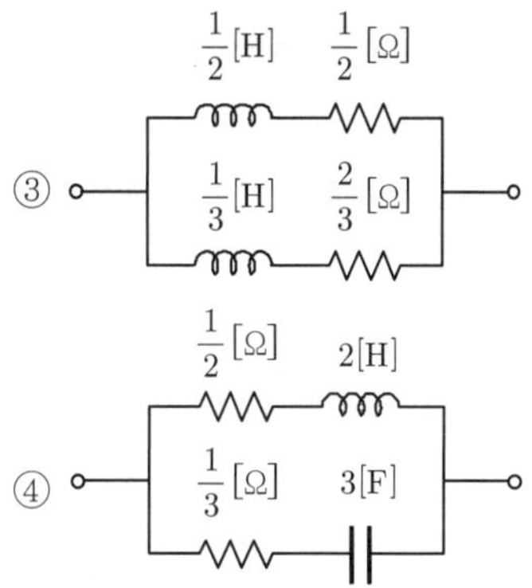

해설

㉠ RLC 직렬회로의 합성 어드미턴스

$$Y(s) = \frac{1}{Z(s)} = \frac{1}{R + Ls + \frac{1}{Cs}}$$

㉡ RLC 병렬회로의 합성 어드미턴스

$$Y(s) = \frac{1}{Z(s)} = \frac{1}{R} + \frac{1}{Ls} + Cs$$

㉢ 문제의 어드미턴스를 정리하면

$$Y(s) = \frac{I(s)}{V(s)} = \frac{2}{s+1} + \frac{3}{s+2} = \frac{1}{\frac{s+1}{2}} + \frac{1}{\frac{s+2}{3}} = \frac{1}{\frac{1}{2}s + \frac{1}{2}} + \frac{1}{\frac{1}{3}s + \frac{2}{3}}$$

$\therefore \ Y(s) = \dfrac{1}{L_1 s + R_1} + \dfrac{1}{L_2 s + R_2}$이 되어 L_1, R_1, 그리고 L_2, R_2가 각각 직렬로 접속되어 L_1, R_1과 L_2, R_2가 병렬로 묶인 회로가 된다.

여기서, $L_1 = \frac{1}{2}$[H], $R_1 = \frac{1}{2}[\Omega]$

$L_2 = \frac{1}{3}$[H], $R_2 = \frac{2}{3}[\Omega]$

Comment

문제 21, 22, 26번은 합격기준문제가 아니므로 넘어가도 좋다.

정답 25. ④ 26. ②

출제 02 시간추이의 정리

★★ 기사 00년 2회, 15년 1회

27 그림과 같이 표시된 단위계단함수는?

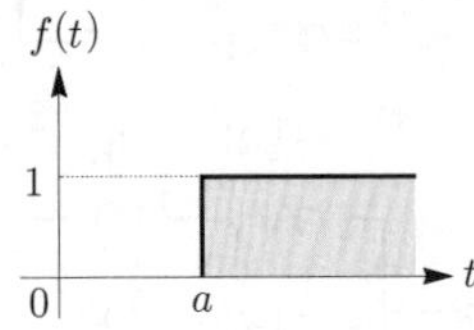

① $u(t)$　② $u(t-a)$
③ $u(t+a)$　④ $-u(t-a)$

★★★ 산업 98년 6회, 16년 2회

28 다음과 같은 파형을 단위계단함수 $u(t)$로 표시하면?

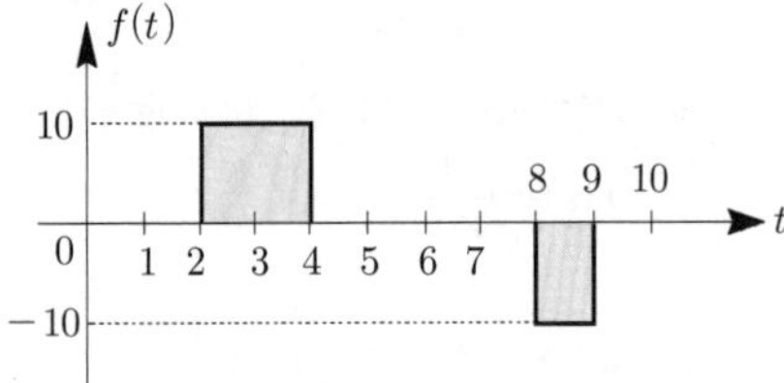

① $f(t)=10u(t-2)+10u(t-4)+10u(t-8)+10u(t-9)$
② $f(t)=10u(t-2)-10u(t-4)-10u(t-8)-10u(t-9)$
③ $f(t)=10u(t-2)-10u(t-4)-10u(t-8)+10u(t-9)$
④ $f(t)=10u(t-2)-10u(t-4)+10u(t-8)-10u(t-9)$

★★ 기사 03년 3회, 04년 4회

29 계단함수 $u(t)$에 상수 5를 곱해서 라플라스 변환하면?

① $\dfrac{s}{5}$　② $\dfrac{5}{s^2}$
③ $\dfrac{5}{s-1}$　④ $\dfrac{5}{s}$

해설

$5u(t) \xrightarrow{\mathcal{L}} \dfrac{5}{s}$

★★★ 기사 01년 3회, 03년 1회 / 산업 04년 1회, 05년 4회, 07년 3회, 14년 2회

30 그림과 같이 표시된 단위계단함수는?

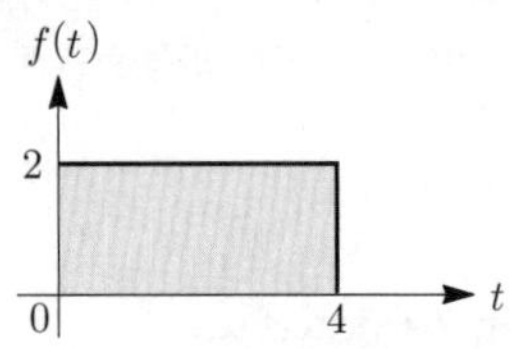

① $\dfrac{2}{s}(1-e^{4s})$　② $\dfrac{4}{s}(1-e^{2s})$
③ $\dfrac{2}{s}(1-e^{-4s})$　④ $\dfrac{4}{s}(1-e^{-2s})$

해설

함수 $f(t)=2u(t)-2u(t-4)$

$\therefore\ F(s)=\dfrac{2}{s}-\dfrac{2}{s}e^{-4s}=\dfrac{2}{s}(1-e^{-4s})$

★★★★ 산업 89년 2회, 90년 6회, 96년 2회, 98년 6회, 01년 3회, 16년 2회

31 그림과 같은 높이가 1인 펄스의 Laplace 변환은 어느 것인가?

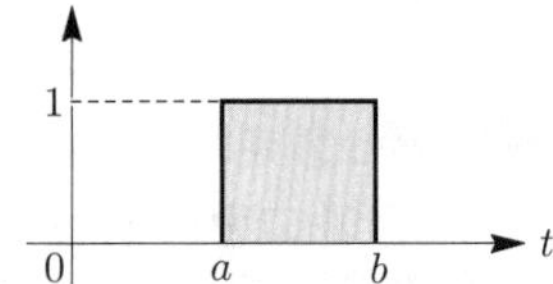

① $\dfrac{1}{s}(e^{-as}+e^{-bs})$　② $\dfrac{1}{s}(e^{-as}-e^{-bs})$
③ $\dfrac{1}{s^2}(e^{-as}+e^{-bs})$　④ $\dfrac{1}{s^2}(e^{-as}-e^{-bs})$

해설

함수 $f(t)=u(t-a)-u(t-b)$

$\therefore\ F(s)=\dfrac{1}{s}e^{-as}-\dfrac{1}{s}e^{-bs}$

$=\dfrac{1}{s}(e^{-as}-e^{-bs})$

Comment

- $F(s)=\dfrac{K}{s}$의 형태의 파형은 계단(step)함수를 말하며, 여기서, K는 파형의 높이를 말한다.
- $F(s)=\dfrac{K}{s^2}$의 형태의 파형은 경사(ramp)함수를 말하며, 여기서, K는 파형의 기울기를 말한다.
- $F(s)=e^{-Ls}$와 같이 지수함수의 형태가 나오면 L초만큼 파형이 지연되는 것을 의미한다.

정답 27. ② 28. ③ 29. ④ 30. ③ 31. ②

★★★ 기사 13년 4회

32 다음과 같은 함수 $f(t)$를 라플라스 변환하면 옳은 것은?

$$t < 2 : f(t) = 0$$
$$2 \leq t \leq 4 : f(t) = 0$$
$$t > 4 : f(t) = 0$$

① $\frac{1}{s}(e^{-2s}+e^{-4s})$　② $\frac{5}{s}(e^{-2s}-e^{-4s})$

③ $\frac{10}{s}(e^{-2s}-e^{-4s})$　④ $\frac{10}{s}(e^{-4s}-e^{-2s})$

해설

㉠ 문제조건을 그림으로 나타내면 다음과 같다.

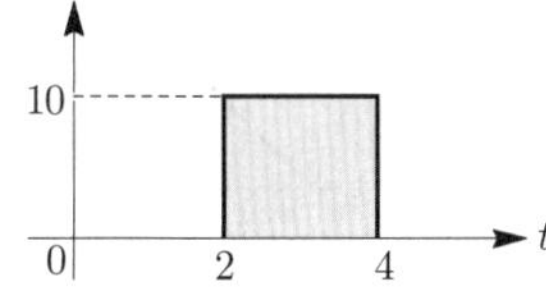

㉡ 함수는 $f(t)=10u(t-2)-10u(t-4)$이 되고 이를 라플라스 변환하면

$$\therefore F(s)=\frac{1}{s}e^{-as}-\frac{1}{s}e^{-bs}$$
$$=\frac{1}{s}(e^{-as}-e^{-bs})$$

Comment

크기 → $\frac{10}{s}(e^{-2s}-e^{-4s})$ ← 2초에 시작, 4초에 종료

↖ s^1은 계단함수(s^2는 경사함수)

★★★ 산업 92년 2회

33 시간함수 $f(t)=u(t)-\cos\omega t$를 Laplace 변환하면?

① $\frac{s}{s^2+\omega^2}$　② $\frac{\omega^2}{s(s^2+\omega^2)}$

③ $\frac{s}{s(s^2-\omega^2)}$　④ $\frac{\omega^2}{s(s^2-\omega^2)}$

해설

$$\mathcal{L}[u(t)-\cos\omega t]=\frac{1}{s}-\frac{s}{s^2+\omega^2}=\frac{s^2+\omega^2-s^2}{s(s^2+\omega^2)}$$
$$=\frac{\omega^2}{s(s^2+\omega^2)}$$

★★★ 산업 94년 4회, 99년 4회, 14년 4회

34 시간함수 $i(t)=3u(t)+2e^{-t}$일 때 라플라스 변환한 함수 $I(s)$는?

① $\frac{s+3}{s(s+1)}$　② $\frac{5s+3}{s(s+1)}$

③ $\frac{3s}{s^2+1}$　④ $\frac{5s+1}{s^2(s+1)}$

해설

$$\mathcal{L}[3u(t)+2e^{-t}]=\frac{3}{s}+\frac{2}{s}\bigg|_{s=s+1}$$
$$=\frac{3}{s}+\frac{2}{s+1}=\frac{5s+3}{s(s+1)}$$

★★★ 기사 91년 7회, 93년 6회, 02년 4회, 05년 2회, 16년 2회 / 산업 15년 1회

35 $f(t)=u(t-a)-u(t-b)$식으로 표시되는 구형파의 라플라스는?

① $\frac{1}{s}(e^{-as}-e^{-bs})$

② $\frac{1}{s^2}(e^{-as}-e^{-bs})$

③ $\frac{1}{s}(e^{as}+e^{bs})$

④ $\frac{1}{s}(e^{as}+e^{bs})$

해설

$$\mathcal{L}[u(t-a)-u(t-b)]=\frac{1}{s}e^{-as}-\frac{1}{s}e^{-bs}$$
$$=\frac{1}{s}(e^{-as}-e^{-bs})$$

★★ 기사 96년 5회

36 $\mathcal{L}[\cos(10t-30°)u(t)]$는?

① $\frac{s+1}{s^2+100}$　② $\frac{s+30}{s^2+100}$

③ $\frac{0.866s}{s^2+100}$　④ $\frac{0.866s+5}{s^2+100}$

해설

$$\mathcal{L}[\cos(10t-30°)]$$
$$=\mathcal{L}[\cos 10t\cos 30°+\sin 10t\sin 30°]$$
$$=\mathcal{L}[0.866\cos 10t+0.5\sin 10t]$$
$$=0.866\times\frac{s}{s^2+10^2}+0.5\times\frac{10}{s^2+10^2}=\frac{0.866s+5}{s^2+100}$$

정답 32. ③ 33. ② 34. ② 35. ① 36. ④

★★ 기사 94년 4회 / 산업 97년 6회

37 그림과 같은 계단함수의 Laplace 변환은?

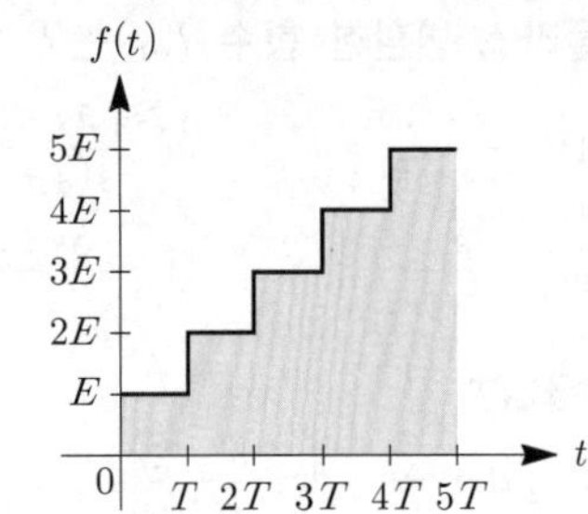

① $\dfrac{E}{1-e^{-Ts}}$　　② $\dfrac{E}{s(1-e^{-Ts})}$

③ $E(1-e^{-Ts})$　　④ $\dfrac{E}{s}(1-e^{-Ts})$

해설

함수 $f(t)=Eu(t)+Eu(t-T)+Eu(t-2T)+Eu(t-3T)+\cdots\cdots$

$\therefore F(s)=\dfrac{E}{s}+\dfrac{E}{s}e^{-Ts}+\dfrac{E}{s}e^{-2Ts}+\dfrac{E}{s}e^{-3Ts}+\cdots\cdots$

$=\dfrac{E}{s}(1+e^{-Ts}+e^{-2Ts}+e^{-3Ts}+\cdots\cdots)$

$=\dfrac{E}{s}\times\dfrac{1}{1-e^{-Ts}}$

$=\dfrac{E}{s(1-e^{-Ts})}$

Comment

무한등비급수

$$\sum_{n=1}^{\infty} a r^{n-1}=a+ar+ar^2+\cdots\cdots+ar^{n-1}$$
$$=a(1+r+r^2+\cdots\cdots+r^{n-1})$$
$$=a\times\frac{1}{1-r}$$

★★★★ 기사 92년 3회, 05년 3회, 13년 1회, 15년 2회 / 산업 92년 5회

38 다음 파형의 라플라스 변환은?

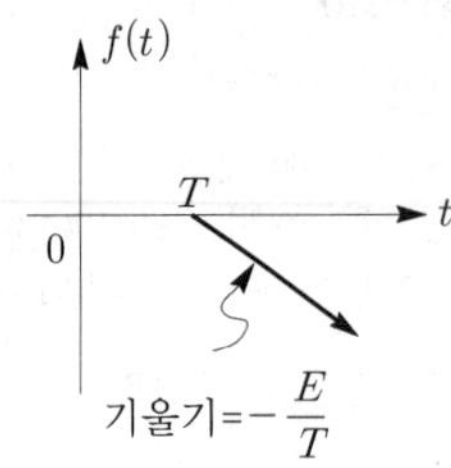

① $\dfrac{E}{Ts}e^{-Ts}$　　② $-\dfrac{E}{Ts}e^{-Ts}$

③ $-\dfrac{E}{Ts^2}e^{-Ts}$　　④ $\dfrac{E}{Ts^2}e^{-Ts}$

해설

함수 $f(t)=-\dfrac{E}{T}(t-T)u(t-T)$

$\therefore F(s)=-\dfrac{E}{Ts^2}e^{-Ts}$

★ 기사 97년 7회 / 산업 95년 4회, 15년 1회

39 그림과 같은 톱니파의 라플라스 변환은?

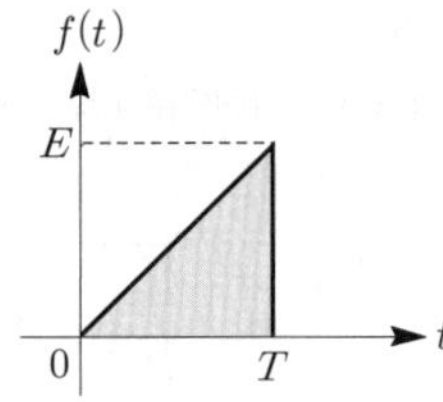

① $\dfrac{E}{Ts}(1-e^{-Ts})$

② $\dfrac{E}{Ts}(1-e^{-Ts}-Tse^{-Ts})$

③ $\dfrac{E}{Ts^2}(1-e^{-Ts})$

④ $\dfrac{E}{Ts^2}(1-e^{-Ts}-Tse^{-Ts})$

해설

함수

$f(t)=\dfrac{E}{T}tu(t)-\dfrac{E}{T}(t-T)u(t-T)-Eu(t-T)$

$\therefore F(s)=\dfrac{E}{Ts^2}-\dfrac{E}{Ts^2}e^{-Ts}-\dfrac{E}{s}e^{-Ts}$

$=\dfrac{E}{Ts^2}(1-e^{-Ts}-Tse^{-Ts})$

Comment

- 톱니파 파형의 라플라스 변환문제가 나오면 $\dfrac{K}{s^2}$(○−○−○)의 형태의 답을 선택하면 된다.
- 삼각파 파형의 라플라스 변환문제가 나오면 $\dfrac{K}{s^2}$(○−○+○)의 형태의 답을 선택하면 된다.

여기서, K : 다함수의 기울기

정답 37. ② 38. ③ 39. ④

★ 산업 99년 5회, 00년 6회

40 그림과 같은 톱니파의 라플라스 변환은?

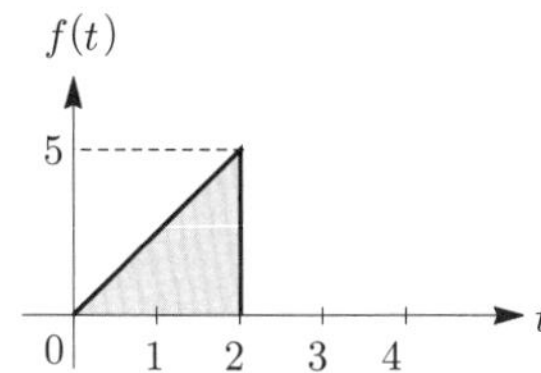

① $\dfrac{2.5(1-e^{-2s}-2s\,e^{-2s})}{s^2}$

② $\dfrac{2.5(1+e^{-2s}+2s\,e^{-2s})}{s^2}$

③ $\dfrac{2.5(1+e^{2s}-2s\,e^{-2s})}{s^2}$

④ $\dfrac{2.5(1+e^{2s}+2s\,e^{2s})}{s^2}$

해설

함수 $f(t)=\dfrac{5}{2}tu(t)-\dfrac{5}{2}(t-2)u(t-2)-5u(t-2)$

$$\therefore F(s)=\frac{5}{2s^2}-\frac{5}{2s^2}e^{-2s}-\frac{5}{s}e^{-2s}$$
$$=\frac{2.5}{s^2}(1-e^{-2s}-2se^{-2s})$$

★ 기사 90년 2회

41 그림과 같은 삼각파의 라플라스 변환은?

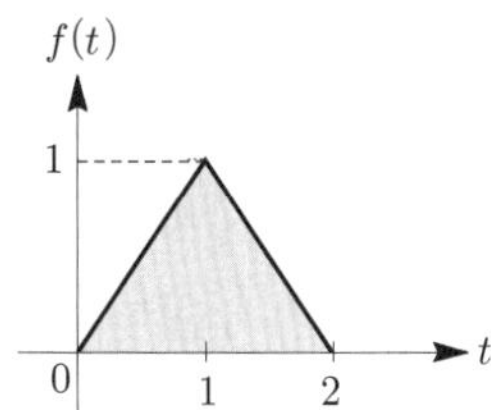

① $1-2e^{s}+e^{-2s}$

② $s(1-2e^{-s}+e^{-2s})$

③ $\dfrac{1-2e^{-s}+e^{-2s}}{s}$

④ $\dfrac{1-2e^{-s}+e^{-2s}}{s^2}$

해설

함수

$f(t)=tu(t)-2(t-1)u(t-1)+(t-2)u(t-2)$

$$\therefore F(s)=\frac{1}{s^2}-\frac{2}{s^2}e^{-s}+\frac{1}{s^2}e^{-2s}$$
$$=\frac{1}{s^2}(1-2e^{-s}+e^{-2s})$$

★ 기사 90년 2회

42 다음 그림과 같은 반파 정현파의 라플라스 (laplace) 변환은?

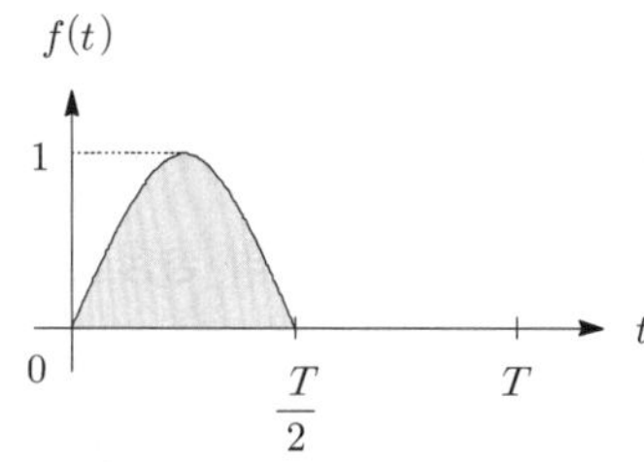

① $\dfrac{s}{s^2+\omega^2}\left(1+e^{-\frac{Ts}{2}}\right)$

② $\dfrac{\omega}{s^2+\omega^2}\left(1+e^{-\frac{Ts}{2}}\right)$

③ $\dfrac{s}{s^2+\omega^2}\left(1+e^{\frac{Ts}{2}}\right)$

④ $\dfrac{\omega}{s^2+\omega^2}\left(1+e^{\frac{Ts}{2}}\right)$

해설

함수 $f(t)=\sin\omega t+\sin\omega\left(t-\dfrac{T}{2}\right)$

$$\therefore F(s)=\frac{\omega}{s^2+\omega^2}+\frac{\omega}{s^2+\omega^2}e^{-\frac{Ts}{2}}$$
$$=\frac{\omega}{s^2+\omega^2}\left(1+e^{-\frac{Ts}{2}}\right)$$

★★★ 기사 92년 2회, 93년 2회, 02년 3회 / 산업 92년 3회, 96년 5회, 99년 6회

43 어떤 제어계 출력 $C(s)=\dfrac{3s+2}{s(s^2+s+3)}$ 일 때 출력의 시간함수 $c(t)$의 정상값은?

① 2

② 3

③ $\dfrac{3}{2}$

④ $\dfrac{2}{3}$

정답 40. ① 41. ④ 42. ② 43. ④

해설

최종값(정상값=목표값)

$$\lim_{t\to\infty} c(t) = \lim_{s\to 0} s\,C(s) = \lim_{s\to 0}\frac{3s+2}{s^2+s+3} = \frac{2}{3}$$

Comment

최종값은 $s \to 0$으로 하기 때문에 s가 들어간 항은 모두 0이 되고 상수항만 남는다. 따라서, 보기에 0이 없다면 $F(s)$의 분모, 분자의 상수항만 가지고 답을 체크하면 된다.

★★★ 기사 89년 3회, 04년 3회, 16년 1회 / 산업 96년 6회, 16년 4회

44 $F(s) = \dfrac{5s+3}{s(s+1)}$ 의 정상값 $f(\infty)$는?

① 3 ② −3
③ 2 ④ −2

해설

최종값(정상값=목표값)

$$\lim_{t\to\infty} f(t) = \lim_{s\to 0} s\,F(s) = \lim_{s\to 0}\frac{5s+3}{s+1} = 3$$

★★★★ 기사 15년 2회 / 산업 03년 2회, 05년 1회, 07년 2회, 12년 3회, 14년 2회, 16년 1회

45 $F(s) = \dfrac{3s+10}{s^3+2s^2+5s}$ 일 때 $f(t)$의 최종값은?

① 0 ② 1
③ 2 ④ 3

해설

최종값(정상값=목표값)

$$\lim_{t\to\infty} f(t) = \lim_{s\to 0} sF(s) = \lim_{s\to 0}\frac{3s+10}{s^2+2s+5} = \frac{10}{5} = 2$$

★★★ 기사 93년 2회, 98년 4회

46 어떤 회로에서 가지전류 $i(t)$의 라플라스 변환을 구하였더니, $I(s) = \dfrac{2s+5}{(s+1)(s+2)}$ 로 주어졌다. $t=\infty$에서 전류 $i(\infty)$는 얼마인가?

① 2.5 ② 0
③ 5 ④ ∞

해설

최종값(정상값=목표값)

$$\lim_{t\to\infty} i(t) = \lim_{s\to 0} sI(s) = \lim_{s\to 0} s\times\frac{2s+5}{(s+1)(s+2)} = 0$$

Comment

최종값과 초기값 문제에서 보기 중 0이 있으면 0이 정답이 될 확률이 매우 높다.

★★★ 기사 98년 5회, 00년 4회, 13년 3회

47 $I(s) = \dfrac{12}{2s(s+6)}$ 일 때 전류의 초기값 $i(0^+)$은?

① 6 ② 2
③ 1 ④ 0

해설

초기값 $\lim_{t\to 0} i(t) = \lim_{s\to\infty} s\,I(s)$

$$= \lim_{s\to\infty}\frac{6}{s+6} = \frac{6}{\infty} = 0$$

★★★ 산업 91년 6회, 13년 4회

48 $F(s) = \dfrac{30s+40}{2s^3+2s^2+5s}$ 일 경우 $t=0$일 때의 값은?

① 0 ② 6
③ 8 ④ 15

해설

초기값 $\lim_{t\to 0} f(t) = \lim_{s\to\infty} s\,F(s)$

$$= \lim_{s\to\infty}\frac{30s+40}{2s^2+2s+5}$$

$$= \lim_{s\to\infty}\frac{\frac{30}{s}+\frac{40}{s^2}}{2+\frac{2}{s}+\frac{5}{s^2}} = 0$$

Comment

- $\frac{\infty}{\infty}$의 경우 분모, 분자 중 최고차항을 분모, 분자에 나누어 연산한다.
- 해설과 같이 최고차의 상수만 남고 나머진 모두 0이 된다. 즉, 초기값 문제는 최고차항의 상수항만 보고 정답을 체크해도 좋다.

정답 44. ① 45. ③ 46. ② 47. ④ 48. ①

★★★ 기사 97년 6회, 99년 4회, 02년 1회 / 산업 01년 3회, 03년 1회, 07년 4회

49 $I(s) = \dfrac{2(s+1)}{s^2+2s+5}$일 때 $I(s)$의 초기값 $i(0^+)$가 바르게 구해진 것은?

① $\dfrac{2}{5}$ ② $\dfrac{1}{5}$

③ 2 ④ −2

해설

초기값 $\lim_{t\to 0} i(t) = \lim_{s\to\infty} sI(s) = \lim_{s\to\infty} \dfrac{2s^2+2s}{s^2+2s+5}$

$$= \lim_{s\to\infty} \frac{2+\dfrac{2}{s}}{1+\dfrac{2}{s}+\dfrac{5}{s^2}} = 2$$

★★★ 산업 89년 6회, 97년 2회, 04년 3회

50 $I(s) = \dfrac{12(s+8)}{4s(s+6)}$일 때 전류의 초기값 $i(0^+)$를 구하면?

① 4 ② 3

③ 2 ④ 1

해설

초기값 $\lim_{t\to 0} i(t) = \lim_{s\to\infty} sI(s) = \lim_{s\to\infty} \dfrac{12(s+8)}{4(s+6)}$

$$= \lim_{s\to\infty} \frac{12+\dfrac{96}{s}}{4+\dfrac{24}{s}} = \frac{12}{4} = 3$$

★★ 기사 89년 2회

51 계통방정식이 $\dfrac{d\omega}{dt} + 5\omega = 20$일 때 정상값 ω는 얼마인가?

① 0 ② 1

③ 2 ④ 4

해설

방정식을 라플라스 변환하면 $s\omega(s) + 5\omega(s) = \dfrac{20}{s}$가 되어 $\omega(s) = \dfrac{20}{s(s+5)}$이 된다.

∴ 최종값 $\lim_{t\to\infty} \omega(t) = \lim_{s\to 0} s\omega(s)$

$$= \lim_{s\to 0} \frac{20}{s+5} = 4$$

Comment

$\left.\dfrac{d\omega}{dt}\right|_{t=\infty} = 0$이 되므로 ω의 최종값($t=\infty$)은 $\omega = \dfrac{20}{5} = 4$가 된다.

출제 03 라플라스 역변환

★★★ 산업 91년 7회, 93년 6회, 98년 3회, 02년 3회, 16년 1회

52 $F(s) = \dfrac{10}{s+3}$을 역라플라스 변환하면?

① $f(t) = 10\,e^{3t}$ ② $f(t) = 10\,e^{-3t}$

③ $f(t) = 10\,e^{\frac{t}{3}}$ ④ $f(t) = 10\,e^{-\frac{t}{3}}$

해설

$$\mathcal{L}^{-1}\left[\frac{10}{s+3}\right] = \mathcal{L}^{-1}\left.\frac{10}{s}\right|_{s=s+3} = 10\,e^{-3t}$$

★ 기사 12년 2회

53 $F(s) = \dfrac{8}{s^3} + \dfrac{3}{s+2}$의 역라플라스 변환은 무엇인가?

① $(3t^2 + 3e^{-2t})\,u(t)$

② $(4t^2 + 3e^{-2t})\,u(t)$

③ $(8t^2 - 3e^{-2t})\,u(t)$

④ $(8t^2 + 3e^{-2t})\,u(t)$

해설

$$\mathcal{L}^{-1}\left[\frac{8}{s^3} + \frac{3}{s+2}\right] = \mathcal{L}^{-1}\left[4\times\frac{2}{s^3} + \frac{3}{s+2}\right] = (4t^2 + 3e^{-2t})\,u(t)$$

Comment

$F(s)$의 분모차수가 s^2 이상인 경우 t^n의 라플라스 변환 관계에서 라플라스 역변환을 하면 된다.

- $\mathcal{L}[t^1] = \dfrac{1!}{s^{1+1}} = \dfrac{1}{s^2}$
- $\mathcal{L}[t^2] = \dfrac{2!}{s^{2+1}} = \dfrac{2\times 1}{s^3} = \dfrac{6}{s^3}$
- $\mathcal{L}[t^3] = \dfrac{3!}{s^{3+1}} = \dfrac{3\times 2\times 1}{s^4} = \dfrac{6}{s^4}$

정답 49. ③ 50. ② 51. ④ 52. ② 53. ②

★★ 기사 94년 2회, 05년 4회

54 $F(s)=\dfrac{1}{s^2+a^2}$을 역라플라스 변환한 것으로 옳은 것은?

① $\sin at$　　② $\dfrac{1}{a}\sin at$

③ $\cos at$　　④ $\dfrac{1}{a}\cos at$

해설

$$\mathcal{L}^{-1}\left[\frac{1}{s^2+a^2}\right]=\mathcal{L}^{-1}\left[\frac{1}{a}\times\frac{a}{s^2+a^2}\right]=\frac{1}{a}\sin at$$

★ 산업 96년 2회, 12년 1회

55 $F(s)=\dfrac{s\sin\theta+\omega\cos\theta}{s^2+\omega^2}$의 역라플라스 변환하면?

① $\sin(\omega t-\theta)$

② $\sin(\omega t+\theta)$

③ $\cos(\omega t-\theta)$

④ $\cos(\omega t+\theta)$

해설

$$F(s)=\frac{s\sin\theta+\omega\cos\theta}{s^2+\omega^2}$$
$$=\frac{s}{s^2+\omega^2}\sin\theta+\frac{\omega}{s^2+\omega^2}\cos\theta$$

라플라스 역변환하면

∴ 함수 $f(t)=\cos\omega t\sin\theta+\sin\omega t\cos\theta$
$=\sin\omega t\cos\theta+\cos\omega t\sin\theta$
$=\sin(\omega t+\theta)$

★ 기사 93년 1회

56 $F(s)=\dfrac{1}{(s+5)^2+1}$을 역라플라스 변환하면?

① $e^{-5t}\sin t$　　② $e^{-t}\sin 5t$

③ $e^{-t}\cos 5t$　　④ $e^{-5t}\cos 5t$

해설

$$\mathcal{L}^{-1}\left[\frac{1}{(s+5)^2+1}\right]=\mathcal{L}^{-1}\left|\frac{1}{s^2+1^2}\right|_{s=s+5}$$
$$=e^{-5t}\sin t$$

★★ 기사 89년 7회 / 산업 89년 7회, 97년 2회

57 $f(t)=\mathcal{L}^{-1}\left[\dfrac{1}{s^2+6s+10}\right]$의 값은 얼마인가?

① $e^{-3t}\sin t$　　② $e^{-3t}\cos t$

③ $e^{-t}\sin 5t$　　④ $e^{-t}\sin 5\omega t$

해설

$$\mathcal{L}^{-1}\left[\frac{1}{s^2+6s+10}\right]=\mathcal{L}^{-1}\left[\frac{1}{(s+3)^2+1}\right]$$
$$=\mathcal{L}^{-1}\left|\frac{1}{s^2+1^2}\right|_{s=s+3}$$
$$=e^{-3t}\sin t$$

Comment

$F(s)$의 분모의 1차항이(6s) 짝수이면 6을 반으로 나눈 수를 완전제곱 $(s+3)^2$의 형태로 바꾸어 문제를 풀이하면 된다.

★★ 기사 12년 4회

58 $F(s)=\dfrac{3s+8}{s^2+9}$의 역라플라스 변환은?

① $3\cos 3t-\dfrac{8}{3}\sin 3t$

② $3\sin 3t+\dfrac{8}{3}\cos 3t$

③ $3\cos 3t+\dfrac{8}{3}\sin t$

④ $3\cos 3t+\dfrac{8}{3}\sin 3t$

해설

$$\mathcal{L}^{-1}\left[\frac{3s+8}{s^2+9}\right]=\mathcal{L}^{-1}\left[\frac{3s}{s^2+3^2}+\frac{8}{s^2+3^2}\right]$$
$$=\mathcal{L}^{-1}\left[3\cdot\frac{s}{s^2+3^2}+\frac{8}{3}\cdot\frac{3}{s^2+3^2}\right]$$
$$=3\cos 3t+\frac{8}{3}\sin 3t$$

★ 기사 89년 7회

59 $\mathcal{L}^{-1}\left[\dfrac{1}{s^2+2s+5}\right]$의 값은?

① $e^{-t}\sin 2t$　　② $\dfrac{1}{2}e^{-t}\sin t$

③ $\dfrac{1}{2}e^{-t}\sin 2t$　　④ $e^{-t}\sin t$

정답 54. ② 55. ② 56. ① 57. ① 58. ④ 59. ③

해설

$$\mathcal{L}^{-1}\left[\frac{1}{s^2+2s+5}\right]=\mathcal{L}^{-1}\left[\frac{1}{(s+1)^2+2^2}\right]$$
$$=\mathcal{L}^{-1}\left|\frac{1}{2}\times\frac{2}{s^2+2^2}\right|_{s+1}$$
$$=\frac{1}{2}e^{-t}\sin 2t$$

★★★ 기사 93년 4회, 96년 5회, 99년 4회, 02년 2회, 03년 1회, 05년 3회, 16년 3회

60 $\mathcal{L}^{-1}\left[\frac{s}{(s+1)^2}\right]$는?

① $e^{-t}-t\,e^{-t}$　② $e^{-t}+2t\,e^{-t}$
③ $e^{t}-t\,e^{-t}$　④ $e^{-t}+t\,e^{-t}$

해설

$$\mathcal{L}^{-1}\left[\frac{s}{(s+1)^2}\right]=\mathcal{L}^{-1}\left[\frac{s+1-1}{(s+1)^2}\right]$$
$$=\mathcal{L}^{-1}\left[\frac{s+1}{(s+1)^2}-\frac{1}{(s+1)^2}\right]$$
$$=\mathcal{L}^{-1}\left[\frac{1}{s+1}-\frac{1}{(s+1)^2}\right]$$
$$=\mathcal{L}^{-1}\left|\frac{1}{s+1}-\frac{1}{s^2}\right|_{s=s+1}$$
$$=e^{-t}-te^{-t}$$

★ 산업 93년 1회, 12년 1회

61 $F(s)=\frac{s}{s^2+\pi^2}e^{-2s}$의 함수를 시간추이 정리에 의하여 역변환하면?

① $\sin\pi(t-2)\,u(t-2)$
② $\sin\pi(t-a)\,u(t-a)$
③ $\cos\pi(t-2)\,u(t-2)$
④ $\cos\pi(t-a)\,u(t-a)$

해설

$\mathcal{L}^{-1}\left[\frac{s}{s^2+\pi^2}\right]=\cos\pi t\,u(t)$가 되므로

$\therefore\ \mathcal{L}^{-1}\left[\frac{s}{s^2+\pi^2}e^{-2s}\right]=\cos\pi(t-2)\,u(t-2)$

★★★ 기사 92년 7회, 15년 4회 / 산업 97년 7회, 99년 4·7회, 04년 4회, 05년 3회

62 $F(s)=\frac{1}{s(s+a)}$의 라플라스 역변환으로 맞는 것은?

① $1-e^{-at}$　② $a(1-e^{-at})$
③ $\frac{1}{a}(1-e^{-at})$　④ e^{-at}

해설

$$F(s)=\frac{1}{s(s+a)}=\frac{A}{s}+\frac{B}{s+a}\xrightarrow{\mathcal{L}^{-1}}A+Be^{-at}$$

에서 미지수 A, B는 다음과 같다.

㉠ $A=\lim_{s\to0}sF(s)=\lim_{s\to0}\frac{1}{s+a}=\frac{1}{a}$

㉡ $B=\lim_{s\to-a}(s+a)F(s)=\lim_{s\to-a}\frac{1}{s}=-\frac{1}{a}$

∴ 함수 $f(t)=A+Be^{-at}=\frac{1}{a}(1-e^{-at})$

★★★★★ 기사 97년 5회, 12년 3회, 15년 3회 / 산업 96년 6회, 13년 1회, 14년 1회

63 $F(s)=\frac{2s+3}{s^2+3s+2}$의 라플라스 역변환으로 맞는 것은?

① $e^{-t}+e^{-2t}$　② $e^{-t}-e^{-2t}$
③ $e^{t}-2e^{-2t}$　④ $e^{-t}+2e^{-2t}$

해설

㉠ $F(s)=\frac{2s+3}{s^2+3s+2}=\frac{2s+3}{(s+1)(s+2)}$
$=\frac{A}{s+1}+\frac{B}{s+2}\xrightarrow{\mathcal{L}^{-1}}Ae^{-t}+Be^{-2t}$

㉡ $A=\lim_{s\to-1}(s+1)F(s)$
$=\lim_{s\to-1}\frac{2s+3}{s+2}=\frac{-2+3}{-1+2}=1$

㉢ $B=\lim_{s\to-2}(s+2)F(s)$
$=\lim_{s\to-2}\frac{2s+3}{s+1}=\frac{-4+3}{-2+1}=1$

∴ 함수 $f(t)=Ae^{-t}+Be^{-2t}=e^{-t}+e^{-2t}$

★★★★★ 산업 91년 2회, 95년 7회, 99년 6회, 05년 3회, 07년 1회

64 $F(s)=\frac{2}{(s+1)(s+3)}$의 역라플라스 변환은?

① $e^{-t}-e^{-3t}$　② $e^{t}-e^{2t}$
③ $e^{t}-e^{3t}$　④ $e^{t}-e^{-3t}$

해설

$$F(s)=\frac{2}{(s+1)(s+3)}=\frac{A}{s+1}+\frac{B}{s+3}$$
$$\xrightarrow{\mathcal{L}^{-1}}Ae^{-t}+Be^{-3t}$$

정답 60. ① 61. ③ 62. ③ 63. ① 64. ①

㉠ $A = \lim_{s \to -1} (s+1)F(s) = \lim_{s \to -1} \frac{2}{s+3} = 1$

㉡ $B = \lim_{s \to -3} (s+3)F(s) = \lim_{s \to -3} \frac{2}{s+1} = -1$

∴ 함수 $f(t) = Ae^{-t} + Be^{-3t} = e^{-t} - e^{-3t}$

★ 기사 89년 3회

65 다음 $I(s) = \dfrac{\frac{6+60}{s}}{\frac{24+s}{2}}$ 에 대응되는 시간함수 $i(t)$는?

① $5-7e^{-24t}$　② $5+7e^{-24t}$
③ $5-7e^{24t}$　④ $5+7e^{24t}$

해설

$I(s) = \frac{12s+120}{24s+s^2} = \frac{12s+120}{s(s+24)} = \frac{A}{s} + \frac{B}{s+24}$

$\xrightarrow{\mathcal{L}^{-1}} A + Be^{-24t}$

㉠ $A = \lim_{s \to 0} sI(s) = \lim_{s \to 0} \frac{12s+120}{s+24} = 5$

㉡ $B = \lim_{s \to -24} (s+24)I(s)$

$= \lim_{s \to -24} \frac{12s+120}{s} = 7$

∴ 함수 $f(t) = A + Be^{-24t} = 5 + 7e^{-24t}$

★ 산업 94년 6회, 00년 5회

66 $F(s) = \dfrac{6s+2}{s(6s+1)}$ 를 역라플라스 변환하면 옳은 것은?

① $4-e^{-\frac{1}{6}t}$

② $2-e^{-\frac{1}{6}t}$

③ $4-e^{-\frac{1}{3}t}$

④ $2-e^{-\frac{1}{3}t}$

해설

$F(s) = \frac{s+\frac{1}{3}}{s\left(s+\frac{1}{6}\right)} = \frac{A}{s} + \frac{B}{s+\frac{1}{6}}$

$\xrightarrow{\mathcal{L}^{-1}} A + Be^{-\frac{1}{6}t}$

㉠ $A = \lim_{s \to 0} sF(s) = \lim_{s \to 0} \frac{s+\frac{1}{3}}{s+\frac{1}{6}} = 2$

㉡ $B = \lim_{s \to -\frac{1}{6}} \left(s+\frac{1}{6}\right)F(s)$

$= \lim_{s \to -\frac{1}{6}} \frac{s+\frac{1}{3}}{s} = -1$

∴ 함수 $f(t) = A + Be^{-\frac{1}{6}t} = 2 - e^{-\frac{1}{6}t}$

★★★ 기사 98년 4회 / 산업 97년 6회, 00년 2·4회, 06년 1회, 14년 1회

67 다음 회로에서 스위치 S를 닫을 때의 전류 $i(t)$는 몇 [A]인가?

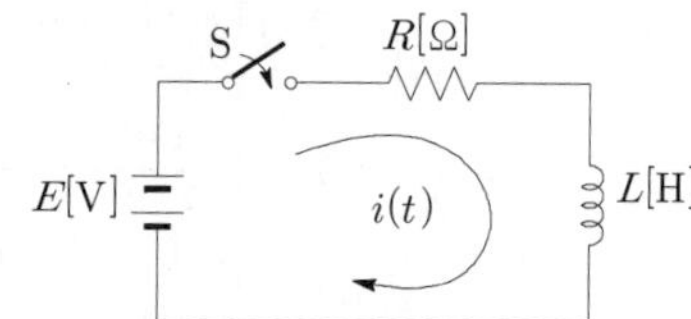

① $\frac{E}{R}e^{-\frac{R}{L}t}$　② $\frac{E}{R}\left(1-e^{-\frac{R}{L}t}\right)$

③ $\frac{E}{R}e^{-\frac{L}{R}t}$　④ $\frac{E}{R}\left(1-e^{-\frac{L}{R}t}\right)$

해설

㉠ 전압방정식 $E = Ri(t) + L\frac{di(t)}{dt}$에서 라플라스 변환하면 $\frac{E}{s} = RI(s) + LsI(s)$이 된다.

㉡ 전류 $I(s) = \frac{E}{s(Ls+R)} = \frac{E/L}{s\left(s+\frac{R}{L}\right)}$

$= \frac{A}{s} + \frac{B}{s+\frac{R}{L}} \xrightarrow{\mathcal{L}^{-1}} A + Be^{-\frac{R}{L}t}$

㉢ $A = \lim_{s \to 0} sI(s) = \lim_{s \to 0} \frac{E/L}{s+\frac{R}{L}} = \frac{E}{R}$

$B = \lim_{s \to -\frac{R}{L}} \left(s+\frac{R}{L}\right)I(s) = \lim_{s \to -\frac{R}{L}} \frac{E/L}{s} = -\frac{E}{R}$

∴ 전류 $i(t) = A + Be^{-\frac{R}{L}t}$

$= \frac{E}{R}\left(1-e^{-\frac{R}{L}t}\right)$[A]

정답 65. ② 66. ② 67. ②

★★★ 기사 98년 7회, 13년 1회 / 산업 92년 3회

68 미분방정식이 $\dfrac{di(t)}{dt}+2i(t)=1$일 때 $i(t)$[A]는? (단, $t=0$에서 $i(0)=0$이다)

① $\dfrac{1}{2}(1+e^{-2t})$　② $\dfrac{1}{2}(1-e^{-2t})$

③ $\dfrac{1}{2}(1+e^{-t})$　④ $\dfrac{1}{2}(1-e^{-t})$

해설

㉠ $\dfrac{di(t)}{dt}+2i(t)=1$

$\xrightarrow{\mathcal{L}} sI(s)+2I(s)=I(s)(s+2)=\dfrac{1}{s}$

㉡ 전류 $I(s)=\dfrac{1}{s(s+2)}=\dfrac{A}{s}+\dfrac{B}{s+2}$

$\xrightarrow{\mathcal{L}^{-1}} A+Be^{-2t}$

㉢ $A=\lim\limits_{s\to0} sF(s)=\lim\limits_{s\to0}\dfrac{1}{s+2}=\dfrac{1}{2}$

$B=\lim\limits_{s\to-2}(s+2)F(s)=\lim\limits_{s\to-2}\dfrac{1}{s}=-\dfrac{1}{2}$

∴ 전류 $i(t)=A+Be^{-2t}=\dfrac{1}{2}(1-e^{-2t})$[A]

★ 기사 97년 7회, 16년 1회 / 산업 90년 2회, 12년 1회, 15년 4회

69 다음 회로에서 $t=0$시간에 스위치 S를 닫을 때 전류 $i(t)$의 라플라스 변환 $I(s)$는? (단, $V_C(0)=1$[V])

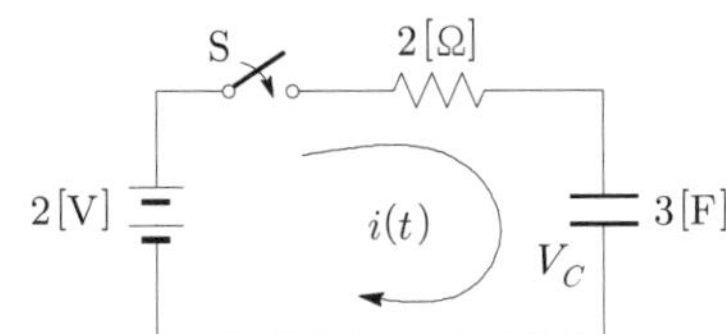

① $\dfrac{3s}{6s+1}$　② $\dfrac{3}{6s+1}$

③ $\dfrac{5}{6s+1}$　④ $\dfrac{5s}{6s+1}$

해설

스위치 S를 닫을 때 회로에 흐르는 과도전류는

$i(t)=\dfrac{E}{R}e^{-\frac{1}{RC}t}=\dfrac{1}{2}e^{-\frac{1}{6}t}$가 된다.

∴ 라플라스 변환하면

$I(s)=\dfrac{1}{2s}\Big|_{s=s+\frac{1}{6}}$

$=\dfrac{1}{2\left(s+\dfrac{1}{6}\right)}=\dfrac{1}{2s+\dfrac{1}{3}}$

$=\dfrac{3}{6s+1}$

★ 기사 14년 1회 / 산업 03년 4회

70 $\dfrac{d^2}{dt^2}x(t)+2\dfrac{d}{dt}x(t)+x(t)=1$에서 $x(t)$는 얼마인가?

① $te^{-t}-e^{-t}$　② $te^{-t}+e^{-t}$

③ $1-te^{-t}-e^{-t}$　④ $1+te^{-t}+e^{-t}$

해설

㉠ $s^2X(s)+2sX(s)+X(s)=X(s)(s^2+2s+1)$

$=X(s)(s+1)^2=\dfrac{1}{s}$

㉡ $X(s)=\dfrac{1}{s(s+1)^2}=\dfrac{A}{s}+\dfrac{B}{(s+1)^2}+\dfrac{C}{s+1}$

$\xrightarrow{\mathcal{L}^{-1}} A+Bte^{-t}+Ce^{-t}$

㉢ $A=\lim\limits_{s\to0} sX(s)=\lim\limits_{s\to0}\dfrac{1}{(s+1)^2}=1$

$B=\lim\limits_{s\to-1}(s+1)^2X(s)=\lim\limits_{s\to-1}\dfrac{1}{s}=-1$

$C=\lim\limits_{s\to-1}\dfrac{d}{ds}(s+1)^2X(s)=\lim\limits_{s\to-1}\dfrac{-1}{s^2}=1$

∴ $x(t)=A+Bte^{-t}+Ce^{-t}$

$=1-te^{-t}-e^{-t}$

★ 산업 90년 2회, 96년 6회

71 다음 방정식에서 $\dfrac{X_3(s)}{X_1(s)}$을 구하면?

$x_2(t)=\dfrac{d}{dt}x_1(t)$

$x_3(t)=x_2(t)+3\displaystyle\int x_3(t)\,dt+2\dfrac{d}{dt}x_2(t)-2x_1(t)$

① $\dfrac{s(2s^2+s-2)}{s-3}$　② $\dfrac{s(2s^2-s-2)}{s-3}$

③ $\dfrac{2s^2+s-2}{s-3}$　④ $\dfrac{s(2s^2+s+2)}{s-3}$

정답 68. ② 69. ② 70. ③ 71. ①

해설

$x_2(t)$와 $x_3(t)$를 각각 라플라스 변환하면

$X_2(s) = s X_1(s)$

$X_3(s) = X_2(s) + \frac{3}{s} X_3(s) + 2s X_2(s) - 2X_1(s)$

$= s X_1(s) + \frac{3}{s} X_3(s) + 2s^2 X_1(s) - 2X_1(s)$

$X_3(s)\left(1 - \frac{3}{s}\right) = X_1(s)(s + 2s^2 - 2)$이므로

$\therefore \frac{X_3(s)}{X_1(s)} = \frac{2s^2 + s - 2}{1 - \frac{3}{s}}$

$= \frac{s(2s^2 + s - 2)}{s - 3}$

★ 산업 95년 2회, 14년 4회

72 $5\frac{d^2q(t)}{dt^2} + \frac{dq(t)}{dt} = 10\sin t$에서 $Q(s)$는? (단, 초기 조건은 0이다)

① $\frac{10}{(5s^2+1)(s^2+1)}$

② $\frac{10}{(5s^2+s)(s^2+1)}$

③ $\frac{10}{(5s^2+1)(s^2+1)}$

④ $\frac{10}{(5s^2+1)(s^2+1)}$

해설

$5s^2 Q(s) + s Q(s) = Q(s)(5s^2 + s) = \frac{10}{s^2+1}$

$\therefore Q(s) = \frac{10}{(5s^2+s)(s^2+1)}$

정답 72. ②

보충 전달함수(transfer function)

산업 7.10% 출제

Comment

전달함수는 제어공학의 파트이나 전기산업기사 회로이론의 시험출제범위에 들어간다. 따라서, 출제범위와 시험에서 자주 다루는 부분만을 간단히 정리하여 본 교재에 수록하였다. 전달함수의 자세한 내용은 제어공학 교재에서 다루기로 한다.

1 전달함수의 정의

① 선형 미분방정식의 초기값을 0으로 했을 때 입력신호의 라플라스 변환과 출력신호의 라플라스 변환의 비를 말한다.

② 입력신호를 $r(t)$, 출력신호를 $c(t)$라 하면 전달함수는 다음과 같다.

$$G(s) = \frac{\mathcal{L}[c(t)]}{\mathcal{L}[r(t)]} = \frac{C(s)}{R(s)}$$

$R(s)$ → $G(s)$ → $C(s)$

2 전기회로의 전달함수

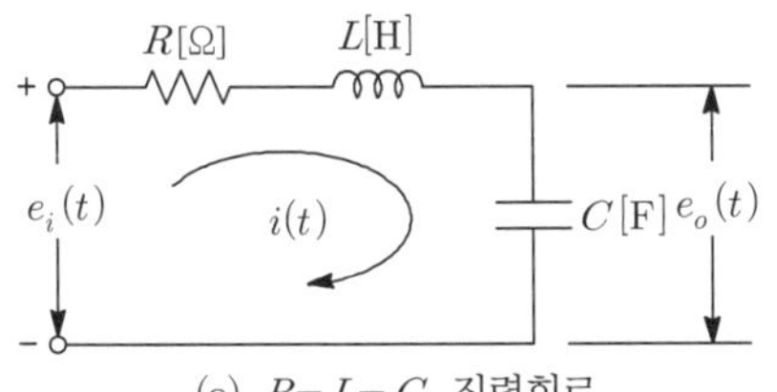

(a) $R-L-C$ 직렬회로

R[Ω] Ls[Ω] $E_i(s)$ $I(s)$ $\frac{1}{Cs}$[Ω] $E_o(s)$

(b) 라플라스 변환회로

① $$G(s) = \frac{E_o(s)}{E_i(s)} = \frac{\frac{1}{Cs}I(s)}{\left(Ls + R + \frac{1}{Cs}\right)I(s)} = \frac{\frac{1}{Cs}}{Ls + R + \frac{1}{Cs}} = \frac{Z_o(s)}{Z_i(s)}$$

$$= \frac{1}{LCs^2 + RCs + 1} = \frac{\frac{1}{LC}}{s^2 + \frac{R}{L}s + \frac{1}{LC}}$$

여기서, Z_o : 출력측에서 바라본 임피던스

Z_i : 입력측에서 바라본 임피던스

② $$G(s) = \frac{I(s)}{E_i(s)} = \frac{I(s)}{\left(Ls + R + \frac{1}{Cs}\right)I(s)} = \frac{1}{Ls + R + \frac{1}{Cs}} = \frac{1}{Z_i(s)}$$

$$= \frac{Cs}{LCs^2+RCs+1} = \frac{Cs \cdot \frac{1}{LC}}{s^2+\frac{R}{L}s+\frac{1}{LC}}$$

③ $G(s) = \dfrac{E_o(s)}{I(s)} = \dfrac{\frac{1}{Cs}I(s)}{I(s)} = \dfrac{1}{Cs} = Z_o(s)$

3 제어요소

① 비례요소 : $G(s) = K$

② 미분요소 : $G(s) = Ks$

③ 적분요소 : $G(s) = \dfrac{K}{s}$

④ 1차 지연요소 : $G(s) = \dfrac{K}{1+Ts}$

⑤ 2차 지연요소 : $G(s) = \dfrac{K\omega_n^2}{s^2+2\zeta\omega_n s+\omega_n^2}$

⑥ 부동작 요소 : $G(s) = Ke^{-Ls}$

4 보상기

(1) 진상 보상기(phase lead compensator)

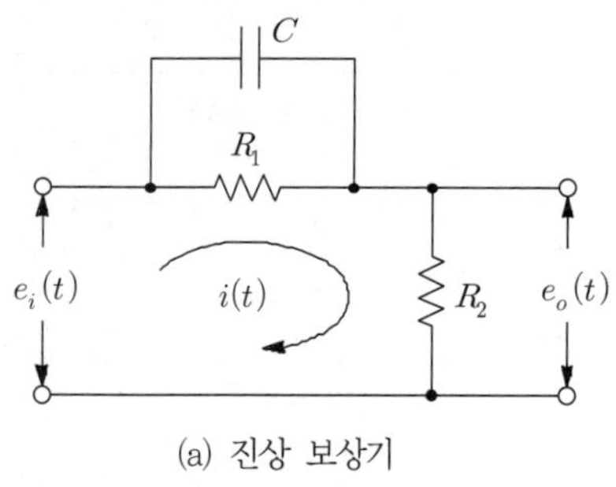

(a) 진상 보상기

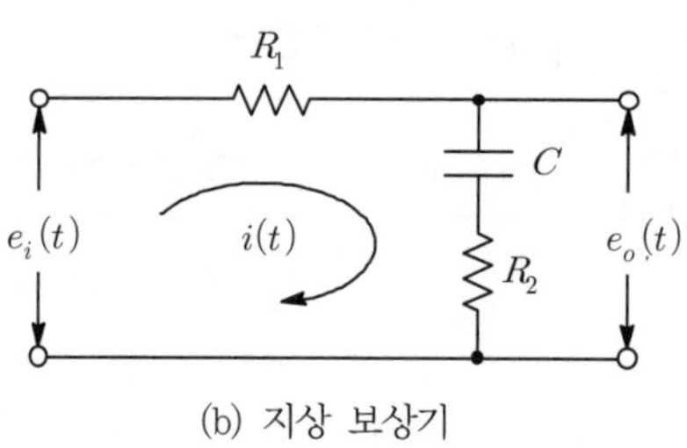

(b) 지상 보상기

① 출력신호의 위상이 입력신호위상보다 앞서도록 보상하여 안정도와 속응성의 개선을 목적으로 한다.

② 전달함수 : $G(s) = \dfrac{E_o(s)}{E_i(s)} = \dfrac{R_2+R_1R_2Cs}{R_1+R_2+R_1R_2Cs} = \dfrac{s+\frac{R_2}{R_1R_2C}}{s+\frac{R_1+R_2}{R_1R_2C}} = \dfrac{s+b}{s+a}$

③ $a > b$인 경우 진상 보상기, 반대로 $a < b$인 경우에는 지상 보상기가 된다.

④ 속응성 개선을 위한 목적은 미분기와 동일한 특성을 갖는다.

(2) 지상 보상기(phase lag compensator)

① 출력신호의 위상이 입력신호위상보다 늦도록 보상하여 정상편차를 개선하는 것을 목적으로 한다.

② 전달함수 : $G(s) = \dfrac{E_o(s)}{E_i(s)} = \dfrac{1+R_2Cs}{1+(R_1+R_2)Cs} = \dfrac{1+R_2Cs}{1+\dfrac{R_2Cs}{\dfrac{R_2}{R_1+R_2}}} = \dfrac{1+\alpha Ts}{1+Ts}$

여기서, $\alpha T = R_2C$, $\alpha = \dfrac{R_2}{R_1+R_2}$

③ $\alpha < 1$을 만족할 때 지상 보상기가 된다.

④ 정상편차 개선을 목적은 적분기와 동일한 특성을 갖는다.

5 물리계통의 전기적 유추

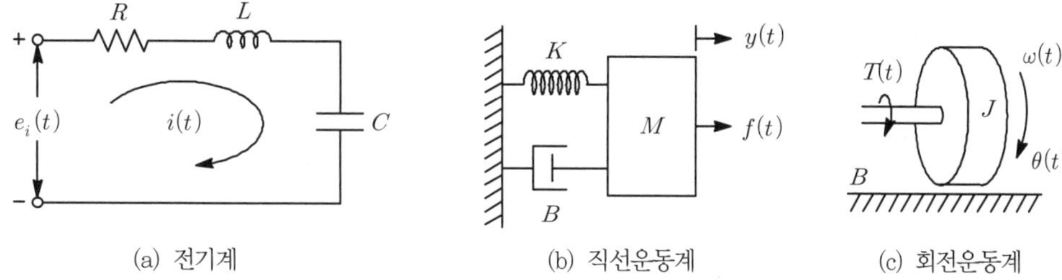

(a) 전기계 (b) 직선운동계 (c) 회전운동계

(1) 전기계

회로방정식 : $e(t) = L\dfrac{d^2q(t)}{dt} + R\dfrac{dq(t)}{dt} + \dfrac{1}{C}q(t)$

$$E(s) = Ls^2Q(s) + RsQ(s) + \frac{1}{C}Q(s) = Q(s)\left(Ls^2 + Rs + \frac{1}{C}\right)$$

$\therefore\ G(s) = \dfrac{Q(s)}{E(s)} = \dfrac{1}{Ls^2 + Rs + \dfrac{1}{C}}$

(2) 직선운동계

뉴턴의 운동 제2법칙 : $f(t) = M\dfrac{d^2y(t)}{dt^2} + B\dfrac{dy(t)}{dt} + Ky(t)$

$$F(s) = Ms^2Y(s) + BsY(s) + KY(s) = Y(s)(Ms^2 + Bs + K)$$

$\therefore\ G(s) = \dfrac{Y(s)}{F(s)} = \dfrac{1}{Ms^2 + Bs + K}$

(3) 회전운동계

전기적 시스템 방정식 : $T(t) = J\dfrac{d^2\theta(t)}{dt^2} + B\dfrac{d\theta}{dt} + K\theta(t)$

$$T(s) = Js^2\theta(s) + Bs\theta(s) + K\theta(s) = \theta(s)(Js^2 + Bs + K)$$

$$\therefore\ G(s) = \frac{\theta(s)}{T(s)} = \frac{1}{Js^2 + Bs + K}$$

(4) 전기계와 물리계의 대응관계

전기계	물리계		열계
	직선운동계	회전운동계	
전압 E	힘 F	토크 T	온도차 θ
전하 Q	변위 y	각변위 θ	열량 Q
전류 I	속도 v	각속도 ω	열유량 q
저항 R	점성마찰 B	회전마찰 B	열저항 R
인덕턴스 L	질량 M	관성 모멘트 J	–
정전용량 C	스프링 상수 K	비틀림정수 K	열용량 C

6 블록선도와 신호흐름선도

(1) 블록선도의 구성

신호	⟶	화살표 방향으로 신호가 전달된다.
전달요소	$R(s)$ → [$G(s)$] → $C(s)$	$C(s) = G(s)R(s)$
가합점 (summing point)	$X(s)$ →(+)○→ $E(s)$, $B(s)$ (±)	$G(s) = E(s) \pm B(s)$
인출점 (branch point)	$X(s)$ →●→ $Y(s)$, → $Z(s)$	$X(s) = Y(s) = Z(s)$

(2) 블록선도의 종합전달함수

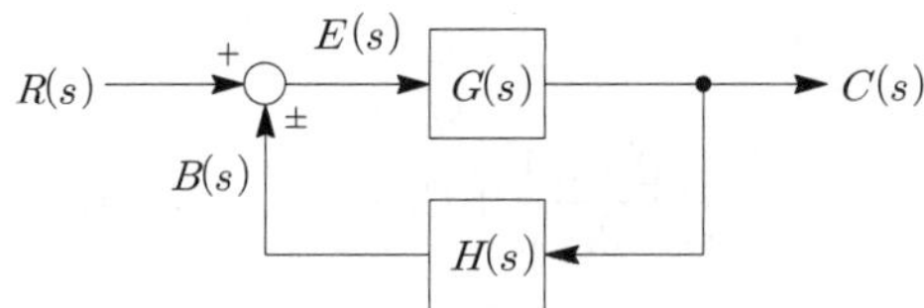

① 편차 : $E(s) = R(s) \pm B(s) = R(s) \pm C(s)H(s)$

② 출력 : $C(s) = E(s) \cdot G(s)$

$$= [R(s) \pm C(s)H(s)]\,G(s)$$

$$= R(s)G(s) \pm C(s)G(s)H(s)$$

$$C(s) \mp C(s)G(s)H(s) = R(s)G(s)$$

$$C(s)\,[1 \mp G(s)H(s)] = R(s)G(s)$$

③ 종합전달함수 : $G(s)=M(s)=\dfrac{C(s)}{R(s)}=\dfrac{G(s)}{1\mp G(s)H(s)}=\dfrac{\sum \text{전향경로이득}}{1-\sum \text{폐루프 이득}}$

(3) 블록선도 및 신호흐름선도의 종합전달함수

종합전달함수	블록선도	신호흐름선도 등가변환
$M(s)=G_1G_2$	$R(s)$ → G_1 → G_2 → $C(s)$	R —G_1→ ○ —G_2→ C
$M(s)=G_1+G_2$	$R(s)$ → G_1, G_2 → (+, ±) → $C(s)$	R —1→ ○ —G_1, G_2→ ○ —1→ C
$M(s)=\dfrac{G}{1\mp GH}$	$R(s)$ → (+, ±) → G → $C(s)$, H	R —1→ ○ —G→ ○ —1→ C, $\pm H$

7 시험용 신호의 응답

응답 $c(t)=\mathcal{L}^{-1}[C(s)]=\mathcal{L}^{-1}[R(s)G(s)]$

종류	$r(t)$	$R(s)$	응답 $c(t)$
임펄스 응답	$\delta(t)$	1	$c(t)=\mathcal{L}^{-1}[G(s)]$
인디셜 응답	$u(t)$	$\dfrac{1}{s}$	$c(t)=\mathcal{L}^{-1}\left[\dfrac{1}{s}G(s)\right]$
경사응답	$t\,u(t)$	$\dfrac{1}{s^2}$	$c(t)=\mathcal{L}^{-1}\left[\dfrac{1}{s^2}G(s)\right]$
포물선응답	$\dfrac{1}{2}t^2\,u(t)$	$\dfrac{1}{s^3}$	$c(t)=\mathcal{L}^{-1}\left[\dfrac{1}{s^3}G(s)\right]$

8 2차 지연요소의 과도응답해석

(1) 특성방정식과 특성근

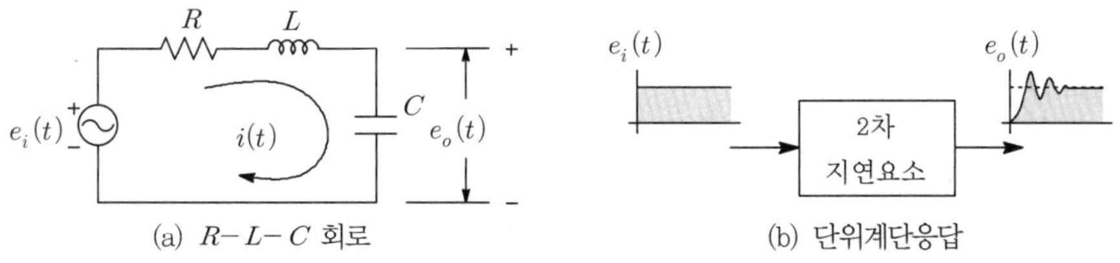

(a) $R-L-C$ 회로 (b) 단위계단응답

① 전달함수 : $M(s)=\dfrac{E_o(s)}{E_i(s)}=\dfrac{\omega_n^2}{s^2+2\zeta\omega_n s+\omega_n^2}$

② 특성방정식 : $F(s) = s^2 + 2\zeta\omega_n s + \omega_n^2 = 0$

여기서, $\zeta = \delta$: 제동계수, ω_n : 고유 각주파수

③ 특성근 : $s = -\zeta\omega_n \pm j\omega_n\sqrt{1-\zeta^2} = -\alpha \pm j\beta$

(2) 특성근 위치에 따른 인디셜 응답

특성근이 복소평면 좌반부에 위치하면 응답이 목표값에 도달하여 안정한 제어계가 되지만 우반부에 위치하면 목표값이 도달하지 않으므로 불안정한 제어계가 된다.

특성근의 범위	s-plane	인디셜 응답	구분
① $\zeta > 1$ ② $s = -\alpha_1,\ -\alpha_2$	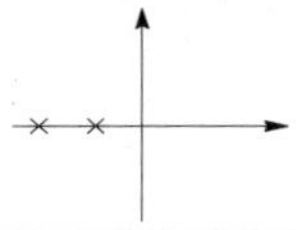	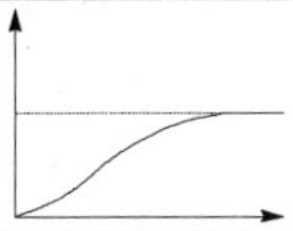	과제동 (비진동)
① $\zeta = 1$ ② $s = -\alpha$	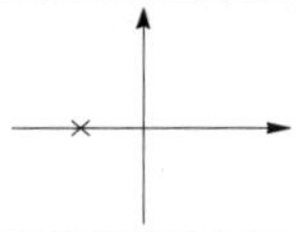	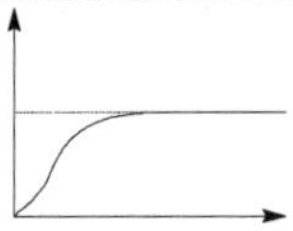	임계제동 (임계상태)
① $0 < \zeta < 1$ ② $s = -\alpha \pm j\beta$	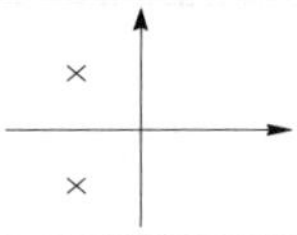	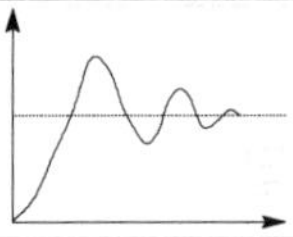	부족제동 (감쇠진동)
① $\zeta = 0$ ② $s = \pm j\beta$	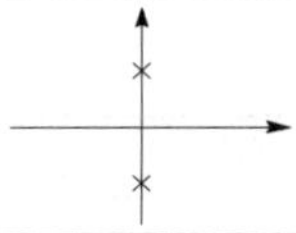	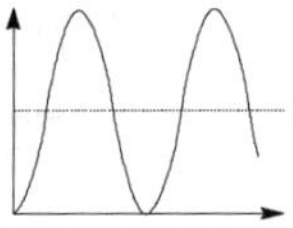	무제동 (무한진동 또는 완전진동)
① $-1 < \zeta < 0$ ② $s = \alpha \pm j\beta$	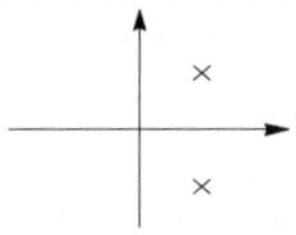	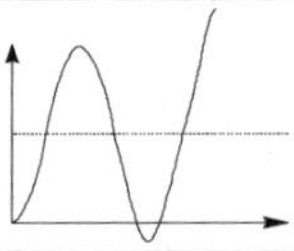	부의제동 (발산)
① $\zeta < -1$ ② $s = \alpha_1,\ \alpha_2$	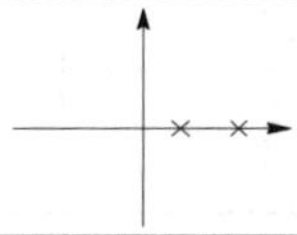	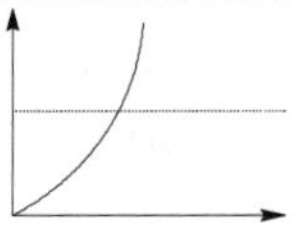	부의제동 (발산)

단원 자주 출제되는 기출문제

★★★ 기사 92년 5회, 99년 4회, 03년 1회 / 산업 99년 4회, 03년 4회, 14년 1회

01 그림과 같은 회로의 전달함수는? $\left(\text{단, } \dfrac{L}{R} = T : \text{시정수}\right)$

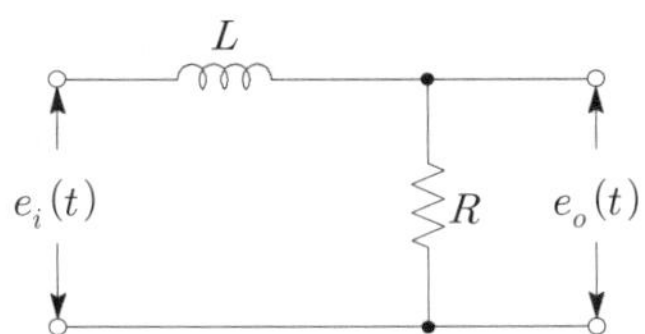

① Ts^2+1 ② $\dfrac{1}{Ts+1}$

③ $Ts+1$ ④ $\dfrac{1}{Ts^2+1}$

해설

전달함수 $G(s) = \dfrac{E_o(s)}{E_i(s)} = \dfrac{I(s)R}{I(s)(Ls+R)}$

$= \dfrac{R}{Ls+R} = \dfrac{1}{\dfrac{L}{R}s+1}$

$= \dfrac{1}{Ts+1}$

Comment

해설에서 보듯이 전압비 전달함수를 구할 때 분모/분자에 $I(s)$끼리 약분되어 결국 입력측 임피던스와 출력측 임피던스의 비가 답이 된다.

즉, $G(s) = \dfrac{E_o(s)}{E_i(s)} = \dfrac{Z_o(s)}{Z_i(s)} = \dfrac{R}{Ls+R}$

★★ 산업 97년 4회, 98년 7회, 01년 2회, 02년 3회, 03년 1회, 04년 3회

02 그림과 같은 $R-L$ 회로에서 전달함수를 구하면?

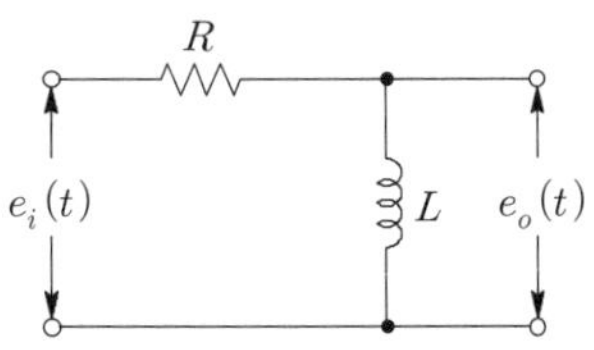

① $\dfrac{L}{R+Ls}$ ② $\dfrac{1}{R+Ls}$

③ $\dfrac{1}{s+\dfrac{R}{L}}$ ④ $\dfrac{s}{s+\dfrac{R}{L}}$

해설

전달함수 $G(s) = \dfrac{E_o(s)}{E_i(s)} = \dfrac{Z_o(s)}{Z_i(s)}$

$= \dfrac{Ls}{R+Ls}$

$= \dfrac{s}{s+\dfrac{R}{L}}$

★★★ 기사 15년 3회 / 산업 05년 1회, 06년 1회, 11년 1회, 13년 4회, 18년 2회

03 다음 그림과 같은 회로의 전압비 전달함수 $\dfrac{V_2(s)}{V_1(s)}$는?

① $\dfrac{\dfrac{1}{RC}}{s+\dfrac{1}{RC}}$ ② $\dfrac{RC}{s+RC}$

③ $\dfrac{RC}{s+\dfrac{1}{RC}}$ ④ $\dfrac{\dfrac{1}{RC}}{s+RC}$

해설

전달함수 $G(s) = \dfrac{V_2(s)}{V_1(s)} = \dfrac{Z_o(s)}{Z_i(s)}$

$= \dfrac{\dfrac{1}{Cs}}{R+\dfrac{1}{Cs}} = \dfrac{1}{RCs+1}$

$= \dfrac{\dfrac{1}{RC}}{s+\dfrac{1}{RC}}$

정답 01. ② 02. ④ 03. ①

★★ 기사 98년 7회, 00년 5회, 12년 4회 / 산업 90년 2회, 96년 2회, 15년 1회

04 다음 그림과 같은 회로의 전달함수는?

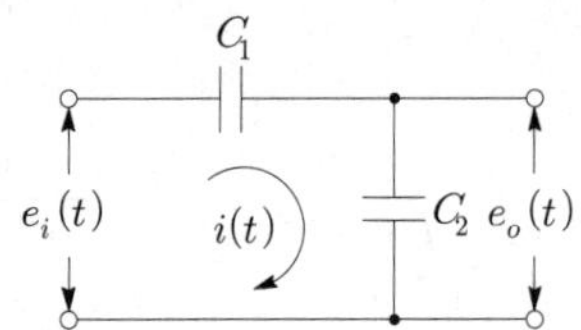

① $C_1 + C_2$　② $\frac{C_2}{C_1}$

③ $\frac{C_1}{C_1 + C_2}$　④ $\frac{C_2}{C_1 + C_2}$

해설

전달함수 $G(s) = \frac{E_o(s)}{E_i(s)} = \frac{Z_o(s)}{Z_i(s)}$

$$= \frac{\frac{1}{C_2 s}}{\frac{1}{C_1 s} + \frac{1}{C_2 s}} = \frac{\frac{1}{C_2}}{\frac{1}{C_1} + \frac{1}{C_2}}$$

$$= \frac{\frac{1}{C_2}}{\frac{C_1 + C_2}{C_1 \times C_2}} = \frac{C_1}{C_1 + C_2}$$

집중공략

★★★★ 기사 99년 4·6회, 02년 1회, 08년 1회, 13년 1회 / 산업 94년 4회, 99년 3회

05 그림의 전기회로에서 전달함수 $\frac{E_2(s)}{E_1(s)}$ 는?

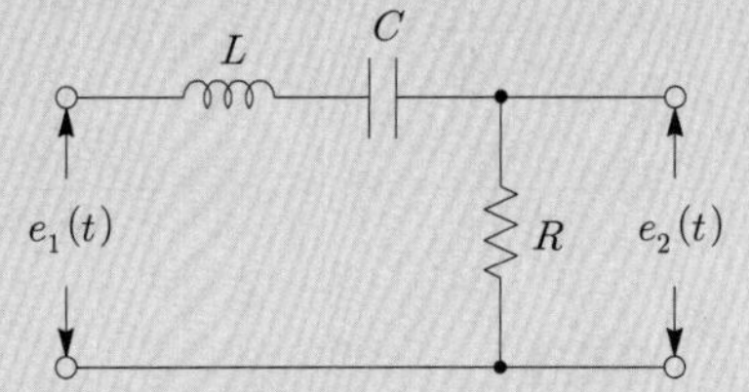

① $\frac{LRs}{LCs^2 + RCs + 1}$

② $\frac{Cs}{LCs^2 + RCs + 1}$

③ $\frac{RCs}{LCs^2 + RCs + 1}$

④ $\frac{LRCs}{LCs^2 + RCs + 1}$

해설

전달함수 $G(s) = \frac{E_2(s)}{E_1(s)} = \frac{Z_o(s)}{Z_i(s)}$

$$= \frac{R}{Ls + \frac{1}{Cs} + R}$$

$$= \frac{RCs}{LCs^2 + RCs + 1}$$

★★★ 기사 95년 4회, 05년 4회, 09년 2회 / 산업 93년 6회, 00년 2회, 01년 1회

06 다음 회로의 전압비 전달함수 $H(j\omega) = \frac{V_c(j\omega)}{V(j\omega)}$ 는?

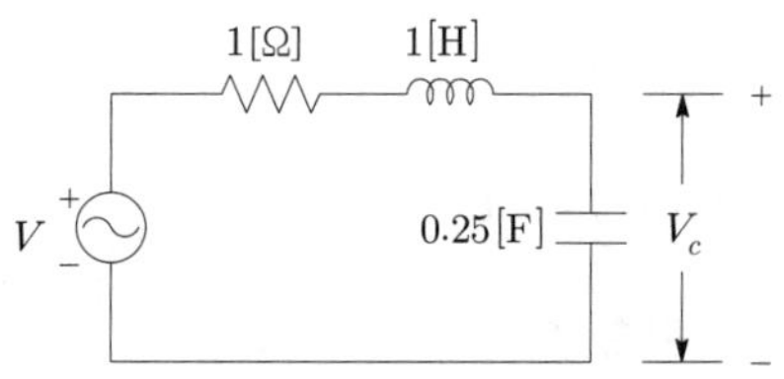

① $\frac{2}{(j\omega)^2 + j\omega + 2}$

② $\frac{2}{(j\omega)^2 + j\omega + 4}$

③ $\frac{4}{(j\omega)^2 + j\omega + 4}$

④ $\frac{1}{(j\omega)^2 + j\omega + 1}$

해설

전달함수 $H(s) = \frac{V_c(s)}{V(s)} = \frac{\frac{1}{Cs}}{R + Ls + \frac{1}{Cs}}$

$$= \frac{1}{LCs^2 + RCs + 1}$$

위에서 주파수 전달함수는 다음과 같다.

$$\therefore\ H(j\omega) = \frac{1}{LC(j\omega)^2 + RC(j\omega) + 1}$$

$$= \frac{1}{\frac{1}{4}(j\omega)^2 + \frac{1}{4}(j\omega) + 1}$$

$$= \frac{4}{(j\omega)^2 + j\omega + 4}$$

정답　04. ③　05. ③　06. ③

★★★ 기사 01년 2회, 04년 3회 / 산업 93년 2회, 98년 4·5회, 12년 1회, 15년 2회

07 회로에서의 전압비 전달함수 $\dfrac{E_o(s)}{E_i(s)}$는?

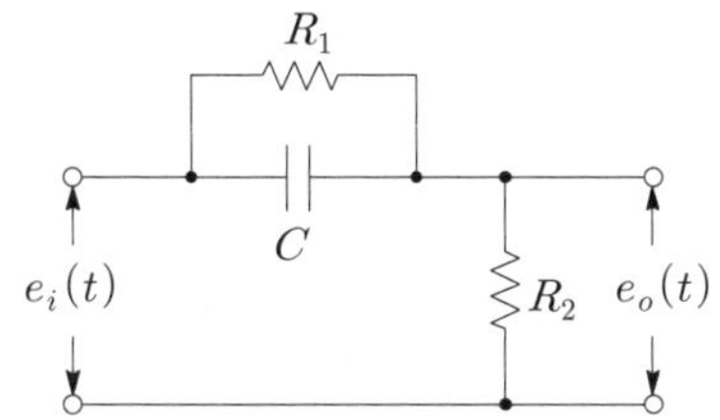

① $\dfrac{R_1+Cs}{R_1+R_2+Cs}$

② $\dfrac{R_2+Cs}{R_1+R_2+Cs}$

③ $\dfrac{R_1+R_1R_2Cs}{R_1+R_2+R_1R_2Cs}$

④ $\dfrac{R_2+R_1R_2Cs}{R_1+R_2+R_1R_2Cs}$

해설

전달함수 $G(s)=\dfrac{E_o(s)}{E_i(s)}=\dfrac{Z_o(s)}{Z_i(s)}$

$$=\frac{R_2}{R_2+\dfrac{R_1\times\dfrac{1}{Cs}}{R_1+\dfrac{1}{Cs}}}$$

$$=\frac{R_2}{R_2+\dfrac{R_1}{R_1Cs+1}}$$

$$=\frac{R_2\times(1+R_1Cs)}{\left(R_2+\dfrac{R_1}{R_1Cs+1}\right)\times(1+R_1Cs)}$$

$$=\frac{R_2+R_1R_2Cs}{R_2+R_1R_2Cs+R_1}$$

$$=\frac{(1+R_1Cs)R_2}{R_1+R_2+R_1R_2Cs}$$

★ 산업 94년 6회, 97년 6회

08 그림과 같은 LC 브리지 회로의 전달함수 $G(s)$는?

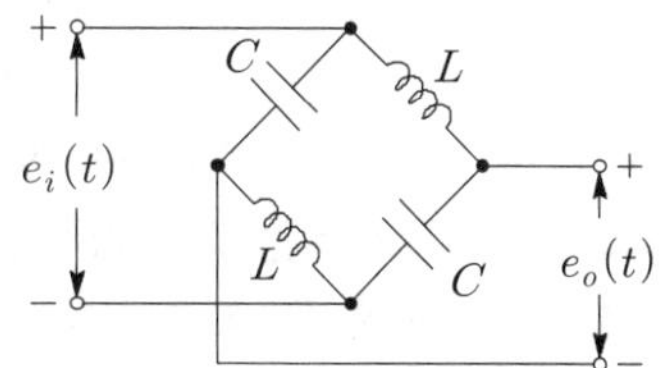

① $\dfrac{1}{1+LCs^2}$　　② $\dfrac{Ls}{1+LCs^2}$

③ $\dfrac{LCs}{1+LCs^2}$　　④ $\dfrac{1-LCs^2}{1+LCs^2}$

해설

전달함수 $G(s)=\dfrac{E_o(s)}{E_i(s)}=\dfrac{\dfrac{1}{Cs}-Ls}{\dfrac{1}{Cs}+Ls}$

$$=\frac{1-LCs^2}{1+LCs^2}$$

Comment

휘트스톤 브리지와 비슷한 회로의 전달함수는 분자에 - 부호가 있으면 정답이 될 확률이 높다.

★ 산업 94년 2회, 02년 4회, 14년 4회

09 그림과 같은 LC 브리지 회로의 전달함수 $G(s)$는?

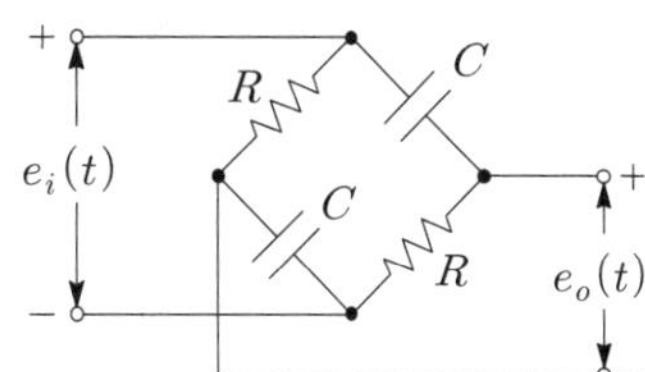

① $\dfrac{RCs-1}{RCs+1}$　　② $\dfrac{1}{RCs+1}$

③ $\dfrac{RCs+1}{RCs+1}$　　④ $\dfrac{1}{RCs-1}$

해설

전달함수 $G(s)=\dfrac{E_o(s)}{E_i(s)}=\dfrac{R-\dfrac{1}{Cs}}{R+\dfrac{1}{Cs}}$

$$=\frac{RCs-1}{RCs+1}$$

정답 07. ④ 08. ④ 09. ①

★★★ 기사 99년 5회, 04년 2회 / 산업 13년 2회, 16년 1회

10 $R-L-C$ 회로망에서 입력을 $e_i(t)$, 출력을 $i(t)$로 할 때 이 회로의 전달함수는?

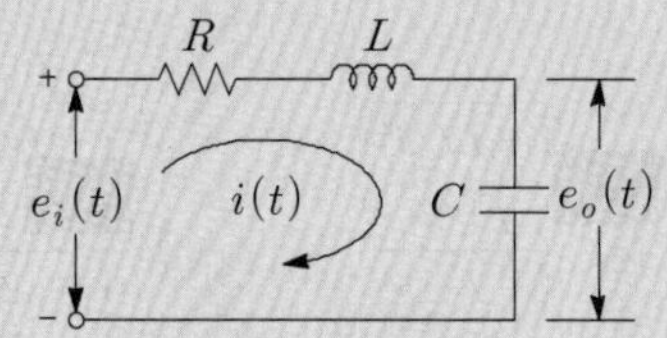

① $\dfrac{Rs}{LCs^2+RCs+1}$

② $\dfrac{RLs}{LCs^2+RCs+1}$

③ $\dfrac{Ls}{LCs^2+RCs+1}$

④ $\dfrac{Cs}{LCs^2+RCs+1}$

해설

전달함수 $G(s)=\dfrac{I(s)}{E_i(s)}=\dfrac{I(s)}{I(s)Z_i(s)}=\dfrac{1}{Z_i(s)}$

$$=\frac{1}{Ls+R+\dfrac{1}{Cs}}$$

$$=\frac{Cs}{LCs^2+RCs+1}$$

Comment

해설과 같이 입력전압에 대한 회로에 흐르는 전류에 관한 전달함수를 구하면 입력측 임피던스의 역수, 즉 입력측 어드미턴스 $G(s)=\dfrac{1}{Z_i(s)}=Y_i(s)$를 구하면 된다.

★★★ 산업 89년 7회, 95년 4회, 99년 7회, 03년 4회

11 그림과 같은 회로에서 전달함수 $\dfrac{E_o(s)}{I(s)}$는 얼마인가? (단, 초기조건은 모두 0으로 함)

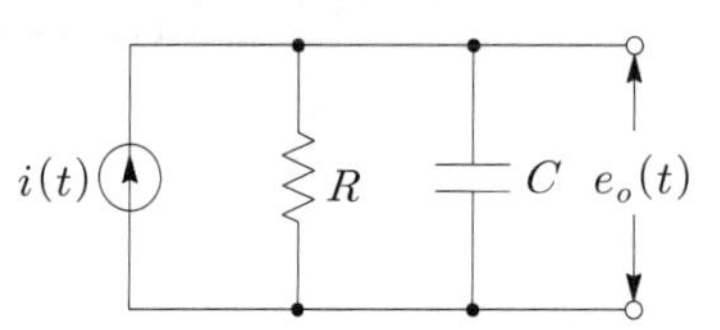

① $\dfrac{1}{RCs+1}$

② $\dfrac{R}{RCs+1}$

③ $\dfrac{C}{RCs+1}$

④ $\dfrac{RCs}{RCs+1}$

해설

전달함수 $G(s)=\dfrac{E_o(s)}{I(s)}=\dfrac{I(s)Z_o(s)}{I(s)}=Z_o(s)$

$$=\frac{R\times\dfrac{1}{Cs}}{R+\dfrac{1}{Cs}}=\frac{R}{RCs+1}$$

★★★ 산업 89년 7회, 95년 4 · 5회, 99년 7회, 03년 4회, 16년 2회

12 그림과 같은 회로에서 전달함수 $\dfrac{E_o(s)}{I(s)}$는?

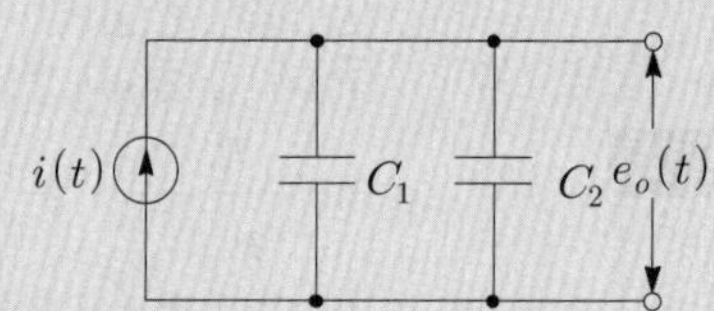

① $\dfrac{1}{s(C_1+C_2)}$

② $\dfrac{C_1C_2}{C_1+C_2}$

③ $\dfrac{C_1}{s(C_1+C_2)}$

④ $\dfrac{C_2}{s(C_1+C_2)}$

해설

전달함수 $G(s)=\dfrac{E_o(s)}{I(s)}=\dfrac{I(s)Z_o(s)}{I(s)}=Z_o(s)$

$$=\frac{1}{Cs}=\frac{1}{(C_1+C_2)s}$$

정답 10. ④ 11. ② 12. ①

집중공략

★★★★★ 기사 92년 5회, 03년 2회, 05년 2회, 17년 3회 / 산업 12년 2회, 17년 2회

13 어떤 계를 표시하는 미분방정식이 아래와 같을 때 $x(t)$를 입력, $y(t)$를 출력이라고 한다면 이 계의 전달함수는 어떻게 표시되는가?

$$\frac{d^2y(t)}{dt^2}+3\frac{dy(t)}{dt}+2y(t)=\frac{dx(t)}{dt}+x(t)$$

① $G(s)=\dfrac{s^2+3s+2}{s+1}$

② $G(s)=\dfrac{2s^2+3s+2}{s^2+1}$

③ $G(s)=\dfrac{s+1}{s^2+3s+2}$

④ $G(s)=\dfrac{s^2+s+1}{2s+1}$

해설

양변을 라플라스 변환하면

$s^2Y(s)+3sY(s)+2Y(s)=sX(s)+X(s)$

가 되고, 이를 정리하면 다음과 같다.

$Y(s)(s^2+3s+2)=X(s)(s+1)$

$\therefore$ 전달함수 $G(s)=\dfrac{Y(s)}{X(s)}=\dfrac{s+1}{s^2+3s+2}$

★★★★ 기사 08년 2회 / 산업 16년 1회

14 제어계의 전달함수가 $G(s)=\dfrac{2s+1}{s^2+s+1}$로 표시될 때, 이 계에 입력 $x(t)$를 가했을 경우 출력 $y(t)$를 구하는 미분방정식으로 알맞은 것은?

① $\dfrac{d^2y(t)}{dt^2}+\dfrac{dy(t)}{dt}+y=2\dfrac{dy(t)}{dx}+x(t)$

② $\dfrac{d^2y(t)}{dt^2}+\dfrac{dy(t)}{dt}+y(t)=2\dfrac{dx(t)}{dt}+x(t)$

③ $\dfrac{d^2y(t)}{dt}+\dfrac{dy(t)}{dt}+y(t)=2\dfrac{dx(t)}{dt}+x(t)$

④ $\dfrac{d^2y(t)}{dt}+\dfrac{dy(t)}{dx}+y(t)=2\dfrac{dx(t)}{dt}+x(t)$

해설

전달함수 $G(s)=\dfrac{Y(s)}{X(s)}=\dfrac{2s+1}{s^2+s+1}$에서 이를 정리하면

$Y(s)(s^2+s+1)=X(s)(2s+1)$,

$s^2Y(s)+sY(s)+Y(s)=2sX(s)+X(s)$이므로

이를 역라플라스 변환해 구한다.

$\therefore$ 미분방정식

$$\frac{d^2y(t)}{dt^2}+\frac{dy(t)}{dt}+y(t)=2\frac{dx(t)}{dt}+x(t)$$

집중공략

★★★★ 기사 16년 3회 / 산업 93년 1회, 96년 2회, 05년 1·2회, 07년 1·3회

15 다음 사항 중 옳게 표현한 것은?

① 비례요소의 전달함수는 $\dfrac{1}{Ts}$이다.

② 미분요소의 전달함수는 K이다.

③ 적분요소의 전달함수는 Ts이다.

④ 1차 지연요소의 전달함수는 $\dfrac{K}{Ts+1}$이다.

해설

① 적분요소

② 비례요소

③ 미분요소

★★★ 산업 03년 3회, 04년 1회, 05년 4회, 07년 3회, 17년 2회, 18년 2회

16 다음 중 부동작 시간(dead time)요소의 전달함수는?

① K

② $\dfrac{K}{s}$

③ Ke^{-Ls}

④ Ks

해설

전달함수의 부동작 시간요소는 제어계의 시간추이요소에 해당되는 값으로서, 전달함수는 $G(s)=Ke^{-Ls}$로 표현된다.

정답 13. ③ 14. ② 15. ④ 16. ③

★★★★ 산업 14년 3회

17 전달함수에 대한 설명으로 틀린 것은?

① 어떤 계의 전달함수는 그 계에 대한 임펄스 응답의 라플라스 변환과 같다.

② 전달함수는 $\dfrac{\text{출력 라플라스 변환}}{\text{입력 라플라스 변환}}$ 으로 정의된다.

③ 전달함수가 s가 될 때 적분요소라 한다.

④ 어떤 계의 전달함수의 분모를 0으로 놓으면 이것이 곧 특성방정식이다.

해설

전달함수가 s가 되면 미분요소이다. 적분요소는 $\dfrac{1}{s}$이 된다.

★★ 산업 92년 4회, 95년 7회

18 그림과 같은 회로의 출력전압의 위상은 입력 전압의 위상보다 어떻게 되는가?

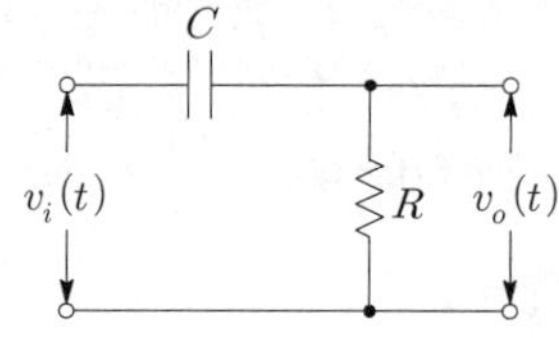

① 앞선다.

② 뒤진다.

③ 같다.

④ 앞설수도 있고 뒤질수도 있다.

해설

미분회로가 되므로 출력전압의 위상이 입력전압보다 앞선다(진상 보상기).

★★ 산업 98년 3회

19 그림과 같은 회로는?

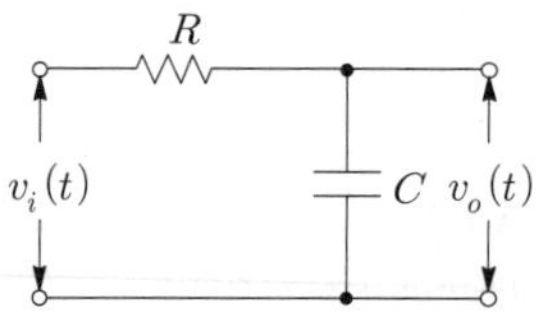

① 가산회로

② 승산회로

③ 미분회로

④ 적분회로

★★ 산업 89년 6회, 93년 6회, 97년 6회, 07년 3회

20 그림과 같은 회로는?

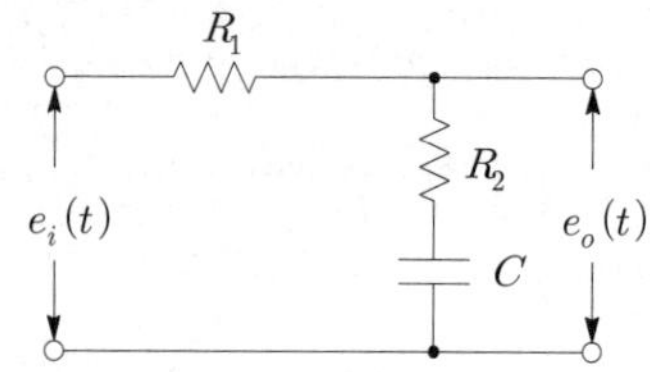

① 미분회로

② 적분회로

③ 가산회로

④ 미 · 적분 회로

해설

입력측에 C가 있으면 미분회로, 출력측에 C가 있으면 적분회로가 된다.

★★★ 산업 94년 4회, 99년 7회, 00년 6회, 02년 3회

21 그림과 같은 회로에서 출력전압의 위상은 입력전압보다 어떠한가?

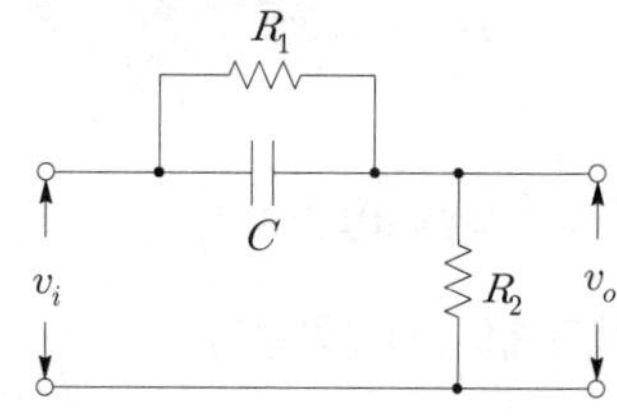

① 뒤진다.

② 앞선다.

③ 전압과 관계없다.

④ 같다.

해설

진상 보상기는 출력신호의 위상이 입력신호위상보다 앞서도록 보상하여 안정도와 속응성 개선을 목적으로 한다.

정답 17. ③ 18. ① 19. ④ 20. ② 21. ②

★★ 기사 90년 7회 / 산업 95년 5회, 96년 6회, 97년 4회, 00년 1·3회, 03년 3회

22 일정한 질량 M을 가진 이동하는 물체의 위치 y는 이 물체에 가해지는 외력 f일 때 이 운동계는 마찰 등의 반저항력을 무시하면 $f=M\dfrac{d^2y}{dt^2}$의 미분방정식으로 표시된다. 위치에 관계되는 전달함수는?

① Ms ② Ms^2

③ $\dfrac{1}{Ms}$ ④ $\dfrac{1}{Ms^2}$

해설

뉴턴의 운동 제2법칙 $f=Ma=M\dfrac{dv}{dt}=M\dfrac{d^2y}{dt^2}$이므로 이를 라플라스 변환하면 $F(s)=Ms^2Y(s)$가 된다.

$\therefore$ 전달함수 $G(s)=\dfrac{Y(s)}{F(s)}=\dfrac{1}{Ms^2}$

Comment

물리계통의 전기적 유추의 전달함수는 분자가 1이고 분모 자리에 Ls^2, Ms^2, Js^2이 들어가면 정답이다.

★★ 산업 97년 7회

23 그림과 같은 기계적인 병진운동계에서 힘 $f(t)$를 입력으로, 변위 $y(t)$를 출력으로 하였을 때 전달함수는?

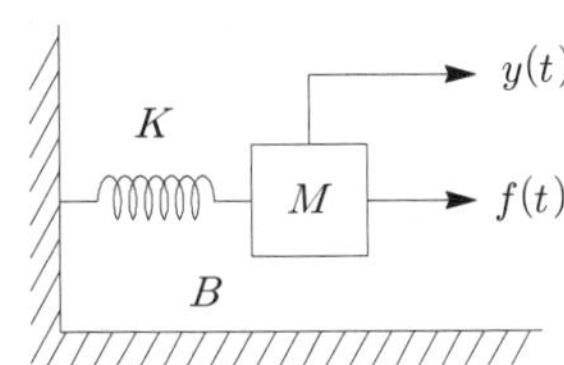

① Ms^2+Bs+K

② $\dfrac{1}{Ms^2+Bs+K}$

③ $\dfrac{s}{Ms^2+Bs+K}$

④ $\dfrac{Ms}{Ms^2+Bs+K}$

해설

뉴턴의 운동 제2법칙

$f(t)=M\dfrac{d^2y(t)}{dt^2}+B\dfrac{dy(t)}{dt}+Ky(t)$에서 이를 라플라스 변환하면 다음과 같다.

$$F(s)=Ms^2Y(s)+BsY(s)+KY(s)$$
$$=Y(s)(Ms^2+Bs+K)$$

$\therefore$ 전달함수 $G(s)=\dfrac{Y(s)}{F(s)}=\dfrac{1}{Ms^2+Bs+K}$

★★ 산업 91년 2회, 96년 7회

24 그림과 같은 기계적인 회전운동계에서 토크 $T(t)$를 입력으로, 변위 $\theta(t)$를 출력으로 하였을 때 전달함수는?

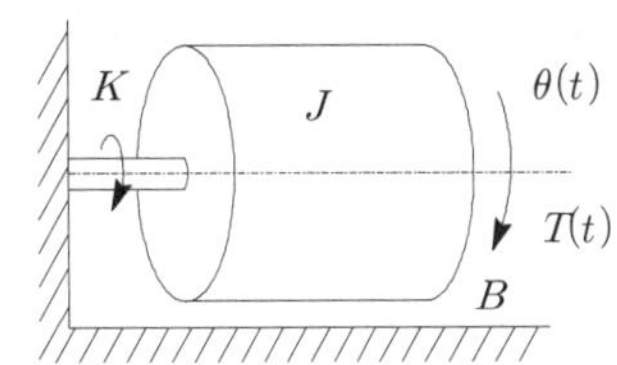

① $\dfrac{1}{Js^2+Bs+K}$ ② Js^2+Bs+K

③ $\dfrac{s}{Js^2+Bs+K}$ ④ $\dfrac{Js^2+Bs+K}{s}$

해설

전기적 시스템의 방정식

$T(t)=J\dfrac{d^2\theta(t)}{dt^2}+B\dfrac{d\theta}{dt}+K\theta(t)$에서 이를 라플라스 변환하면 다음과 같다.

$$T(s)=Js^2\theta(s)+Bs\theta(s)+K\theta(s)$$
$$=\theta(s)(Ms^2+Bs+K)$$

$\therefore$ 전달함수 $G(s)=\dfrac{\theta(s)}{T(s)}=\dfrac{1}{Js^2+Bs+K}$

★★★ 기사 93년 2회, 98년 3회, 04년 4회, 08년 1회, 15년 3회 / 산업 13년 4회

25 블록 다이어그램에서 $\dfrac{\theta(s)}{R(s)}$의 전달함수는 무엇인가?

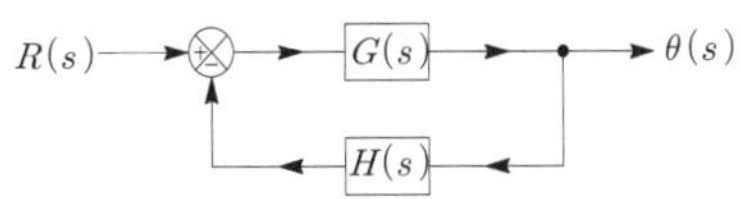

① $\dfrac{1}{1+G(s)\cdot H(s)}$

② $\dfrac{1}{1-G(s)\cdot H(s)}$

③ $\dfrac{G(s)}{1+G(s)\cdot H(s)}$

④ $\dfrac{G(s)}{1-G(s)\cdot H(s)}$

정답 22. ④ 23. ② 24. ① 25. ③

해설

종합전달함수 $M(s)=\dfrac{\theta(s)}{R(s)}=\dfrac{\sum \text{전향 경로이득}}{1-\sum \text{폐루프 이득}}$

$=\dfrac{G(s)}{1-[-G(s)H(s)]}$

$=\dfrac{G(s)}{1+G(s)H(s)}$

★★ 기사 96년 4회, 00년 3회, 13년 3회

26 다음 시스템의 전달함수$\left(\dfrac{C}{R}\right)$는?

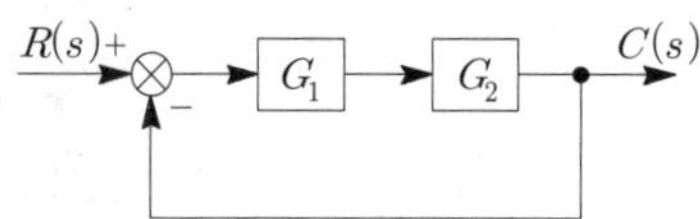

① $\dfrac{G_1G_2}{1+G_1G_2}$ ② $\dfrac{G_1G_2}{1-G_1G_2}$

③ $\dfrac{1+G_1G_2}{G_1G_2}$ ④ $\dfrac{1-G_1G_2}{G_1G_2}$

해설

종합전달함수 $M(s)=\dfrac{C(s)}{R(s)}=\dfrac{\sum \text{전향 경로이득}}{1-\sum \text{폐루프 이득}}$

$=\dfrac{G_1G_2}{1-(-G_1G_2)}$

$=\dfrac{G_1G_2}{1+G_1G_2}$

★★ 기사 95년 6회, 97년 4회, 02년 3회

27 다음 그림과 같은 피드백 회로의 종합전달함수는?

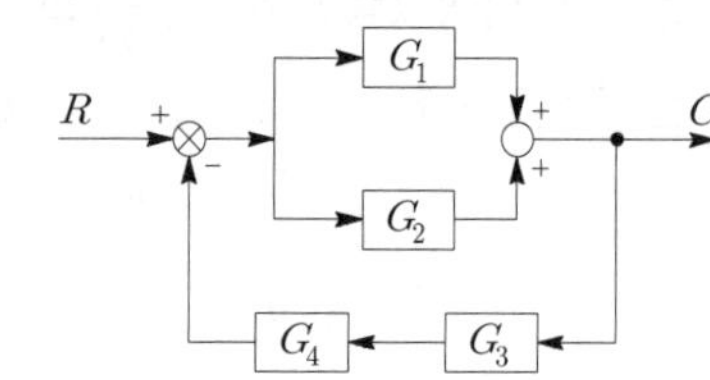

① $\dfrac{G_1G_2}{1+G_1G_2+G_3G_4}$

② $\dfrac{G_1+G_2}{1+G_1G_3G_4+G_2G_3G_4}$

③ $\dfrac{G_1+G_2}{1+G_1G_2G_3G_4+G_2G_3G_4}$

④ $\dfrac{G_1G_2}{1+G_4G_2+G_3G_4}$

해설

종합전달함수 $M(s)=\dfrac{\sum \text{전향 경로이득}}{1-\sum \text{폐루프 이득}}$

$=\dfrac{G_1+G_2}{1-[-(G_1+G_2)G_3G_4]}$

$=\dfrac{G_1+G_2}{1+(G_1+G_2)G_3G_4}$

★★ 기사 95년 5회, 02년 1회

28 그림의 블록선도에서 전달함수로 표시된 $\dfrac{B}{A}$ 값은?

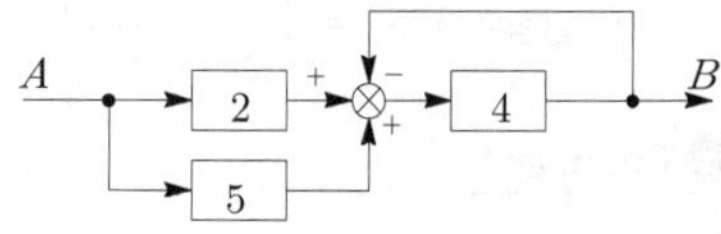

① $\dfrac{12}{5}$ ② $\dfrac{16}{5}$

③ $\dfrac{20}{5}$ ④ $\dfrac{28}{5}$

해설

종합전달함수 $M(s)=\dfrac{\sum \text{전향 경로이득}}{1-\sum \text{폐루프 이득}}$

$=\dfrac{2\times4+5\times4}{1-(-4)}=\dfrac{28}{5}$

★★ 기사 98년 6회

29 다음 신호흐름선도에서 전달함수 $\dfrac{C}{R}$의 값은 무엇인가?

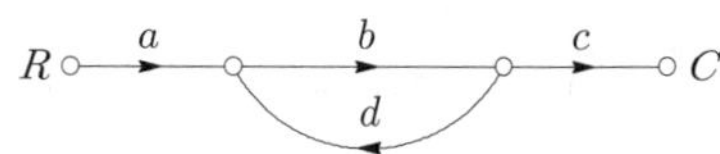

① $G=\dfrac{1-bd}{abc}$

② $G=\dfrac{1+bd}{abc}$

③ $G=\dfrac{abc}{1+bd}$

④ $G=\dfrac{abc}{1-bd}$

정답 26. ① 27. ② 28. ④ 29. ④

해설

종합전달함수 $M(s)=\dfrac{C(s)}{R(s)}$

$=\dfrac{\sum \text{전향 경로이득}}{1-\sum \text{폐루프 이득}}$

$=\dfrac{abc}{1-bd}$

집중공략

★★★★ 기사 96년 6회, 14년 1회, 15년 2회

30 단위계단 입력신호에 대한 과도응답을 무엇이라 하는가?

① 임펄스 응답
② 인디셜 응답
③ 노멀 응답
④ 램프 응답

해설 응답의 종류

종류	$r(t)$	$R(s)$	응답 $c(t)$
임펄스 응답	$\delta(t)$: 단위 임펄스 함수	1	$c(t)=\mathcal{L}^{-1}[G(s)]$
인디셜 응답	$u(t)$: 단위 계단함수	$\frac{1}{s}$	$c(t)=\mathcal{L}^{-1}\left[\frac{1}{s}G(s)\right]$
경사 응답	t : 단위 속도함수	$\frac{1}{s^2}$	$c(t)=\mathcal{L}^{-1}\left[\frac{1}{s^2}G(s)\right]$
포물선 응답	$\frac{1}{2}t^2$: 단위 가속도함수	$\frac{1}{s^3}$	$c(t)=\mathcal{L}^{-1}\left[\frac{1}{s^3}G(s)\right]$

여기서, $G(s)=M(s)$: 종합전달함수

★★★ 기사 02년 1회 / 산업 11년 2회

31 어떤 제어계의 임펄스 응답이 $\sin 2t$이면 이 제어계의 전달함수는?

① $\dfrac{s}{s+2}$　② $\dfrac{s}{s^2+2}$

③ $\dfrac{2}{s^2+2}$　④ $\dfrac{2}{s^2+4}$

해설

임펄스 응답 $c(t)=\mathcal{L}^{-1}[M(s)]$이므로

∴ 종합전달함수 $M(s)=\mathcal{L}[c(t)]=C(s)$

$=\dfrac{2}{s^2+2^2}=\dfrac{2}{s^2+4}$

★ 산업 89년 3회, 95년 4회, 03년 3회, 11년 3회, 14년 1회

32 그림과 같은 $R-C$ 회로의 입력단자에 계단전압을 인가하면 출력전압은?

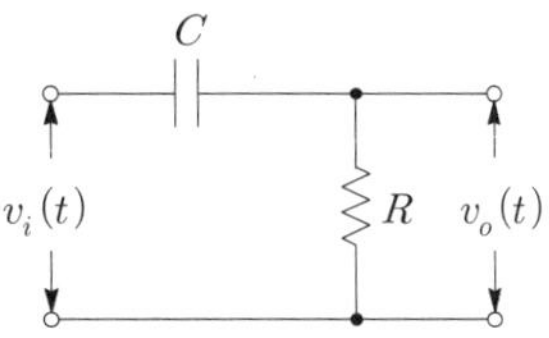

① 0부터 지수적으로 증가한다.
② 처음에는 입력과 같이 변했다가 지수적으로 감쇠한다.
③ 같은 모양의 계단전압이 나타난다.
④ 아무것도 나타나지 않는다.

해설

입력단자에 계단전압(직류)을 인가했으므로 회로에 흐르는 전류는 $i(t)=\dfrac{E}{R}e^{\frac{1}{RC}t}$[A]가 된다.

∴ 출력전압은 $v_0(t)=Ee^{-\frac{1}{RC}t}$[V]가 되어 지수함수적으로 감쇠하는 그래프가 된다.

★★★★ 기사 92년 3회, 99년 3회, 00년 4회, 04년 1회, 09년 1회, 13년 3회

33 과도응답이 소멸되는 정도를 나타내는 감쇠비(decay ratio)는?

① $\dfrac{\text{최대 오버슈트}}{\text{제2오버슈트}}$

② $\dfrac{\text{제2오버슈트}}{\text{제2오버슈트}}$

③ $\dfrac{\text{제2오버슈트}}{\text{최대 오버슈트}}$

④ $\dfrac{\text{제2오버슈트}}{\text{제3오버슈트}}$

해설 과도응답 평가상수

㉠ 최대 오버슈트(M_p) : 응답 중에 생기는 입력과 출력 사이의 최대 편차량

㉡ 백분율(상대) 오버슈트$=\dfrac{\text{최대 오버슈트}}{\text{최종 목표값}}\times 100[\%]$

㉢ 지연시간(T_d) : 목표값의 50[%]에 도달하는 데 걸리는 시간

정답 30. ② 31. ④ 32. ② 33. ③

㉣ 상승시간(T_r) : 목표값의 10[%]에서 90[%]까지 도달하는 데 걸리는 시간

㉤ 정정시간(T_s) : 응답이 정해진 허용범위(최종 목표값의 ±5[%] 또는 ±2[%]) 이내로 되는 데 걸리는 시간

㉥ 진폭감쇠비 : 과도응답의 소멸되는 정도를 나타내는 양$\left(\text{진폭감쇠비} = \dfrac{\text{제2오버슈트}}{\text{최대 오버슈트}}\right)$

★★★★ 기사 91년 6회 / 산업 94년 2회, 05년 3회

34 제동계수 $\zeta=1$인 경우 어떠한가?

① 임계진동이다.
② 강제진동이다.
③ 감쇠진동이다.
④ 완전진동이다.

해설 2차 지연요소의 인디셜 응답의 구분

㉠ $0<\delta<1$: 부족제동
㉡ $\delta=1$: 임계제동
㉢ $\delta>1$: 과제동
㉣ $\delta=0$: 무제동(무한진동)
㉤ $\delta<0$: 발산

★★★★ 기사 98년 3회

35 미분방정식 $\dfrac{d^2y(t)}{dt^2}+6\dfrac{dy(t)}{dt}+9y(t)=9x(t)$의 2차 계통에서 감쇠율(damping ratio) ζ와 제동의 종류는?

① $\zeta=0$: 무제동
② $\zeta=1$: 임계제동
③ $\zeta=2$: 과제동
④ $\zeta=0.5$: 감쇠진동 또는 부족제동

해설

㉠ 미분방정식을 라플라스 변환하면 $s^2Y(s)+6sY(s)+9Y(s)=9X(s)$가 되므로 전달함수 $M(s)=\dfrac{Y(s)}{X(s)}=\dfrac{9}{s^2+6s+9}$가 된다.

㉡ 특성방정식 : $F(s)=s^2+6s+9$
$= s^2+2\zeta\omega_n s+\omega_n^2=0$

㉢ 상수항에서 ${\omega_n}^2=9$에서 고유각주파수 : $\omega_n=3$

㉣ 1차항에서 $2\zeta\omega_n s=6s$에서 제동비 : $\zeta=\dfrac{6}{2\omega_n}=1$

∴ 제동비가 $\zeta=1$이므로 임계제동상태가 된다.

정답 34. ① 35. ②

부록

과년도 출제문제

전기기사 / 전기산업기사

2022년 제1회 전기기사 기출문제

하 제4장 비정현파 교류회로의 이해

01 $f_e(t)$가 우함수이고 $f_o(t)$가 기함수일 때 주기함수 $f(t)=f_e(t)+f_o(t)$에 대한 다음 식 중 틀린 것은?

① $f_e(t)=f_e(-t)$
② $f_o(t)=-f_o(-t)$
③ $f_o(t)=\frac{1}{2}[f(t)-f(-t)]$
④ $f_e(t)=\frac{1}{2}[f(t)-f(-t)]$

상 제3장 다상 교류회로의 이해

02 3상 평형회로에 Y결선의 부하가 연결되어 있고, 부하에서의 선간전압이 $V_{ab}=100\sqrt{3}\angle 0°$[V]일 때 선전류가 $I_a=20\angle -60°$[A]이었다. 이 부하의 한 상의 임피던스[Ω]는? (단, 3상 전압의 상순은 a－b－c이다.)

① $5\angle 30°$ ② $5\sqrt{3}\angle 30°$
③ $5\angle 60°$ ④ $5\sqrt{3}\angle 60°$

해설

㉠ Y결선의 특징 : $V_l=\sqrt{3}\,V_p\angle 30°$
$I_l=I_p\angle 0°$
여기서, $I_l=I_a$: 선전류
I_p : 상전류

㉡ 상전압 : $V_p=\frac{V_l}{\sqrt{3}}\angle -30°=100\angle -30°$
여기서, 선간전압 : $V_l=100\sqrt{3}\angle 0°$

∴ 부하 한 상의 임피던스

$$Z=\frac{V_p}{I_p}=\frac{100\angle -30°}{20\angle -60°}=5\angle 30°$$

상 제6장 회로망 해석

03 그림의 회로에서 120[V]와 30[V]의 전압원(능동소자)에서의 전력은 각각 몇 [W]인가? (단, 전압원(능동소자)에서 공급 또는 발생하는 전력은 양수(+)이고, 소비 또는 흡수하는 전력은 음수(-)이다.)

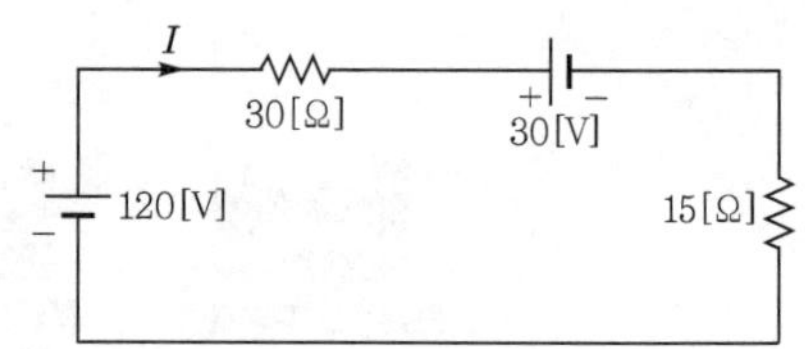

① 240[W], 60[W]
② 240[W], −60[W]
③ −240[W], 60[W]
④ −240[W], −60[W]

해설

㉠ 회로에 흐르는 전류 : $I=\frac{V}{R}=\frac{120-30}{30+15}=2$[A]
㉡ 전류는 시계방향으로 흐른다.
㉢ ＋단자에서 전류가 나가면 전력을 발생시키는 소자이고, 전류가 ＋단자로 들어가면 전력을 소비하는 소자를 의미한다.
㉣ 따라서 120[V]는 전력을 발생시키고, 30[V]는 전력을 소비하게 된다.

∴ 120[V]의 전력 $P=120\times 2=240$[W]
0[V]의 전력 $P=-30\times 2=-60$[W]

하 제10장 라플라스 변환

04 정전용량이 C[F]인 커패시터에 단위임펄스의 전류원이 연결되어 있다. 이 커패시터의 전압 $v_C(t)$는? (단, $u(t)$는 단위계단함수이다.)

① $v_C(t)=C$ ② $v_C(t)=Cu(t)$
③ $v_C(t)=\frac{1}{C}$ ④ $v_C(t)=\frac{1}{C}u(t)$

해설

㉠ 단위임펄스함수 : $\delta(t)=\frac{du(t)}{dt}$
㉡ 전류의 정의식 : $i(t)=\frac{dq(t)}{dt}=C\frac{dv(t)}{dt}$
㉢ 커패시터 단자전압 : $v_C=\frac{1}{C}\int i(t)dt$
$=\frac{1}{C}\int \delta(t)dt$
$=\frac{1}{C}\int \frac{du(t)}{dt}dt=\frac{1}{C}u(t)$

정답 01. ④ 02. ① 03. ② 04. ④

상 제3장 다상 교류회로의 이해

05 각 상의 전압이 다음과 같을 때 영상분 전압 [V]의 순시치는? (단, 3상 전압의 상순은 a−b−c이다.)

$$v_a(t) = 40\sin\omega t[\text{V}]$$
$$v_b(t) = 40\sin\left(\omega t - \frac{\pi}{2}\right)[\text{V}]$$
$$v_c(t) = 40\sin\left(\omega t + \frac{\pi}{2}\right)[\text{V}]$$

① $40\sin\omega t$ ② $\frac{40}{3}\sin\omega t$
③ $\frac{40}{3}\sin\left(\omega t - \frac{\pi}{2}\right)$ ④ $\frac{40}{3}\sin\left(\omega t + \frac{\pi}{2}\right)$

해설

㉠ 영상분 전압 : $V_0 = \frac{1}{3}(V_a + V_b + V_c)$
㉡ 문제에서 V_b와 V_c는 크기는 같고, 위상이 반대가 되므로 $V_b + V_c = 0$이 된다. 따라서 영상분 전압은 $V_0 = \frac{1}{3}V_a$가 된다.
$\therefore V_0 = \frac{40}{3}\sin\omega t[\text{V}]$

하 제3장 다상 교류회로의 이해

06 그림과 같이 3상 평형의 순저항부하에 단상 전력계를 연결하였을 때 전력계가 W[W]를 지시하였다. 이 3상 부하에서 소모하는 전체 전력[W]은?

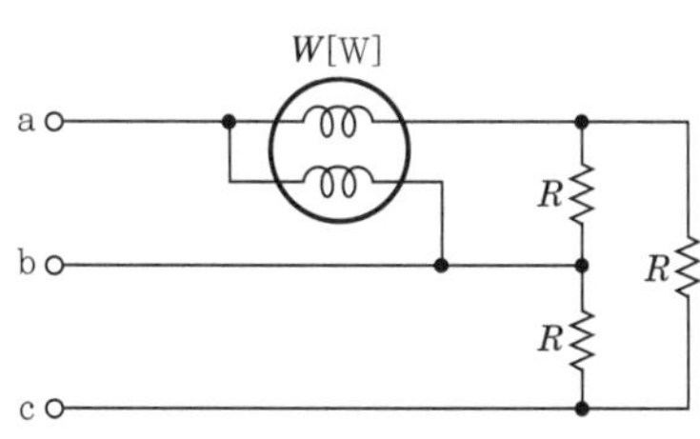

① $2W$ ② $3W$
③ $\sqrt{2}\,W$ ④ $\sqrt{3}\,W$

해설

R만의 부하에서는 2전력계법으로 3상 전력을 측정할 수 있으며, 이때 측정되는 전력은 $W_1 = W_2 = W$가 되고, 역률은 1이 된다.
$\therefore$ 2전력법에서 유효전력 $P = W_1 + W_2 = 2W$[W]

상 제9장 과도현상

07 그림의 회로에서 $t = 0$[sec]에 스위치(S)를 닫은 후 $t = 1$[sec]일 때 이 회로에 흐르는 전류는 약 몇 [A]인가?

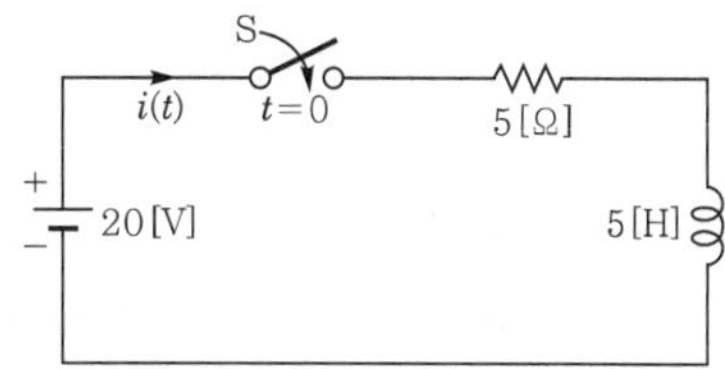

① 2.52 ② 3.16
③ 4.21 ④ 6.32

해설

$t=0$에서 스위치를 닫았을 때의 과도전류

$$i(t) = \frac{E}{R}\left(1 - e^{-\frac{L}{R}t}\right) = \frac{20}{5}(1 - e^{-1})$$
$$= 4 \times 0.632 = 2.528[\text{A}]$$

상 제2장 단상 교류회로의 이해

08 순시치전류 $i(t) = I_m\sin(\omega t + \theta_I)$[A]의 파고율은 약 얼마인가?

① 0.577
② 0.707
③ 1.414
④ 1.732

해설

$$\text{파고율} = \frac{\text{최대값}}{\text{실효값}} = \frac{I_m}{\frac{I_m}{\sqrt{2}}} = \sqrt{2} = 1.414$$

상 제7장 4단자망 회로해석

09 그림의 회로가 정저항회로로 되기 위한 L[mH]은? (단, $R = 10[\Omega]$, $C = 1000[\mu\text{F}]$이다.)

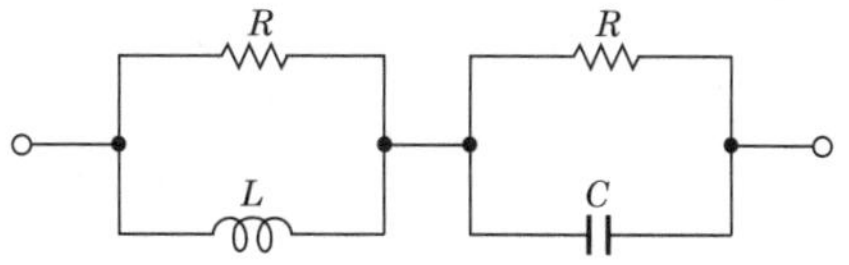

① 1 ② 10
③ 100 ④ 1000

정답 05. ② 06. ① 07. ① 08. ③ 09. ③

해설

정저항회로의 조건 $R^2 = Z_1 Z_2 = \frac{L}{C}$

$\therefore\ L = R^2 C = 10^2 \times 1000 \times 10^{-6}$

$= 10^{-1}$ [H] = 100 [mH]

여기서, 1 [H] = 1000 [mH]

상 제8장 분포정수회로

10 **분포정수회로에 있어서 선로의 단위길이당 저항이 100[Ω/m], 인덕턴스가 200[mH/m], 누설컨덕턴스가 0.5[℧/m]일 때 일그러짐이 없는 조건(무왜형 조건)을 만족하기 위한 단위길이당 커패시턴스는 몇 [μF/m]인가?**

① 0.001　　② 0.1
③ 10　　④ 1000

해설

무왜형 조건 $LG = RC$

$\therefore\ C = \frac{LG}{R} = \frac{200 \times 10^{-3} \times 0.5}{100}$

$= 10^{-3}$[F/m] $= 10^3$ [μF/m]

여기서, 1[μF] = 10^6[μF]

정답 10. ④

2022년 제1회 전기산업기사 CBT 기출복원문제

상 제6장 회로망 해석

01 회로 (a)를 회로 (b)로 하여 테브난의 정리를 이용하면 등가저항 R_{Th}의 값과 전압 V_{Th}의 값은 얼마인가?

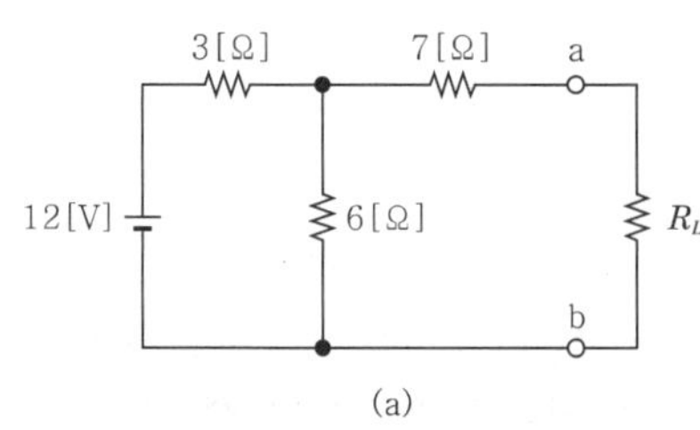

(a)

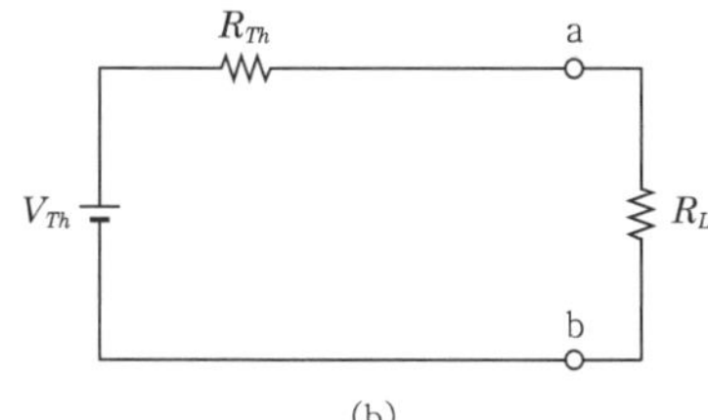

(b)

① 13[Ω], 4[V] ② 2[Ω], 8[V]
③ 9[Ω], 8[V] ④ 9[Ω], 4[V]

해설

테브난의 등가회로로 정리하면 다음과 같다.

㉠ 등가변환 시 먼저 a, b 사이에 접속된 부하(R_L)를 개방시킨다.

㉡ 등가저항(전압원을 단락시킨 상태에서 a, b 단자에서 바라본 합성저항)

$$R_{Th} = 7 + \frac{3\times6}{3+6} = 9[\Omega]$$

㉢ 개방전압(a, b 양 단자의 단자전압)

$$V_{Th} = 6I = 6\times\frac{12}{3+6} = 8[\text{V}]$$

상 제10장 라플라스 변환

02 $F(s) = \dfrac{1}{s(s+a)}$ 의 라플라스 역변환을 구하면?

① $1-e^{-at}$ ② $a(1-e^{-at})$
③ $\dfrac{1}{a}(1-e^{-at})$ ④ e^{-at}

해설

$$F(s) = \frac{1}{s(s+a)} = \frac{A}{s} + \frac{B}{s+a} \xrightarrow{\mathcal{L}^{-1}} A + Be^{-at}$$

㉠ $A = \lim\limits_{s\to0} sF(s) = \lim\limits_{s\to0}\dfrac{1}{s+a} = \dfrac{1}{a}$

㉡ $B = \lim\limits_{s\to-a}(s+a)F(s) = \lim\limits_{s\to-a}\dfrac{1}{s} = -\dfrac{1}{a}$

$\therefore\ f(t) = A + Be^{-at} = \dfrac{1}{a}(1-e^{-at})$

중 제1장 직류회로의 이해

03 다음 그림과 같은 회로에서 R의 값은 얼마인가?

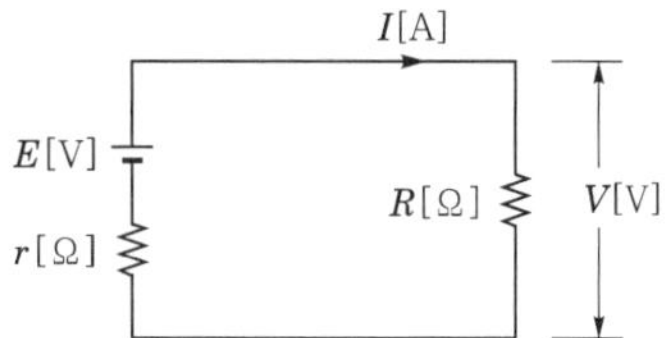

① $\dfrac{E-V}{E}r$ ② $\dfrac{E}{E-V}r$
③ $\dfrac{E-V}{V}r$ ④ $\dfrac{V}{E-V}r$

해설

㉠ 기전력 $E = I(r+R) = Ir + IR$
$= Ir + V = \dfrac{V}{R}r + V$

여기서, 부하 단자전압 $V = IR$

㉡ $E - V = \dfrac{V}{R}r$ 이므로 부하저항은

$\therefore\ R = \dfrac{V}{E-V}\times r$

상 제2장 단상 교류회로의 이해

04 $i = 3\sqrt{2}\sin(377t - 30°)$[A]의 평균값은 얼마인가?

① 5.7[A] ② 4.3[A]
③ 3.9[A] ④ 2.7[A]

정답 01. ③ 02. ③ 03. ④ 04. ④

해설

평균값 $I_a = \frac{2I_m}{\pi} = 0.637I_m$
$= 0.637\times\sqrt{2}I = 0.9I = 0.9\times3$
$= 2.7$[A]

하 제5장 대칭좌표법

05 3상 회로의 선간전압이 각각 80, 50, 50[V]일 때의 전압의 불평형률[%]은 약 얼마인가?

① 22.7[%] ② 39.6[%]
③ 45.3[%] ④ 57.3[%]

해설

㉠ 3상 회로의 각 상전압은 다음과 같다.

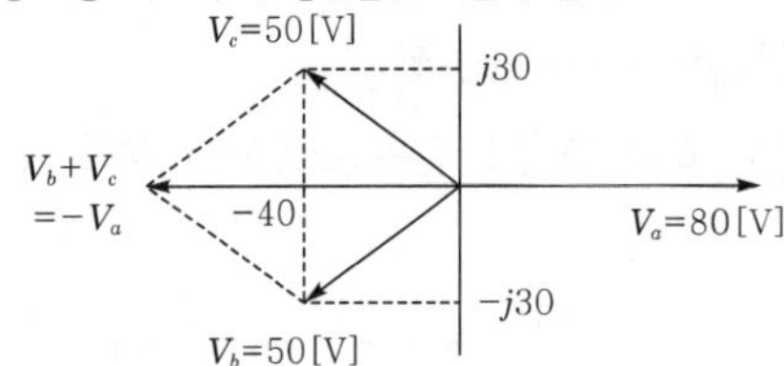

- $V_a = 80$[V]
- $V_b = -40-j30$[V]
- $V_c = -40+j30$[V]

㉡ 정상분 전압

$$V_1 = \frac{1}{3}(V_a + aV_b + a^2V_c)$$
$$= \frac{1}{3}\left[80+\left(-\frac{1}{2}+j\frac{\sqrt{3}}{2}\right)(-40-j30) + \left(-\frac{1}{2}-j\frac{\sqrt{3}}{2}\right)(-40+j30)\right]$$
$$= 57.3[\text{V}]$$

㉢ 역상분 전압

$$V_2 = \frac{1}{3}(V_a + a^2V_b + aV_c)$$
$$= \frac{1}{3}\left[80+\left(-\frac{1}{2}-j\frac{\sqrt{3}}{2}\right)(-40-j30) + \left(-\frac{1}{2}+j\frac{\sqrt{3}}{2}\right)(-40+j30)\right]$$
$$= 22.7[\text{V}]$$

∴ 불평형률

$$\%U = \frac{\text{역상분}}{\text{정상분}}\times100 = \frac{22.7}{57.3}\times100 = 39.6[\%]$$

상 제7장 4단자망 회로해석

06 4단자 정수 A, B, C, D 중에서 어드미턴스의 차원을 가진 정수는?

① A ② B
③ C ④ D

해설 4단자 정수

㉠ $A = \frac{V_1}{V_2}$: 전압이득 차원

㉡ $B = \frac{V_1}{I_2}$: 임피던스 차원

㉢ $C = \frac{I_1}{V_2}$: 어드미턴스 차원

㉣ $D = \frac{I_1}{I_2}$: 전류이득 차원

상 제3장 다상 교류회로의 이해

07 △결선된 부하를 Y결선으로 바꾸면 소비전력은 어떻게 되는가? (단, 선간전압은 일정하다.)

① $\frac{1}{3}$배 ② 6배
③ $\frac{1}{\sqrt{3}}$배 ④ $\frac{1}{\sqrt{6}}$배

해설

㉠ 부하를 Y결선 시 소비전력

$$P_Y = 3\times\frac{E^2}{Z} = 3\times\frac{(V/\sqrt{3})^2}{Z} = \frac{V^2}{Z}$$

여기서, E : 상전압
V : 선간전압

㉡ 부하를 △결선 시 소비전력

$$P_\triangle = 3\times\frac{E^2}{Z} = 3\times\frac{V^2}{Z} = 3\frac{V^2}{Z}$$

$$\therefore \frac{P_Y}{P_\triangle} = \frac{1}{3}$$

상 제3장 다상 교류회로의 이해

08 선간전압 100[V], 역률 60[%]인 평형 3상 부하에서 소비전력 P=10[kW]일 때 선전류[A]는?

① 99.4[A] ② 96.2[A]
③ 86.2[A] ④ 76.4[A]

해설

선전류 $I = \frac{P}{\sqrt{3}\,V\cos\theta} = \frac{10\times10^3}{\sqrt{3}\times100\times0.6} = 96.2$[A]

정답 05. ② 06. ③ 07. ① 08. ②

상 제3장 다상 교류회로의 이해

09 임피던스 3개를 그림과 같이 평형으로 성형 접속하여, a, b, c단자에 200[V]의 대칭 3상 전압을 가했을 때 흐르는 전류와 전력은 얼마인가?

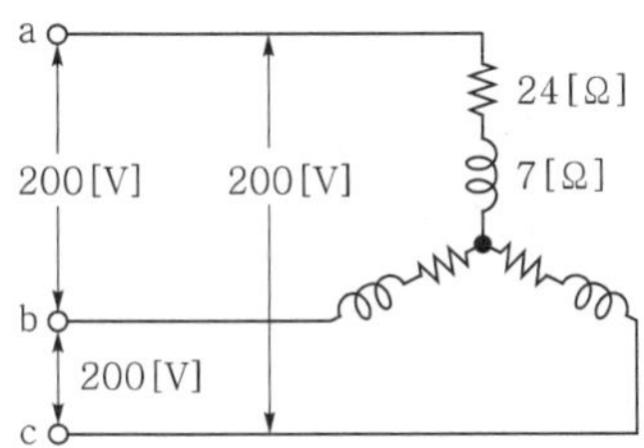

① $I=4.6[A]$, $P=1536[W]$
② $I=6.4[A]$, $P=1636[W]$
③ $I=5.0[A]$, $P=1500[W]$
④ $I=6.4[A]$, $P=1346[W]$

해설

㉠ 한 상에 흐르는 전류(상전류)

$$I_p = \frac{V_p}{Z} = \frac{\frac{200}{\sqrt{3}}}{\sqrt{24^2+7^2}} = 4.6[A]$$

여기서, V_p : 상전압, Z : 한 상의 임피던스

㉡ 소비전력

$$P = 3I_p^{\,2}R = 3\times 4.6^2\times 24 = 1536[W]$$

중 제9장 과도현상

10 $R=4000[\Omega]$, $L=5[H]$의 직렬회로에 직류 전압 200[V]를 가할 때 급히 단자 사이의 스위치를 개방시킬 경우 이로부터 $\frac{1}{800}$[sec] 후 $R-L$ 중의 전류는 몇 [mA]인가?

① 18.4[mA] ② 1.84[mA]
③ 28.4[mA] ④ 2.84[mA]

해설

RL 과도전류

$$i(\tau) = \frac{E}{R}e^{-\frac{R}{L}t} = \frac{200}{4000}e^{-\frac{4000}{5}\times\frac{1}{800}}$$
$$= 0.05\,e^{-1} = 0.05\times 0.368$$
$$= 0.0184[A] = 18.4[mA]$$

중 제7장 4단자망 회로해석

11 다음의 2단자 임피던스 함수가 $Z(s) = \frac{s(s+1)}{(s+2)(s+3)}$일 때 회로의 단락상태를 나타내는 점은?

① $-1,\ 0$ ② $0,\ 1$
③ $-2,\ -3$ ④ $2,\ 3$

해설

회로의 단락상태는 회로의 영점을 의미하며, $Z(s)=0$이 되기 위한 s의 해를 말한다.

∴ 영점 : $Z_1=0$, $Z_1=-1$

상 제1장 직류회로의 이해

12 정격전압에서 1[kW] 전력을 소비하는 저항에 정격의 70[%]의 전압을 가할 때의 전력[W]은 얼마인가?

① 490 ② 580
③ 640 ④ 860

해설

소비전력 $P=\frac{V^2}{R}=1$[kW]에서 동일 부하에 70[%]의 전압을 인가 시 변화되는 소비전력은 다음과 같다.

$$\therefore P' = \frac{V'^2}{R} = \frac{(0.7V)^2}{R} = 0.7^2\times\frac{V^2}{R}$$
$$= 0.49\frac{V^2}{R} = 0.49\times 1000 = 490[W]$$

상 제6장 회로망 해석

13 이상적 전압·전류원에 관하여 옳은 것은?

① 전압원의 내부저항은 ∞이고, 전류원의 내부저항은 0이다.
② 전압원의 내부저항은 0이고, 전류원의 내부저항은 ∞이다.
③ 전압원, 전류원의 내부저항은 흐르는 전류에 따라 변한다.
④ 전압원의 내부저항은 일정하고, 전류원의 내부저항은 일정하지 않다.

정답 09. ① 10. ① 11. ① 12. ① 13. ②

하 제4장 비정현파 교류회로의 이해

14 비정현파에 있어서 정현대칭의 조건은 어느 것인가?

① $f(t)=f(-t)$　　② $f(t)=-f(t)$

③ $f(t)=-f(-t)$　　④ $f(t)=-f\left(t+\frac{T}{2}\right)$

해설 비정현파의 대칭 조건

구분	대칭 조건
우함수(여현대칭)	$f(t)=f(-t)$
기함수(정현대칭)	$f(t)=-f(-t)$
반파대칭	$f(t)=f(-t)$

상 제7장 4단자망 회로해석

15 다음과 같은 4단자 회로에서 임피던스 파라미터 Z_{11}의 값은?

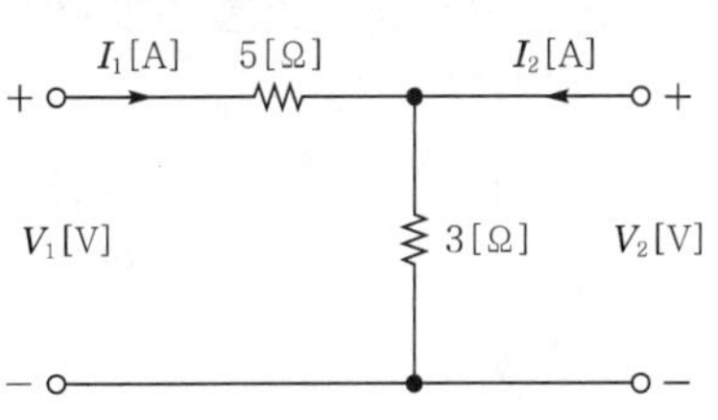

① 8[Ω]　　② 5[Ω]

③ 3[Ω]　　④ 2[Ω]

해설 임피던스 파라미터

㉠ $Z_{11}=5+3=8[\Omega]$

㉡ $Z_{12}=Z_{21}=3[\Omega]$

㉢ $Z_{22}=0+3=3[\Omega]$

상 제10장 라플라스 변환

16 시간함수가 $i(t)=3u(t)+2e^{-t}$일 때 라플라스 변환한 함수 $I(s)$는?

① $\frac{s+3}{s(s+1)}$

② $\frac{5s+3}{s(s+1)}$

③ $\frac{3s}{s^2+1}$

④ $\frac{5s+1}{s^2(s+1)}$

해설

$$\mathcal{L}[3u(t)+2e^{-t}]=\frac{3}{s}+\frac{2}{s}\bigg|_{s=s+1}$$
$$=\frac{3}{s}+\frac{2}{s+1}=\frac{5s+3}{s(s+1)}$$

하 제3장 다상 교류회로의 이해

17 3상 불평형 전압에서 역상전압이 25[V]이고, 정상전압이 100[V], 영상전압이 10[V]라 할 때 전압의 불평형률은?

① 0.25　　② 0.4

③ 4　　④ 10

해설

불평형률 (V_1 : 정상분, V_2 : 역상분)

$$\%U=\frac{V_2}{V_1}\times 100=\frac{25}{100}\times 100=25[\%]$$

상 제2장 단상 교류회로의 이해

18 복소전압 $E=-20e^{j\frac{3\pi}{2}}$를 정현파의 순시값으로 나타내면 어떻게 되는가?

① $e=-20\sin\left(\omega t+\frac{\pi}{2}\right)$[V]

② $e=20\sin\left(\omega t+\frac{2\pi}{3}\right)$[V]

③ $e=-20\sqrt{2}\sin\left(\omega t-\frac{3\pi}{2}\right)$[V]

④ $e=20\sqrt{2}\sin\left(\omega t+\frac{\pi}{2}\right)$[V]

해설

교류의 순시값은 페이저 표현법에 의하여 다음과 같이 정리할 수 있다.

$e=E\sqrt{2}\sin(\omega t+\theta)$

$=E\angle\theta=Ee^{j\theta}=E(\cos\theta+j\sin\theta)$

여기서, E : 전압의 실효값

$$\therefore\ E=-20e^{j\frac{3\pi}{2}}=-20\angle\frac{3\pi}{2}$$
$$=20\angle\frac{\pi}{2}=20\sqrt{2}\sin\left(\omega t+\frac{\pi}{2}\right)[V]$$

정답 14. ③ 15. ① 16. ② 17. ① 18. ④

하 제2장 단상 교류회로의 이해

19 그림과 같이 전류계 A_1, A_2, A_3, 25 [Ω]의 저항 R을 접속하였다. 전류계의 지시는 A_1=10[A], A_2=4[A], A_3=7[A]이다. 부하의 전력[W]과 역률은 얼마인가?

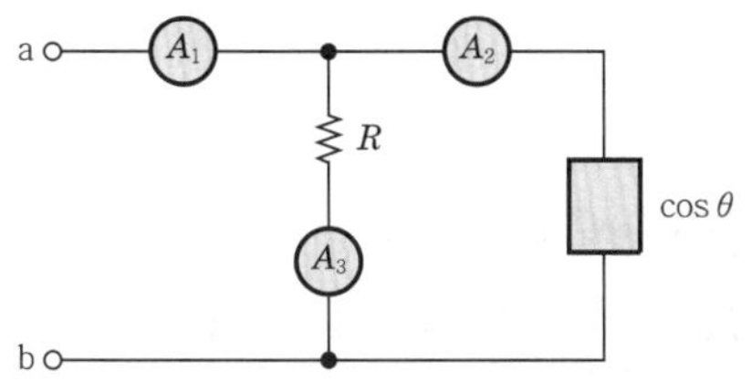

① $P=437.5$[W], $\cos\theta=0.625$
② $P=437.5$[W], $\cos\theta=0.545$
③ $P=507.5$[W], $\cos\theta=0.647$
④ $P=507.5$[W], $\cos\theta=0.747$

해설

㉠ 역률 : $\cos\theta = \dfrac{A_1^{\,2} - A_2^{\,2} - A_3^{\,2}}{2A_2A_3} = \dfrac{10^2 - 4^2 - 7^2}{2\times4\times7} = 0.625$

㉡ 소비전력 : $P = VI\cos\theta = \dfrac{R}{2}\left(A_1^{\,2} - A_2^{\,2} - A_3^{\,2}\right) = \dfrac{25}{2}\left(10^2 - 4^2 - 7^2\right) = 437.5$[W]

상 제4장 비정현파 교류회로의 이해

20 가정용 전원의 기본파가 100[V]이고 제7고조파가 기본파의 4[%], 제11고조파가 기본파의 3[%]이었다면 이 전원의 일그러짐률은 몇 [%]인가?

① 11[%]　　② 10[%]
③ 7[%]　　④ 5[%]

해설

$$V_{THD} = \frac{\text{전 고조파의 실효값}}{\text{기본파의 실효값}} = \frac{\sqrt{(0.04E)^2 + (0.03E)^2}}{E} = \sqrt{0.04^2 + 0.03^2} = 0.05 = 5[\%]$$

정답 19. ① 20. ④

2022년 제2회 전기기사 기출문제

하 제6장 회로망 해석

01 회로에서 6[Ω]에 흐르는 전류[A]는?

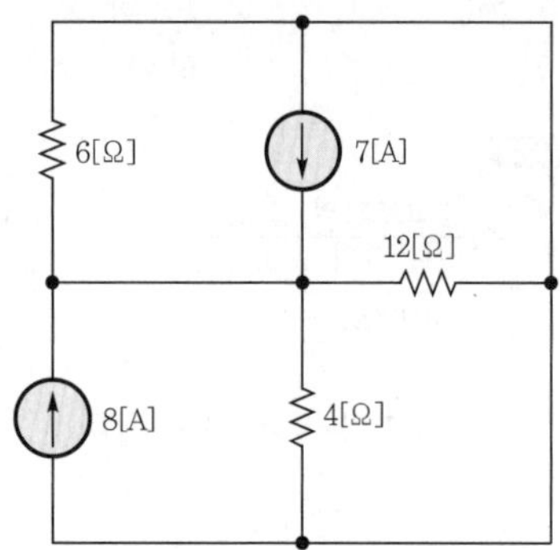

① 2.5　　② 5
③ 7.5　　④ 10

해설

중첩의 정리로 풀이할 수 있다.

㉠ 8[A]로 해석

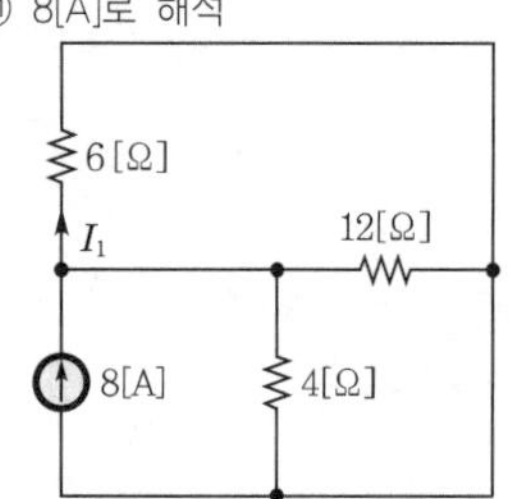

- 12[Ω]과 4[Ω]의 병렬합성저항 $\frac{12\times4}{12+4}=3[\Omega]$
- $I_1=\frac{3}{6+3}\times8=\frac{24}{9}$[A]

㉡ 7[A]로 해석

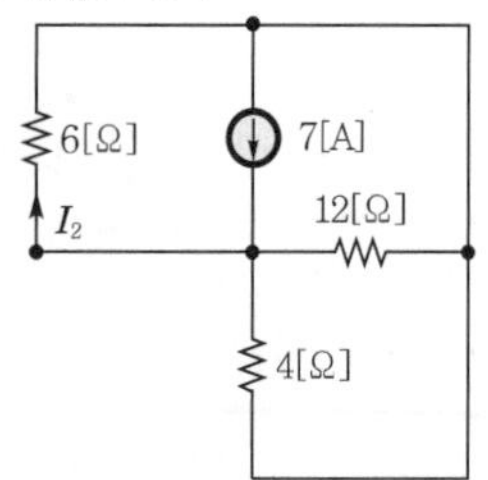

- 12[Ω]과 4[Ω]의 병렬합성저항 $\frac{12\times4}{12+4}=3[\Omega]$
- $I_2=\frac{3}{6+3}\times7=\frac{21}{9}$[A]

㉢ 6[Ω]을 통과하는 전류

$I=I_1+I_2=\frac{45}{9}=5$[A]

상 제9장 과도현상

02 RL 직렬회로에서 시정수가 0.03[s], 저항이 14.7[Ω]일 때 이 회로의 인덕턴스[mH]는?

① 441　　② 362
③ 17.6　　④ 2.53

해설

㉠ RL 회로의 시정수 : $\tau=\frac{L}{R}$[sec]

㉡ 인덕턴스 : $L=\tau R=0.03\times14.7$
$=0.441$[H] $=441$[mH]

상 제5장 대칭좌표법

03 상의 순서가 $a-b-c$인 불평형 3상 교류회로에서 각 상의 전류가 $I_a=7.28\angle15.95°$[A], $I_b=12.81\angle-128.66°$[A], $I_c=7.21\angle123.69°$[A]일 때 역상분 전류는 약 몇 [A]인가?

① $8.95\angle-1.14°$
② $8.95\angle1.14°$
③ $2.51\angle-96.55°$
④ $2.51\angle96.55°$

해설

역상분 전류

$$I_2=\frac{1}{3}(I_a+a^2I_1+aI_2)$$

$$=\frac{1}{3}[(7.28\angle15.95°)$$
$$+(1\angle240°)\times(12.8\angle-128.66°)$$
$$+(1\angle120°)\times(7.21\angle123.69°)$$
$$=2.51\angle96.55°\text{[A]}$$

정답 01. ② 02. ① 03. ④

상 제7장 4단자망 회로해석

04 그림과 같은 T형 4단자 회로의 임피던스 파라미터 Z_{22}는?

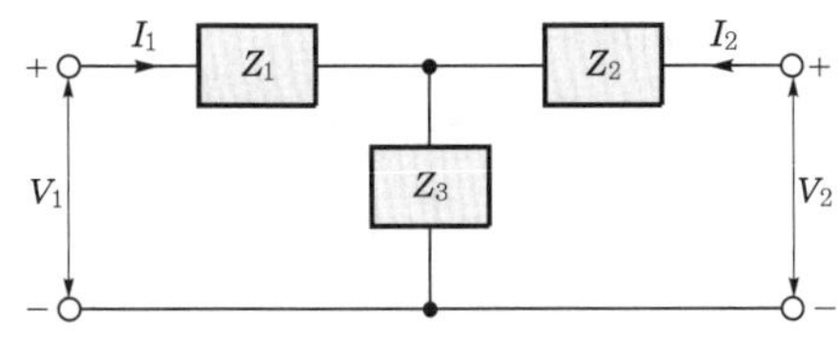

① Z_3
② Z_1+Z_2
③ Z_1+Z_3
④ Z_2+Z_3

해설 임피던스 파라미터

㉠ $Z_{11}=Z_1+Z_3$
㉡ $Z_{12}=Z_{21}=Z_3$
㉢ $Z_{22}=Z_2+Z_3$

중 제3장 다상 교류회로의 이해

05 그림과 같은 부하에 선간전압이 $V_{ab}=100\angle 30°$[V]인 평형 3상 전압을 가했을 때 선전류 I_a[A]는?

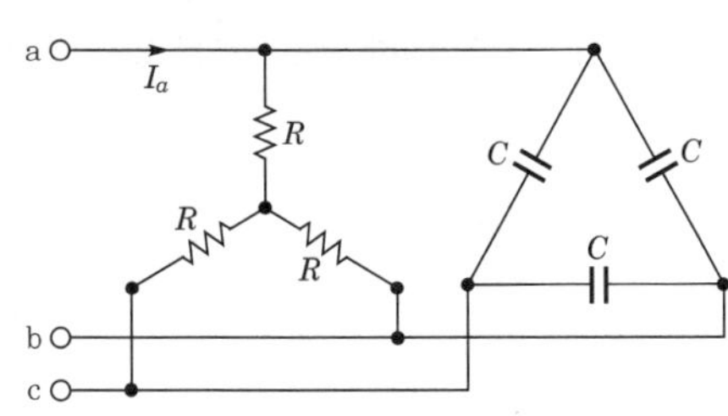

① $\frac{100}{\sqrt{3}}\left(\frac{1}{R}+j3\omega C\right)$
② $100\left(\frac{1}{R}+j\sqrt{3}\,\omega C\right)$
③ $\frac{100}{\sqrt{3}}\left(\frac{1}{R}+j\omega C\right)$
④ $100\left(\frac{1}{R}+j\omega C\right)$

해설

㉠ Δ결선을 Y결선으로 등가변환하면 다음과 같다. (임피던스 크기를 $\frac{1}{3}$로 변환)

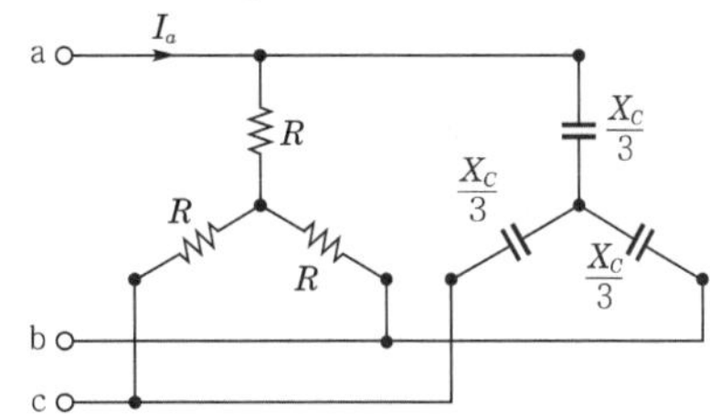

㉡ 저항과 정전용량은 병렬관계이므로 아래와 같이 등가변환시킬 수 있다.

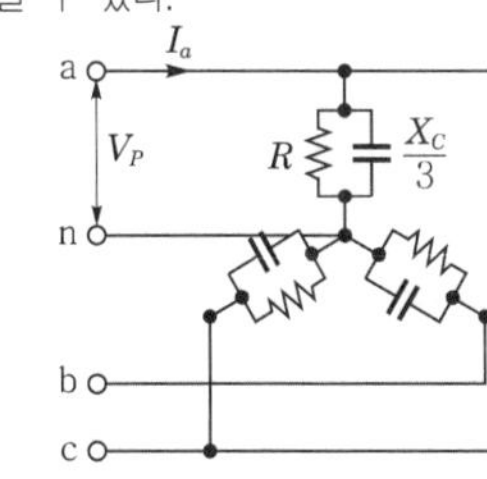

㉢ 합성임피던스

$$Z=\frac{1}{\frac{1}{R}+\frac{1}{\frac{-jX_C}{3}}}=\frac{1}{\frac{1}{R}+j\frac{3}{X_C}}$$

$$=\frac{1}{\frac{1}{R}+j3\omega C}$$

여기서, $X_C=\frac{1}{\omega C}$

㉣ 상전압 : $V_P=\frac{V_l}{\sqrt{3}}\angle -30°=\frac{100}{\sqrt{3}}\angle 0°$

㉤ Y결선은 상전류와 선전류가 동일하므로

$$I_a=\frac{V_P}{Z}=\frac{100}{\sqrt{3}}\left(\frac{1}{R}+j3\omega C\right)$$

상 제8장 분포정수회로

06 분포정수로 표현된 선로의 단위길이당 저항이 0.5[Ω/km], 인덕턴스가 1[μH/km], 커패시턴스가 6[μF/km]일 때 일그러짐이 없는 조건(무왜형 조건)을 만족하기 위한 단위길이당 컨덕턴스[℧/km]는?

① 1 ② 2
③ 3 ④ 4

정답 04. ④ 05. ① 06. ③

해설

무왜형 조건 : $LG = RC$

$\therefore\ G = \dfrac{RC}{L} = \dfrac{0.5\times6}{1} = 3$[℧/km]

상 제1장 직류회로의 이해

07 그림 (a)의 Y결선회로를 그림 (b)의 △결선회로로 등가변환했을 때 R_{ab}, R_{bc}, R_{ca}는 각각 몇 [Ω]인가? (단, $R_a=2$[Ω], $R_b=3$[Ω], $R_c=4$[Ω])

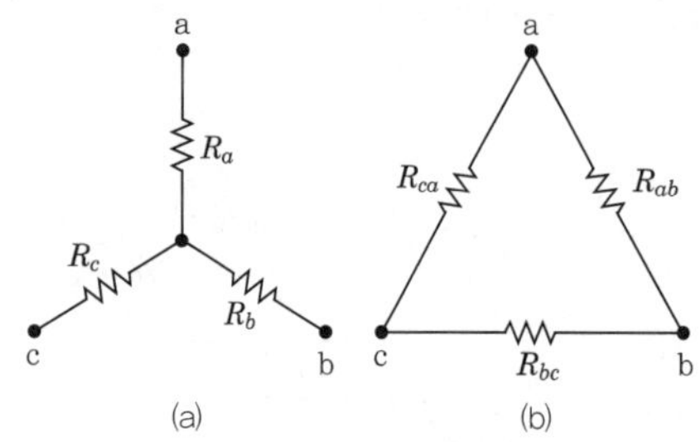

① $R_{ab}=\dfrac{6}{9}$, $R_{bc}=\dfrac{12}{9}$, $R_{ca}=\dfrac{8}{9}$

② $R_{ab}=\dfrac{1}{3}$, $R_{bc}=1$, $R_{ca}=\dfrac{1}{2}$

③ $R_{ab}=\dfrac{13}{2}$, $R_{bc}=13$, $R_{ca}=\dfrac{26}{3}$

④ $R_{ab}=\dfrac{11}{3}$, $R_{bc}=11$, $R_{ca}=\dfrac{11}{2}$

해설

Y결선을 △결선으로 등가변환하면

㉠ $R_{ab}=\dfrac{R_aR_b+R_bR_c+R_cR_a}{R_c}$
$=\dfrac{2\times3+3\times4+4\times2}{4}=\dfrac{13}{2}$

㉡ $R_{bc}=\dfrac{R_aR_b+R_bR_c+R_cR_a}{R_a}$
$=\dfrac{2\times3+3\times4+4\times2}{2}=13$

㉢ $R_{ca}=\dfrac{R_aR_b+R_bR_c+R_cR_a}{R_b}$
$=\dfrac{2\times3+3\times4+4\times2}{3}=\dfrac{26}{3}$

상 제4장 비정현파 교류회로의 이해

08 다음과 같은 비정현파 교류전압 $v(t)$와 전류 $i(t)$에 의한 평균전력은 약 몇 [W]인가?

$$v(t)=200\sin100\pi t+80\sin\left(300\pi t-\frac{\pi}{2}\right)\text{[V]}$$
$$i(t)=\frac{1}{5}\sin\left(100\pi t-\frac{\pi}{3}\right)+\frac{1}{10}\sin\left(300\pi t-\frac{\pi}{4}\right)\text{[A]}$$

① 6.414 ② 8.586
③ 12.828 ④ 24.212

해설

유효전력(=소비전력=평균전력)

$P=V_0I_0+\displaystyle\sum_{i=1}^{n}\frac{1}{2}(V_{im}I_{im}\cos\theta_i)$
$=\dfrac{1}{2}\times200\times\dfrac{1}{5}\times\cos60°+\dfrac{1}{2}\times80\times\dfrac{1}{10}\times\cos45°$
$=12.828$[W]

하 제2장 단상 교류회로의 이해

09 회로에서 $I_1=2e^{-j\frac{\pi}{6}}$[A], $I_2=5e^{j\frac{\pi}{6}}$[A], $I_3=5.0$[A], $Z_3=1.0$[Ω]일 때 부하(Z_1, Z_2, Z_3) 전체에 대한 복소전력은 약 몇 [VA]인가?

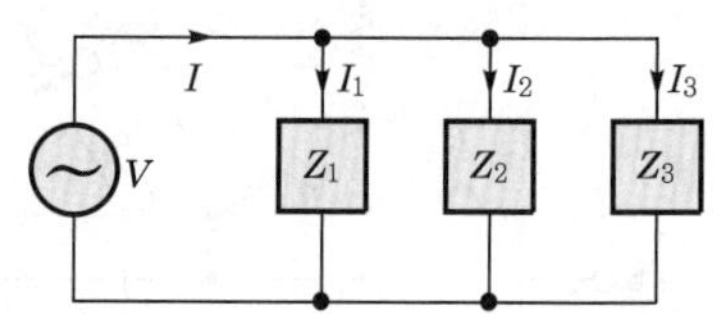

① $55.3-j7.5$ ② $55.3+j7.5$
③ $45-j26$ ④ $45+j26$

해설

㉠ 전체 전류
$I=I_1+I_2+I_3=2\angle-30°+5\angle30°+5$
$=11.06+j1.5$[A]

㉡ 회로 전압 : $V=I_3Z_3=5\times1=5$[V]

∴ 복소전력 (* : 공액복소수의 의미)
$P_a=VI^*=5\times(11.06-j1.5)$
$=55.3-j7.5$[VA]

정답 07. ③ 08. ③ 09. ①

중 제10장 라플라스 변환

10 $f(t)=\mathcal{L}^{-1}\left[\dfrac{s^2+3s+2}{s^2+2s+5}\right]$는?

① $\delta(t)+e^{-t}(\cos 2t-\sin 2t)$
② $\delta(t)+e^{-t}(\cos 2t+2\sin 2t)$
③ $\delta(t)+e^{-t}(\cos 2t-2\sin 2t)$
④ $\delta(t)+e^{-t}(\cos 2t+\sin 2t)$

해설

㉠ $F(s)=\dfrac{s^2+3s+2}{s^2+2s+5}=1+\dfrac{s-3}{s^2+2s+5}$

㉡ $1\xrightarrow{\mathcal{L}^{-1}}\delta(t)$

㉢ $\dfrac{s-3}{s^2+2s+5}\xrightarrow{\mathcal{L}^{-1}}\dfrac{s-3}{(s+1)^2+2^2}$

$=\dfrac{s+1}{(s+1)^2+2^2}-2\times\dfrac{2}{(s+1)^2+2^2}$

$=e^{-t}\cos 2t-2e^{-t}\sin 2t$

$=e^{-t}(\cos 2t-2\sin 2t)$

$\therefore\ f(t)=\delta(t)+e^{-t}(\cos 2t-2\sin 2t)$

정답 10. ③

2022년 제2회 전기산업기사 CBT 기출복원문제

상 | 제9장 과도현상

01 RL 직렬회로에 E인 직류전압원을 갑자기 연결하였을 때 $t=0$인 순간 이 회로에 흐르는 전류는 얼마인가?

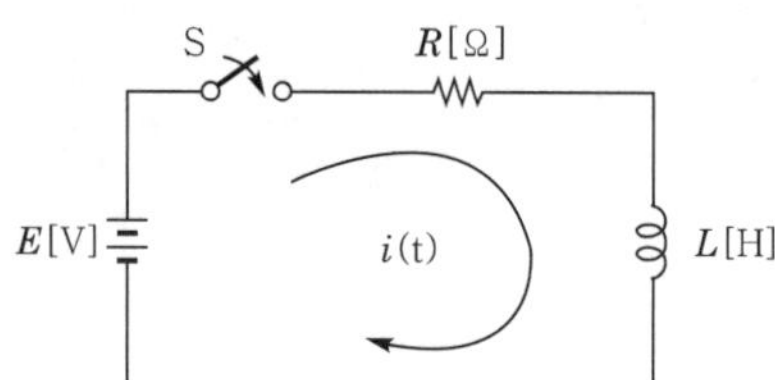

① $\frac{E}{R}e^{\frac{R}{L}t}$ ② $\frac{E}{R}\left(1-e^{\frac{R}{L}t}\right)$

③ $\frac{E}{R}e^{-\frac{R}{L}t}$ ④ $\frac{E}{R}\left(1-e^{-\frac{R}{L}t}\right)$

해설 RL 직렬회로의 과도전류

㉠ $t=0$인 순간 직류전원을 인가한 경우

$i(t)=\frac{E}{R}\left(1-e^{-\frac{R}{L}t}\right)$[A]

㉡ $t=0$인 순간 직류전원을 차단한 경우

$i(t)=\frac{E}{R}e^{-\frac{R}{L}t}$[A]

하 | [보충] 전달함수

02 입력함수를 단위임펄스함수, 즉 $\delta(t)$로 가할 때 계의 응답은?

① $C(s)=G(s)\delta(s)$ ② $C(s)=\frac{G(s)}{\delta(s)}$

③ $C(s)=\frac{G(s)}{s}$ ④ $C(s)=G(s)$

해설

㉠ 임펄스함수 : $\delta(t)=\frac{du(t)}{dt}\xrightarrow{\mathcal{L}}1$

㉡ 임펄스응답이란, 입력함수 $R(s)$에 임펄스함수를 주었을 때의 출력 $C(s)$를 의미한다.

$\therefore\ C(s)=R(s)G(s)=G(s)$

여기서, $G(s)$: 종합전달함수

상 | 제9장 과도현상

03 RLC 직렬회로에서 $L=8\times10^{-3}$[H], $C=2\times10^{-7}$[F]이다. 임계진동이 되기 위한 R 값은?

① 0.01[Ω] ② 100[Ω]

③ 200[Ω] ④ 400[Ω]

해설

임계진동 조건은 $R^2=4\frac{L}{C}$ 이므로

$\therefore\ R=\sqrt{\frac{4L}{C}}=\sqrt{\frac{4\times8\times10^{-3}}{2\times10^{-7}}}=400[\Omega]$

상 | 제3장 다상 교류회로의 이해

04 부하 단자전압이 220[V]인 15[kW]의 3상 대칭부하에 3상 전력을 공급하는 선로임피던스가 $3+j2$[Ω]일 때, 부하가 뒤진 역률 60[%]이면 선전류[A]는?

① 약 $26.2-j19.7$ ② 약 $39.36-j52.48$

③ 약 $39.39-j29.54$ ④ 약 $19.7-j26.4$

해설

㉠ 선전류 $I=\frac{P}{\sqrt{3}\,V\cos\theta}$

$=\frac{15\times10^3}{\sqrt{3}\times220\times0.6}=65.61$[A]

㉡ 뒤진 역률 60[%]에서 선전류는

$\dot{I}=I(\cos\theta-j\sin\theta)$

$=65.61(0.6-j0.8)$

$=39.36-j52.48$[A]

상 | 제6장 회로망 해석

05 테브난의 정리와 쌍대의 관계가 있는 것은?

① 밀만의 정리 ② 중첩의 원리

③ 노튼의 정리 ④ 보상의 정리

해설

테브난 정리는 등가전압원의 정리이다. 쌍대관계에 있는 것은 등가전류원의 정리로서 노튼의 정리를 말한다.

정답 01. ④ 02. ④ 03. ④ 04. ② 05. ③

상 제3장 다상 교류회로의 이해

06 전원과 부하가 △－△ 결선인 평형 3상 회로의 전원전압이 220[V], 선전류가 30[A]이었다면 부하 1상의 임피던스[Ω]는?

① 9.7　② 10.7
③ 11.7　④ 12.7

해설

㉠ △결선은 선간전압과 상전압이 같고, 선전류는 상전류의 $\sqrt{3}$ 배이다.

㉡ 상전류 $I_p = \frac{I_\ell}{\sqrt{3}} = \frac{30}{\sqrt{3}} = 17.32$[A]

∴ 한 상의 임피던스 $Z = \frac{V_p}{I_p} = \frac{220}{17.32} = 12.7$[Ω]

하 제4장 비정현파 교류회로의 이해

07 직류파 $f(0)$의 푸리에급수의 전개에서 옳게 표현된 것은?

① 우함수만 존재한다.
② 기함수만 존재한다.
③ 우함수, 기함수 모두 존재한다.
④ 우함수, 기함수 모두 존재하지 않는다.

해설 우함수(짝수 함수)와 기함수(홀수 함수)

우(偶, 짝수) 함수	기(奇, 홀수) 함수
$y = x^2,\ x^4,\ x^6 \cdots$	$y = x^1,\ x^3,\ x^5 \cdots$
(그래프)	(그래프)
$f(t) = f(-t)$ y축 대칭	$f(t) = -f(-t)$ 원점 대칭

∴ 직류분의 경우에는 우함수가 된다.

상 제5장 대칭좌표법

08 3상 불평형 전압에서 역상전압이 25[V]이고, 정상전압이 100[V], 영상전압이 10[V]라 할 때 전압의 불평형률은?

① 0.25　② 0.4
③ 4　④ 10

해설

불평형률 (V_1 : 정상분, V_2 : 역상분)

$\%U = \frac{V_2}{V_1} \times 100 = \frac{25}{100} \times 100 = 25[\%]$

상 제4장 비정현파 교류회로의 이해

09 어떤 회로에 흐르는 전류가 아래와 같은 경우 실효값[A]은?

$$i(t) = 30\sin\omega t + 40\sin(3\omega t + 45°)\,[\text{A}]$$

① 25　② $25\sqrt{2}$
③ $35\sqrt{2}$　④ 50

해설

$$|I| = \sqrt{|I_1|^2 + |I_3|^3}$$
$$= \sqrt{\left(\frac{30}{\sqrt{2}}\right)^2 + \left(\frac{40}{\sqrt{2}}\right)^2} = \sqrt{\frac{1}{2}(30^2 + 40^2)}$$
$$= \frac{50}{\sqrt{2}} = \frac{50}{\sqrt{2}} \times \frac{\sqrt{2}}{\sqrt{2}} = 25\sqrt{2}\,[\text{A}]$$

하 제3장 다상 교류회로의 이해

10 그림의 성형 불평형 회로에 각 상전압이 E_a, E_b, E_c이고, 부하는 Z_a, Z_b, Z_c이라면, 중성선 간의 전위는 어떻게 되는가?

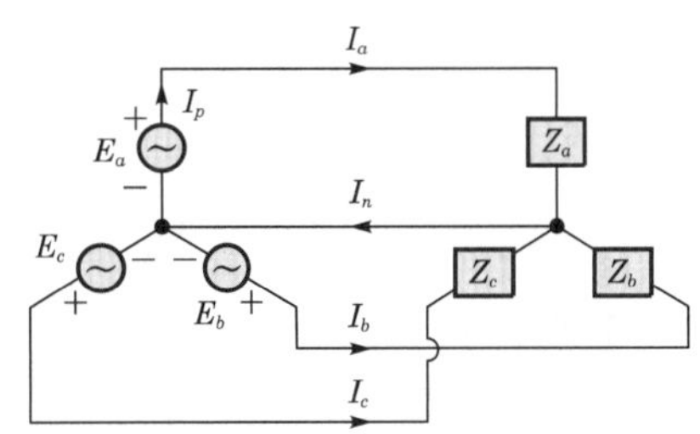

① $V_n = \frac{E_a + E_b + E_c}{Z_a + Z_b + Z_c}$

② $V_n = \frac{E_a + E_b + E_c}{Z_a + Z_b + Z_c + Z_n}$

③ $V_n = \frac{\frac{E_a}{Z_a} + \frac{E_b}{Z_b} + \frac{E_c}{Z_c}}{\frac{1}{Z_a} + \frac{1}{Z_b} + \frac{1}{Z_c} + \frac{1}{Z_n}}$

④ $V_n = \frac{\frac{E_a}{Z_a} + \frac{E_b}{Z_b} + \frac{E_c}{Z_c}}{\frac{1}{Z_a} + \frac{1}{Z_b} + \frac{1}{Z_c}}$

정답 06. ④ 07. ① 08. ① 09. ② 10. ④

해설

밀만의 정리를 이용하여 풀이하면 된다.

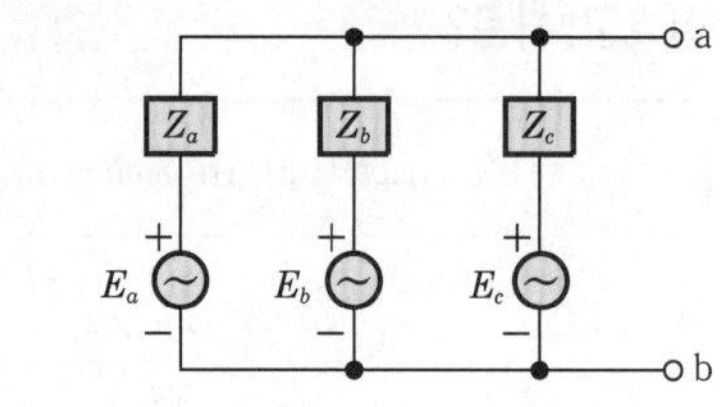

$$V_n = \frac{E_a Y_a + E_b Y_b + E_c Y_c}{Y_a + Y_b + Y_c} = \frac{\frac{E_a}{Z_a} + \frac{E_b}{Z_b} + \frac{E_c}{Z_c}}{\frac{1}{Z_a} + \frac{1}{Z_b} + \frac{1}{Z_c}} \text{[V]}$$

상 제2장 단상 교류회로의 이해

11 정현파교류의 실효값을 구하는 식이 잘못된 것은?

① 실효값 $= \sqrt{\frac{1}{T}\int_0^T i^2 dt}$

② 실효값 = 파고율 × 평균값

③ 실효값 $= \frac{\text{최대값}}{\sqrt{2}}$

④ 실효값 $= \frac{\pi}{2\sqrt{2}} \times$ 평균값

해설

파고율 $= \frac{\text{최대값}}{\text{실효값}}$이므로 실효값 $= \frac{\text{최대값}}{\text{파고율}}$이 된다.

상 제2장 단상 교류회로의 이해

12 소비전력이 800[kW], 역률 0.8인 경우 부하율 50[%]에서 $\frac{1}{2}$시간 사용할 때 소비전력량 [kWh]은?

① 200 ② 400

③ 800 ④ 1600

해설

$$W = Pt = 800 \times 0.5 \times \frac{1}{2} = 200\text{[kWh]}$$

상 제5장 대칭좌표법

13 3상 회로에 있어서 대칭분전압이 $\dot{V}_0 = -8 + j3$[V], $\dot{V}_1 = 6 - j8$[V], $\dot{V}_2 = 8 + j12$[V]일 때 a상의 전압은?

① $6 + j7$[V]

② $-32.3 + j2.73$[V]

③ $2.3 + j0.73$[V]

④ $2.3 - j0.73$[V]

해설

a상 전압은 다음과 같다.

$$V_a = V_0 + V_1 + V_2 = (-8 + j3) + (6 - j8) + (8 + j12) = 6 + j7\text{[V]}$$

중 제2장 단상 교류회로의 이해

14 2개의 교류전압이 다음과 같을 경우 두 파형의 위상차를 시간으로 표시하면 몇 초인가?

$$e_1 = 100\cos\left(100\pi t - \frac{\pi}{3}\right)\text{[V]}$$

$$e_2 = 20\sin\left(100\pi t + \frac{\pi}{4}\right)\text{[V]}$$

① $\frac{1}{600}$ ② $\frac{1}{1200}$

③ $\frac{1}{2400}$ ④ $\frac{1}{3600}$

해설

㉠ $\cos\omega t = \sin(\omega t + 90°)$이므로

$$e_1 = 100\cos\left(100\pi t - \frac{\pi}{3}\right) = 100\sin(100\pi t - 60 + 90) = 100\sin(100\pi + 30°)$$

㉡ $e_2 = 20\sin\left(100\pi t + \frac{\pi}{4}\right) = 20\sin(100\pi t + 45°)$

㉢ e_1과 e_2의 위상차 : $\theta = 15° = \frac{\pi}{12}$[rad]

㉣ $\theta = \omega t = 2\pi f t$에서

$$t = \frac{\theta}{2\pi f} = \frac{\frac{\pi}{12}}{100\pi} = \frac{1}{1200}\text{[sec]}$$

정답 11. ② 12. ① 13. ① 14. ②

중 제7장 4단자망 회로해석

15 다음과 같은 4단자망에서 영상임피던스는 몇 [Ω]인가?

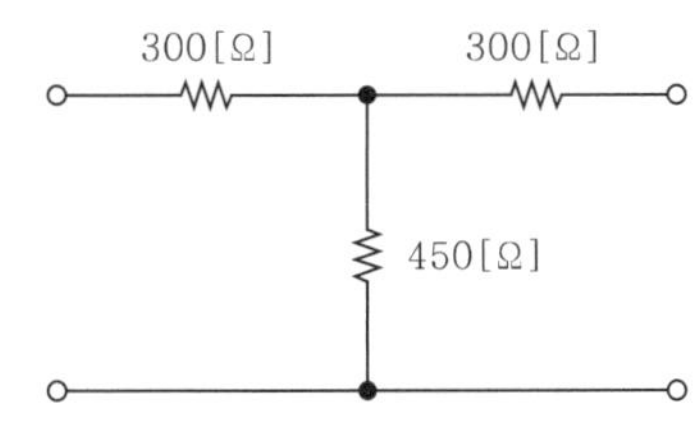

① 600　② 450
③ 300　④ 200

해설

㉠ 4단자 정수 $B = \dfrac{Z_1 Z_2 + Z_2 Z_3 + Z_3 Z_1}{Z_3}$

㉡ 4단자 정수 $C = \dfrac{1}{Z_3}$

㉢ 영상임피던스(대칭조건 : $A = D$)

$$Z_{01} = Z_{02} = \sqrt{\frac{B}{C}} = \sqrt{Z_1 Z_2 + Z_2 Z_3 + Z_3 Z_1}$$
$$= \sqrt{300 \times 300 + 300 \times 450 + 450 \times 300}$$
$$= 600[\Omega]$$

상 제3장 다상 교류회로의 이해

16 성형결선의 부하가 있다. 선간전압 300[V]의 3상 교류를 인가했을 때 선전류가 40[A]이고 역률이 0.8이라면 리액턴스는 약 몇 [Ω]인가?

① 2.6　② 4.3
③ 16.6　④ 35.6

해설

㉠ 무효율 : $\sin\theta = \sqrt{1-\cos^2\theta}$
$= \sqrt{1-0.8^2} = 0.6$

㉡ 무효전력 $P_r = \sqrt{3}\, VI\sin\theta = 3I^2 X$에서

$$X = \frac{\sqrt{3}\ VI\sin\theta}{3I^2} = \frac{\sqrt{3}\ V\sin\theta}{3I}$$
$$= \frac{\sqrt{3} \times 300 \times 0.6}{3 \times 40} = 2.598[\Omega]$$

상 제7장 4단자망 회로해석

17 다음과 같은 T형 회로의 임피던스 파라미터 Z_{22}의 값은?

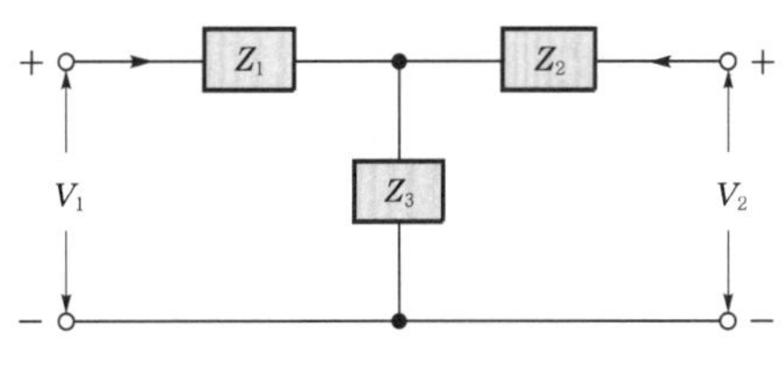

① $Z_1 + Z_2$　② $Z_2 + Z_3$
③ $Z_1 + Z_3$　④ $-Z_2$

해설 T형 회로의 임피던스 파라미터

㉠ $Z_{11} = \left.\dfrac{V_1}{I_1}\right|_{I_2=0} = \dfrac{I_1(Z_1+Z_3)}{I_1} = Z_1 + Z_3$

㉡ $Z_{12} = \left.\dfrac{V_1}{I_2}\right|_{I_1=0} = \dfrac{I_2 Z_3}{I_2} = Z_3$

㉢ $Z_{21} = \left.\dfrac{V_2}{I_1}\right|_{I_2=0} = \dfrac{I_1 Z_3}{I_1} = Z_3$

㉣ $Z_{22} = \left.\dfrac{V_1}{I_2}\right|_{I_1=0} = \dfrac{I_2(Z_2+Z_3)}{I_2} = Z_2 + Z_3$

상 제9장 과도현상

18 RC 직렬회로의 과도현상에 대하여 옳게 설명된 것은 어느 것인가?

① RC값이 클수록 과도전류값은 천천히 사라진다.
② RC값이 클수록 과도전류값은 빨리 사라진다.
③ 과도전류는 RC값에 관계가 있다.
④ $\dfrac{1}{RC}$ 의 값이 클수록 과도전류값은 천천히 사라진다.

해설

시정수가 클수록 과도시간은 길어지므로 충전전류(과도전류)는 천천히 사라진다.

중 제1장 직류회로의 이해

19 자동차 축전지의 무부하전압을 측정하니 13.5[V]를 지시하였다. 이때 정격이 12[V], 55[W]인 자동차 전구를 연결하여 축전지의 단자전압을 측정하니 12[V]를 지시하였다. 축전지의 내부저항은 약 몇 [Ω]인가?

① 0.33　② 0.45
③ 2.62　④ 3.31

정답 15. ① 16. ① 17. ② 18. ① 19. ①

해설

축전지 회로를 나타내면 다음과 같다.

축전지 / r / 1.5[V] / 12[V] / I / R / 13.5[V]

㉠ 자동차 전구저항 : $R=\dfrac{V^2}{P}=\dfrac{12^2}{55}=2.62[\Omega]$

㉡ 축전지 내부전압강하 : $e=13.5-12=1.5[\text{V}]$

㉢ 회로에 흐르는 전류는 $I=\dfrac{12}{2.62}=\dfrac{1.5}{r}$ 이므로

축전지의 내부저항 : $r=1.5\times\dfrac{2.62}{12}\fallingdotseq 0.33[\Omega]$

중 | 제10장 라플라스 변환

20 $I(s)=\dfrac{2(s+1)}{s^2+2s+5}$ **일 때** $I(s)$ **의 초기값** $i(0^+)$**가 바르게 구해진 것은?**

① 2/5　　② 1/5
③ 2　　④ −2

해설 **초기값의 정리**

$$\lim_{t\to 0} i(t)=\lim_{s\to\infty} sI(s)=\lim_{s\to\infty}\frac{2s^2+2s}{s^2+2s+5}$$

$$=\lim_{s\to\infty}\frac{2+\dfrac{2}{s}}{1+\dfrac{2}{s}+\dfrac{5}{s^2}}=2$$

정답 20. ③

2022년 제3회 전기기사 CBT 기출복원문제

상 제5장 대칭좌표법

01 상의 순서가 $a-b-c$인 불평형 3상 전압이 아래와 같을 때 역상분 전압은?

$$V_a = 9 + j6[\text{V}]$$
$$V_b = -13 - j15[\text{V}]$$
$$V_c = -3 + j4[\text{V}]$$

① $0.18 + j6.72$ ② $-2.33 - j1.67$
③ $11.15 + j0.95$ ④ $-7.0 + j5.0$

해설

역상분 전압

$V_2 = \frac{1}{3}(V_a + a^2 V_b + a V_c)$

$= \frac{1}{3}\left[(9+j6) + \left(-\frac{1}{2} - j\frac{\sqrt{3}}{2}\right)\times(-13-j15) + \left(-\frac{1}{2}+j\frac{\sqrt{3}}{2}\right)\times(-3+j4)\right]$

$= 0.18 + j6.72[\text{V}]$

상 제3장 다상 교류회로의 이해

02 그림과 같은 3상 평형회로에서 전원 전압이 $V_{ab} = 200$[V]이고, 부하 한 상의 임피던스가 $Z = 3 - j4[\Omega]$인 경우 전원과 부하 간의 선전류 I_a는 약 몇 [A]인가? (단, 3상 전압의 상순은 $a-b-c$이다.)

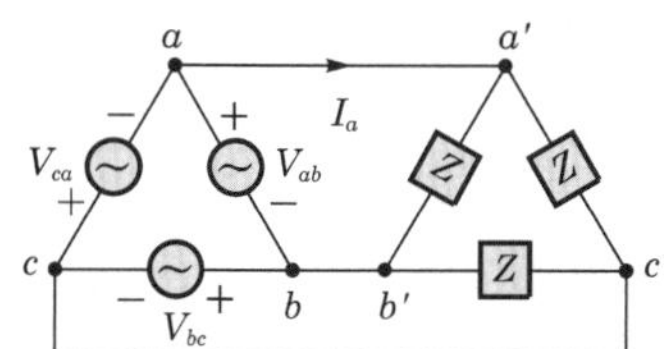

① $69.28\angle 23°$ ② $69.28\angle 53°$
③ $40\angle 23°$ ④ $40\angle 53°$

해설

㉠ 부하 한 상의 임피던스 :

$Z = 3 - j4 = \sqrt{3^2+4^2}\angle\tan^{-1}\frac{-4}{3}$

$= 5\angle -53°[\Omega]$

㉡ 부하의 상전류 : $I_p = \frac{V_p}{Z} = \frac{200}{5\angle -53°} = 40\angle 53°$[A]

㉢ 선전류 : $I_l = I_p\sqrt{3}\angle -30° = 69.28\angle 23°$

중 제3장 다상 교류회로의 이해

03 그림과 같은 부하에 선간전압이 $V_{ab} = 100\angle 30°$[V]인 평형 3상 전압을 가했을 때 선전류 I_a[A]는?

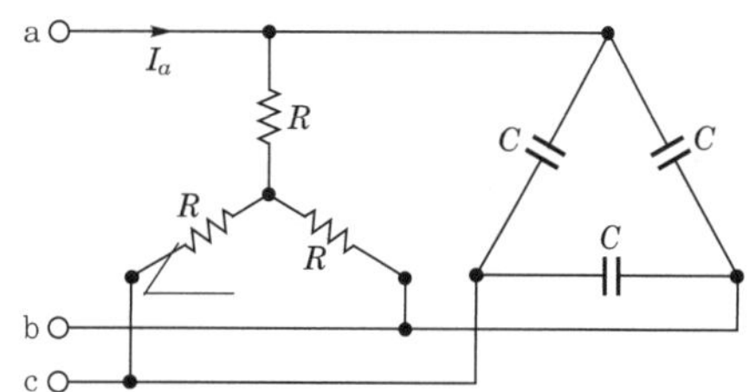

① $\frac{100}{\sqrt{3}}\left(\frac{1}{R} + j3\omega C\right)$ ② $100\left(\frac{1}{R} + j\sqrt{3}\omega C\right)$
③ $\frac{100}{\sqrt{3}}\left(\frac{1}{R} + j\omega C\right)$ ④ $100\left(\frac{1}{R} + j\omega C\right)$

해설

㉠ △결선을 Y결선으로 등가변환하면 다음과 같다. (임피던스 크기를 $\frac{1}{3}$로 변환)

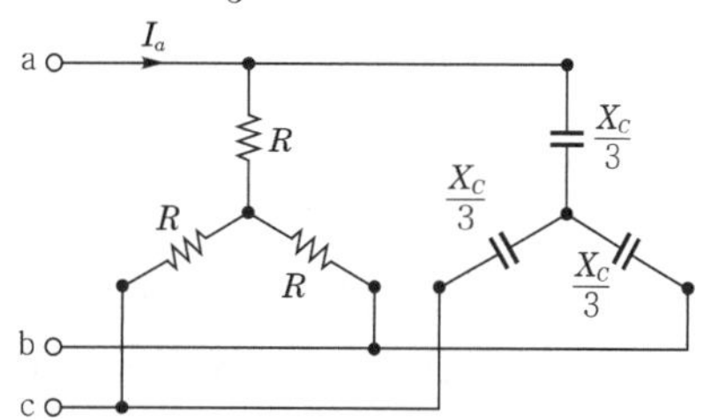

㉡ 저항과 정전용량은 병렬관계이므로 아래와 같이 등가변환시킬 수 있다.

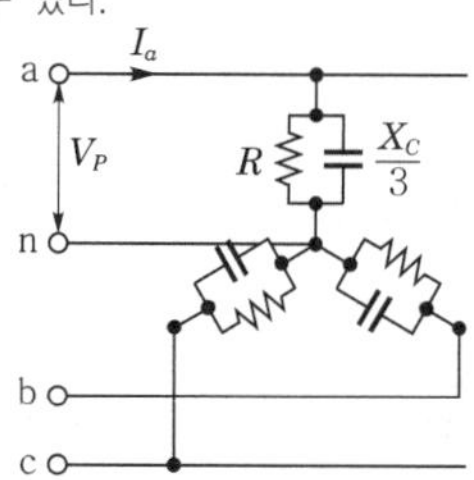

정답 01. ① 02. ① 03. ①

ⓒ 합성 임피던스

$$Z=\frac{1}{\frac{1}{R}+\frac{1}{\frac{-jX_C}{3}}}=\frac{1}{\frac{1}{R}+j\frac{3}{X_C}}$$

$$=\frac{1}{\frac{1}{R}+j3\omega C}$$

여기서, $X_C=\frac{1}{\omega C}$

ⓓ 상전압 : $V_P=\frac{V_l}{\sqrt{3}}\angle -30°=\frac{100}{\sqrt{3}}\angle 0°$

ⓔ Y결선은 상전류와 선전류가 동일하므로

$$I_a=\frac{V_P}{Z}=\frac{100}{\sqrt{3}}\left(\frac{1}{R}+j3\omega C\right)$$

상 제9장 과도현상

04 $R=1$[MΩ], $C=1$[μF]의 직렬회로에 직류 100[V]를 가했다. 시정수[sec]와 초기값 전류는 몇 [A]인가?

① $\tau=5$[sec], $i(0)=10^{-4}$[A]
② $\tau=4$[sec], $i(0)=10^{-3}$[A]
③ $\tau=1$[sec], $i(0)=10^{-4}$[A]
④ $\tau=2$[sec], $i(0)=10^{-3}$[A]

해설

㉠ 시정수

$\tau=RC=10^6\times10^{-6}=1$[sec]

㉡ 초기값 전류

$$i(0)=\frac{E}{R}=\frac{100}{10^{-6}}=10^{-4}\text{[A]}$$

상 제2장 단상 교류회로의 이해

05 그림과 같은 파형을 가진 맥류의 평균값이 10[A]이라면 전류의 실효값은 얼마인가?

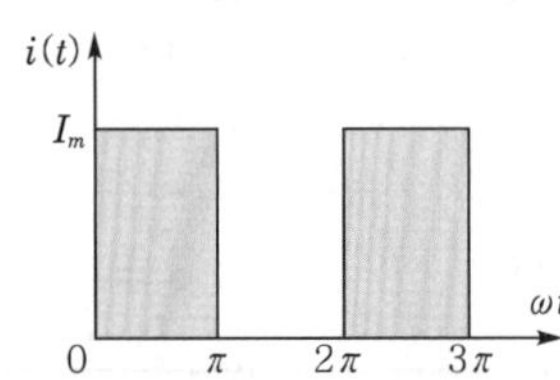

① 10 ② 14
③ 20 ④ 28

해설 반파구형파의 평균값, 최대값, 실효값

㉠ 평균값 : $I_a=\frac{I_m}{2}$

㉡ 최대값 : $I_m=2I_a=2\times10=20$[A]

㉢ 실효값 : $I=\frac{I_m}{\sqrt{2}}=\frac{20}{\sqrt{2}}=14.14$[A]

상 제10장 라플라스 변환

06 $I(s)=\frac{2(s+1)}{s^2+2s+5}$ 일 때 $I(s)$의 초기값 $i(0^+)$가 바르게 구해진 것은?

① $\frac{2}{5}$ ② $\frac{1}{5}$
③ 2 ④ −2

해설

초기값

$$\lim_{t\to0}i(t)=\lim_{s\to\infty}sI(s)$$

$$=\lim_{s\to\infty}\frac{2s^2+2s}{s^2+2s+5}=\lim_{s\to\infty}\frac{2+\frac{2}{s}}{1+\frac{2}{s}+\frac{5}{s^2}}$$

$$=2$$

상 제4장 비정현파 교류회로의 이해

07 100[Ω]의 저항에 흐르는 전류가 $i=5+14.14\sin t+7.07\sin 2t$[A]일 때 저항에서 소비하는 평균전력[W]은?

① 20000[W]
② 15000[W]
③ 10000[W]
④ 7500[W]

해설

㉠ 전류의 실효값

$$I=\sqrt{I_0^2+I_1^2+I_3^2}$$

$$=\sqrt{5^2+\left(\frac{14.14}{\sqrt{2}}\right)^2+\left(\frac{7.07}{\sqrt{2}}\right)^2}$$

$$=12.24\text{[A]}$$

㉡ 평균전력(=유효전력=소비전력)

$P=I^2R=12.24^2\times100=15000$[W]

정답 04. ③ 05. ② 06. ③ 07. ②

상 제9장 과도현상

08 RC 직렬회로에 $t=0$[s]일 때 직류전압 100[V]를 인가하면 0.2초에 흐르는 전류는 몇 [mA]인가? (단, $R=1000$[Ω], $C=50$[μF]이고, 커패시터의 초기 충전 전하는 없는 것으로 본다.)

① 1.83 ② 2.98
③ 3.25 ④ 1.25

해설

RC 직렬회로에서 과도전류

$$i(t)=\frac{E}{R}e^{-\frac{1}{RC}t}$$
$$=\frac{100}{1000}\times e^{-\frac{1}{1000\times50\times10^{-6}}\times0.2}$$
$$=0.00183[\text{A}]$$
$$=1.83[\text{mA}]$$

상 제7장 4단자망 회로해석

09 내부 임피던스가 순저항 6[Ω]인 전원과 120[Ω]의 순저항 부하 사이에 임피던스 정합(matching)을 위한 이상변압기의 권선비는?

① $\frac{1}{\sqrt{20}}$ ② $\frac{1}{\sqrt{2}}$
③ $\frac{1}{20}$ ④ $\frac{1}{2}$

해설

㉠ 변압기 2차측 임피던스를 1차로 환산
: $Z_1=a^2Z_2[\Omega]$

㉡ 권수비 : $a=\frac{N_1}{N_2}=\frac{V_1}{V_2}=\frac{I_2}{I_1}=\sqrt{\frac{Z_1}{Z_2}}$

$\therefore\ a=\sqrt{\frac{Z_1}{Z_2}}=\sqrt{\frac{6}{120}}=\frac{1}{\sqrt{20}}$

상 제10장 라플라스 변환

10 $F(s)=\frac{2s+3}{s^2+3s+2}$의 라플라스 역변환은?

① $e^{-t}+e^{-2t}$ ② $e^{-t}-e^{-2t}$
③ $e^{t}-2e^{-2t}$ ④ $e^{-t}+2e^{-2t}$

해설

$$F(s)=\frac{2s+3}{s^2+3s+2}=\frac{2s+3}{(s+1)(s+2)}$$
$$=\frac{A}{s+1}+\frac{B}{s+2}$$
$$\xrightarrow{\mathcal{L}^{-1}}Ae^{-t}+Be^{-2t}$$
$$A=\lim_{s\to-1}(s+1)F(s)$$
$$=\lim_{s\to-1}\frac{2s+3}{s+2}=\frac{-2+3}{-1+2}=1$$
$$B=\lim_{s\to-2}(s+2)F(s)$$
$$=\lim_{s\to-2}\frac{2s+3}{s+1}=\frac{-4+3}{-2+1}=1$$
$$\therefore\ f(t)=Ae^{-t}+Be^{-2t}=e^{-t}+e^{-2t}$$

정답 08. ① 09. ① 10. ①

2022년 제3회 전기산업기사 CBT 기출복원문제

상 제1장 직류회로의 이해

01 그림과 같은 회로에서 저항 $R_4=8[\Omega]$에 소비되는 전력은 약 몇 [W]인가?

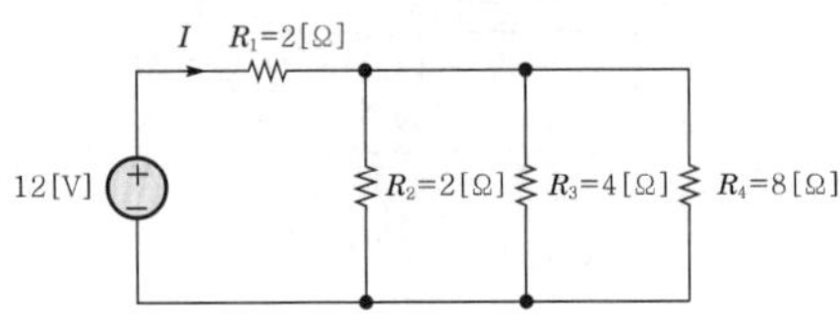

① 2.38　② 4.76
③ 9.53　④ 2.92

해설

㉠ 합성저항 $R=2+\dfrac{1}{\dfrac{1}{2}+\dfrac{1}{4}+\dfrac{1}{8}}=3.14[\Omega]$

㉡ 전체 전류 $I=\dfrac{V}{R}=\dfrac{12}{3.14}=3.82[\text{A}]$

㉢ R_1에 의한 전압강하
$V_1=IR_1=3.82\times2=7.64[\text{V}]$

㉣ 각 병렬회로 양단에 인가된 전압
$V_2=V_3=V_4=12-7.64=4.36[\text{V}]$

∴ R_4의 소비전력(유효전력)

$$P=\frac{V_4^2}{R_4}=\frac{4.36^2}{8}=2.38[\text{W}]$$

상 제5장 대칭좌표법

02 불평형 3상 전류가 $I_a=16+j2[\text{A}]$, $I_b=-20-j9[\text{A}]$, $I_c=-2+j10[\text{A}]$일 때 영상분 전류[A]는?

① $-2+j[\text{A}]$　② $-6+j3[\text{A}]$
③ $-9+j6[\text{A}]$　④ $-18+j9[\text{A}]$

해설

영상분 $I_0=\dfrac{1}{3}(I_a+I_b+I_c)$

$=\dfrac{1}{3}(16+j2-20-j9-2+j10)$

$=\dfrac{1}{3}(-6+j3)=-2+j[\text{A}]$

상 제6장 회로망 해석

03 전류가 전압에 비례한다는 것을 가장 잘 나타낸 것은?

① 테브난의 정리　② 상반의 정리
③ 밀만의 정리　④ 중첩의 정리

상 제9장 과도현상

04 저항 $R=5000[\Omega]$, 정전용량 $C=20[\mu\text{F}]$가 직렬로 접속된 회로에 일정전압 $E=100[\text{V}]$를 가하고 $t=0$에서 스위치를 넣을 때 콘덴서 단자전압[V]을 구하면? (단, 처음에 콘덴서는 충전되지 않았다.)

① $100(1-e^{10t})$　② $100\,e^{-10t}$
③ $100\,e^{10t}$　④ $100(1-e^{-10t})$

해설

콘덴서 단자전압

$V_c=\dfrac{Q(t)}{C}=E\left(1-e^{-\frac{1}{RC}t}\right)$

$=100\left(1-e^{-\frac{1}{5000\times20\times10^{-6}}t}\right)$

$=100(1-e^{-10t})[\text{V}]$

상 제9장 과도현상

05 $R-L$ 직렬회로에서 그 양단에 직류전압 E[V]를 연결한 후 스위치 S를 개방하면 $\dfrac{L}{R}$[sec] 후의 전류값은 몇 [A]인가?

① $\dfrac{E}{R}$　② $0.368\dfrac{E}{R}$
③ $0.5\dfrac{E}{R}$　④ $0.632\dfrac{E}{R}$

해설

$R-L$ 직렬회로에서 스위치 개방 시 과도전류

$i(t)=\dfrac{E}{R}e^{-\frac{R}{L}t}$ 이므로

∴ $i(\tau)=\dfrac{E}{R}e^{-\frac{R}{L}t}=\dfrac{E}{R}e^{-\frac{R}{L}\times\frac{L}{R}}=\dfrac{E}{R}e^{-1}$

$=0.368\dfrac{E}{R}[\text{A}]$

정답 01. ① 02. ① 03. ① 04. ④ 05. ②

상 제7장 4단자망 회로해석

06 다음과 같은 4단자망에서 영상임피던스는 몇 [Ω]인가?

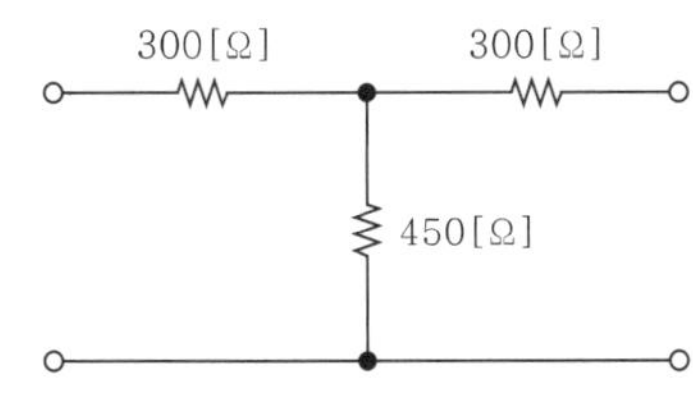

① 600 ② 450
③ 300 ④ 200

해설

㉠ 4단자 정수

$B=\dfrac{Z_1Z_2+Z_2Z_3+Z_3Z_1}{Z_3}$, $C=\dfrac{1}{Z_3}$

㉡ 4단자망 대칭조건 : $Z_{01}=Z_{02}$

$\therefore Z_{01}=Z_{02}=\sqrt{\dfrac{B}{C}}$
$=\sqrt{Z_1Z_2+Z_2Z_3+Z_3Z_1}$
$=\sqrt{300\times300+300\times450+450\times300}$
$=600[\Omega]$

하 제4장 비정현파 교류회로의 이해

07 푸리에급수에서 직류항은?

① 우함수이다.
② 기함수이다.
③ 우수함+기함수
④ 우함수×기함수이다.

해설

푸리에급수에서 직류항이 존재하면 우함수가 된다.

상 제4장 비정현파 교류회로의 이해

08 $R-L-C$ 직렬공진회로에서 제3고조파의 공진주파수 f[Hz]는?

① $\dfrac{1}{2\pi\sqrt{LC}}$ ② $\dfrac{1}{3\pi\sqrt{LC}}$
③ $\dfrac{1}{6\pi\sqrt{LC}}$ ④ $\dfrac{1}{9\pi\sqrt{LC}}$

해설 제3고조파의 공진주파수

$f_3=\dfrac{1}{2\pi n\sqrt{LC}}\Big|_{n=3}=\dfrac{1}{6\pi\sqrt{LC}}$[Hz]

중 제2장 단상 교류회로의 이해

09 2개의 교류전압이 다음과 같을 때 두 전압 간에 위상차를 시간[s]으로 표시하면?

$$e_1=141\sin(120\pi t-30°)$$
$$e_2=150\cos(120\pi t-30°)$$

① $\dfrac{1}{60}$[s] ② $\dfrac{1}{120}$[s]
③ $\dfrac{1}{240}$[s] ④ $\dfrac{1}{360}$[s]

해설

㉠ $\cos\omega t=\sin(\omega t+90°)$이므로
$e_2=150\sin(120\pi t-30+90°)$
$=150\sin(120\pi t+60°)$

㉡ e_1의 위상은 $-30°$이고, e_2는 $+60°$이므로 두 전압 간의 위상차는 $+90°$가 된다.
여기서, $90°=\dfrac{\pi}{2}$[rad]

㉢ 각속도 $\omega=\dfrac{\theta}{t}=2\pi f$[rad/s]이므로
시간 $t=\dfrac{\theta}{2\pi f}=\dfrac{\pi/2}{120\pi}=\dfrac{1}{240}$[sec]

중 제10장 라플라스 변환

10 $I(s)=\dfrac{2(s+1)}{s^2+2s+5}$일 때 $I(s)$의 초기값 $i(0^+)$가 바르게 구해진 것은?

① $\dfrac{2}{5}$ ② $\dfrac{1}{5}$
③ 2 ④ −2

해설

초기값

$$\lim_{t\to0}i(t)=\lim_{s\to\infty}sI(s)=\lim_{s\to\infty}\frac{2s^2+2s}{s^2+2s+5}$$
$$=\lim_{s\to\infty}\frac{2+\frac{2}{s}}{1+\frac{2}{s}+\frac{5}{s^2}}=2$$

정답 06. ① 07. ① 08. ③ 09. ③ 10. ③

중 제3장 다상 교류회로의 이해

11 그림과 같은 선간전압 200[V]의 3상 전원에 대칭부하를 접속할 때 부하역률은? (단, $R=9[\Omega]$, $\frac{1}{\omega C}=4[\Omega]$이다.)

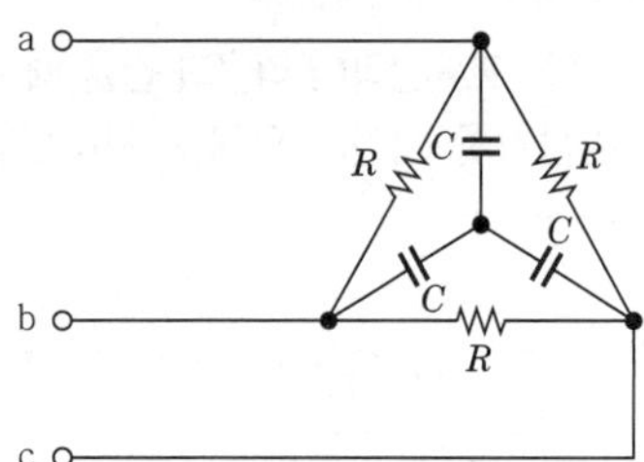

① 0.6 ② 0.7
③ 0.8 ④ 0.9

해설

㉠ △결선된 저항을 Y결선으로 등가변환하면 저항의 크기는 $\frac{1}{3}$이 되고, 회로는 아래와 같이 나타낼 수 있다.

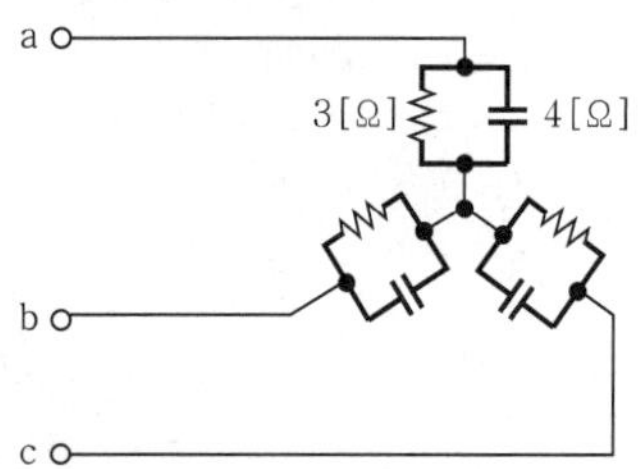

㉡ 위 그림과 같이 3[Ω]와 4[Ω]이 병렬회로 관계이므로 역률은 다음과 같다.

$$\therefore\ \cos\theta=\frac{X}{\sqrt{R^2+X^2}}=\frac{4}{\sqrt{3^2+4^2}}=0.8$$

상 제5장 대칭좌표법

12 3상 불평형 전압에서 불평형률이란?

① $\frac{\text{영상분}}{\text{정상분}}\times 100$

② $\frac{\text{정상분}}{\text{역상분}}\times 100$

③ $\frac{\text{정상분}}{\text{영상분}}\times 100$

④ $\frac{\text{역상분}}{\text{정상분}}\times 100$

상 제10장 라플라스 변환

13 $\mathcal{L}^{-1}\left[\frac{1}{s^2+2s+5}\right]$의 값은?

① $e^{-t}\sin 2t$ ② $\frac{1}{2}e^{-t}\sin t$
③ $\frac{1}{2}e^{-t}\sin 2t$ ④ $e^{-t}\sin t$

해설

$$\mathcal{L}^{-1}\left[\frac{1}{s^2+2s+5}\right]=\mathcal{L}^{-1}\left[\frac{1}{(s+1)^2+2^2}\right]=\mathcal{L}^{-1}\left[\frac{1}{2}\times\frac{2}{s^2+2^2}\Big|_{s=s+1}\right]=\frac{1}{2}e^{-t}\sin 2t$$

상 제2장 단상 교류회로의 이해

14 어떤 소자에 걸리는 전압 v와 소자에 흐르는 전류 i가 다음과 같을 때 소비되는 전력[W]은?

$$v=100\sqrt{2}\cos\left(314t+\frac{\pi}{6}\right)[\text{V}]$$
$$i=3\sqrt{2}\cos\left(314t-\frac{\pi}{6}\right)[\text{A}]$$

① 100 ② 150
③ 250 ④ 600

해설

㉠ $\frac{\pi}{6}[\text{rad}]=\frac{180}{6}=30°$

㉡ 전압과 전류의 위상차 $\theta=30°-(-30°)=60°$

∴ 소비전력(유효전력)

$P=VI\cos\theta=100\times3\times\cos 60°=150[\text{W}]$

중 제2장 단상 교류회로의 이해

15 인덕턴스에서 급격히 변할 수 없는 것은?

① 전압 ② 전류
③ 전압과 전류 ④ 정답 없음

해설 전기회로에서 급변할 수 없는 것

㉠ 인덕턴스(L) : 전류

㉡ 커패시턴스(C) : 전압

정답 11. ③ 12. ④ 13. ③ 14. ② 15. ②

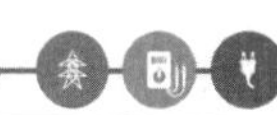

중 제1장 직류회로의 이해

16 굵기가 일정한 도체에서 체적은 변하지 않고 지름을 $\frac{1}{n}$ 배로 늘렸다면 저항은 몇 배가 되겠는가?

① n^2　② $1/n^2$
③ n^4　④ n

해설

㉠ 체적이 일정한 조건에서 지름을 $\frac{1}{n}$배 하면 길이가 n^2배가 되어야 한다.

㉡ 저항 $R=\rho\frac{l}{A}=\rho\frac{l}{\frac{\pi d^2}{4}}=\frac{4\rho l}{\pi d^2}$에서 d가 $\frac{d}{n}$로 l이 $n^2 l$로 변화를 주면 다음과 같다.

$$R'=\frac{4\rho(n^2 l)}{\pi\left(\frac{d}{n}\right)^2}=\frac{n^2 4\rho l}{\pi\frac{d^2}{n^2}}=n^4\times\frac{4\rho l}{\pi d^2}=n^4\times R$$

∴ 체적이 일정한 상태에서 도체의 지름을 $\frac{1}{n}$배 하면 저항은 n^4배가 된다.

상 제7장 4단자망 회로해석

17 대칭 3상 전압을 공급한 3상 유도전동기에서 각 계기의 지시는 다음과 같다. 유도전동기의 역률은? (단, $W_1=2.36$[kW], $W_2=5.97$[kW], $V=200$[V], $I=30$[A])

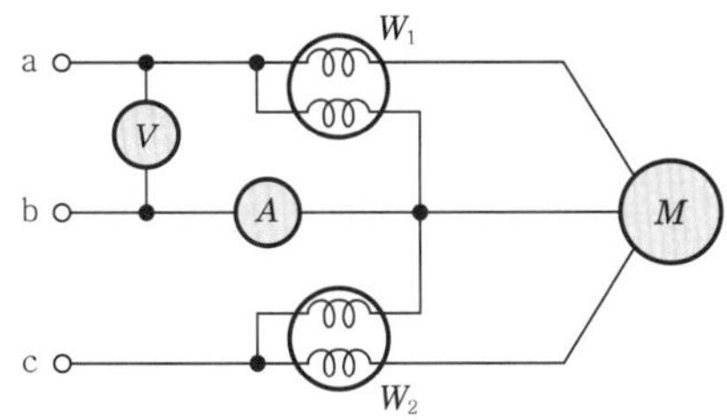

① 0.60　② 0.80
③ 0.65　④ 0.86

해설 2전력계법에 의한 역률

$$\cos\theta=\frac{P}{P_a}=\frac{W_1+W_2}{2\sqrt{W_1^2+W_2^2-W_1W_2}}$$
$$=\frac{W_1+W_2}{\sqrt{3}\,VI}=\frac{2360+5970}{\sqrt{3}\times200\times30}=0.8$$

중 제2장 단상 교류회로의 이해

18 그림의 회로에서 전원주파수가 일정할 경우 평형조건은?

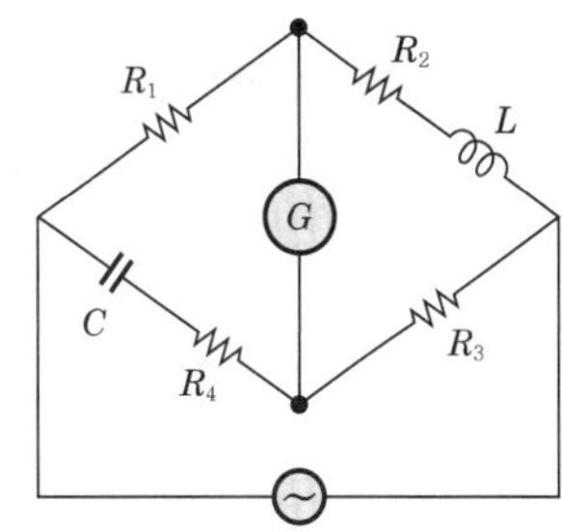

① $R_1R_3-R_2R_4=\frac{L}{C}$, $\frac{R_4}{R_2}=\frac{1}{\omega^2LC}$

② $\frac{R_4}{R_2}=\frac{1}{\omega^2LC}$

③ $R_1R_2-R_2R_4=\frac{L}{C}$, $R_1R_2-R_2R_4=\frac{L}{C}$

④ $R_1R_3+R_2R_4=\frac{1}{\omega^2LC}$, $\frac{R_4}{R_2}=\frac{L}{C}$

해설

㉠ 휘트스톤 브리지 평형조건

$$R_1R_3=(R_2+j\omega L)\left(R_4+\frac{1}{j\omega C}\right)$$
$$\rightarrow R_1R_3=R_2R_4+\frac{L}{C}+j\left(\omega LR_4-\frac{R_2}{\omega C}\right)$$

㉡ 위 식에서 좌항과 우항이 같으려면 먼저 좌항의 허수부 0이 되어야 하고, 실수부가 서로 같아야 한다.

㉢ 따라서 이를 정리하면 다음과 같다.

- 실수부 조건 : $\frac{R_4}{R_2}=\frac{1}{\omega^2LC}$
- 허수부 조건 : $R_1R_3-R_2R_4=\frac{L}{C}$

상 제5장 대칭좌표법

19 대칭좌표법에 관한 설명 중 잘못된 것은?

① 불평형 3상 회로의 접지식 회로에서는 영상분이 존재한다.
② 대칭 3상 전압은 정상분만 존재한다.
③ 불평형 3상 회로의 비접지식 회로에서는 영상분이 존재한다.
④ 대칭 3상 전압에서 영상분은 0이 된다.

정답 16. ③ 17. ② 18. ① 19. ③

해설

영상분이 존재하려면 3상 4선식의 중성점 접지방식이어야 한다.

중 제2장 단상 교류회로의 이해

20 2개의 교류전압이 아래와 같을 경우 두 파형의 위상차를 시간으로 표시하면 몇 초인가?

$$e_1 = 100\cos\left(100\pi t - \frac{\pi}{3}\right)[\mathrm{V}]$$
$$e_2 = 20\sin\left(100\pi t + \frac{\pi}{4}\right)[\mathrm{V}]$$

① $\frac{1}{600}$　② $\frac{1}{1200}$

③ $\frac{1}{2400}$　④ $\frac{1}{3600}$

해설

㉠ $\cos\omega t = \sin(\omega t + 90°)$이므로

$$e_1 = 100\cos\left(100\pi t - \frac{\pi}{3}\right) = 100\sin(100\pi t - 60 + 90) = 100\sin(100\pi + 30°)$$

㉡ $e_2 = 20\sin\left(100\pi t + \frac{\pi}{4}\right) = 20\sin(100\pi t + 45°)$

㉢ e_1과 e_2의 위상차 : $\theta = 15° = \frac{\pi}{12}$[rad]

㉣ $\theta = \omega t = 2\pi f t$에서

$$\therefore\ t = \frac{\theta}{2\pi f} = \frac{\frac{\pi}{12}}{100\pi} = \frac{1}{1200}[\mathrm{sec}]$$

정답 20. ②

2023년 제1회 전기기사 CBT 기출복원문제

하 제10장 라플라스 변환

01 $\mathcal{L}^{-1}\left[\dfrac{s}{(s+1)^2}\right]$ 는?

① $e^{-t}-t\,e^{-t}$ ② $e^{-t}+2t\,e^{-t}$
③ $e^{t}-t\,e^{-t}$ ④ $e^{-t}+t\,e^{-t}$

해설

$$\mathcal{L}^{-1}\left[\frac{s}{(s+1)^2}\right]=\mathcal{L}^{-1}\left[\frac{s+1-1}{(s+1)^2}\right]$$
$$=\mathcal{L}^{-1}\left[\frac{s+1}{(s+1)^2}-\frac{1}{(s+1)^2}\right]$$
$$=\mathcal{L}^{-1}\left[\frac{1}{s+1}-\frac{1}{(s+1)^2}\right]$$
$$=\mathcal{L}^{-1}\left[\frac{1}{s+1}-\frac{1}{s^2}\bigg|_{s=s+1}\right]$$
$$=e^{-t}-te^{-t}$$

중 제3장 다상 교류회로의 이해

02 그림과 같은 부하에 선간전압이 $V_{ab}=100\angle 30°$[V]인 평형 3상 전압을 가했을 때 선전류 I_a[A]는?

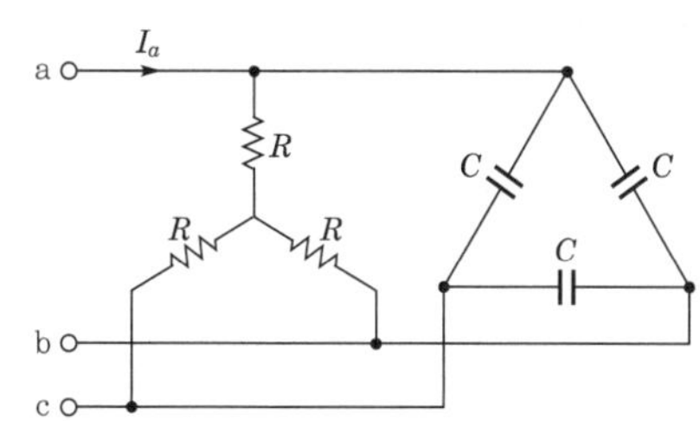

① $\dfrac{100}{\sqrt{3}}\left(\dfrac{1}{R}+j3\omega C\right)$

② $100\left(\dfrac{1}{R}+j\sqrt{3}\,\omega C\right)$

③ $\dfrac{100}{\sqrt{3}}\left(\dfrac{1}{R}+j\omega C\right)$

④ $100\left(\dfrac{1}{R}+j\omega C\right)$

해설

㉠ △결선을 Y결선으로 등가변환하면 다음과 같다. (임피던스 크기를 $\dfrac{1}{3}$로 변환)

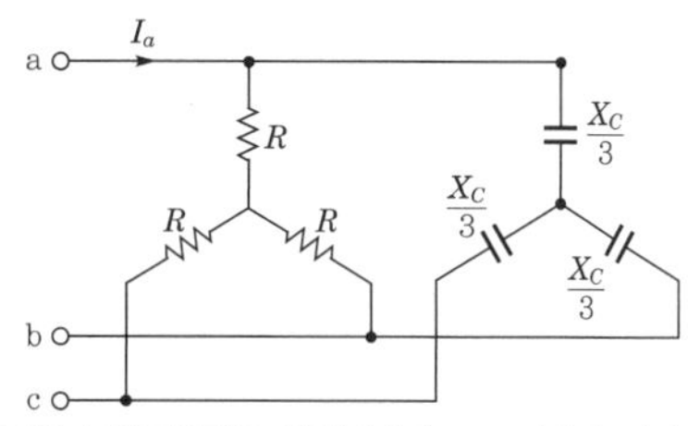

㉡ 저항과 정전용량은 병렬관계이므로 아래와 같이 등가변환시킬 수 있다.

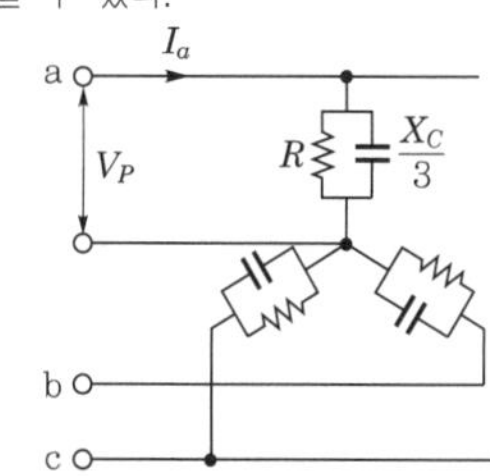

㉢ 합성 임피던스

$$Z=\frac{1}{\dfrac{1}{R}+\dfrac{1}{\dfrac{-jX_C}{3}}}=\frac{1}{\dfrac{1}{R}+j\dfrac{3}{X_C}}$$
$$=\frac{1}{\dfrac{1}{R}+j3\omega C}$$

여기서, 용량 리액턴스 : $X_C=\dfrac{1}{\omega C}$

㉣ 상전압 : $V_P=\dfrac{V_l}{\sqrt{3}}\angle -30°$
$$=\frac{100}{\sqrt{3}}\angle 0°$$

㉤ Y결선은 상전류와 선전류가 동일하므로

$$I_a=\frac{V_P}{Z}$$
$$=\frac{100}{\sqrt{3}}\left(\frac{1}{R}+j3\omega C\right)$$

정답 01. ① 02. ①

상 제9장 과도현상

03 $R=100[\Omega]$, $L=1[\text{H}]$의 직렬회로에 직류전압 $E=100[\text{V}]$를 가했을 때, $t=0.01[\text{s}]$ 후의 전류 $i_t[\text{A}]$는 약 얼마인가?

① 0.362[A]
② 0.632[A]
③ 3.62[A]
④ 6.32[A]

해설 과도전류

$$i(t)=\frac{E}{R}\left(1-e^{-\frac{R}{L}t}\right)=\frac{100}{100}\left(1-e^{-\frac{100}{1}\times 0.01}\right)$$
$$=1(1-e^{-1})=0.632[\text{A}]$$

상 제1장 직류회로의 이해

04 그림과 같은 회로에서 r_1, r_2에 흐르는 전류의 크기가 1 : 2의 비율이라면 r_1, r_2의 저항은 각각 몇 [Ω]인가?

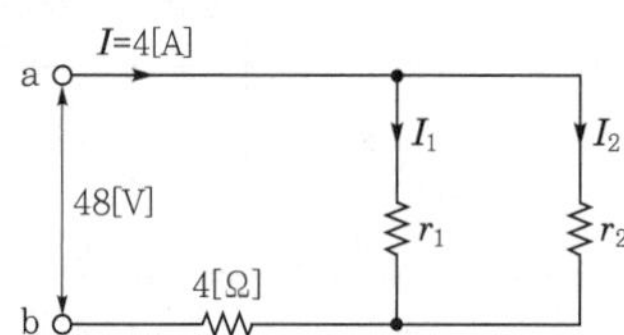

① $r_1=16$, $r_2=8$
② $r_1=24$, $r_2=12$
③ $r_1=6$, $r_2=3$
④ $r_1=8$, $r_2=4$

해설

㉠ $I_1 : I_2 = I_1 : 2I_1 = \dfrac{E}{r_1} : \dfrac{E}{r_2}$에서

$\dfrac{2EI_1}{r_1}=\dfrac{EI_1}{r_2}$이므로 $r_1=2r_2$가 된다.

㉡ 합성저항 $R=\dfrac{V}{I}=\dfrac{48}{4}=12[\Omega]$ 또는

$R=4+\dfrac{r_1\times r_2}{r_1+r_2}=4+\dfrac{2r_2^2}{3r_2}=4+\dfrac{2}{3}r_2$ 이므로

$R=12=4+\dfrac{2}{3}r_2$

$\therefore\ r_2=\dfrac{3}{2}\times 8=12[\Omega]$, $r_1=2r_2=24[\Omega]$

상 제5장 대칭좌표법

05 3상 회로에 있어서 대칭분 전압이 $\dot{V}_0=-8+j3[\text{V}]$, $\dot{V}_1=6-j8[\text{V}]$, $\dot{V}_2=8+j12[\text{V}]$일 때 a상의 전압[V]은?

① $6+j7$
② $-32.3+j2.73$
③ $2.3+j0.73$
④ $23+j0.73$

해설 a상 전압

$$V_a=V_0+V_1+V_2$$
$$=(-8+j3)+(6-j8)+(8+j12)$$
$$=6+j7[\text{V}]$$

상 제3장 다상 교류회로의 이해

06 성형(Y)결선의 부하가 있다. 선간전압 300[V]의 3상 교류를 인가했을 때 선전류가 40[A]이고 역률이 0.8이라면 리액턴스는 약 몇 [Ω]인가?

① 2.6[Ω]
② 4.3[Ω]
③ 16.6[Ω]
④ 35.6[Ω]

해설

㉠ 한 상의 임피던스

$$Z=\frac{V_p}{I_p}=\frac{\frac{V_l}{\sqrt{3}}}{I_l}$$
$$=\frac{\frac{300}{\sqrt{3}}}{40}=4.33[\Omega]$$

㉡ 무효율

$\sin\theta=\sqrt{1-\cos^2\theta}=\sqrt{1-0.8^2}=0.6$

㉢ 임피던스 삼각형

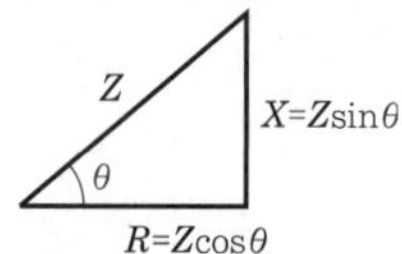

∴ 리액턴스

$X=Z\sin\theta$
$=4.33\times 0.6=2.598[\Omega]$

정답 03. ② 04. ② 05. ① 06. ①

중 제6장 회로망 해석

07 다음 회로에서 120[V], 30[V] 전압원의 전력은?

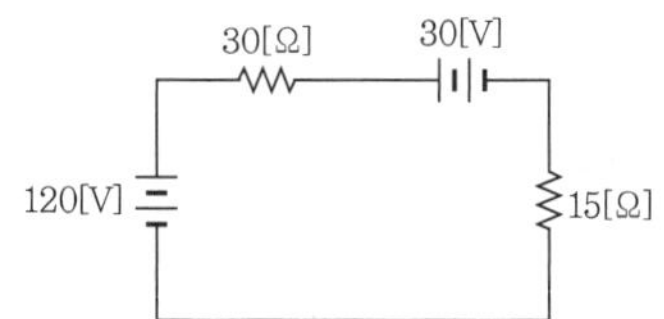

① 240[W], 60[W]
② 240[W], −60[W]
③ −240[W], 60[W]
④ −240[W], −60[W]

해설

㉠ 회로전류

$I = \frac{V}{R} = \frac{120-30}{30+15} = 2$[A]

㉡ 120[V] 전압원의 전력

$P_1 = V_1 I = 120 \times 2 = 240$[W]

㉢ 30[V] 전압원의 전력

$P_2 = -V_2 I = -30 \times 2 = -60$[W]

상 제4장 비정현파 교류회로의 이해

08 전류가 1[H]의 인덕터를 흐르고 있을 때 인덕터에 축적되는 에너지[J]는 얼마인가?

$$i = 5 + 10\sqrt{2}\sin 100t + 5\sqrt{2}\sin 200t[A]$$

① 150[J]
② 100[J]
③ 75[J]
④ 50[J]

해설 **전류의 실횻값**

$I = \sqrt{5^2 + 10^2 + 5^2} = 12.25$[A]

∴ 인덕터에 축적되는 에너지

$W_L = \frac{1}{2}LI^2 = \frac{1}{2} \times 1 \times 12.25^2 = 75$[J]

상 제8장 분포정수회로

09 무손실선로가 되기 위한 조건 중 틀린 것은?

① $\frac{R}{L} = \frac{G}{C}$인 선로를 무왜형(無歪形) 회로라 한다.
② $R = G = 0$인 선로를 무손실회로라 한다.
③ 무손실선로, 무왜선로의 감쇠정수는 $\sqrt{RG}$이다.
④ 무손실선로, 무왜회로에서의 위상속도는 $\frac{1}{\sqrt{CL}}$이다.

해설

① 무왜형 회로 : 송전단에서 보낸 정현파 입력이 수전단에 전혀 일그러짐이 없이 도달되는 회로로, 선로정수가 R, L, C, G 사이에 $\frac{R}{L} = \frac{G}{C}$의 관계를 무왜조건이라 한다.
② 무손실선로 : 손실이 없는 선로($R = G = 0$)로 송전 전압 및 전류의 크기가 항상 일정하다.
③ 전파정수 $\gamma = \sqrt{ZY} = \sqrt{RG} + j\omega\sqrt{LC} = \alpha + j\beta$에서 무손실선로의 경우 $R = G = 0$이므로 감쇠정수는 $\alpha = 0$이 된다.
④ 위상속도(전파속도)

$v = \frac{1}{\sqrt{\varepsilon\mu}} = \frac{1}{\sqrt{LC}} = \frac{\omega}{\beta}$[m/s]

상 제6장 회로망 해석

10 임피던스 함수 $Z(s) = \frac{4s+2}{s}$로 표시되는 2단자 회로망은 다음 중 어느 것인가?

① 4[Ω] 1/2[H] (저항–인덕터 직렬)
② 4[Ω] 1/2[F] (저항–커패시터 직렬)
③ 4[Ω] 2[H] (저항–인덕터 직렬)
④ 4[Ω] 2[F] (저항–커패시터 직렬)

해설

㉠ RLC 직렬회로의 합성 임피던스는

$Z(s) = R + Ls + \frac{1}{Cs}$의 형태이다.

㉡ 문제의 임피던스를 정리하면 다음과 같다.

$$Z(s) = \frac{4s+2}{s} = 4 + \frac{2}{s} = 4 + \frac{1}{\frac{s}{2}} = 4 + \frac{1}{\frac{1}{2}s}$$

∴ $R = 4$[Ω], $C = \frac{1}{2}$[F]이 직렬로 접속된 회로로 나타낼 수 있다.

정답 07. ② 08. ③ 09. ③ 10. ②

2023년 제1회 전기산업기사 CBT 기출복원문제

상 제6장 회로망 해석

01 임피던스 $Z(s) = \dfrac{s+20}{s^2+2RLs+1}$으로 주어지는 2단자 회로에 직류전원 15[A]를 가할 때 이 회로의 단자전압[V]은?

① 200[V] ② 300[V]
③ 400[V] ④ 600[V]

해설

직류를 가하면 $s=0$이므로 임피던스

$Z(s) = \left[\dfrac{s+20}{s^2+2RLs+1}\right]_{s=0} = \dfrac{20}{1} = 20[\Omega]$

∴ 단자전압 : $V = I \times Z(s) = 15 \times 20 = 300[\text{V}]$

중 제3장 다상 교류회로의 이해

02 대칭 5상 교류에서 선간전압과 상전압 간의 위상차는 몇 도인가?

① 27° ② 36°
③ 54° ④ 72°

해설

$\theta = \dfrac{\pi}{2} - \dfrac{\pi}{n} = \dfrac{\pi}{2}\left(1-\dfrac{2}{n}\right) = \dfrac{180}{2}\left(1-\dfrac{2}{5}\right) = 54°$

상 제6장 회로망 해석

03 어떤 4단자망의 입력단자 1－1′ 사이의 영상 임피던스 Z_{01}과 출력단자 2－2′ 사이의 영상 임피던스 Z_{02}가 같게 되려면 4단자 정수 사이에 어떠한 관계가 있어야 하는가?

① $BC = AC$ ② $AB = CD$
③ $B = C$ ④ $A = D$

해설

영상 임피던스 $Z_{01} = \sqrt{\dfrac{AB}{CD}}$, $Z_{02} = \sqrt{\dfrac{BD}{AC}}$

이 두 식이 같게 되려면 $A = D$이다.

상 제2장 단상 교류회로의 이해

04 $i = 10\sin\left(\omega t - \dfrac{\pi}{3}\right)$[A]로 표시되는 전류 파형보다 위상이 30°만큼 앞서고 최대치가 100[V]되는 전압파형 v를 식으로 나타내면 어떤 것인가?

① $v = 100\sin\left(\omega t - \dfrac{\pi}{3}\right)$

② $v = 100\sqrt{2}\sin\left(\omega t - \dfrac{\pi}{6}\right)$

③ $v = 100\sin\left(\omega t - \dfrac{\pi}{6}\right)$

④ $v = 100\sqrt{2}\cos\left(\omega t - \dfrac{\pi}{6}\right)$

해설

위상이 30° 진상이므로

∴ $v = 100\sin(\omega t - 60 + 30)$

$= 100\sin\left(\omega t - \dfrac{\pi}{6}\right)[\text{V}]$

상 제6장 회로망 해석

05 L 및 C를 직렬로 접속한 임피던스가 있다. 지금 그림과 같이 L 및 C의 각각에 동일한 무유도저항 R을 병렬로 접속하여 이 합성회로가 주파수에 무관계하게 되는 R의 값은?

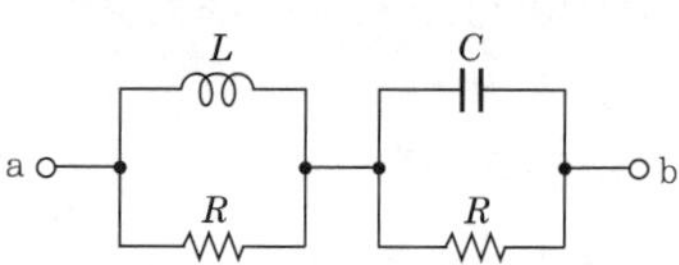

① $R^2 = \dfrac{L}{C}$

② $R^2 = \dfrac{C}{L}$

③ $R^2 = CL$

④ $R^2 = \dfrac{1}{LC}$

정답 01. ② 02. ③ 03. ④ 04. ③ 05. ①

해설

정저항조건 : $R^2 = Z_1 Z_2 = \frac{L}{C}$

여기서, $Z_1 = j\omega L$, $Z_2 = \frac{1}{j\omega C}$

상 제10장 라플라스 변환

06 $F(s) = \frac{1}{s(s+a)}$ 의 라플라스 역변환을 구한 것은?

① $1 - e^{-at}$　② $a(1-e^{-at})$

③ $\frac{1}{a}(1-e^{-at})$　④ e^{-at}

해설

$F(s) = \frac{1}{s(s+a)}$

$= \frac{A}{s} + \frac{B}{s+a} \xrightarrow{\mathcal{L}^{-1}} A + Be^{-at}$

에서 미지수 A, B는 다음과 같다.

㉠ $A = \lim_{s \to 0} sF(s) = \lim_{s \to 0} \frac{1}{s+a} = \frac{1}{a}$

㉡ $B = \lim_{s \to -a} (s+a)F(s) = \lim_{s \to -a} \frac{1}{s} = -\frac{1}{a}$

∴ 함수 $f(t) = A + Be^{-at} = \frac{1}{a}(1-e^{-at})$

상 제3장 다상 교류회로의 이해

07 대칭 3상 Y부하에서 각 상의 임피던스가 $Z = 3 + j4[\Omega]$이고, 부하전류가 20[A]일 때 이 부하의 선간전압[V]은 얼마인가?

① 14.3　② 151

③ 173　④ 193

해설

㉠ 각 상의 임피던스의 크기

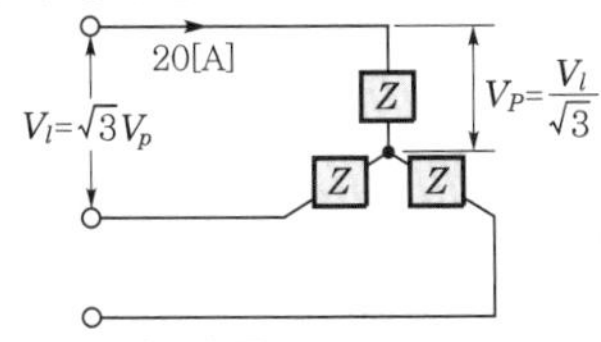

$Z = \sqrt{3^2 + 4^2} = 5[\Omega]$

㉡ Y결선 시 선전류와 상전류의 크기는 같다.

상전압 : $V_P = I_P \times Z = 20 \times 5 = 100[\text{V}]$

∴ Y결선 시 선간전압은 상전압의 $\sqrt{3}$ 배이므로

$V_l = \sqrt{3}\, V_P = \sqrt{3} \times 100 = 173.2[\text{V}]$

상 제1장 직류회로의 이해

08 일정 전압의 직류전원에 저항을 접속하고 전류를 흘릴 때 이 전류값을 20[%] 증가시키기 위해서는 저항값을 몇 배로 하여야 하는가?

① 1.25배　② 1.2배

③ 0.83배　④ 0.8배

해설

㉠ 옴의 법칙 $I = \frac{V}{R}$에서 저항 $R = \frac{V}{I}$이므로 저항은 전류에 반비례한다.

㉡ 전류값을 20[%] 증가($1.2I$)시키기 위한 저항값은 다음과 같다.

$R_x = \frac{V}{1.2I} = 0.83\frac{V}{I} = 0.83R[\Omega]$

상 제9장 과도현상

09 직류 $R-L$ 직렬회로에서 회로의 시정수값은?

① $\frac{R}{L}$　② $\frac{L}{R}$

③ $\frac{1}{RL}$　④ RL

해설

㉠ $R-L$ 회로의 시정수 : $\tau = \frac{L}{R}$[sec]

㉡ $R-C$ 회로의 시정수 : $\tau = RC$[sec]

중 제6장 회로망 해석

10 1차 전압 3300[V], 2차 전압 220[V]인 변압기의 권수비(turn ratio)는 얼마인가?

① 15

② 220

③ 3,300

④ 7,260

해설

권수비 $a = \frac{N_1}{N_2} = \frac{V_1}{V_2} = \frac{I_2}{I_1}$

여기서, N_1 : 1차 권수

N_2 : 2차 권수

∴ $a = \frac{V_1}{V_2} = \frac{3300}{220} = 15$

정답 06. ③ 07. ③ 08. ③ 09. ② 10. ①

상 제3장 다상 교류회로의 이해

11 3상 유도전동기의 출력이 3마력, 전압이 200[V], 효율 80[%], 역률 90[%]일 때 전동기에 유입하는 선전류의 값은 약 몇 [A]인가?

① 7.18[A] ② 9.18[A]
③ 6.84[A] ④ 8.97[A]

해설

유효전력 $P = \sqrt{3}\ VI\cos\theta\eta[\text{W}]$

여기서, 효율 $\eta = \dfrac{\text{출력}}{\text{입력}}$

$1[\text{HP}] = 746[\text{W}]$

$\therefore$ 선전류 $I = \dfrac{P}{\sqrt{3}\ V\cos\theta\eta} = \dfrac{3\times746}{\sqrt{3}\times200\times0.9\times0.8} = 8.97[\text{A}]$

상 제2장 단상 교류회로의 이해

12 그림과 같은 결합 회로의 합성 인덕턴스는?

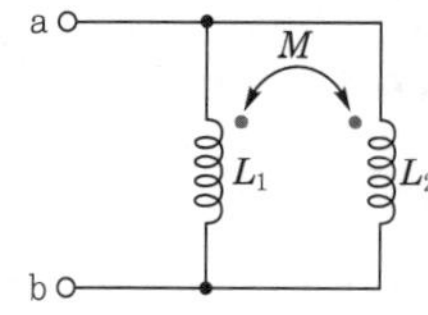

① $\dfrac{L_1L_2-M^2}{L_1+L_2-2M}$ ② $\dfrac{L_1L_2+M^2}{L_1+L_2-2M}$
③ $\dfrac{L_1L_2-M^2}{L_1+L_2+2M}$ ④ $\dfrac{L_1L_2+M^2}{L_1+L_2+2M}$

해설

L_1, L_2는 가동결합이(dot가 같은 방향) 된다.

$\therefore$ 합성 인덕턴스 $L_{ab} = \dfrac{L_1L_2-M^2}{L_1+L_2-2M}$

상 제1장 직류회로의 이해

13 $\dfrac{9}{4}$[kW] 직류전동기 2대를 매일 5시간씩 30일 동안 운전할 때 사용한 전력량은 약 몇 [kWh]인가? (단, 전동기는 전부하로 운전되는 것으로 하고 효율은 80[%]이다.)

① 650 ② 745
③ 844 ④ 980

해설

㉠ 전력량(출력)

$W_o = Pt = \dfrac{9}{4}\times2\times5\times30 = 675[\text{kWh}]$

㉡ 효율 $\eta = \dfrac{\text{출력}}{\text{입력}} = \dfrac{W_o}{W_i}$

$\therefore$ 전동기가 사용한 전력량(입력)

$W_i = \dfrac{W_o}{\eta} = \dfrac{675}{0.8} = 843.75[\text{kWh}]$

상 제4장 비정현파 교류회로의 이해

14 다음과 같은 비정현파 전압의 왜형률을 구하면?

$$e(t) = 50 + 100\sqrt{2}\sin\omega t + 50\sqrt{2}\sin2\omega t + 30\sqrt{2}\sin3\omega t[\text{V}]$$

① 1.0 ② 0.58
③ 0.8 ④ 0.3

해설 고조파 왜형률(Total Harmonics Distortion)

$V_{THD} = \dfrac{\text{고조파만의 실횻값}}{\text{기본파의 실횻값}} = \dfrac{\sqrt{50^2+30^2}}{100} = 0.58$

중 제10장 라플라스 변환

15 $I(s) = \dfrac{12(s+8)}{4s(s+6)}$일 때 전류의 초기값 $i(0^+)$를 구하면?

① 4 ② 3
③ 2 ④ 1

해설

$\lim\limits_{t\to0} i(t) = \lim\limits_{s\to\infty} sI(s) = \lim\limits_{s\to\infty}\dfrac{12(s+8)}{4(s+6)} = \lim\limits_{s\to\infty}\dfrac{12+\dfrac{96}{s}}{4+\dfrac{24}{s}} = \dfrac{12}{4} = 3$

정답 11. ④ 12. ① 13. ③ 14. ② 15. ②

상 제6장 회로망 해석

16 회로를 테브난(Thevenin)의 등가회로로 변환하려고 한다. 이때 테브난의 등가저항 R_T[Ω]와 등가전압 V_T[V]는?

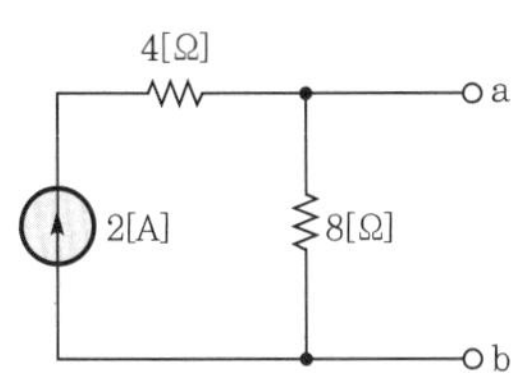

① $R_T = \frac{8}{3}$, $V_T = 8$ ② $R_T = 6$, $V_T = 12$

③ $R_T = 8$, $V_T = 16$ ④ $R_T = \frac{8}{3}$, $V_T = 16$

해설 테브난의 등가변환

㉠ 개방전압 : a, b 양단의 단자전압
$V_T = 8I = 8 \times 2 = 16$[V]

㉡ 등가저항 : 전류원을 개방시킨 상태에서 a, b에서 바라본 합성저항

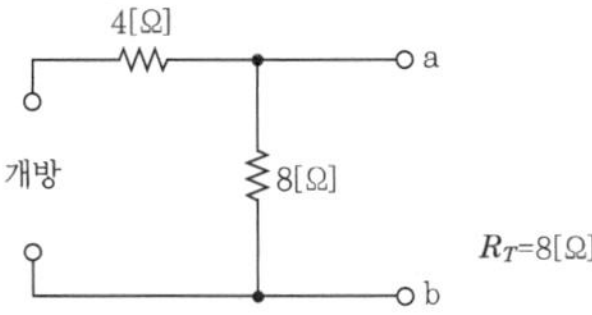

상 제6장 회로망 해석

17 그림과 같은 L형 회로의 4단자 정수는 어떻게 되는가?

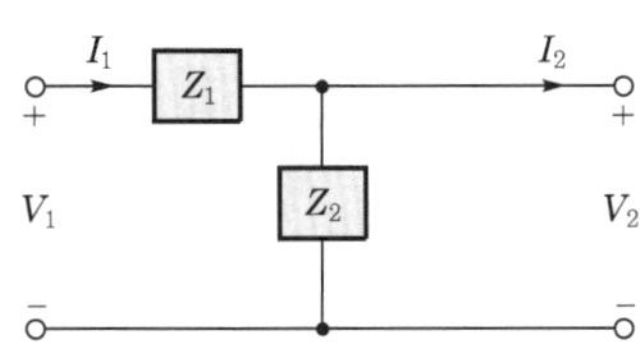

① $A = Z_1$, $B = 1 + \frac{Z_1}{Z_2}$, $C = \frac{1}{Z_2}$, $D = 1$

② $A = 1$, $B = \frac{1}{Z_2}$, $C = 1 + \frac{1}{Z_2}$, $D = Z_1$

③ $A = 1 + \frac{Z_1}{Z_2}$, $B = Z_1$, $C = \frac{1}{Z_2}$, $D = 1$

④ $A = \frac{1}{Z_2}$, $B = 1$, $C = Z_1$, $D = 1 + \frac{Z_1}{Z_2}$

해설

$$\begin{bmatrix} 1 & Z_1 \\ 0 & 1 \end{bmatrix} \begin{bmatrix} 1 & 0 \\ \frac{1}{Z_2} & 1 \end{bmatrix} = \begin{bmatrix} 1 + \frac{Z_1}{Z_2} & Z_1 \\ \frac{1}{Z_2} & 1 \end{bmatrix}$$

상 제9장 과도현상

18 코일의 권회수 $N = 1000$, 저항 $R = 20$[Ω]으로 전류 $I = 10$[A]를 흘릴 때 자속 $\phi = 3 \times 10^{-2}$[Wb]이다. 이 회로의 시정수는?

① $\tau = 0.15$[sec] ② $\tau = 3$[sec]

③ $\tau = 0.4$[sec] ④ $\tau = 4$[sec]

해설 인덕턴스

$$L = \frac{\Phi}{I} = \frac{N\phi}{I} = \frac{1000 \times 3 \times 10^{-2}}{10} = 3[\text{H}]$$

$$\therefore \text{ 시정수 } \tau = \frac{L}{R} = \frac{3}{20} = 0.15[\text{sec}]$$

상 [보충] 전달함수

19 다음 시스템의 전달함수$\left(\frac{C}{R}\right)$는?

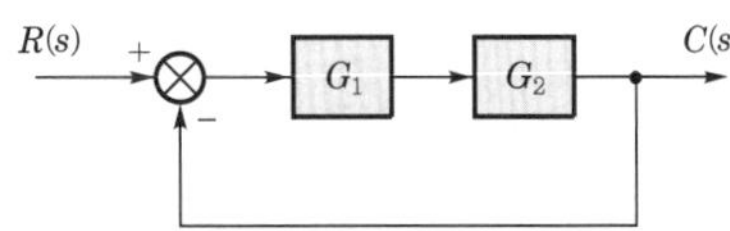

① $\frac{G_1 G_2}{1 + G_1 G_2}$

② $\frac{G_1 G_2}{1 - G_1 G_2}$

③ $\frac{1 + G_1 G_2}{G_1 G_2}$

④ $\frac{1 - G_1 G_2}{G_1 G_2}$

해설 종합전달함수(메이슨공식)

$$M(s) = \frac{C(s)}{R(s)} = \frac{\sum \text{전향경로이득}}{1 - \sum \text{폐루프이득}} = \frac{G_1 G_2}{1 - (-G_1 G_2)} = \frac{G_1 G_2}{1 + G_1 G_2}$$

정답 16. ③ 17. ③ 18. ① 19. ①

상 제5장 대칭좌표법

20 3상 4선식에서 중성선이 필요하지 않아서 중성선을 제거하여 3상 3선식을 만들기 위한 중성선에서의 조건식은 어떻게 되는가? (단, I_a, I_b, I_c는 각 상의 전류이다.)

① 불평형 3상 $I_a + I_b + I_c = 1$
② 불평형 3상 $I_a + I_b + I_c = \sqrt{3}$
③ 불평형 3상 $I_a + I_b + I_c = 3$
④ 평형 3상 $I_a + I_b + I_c = 0$

해설

3상 회로에서 불평형 발생 시 불평형 전류가 다른 상에 영향을 주는 것을 방지하기 위해 중성선 접지를 실시한다. 따라서, 불평형을 발생시키지 않는 평형 3상일 때 중성선을 제거할 수 있다.
∴ 평형 3상 조건 : $I_a + I_b + I_c = 0$

정답 20. ④

2023년 제2회 전기기사 CBT 기출복원문제

중 제3장 다상 교류회로의 이해

01 대칭 n상에서 선전류와 환상전류 사이의 위상차는 어떻게 되는가?

① $\frac{n}{2}\left(1-\frac{\pi}{2}\right)$　　② $\frac{\pi}{2}\left(1-\frac{n}{2}\right)$

③ $2\left(1-\frac{2}{n}\right)$　　④ $\frac{\pi}{2}\left(1-\frac{2}{n}\right)$

해설 환상결선에서 선전류와 상전류의 관계

㉠ 선전류 : $I_l = 2\sin\frac{\pi}{n} I_p$

㉡ 위상차 : $\theta = \frac{\pi}{2} - \frac{\pi}{n} = \frac{\pi}{2}\left(1-\frac{2}{n}\right)$

여기서, n : 상수

㉢ 환상결선 시 선간전압과 상전압은 같다.

상 제7장 4단자망 회로해석

02 그림에서 4단자망(two port)의 개방 순방향 전달임피던스 Z_{21}과 단락 순방향 전달어드미턴스 Y_{21}은?

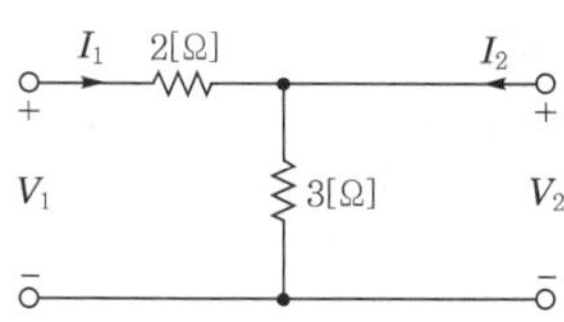

① $Z_{21} = 3[\Omega]$, $Y_{21} = -\frac{1}{2}[℧]$

② $Z_{21} = 3[\Omega]$, $Y_{21} = \frac{1}{3}[℧]$

③ $Z_{21} = 3[\Omega]$, $Y_{21} = \frac{1}{2}[℧]$

④ $Z_{21} = 2[\Omega]$, $Y_{21} = -\frac{5}{6}[℧]$

해설

㉠ $Z_{21} = 3[\Omega]$

㉡ $Y_{21} = \frac{-Z_3}{Z_1Z_2 + Z_2Z_3 + Z_3Z_1}$

$= \frac{-3}{0+0+6} = -\frac{1}{2}[℧]$

중 제4장 비정현파 교류회로의 이해

03 ωt가 0에서 π까지 $i=10$[A], π에서 2π까지는 $i=0$[A]인 파형을 푸리에 급수로 전개하면 a_0는?

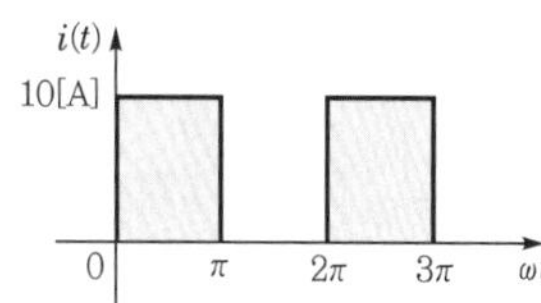

① 14.14　　② 10

③ 7.07　　④ 5

해설 직류분(교류의 평균값으로 해석)

$a_0 = \frac{1}{T}\int_0^T f(t)\,dt$

$= \frac{1}{2\pi}\int_0^\pi 10 d\omega t$

$= \frac{10}{2\pi}[\omega t]_0^\pi = \frac{10}{2} = 5$[A]

[별해] 구형반파의 평균값 $I_{av} = \frac{I_m}{2} = 5$[A]

상 제2장 단상 교류회로의 이해

04 저항 R과 유도리액턴스 X_L이 병렬로 연결된 회로의 역률은?

① $\frac{\sqrt{R^2+X_L^2}}{R}$　　② $\frac{\sqrt{R^2+X_L^2}}{X_L}$

③ $\frac{R}{\sqrt{R^2+X_L^2}}$　　④ $\frac{X_L}{\sqrt{R^2+X_L^2}}$

해설

㉠ 직렬 시 역률 $\cos\theta = \frac{R}{\sqrt{R^2+X_L^2}} = \frac{V_R}{V}$

㉡ 병렬 시 역률 $\cos\theta = \frac{X_L}{\sqrt{R^2+X_L^2}} = \frac{I_R}{I}$

여기서, V : 전체 전압

V_R : R의 단자전압

I : 전체 전류

I_R : R의 통과전류

정답 01. ④ 02. ① 03. ④ 04. ④

중 제7장 4단자망 회로해석

05 그림과 같은 회로망에서 Z_1을 4단자 정수에 의해 표시하면?

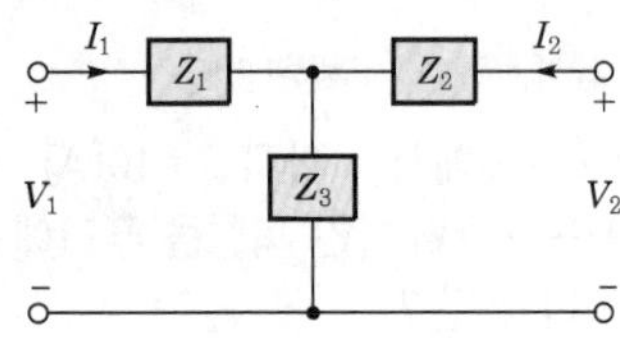

① $\dfrac{1}{C}$ ② $\dfrac{D-1}{C}$

③ $\dfrac{B-1}{C}$ ④ $\dfrac{A-1}{C}$

해설

㉠ 4단자 정수는 다음과 같다.

$$\begin{bmatrix} A & B \\ C & D \end{bmatrix} = \begin{bmatrix} 1+\dfrac{Z_1}{Z_3} & Z_1+Z_2+\dfrac{Z_1 Z_2}{Z_3} \\ \dfrac{1}{Z_3} & 1+\dfrac{Z_2}{Z_3} \end{bmatrix}$$

㉡ $A-1=\dfrac{Z_1}{Z_3}=Z_1 C$이므로

$\therefore Z_1=\dfrac{A-1}{C}$

하 제4장 비정현파 교류회로의 이해

06 그림과 같은 Y결선에서 기본파와 제3고조파 전압만이 존재한다고 할 때 전압계의 눈금이 $V_1=150$[V], $V_2=220$[V]로 나타낼 때 제3고조파 전압을 구하면 몇 [V]인가?

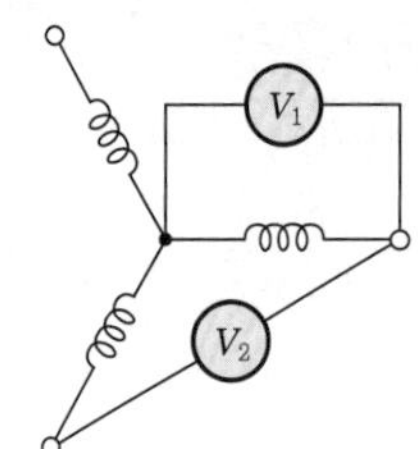

① 약 145.4[V]
② 약 150.4[V]
③ 약 127.2[V]
④ 약 79.9[V]

해설

Y결선에서 선간전압은 제3고조파 성분이 포함되지 않는다. 따라서 전압계 V_2에는 기본파 상전압의 $\sqrt{3}$배의 전압($V_2=\sqrt{3}\,V_p$)이 측정된다.

㉠ 상전압 : $V_p=\dfrac{V_2}{\sqrt{3}}=\dfrac{220}{\sqrt{3}}$[V]

㉡ 전압계 V_1 측정 전압 $V_1=\sqrt{V_p^2+V_3^2}$[V]
이므로 제3고조파 전압(V_3)는

$\therefore V_3=\sqrt{V_1^2-V_p^2}$

$=\sqrt{150^2-\left(\dfrac{220}{\sqrt{3}}\right)^2}=79.9$[V]

상 제10장 라플라스 변환

07 함수 $f(t)=\sin t\cos t$의 라플라스 변환 $F(s)$은?

① $\dfrac{1}{s^2+4}$

② $\dfrac{1}{s^2+2}$

③ $\dfrac{1}{(s+2)^2}$

④ $\dfrac{1}{(s+4)^2}$

해설

㉠ $\sin(t+t)=\sin t\cos t+\cos t\sin t$
㉡ $\sin(t-t)=\sin t\cos t-\cos t\sin t$
㉢ ㉠+㉡$=\sin 2t=2\sin t\cos t$

$\therefore \mathcal{L}\left[\dfrac{1}{2}\sin 2t\right]=\dfrac{1}{2}\times\dfrac{2}{s^2+2^2}=\dfrac{1}{s^2+4}$

상 제9장 과도현상

08 직류 $R-C$ 직렬회로에서 회로의 시정수값은?

① $\dfrac{R}{C}$ ② $\dfrac{E}{R}$

③ $\dfrac{1}{RC}$ ④ RC

해설

㉠ $R-L$ 회로의 시정수 : $\tau=\dfrac{L}{R}$[sec]

㉡ $R-C$ 회로의 시정수 : $\tau=RC$[sec]

정답 05. ④ 06. ④ 07. ① 08. ④

중 제6장 회로망 해석

09 그림과 같은 회로에서 미지의 저항 R의 값을 구하면 몇 [Ω]인가?

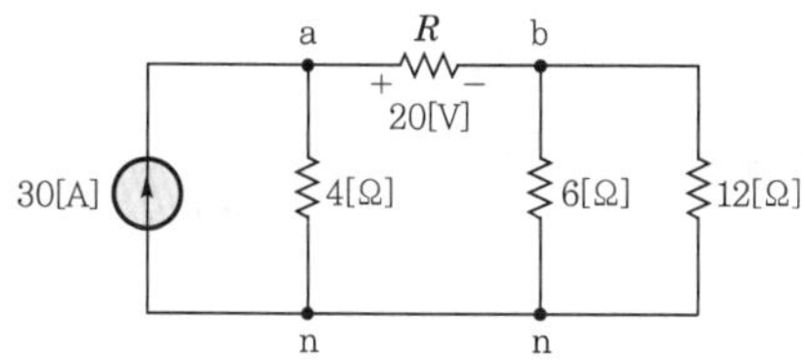

① 2.5[Ω]
② 2[Ω]
③ 1.6[Ω]
④ 1[Ω]

해설

㉠ 전류원을 전압원으로 등가변환

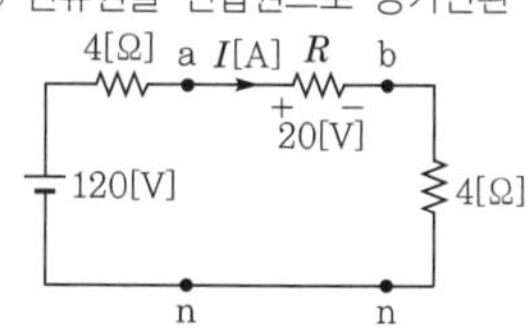

㉡ $V_R = IR = \frac{120}{4+4+R} \times R = 20$[V]에서

$120R = 20(8+R)$

$120R = 160 + 20R$

$100R = 160$

$\therefore\ R = \frac{160}{100} = 1.6[\Omega]$

상 제3장 다상 교류회로의 이해

10 그림과 같은 선간전압 200[V]의 3상 전원에 대칭부하를 접속할 때 부하역률은?

(단, $R = 9[\Omega]$, $X_C = \frac{1}{\omega C} = 4[\Omega]$)

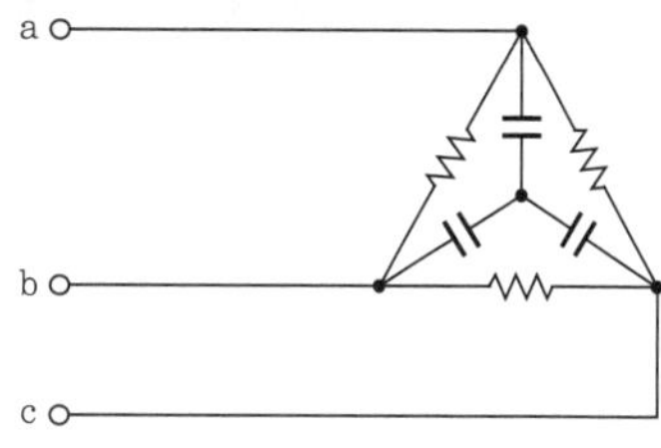

① 0.6 ② 0.7
③ 0.8 ④ 0.9

해설

△결선으로 접속된 저항 R을 Y결선으로 등가변환하면 그 크기가 $\frac{1}{3}$배로 줄어든다.

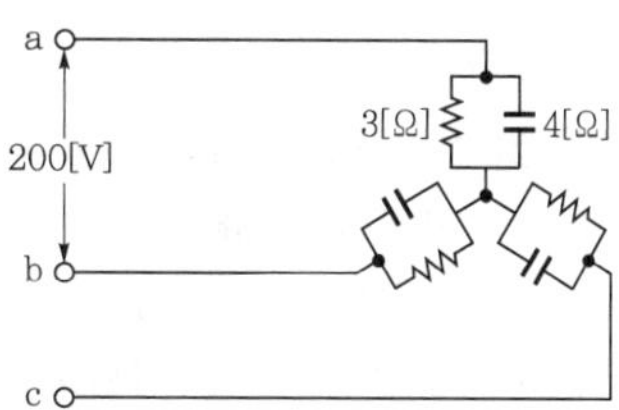

∴ 병렬회로의 역률

$$\cos\theta = \frac{X}{\sqrt{R^2+X^2}} = \frac{4}{\sqrt{3^2+4^2}} = 0.8$$

정답 09. ③ 10. ③

2023년 제2회 전기산업기사 CBT 기출복원문제

상 제2장 단상 교류회로의 이해

01 어떤 교류전압의 실횻값이 314[V]일 때 평균값은?

① 약 142[V]
② 약 283[V]
③ 약 365[V]
④ 약 382[V]

해설 평균값

$$V_a = \frac{2V_m}{\pi} = 0.637\,V_m$$
$$= 0.637 \times \sqrt{2}\,V$$
$$= 0.9\,V = 0.9 \times 314 = 282.6[\text{V}]$$

하 제1장 직류회로의 이해

02 자동차 축전지의 무부하전압을 측정하니 13.5[V]를 지시하였다. 이때 정격이 12[V], 55[W]인 자동차 전구를 연결하여 축전지의 단자전압을 측정하니 12[V]를 지시하였다. 축전지의 내부저항은 약 몇 [Ω]인가?

① 0.33 ② 0.45
③ 2.62 ④ 3.31

해설

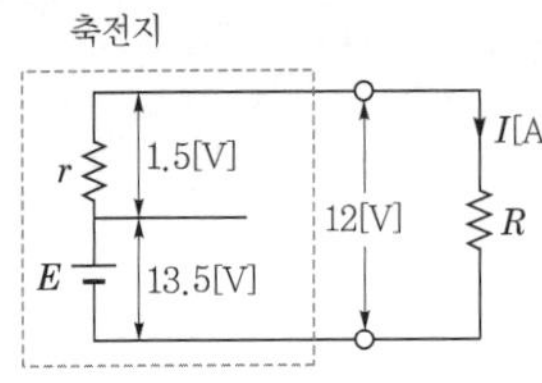

㉠ 자동차 전구저항 $R = \frac{V^2}{P} = \frac{12^2}{55} = 2.62[\Omega]$

㉡ 축전지 전압강하 $e = 13.5 - 12 = 1.5[\text{V}]$

㉢ 회로에 흐르는 전류 $I = \frac{12}{2.62} = \frac{1.5}{r}$

∴ 축전지의 내부저항 $r = 1.5 \times \frac{2.62}{12} \fallingdotseq 0.33[\Omega]$

중 제3장 다상 교류회로의 이해

03 그림과 같은 회로에 대칭 3상 전압 220[V]를 가할 때 a, a′선이 단선되었다고 하면 선전류는?

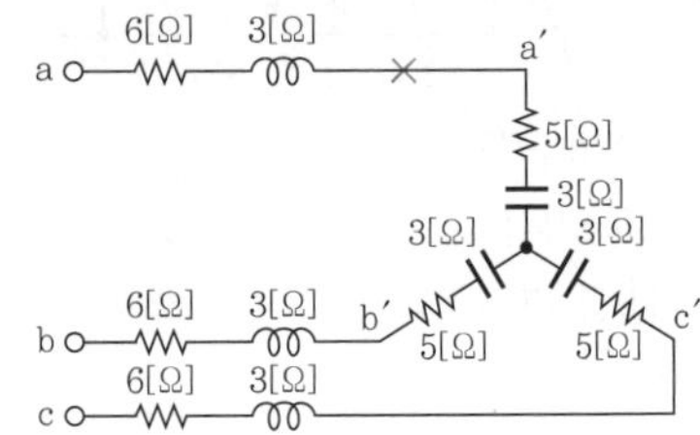

① 5[A] ② 10[A]
③ 15[A] ④ 20[A]

해설

3상에서 a선이 끊어지면 b, c상에 의해 단상 전원이 공급되므로 b, c상에 흐르는 전류는

$$\therefore\ I = \frac{V_{bc}}{Z_{bc}} = \frac{220}{6 + j3 + 5 - j3 - j3 + 5 + j3 + 6}$$
$$= \frac{220}{22} = 10[\text{A}]$$

상 제2장 단상 교류회로의 이해

04 $R = 100[\Omega]$, $C = 30[\mu\text{F}]$의 직렬회로에 $V = 100[\text{V}]$, $f = 60[\text{Hz}]$의 교류전압을 가할 때 전류[A]는?

① 약 88.4 ② 약 133.5
③ 약 75 ④ 약 0.75

해설

㉠ 용량 리액턴스

$$X_C = \frac{1}{2\pi f C} = \frac{1}{2\pi \times 60 \times 30 \times 10^{-6}}$$
$$= 88.42[\Omega]$$

㉡ 임피던스

$$Z = R - jX_C = 100 - j88.42$$
$$= \sqrt{100^2 + 88.42^2}$$
$$= 133.48$$

∴ 전류

$$I = \frac{V}{Z} = \frac{100}{133.48} = 0.75[\text{A}]$$

정답 01. ② 02. ① 03. ② 04. ④

상 제10장 라플라스 변환

05 $F(s) = \dfrac{10}{s+3}$을 역라플라스 변환하면?

① $f(t) = 10e^{3t}$ ② $f(t) = 10e^{-3t}$

③ $f(t) = 10e^{\frac{t}{3}}$ ④ $f(t) = 10e^{-\frac{t}{3}}$

해설

$$\mathcal{L}^{-1}\left[\frac{10}{s+3}\right] = \mathcal{L}^{-1}\left[\frac{10}{s}\bigg|_{s=s+3}\right] = 10e^{-3t}$$

상 [보충] 전달함수

06 다음 신호흐름선도에서 전달함수 $\dfrac{C}{R}$의 값은?

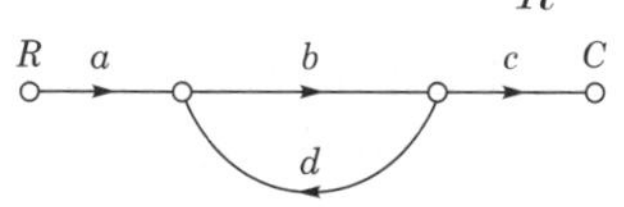

① $G = \dfrac{1-bd}{abc}$ ② $G = \dfrac{1+bd}{abc}$

③ $G = \dfrac{abc}{1+bd}$ ④ $G = \dfrac{abc}{1-bd}$

해설 종합전달함수(메이슨공식)

$$M(s) = \frac{C(s)}{R(s)} = \frac{\sum 전향경로이득}{1-\sum 폐루프이득} = \frac{abc}{1-bd}$$

중 제2장 단상 교류회로의 이해

07 RLC 직렬회로에서 공진 시의 전류는 공급전압에 대하여 어떤 위상차를 갖는가?

① 0° ② 90°

③ 180° ④ 270°

해설

$Z = R + j(X_L - X_C)$[Ω]에서 공진 시 $Z = R$이 되어 전압과 전류가 동위상된다.

하 제9장 과도현상

08 RC 직렬회로에 $t=0$에서 직류전압을 인가하였다. 시정수 4배에서 커패시터에 충전된 전하는 약 몇 [%]인가?

① 63.2 ② 86.5

③ 95.0 ④ 98.2

해설

㉠ RC 회로의 시정수 $\tau = RC$[sec]

㉡ 커패시터에 충전된 전하량 $Q = CE$[C]

㉢ $t=0$에서 충전되는 전하의 과도분

$$Q(t) = CE\left(1 - e^{-\frac{1}{RC}t}\right)\text{[C]}$$

∴ 시정수 4배($t = 4RC$)에서 충전된 전하량

$$Q(4\tau) = CE\left(1 - e^{-\frac{1}{RC}\times 4RC}\right) = CE(1-e^{-4}) = 0.982\,CE = 98.2[\%]$$

상 [보충] 전달함수

09 그림과 같은 회로의 전압비 전달함수 $\dfrac{V_2(s)}{V_1(s)}$는?

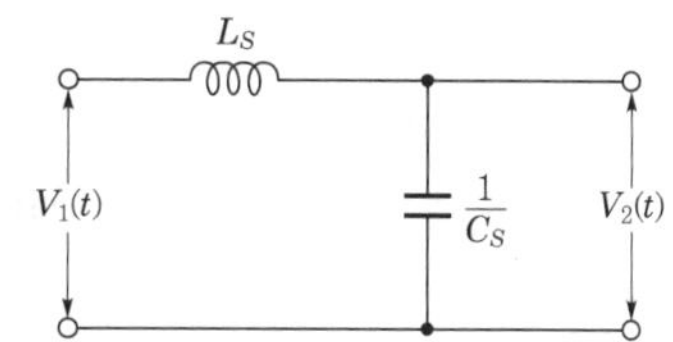

① $\dfrac{LCs}{s^2+LC}$ ② $\dfrac{\frac{1}{LCs}}{s^2+LC}$

③ $\dfrac{\frac{1}{LC}}{s^2+\frac{1}{LC}}$ ④ $\dfrac{\frac{1}{LC}}{s^2+LC}$

해설

$$G(s) = \frac{V_2(s)}{V_1(s)} = \frac{Z_o(s)}{Z_i(s)} = \frac{\frac{1}{Cs}}{Ls+\frac{1}{Cs}} = \frac{1}{LCs^2+1} = \frac{\frac{1}{LC}}{s^2+\frac{1}{LC}}$$

상 제8장 분포정수회로

10 전송선로에서 무손실일 때 $L=96$[mH], $C=0.6$[μF]이면 특성 임피던스는 몇 [Ω]인가?

① 100[Ω] ② 200[Ω]

③ 300[Ω] ④ 400[Ω]

정답 05. ② 06. ④ 07. ① 08. ④ 09. ③ 10. ④

해설 특성 임피던스

$$Z_0 = \sqrt{\frac{L}{C}} = \sqrt{\frac{96 \times 10^{-3}}{0.6 \times 10^{-6}}} = 400[\Omega]$$

중 제10장 라플라스 변환

11 계단함수 $u(t)$에 상수 5를 곱해서 라플라스 변환하면?

① $\frac{s}{5}$ ② $\frac{5}{s^2}$

③ $\frac{5}{s-1}$ ④ $\frac{5}{s}$

해설

$$5u(t) \xrightarrow{\mathcal{L}} \frac{5}{s}$$

상 제4장 비정현파 교류회로의 이해

12 어떤 회로에 흐르는 전류가 아래와 같은 경우 실횻값[A]은?

$$i(t) = 30\sin\omega t + 40\sin(3\omega t + 45°)[A]$$

① 25[A] ② $25\sqrt{2}$[A]

③ $35\sqrt{2}$[A] ④ 50[A]

해설

$$|I| = \sqrt{|I_1|^2 + |I_3|^3} = \sqrt{\left(\frac{30}{\sqrt{2}}\right)^2 + \left(\frac{40}{\sqrt{2}}\right)^2}$$

$$= \sqrt{\frac{1}{2}(30^2 + 40^2)} = \frac{50}{\sqrt{2}}$$

$$= \frac{50}{\sqrt{2}} \times \frac{\sqrt{2}}{\sqrt{2}} = 25\sqrt{2}[A]$$

중 제1장 직류회로의 이해

13 다음 그림과 같은 회로에서 R의 값은 얼마인가?

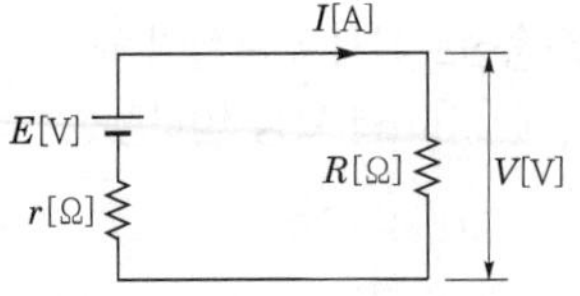

① $\frac{E-V}{E}r$ ② $\frac{E}{E-V}r$

③ $\frac{E-V}{V}r$ ④ $\frac{V}{E-V}r$

해설

㉠ 기전력

$E = I(r+R) = Ir + IR = Ir + V = \frac{V}{R}r + V$

여기서, 부하단자전압 $V = IR$

㉡ $E - V = \frac{V}{R}r$이므로 부하저항은 다음과 같다.

$\therefore\ R = \frac{V}{E-V} \times r$

중 제3장 다상 교류회로의 이해

14 그림과 같은 △회로를 등가인 Y회로로 환산하면 a의 임피던스는?

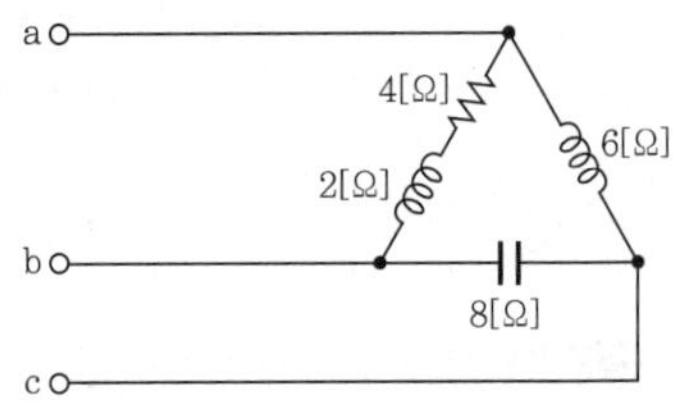

① $3+j6$[Ω]

② $-3+j6$[Ω]

③ $6+j6$[Ω]

④ $-6+j6$[Ω]

해설

$$Z_a = \frac{Z_{ab} \times Z_{ca}}{(Z_{ab} + Z_{bc} + Z_{ca})}$$

$$= \frac{(4+j2) \times j6}{(4+j2) + (-j8) + j6}$$

$$= \frac{-12 + j24}{4} = -3 + j6[\Omega]$$

중 제3장 다상 교류회로의 이해

15 변압기 2대를 V결선했을 때의 이용률은 몇 [%]인가?

① 57.7[%] ② 70.7[%]

③ 86.6[%] ④ 100[%]

정답 11. ④ 12. ② 13. ④ 14. ② 15. ③

해설 V결선의 특징

㉠ 3상 출력 : $P_V = \sqrt{3}P$[kVA]

여기서, P : 변압기 1대 용량

㉡ 이용률

$$\frac{V\text{결선의 출력}}{\text{변압기 2대 용량}} = \frac{\sqrt{3}P}{2P} = \frac{\sqrt{3}}{2} = 0.866 = 86.6[\%]$$

㉢ 출력비

$$\frac{P_V}{P_\triangle} = \frac{\sqrt{3}P}{3P} = \frac{\sqrt{3}}{3} = 0.577 = 57.7[\%]$$

상 제5장 대칭좌표법

16 3상 3선식에서는 회로의 평형, 불평형 또는 부하의 △, Y에 불구하고, 세 선전류의 합은 0이므로 선전류의 ( )은 0이다. ( ) 안에 들어갈 말은?

① 영상분 ② 정상분
③ 역상분 ④ 상전압

해설

영상분 전류 $I_0 = \frac{1}{3}(I_a + I_b + I_c)$이므로

$I_a + I_b + I_c = 0$이면 $I_0 = 0$이 된다.

중 제2장 단상 교류회로의 이해

17 $R = 15[\Omega]$, $X_L = 12[\Omega]$, $X_C = 30[\Omega]$가 병렬로 접속된 회로에 120[V]의 교류전압을 가하면 전원에 흐르는 전류와 역률은?

① 22[A], 85[%] ② 22[A], 80[%]
③ 22[A], 60[%] ④ 10[A], 80[%]

해설

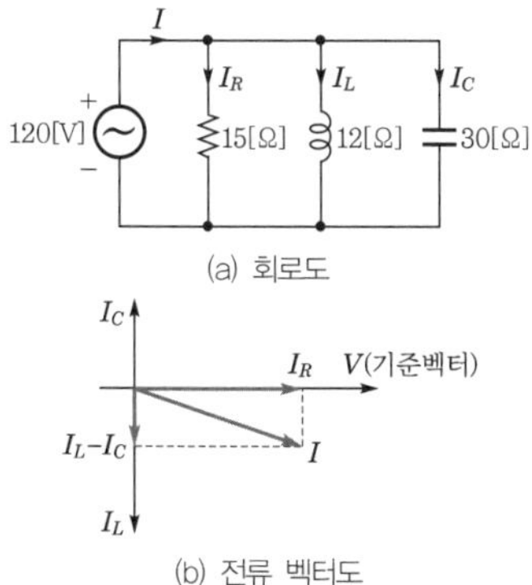

(b) 전류 벡터도

㉠ 저항에 흐르는 전류

$$I_R = \frac{V}{R} = \frac{120}{15} = 8[A]$$

㉡ 코일에 흐르는 전류

$$I_L = \frac{V}{jX_L} = -j\frac{V}{X_L} = -j\frac{120}{12} = -j10[A]$$

㉢ 콘덴서에 흐르는 전류

$$I_C = \frac{V}{-jX_C} = j\frac{V}{X_C} = j\frac{120}{30} = j4[A]$$

㉣ 부하전류

$$I = I_R - j(I_L - I_C) = 8 - j6 = \sqrt{8^2 + 6^2} = 10[A]$$

㉤ 병렬회로 시 역률

$$\cos\theta = \frac{I_R}{I} = \frac{8}{10} = 0.8 = 80[\%]$$

중 제6장 회로망 해석

18 다음과 같은 π형 4단자 회로망의 어드미턴스 파라미터 Y_{11}의 값은?

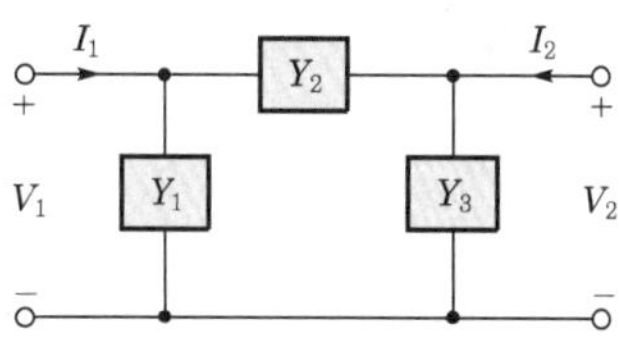

① $Y_1 + Y_2$ ② Y_2
③ Y_3 ④ $Y_2 + Y_3$

해설 π형 등가회로에서 어드미턴스 파라미터

㉠ $Y_{11} = Y_1 + Y_2$[℧]
㉡ $Y_{12} = Y_{21} = -Y_2$[℧]
㉢ $Y_{22} = Y_2 + Y_3$[℧]

상 제6장 회로망 해석

19 그림과 같은 회로에서 a, b에 나타나는 전압 몇 [V]인가?

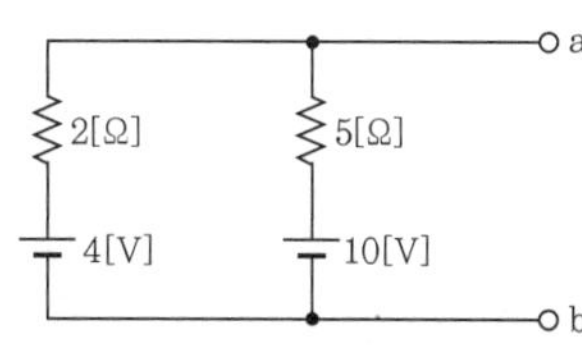

① 5.7[V] ② 6.5[V]
③ 4.3[V] ④ 3.4[V]

정답 16. ① 17. ④ 18. ① 19. ①

해설

밀만의 정리에 의해서 구할 수 있다.

$$\therefore\ V_{ab}=\frac{\sum I}{\sum Y}=\frac{\frac{4}{2}+\frac{10}{5}}{\frac{1}{2}+\frac{1}{5}}=\frac{\frac{40}{10}}{\frac{7}{10}}=5.7[\text{V}]$$

중 | 제6장 회로망 해석

20 T형 4단자형 회로 그림에서 $ABCD$ 파라미터 간의 성질 중 성립되는 대칭 조건은?

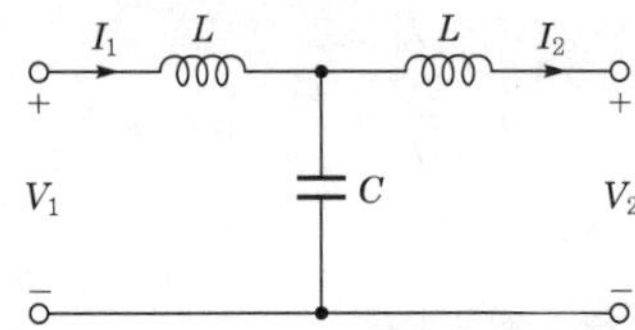

① $A=D$ ② $A=C$
③ $B=C$ ④ $B=A$

해설

4단자 정수는 아래와 같으므로 회로가 대칭이 되면 $A=D$가 같아진다.

$$\begin{bmatrix} A & B \\ C & D \end{bmatrix}=\begin{bmatrix} 1 & j\omega L \\ 0 & 1 \end{bmatrix}\begin{bmatrix} 1 & 0 \\ j\omega C & 1 \end{bmatrix}\begin{bmatrix} 1 & j\omega L \\ 0 & 1 \end{bmatrix}$$

$$=\begin{bmatrix} 1-\omega^2 LC & j\omega LC(2-\omega^2 LC) \\ j\omega C & 1-\omega^2 LC \end{bmatrix}$$

정답 20. ①

2023년 제3회 전기기사 CBT 기출복원문제

중 제6장 회로망 해석

01 그림과 같은 이상변압기 4단자 정수 $ABCD$는 어떻게 표시되는가?

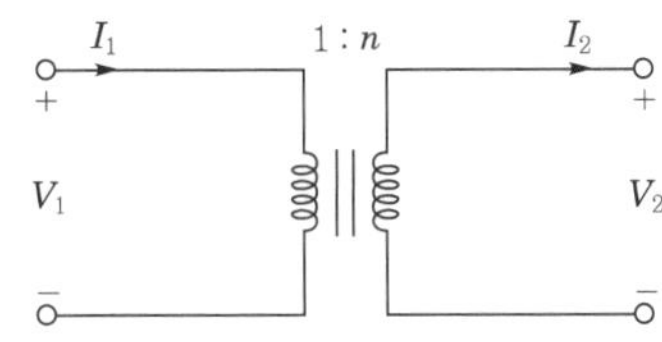

① n, 0, 0, $\frac{1}{n}$

② $\frac{1}{n}$, 0, 0, $-n$

③ $\frac{1}{n}$, 0, 0, n

④ n, 0, 1, $\frac{1}{n}$

해설

㉠ 변압기 권수비 $a = \frac{N_1}{N_2} = \frac{1}{n}$

㉡ 4단자 정수 $\begin{bmatrix} A & B \\ C & D \end{bmatrix} = \begin{bmatrix} a & 0 \\ 0 & \frac{1}{a} \end{bmatrix}$

$\therefore \begin{bmatrix} A & B \\ C & D \end{bmatrix} = \begin{bmatrix} \frac{1}{n} & 0 \\ 0 & n \end{bmatrix}$

하 제8장 분포정수회로

02 무한장이라고 생각할 수 있는 평행 2회선 선로에 주파수 200[MHz]의 전압을 가하면 전압의 위상은 1[m]에 대해서 얼마나 되는가? (단, 여기서 위상속도는 3×10^8[m/s]로 한다.)

① $\frac{4}{3}\pi$ ② $\frac{2}{3}\pi$

③ $\frac{\pi}{3}$ ④ π

해설 위상정수

$\beta = \frac{\omega}{v} = \frac{2\pi f}{v} = \frac{2\pi \times 200 \times 10^6}{3 \times 10^8} = \frac{4\pi}{3}$[rad/m]

상 제6장 회로망 해석

03 4단자 회로망에서 출력측을 개방하니 $V_1 =$ 12[V], $V_2 =$ 4[V], $I_1 =$ 2[A]이고, 출력측을 단락하니 $V_1 =$ 16[V], $I_1 =$ 4[A], $I_2 =$ 2[A]이었다. 4단자 정수 A, B, C, D는 얼마인가?

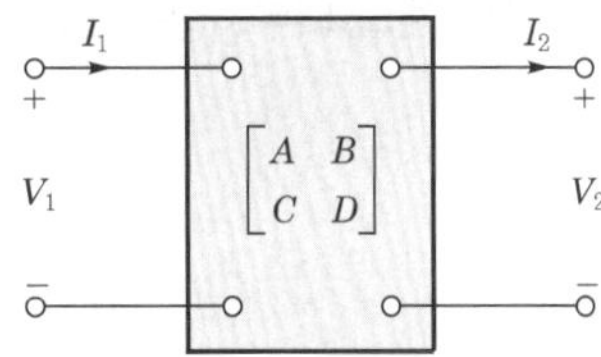

① 3, 8, 0.5, 2

② 8, 0.5, 2, 3

③ 0.5, 2, 3, 8

④ 2, 3, 8, 0.5

해설

4단자 방정식 $\begin{cases} V_1 = A V_2 + B I_2 \\ I_1 = C V_2 + D I_2 \end{cases}$ 에서 출력측을 개방하면 $I_2 = 0$, 단락하면 $V_2 = 0$이 된다.

㉠ $A = \left.\frac{V_1}{V_2}\right|_{I_2=0} = \frac{12}{4} = 3$

㉡ $B = \left.\frac{V_1}{I_2}\right|_{V_2=0} = \frac{16}{2} = 8$

㉢ $C = \left.\frac{I_1}{V_2}\right|_{I_2=0} = \frac{2}{4} = 0.5$

㉣ $D = \left.\frac{I_1}{I_2}\right|_{V_2=0} = \frac{4}{2} = 2$

상 제5장 대칭좌표법

04 전류의 대칭분을 I_0, I_1, I_2, 유기기전력 및 단자전압의 대칭분을 E_a, E_b, E_c 및 V_0, V_1, V_2라 할 때 교류발전기의 기본식 중 역상분 V_2 값은?

① $-Z_0 I_0$ ② $-Z_2 I_2$

③ $E_a - Z_1 I_1$ ④ $E_b - Z_2 I_2$

정답 01. ③ 02. ① 03. ① 04. ②

해설 3상 교류발전기 기본식

㉠ 영상분 : $V_0 = -Z_0 I_0$

㉡ 정상분 : $V_1 = E_a - Z_1 I_1$

㉢ 역상분 : $V_2 = -Z_2 I_2$

하 | 제1장 직류회로의 이해

05 최대 눈금이 50[V]의 직류전압계가 있다. 이 전압계를 써서 150[V]의 전압을 측정하려면 몇 [Ω]의 저항을 배율기로 사용하여야 되는가? (단, 전압계의 내부저항은 5000[Ω]이다.)

① 1000　② 2500
③ 5000　④ 10000

해설

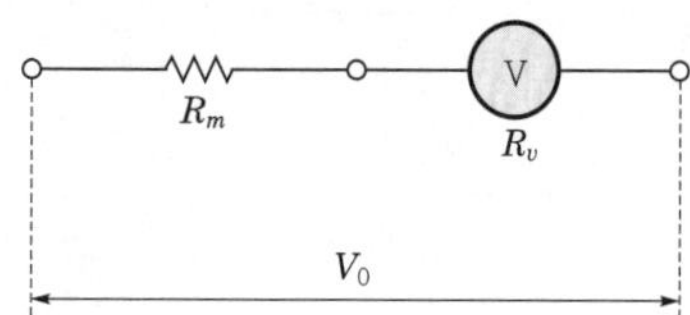

㉠ 전압계 측정전압

$$V = \frac{R_v}{R_m + R_v} \times V_0$$

$$\rightarrow \frac{V_0}{V} = \frac{R_m + R_v}{R_v} = \frac{R_m}{R_v} + 1$$

㉡ 배율

$$m = \frac{V_0}{V} = \frac{150}{50} = 3$$

∴ 배율기 저항

$$R_m = \left(\frac{V_0}{V} - 1\right)R_v = (m-1)R_v$$

$$= (3-1) \times 5000 = 10000[\Omega]$$

상 | 제1장 직류회로의 이해

06 그림과 같은 회로에 대칭 3상 전압 220[V]를 가할 때 a, a′ 선이 단선되었다고 하면 선전류는?

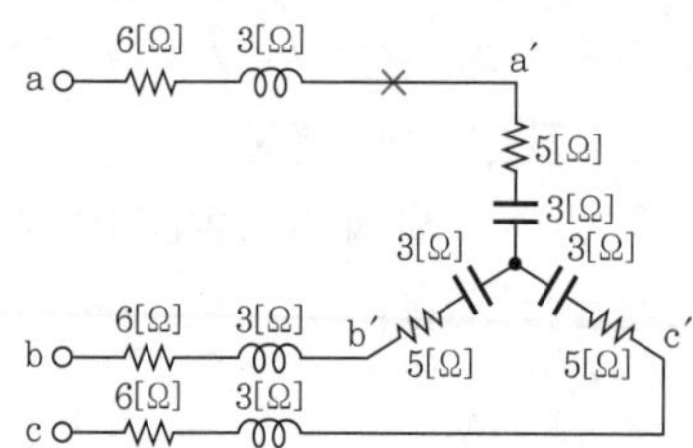

① 5[A]
② 10[A]
③ 15[A]
④ 20[A]

해설

3상에서 a선이 끊어지면 b, c상에 의해 단상 전원이 공급되므로 b, c상에 흐르는 전류는 다음과 같다.

$$\therefore I = \frac{V_{bc}}{Z_{bc}}$$

$$= \frac{220}{6 + j3 + 5 - j3 - j3 + 5 + j3 + 6}$$

$$= \frac{220}{22} = 10[\text{A}]$$

하 | 제10장 라플라스 변환

07 그림과 같은 반파 정현파의 라플라스(Laplace) 변환은?

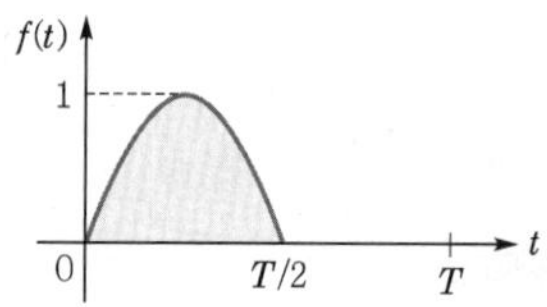

① $\dfrac{s}{s^2+\omega^2}\left(1+e^{-\frac{Ts}{2}}\right)$

② $\dfrac{\omega}{s^2+\omega^2}\left(1+e^{-\frac{Ts}{2}}\right)$

③ $\dfrac{s}{s^2+\omega^2}\left(1+e^{\frac{Ts}{2}}\right)$

④ $\dfrac{\omega}{s^2+\omega^2}\left(1+e^{\frac{Ts}{2}}\right)$

해설

함수 $f(t) = \sin\omega t + \sin\omega\left(t - \frac{T}{2}\right)$

$$\therefore F(s) = \frac{\omega}{s^2+\omega^2} + \frac{\omega}{s^2+\omega^2}e^{-\frac{Ts}{2}}$$

$$= \frac{\omega}{s^2+\omega^2}\left(1+e^{-\frac{Ts}{2}}\right)$$

정답 05. ④　06. ②　07. ②

중 제4장 비정현파 교류회로의 이해

08 그림과 같은 정현파 교류를 푸리에 급수로 전개할 때 직류분은?

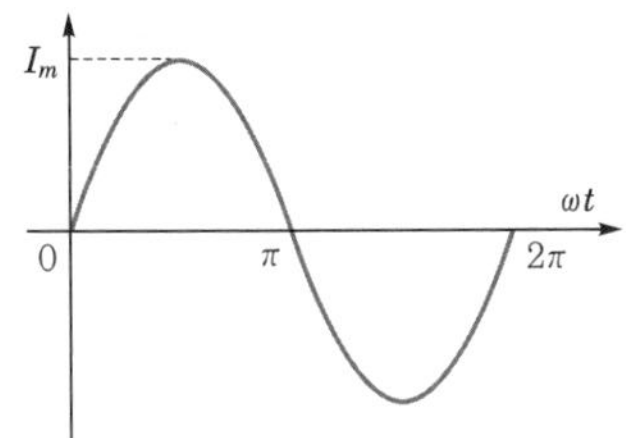

① I_m ② $\dfrac{I_m}{2}$

③ $\dfrac{I_m}{\sqrt{2}}$ ④ $\dfrac{2I_m}{\pi}$

해설 직류분(교류의 평균값으로 해석)

$$a_0 = \frac{1}{T}\int_0^T f(t)\,dt = \frac{1}{\pi}\int_0^{\pi} I_m \sin\omega t = \frac{2I_m}{\pi}$$

중 제2장 단상 교류회로의 이해

09 그림과 같은 회로에서 부하 임피던스 $\dot{Z}_L$을 얼마로 할 때 이에 최대 전력이 공급되는가?

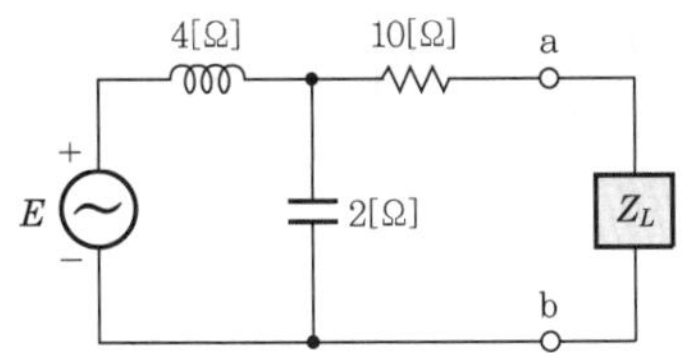

① $10+j1.3$ ② $10-j1.3$

③ $10+j4$ ④ $10-j4$

해설 전원측 합성 임피던스

$$Z_{ab} = 10 + \frac{j4\times(-j2)}{j4+(-j2)} = 10 + \frac{8}{j2} = 10 - j4[\Omega]$$

∴ 최대 전력 전달조건

$Z_L = \overline{Z_{ab}} = 10 + j4[\Omega]$

여기서, Z_{ab} : a, b단자에서 전원측 임피던스[Ω]

상 제9장 과도현상

10 그림의 회로에서 스위치 S를 닫을 때의 충전 전류 $i(t)$[A]는 얼마인가? (단, 콘덴서에 초기 충전전하는 없다.)

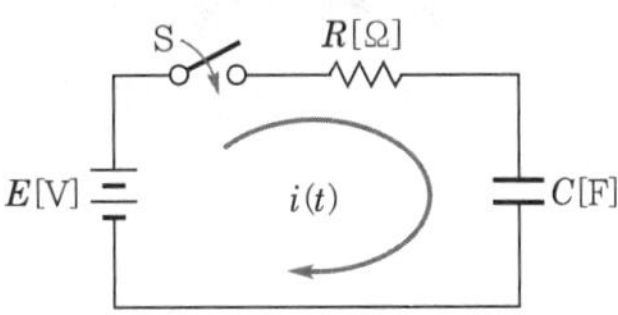

① $\dfrac{E}{R}e^{-\frac{1}{CR}t}$

② $\dfrac{E}{R}e^{\frac{R}{C}t}$

③ $\dfrac{E}{R}e^{-\frac{C}{R}t}$

④ $\dfrac{E}{R}e^{\frac{1}{CR}t}$

해설

㉠ C에 충전된 전하량

$Q(t) = CE\left(1-e^{-\frac{1}{RC}t}\right)$[C]

㉡ 스위치 투입 시 충전전류

$i(t) = \dfrac{dQ(t)}{dt} = \dfrac{E}{R}e^{-\frac{1}{RC}t}$[A]

㉢ 스위치 개방 시 방전전류

$i(t) = -\dfrac{E}{R}e^{-\frac{1}{RC}t}$[A]

정답 08. ④ 09. ③ 10. ①

2023년 제3회 전기산업기사 CBT 기출복원문제

중 | 제4장 비정현파 교류회로의 이해

01 RLC 직렬공진회로에서 제3고조파의 공진 주파수 f [Hz]는?

① $\dfrac{1}{2\pi\sqrt{LC}}$

② $\dfrac{1}{3\pi\sqrt{LC}}$

③ $\dfrac{1}{6\pi\sqrt{LC}}$

④ $\dfrac{1}{9\pi\sqrt{LC}}$

해설 제3고조파의 공진주파수

$$f_3 = \frac{1}{2\pi n\sqrt{LC}}\bigg|_{n=3} = \frac{1}{6\pi\sqrt{LC}}\text{[Hz]}$$

중 | 제2장 단상 교류회로의 이해

02 그림과 같은 파형의 순시값은?

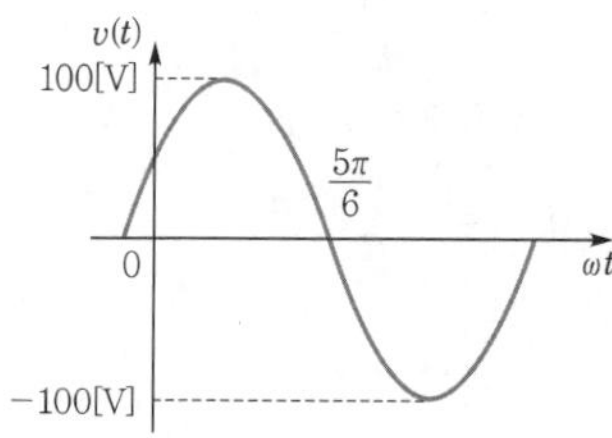

① $v = 100\sqrt{2}\sin\omega t$

② $v = 100\sqrt{2}\cos\omega t$

③ $v = 100\sin\left(\omega t + \dfrac{\pi}{6}\right)$

④ $v = 100\sin\left(\omega t - \dfrac{\pi}{6}\right)$

해설

순시값 $=$ 최댓값 $\sin(\omega t \pm$위상차$)$

$= \sqrt{2}$ 실횻값 $\sin(\omega t \pm$위상차$)$

$=$ 실횻값 $\angle \pm$위상차

$\therefore\ v = 100\sin\left(\omega t + \dfrac{\pi}{6}\right)$[V]

상 | 제6장 회로망 해석

03 그림과 같은 회로의 a, b단자 간의 전압[V]은?

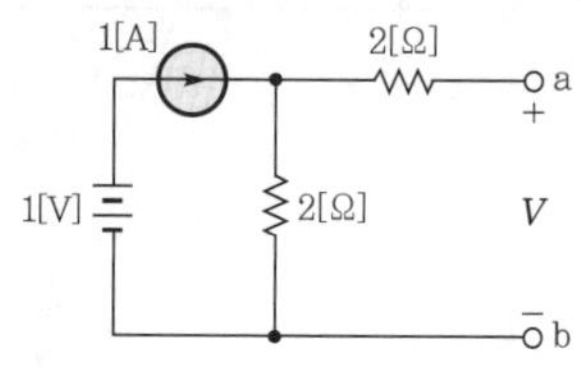

① 2[V]　　② −2[V]

③ −4[V]　　④ 4[V]

해설

중첩의 정리를 이용하여 풀이할 수 있다.

㉠ 전압원 1[V]만의 회로해석 : $I_1 = 0$

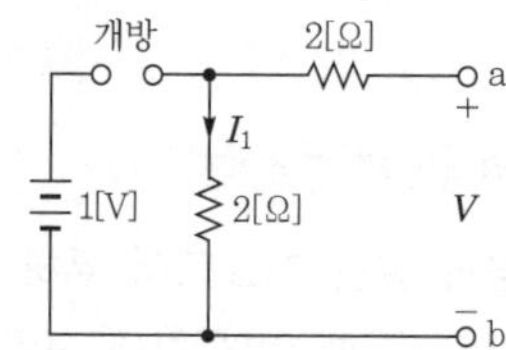

㉡ 전류원 1[A]만의 회로해석 : $I_2 = 1$[A]

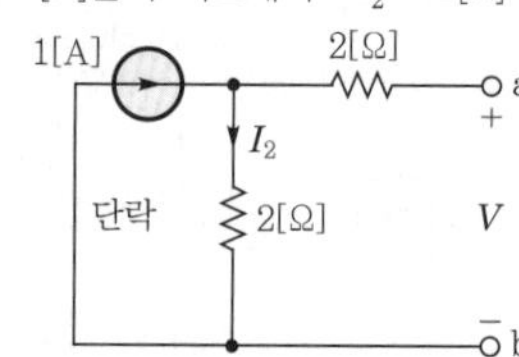

㉢ 2[Ω] 통과전류 : $I = I_1 + I_2 = 1$[A]

∴ 개방전압 $V = 2I = 2\times 1 = 2$[V]

중 | 제6장 회로망 해석

04 4단자 정수를 구하는 식에서 틀린 것은 어느 것인가?

① $A = \dfrac{V_1}{V_2}\bigg|_{I_2=0}$　　② $B = \dfrac{V_2}{I_2}\bigg|_{V_2=0}$

③ $C = \dfrac{I_1}{V_2}\bigg|_{I_2=0}$　　④ $D = \dfrac{I_1}{I_2}\bigg|_{V_2=0}$

정답　01. ③　02. ③　03. ①　04. ②

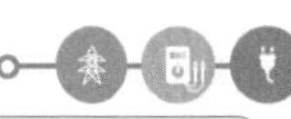

중 제4장 비정현파 교류회로의 이해

05 $i = 2 + 5\sin(100t + 30°) + 10\sin(200t - 10°) - 5\cos(400t + 10°)$[A]와 파형이 동일하나 기본파의 위상이 20° 늦은 비정현 전류파의 순시치를 나타내는 식은?

① $i = 2 + 5\sin(100t + 10°) + 10\sin(200t - 30°) - 5\cos(400t - 10°)$[A]
② $i = 2 + 5\sin(100t + 10°) + 10\sin(200t - 50°) - 5\cos(400t - 10°)$[A]
③ $i = 2 + 5\sin(100t + 10°) + 10\sin(200t - 30°) - 5\cos(400t - 70°)$[A]
④ $i = 2 + 5\sin(100t + 10°) + 10\sin(200t - 50°) - 5\cos(400t - 70°)$[A]

해설

㉠ 고조파 전류 $i_n(t) = \frac{I_m}{n}\sin n(\omega t \pm \theta)$[A]이므로 제 n고조파에 대해서 전류 크기는 $\frac{1}{n}$배, 그리고 주파수와 위상이 각각 n배가 된다.
㉡ 기본파 위상이 20° 늦어지면 제2고조파는 20°×2, 제4고조파는 20°×4, 제5고조파는 20°×5 만큼 늦어지게 된다.
$\therefore\ i = 2 + 5\sin(100t + 10°) + 10\sin(200t - 50°) - 5\cos(400t - 70°)$[A]

중 제1장 직류회로의 이해

06 두 점 사이에 20[C]의 전하를 옮기는 데 80[J]의 에너지가 필요하다면 두 점 사이의 전압은?

① 2[V]
② 3[V]
③ 4[V]
④ 5[V]

해설

전압 $V = \frac{W}{Q} = \frac{80}{20} = 4$[V]

하 제6장 회로망 해석

07 구동점 임피던스(driving point impedance) 함수에 있어서 극점(pole)은?

① 단락회로상태를 의미
② 개방회로상태를 의미
③ 아무런 상태도 아니다.
④ 전류가 많이 흐르는 상태를 의미

해설

극점은 구동점 임피던스의 분모항이 0인 점을 의미하므로 임피던스 $Z(s) = \infty$가 된다.
그러므로 전류 $I(s) = 0$이 되어 개방회로(open) 상태를 의미한다.

중 제5장 대칭좌표법

08 3상 불평형 전압에서 역상전압이 25[V]이고, 정상전압이 100[V], 영상전압이 10[V]라 할 때 전압의 불평형률은?

① 0.25　　② 0.4
③ 4　　④ 10

해설 불평형률

$$\%U = \frac{V_2}{V_1} \times 100 = \frac{25}{100} \times 100 = 25[\%]$$

여기서, V_1 : 정상분
V_2 : 역상분

상 제10장 라플라스 변환

09 시간함수 $f(t) = u(t) - \cos\omega t$를 라플라스 변환하면?

① $\frac{s}{s^2+\omega^2}$　　② $\frac{\omega^2}{s(s^2+\omega^2)}$
③ $\frac{s}{s(s^2-\omega^2)}$　　④ $\frac{\omega^2}{s(s^2-\omega^2)}$

해설

$$\mathcal{L}[u(t) - \cos\omega t] = \frac{1}{s} - \frac{s}{s^2+\omega^2} = \frac{s^2+\omega^2-s^2}{s(s^2+\omega^2)} = \frac{\omega^2}{s(s^2+\omega^2)}$$

정답 05. ④ 06. ③ 07. ② 08. ① 09. ②

중 제2장 단상 교류회로의 이해

10 5[mH]의 두 자기 인덕턴스가 있다. 결합계수를 0.2로부터 0.8까지 변화시킬 수 있다면 이것을 접속시켜 얻을 수 있는 합성 인덕턴스의 최댓값, 최솟값은?

① 18[mH], 2[mH]
② 18[mH], 8[mH]
③ 20[mH], 2[mH]
④ 20[mH], 8[mH]

해설

㉠ 결합계수 $k = \frac{M}{\sqrt{L_1 L_2}} = \frac{M}{5} = 0.2 \sim 0.8$

㉡ 상호 인덕턴스의 범위
$M = k\sqrt{L_1 L_2} = 1 \sim 4$[mH]

㉢ 가동결합 $L_a = L_1 + L_2 + 2M$이고,
차동결합 $L_b = L_1 + L_2 - 2M$이므로
상호 인덕턴스 $M = 4$를 대입해야 최댓값과 최솟값을 구할 수 있다.

∴ 최댓값 $L_a = L_1 + L_2 + 2M$
$= 5+5+2\times4 = 18$[mH]
최솟값 $L_b = L_1 + L_2 - 2M$
$= 5+5-2\times4 = 2$[mH]

중 제2장 단상 교류회로의 이해

11 직렬공진회로에서 최대가 되는 것은?

① 전류
② 저항
③ 리액턴스
④ 임피던스

해설

㉠ RLC 직렬회로

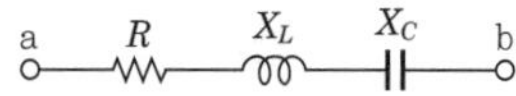

㉡ 직렬접속 시 합성 임피던스
$Z = R + j(X_L + X_C)$[Ω]

㉢ 공진조건 $X_L = X_C$

㉣ 공진 시 합성 임피던스
$Z = R$ (전압과 전류는 동위상)

∴ 직렬공진 시 임피던스는 최소, 전류는 최대가 된다.

상 제2장 단상 교류회로의 이해

12 $R-L$ 병렬회로의 양단에 $e = E_m \sin(\omega t + \theta)$[V]의 전압이 가해졌을 때 소비되는 유효전력[W]은?

① $\frac{{E_m}^2}{2R}$　② $\frac{E^2}{2R}$
③ $\frac{{E_m}^2}{\sqrt{2}R}$　④ $\frac{E^2}{\sqrt{2}R}$

해설

$$P = \frac{E^2}{R} = \frac{1}{R}\left(\frac{E_m}{\sqrt{2}}\right)^2 = \frac{{E_m}^2}{2R}\text{[W]}$$

여기서, E : 전압의 실횻값
E_m : 전압의 최댓값

중 제3장 다상 교류회로의 이해

13 10[Ω]의 저항 3개를 Y결선한 것을 등가 △결선으로 환산한 저항의 크기[Ω]는?

① 20　② 30
③ 40　④ 50

해설

Y결선을 △결선으로 등가변환하면 다음과 같다.

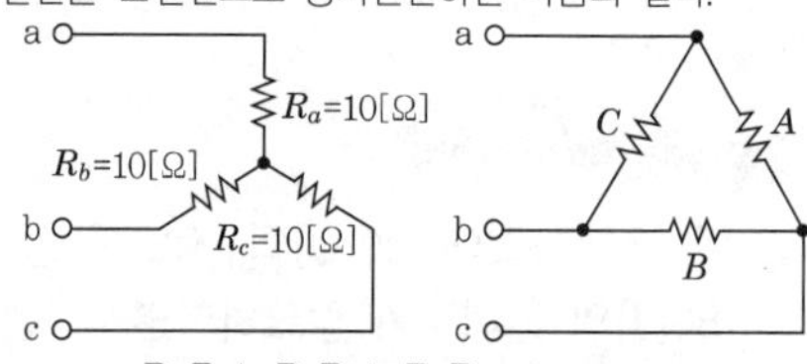

㉠ $A = \frac{R_a R_b + R_b R_c + R_c R_a}{R_c}$
$= \frac{10^2 + 10^2 + 10^2}{10} = \frac{300}{10} = 30$[Ω]

㉡ $B = \frac{R_a R_b + R_b R_c + R_c R_a}{R_a}$
$= \frac{10^2 + 10^2 + 10^2}{10} = \frac{300}{10} = 30$[Ω]

㉢ $C = \frac{R_a R_b + R_b R_c + R_c R_a}{R_b}$
$= \frac{10^2 + 10^2 + 10^2}{10} = \frac{300}{10} = 30$[Ω]

∴ 저항의 크기가 동일할 경우 $R_\triangle = 3R_Y$가 된다.

정답 10. ① 11. ① 12. ① 13. ②

상 [보충] 전달함수

14 그림과 같은 회로의 전달함수는? $\left(\text{단, } \frac{L}{R} = T \text{ : 시정수이다.}\right)$

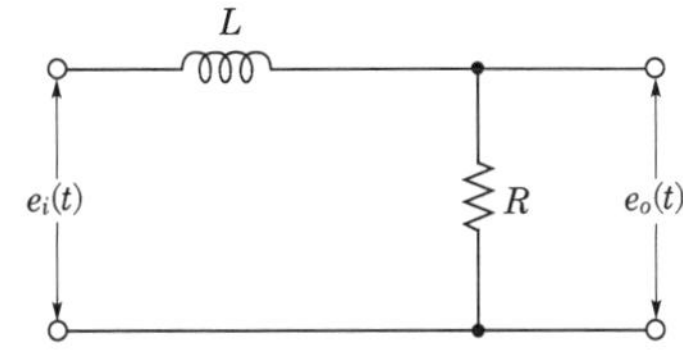

① Ts^2+1 ② $\frac{1}{Ts+1}$

③ $Ts+1$ ④ $\frac{1}{Ts^2+1}$

해설

$$G(s) = \frac{E_o(s)}{E_i(s)} = \frac{I(s)R}{I(s)(Ls+R)} = \frac{R}{Ls+R} = \frac{1}{\frac{L}{R}s+1} = \frac{1}{Ts+1}$$

상 제10장 라플라스 변환

15 다음 파형의 라플라스 변환은?

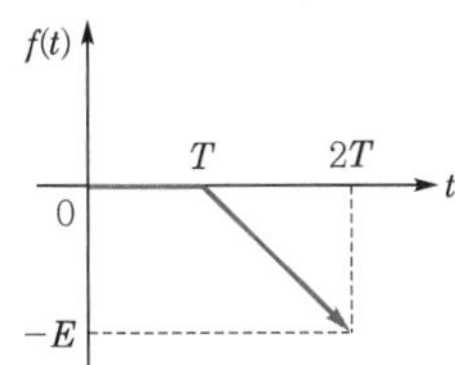

① $\frac{E}{Ts}e^{-Ts}$

② $-\frac{E}{Ts}e^{-Ts}$

③ $-\frac{E}{Ts^2}e^{-Ts}$

④ $\frac{E}{Ts^2}e^{-Ts}$

해설

함수 $f(t) = -\frac{E}{T}(t-T)u(t-T)$

$\therefore F(s) = -\frac{E}{Ts^2}e^{-Ts}$

중 제6장 회로망 해석

16 다음 회로에서 120[V], 30[V] 전압원의 전력은?

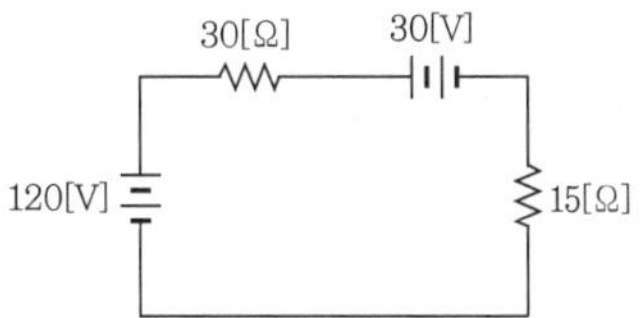

① 240[W], 60[W]

② 240[W], −60[W]

③ −240[W], 60[W]

④ −240[W], −60[W]

해설

㉠ 회로전류 $I = \frac{V}{R} = \frac{120-30}{30+15} = 2[A]$

㉡ 120[V] 전압원의 전력
$P_1 = V_1 I = 120 \times 2 = 240[W]$

㉢ 30[V] 전압원의 전력
$P_2 = -V_2 I = -30 \times 2 = -60[W]$

상 제9장 과도현상

17 $R-L-C$ 직렬회로에서 회로저항의 값이 다음의 어느 조건일 때 이 회로가 부족제동이 되었다고 하는가?

① $R=0$

② $R > 2\sqrt{\frac{L}{C}}$

③ $R = 2\sqrt{\frac{L}{C}}$

④ $R < 2\sqrt{\frac{L}{C}}$

해설 RLC 직렬회로의 과도응답

㉠ $R^2 < 4\frac{L}{C}$ 일 경우 : 부족제동(진동적)

㉡ $R^2 = 4\frac{L}{C}$ 일 경우 : 임계제동(임계적)

㉢ $R^2 > 4\frac{L}{C}$ 일 경우 : 과제동(비진동적)

$\therefore R^2 < 4\frac{L}{C} \rightarrow R < 2\sqrt{\frac{L}{C}}$

정답 14. ② 15. ③ 16. ② 17. ④

상 제3장 다상 교류회로의 이해

18 전원과 부하가 다같이 △결선(환상결선)된 3상 평형회로가 있다. 전원전압이 200[V], 부하 임피던스가 $Z = 6 + j8[\Omega]$인 경우 부하전류[A]는?

① 20 ② $\frac{20}{\sqrt{3}}$

③ $20\sqrt{3}$ ④ $10\sqrt{3}$

해설

㉠ 각 상의 임피던스의 크기

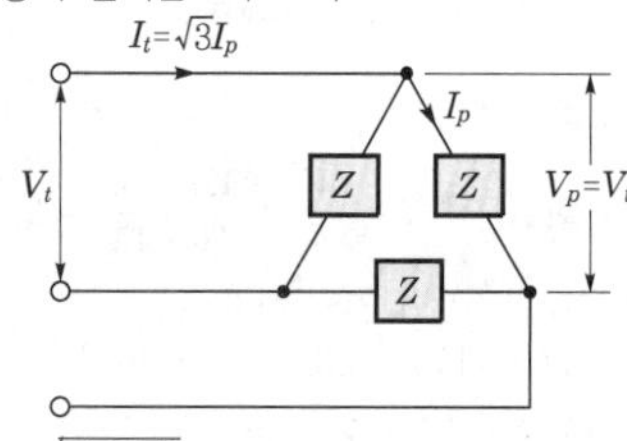

$Z = \sqrt{8^2 + 6^2} = 10[\Omega]$

㉡ 전원전압은 선간전압을 의미하고, △결선시 상전압과 선간전압의 크기는 같다.

㉢ 상전류(환상전류) $I_P = \frac{V_P}{Z} = \frac{200}{10} = 20[A]$

∴ 선전류(부하전류)

$I_l = \sqrt{3}\, I_P = 20\sqrt{3}[A]$

중 제3장 다상 교류회로의 이해

19 △결선된 부하를 Y결선으로 바꾸면 소비전력은 어떻게 되는가? (단, 선간전압은 일정하다.)

① $\frac{1}{3}$배 ② 6배

③ $\frac{1}{\sqrt{3}}$배 ④ $\frac{1}{\sqrt{6}}$배

해설

△결선으로 접속된 부하를 Y결선으로 변경 시 선전류와 소비전력이 모두 $\frac{1}{3}$배로 감소된다.

∴ $I_Y = \frac{1}{3} I_\triangle$

$P_Y = \frac{1}{3} P_\triangle$

상 제9장 과도현상

20 그림과 같은 회로에서 스위치 S를 $t=0$에서 닫았을 때 $(V_L)_{t=0} = 100[V]$, $\left(\frac{di}{dt}\right)_{t=0} = 400[A/sec]$이다. L의 값은 몇 [H]인가?

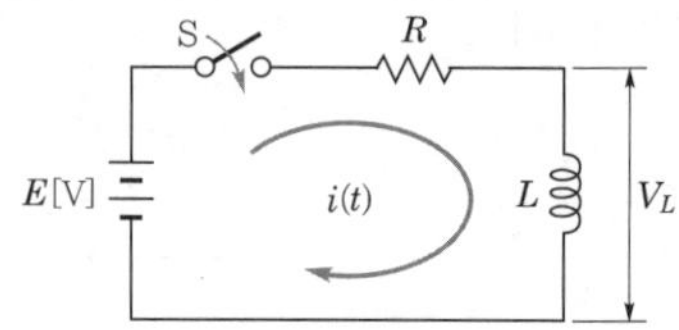

① 0.1 ② 0.5

③ 0.25 ④ 7.5

해설

인덕턴스 단자전압 $V_L = L\frac{di}{dt}$

$V_L(0) = L\left(\frac{di}{dt}\right)_{t=0} = 400L = 100[V]$

∴ 인덕턴스 $L = \frac{100}{400} = 0.25[H]$

정답 18. ③ 19. ① 20. ③

2024년 제1회 전기기사 CBT 기출복원문제

상 제7장 4단자망 회로해석

01 그림과 같은 회로의 구동점 임피던스는?

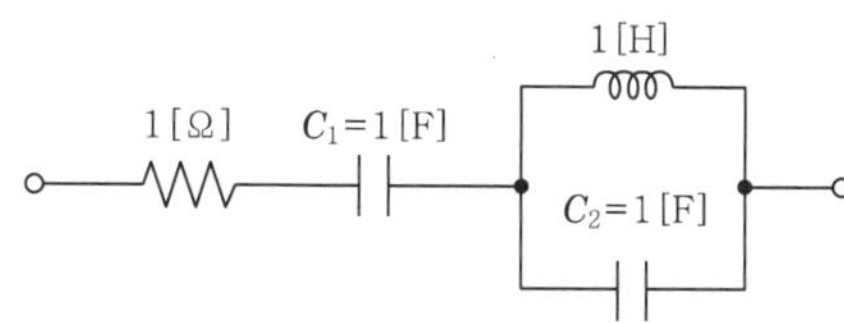

① $1+\frac{1}{s}-\frac{1}{\frac{s+1}{s}}$

② $1+\frac{1}{s}+\frac{1}{\frac{s+1}{s}}$

③ $1+\frac{1}{s}+\frac{s}{\frac{s+1}{s}}$

④ $1-\frac{1}{s}+\frac{s}{\frac{s+1}{s}}$

해설

RLC 회로의 합성 임피던스

$Z(s)=R+\frac{1}{C_1 s}+\frac{1}{Ls+\frac{1}{C_2 s}}=1+\frac{1}{s}+\frac{1}{s+\frac{1}{s}}$

여기서, $R=1[\Omega]$, $L=1[\mathrm{H}]$, $C_1=C_2=1[\mathrm{F}]$

상 제9장 과도현상

02 저항 $R=2[\Omega]$, 인덕턴스 $L=2[\mathrm{H}]$인 직렬회로에 직류전압 $V=10[\mathrm{V}]$을 인가했을 때 전류[A]는?

① $5(1-e^{-t})$ ② $5(1+e^{-t})$
③ 5 ④ 0

해설

직류회로의 주파수가 0이므로 유도 리액턴스 $X_L=2\pi fL=0[\Omega]$이 된다.

∴ 직류전류(정상전류)

$I=i_s=\frac{V}{R}=\frac{10}{2}=5[\mathrm{A}]$

중 제8장 분포정수회로

03 1[km]당의 인덕턴스 25[mH], 정전용량 0.005[μF]의 선로가 있을 때 무손실선로라고 가정한 경우의 위상속도[km/sec]는?

① 약 5.24×10^4 ② 약 8.95×10^4
③ 약 5.24×10^8 ④ 약 5.24×10^3

해설 위상속도

$v=\frac{1}{\sqrt{LC}}=\frac{1}{\sqrt{25\times10^{-3}\times0.005\times10^{-6}}}$

$=8.95\times10^4$[km/sec]

하 제9장 과도현상

04 RC 직렬회로에 $t=0$에서 직류전압을 인가하였다. 시정수 5배에서 커패시터에 충전된 전하는 약 몇 [%]인가? (단, 초기에 충전된 전하는 없다고 가정한다.)

① 1 ② 2
③ 93.7 ④ 99.3

해설

㉠ 충전전하 $Q(t)=CE\left(1-e^{-\frac{1}{RC}t}\right)$

㉡ 정상상태($t=\infty$)에서 충전전하

$Q(\infty)=CE(1-e^{-\infty})=CE$

㉢ 시정수 5배 시간($t=5\tau=5RC$)에서

충전전하 $Q(5\tau)=CE(1-e^{-5})=CE\times0.9932$

∴ 시정수 5배에서 커패시터에 충전된 전하는 정상상태의 99.32[%]가 된다.

상 제4장 비정현파 교류회로의 이해

05 어떤 회로의 전압이 아래와 같은 경우 실횻값[V]은?

$$e(t)=10\sqrt{2}+10\sqrt{2}\sin\omega t+10\sqrt{2}\sin3\omega t[\mathrm{V}]$$

① 10 ② 15
③ 20 ④ 25

정답 01. ② 02. ③ 03. ② 04. ④ 05. ③

해설 전류의 실횻값

$|E| = \sqrt{E_0^{\ 2} + |E_1|^2 + |E_3|^3}$

$= \sqrt{(10\sqrt{2})^2 + 10^2 + 10^2}$

$= 20[\mathrm{V}]$

상 제3장 다상 교류회로의 이해

06 3상 유도전동기의 출력이 3마력, 전압이 200[V], 효율 80[%], 역률 90[%]일 때 전동기에 유입하는 선전류의 값은 약 몇 [A]인가?

① 7.18[A]

② 9.18[A]

③ 6.84[A]

④ 8.97[A]

해설

유효전력 $P = \sqrt{3}\ VI\cos\theta\eta[\mathrm{W}]$

여기서, 효율 $\eta = \dfrac{출력}{입력}$

1[HP]=746[W]

∴ 선전류 $I = \dfrac{P}{\sqrt{3}\ V\cos\theta\eta}$

$= \dfrac{3\times746}{\sqrt{3}\times200\times0.9\times0.8}$

$= 8.97[\mathrm{A}]$

상 제4장 비정현파 교류회로의 이해

07 다음과 같은 비정현파 교류전압과 전류에 의한 평균전력은 약 몇 [W]인가?

$$e(t) = 200\sin 100\pi t + 80\sin\left(300\pi t - \frac{\pi}{2}\right)[\mathrm{V}]$$

$$i(t) = \frac{1}{5}\sin\left(100\pi t - \frac{\pi}{3}\right) + \frac{1}{10}\sin\left(300\pi t - \frac{\pi}{4}\right)[\mathrm{A}]$$

① 6.414

② 8.586

③ 12.83

④ 24.21

해설

㉠ 기본파 소비전력

$P_1 = \frac{1}{2}V_{m1}I_{m1}\cos\theta_1$

$= \frac{1}{2}\times200\times\frac{1}{5}\times\cos60^\circ$

$= 10[\mathrm{W}]$

㉡ 제3고조파 소비전력

$P_3 = \frac{1}{2}V_{m3}I_{m3}\cos\theta_3$

$= \frac{1}{2}\times80\times\frac{1}{10}\times\cos45^\circ$

$= 2.83[\mathrm{W}]$

∴ $P = P_1 + P_3 = 12.83[\mathrm{W}]$

하 제5장 대칭좌표법

08 그림과 같이 대칭 3상 교류발전기의 a상이 임피던스 Z를 통하여 지락되었을 때 흐르는 지락전류 I_g는 얼마인가?

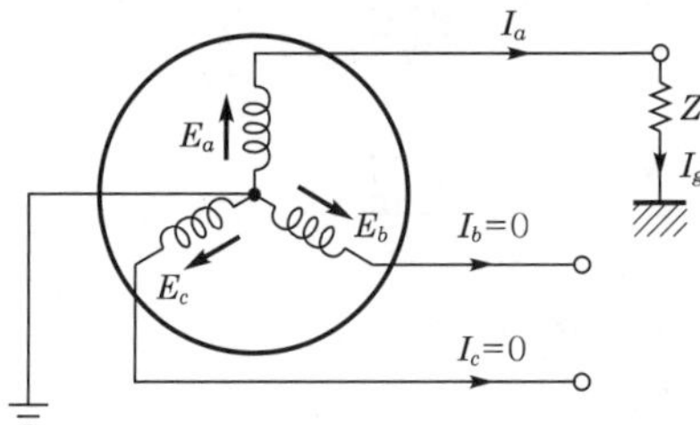

① $\dfrac{3E_a}{Z_0+Z_1+Z_2+Z}$

② $\dfrac{E_a}{Z_0+Z_1+Z_2+Z}$

③ $\dfrac{3E_a}{Z_0+Z_1+Z_2+3Z}$

④ $\dfrac{E_a}{Z_0+Z_1+Z_2+3Z}$

해설 Z에 의한 1선 지락사고

㉠ 영상전류 $I_0 = \dfrac{E_a}{Z_0+Z_1+Z_2+3Z}$

㉡ 지락전류 $I_g = 3I_0 = \dfrac{3E_a}{Z_0+Z_1+Z_2+3Z}$

정답 06. ④ 07. ③ 08. ③

중 제10장 라플라스 변환

09 다음과 같은 함수 $f(t)$의 라플라스 변환은?

$$t<2 : f(t)=0$$
$$2\leq t\leq 4 : f(t)=10$$
$$t>4 : f(t)=0$$

① $\frac{1}{s}(e^{-2s}+e^{-4s})$ ② $\frac{5}{s}(e^{-2s}-e^{-4s})$

③ $\frac{10}{s}(e^{-2s}-e^{-4s})$ ④ $\frac{10}{s}(e^{-4s}-e^{-2s})$

해설

㉠ 조건을 그림으로 나타내면 다음과 같다.

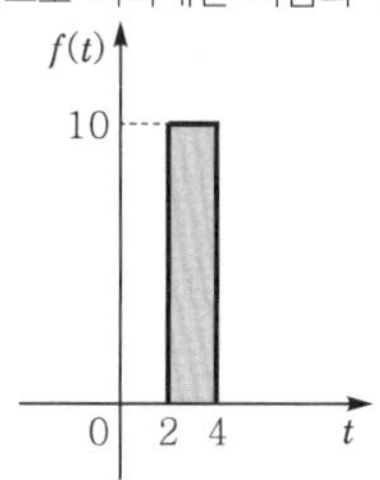

㉡ 함수는 $f(t)=10u(t-2)-10u(t-4)$이 되고 이를 라플라스 변환하면

$$F(s)=\frac{1}{s}e^{-2s}-\frac{1}{s}e^{-4s}$$
$$=\frac{1}{s}(e^{-2s}-e^{-4s})$$

$\therefore \frac{10}{s}(e^{-2s}-e^{-4s})$

상 제6장 회로망 해석

10 그림과 같은 회로에서 5[Ω]에 흐르는 전류는 몇 [A]인가?

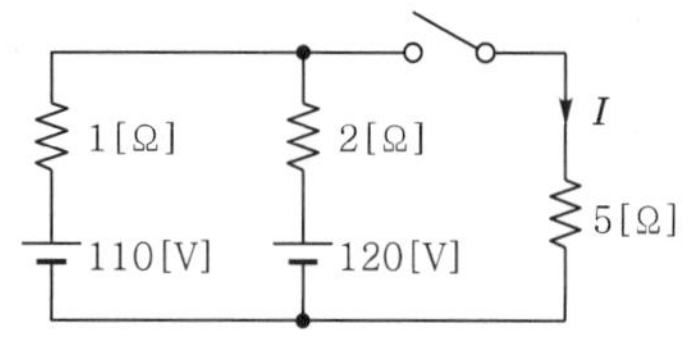

① 30[A] ② 40[A]

③ 20[A] ④ 33.3[A]

해설

밀만의 정리에 의해서 구할 수 있다.

㉠ 개방전압(5[Ω]의 단자전압)

$$V_{ab}=\frac{\sum I}{\sum Y}=\frac{\frac{110}{1}+\frac{120}{2}}{\frac{1}{1}+\frac{1}{2}+\frac{1}{5}}=100[\text{V}]$$

㉡ 5[Ω]에 흐르는 전류 : $I=\frac{100}{5}=20[\text{A}]$

정답 09. ③ 10. ③

2024년 제1회 전기산업기사 CBT 기출복원문제

중 제9장 과도현상

01 $R-L-C$ 직렬회로에서 임계제동조건이 되는 저항의 값은?

① $\sqrt{LC}$　② $2\sqrt{\frac{C}{L}}$

③ $2\sqrt{\frac{L}{C}}$　④ $\sqrt{\frac{L}{C}}$

해설 $R-L-C$ 직렬회로의 과도응답곡선

㉠ $R^2 < 4\frac{L}{C}$인 경우 : 부족제동(진동적)

㉡ $R^2 = 4\frac{L}{C}$인 경우 : 임계제동(임계적)

㉢ $R^2 > 4\frac{L}{C}$인 경우 : 과제동(비진동적)

∴ $R^2 = 4\frac{L}{C} \rightarrow R = 2\sqrt{\frac{L}{C}}$

상 제2장 단상 교류회로의 이해

02 정현파 교류회로의 실효치를 계산하는 식은?

① $I = \frac{1}{T^2}\int_0^T i^2 dt$　② $I^2 = \frac{2}{T}\int_0^T i\, dt$

③ $I^2 = \frac{1}{T}\int_0^T i^2 dt$　④ $I = \sqrt{\frac{2}{T}\int_0^T i^2 dt}$

해설 정현파 교류의 실횻값

$$I = \sqrt{\frac{1}{T}\int_0^T i^2 dt} = \frac{I_m}{\sqrt{2}} = 0.707 I_m$$

중 제6장 회로망 해석

03 그림과 같은 회로에서 1[Ω]의 단자전압[V]은?

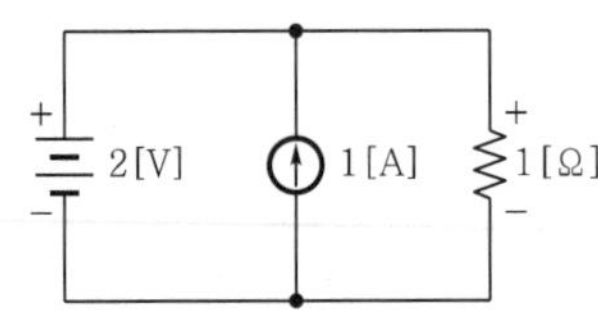

① 1.5[V]　② 3[V]

③ 2[V]　④ 1[V]

해설

중첩의 정리를 이용하여 풀이할 수 있다.

㉠ 전압원 2[V]만의 회로해석

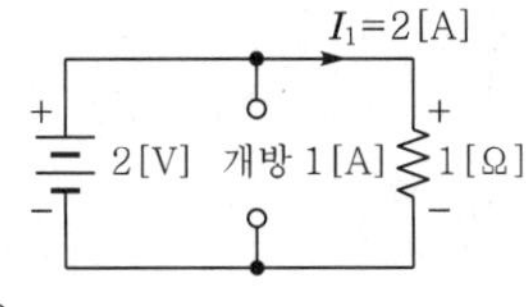

$I_1 = \frac{2}{1} = 2$[A]

㉡ 전류원 1[A]만의 회로해석

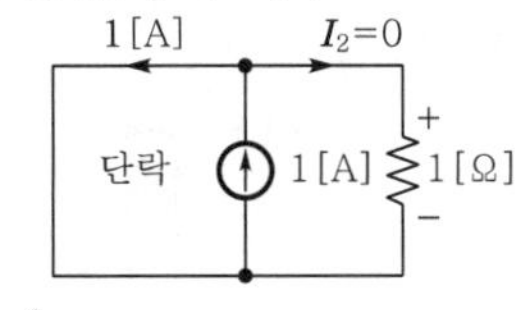

$I_2 = \frac{0}{0+1} \times 1 = 0$[A]

㉢ 1[Ω] 통과전류 : $I = I_1 + I_2 = 2$[A]

∴ 단자전압 $V = IR = 2 \times 1 = 2$[V]

중 제5장 대칭좌표법

04 대칭좌표법에 관한 설명으로 틀린 것은?

① 불평형 3상 Y결선의 접지식 회로에서는 영상분이 존재한다.

② 불평형 3상 Y결선의 비접지식 회로에서는 영상분이 존재한다.

③ 평형 3상 전압에서 영상분은 0이다.

④ 평형 3상 전압에서 정상분만 존재한다.

해설

비접지식 회로에서는 영상분이 존재하지 않는다.

상 제4장 비정현파 교류회로의 이해

05 비사인파의 실횻값은?

① 최대파의 실횻값

② 각 고조파의 실횻값의 합

③ 각 고조파의 실횻값 합의 제곱근

④ 각 파의 실횻값 제곱의 합의 제곱근

정답 01. ③ 02. ③ 03. ③ 04. ② 05. ④

상 [보충] 전달함수

06 다음 사항 중 옳게 표현된 것은?

① 비례요소의 전달함수는 $\frac{1}{Ts}$ 이다.
② 미분요소의 전달함수는 K이다.
③ 적분요소의 전달함수는 Ts이다.
④ 1차 지연요소의 전달함수는 $\frac{K}{Ts+1}$ 이다.

해설

㉠ 비례요소 : $G(s)=K$
㉡ 미분요소 : $G(s)=Ts$
㉢ 적분요소 : $G(s)=\frac{K}{Ts}$
㉣ 1차 지연요소 : $G(s)=\frac{K}{Ts+1}$

중 제7장 4단자망 회로해석

07 그림과 같은 회로의 영상 임피던스 Z_{01}, Z_{02}는 각각 몇 [Ω]인가?

① $Z_{01}=4[\Omega]$, $Z_{02}=\frac{20}{9}[\Omega]$
② $Z_{01}=6[\Omega]$, $Z_{02}=\frac{10}{3}[\Omega]$
③ $Z_{01}=9[\Omega]$, $Z_{02}=5[\Omega]$
④ $Z_{01}=12[\Omega]$, $Z_{02}=4[\Omega]$

해설

㉠ 4단자 정수

- $A=1+\frac{4}{5}=1.8$
- $B=\frac{4\times5}{5}=4$
- $C=\frac{1}{5}=0.2$
- $D=1+\frac{0}{5}=1$

㉡ 영상 임피던스

- $Z_{01}=\sqrt{\frac{AB}{CD}}=\sqrt{\frac{1.8\times4}{0.2\times1}}=6[\Omega]$
- $Z_{02}=\sqrt{\frac{BD}{AC}}=\sqrt{\frac{4\times1}{1.8\times0.2}}=\sqrt{\frac{4}{0.36}}$
$=\sqrt{\frac{100}{9}}=\frac{10}{3}[\Omega]$

중 제1장 직류회로의 이해

08 키르히호프의 전류 법칙(KCL) 적용에 대한 설명 중 틀린 것은?

① 이 법칙은 회로의 선형, 비선형에 관계받지 않고 적용된다.
② 이 법칙은 선형소자로만 이루어진 회로에 적용된다.
③ 이 법칙은 회로의 시변, 시불변에 관계받지 않고 적용된다.
④ 이 법칙은 집중정수회로에 적용된다.

해설

KCL은 선형, 비선형 소자로 이루어진 회로 모두 적용할 수 있다.

하 제10장 라플라스 변환

09 함수 $f(t)=\sin t\cos t$의 라플라스 변환 $F(s)$은?

① $\frac{1}{s^2+4}$ ② $\frac{1}{s^2+2}$
③ $\frac{1}{(s+2)^2}$ ④ $\frac{1}{(s+4)^2}$

해설

㉠ $\sin(t+t)=\sin t\cos t+\cos t\sin t$
㉡ $\sin(t-t)=\sin t\cos t-\cos t\sin t$
㉢ ㉠+㉡$=\sin 2t=2\sin t\cos t$

$\therefore \mathcal{L}[\sin t\cos t]=\mathcal{L}\left[\frac{1}{2}\sin 2t\right]$
$=\frac{1}{2}\times\frac{2}{s^2+2^2}=\frac{1}{s^2+4}$

상 제6장 회로망 해석

10 그림과 같은 회로의 컨덕턴스 G_2에 흐르는 전류[A]는?

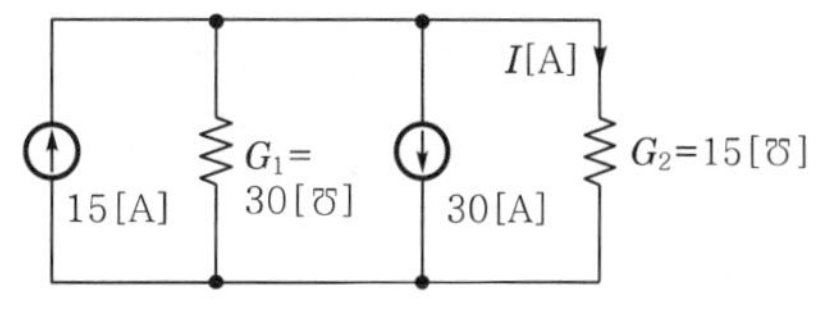

① 5[A] ② 10[A]
③ −3[A] ④ −5[A]

정답 06. ④ 07. ② 08. ② 09. ① 10. ④

해설

중첩의 정리를 이용하여 풀이할 수 있다.

㉠ 전류원 15[A]만의 회로해석

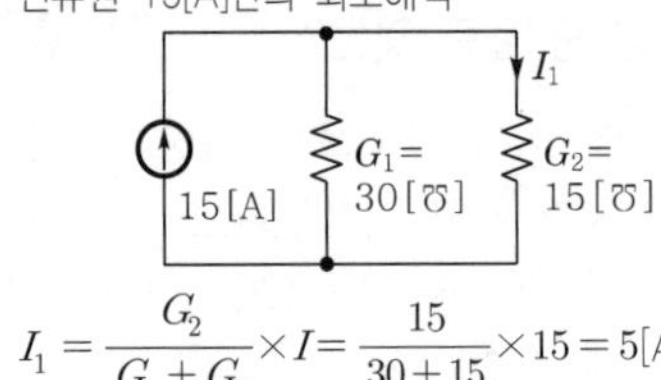

$$I_1=\frac{G_2}{G_1+G_2}\times I=\frac{15}{30+15}\times 15=5[\text{A}]$$

㉡ 전압원 10[V]만의 회로해석

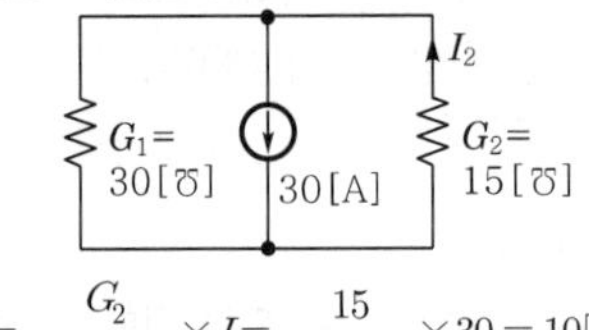

$$I_2=\frac{G_2}{G_1+G_2}\times I=\frac{15}{30+15}\times 30=10[\text{A}]$$

∴ 15[℧] 통과전류

$I=I_1-I_2=5-10=-5[\text{A}]$

상 제3장 다상 교류회로의 이해

11 평형 3상 Y결선의 부하에서 상전압과 선전류의 실횻값이 각각 60[V], 10[A]이고, 부하의 역률이 0.8일 때 무효전력[Var]은?

① 1440 ② 1080
③ 624 ④ 831

해설

㉠ 역률 : $\sin\theta=\sqrt{1-\cos\theta}=\sqrt{1-0.8^2}=0.6$

㉡ 무효전력 : $P_r=\sqrt{3}\,VI\sin\theta=\sqrt{3}\times 60\times 10\times 0.6$
$=623.53 \fallingdotseq 624[\text{Var}]$

상 제4장 비정현파 교류회로의 이해

12 ωt가 0에서 π까지 $i=10$[A], π에서 2π까지는 $i=0$[A]인 파형을 푸리에 급수로 전개하면 a_0는?

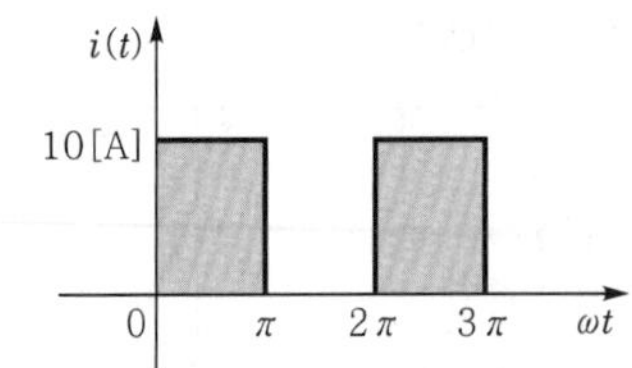

① 14.14[A] ② 10[A]
③ 7.07[A] ④ 5[A]

해설 직류분(교류의 평균값으로 해석)

$$a_0=\frac{1}{T}\int_0^T f(t)\,dt$$
$$=\frac{1}{2\pi}\int_0^\pi 10\,d\omega t=\left[\frac{10}{2\pi}\omega t\right]_0^\pi=\frac{10}{2}$$
$$=5[\text{A}]$$

[별해] 구형반파의 평균값 $I_{av}=\frac{I_m}{2}=5[\text{A}]$

상 제6장 회로망 해석

13 이상적 전압 · 전류원에 관한 설명으로 옳은 것은?

① 전압원의 내부저항은 ∞이고 전류원의 내부저항은 0이다.
② 전압원의 내부저항은 0이고 전류원의 내부저항은 ∞이다.
③ 전압원 · 전류원의 내부저항은 흐르는 전류에 따라 변한다.
④ 전압원의 내부저항은 일정하고 전류원의 내부저항은 일정하지 않다.

중 제7장 4단자망 회로해석

14 다음의 2단자 임피던스 함수가 $Z(s)=\frac{s(s+1)}{(s+2)(s+3)}$일 때 회로의 단락 상태를 나타내는 점은?

① $-1,\ 0$ ② $0,\ 1$
③ $-2,\ -3$ ④ $2,\ 3$

해설

회로의 단락상태는 2단자 회로의 영점을 의미하므로 $Z_1=0,\ Z_2=-1$이 된다.

상 제9장 과도현상

15 $R-L$ 직렬회로에서 시정수의 값이 클수록 과도현상이 소멸되는 시간은 어떻게 되는가?

① 짧아진다.
② 과도기가 없어진다.
③ 길어진다.
④ 관계없다.

정답 11. ③ 12. ④ 13. ② 14. ① 15. ③

해설

과도현상이 소멸되는 시간은 시정수와 비례관계를 갖는다. 따라서 시정수가 커지면 과도현상이 소멸되는 시간도 길어진다.

상 제7장 4단자망 회로해석

16 A, B, C, D 4단자 정수를 올바르게 쓴 것은?

① $AD+BD=1$　② $AB-CD=1$
③ $AB+CD=1$　④ $AD-BC=1$

해설

4단자 정수는 $AD-BC=1$의 관계가 성립되며, 회로망이 대칭이면 $A=D$가 된다.

중 제3장 다상 교류회로의 이해

17 2전력계법을 써서 대칭 평형 3상 전력을 측정하였더니 각 전력계가 500[W], 300[W]를 지시하였다. 전전력은 얼마인가? (단, 부하의 위상각은 60°보다 크며 90°보다 작다고 한다.)

① 200[W]　② 300[W]
③ 500[W]　④ 800[W]

해설 유효전력(소비전력)

$P=W_1+W_2=500+300=800$[W]

중 제10장 라플라스 변환

18 $I(s)=\dfrac{12}{2s(s+6)}$ 일 때 전류의 초기값 $i(0^+)$은?

① 6　② 2
③ 1　④ 0

해설 초기값

$$i(0^+)=\lim_{t\to 0} i(t)=\lim_{s\to\infty} sI(s)$$
$$=\lim_{s\to\infty}\frac{6}{s+6}=\frac{6}{\infty}=0$$

상 제4장 비정현파 교류회로의 이해

19 $e(t)=50+100\sqrt{2}\sin\omega t+50\sqrt{2}\sin 2\omega t+30\sqrt{2}\sin 3\omega t$[V]의 왜형률을 구하면?

① 1.0　② 0.58
③ 0.8　④ 0.3

해설 고조파 왜형률(Total Harmonics Distortion)

$$V_{THD}=\frac{\text{고조파만의 실횻값}}{\text{기본파의 실횻값}}$$
$$=\frac{\sqrt{50^2+30^2}}{100}=0.58$$
$$=58[\%]$$

상 제8장 분포정수회로

20 분포정수회로에서 직렬 임피던스를 Z, 병렬 어드미턴스를 Y라 할 때, 선로의 특성 임피던스 Z_0[Ω]는?

① ZY　② $\sqrt{ZY}$
③ $\sqrt{\dfrac{Y}{Z}}$　④ $\sqrt{\dfrac{Z}{Y}}$

해설

특성 임피던스란 선로를 이동하는 진행파에 대한 전압과 전류의 비로서, 그 선로의 고유한 값을 말한다.

∴ 특성 임피던스

$$Z_0=\sqrt{\frac{Z}{Y}}$$
$$=\sqrt{\frac{R+j\omega L}{G+j\omega C}}\,[\Omega]$$

정답 16. ④ 17. ④ 18. ④ 19. ② 20. ④

2024년 제2회 전기기사 CBT 기출복원문제

중 제5장 대칭좌표법

01 불평형 3상 전류가 $I_a = 15 + j2$[A], $I_b = -20 - j14$[A], $I_c = -3 + j10$[A]일 때 역상분 전류 I_2는?

① $1.91 + j6.24$[A]
② $15.74 - j3.57$[A]
③ $-2.67 - j0.67$[A]
④ $2.67 - j0.67$[A]

해설 역상분 전류

$$I_2 = \frac{1}{3}(I_a + a^2 I_b + aI_c)$$
$$= \frac{1}{3}\left[(15+j2) + \left(-\frac{1}{2} - j\frac{\sqrt{3}}{2}\right)(-20-j14) + \left(-\frac{1}{2} + j\frac{\sqrt{3}}{2}\right)(-3+j10)\right]$$
$$= 1.91 + j6.24[\text{A}]$$

중 제7장 4단자망 회로해석

02 4단자 정수 A, B, C, D로 출력측을 개방시켰을 때 입력측에서 본 구동점 임피던스 $Z_{11} = \left.\frac{V_1}{I_1}\right|_{I_2=0}$를 표시한 것 중 옳은 것은?

① $Z_{11} = \frac{A}{C}$
② $Z_{11} = \frac{B}{D}$
③ $Z_{11} = \frac{A}{B}$
④ $Z_{11} = \frac{B}{C}$

해설 4단자 방정식

㉠ $V_1 = AV_2 + BI_2$
㉡ $I_1 = CV_2 + DI_2$
$\therefore Z_{11} = \frac{V_1}{I_1} = \left.\frac{AV_2 + BI_2}{CV_2 + DI_2}\right|_{I_2=0} = \frac{AV_2}{CV_2} = \frac{A}{C}$

중 제8장 분포정수회로

03 위상정수 $\beta = \frac{\pi}{8}$[rad/km]인 선로에 1[MHz]에 대한 전파속도는 몇 [m/s]인가?

① 1.6×10^7
② 3.2×10^7
③ 5.0×10^7
④ 8.0×10^7

해설

$$v = \frac{1}{\sqrt{LC}} = \frac{\omega}{\beta} = \frac{2\pi f}{\beta} = \frac{2\pi \times 10^6}{\frac{\pi}{8}}$$
$$= 16 \times 10^6 = 1.6 \times 10^7[\text{m/s}]$$

여기서, 위상정수 $\beta = \omega\sqrt{LC}$

중 제9장 과도현상

04 인덕턴스 0.5[H], 저항 2[Ω]의 직렬회로에 30[V]의 직류전압을 급히 가했을 때 스위치를 닫은 후 0.1초 후의 전류의 순시값 i[A]와 회로의 시정수 τ[sec]는?

① $i = 4.95$, $\tau = 0.25$
② $i = 12.75$, $\tau = 0.35$
③ $i = 5.95$, $\tau = 0.45$
④ $i = 13.75$, $\tau = 0.25$

해설

㉠ 전류의 순시값
$$i(t) = \frac{E}{R}\left(1 - e^{-\frac{R}{L}t}\right) = \frac{30}{2}\left(1 - e^{-\frac{2}{0.5}\times 0.1}\right) = 4.95[\text{A}]$$

㉡ 시정수
$$\tau = \frac{L}{R} = \frac{0.5}{2} = 0.25[\text{sec}]$$

정답 01. ① 02. ① 03. ① 04. ①

중 제3장 다상 교류회로의 이해

05 선간전압 V[V]의 평형전원에 대칭부하 R[Ω]이 그림과 같이 접속되어 있을 때 a, b 두 상간에 접속된 전력계의 지시 c상의 전류[A]는?

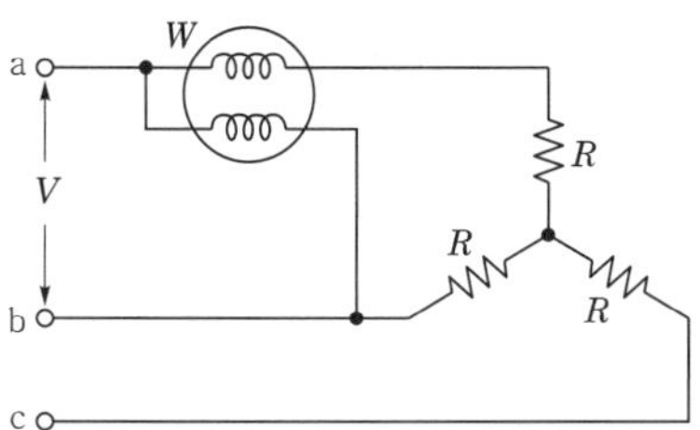

① $\dfrac{W}{3V}$　② $\dfrac{2W}{3V}$

③ $\dfrac{2W}{\sqrt{3}V}$　④ $\dfrac{\sqrt{3}W}{V}$

해설

㉠ 2전력계법에 의한 유효전력
$P = W_1 + W_2 = \sqrt{3}\,VI\cos\theta$[W]

㉡ 평형 3상의 R만의 부하인 경우
$W_1 = W_2$, $\cos\theta = 1$이 된다.

∴ 선전류 $I = \dfrac{W_1 + W_2}{\sqrt{3}\,V\cos\theta} = \dfrac{2W}{\sqrt{3}\,V}$[A]

상 제3장 다상 교류회로의 이해

06 전원과 부하가 다같이 △결선(환상결선)된 3상 평형회로가 있다. 전원전압이 200[V], 부하 임피던스가 $Z = 6 + j8$[Ω]인 경우 부하전류[A]는?

① 20　② $\dfrac{20}{\sqrt{3}}$

③ $20\sqrt{3}$　④ $10\sqrt{3}$

해설

㉠ 각 상의 임피던스의 크기

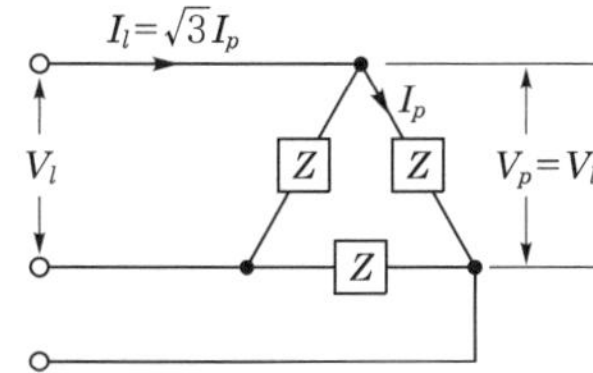

$Z = \sqrt{8^2 + 6^2} = 10$[Ω]

㉡ 전원전압은 선간전압을 의미하고, △결선 시 상전압과 선간전압의 크기는 같다.

㉢ 상전류(환상전류)
$I_P = \dfrac{V_P}{Z} = \dfrac{200}{10} = 20$[A]

∴ 선전류(부하전류)
$I_\ell = \sqrt{3}\,I_P = 20\sqrt{3}$[A]

중 제2장 단상 교류회로의 이해

07 그림과 같은 RC 병렬회로에서 양단에 인가된 전원전압이 $e(t) = 3e^{-5t}$[V]인 경우 이 회로의 임피던스[Ω]는?

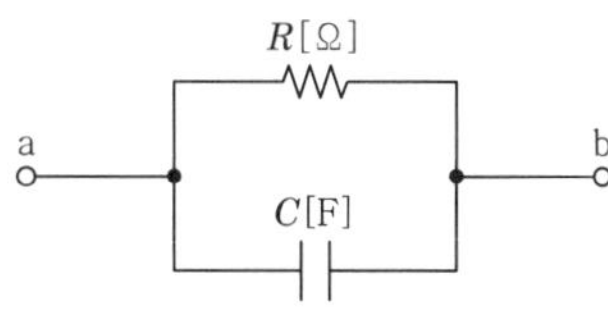

① $\dfrac{1}{R}(1 - j\omega CR)$

② $\dfrac{1}{R}(1 + j\omega CR)$

③ $\dfrac{R}{1 + j\omega CR}$

④ $\dfrac{R}{1 - j\omega CR}$

해설

$$Z = \frac{1}{\dfrac{1}{R} + \dfrac{1}{-jX_C}} = \frac{1}{\dfrac{1}{R} + j\dfrac{1}{X_C}}$$

$$= \frac{1}{\dfrac{1}{R} + j\omega C}$$

$$= \frac{R}{1 + j\omega CR}[\Omega]$$

상 제10장 라플라스 변환

08 $f(t) = \mathcal{L}^{-1}\left[\dfrac{1}{s^2 + a^2}\right]$의 값은 얼마인가?

① $\dfrac{1}{a}\cos at$　② $\dfrac{1}{a}\sin at$

③ $\cos at$　④ $\sin at$

해설

$$\mathcal{L}^{-1}\left[\frac{1}{s^2 + a^2}\right] = \mathcal{L}^{-1}\left[\frac{1}{a} \times \frac{a}{s^2 + a^2}\right] = \frac{1}{a}\sin at$$

정답 05. ③ 06. ③ 07. ③ 08. ②

중 제2장 단상 교류회로의 이해

09 두 개의 코일 A, B가 있다. A코일의 저항과 유도 리액턴스가 각각 3[Ω], 5[Ω], B코일은 각각 5[Ω], 1[Ω]이다. 두 코일을 직렬로 접속하여 100[V]의 전압을 인가할 때 흐르는 전류[A]는 어떻게 표현되는가?

① $10\angle 37°$
② $10\angle -37°$
③ $10\angle 57°$
④ $10\angle -57°$

해설

㉠ 합성 임피던스

$$Z = R_1 + jX_{L1} + R_2 + jX_{L2}$$
$$= R_1 + R_2 + j(X_{L1} + X_{L2})$$
$$= 3 + 5 + j(5+1) = 8 + j6$$

㉡ 임피던스의 극형식 표현

$$Z = 8 + j6 = \sqrt{8^2+6^2}\ \angle \tan^{-1}\frac{6}{8} = 10\ \angle 36.87°$$

∴ 전류 $I = \dfrac{V}{Z} = \dfrac{100}{10\angle 37°} = 10\angle -37°$[A]

중 제6장 회로망 해석

10 그림과 같은 회로의 a, b 단자 간의 전압[V]은?

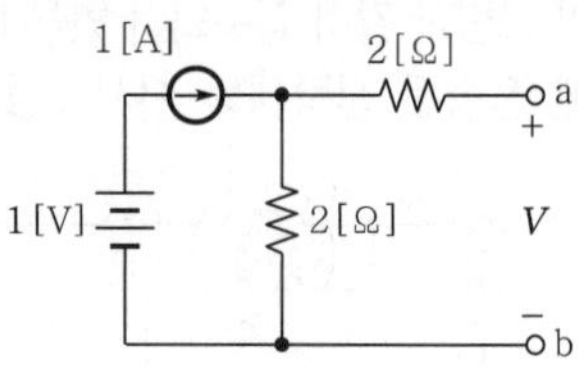

① 2
② −2
③ −4
④ 4

해설

중첩의 정리를 이용하여 풀이할 수 있다.

㉠ 전압원 1[V]만의 회로해석 : $I_1 = 0$[A]

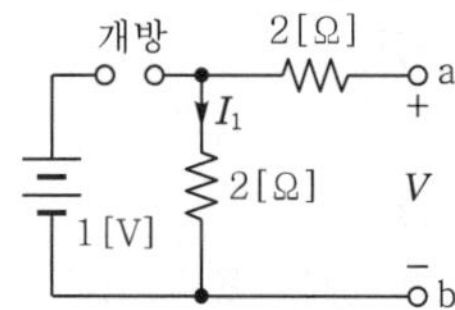

㉡ 전류원 1[A]만의 회로해석 : $I_2 = 1$[A]

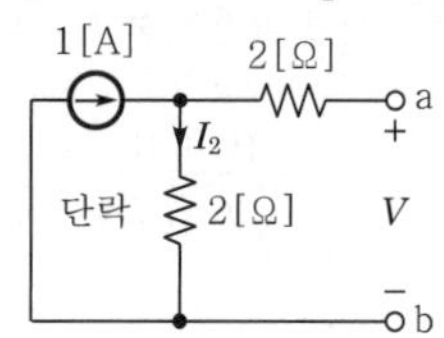

㉢ 2[Ω] 통과전류 : $I = I_1 + I_2 = 1$[A]

∴ 개방전압 $V = 2I = 2 \times 1 = 2$[V]

정답 09. ② 10. ①

2024년 제2회 전기산업기사 CBT 기출복원문제

중 제4장 비정현파 교류회로의 이해

01 그림과 같은 정현파 교류를 푸리에 급수로 전개할 때 직류분은?

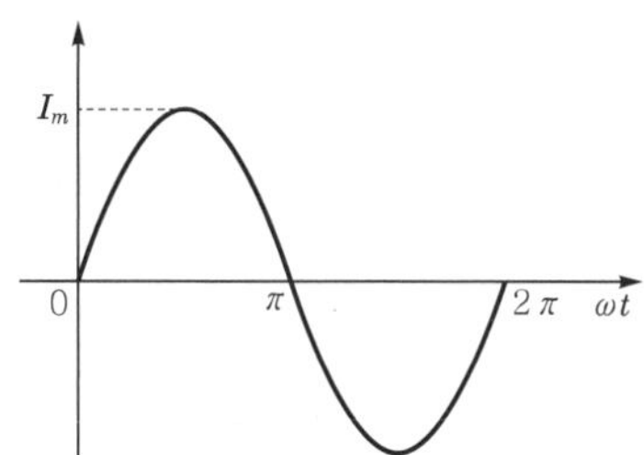

① I_m　② $\dfrac{I_m}{2}$

③ $\dfrac{I_m}{\sqrt{2}}$　④ $\dfrac{2I_m}{\pi}$

해설 직류분(교류의 평균값으로 해석)

$$a_0 = \frac{1}{T}\int_0^T f(t)\,dt = \frac{1}{\pi}\int_0^{\pi} I_m \sin\omega t\, d\omega t = \frac{2I_m}{\pi}$$

하 제3장 다상 교류회로의 이해

02 다상 교류회로에 대한 설명 중 잘못된 것은? (단, n은 상수)

① 평형 3상 교류에서 △결선의 상전류는 선전류의 $\dfrac{1}{\sqrt{3}}$과 같다.

② n상 전력 $P = \dfrac{1}{2\sin\dfrac{\pi}{n}} V_l I_l \cos\theta$이다.

③ 성형결선에서 선간전압과 상전압과의 위상차는 $\dfrac{\pi}{2}\left(1-\dfrac{2}{n}\right)$[rad]이다.

④ 비대칭 다상교류가 만드는 회전자계는 타원 회전자계이다.

해설

㉠ 성형결선에서 선전류와 상전류의 크기와 위상은 모두 같다.

㉡ 성형결선에서 선간전압

$$V_l = 2\sin\frac{\pi}{n} V_p \angle\left(\frac{\pi}{2}-\frac{\pi}{n}\right)$$

㉢ n상 전력

$$P = n V_p I_p \cos\theta = n \times \frac{V_l}{2\sin\dfrac{\pi}{n}} \times I_l \cos\theta = \frac{n}{2\sin\dfrac{\pi}{n}} V_l I_l \cos\theta$$

상 제5장 대칭좌표법

03 대칭 3상 전압이 V_a, $V_b = a^2 V_a$, $V_c = a V_a$일 때 a상을 기준으로 한 대칭분을 구할 때 영상분은?

① V_a　② $\dfrac{1}{3} V_a$

③ 0　④ $V_a + V_b + V_c$

해설 영상분 전압

$$V_0 = \frac{1}{3}(V_a + V_b + V_c) = \frac{1}{3}(V_a + a^2 V_a + a V_a) = 0$$

상 제3장 다상 교류회로의 이해

04 변압기 $\dfrac{n_1}{n_2}=30$인 단상 변압기 3개를 1차 △결선, 2차 Y결선하고 1차 선간에 3000[V]를 가했을 때 무부하 2차 선간전압[V]은?

① $\dfrac{100}{\sqrt{3}}$

② $\dfrac{190}{\sqrt{3}}$

③ 100

④ $100\sqrt{3}$

정답 01. ④　02. ②　03. ③　04. ④

해설

㉠ Δ-Y결선 3상 변압기

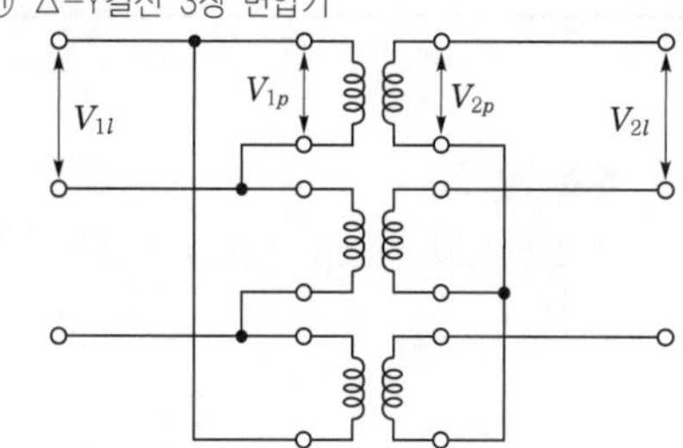

㉡ 변압기 1차측(Δ결선) 상전압
$V_{1p} = V_{1l} = 3000$[V]

㉢ 권선수비 $a = \frac{n_1}{n_2} = \frac{V_{1p}}{V_{2p}}$ 이므로
변압기 2차측 상전압
$V_{2p} = \frac{V_{1p}}{a} = \frac{3000}{30} = 100$[V]

∴ 2차측(Y결선) 선간전압
$V_{2l} = \sqrt{3}\, V_{2p} = 100\sqrt{3}$[V]

상 [보충] 전달함수

05 다음과 같은 블록선도의 등가 합성 전달함수는?

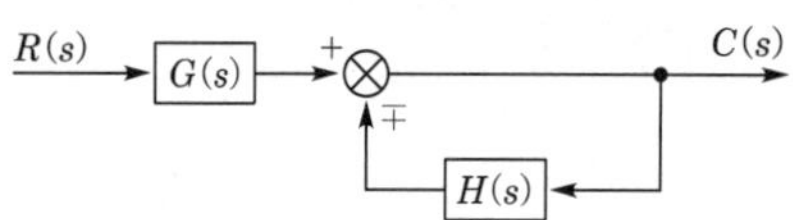

① $\frac{1}{1 \pm G(s)H(s)}$

② $\frac{G(s)}{1 \pm G(s)H(s)}$

③ $\frac{G(s)}{1 \pm H(s)}$

④ $\frac{1}{1 \pm H(s)}$

해설 종합 전달함수(메이슨 공식)

$$M(s) = \frac{C(s)}{R(s)} = \frac{\sum 전향경로이득}{1 - \sum 폐루프이득} = \frac{G(s)}{1 - [\mp H(s)]} = \frac{G(s)}{1 \pm H(s)}$$

중 제6장 회로망 해석

06 다음 회로의 V_{30}과 V_{15}는 각각 얼마인가?

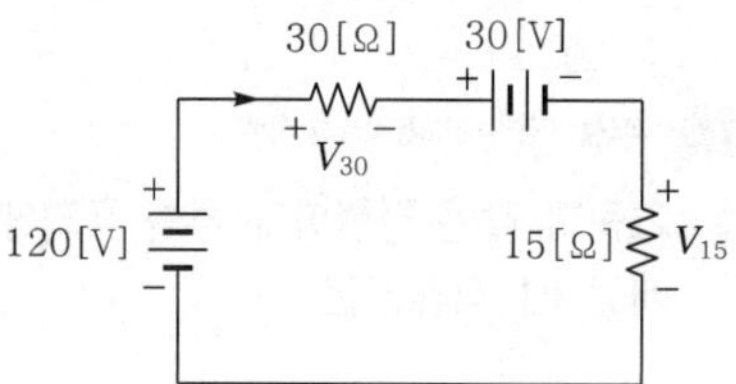

① 60[V], 30[V]　② 70[V], 40[V]
③ 80[V], 50[V]　④ 50[V], 40[V]

해설

㉠ 회로전류 $I = \frac{V}{R} = \frac{120 - 30}{30 + 15} = 2$[A]
㉡ $V_{30} = 30I = 30 \times 2 = 60$[V]
㉢ $V_{15} = 15I = 15 \times 2 = 30$[V]

중 제2장 단상 교류회로의 이해

07 R=10[Ω], L=10[mH], C=1[μF]인 직렬회로에 100[V] 전압을 가했을 때 공진의 첨예도(선택도) Q는 얼마인가?

① 1　② 10
③ 100　④ 1000

해설

직렬공진 시 선택도는 다음과 같다.

$$Q = \frac{X_L}{R} = \frac{2\pi fL}{R} = \frac{2\pi L}{R} \times \frac{1}{2\pi\sqrt{LC}} = \frac{1}{R}\sqrt{\frac{L}{C}}$$

$$\therefore\ Q = \frac{1}{R}\sqrt{\frac{L}{C}} = \frac{1}{10} \times \sqrt{\frac{10 \times 10^{-3}}{1 \times 10^{-6}}} = 10$$

중 제4장 비정현파 교류회로의 이해

08 어떤 회로에 비정현파 전압을 가하여 흐른 전류가 다음과 같을 때 이 회로의 역률은 약 몇 [%]인가?

$$v(t) = 20 + 220\sqrt{2}\sin 120\pi t + 40\sqrt{2}\sin 360\pi t\text{[V]}$$
$$i(t) = 2.2\sqrt{2}\sin(120\pi t + 36.87°) + 0.49\sqrt{2}\sin(360\pi t + 14.04°)\text{[A]}$$

① 75.8　② 80.4
③ 86.3　④ 89.7

정답 05. ③ 06. ① 07. ② 08. ②

해설

㉠ 전압의 실횻값

$V=\sqrt{20^2+220^2+40^2}=224.5[\mathrm{V}]$

㉡ 전류의 실횻값

$I=\sqrt{2.2^2+0.49^2}=2.25[\mathrm{A}]$

㉢ 피상전력

$P_a=VI=224.5\times 2.25=505.125[\mathrm{VA}]$

㉣ 유효전력

$$P=V_1I_1\cos\theta_1+V_3I_3\cos\theta_3$$
$$=220\times 2.2\times\cos 36.87°+40\times 0.49\times\cos 14.04°$$
$$=406.21[\mathrm{W}]$$

$$\therefore \text{ 역률 : }\cos\theta=\frac{P}{P_a}\times 100=\frac{406.21}{505.125}\times 100=80.42[\%]$$

상 | 제7장 4단자망 회로해석

09 A, B, C, D 4단자 정수를 올바르게 쓴 것은?

① $AD+BD=1$

② $AB-CD=1$

③ $AB+CD=1$

④ $AD-BC=1$

해설

4단수 정수는 $AD-BC=1$의 관계가 성립되며, 회로망이 대칭이면 $A=D$가 된다.

상 | 제8장 분포정수회로

10 유한장의 송전선로가 있다. 수전단을 단락하고 송전단에서 측정한 임피던스는 $j250[\Omega]$, 또 수전단을 개방시키고 송전단에서 측정한 어드미턴스는 $j1.5\times 10^{-3}[\mho]$이다. 이 송전선로의 특성 임피던스는?

① $2.45\times 10^{-3}[\Omega]$

② $408.25[\Omega]$

③ $j0.612[\Omega]$

④ $6\times 10^{-6}[\Omega]$

해설 특성 임피던스

$$Z_0=\sqrt{\frac{Z}{Y}}=\sqrt{\frac{j250}{j1.5\times 10^{-3}}}=408.25[\Omega]$$

하 | 제7장 4단자망 회로해석

11 그림과 같은 회로망에서 Z_1을 4단자 정수에 의해 표시하면?

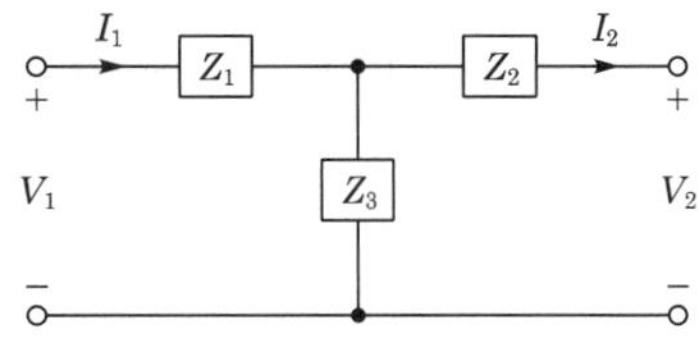

① $\dfrac{1}{C}$

② $\dfrac{D-1}{C}$

③ $\dfrac{B-1}{C}$

④ $\dfrac{A-1}{C}$

해설

㉠ 4단자 정수는 다음과 같다.

$$\begin{bmatrix}A & B\\ C & D\end{bmatrix}=\begin{bmatrix}1+\dfrac{Z_1}{Z_3} & Z_1+Z_2+\dfrac{Z_1Z_2}{Z_3}\\ \dfrac{1}{Z_3} & 1+\dfrac{Z_2}{Z_3}\end{bmatrix}$$

㉡ $A-1=\dfrac{Z_1}{Z_3}=Z_1C$이므로

$$\therefore Z_1=\frac{A-1}{C}$$

상 | 제5장 대칭좌표법

12 각 상의 전류가 아래와 같을 때 영상대칭분 전류[A]는?

$$i_a=30\sin\omega t[\mathrm{A}]$$
$$i_b=30\sin(\omega t-90°)[\mathrm{A}]$$
$$i_c=30\sin(\omega t+90°)[\mathrm{A}]$$

① $10\sin\omega t$

② $30\sin\omega t$

③ $\dfrac{30}{\sqrt{3}}\sin\omega t$

④ $\dfrac{10}{3}\sin\omega t$

해설

$$I_0=\frac{1}{3}(I_a+I_b+I_c)$$
$$=\frac{1}{3}(30+30\angle{+90°}+30\angle{-90°})$$
$$=\frac{30}{3}\angle 0°=10\sin\omega t[\mathrm{A}]$$

정답 09. ④ 10. ② 11. ④ 12. ①

중 제3장 다상 교류회로의 이해

13 그림과 같은 회로의 단자 a, b, c에 대칭 3상 전압을 가하여 각 선전류를 같게 하려면 R의 값은?

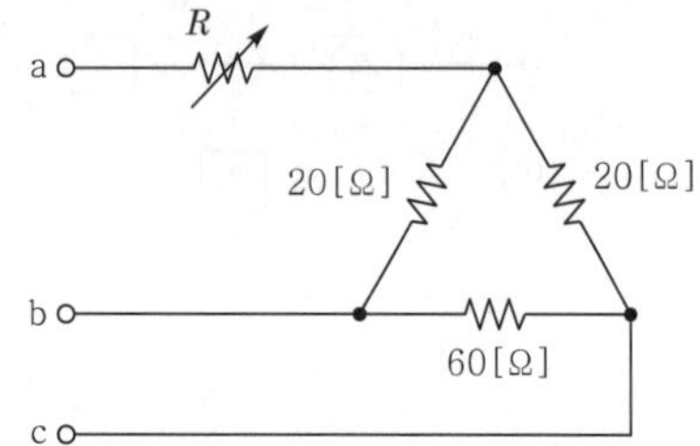

① 2[Ω] ② 8[Ω]
③ 16[Ω] ④ 24[Ω]

해설

△결선을 Y결선으로 등가변환하면 다음과 같다.

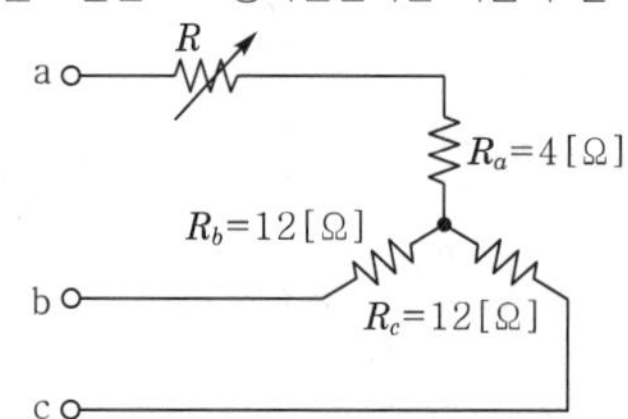

㉠ $R_a=\dfrac{R_{ab}\times R_{ca}}{R_{ab}+R_{bc}+R_{ca}}=\dfrac{20\times20}{20+60+20}=4[\Omega]$

㉡ $R_b=\dfrac{R_{ab}\times R_{bc}}{R_{ab}+R_{bc}+R_{ca}}=\dfrac{20\times60}{20+60+20}=12[\Omega]$

㉢ $R_c=\dfrac{R_{bc}\times R_{ca}}{R_{ab}+R_{bc}+R_{ca}}=\dfrac{60\times20}{20+60+20}=12[\Omega]$

∴ 각 선전류가 같으려면 각 상의 임피던스가 평형이 되어야 하므로 $R=8[\Omega]$이 되어야 한다.

상 제5장 대칭좌표법

14 3상 불평형 전압에서 역상전압이 50[V], 정상전압이 200[V], 영상전압이 10[V]라 할 때 전압의 불평형률[%]은?

① 1 ② 5
③ 25 ④ 50

해설 불평형률

$\%U=\dfrac{V_2}{V_1}\times100=\dfrac{50}{200}\times100=25[\%]$

여기서, V_1 : 정상분
V_2 : 역상분

중 제6장 회로망 해석

15 전류가 전압에 비례한다는 것을 가장 잘 나타낸 것은?

① 테브난의 정리
② 상반의 정리
③ 밀만의 정리
④ 중첩의 정리

하 제2장 단상 교류회로의 이해

16 단상 전파 파형을 만들기 위해 전원은 어떤 단자에 연결해야 하는가?

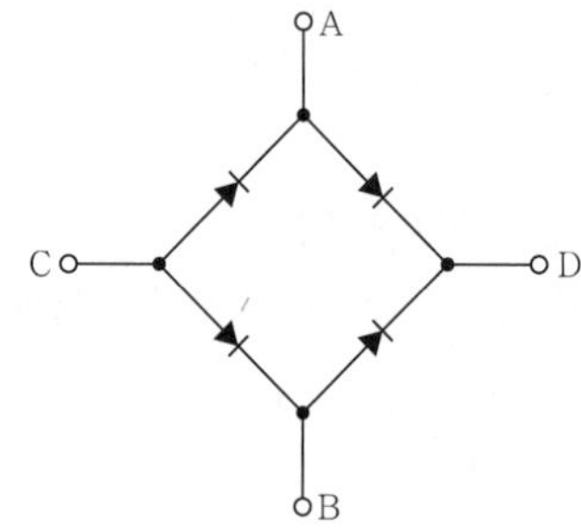

① A－B ② C－D
③ A－C ④ B－D

해설

㉠ 입력단자 : A－B
㉡ 출력단자 : C－D

상 제10장 라플라스 변환

17 함수 $f(t)=t^2e^{at}$의 라플라스 변환 $F(s)$은?

① $\dfrac{1}{(s-a)^2}$

② $\dfrac{2}{(s-a)^2}$

③ $\dfrac{1}{(s-a)^2}$

④ $\dfrac{2}{(s-a)^3}$

해설

$\mathcal{L}[t^2e^{at}]=\dfrac{2}{s^3}\Big|_{s=s-a}=\dfrac{2}{(s-a)^3}$

정답 13. ② 14. ③ 15. ① 16. ① 17. ④

상 제3장 다상 교류회로의 이해

18 Y-Y결선 회로에서 선간전압이 200[V]일 때 상전압은 약 몇 [V]인가?

① 100　② 115
③ 120　④ 135

해설 3상 Y결선의 특징

㉠ 선간전압 : $V_l = \sqrt{3}\,V_p$

㉡ 선전류 : $I_l = I_p$

∴ 상전압 : $V_p = \dfrac{V_l}{\sqrt{3}} = \dfrac{200}{\sqrt{3}} = 115$[V]

중 제1장 직류회로의 이해

19 다음 전지 2개와 전구 1개로 구성된 회로 중 전구가 점등되지 않는 회로는?

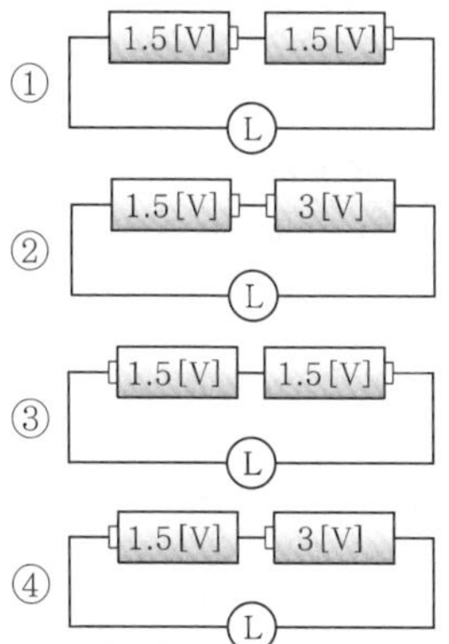

해설

① 두 전지의 극성이 같으므로 회로 전위차는 3[V]로 전류는 시계방향으로 흐른다.
② 두 전지의 극성이 반대이므로 회로 전위차는 1.5[V]로 전류는 반시계방향으로 흐른다.
③ 두 전지의 크기는 같고 극성이 반대로 접속되어 있어 회로 전위차는 0이 되어 전류가 흐르지 않는다.
④ 두 전지의 극성이 같으므로 회로 전위차는 4.5[V]로 전류는 반시계방향으로 흐른다.

상 제3장 다상 교류회로의 이해

20 대칭 3상 전압이 공급되는 3상 유도전동기에서 각 계기의 지시는 다음과 같다. 유도전동기의 역률은 약 얼마인가?

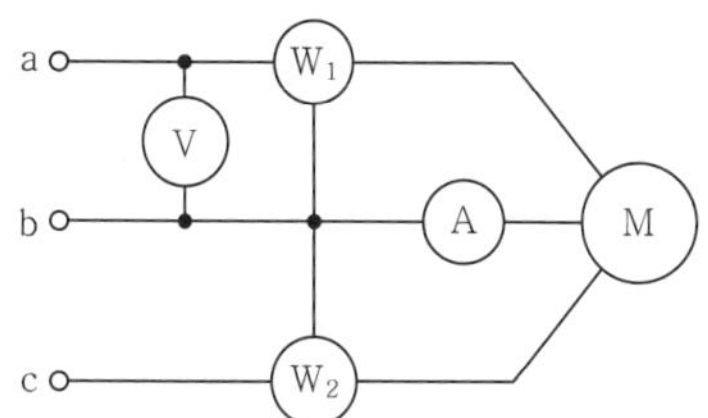

전력계(W_1) : 2.84[kW]
전력계(W_2) : 6[kW]
전압계(V) : 200[V]
전류계(A) : 30[A]

① 0.70　② 0.75
③ 0.80　④ 0.85

해설 역률

$$\cos\theta = \frac{P}{P_a} = \frac{W_1 + W_2}{2\sqrt{W_1^2 + W_2^2 - W_1 W_2}} = \frac{W_1 + W_2}{\sqrt{3}\,VI} = \frac{2840 + 6000}{\sqrt{3} \times 200 \times 30} = 0.85$$

정답 18. ② 19. ③ 20. ④

2024년 제3회 전기기사 CBT 기출복원문제

중 제3장 다상 교류회로의 이해

01 그림과 같은 부하에 선간전압이 $V_{ab}=100\angle 30°$ [V]인 평형 3상 전압을 가했을 때 선전류 I_a[A]는?

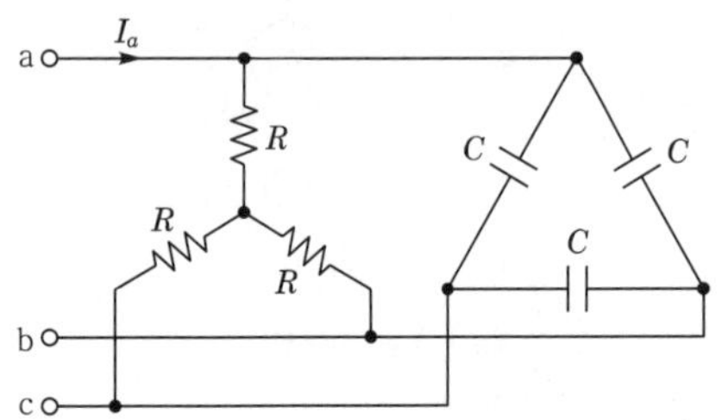

① $\dfrac{100}{\sqrt{3}}\left(\dfrac{1}{R}+j3\omega C\right)$

② $100\left(\dfrac{1}{R}+j\sqrt{3}\,\omega C\right)$

③ $\dfrac{100}{\sqrt{3}}\left(\dfrac{1}{R}+j\omega C\right)$

④ $100\left(\dfrac{1}{R}+j\omega C\right)$

해설

㉠ △결선을 Y결선으로 등가변환하면 다음과 같다.
(임피던스 크기를 $\dfrac{1}{3}$로 변환)

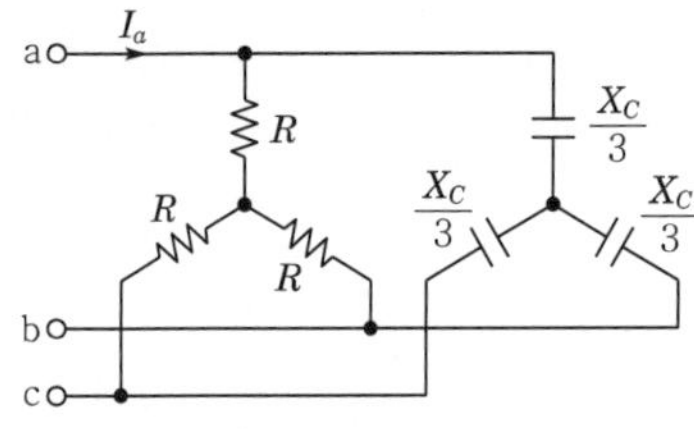

㉡ 저항과 정전용량은 병렬관계이므로 아래와 같이 등가변환시킬 수 있다.

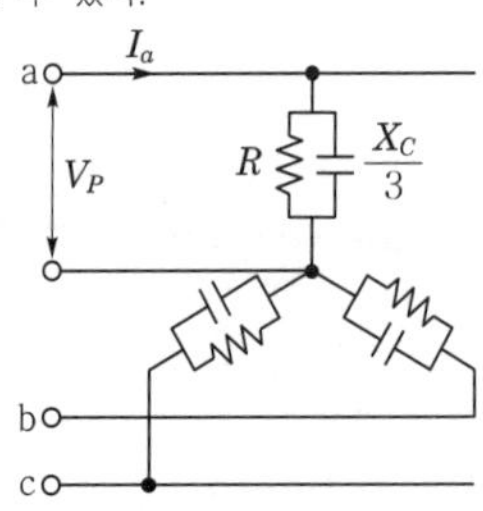

㉢ 합성 임피던스

$$Z=\frac{1}{\dfrac{1}{R}+\dfrac{1}{\dfrac{-jX_C}{3}}}=\frac{1}{\dfrac{1}{R}+j\dfrac{3}{X_C}}=\frac{1}{\dfrac{1}{R}+j3\omega C}$$

여기서, 용량 리액턴스 $X_C=\dfrac{1}{\omega C}$

㉣ 상전압 : $V_P=\dfrac{V_\ell}{\sqrt{3}}\angle -30°=\dfrac{100}{\sqrt{3}}\angle 0°$

㉤ Y결선은 상전류와 선전류가 동일하므로

$$I_a=\frac{V_P}{Z}=\frac{100}{\sqrt{3}}\left(\frac{1}{R}+j3\omega C\right)\text{[A]}$$

하 제2장 단상 교류회로의 이해

02 그림과 같은 회로에서 전압계 3개로 단상전력을 측정하고자 할 때의 유효전력[W]은?

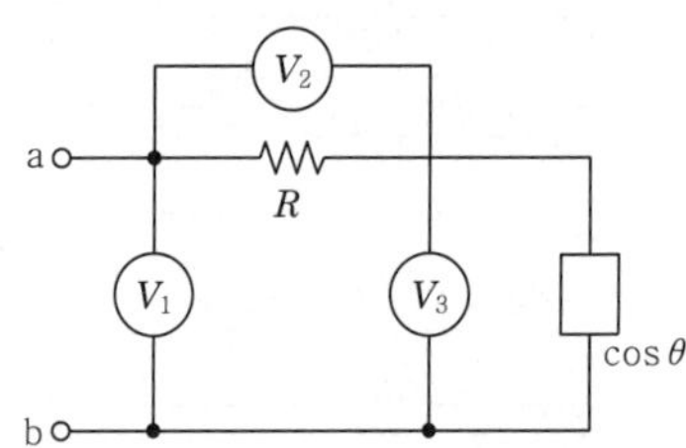

① $\dfrac{1}{2R}(V_1^2-V_2^2-V_3^2)$

② $\dfrac{1}{2R}(V_1^2-V_3^2)$

③ $\dfrac{R}{2}(V_1^2-V_2^2-V_3^2)$

④ $\dfrac{R}{2}(V_2^2-V_1^2-V_3^2)$

해설

㉠ 역률 : $\cos\theta=\dfrac{V_1^2-V_2^2-V_3^2}{2V_2V_3}$

㉡ 유효전력(소비전력)

$$P=VI\cos\theta=V_3\times\frac{V_2}{R}\times\frac{V_1^2-V_2^2-V_3^2}{2V_2V_3}=\frac{1}{2R}(V_1^2-V_2^2-V_3^2)\text{[W]}$$

정답 01. ① 02. ①

상 | 제5장 대칭좌표법

03 전압대칭분을 각각 V_0, V_1, V_2, 전류의 대칭분을 각각 I_0, I_1, I_2라 할 때 대칭분으로 표시되는 전전력은 얼마인가?

① $V_0I_1+V_1I_2+V_2I_0$
② $V_0I_0+V_1I_1+V_2I_2$
③ $3V_0I_1+3V_1I_2+3V_2I_0$
④ $3V_0I_0+3V_1I_1+3V_2I_2$

해설 대칭좌표법에 의한 전력표시

$$\begin{aligned}P_a &= P+jP_r\\ &= \overline{V_a}I_a+\overline{V_b}I_b+\overline{V_c}I_c\\ &= (\overline{V_0}+\overline{V_1}+\overline{V_2})I_a+(\overline{V_0}+\overline{a^2}\,\overline{V_1}+\overline{a}\,\overline{V_2})I_b\\ &\quad +(\overline{V_0}+\overline{a}\,\overline{V_1}+\overline{a^2}\,\overline{V_2})I_c\\ &= (\overline{V_0}+\overline{V_1}+\overline{V_2})I_a+(\overline{V_0}+a\overline{V_1}+a^2\overline{V_2})I_b\\ &\quad +(\overline{V_0}+a^2\overline{V_1}+a\overline{V_2})I_c\\ &= \overline{V_0}(I_a+I_b+I_c)+\overline{V_1}(I_a+aI_b+a^2I_c)\\ &\quad +\overline{V_2}(I_a+a^2I_b+aI_c)\\ &= 3\overline{V_0}I_0+3\overline{V_1}I_1+3\overline{V_2}I_2\end{aligned}$$

상 | 제8장 분포정수회로

04 선로의 단위길이당 분포 인덕턴스, 저항, 정전용량, 누설 컨덕턴스를 각각 L, R, G, C라 하면 전파정수는 어떻게 되는가?

① $\dfrac{\sqrt{R+j\omega L}}{G+j\omega C}$
② $\sqrt{(R+j\omega L)(G+j\omega C)}$
③ $\dfrac{R+j\omega L}{G+j\omega C}$
④ $\sqrt{\dfrac{G+j\omega C}{R+j\omega L}}$

해설

전파정수란 전압, 전류가 선로의 끝 송전단에서부터 멀어져감에 따라 그 진폭이라든가 위상이 변해가는 특성과 관계된 상수를 말한다.

∴ 전파정수

$$\begin{aligned}\gamma &= \sqrt{ZY}=\sqrt{(R+j\omega L)(G+j\omega C)}\\ &= \sqrt{RG}+j\omega\sqrt{LC}=\alpha+j\beta\end{aligned}$$

여기서, α : 감쇠정수
β : 위상정수

하 | 제7장 4단자망 회로해석

05 그림과 같은 4단자 회로의 4단자 정수 A, B, C, D에서 A의 값은?

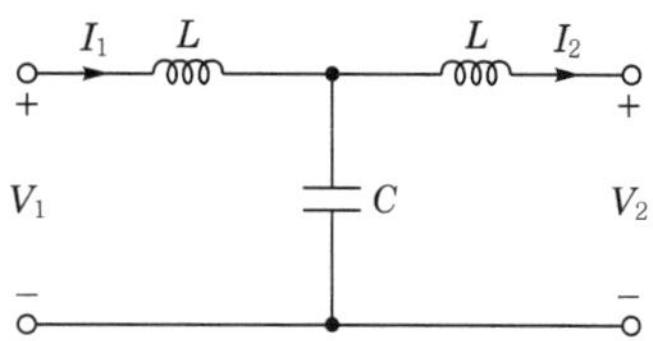

① $1-j\omega C$
② $1-\omega^2LC$
③ $j\omega C$
④ $j\omega L(2-\omega^2LC)$

해설

㉠ $A=1+\dfrac{j\omega L}{\dfrac{1}{j\omega C}}=1+j^2\omega^2LC=1-\omega^2LC$

㉡ $B=\dfrac{j\omega L\times\dfrac{1}{j\omega}+(j\omega L)^2+j\omega L\times\dfrac{1}{j\omega}}{\dfrac{1}{j\omega C}}$
$=j\omega LC(2-\omega^2LC)$

㉢ $C=\dfrac{1}{\dfrac{1}{j\omega C}}=j\omega C$

㉣ $D=1+\dfrac{j\omega L}{\dfrac{1}{j\omega C}}=1+j^2\omega^2LC=1-\omega^2LC$

상 | 제3장 다상 교류회로의 이해

06 그림과 같은 평형 Y형 결선에서 각 상이 8[Ω]의 저항과 6[Ω]의 리액턴스가 직렬로 접속된 부하에 걸린 선간전압이 100$\sqrt{3}$[V]이다. 이때 선전류는 몇 [A]인가?

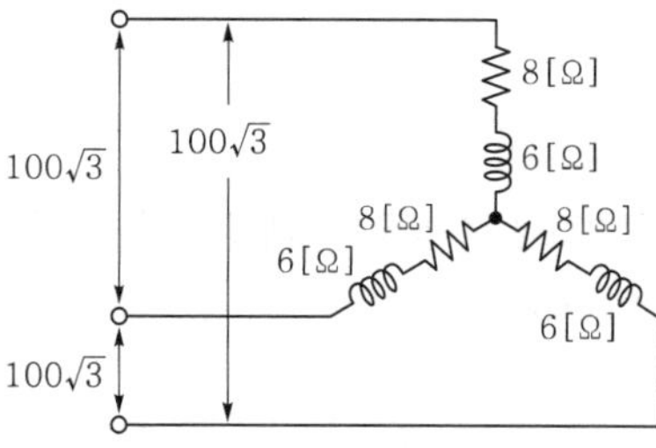

① 5
② 10
③ 15
④ 20

정답 03. ④ 04. ② 05. ② 06. ②

해설

㉠ 각 상의 임피던스의 크기

$Z=\sqrt{8^2+6^2}=10[\Omega]$

㉡ 상전압 $V_P=\dfrac{V_l}{\sqrt{3}}=\dfrac{100\sqrt{3}}{\sqrt{3}}=100[\text{V}]$

$\therefore$ 선전류 $I_l=I_P=\dfrac{V_P}{Z}=\dfrac{100}{10}=10[\text{A}]$

하 | 제10장 라플라스 변환

07 그림과 같은 반파 정현파의 라플라스(Laplace) 변환은?

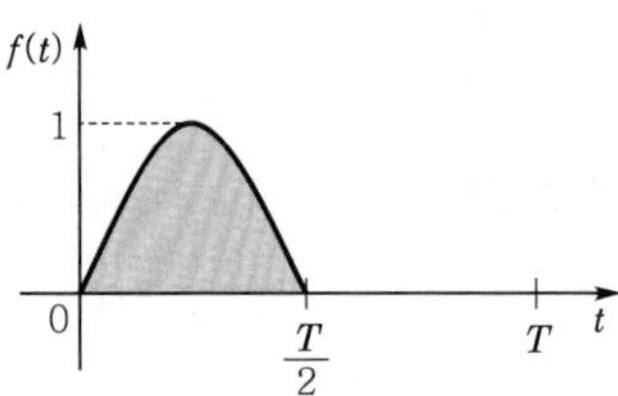

① $\dfrac{s}{s^2+\omega^2}\left(1+e^{-\frac{Ts}{2}}\right)$

② $\dfrac{\omega}{s^2+\omega^2}\left(1+e^{-\frac{Ts}{2}}\right)$

③ $\dfrac{s}{s^2+\omega^2}\left(1+e^{\frac{Ts}{2}}\right)$

④ $\dfrac{\omega}{s^2+\omega^2}\left(1+e^{\frac{Ts}{2}}\right)$

해설

함수 $f(t)=\sin\omega t+\sin\omega\left(t-\dfrac{T}{2}\right)$

$$\therefore F(s)=\frac{\omega}{s^2+\omega^2}+\frac{\omega}{s^2+\omega^2}e^{-\frac{Ts}{2}}$$

$$=\frac{\omega}{s^2+\omega^2}\left(1+e^{-\frac{Ts}{2}}\right)$$

하 | 제6장 회로망 해석

08 그림과 같은 직류회로에서 저항 $R[\Omega]$의 값은?

① $10[\Omega]$

② $20[\Omega]$

③ $30[\Omega]$

④ $40[\Omega]$

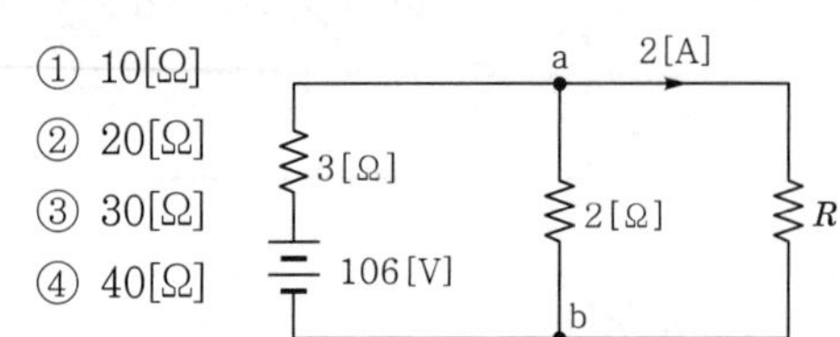

해설 테브난의 등가변환

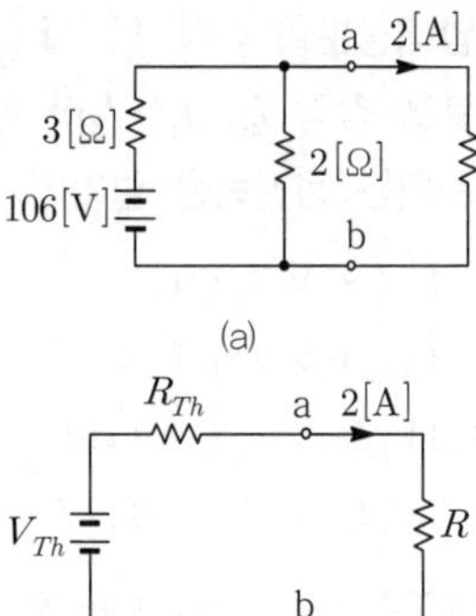

(a)

(b)

㉠ 개방전압 : a, b 양단의 단자전압

$V_{Th}=2I=2\times\dfrac{106}{3+2}=42.4[\text{V}]$

㉡ 등가저항 : 전압원을 단락시킨 상태에서 a, b에서 바라본 합성저항

$R_{Th}=\dfrac{3\times 2}{3+2}=1.2[\Omega]$

㉢ 부하전류 : $I=\dfrac{V_{Th}}{R_{Th}+R}=2[\text{A}]$

$\therefore R=\dfrac{V_{Th}}{I}-R_{Th}=\dfrac{42.4}{2}-1.2=20[\Omega]$

하 | 제4장 비정현파 교류회로의 이해

09 비정현 주기파 중 고조파의 감소율이 가장 적은 것은?

① 반파정류파 ② 삼각파

③ 전파정류파 ④ 구형파

해설

고조파 감소율이 작다는 것은 계통에 고조파 함유율이 매우 크다는 것을 의미한다. 따라서 정현파에 무수히 많은 고주파(주파수 성분)가 포함되면 파형은 구형파의 형태가 된다.

상 | 제10장 라플라스 변환

10 자동제어계에서 중량함수(weight function)라고 불려지는 것은?

① 인디셜 ② 임펄스

③ 전달함수 ④ 램프함수

해설

임펄스(impulse)함수＝충격함수＝중량함수

＝하중(weight)함수

정답 07. ② 08. ② 09. ④ 10. ②

2024년 제3회 전기산업기사 CBT 기출복원문제

중 [보충] 전달함수

01 그림과 같은 회로에서 전달함수 $\dfrac{E_o(s)}{I(s)}$는 얼마인가? (단, 초기조건은 모두 0으로 한다.)

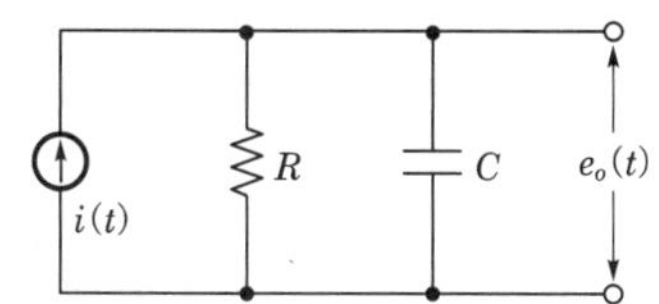

① $\dfrac{1}{RCs+1}$　② $\dfrac{R}{RCs+1}$

③ $\dfrac{C}{RCs+1}$　④ $\dfrac{RCs}{RCs+1}$

해설 전달함수

$$G(s)=\frac{E_o(s)}{I(s)}=\frac{I(s)Z_o(s)}{I(s)}=Z_o(s)$$

$$=\frac{R\times\frac{1}{Cs}}{R+\frac{1}{Cs}}=\frac{R}{RCs+1}$$

상 제4장 비정현파 교류회로의 이해

02 $e(t)=50+100\sqrt{2}\sin\omega t+50\sqrt{2}\sin 2\omega t+30\sqrt{2}\sin 3\omega t$[V]의 왜형률을 구하면?

① 1.0　② 0.58

③ 0.8　④ 0.3

해설 고조파 왜형률(Total Harmonics Distortion)

$$V_{THD}=\frac{\text{고조파만의 실횻값}}{\text{기본파의 실횻값}}$$

$$=\frac{\sqrt{50^2+30^2}}{100}=0.58=58[\%]$$

상 제2장 단상 교류회로의 이해

03 $i=3\sqrt{2}\sin(377t-30°)$[A]의 평균값[A]은?

① 5.7　② 4.3

③ 3.9　④ 2.7

해설

평균값 $I_a=\dfrac{2I_m}{\pi}=0.637\,I_m$

$=0.637\times\sqrt{2}\,I=0.9\,I$

$=0.9\times3=2.7$[A]

여기서, I_m : 전류의 최댓값

I : 전류의 실횻값

중 제5장 대칭좌표법

04 3상 3선식에서는 회로의 평형, 불평형 또는 부하의 Δ, Y에 불구하고, 세 선전류의 합은 0이므로 선전류의 (　)은 0이다. (　) 안에 들어갈 말은?

① 영상분

② 정상분

③ 역상분

④ 상전압

해설

영상분 전류 $I_0=\dfrac{1}{3}(I_a+I_b+I_c)$이므로

$I_a+I_b+I_c=0$이면 $I_0=0$이 된다.

중 제2장 단상 교류회로의 이해

05 저항 $R=4$[Ω], 임피던스 $Z=50$[Ω]의 직렬 유도부하에서 100[V]가 인가될 때 소비되는 무효전력[Var]은?

① 120　② 160

③ 200　④ 250

해설

㉠ 임피던스 $Z=\sqrt{R^2+X^2}$에서 $Z^2=R^2+X^2$이므로 리액턴스는 $X=\sqrt{Z^2-R^2}=\sqrt{50^2-40^2}=30$[Ω]

㉡ 전류 $I=\dfrac{V}{Z}=\dfrac{100}{50}=2$[A]

∴ 무효전력

$P_r=I^2X=2^2\times30=120$[Var]

정답 01. ② 02. ② 03. ④ 04. ① 05. ①

상 제2장 단상 교류회로의 이해

06 r[Ω]인 6개의 저항을 그림과 같이 접속하고 평형 3상 전압 E를 가했을 때 전류 I는 몇 [A]인가? (단, $r=3$[Ω], $E=60$[V]이다.)

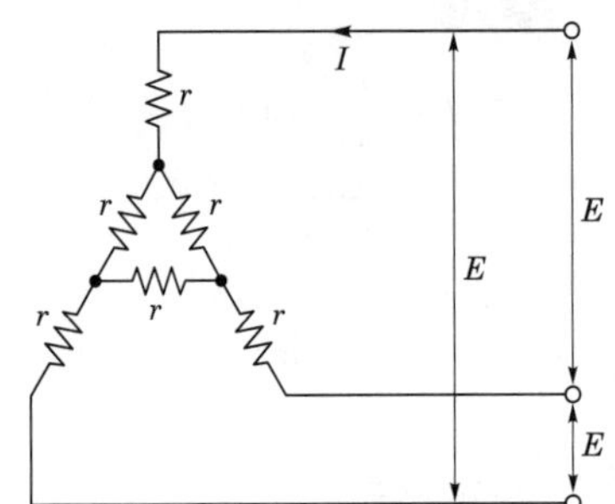

① 8.66 ② 9.56
③ 10.8 ④ 10.39

해설

㉠ △결선을 Y결선으로 등가변환

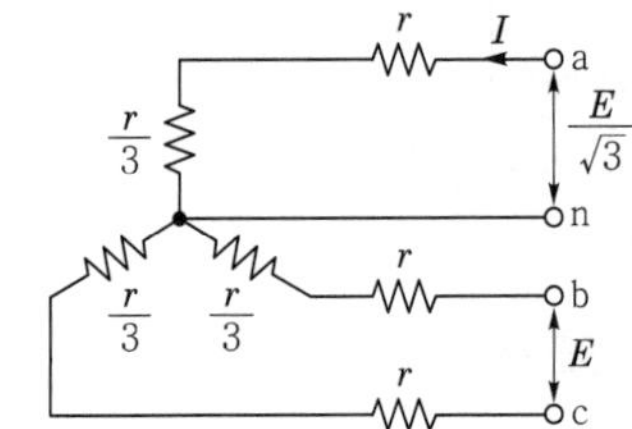

㉡ 단상회로의 등가변환

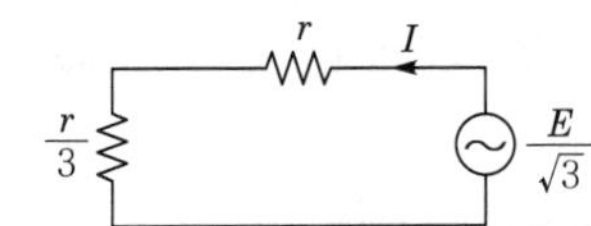

∴ 선전류(부하전류)

$$I=\frac{V_p}{R}=\frac{\frac{E}{\sqrt{3}}}{\frac{4r}{3}}=\frac{3E}{4r\sqrt{3}}=\frac{3\times 60}{4\times 3\sqrt{3}}=8.66[\text{A}]$$

중 제5장 대칭좌표법

07 3상 부하가 Y결선으로 되어 있다. 각 상의 임피던스는 $Z_a=3$[Ω], $Z_b=3$[Ω], $Z_c=j3$[Ω]이다. 이 부하의 영상 임피던스는 얼마인가?

① $6+j3$[Ω]
② $2+j$[Ω]
③ $3+j3$[Ω]
④ $3+j6$[Ω]

해설 영상 임피던스

$$Z_0=\frac{1}{3}(Z_a+Z_b+Z_c)=\frac{1}{3}(3+3+j3)=2+j[\Omega]$$

중 제3장 다상 교류회로의 이해

08 그림과 같은 선간전압 200[V]의 3상 전원에 대칭부하를 접속할 때 부하역률은? (단, $R=9$[Ω], $X_C=\frac{1}{\omega C}=4$[Ω])

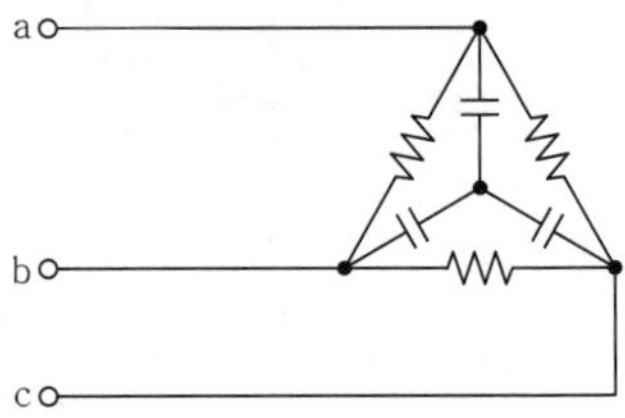

① 0.6 ② 0.7
③ 0.8 ④ 0.9

해설

△결선으로 접속된 저항 R을 Y결선으로 등가변환하면 그 크기가 $\frac{1}{3}$배로 줄어든다.

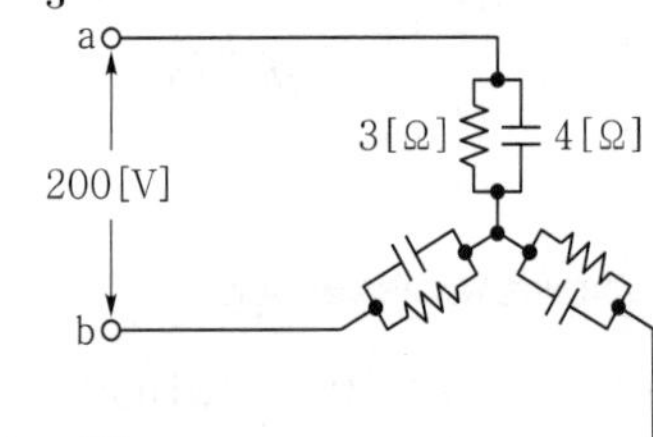

∴ 병렬회로의 역률

$$\cos\theta=\frac{X}{\sqrt{R^2+X^2}}=\frac{4}{\sqrt{3^2+4^2}}=0.8$$

상 제10장 라플라스 변환

09 $F(s)=\dfrac{s+1}{s^2+2s}$의 라플라스 역변환을 구하면?

① $\frac{1}{2}(1+e^{t})$

② $\frac{1}{2}(1+e^{-2t})$

③ $\frac{1}{2}(1-e^{-t})$

④ $\frac{1}{2}(1-e^{-2t})$

정답 06. ① 07. ② 08. ③ 09. ④

해설

$F(s)=\frac{s+1}{s(s+2)}=\frac{A}{s}+\frac{B}{s+2}\xrightarrow{\mathcal{L}^{-1}}A+Be^{-2t}$에서 미지수 A, B는 다음과 같다.

㉠ $A=\lim_{s\to0}sF(s)=\lim_{s\to0}\frac{s+1}{s+2}=\frac{1}{2}$

㉡ $B=\lim_{s\to-a}(s+2)F(s)=\lim_{s\to-2}\frac{s+1}{s}=\frac{1}{2}$

∴ 함수 $f(t)=A+Be^{-2t}=\frac{1}{2}\left(1-e^{-2t}\right)$

상 제5장 대칭좌표법

10 전류의 대칭분을 I_0, I_1, I_2, 유기기전력 및 단자전압의 대칭분을 E_a, E_b, E_c 및 V_0, V_1, V_2라 할 때 교류발전기의 기본식 중 역상분 V_2값은?

① $-Z_0I_0$　② $-Z_2I_2$
③ $E_a-Z_1I_1$　④ $E_b-Z_2I_2$

해설 교류발전기 기본식

㉠ 영상분 : $V_0=-Z_0I_0$
㉡ 정상분 : $V_1=E_a-Z_1I_1$
㉢ 역상분 : $V_2=-Z_2I_2$

중 [보충] 전달함수

11 그림과 같은 LC 브리지 회로의 전달함수 $G(s)$는?

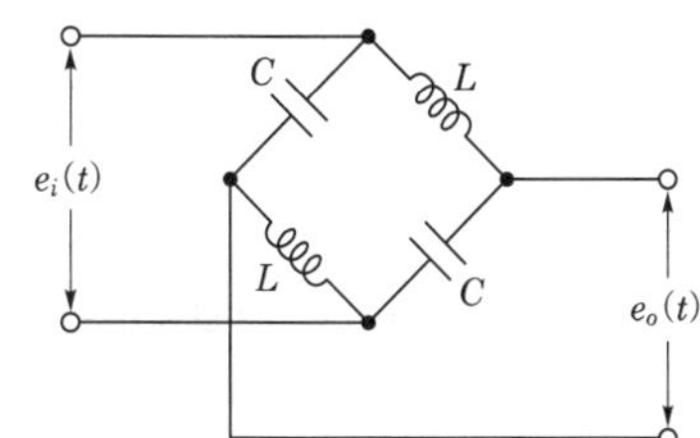

① $\frac{1}{1+LCs^2}$　② $\frac{Ls}{1+LCs^2}$
③ $\frac{LCs}{1+LCs^2}$　④ $\frac{1-LCs^2}{1+LCs^2}$

해설 전달함수

$$G(s)=\frac{E_o(s)}{E_i(s)}=\frac{\frac{1}{Cs}-Ls}{\frac{1}{Cs}+Ls}=\frac{1-LCs^2}{1+LCs^2}$$

하 제9장 과도현상

12 RC 직렬회로에 $t=0$에서 직류전압을 인가하였다. 시정수 5배에서 커패시터에 충전된 전하는 약 몇 [%]인가? (단, 초기에 충전된 전하는 없다고 가정한다.)

① 1　② 2
③ 93.7　④ 99.3

해설

㉠ 충전전하 $Q(t)=CE\left(1-e^{-\frac{1}{RC}t}\right)$
㉡ 정상상태($t=\infty$)에서 충전전하
$Q(\infty)=CE\left(1-e^{-\infty}\right)=CE$
㉢ 시정수 5배 시간($t=5\tau=5RC$)에서
충전전하 $Q(5\tau)=CE\left(1-e^{-5}\right)=CE\times0.9932$
∴ 시정수 5배에서 커패시터에 충전된 전하는 정상상태의 99.32[%]가 된다.

상 제6장 회로망 해석

13 그림과 같은 회로에서 a, b에 나타나는 전압 몇 [V]인가?

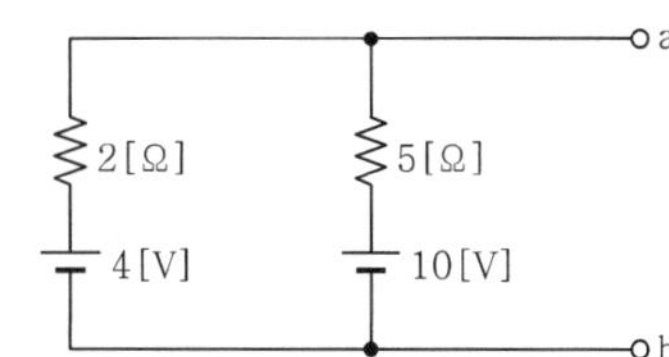

① 5.7　② 6.5
③ 4.3　④ 3.4

해설

밀만의 정리에 의해서 구할 수 있다.

$$\therefore\ V_{ab}=\frac{\Sigma I}{\Sigma Y}=\frac{\frac{4}{2}+\frac{10}{5}}{\frac{1}{2}+\frac{1}{5}}=\frac{\frac{40}{10}}{\frac{7}{10}}=5.7[\text{V}]$$

하 제1장 직류회로의 이해

14 최대 눈금이 50[V]의 직류전압계가 있다. 이 전압계를 써서 150[V]의 전압을 측정하려면 몇 [Ω]의 저항을 배율기로 사용하여야 되는가? (단, 전압계의 내부저항은 5000[Ω]이다.)

① 1000　② 2500
③ 5000　④ 10000

정답 10. ② 11. ④ 12. ④ 13. ① 14. ④

해설

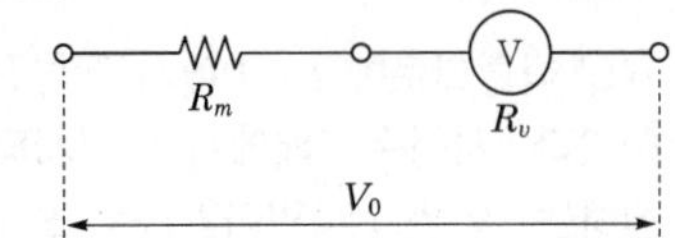

㉠ 전압계 측정전압

$$V=\frac{R_v}{R_m+R_v}\times V_0 \rightarrow \frac{V_0}{V}=\frac{R_m+R_v}{R_v}=\frac{R_m}{R_v}+1$$

㉡ 배율 $m=\frac{V_0}{V}=\frac{150}{50}=3$

∴ 배율기 저항

$$R_m=\left(\frac{V_0}{V}-1\right)R_v=(m-1)R_v$$
$$=(3-1)\times 5000=10000[\Omega]$$

상 제2장 단상 교류회로의 이해

15 인덕턴스 $L=20$[mH]인 코일에 실효치 $V=50$[V], $f=60$[Hz]인 정현파 전압을 인가했을 때 코일에 축적되는 평균 자기에너지 W_L[J]은?

① 0.44　　② 4.4
③ 0.63　　④ 63

해설

㉠ L만의 회로에 흐르는 전류

$$I_L=\frac{V}{2\pi fL}=\frac{50}{2\pi\times 60\times 20\times 10^{-3}}=6.63[\text{A}]$$

㉡ 코일에 축적되는 자기에너지

$$W_L=\frac{1}{2}LI^2=\frac{1}{2}\times 20\times 10^{-3}\times 6.63^2=0.44[\text{J}]$$

중 제3장 다상 교류회로의 이해

16 변압기 2대를 V결선했을 때의 이용률은 몇 [%]인가?

① 57.7　　② 70.7
③ 86.6　　④ 100

해설 V결선의 특징

㉠ 3상 출력 : $P_V=\sqrt{3}P$[kVA]
(여기서, P : 변압기 1대 용량)

㉡ 이용률

$$\frac{\text{V결선의 출력}}{\text{변압기 2개 용량}}=\frac{\sqrt{3}P}{2P}=\frac{\sqrt{3}}{2}$$
$$=0.866=86.6[\%]$$

㉢ 출력비

$$\frac{P_V}{P_\triangle}=\frac{\sqrt{3}P}{3P}=\frac{\sqrt{3}}{3}=0.577=57.7[\%]$$

중 제7장 4단자망 회로해석

17 4단자 회로망에서 출력측을 개방하니 $V_1=12$, $V_2=4$, $I_1=2$이고, 출력측을 단락하니 $V_1=16$, $I_1=4$, $I_2=2$이었다. 4단자 정수 A, B, C, D는 얼마인가?

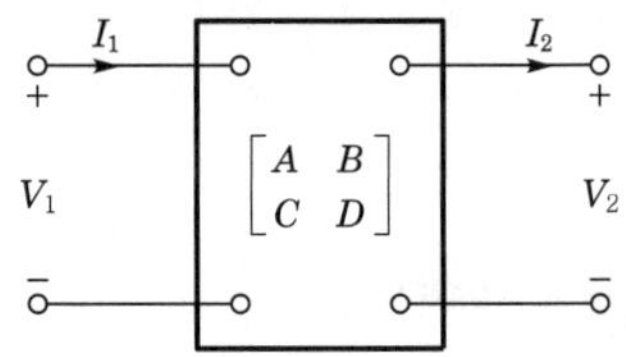

① 3, 8, 0.5, 2　　② 8, 0.5, 2, 3
③ 0.5, 2, 3, 8　　④ 2, 3, 8, 0.5

해설

4단자 방정식 $\begin{cases} V_1=AV_2+BI_2 \\ I_1=CV_2+DI_2 \end{cases}$ 에서

㉠ 출력측을 개방하면 $I_2=0$이 된다.

- $A=\left.\frac{V_1}{V_2}\right|_{I_2=0}=\frac{12}{4}=3$
- $C=\left.\frac{I_1}{V_2}\right|_{I_2=0}=\frac{2}{4}=0.5$

㉡ 출력측을 단락하면 $V_2=0$이 된다.

- $B=\left.\frac{V_1}{I_2}\right|_{V_2=0}=\frac{16}{2}=8$
- $D=\left.\frac{I_1}{I_2}\right|_{V_2=0}=\frac{4}{2}=2$

$$\therefore \begin{bmatrix} A & B \\ C & D \end{bmatrix}=\begin{bmatrix} 3 & 8 \\ 0.5 & 2 \end{bmatrix}$$

상 제5장 대칭좌표법

18 3상 회로에 있어서 대칭분전압이 $\dot{V}_0=-8+j3$[V], $\dot{V}_1=6-j8$[V], $\dot{V}_2=8+j12$[V]일 때 a상의 전압[V]은?

① $6+j7$　　② $-32.3+j2.73$
③ $2.3+j0.73$　　④ $2.3+j2.73$

해설 a상 전압

$$V_a=V_0+V_1+V_2$$
$$=(-8+j3)+(6-j8)+(8+j12)$$
$$=6+j7[\text{V}]$$

정답 15. ① 16. ③ 17. ① 18. ①

중 제3장 다상 교류회로의 이해

19 그림과 같은 Y결선 회로와 등가인 △결선 회로의 A, B, C 값은?

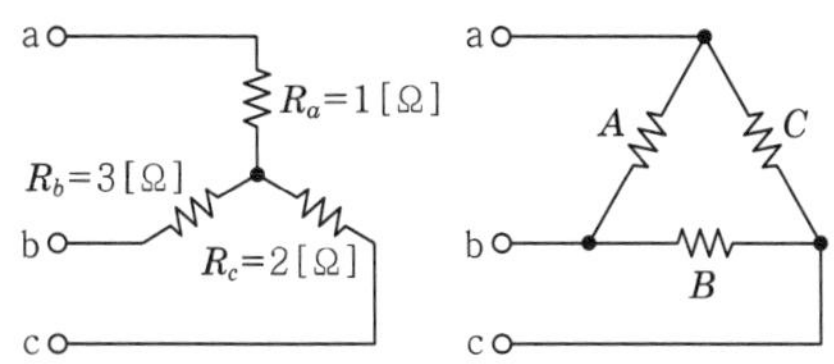

① $A=\dfrac{11}{2}$, $B=11$, $C=\dfrac{11}{3}$

② $A=\dfrac{7}{2}$, $B=7$, $C=\dfrac{7}{3}$

③ $A=\dfrac{11}{3}$, $B=\dfrac{11}{2}$, $C=11$

④ $A=\dfrac{7}{3}$, $B=\dfrac{7}{2}$, $C=7$

해설

Y결선을 △결선으로 등가변환하면 다음과 같다.

㉠ $A=\dfrac{R_aR_b+R_bR_c+R_cR_a}{R_c}$

$=\dfrac{1\times3+3\times2+2\times1}{2}=\dfrac{11}{2}[\Omega]$

㉡ $B=\dfrac{R_aR_b+R_bR_c+R_cR_a}{R_a}$

$=\dfrac{1\times3+3\times2+2\times1}{1}=11[\Omega]$

㉢ $C=\dfrac{R_aR_b+R_bR_c+R_cR_a}{R_b}$

$=\dfrac{1\times3+3\times2+2\times1}{3}=\dfrac{11}{3}[\Omega]$

∴ 저항의 크기가 동일할 경우 $R_\triangle=3R_Y$가 된다

상 제6장 회로망 해석

20 그림에서 10[Ω]의 저항에 흐르는 전류는 몇 [A]인가?

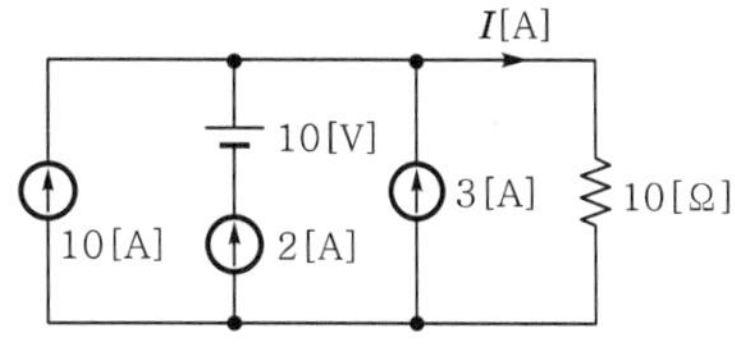

① 16 ② 15

③ 14 ④ 13

해설

중첩의 정리를 이용하여 풀이할 수 있다.

㉠ 전류원 10[A]만의 회로해석 : $I_1=10[A]$

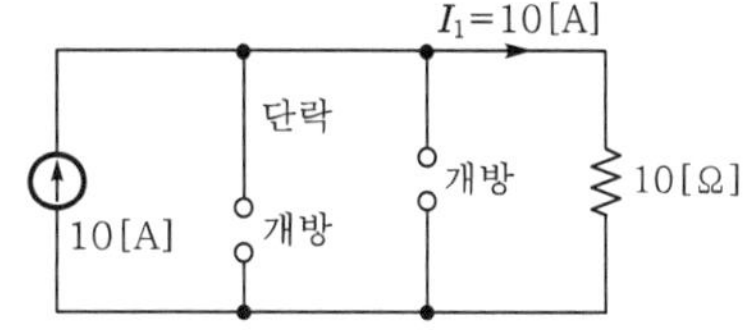

㉡ 전압원 10[V]만의 회로해석 : $I_2=0[A]$

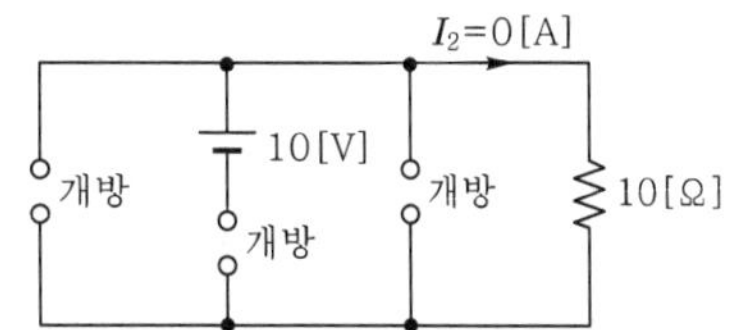

㉢ 전류원 2[A]만의 회로해석 : $I_3=2[A]$

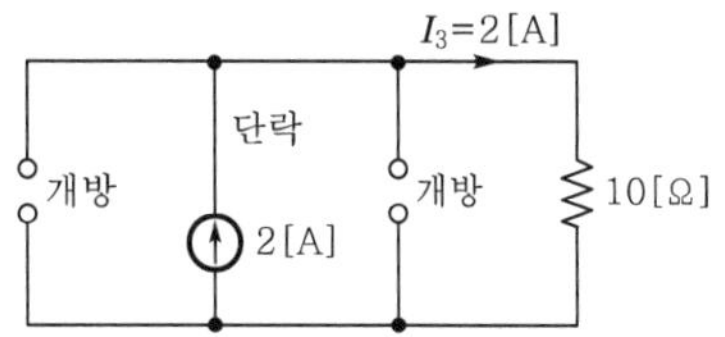

㉣ 전류원 3[A]만의 회로해석 : $I_4=3[A]$

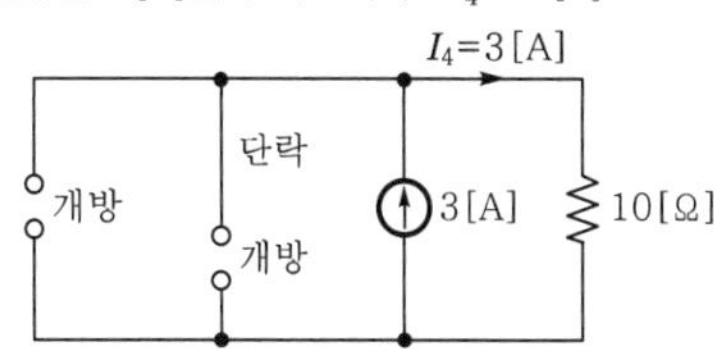

∴ 10[Ω] 통과전류

$I=I_1+I_2+I_3+I_4=10+0+2+3=15[A]$

정답 19. ① 20. ②

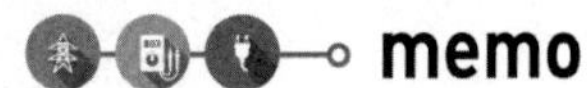

먼저보고 이해하는

기초이론 및 용어해설

회로이론/제어공학

회로이론 기초 이론 해설

회로이론

테마 01 전류와 옴의 법칙

(1) 전류 $I=\frac{Q}{t}$ [A]

(2) 전류 $I=\frac{V}{R}$ [A]

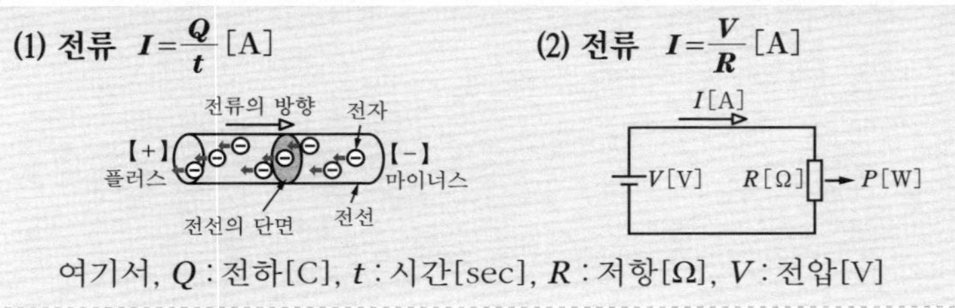

여기서, Q : 전하[C], t : 시간[sec], R : 저항[Ω], V : 전압[V]

학습 POINT

① 전선의 단면을 통하여 단위 시간에 통과하는 전기량(전하)을 전류라고 한다.

② 옴의 법칙 : 전기 회로에 흐르는 전류 I는 전압 V에 비례하고, 전기 저항 R에 반비례한다.

③ 전력 P의 기본식은 $P=VI$[W]이지만 변형한 식도 자주 사용된다.

$$P=VI=RI^2=\frac{V^2}{R}\ [W]$$

$V=RI$　　$I=\frac{V}{R}$

여기서, [W]=[J/sec]

④ 전력량 W는 전력 사용 시간을 t[sec]라고 하면,

$$W=Pt=VIt=VQ\ [J]$$

전력을 P[kW], 사용 시간을 T[h]라고 하면,

$$W=PT\ [kW\cdot h]$$

⑤ RI^2을 t[sec] 시간 사용했을 때 발열량(줄열) H는 다음과 같다.

$$H=RI^2t\ [J]$$

이것을 줄의 법칙이라고 한다.

⑥ 단위 기호 앞에 붙는 접두어

[표현 예] 3[MΩ]의 저항, 30[kV]의 전압, 2[mA]의 전류

〔표〕 자주 사용하는 접두어

10^{-12}	10^{-6}	10^{-3}	1	10^3	10^6	10^9
p (피코)	μ (마이크로)	m (밀리)	기준	k (킬로)	M (메가)	G (기가)

테마 02 전기 저항

(1) 전기 저항 $R=\rho\frac{l}{S}$ [Ω]

(2) 온도 변화 $R_2=R_1\{1+\alpha_1(t_2-t_1)\}$

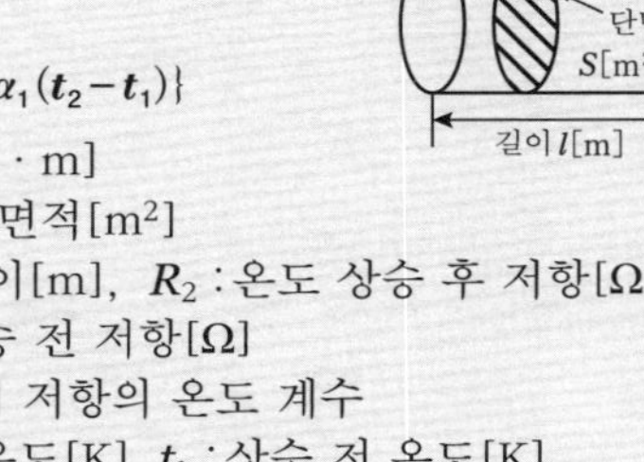

여기서, ρ : 저항률[Ω · m]
S : 도체의 단면적[m²]
l : 도체의 길이[m], R_2 : 온도 상승 후 저항[Ω]
R_1 : 온도 상승 전 저항[Ω]
α_1 : t_1[K]에서 저항의 온도 계수
t_2 : 상승 후 온도[K], t_1 : 상승 전 온도[K]

학습 POINT

① 전기 저항 R은 길이 l에 비례하고, 단면적 S에 반비례한다.

② 금속의 저항률

㉠ 저항률이 낮은 순서로 은→동→금→알루미늄이 된다.

㉡ 저항률 ρ의 역수는 전도율 σ[S/m]이다. (S : 지멘스)

종류	저항률 [Ω·mm²/m]
은	0.0162
연동	0.0172(1/58)
경동	0.0182(1/55)
금	0.0262
알루미늄	0.0285(1/35)

〔그림 1〕 금속의 구조

③ 도체의 단면적 S를 구하는 방법 : 반지름 r[m], 지름이 D[m]라면 단면적 S는 다음과 같이 구할 수 있다.

$$S=\pi r^2=\pi\left(\frac{D}{2}\right)^2=\frac{\pi}{4}D^2\ [m^2]$$

④ 저항의 온도 계수 : 온도가 상승했을 때 저항값이 증가하면 정특성 온도 계수라고 하고, 반대로 온도가 상승했을 때 저항값이 감소하면 부특성 온도 계수라고 한다.

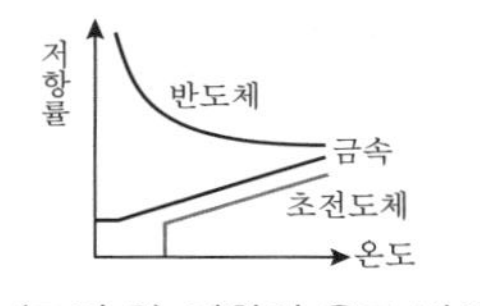

〔그림 2〕 저항의 온도 변화

테마 03 저항의 접속법

구분	직렬 접속	병렬 접속
회로	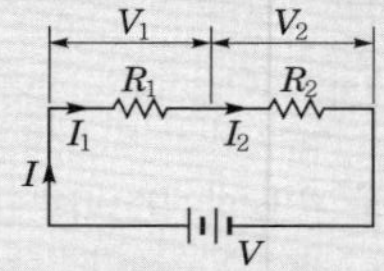	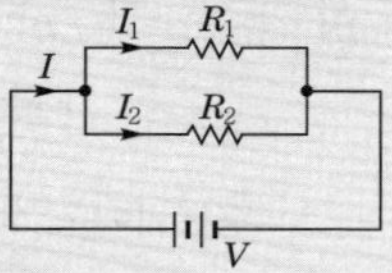
특징	① 전류는 일정($I=I_1=I_2$) ② 전압은 분배($V=V_1+V_2$)	① 전압은 일정($V=V_1=V_2$) ② 전류는 분배($I=I_1+I_2$)
합성 저항	① 저항이 2개인 경우 $R_0=R_1+R_2[\Omega]$ ② 저항이 n개인 경우 ㉠ $R_0=R_1+R_2+\cdots+R_n[\Omega]$ ㉡ $R_1=R_2=\cdots=R_n=R$인 경우 : $R_0=nR[\Omega]$	① 저항이 2개인 경우 : $R_0=\dfrac{1}{\dfrac{1}{R_1}+\dfrac{1}{R_2}}=\dfrac{R_1\times R_2}{R_1+R_2}$ ② 저항이 n개인 경우 ㉠ $R_0=\dfrac{1}{\dfrac{1}{R_1}+\dfrac{1}{R_2}+\cdots+\dfrac{1}{R_n}}[\Omega]$ ㉡ $R_1=R_2=\cdots=R_n=R$인 경우 : $R_0=\dfrac{R}{n}[\Omega]$
분배 법칙	① $V_1=\dfrac{R_1}{R_1+R_2}\times V$ ② $V_2=\dfrac{R_2}{R_1+R_2}\times V$	① $I_1=\dfrac{R_2}{R_1+R_2}\times I$ ② $I_2=\dfrac{R_1}{R_1+R_2}\times I$

테마 04 인덕턴스 접속법

(1) 직렬 회로

가동 결합(가극성)	차동 결합(감극성)
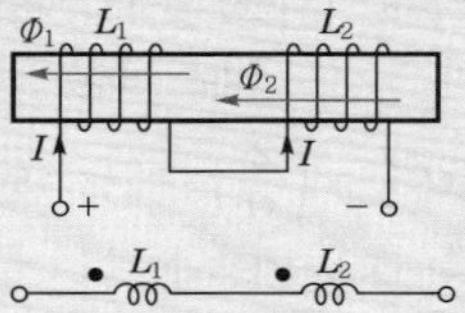 ∴ $L_+=L_1+L_2+2M$[H]	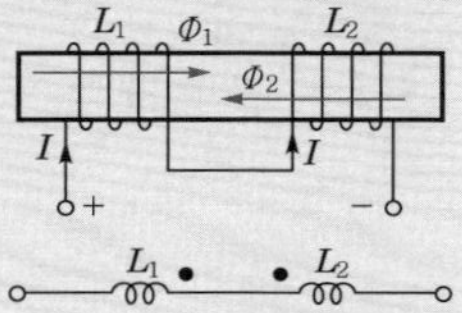 ∴ $L_-=L_1+L_2-2M$[H]

(2) 병렬 회로

가동 결합(가극성)	차동 결합(감극성)
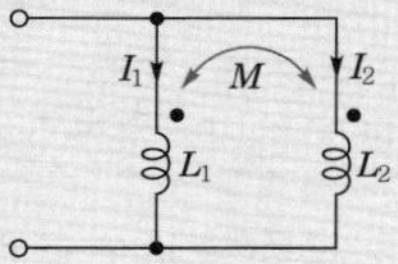 ∴ $L_+=\dfrac{L_1L_2-M^2}{L_1+L_2-2M}$[H]	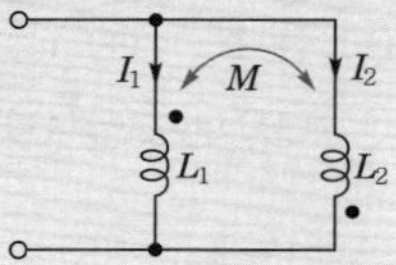 ∴ $L_-=\dfrac{L_1L_2-M^2}{L_1+L_2+2M}$[H]

테마 05 콘덴서의 접속법

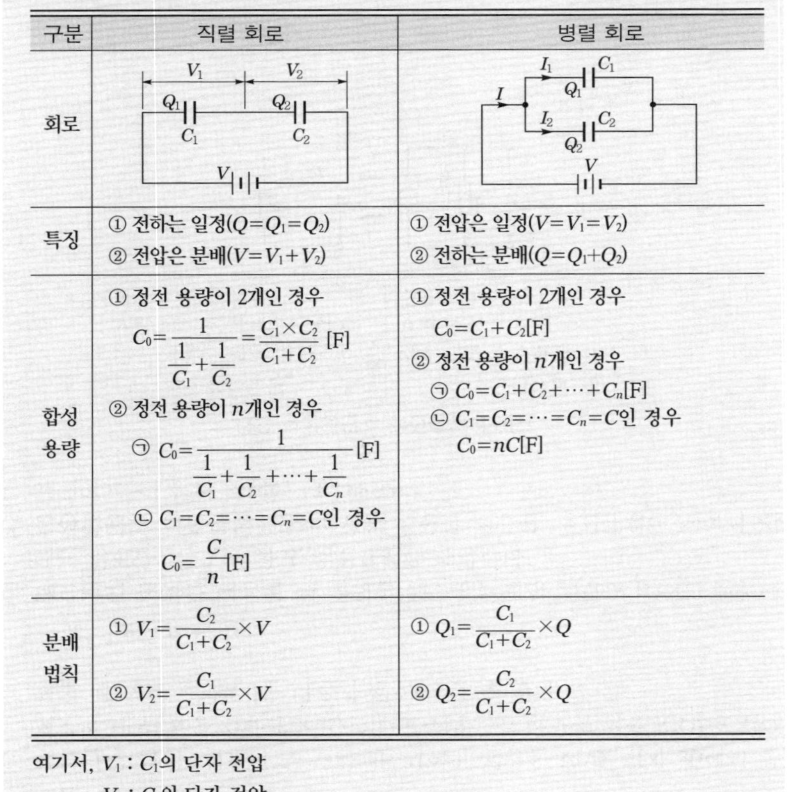

구분	직렬 회로	병렬 회로
회로		
특징	① 전하는 일정($Q=Q_1=Q_2$) ② 전압은 분배($V=V_1+V_2$)	① 전압은 일정($V=V_1=V_2$) ② 전하는 분배($Q=Q_1+Q_2$)
합성 용량	① 정전 용량이 2개인 경우 $C_0=\dfrac{1}{\dfrac{1}{C_1}+\dfrac{1}{C_2}}=\dfrac{C_1\times C_2}{C_1+C_2}$[F] ② 정전 용량이 n개인 경우 ㉠ $C_0=\dfrac{1}{\dfrac{1}{C_1}+\dfrac{1}{C_2}+\cdots+\dfrac{1}{C_n}}$[F] ㉡ $C_1=C_2=\cdots=C_n=C$인 경우 $C_0=\dfrac{C}{n}$[F]	① 정전 용량이 2개인 경우 $C_0=C_1+C_2$[F] ② 정전 용량이 n개인 경우 ㉠ $C_0=C_1+C_2+\cdots+C_n$[F] ㉡ $C_1=C_2=\cdots=C_n=C$인 경우 $C_0=nC$[F]
분배 법칙	① $V_1=\dfrac{C_2}{C_1+C_2}\times V$ ② $V_2=\dfrac{C_1}{C_1+C_2}\times V$	① $Q_1=\dfrac{C_1}{C_1+C_2}\times Q$ ② $Q_2=\dfrac{C_2}{C_1+C_2}\times Q$

여기서, V_1 : C_1의 단자 전압

V_2 : C_2의 단자 전압

테마 06 키르히호프의 법칙

(1) 제1법칙

회로망에서 임의 전류의 접속점에서 전류의 유입합과 유출합은 같다.

$$I=I_1+I_2\,[A]$$

전류 I[A] 전류 I_1[A] 분기점 ② 전류 I_2[A] 저항 R_1[Ω] 저항 R_2[Ω] 전압 V[V] 전류 I[A] 분기점 ②

(2) 제2법칙

회로망의 임의 폐회로 내에서 전원 전압의 합은 전압 강하의 합과 같다.

$$R_1I_2=R_2I_1=V\,[V],\quad R_2I_1-R_1I_2=0\,[V]$$

학습 POINT

① 제1법칙(〔그림 1〕 점 d에 적용)

$I_1+I_2=I_3$ [A]

② 제2법칙(각 경로에 e 적용)

㉠ 경로 1 : $R_1I_1+R_3I_3$
$=E_1+E_2$[V]

㉡ 경로 2 : $R_2I_2+R_3I_3=E_3$[V]

㉢ 경로 3 : $R_1I_1-R_2I_2$
$=E_1+E_2-E_3$[V] ← ± 부호에 주의!

〔그림 1〕

③ 전압 강하 이미지 : 〔그림 2〕의 회로에서는 3개 전압 강하의 합이 E와 같다.

$R_1I+R_2I+R_3I=E$[V]

〔그림 2〕

④ 중첩의 원리 : 다수의 전원이 있을 경우 단시간에 계산할 수 있는 방법이다. 〔그림 3〕의 원회로 각 전류는 다음과 같다.

$I_a=I_a'+I_a''$, $I_b=I_b'+I_b''$, $I_c=I_c'+I_c''$

[원회로] = [회로 ①] + [회로 ②]

〔그림 3〕

※ 주의 : 회로 ①·②에서 계산에 포함하지 않는 원회로의 전압원을 단락, 전류원은 개방한다.

테마 07 테브난의 정리

전류 $I=\dfrac{V}{R_0+R}$ [A]

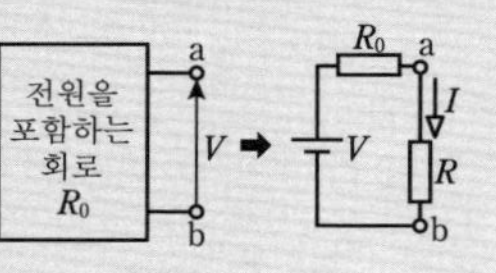

여기서, V : ab 간 개방 시 단자 전압[V]

R_0 : ab 간 개방 단자에서 회로망을 바라보는 저항[Ω]

R : 단자 ab 사이에 연결하는 외부 저항[Ω]

학습 POINT

① 테브난의 정리 : 회로의 두 단자 ab 사이의 전압을 V[V], 단자 ab에서 본 회로의 내부 합성 저항을 R_0[Ω]이라고 하면, ab 단자에 저항 R[Ω]을 접속했을 때 흐르는 전류 I는 다음과 같이 구할 수 있다.

$$I=\frac{V}{R_0+R}\text{ [A]}$$

② 테브난의 정리를 적용할 때 주의할 점 : 내부 합성 저항 R_0[Ω]를 구할 때에는 정전압원은 단락하고, 정전류원은 개방한다.

③ 정전압원과 정전류원 : 정전압원은 이상적 전압원, 정전류원은 이상적 전류원이고, 이 둘의 차이는 〔표〕와 같다.

〔표〕 정전압원과 정전류원의 비교

정전압원	정전류원
내부 저항이 제로이다.	내부 저항이 무한대이다.
부하 크기에 관계없이 단자 전압은 일정하다.	부하 크기에 관계없이 전류는 일정하다.

정전압원 / 정전류원 ($E=RI$, $I=\frac{E}{R}$), 등가 교환

테마 08 휘트스톤 브리지 평형 회로

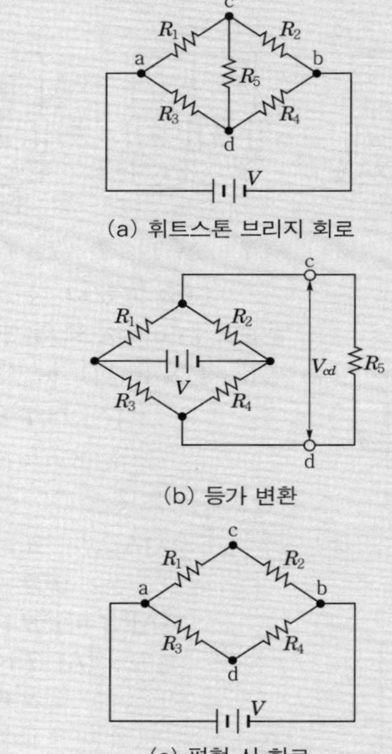

(a) 휘트스톤 브리지 회로

(b) 등가 변환

(c) 평형 시 회로

(1) c, d의 단자 전압 $V_{cd}=V_c-V_d=\dfrac{R_2R_3-R_1R_4}{(R_1+R_2)(R_3+R_4)}\times V$

여기서, $V_c=\dfrac{R_2}{R_1+R_2}\times V$

$V_d=\dfrac{R_4}{R_3+R_4}\times V$

(2) $R_1R_4=R_2R_3$를 만족하면 $V_c=0$이 되어 R_5측으로 전류가 흐르지 않는다. 이를 휘트스톤 브리지 회로가 평형되었다고 한다.

(3) 평형 시 〔그림 (c)〕처럼 개방 상태와 같이 등가 변환시킬 수 있다.

테마 09 저항의 Δ-Y 변환과 Y-Δ 변환

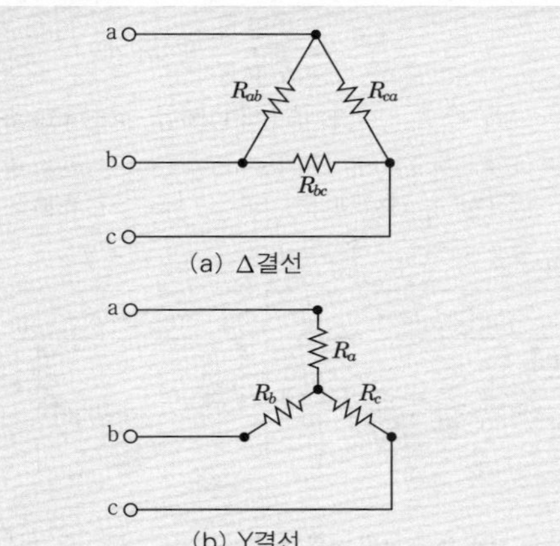

(a) Δ결선

(b) Y결선

Δ결선 → Y결선	Y결선 → Δ결선
① $R_a=\dfrac{R_{ab}\cdot R_{ca}}{R_{ab}+R_{bc}+R_{ca}}[\Omega]$	① $R_{ab}=\dfrac{R_a\cdot R_b+R_b\cdot R_c+R_c\cdot R_a}{R_c}[\Omega]$
② $R_b=\dfrac{R_{ab}\cdot R_{bc}}{R_{ab}+R_{bc}+R_{ca}}[\Omega]$	② $R_{bc}=\dfrac{R_a\cdot R_b+R_b\cdot R_c+R_c\cdot R_a}{R_a}[\Omega]$
③ $R_c=\dfrac{R_{bc}\cdot R_{ca}}{R_{ab}+R_{bc}+R_{ca}}[\Omega]$	③ $R_{ca}=\dfrac{R_a\cdot R_b+R_b\cdot R_c+R_c\cdot R_a}{R_b}[\Omega]$
④ $R_{ab}=R_{bc}=R_{ca}=R$인 경우 $R_a=R_b=R_c=\dfrac{R}{3}[\Omega]$	④ $R_a=R_b=R_c=R$인 경우 $R_{ab}=R_{bc}=R_{ca}=3R[\Omega]$

테마 10 계측기의 측정 배율과 오차

(1) 분류기의 배율

$$m=1+\frac{r_a}{R_s}$$

(2) 배율기의 배율

$$m=1+\frac{R_m}{r_v}$$

(3) 오차율

$$\varepsilon=\frac{M-T}{T}\times 100[\%]$$

(4) 보정률

$$\alpha=\frac{T-M}{M}\times 100[\%]$$

여기서, R_s : 분류기 저항[Ω], r_a : 전류계 저항[Ω]
R_m : 배율기 저항[Ω], r_v : 전압계 저항[Ω]
M : 측정값, T : 참값

학습 POINT

① 분류기는 전류계의 측정 범위를 m배로 확대하기 위한 저항으로, 전류계와 병렬로 설치한다. 전류계의 전류 I는 다음과 같이 구한다.

$$I=I_0\times\frac{R_s}{R_s+r_a}[\mathrm{A}]$$

$$\therefore \text{측정 배율 } m=\frac{\text{측정 전류 } I_0}{\text{전압계의 지시 } I}=1+\frac{r_a}{R_s}$$

분류기의 저항 $R_s=\dfrac{r_a}{m-1}[\Omega]$

〔그림 1〕 분류기

② 배율기는 전압계의 측정 범위를 m배로 확대하기 위한 저항으로, 전압계와 직렬로 설치한다. 전압계의 전압 V는 다음과 같이 구한다.

$$V=V_0\times\frac{r_v}{R_m+r_v}[\mathrm{V}]$$

$$\therefore \text{측정 배율 } m=\frac{\text{측정 전압 } V_0}{\text{전압계의 지시 } V}=1+\frac{R_m}{r_v}$$

배율기의 저항 $R_m=(m-1)r_v[\Omega]$

〔그림 2〕 배율기

테마 11 정현파 교류의 순시값 표현

(1) **순시값** $e = E_m \sin(\omega t + \theta)$ [V]

(2) **각주파수** $\omega = 2\pi f$ [rad/sec]

(3) **주기** $T = \frac{1}{f}$ [sec]

여기서, E_m : 전압의 최대값[V]

ω : 각주파수[rad/sec]

t : 시간[sec], θ : 위상각[rad], f : 주파수[Hz]

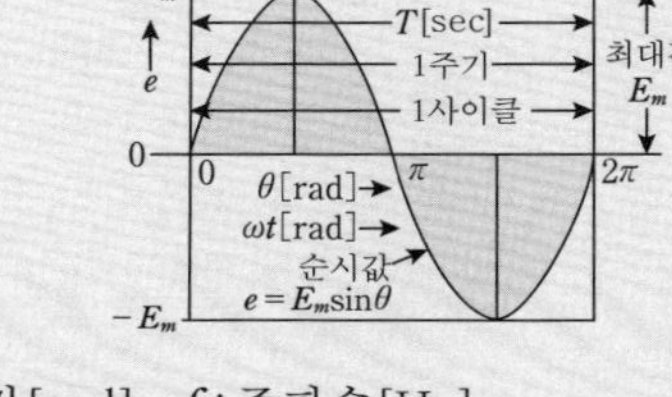

학습 POINT

① 정현파 전압은 주기 T[sec]에서 규칙적인 sin파형을 그린다.

② ωt는 변화하는 크기이고 호도법에 의한 각도[rad]이다.

③ 호도법에서 π[rad]는 도수법으로 180°이다. 단위는 각각 각도를 나타낸다.

④ 위상각 θ는 +값이면 진상, -값이면 지상을 나타낸다.

⑤ 정현파 전압의 평균값과 실효값을 〔표〕에 나타냈다.

〔표〕 정현파 전압의 평균값과 실효값

구분	평균값 E_{av}	실효값 E
정의	반주기에서 순시값의 평균값	$\sqrt{(\text{순시값})^2}$의 평균값
설명도	E_m, 평균화, 평균화, e[V], E_{av}, 0, → ωt[rad], π	평균화, e^2, e e^2, e^2 평균값, e, 실효값 E, 0, → ωt[rad], π
식 표현	$E_{av} = \frac{2}{\pi} E_m$ (최대값의 $\frac{2}{\pi}$ 배)	$E = \frac{E_m}{\sqrt{2}}$ (최대값의 $\frac{1}{\sqrt{2}}$ 배)

⑥ 파형률과 파고율은 다음과 같이 나타낸다.

$$\text{파형률} = \frac{\text{실효값}}{\text{평균값}}, \quad \text{파고율} = \frac{\text{최대값}}{\text{실효값}}$$

테마 12 정현파 교류의 페이저도와 벡터 표현

구분	R만의 회로	L만의 회로	C만의 회로
페이저도	V_m, I_m	V_m, I_m	V_m, I_m
정지 벡터도	$\dot{V}$, $\dot{I}_R$	$\dot{V}$, $\dot{I}_L$	$\dot{I}_C$, $\dot{V}$
특징	① $I_R = \frac{V}{R}$[A] ② 전류는 전압과 동위상이다.	① $I_L = \frac{V}{X_L} = \frac{V}{\omega L}$[A] ② 전류는 전압보다 위상이 90° 늦다(lag).	① $I_C = \frac{V}{X_C} = \omega CV$[A] ② 전류는 전압보다 위상이 90° 빠르다(lead).

여기서, X_L : 유도성 리액턴스

X_C : 용량성 리액턴스

테마 13 RLC 직렬 회로

(1) **임피던스** $\dot{Z}=R+j\left(\omega L-\frac{1}{\omega C}\right)$ [Ω]

(2) **$\dot{Z}$의 크기** $Z=\sqrt{R^2+\left(\omega L-\frac{1}{\omega C}\right)^2}$ [Ω]

(3) **역률** $\cos\theta=\frac{\text{유효 전력}}{\text{피상 전력}}=\frac{P}{S}=\frac{R}{Z}$

(4) **전압** $\dot{V}=\dot{Z}\dot{I}=\left\{R+j\left(\omega L-\frac{1}{\omega C}\right)\right\}\dot{I}=V_R+j(V_L-V_C)$ [V]

(5) **직렬 공진 주파수** $f_0=\frac{1}{2\pi\sqrt{LC}}$ [Hz]

여기서, E : 저항[Ω], ω : 각주파수[rad/sec], L : 인덕턴스[H]
C : 정전 용량[F], I : 전류[A], V_R : R의 단자 전압[V]
V_L : L의 단자 전압[V], V_C : C의 단자 전압[V]

학습 POINT

① 〔그림 1〕의 임피던스 $\dot{Z}$는 저항 R, 유도성 리액턴스 $X_L=\omega L$, 용량성 리액턴스 $X_C=\frac{1}{\omega C}$의 벡터합으로 계산할 수 있다.

$$\dot{Z}=R+j(X_L-X_C)[\Omega]$$

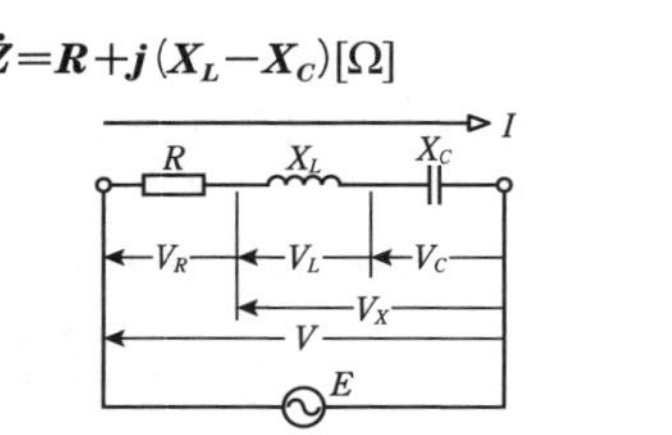

〔그림 1〕 전압 분포

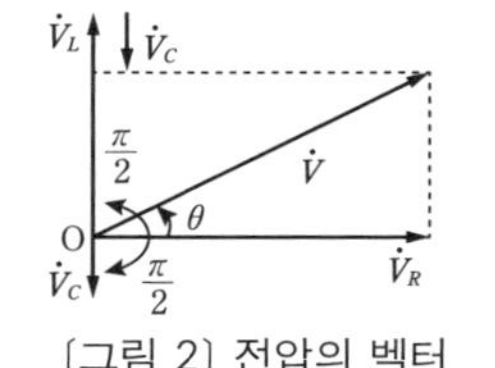

〔그림 2〕 전압의 벡터

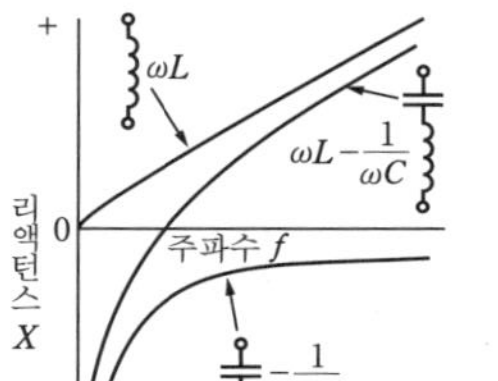

〔그림 3〕 리액턴스와 주파수의 관계

② 직렬 공진 : RLC 직렬 회로에서 $\omega L=\frac{1}{\omega C}$이라면, $\dot{Z}=R$이 된다. 이 상태를 가리켜 직렬 공진이라고 하고, 회로 전류는 최대가 되며 전원 전압과 동상이 된다. 직렬 공진 상태에서는 전원 전압과 저항의 단자 전압은 같아진다.

테마 14 RLC 병렬 회로

(1) **전체 전류** $\dot{I}=\dot{I}_R+\dot{I}_L+\dot{I}_C$ [A]

(2) **I의 크기** $I=\sqrt{I_R^2+(I_L-I_C)^2}$ [A]

(3) **어드미턴스** $\dot{Y}=G+jB=\frac{1}{R}+j\left(\omega C-\frac{1}{\omega L}\right)$ [S]

(4) **역률** $\cos\theta=\frac{P}{S}=\frac{Z}{R}$

(5) **각 소자의 전류** $\dot{I}_R=\frac{\dot{V}}{R}$ [A], $\dot{I}_L=\frac{\dot{V}}{j\omega L}$ [A]
$\dot{I}_C=j\omega C\dot{V}$ [A]

(6) **병렬 공진 주파수** $f_0=\frac{1}{2\pi\sqrt{LC}}$ [Hz]

여기서, R : 저항[Ω], ω : 주파수[rad/sec], L : 인덕턴스[H]
C : 정전 용량[F], V : 단자 전압[V]

학습 POINT

① 〔그림 1〕의 어드미턴스 Y는 컨덕턴스 $\frac{1}{R}$과 서셉턴스 $\omega C-\frac{1}{\omega L}$의 벡터합으로 계산할 수 있다〔그림 2〕.

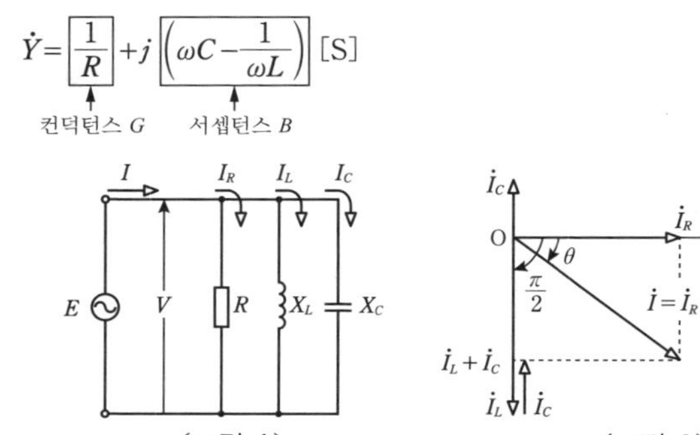

〔그림 1〕 〔그림 2〕

② 병렬 공진 : RLC 병렬 회로에서 $\omega L=\frac{1}{\omega C}$이면, $\dot{Y}=\frac{1}{R}$로 어드미턴스는 최소가 된다. 이 상태를 병렬 공진이라고 하고, 회로 전류는 최소가 되며 전원 전압과 동상이 된다.

테마 15 단상 전력과 역률

(1) 유효 전력

$P = VI\cos\theta = RI^2$[W]

(2) 무효 전력

$Q = VI\sin\theta = XI^2$[Var]

(3) 피상 전력

$S = \sqrt{P^2+Q^2} = VI$

$= ZI^2$[V·A]

(4) 역률

$\theta = \dfrac{P}{S}$

여기서, V : 전압[V], I : 전류[A], R : 저항[Ω]

X : 리액턴스[Ω], Z : 임피던스[Ω], $\cos\theta$: 부하역률

학습 POINT

① 전압 · 전류 파형과 전력

전압과 전류의 위상	전압 v · 전류 i · 전력 p의 파형	전력 P [W]
동상	평균 전력 $P=VI$	VI
90° 차이	평균 전력 $P=0$	0

② 임피던스와 전력의 관계 : 저항 R[Ω], 리액턴스 X[Ω], 임피던스 Z[Ω]의 직렬 회로에 흐르는 전류를 I[A]라고 하면 다음과 같은 관계가 성립한다.

$$R^2+X^2=Z^2 \rightarrow R^2I^4+X^2I^4=Z^2I^4$$
$$\rightarrow (RI^2)^2+(XI^2)^2=(ZI^2)^2 \rightarrow P^2+Q^2=S^2$$

③ 전력의 복소수 표시(전력 벡터)

피상 전력 $\dot{S}=\bar{\dot{V}}\dot{I}=VI(\cos\theta \pm j\sin\theta)=P \pm jQ$[V·A]

단, $\bar{\dot{V}}$는 전압의 켤레 복소수(공액 복소수)이고, Q는 앞선 무효 전력을 플러스(+)로, 늦은 무효 전력을 마이너스(−)로 한다.

테마 16 3상 교류 회로의 Y결선과 △결선

결선	Y(별형)결선	△(델타 · 삼각)결선
회로		
전압	선간 전압=$\sqrt{3}$×상전압 $V_{ab}=\sqrt{3}\,V_a$[V]	선간 전압=상전압 $V_{ab}=V_a$[V]
전류	선전류=상전류 $I_{ab}=I_a$[A]	선전류=$\sqrt{3}$×상전류 $I_{ab}=\sqrt{3}\,I_a$[A]

학습 POINT

① Y결선의 전압과 전류 벡터 : 부하 역률이 $\cos\theta$(지연)인 경우의 전압과 전류 벡터는 〔그림 1〕과 같다.

$\dot{V}_{ab}=\dot{V}_a-\dot{V}_b$

$\dot{V}_{bc}=\dot{V}_b-\dot{V}_c$

$\dot{V}_{ca}=\dot{V}_c-\dot{V}_a$

Y결선에서는 선간 전압은 상전압보다 $\dfrac{\pi}{6}$ 만큼 위상이 앞선다.

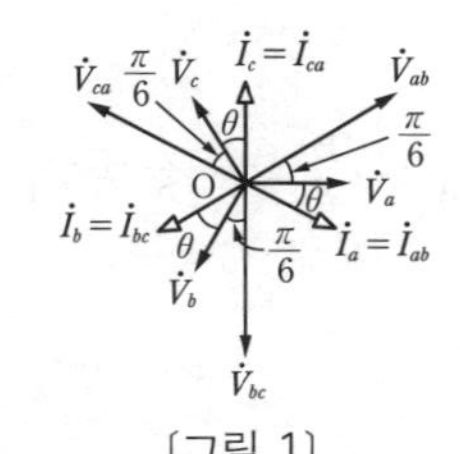

〔그림 1〕

② △결선의 전압과 전류 벡터 : 부하 역률이 $\cos\theta$(지연)인 경우의 전압과 전류의 벡터는 〔그림 2〕와 같다.

$\dot{I}_{ab}=\dot{I}_a-\dot{I}_c$

$\dot{I}_{bc}=\dot{I}_b-\dot{I}_a$

$\dot{I}_{ca}=\dot{I}_c-\dot{I}_b$

△결선에서는 선전류는 상전류보다 $\dfrac{\pi}{6}$만큼 위상이 지연된다.

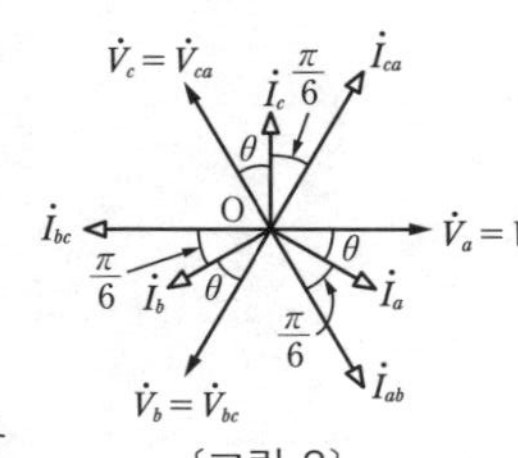

〔그림 2〕

테마 17 3상 전력과 역률

(1) **유효 전력** $P=\sqrt{3}VI\cos\theta$[W]
(2) **무효 전력** $Q=\sqrt{3}VI\sin\theta$[Var]
(3) **피상 전력** $S=\sqrt{P^2+Q^2}=\sqrt{3}VI$[V·A]
(4) **역률** $\cos\theta=\dfrac{P}{S}$

여기서, V : 선간 전압[V], I : 선전류[A], $\cos\theta$: 부하 역률

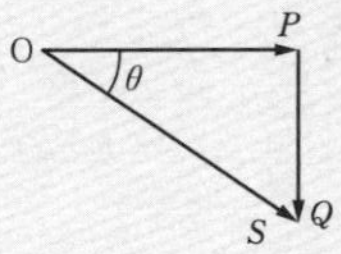

학습 POINT

① 〔그림 1〕 선간 전압 V와 상전압 E의 관계는 $V=\sqrt{3}E$이고, 3상 전력 P는 다음과 같이 된다.

$P=3(EI\cos\theta)$ ← 단상의 3배
$=\sqrt{3}VI\cos\theta$[W] ← 일반형

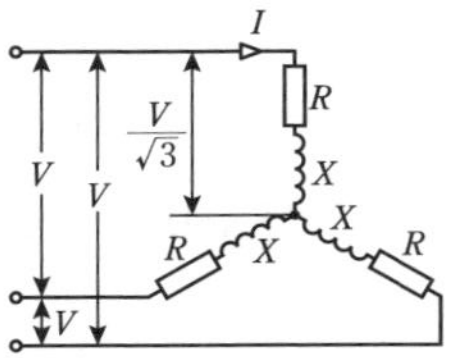

〔그림 1〕

② 〔그림 2〕에서 부하 임피던스를 $Z=R+jX$[Ω]이라고 할 때 역률 $\cos\theta$는 다음과 같이 된다.

$$\cos\theta=\frac{R}{Z}=\frac{R}{\sqrt{R^2+X^2}}$$

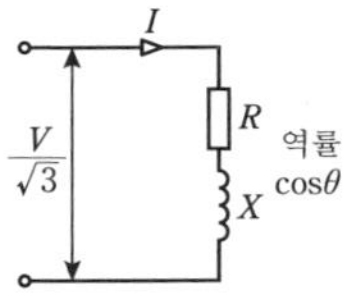

〔그림 2〕

③ 3가지 전력의 관계는 다음과 같이 표현되고, 전력 부분이 달라지는 점에 주의한다.

피상 전력 $S=3EI=\sqrt{3}V\,I=3ZI\times I=3\,ZI^2$ [V·A]
유효 전력 $P=S\cos\theta=\sqrt{3}V\,I\cos\theta=3\,RI^2$ [W]
무효 전력 $Q=S\sin\theta=\sqrt{3}V\,I\sin\theta=3\,XI^2$ [Var]
$P^2+Q^2=S^2$

④ 전력의 벡터 표시

피상 전력 $\dot{S}=3\dot{E}\bar{\dot{I}}=P\pm jQ$
(허수부의 부호 +: 앞선(진상) 무효 전력, -: 늦은(지상) 무효 전력)

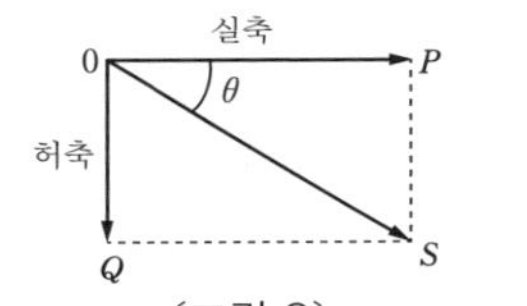

〔그림 3〕

테마 18 2전력계법을 이용한 3상 전력 측정

(1) **3상 전력**
$P=W_1+W_2$ [W]
(2) **3상 무효 전력**
$Q=\sqrt{3}\,(W_2-W_1)$ [Var]

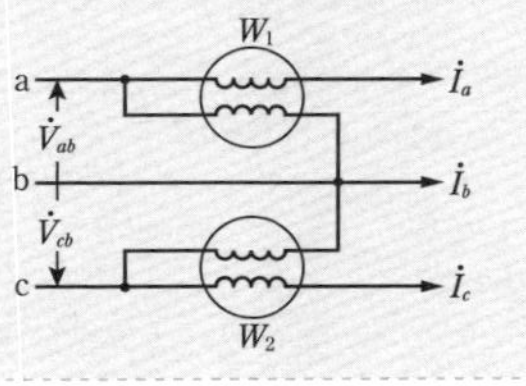

학습 POINT

① 2전력계법에서는 단상 전력계 2대를 사용해 3상 전력과 3상 무효 전력을 측정할 수 있다.

② 3상 전력의 측정 원리 : 상전압을 E[V], 선간 전압을 V[V], 부하 전류를 I[A], 부하 역률을 $\cos\theta$(지연)이라고 하면, 전압과 전류 벡터는 〔그림〕처럼 된다. 두 전력계의 지시값은 다음과 같다.

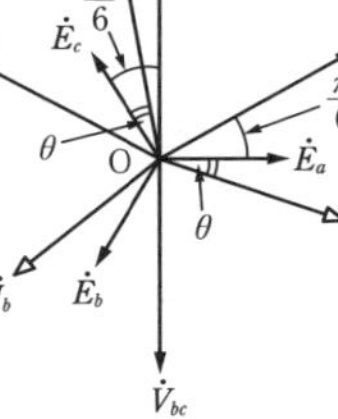

〔그림〕

$$W_1=VI\cos\left(\frac{\pi}{6}+\theta\right)\text{[W]},\quad W_2=VI\cos\left(\frac{\pi}{6}-\theta\right)\text{[W]}$$

이때, 삼각함수의 덧셈 정리에 의해 3상 전력을 다음과 같이 구할 수 있다.

$$\cos\left(\frac{\pi}{6}+\theta\right)+\cos\left(\frac{\pi}{6}-\theta\right)$$
$$=\left(\cos\frac{\pi}{6}\cos\theta-\sin\frac{\pi}{6}\sin\theta\right)+\left(\cos\frac{\pi}{6}\cos\theta+\sin\frac{\pi}{6}\sin\theta\right)$$
$$=2\cos\frac{\pi}{6}\cos\theta=\sqrt{3}\cos\theta$$

$\therefore P=\sqrt{3}\,VI\cos\theta=W_1+W_2$ [W]

③ 3상 무효 전력의 측정 원리

$W_2-W_1=VI\times2\sin\frac{\pi}{6}\sin\theta=VI\sin\theta$

$\therefore Q=\sqrt{3}\,(W_2-W_1)$[**Var**]

참고 전력량[kW · h] 측정은 전력량계에 따른다.

테마 19 3전압계법과 3전류계법

〔표〕 단상 전력 측정법

3전압계법 $P=\frac{1}{2R}(V_3^2-V_1^2-V_2^2)$ [W]

3전류계법 $P=\frac{R}{2}(I_3^2-I_1^2-I_2^2)$ [W]

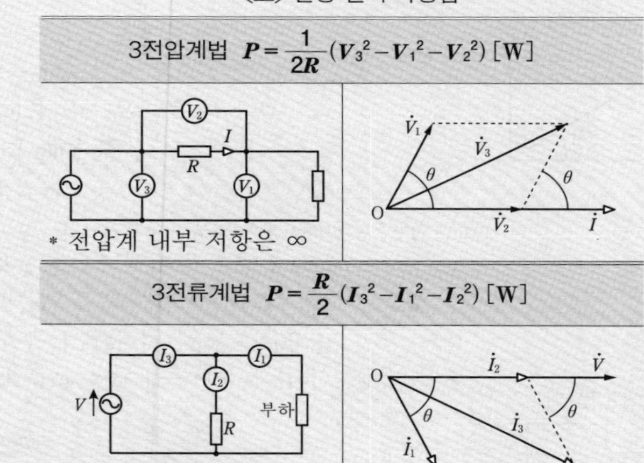

여기서, R : 저항[Ω]
θ : 부하의 역률각(지연 역률)

학습 POINT

① 3전압계법 : 3개의 전압계와 저항 R을 이용해 부하 전력을 측정할 수 있다.

$$V_3^2=(V_2+V_1\cos\theta)^2+(V_1\sin\theta)^2=V_1^2+V_2^2+2V_1V_2\cos\theta$$

$$P=V_1I\cos\theta=V_1\frac{V_2}{R}\cos\theta=\frac{1}{2R}(V_3^2-V_1^2-V_2^2)\ [\text{W}]$$

② 3전류계법 : 3개의 전류계와 저항 R을 이용해 부하 전력을 측정할 수 있다.

$$I_3^2=(I_2+I_1\cos\theta)^2+(I_1\sin\theta)^2=I_1^2+I_2^2+2I_1I_2\cos\theta$$

$$P=VI_1\cos\theta=RI_2I_1\cos\theta=\frac{R}{2}(I_3^2-I_1^2-I_2^2)\ [\text{W}]$$

테마 20 비정현파(왜형파) 교류

(1) 비정현파의 순시식

$$e=\underbrace{E_0}_{\text{직류분}}+\underbrace{\sqrt{2}E_1\sin(\omega t+\theta_1)}_{\text{기본파}}+\cdots+\underbrace{\sqrt{2}E_n\sin(n\omega t+\theta_n)}_{\text{제}n\text{고조파}}$$

(2) 전압의 실효값 $E=\sqrt{E_0^2+E_1^2+\cdots+E_n^2}$ [V]

(3) 피상전력 $S=EI$ [V·A]

(4) 전력 $P=E_0I_0+E_1I_1\cos\theta_1+\cdots+E_nI_n\cos\theta_n$ [W]

(5) 역률 $\cos\theta=\frac{P}{S}$

여기서, E_0 : 직류분, E_1 : 기본파, E_n : n고조파의 전압[V]
ω : 각주파수[rad/sec], t : 시간[sec]
$\theta_1\sim\theta_n$: 위상각[rad], I : 전류의 실효값
$I_0\sim I_n$: 전류[A], $\cos\theta_1\sim\cos\theta_n$: 역률

학습 POINT

① 〔그림〕처럼 정현파 이외의 일정한 주기의 교류를 비정현파라고 한다. 일반적으로 직류분과 주파수가 다른 많은 정현파의 집합으로 푸리에 급수를 이용해 나타낼 수 있다.

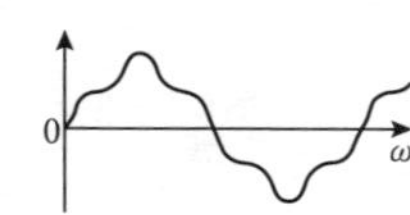

〔그림〕 비정현파의 예

② 비정현파의 실효값 : 기본파를 포함하는 비정현파 회로와 직류 회로에 각각 같은 저항을 연결했을 때 소비 전력이 같으면 실효값은 직류와 같아진다.

③ 비정현파의 전력 : 주파수가 다른 전압과 전류에서는 순시값의 곱의 평균은 모두 0이 되므로 각 주파 단위로 계산하고 합계한다.

④ 왜형률 : 비정현파가 어느 정도 일그러졌는 지 나타내기 위해 왜형률(total harmonics distortion)을 이용한다.

$$\text{왜형률}=\frac{\text{모든 고조파의 실효값}}{\text{기본파의 실효값}}=\frac{\sqrt{E_2^2+E_3^2+\cdots+E_n^2}}{E_1}$$

테마 21 RL 회로와 RC 회로의 과도 현상

(1) RC 회로의 전류

① S_1을 닫았을 때 전류

$$i=\frac{E}{R}\left(1-e^{-\frac{R}{L}t}\right)[A]$$

② 그 후 S_1은 열고 S_2를 닫았을 때 전류

$$i=\frac{E}{R}e^{-\frac{R}{L}t}[A]$$

(2) RC 회로의 전류

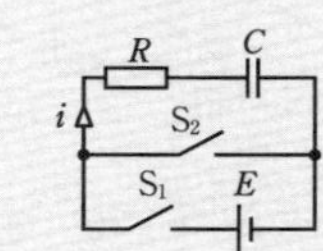

① S_1을 닫았을 때 전류

$$i=\frac{E}{R}e^{-\frac{1}{RC}t}[A]$$

② 그 후 S_1은 열고 S_2를 닫았을 때 전류

$$i=-\frac{E}{R}e^{-\frac{1}{RC}t}[A]$$

여기서, R : 저항[Ω], E : 기전력[V], L : 인덕턴스[H]

t : 시간[sec], C : 정전 용량[F], e : 자연대수의 밑

학습 POINT

① RL 회로의 과도 현상 파형

①의 전류(최종값 $\frac{E}{R}$)	②의 전류(초기값 $\frac{E}{R}$)
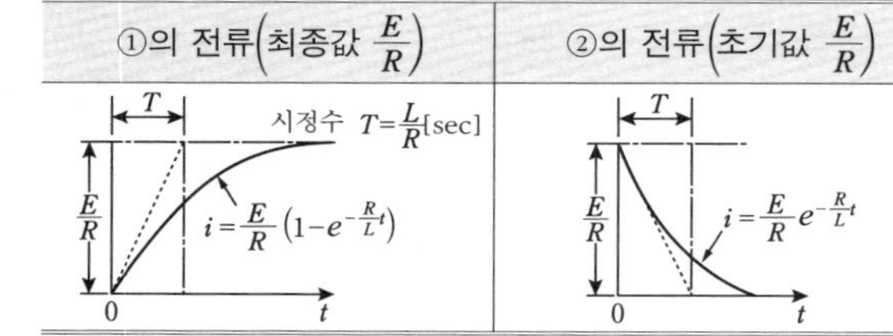	

② RC 회로의 과도 현상 파형

①의 전류(초기값 $\frac{E}{R}$: 양)	②의 전류(초기값 $\frac{E}{R}$: 음)
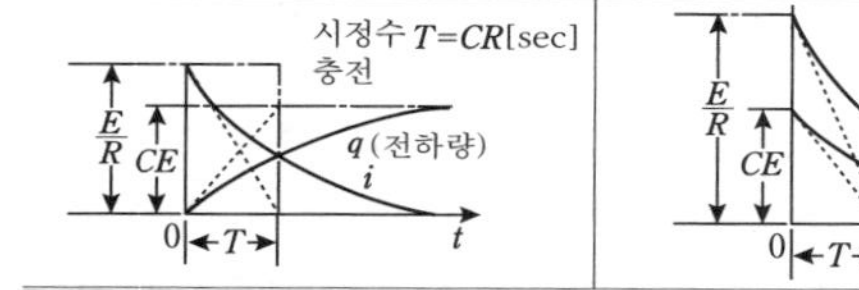	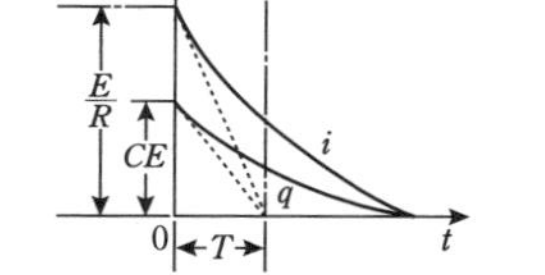

회로이론 기초 용어 해설

용어 01 교류의 발생

〔그림〕과 같이 N극과 S극 간에 코일을 두고 이것을 회전하면 유도 기전력이 발생한다. 이 기전력은 코일 선단에 붙여진 슬립링과 브러시에 의해 밖으로 인출된다.

따라서, 저항 R에 전류가 흐르는데, 이 전류는 저항 R을 왕래하는 전류로서, 시간에 따라 그 방향이 바뀐다. 이와 같은 전류를 교류라고 하며, 교류를 흘리는 기전력을 교류 기전력, 교류를 흘리는 전압을 교류 전압이라 한다.

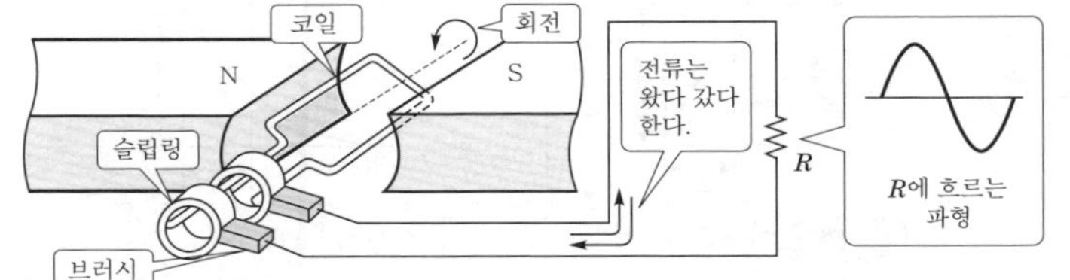

용어 02 사인파 교류 기전력의 발생

〔그림〕과 같이 N극과 S극 간에 코일을 놓고 이것을 회전시키면 기전력이 발생한다. 이 기전력은 시간에 대해서 방향이 바뀌므로 교류 기전력이다.

코일이 회전하고 있으므로 아래 〔그림〕과 같이 (a), (b), (c), (d) 각 각도에서 조사해 보자. 〔그림 (a)〕의 코일 위치를 각도 0°로 하고 이것을 기준으로 한다.

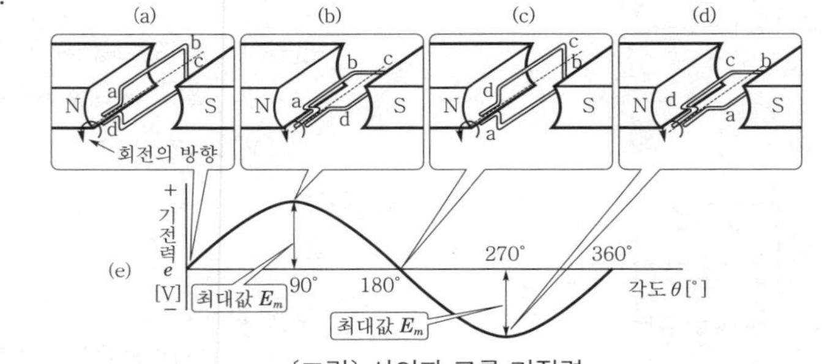

〔그림〕 사인파 교류 기전력

〔그림 (a)〕에서 코일의 변 a-b와 변 c-d는 N극에서 S극으로 생기고 있는 자속을 차단하지 않으므로 기전력 e[V]는 0이다.

〔그림 (b)〕에서는 코일의 각 변의 자속을 가장 많이 차단하기 때문에 발생하는 기전력은 최대가 된다. 이 값을 교류 기전력의 최대값이라 하고 기호는 E_m을 사용한다. 이때의 코일 각도는 90°이다.

또한, 코일이 회전해서 〔그림 (c)〕의 위치에서는 코일의 변 a-b와 변 c-d는 〔그림 (a)〕와 반대가 되지만 코일변은 자속을 차단하지 않으므로 기전력은 0이다. 이때의 코일 각도는 180°이다.

〔그림 (d)〕는 코일 각도가 270°, 이 위치에서는 코일변이 가장 많이 자속을 차단하므로 발생하는 기전력은 최대가 된다. 단, 기전력의 방향은 〔그림 (b)〕와 반대 방향이다.

이상의 현상을 기초로 하여 세로축에 기전력, 가로축에 각도를 잡아 그래프로 나타낸 것이 〔그림 (e)〕이다.

세로축의 +와 −는 기전력의 방향이다. 가로축의 각도는 시간이라 해도 되고 시간축이라 하기도 한다.

가정이나 공장 등에서 일반적으로 사용되고 있는 교류 전압은 〔그림 (e)〕와 같은 전압 파형이며, 이것을 사인파 교류 전압이라 한다.

사인파 교류 전압 v[V]는 그 최대값을 V_m[V]라고 하면 다음 식으로 구할 수 있다.

$$v=V_m\sin\theta\,[\mathrm{V}]$$

기전력의 경우는 e, E_m, 전압의 경우는 v, V_m을 사용한다.

용어 03 주파수와 주기

교류 전압이 사인파라는 파형으로 나타난다. 교류 전압을 저항에 가하면 역시 사인파형의 전류, 즉 교류가 흐른다. 교류나 교류 전압을 수식으로 나타내는 경우, 필요한 요소의 하나로 주파수가 있다.

〔그림〕은 1[sec] 동안에 사인파형이 8사이클 존재하는 교류 전압을 나타내고 있다. 1사이클이란 +의 반파와 −의 반파 1쌍으로 구성되는 파형이다. 1초간에 반복되는 사이클수를 주파수라 한다. 이 〔그림〕의 경우 1초간에 8사이클이므로 주파수는 8[Hz](헤르츠)이다.

이와 같이 주파수 단위에는 [Hz]가 사용된다. 또, 1사이클에 필요한 시간을 주기라 하며 단위는 초[sec]이다. 그림의 경우 1사이클의 시간은 $\frac{1}{8}$[sec], 즉 주기는 0.125[sec]가 된다. 지금, 주파수를 f[Hz], 주기를 T[sec]라 하면 주파수와 주기 간에는

$$f=\frac{1}{T}\,[\text{Hz}] \text{ 또는 } T=\frac{1}{f}\,[\text{sec}]$$

의 관계가 있다.

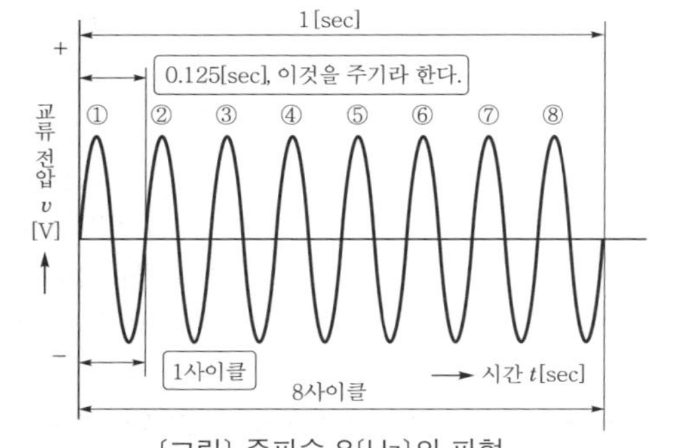

〔그림〕 주파수 8〔Hz〕의 파형

용어 04 호도법(각도를 라디안으로 나타내는 방법)

각도의 단위에는 도[°] 이외에 라디안[rad]이 있다. 전기 회로 계산에는 [rad]이 많이 사용된다. 라디안으로 각도를 나타내는 방법을 호도법(弧度法)이라 한다.

호도법이란 한마디로 말하면 호의 길이가 반지름의 몇 배인지 그 각도를 나타내는 방법이다.

1[rad] r r

반지름과 같은 길이의 호에 대한 중심각이 1[rad]

〔표〕 도와 라디안의 관계

도	0	30°	45°	60°	90°	120°	180°	270°	360°
라디안 [rad]	0	$\frac{\pi}{6}$	$\frac{\pi}{4}$	$\frac{\pi}{3}$	$\frac{\pi}{2}$	$\frac{2\pi}{3}$	π	$\frac{3\pi}{3}$	2π
	0	0.524	0.785	1.05	1.57	2.09	3.14	4.71	6.28

그림에 나타내듯이 반지름 r과 동일한 길이의 원호를 측정하고 이 원호에 대한 중심각을 1[rad]로 한다. 원주는 $2\pi r$로 표시되므로 전체의 각은 2π [rad]이고 360°는 2π [rad]이다. 동일하게 180°는 π [rad]이 된다.

표에 도와 라디안의 관계를 나타내었다.

$$360° = 2\pi\ [\text{rad}]$$

이므로 1[rad]≒57.3°이다.

교류 계산에서는 이 라디안에 익숙해져야 한다.

용어 05 각주파수

아래 〔그림〕과 같이 1사이클이 종료되면 2π[rad] 진행하고 2사이클에 $2\pi\times2=4\pi$[rad], f사이클에 $2\pi\times f=2\pi f$ [rad] 진행된다.

따라서, 주파수가 f[Hz]인 경우 1초간에 $2\pi f$[rad] 진행된다. 이 값 $2\pi f$를 ω(오메가)로 표시하며 이것을 각주파수라 한다.

$$\omega=2\pi f[\text{rad}]$$

이 ω는 1초 동안에 변화하는(진행하는) 각도이므로 t[sec] 동안에 변화하는 각도는 $\omega t=2\pi ft$[rad]이 된다.

앞에서 사인파 교류 전압 v의 식을 $v=V_m\sin\theta$[V]로 표시했는데, 이 식의 θ가 ωt가 되므로 v의 식은 다음과 같다.

$$v=V_m\sin\theta=V_m\sin\omega t$$
$$=V_m\sin2\pi ft[\text{V}]$$

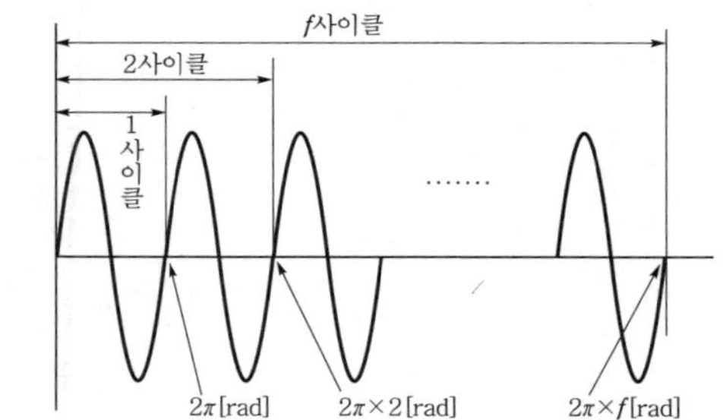

용어 06 정류 회로

단상 교류로부터 직류를 얻는 데 정류 회로가 사용된다.

반파 정류 회로	전파 정류 회로
반파분은 전류가 흐르지 않으므로 맥동이 크다.	전파에 걸쳐서 정류하므로 맥동은 작아진다.
트랜스(변압기), 입력, D, v, I, v_R, R_L; 입력 파형, 출력 파형	입력, 트랜스(변압기), D_1, D_2, D_3, D_4, v, v_r, 충전, 방전, v_C, R_L; 입력 파형, 정류 회로 출력 파형, 평활 회로 출력 파형

용어 07 직렬 공진

회로의 임피던스가 $\dot{Z}=R+j\left(\omega L-\frac{1}{\omega C}\right)$[Ω]이고, 직렬 공진일 때는 허수부가 $\left(\omega L-\frac{1}{\omega C}=0\right)$이 된다.

직렬 공진 시 각주파수는 $\omega_0=2\pi f_0=\frac{1}{\sqrt{LC}}$[rad/sec]가 되고, 직렬 공진 시 회로의 전류는 최대로 $I_0=\frac{V}{R}$[A]가 된다.

그림 중 ω_1과 ω_2는 전류 크기가 I_0의 $\frac{1}{\sqrt{2}}$이 되는 각주파수이고, $\Delta\omega=\omega_2-\omega_1$을 반치폭이라고 한다.

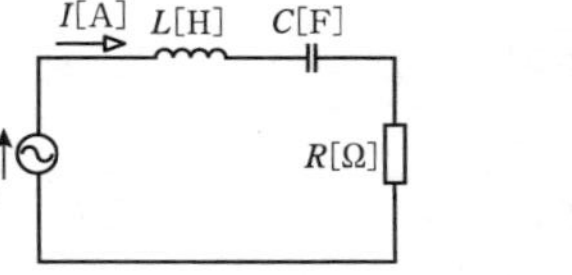

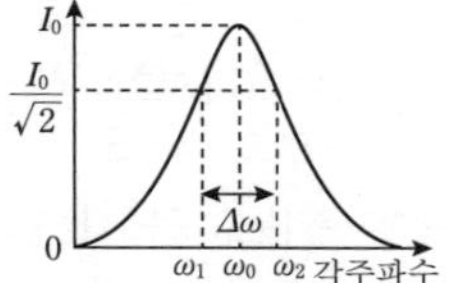

용어 08 병렬 공진(반공진)

회로의 어드미턴스가 $\dot{Y}=\frac{1}{R}+j\left(\omega C-\frac{1}{\omega L}\right)$ [S]이고, 병렬 공진일 때는 허수부가 $\left(\omega C-\frac{1}{\omega L}=0\right)$이 된다.

병렬 공진 시 각주파수는 $\omega_0=2\pi f_0=\frac{1}{\sqrt{LC}}$[rad/sec]

병렬 공진 시 회로의 전류는 최소로 $I_0=\frac{V}{R}$[A]가 된다.

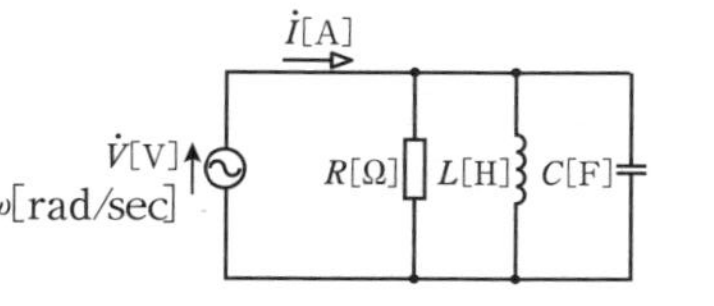

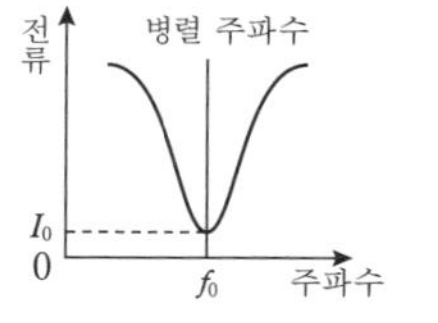

용어 09 가동 코일형 계기

고정된 영구 자석 N, S에 의한 자계와 그 자계 속에 놓인 가동 코일에 흐르는 전류 사이에 생기는 전자력에 의해 토크가 발생한다.

코일에 직결된 지침이 전류 크기에 비례해서 회전하고, 용수철의 제어 토크 힘과 균형을 이룬다. 직류 전용 계기이고 평균값을 나타낸다.

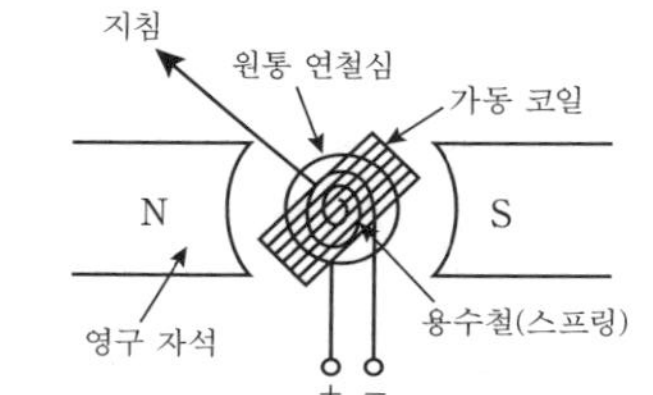

용어 10 가동 철편형 계기

고정 코일 안쪽에 고정 철편과 마주 보게 가동 철편을 회전축에 장착한 구조의 계기이다. 고정 코일에 측정 전류가 흐르면 코일 안쪽에 자계가 발생하고 고정 철편과 가동 철편의 상·하단은 같은 극성으로 자화된다. 이 때문에 철편간에는 반발력이 발생하고, 전류의 제곱에 비례하는 구동 토크가 일어난다. 교류 전용 계기이고 실효값을 나타낸다.

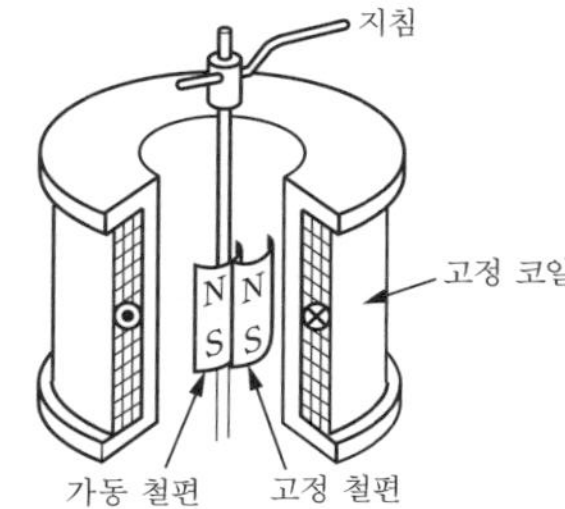

용어 11 정류형 계기

교류를 다이오드를 이용해 정류하여 직류로 변환하고, 이를 가동 코일형 계기로 측정한다. 가동 코일형 계기는 정류 전류의 평균값을 나타내지만 정현파(기본파)의 파형률은 약 1.11이므로, 평균값 눈금을 약 1.11배하여 실효값으로 한다. 이 때문에 측정하는 교류의 파형이 정현파가 아닐 때는 지시값에 오차가 생긴다.

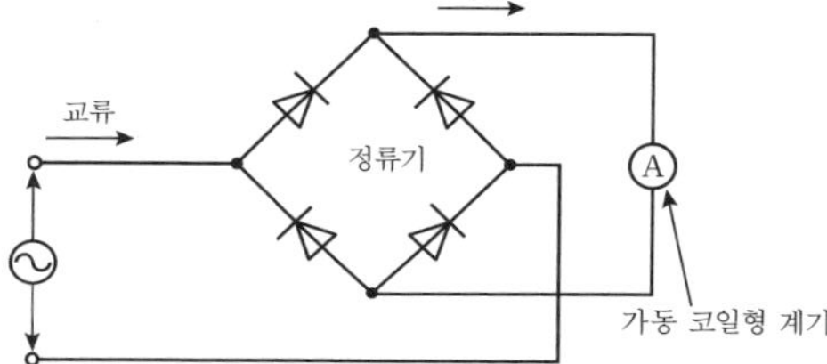

용어 12 계기의 측정 범위 확대

지시 전기 계기로 직접 측정할 수 있는 전압과 전류의 범위는 제한된다. 높은 전압이나 큰 전류를 측정할 경우는 표와 같은 부속 기구를 이용한다.

고전압 측정	직류	저항 배율기, 저항 분압기, 직류 계기용 변성기
	상용 주파수	저항 배율기, 저항 분압기, 용량 분압기, 계기용 변압기(VT)
	고주파	저항 분압기, 용량 분압기
대전류 측정	직류	4단자형 분류기, 직류 변류기
	상용 주파수	4단자형 교류 분류기, 변류기(CT)
	고주파	교류 분류기, 변류기

용어 13 디지털 계기

디지털 계기는 아날로그 측정량을 A/D 변환(아날로그/디지털 변환)해서 10진수로 표시하는 계기이다.

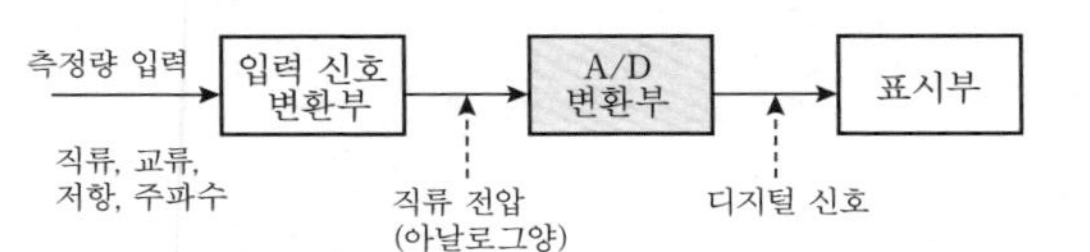

아날로그 계기와 비교한 특징은 다음과 같다.

① 측정 데이터의 전송이나 연산이 쉽고, PC 등과 인터페이스를 매개해 접속할 수 있다.
② 10진수로 표시되므로 읽기 오차나 개인차가 없다.
③ 고정밀도 측정과 표시를 할 수 있다.
④ 디지털 멀티미터를 이용하면 여러 항목(전압, 전류, 저항 등)을 1대로 측정할 수 있다.
⑤ 지침을 움직이는 구동력이 필요 없고, A/D 변환기의 변환 시간이 수[ms] 정도 짧기 때문에 표시 시간이 빠르다.

용어 14 계기 상수

유도형 전력량계에서는 1[kW·h] 또는 1[kVar·h]를 계량하는 동안 계기의 원판이 몇 회전하는지 나타낸다. 단위로는 [rev/(kW·h)], [rev/(kVar·h)]를 이용한다.

전자식 계기에서는 1[kW·s] 또는 1[kVar·s]를 계량하는 동안의 계기의 계량 펄스수를 나타낸다.

단위로는 [pulse/(kW·s)], [pulse/(kVar·s)]를 이용한다.

용어 15 오실로스코프

앞쪽 수직 편향판과 수평 편향판 2조의 편향판에 가하는 전압을 조절해, 브라운관의 전자총에서 나오는 전자빔의 진로를 수직·수평 방향으로 굴절시켜 형광면에 충돌시킨다.

이 충돌에 의해 형광 물질이 발광하고, 휘점의 궤적으로써 파형이 그려진다. 수평 방향으로 시간 경과에 비례해 변화하는 톱니파 전압을 가하고 수직 방향으로 관측할 정현파 전압을 가하면, 신호 전압의 시간적 변화를 파형으로서 관측할 수 있다.

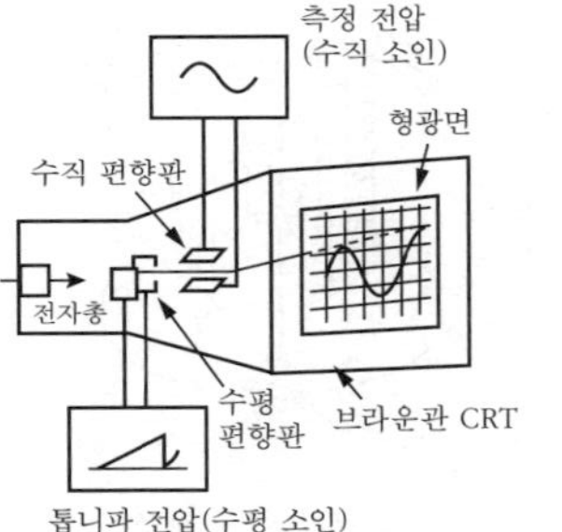

용어 16 3상 교류 발전기의 원리

〔그림 1〕에 3상 교류 발전기의 원리도를 나타내었다. 3개가 같은 형인 코일을 자계 속에 놓고 이것을 회전시키면 각각의 코일에 기전력이 발생한다. 이 3개의 기전력을 e_a, e_b, e_c로 하고 파형을 그리면 〔그림 2〕와 같다.

각각의 기전력은 120°씩 위상이 엇갈리는데 코일 ⓐ, ⓑ, ⓒ가 120°씩 엇갈려서 조합되고 있기 때문이다. 〔그림 2〕와 같은 위상 관계에 있는 3개의 기전력을 대칭 3상 교류 기전력 또는 3상 교류 기전력이라 하며 이러한 기전력을 만드는 전원을 3상 교류 전원이라 한다.

또한, 3상 교류 기전력 e_a, e_b, e_c에 의해 발생하는 전압을 상전압이라 하며 $e_a \rightarrow e_b \rightarrow e_c$의 순으로 파형이 변화하는 순서를 상순이라 한다.

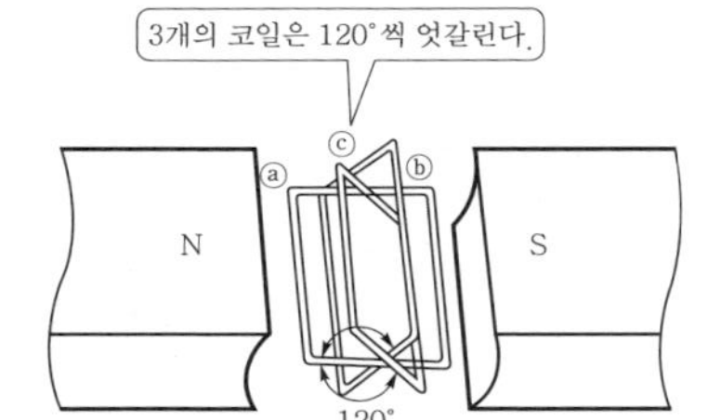

〔그림 1〕 3상 교류 발전기의 원리

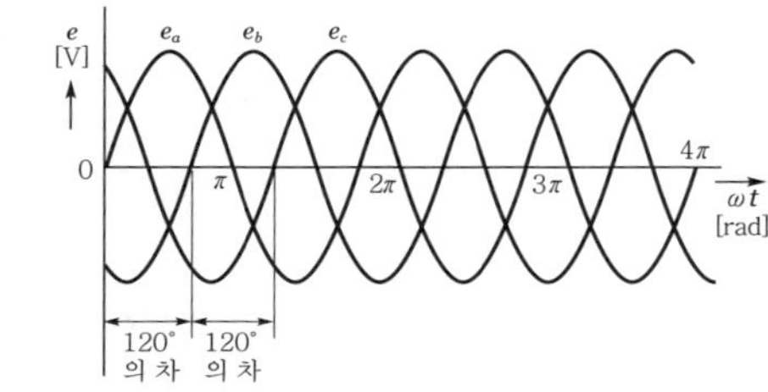

〔그림 2〕 3상 교류 기전력

용어 17 3상 교류 기전력의 벡터

3상 교류 기전력 e_a, e_b, e_c를 수식으로 나타내는 방법에는 순시값 표시, 극좌표 표시, 직각 좌표 표시가 있다. 순시값은 다음과 같은 식으로 표시된다.

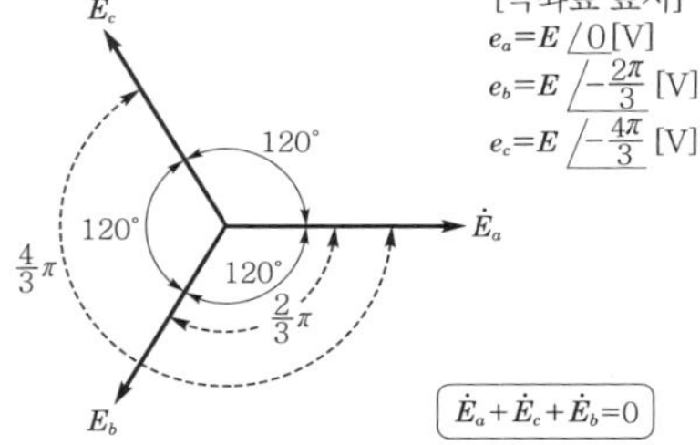

〔그림〕 3상 교류 기전력의 벡터

$$e_a = \sqrt{2}E\sin\omega t\,[\mathrm{V}]$$

$$e_b = \sqrt{2}E\sin\left(\omega t - \frac{2}{3}\pi\right)[\mathrm{V}]$$

$$e_c = \sqrt{2}E\sin\left(\omega t - \frac{4}{3}\pi\right)[\mathrm{V}]$$

이상에서 e_a, e_b, e_c를 벡터 $\dot{E}_a$, $\dot{E}_b$, $\dot{E}_c$로 표현하면 위 〔그림〕의 벡터도가 된다.

용어 18 3상 교류의 합성

3상 교류를 합성하면 0이 된다. 이러한 성질은 3상 교류를 다루는데 대단히 중요한 의미를 가진다. 즉, 3상 교류 전원과 3개의 부하를 접속할 때 그 결선의 하나를 생략할 수 있다.

여기서는 아래 〔그림〕을 가지고 조사하기로 한다. 〔그림 (a)〕의 파형 ⓐ, ⓑ, ⓒ는 각각 위상이 120°씩 엇갈리고 있다. 먼저 파형 ⓐ와 ⓑ를 합성(〔그림〕의 위에서 +측과 −측의 높이 차만큼 작성한다)하면 ⓓ가 얻어진다〔그림 (b)〕.

다음에 ⓓ와 ⓒ를 비교하면 2개의 파형은 180°씩 엇갈리고 있으므로 +측과 −측은 면적이 같게 되어 합성하면 0이 된다. 즉, 3상 교류 ⓐ, ⓑ, ⓒ를 합성하면 0이 된다.

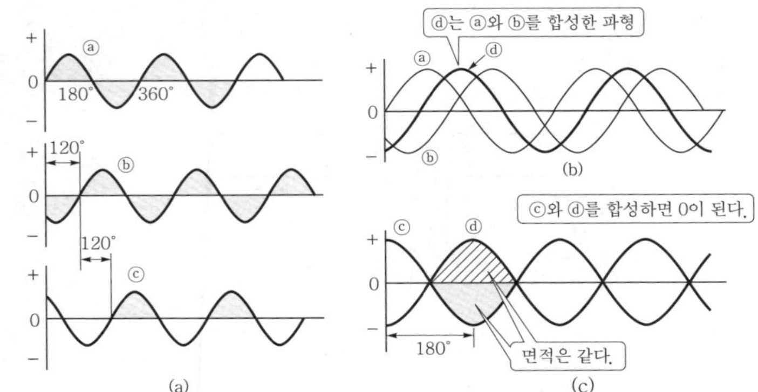

〔그림〕 3상 교류를 합성하면 0이 된다.

용어 19 시상수

전기 회로에서 저항을 R[Ω], 정전 용량을 C[F], 인덕턴스를 L[H]이라고 하면 시상수를 다음과 같이 나타낼 수 있다.

RL 직렬 회로의 시상수 $T=\frac{L}{R}$[s]

RC 직렬 회로의 시상수 $T=RC$[s]

시상수 T는 전류 또는 전압(상승의 경우)이 정상값의 63.2[%]가 되기까지의 시간을 가리키고, 시상수가 크면(길면) 회로의 응답이 느리고, 반대로 작으면(짧으면) 회로의 응답이 빠르다.

참고 시상수의 단위가 [s]가 된다는 사실의 증명

$\frac{L}{R}$ = [V·s/A]/[V/A] = [s]

RC = [C/V]·[V/A] = [C]/[C/s] = [s]

memo

제어공학 기초 이론 해설

테마 01 블록 선도 변환

(1) **직렬**

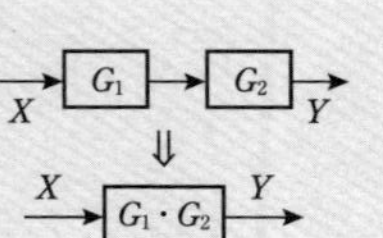

(2) **병렬**

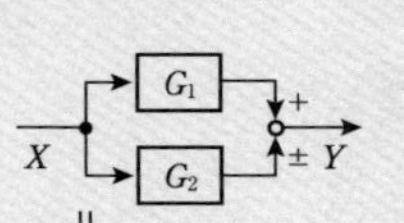

(3) **피드백**

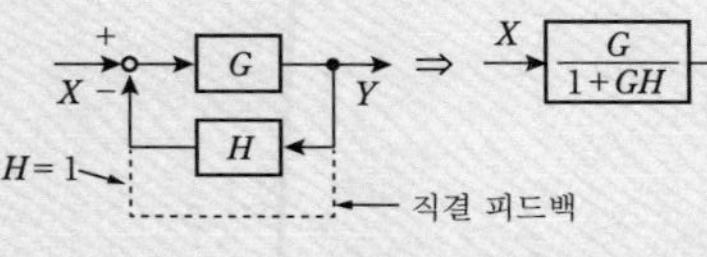

여기서, G : 전향 전달 함수, H : 피드백 전달 함수

GH : 일순(개방 루프) 전달 함수

학습 POINT

① **주파수 전달 함수** : 정현파 입력 신호 $E_i(j\omega)$를 넣었을 때 정상 상태의 출력 신호 $E_o(j\omega)$와의 비를 말한다.

$$G(j\omega) = \frac{E_o(j\omega)}{E_i(j\omega)}$$

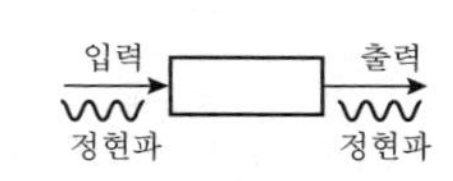

〔그림 1〕

② **전달 함수** : 모든 초기값을 0으로 했을 때 출력 신호 $y(t)$의 라플라스 변환 $Y(s)$와 입력 신호 $x(t)$의 라플라스 변환 $X(s)$와의 비를 말한다.

$$G(s) = \frac{\text{출력 신호 } y(t)\text{의 라플라스 변환}}{\text{입력 신호 } x(t)\text{의 라플라스 변환}} = \frac{Y(s)}{X(s)}$$

③ **피드백 제어와 피드포워드 제어** : 〔그림 2〕의 피드백 제어는 제어량과 목표값의 차를 없애는 정정 제어로, 외란에 대한 제어가 지연된다. 피드포워드는 외란에 대해 곧바로 수정 동작할 수 있다.

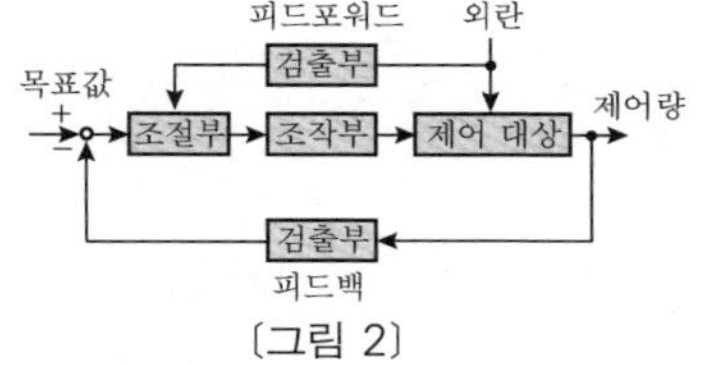

〔그림 2〕

테마 02 1차 지연 요소와 2차 지연 요소의 전달 함수

(1) **1차 지연 요소** $G(s) = \dfrac{K}{1+sT}$

(2) **2차 지연 요소** $G(s) = \dfrac{\omega_n^2}{s^2+2\zeta\omega_n s+\omega_n^2}$

여기서, T : 시상수[sec], K : 이득(gain), ζ : 감쇠 계수

ω_n : 고유 각주파수[rad/sec]

학습 POINT

① **피드백 제어의 기본 구성** : 기본 구성은 〔그림 1〕과 같다.

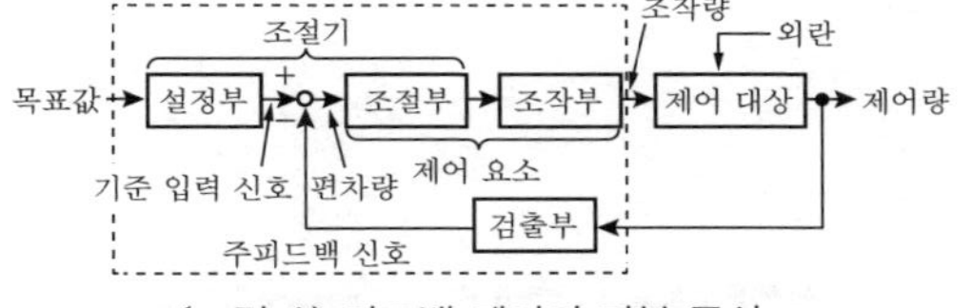

〔그림 1〕 피드백 제어의 기본 구성

㉠ 편차량은 기준 입력과 검출 신호의 차이다.

㉡ 수정 동작으로서 편차량이 조절부, 조작부를 거쳐 제어 대상에 가해진다.

② **스텝 응답** : 입력 신호에 단위 스텝 함수 $\left(\dfrac{1}{s}\right)$를 더한 응답이 스텝 응답으로, 〔그림 2〕처럼 된다.

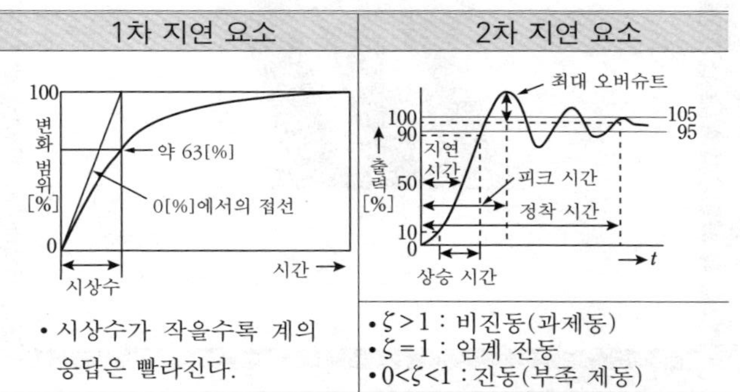

〔그림 2〕 스텝 응답

테마 03 연산 증폭기(오피 앰프)의 증폭도

(1) 반전 증폭기

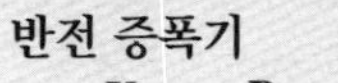

$$\frac{V_o}{V_i}=-\frac{R_f}{R_1}$$

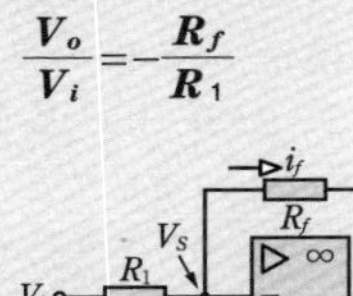

(2) 비반전 증폭기

$$\frac{V_o}{V_i}=1+\frac{R_f}{R_1}$$

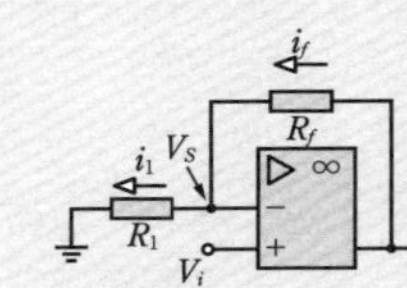

여기서, V_i, V_o : 입력, 출력 전압[V], R_1, R_f : 저항[Ω]

학습 POINT

① 오피 앰프의 특징 : 입력 단자 2개와 출력 단자가 1개 있고, 다음과 같은 특징이 있다.

ⓐ 입력 임피던스가 매우 크다(≒∞[Ω]).

ⓑ 출력 임피던스가 작다(≒0[Ω]).

ⓒ 증폭도가 매우 크다(≒∞).

반전 입력 / 비반전 입력 / 출력

〔그림 1〕 오피 앰프의 그림 기호

② 오피 앰프의 이용 : 오피 앰프와 저항, 콘덴서 등을 조합하면 증폭, 가감산, 미·적분 회로 등을 만들 수 있다.

③ 반전 증폭기 : 증폭도가 매우 크므로, 가상 단락(imaginary short)의 원리에 의해 비반전 입력과 반전 입력의 전위가 같다고 간주할 수 있다. 따라서, V_s=0[V]이므로 $i_1=i_f$가 되어 다음과 같은 관계가 성립한다.

$$\frac{V_i-0}{R_1}=\frac{0-V_o}{R_f}$$

$$\therefore \frac{V_o}{V_i}=-\frac{R_f}{R_1}$$

④ 비반전 증폭기 : 입력 임피던스가 매우 크므로, 반전 입력 단자와 비반전 입력 단자 사이에 전류는 흐르지 않고, $V_s=V_i$이고 $i_1=i_f$이므로 다음과 같은 관계가 성립된다.

$$\frac{V_o-V_i}{R_f}=\frac{V_i-0}{R_1}$$

$$\therefore \frac{V_o}{V_i}=1+\frac{R_f}{R_1}$$

테마 04 제어계의 안정 판정

(1) 나이키스트 선도에 의한 안정 판정

① $(-1, j0)$을 왼쪽으로 보고 진행한다.=안정

② $(-1, j0)$을 오른쪽으로 보고 진행한다.=불안정

③ $(-1, j0)$을 통과한다.=안정 한계

(2) 보드 선도에 의한 안정 판정

① 이득 특성이 0[dB]로 교차하는 점에서 동일한 ω에 대한 위상 Φ가 $-180°$까지라면 안정, 넘어가면 불안정

② 위상 특성과 $-180°$인 선과의 교점에서 동일한 ω에 대한 이득의 [dB]값이 음수이면 안정, 양수이면 불안정

여기서, ω : 각주파수[rad/sec]

학습 POINT

① 나이키스트 선도 : 복소 평면상에 개루프 주파수 전달 함수 $G(j\omega)$, $H(j\omega)$에 대해서 각주파수 ω를 0~∞으로 변화시켰을 때 궤적을 선으로 연결한 것이다〔그림 1〕. 나이키스트 선도에서는 $(-1, j0)$점이 중요하다.

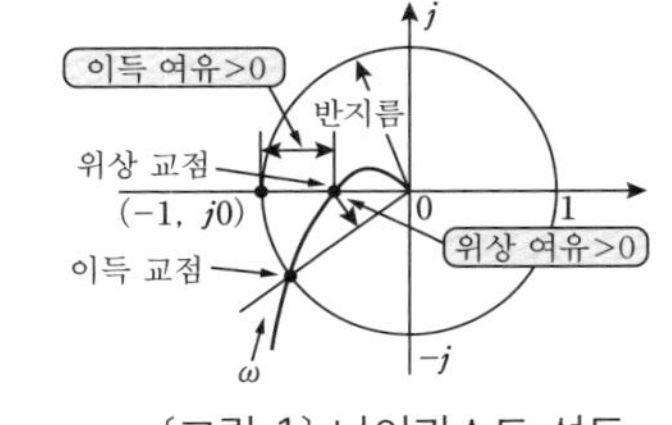

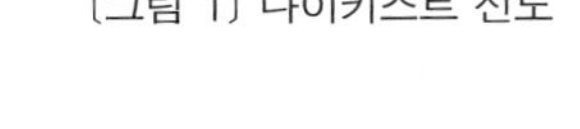

〔그림 1〕 나이키스트 선도

② 보드 선도 : 가로축에 각주파수 ω의 로그를, 세로축에 이득 g[dB]와 위상 Φ[°]를 취하고, 주파수 전달 함수의 이득 곡선과 위상 곡선을 나타낸 것이다〔그림 2〕. 이득 곡선은 이득, 위상 곡선은 위상 계산이 각각 필요하며, 아래 식으로 계산한다.

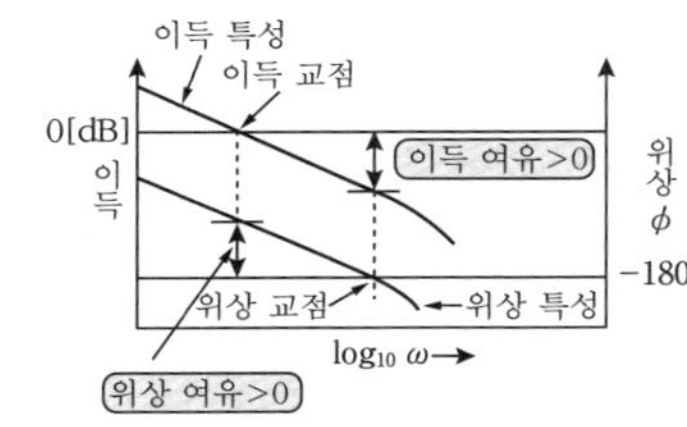

〔그림 2〕 보드 선도

이득 $g=20\log_{10}|G(j\omega)|$[dB]

위상 $\Phi=\angle G(j\omega)$ [°]

(1) 10진법과 n진법

10진수	2진수	16진수
0	0	0
1	1	1
2	10	2
3	11	3
4	100	4
5	101	5
6	110	6
7	111	7
8	1000	8
9	1001	9
10	1010	A
11	1011	B
12	1100	C
13	1101	D
14	1110	E
15	1111	F

(2) 10진수를 2진수로 변환

10진수	나머지
2) 109	… 1
2) 54	… 0
2) 27	… 1
2) 13	… 1
2) 6	… 0
2) 3	… 1
1	

아래부터 순서대로 나열하면 1101101이 된다.

학습 POINT

① 2진수를 10진수로 변환 : 2진수의 각 자리는 2^{n-1}로 표현되며, 1과 0은 가중값을 나타낸다.

2진수 1101 =10진수 $1\times2^3 + 1\times2^2 + 0\times2^1 + 1\times2^0$
$= 8+4+0+1 = 13$

② 10진수를 16진수로 변환

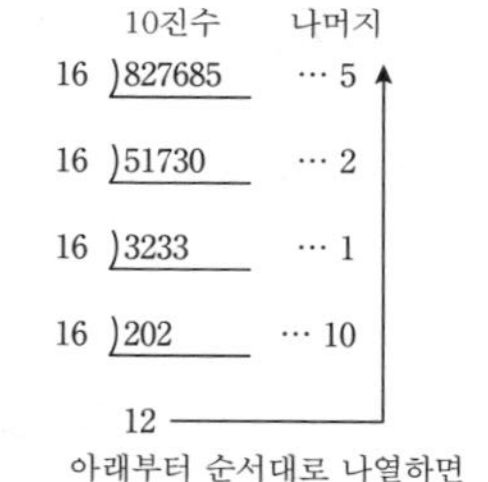

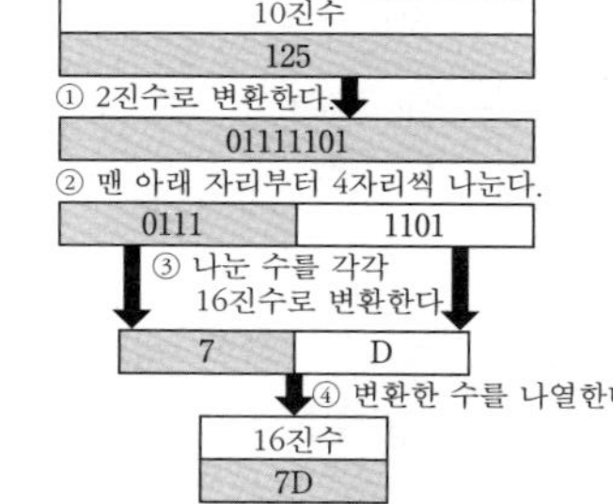

③ 2진수간의 4칙연산 규칙

㉠ 덧셈→ 0+0=0, 1+0=0+1=1
1+1=10(자리 올림 발생)

㉡ 뺄셈→ 0−0=0, 1−0=1, 1−1=0, 0−1=1
(상위 자리에서 1을 빌려서 10−1=1)

㉢ 곱셈→ 0×0=0, 0×1=1×0=0, 1×1=1

㉣ 나눗셈→ 0÷0=부정, 0÷1=0, 1÷0=부정, 1÷1=1

〔표〕 논리 회로의 종류(MIL 기호 표시)

회로	명칭	식	진리값표 (A B Y)
AND	논리곱	Y = A·B	0 0 0 / 0 1 0 / 1 0 0 / 1 1 1
OR	논리합	Y = A+B	0 0 0 / 0 1 1 / 1 0 1 / 1 1 1
NOT	논리 부정	Y = $\overline{A}$	(A Y) 0 1 / 1 0
NAND	부정 논리곱	Y = $\overline{A \cdot B}$	0 0 1 / 0 1 1 / 1 0 1 / 1 1 0
NOR	부정 논리합	Y = $\overline{A+B}$	0 0 1 / 0 1 0 / 1 0 0 / 1 1 0
ExOR	배타적 논리합	Y = A⊕B = A·$\overline{B}$+$\overline{A}$·B	0 0 0 / 1 0 1 / 0 1 1 / 1 1 0

학습 POINT

① 논리 회로 : 논리 회로란 컴퓨터 등의 디지털 신호를 다루는 기기에서 논리 연산을 하는 전자 회로를 말하고, 주로 IC에 집적된 논리 소자를 이용한다.

② 논리 회로의 기본형

㉠ AND 회로 : 입력이 모두 1일 때만 출력이 1이 된다.

㉡ OR 회로 : 입력이 적어도 하나가 1이 되면 출력이 1이 된다.

㉢ NOT 회로 : 입력이 1일 때는 출력이 0, 입력이 0일 때는 출력이 1이 된다.

㉣ ExOR 회로 : 입력이 다를 때는 출력이 1, 입력이 같을 때는 출력이 0이 된다. ExOR은 Exclusive OR(배타적 논리합)의 줄임말이다.

③ 불 대수 : 불 대수는 AND를 •기호, OR을 +기호, NOT을 −기호, ExOR을 ⊕ 기호로 나타낸다.

④ 진리값표 : 모든 입·출력 결과를 표로 나타낸 것이다(1과 0으로 표현).

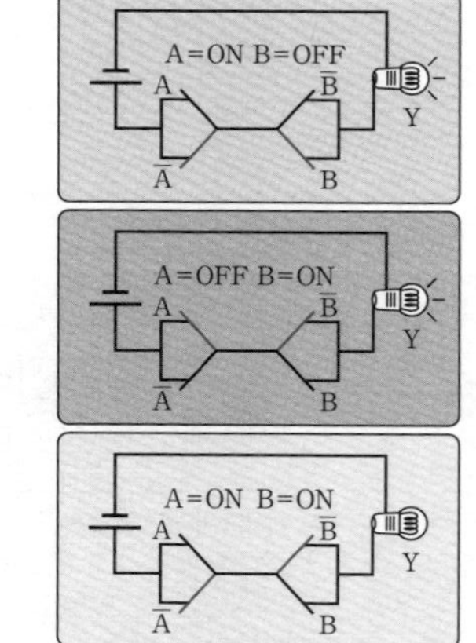

〔그림〕 ExOR 회로의 이용

테마 07 카르노 맵의 간소화

(1) 원식

$Z=\overline{A}\cdot B\cdot \overline{C}\cdot \overline{D}+B\cdot \overline{C}\cdot D+A\cdot \overline{B}\cdot C\cdot D+A\cdot C\cdot D+B\cdot C\cdot D$

(2) 간소화식

$Z=\overline{A}\cdot B\cdot \overline{C}+A\cdot C\cdot D+B\cdot D$

변환 예

학습 POINT

① 카르노 맵은 불대수 연산 법칙을 이용하지 않고, 논리식을 적은 작업으로 간소화하는 방법이다.

② 카르노 맵 작성법

㉠ Step 1 : 논리 변수가 4개(A, B, C, D)라면, 각 값의 조합은 $2^4=16$가지이다. 이 조합을 나타내는 〔표 1〕을 만든다.

〔표 1〕

AB \ CD	00	01	11	10
00				
01				
11				
10				

⇨

〔표 2〕

AB \ CD	00	01	11	10
00				
01	1	1	1	
11		1	1	
10			1	

루프 1, 루프 2, 루프 3

㉡ Step 2 : $Z=\overline{A}\cdot B\cdot \overline{C}\cdot \overline{D}+B\cdot \overline{C}\cdot D+A\cdot \overline{B}\cdot C\cdot D+A\cdot C\cdot D+B\cdot C\cdot D$

위의 우변 각 항이 1이 되는 것은 제1항에서는 (0, 1, 0, 0)인 경우, 제2항에서는 A항이 없으므로 0이든 1이든 상관없이 (0, 1, 0, 1)과 (1, 1, 0, 1)인 경우, 제3항은 (1, 0, 1, 1), 제4항은 (1, 0, 1, 1)과 (1, 1, 1, 1), 제5항은 (0, 1, 1, 1)과 (1, 1, 1, 1)인 경우이다. 이 조합을 기입해 〔표 2〕를 만든다.

㉢ Step 3 : 〔표 2〕의 모든 1을 가능한 한 적은 수의 루프로 묶어준다. 감싸는 셀 수는 2^n으로 하고, 같은 셀을 2개 이상의 루프에서 공유해도 된다. 〔표 2〕에서는 3개의 루프로 묶여 있다.

㉣ Step 4 : 3개의 루프에서 공통 변수를 추출해 논리곱을 만들고, 논리곱의 논리합을 취한다.

$Z=\overline{A}\cdot B\cdot \overline{C}+A\cdot C\cdot D+B\cdot D$

테마 08 플립플롭 회로

(1) RS 플립플롭

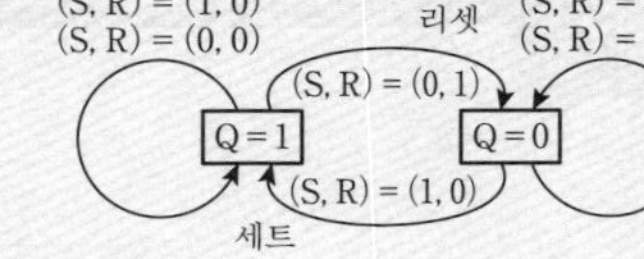

① S(Set) 단자에 1이 들어오면 Q=1을 출력

② R(Reset) 단자에 1이 들어오면 Q=0을 출력

③ S=R=0이 입력되면 출력 상태를 유지

(2) JK 플립플롭

CK(클록 신호)의 상승으로 동작한다.

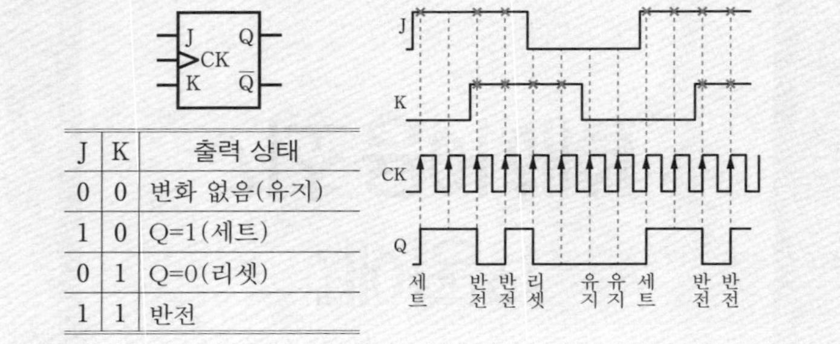

J	K	출력 상태
0	0	변화 없음(유지)
1	0	Q=1(세트)
0	1	Q=0(리셋)
1	1	반전

학습 POINT

① 플립플롭 회로 : 순서 회로라고도 불리며, 2개의 안정점이 있고 입력 신호 내용에 따라 어느 쪽 안정점을 취하는지 결정하는 기억 회로이다. 입력 단자는 하나 또는 그 이상이며, 출력은 2개가 있다.

② 플립플롭(FF) 회로의 종류 : 입력 제어 방법에 따라 RS(리셋·세트) FF, JK FF, T(토글) FF, D(딜레이) FF 등이 있다.

테마 09 트랜지스터와 FET

(1) 트랜지스터의 전류(이미터 접지 증폭 회로의 경우)

$I_E = I_B + I_C$ [A], $I_C = \beta I_B$ [A]

(2) FET의 전압 증폭도

$A_v = \frac{v_o}{v_i} \fallingdotseq g_m R_L$

여기서, I_E : 이미터 전류[A], I_B : 베이스 전류[A]
I_C : 콜렉터 전류[A], β : 이미터 접지 전류 증폭률
v_i : 입력 전압[V], v_o : 출력 전압[V]
g_m : 상호 컨덕턴스[S], R_L : 부하 저항[Ω]

학습 POINT

바이폴라 트랜지스터(트랜지스터)는 입력 전류로 출력 전류를 제어하고, 전계 효과 트랜지스터(FET)는 입력 전압으로 출력 전압을 제어하는 소자이다.

〔표〕 트랜지스터와 MOSFET*)의 종류

	npn형	pnp형
트랜지스터 (전류 제어 디바이스) (C) (B) 베이스 전류가 흐른다. (E)	콜렉터 (C) 베이스 (B) 이미터 (E)	콜렉터 (C) 베이스 (B) 이미터 (E)
	이미터 전류 $I_E = I_B + I_C$ [A]	
MOSFET (전압 제어 디바이스)	n채널 FET (npn 구조)	p채널 FET (pnp 구조)
연결되지 않았다 (절연되어 있다). (D) (G) 게이트에 전류는 흐르지 않는다. (S)	드레인 (D) 게이트 (G) 소스 (S)	드레인 (D) 게이트 (G) 소스 (S)
	드레인 저항 $r_d \gg$ 부하 저항 R_L 출력 전압 $v_o \fallingdotseq g_m v_i R_L$ [V]	

*MOSFET : 금속 산화막형 반도체(MOS) 전계 효과 트랜지스터의 줄임말

IV

제어공학 기초 용어 해설

용어 01 기억 소자

기억 소자를 크게 나누면, 읽고 쓸 수 있는 RAM(Random Access Memory)과 읽기 전용인 ROM(Read Only Memory)이 있다. RAM과 ROM은 아래 그림과 같은 관계로 되어 있다.

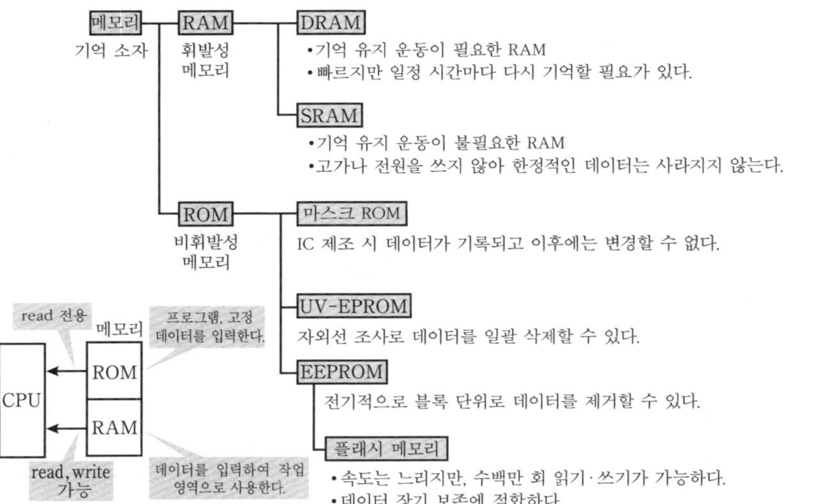

용어 02 A/D 변환

아날로그 신호를 디지털 신호로 변환함으로써 디지털화의 기본은 표본화(샘플링) → 양자화 → 부호화라는 3가지 과정으로 구성된다.

① **표본화(샘플링)**: 아날로그 신호를 일정 간격(샘플링 간격)마다 표본화한다.

② **양자화**: 연속값인 원신호의 진폭값을 정수로 변환한다.

③ **부호화**: 양자화된 진폭값을 2진수 (1, 0) 등의 표현으로 변환해 전송로로 전송한다.

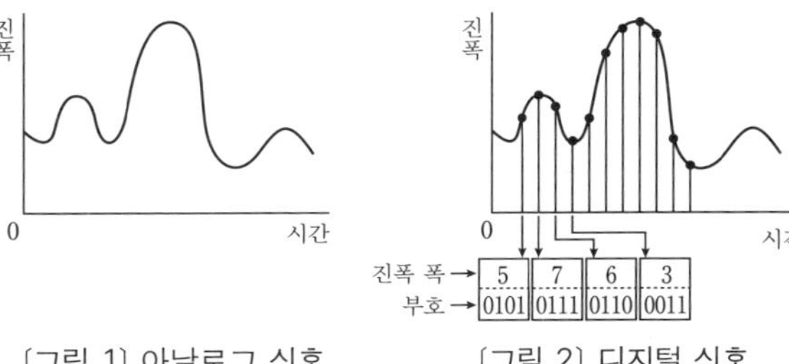

〔그림 1〕 아날로그 신호 〔그림 2〕 디지털 신호

용어 03 서보 기구

목표값 변화에 대한 추종 제어로, 그 과도 특성이 양호할 것이 요구된다. 서보 기구는 방위, 위치, 자세 등 기계적 위치를 자동으로 제어하는 것을 말한다.

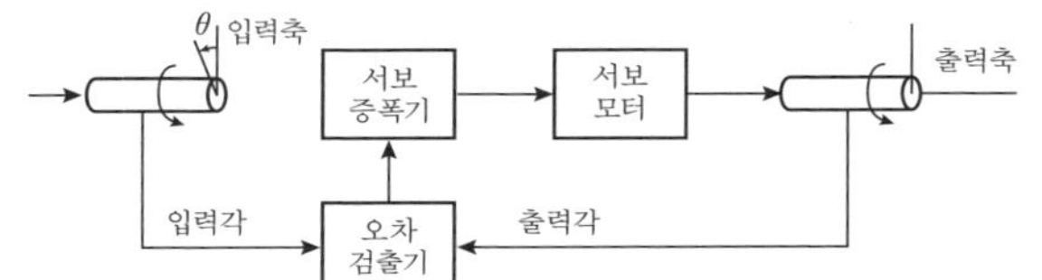

용어 04 프로세스 제어

목표값이 일정한 정가 제어가 일반적으로, 외란에 대한 제어 효과를 중시하는 경우가 많다. 프로세스 제어에서도 비율 제어나 프로그램 제어처럼 목표값에 대한 추치 제어(variable valve control)가 있지만, 과도 특성에 대한 요구는 서보 기구만큼 엄격하지 않다.

용어 05 자기 유지 회로

자기 유지 회로는 누름 버튼 스위치와 전자 릴레이를 이용해 동작을 온 상태로 유지하기 위한 회로이다.

① 누름 버튼 스위치 B를 누른다.

② 전자 릴레이 R이 동작해 접점 R_{-m1}이 닫힌다.

③ 이로써 누름 버튼 스위치 B를 누르지 않아도 접점 R_{-m1}이 유지된다.

④ 누름 버튼 스위치 A가 눌리면 접점 R_{-m1}이 열리고, 원래 상태로 복귀한다.

용어 06 피드백 제어

기본 구성은 아래 〔그림〕과 같다.

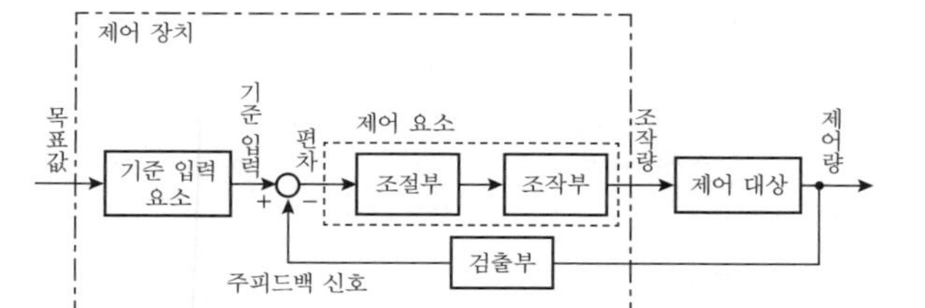

피드백 제어는 제어 대상의 상태(결과)를 검출부에서 검출하고, 이 값을 목표값과 비교해 편차가 있으면 정정 동작을 연속적으로 하는 제어 방식이다.

용어 07 PID 제어

PID 제어는 P(비례) 동작, I(적분) 동작, D(미분) 동작 세 가지를 조합한 것으로, 프로세스 제어에 이용한다.

① P 동작 : 입력 신호에 비례하는 출력을 낸다.

② I 동작 : 입력 신호를 경과 시간으로 적분한 양에 비례하는 크기를 출력한다.

③ D 동작 : 입력 신호의 크기가 변화하고 있을 때 그 변화율에 비례한 크기를 출력한다.

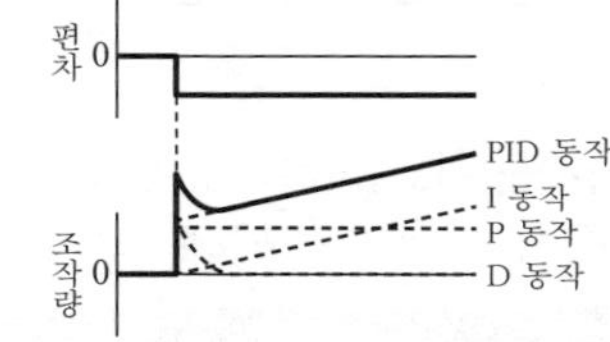

용어 08 미분 회로와 적분 회로

미분 회로는 입력 신호의 시간 미분(변화, 기울기)을 출력하는 회로로, *CR* 회로는 미분 회로이다. 적분 회로는 입력 신호의 시간 적분(면적)을 출력하는 회로로, *RC* 회로는 적분 회로이다.

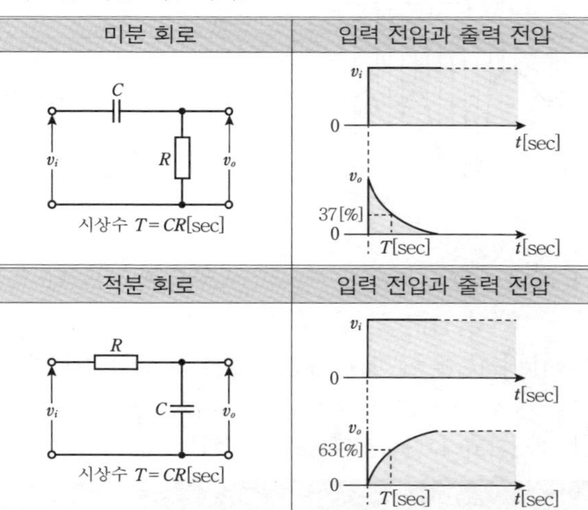

용어 09 계단 응답

프로세스의 과도 응답을 조사하는 데 이용한다. 입력에 단위 계단 신호 (0→1로 상승이 가파른 펄스)를 더했을 때 출력 파형이 계단 응답 파형이다. 대표적인 응답 파형의 예는 아래 그림과 같다.

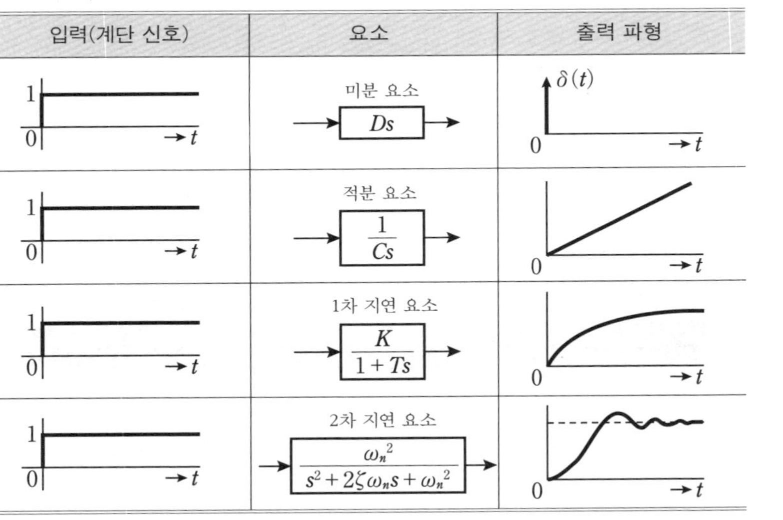

입력(계단 신호)	요소	출력 파형
1, 0, →t	미분 요소 Ds	$\delta(t)$, 0, →t
1, 0, →t	적분 요소 $\frac{1}{Cs}$	0, →t
1, 0, →t	1차 지연 요소 $\frac{K}{1+Ts}$	0, →t
1, 0, →t	2차 지연 요소 $\frac{\omega_n^2}{s^2+2\zeta\omega_n s+\omega_n^2}$	0, →t

용어 10 이득(gain) 여유와 위상 여유

① 이득 여유 : 일순 주파수 전달 함수의 위상이 -180°가 될 때 각주파수에서 이득이 0[dB]이 되기까지의 양의 여유를 나타낸다.

② 위상 여유 : 일순 주파수 전달 함수의 이득이 0[dB]이 될 때 각주파수에서 위상이 -180°가 되기까지의 여유를 나타낸다.

이를 나이키스트 선도와 보드 선도로 나타내면 다음과 같다.

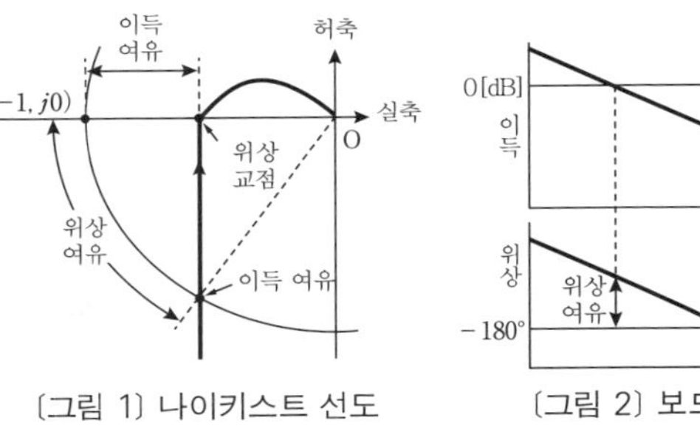

〔그림 1〕 나이키스트 선도 〔그림 2〕 보드 선도

용어 11 드 모르간의 정리

AND(·) 연산으로 표현된 식과 OR(+) 연산으로 표현된 식을 서로 변환하는 방법을 나타낸 법칙으로, 다음과 같다. 여기서, (−)은 NOT 연산을 나타낸다.

① AND 연산에서 OR 연산으로 변환

$\overline{A}\cdot\overline{B}=\overline{A+B}$ ………… 부논리에서의 AND 연산
=OR 연산 결과의 부논리

② OR 연산에서 AND 연산으로 변환

$\overline{A}+\overline{B}=\overline{A\cdot B}$ ………… 부논리에서의 OR 연산
=AND 연산 결과의 부논리

용어 12 n형 반도체와 p형 반도체

실리콘은 4가의 진성 반도체이지만, 5가의 불순물(도너)인 P(인), Sb(안티몬), As(비소)를 미량 혼입하면, 전자가 하나 남아 자유전자가 되고 전기 유전에 기여한다. 이런 반도체를 n형 반도체라고 한다.

반면에, 3가의 불순물인 In(인듐), Ga(갈륨), B(붕소)를 미량 혼입하면, 전자가 하나 부족해져 이 틈을 노려 주변의 전자가 이동한다. 마치 양전하를 가진 전자(정공)가 움직이는 것 같은 효과로 전기 유전에 기여한다. 이를 P형 반도체라고 한다.

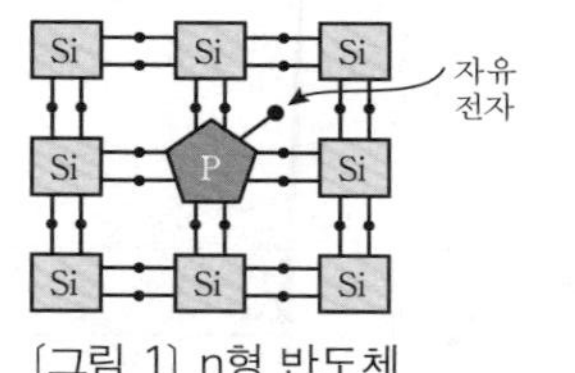

〔그림 1〕 n형 반도체

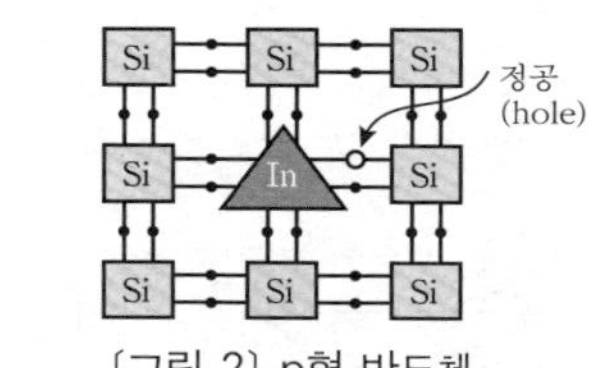

〔그림 2〕 p형 반도체

용어 13 애노드와 캐소드

애노드와 캐소드는 반대 작용을 하는 전극이다. 캐소드는 외부 회로로 전류가 나가는 전극이고, 애노드는 외부 회로에서 전자가 들어오는 전극이라고 할 수 있다.

캐소드는 진공관이나 전기 분해에서는 음극, 전지에서는 양극을 가리킨다. 전기 분해나 전지에서 캐소드는 환원 반응을 일으킨다.

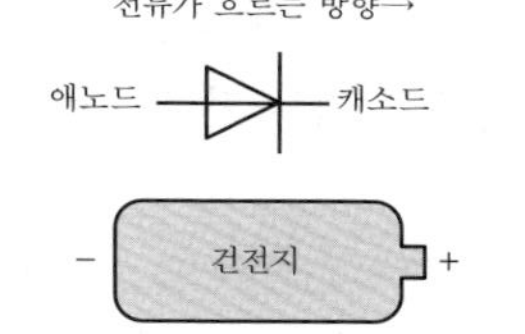

용어 14 전계 효과 트랜지스터(FET)

① FET는 G(게이트), S(소스), D(드레인) 3개의 단자가 있는 전압 제어 소자이다.

② 동작에 기여하는 캐리어가 하나(전자 또는 정공)이므로 유니폴라형 트랜지스터라고 불린다.

③ 캐리어의 통로를 채널이라고 하고, 전류의 통로가 되는 반도체가 n형 반도체인 n채널형과 전류의 통로가 p형 반도체인 p채널형의 2가지가 있다.

④ FET는 구조 및 제어의 차이에 따라 접합형과 MOS형(MOS : 금속 산화막형 반도체)으로 분류된다.

⑤ MOS형에는 게이트 전압과 드레인 전류 특성의 차이에서 디플리션(결핍)형과 인핸스먼트(증가)형이 있다.

〔표〕 FET에 사용되는 기호

구분		n채널	p채널
접합형 FET		G D S	G D S
MOSFET	인핸스먼트형	G D S	G D S
	디플리션형	G D S	G D S

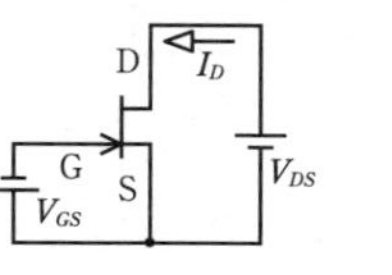

〔그림 1〕 접합형 회로의 예

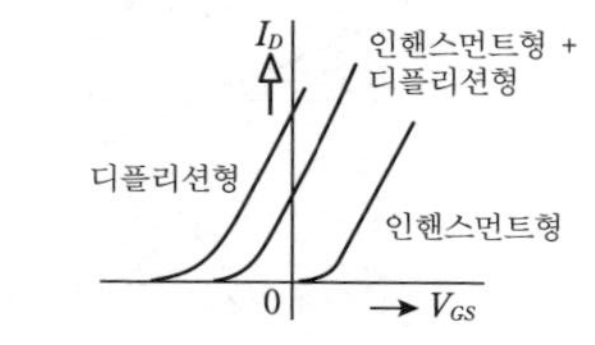

〔그림 2〕 MOS형 V_{GS}-I_D 특성

용어 15 트랜지스터

바이폴라(양극성) 트랜지스터는 입력 전류로 출력 전류를 제어하는 소자이다.

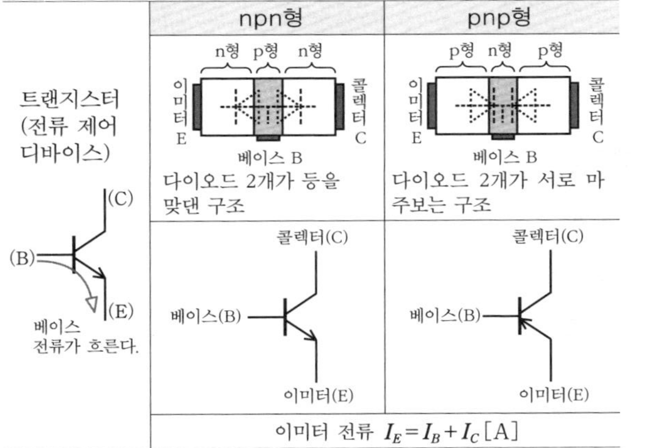

	npn형	pnp형
트랜지스터 (전류 제어 디바이스) (B) (C) (E) 베이스 전류가 흐른다.	n형 p형 n형 이미터 E / 베이스 B / 콜렉터 C 다이오드 2개가 등을 맞댄 구조	p형 n형 p형 이미터 E / 베이스 B / 콜렉터 C 다이오드 2개가 서로 마주보는 구조
	콜렉터(C) 베이스(B) 이미터(E)	콜렉터(C) 베이스(B) 이미터(E)
	이미터 전류 $I_E = I_B + I_C$ [A]	

memo

[참!쉬움]
합격이 참 쉽다!
04 회로이론

2020. 3. 27. 초 판 1쇄 발행
2025. 1. 8. 5차 개정증보 5판 1쇄 발행

지은이 | 오우진
펴낸이 | 이종춘
펴낸곳 | BM (주)도서출판 성안당
주소 | 04032 서울시 마포구 양화로 127 첨단빌딩 3층(출판기획 R&D 센터)
10881 경기도 파주시 문발로 112 파주 출판 문화도시(제작 및 물류)
전화 | 02) 3142-0036
031) 950-6300
팩스 | 031) 955-0510
등록 | 1973. 2. 1. 제406-2005-000046호
출판사 홈페이지 | **www.cyber.co.kr**
ISBN | 978-89-315-1354-7 (13560)
정가 | 23,000원

이 책을 만든 사람들
기획 | 최옥현
진행 | 박경희
교정·교열 | 김원갑
전산편집 | 오정은
표지 디자인 | 박현정
홍보 | 김계향, 임진성, 김주승, 최정민
국제부 | 이선민, 조혜란
마케팅 | 구본철, 차정욱, 오영일, 나진호, 강호묵
마케팅 지원 | 장상범
제작 | 김유석